Engenharia de software
10ª edição

Ian Sommerville
Engenharia de software

10ª edição

Tradução
Luiz Claudio Queiroz

Revisão técnica
Prof. Dr. Fábio Levy Siqueira
Escola Politécnica da Universidade de
São Paulo (Poli-USP)
Departamento de Engenharia de
Computação e Sistemas Digitais (PCS)

© 2016, 2011, 2006 by Pearson Higher Education, Inc.
© 2019 by Pearson Education do Brasil Ltda.

Todos os direitos reservados. Nenhuma parte desta publicação poderá ser reproduzida ou transmitida de qualquer modo ou por qualquer outro meio, eletrônico ou mecânico, incluindo fotocópia, gravação ou qualquer outro tipo de sistema de armazenamento e transmissão de informação, sem prévia autorização por escrito da Pearson Education do Brasil.

Vice-presidente de educação	Juliano Costa
Gerente de produtos	Alexandre Mattioli
Supervisora de produção editorial	Silvana Afonso
Coordenador de produção editorial	Jean Xavier
Edição	Mariana Rodrigues
Estagiário	Rodrigo Orsi
Preparação	Marcel Gugoni
Revisão	Lyvia Felix e Bruna Cordeiro
Capa	Natália Gaio sobre o projeto original de Black Horse Designs (imagem de capa: Construction of the Gherkin, London, UK/Corbis)
Diagramação e projeto gráfico	Casa de Ideias

Dados Internacionais de Catalogação na Publicação (CIP)
(Câmara Brasileira do Livro, SP, Brasil)

Sommerville, Ian
 Engenharia de software / Ian Sommerville ; tradução Luiz Cláudio Queiroz ; revisão técnica Fábio Levy Siqueira. -- 10. ed. -- São Paulo : Pearson Education do Brasil, 2018.

 Título original: Software engineering
 ISBN 978-85-430-2497-4

 1. Engenharia de software I. Siqueira, Fábio Levy. II. Título.

18-21869 CDD-005.1

Índice para catálogo sistemático:
1. Engenharia de software 005.1

Cibele Maria Dias - Bibliotecária - CRB-8/9427

Printed in Brazil by Reproset RPPZ 216272

Direitos exclusivos cedidos à
Pearson Education do Brasil Ltda.,
uma empresa do grupo Pearson Education
Avenida Santa Marina, 1193
CEP 05036-001 - São Paulo - SP - Brasil
Fone: 11 2178-8609 e 11 2178-8653
pearsonuniversidades@pearson.com

Distribuição
Grupo A Educação
www.grupoa.com.br
Fone: 0800 703 3444

Sumário

Prefácio VII

Parte 1 Introdução à engenharia de software 1

Capítulo 1 Introdução 3
- 1.1 Desenvolvimento de software profissional 5
- 1.2 Ética da engenharia de software 13
- 1.3 Estudos de caso 17

Capítulo 2 Processos de software 29
- 2.1 Modelos de processo de software 31
- 2.2 Atividades do processo 38
- 2.3 Lidando com mudanças 46
- 2.4 Melhoria de processo 50

Capítulo 3 Desenvolvimento ágil de software 57
- 3.1 Métodos ágeis 59
- 3.2 Técnicas de desenvolvimento ágil 61
- 3.3 Gerenciamento ágil de projetos 69
- 3.4 Escalabilidade dos métodos ágeis 72

Capítulo 4 Engenharia de requisitos 85
- 4.1 Requisitos funcionais e não funcionais 88
- 4.2 Processos de engenharia de requisitos 95
- 4.3 Elicitação de requisitos 96
- 4.4 Especificação de requisitos 104
- 4.5 Validação de requisitos 112
- 4.6 Mudança de requisitos 113

Capítulo 5 Modelagem de sistemas 121
- 5.1 Modelos de contexto 123
- 5.2 Modelos de interação 126
- 5.3 Modelos estruturais 131
- 5.4 Modelos comportamentais 135
- 5.5 Engenharia dirigida por modelos 140

Capítulo 6 Projeto de arquitetura 147
- 6.1 Decisões de projeto de arquitetura 150
- 6.2 Visões de arquitetura 152
- 6.3 Padrões de arquitetura 154
- 6.4 Arquiteturas de aplicações 163

Capítulo 7 Projeto e implementação 175
- 7.1 Projeto orientado a objetos usando UML 176
- 7.2 Padrões de projeto 187
- 7.3 Questões de implementação 191
- 7.4 Desenvolvimento de código aberto (*open source*) 197

Capítulo 8 Teste de software 203
- 8.1 Teste de desenvolvimento 208
- 8.2 Desenvolvimento dirigido por testes 218
- 8.3 Teste de lançamento 221
- 8.4 Teste de usuário 224

Capítulo 9 Evolução de software 231
- 9.1 Processos de evolução 234
- 9.2 Sistemas legados 237
- 9.3 Manutenção de software 246

Parte 2 Dependabilidade e segurança 257

Capítulo 10 Dependabilidade de sistemas 259
- 10.1 Propriedades de dependabilidade 261
- 10.2 Sistemas sociotécnicos 265
- 10.3 Redundância e diversidade 268
- 10.4 Processos confiáveis 270
- 10.5 Métodos formais e dependabilidade 273

Capítulo 11 Engenharia de confiabilidade 279
- 11.1 Disponibilidade e confiabilidade 282
- 11.2 Requisitos de confiabilidade 285
- 11.3 Arquiteturas tolerantes a defeitos 290
- 11.4 Programação para confiabilidade 297
- 11.5 Medição da confiabilidade 304

Capítulo 12 Engenharia de segurança (*safety*) 311
- 12.1 Sistemas críticos em segurança 313
- 12.2 Requisitos de segurança 316
- 12.3 Processos de engenharia de segurança 323
- 12.4 Casos de segurança 332

Capítulo 13	Engenharia de segurança da informação (*security*)	343	**Capítulo 20** Sistemas de sistemas	549
	13.1 Segurança da informação e dependabilidade	346	20.1 Complexidade de sistemas	552
	13.2 Segurança da informação e organizações	349	20.2 Classificação de sistemas de sistemas	556
	13.3 Requisitos de segurança da informação	352	20.3 Reducionismo e sistemas complexos	559
	13.4 Projeto de sistemas seguros	357	20.4 Engenharia de sistemas de sistemas	562
	13.5 Teste e garantia de segurança da informação	372	20.5 Arquitetura de sistemas de sistemas	567
Capítulo 14	Engenharia de resiliência	379	**Capítulo 21** Engenharia de software de tempo real	577
	14.1 Cibersegurança	382	21.1 Projeto de sistemas embarcados	579
	14.2 Resiliência sociotécnica	387		
	14.3 Projeto de sistemas resilientes	395	21.2 Padrões de arquitetura para software de tempo real	587
Parte 3	**Engenharia de software avançada**	**407**	21.3 Análise temporal	593
			21.4 Sistemas operacionais de tempo real	598
Capítulo 15	Reúso de software	409		
	15.1 O panorama do reúso	412	**Parte 4** **Gerenciamento de software**	**605**
	15.2 *Frameworks* de aplicação	414	**Capítulo 22** Gerenciamento de projetos	607
	15.3 Linhas de produtos de software	417	22.1 Gerenciamento de riscos	610
	15.4 Reúso de sistemas de aplicação	424	22.2 Gerenciamento de pessoas	616
			22.3 Trabalho em equipe	621
Capítulo 16	Engenharia de software baseada em componentes	435	**Capítulo 23** Planejamento de projetos	631
	16.1 Componentes e modelos de componentes	437	23.1 Precificação de software	634
	16.2 Processos de engenharia de software baseada em componentes	444	23.2 Desenvolvimento dirigido por plano	635
			23.3 Definição do cronograma de projeto	638
	16.3 Composição de componentes	451	23.4 Planejamento ágil	644
Capítulo 17	Engenharia de software distribuído	461	23.5 Técnicas de estimativa	646
	17.1 Sistemas distribuídos	463	23.6 Modelagem de custos COCOMO	650
	17.2 Computação cliente-servidor	470		
	17.3 Padrões de arquitetura de sistemas distribuídos	472	**Capítulo 24** Gerenciamento da qualidade	663
			24.1 Qualidade de software	666
	17.4 Software como serviço	484	24.2 Padrões de software	669
Capítulo 18	Engenharia de software orientada a serviços	491	24.3 Revisões e inspeções	673
			24.4 Gerenciamento da qualidade e desenvolvimento ágil	678
	18.1 Arquitetura orientada a serviços	495	24.5 Medição de software	680
	18.2 Serviços RESTful	500	**Capítulo 25** Gerenciamento de configuração	693
	18.3 Engenharia de serviços	503	25.1 Gerenciamento de versões	697
	18.4 Composição de serviços	512	25.2 Construção de sistemas	704
Capítulo 19	Engenharia de sistemas	521	25.3 Gerenciamento de mudanças	709
	19.1 Sistemas sociotécnicos	525	25.4 Gerenciamento de lançamentos	714
	19.2 Projeto conceitual	533	**Glossário**	**721**
	19.3 Aquisição de sistemas	536	**Índice de assuntos**	**733**
	19.4 Desenvolvimento de sistemas	539	**Índice de autores**	**753**
	19.5 Operação e evolução de sistemas	543		

Prefácio

O progresso na engenharia de software nos últimos 50 anos é surpreendente. Nossas sociedades não funcionariam sem grandes sistemas profissionais de software. Serviços de utilidade pública e infraestruturas nacionais — energia, comunicações e transportes —, todos dependem de sistemas informatizados complexos e de maior confiabilidade. O software permitiu-nos explorar o espaço e criar a *World Wide Web* — o sistema de informação mais significativo na história da humanidade. Smartphones e tablets são onipresentes, e toda uma indústria de desenvolvimento de aplicativos para esses dispositivos surgiu nos últimos anos.

Hoje, a humanidade enfrenta um conjunto exigente de desafios — as mudanças climáticas e o clima extremo, o declínio dos recursos naturais, a crescente população mundial a ser alimentada e abrigada, o terrorismo internacional e a necessidade de ajudar as pessoas idosas a levarem uma vida gratificante. Precisamos de novas tecnologias para nos ajudar a resolver esses desafios e, com certeza, o software terá um papel central nessas tecnologias. A engenharia de software é, portanto, de importância crítica para o nosso futuro neste planeta. Temos de continuar a educar os engenheiros de software e a desenvolver a disciplina para que atendamos à demanda por mais software e criemos os futuros sistemas cada vez mais complexos de que precisamos.

Naturalmente, ainda há problemas com os projetos de software. Os sistemas às vezes ainda são entregues com atraso e custam mais do que o esperado. Estamos criando sistemas de software cada vez mais complexos e não devemos nos surpreender por encontrarmos dificuldades ao longo do caminho. No entanto, não devemos deixar esses problemas esconderem os reais sucessos na engenharia de software e os impressionantes métodos de engenharia de software e tecnologias que foram desenvolvidos.

Este livro, em edições diferentes, já existe há mais de 30 anos, e esta edição é baseada nos princípios essenciais que foram estabelecidos na primeira edição:

1. Escrevo sobre a engenharia de software como ela é praticada na indústria, sem adotar uma postura doutrinadora quanto a abordagens específicas, como desenvolvimento ágil ou métodos formais. Na realidade, a indústria mistura técnicas como o desenvolvimento ágil e o desenvolvimento baseado em planos, e isso se reflete no livro.
2. Escrevo sobre o que conheço e entendo. Tive muitas sugestões para tópicos adicionais que poderiam ser abordados em mais detalhe, como o desenvolvimento de código aberto (*open source*), o uso da UML e a engenharia de software móvel. No entanto, realmente não conheço o suficiente sobre essas áreas. Meu próprio trabalho tem sido em confiabilidade e engenharia de sistemas, e isso se reflete na minha seleção de tópicos avançados para o livro.

Acredito que as principais questões para a engenharia de software moderna são gerenciar a complexidade, integrar a agilidade com outros métodos e garantir que nossos sistemas sejam seguros (do ponto de vista de segurança da informação — *security*) e resilientes. Essas questões foram o vetor para as mudanças e acréscimos nesta nova edição do meu livro.

MUDANÇAS NA 10ª EDIÇÃO

Em resumo, as principais atualizações e acréscimos nesta 10ª edição do livro são:

- Atualizei extensivamente o capítulo sobre engenharia de software ágil, com novo material sobre Scrum. Atualizei outros capítulos, conforme o necessário, para refletir o uso crescente de métodos ágeis de engenharia de software.
- Adicionei novos capítulos sobre engenharia de resiliência, engenharia de sistemas e sistemas de sistemas.
- Reorganizei completamente três capítulos que abordam confiabilidade, segurança (*safety*) e segurança da informação (*security*).
- Adicionei novo material sobre serviços RESTful para o capítulo que aborda a engenharia de software orientada a serviços.
- Revisei e atualizei o capítulo sobre gerenciamento de configuração com novo material sobre sistemas de controle de versão distribuídos.
- Movi os capítulos sobre engenharia de software orientada a aspectos e melhoria de processos da versão impressa para o site do livro (em inglês).
- Novo material suplementar foi adicionado ao site, incluindo um conjunto de vídeos de apoio. Expliquei temas-chave em vídeo e recomendei vídeos do YouTube relacionados.

A estrutura em quatro partes do livro, introduzida nas edições anteriores, foi mantida, mas fiz alterações importantes em cada parte:

1. Na Parte 1, Introdução à engenharia de software, reescrevi completamente o Capítulo 3 (Desenvolvimento ágil de software), atualizando o conteúdo para refletir o crescente uso do Scrum. Um novo estudo de caso sobre um ambiente digital de aprendizagem foi adicionado ao Capítulo 1 e ele é usado em vários capítulos. Os sistemas legados são tratados com mais detalhes no Capítulo 9. Pequenas alterações e atualizações foram feitas em todos os outros capítulos.

2. A Parte 2, que aborda sistemas confiáveis, foi revisada e reestruturada. Em vez de uma abordagem orientada a atividades em que as informações sobre segurança (*safety*), segurança da informação (*security*) e confiabilidade estão espalhadas por vários capítulos, reorganizei o texto para que cada um desses tópicos tivesse o seu próprio capítulo. Isso facilita a abordagem de um único tópico, como a segurança da informação, como parte de um curso mais geral. Adicionei um capítulo completamente novo sobre engenharia de resiliência, que aborda cibersegurança, resiliência organizacional e projeto de sistemas resilientes.

3. Na Parte 3, adicionei novos capítulos sobre engenharia de sistemas e sobre os sistemas de sistemas, além de ter revisado extensivamente o material sobre engenharia de sistemas orientados a serviços, para refletir o uso crescente de serviços RESTful. O capítulo sobre engenharia de software orientada a aspectos foi excluído da versão impressa, mas permanece disponível como um capítulo no site do livro (em inglês).

4. Na Parte 4, atualizei o material sobre gerenciamento de configuração para refletir o uso crescente de ferramentas de controle de versão distribuídas, como Git. O capítulo sobre melhoria de processos foi excluído da versão impressa, mas permanece disponível como um capítulo no site do livro (em inglês).

Uma mudança importante no material suplementar para o livro é a adição de recomendações de vídeo em todos os capítulos. Eu fiz mais de 40 vídeos sobre uma série de tópicos que estão disponíveis no meu canal do YouTube e cujos *links* se encontram nas páginas do site do livro. Nos casos em que não fiz vídeos, recomendei vídeos do YouTube que podem ser úteis.

PÚBLICO

O livro destina-se principalmente a estudantes universitários que frequentam cursos introdutórios e avançados de engenharia de software e sistemas. Presumo que os leitores compreendam as noções básicas de programação e as estruturas de dados fundamentais.

Engenheiros de software na indústria podem considerar este livro útil como leitura geral e para atualizar seus conhecimentos sobre temas como reúso de software, projeto de arquitetura de sistemas, dependabilidade (*dependability*) e segurança da informação (*security*), além de engenharia de sistemas.

USANDO O LIVRO EM CURSOS DE ENGENHARIA DE SOFTWARE

Projetei o livro para que ele possa ser usado em três tipos diferentes de curso de engenharia de software:

1. *Cursos introdutórios gerais de engenharia de software.* A primeira parte do livro foi projetada para apoiar um curso de um semestre de introdução à engenharia de software. Há nove capítulos que abrangem temas fundamentais em engenharia de software. Se o seu curso tiver um componente prático, os capítulos de gestão da Parte 4 podem ser substituídos por alguns destes.
2. *Cursos introdutórios ou intermediários em tópicos específicos de engenharia de software.* Você pode criar uma série de cursos mais avançados usando os capítulos das Partes 2-4. Por exemplo, ministrei um curso sobre sistemas críticos usando os capítulos da Parte 2, mais os capítulos sobre engenharia de sistemas e gerenciamento da qualidade. Em um curso que abrange a engenharia de sistemas intensivos de software, usei capítulos sobre engenharia de sistemas, engenharia de requisitos, sistemas de sistemas, engenharia de software distribuído, software embarcado, gerenciamento de projetos e planejamento de projetos.
3. *Cursos mais avançados em tópicos específicos de engenharia de software.* Neste caso, os capítulos do livro formam uma base para o curso. Estes são complementados com uma leitura mais aprofundada que explora o tema em mais detalhes. Por exemplo, um curso sobre reúso de software pode ter como base os Capítulos 15–18.

SITE DO LIVRO

Este livro foi projetado como um texto híbrido impresso/digital em que a informação fundamental na edição impressa está vinculada ao material suplementar (em inglês) na internet. Vários capítulos incluem 'seções web' especialmente escritas que adicionam informações a cada capítulo. Essas seções incluem *QR codes* para o conteúdo do site que podem ser ativados diretamente de um smartphone. Há também seis capítulos no site sobre temas que não abordei na versão impressa do livro.

Você pode baixar uma ampla gama de material de apoio, em inglês, do site do livro (software-engineering-book.com), incluindo:

- Apresentações em PowerPoint para todos os capítulos.
- Um conjunto de vídeos nos quais abordo uma série de tópicos de engenharia de software. Também recomendo outros vídeos do YouTube que podem apoiar a aprendizagem.
- Um guia do instrutor com conselhos sobre como usar o livro para lecionar em diferentes cursos.
- Mais informações sobre estudos de caso do livro (bomba de insulina, sistema de informação de pacientes para cuidados com a saúde mental, sistema meteorológico na natureza, sistema digital de aprendizagem), bem como outros estudos de caso, como a falha do lançamento do Ariane 5.
- Seis capítulos web que abordam melhoria de processos, métodos formais, projeto de interação, arquiteturas de aplicação, documentação e desenvolvimento orientado a aspectos.
- Seções web que se somam ao conteúdo apresentado em cada capítulo. Essas seções web estão vinculadas a *boxes* eventuais incluídos em cada capítulo.
- Outras apresentações em PowerPoint que abordam uma gama de tópicos de engenharia de sistemas.

Em resposta aos pedidos de leitores do livro, publiquei uma especificação de requisitos completa para um dos sistemas dos estudos de caso no site do livro. É difícil que alunos tenham acesso a esse tipo de documento e, portanto, entendam a sua arquitetura e complexidade. Para evitar problemas de confidencialidade, reformulei o documento de requisitos de um sistema real para que não haja restrições ao seu uso.

DETALHES DE CONTATO

Website: software-engineering-book.com
E-mail: software.engineering.book@gmail.com
Blog: iansommerville.com/systems-software-and-technology
YouTube: youtube.com/user/SoftwareEngBook
Facebook: facebook.com/sommerville.software.engineering
Twitter: @SoftwareEngBook ou @iansommerville (para *tweets* mais gerais)

Siga-me no Twitter ou no Facebook para obter atualizações sobre novos materiais e comentários sobre engenharia de software e sistemas.

AGRADECIMENTOS

Muitas pessoas contribuíram ao longo dos anos para a evolução deste livro e eu gostaria de agradecer a todas elas (revisores, estudantes e leitores) que fizeram comentários sobre edições anteriores e sugestões construtivas para modificações. Eu particularmente gostaria de agradecer a minha família, Anne, Ali e Jane, por seu amor, ajuda e apoio, enquanto eu estava trabalhando neste livro (e em todas as edições anteriores).

Ian Sommerville

MATERIAL DE APOIO DO LIVRO

No site www.grupoa.com.br professores podem acessar os seguintes materiais adicionais:

- Apresentações em PowerPoint
- Galeria de imagens
- Manual de soluções (em inglês)
- Exercícios adicionais (em inglês)

Esse material é de uso exclusivo para professores e está protegido por senha. Para ter acesso a ele, os professores que adotam o livro devem entrar em contato através do e-mail divulgacao@grupoa.com.br.

Parte 1
Introdução à engenharia de software

Meu objetivo nesta parte do livro é fornecer uma introdução geral à engenharia de software; os capítulos foram concebidos para um primeiro curso, com um semestre de duração. Apresento conceitos importantes, como os processos de software e os métodos ágeis, e descrevo atividades essenciais do desenvolvimento de software: da especificação dos requisitos até a evolução do sistema.

O Capítulo 1 é uma apresentação à engenharia de software profissional e traz a definição de alguns conceitos da área. Também inclui uma breve discussão sobre questões éticas como, por exemplo, a importância de os engenheiros de software pensarem a respeito das implicações mais amplas de seu trabalho. Esse capítulo também apresenta quatro estudos de caso que utilizo no livro: um sistema de informações para gerenciar registros de pacientes submetidos a tratamento de problemas de saúde mental (Mentcare), um sistema de controle para uma bomba de insulina portátil, um sistema embarcado em uma estação meteorológica na natureza e um ambiente digital de aprendizagem (iLearn).

Os dois capítulos seguintes cobrem os processos de engenharia de software e o desenvolvimento ágil. No Capítulo 2, apresento os modelos de processo, como o modelo em cascata, e discuto suas atividades básicas. O Capítulo 3 complementa o assunto com uma discussão sobre métodos de desenvolvimento ágil na engenharia de software. Esse capítulo foi amplamente alterado em relação às edições anteriores, com um foco no desenvolvimento ágil usando Scrum e uma discussão sobre as práticas ágeis, como as histórias utilizadas na definição dos requisitos e o desenvolvimento dirigido por testes (*test-driven development*).

Os próximos capítulos desta parte são descrições ampliadas das atividades de processo de software apresentadas no Capítulo 2. O Capítulo 4 cobre o tópico extremamente importante da engenharia de requisitos, que define os requisitos do que o sistema deve fazer. O Capítulo 5 explica a modelagem de sistemas usando a UML, e me concentro no uso de diagramas de caso de uso, diagramas de classe, diagramas de sequência e diagramas de estado para modelar um sistema de software. No Capítulo 6, discuto a importância da arquitetura de software e o uso de padrões de arquitetura no projeto de software.

O Capítulo 7 apresenta o projeto orientado a objetos e o uso de padrões de projeto (*design patterns*). Também apresento questões importantes de implementação — reúso, gerenciamento de configuração e desenvolvimento *host-target* — e discuto o desenvolvimento de código aberto (*open source*). O Capítulo 8 se concentra no teste de software, desde o teste de unidade, durante o desenvolvimento do sistema, até o teste de versões de software. Também discuto o uso do desenvolvimento dirigido por testes — uma abordagem pioneira nos métodos ágeis, mas que tem ampla aplicabilidade. Finalmente, o Capítulo 9 apresenta uma visão geral das questões de evolução do software, em que cubro os processos de evolução, a manutenção de software e o gerenciamento de sistemas legados.

1 | Introdução

OBJETIVOS

Os objetivos deste capítulo são introduzir a engenharia de software e fornecer uma estrutura para a compreensão do conteúdo do livro. Ao ler este capítulo, você:

- compreenderá o que é a engenharia de software e porque ela é importante;
- compreenderá que o desenvolvimento dos diferentes tipos de sistema de software pode exigir diferentes técnicas de engenharia;
- compreenderá questões éticas e profissionais importantes para os engenheiros de software;
- será apresentado a quatro sistemas, de diferentes tipos, que são utilizados como exemplos ao longo deste livro.

CONTEÚDO

1.1 Desenvolvimento profissional de software
1.2 Ética da engenharia de software
1.3 Estudos de caso

A engenharia de software é essencial para o funcionamento do governo, da sociedade e de empresas e instituições nacionais e internacionais. O mundo moderno não funciona sem software. A infraestrutura e os serviços públicos nacionais são controlados por sistemas computacionais e a maioria dos produtos elétricos inclui um computador e um software que o controla. A produção e distribuição industriais são completamente informatizadas, assim como o sistema financeiro. O setor de entretenimento — incluindo a música, os jogos de computador, o cinema e a televisão —, usa software intensivamente. Mais de 75% da população mundial possui um telefone celular controlado por software; e, até 2016, quase todos eles acessarão a internet.

Os sistemas de software são abstratos e intangíveis. Eles não são limitados pelas propriedades dos materiais e nem são governados pelas leis da física ou pelos processos de produção. Isso simplifica a engenharia de software, uma vez que não há limites naturais para o potencial do software. No entanto, devido à ausência de limitações físicas, os sistemas de software podem rapidamente se tornar bastante complexos, difíceis de entender e caros de modificar.

Existem muitos tipos diferentes de sistemas de software, variando de sistemas embarcados simples até sistemas de informação complexos, de alcance mundial. Não há notações, métodos ou técnicas universais para a engenharia de software, pois os diferentes tipos de software exigem abordagens igualmente diferentes. Desenvolver um sistema de informações organizacionais é completamente diferente de desenvolver um controlador para um instrumento científico. Nenhum deles têm muita coisa em comum com um jogo de computador que utiliza os gráficos intensivamente. Todas essas aplicações precisam de engenharia de software, mas nem todas elas precisam dos mesmos métodos e das mesmas técnicas.

Existem, ainda, muitos relatos de projetos equivocados e de "falhas de software". A engenharia de software é criticada como inadequada para o desenvolvimento de software moderno. Entretanto, acredito que muitas dessas ditas falhas de software sejam consequência de dois fatores:

1. *Complexidade crescente dos sistemas.* À medida que as novas técnicas de engenharia de software nos ajudam a construir sistemas maiores e mais complexos, as demandas mudam. Os sistemas precisam ser construídos e distribuídos com mais rapidez; é necessário que sejam ainda maiores e mais complexos; e eles precisam ter novas capacidades, que antes eram consideradas impossíveis. Novas técnicas de engenharia de software precisam ser desenvolvidas para enfrentar os novos desafios de fornecer um software mais complexo.
2. *Não utilização de métodos de engenharia de software.* É bem fácil escrever programas de computador sem usar métodos e técnicas de engenharia de software. Muitas empresas se aventuraram no desenvolvimento de software conforme seus produtos e serviços evoluíram. Como não usam métodos de engenharia de software em seu cotidiano, seu software costuma ser mais caro e menos confiável do que deveria. Precisamos de mais formação e treinamento em engenharia de software para solucionar esse problema.

Os engenheiros de software podem se orgulhar, com razão, de suas realizações. Naturalmente, ainda temos problemas para desenvolver software complexo, mas sem a engenharia de software não teríamos explorado o espaço e nem teríamos a internet ou as telecomunicações modernas. Todas as formas de viagem seriam mais perigosas e caras. Os desafios para a humanidade no século XXI são a mudança climática, a menor disponibilidade de recursos naturais, a variação demográfica e uma população mundial crescente. Contaremos com a engenharia de software para desenvolver os sistemas de que precisamos para lidar com essas questões.

História da engenharia de software

O conceito de engenharia de software foi proposto pela primeira vez em 1968, em uma conferência realizada para discutir o que então se chamava crise do software (NAUR; RANDELL, 1969). Ficou claro que as abordagens individuais ao desenvolvimento de programas não escalavam para sistemas de software grandes e complexos. Os sistemas não eram confiáveis, custavam mais do que o previsto e eram entregues com atraso.

Durante os anos 1970 e 1980, foi desenvolvida uma série de técnicas e métodos de engenharia de software, como a programação estruturada, a ocultação da informação (*information hiding*) e o desenvolvimento orientado a objetos. Foram desenvolvidas ferramentas e notações que compõem a base da engenharia de software atual.

1.1 DESENVOLVIMENTO PROFISSIONAL DE SOFTWARE

Muita gente escreve programas de computador. Nas empresas, as pessoas escrevem programas de planilha eletrônica para simplificar seus trabalhos; cientistas e engenheiros escrevem programas para processar seus dados experimentais; amadores escrevem programas para seu próprio interesse e prazer, por *hobby*. No entanto, a maior parte do desenvolvimento de software é uma atividade profissional em que o software é desenvolvido para fins comerciais, para inclusão em outros dispositivos ou como produto de software, a exemplo dos sistemas de informação e dos sistemas de projeto assistido por computador. As distinções fundamentais são que o software profissional se destina a ser utilizado por outras pessoas além de seu desenvolvedor e que ele é desenvolvido normalmente por times, e não por indivíduos; ele é mantido e alterado ao longo de sua vida útil.

A engenharia de software se destina a apoiar o desenvolvimento de software profissional em vez de a programação individual. Ela inclui técnicas que apoiam a especificação, o projeto e a evolução do software, aspectos geralmente irrelevantes para o desenvolvimento de software pessoal. Para ajudar a ter uma visão geral da engenharia de software, resumi na Figura 1.1 as perguntas mais frequentes sobre o assunto.

FIGURA 1.1 Perguntas frequentes sobre engenharia de software.

Pergunta	Resposta
O que é software?	Programas de computador e documentação associada. Os produtos de software podem ser desenvolvidos para um determinado cliente ou para um mercado genérico.
Quais são os atributos do bom software?	O bom software deve proporcionar a funcionalidade e o desempenho necessários e deve ser manutenível, usável e com dependabilidade (*dependability*).
O que é engenharia de software?	A engenharia de software é uma disciplina de engenharia que se preocupa com os aspectos da produção de software, desde sua concepção inicial até sua operação e manutenção.
Quais são as atividades fundamentais da engenharia de software?	Especificação, desenvolvimento, validação e evolução do software.
Qual é a diferença entre engenharia de software e ciência da computação?	A ciência da computação se concentra na teoria e nos fundamentos. A engenharia de software se preocupa com as questões práticas de desenvolver e entregar software útil.
Qual é a diferença entre engenharia de software e engenharia de sistemas?	A engenharia de sistemas se preocupa com todos os aspectos do desenvolvimento de sistemas computacionais, incluindo hardware, software e engenharia de processos. A engenharia de software faz parte desse processo mais geral.
Quais são os principais desafios enfrentados pela engenharia de software?	Lidar com a crescente diversidade, com as demandas por menores prazos de entrega e desenvolver software confiável.
Quais são os custos da engenharia de software?	Aproximadamente 60% dos custos de software são relativos ao desenvolvimento e 40%, aos testes. Quanto ao software personalizado, os custos de evolução frequentemente ultrapassam os de desenvolvimento.
Quais são os melhores métodos e técnicas de engenharia de software?	Ainda que todos os projetos de software devam ser gerenciados e desenvolvidos profissionalmente, técnicas diferentes são adequadas para tipos diferentes de sistemas. Por exemplo, jogos devem ser sempre desenvolvidos usando uma série de protótipos, enquanto sistemas de controle críticos em segurança requerem o desenvolvimento de uma especificação completa e analisável. Não há métodos ou técnicas que sejam bons para todos os casos.
Quais diferenças a internet trouxe para a engenharia de software?	A internet não só levou ao desenvolvimento de sistemas massivos, largamente distribuídos, baseados em serviços, como também deu base para a criação de uma indústria de aplicativos (ou "*apps*") para dispositivos móveis que mudou a economia de software.

Muitas pessoas acham que software é apenas mais um sinônimo para programa de computador. No entanto, quando falamos sobre engenharia de software, não estamos falando apenas dos programas em si, mas também de toda a documentação, bibliotecas, websites de apoio e dados de configuração associados — elementos necessários para que esses programas sejam úteis. Um sistema de software desenvolvido profissionalmente muitas vezes é mais do que um único programa. Ele pode consistir em diversos programas diferentes e em arquivos de configuração, que são utilizados para parametrizar esses programas. Também pode incluir uma documentação de sistema, que descreve sua estrutura; manual do usuário, que explica como utilizar o sistema; e sites, para os usuários baixarem informações recentes sobre o produto.

Esta é uma das diferenças mais importantes entre o desenvolvimento de software profissional e o amador. Se estiver escrevendo um programa para si próprio, que ninguém mais vai utilizar, não é necessário se preocupar em escrever manuais de programa, em documentar o projeto e assim por diante. No entanto, se estiver desenvolvendo um software que outras pessoas utilizarão e no qual outros engenheiros farão alterações, então provavelmente será preciso fornecer informações adicionais sobre o programa, assim como seu código.

Os engenheiros de software se preocupam em desenvolver produtos de software, ou seja, software que possa ser vendido para clientes. Existem dois tipos de produto de software:

1. *Produtos genéricos.* São sistemas *stand-alone* produzidos por uma organização de desenvolvimento de software e vendidos no mercado para qualquer cliente que queira comprá-los. Os exemplos desse tipo de produto incluem aplicativos para dispositivos móveis e software para PCs — como bancos de dados, processadores de texto, pacotes de desenho e ferramentas de gerenciamento de projetos. Esse tipo de software também inclui aplicações "verticais", projetadas para um mercado específico, como sistemas de informação de bibliotecas, sistemas contábeis ou sistemas para manter registros odontológicos.
2. *Software personalizado (ou feito sob medida).* São sistemas encomendados e desenvolvidos para um determinado cliente. Uma empresa de software projeta e implementa o software especialmente para o cliente. Exemplos desse tipo de software incluem sistemas de controle para dispositivos eletrônicos, sistemas escritos para apoiar processos de negócios específicos e sistemas de controle de tráfego aéreo.

A distinção fundamental entre esses tipos de software é que, nos produtos genéricos, a organização que desenvolve o software controla a sua especificação. Isso significa que se essa organização enfrentar problemas de desenvolvimento, ela pode repensar o que está sendo desenvolvido. Nos produtos personalizados, a especificação é desenvolvida e controlada pela organização que está comprando o software. Os desenvolvedores, então, devem trabalhar com essa especificação.

No entanto, a distinção entre esses tipos de produto está ficando cada vez mais confusa. Mais e mais sistemas estão sendo criados tendo como base um produto genérico, que depois é adaptado para atender às necessidades de um determinado cliente. Os sistemas ERP (*Enterprise Resource Planning*, em português, planejamento de recursos empresariais), como os da SAP e da Oracle, são os melhores exemplos dessa abordagem: um sistema grande e complexo é adaptado para uma empresa, incorporando informações sobre as regras e os processos de negócio, relatórios necessários e assim por diante.

Quando falamos sobre a qualidade do software profissional, temos de considerar que o software é utilizado e modificado por outras pessoas além dos seus desenvolvedores. Portanto, a qualidade não tem a ver apenas com o que o software faz. Preferencialmente, ela deve incluir o comportamento do software enquanto ele está em execução, a estrutura e a organização dos programas do sistema e a documentação associada. Isso se reflete nos atributos da qualidade — também chamados de não funcionais — do software. Exemplos desses atributos são o tempo de resposta do software para uma consulta do usuário e a inteligibilidade do código do programa.

O conjunto específico de atributos que se poderia esperar de um sistema de software depende, obviamente, de sua aplicação: um sistema de controle de aeronaves deve ser seguro, um jogo interativo deve ser responsivo, um sistema de comutação telefônica deve ser confiável e assim por diante. Esses sistemas podem ser generalizados no conjunto de atributos exibido na Figura 1.2, que eu considero serem as caraterísticas essenciais de um sistema de software profissional.

FIGURA 1.2 Atributos essenciais do bom software.

Característica do produto	Descrição
Aceitabilidade	O software deve ser aceitável para o tipo de usuário para o qual é projetado. Isso significa que ele deve ser inteligível, útil e compatível com os outros sistemas utilizados pelos usuários.
Dependabilidade e segurança da informação (*security*)	A dependabilidade do software inclui uma gama de características, incluindo confiabilidade, segurança da informação (*security*) e segurança (*safety*). O software com dependabilidade não deve causar danos físicos ou econômicos em caso de falha do sistema. Ele também deve ser protegido para que usuários maliciosos não consigam acessar ou danificar o sistema.
Eficiência	O software não deve desperdiçar recursos do sistema, como a memória e os ciclos de processador. Portanto, a eficiência inclui responsividade, tempo de processamento, utilização de recursos etc.
Manutenibilidade	O software deve ser escrito de tal modo que possa evoluir e satisfazer as necessidades mutáveis dos clientes. Este é um atributo crítico, pois a modificação do software é um requisito inevitável de um ambiente empresarial mutável.

1.1.1 Engenharia de software

A engenharia de software é uma disciplina relacionada a todos os aspectos da produção de software, desde os estágios iniciais da especificação, até a manutenção depois que o sistema passa a ser usado. Nessa definição, há duas frases-chave:

1. *Disciplina de engenharia.* Os engenheiros fazem as coisas funcionarem. Eles aplicam teorias, métodos e ferramentas onde for apropriado. No entanto, eles utilizam esses recursos seletivamente e sempre tentam descobrir soluções para os problemas, mesmo quando não há teorias e métodos aplicáveis. Os engenheiros também reconhecem que devem trabalhar dentro de limites organizacionais e financeiros e que devem buscar soluções dentro desses limites.

2. *Todos os aspectos da produção de software.* A engenharia de software não se preocupa apenas com os processos técnicos do desenvolvimento de software. Ela também inclui atividades como o gerenciamento de projetos de software e o desenvolvimento de ferramentas, métodos e teorias que apoiam a criação de software.

Engenharia se trata de obter resultados que atendam à qualidade exigida, dentro do cronograma e do orçamento. Muitas vezes isso envolve fazer concessões — os engenheiros não podem ser perfeccionistas. As pessoas que escrevem programas para si mesmas podem, por outro lado, investir o tempo que quiserem no desenvolvimento desses programas.

Em geral, os engenheiros de software adotam uma abordagem sistemática e organizada para o seu trabalho, já que muitas vezes essa é a maneira mais eficaz de produzir software de alta qualidade. Entretanto, engenharia se trata de escolher o método mais adequado para um conjunto de circunstâncias, de modo que uma abordagem mais criativa e menos formal de desenvolvimento pode ser a mais adequada para alguns tipos de software. Um processo de software mais flexível que acomode a mudança rápida é particularmente adequado para o desenvolvimento de sistemas web interativos e de aplicativos para dispositivos móveis, que requerem um conjunto de habilidades de projeto de software e de projeto gráfico.

A engenharia de software é importante por duas razões:

1. Cada vez mais os indivíduos e a sociedade dependem de sistemas de software avançados. Precisamos ser capazes de produzir sistemas confiáveis de maneira econômica e rápida.
2. Geralmente é mais barato, no longo prazo, usar métodos e técnicas de engenharia de software para sistemas de software profissionais em vez de apenas escrever programas como um projeto de programação pessoal. Não utilizar um método de engenharia de software leva a custos mais altos de teste, garantia de qualidade e manutenção de longo prazo.

A abordagem sistemática utilizada na engenharia de software é, às vezes, chamada de processo de software, uma sequência de atividades que leva à produção de um software. Quatro atividades fundamentais são comuns a todos os processos de software:

1. Especificação do software, etapa em que clientes e engenheiros definem o software que deve ser produzido e as restrições impostas à sua operação.
2. Desenvolvimento de software, etapa em que o software é projetado e programado.
3. Validação de software, etapa em que o programa é analisado para garantir que seja aquilo de que o cliente precisa.
4. Evolução do software, etapa de modificação para refletir a mudança de requisitos tanto do cliente quanto do mercado.

Diferentes tipos de sistemas precisam de diferentes processos de desenvolvimento, como explicarei no Capítulo 2. Por exemplo, um software de tempo real de uma aeronave deve ser completamente especificado antes de começar a ser desenvolvido. Nos sistemas de comércio eletrônico, a especificação e o programa normalmente são desenvolvidos em conjunto. Consequentemente, essas atividades genéricas podem ser organizadas de diferentes maneiras e descritas em diferentes níveis de detalhe, dependendo do tipo de software a ser desenvolvido.

A engenharia de software está relacionada tanto à ciência da computação quanto à engenharia de sistemas:

1. A ciência da computação trata das teorias e dos métodos que dão base à computação e aos sistemas de software, ao passo que a engenharia de software se preocupa com os problemas práticos da produção de software. Algum conhecimento de ciência da computação é essencial para os engenheiros de software, assim como algum conhecimento de física é essencial para os engenheiros elétricos. Nem sempre as elegantes teorias de ciência da computação são relevantes para os problemas grandes e complexos que exigem uma solução de software.
2. A engenharia de sistemas se concentra em todos os aspectos do desenvolvimento e evolução de sistemas complexos em que o software desempenha um papel importante. Assim, a engenharia de sistemas se preocupa com o desenvolvimento do hardware, com o projeto das políticas e processos e com a implantação de sistemas, assim como com a engenharia de software. Os engenheiros de sistemas se envolvem na especificação do sistema, na definição de sua arquitetura global e, depois, em integrar as diferentes partes para criar o sistema acabado.

Conforme veremos na próxima seção, existem muitos tipos diferentes de software. Não existem métodos ou técnicas universais de engenharia de software que possam ser utilizados. No entanto, existem quatro questões relacionadas que afetam muitos tipos de software diferentes:

1. *Heterogeneidade.* Cada vez mais são necessários sistemas que atuem de forma distribuída em redes e que incluam diferentes tipos de computadores e dispositivos móveis. Assim como nos computadores de uso geral, o software também pode precisar ser executado em telefones celulares e tablets. Muitas vezes é necessário integrar um novo software com sistemas legados mais antigos escritos em diferentes linguagens de programação. O desafio aqui é o de desenvolver técnicas para criar software com dependabilidade que seja suficientemente flexível para lidar com essa heterogeneidade.
2. *Mudanças nos negócios e na sociedade.* As empresas e a sociedade estão mudando com uma rapidez incrível à medida que economias emergentes se desenvolvem e novas tecnologias são disponibilizadas. Elas precisam ser capazes de mudar seu software existente e de desenvolver rapidamente um novo. Muitas técnicas tradicionais de engenharia de software são demoradas, e a entrega dos novos sistemas frequentemente leva mais tempo que o planejado. Essas técnicas precisam evoluir, de modo que o tempo necessário para que o software entregue valor aos seus clientes seja reduzido.
3. *Segurança da informação (security) e confiança (trust).* Pelo fato de o software estar entranhado em todos os aspectos de nossas vidas, é essencial que possamos confiar nele. Isso vale especialmente para os sistemas de software remoto acessados por meio de uma página da internet ou de uma interface de serviços web. Precisamos ter certeza de que usuários maliciosos não consigam atacar com sucesso o nosso software e que a as informações estejam protegidas.
4. *Escala.* O software tem de ser desenvolvido considerando diferentes escalas, desde pequenos sistemas embarcados em dispositivos móveis ou dispositivos

vestíveis (também chamados de *wearables*) até sistemas baseados na nuvem e distribuídos pela internet que atendam a uma comunidade global.

Para enfrentar esses desafios, precisaremos de novas ferramentas e técnicas, além de maneiras inovadoras de combinar e usar métodos de engenharia de software existentes.

1.1.2 Diversidade da engenharia de software

A engenharia de software é uma abordagem sistemática para a produção de software que leva em conta o custo prático, o cronograma e questões de dependabilidade, bem como as necessidades de clientes e produtores de software. Métodos, ferramentas e técnicas específicas dependem da organização que está desenvolvendo o software, do tipo de software e das pessoas envolvidas no processo de desenvolvimento. Não há métodos universais de engenharia de software que sejam adequados para todos os sistemas e empresas. Em vez disso, um conjunto diverso de métodos e ferramentas de engenharia de software evoluiu ao longo dos últimos 50 anos. Entretanto, a iniciativa SEMAT (JACOBSON *et al.*, 2013) propõe que haja um metaprocesso fundamental instanciado para criar diferentes tipos de processos. Esse é um estágio inicial do desenvolvimento e pode ser uma base para melhorar os nossos atuais métodos de engenharia de software.

Talvez o fator mais importante na determinação de quais são os métodos e técnicas de engenharia de software mais importantes é o tipo de aplicação que está sendo desenvolvido. Existem muitos tipos diferentes de aplicação, incluindo:

1. *Aplicações stand-alone*. São sistemas de aplicação executados em um computador pessoal ou aplicativos que rodam em dispositivos móveis. Elas incluem toda a funcionalidade necessária e podem não necessitar de conexão a uma rede. Como exemplos, temos as aplicações de escritório em um computador pessoal, programas de CAD, software de manipulação de imagens, aplicativos de viagem, aplicativos de produtividade etc.
2. *Aplicações interativas baseadas em transações*. São aplicações executadas em um computador remoto e que são acessadas por usuários a partir de seus próprios computadores, smartphones ou tablets. Elas incluem aplicações web como as de comércio eletrônico, por exemplo, por meio das quais se interage com um sistema remoto para comprar bens e serviços. Essa classe de aplicação também inclui sistemas de negócio, nos quais uma empresa concede acesso a seus sistemas por meio de um navegador, de um programa cliente de uso específico ou de um serviço baseado na nuvem, como e-mail e compartilhamento de imagens. As aplicações interativas incorporam frequentemente um grande armazenamento de dados que é acessado e atualizado em cada transação.
3. *Sistemas de controle embarcados*. São sistemas de controle de software que controlam e gerenciam dispositivos de hardware. Em números, existem provavelmente mais sistemas embarcados do que qualquer outro tipo. Exemplos de sistemas embarcados incluem o software de um telefone celular, o software que controla o freio ABS em um carro e o software em um forno de micro-ondas para controlar o processo de cozimento.

4. *Sistemas de processamento em lotes* (*batch*). São sistemas de negócio concebidos para processar dados em grandes lotes. Eles processam números enormes de entradas individuais para criar as saídas correspondentes. Exemplos de sistemas em lote incluem o faturamento periódico, como as contas de telefone, e os sistemas de folha de pagamento.
5. *Sistemas de entretenimento.* São destinados para uso pessoal, para entreter o usuário. A maioria desses sistemas consiste em jogos de gêneros variados, que podem ser executados em um console concebido especificamente para essa finalidade. A qualidade da interação com o usuário é a característica diferenciadora mais importante dos sistemas de entretenimento.
6. *Sistemas para modelagem e simulação.* São desenvolvidos por cientistas e engenheiros para modelar processos físicos ou situações que incluem muitos objetos diferentes e que interagem. Costumam ser computacionalmente intensivos e demandam sistemas paralelos de alto desempenho para a sua execução.
7. *Sistemas de coleta de dados e análise.* São aqueles que fazem a sua coleta no ambiente e enviam esses dados para outros sistemas, para processamento. O software pode ter de interagir com sensores e frequentemente é instalado em um ambiente hostil, como o interior de um motor, ou em uma localização remota. A análise de '*Big Data*' (grandes volumes de dados) pode envolver sistemas baseados na nuvem executando análises estatísticas e procurando relações entre os dados coletados.
8. *Sistemas de sistemas.* São utilizados em empresas e outras grandes organizações e são compostos de uma série de outros sistemas de software. Alguns deles podem ser produtos de software genéricos, como um sistema ERP. Outros sistemas do conjunto podem ser desenvolvidos especialmente para esse ambiente.

Naturalmente, as fronteiras entre esses tipos de sistema são tênues. Ao desenvolver um jogo para um telefone celular, deve-se levar em conta as mesmas restrições (potência, interação com o hardware) que os desenvolvedores do software do telefone. Os sistemas de processamento em lotes são utilizados frequentemente em conjunto com os sistemas de transações baseados na web. Em uma empresa, por exemplo, os créditos pelas despesas de viagem podem ser solicitados através de uma aplicação web, mas processados em uma aplicação em lotes (*batch*) para pagamento mensal.

Cada tipo de sistema exige técnicas especializadas de engenharia de software, pois cada um tem características diferentes. Por exemplo, um sistema de controle embarcado em um automóvel é um sistema crítico em segurança[1] e é gravado em uma ROM (memória somente de leitura, do inglês *Read Only Memory*) ao ser instalado no veículo. Por isso, sua modificação é muito cara. Esse tipo de sistema precisa de verificação e validação amplas, a fim de que a probabilidade de os carros sofrerem um *recall* após a venda seja minimizada. A interação com o usuário é mínima (ou talvez inexistente), então não há necessidade de usar um processo de desenvolvimento que se baseie na prototipação da interface com o usuário.

Para um sistema ou aplicativo web, a melhor abordagem é o desenvolvimento e a entrega iterativos, em que o sistema é composto de componentes reusáveis. No entanto, essa abordagem pode ser impraticável para um sistema de sistemas, no qual as especificações detalhadas das interações do sistema têm de ser especificadas de antemão para que cada sistema seja desenvolvido separadamente.

---
[1] N. da R.T.: *safety-critical system* é às vezes traduzido como 'sistema de segurança crítica'.

Apesar disso, há fundamentos da engenharia de software que se aplicam a todos os tipos de sistemas de software:

1. Eles devem ser desenvolvidos com o uso de um processo gerenciado e compreendido. A organização que está desenvolvendo o software deve planejar o processo de desenvolvimento e ter ideias claras do que será produzido e de quando será concluído. Naturalmente, o processo específico que deve ser utilizado depende do tipo de software que se está desenvolvendo.
2. Dependabilidade e desempenho são importantes para todos os tipos de sistema. O software deve se comportar conforme o esperado, sem falhas, e deve estar disponível para uso quando for necessário. Deve ter uma operação segura e, na medida do possível, ter proteção contra ataques externos. O sistema deve ter um desempenho eficiente e não desperdiçar recursos.
3. É importante compreender e controlar a especificação e os requisitos do software (o que o software deve fazer). É preciso saber o que os diferentes clientes e usuários esperam do sistema e gerenciar as expectativas deles a fim de fornecer um sistema útil dentro do orçamento e do cronograma.
4. Os recursos existentes devem ser usados de modo eficaz. Isso significa que, onde for apropriado, deve-se reusar software que já tenha sido desenvolvido, em vez de escrever um novo.

Esses conceitos fundamentais de processo, dependabilidade, requisitos, gerenciamento e reúso são temas importantes deste livro. Diferentes métodos os refletem de diferentes maneiras, mas eles estão na base de todo o desenvolvimento de software profissional.

Esses fundamentos independem da linguagem de programação utilizada no desenvolvimento do software. Não abordo técnicas de programação específicas neste livro porque elas variam radicalmente de um tipo de sistema para outro. Por exemplo, uma linguagem dinâmica, como Ruby, é o tipo correto de linguagem para o desenvolvimento de sistemas interativos, mas é inadequado para a engenharia de sistemas embarcados.

1.1.3 Engenharia de software para internet

O desenvolvimento da internet e da rede mundial de computadores tem surtido um efeito profundo nas vidas de todos nós. Inicialmente, a web era um repositório de informações acessível universalmente e surtia pouco efeito nos sistemas de software. Esses sistemas eram executados em computadores locais e só eram acessíveis de dentro de uma organização. Por volta do ano 2000, a web começou a evoluir e cada vez mais recursos foram adicionados aos navegadores, indicando que os sistemas web poderiam ser desenvolvidos e que, no lugar de uma interface com o usuário específica, eles passariam a ser acessados por meio de um navegador. Isso levou ao desenvolvimento de uma ampla gama de novos produtos de sistema que ofereciam serviços inovadores acessados pela internet. Eles são frequentemente mantidos por anúncios exibidos na tela e não envolvem o pagamento direto pelos usuários.

Assim como esses produtos de sistema, o desenvolvimento de navegadores web que pudessem executar pequenos programas e fazer algum processamento local levou a uma evolução em softwares corporativos e organizacionais. Em vez de escrever um software e instalá-lo nos computadores dos usuários, ele poderia ser implantado em um servidor web. Isso barateou a modificação e a atualização de software, já que não havia necessidade de instalá-lo em cada computador. Isso também reduziu custos, pois o desenvolvimento da interface com o usuário é particularmente caro. Sempre que foi possível fazê-lo, empresas migraram seus sistemas de software para uma interação web.

O conceito de software como serviço (Capítulo 17) foi proposto no início do século XXI. Hoje, essa é a abordagem padrão para a distribuição de produtos web como Google Apps, Microsoft Office 365 e Adobe Creative Suite. Cada vez mais, o software é executado em 'nuvens' remotas em vez de servidores locais, e é acessado por meio da internet. Uma nuvem de computação é uma quantidade enorme de sistemas computacionais interligados que é compartilhada por muitos usuários. Os usuários não compram o software, mas pagam de acordo com o quanto ele é utilizado ou recebem acesso gratuito em troca da visualização de anúncios que são exibidos na tela. Ao usar serviços baseados na web como e-mail, armazenamento ou vídeo, um sistema em nuvem está sendo utilizado.

O advento da internet levou a uma mudança radical na maneira como o software corporativo é organizado. Antes da web, as aplicações corporativas eram praticamente monolíticas, programas únicos rodando em computadores individuais ou em *clusters*. As comunicações eram locais, restritas à empresa. Agora, o software é altamente distribuído, às vezes mundialmente. As aplicações corporativas não são programadas do zero, mas envolvem o amplo reúso de componentes e programas.

Essa mudança na organização de software teve um efeito importante na engenharia de software para os sistemas web. Por exemplo:

1. O reúso de software se tornou a abordagem dominante para construir sistemas web. Durante a criação desses sistemas, é possível pensar em como montá-los a partir de componentes e de sistemas de software preexistentes, muitas vezes agrupados em um *framework*.
2. De maneira geral, hoje reconhece-se que é impraticável especificar todos os requisitos desses sistemas antecipadamente. Os sistemas web sempre são desenvolvidos e entregues de modo incremental.
3. O software pode ser implementado usando engenharia de software orientada a serviços, na qual os componentes do software são serviços da web *stand-alone*. Discutirei essa questão no Capítulo 18.
4. As tecnologias de desenvolvimento de interfaces, como AJAX (HOLDENER, 2008) e HTML5 (FREEMAN, 2011), surgiram para dar suporte à criação de interfaces dinâmicas dentro de um navegador web.

As ideias fundamentais de engenharia de software, discutidas na seção anterior, aplicam-se ao software web da mesma forma que a outros tipos de software. Os sistemas web estão ficando cada vez maiores, então as técnicas de engenharia de software que lidam com escala e complexidade são relevantes para esses sistemas.

1.2 ÉTICA DA ENGENHARIA DE SOFTWARE

Assim como outras disciplinas de engenharia, a engenharia de software é conduzida dentro de um arcabouço social e legal que limita a liberdade das pessoas que trabalham nesse setor. Um engenheiro de software deve aceitar que o seu trabalho envolve responsabilidades mais amplas do que a simples aplicação de habilidades técnicas. Também deve se comportar de maneira ética e moralmente responsável se quiser ser respeitado como um engenheiro profissional.

Nem é preciso dizer que os padrões normais de honestidade e integridade devem ser mantidos. Habilidades e capacidades não devem ser usadas para agir de forma desonesta ou que venha a comprometer a reputação da profissão de engenheiro de software. No entanto, existem áreas nas quais os padrões de comportamento aceitável não são delimitados pelas leis, mas por uma noção mais tênue de responsabilidade profissional. Algumas dessas áreas são:

1. *Confidencialidade.* A confidencialidade dos seus empregadores ou clientes deve ser respeitada, independentemente de um acordo ter sido assinado ou não.
2. *Competência.* Não se deve apresentar um nível de competência que não seja verdadeiro. Trabalhos que estejam fora da sua competência não devem ser aceitos.
3. *Direitos de propriedade intelectual.* Deve-se estar a par das leis locais que regem o uso da propriedade intelectual, como patentes e direitos autorais. É necessário ter o cuidado de assegurar que a propriedade intelectual dos empregadores e clientes esteja protegida.
4. *Mau uso do computador.* Não se deve aproveitar habilidades técnicas para usar indevidamente os computadores de outras pessoas. O uso indevido do computador varia desde o relativamente trivial (jogar na máquina de um empregador) até o extremamente grave (disseminação de vírus ou outro tipo de *malware*).

As sociedades e instituições profissionais têm um papel importante no estabelecimento dos padrões éticos. Organizações como a ACM (*Association for Computing Machinery*), o IEEE (*Institute of Electrical and Electronic Engineers*) e a British Computer Society publicam um código de conduta profissional ou código de ética. Os membros dessas organizações se comprometem a seguir esse código quando se associam. Esses códigos de conduta geralmente estão relacionados com o comportamento ético fundamental.

As associações profissionais, particularmente a ACM e o IEEE, cooperaram para produzir um código de ética e prática profissional. Esse código existe na forma reduzida, exibida na Figura 1.3, e na forma completa (GOTTERBARN; MILLER; ROGERSON, 1999), que acrescenta detalhes e conteúdo à versão resumida. A lógica por trás do código está resumida nos dois primeiros parágrafos da versão completa:

> *Os computadores têm um papel fundamental e crescente no comércio, na indústria, no governo, na medicina, na educação, no entretenimento e na sociedade em geral. Os engenheiros de software são aqueles que contribuem para análise, especificação, projeto, desenvolvimento, certificação, manutenção e teste dos sistemas de software, participando diretamente ou ensinando. Em virtude de seus papéis no desenvolvimento dos sistemas de software, os engenheiros de software têm oportunidades significativas para fazer o bem ou provocar danos, capacitar terceiros a fazer o bem ou causar danos, ou influenciar terceiros a fazer o bem ou causar danos. Para assegurar o máximo possível que seus esforços serão utilizados para o bem, os engenheiros de software devem se comprometer a fazer da engenharia de software uma profissão útil e respeitada. De acordo com esse compromisso, os engenheiros de software devem seguir o seguinte código de ética e prática profissional.*

O código contém oito princípios relacionados ao comportamento e às decisões tomadas pelos engenheiros de software profissionais, incluindo os praticantes, educadores, gestores, supervisores e criadores de políticas, bem como estagiários e alunos da profissão. Os princípios identificam as relações eticamente responsáveis em que indivíduos, grupos e organizações participam e as obrigações primárias dentro dessas relações. As cláusulas de cada princípio são exemplos de algumas obrigações incluídas nessas relações. Essas obrigações estão fundamentadas na humanidade da engenharia de software, com uma atenção especial dedicada às pessoas afetadas pelo trabalho dos engenheiros de software, e nos elementos exclusivos da prática da engenharia de software. O código prescreve essas obrigações de qualquer um que reivindique ou aspire ser um engenheiro de software.[2]

FIGURA 1.3 Código de ética da ACM/IEEE (© 1999 by the ACM Inc. and the IEEE, Inc.).

Código de ética e prática profissional da engenharia de software

Força-tarefa conjunta da ACM/IEEE-CS para ética e práticas profissionais da engenharia de software

Prefácio

A versão reduzida do código resume as aspirações em um alto nível de abstração; as cláusulas incluídas na versão completa fornecem exemplos e detalhes de como essas aspirações mudam o nosso modo de agir como profissionais de engenharia de software. Sem as aspirações, os detalhes podem se tornar legalistas e tediosos; sem os detalhes, as aspirações podem ficar pomposas, porém vazias; juntos, as aspirações e os detalhes formam um código coeso.

Os engenheiros de software devem se comprometer a fazer da análise, especificação, projeto, desenvolvimento, teste e manutenção do software uma profissão útil e respeitada. De acordo com o seu compromisso com a saúde, segurança e bem-estar do público, os engenheiros de software devem obedecer aos oito princípios a seguir:

1. Público — Os engenheiros de software devem agir coerentemente com o interesse público.

2. Cliente e empregador — Os engenheiros de software devem agir de uma maneira que atenda aos interesses de seu cliente e empregador, coerente com o interesse público.

3. Produto — Os engenheiros de software devem assegurar que seus produtos e modificações relacionadas cumpram o máximo possível os mais altos padrões profissionais.

4. Opinião — Os engenheiros de software devem manter a integridade e independência em sua opinião profissional.

5. Gestão — Os gestores e líderes em engenharia de software devem aceitar e promover uma abordagem ética do gerenciamento do desenvolvimento e manutenção do software.

6. Profissão — Os engenheiros de software devem promover a integridade e a reputação da profissão em conformidade com o interesse público.

7. Colegas — Os engenheiros de software devem ser justos e apoiar os colegas.

8. Caráter — Os engenheiros de software devem aderir a uma aprendizagem contínua durante toda a vida no que diz respeito à prática de sua profissão e promover uma abordagem ética para a prática da profissão.

Versão resumida. Disponível em: <https://ethics.acm.org/code-of-ethics>. Acesso em: 27 mar. 2018.

---

[2] Força-tarefa conjunta da ACM/IEEE-CS para ética e práticas profissionais da engenharia de software, prefácio da versão resumida. Disponível em: <https://ethics.acm.org/code-of-ethics>. Acesso em: 27 mar. 2018. Copyright © 1999 by the Association for Computing Machinery, Inc. and the Institute for Electrical and Electronics Engineers, Inc.

Em qualquer situação em que diferentes pessoas têm diferentes visões e objetivos, é provável se deparar com dilemas éticos. Por exemplo, se você discordar, em princípio, das políticas dos funcionários de maior escalão na empresa, como deverá reagir? Claramente, isso depende das pessoas envolvidas e da natureza da discordância. Será melhor defender seu trabalho na empresa ou se demitir? Se você sentir que existem problemas com um projeto de software, quando deverá revelá-los à gestão? Se você discutir esses problemas enquanto ainda são apenas uma suspeita, você poderá estar reagindo exageradamente a uma situação; se demorar demais, poderá ser impossível resolvê-los.

Todos nós enfrentamos dilemas éticos em nossas vidas profissionais e, felizmente, na maioria dos casos, eles são relativamente pequenos ou podem ser resolvidos sem grande dificuldade. Nas situações em que esses dilemas não podem ser solucionados, o engenheiro enfrenta, talvez, outro problema. A ação movida por princípios pode ser pedir demissão, mas isso pode afetar outras pessoas, como familiares, cônjuge ou filhos.

Uma dificuldade profissional para os engenheiros de software surge quando o empregador age de maneira antiética. Digamos que uma empresa seja responsável por desenvolver um sistema crítico em segurança e, devido à pressão do tempo, falsifique os registros de validação da segurança (*safety*). A responsabilidade do engenheiro é manter a confidencialidade, alertar o cliente ou tornar público, de alguma forma, que o sistema fornecido pode não ser seguro?

O problema aqui é que não há verdade absoluta quando se trata de segurança (*safety*). Embora o sistema possa não ter sido validado de acordo com critérios predefinidos, esses critérios podem ser rigorosos demais. O sistema pode operar com segurança por todo o seu ciclo de vida. Também é possível que, mesmo quando validado adequadamente, o sistema apresente falha e provoque um acidente. A revelação precoce dos problemas pode resultar em danos ao empregador e demais funcionários; a ocultação pode resultar em danos a terceiros.

Você deve ter a sua própria opinião sobre essas questões. Aqui, a posição ética correta depende das opiniões das pessoas envolvidas. O potencial para danos, o grau do dano e as pessoas afetadas pelos danos devem influenciar a decisão. Se a situação for muito perigosa, há justificativa para publicação dos fatos na imprensa ou nas mídias sociais. No entanto, você sempre deve tentar resolver a situação enquanto respeita os direitos do seu empregador.

Outra questão ética é a participação no desenvolvimento de sistemas militares e nucleares. Algumas pessoas têm opiniões formadas a respeito desses assuntos e preferem não participar de nenhum desenvolvimento de sistemas associados à defesa. Outras trabalharão em sistemas militares, mas não em sistemas de armamento. Contudo, outras acham que a segurança nacional é um princípio primordial e não têm objeções éticas a trabalhar em sistemas de armamento.

Nessa situação, é importante que tanto empregadores quanto funcionários exponham suas opiniões uns para os outros antecipadamente. No caso de uma organização se envolver em trabalhos militares ou nucleares, ela deve ser capaz de deixar claro que os empregados devem estar dispostos a aceitar qualquer distribuição de tarefas. Do mesmo modo, se um empregado for escolhido e deixar claro que não deseja trabalhar em tais sistemas, os empregadores não deverão pressioná-lo a participar futuramente.

A área geral da responsabilidade ética e profissional se torna cada vez mais importante à medida que os sistemas intensivos de software permeiam todos os aspectos do trabalho e do cotidiano. Isso pode ser analisado a partir de um ponto de vista filosófico, em que os princípios básicos de ética são considerados, e a ética da engenharia de software é discutida tendo como referência esses princípios básicos. Essa é a abordagem adotada por Laudon (1995) e Johnson (2001). Textos mais recentes, como os de Tavani (2013), introduzem o conceito de *ciberética* (*cyberethics*) e abordam tanto sua fundamentação filosófica quanto as questões práticas e legais envolvidas, incluindo questões éticas para usuários de tecnologia e para desenvolvedores.

Eu acredito que uma abordagem filosófica é abstrata demais e difícil de relacionar à experiência do dia a dia, então prefiro a abordagem mais concreta incorporada aos códigos de conduta profissional (BOTT, 2005; DUQUENOY, 2007). Acho que a ética é discutida com mais propriedade no contexto da engenharia de software, e não como um assunto isolado. Portanto, não discuto a ética da engenharia de software de uma maneira abstrata, mas incluo exemplos nos exercícios que podem ser um ponto de partida para uma discussão em grupo.

1.3 ESTUDOS DE CASO

Para ilustrar os conceitos de engenharia de software, utilizo exemplos de quatro tipos de sistemas diferentes. Não utilizei apenas um estudo de caso deliberadamente, já que uma das mensagens principais deste livro é que a prática da engenharia de software depende do tipo de sistema que está sendo produzido. Escolho, portanto, um exemplo apropriado para cada conceito discutido — segurança (*safety*) e dependabilidade, modelagem de sistemas, reúso etc.

Os tipos de sistema que utilizo como estudos de caso são:

1. *Um sistema embarcado.* Esse é um sistema em que o software controla algum dispositivo de hardware e está embarcado neste dispositivo. As questões nos sistemas embarcados incluem, normalmente, o tamanho físico, a capacidade de resposta, o gerenciamento da energia etc. O exemplo de sistema embarcado que utilizo é o software para controlar uma bomba de insulina para portadores de diabetes.
2. *Um sistema de informação.* A finalidade principal desse tipo de sistema é gerenciar e proporcionar acesso a um banco de dados de informações. As questões nos sistemas de informação incluem segurança da informação (*security*), usabilidade, privacidade e manutenção da integridade dos dados. O exemplo de sistema de informação utilizado é um sistema de registros médicos.
3. *Um sistema de coleta de dados baseado em sensores.* Esse é um sistema cujas finalidades principais são coletar dados de um conjunto de sensores e processá-los de alguma maneira. Os requisitos fundamentais desses sistemas são confiabilidade, mesmo em condições ambientais hostis, e manutenibilidade. O exemplo de sistema de coleta de dados que utilizo é uma estação meteorológica na natureza.
4. *Um ambiente de suporte.* Esse é um conjunto integrado de ferramentas de software utilizadas para dar suporte a algum tipo de atividade. Ambientes de programação, como o Eclipse (VOGEL, 2012), serão o tipo de ambiente mais familiar aos leitores deste livro. Descrevo aqui um exemplo de ambiente digital de aprendizagem utilizado para suplementar a aprendizagem dos alunos nas escolas.

Cada um desses sistemas será apresentado neste capítulo; mais informações sobre cada um deles estão disponíveis no site do livro (software-engineering-book.com — em inglês).

1.3.1 Sistema de controle para bomba de insulina

A bomba de insulina é um dispositivo médico que simula a operação do pâncreas (um órgão interno). O software que controla esse sistema consiste em um sistema embarcado que coleta informações de um sensor e controla a bomba que, por sua vez, fornece uma dose controlada de insulina para o usuário.

As pessoas que sofrem de diabetes usam esse sistema. Diabetes é uma condição relativamente comum na qual o pâncreas humano é incapaz de produzir quantidades suficientes de um hormônio chamado insulina, que é responsável por metabolizar a glicose (açúcar) no sangue. O tratamento convencional de diabetes envolve injeções regulares de insulina produzida através de engenharia genética. Os diabéticos medem seus níveis de glicose no sangue periodicamente usando um medidor externo e depois estimam a dose de insulina que devem injetar.

O problema é que o nível de insulina necessário não depende apenas do nível de glicose no sangue, mas também do tempo desde a última injeção. A verificação irregular pode levar a níveis muito baixos de glicose no sangue (se houver insulina demais) ou a níveis muito altos de açúcar no sangue (se houver muito pouca insulina). Glicose baixa no sangue é, no curto prazo, uma condição mais grave, já que pode resultar em mau funcionamento temporário do cérebro e, em último caso, perda de consciência e morte. Entretanto, no longo prazo, os níveis altos contínuos de glicose no sangue podem levar a danos oculares, danos renais e problemas cardíacos.

Os avanços no desenvolvimento de sensores miniaturizados tornaram possível a criação de sistemas automatizados de aplicação da insulina. Esses sistemas monitoram os níveis de açúcar no sangue e fornecem uma dose correta de insulina, quando necessária. Sistemas como esse estão disponíveis hoje em dia e são utilizados por pacientes com dificuldade para controlar os níveis de insulina. No futuro, pode ser possível que os diabéticos tenham esses sistemas acoplados permanentemente a seus corpos.

Um sistema de fornecimento de insulina controlado por software usa um microssensor embutido no paciente para medir algum parâmetro do sangue que seja proporcional ao nível de açúcar. Depois, esse parâmetro é enviado para o controlador da bomba, que computa o nível de açúcar e a quantidade de insulina necessária. Em seguida, envia sinais para uma bomba miniaturizada para fornecer a insulina através de uma agulha acoplada permanentemente.

A Figura 1.4 mostra os componentes de hardware e a organização da bomba de insulina. Para entender os exemplos apresentados neste livro, tudo o que é preciso saber é que o sensor mede a condutividade elétrica do sangue em diferentes condições e que esses valores podem estar relacionados com o nível de açúcar no sangue. A bomba de insulina fornece uma unidade de insulina em resposta a um único pulso de um controlador. Portanto, para fornecer dez unidades de insulina, o controlador envia dez pulsos para a bomba. A Figura 1.5 é um modelo de atividade em UML (*Unified Modeling Language*) que ilustra como o software transforma uma entrada do nível de açúcar no sangue em uma sequência de comandos que acionam a bomba de insulina.

FIGURA 1.4 Arquitetura do hardware de uma bomba de insulina.

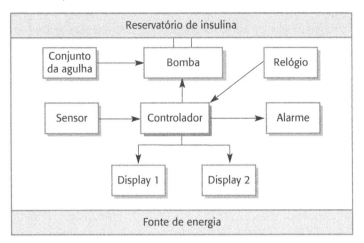

FIGURA 1.5 Modelo de atividade da bomba de insulina.

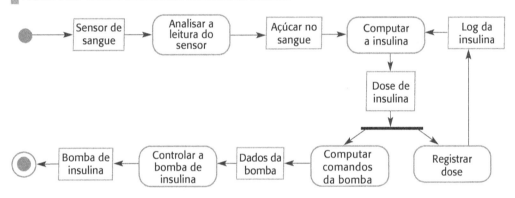

Claramente, trata-se de um sistema crítico em segurança. Se a bomba não funcionar ou trabalhar de modo incorreto, a saúde do usuário pode ser prejudicada ou ele pode entrar em coma em virtude de seus níveis de açúcar no sangue estarem altos ou baixos demais. Portanto, esse sistema deve cumprir dois requisitos de alto nível essenciais:

1. O sistema deve estar disponível para fornecer insulina sempre que necessário.
2. O sistema deve funcionar de maneira confiável e fornecer a quantidade correta de insulina para compensar o nível atual de açúcar no sangue.

Assim, o sistema deve ser projetado e implementado para garantir que cumpra esses requisitos sempre. Requisitos mais detalhados e discussões de como assegurar que o sistema seja seguro serão apresentados nos próximos capítulos.

1.3.2 Sistema de informação de pacientes de saúde mental

Um sistema de informação de pacientes que fornece suporte ao cuidado com a saúde mental (o sistema Mentcare) mantém dados sobre os pacientes que sofrem de problemas de saúde mental e os tratamentos aos quais foram submetidos. A maioria dos pacientes não precisa de tratamento hospitalar dedicado, mas apenas frequentar regularmente uma clínica especializada, onde podem encontrar um médico que tenha conhecimento detalhado de seus problemas. Para facilitar a frequência dos pacientes, essas clínicas não existem apenas dentro dos hospitais, mas em postos médicos locais ou centros comunitários.

O sistema Mentcare (Figura 1.6) é um sistema de informações de pacientes para ser utilizado em clínicas. Ele utiliza um banco de dados centralizado, que contém informações sobre os pacientes, mas também foi concebido para ser executado em um notebook, de modo que possa ser acessado e utilizado em locais sem acesso a uma conexão de rede segura. Quando os sistemas locais contam com acesso seguro à rede, eles usam as informações de pacientes que constam do banco de dados, mas podem baixar e usar cópias locais dos registros dos pacientes quando estiverem desconectados. O sistema não é um registro de informações médicas completo e, portanto, não mantém informações sobre outras condições clínicas. No entanto, ele pode interagir e trocar dados com outros sistemas de informações médicas.

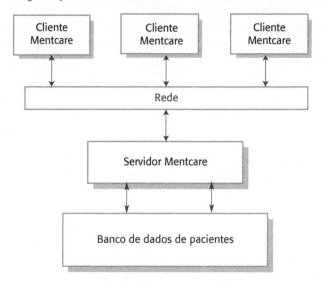

FIGURA 1.6 A organização do sistema Mentcare.

Este sistema tem duas finalidades:

1. Gerar informações de gestão que permitam que gestores de serviços de saúde avaliem o desempenho em relação às metas locais e governamentais.
2. Fornecer informações atualizadas à equipe médica para o tratamento dos pacientes.

Os pacientes que sofrem de problemas de saúde mental podem, dada a natureza de seus problemas, perder consultas, receitas e medicações — de modo deliberado ou acidental —, esquecer instruções e fazer pedidos sem sentido à equipe médica. Eles podem aparecer nas clínicas inesperadamente. Em uma minoria dos casos, podem ser perigosos para si próprios ou para outras pessoas. Podem mudar regularmente de endereço ou podem ser sem-teto a pouco ou muito tempo. Quando os pacientes são perigosos, podem precisar ser internados em um hospital seguro para tratamento e observação.

Os usuários do sistema incluem o pessoal das clínicas, como médicos, profissionais de enfermagem e assistentes de saúde (profissionais de enfermagem que visitam as pessoas em casa para acompanhar o seu tratamento). Os usuários que não são da área médica incluem recepcionistas que marcam consultas, profissionais responsáveis pela manutenção do sistema de cadastros e pessoal administrativo que gera os relatórios.

O sistema é utilizado para registrar informações sobre os pacientes (nome, endereço, idade, familiares etc.), consultas (data, médico consultado, impressões subjetivas do paciente etc.), condições e tratamentos. Os relatórios são gerados em intervalos regulares para a equipe médica e os gestores de saúde autorizados. Normalmente, os relatórios para a equipe médica se concentram nas informações de cada paciente, enquanto que os relatórios de gestão são anônimos e se preocupam com condições, custos de tratamento etc.

As características[3] principais desse sistema são:

1. *Gestão do cuidado individual.* Os médicos podem criar registros para os pacientes, editar as informações no sistema, visualizar o histórico do paciente etc. O sistema dá suporte ao resumo de dados, de modo que os médicos que ainda não conheçam o paciente possam aprender rapidamente sobre seus principais problemas e os tratamentos prescritos.

2. *Monitoramento do paciente.* O sistema monitora regularmente os registros dos pacientes que estão sendo tratados e emite alertas se forem detectados possíveis problemas. Portanto, se um paciente não foi atendido por um médico durante certo intervalo de tempo, pode ser emitido um alerta. Um dos elementos mais importantes do sistema de monitoramento é acompanhar os pacientes que foram internados e assegurar que sejam realizadas as averiguações exigidas legalmente, no momento certo.

3. *Relatórios administrativos.* O sistema gera relatórios mensais de gestão mostrando a quantidade de pacientes tratados em cada clínica, a quantidade de pacientes que entrou e saiu do sistema de atendimento, a quantidade de pacientes internados, os medicamentos prescritos e seus custos etc.

Dois tipos de leis diferentes afetam o sistema: leis de proteção de dados, que governam a confidencialidade das informações pessoais; e leis de saúde mental, que governam a internação compulsória dos pacientes considerados uma ameaça para si próprios ou para outros. A saúde mental diferencia-se das demais especialidades por ser a única que permite a um médico recomendar a internação dos pacientes contra a sua vontade. Isso está sujeito a garantias legislativas rigorosas. Um objetivo do sistema Mentcare é garantir que a equipe aja sempre em concordância com a lei e que suas decisões sejam registradas para análise judicial, caso seja necessário.

Assim como em todos os sistemas clínicos, a privacidade é um requisito crítico do sistema. É essencial que as informações dos pacientes sejam confidenciais e que jamais sejam reveladas a qualquer outra pessoa além da equipe médica autorizada e dos próprios pacientes. O Mentcare também é um sistema crítico em segurança. Alguns transtornos mentais fazem com que os pacientes se tornem suicidas ou uma ameaça para as outras pessoas. Sempre que possível, o sistema adverte a equipe médica sobre os pacientes potencialmente suicidas ou perigosos.

O projeto geral do sistema precisa levar em conta os requisitos de privacidade e segurança (*safety*). Ele deve estar disponível quando necessário, ou a segurança pode

---

3 N. da R.T.: algumas pessoas preferem usar a palavra *feature*, sem tradução.

ficar comprometida e pode ser impossível prescrever a medicação correta para os pacientes. Aqui temos um conflito em potencial — a privacidade é mais fácil de manter quando há apenas uma única cópia dos dados do sistema. No entanto, para assegurar a disponibilidade no caso de falhas do servidor ou quando não houver conexão de rede, devem ser mantidas múltiplas cópias dos dados. Discuto os conflitos de escolha entre esses requisitos nos capítulos posteriores.

1.3.3 Estação meteorológica na natureza

Para ajudar a monitorar as mudanças climáticas e tornar mais precisas as previsões meteorológicas nas áreas remotas, o governo de um país com grandes áreas de natureza selvagem decide instalar centenas de estações meteorológicas em áreas remotas. Essas estações coletam dados de um conjunto de instrumentos que medem a temperatura e a pressão, a insolação, as precipitações e a velocidade e direção dos ventos.

As estações meteorológicas na natureza fazem parte de um sistema maior (Figura 1.7), que é o sistema de informações climáticas que coleta dados das estações e os disponibiliza para outros sistemas para que sejam processados. Os sistemas apresentados na Figura 1.7 são:

1. *Sistema da estação meteorológica.* É responsável por coletar dados climáticos, realizar algum processamento inicial e transmitir os dados para o sistema de gerenciamento.
2. *Sistema de gerenciamento e arquivamento de dados.* Coleta dados de todas as estações meteorológicas, processa e analisa os dados e os arquiva de uma forma que possam ser recuperados por outros sistemas, como os sistemas de previsão meteorológica.
3. *Sistema de manutenção da estação.* Capaz de se comunicar via satélite com todas as estações meteorológicas na natureza para monitorar a condição desses sistemas e fornecer relatórios dos problemas. Ele também pode atualizar o software embarcado nesses sistemas. No caso de problemas de sistema, ele pode ser utilizado para controlar remotamente a estação meteorológica.

Na Figura 1.7, utilizei o símbolo de pacote da UML para indicar que cada sistema é um conjunto de componentes, e os diferentes sistemas são identificados usando o estereótipo «system» da UML. As associações entre os pacotes indicam que há uma troca de informações, mas, nesse estágio, não há necessidade de definir esses pacotes com mais detalhes.

FIGURA 1.7 O ambiente da estação meteorológica.

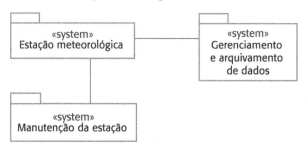

As estações meteorológicas incluem instrumentos que medem os parâmetros climáticos, como velocidade e direção do vento, temperaturas no solo e no ar, pressão barométrica e precipitações ao longo de um período de 24 horas. Cada um desses instrumentos é controlado por um software que recebe periodicamente as leituras dos parâmetros e gerencia os dados coletados.

O sistema da estação meteorológica funciona coletando observações climáticas em intervalos frequentes; as temperaturas, por exemplo, são medidas a cada minuto. No entanto, como a largura de banda da conexão por satélite é insuficiente, a estação meteorológica realiza parte do processamento e agregação dos dados localmente. Depois, ela transmite esses dados agregados quando solicitado pelo sistema de coleta de dados. Se for impossível estabelecer uma conexão, então a estação meteorológica mantém os dados localmente até a comunicação ser restabelecida.

Cada estação meteorológica é alimentada por baterias e deve ser inteiramente autocontida; não há alimentação externa ou cabos de rede. Todas as comunicações se dão através de um *link* via satélite relativamente lento, e a estação meteorológica deve incluir algum mecanismo (solar ou eólico) para carregar as baterias. Como são instaladas em áreas selvagens, as estações ficam expostas a condições ambientais severas e podem ser danificadas por animais. O software da estação, portanto, não está preocupado apenas com a coleta de dados. Ele também deve:

1. Monitorar os instrumentos, a alimentação e o hardware de comunicação e relatar defeitos para o sistema de gerenciamento.
2. Gerenciar a alimentação do sistema, garantindo que as baterias sejam carregadas sempre que as condições ambientais permitirem, mas que os geradores sejam desligados em condições climáticas potencialmente danosas, como ventos fortes.
3. Permitir a reconfiguração dinâmica quando partes do software forem substituídas por novas versões e quando os instrumentos de *backup* forem conectados em caso de falha de sistema.

Uma vez que as estações meteorológicas precisam ser autocontidas e independentes, o software instalado é complexo, embora a funcionalidade da coleta de dados seja bem simples.

1.3.4 Ambiente digital de aprendizagem para escolas

Muitos professores argumentam que usar sistemas de software interativos na educação pode motivar quem está aprendendo e gerar níveis de conhecimento e compreensão mais acentuados. No entanto, não há consenso quanto à 'melhor' estratégia para a aprendizagem com suporte do computador e os professores usam, na prática, uma gama de diferentes ferramentas web interativas para apoiar a aprendizagem. As ferramentas utilizadas dependem das idades dos estudantes, de sua bagagem cultural, de sua experiência com computadores, do equipamento disponível e das preferências dos professores envolvidos.

Um ambiente digital de aprendizagem é um *framework* ao qual um conjunto de ferramentas de propósito geral e ferramentas especialmente projetadas para a aprendizagem pode ser incorporado, além de um conjunto de aplicações voltadas para as necessidades dos estudantes que usam o sistema. O *framework* fornece serviços gerais como serviço de autenticação, serviços de comunicação síncrona e assíncrona e serviço de armazenamento.

As ferramentas incluídas em cada versão do ambiente são escolhidas pelos professores e estudantes de acordo com suas necessidades. Elas podem ser aplicações genéricas, como planilhas, aplicações de gestão do aprendizado — um Ambiente Virtual de Aprendizagem (AVA) para gerenciar o envio e a avaliação das tarefas de casa —, jogos e simulações. Também podem incluir conteúdo específico — como as informações a respeito da guerra civil norte-americana — e aplicações para visualizar e anotar o conteúdo.

A Figura 1.8 é um modelo de arquitetura de alto nível de um ambiente digital de aprendizagem (iLearn) que foi concebido para utilização em escolas, por alunos dos 3 aos 18 anos de idade. A abordagem adotada é a de um sistema distribuído em que todos os componentes do ambiente são serviços que podem ser acessados de qualquer lugar através da internet. Não é necessário que todas as ferramentas de aprendizagem estejam reunidas em um único lugar.

O sistema é orientado a serviços, com todos os componentes considerados serviços substituíveis. Existem três tipos de serviço no sistema:

1. *Serviços utilitários,* que fornecem funcionalidade, independentemente da aplicação básica, e que podem ser utilizados por outros serviços no sistema. Os serviços utilitários normalmente são desenvolvidos ou adaptados especificamente para este sistema.
2. *Serviços de aplicação,* que fornecem as aplicações específicas como e-mail, videoconferência, compartilhamento de fotos etc., e acesso ao conteúdo educacional específico, como filmes científicos ou recursos históricos. Os serviços de aplicação são externos e adquiridos especificamente para o sistema ou disponibilizados gratuitamente pela internet.
3. *Serviços de configuração,* que são utilizados para adaptar o ambiente a um conjunto específico de serviços de aplicação e para definir como os serviços são compartilhados entre alunos, professores e seus pais.

FIGURA 1.8 A arquitetura de um ambiente digital de aprendizagem (iLearn).

Interface com o usuário baseada em navegador	Aplicativo iLearn

Serviços de configuração

Gerenciamento de grupo	Gerenciamento de aplicação	Gerenciamento de identidade

Serviços de aplicação

E-mail   Mensagens   Videoconferência   Arquivos de imprensa   Processamento de texto   Simulação   Armazenamento de vídeo   Localização de recursos   Planilha   Ambiente virtual de aprendizagem   Histórico

Serviços utilitários

Autenticação   *Logging* e monitoramento   Interfaceamento   Armazenamento do usuário   Armazenamento da aplicação   Busca

O ambiente foi projetado para que os serviços possam ser substituídos à medida que novos serviços forem disponibilizados e para proporcionar diferentes versões do sistema que sejam adequadas à idade dos usuários. Isso significa que o sistema tem de suportar dois níveis de integração de serviço:

1. *Serviços integrados.* São aqueles que oferecem uma API (interface de programação da aplicação, do inglês *application programming interface*) e que podem ser acessados por outros serviços através dessa API. Portanto, a comunicação direta entre serviços é possível. Um serviço de autenticação é um exemplo de serviço integrado, pois em vez de usar mecanismos de autenticação próprios, ele pode ser chamado por outros serviços para autenticar usuários. Se os usuários já estiverem autenticados, então o serviço de autenticação pode passar a informação de autenticação diretamente para outro serviço, por meio de uma API, sem que os usuários precisem ser autenticados novamente.
2. *Serviços independentes.* São aqueles acessados por meio de uma interface do navegador e que operam de maneira independente dos demais serviços. As informações só podem ser compartilhadas com outros serviços por ações explícitas do usuário, como copiar e colar; a reautenticação pode ser necessária para cada serviço independente.

Se um serviço independente passar a ser amplamente utilizado, o time de desenvolvimento pode torná-lo um serviço integrado de modo que esteja sujeito a suporte.

PONTOS-CHAVE

▸ A engenharia de software é uma disciplina de engenharia que se preocupa com todos os aspectos da produção de software.

▸ O software não é apenas um programa ou conjunto de programas; também faz parte do software toda a documentação eletrônica necessária para os usuários do sistema, a equipe de garantia da qualidade e os desenvolvedores. Os atributos essenciais do produto de software são a manutenibilidade, a dependabilidade e a segurança da informação (*security*), a eficiência e a aceitabilidade.

▸ O processo de software inclui todas as atividades envolvidas no desenvolvimento do software. As atividades de alto nível, como especificação, desenvolvimento, validação e evolução fazem parte de todos os processos de software.

▸ Existem muitos tipos diferentes de sistema e cada um deles requer ferramentas e técnicas de engenharia de software adequadas para o seu desenvolvimento. Poucas técnicas (ou nenhuma) de projeto e implementação são aplicáveis a todos os tipos de sistema.

▸ As ideias fundamentais de engenharia de software são aplicáveis a todos os tipos de sistema de software. Esses fundamentos incluem os processos de software gerenciados, a dependabilidade e segurança da informação (*security*), engenharia de requisitos e reúso de software.

▸ Os engenheiros de software têm responsabilidade com a profissão de engenharia e com a sociedade. Além de se preocupar com questões técnicas, devem estar a par das questões éticas que afetam o seu trabalho.

▸ As sociedades profissionais publicam códigos de conduta que definem padrões éticos e profissionais. Esses códigos estabelecem os padrões de comportamento esperados de seus membros.

LEITURAS ADICIONAIS

"Software engineering Code of Ethics is approved." Um artigo que discute a fundamentação do desenvolvimento do código de ética da ACM/IEEE e que inclui a forma abreviada e a completa do código. GOTTERBARN, D.; MILLER, K.; ROGERSON, S. *Comm. ACM*. Out., 1999. doi:10.1109/MC.1999.796142.

"A view of 20th and 21st century software engineering." Uma visão retrospectiva e prospectiva da engenharia de software por um dos mais destacados engenheiros de software. Barry Boehm identifica princípios atemporais da engenharia de software, mas também sugere que algumas práticas utilizadas frequentemente estão obsoletas. BOEHM, B. *Proceedings of the 28th International Conference on Software Engineering*. Shanghai, 2006. doi:10.1145/1134285.1134288.

"Software engineering ethics." Edição especial do *IEEE Computer*, com vários artigos sobre o tema. *IEEE Computer*. v. 42, n. 6, jun. 2009.

Ethics for the Information Age. Um livro abrangente que cobre todos os aspectos da ética na tecnologia da informação (TI), e não apenas a ética para os engenheiros de software. Acredito que esta seja a abordagem correta, já que entender a ética da engenharia de software dentro de um arcabouço ético mais amplo é necessário. QUINN, M. J. Addison-Wesley, 2013.

The essence of software engineering: applying the SEMAT kernel. Este livro discute a ideia de um *framework* universal que pode estar por trás de todos os métodos de engenharia de software; ele pode ser adaptado e utilizado para todos os tipos de sistemas e organizações. Eu sou particularmente cético quanto à abordagem universal ser ou não realista na prática, mas o livro tem algumas ideias interessantes que valem a exploração. JACOBSON, I.; NG, P-W.; MCMAHON, P. E.; SPENCE, I.; LIDMAN, S. Addison-Wesley, 2013.

SITE[4]

Apresentações em PowerPoint para este capítulo disponíveis em: <http://software-engineering-book.com/slides/chap1/>.
Links para vídeos de apoio disponíveis em: <http://software-engineering-book.com/videos/software-engineering/>.
Links para descrições dos estudos de caso disponíveis em: <http://software-engineering-book.com/case-studies/>.

---

[4] Todo o conteúdo disponibilizado na seção *Site* de todos os capítulos está em inglês.

EXERCÍCIOS

1.1. Explique por que o software profissional desenvolvido para um cliente não consiste apenas nos programas que foram desenvolvidos e fornecidos.

1.2. Qual é a diferença mais importante entre desenvolvimento de software genérico e desenvolvimento de software personalizado? O que isso poderia significar na prática para os usuários dos produtos de software genéricos?

1.3. Quais são os quatro atributos importantes que todo o software profissional possui? Sugira outros quatro atributos que às vezes podem ser relevantes.

1.4. Além dos desafios de heterogeneidade, de mudanças sociais e de negócio e de confiança e segurança da informação (*security*), sugira outros problemas e desafios que a engenharia de software tende a enfrentar no século XXI. (Dica: pense no meio ambiente.)

1.5. Com base no seu próprio conhecimento de alguns dos tipos de aplicação discutidos na Seção 1.1.2, explique, com exemplos, por que os diferentes tipos de aplicação necessitam de técnicas especializadas de engenharia de software para dar suporte ao seu projeto e desenvolvimento.

1.6. Explique por que os princípios fundamentais da engenharia de software, como processo, dependabilidade, gerenciamento de requisitos e reúso, são relevantes para todos os tipos de sistema de software.

1.7. Explique como o uso universal da web mudou os sistemas de software e a sua engenharia.

1.8. Discuta se os engenheiros profissionais devem ser licenciados da mesma maneira que os médicos e os advogados.

1.9. Para cada uma das cláusulas no código de ética da ACM/IEEE exibido na Figura 1.3, proponha um exemplo adequado que ilustre essa cláusula.

1.10. Para ajudar a combater o terrorismo, muitos países estão planejando ou desenvolveram sistemas de computador que rastreiam um grande número de seus cidadãos e suas ações, o que, claramente, tem implicações na privacidade. Discuta a ética de trabalhar no desenvolvimento desse tipo de sistema.

REFERÊNCIAS

BOTT, F. *Professional issues in information technology*. Swindon, UK: British Computer Society, 2005.

DUQUENOY, P. *Ethical, legal and professional issues in computing*. London: Thomson Learning, 2007.

FREEMAN, A. *The definitive guide to HTML5*. New York: Apress, 2011.

GOTTERBARN, D.; MILLER, K.; ROGERSON, S. "Software engineering Code of Ethics is approved." *Comm. ACM*, v. 42, n. 10, 1999. p. 102-107. doi:10.1109/MC.1999.796142.

HOLDENER, A. T. *Ajax*: the definitive guide. Sebastopol, CA: O'Reilly and Associates, 2008.

JACOBSON, I.; NG, P-W.; MCMAHON, P. E.; SPENCE, I.; LIDMAN, S. *The essence of software engineering*. Boston: Addison-Wesley, 2013.

JOHNSON, D. G. *Computer ethics*. Englewood Cliffs, NJ: Prentice-Hall, 2001.

LAUDON, K. "Ethical concepts and information technology." *Comm. ACM*, v. 38, n. 12, 1995. p. 33-39. doi:10.1145/219663.219677.

NAUR, P.; RANDELL, B. "Software engineering: report on a conference sponsored by the NATO Science Committee." Brussels, 1969. Disponível em: <http://homepages.cs.ncl.ac.uk/brian.randell/NATO/NATOReports/>. Acesso em: 25 mar. 2018.

TAVANI, H. T. *Ethics and technology*: controversies, questions, and strategies for ethical computing, 4th ed. New York: John Wiley & Sons, 2013.

VOGEL, L. *Eclipse 4 application development*: the complete guide to Eclipse 4 RCP development. Sebastopol, CA: O'Reilly & Associates, 2012.

2 | Processos de software

OBJETIVOS

O objetivo deste capítulo é introduzir o conceito de processo de software — um conjunto coerente de atividades para produção de software. Ao ler este capítulo, você:

- compreenderá os conceitos e os modelos de processo de software;
- será apresentado a três modelos genéricos de processo de software e às situações nas quais eles podem ser utilizados;
- conhecerá as atividades de processo fundamentais da engenharia de requisitos, do desenvolvimento, dos testes e da evolução de software;
- compreenderá por que os processos devem ser organizados para lidar com as mudanças nos requisitos e no projeto de software;
- compreenderá o conceito de melhoria do processo de software e os fatores que afetam a qualidade do processo.

CONTEÚDO

2.1 Modelos de processo de software
2.2 Atividades do processo
2.3 Lidando com mudanças
2.4 Melhoria de processo

Um processo de software é um conjunto de atividades relacionadas que levam à produção de um sistema de software. Conforme discutimos no Capítulo 1, existem muitos tipos diferentes de sistemas de software e não há um método universal de engenharia de software que seja aplicável a todos eles. Consequentemente, não existem processos de software universalmente aplicáveis. O processo utilizado nas diferentes empresas depende do tipo de software que está sendo desenvolvido, dos requisitos do cliente e das habilidades das pessoas que o desenvolvem.

No entanto, embora existam muitos processos de software diferentes, todos eles devem incluir, de alguma forma, as quatro atividades fundamentais da engenharia de software que introduzi no Capítulo 1:

1. *Especificação.* A funcionalidade do software e as restrições sobre sua operação devem ser definidas.
2. *Desenvolvimento.* O software deve ser produzido para atender à especificação.
3. *Validação.* O software deve ser validado para garantir que atenda ao que o cliente deseja.
4. *Evolução.* O software deve evoluir para atender às mudanças nas necessidades dos clientes.

Essas atividades são complexas por si só e incluem subatividades como validação dos requisitos, projeto da arquitetura e teste de unidade. Os processos incluem, ainda, atividades como gerenciamento de configuração do software e planejamento de projeto, que também apoiam as atividades de produção.

Quando descrevemos e discutimos os processos, normalmente falamos sobre as atividades nesses processos — especificar um modelo de dados e projetar uma interface com o usuário, por exemplo — e sobre a sequência correta dessas atividades. Todos nós podemos identificar o que as pessoas fazem para desenvolver um software, mas, quando se trata de processos de software, é importante descrever também quem está envolvido, o que está sendo produzido e quais condições influenciam a sequência dessas atividades:

1. Uma atividade de processo resulta em produtos ou em entregas. Por exemplo, o resultado da atividade de projeto da arquitetura pode ser um modelo da arquitetura do software.
2. Os papéis refletem as responsabilidades das pessoas envolvidas no processo. Entre os exemplos de papéis, temos os do gerente de projeto, do gerente de configuração e do programador.
3. Há condições que devem ser mantidas antes ou depois de uma atividade do processo ter sido aprovada ou um produto ter sido produzido. Antes de começar o projeto da arquitetura, por exemplo, uma precondição poderia ser a de que o consumidor tenha aprovado todos os requisitos; depois que essa atividade for concluída, uma pós-condição poderia ser a de que os modelos em UML descrevendo a arquitetura fossem revisados.

Os processos de software são complexos e, como processos intelectuais e criativos, dependem da tomada de decisão e do julgamento das pessoas. Uma vez que não existe um processo universal que valha para todos os tipos de software, a maioria das empresas produtoras de software concebeu seus próprios processos de desenvolvimento. Estes evoluíram e passaram a aproveitar a capacidade dos desenvolvedores de software em uma organização e as características dos sistemas que estão sendo desenvolvidos. No caso dos sistemas críticos em segurança, é necessário um processo de desenvolvimento muito estruturado e que registros detalhados sejam mantidos. Nos sistemas de negócio, com requisitos que mudam rapidamente, talvez seja melhor adotar um processo mais flexível e ágil.

Conforme discutimos no Capítulo 1, o desenvolvimento de software profissional é uma atividade gerenciada, logo, o planejamento é parte inerente a todos os processos. Os processos dirigidos por planos são aqueles em que todas as atividades são planejadas antecipadamente e progridem em relação ao que foi planejado. Nos processos ágeis, que discuto no Capítulo 3, o planejamento é incremental e contínuo à medida que o software é desenvolvido. Portanto, nesses casos, é mais fácil mudar o processo para refletir a mudança dos requisitos do cliente ou do produto. Conforme explicam Boehm e Turner (2004), cada abordagem é adequada para diferentes tipos de software. Geralmente, nos sistemas grandes, é preciso encontrar um equilíbrio entre os processos dirigidos por planos e os processos ágeis.

Embora não haja um processo de software universal, há espaço para a melhoria dos processos em muitas organizações. Os processos podem incluir técnicas ultrapassadas ou não tirar proveito da prática mais recomendada na engenharia de software industrial. Na realidade, durante seus processos de desenvolvimento, muitas organizações ainda não se valem dos métodos de engenharia de software. Elas podem melhorar seus processos introduzindo técnicas como a modelagem com UML e o desenvolvimento dirigido por testes. Discutirei brevemente a melhoria dos processos de software mais adiante neste capítulo, e mais detalhadamente no Capítulo 26, disponível no site de apoio (em inglês).

2.1 MODELOS DE PROCESSO DE SOFTWARE

Conforme expliquei no Capítulo 1, um modelo de processo de software — às vezes chamado de ciclo de vida do desenvolvimento de software (ou modelo SDLC, do inglês *Software Development Life Cycle*) — é uma representação simplificada de um processo de software. Cada modelo representa um processo a partir de uma perspectiva particular e, desse modo, fornece apenas informações parciais sobre esse processo. Por exemplo, um modelo de atividades do processo mostra as atividades e sua sequência, mas não os papéis das pessoas envolvidas nelas. Nesta seção, apresento uma série de modelos de processo bem genéricos (às vezes chamados de *paradigmas de processo*) partindo de uma perspectiva arquitetural, ou seja, vemos a estrutura do processo, mas não os detalhes de suas atividades.

Esses modelos genéricos são descrições mais gerais e abstratas dos processos de software, e podem ser utilizados para explicar as diferentes abordagens ao desenvolvimento de software. Você pode encará-los como estruturas de processo que podem ser ampliadas e adaptadas para criar processos de engenharia de software mais específicos.

Os modelos de processo genéricos apresentados aqui são:

1. *Modelo em cascata.* Representa as atividades fundamentais do processo, como especificação, desenvolvimento, validação e evolução, na forma de fases de processo distintas, como especificação de requisitos, projeto de software, implementação e testes.
2. *Desenvolvimento incremental.* Intercala as atividades de especificação, desenvolvimento e validação. O sistema é desenvolvido como uma série de versões (incrementos), com cada uma delas acrescentando funcionalidade à versão anterior.
3. *Integração e configuração.* Baseia-se na disponibilidade de componentes ou sistemas reusáveis. O processo de desenvolvimento de sistemas se concentra na configuração desses componentes, para que sejam utilizados em um novo contexto, e na integração deles em um sistema.

Como eu disse, não existe modelo de processo universal aplicável a todos os tipos de desenvolvimento de software. O processo correto depende do cliente e dos requisitos que regulam o software, do ambiente em que esse software será utilizado e do tipo de software que está sendo desenvolvido. Os sistemas críticos em segurança, por exemplo, são normalmente desenvolvidos a partir de um processo em cascata, já que é necessária uma grande quantidade de análise e de documentação antes de começar sua implementação. Por sua vez, os produtos de software são, atualmente, desenvolvidos a partir de um modelo de processo incremental. Os sistemas de negócio são desenvolvidos, cada vez mais, por meio da configuração dos sistemas preexistentes e da integração entre eles, a fim de criar um novo sistema com a funcionalidade exigida.

Na prática, a maior parte dos processos de software se baseia em um modelo genérico, mas frequentemente incorpora características de outros modelos. Isso vale particularmente para a engenharia dos grandes sistemas. Neles, faz sentido combinar algumas das melhores características de todos os processos genéricos. É preciso ter informações sobre os requisitos de sistema essenciais para projetar uma arquitetura de software que apoie esses requisitos, e não dá para desenvolver isso de modo incremental. Os subsistemas dentro de um sistema maior podem ser desenvolvidos por meio de abordagens diferentes. Partes do sistema que sejam bem compreendidas podem ser especificadas e desenvolvidas usando um processo em cascata ou podem ser adquiridas como sistemas de prateleira para configuração. Outras partes do sistema, difíceis de especificar antecipadamente, devem ser sempre desenvolvidas a partir de uma abordagem incremental. Em ambos os casos, os componentes de software provavelmente serão reusados.

Várias tentativas têm sido feitas para desenvolver modelos de processo "universais" baseados em todos esses modelos genéricos. Um dos mais conhecidos é o *Rational Unified Process* — RUP — (KRUTCHEN, 2003), que foi desenvolvido pela Rational, uma empresa de engenharia de software norte-americana. O RUP é um modelo flexível, que pode ser instanciado de diferentes maneiras para criar processos que se assemelhem a qualquer um dos modelos de processo genéricos discutidos aqui. O RUP foi adotado por algumas grandes empresas de software (principalmente pela IBM), nas não conquistou uma ampla aceitação.

O Rational Unified Process

O *Rational Unified Process* (RUP) reúne os elementos de todos os modelos de processo genéricos discutidos aqui e apoia a prototipação e a entrega incremental do software (KRUTCHEN, 2003). O RUP é descrito normalmente a partir de três perspectivas: uma dinâmica, que mostra as fases do modelo no tempo; uma estática, que mostra as atividades do processo; e uma prática, que sugere práticas a serem utilizadas no processo. As fases do RUP são a concepção, em que se estabelece um *business case* para o sistema; a elaboração, em que são desenvolvidos os requisitos e a arquitetura; a construção, em que o software é implementado; e a transição, em que o sistema é implantado.

2.1.1 O modelo em cascata

O primeiro modelo de processo de desenvolvimento de software a ser publicado é derivado dos modelos utilizados na engenharia de grandes sistemas militares (ROYCE,

1970). Ele apresenta o processo de desenvolvimento de software como uma série de estágios, conforme a Figura 2.1. Devido à cascata de uma fase para outra, esse modelo é conhecido como modelo em cascata ou ciclo de vida do software. O modelo em cascata é um exemplo de processo dirigido por plano. A princípio, pelo menos, é necessário planejar e criar um cronograma de todas as atividades de processo antes de começar o desenvolvimento do software.

FIGURA 2.1 O modelo em cascata.

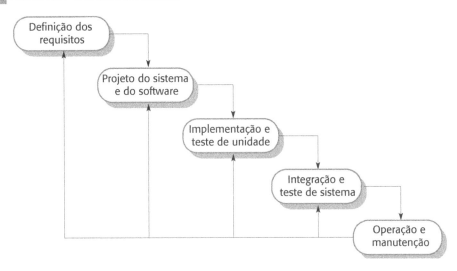

Os estágios do modelo em cascata refletem diretamente as atividades fundamentais do desenvolvimento de software:

1. *Análise e definição dos requisitos.* Os serviços, as restrições e as metas do sistema são estabelecidos por meio de consulta aos usuários. Depois, eles são definidos em detalhes e servem como uma especificação do sistema.
2. *Projeto do sistema e do software.* O processo de projeto do sistema reparte os requisitos entre requisitos de sistemas de hardware e de software, e estabelece uma arquitetura global do sistema. O projeto de software envolve a identificação e a descrição das abstrações fundamentais do sistema de software e seus relacionamentos.
3. *Implementação e teste de unidade.* Durante essa etapa, o projeto do software é realizado como um conjunto de programas ou unidades de programa. O teste de unidade envolve a verificação de cada unidade, conferindo se satisfazem a sua especificação.
4. *Integração e teste de sistema.* As unidades de programa ou os programas são integrados e testados como um sistema completo a fim de garantir que os requisitos de software tenham sido cumpridos. Após os testes, o sistema de software é entregue ao cliente.
5. *Operação e manutenção.* Normalmente, essa é a fase mais longa do ciclo de vida. O sistema é instalado e colocado em uso. A manutenção envolve corrigir os erros que não foram descobertos nas primeiras fases do ciclo de vida, melhorar a implementação das unidades do sistema e aperfeiçoar os serviços do sistema à medida que novos requisitos são descobertos.

Modelo de processo espiral de Boehm

Barry Boehm, um dos pioneiros na engenharia de software, propôs um modelo de processo incremental dirigido por riscos. O processo é representado como uma espiral, e não como uma sequência de atividades (BOEHM, 1988).

Cada volta na espiral representa uma fase do processo de software. Desse modo, a volta mais interna estaria relacionada com a viabilidade do sistema; a volta seguinte, com a definição dos requisitos; a próxima, com o projeto (*design*) do sistema, e assim por diante. O modelo em espiral combina prevenção das mudanças com tolerância às mudanças, assumindo que elas são uma consequência dos riscos do projeto, e inclui atividades explícitas de gerenciamento de risco para diminuí-los.

A princípio, o resultado de cada fase no modelo em cascata consiste em um ou mais documentos que são aprovados. A fase seguinte não deve começar até que a fase anterior tenha terminado. No desenvolvimento de hardware, que envolve altos custos de produção, isso faz sentido. No entanto, no desenvolvimento de software, esses estágios se sobrepõem e alimentam uns aos outros com informações. Durante o projeto (*design*), são identificados problemas com os requisitos; durante a codificação, são encontrados problemas com o projeto, e assim por diante. O processo de software, na prática, nunca é um modelo linear simples, pois envolve *feedback* entre as fases.

À medida que surgem novas informações em uma etapa do processo, os documentos produzidos nas etapas anteriores devem ser modificados para refletir as mudanças no sistema. Por exemplo, se for descoberto que um requisito é caro demais para ser implementado, o documento de requisitos deve ser modificado para removê-lo. Entretanto, isso exige a aprovação do cliente, o que implica atraso do processo de desenvolvimento como um todo.

Como consequência, tanto clientes quanto desenvolvedores podem congelar prematuramente a especificação do software para que não sejam feitas outras alterações. Infelizmente, isso significa que os problemas são deixados para depois, ignorados ou contornados por meio de programação. O congelamento prematuro dos requisitos pode significar que o sistema não fará o que o usuário deseja. Também pode levar a sistemas mal estruturados, já que os problemas de projeto (*design*) foram contornados por artifícios de implementação.

Durante a fase final do ciclo de vida (operação e manutenção), o software começa a ser utilizado. Erros e omissões nos requisitos originais do software são descobertos, falhas de programação e de projeto emergem e a necessidade de novas funcionalidades é identificada. Por isso, o sistema deve evoluir a fim de continuar sendo útil. Realizar essas mudanças (manutenção de software) pode envolver a repetição dos estágios de processo prévios.

Na realidade, o software precisa ser flexível e acomodar mudanças à medida que for sendo desenvolvido. A necessidade de comprometimento inicial e retrabalho quando as mudanças são feitas significa que o modelo em cascata é adequado somente para alguns tipos de sistema, tais como:

1. Sistemas embarcados, nos quais o software deve interagir com sistemas de hardware. Em virtude da inflexibilidade do hardware, normalmente não é possível postergar as decisões sobre a funcionalidade do software até que ele seja implementado.
2. Sistemas críticos, nos quais há necessidade de ampla análise da segurança (*safety*) e segurança da informação (*security*) da especificação e do projeto

do software. Nesses sistemas, os documentos de especificação e de projeto devem estar completos para que a análise seja possível. Geralmente, é muito caro corrigir, durante a fase de implementação, os problemas relacionados à segurança na especificação e no projeto.
3. Grandes sistemas de software, que fazem parte de sistemas de engenharia mais amplos, desenvolvidos por várias empresas parceiras. O hardware nos sistemas pode ser desenvolvido a partir de um modelo similar, e as empresas preferem usar um modelo comum para o hardware e o software. Além disso, quando várias empresas estão envolvidas, podem ser necessárias especificações completas para permitir o desenvolvimento independente dos diferentes subsistemas.

O modelo em cascata não é recomendado para situações em que a comunicação informal do time é possível e nas quais os requisitos de software mudam rapidamente. Para esses sistemas, o desenvolvimento iterativo e os métodos ágeis são melhores.

Uma variação importante do modelo em cascata é o desenvolvimento de sistema formal, em que é criado um modelo matemático de uma especificação do sistema. Depois, esse modelo é refinado em código executado, usando transformações matemáticas que preservam sua consistência. Os processos de desenvolvimento formais, como os baseados no método B (ABRIAL, 2005, 2010) são utilizados basicamente no desenvolvimento de sistemas de software que têm requisitos rigorosos de segurança (*safety*), confiabilidade ou segurança da informação (*security*). A abordagem formal simplifica a produção de um caso de segurança (*safety*) ou de segurança da informação (*security*). Isso demonstra aos clientes ou reguladores que o sistema satisfaz na prática os seus requisitos. No entanto, em decorrência dos altos custos de desenvolvimento de uma especificação formal, esse modelo de desenvolvimento raramente é utilizado, exceto na engenharia de sistemas críticos.

2.1.2 Desenvolvimento incremental

O desenvolvimento incremental se baseia na ideia de desenvolver uma implementação inicial, obter *feedback* dos usuários ou terceiros e fazer o software evoluir através de várias versões, até alcançar o sistema necessário (Figura 2.2). As atividades de especificação, desenvolvimento e validação são intercaladas, em vez de separadas, com *feedback* rápido ao longo de todas elas.

FIGURA 2.2 Desenvolvimento incremental.

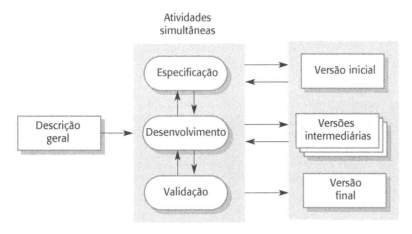

O desenvolvimento incremental, em alguma de suas formas, é atualmente a abordagem mais comum para o desenvolvimento de aplicações e produtos de software. Essa abordagem pode ser dirigida por plano ou ágil; na maioria das vezes, uma mistura de ambas. Em uma abordagem dirigida por plano, os incrementos do sistema são identificados antecipadamente; se for adotada uma abordagem ágil, os incrementos iniciais são identificados, mas o desenvolvimento dos incrementos finais depende do progresso e das prioridades do cliente.

O desenvolvimento incremental de software, que é parte fundamental dos métodos ágeis, é melhor do que uma abordagem em cascata para os sistemas cujos requisitos estão propensos a mudar durante o processo de desenvolvimento. É o caso da maioria dos sistemas de negócio e dos produtos de software. O desenvolvimento incremental reflete a maneira como solucionamos os problemas: raramente elaboramos uma solução completa para os problemas com antecedência; em vez disso, caminhamos para uma solução em uma série de passos, retrocedendo quando percebemos que cometemos um erro. Ao desenvolver um software de modo incremental, é mais barato e fácil fazer alterações nele durante o processo de desenvolvimento.

Cada incremento ou versão do sistema incorpora parte da funcionalidade necessária para o cliente. Geralmente, os incrementos iniciais incluem a funcionalidade mais importante ou a mais urgente. Isso significa que o cliente ou usuário pode avaliar o sistema em um estágio relativamente precoce no desenvolvimento para ver se ele entrega o que é necessário. Se não entrega, então o incremento atual precisa ser alterado e, possivelmente, uma nova funcionalidade deve ser definida para os incrementos posteriores.

O desenvolvimento incremental tem três grandes vantagens em relação ao modelo em cascata:

1. O custo de implementação das mudanças nos requisitos é reduzido. A quantidade de análise e documentação que precisa ser refeita é significativamente menor do que a necessária ao modelo em cascata.
2. É mais fácil obter *feedback* do cliente sobre o trabalho de desenvolvimento. Os clientes podem comentar as demonstrações de software e ver o quanto foi implementado. Para eles, é mais difícil julgar o progresso a partir dos documentos do projeto (*design*) de software.
3. A entrega e a implantação antecipadas de um software útil para o cliente são possíveis, mesmo se toda a funcionalidade não tiver sido incluída. Os clientes são capazes de usar o software e de obter valor a partir dele mais cedo do que com um processo em cascata.

Problemas do desenvolvimento incremental

Embora o desenvolvimento incremental tenha muitas vantagens, ele não está livre de problemas. A principal dificuldade é o fato de que as grandes organizações têm procedimentos burocráticos que evoluíram ao longo do tempo, o que pode levar a uma incompatibilidade entre esses procedimentos e um processo iterativo ou ágil mais informal.

Às vezes, esses procedimentos existem por um bom motivo. Por exemplo, pode haver procedimentos para garantir que o software satisfaça adequadamente as regulamentações externas (as normas contábeis da lei Sarbanes–Oxley[1] nos Estados Unidos, por exemplo). Como nem sempre é possível mudá-los, os conflitos de processo podem ser inevitáveis.

---

1 N. da T.: lei de 2002 que estabeleceu regras mais rígidas de governança corporativa e de controle interno nas empresas.

Do ponto de vista da gestão, a abordagem incremental tem dois problemas:

1. O processo não é visível. Os gerentes precisam de resultados regulares para medir o progresso. Se os sistemas forem desenvolvidos rapidamente, não é econômico produzir documentos que reflitam cada versão do sistema.
2. A estrutura do sistema tende a se degradar à medida que novos incrementos são adicionados. Mudanças regulares deixam o código bagunçado, uma vez que novas funcionalidades são adicionadas de qualquer maneira possível. Fica cada vez mais difícil e caro adicionar novas características a um sistema. Para reduzir a degradação estrutural e a bagunça generalizada no código, os métodos ágeis sugerem que se refatore (melhore e reestruture) o software regularmente.

Os problemas do desenvolvimento incremental se tornam particularmente críticos nos sistemas grandes, complexos e de vida longa, nos quais diferentes times desenvolvem partes distintas do sistema. Os sistemas grandes precisam de um *framework* ou de uma arquitetura estáveis, e as responsabilidades dos diferentes times trabalhando no sistema precisam ser claramente definidas em relação a essa arquitetura. Isso deve ser planejado antecipadamente em vez de desenvolvido de modo incremental.

Adotar o desenvolvimento incremental não significa ter de entregar cada incremento para o cliente. É possível desenvolver um sistema de maneira incremental e expô-lo aos comentários dos clientes e de outros *stakeholders*, sem necessariamente entregá-lo ou implantá-lo no ambiente do cliente. A entrega incremental (coberta na Seção 2.3.2) significa que o software é utilizado em processos operacionais reais, o que faz com que o *feedback* do usuário tenda a ser realista. Entretanto, nem sempre é possível fornecer esse *feedback*, já que a experimentação de um novo software pode atrapalhar os processos normais do negócio.

2.1.3 Integração e configuração

Na maioria dos projetos há algum reúso de software. Com frequência, isso acontece informalmente quando as pessoas que trabalham no projeto conhecem ou procuram algum código similar ao necessário. Elas procuram por esse código, modificam-no conforme a necessidade e integram-no ao novo código que desenvolveram.

Esse reúso informal ocorre independentemente do processo de desenvolvimento utilizado. No entanto, desde os anos 2000, processos de desenvolvimento de software que se concentram no reúso de código existente passaram a ser amplamente utilizados. As abordagens orientadas ao reúso contam com bases de componentes de software reusáveis e um *framework* de integração para a composição desses componentes.

Três tipos de componentes de software são reusados frequentemente:

1. Sistemas de aplicação *stand-alone* configurados para utilização em um ambiente particular. Esses sistemas são de uso geral e possuem muitas características, mas precisam ser adaptados para uso em uma aplicação específica.
2. Coleções de objetos desenvolvidos como um componente ou como um pacote a ser integrado a um *framework* de componentes, como o Java Spring *framework* (WHEELER; WHITE, 2013).
3. *Web services* desenvolvidos de acordo com os padrões de serviço e que estão disponíveis para uso remoto na internet.

A Figura 2.3 mostra um modelo de processo genérico articulado em torno da integração e da configuração para o desenvolvimento de software baseado no reúso. Os estágios nesse processo são:

1. *Especificação dos requisitos.* Os requisitos iniciais do sistema são propostos. Eles não precisam ser elaborados em detalhes, mas devem incluir descrições breves dos requisitos essenciais e das características de sistema desejáveis.
2. *Descoberta e avaliação do software.* Com base em uma descrição dos requisitos de software, é feita uma busca pelos componentes e sistemas que fornecem a funcionalidade necessária. Os candidatos são avaliados para ver se satisfazem os requisitos essenciais e se são genericamente adequados ao uso no sistema.
3. *Refinamento dos requisitos.* Nesse estágio, os requisitos são definidos com base nas informações dos componentes reusáveis e das aplicações que foram descobertas. Os requisitos são modificados para refletir os componentes disponíveis, e a especificação do sistema é redefinida. Onde as modificações forem impossíveis, a atividade da análise de componentes pode ser reintroduzida para procurar soluções alternativas.
4. *Configuração da aplicação.* Se estiver disponível uma aplicação de prateleira que satisfaça os requisitos, ela pode ser configurada para utilização a fim de criar o novo sistema.
5. *Adaptação e integração dos componentes.* Se não houver uma aplicação de prateleira, componentes reusáveis podem ser modificados ou novos componentes podem ser desenvolvidos, visando a integração posterior ao sistema.

FIGURA 2.3 Engenharia de software orientada para o reúso.

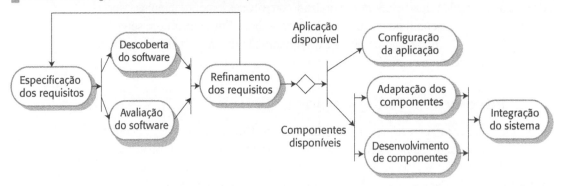

A engenharia de software baseada no reúso, articulada em torno da configuração e da integração, tem a vantagem óbvia de reduzir a quantidade de software a ser desenvolvido, diminuindo custos e riscos. Normalmente, isso também leva a uma entrega mais rápida do software. Entretanto, concessões quanto aos requisitos são inevitáveis, o que pode resultar em um sistema que não satisfaz as necessidades reais dos usuários. Além disso, parte do controle sobre a evolução do sistema se perde, já que novas versões dos componentes reusáveis não estão sob o controle da organização que os utiliza.

O reúso de software é muito importante e, portanto, vários capítulos na terceira parte deste livro foram dedicados ao tema. As questões gerais de reúso de software são abordadas no Capítulo 15; a engenharia de software baseada em componentes, nos Capítulos 16 e 17; os sistemas orientados a serviços, no Capítulo 18.

2.2 ATIVIDADES DO PROCESSO

Os processos de software reais são sequências intercaladas de atividades técnicas, colaborativas e gerenciais, cujo objetivo global é especificar, projetar, implementar e testar um sistema de software. Geralmente, os processos são apoiados por ferramentas. Isso significa que os desenvolvedores de software podem usar uma gama de ferramentas de software para ajudá-los, como sistemas de gerenciamento de requisitos, editores de modelo de projeto (*design*), editores de programa, ferramentas de teste automatizadas e depuradores.

As quatro atividades de processo básicas — a especificação, o desenvolvimento, a validação e a evolução — são organizadas de modo distinto em diferentes processos de desenvolvimento. No modelo em cascata, elas são organizadas em sequência; no desenvolvimento incremental, são intercaladas. O modo como essas atividades são executadas depende do tipo de software que está sendo desenvolvido, da experiência e da competência dos desenvolvedores e do tipo de empresa que o desenvolve.

Ferramentas de desenvolvimento de software

Ferramentas de desenvolvimento de software são programas utilizados para apoiar as atividades do processo de engenharia de software e incluem ferramentas de gerenciamento de requisitos, editores de projeto, ferramentas de apoio à refatoração, compiladores, depuradores, rastreadores de defeitos (*bug trackers*) e ferramentas de construção de sistemas.

As ferramentas de software fornecem suporte ao processo ao automatizarem algumas de suas atividades e ao fornecerem informações sobre o software que está sendo desenvolvido. Por exemplo:

- O desenvolvimento de modelos gráficos do sistema como parte da especificação de requisitos ou do projeto (*design*) de software.
- A geração de código a partir desses modelos gráficos.
- A geração de interfaces com o usuário a partir de uma descrição da interface gráfica criada interativamente por esse usuário.
- Depuração de programas por meio do fornecimento de informações a respeito de um programa em execução.
- A tradução automática para uma versão mais recente dos programas escritos com versões antigas de uma linguagem de programação.

As ferramentas podem ser combinadas em um arcabouço chamado de ambiente de desenvolvimento integrado (IDE, do inglês *Integrated Development Environment*), que fornece um conjunto comum de recursos que as ferramentas podem utilizar; assim, tanto a comunicação como a operação de maneira integrada são facilitadas.

2.2.1 Especificação do software

Especificação do software ou engenharia de requisitos é o processo de compreender e definir quais serviços são necessários para o sistema e identificar as restrições sobre sua operação e desenvolvimento. A engenharia de requisitos é um estágio particularmente crítico do processo de software, já que os erros cometidos nessa etapa inevitavelmente geram problemas posteriores no projeto e na implementação do sistema.

Antes de iniciar o processo de engenharia dos requisitos, uma empresa pode realizar um estudo de viabilidade ou de marketing para avaliar se há ou não uma demanda ou um mercado para o software e se ele é realista ou não em termos técnicos e financeiros. Os estudos de viabilidade são de curto prazo, relativamente baratos e orientam a decisão de ir adiante ou não com uma análise mais detalhada.

O processo de engenharia de requisitos (Figura 2.4) visa à produção de um documento de requisitos acordados que especifique um sistema que satisfaça os requisitos dos *stakeholders*. Os requisitos são apresentados normalmente em dois níveis de detalhe. Os usuários finais e os clientes precisam de uma declaração de requisitos mais superficial desse sistema; os desenvolvedores, de uma especificação mais detalhada.

FIGURA 2.4 O processo de engenharia de requisitos.

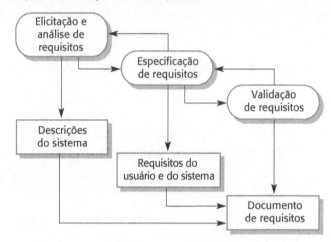

Existem três atividades principais no processo de engenharia de requisitos:

1. *Elicitação e análise de requisitos.* É o processo de derivação dos requisitos do sistema por meio da observação dos sistemas existentes, de discussões com os potenciais usuários e clientes, da análise de tarefas etc. Pode envolver o desenvolvimento de um ou mais modelos do sistema e protótipos, pois eles ajudam a compreender o sistema a ser especificado.
2. *Especificação de requisitos.* É a atividade de traduzir a informação obtida durante a análise em um documento que defina um conjunto de requisitos. Dois tipos podem ser incluídos nesse documento: requisitos do usuário, que são declarações abstratas dos requisitos do sistema para o cliente e usuário final; e requisitos do sistema, que são uma descrição mais detalhada da funcionalidade a ser fornecida.
3. *Validação de requisitos.* Essa atividade confere os requisitos quanto a realismo, consistência e integridade. Durante esse processo, erros no documento de requisitos são inevitavelmente descobertos. Assim, o documento deve ser modificado para corrigir tais problemas.

A análise de requisitos prossegue durante as atividades de definição e de especificação, e novos requisitos surgem nesse processo. Portanto, as atividades de análise, definição e especificação estão entrelaçadas.

Nos métodos ágeis, a especificação de requisitos não é uma atividade separada, mas parte do desenvolvimento do sistema. Os requisitos são especificados informalmente para cada incremento do sistema imediatamente antes de ele ser desenvolvido. Os requisitos são especificados de acordo com as prioridades do usuário, e sua elicitação vem dos usuários que fazem parte ou que trabalham em estreita colaboração com o time de desenvolvimento.

2.2.2 Projeto e implementação do software

O estágio de implementação no desenvolvimento de software é o processo de elaborar um sistema executável para ser entregue ao cliente. Às vezes, isso envolve atividades distintas, que são o projeto (*design*) e a programação do software. No entanto, se uma abordagem ágil for utilizada para o desenvolvimento, o projeto e a implementação são intercalados, sem documentos de projeto (*design*) formais produzidos durante esse processo. Naturalmente, o software ainda é projetado, mas o projeto está registrado informalmente nas lousas ou nas anotações feitas pelos programadores.

O projeto de software é uma descrição da estrutura do software a ser implementado, dos modelos e estruturas de dados utilizados pelo sistema, das interfaces entre os componentes do sistema e, às vezes, do algoritmo utilizado. Os projetistas não chegam a um projeto acabado imediatamente, mas o desenvolvem em estágios. Eles acrescentam detalhes à medida que desenvolvem seu projeto, com revisões constantes para modificar os projetos iniciais.

A Figura 2.5 é um modelo abstrato do processo de projeto, mostrando suas entradas, suas atividades e suas saídas. As atividades do processo de projeto são intercaladas e interdependentes. Novas informações sobre ele estão sendo geradas constantemente, o que afeta as decisões de projeto anteriores. O retrabalho é, portanto, inevitável.

FIGURA 2.5 Um modelo geral do processo de projeto.

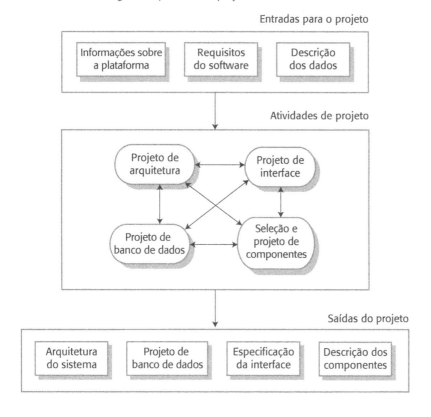

A maioria dos softwares interage com outros sistemas de software, incluindo desde o sistema operacional e bancos de dados até *middleware* e outras aplicações. Tudo isso compõe a "plataforma de software", o ambiente no qual o software será executado. As informações sobre essa plataforma são a entrada essencial para o processo de projeto, pois os projetistas poderão decidir melhor como integrar o software ao seu ambiente. Se o sistema tiver de processar dados existentes, então a descrição desses dados poderá ser incluída na especificação da plataforma. Caso contrário, essa descrição deverá ser uma entrada para o processo de projeto, para que a organização dos dados do sistema possa ser definida.

As atividades no processo de projeto variam, dependendo do tipo de sistema que está sendo desenvolvido. Por exemplo, os sistemas de tempo real necessitam de um estágio adicional de projeto de sincronismo, mas podem não incluir um banco de dados, então não há um projeto de banco de dados envolvido. A Figura 2.5 mostra quatro atividades que podem fazer parte do processo de projeto para sistemas de informação:

1. *Projeto de arquitetura*, em que são identificados a estrutura global do sistema e os componentes principais (às vezes chamados de subsistemas ou módulos), observando seus relacionamentos e como eles estão distribuídos.
2. *Projeto de banco de dados*, em que são projetadas as estruturas de dados do sistema e como elas devem ser representadas em um banco de dados. O trabalho aqui depende da definição entre reusar um banco de dados ou criar um novo.
3. *Projeto de interface*, em que são definidas as interfaces entre os componentes do sistema; essa especificação de interfaces deve ser inequívoca. Com uma interface precisa, um componente pode ser utilizado por outros sem que seja preciso saber como ele é implementado. Uma vez acordadas as especificações da interface, os componentes podem ser projetados e desenvolvidos separadamente.
4. *Seleção e projeto de componentes*, em que são feitas buscas por componentes reusáveis e, caso não haja componentes adequados, são projetados novos componentes de software. O projeto, nesse estágio, pode ser uma descrição simples dos componentes, com os detalhes de implementação deixados para o programador. Como alternativa, pode ser uma lista de alterações a serem feitas em um componente reusável ou um modelo de projeto detalhado expresso em UML. O modelo de projeto pode ser utilizado para gerar automaticamente uma implementação.

Essas atividades levam às saídas do projeto, que também são exibidas na Figura 2.5. Nos sistemas críticos, os resultados do processo de projeto são documentos detalhados contendo descrições precisas do sistema. Se uma abordagem dirigida por modelo (Capítulo 5) for utilizada, as saídas do projeto serão diagramas. Se métodos ágeis forem utilizados, as saídas do processo de projeto não serão documentos de especificação separados, mas estarão representadas no código do programa.

O desenvolvimento de um programa para implementar um sistema é o próximo passo natural do projeto. Embora algumas classes de programa, como os sistemas críticos em segurança, normalmente sejam projetadas em detalhes antes de qualquer implementação, é mais comum que o projeto e a programação sejam intercalados. Há ferramentas de desenvolvimento de software que podem ser usadas para gerar um esqueleto de programa a partir de um projeto. Isso inclui o código para definir e implementar interfaces e, em muitos casos, o desenvolvedor precisará apenas acrescentar detalhes da operação de cada componente do programa.

A programação é uma atividade individual e não existe um processo genérico que seja seguido habitualmente. Alguns programadores começam desenvolvendo componentes que eles entendem e depois passam a outros componentes menos conhecidos; outros adotam a abordagem oposta, deixando os componentes familiares para o fim, pois já sabem como desenvolvê-los. Alguns desenvolvedores gostam de definir os dados logo no início do processo e depois usá-los para conduzir o desenvolvimento dos programas; outros ficam o máximo de tempo possível sem especificar os dados.

Normalmente, os programadores realizam algum tipo de teste do código que desenvolveram. Frequentemente isso revela defeitos do programa (*bugs*) que devem ser removidos. A atividade de encontrar e corrigir os defeitos do programa é chamada de depuração (*debugging*). Os testes e a depuração dos defeitos são processos diferentes. Os testes estabelecem a existência dos defeitos. A depuração está relacionada com a localização e a correção deles.

A depuração deve gerar hipóteses a respeito do comportamento observável do programa e depois testá-las com o objetivo de encontrar o defeito que causou o resultado anormal. Testar as hipóteses pode envolver rastrear o código do programa manualmente, o que pode exigir novos casos de teste para localizar o problema. Para apoiar esse processo, normalmente são utilizadas ferramentas de depuração interativa, que exibem os valores intermediários das variáveis do programa e um rastro (*trace*) dos comandos executados.

2.2.3 Validação do software

A validação do software ou, em termos mais gerais, verificação e validação (V & V), destina-se a mostrar que um sistema está em conformidade com sua especificação e que satisfaz as expectativas do cliente do sistema. A principal técnica de validação é o teste de programa, no qual o sistema é executado usando dados de teste simulados. A validação também pode envolver processos de conferência como inspeções e revisões em cada estágio do processo de software, desde a definição dos requisitos do usuário até o desenvolvimento do programa. Entretanto, a maior parte do tempo e esforço de V & V é consumida no teste do programa.

Exceto no caso de programas pequenos, os sistemas não devem ser testados como uma unidade monolítica. A Figura 2.6 mostra um processo de teste em três estágios, no qual os componentes do sistema são testados individualmente e, depois, o sistema integrado é testado. No software personalizado, o teste do cliente envolve testar o sistema com dados reais do cliente. Nos produtos vendidos como aplicações, o teste do cliente é feito por usuários selecionados, que experimentam e comentam o software, o que é conhecido como teste-beta.

FIGURA 2.6 Estágios do teste.

Os estágios no processo de teste são:

1. *Teste de componente*. Os componentes do sistema são testados pelas pessoas que o desenvolvem. Cada componente é testado independentemente, sem as demais partes do sistema. Os componentes podem ser entidades simples,

como as funções ou classes de objetos, ou agrupamentos coerentes dessas entidades. Ferramentas de automação dos testes, como a JUnit para Java, que podem reexecutar testes quando são criadas novas versões do componente, são frequentemente utilizadas (KOSKELA, 2013).

2. *Teste de sistema.* Os componentes do sistema são integrados para criar um sistema completo. Esse processo encontra erros resultantes de interações imprevistas entre os componentes e de problemas de interface. Também busca mostrar que o sistema satisfaz tanto requisitos funcionais quanto não funcionais e testa suas propriedades emergentes. Nos sistemas grandes, esse processo pode ter várias etapas, nas quais os componentes são integrados e formam subsistemas testados individualmente antes de serem integrados ao sistema final.

3. *Teste do cliente.* Esse é o estágio final no processo de teste antes de o sistema ser aceito para uso operacional. O sistema é testado pelo cliente (ou cliente potencial) em vez de usar dados de simulação. No software criado por encomenda, o teste do cliente pode revelar erros e omissões na definição dos requisitos do sistema, pois os dados reais exercitam o sistema de maneiras diferentes das que ocorrem com os dados de teste. O teste do cliente também pode revelar problemas de requisitos nos quais os recursos do sistema não satisfazem realmente as necessidades dos usuários ou o desempenho do sistema é inaceitável. Nos produtos, o teste do cliente mostra o quanto o produto de software satisfaz as necessidades do cliente.

Em condições ideais, os defeitos de componentes são descobertos cedo no processo de teste, e os problemas de interface, quando o sistema é integrado. No entanto, à medida que os defeitos são descobertos, o programa deve ser depurado e isso pode exigir que outros estágios no processo de teste sejam repetidos. Os erros nos componentes do programa podem aparecer durante o teste do sistema. Portanto, o processo é iterativo, com as informações sendo retroalimentadas dos estágios finais para as partes iniciais do processo.

Normalmente, o teste de componentes é uma simples parte do processo de desenvolvimento normal. Os programadores produzem seus próprios dados de teste e testam o código de modo incremental à medida que o desenvolvem. O programador conhece o componente e, portanto, é a melhor pessoa para gerar os casos de teste.

Se for utilizada uma abordagem incremental de desenvolvimento, cada incremento deve ser testado enquanto é desenvolvido, e os testes devem ser baseados nos requisitos para aquele incremento. No desenvolvimento dirigido por testes, que é uma parte normal dos processos ágeis, os testes são desenvolvidos junto com os requisitos, antes do início do desenvolvimento. Isso ajuda os testadores e os desenvolvedores a compreenderem os requisitos e garante que não haja atrasos enquanto os casos de teste são criados.

Quando um processo de software dirigido por plano é utilizado (no desenvolvimento de sistemas críticos, por exemplo), o teste é dirigido por um conjunto de planos de teste. Uma equipe independente de testadores trabalha seguindo esses planos de teste que foram desenvolvidos a partir da especificação e do projeto do sistema. A Figura 2.7 ilustra como os planos de teste funcionam como elo entre as atividades de teste e as de desenvolvimento. É o que alguns chamam de "modelo em V" de desenvolvimento (vire a página de lado para ver o V), que mostra quais atividades de validação do software correspondem a cada estágio do modelo de processo em cascata.

FIGURA 2.7 Fases de teste em um processo de software dirigido por plano.

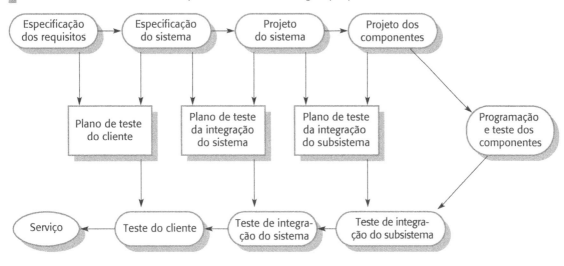

Quando um sistema é comercializado como um produto de software, geralmente se usa um processo de teste conhecido como teste-beta. Esse teste envolve a entrega do sistema para uma série de possíveis clientes que concordam em utilizá-lo experimentalmente, a fim de relatar problemas para os desenvolvedores do sistema. Esse procedimento expõe o produto ao uso real e detecta erros que podem não ter sido previstos pelos desenvolvedores do produto. Após esse *feedback*, o produto de software pode ser modificado e liberado para mais testes-beta ou para a venda geral.

2.2.4 Evolução do software

A flexibilidade do software é uma das principais razões pelas quais, cada vez mais, ele é incorporado a sistemas grandes e complexos. Depois de tomada a decisão de produzir o hardware, é muito caro fazer alterações em seu projeto (*design*). Entretanto, alterações no software podem ser feitas a qualquer momento, durante ou depois do desenvolvimento do sistema. Mesmo as grandes mudanças ainda são muito mais baratas do que mudanças equivalentes no hardware do sistema.

Historicamente, sempre houve uma divisão entre o processo de desenvolvimento e o processo de evolução (manutenção) do software. As pessoas pensam em desenvolvimento de software como uma atividade criativa, na qual um sistema de software é desenvolvido a partir de um conceito inicial até se tornar um sistema funcional. Por outro lado, pensam em manutenção de software como uma atividade maçante, menos interessante e menos desafiadora do que o desenvolvimento do software original.

Essa distinção entre desenvolvimento e manutenção é cada vez mais irrelevante. Poucos sistemas de software são completamente novos, e faz muito mais sentido encarar o desenvolvimento e a manutenção como uma coisa só. Em vez de processos diferentes, é mais realista encarar a engenharia de software como um processo evolutivo (Figura 2.8), no qual o software é alterado continuamente ao longo de sua vida útil em resposta à mudança dos requisitos e das necessidades do cliente.

> **FIGURA 2.8** Evolução do sistema de software.

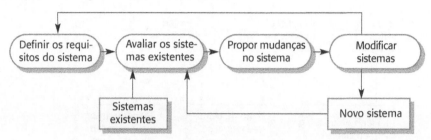

2.3 LIDANDO COM MUDANÇAS

A mudança é inevitável em todos os grandes projetos de software. Os requisitos do sistema mudam à medida que as empresas reagem a pressões externas, à concorrência e a mudanças nas prioridades da gestão. Ao passo que novas tecnologias são disponibilizadas, novas abordagens de projeto e de implementação se tornam possíveis. Portanto, seja qual for o modelo de processo de software utilizado, é essencial que ele consiga apoiar as mudanças no software que está sendo desenvolvido.

A mudança eleva os custos de desenvolvimento de software, já que isso normalmente significa que o trabalho já concluído precisará ser refeito: isso é retrabalho. Por exemplo, se os relacionamentos entre os requisitos em um sistema forem analisados e novos requisitos forem identificados, parte ou toda a análise de requisitos deve ser refeita. Então, pode ser necessário reprojetar o sistema para entregar os novos requisitos, mudar quaisquer programas que tenham sido desenvolvidos e testar o sistema novamente.

Duas abordagens relacionadas podem ser utilizadas para reduzir os custos de retrabalho:

1. *Antecipação da mudança*. O processo de software inclui atividades que podem antecipar ou prever possíveis mudanças antes da necessidade de um retrabalho considerável. Por exemplo, um protótipo do sistema pode ser desenvolvido para exibir aos clientes algumas características principais do sistema. Eles podem experimentar o protótipo e refinar seus requisitos antes de se comprometerem com os altos custos de produção do software.
2. *Tolerância à mudança*. O processo e o software são projetados de modo que as mudanças no sistema possam ser feitas com facilidade. Isso envolve, normalmente, alguma forma de desenvolvimento incremental. As mudanças propostas podem ser implementadas em incrementos que ainda não foram desenvolvidos. Se isso for impossível, então apenas um único incremento (uma pequena parte do sistema) pode precisar de alteração a fim de incorporar a mudança.

Nesta seção, discuto duas maneiras de lidar com as mudanças e com as variações nos requisitos do sistema:

1. *Prototipação do sistema*. Uma versão ou parte do sistema é desenvolvida rapidamente para verificar os requisitos do cliente e a viabilidade de algumas decisões de projeto. Essa é uma maneira de antecipar a mudança, já que permite aos usuários experimentarem o sistema antes da entrega e, assim, refinar seus

requisitos. Como consequência, a quantidade de propostas de alteração nos requisitos feitas após a entrega tende a ser reduzida.

2. *Entrega incremental*. O sistema é fornecido para o cliente em incrementos, a fim de que comentários e experimentações sejam feitos. Essa é uma maneira de antecipar as mudanças e aumentar a tolerância a elas, evitando o comprometimento prematuro com os requisitos do sistema como um todo e permitindo que as mudanças sejam incorporadas aos incrementos finais a um custo relativamente baixo.

O conceito de refatoração — ou seja, a melhoria da estrutura e da organização de um programa — também é um importante mecanismo de suporte de tolerância à mudança. Discutirei esse tema no Capítulo 3.

2.3.1 Prototipação

O protótipo é uma versão inicial de um sistema utilizado para demonstrar conceitos, experimentar opções de projeto e descobrir mais sobre o problema e suas possíveis soluções. O desenvolvimento rápido e iterativo do protótipo é essencial para que os custos sejam controlados e os *stakeholders* do sistema possam experimentar o protótipo no início do processo de desenvolvimento do software.

Um protótipo de software pode ser utilizado em um processo de desenvolvimento para ajudar a antecipar as mudanças que podem ser necessárias:

1. No processo de engenharia de requisitos, um protótipo pode ajudar na elicitação e validação dos requisitos do sistema.
2. No processo de projeto do sistema, um protótipo pode ser utilizado para explorar soluções de software e no desenvolvimento de uma interface com o usuário para o sistema.

Os protótipos de sistema permitem que usuários em potencial observem até que ponto o sistema os ajuda em seu trabalho; esses usuários podem ter novas ideias a partir dos requisitos e encontrar pontos fortes e fracos no software para, então, propor novos requisitos de sistema. Além disso, à medida que o protótipo é desenvolvido, ele pode revelar erros e omissões nesses requisitos. Uma característica descrita na especificação pode parecer clara e útil; no entanto, quando essa função é combinada com outras, muitas vezes os usuários acham que a sua opinião inicial estava errada ou incompleta. A especificação do sistema pode ser modificada para refletir a mudança na compreensão dos requisitos.

Um protótipo do sistema pode ser utilizado — enquanto o próprio sistema estiver sendo projetado — para experimentos que visem averiguar a viabilidade do projeto proposto. Por exemplo: um projeto de banco de dados pode ser prototipado e testado para averiguar se ele suporta de maneira eficiente os acessos aos dados gerados pelas requisições mais comuns dos usuários. A prototipação rápida com envolvimento do usuário final é a única maneira coerente de desenvolver interfaces com o usuário. Devido à natureza dinâmica das interfaces com o usuário, as descrições textuais e os diagramas não são suficientemente bons para expressar o projeto e os requisitos de uma interface com o usuário.

Um modelo de processo para o desenvolvimento de um protótipo é exibido na Figura 2.9. Os objetivos da prototipação devem ser explicitados desde o início do processo. Esses objetivos podem ser o desenvolvimento da interface com o usuário, o desenvolvimento de um sistema para validar os requisitos funcionais ou o desenvolvimento de um sistema para demonstrar a aplicação para os gerentes. Geralmente, o mesmo protótipo não consegue cumprir todos os objetivos. Se os objetivos não forem declarados, a gestão ou os usuários finais podem entender mal a função do protótipo. Consequentemente, eles podem não obter os benefícios que esperavam do desenvolvimento do protótipo.

FIGURA 2.9 Desenvolvimento de um protótipo.

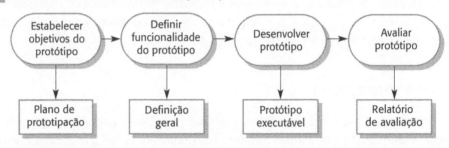

O próximo estágio no processo é decidir o que colocar e, talvez ainda mais importante, o que deixar de fora do sistema prototipado. Para reduzir os custos de prototipação e acelerar o cronograma de entrega, é possível deixar parte da funcionalidade fora do protótipo ou afrouxar os requisitos não funcionais, como o tempo de resposta e a utilização de memória. O tratamento e o gerenciamento dos erros podem ser ignorados, a menos que o objetivo do protótipo seja o de estabelecer uma interface com o usuário. Os padrões de confiabilidade e qualidade do programa podem ser reduzidos.

O estágio final do processo é a avaliação do protótipo. Nessa etapa, deve ser realizado o treinamento dos usuários, e os objetivos do protótipo devem ser usados para a criação de um plano de avaliação. Os usuários precisam de tempo para se acostumar com um sistema novo e estabelecer um padrão normal de uso. Isso feito, é possível descobrir erros e omissões nos requisitos. Um problema geral com a prototipação é que os usuários podem não utilizar o protótipo da mesma maneira que utilizam o sistema final. Os testadores do protótipo podem não ser usuários típicos do sistema. Pode não haver tempo suficiente para treinar os usuários durante a avaliação do protótipo. Se o protótipo for lento, os avaliadores poderão ajustar sua maneira de trabalhar, a fim de evitar as características do sistema com tempos de resposta lentos; quando receberem uma resposta melhor, no sistema final, eles poderão utilizá-lo de uma maneira diferente.

2.3.2 Entrega incremental

A entrega incremental (Figura 2.10) é uma abordagem para o desenvolvimento de software em que alguns dos incrementos desenvolvidos são fornecidos para o cliente e implantados para uso em seu ambiente de trabalho. Em um processo de entrega incremental, os clientes definem quais serviços são mais e menos importantes para eles. Uma série de incrementos é definida para entrega, e cada um deles proporciona um subconjunto da funcionalidade do sistema. A alocação dos serviços aos incrementos depende da prioridade do serviço; são implementados e entregues, em primeiro lugar, os de maior prioridade.

FIGURA 2.10 Entrega incremental.

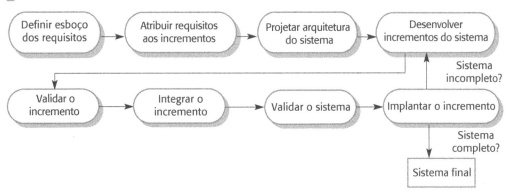

Uma vez que os incrementos do sistema tenham sido identificados, os requisitos dos serviços a serem entregues no primeiro incremento são definidos em detalhes e desenvolvidos. Durante o desenvolvimento, pode ocorrer outra análise de requisitos dos incrementos posteriores, mas mudanças nos requisitos do incremento atual não são aceitas.

Depois que um incremento é concluído e entregue, ele é instalado no ambiente de trabalho normal do cliente, que pode experimentá-lo; isso o ajudará a esclarecer os requisitos dos incrementos posteriores. À medida que novos incrementos são concluídos, eles são integrados aos existentes de modo a melhorar a funcionalidade do sistema a cada incremento fornecido.

A entrega incremental tem uma série de vantagens:

1. Os clientes podem usar incrementos iniciais como protótipos e adquirir experiência, que servirá para informar seus requisitos para incrementos posteriores do sistema. Ao contrário dos protótipos, os incrementos fazem parte do sistema real, então não haverá reaprendizagem quando o sistema completo estiver disponível.
2. Os clientes não precisam esperar até o sistema inteiro ser fornecido para tirar vantagem dele. O primeiro incremento satisfaz suas demandas mais críticas, o que permite usar o software imediatamente.
3. O processo mantém os benefícios do desenvolvimento incremental, posto que deve ser relativamente fácil incorporar mudanças no sistema.
4. Como os serviços de prioridade mais elevada são fornecidos primeiro e os incrementos posteriores são integrados, os serviços de sistema mais importantes recebem a maioria dos testes. Isso significa que os clientes estarão menos propensos a encontrar falhas de software nas partes mais importantes do sistema.

No entanto, também existem problemas na entrega incremental. Na prática, ela funciona apenas nas situações em que um sistema novíssimo está sendo introduzido e os avaliadores do sistema têm tempo para experimentá-lo. Os problemas fundamentais dessa abordagem são:

1. A entrega iterativa é problemática quando o novo sistema substituirá um preexistente. Os usuários precisam de toda a funcionalidade do sistema antigo e, normalmente, não estão dispostos a experimentar um novo sistema que esteja incompleto. Muitas vezes é impraticável usar ambos os sistemas lado a lado, já que eles tendem a ter bancos de dados e interfaces com o usuário diferentes.

2. A maioria dos sistemas requer um conjunto de recursos básicos que são utilizados por diferentes partes do sistema. Como os requisitos não são definidos em detalhes até que um incremento possa ser implementado, pode ser difícil identificar os recursos comuns necessários para todos os incrementos.
3. A essência dos processos iterativos é que a especificação é desenvolvida em conjunto com o software. No entanto, isso entra em conflito com o modelo de aquisição de muitas organizações, em que a especificação completa do sistema faz parte de seu contrato de desenvolvimento. Na abordagem incremental, não há especificação completa do sistema até o incremento final ser especificado. Isso requer uma nova forma de contrato, à qual grandes clientes, a exemplo de órgãos governamentais, podem encontrar dificuldade para se adaptar.

Para alguns tipos de sistemas, o modelo incremental de desenvolvimento e de entrega não é a melhor abordagem. Alguns são sistemas muito grandes, nos quais o desenvolvimento pode envolver times trabalhando em diferentes locais; outros são embarcados, nos quais o software depende do desenvolvimento do hardware; e alguns são críticos, nos quais todos os requisitos devem ser analisados para conferir as interações que podem comprometer a segurança (*safety*) ou a segurança da informação (*security*) do sistema.

Tais sistemas, naturalmente, sofrem com os mesmos problemas de requisitos incertos e mutáveis. Portanto, para solucionar esses problemas e obter alguns dos mesmos benefícios do desenvolvimento incremental, um protótipo do sistema pode ser desenvolvido e utilizado como uma plataforma de experimentação com os requisitos e o projeto do sistema. Com a experiência adquirida no protótipo, os requisitos definitivos poderão ser decididos.

2.4 MELHORIA DE PROCESSO

Hoje em dia, há uma demanda constante da indústria por software melhor e mais barato, que deve ser fornecido em prazos ainda mais apertados. Consequentemente, muitas empresas se voltaram para a melhoria do processo de software como uma maneira de melhorar a qualidade de seu software, reduzindo custos ou acelerando seus processos de desenvolvimento. A melhoria dos processos significa compreender os processos existentes e modificá-los para aumentar a qualidade do produto e/ou reduzir os custos e o tempo de desenvolvimento. Abordo com mais detalhes as questões gerais de medição e melhoria dos processos no Capítulo 26, disponível no site de apoio (em inglês).

São empregadas duas abordagens bem diferentes para melhoria e mudança de processos:

1. A abordagem de maturidade do processo, que se concentra na melhoria dos processos e do gerenciamento do projeto e na introdução de práticas recomendadas de engenharia de software em uma organização. O nível de maturidade do processo reflete o grau em que as práticas técnicas e gerenciais recomendadas foram adotadas nos processos de desenvolvimento de software organizacional. Os objetivos primários dessa abordagem são a maior qualidade do produto e a previsibilidade do processo.

2. A abordagem ágil, que se concentra no desenvolvimento iterativo e na redução dos custos gerais do processo de software. As características primárias dos métodos ágeis são a entrega rápida da funcionalidade e a rapidez de resposta para os requisitos mutáveis do cliente. Aqui, a filosofia da melhoria é que os melhores processos são aqueles com custos gerais mais baixos, e as abordagens ágeis podem conseguir isso. Descrevo os métodos ágeis no Capítulo 3.

Em geral, os entusiastas dessas abordagens e as pessoas comprometidas com cada uma delas são céticas quanto aos benefícios da outra. A abordagem de maturidade do processo está arraigada no desenvolvimento dirigido por plano e, normalmente, requer "custos" mais elevados no sentido de que são introduzidas atividades que não são diretamente relevantes para o desenvolvimento do programa. As abordagens ágeis se concentram no código que está sendo desenvolvido e minimizam deliberadamente a formalidade e a documentação.

A melhoria geral do processo subjacente à abordagem de maturidade do processo é cíclica, como mostra a Figura 2.11. Os estágios nesse processo são:

1. *Medição do processo*. Um ou mais atributos do processo ou do produto de software são medidos. Essas medições formam um ponto de partida que permite decidir se as melhorias do processo foram eficazes. À medida que se introduzem mais melhorias, os mesmos atributos devem ser reavaliados, uma vez que se espera que tenha havido alguma alteração positiva.
2. *Análise do processo*. O processo atual é avaliado a fim de identificar os pontos fracos e os gargalos. Os modelos de processo (às vezes chamados mapas de processo) que o descrevem podem ser desenvolvidos durante esse estágio. A análise pode ser focada ao considerar características do processo como rapidez e robustez.
3. *Mudança no processo*. As mudanças são propostas para abordar alguns dos pontos fracos identificados. Elas são introduzidas e o ciclo continua coletando dados sobre sua eficácia.

FIGURA 2.11 O ciclo de melhoria do processo.

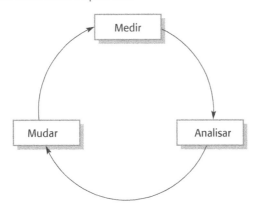

Sem dados concretos sobre um processo ou sobre o software desenvolvido é impossível avaliar o valor da melhoria do processo. No entanto, é improvável que as empresas que começam uma mudança em um processo tenham dados disponíveis sobre ele, a fim de determinar um ponto de partida para essa melhoria. Portanto, como parte do primeiro ciclo de mudanças, pode ser necessário coletar dados sobre o processo de software e medir as características do produto.

A melhoria dos processos é uma atividade de longo prazo; então, cada um dos estágios pode durar vários meses. Também é uma atividade contínua, já que, sempre que novos processos são introduzidos, o ambiente de negócios muda e novos processos terão de evoluir para levar em conta essas alterações.

O conceito de "maturidade do processo" foi introduzido no final dos anos 1980 quando o *Software Engineering Institute*[2] (SEI) propôs seu modelo de maturidade da capacidade do processo (HUMPHREY, 1988). A maturidade dos processos de uma empresa de software reflete seu gerenciamento de processos, sua medição e o uso que ela faz de práticas recomendadas em engenharia de software. Essa ideia foi introduzida para que o Departamento de Defesa dos Estados Unidos pudesse avaliar a capacidade de engenharia de software dos empreiteiros do setor de defesa, com vistas a limitar os contratos àqueles empreiteiros que atingissem um nível exigido de maturidade do processo. Cinco níveis de maturidade do processo foram propostos, conforme a Figura 2.12. Eles evoluíram e se desenvolveram ao longo dos últimos 25 anos (CHRISSIS; KONRAD; SHRUM, 2011), mas as ideias fundamentais do modelo de Humphrey ainda são a base da avaliação da maturidade dos processos de software.

Os níveis do modelo de maturidade do processo são:

1. *Inicial.* As metas associadas à área de processo são cumpridas e o escopo do trabalho a ser realizado é definido explicitamente para todos os processos e comunicado para os membros do time.
2. *Gerenciado.* Nesse nível, as metas associadas à área de processo são cumpridas e as políticas organizacionais estão implantadas, definindo quando cada processo deve ser utilizado. Deve haver planos de projeto documentados que definam as metas do projeto. O gerenciamento de recursos e o monitoramento de processos devem estar em vigor em toda a instituição.
3. *Definido.* Esse nível se concentra na padronização organizacional e na implantação dos processos. Cada projeto tem um processo gerido que é adaptado aos requisitos do projeto a partir de um conjunto definido de processos organizacionais. Os recursos do processo e suas medições devem ser coletados e utilizados para melhorias futuras.
4. *Gerenciado quantitativamente.* Nesse nível, há uma responsabilidade organizacional de empregar o método estatístico — entre outros métodos quantitativos — para controlar os subprocessos. Em outras palavras, as medições de processos e produtos coletadas devem ser utilizadas no gerenciamento dos processos.
5. *Em otimização.* Nesse nível mais alto, a organização deve usar as medições de processos e produtos para orientar a melhoria dos processos. As tendências devem ser analisadas e os processos adaptados às necessidades mutáveis da empresa.

O trabalho sobre os níveis de maturidade do processo teve um impacto importante na indústria de software. Ele concentrou a atenção nos processos e práticas utilizados e proporcionou melhorias significativas na capacidade da engenharia de software. No entanto, a melhoria do processo formal para empresas pequenas é muito custosa e a estimativa da maturidade com os processos ágeis é difícil. Consequentemente, apenas as grandes empresas de software usam hoje essa abordagem focada na maturidade para a melhoria dos processos de software.

---

[2] Nota da R.T.: o SEI faz parte da Universidade de Carnegie Mellon, nos EUA.

FIGURA 2.12 Níveis de maturidade da capacidade.

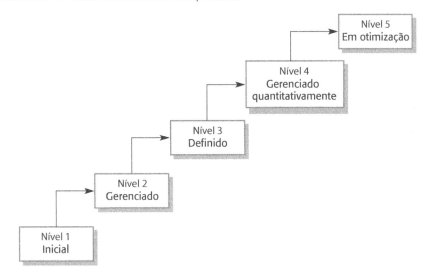

PONTOS-CHAVE

- Processos de software são as atividades envolvidas na produção de um sistema de software. Os modelos de processos de software são representações abstratas desses processos.

- Modelos de processo gerais descrevem a organização dos processos de software. Exemplos gerais incluem o modelo em cascata, o desenvolvimento incremental e a configuração e integração de componentes reusáveis.

- A engenharia de requisitos é o processo de desenvolver uma especificação de software. Especificações se destinam a comunicar as necessidades do cliente para os desenvolvedores do sistema.

- Os processos de projeto (*design*) e implementação se preocupam em transformar uma especificação de requisitos em um sistema de software executável.

- A validação de software é o processo de conferir se o sistema está em conformidade com a sua especificação e se isso satisfaz as necessidades reais dos usuários do sistema.

- A evolução do software ocorre quando você modifica os sistemas de software existentes para atender a novos requisitos. As mudanças são contínuas e o software deve evoluir para continuar sendo útil.

- Os processos devem incluir atividades para lidar com a mudança. Isso pode envolver uma fase de prototipação, que ajuda a evitar as más decisões de requisitos e projeto (*design*). Os processos podem ser estruturados para desenvolvimento e entrega iterativos, de modo que as mudanças possam ser feitas sem perturbar o sistema como um todo.

- A melhoria dos processos é a atividade de aperfeiçoar os processos de software existentes, elevando sua qualidade, diminuindo os custos ou reduzindo o tempo de desenvolvimento. Trata-se de um processo cíclico que envolve medição, análise e modificação de processos.

LEITURAS ADICIONAIS

"Process models in software engineering." É uma excelente visão geral dos modelos de processo em engenharia de software que foram propostos. SCACCHI, W. *Encyclopaedia of software engineering*. J. J. Marciniak, John Wiley & Sons, 2001. Disponível em: <http://www.ics.uci.edu/~wscacchi/Papers/SE-Encyc/Process-Models-SE-Encyc.pdf>. Acesso em: 30 mar. 2018.

Software process improvement: results and experience from the field. Esse livro é uma coleção de artigos concentrados em estudos de caso de melhoria de processos em várias empresas pequenas e médias da Noruega. Também inclui uma boa introdução às questões gerais da melhoria de processos. CONRADI, R.; DYBÅ, T.; SJØBERG, D.; ULSUND, T. Springer, 2006.

"Software development life cycle models and methodologies." Essa postagem em *blog* é um resumo sucinto de vários modelos de processo de software que foram propostos e utilizados. A postagem discute as vantagens e desvantagens de cada um desses modelos. SAMI, M.; 2012. Disponível em: <http://melsatar.wordpress.com/2012/03/15/software-development-life-cycle-models-and-methodologies/>. Acesso em: 30 mar. 2018.

SITE[3]

Apresentações em PowerPoint para este capítulo disponíveis em: <http://software-engineering-book.com/slides/chap2/>.
Links para vídeos de apoio disponíveis em: <http://software-engineering-book.com/videos/software-engineering/>.

---

[3] Todo o conteúdo disponibilizado na seção *Site* de todos os capítulos está em inglês.

EXERCÍCIOS

2.1. Sugira o modelo de processo de software genérico mais apropriado que poderia ser utilizado como uma base para gerenciar o desenvolvimento dos seguintes sistemas. Justifique sua resposta de acordo com o tipo de sistema que está sendo desenvolvido:
- Um sistema para controlar o freio ABS em um carro.
- Um sistema de realidade virtual para apoiar a manutenção de software.
- Um sistema contábil de uma universidade que substitua um sistema existente.
- Um sistema interativo de planejamento de viagem que ajude os usuários a planejar suas viagens com o menor impacto ambiental.

2.2. Explique por que o desenvolvimento incremental é a abordagem mais eficaz para desenvolver sistemas de software de negócio. Por que esse modelo é menos apropriado para a engenharia de sistemas de tempo real?

2.3. Considere o modelo de processo de integração e configuração exibido na Figura 2.3. Explique por que é essencial repetir a atividade de engenharia de requisitos no processo.

2.4. Sugira por que é importante fazer uma distinção entre desenvolver os requisitos do usuário e desenvolver os requisitos do sistema no processo de engenharia de requisitos.

2.5. Usando um exemplo, explique por que as atividades de projeto de arquitetura, banco de dados, interface e componentes são interdependentes.

2.6. Explique por que o teste de software deve sempre ser uma atividade incremental, em etapas. Os programadores são as melhores pessoas para testar os programas que desenvolveram?

2.7. Explique por que a mudança é inevitável nos sistemas complexos e cite exemplos de atividades de processo de software (além da prototipação e entrega incremental) que podem ajudar a prever as possíveis mudanças e tornar o software que está sendo desenvolvido mais tolerante à mudança.

2.8. Você desenvolveu um protótipo de um sistema de software e sua gerente está muito impressionada com ele. Ela propõe que ele seja colocado em uso como um sistema em produção, com novas características adicionadas conforme a necessidade. Isso evita o gasto de desenvolvimento do sistema e torna-o imediatamente útil. Escreva um relatório curto para a sua gerente explicando por que os sistemas prototipados não devem ser utilizados como sistemas de produção.

2.9. Sugira duas vantagens e duas desvantagens da abordagem de avaliação e melhoria de processo incorporada ao modelo de maturidade da capacidade do SEI.

2.10. Historicamente, a introdução da tecnologia causou profundas mudanças no mercado de trabalho e, ao menos temporariamente, tirou as pessoas de seus empregos. Discuta se a automação extensiva de processos tende a ter as mesmas consequências para os engenheiros de software. Se você acha que não, explique o porquê. Se você acha que vai reduzir as oportunidades de trabalho, é ético que os engenheiros afetados resistam ativa ou passivamente à introdução dessa tecnologia?

REFERÊNCIAS

ABRIAL, J. R. *The B book*: assigning programs to meanings. Cambridge, UK: Cambridge University Press, 2005.

_____. *Modeling in Event-B*: system and software engineering. Cambridge, UK: Cambridge University Press, 2010.

BOEHM, B. W. "A Spiral Model of Software Development and Enhancement." *IEEE Computer*, v. 21, n. 5, 1988. p. 61-72. doi:10.1145/12944.12948.

BOEHM, B. W.; TURNER, R. "Balancing agility and discipline: evaluating and integrating agile and plan-driven methods." In: *26a Conferência Internacional de Engenharia de Software*. Edimburgo, Escócia, 2004. doi:10.1109/ICSE.2004.1317503.

CHRISSIS, M. B.; KONRAD, M.; SHRUM, S. *CMMI for development:* guidelines for process integration and product improvement. 3. ed. Boston: Addison-Wesley, 2011.

HUMPHREY, W. S. "Characterizing the software process: a maturity framework." *IEEE Software*, v. 5, n. 2, 1988. p. 73-79. doi:10.1109/2.59.

KOSKELA, L. *Effective unit testing*: a guide for Java developers. Greenwich, CT: Manning Publications, 2013.

KRUTCHEN, P. *The rational unified process* — An introduction. 3. ed. Reading, MA: Addison-Wesley, 2003.

ROYCE, W. W. "Managing the development of large software systems: concepts and techniques." In: *IEEE WESTCON*. Los Angeles, CA, 1970. p. 1-9.

WHEELER, W.; J. WHITE. *Spring in practice*. Greenwich, CT: Manning Publications, 2013.

3 | Desenvolvimento ágil de software

OBJETIVOS

O objetivo deste capítulo é apresentá-lo aos métodos de desenvolvimento ágil de software. Ao ler este capítulo, você:

▸ compreenderá a lógica dos métodos de desenvolvimento ágil de software, o manifesto ágil e as diferenças entre o desenvolvimento ágil e o dirigido por plano;

▸ conhecerá práticas importantes do desenvolvimento ágil, como as histórias do usuário, a refatoração, a programação em pares e o desenvolvimento com testes a priori (test-first);

▸ compreenderá desde a abordagem Scrum até o gerenciamento ágil de projetos;

▸ compreenderá as questões de escalabilidade dos métodos de desenvolvimento ágil e a combinação das abordagens ágeis com as dirigidas por plano no desenvolvimento de grandes sistemas de software.

CONTEÚDO

3.1 Métodos ágeis
3.2 Técnicas de desenvolvimento ágil
3.3 Gerenciamento ágil de projetos
3.4 Escalabilidade dos métodos ágeis

As empresas de hoje em dia operam em um ambiente global em rápida mudança. Elas precisam responder às novas oportunidades e mercados, às mudanças nas condições econômicas e ao surgimento de produtos e serviços concorrentes. O software faz parte de quase todas as operações de negócios, então novo software tem de ser desenvolvido rapidamente, para que seja possível tirar vantagem das novas oportunidades e responder à pressão da concorrência. A entrega e desenvolvimento rápidos são, portanto, os requisitos mais importantes da maioria dos sistemas de negócios. Na verdade, as empresas podem estar dispostas a negociar a qualidade e comprometer requisitos se puderem implantar um novo software rapidamente.

Como essas empresas operam em um ambiente dinâmico, é praticamente impossível derivar um conjunto completo de requisitos de software estáveis. Esses requisitos mudam porque os clientes acham impossível prever como um sistema irá afetar as práticas profissionais, como irá interagir com outros sistemas e quais operações de usuário devem ser automatizadas. Pode ser que só depois que um sistema tenha sido entregue, e os usuários tenham adquirido experiência com ele, que os verdadeiros requisitos fiquem claros. Mesmo assim, fatores externos orientam sua mudança.

Os processos de desenvolvimento de software dirigidos por plano que especificam completamente os requisitos e depois projetam, constroem e testam um sistema não são voltados para o desenvolvimento rápido de software. À medida que os requisitos mudam ou que problemas de requisitos são descobertos, o projeto ou a implementação do sistema precisam ser retrabalhados e testados novamente. Como consequência, um processo convencional em cascata ou baseado em especificação normalmente é demorado e o software final é entregue ao cliente muito depois do prazo originalmente estipulado.

Para alguns tipos de software — como os sistemas de controle críticos em segurança, para os quais uma análise completa do sistema é essencial —, essa abordagem dirigida por plano é a mais indicada. No entanto, em um ambiente empresarial dinâmico, isso pode ser problemático. Quando o software finalmente estiver disponível para uso, o motivo original de sua aquisição pode ter mudado tão radicalmente que ele acaba sendo inútil. Portanto, especialmente no caso de sistemas de negócio, os processos de desenvolvimento e entrega rápidos são essenciais.

A necessidade de desenvolvimento rápido de software e de processos que possam lidar com requisitos que mudam foi reconhecida há muitos anos (LARMAN; BASILI, 2003). Entretanto, o desenvolvimento mais rápido do software só decolou no final dos anos 1990, quando surgiu a ideia de "métodos ágeis" como a Programação Extrema — do inglês *Extreme Programming*, ou XP — (BECK, 1999), o Scrum (SCHWABER; BEEDLE, 2001) e o DSDM — do inglês *Dynamic Systems Development Method* — (STAPLETON, 2003).

O desenvolvimento rápido de software passou a ser conhecido como desenvolvimento ágil, ou métodos ágeis. Esses métodos são concebidos para produzir software útil de maneira rápida. Todos eles compartilham uma série de características comuns:

1. Os processos de especificação, projeto e implementação são intercalados. Não há especificação detalhada do sistema e a documentação do projeto é minimizada ou gerada automaticamente pelo ambiente de programação utilizado para implementar o sistema. O documento de requisitos do usuário é uma definição resumida contendo apenas as características mais importantes do sistema.
2. O sistema é desenvolvido em uma série de incrementos. Os usuários finais e outros *stakeholders* estão envolvidos na especificação e avaliação de cada um deles. Além de mudanças no software, eles também podem propor novos requisitos para serem implementados em uma versão posterior do sistema.
3. O amplo apoio de ferramentas é usado para ajudar no processo de desenvolvimento. Podem ser utilizadas ferramentas de teste automatizado, ferramentas de apoio ao gerenciamento de configuração e à integração de sistemas, além de ferramentas para automatizar a produção da interface com o usuário.

Os métodos ágeis se baseiam no desenvolvimento incremental; os incrementos são pequenos e, normalmente, novas versões do sistema são criadas e disponibilizadas para os clientes a cada duas ou três semanas, para que seja possível obter deles um *feedback* rápido nos requisitos que mudam. Além disso, esses métodos minimizam a documentação usando comunicação informal em vez de reuniões formais com documentos escritos.

As abordagens ágeis de desenvolvimento de software consideram o projeto (*design*) e a implementação como as atividades centrais no processo de software. Elas incorporam outras tarefas a essas atividades, como a elicitação dos requisitos e os testes. Por outro lado, uma abordagem dirigida por plano identifica etapas diferentes no processo de software, com resultados associados a cada uma delas. Esses dados são utilizados como base para o planejamento da atividade de processo seguinte.

A Figura 3.1 mostra as diferenças fundamentais entre as abordagens ágil e dirigida por plano na especificação de sistemas. Em um processo de desenvolvimento de software dirigido por plano, a iteração ocorre dentro das atividades, com documentos formais sendo utilizados como meio de comunicação entre as etapas do processo. Por exemplo: os requisitos evoluirão e, no final das contas, será produzida uma especificação deles, que servirá como entrada para o processo de projeto e implementação. Em uma abordagem ágil, por outro lado, a iteração ocorre ao longo das atividades. Portanto, os requisitos e o projeto (*design*) são desenvolvidos juntos, e não separadamente.

FIGURA 3.1 Desenvolvimento dirigido por plano e desenvolvimento ágil.

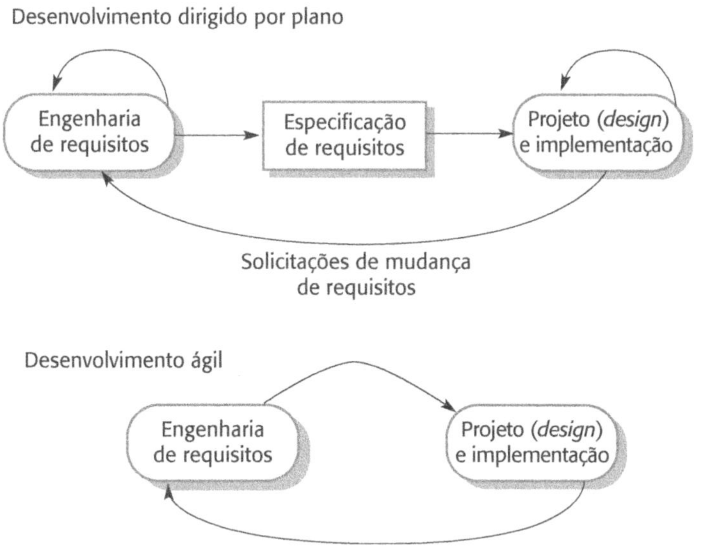

Na prática, conforme explicarei na Seção 3.4.1, os processos dirigidos por plano são utilizados frequentemente com práticas de programação ágil, e os métodos ágeis podem incorporar algumas atividades planejadas, além da programação e dos testes. Em um processo dirigido por plano, é perfeitamente viável alocar requisitos e planejar a fase de projeto (*design*) e desenvolvimento como uma série de incrementos. Já um processo ágil não é inevitavelmente focado no código e pode produzir alguma documentação de projeto (*design*). Nos métodos ágeis, os desenvolvedores podem decidir que uma iteração não produzirá código novo, mas sim modelos e documentação de sistema.

3.1 MÉTODOS ÁGEIS

Nos anos 1980 e início dos anos 1990, havia uma percepção generalizada de que a maneira mais indicada para obter um software melhor era por meio do planejamento cuidadoso do projeto, da garantia de qualidade formalizada, do uso de métodos de análise e projeto (*design*) apoiados por ferramentas de software e de processos de desenvolvimento controlados e rigorosos. Essa percepção veio da comunidade de engenharia de software que era responsável por desenvolver sistemas grandes e duradouros, como os destinados aos setores aeroespacial e governamental.

Essa abordagem dirigida por plano foi desenvolvida para o software criado por grandes times, trabalhando para diferentes empresas. Os times costumavam ficar dispersos geograficamente e trabalhavam no software por longos períodos. Um exemplo de software produzido dessa maneira são os sistemas de controle de uma aeronave moderna, que poderiam levar até dez anos para serem desenvolvidos, desde sua especificação inicial até sua implantação. As abordagens dirigidas por plano envolvem sobrecargas no planejamento, no desenvolvimento e na documentação do sistema. Essa sobrecarga é justificada quando o trabalho de vários times de desenvolvimento precisa ser coordenado, quando o sistema é crítico e quando muitas pessoas diferentes estarão envolvidas na manutenção do software ao longo de sua vida útil.

No entanto, quando essa abordagem pesada é aplicada a sistemas de negócio de pequeno ou médio porte, a sobrecarga é tão grande que domina o processo de desenvolvimento de software. Mais tempo é investido na decisão de como o sistema deve ser desenvolvido do que na programação ou nos testes. À medida que os requisitos mudam, retrabalho é necessário e, ao menos a princípio, sua especificação e seu projeto (*design*) têm de mudar.

A insatisfação com essas abordagens levou ao surgimento dos métodos ágeis no final da década de 1990. Eles permitiram que o time de desenvolvimento se concentrasse no próprio software, em vez de no projeto (*design*) ou na documentação. Os métodos ágeis são mais adequados para desenvolver aplicações nas quais os requisitos do sistema mudam rapidamente durante o processo. Eles se destinam a fornecer rapidamente um software funcional para o cliente, que, por sua vez, pode propor a inclusão de requisitos novos ou modificados nas iterações seguintes. Eles visam reduzir a burocracia do processo ao evitar o trabalho com valor duvidoso no longo prazo e eliminar a documentação que provavelmente jamais será utilizada.

A filosofia por trás dos métodos ágeis está refletida no 'manifesto ágil' (http://agilemanifesto.org), criado por desenvolvedores líderes desses métodos. O manifesto diz:

> *Estamos descobrindo maneiras melhores de desenvolver software, fazendo-o nós mesmos e ajudando outros a fazerem o mesmo. Através deste trabalho, passamos a valorizar:*
>
> **Indivíduos e interações** *mais que processos e ferramentas.*
>
> **Software em funcionamento** *mais que uma documentação abrangente.*
>
> **Colaboração com o cliente** *mais que negociação de contratos.*
>
> **Responder a mudanças** *mais que seguir um plano.*
>
> *Ou seja, mesmo havendo valor nos itens à direita, valorizamos mais os itens à esquerda*[1].

Todos os métodos ágeis sugerem que o software deve ser desenvolvido e entregue incrementalmente. Esses métodos se baseiam em diferentes processos ágeis, mas compartilham um conjunto de princípios, com base no manifesto ágil, e por isso têm muito em comum. Apresento esses princípios na Figura 3.2.

---

[1] Disponível em: <http://agilemanifesto.org/iso/ptbr/manifesto.html>. Acesso em: 30 mar. 2018.

FIGURA 3.2 Os princípios dos métodos ágeis.

Princípio	Descrição
Envolvimento do cliente	Os clientes devem ser envolvidos em todo o processo de desenvolvimento. Seu papel é fornecer e priorizar novos requisitos de sistema e avaliar as iterações do sistema.
Acolher as mudanças	Tenha em mente que os requisitos do sistema mudam e, portanto, deve-se projetar o sistema para acomodar essas mudanças.
Entrega incremental	O software é desenvolvido em incrementos, e o cliente especifica os requisitos incluídos em cada um deles.
Manter a simplicidade	Deve-se ter como foco a simplicidade, tanto do software que está sendo desenvolvido quanto do processo de desenvolvimento. Sempre que possível, trabalhe ativamente para eliminar a complexidade do sistema.
Pessoas, não processos	As habilidades do time de desenvolvimento devem ser reconhecidas e aproveitadas da melhor maneira possível. Seus membros devem ter liberdade para desenvolver seu modo próprio de trabalhar sem se prender a processos determinados.

Os métodos ágeis têm sido particularmente úteis para dois tipos de desenvolvimento de sistemas:

1. O desenvolvimento de um produto pequeno ou médio, por uma empresa de software, para venda. Praticamente todos os produtos de software e aplicativos são desenvolvidos atualmente usando uma abordagem ágil.
2. O desenvolvimento de sistemas personalizados dentro de uma organização, em que há um compromisso claro por parte do cliente de se envolver no processo de desenvolvimento, e no qual há poucos *stakeholders* externos e normas que afetem o software.

Os métodos ágeis funcionam bem nessas situações porque possibilitam comunicação contínua entre o gerente de produto ou o cliente do sistema e o time de desenvolvimento. O software em si é um sistema *stand-alone*, em vez de estar intimamente integrado com outros sistemas que estejam sendo desenvolvidos simultaneamente. Consequentemente, não há necessidade de coordenar fluxos de desenvolvimento paralelos. Os sistemas pequenos e médios podem ser desenvolvidos por times situados no mesmo local, então a comunicação informal entre seus membros funciona bem.

3.2 TÉCNICAS DE DESENVOLVIMENTO ÁGIL

As ideias por trás dos métodos ágeis foram desenvolvidas mais ou menos na mesma época, nos anos 1990, por uma série de pessoas. Entretanto, talvez a abordagem mais importante para mudança de cultura no desenvolvimento de software tenha sido o desenvolvimento da Programação Extrema (do inglês *Extreme Programming*, ou XP). O nome foi cunhado por Kent Beck com base na ideia de que essa abordagem leva a níveis "extremos" boas práticas reconhecidas, como o desenvolvimento iterativo (BECK, 1998). Na Programação Extrema, por exemplo, várias versões novas de um sistema podem ser desenvolvidas — por diferentes programadores —, integradas e testadas em um dia. A Figura 3.3 ilustra o processo de produção do incremento de um sistema que está sendo desenvolvido usando Programação Extrema.

FIGURA 3.3 Ciclo de lançamento (*release*) da Programação Extrema.

```
Selecionar as              Decompor as           Planejar o
histórias do usuário  →   histórias em tarefas  →  lançamento
para este lançamento
       ↑                                               ↓
Avaliar o sistema  ←  Lançar a versão  ←  Desenvolver/integrar/
                       do software         testar o software
```

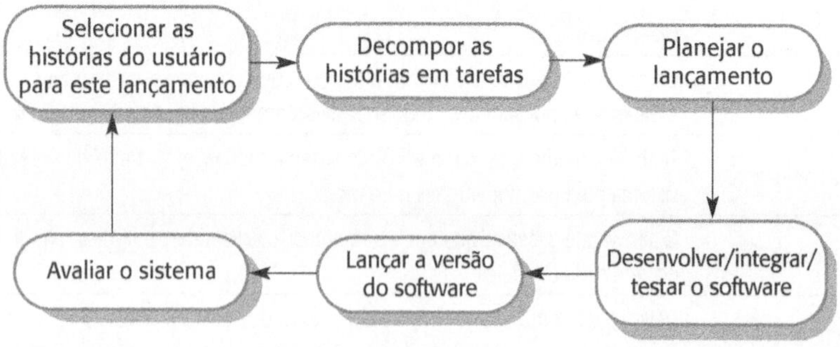

Na XP, os requisitos são expressos em cenários (chamados de histórias do usuário) implementados diretamente como uma série de tarefas. Os programadores trabalham em pares e desenvolvem testes para cada tarefa antes de escreverem o código. Todos os testes devem ser executados com sucesso quando o novo código é integrado ao sistema, já que há um curto intervalo de tempo entre os lançamentos (*releases*) do sistema.

A Programação Extrema era controversa, pois introduziu uma série de práticas ágeis muito diferentes do desenvolvimento tradicional da época. Elas estão resumidas na Figura 3.4 e refletem os princípios do manifesto ágil:

1. O desenvolvimento incremental é apoiado por lançamentos menores e mais frequentes do sistema. Os requisitos se baseiam em histórias simples dos clientes — ou cenários —, utilizados como base para decidir qual funcionalidade deve ser incluída em um determinado incremento.
2. O envolvimento do cliente é apoiado por seu engajamento contínuo no time de desenvolvimento. O representante do cliente participa do desenvolvimento, e é responsável por definir os testes de aceitação do sistema.
3. As pessoas, não os processos, são apoiadas pela programação em pares, pela propriedade coletiva do código do sistema e por um processo de desenvolvimento sustentável que não envolve expedientes de trabalho longos demais.
4. As mudanças são adotadas por meio de lançamentos regulares do sistema aos clientes, desenvolvimento com testes *a priori* (*test-first*), refatoração para evitar a degeneração do código e integração contínua de novas funcionalidades.
5. A manutenção da simplicidade é apoiada pela refatoração constante, que melhora a qualidade do código, e pelo uso de projetos (*designs*) simples, que não antecipam desnecessariamente as futuras mudanças no sistema.

Na prática, a aplicação da Programação Extrema como proposta originalmente se provou mais difícil do que o previsto. Ela não pode ser integrada de imediato às práticas de gestão e à cultura da maioria das empresas; assim, as que adotam métodos ágeis selecionam as práticas de Programação Extrema mais adequadas ao seu modo de trabalho. Às vezes, essas técnicas são incorporadas aos processos de desenvolvimento das próprias empresas, mas, na maioria das vezes, são utilizadas em conjunto com um método ágil focado em gerenciamento, como o Scrum (RUBIN, 2013).

FIGURA 3.4 Práticas de programação Extrema.

Princípio ou prática	Descrição
Propriedade coletiva	Os pares de desenvolvedores trabalham em todas as áreas do sistema de modo que não se desenvolvem 'ilhas de conhecimento', e todos os desenvolvedores assumem a responsabilidade por todo o código. Qualquer um pode mudar qualquer coisa.
Integração contínua	Assim que o trabalho em uma tarefa é concluído, ele é integrado ao sistema completo. Após qualquer integração desse tipo, todos os testes de unidade no sistema devem passar.
Planejamento incremental	Os requisitos são registrados em 'cartões de história', e as histórias a serem incluídas em um lançamento são determinadas de acordo com o tempo disponível e com sua prioridade relativa. Os desenvolvedores decompõem essas histórias em 'tarefas' de desenvolvimento (Figuras 3.5 e 3.6).
Representante do cliente	Um representante do usuário final do sistema (o cliente) deve estar disponível em tempo integral para o time de programação. Em um processo como esse, o cliente é um membro do time de desenvolvimento, sendo responsável por levar os requisitos do sistema ao time, visando sua implementação.
Programação em pares	Os desenvolvedores trabalham em pares, conferindo o trabalho um do outro e oferecendo o apoio necessário para que o resultado final seja sempre satisfatório.
Refatoração	Todos os desenvolvedores devem refatorar o código continuamente logo que sejam encontradas possíveis melhorias para ele. Isso mantém o código simples e de fácil manutenção.
Projeto (*design*) simples	Deve ser feito o suficiente de projeto (*design*) para satisfazer os requisitos atuais, e nada mais.
Lançamentos pequenos	O mínimo conjunto útil de funcionalidade que agregue valor ao negócio é desenvolvido em primeiro lugar. Os lançamentos do sistema são frequentes e acrescentam funcionalidade à primeira versão de uma maneira incremental.
Ritmo sustentável	Grandes quantidades de horas extras não são consideradas aceitáveis, já que o efeito líquido muitas vezes é a diminuição da qualidade do código e da produtividade no médio prazo.
Desenvolvimento com testes *a priori* (*test-first*)	Um *framework* automatizado de teste de unidade é utilizado para escrever os testes de um novo pedaço de funcionalidade antes que ela própria seja implementada.

Não estou convencido de que a Programação Extrema seja um método ágil prático para a maioria das empresas, mas sua contribuição mais importante é, provavelmente, o conjunto de práticas de desenvolvimento ágil que introduziu na comunidade. Discuto as mais importantes nesta seção.

3.2.1 Histórias do usuário

Os requisitos de software sempre mudam. Para lidar com essas mudanças, os métodos ágeis não têm uma atividade de engenharia de requisitos específica ou independente. Em vez disso, a elicitação dos requisitos é integrada ao desenvolvimento. Para facilitar esse processo, foi desenvolvida a ideia de 'histórias do usuário', com o intuito de formar cenários de uso baseados nas experiências de um usuário do sistema.

Na medida do possível, o cliente do sistema trabalha em estreita colaboração com o time de desenvolvimento e discute esses cenários com os membros do time. Juntos, eles desenvolvem um 'cartão de história' que descreve resumidamente uma história que reúna as necessidades do usuário. O time de desenvolvimento buscará, então, implementar esse cenário em uma versão futura do software. Um exemplo de cartão de história do sistema Mentcare é exibido na Figura 3.5. Trata-se de uma descrição sucinta de um cenário para prescrever medicação para um paciente.

FIGURA 3.5 Uma história sobre prescrição de medicação.

Prescrição de medicação

Kate é uma médica que deseja prescrever medicação para um paciente que frequenta sua clínica. O registro do paciente já é exibido em seu computador, então ela deve clicar no campo de medicação e selecionar 'medicação atual', 'nova medicação' ou 'substâncias'.

Se escolher 'medicação atual', o sistema pedirá para que ela verifique a dose; se quiser mudá-la, Kate fornecerá a nova dose e depois deverá confirmar a prescrição.

Se escolher 'nova medicação', o sistema presumirá que ela sabe qual medicação prescrever. Ao digitar as primeiras letras da medicação, o sistema exibirá uma lista de possíveis medicamentos que começam com essas letras. Ao escolher a medicação necessária, o sistema responderá pedindo que ela confirme se a medicação escolhida está correta. Ela deverá fornecer a dose e depois confirmar a prescrição.

Se ela escolher 'substâncias', o sistema exibirá uma caixa de busca para a substância aprovada, e então ela poderá pesquisar o medicamento que deseja. Feita a busca, lhe será solicitado que confirme se o medicamento selecionado está correto. Ela deverá fornecer a dose e depois confirmar a prescrição.

O sistema sempre verificará se a dose está dentro da faixa aprovada. Se não estiver, será pedido a Kate que faça uma alteração.

Depois de confirmar a prescrição, ela será exibida para conferência. Kate deverá clicar em 'OK' ou em 'Alterar'. Se 'OK' for selecionado, a prescrição será registrada no banco de dados de auditoria. Se clicar em 'Alterar', o processo de 'Prescrição de medicação' é executado novamente.

As histórias do usuário podem ser utilizadas no planejamento das iterações do sistema. Depois de desenvolvidos, os cartões de história devem ser decompostos em tarefas pelo time de desenvolvimento (Figura 3.6), que estima o esforço e os recursos necessários para implementar cada uma delas. Normalmente, isso envolve discussões com o cliente para refinar os requisitos. O cliente prioriza as histórias a serem implementadas, escolhendo as que podem ser utilizadas imediatamente para proporcionar suporte útil ao negócio. A intenção é identificar funcionalidades essenciais que possam ser implementadas em aproximadamente duas semanas, quando a próxima versão do sistema é disponibilizada para o cliente.

FIGURA 3.6 Exemplos de cartões de tarefa para prescrição de medicação.

Tarefa 1: Mudar a dose do medicamento prescrito

Tarefa 2: Seleção de substância

Tarefa 3: Verificação da dose

A verificação da dose é uma precaução de segurança para conferir se o médico não prescreveu uma dose perigosamente pequena ou grande.

Usando a identificação da substância para o nome genérico do medicamento, procure a substância e recupere a dose máxima e a mínima recomendadas.

Confira a dose prescrita em relação ao máximo e ao mínimo. Se estiver fora da faixa, emita uma mensagem de erro dizendo que a dose é alta ou baixa demais. Se estiver dentro da faixa, habilite o botão "Confirmar".

Naturalmente, à medida que os requisitos mudam, as histórias não implementadas também mudam ou são descartadas. Se forem necessárias alterações em um sistema que já foi entregue, são elaborados novos cartões de história e, mais uma vez, o cliente decide se essas alterações devem ter ou não prioridade sobre novas funcionalidades.

A ideia de histórias do usuário é poderosa, e as pessoas acham muito mais fácil se identificar com elas do que com o documento convencional de requisitos ou com casos de uso. As histórias podem ser úteis para fazer com que os usuários se envolvam na sugestão de requisitos durante uma atividade de elicitação que anteceda o desenvolvimento. Discutirei isso em mais detalhes no Capítulo 4.

Por outro lado, o problema principal com as histórias do usuário é a completude. É difícil julgar se foram desenvolvidas histórias suficientes para cobrir todos os requisitos essenciais de um sistema. Também é difícil julgar se uma única história proporciona uma imagem completa de uma atividade. Usuários mais experientes estão frequentemente tão familiarizados com seu trabalho que deixam de fora algumas coisas quando o descrevem.

3.2.2 Refatoração

Uma premissa fundamental da engenharia de software tradicional é a de que se deve projetar com vistas à mudança; ou seja, deve-se prever as futuras mudanças no software e projetá-lo para que elas possam ser implementadas com facilidade. No entanto, a Programação Extrema descartou esse princípio, com base na ideia de que projetar já pensando na mudança leva a um desperdício de trabalho. Não vale a pena perder tempo acrescentando generalidades a um programa para lidar com a mudança. Frequentemente, as alterações previstas não se materializam ou as solicitações de mudança podem ser completamente diferentes do previsto.

É natural que, na prática, sempre haja modificações no código que está sendo desenvolvido. Para facilitar esse processo, os desenvolvedores da Programação Extrema sugeriram que o código em desenvolvimento seja refatorado constantemente. 'Refatorar' (FOWLER *et al.*, 1999) significa que o time de programação deve buscar possíveis melhorias no software e implementá-las imediatamente. Quando os membros do time se deparam com um código que pode ser melhorado, eles executam essas melhorias, mesmo quando não há necessidade imediata delas.

Um problema fundamental do desenvolvimento incremental é que as mudanças tendem a degradar a estrutura do software; consequentemente, fica cada vez mais difícil realizar outras alterações. Essencialmente, o desenvolvimento prossegue conforme são encontradas soluções alternativas para os problemas, o que resulta na frequente duplicação de código, no reúso indevido de partes do software e na degradação geral da estrutura à medida que código é adicionado ao sistema. A refatoração melhora a estrutura do software e a sua clareza, evitando, com isso, a deterioração estrutural que ocorre naturalmente quando o software é modificado.

Exemplos de refatoração incluem a reorganização de uma hierarquia de classe para remover código duplicado, a organização e renomeação de atributos e métodos e a substituição de seções de código similares, com chamadas para métodos definidos em uma biblioteca. Os ambientes de desenvolvimento de programas geralmente incluem ferramentas para refatoração. Essas ferramentas tornam mais fácil o processo de encontrar dependências entre as seções e de fazer modificações globais no código.

A princípio, quando a refatoração faz parte do processo de desenvolvimento, o software sempre deve ser fácil de compreender e mudar quando são propostos novos requisitos. Na prática, nem sempre é o que acontece. Às vezes, a pressão do desenvolvimento significa que a refatoração é postergada em virtude do tempo dedicado à implementação da nova funcionalidade. Algumas características novas e alterações não podem ser prontamente absorvidas pela refatoração de código e requerem que a arquitetura do sistema seja modificada.

3.2.3 Desenvolvimento com testes *a priori* (*test-first*)

Conforme discuti na introdução deste capítulo, uma das diferenças importantes entre o desenvolvimento incremental e o desenvolvimento dirigido por plano é a maneira como o sistema é testado. Com o desenvolvimento incremental, não há uma especificação do sistema que possa ser utilizada por uma equipe de testes externa para desenvolver testes do sistema. Como consequência, algumas abordagens ao desenvolvimento incremental têm um processo de testes muito informal em comparação com os testes do desenvolvimento dirigido por plano.

A Programação Extrema desenvolveu uma nova abordagem ao teste de programas para contornar as dificuldades de se testar sem uma especificação. O teste é automatizado e é fundamental para o processo de desenvolvimento, que não consegue avançar até que todos os testes tenham sido executados com sucesso. As características-chave do teste em Programação Extrema são:

1. desenvolvimento com testes *a priori* (*test-first*);
2. desenvolvimento de teste incremental a partir de cenários;
3. envolvimento do usuário no desenvolvimento e validação dos testes e;
4. o uso de *frameworks* de teste automatizados.

Hoje, a filosofia de testes *a priori* (*test-first*) da Programação Extrema evoluiu para técnicas de desenvolvimento dirigido por testes mais gerais (JEFFRIES; MELNIK, 2007). Acredito que o desenvolvimento dirigido por testes é uma das inovações mais importantes na engenharia de software. Em vez de escrever o código e depois os testes dele, primeiro se escrevem os testes e depois o código. Isso significa que é possível executar os testes à medida que o código está sendo escrito e descobrir problemas durante o desenvolvimento. Discutirei o desenvolvimento dirigido por testes com mais profundidade no Capítulo 8.

Escrever os testes define implicitamente uma interface e uma especificação do comportamento da funcionalidade que está sendo desenvolvida. Os problemas de requisitos e má compreensão da interface são menores. O desenvolvimento com testes *a priori* exige que haja uma relação clara entre os requisitos do sistema e o código que implementa os requisitos correspondentes. Na Programação Extrema, essa relação é clara porque os cartões de história que representam os requisitos são decompostos em tarefas, e essas são a unidade principal de implementação.

No desenvolvimento com testes *a priori*, as pessoas que implementam as tarefas precisam compreender inteiramente a especificação para que sejam capazes de escrever os testes do sistema. Isso significa que as ambiguidades e omissões na especificação devem ser esclarecidas antes do início da implementação. Além disso, ele também evita o problema de 'defasagem do teste', algo que pode acontecer quando o desenvolvedor do sistema trabalha em um ritmo mais veloz que o do testador. A implementação fica cada vez mais à frente e há uma tendência a ignorar testes para que o cronograma de desenvolvimento possa ser mantido.

A abordagem com testes *a priori* da Programação Extrema pressupõe que as histórias do usuário foram desenvolvidas e decompostas em um conjunto de cartões de tarefa, conforme a Figura 3.6. Cada tarefa gera um ou mais testes de unidade que conferem a implementação descrita na tarefa. A Figura 3.7 é uma descrição curta de um caso de teste que foi desenvolvido para conferir se a dose prescrita de um medicamento não está fora dos limites de segurança conhecidos.

FIGURA 3.7 Descrição de caso de teste para conferir a dose.

Teste 4: Conferir a dose
Entrada:
1. Um número em mg representando uma única dose de medicamento.
2. Um número representando a quantidade de doses únicas por dia.

Testes:
1. Teste das entradas em que a dose única está correta, mas a frequência é alta demais.
2. Teste das entradas em que a dose única é alta demais e baixa demais.
3. Teste das entradas em que a dose única * frequência é alta demais e baixa demais.
4. Teste das entradas em que a dose única * frequência está no intervalo permitido.

Saída:
'OK' ou mensagem de erro indicando que a dose está fora do intervalo seguro.

O papel do cliente nesse processo é ajudar a desenvolver testes de aceitação para as histórias que devem ser implementadas no próximo lançamento do sistema. Conforme explico no Capítulo 8, o teste de aceitação é o processo pelo qual o sistema é testado usando dados do cliente, com o objetivo de conferir se as suas reais necessidades estão sendo satisfeitas.

A automação dos testes é essencial para o desenvolvimento com testes *a priori* (*test-first*). Os testes são escritos como componentes executáveis antes de a tarefa ser implementada. Esses componentes de teste devem ser *stand-alone*, simular a submissão da entrada a ser testada e conferir se o resultado satisfaz a especificação de saída. Um *framework* de teste automatizado é um sistema que facilita a produção de testes executáveis e os submete à execução. O JUnit (TAHCHIEV *et al.*, 2010) é um exemplo de *framework* de teste automatizado amplamente utilizado para programas em Java.

Como os testes são automatizados, há sempre um conjunto deles que pode ser executado de maneira rápida e fácil. Sempre que qualquer funcionalidade for acrescentada ao sistema, os testes podem ser rodados e os problemas que o novo código introduziu podem ser capturados imediatamente.

O desenvolvimento com testes *a priori* e o teste automatizado resultam normalmente em uma grande quantidade de testes sendo produzidos e executados simultaneamente. No entanto, existem problemas ao garantir que a cobertura dos testes seja completa:

1. Os programadores preferem programar a testar e, às vezes, tomam atalhos quando elaboram os testes. Por exemplo, eles podem escrevê-los incompletos, sem a conferência de todas as possíveis exceções que podem ocorrer.
2. Alguns testes podem ser muito difíceis de escrever de modo incremental. Por exemplo, em uma interface com o usuário complexa, muitas vezes é difícil escrever testes de unidade para o código que implementa a 'lógica de exibição' e o fluxo entre as telas.

É difícil julgar se um conjunto de testes é ou não completo. Embora seja possível ter muitos testes do sistema, seu conjunto pode não promover a cobertura completa. Partes cruciais do sistema podem não ser executadas e, assim, permanecerão não testadas. Portanto, embora um grande conjunto de testes executados frequentemente possa dar a impressão de que o sistema está completo e correto, isso pode não ser verdade. Se não for feita uma revisão e outros testes forem produzidos após o desenvolvimento, então os erros não detectados podem seguir junto com o lançamento do sistema.

3.2.4 Programação em pares

Outra iniciativa prática que foi introduzida na Programação Extrema é que os programadores trabalham em pares no desenvolvimento do software. Cada dupla senta-se diante do mesmo computador para desenvolver o software, mas o mesmo par nem sempre programa junto. Em vez disso, os pares são criados dinamicamente para que todos os membros do time trabalhem uns com os outros durante o processo de desenvolvimento.

A programação em pares tem uma série de vantagens:

1. Apoia a ideia de propriedade e responsabilidade coletivas pelo sistema. Isso reflete a ideia de Weinberg, de programação sem ego (WEINBERG, 1971), em que o software é de propriedade de todo o time e os indivíduos não são responsabilizados individualmente pelos problemas com o código. Em vez disso, todos são responsáveis pela resolução de problemas.
2. Ela age como um processo de revisão informal, já que cada linha de código é examinada por ao menos duas pessoas. Essas inspeções e revisões (Capítulo 24) são eficazes na descoberta de um alto percentual de erros de software, mas é preciso muito tempo para organizá-las e normalmente resultam em atrasos no processo de desenvolvimento. A programação em pares é um processo menos formal, que provavelmente não encontra tantos erros quanto as inspeções de código, mas é mais barata e fácil de organizar do que as inspeções formais.
3. Incentiva a refatoração para melhorar a estrutura do software. O problema em pedir aos programadores para refatorarem em um ambiente de desenvolvimento normal é que o esforço envolvido é investido para obter benefício no longo prazo. Um desenvolvedor que investe tempo refatorando pode ser considerado menos eficiente do que um que simplesmente desenvolva código. Nas situações em que a programação em pares e a propriedade coletiva são empregadas, outras pessoas se beneficiam imediatamente da refatoração, tendendo a apoiarem o processo.

Pode-se pensar que a programação em pares é menos eficiente do que a programação individual. Em um determinado intervalo de tempo, um par de desenvolvedores produziria a metade do código produzido por dois indivíduos trabalhando sozinhos. Muitas empresas que adotaram métodos ágeis suspeitam da programação em pares e não a utilizam. Outras misturam a programação em pares e a individual, com um programador experiente trabalhando com um colega menos experiente quando encontram problemas.

Estudos formais sobre o valor da programação em pares obtiveram resultados diversos. Usando estudantes como voluntários, Williams e seus colaboradores (WILLIAMS *et al.*, 2000) constataram que a produtividade da programação em pares parece ser comparável à de duas pessoas trabalhando de maneira independente. Os motivos sugeridos são que os pares discutem o software antes do desenvolvimento e, portanto, provavelmente têm menos partidas em falso e menos retrabalho. Além disso, o número de erros evitados pela inspeção informal é tal que menos tempo é consumido consertando defeitos descobertos durante o processo de teste.

Entretanto, estudos com programadores mais experientes não reproduzem esses resultados (ARISHOLM *et al.*, 2007). Eles constataram que havia uma perda significativa de produtividade se comparado a dois programadores trabalhando isoladamente. Houve alguns benefícios para a qualidade, mas não compensaram totalmente a sobrecarga da programação em pares. Todavia, o compartilhamento de conhecimento que acontece durante a programação em pares é muito importante, já que reduz os riscos globais para um projeto quando os membros do time têm de deixa-lo. Isso já justifica, por si só, a aplicação da programação em pares.

3.3 GERENCIAMENTO ÁGIL DE PROJETOS

Em qualquer empresa de software, os gerentes precisam saber o que está acontecendo e se um projeto tende ou não a cumprir seus objetivos, entregar o software no prazo e dentro do orçamento proposto. As abordagens dirigidas por plano evoluíram para satisfazer essa necessidade. Como discuto no Capítulo 23, os gerentes traçam um plano para o projeto mostrando o que deve ser entregue, quando deve ser entregue e quem vai trabalhar no desenvolvimento dos entregáveis desse projeto. Uma abordagem dirigida por plano exige que um gerente tenha uma visão estável sobre tudo que deve ser desenvolvido e sobre os processos de desenvolvimento.

O planejamento informal e o controle de projeto propostos pelos primeiros adeptos dos métodos ágeis conflitaram com essas necessidades de visibilidade impostas pelas empresas. Os times se auto-organizavam, não produziam documentação e planejavam o desenvolvimento em ciclos muito curtos. Embora isso possa funcionar (e funcione) nas empresas pequenas que desenvolvem produtos de software, é inadequado para as grandes empresas que precisam saber o que está acontecendo em sua organização.

Assim como em todos os demais processos profissionais de desenvolvimento de software, o desenvolvimento ágil precisa ser gerenciado para que seja feito o melhor uso do tempo e dos recursos disponíveis para o time. Para tratar dessa questão, foi desenvolvido o método ágil chamado Scrum (SCHWABER; BEEDLE, 2001; RUBIN, 2013), a fim de proporcionar um arcabouço para organizar os projetos ágeis e, ao menos até certo ponto, dar visibilidade externa do que está acontecendo. Os desenvolvedores do Scrum queriam deixar claro que ele não era um método para gerenciamento de projetos no sentido convencional, então deliberadamente inventaram uma nova terminologia — como *Scrum Master* —, que substituía nomes como o do gerente de projeto. A Figura 3.8 resume a terminologia do Scrum e o que ela significa.

O Scrum é um método ágil na medida em que segue os princípios do manifesto ágil, que mostrei na Figura 3.2. No entanto, ele se concentra em proporcionar um arcabouço para a organização ágil do projeto e não impõe o uso de práticas de desenvolvimento específicas, como a programação em pares e o desenvolvimento com testes *a priori* (*test-first*). Isso significa que ele pode ser integrado mais facilmente à prática atual de uma empresa. Consequentemente, à medida que os métodos ágeis se tornaram a principal abordagem para o desenvolvimento de software, o Scrum emergiu como o método mais utilizado.

O processo do Scrum ou ciclo da *sprint* é exibido na Figura 3.9. A entrada é o *backlog* do produto e cada iteração do processo gera um incremento do produto que poderia ser entregue para os clientes.

FIGURA 3.8 Terminologia do Scrum.

Termo do Scrum	Definição
Time de desenvolvimento	Um grupo auto-organizado de desenvolvedores de software que não deve ter mais de sete pessoas. Elas são responsáveis por desenvolver o software e outros documentos essenciais do projeto.
Incremento de produto potencialmente entregável	O incremento de software entregue a partir de uma *sprint*. A ideia é que ele seja 'potencialmente entregável', significando que está em estado acabado e não é necessário um trabalho adicional, como testes, para incorporá-lo ao produto final. Na prática, contudo, nem sempre isso é realizável.
Backlog do produto	É uma lista de itens 'a fazer' que o time Scrum deve cumprir. Podem ser definições de características e requisitos do software, histórias do usuário ou descrições de tarefas suplementares que são necessárias, como a definição da arquitetura ou a documentação do usuário.
Product Owner	Um indivíduo (ou possivelmente um pequeno grupo) cujo dever é identificar características ou requisitos do produto, priorizá-los para desenvolvimento e revisar continuamente o *backlog* do produto para garantir que o projeto continue a satisfazer as necessidades críticas do negócio. O *Product Owner*, também chamado de dono do produto, pode ser um cliente, mas também poderia ser um gerente de produto em uma empresa de software ou um representante de um *stakeholder*.
Scrum	Uma reunião diária do time Scrum que examina o progresso e prioriza o trabalho a ser feito naquele dia. Em condições ideais, deve ser uma reunião presencial que inclua todo o time.
Scrum Master	O *Scrum Master* é responsável por assegurar que o processo Scrum seja seguido e guiar o time no uso eficaz do Scrum. Essa pessoa é responsável pela interação com o resto da empresa e por garantir que o time Scrum não seja desviado por interferências externas. Os desenvolvedores Scrum são inflexíveis quanto ao *Scrum Master* não ser considerado um gerente de projeto. No entanto, outros nem sempre podem ver a diferença facilmente.
Sprint	Uma iteração de desenvolvimento. As *sprints* normalmente duram de 2 a 4 semanas.
Velocidade	Uma estimativa de quanto esforço de *backlog* do produto um time pode cobrir em uma única *sprint*. Compreender a velocidade de um time ajuda a estimar o que pode ser coberto por uma *sprint* e constitui a base para medir a melhoria do desempenho.

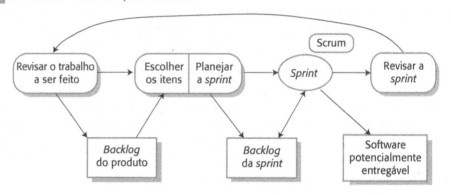

FIGURA 3.9 O ciclo de *sprint* do Scrum.

O ponto de partida para o ciclo da *sprint* do Scrum é o *backlog* do produto – uma lista de itens como características do produto, requisitos e melhorias de engenharia que precisam ser trabalhados pelo time Scrum. A versão inicial desse *backlog* pode ser derivada de um documento de requisitos, uma lista de histórias do usuário ou outra descrição do software a ser desenvolvido.

Enquanto a maioria das entradas no *backlog* do produto se preocupa com a implementação das características do sistema, outras atividades também podem ser incluídas. Às vezes, durante o planejamento de uma iteração, aparecem questões que não podem ser respondidas com facilidade, sendo necessário mais trabalho para explorar as possíveis soluções. O time pode fazer alguma prototipação ou desenvolvimento experimental para entender o problema e a solução. Também pode haver itens do *backlog* para projetar a arquitetura do sistema ou desenvolver a sua documentação.

O *backlog* do produto pode ser especificado em vários níveis de detalhe, sendo responsabilidade do *Product Owner*, ou dono do produto, garantir que o nível de detalhe da especificação seja adequado ao trabalho a ser realizado. Por exemplo, um item de *backlog* poderia ser uma história de usuário completa, como mostra a Figura 3.5, ou ser simplesmente uma instrução, como "refatorar o código da interface com o usuário", deixando para o time a decisão sobre a refatoração a ser feita.

Cada ciclo da *sprint* dura um intervalo de tempo fixo, que normalmente é de 2 a 4 semanas. No início de cada ciclo, o *Product Owner* prioriza os itens no *backlog* do produto para definir quais são os mais importantes a serem desenvolvidos naquele ciclo. As *sprints* nunca se estendem para levar em conta trabalhos inacabados. Os itens são devolvidos para o *backlog* do produto se não puderem ser concluídos dentro do tempo alocado para a *sprint*.

Depois, todo o time se envolve na escolha dos itens de mais alta prioridade que acreditam que devam ser concluídos e estimam o tempo necessário para concluí-los. Para fazer essas estimativas, eles usam a velocidade alcançada nas *sprints* anteriores, ou seja, quanto do *backlog* pôde ser concluído em uma única *sprint*. Isso leva à criação de um *backlog* da *sprint* – o trabalho a ser feito durante a *sprint*. O time se auto-organiza para decidir quem irá trabalhar em que antes de começar.

Durante esse tempo, o time faz reuniões diárias curtas (Scrums) para revisar o progresso e, onde for necessário, alterar as prioridades do trabalho. Durante o Scrum, todos os membros do time compartilham informações, descrevem seu progresso desde a última reunião, trazem os problemas que surgiram e declaram o que foi planejado para o dia seguinte. Desse modo, todos no time sabem o que está acontecendo e, se surgirem problemas, podem planejar novamente o trabalho no curto prazo para lidar com eles. Todos participam desse planejamento e não há uma orientação de cima para baixo partindo do *Scrum Master*.

As interações diárias entre os times podem ser coordenadas usando um quadro do Scrum. É um tipo de lousa de escritório que inclui informações e notas em *post-it* sobre o *backlog* da *sprint*: o trabalho realizado, a indisponibilidade do time etc. Esse recurso é compartilhado e todos podem modificar ou mover os itens na lousa. Isso significa que qualquer membro do time pode ver, de relance, o que os outros estão fazendo e qual é o trabalho que ainda não foi feito.

No final de cada *sprint* há uma reunião para revisão que envolve todo o time e possui duas finalidades: em primeiro lugar, é um meio de melhorar processos, já que o time examina seu modo de trabalho e reflete sobre como as coisas poderiam ter sido feitas de uma maneira melhor; em segundo lugar, fornece insumos sobre o produto e seu estado para a revisão do *backlog* do produto que precede a próxima *sprint*.

Embora o *Scrum Master* não seja formalmente um gerente de projeto, ele, na prática, assume esse papel em muitas organizações que possuem uma estrutura de gestão convencional. Eles reportam o progresso para a alta gerência e estão envolvidos no planejamento de longo prazo e no orçamento do projeto. Também podem se envolver na administração do projeto (chegando a um consenso com o time a respeito dos feriados, mantendo contato com o RH etc.) e nas aquisições de hardware e software.

Em várias histórias de sucesso do Scrum (SCHATZ; ABDELSHAFI, 2005; MULDER; VAN VLIET, 2008; BELLOUITI, 2009), as coisas que os usuários mais gostam a respeito do método são:

1. O produto é decomposto em um conjunto de "pedaços" gerenciáveis e compreensíveis aos quais os *stakeholders* podem se referir.
2. Requisitos instáveis não impedem o progresso.
3. O time inteiro tem visibilidade de tudo e, consequentemente, a comunicação e disposição de seus membros são melhores.
4. Os clientes veem a entrega dos incrementos na hora e obtêm *feedback* de como o produto funciona. Eles não se deparam com surpresas de última hora como quando um time anuncia que o software não será entregue conforme o esperado.
5. A confiança entre clientes e desenvolvedores é estabelecida, criando uma cultura positiva na qual todos esperam que o projeto tenha sucesso.

O Scrum, como foi projetado originalmente, destinava-se ao uso por times situados num mesmo local, onde todos os envolvidos pudessem se reunir diariamente. No entanto, hoje, muito do desenvolvimento de software envolve times distribuídos, com membros situados em diferentes lugares no mundo. Isso permite que as empresas tirem proveito de mão de obra mais barata em outros países, possibilita o acesso a habilidades especializadas e permite o desenvolvimento 24 horas por dia, com o trabalho acontecendo em diferentes fusos horários.

Consequentemente, tem havido desdobramentos do Scrum para ambientes de desenvolvimento distribuídos e para o trabalho de múltiplos times. Normalmente, no desenvolvimento geograficamente distribuído, o *Product Owner* está em um país diferente do país do time de desenvolvimento, que também pode ser distribuído. A Figura 3.10 mostra os requisitos do Scrum distribuído (DEEMER, 2011).

FIGURA 3.10 Scrum distribuído.

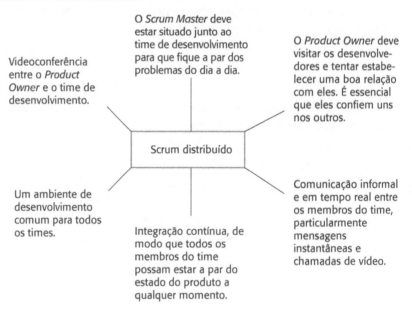

3.4 ESCALABILIDADE DOS MÉTODOS ÁGEIS

Os métodos ágeis foram desenvolvidos para serem utilizados por pequenos times de programação que poderiam trabalhar juntos na mesma sala e se comunicar informalmente. Eram utilizados originalmente no desenvolvimento de sistemas e produtos de software de pequeno e médio porte. Empresas pequenas, sem processos formais ou burocracia, foram os primeiros usuários entusiastas desses métodos.

Naturalmente, a necessidade de uma entrega mais rápida do software, que seja mais adequada às necessidades do cliente, também se aplica aos sistemas e empresas maiores. Consequentemente, ao longo dos últimos anos, muito trabalho tem sido feito no desenvolvimento dos métodos ágeis para sistemas de software grandes e para uso em grandes empresas.

A escalabilidade dos métodos ágeis tem duas facetas claramente relacionadas:

1. escalar verticalmente (*scaling up*) esses métodos para lidar com o desenvolvimento de sistemas grandes demais para serem assumidos por um único time pequeno;
2. escalar horizontalmente (*scaling out*) esses métodos dos times de desenvolvedores especializados para o uso disseminado em uma grande empresa com muitos anos de experiência em desenvolvimento de software.

Naturalmente, escalar verticalmente (*scaling up*) e horizontalmente (*scaling out*) estão intimamente relacionados. Contratos para desenvolver sistemas de software grandes normalmente são concedidos às grandes organizações, com vários times trabalhando no projeto. Essas empresas costumam ter experiência em métodos ágeis aplicados a projetos menores, então enfrentam, ao mesmo tempo, problemas de escalar verticalmente (*scaling up*) e horizontalmente (*scaling out*).

Existem muitas histórias a respeito da eficácia dos métodos ágeis, e sugere-se que eles podem proporcionar melhorias significativas de produtividade e reduções comparáveis nos defeitos. Ambler (2010), um desenvolvedor de métodos ágeis influente, sugere que essas melhorias na produtividade são exageradas para os sistemas e organizações grandes. Ele sugere que uma organização que passe a usar tais métodos pode esperar uma melhoria de aproximadamente 15% na sua produtividade em um período de três anos, com reduções similares no número de defeitos do produto.

3.4.1 Problemas práticos dos métodos ágeis

Em algumas áreas, particularmente no desenvolvimento de produtos de software e aplicativos, o desenvolvimento ágil tem sido incrivelmente bem-sucedido. É de longe a melhor abordagem para esse tipo de sistema. Entretanto, esses métodos podem não ser adequados para outros tipos de desenvolvimento de software, como a engenharia de sistemas embarcados ou o desenvolvimento de sistemas grandes e complexos.

Nos sistemas grandes e de longa vida útil desenvolvidos por uma empresa de software para um cliente externo, o uso de uma abordagem ágil apresenta uma série de problemas:

1. A informalidade do desenvolvimento ágil é incompatível com a abordagem legal normalmente utilizada para a definição dos contratos em grandes empresas.
2. Os métodos ágeis são mais adequados para o desenvolvimento de software novo em vez de manutenção de software. Contudo, a maioria dos custos de software nas grandes empresas é proveniente da manutenção dos sistemas existentes.
3. Esses métodos são concebidos para pequenas empresas que compartilham uma localização geográfica, ainda que muito do desenvolvimento de software envolva, hoje em dia, times distribuídos mundialmente.

As questões contratuais podem ser um grande problema quando são utilizados os métodos ágeis. Quando o cliente usa uma organização externa para desenvolver seu sistema, é firmado um contrato entre elas. Normalmente, o documento de requisitos de software faz parte desse contrato entre o cliente e o fornecedor. Como o desenvolvimento intercalado dos requisitos e do código é fundamental para os métodos ágeis, não há uma declaração definitiva dos requisitos que possa ser incluída no contrato.

Consequentemente, os métodos ágeis devem se apoiar nos contratos em que o cliente paga pelo tempo necessário para o desenvolvimento do sistema em vez de pagar por um conjunto específico de requisitos. Contanto que tudo corra bem, isso traz benefícios tanto para o cliente quanto para o desenvolvedor. No entanto, se surgirem problemas, então pode haver controvérsias complicadas quanto a quem é o culpado e quem deveria pagar pelo tempo e recursos extras necessários para resolver os problemas.

Conforme explico no Capítulo 9, uma enorme quantidade de esforço de engenharia de software é dedicada à manutenção e evolução dos sistemas de software existentes. As práticas ágeis — como a entrega incremental, o projeto (*design*) para a mudança e a manutenção da simplicidade — fazem sentido quando o software está sendo modificado. Na verdade, é possível pensar em um processo de desenvolvimento ágil como um processo que apoia a mudança contínua. Se forem utilizados métodos ágeis para o desenvolvimento de produtos de software, novos lançamentos (*releases*) do produto ou aplicativo envolvem simplesmente a continuação da abordagem ágil.

No entanto, nas situações em que a manutenção envolve um sistema personalizado que deve ser modificado em resposta a novos requisitos do negócio, não há um consenso claro sobre a adequabilidade dos métodos ágeis para manutenção de software (BIRD, 2011; KILNER, 2012). Podem, então, surgir três tipos de problemas:

- falta de documentação do produto;
- dificuldade em manter os clientes envolvidos;
- continuidade do time de desenvolvimento.

A documentação formal deve descrever o sistema e, portanto, facilitar a compreensão das pessoas que o estão alterando. Porém, na prática, essa documentação raramente é atualizada e deixa de refletir com precisão o código do programa. Por essa razão, os entusiastas dos métodos ágeis argumentam que é uma perda de tempo escrevê-la e que a chave para implementar software passível de manutenção é produzir código de alta qualidade e legível. A falta de documentação não deve ser um problema nesse processo de manutenção com o uso de uma abordagem ágil.

No entanto, minha experiência em manutenção de sistemas mostra que o documento mais importante é o que descreve os requisitos do sistema e que diz ao engenheiro de software o que o sistema deve fazer. Sem esse tipo de conhecimento, é difícil avaliar o impacto das alterações propostas. Muitos métodos ágeis coletam os requisitos informalmente e de modo incremental, sem criar um documento coerente. Portanto, o uso desses métodos pode dificultar e encarecer a manutenção subsequente do sistema. Particularmente, isso é um problema se a continuidade do time de desenvolvimento não puder ser mantida.

Um desafio-chave no uso de uma abordagem ágil para a manutenção é manter os clientes envolvidos no processo. Embora eles possam justificar o envolvimento em tempo integral de um representante durante o desenvolvimento do sistema, isso é menos provável durante a manutenção, quando as mudanças não são contínuas. Os representantes do cliente tendem a perder o interesse no sistema.

Portanto, é provável que mecanismos alternativos, como as propostas de mudança — discutidas no Capítulo 25 —, venham a ser adaptados para se encaixar em uma abordagem ágil.

Outro possível problema é manter a continuidade do time de desenvolvimento. Os métodos ágeis exigem que os membros do time compreendam os aspectos do sistema sem que seja preciso consultar uma documentação. Se um time de desenvolvimento ágil for modificado, então esse conhecimento implícito se perde e é difícil para os novos membros terem a mesma compreensão do sistema e seus componentes. Muitos programadores preferem trabalhar no desenvolvimento de um novo software do que em sua manutenção e, assim, hesitam em continuar a trabalhar em um sistema de software após a entrega de seu primeiro lançamento. Portanto, mesmo que a intenção seja manter o time de desenvolvimento junto, as pessoas saem se receberem tarefas de manutenção.

3.4.2 Método ágil e método dirigido por plano

Um requisito fundamental da escalabilidade dos métodos ágeis é integrá-los às abordagens dirigidas por plano. Pequenas empresas iniciantes podem trabalhar com planejamento informal e de curto prazo, mas empresas grandes precisam ter planos e orçamentos de mais longo prazo para investimento, pessoal e evolução comercial. Seu desenvolvimento de software deve apoiar esses objetivos, então o planejamento em longo prazo é essencial.

Os adotantes pioneiros dos métodos ágeis na primeira década do século XXI eram entusiastas e estavam profundamente comprometidos com o manifesto ágil. Eles rejeitavam deliberadamente a abordagem dirigida por plano para a engenharia de software e relutavam em mudar a visão inicial dos métodos ágeis. Entretanto, à medida que as organizações enxergaram o valor e os benefícios de uma abordagem ágil, elas adaptaram esses métodos à sua própria cultura e ao seu modo de trabalhar. Isso foi preciso porque os princípios subjacentes a essa abordagem às vezes são difíceis de concretizar na prática (Figura 3.11).

FIGURA 3.11 Princípios ágeis e a prática organizacional.

Princípio	Prática
Envolvimento do cliente	Isso depende de ter um cliente disposto e capaz de investir tempo com o time de desenvolvimento e que possa representar todos os *stakeholders* do sistema. Muitas vezes, os representantes dos clientes têm outras demandas e não podem fazer parte do time de desenvolvimento em tempo integral. Nas situações em que existem *stakeholders* externos, como autoridades reguladoras, é difícil representar suas opiniões para o time ágil.
Acolher as mudanças	Pode ser extremamente difícil priorizar as mudanças, especialmente nos sistemas em que há muitos *stakeholders*. Geralmente, cada um deles atribui prioridades diferentes a mudanças diferentes.
Entrega incremental	As iterações rápidas e o planejamento de curto prazo do desenvolvimento nem sempre se encaixam nos ciclos de longo prazo do planejamento e marketing empresarial. Os gestores de marketing podem ter de conhecer as características do produto com vários meses de antecedência para preparar uma campanha eficaz.
Manter a simplicidade	Sob a pressão dos cronogramas de entrega, os membros do time podem não ter tempo para realizar simplificações desejáveis no sistema.
Pessoas, não processos	Membros do time podem não ter a personalidade adequada para o envolvimento intenso, o que é característico dos métodos ágeis, e, portanto, podem não interagir bem com os demais membros do time.

Para abordar esses problemas, a maioria dos grandes projetos de desenvolvimento ágil de software combina práticas das abordagens dirigidas por plano e das ágeis. Alguns são basicamente ágeis e outros são praticamente dirigidos por plano, mas com algumas práticas ágeis. Para decidir sobre o equilíbrio entre uma abordagem e outra, é preciso responder a uma série de perguntas técnicas, humanas e organizacionais. Essas questões se relacionam com o sistema que está sendo desenvolvido, com o time de desenvolvimento e com as organizações que estão desenvolvendo e adquirindo esse sistema (Figura 3.12).

FIGURA 3.12 Fatores que influenciam a escolha do desenvolvimento dirigido por plano ou ágil.

Os métodos ágeis foram desenvolvidos e refinados em projetos para desenvolver sistemas de negócio e produtos de software de pequeno e médio porte, em que o desenvolvedor controla a especificação do sistema. Outros tipos de sistema têm atributos como tamanho, complexidade, resposta em tempo real e regulação externa, o que significa que uma abordagem ágil 'pura' provavelmente não funcionará. Será preciso algum planejamento, projeto e documentação antecipados no processo de engenharia de sistemas. Alguns dos pontos-chave são:

1. Qual é o tamanho do sistema que está sendo desenvolvido? Os métodos ágeis são mais eficazes quando o sistema pode ser desenvolvido com um time relativamente pequeno, em uma mesma localização geográfica e que possa se comunicar informalmente. Como isso pode não ser possível nos sistemas grandes, que requerem times de desenvolvimento maiores, talvez seja necessário empregar uma abordagem dirigida por plano.
2. Que tipo de sistema está sendo desenvolvido? Os sistemas que requerem muita análise antes da implementação (por exemplo, sistema de tempo real com requisitos de temporização complexos) normalmente precisam de um projeto bastante detalhado para realizar essa análise. Uma abordagem dirigida por plano pode ser melhor nessas circunstâncias.
3. Qual é a vida útil prevista para o sistema? Os sistemas de vida útil longa podem exigir mais documentação de projeto para comunicar as intenções originais dos desenvolvedores para a equipe de suporte. No entanto, os defensores dos métodos ágeis argumentam que a documentação frequentemente está desatualizada e não tem muita utilidade na manutenção do sistema no longo prazo.
4. O sistema está sujeito a controle externo? Se um sistema tiver de ser aprovado por uma autoridade reguladora externa (por exemplo, a Administração Federal de Aviação norte-americana aprova softwares que são críticos para a operação de uma aeronave), então provavelmente será necessário produzir uma documentação detalhada como parte do plano de segurança (*safety*) do sistema.

Os métodos ágeis colocam uma grande dose de responsabilidade no time de desenvolvimento para que coopere e se comunique durante o desenvolvimento do sistema. Eles contam com as habilidades de engenharia individuais e com o apoio de software para o processo de desenvolvimento. No entanto, na realidade, nem todos são engenheiros altamente qualificados, as pessoas não se comunicam de modo eficaz e nem sempre é possível para os times trabalharem juntos. Pode ser necessário algum planejamento para fazer um uso do pessoal disponível do modo mais eficaz. As questões-chave são:

1. Qual é o nível de competência dos projetistas e programadores do time de desenvolvimento? Às vezes, argumenta-se que os métodos ágeis requerem níveis de habilidade mais altos do que as abordagens dirigidas por plano, nas quais os programadores simplesmente traduzem um projeto detalhado para código. Se houver um time com níveis de habilidade relativamente baixos, pode ser que seja preciso utilizar as melhores pessoas para desenvolver o projeto (*design*), com os outros ficando responsáveis pela programação.
2. Como está organizado o time de desenvolvimento? Se o time estiver distribuído ou se parte do desenvolvimento for terceirizado, então podem ser necessários documentos de projeto para possibilitar a comunicação entre os times.
3. Quais são as tecnologias disponíveis para apoiar o desenvolvimento do sistema? Os métodos ágeis se baseiam, frequentemente, em boas ferramentas para acompanhar um projeto em evolução. Se um sistema estiver sendo desenvolvido usando um IDE que não possua boas ferramentas para visualização e análise do programa, então pode ser necessário gerar mais documentação de projeto.

A televisão e o cinema criaram uma visão popular das empresas de software como organizações informais comandadas por homens jovens (principalmente) que promovem um ambiente de trabalho moderno e elegante, com uma quantidade mínima de burocracia e procedimentos organizacionais. Isso está muito longe da verdade. A maior parte do software é desenvolvida em grandes empresas que estabeleceram suas próprias práticas de trabalho e procedimentos. A gerência nessas empresas pode ficar desconfortável com a falta de documentação e com a tomada de decisão informal que acontece nos métodos ágeis. As questões-chave são:

1. É importante ter uma especificação e um projeto (*design*) bem detalhados antes de passar para a implementação — talvez por motivos contratuais? Se for o caso, provavelmente será preciso usar uma abordagem dirigida por plano para a engenharia de requisitos, mas poderão ser usadas práticas de desenvolvimento ágil durante a implementação do sistema.
2. É realista uma estratégia de entrega incremental, na qual o software é entregue aos clientes ou outros *stakeholders* e um rápido *feedback* é obtido? Os representantes do cliente estarão disponíveis e dispostos a participar do time de desenvolvimento?
3. Existem questões culturais que possam afetar o desenvolvimento do sistema? As organizações de engenharia tradicionais têm uma cultura de desenvolvimento dirigido por plano, já que esta é a norma em engenharia. Normalmente, isso exige ampla documentação do projeto (*design*) em vez de conhecimento informal utilizado nos processos ágeis.

Na realidade, a questão de rotular o projeto como dirigido por plano ou ágil não é muito importante. No final das contas, a preocupação primária dos compradores de um sistema de software é se eles possuem ou não um sistema executável, que satisfaz suas necessidades, além de fazer coisas úteis para cada usuário ou para a organização. Os desenvolvedores de software devem ser pragmáticos e escolher os métodos mais eficazes para o tipo de sistema a ser desenvolvido, sejam esses métodos rotulados como ágeis ou dirigidos por plano.

3.4.3 Métodos ágeis para sistemas grandes

Os métodos ágeis têm que evoluir para serem utilizados no desenvolvimento de software de larga escala. O motivo fundamental para isso é que esses tipos de software são muito mais complexos e difíceis de compreender e gerenciar do que os sistemas ou produtos de software pequenos. Seis fatores (Figura 3.13) contribuem para essa complexidade:

FIGURA 3.13 Características dos grandes projetos.

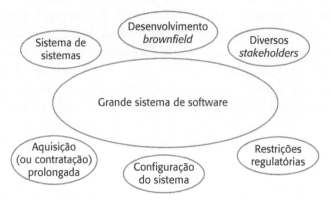

1. Os sistemas grandes normalmente são sistemas de sistemas, ou seja, conjuntos de sistemas separados e que se comunicam, em que diferentes times desenvolvem cada sistema. Frequentemente, esses times trabalham em lugares diferentes, às vezes em fusos horários distintos. É praticamente impossível que cada time tenha uma visão do sistema inteiro. Consequentemente, suas prioridades normalmente são concluir sua parte sem considerar questões sistêmicas mais amplas.
2. Os sistemas grandes são sistemas *brownfield* (HOPKINS; JENKINS, 2008); ou seja, eles incluem e interagem com uma série de sistemas existentes. Muitos dos requisitos do sistema estão relacionados com essa interação e realmente não se prestam à flexibilidade e ao desenvolvimento incremental. Questões políticas também podem ser importantes aqui, já que muitas vezes a solução mais fácil para um problema é mudar um sistema existente. No entanto, isso exige negociação com os gerentes responsáveis para convencê-los de que as mudanças podem ser implementadas sem risco para a operação do sistema.
3. Nas situações em que vários sistemas são integrados para criar um novo, uma fração significativa do desenvolvimento tem a ver com a configuração do sistema em vez do desenvolvimento de código original. Isso não é necessariamente compatível com o desenvolvimento incremental e com a integração frequente do sistema.
4. Os sistemas grandes e seus processos de desenvolvimento frequentemente são restringidos por regras e normas externas que limitam o seu modo de

desenvolvimento, exigem certos tipos de documentação do sistema e assim por diante. Os clientes podem ter requisitos de conformidade específicos que devam ser seguidos e podem exigir documentação do processo.

5. Os sistemas grandes têm um longo tempo de contratação e desenvolvimento. É difícil manter times coerentes que conheçam o sistema ao longo desse período já que, inevitavelmente, as pessoas mudam de emprego e projetos.

6. Esses sistemas normalmente têm um conjunto diverso de *stakeholders*, com diferentes perspectivas e objetivos. Por exemplo, profissionais de enfermagem e administradores podem ser os usuários finais de um sistema clínico, mas os médicos mais antigos, gestores hospitalares e outros também são *stakeholders* no sistema. É praticamente impossível envolver todos eles no processo de desenvolvimento.

Dean Leffingwell, que tem uma grande dose de experiência em escalabilidade de métodos ágeis, desenvolveu o *Scaled Agile Framework* (LEFFINGWELL 2007, 2011) para apoiar o desenvolvimento de software em grande escala e múltiplos times. Ele relata como esse método tem sido utilizado com êxito em uma série de empresas grandes. A IBM também desenvolveu um arcabouço para uso em larga escala dos métodos ágeis, chamado *Agile Scaling Model* (ASM). A Figura 3.14, extraída do artigo de Amber que discute o ASM (AMBER, 2010), mostra uma visão geral desse modelo.

FIGURA 3.14 Modelo de agilidade em escala da IBM (© IBM 2010).

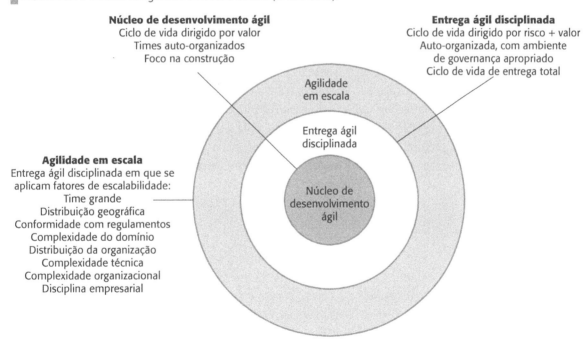

O ASM reconhece que a escalabilidade é um processo que ocorre em etapas, em que os times de desenvolvimento passam das práticas ágeis fundamentais discutidas aqui ('núcleo de desenvolvimento ágil'), para a chamada 'entrega ágil disciplinada'. Essencialmente, essa etapa envolve a adaptação dessas práticas a um contexto organizacional disciplinado e o reconhecimento de que os times não podem simplesmente focar no desenvolvimento, mas também devem levar em conta outra etapas do processo de engenharia de software, como os requisitos e o projeto de arquitetura.

A etapa final da escalabilidade no ASM é a passagem para a 'agilidade em escala', quando é reconhecida a complexidade inerente aos projetos grandes. Isso envolve levar em consideração fatores como o desenvolvimento distribuído, ambientes legados complexos e requisitos de conformidade com regulamentos. As práticas utilizadas na entrega ágil disciplinada podem precisar ser modificadas de acordo com o projeto para levar esses fatores em conta e, às vezes, outras práticas dirigidas por plano precisam ser adicionadas ao processo.

Nenhum modelo individual é adequado para todos os produtos ágeis de larga escala, pois o tipo de produto, os requisitos do cliente e as pessoas disponíveis são todos diferentes. No entanto, as abordagens para escalabilidade dos métodos ágeis têm uma série de coisas em comum:

1. Uma abordagem completamente incremental para a engenharia de requisitos é impossível. É essencial que haja algum trabalho inicial sobre requisitos de software. Esse trabalho é necessário para identificar as diferentes partes do sistema que podem ser desenvolvidas por diferentes times e, frequentemente, para fazer parte do contrato de desenvolvimento do sistema. Contudo, esses requisitos normalmente não devem ser especificados em detalhes, mas em incrementos.

2. Não pode haver um único *Product Owner* ou representante do cliente. Pessoas diferentes precisam se envolver nas diferentes partes do sistema e se comunicar continuamente e negociar durante todo o processo de desenvolvimento.

3. Não é possível se concentrar apenas no código do sistema. É preciso que haja mais projeto (*design*) antecipado e documentação do sistema. A arquitetura do software precisa ser projetada e deve haver documentação produzida para descrever os aspectos críticos do sistema, como os esquemas de bancos de dados e a distribuição do trabalho entre os times.

4. Os mecanismos de comunicação entre os times precisam ser projetados e utilizados. Isso deve envolver conferências regulares por telefone e vídeo entre os membros do time e reuniões *on-line* curtas e frequentes, nas quais os times atualizam uns aos outros sobre seus progressos. Uma gama de canais de comunicação, como e-mail, mensagens instantâneas, *wikis* e redes sociais deve ser disponibilizada para facilitar as comunicações.

5. Integração contínua, em que o sistema inteiro é construído toda vez que qualquer desenvolvedor confere uma mudança, é praticamente impossível quando vários programas diferentes precisam ser integrados para criar o sistema. No entanto, é essencial construir frequentemente o sistema e fazer lançamentos regulares desse sistema. As ferramentas de gerenciamento de configuração que apoiam o desenvolvimento de software por múltiplos times são essenciais.

O Scrum tem sido adaptado ao desenvolvimento em larga escala. Em essência, o modelo de time Scrum, descrito na Seção 3.3, é mantido, mas vários times Scrum são estabelecidos. As características fundamentais do Scrum multitimes são as listadas a seguir.

1. *Replicação de papéis*. Cada time tem um *Product Owner* para o seu componente de trabalho e um *Scrum Master*. Pode haver um *Product Owner* principal e um *Scrum Master* para o projeto inteiro.

2. *Arquitetos de produto.* Cada time opta por um arquiteto de produto e eles colaboram para projetar e desenvolver a arquitetura global do sistema.
3. *Alinhamento de entregas.* As datas das entregas do produto de cada time são alinhadas para que seja produzido um sistema demonstrável e completo.
4. *Scrum de Scrums.* Há um Scrum dos Scrums diário, no qual representantes de cada time se reúnem para discutir o progresso, identificar problemas e planejar o trabalho a ser feito naquele dia. Os Scrums de cada time podem ser escalonados em horários diferentes para que os representantes de outros times possam estar presentes, se necessário.

3.4.4 Métodos ágeis nas organizações

As pequenas empresas que desenvolvem produtos de software estão entre os adeptos mais entusiasmados dos métodos ágeis. Essas empresas não limitadas pelas burocracias organizacionais ou pelos padrões de processo podem mudar rapidamente para adotar novas ideias. Naturalmente, empresas maiores também experimentaram métodos ágeis em projetos específicos, mas é mais difícil para elas introduzi-los na organização.

Essa dificuldade acontece por uma série de razões:

1. Os gerentes de projeto, que não têm experiência com métodos ágeis, podem relutar em aceitar o risco de uma nova abordagem, já que não sabem como isso vai afetar seus projetos particulares.
2. As grandes organizações frequentemente têm procedimentos e padrões de qualidade que todos os projetos devem seguir e, devido à sua natureza burocrática, esses procedimentos e padrões tendem a ser incompatíveis com os métodos ágeis. Às vezes eles são apoiados por ferramentas de software (por exemplo, ferramentas de gerenciamento dos requisitos) e o uso delas é obrigatório em todos os projetos.
3. Os métodos ágeis parecem funcionar melhor quando os membros do time têm um nível de habilidade relativamente elevado. No entanto, dentro das grandes organizações, é comum haver uma ampla gama de habilidades e capacidades, e as pessoas com níveis de habilidade mais baixos podem não ser membros de time eficazes nos processos ágeis.
4. Pode haver uma resistência cultural aos métodos ágeis, especialmente nas organizações que tenham um longo histórico de uso de processos convencionais de engenharia de sistemas.

O gerenciamento de mudança e os procedimentos de teste são exemplos de procedimentos da empresa que podem não ser compatíveis com os métodos ágeis. O gerenciamento de mudança é o processo de controlar as mudanças de um sistema, tal que o seu impacto seja previsível e os custos, controlados. Todas as mudanças devem ser aprovadas antes de serem implantadas e isso entra em conflito com a noção de refatoração. Quando ela faz parte de um processo ágil, qualquer desenvolvedor pode melhorar qualquer código sem obter aprovação externa. Nos sistemas grandes também há um padrão de testes no qual um *build* do sistema (um executável completo) é entregue a uma equipe de testes externa. Isso pode entrar em conflito com as abordagens de teste *a priori* (*test-first*) utilizadas nos métodos de desenvolvimento ágil.

Introduzir e manter o uso dos métodos ágeis em uma grande organização é um processo de mudança de cultura. Leva muito tempo para que esta seja implementada e isso frequentemente requer uma troca na gerência antes de ser feito. As empresas que desejam usar métodos ágeis precisam de 'evangelizadores' para promover a mudança. Em vez de tentar impor esses métodos em desenvolvedores relutantes, as empresas constataram que a melhor maneira de introduzi-los é aos poucos, começando com um grupo de desenvolvedores entusiastas dessas abordagens. Um projeto ágil bem-sucedido pode ser como um ponto de partida, com o time de projeto espalhando a prática ágil pela organização. Depois que o conceito de desenvolvimento ágil for conhecido, de um modo geral, ações explícitas podem ser adotadas para disseminá-lo na organização.

PONTOS-CHAVE

- Os métodos ágeis são de desenvolvimento iterativo e se concentram na redução de sobrecarga no processo e na documentação, bem como na entrega incremental de software. Eles envolvem representantes do cliente diretamente no processo de desenvolvimento.

- A decisão de usar uma abordagem ágil ou uma dirigida por plano para o desenvolvimento deve depender do tipo de software que está sendo desenvolvido, da capacidade do time de desenvolvimento e da cultura da empresa que está desenvolvendo o sistema. Na prática, pode-se utilizar uma mistura de técnicas ágeis e dirigidas por plano.

- As práticas de desenvolvimento ágil incluem requisitos expressados na forma de histórias do usuário, programação em pares, refatoração, integração contínua e desenvolvimento com testes *a priori* (*test-first*).

- O Scrum é um método ágil que define um arcabouço para organizar projetos ágeis. Ele gira em torno de *sprints*, que são períodos de tempo fixos nos quais um incremento do sistema é desenvolvido. O planejamento se baseia em priorizar um *backlog* de trabalho e selecionar as tarefas de maior prioridade para uma *sprint*.

- Para promover a escalabilidade de métodos ágeis, algumas práticas dirigidas por plano precisam ser integradas à prática ágil. Elas incluem requisitos antecipados, vários representantes do cliente, mais documentação, ferramental comum aos times de projeto e o alinhamento das entregas entre os times.

LEITURAS ADICIONAIS

"Get ready for agile methods, with care." Uma crítica ponderada dos métodos ágeis que discute seus pontos fortes e fracos, escrita por um engenheiro de software com vasta experiência. Ainda muito relevante, embora com quase 15 anos de idade. BOEHM, B. *IEEE Computer*, jan. 2002. doi:10.1109/2.976920.

Extreme Programming explained. Esse foi o primeiro livro sobre Programação Extrema e talvez ainda seja o de leitura mais agradável. Ele explica a abordagem pela perspectiva de um de seus criadores e seu entusiasmo brota claramente do livro. BECK, K.; ANDRES, C. Addison-Wesley, 2004.

Essential Scrum: a practical guide to the most popular agile process. Trata-se de uma descrição abrangente e didática do progresso, em 2011, do método Scrum. RUBIN, K. S. Addison-Wesley, 2013.

"Agility at scale: economic governance, measured improvement and disciplined delivery." Esse artigo discute a abordagem da IBM para escalabilidade dos métodos ágeis; eles têm uma abordagem sistemática para integrar o desenvolvimento ágil com o dirigido por plano. É uma discussão excelente e ponderada sobre as questões-chave na escalabilidade do desenvolvimento ágil. BROWN, A.W.; AMBLER, S.W.; ROYCE, W. *Proc. 35th Int. Conf. on Software Engineering*, 2013. doi:10.1145/12944.12948.

SITE[2]

Apresentações em PowerPoint para este capítulo disponíveis em: <http://software-engineering-book.com/slides/chap3/>.
Links para vídeos de apoio disponíveis em: <http://software-engineering-book.com/videos/agile-methods/>.

[2] Todo o conteúdo disponibilizado na seção *Site* de todos os capítulos está em inglês.

EXERCÍCIOS

3.1 Explique por que a entrega e implantação rápidas dos novos sistemas costuma ser mais importante para as empresas do que a sua funcionalidade detalhada.

3.2 Explique como os princípios relacionados aos métodos ágeis levam ao desenvolvimento e implantação acelerados do software.

3.3 A Programação Extrema apresenta os requisitos do usuário como histórias, com cada uma delas escrita em um cartão de história. Discuta as vantagens e desvantagens dessa abordagem para a descrição dos requisitos.

3.4 Explique por que o desenvolvimento com testes *a priori* (*test-first*) ajuda o programador a desenvolver uma melhor compreensão dos requisitos do sistema. Quais são as possíveis dificuldades com o desenvolvimento com testes desse tipo?

3.5 Sugira quatro motivos para a produtividade dos programadores que trabalham em pares poder ser mais da metade da produtividade de dois programadores trabalhando individualmente.

3.6 Compare a abordagem Scrum para o gerenciamento de projetos com as abordagens convencionais dirigidas por plano, conforme discutido no Capítulo 23. Sua comparação deve se basear na eficácia de cada abordagem para planejar a alocação das pessoas aos projetos, estimar os custos, manter a coesão do time e gerenciar mudanças nos times.

3.7 Para reduzir custos e o impacto ambiental do deslocamento para o trabalho, sua empresa decide fechar vários escritórios e autorizar o pessoal de suporte a trabalhar em casa. No entanto, a alta gestão que introduz as políticas não sabe que o software é desenvolvido usando Scrum. Explique como você poderia usar a tecnologia para apoiar o Scrum em um ambiente distribuído para tornar isso possível. Quais problemas você provavelmente encontrará ao usar essa abordagem?

3.8 Por que é necessário introduzir alguns métodos e documentação das abordagens dirigidas por plano quando escalamos métodos ágeis para projetos maiores desenvolvidos por times distribuídos?

3.9 Explique por que pode ser difícil usar métodos ágeis em um projeto grande, para desenvolver um novo sistema de informações que faz parte de um sistema de sistemas organizacionais.

3.10 Um dos problemas de ter um usuário estreitamente envolvido com um time de desenvolvimento de software é que eles 'se tornam nativos', ou seja, adotam a perspectiva do time de desenvolvimento e perdem de vista as necessidades dos seus colegas usuários. Sugira três maneiras de evitar este problema e discuta as vantagens e desvantagens de cada abordagem.

REFERÊNCIAS

AMBLER, S. W. "Scaling agile: a executive guide." 2010. Disponível em: <https://www.ibm.com/developerworks/community/blogs/ambler/entry/scaling_agile_an_executive_guide10/>. Acesso em: 30 mar. 2018.

ARISHOLM, E.; GALLIS, H.; DYBA, T.; SJOBERG, D. I. K. "Evaluating pair programming with respect to system complexity and programmer expertise." *IEEE Trans. on Software Eng.*, v. 33, n. 2, 2007. p. 65--86. doi:10.1109/TSE.2007.17.

BECK, K. "Chrysler goes to 'extremes.'" *Distributed computing*, v. 10, 1998. p. 24-28.

_____. "Embracing change with extreme programming." *IEEE Computer*, v. 32, n. 10, 1999. p. 70--78. doi:10.1109/2.796139.

BELLOUITI, S. "How Scrum helped our A-team." 2009. Disponível em: <http://www.scrumalliance.org/community/articles/2009/2009-june/how-scrum-helped-our team>. Acesso em: 30 mar. 2018.

BIRD, J. "You can't be agile in maintenance." 2009. Disponível em: <http://swreflections.blogspot.co.uk/2011/10/you-cant-be-agile-in-maintenance.html>. Acesso em: 30 mar. 2018.

DEEMER, P. "The distributed Scrum primer." 2011. Disponível em: <http://www.goodagile.com/distributedscrumprimer/>. Acesso em: 30 mar. 2018.

FOWLER, M.; BECK, K.; BRANT, J.; OPDYKE, W; ROBERTS, D. *Refactoring*: improving the design of existing code. Boston: Addison-Wesley, 1999.

HOPKINS, R.; JENKINS, K. *Eating the IT elephant*: moving from Greenfield development to Brownfield. Boston: IBM Press, 2008.

JEFFRIES, R.; MELNIK, G. "TDD: The art of fearless programming." *IEEE Software*, v. 24, 2007. p. 24-30. doi:10.1109/MS.2007.75.

KILNER, S. "Can agile methods work for software maintenance." 2012. Disponível em: <http://www.vlegaci.com/can-agile-methods-work-for-software-maintenance-part-1/>. Acesso em: 17 fev. 2015.

LARMAN, C.; BASILI, V. R. "Iterative and incremental development: a brief history." *IEEE Computer*, v. 36, n. 6, 2003. p. 47-56. doi:10.1109/MC.2003.1204375.

LEFFINGWELL, D. *Scaling software agility*: best practices for large enterprises. Boston: Addison-Wesley, 2007.

_____. *Agile software requirements*: lean requirements practices for teams, programs and the enterprise. Boston: Addison-Wesley, 2011.

MULDER, M.; VAN VLIET, M. "Case Study: distributed Scrum project for dutch railways." *InfoQ*. 2008. Disponível em: <http://www.infoq.com/articles/dutch-railway-scrum>. Acesso em: 30 mar. 2018.

RUBIN, K. S. *Essential Scrum*. Boston: Addison-Wesley, 2013.

SCHATZ, B.; ABDELSHAFI, I. "Primavera gets agile: a successful transition to agile development." *IEEE Software*, v. 22, n. 3, 2005. p. 36-42. doi:10.1109/MS.2005.74.

SCHWABER, K.; BEEDLE, M. *Agile software development with Scrum*. Englewood Cliffs, NJ: Prentice-Hall, 2001.

STAPLETON, J. *DSDM*: business focused development. 2. ed. Harlow, UK: Pearson Education, 2003.

TAHCHIEV, P.; LEME, F; MASSOL, V.; GREGORY, G. *JUnit in action*. 2. ed. Greenwich, CT: Manning Publications, 2010.

WEINBERG, G. *The psychology of computer programming*. New York: Van Nostrand, 1971.

WILLIAMS, L.; KESSLER, R. R.; CUNNINGHAM, W.; JEFFRIES, R. "Strengthening the case for pair programming." *IEEE Software*, v. 17, n. 4, 2000. p. 19-25. doi:10.1109/52.854064.

4 | Engenharia de requisitos

OBJETIVOS

Os objetivos deste capítulo são introduzir requisitos de software e explicar o processo envolvido na descoberta e na documentação desses requisitos. Ao ler este capítulo, você:

- compreenderá os conceitos de requisitos de usuário e requisitos de sistema e por que eles devem ser escritos de maneiras diferentes;
- compreenderá as diferenças entre requisitos de software funcionais e não funcionais;
- compreenderá as principais atividades da engenharia de requisitos: elicitação, análise e validação, e as relações entre elas;
- compreenderá por que o gerenciamento de requisitos é necessário e como ele apoia outras atividades da engenharia de requisitos.

CONTEÚDO

4.1 Requisitos funcionais e não funcionais
4.2 Processos de engenharia de requisitos
4.3 Elicitação de requisitos
4.4 Especificação de requisitos
4.5 Validação de requisitos
4.6 Mudança de requisitos

Os requisitos de um sistema são as descrições dos serviços que o sistema deve prestar e as restrições a sua operação. Esses requisitos refletem as necessidades dos clientes de um sistema que atende a um determinado propósito, como controlar um dispositivo, fazer um pedido ou encontrar informações. O processo de descoberta, análise, documentação e conferência desses serviços e restrições é chamado de engenharia de requisitos (ER).

O termo *requisito* não é utilizado consistentemente na indústria de software. Em alguns casos, um requisito é simplesmente uma declaração abstrata de alto nível de um serviço que um sistema deve oferecer ou de uma restrição a um sistema. No outro extremo, é uma definição formal detalhada de uma função do sistema. Davis (1993) explica por que essas diferenças existem:

Se uma empresa deseja assinar um contrato para um grande projeto de desenvolvimento de software, ela deve definir suas necessidades de uma maneira suficientemente abstrata para que não haja uma solução predefinida. Os requisitos devem ser escritos de modo que vários concorrentes possam disputar o contrato, oferecendo, talvez, maneiras diferentes de satisfazer as necessidades da empresa cliente. Depois de assinado o contrato, o contratado deve escrever uma definição mais detalhada do sistema para o cliente, de modo que ele entenda e valide o que o software fará. Esses dois documentos podem ser reunidos em um documento de requisitos do sistema[1].

Alguns dos problemas que surgem durante o processo de engenharia de requisitos são consequência de não separar claramente os diferentes níveis de descrição. Faço uma distinção entre eles usando os termos *requisitos de usuário* para indicar os requisitos abstratos de alto nível e *requisitos de sistema* para indicar a descrição detalhada do que o sistema deve fazer. Os requisitos de usuário e os requisitos de sistema podem ser definidos da seguinte forma:

1. Requisitos de usuário são declarações, em uma linguagem natural somada a diagramas, dos serviços que se espera que o sistema forneça para os usuários e das limitações sob as quais ele deve operar. Esses requisitos podem variar de declarações amplas das características necessárias do sistema até descrições precisas e detalhadas da sua funcionalidade.
2. Os requisitos de sistema são descrições mais detalhadas das funções, dos serviços e das restrições operacionais do sistema de software. O documento de requisitos de sistema (chamado às vezes de especificação funcional) deve definir exatamente o que deve ser implementado. Pode fazer parte do contrato entre o adquirente do sistema e os desenvolvedores de software.

São necessários diferentes tipos de requisitos para transmitir as informações a respeito de um sistema para diferentes tipos de leitores. A Figura 4.1 ilustra a distinção entre requisitos de usuário e de sistema. Esse exemplo do sistema de informação de pacientes para cuidados com a saúde mental (Mentcare) mostra como um requisito de usuário pode ser ampliado para vários requisitos de sistema. Como se pode ver na figura, o requisito do usuário é bem genérico. Os requisitos de sistema fornecem informações mais específicas sobre os serviços e funções que devem ser implementados.

É necessário escrever os requisitos em diferentes níveis de detalhe, pois diferentes tipos de leitores utilizam esses dados de diferentes maneiras. A Figura 4.2 mostra os tipos de leitores dos requisitos de usuário e de sistema. O primeiro grupo geralmente não está preocupado com o modo como o sistema será implementado, e pode ser composto por gerentes que não estejam interessados nos recursos detalhados do sistema. Por sua vez, o segundo grupo precisa saber com mais precisão o que o sistema fará, seja porque estão interessados em saber como ele apoiará os processos da empresa ou porque estão envolvidos na sua implementação.

---

1 DAVIS, A. M. *Software requirements*: objects, functions and states. Englewood Cliffs, NJ: Prentice-Hall, 1993.

FIGURA 4.1 Requisitos de usuário e requisitos de sistema.

Definição de requisitos de usuário

1. O sistema Mentcare deve gerar relatórios de gestão mensais, mostrando o custo dos medicamentos prescritos por cada clínica naquele mês.

Especificação dos requisitos de sistema

1.1 No último dia útil de cada mês, deve ser gerado um resumo dos medicamentos prescritos, seu custo e a clínica que os prescreveu.
1.2 O sistema deve gerar o relatório para impressão após as 17h30 do último dia útil do mês.
1.3 Deve ser criado um relatório para cada clínica, listando o nome de cada medicamento, a quantidade total de prescrições, a quantidade de doses prescritas e o custo total dos medicamentos prescritos.
1.4 Se os medicamentos estiverem disponíveis em dosagens diferentes (por exemplo, 10 mg, 20 mg etc.) devem ser criados relatórios diferentes para cada dosagem.
1.5 O acesso aos relatórios de medicamentos deve ser restrito aos usuários autorizados, conforme uma lista de controle de acesso produzida pela gestão.

FIGURA 4.2 Leitores dos diferentes tipos de especificação de requisitos.

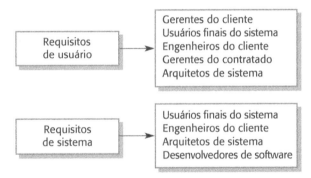

Os diferentes tipos de leitores de documento exibidos na Figura 4.2 são exemplos de *stakeholders* do sistema[2]. Assim como os usuários, muitas outras pessoas têm algum tipo de interesse no sistema. Os *stakeholders* incluem qualquer um que seja afetado de alguma maneira pelo sistema e, portanto, tenha um interesse legítimo nele. Podem variar de usuários finais de um sistema a gerentes e *stakeholders* externos, como autoridades reguladoras, que certificam a aceitabilidade do sistema. Por exemplo, os *stakeholders* do sistema Mentcare são:

1. pacientes cujas informações estão registradas no sistema e familiares desses pacientes;
2. médicos responsáveis por avaliar e tratar os pacientes;
3. profissionais de enfermagem que coordenam as consultas com os médicos e administram alguns tratamentos;
4. recepcionistas que marcam as consultas dos pacientes;
5. equipe de TI responsável pela instalação e manutenção do sistema;

---

[2] Nota da R.T.: alguns autores traduzem *stakeholders* para "partes interessadas". Porém, o mais comum atualmente é usar o termo em inglês para manter a fidelidade do significado.

6. um gestor de ética médica que deve assegurar que o sistema satisfaz as diretrizes éticas atuais de cuidados com os pacientes;
7. gestores de cuidados com a saúde que obtêm informações gerenciais do sistema;
8. o pessoal de controle do prontuário responsável por garantir que as informações do sistema possam ser mantidas e preservadas e que os procedimentos de manutenção de registros tenham sido adequadamente implementados.

A engenharia de requisitos normalmente é apresentada como o primeiro estágio do processo de engenharia de software. No entanto, pode ser necessário desenvolver algum nível de compreensão dos requisitos de sistema antes de tomar a decisão de adquirir ou desenvolver um sistema. Essa ER inicial estabelece uma visão de alto nível do que o sistema poderia fazer e dos benefícios que poderia proporcionar. Esses pontos podem ser considerados em um estudo de viabilidade, ferramenta usada para avaliar se o sistema é tecnicamente e financeiramente viável. Os resultados desse estudo ajudam a gestão a decidir se deve ou não seguir adiante com a aquisição ou com o desenvolvimento do sistema.

Neste capítulo, apresento uma visão 'tradicional' dos requisitos em vez da visão dos processos ágeis, que discuti no Capítulo 3. Na maioria dos sistemas grandes, ainda é o caso de haver uma fase de engenharia de requisitos claramente identificável antes de começar a implementação do sistema. O resultado é um documento de requisitos, que pode fazer parte do contrato de desenvolvimento do sistema. Naturalmente, são feitas mudanças subsequentes nos requisitos de usuário, que podem ser ampliados para requisitos de sistema mais detalhados. Às vezes, pode-se utilizar uma abordagem ágil para elicitar simultaneamente os requisitos à medida que o sistema é desenvolvido, a fim de acrescentar detalhes e refinar os requisitos de usuário.

Estudos de viabilidade

O estudo de viabilidade é um estudo curto e focalizado que deve ser feito no início do processo de ER. Ele deve responder três perguntas fundamentais:

1. O sistema contribui para os objetivos globais da organização?
2. O sistema pode ser implementado dentro do cronograma e orçamento usando a tecnologia atual?
3. O sistema pode ser integrado com outros sistemas utilizados?

Se a resposta a qualquer uma dessas perguntas for não, provavelmente não se deve prosseguir com o projeto.

4.1 REQUISITOS FUNCIONAIS E NÃO FUNCIONAIS

Os requisitos de sistema de software são classificados frequentemente como funcionais ou não funcionais:

1. *Requisitos funcionais.* São declarações dos serviços que o sistema deve fornecer, do modo como o sistema deve reagir a determinadas entradas e

de como deve se comportar em determinadas situações. Em alguns casos, os requisitos funcionais também podem declarar explicitamente o que o sistema não deve fazer.
2. *Requisitos não funcionais.* São restrições sobre os serviços ou funções oferecidas pelo sistema. Eles incluem restrições de tempo, restrições sobre o processo de desenvolvimento e restrições impostas por padrões. Os requisitos não funcionais se aplicam, frequentemente, ao sistema como um todo, em vez de às características individuais ou aos serviços.

Na realidade, a distinção entre os diferentes tipos de requisitos não é tão clara quanto sugerem essas definições simples. Um requisito de usuário relacionado à segurança da informação (*security*), como uma declaração que limita o acesso aos usuários autorizados, pode parecer um requisito não funcional. No entanto, quando desenvolvido em mais detalhes, esse requisito pode gerar outros requisitos claramente funcionais, como a necessidade de incluir no sistema alguns recursos de autenticação do usuário.

Isso mostra que os requisitos não são independentes e que, frequentemente, um requisito gera ou limita outros. Portanto, os requisitos de sistema especificam não apenas os serviços ou características, mas também a funcionalidade necessária para garantir que esses serviços/características sejam entregues corretamente.

4.1.1 Requisitos funcionais

Os requisitos funcionais de um sistema descrevem o que ele deve fazer e dependem do tipo de software que está sendo desenvolvido, dos usuários esperados para o software e da abordagem geral adotada pela organização ao escrever os requisitos. Quando são apresentados como requisitos de usuário, os requisitos funcionais devem ser escritos de modo compreensível para os usuários e gerentes do sistema. Os requisitos funcionais do sistema expandem os requisitos de usuário e são escritos para os desenvolvedores. Requisitos funcionais devem descrever em detalhes as funções do sistema, suas entradas, saídas e exceções.

Os requisitos funcionais do sistema variam desde os mais gerais, cobrindo o que o sistema deve fazer, até os mais específicos, refletindo os modos de trabalho locais ou os sistemas existentes em uma empresa. A seguir são apresentados exemplos de requisitos funcionais do sistema Mentcare, utilizado para manter informações sobre pacientes recebendo tratamento para problemas de saúde mental:

1. Um usuário deve poder fazer uma busca na lista de consultas de todas as clínicas.
2. O sistema deve gerar, a cada dia e para cada clínica, uma lista de pacientes que devam comparecer às consultas naquele dia.
3. Cada membro da equipe que utiliza o sistema deve ser identificado exclusivamente por seu número de funcionário de oito dígitos.

Esses requisitos de usuário definem funcionalidades específicas que serão incluídas no sistema. Os exemplos mostram que os requisitos funcionais devem ser escritos em diferentes níveis de detalhe (compare os requisitos 1 e 3).

Requisitos de domínio

Requisitos de domínio são derivados do domínio de aplicação do sistema, e não das necessidades específicas de seus usuários. Eles podem ser, em sua essência, novos requisitos funcionais, limitar requisitos funcionais existentes ou estabelecer como determinadas computações devem ser executadas.

O problema com os requisitos de domínio é que os engenheiros de software podem desconhecer as características do domínio no qual o sistema opera, o que significa que eles podem não saber se um requisito de domínio passou despercebido ou se entra em conflito com outros.

Os requisitos funcionais, como o nome sugere, têm focado tradicionalmente no que o sistema deve fazer. No entanto, se uma organização decidir que um sistema de prateleira pode satisfazer suas necessidades, então há muito pouco sentido em desenvolver uma especificação funcional detalhada. Nesses casos, o foco deve ser o desenvolvimento de requisitos de informação que especifiquem as informações necessárias para as pessoas fazerem seu trabalho. Os requisitos de informação especificam as informações necessárias e como elas devem ser fornecidas e organizadas. Portanto, um requisito de informação do sistema Mentcare poderia especificar quais informações devem ser incluídas na lista de pacientes que devem comparecer às consultas do dia.

A imprecisão na especificação de requisitos pode levar a conflitos entre clientes e desenvolvedores de software. É normal que um desenvolvedor de sistemas interprete um requisito ambíguo de uma forma que simplifique a sua implementação. Muitas vezes, porém, não é isso o que o cliente quer. Novos requisitos devem ser estabelecidos e mudanças devem ser feitas, o que resulta em atraso na entrega do sistema e aumento dos custos.

Por exemplo, o primeiro requisito do sistema Mentcare, mencionado anteriormente, afirma que um usuário deve ser capaz de fazer uma busca nas listas de consultas de todas as clínicas. O que justifica esse requisito é que os pacientes com transtornos de saúde mental às vezes se confundem. Eles podem ter uma consulta em uma clínica, mas acabar indo para outra. Se tiverem uma consulta marcada, serão registrados como atendidos, independentemente da clínica.

Um membro da equipe médica, ao especificar um requisito de busca, pode esperar que 'pesquisar' signifique que, dado o nome de um paciente, o sistema procure por ele em todas as consultas de todas as clínicas. No entanto, isso não está explícito. Os desenvolvedores de sistemas podem interpretar o requisito do modo mais fácil de implementar. Sua função de busca pode exigir que o usuário escolha uma clínica e depois faça a pesquisa dos pacientes que compareceram a ela. Isso envolve mais informações fornecidas pelo usuário e leva mais tempo para completar a busca.

Em condições ideais, a especificação dos requisitos funcionais de um sistema deve ser completa – todos os serviços e informações requisitados pelo usuário devem estar definidos – e coerente – os requisitos não devem ser contraditórios.

Na prática, só é possível alcançar a coerência e a completude dos requisitos em sistemas de software muito pequenos, e uma das razões para isso é que é mais fácil cometer erros e omissões quando escrevemos especificações de sistemas grandes e complexos. Além disso, sistemas grandes possuem muitos *stakeholders*, com diferentes formações e expectativas, e que tendem a ter necessidades diferentes — e, muitas vezes, inconsistentes. Essas inconsistências podem não ser óbvias quando os requisitos são especificados em um primeiro momento, e os requisitos inconsistentes podem ser descobertos somente após uma análise mais profunda ou durante o desenvolvimento do sistema.

4.1.2 Requisitos não funcionais

Os requisitos não funcionais, como o nome sugere, são aqueles que não possuem relação direta com os serviços específicos fornecidos pelo sistema aos seus usuários. Esses requisitos não funcionais normalmente especificam ou restringem as características do sistema como um todo. Eles podem estar relacionados a propriedades emergentes do sistema, como confiabilidade, tempo de resposta e uso da memória. Por outro lado, podem definir restrições à implementação do sistema, como a capacidade dos dispositivos de E/S ou as representações dos dados utilizados nas interfaces com outros sistemas.

Os requisitos não funcionais frequentemente são mais críticos do que os requisitos funcionais individuais. Os usuários do sistema normalmente encontram maneiras de contornar uma função do sistema que não satisfaça suas necessidades. No entanto, descumprir um requisito não funcional pode significar a inutilização total do sistema. Por exemplo, se um sistema de aeronave não satisfizer seus requisitos de confiabilidade, este não será certificado como seguro para operação; se um sistema de controle embarcado não cumprir seus requisitos de desempenho, as funções de controle não vão funcionar corretamente.

Embora muitas vezes seja possível identificar quais componentes do sistema implementam requisitos funcionais específicos (por exemplo, pode haver componentes de formatação que implementem requisitos de relatório), isso é mais difícil com os requisitos não funcionais. Sua implementação pode estar espalhada por todo o sistema por duas razões:

1. Os requisitos não funcionais podem afetar a arquitetura geral de um sistema em vez de seus componentes individuais. Por exemplo, para garantir que sejam cumpridos os requisitos de desempenho em um sistema embarcado, pode ser necessário organizá-lo a fim de minimizar a comunicação entre seus componentes.
2. Um requisito não funcional individual, como um requisito de segurança da informação (*security*), pode gerar vários requisitos funcionais relacionados que definem novos serviços do sistema que se fazem necessários caso o requisito não funcional seja implementado. Além disso, também pode gerar requisitos que restringem outros requisitos existentes; por exemplo, pode limitar o acesso à informação no sistema.

Os requisitos não funcionais surgem das necessidades dos usuários, que se devem a restrições orçamentárias, políticas organizacionais, necessidade de interoperabilidade com outros sistemas de software ou hardware, ou fatores externos, como normas de segurança (*safety*) ou legislação relativa à privacidade. A Figura 4.3 mostra uma classificação dos requisitos não funcionais. É possível ver nesse diagrama que esses requisitos podem ser provenientes das características exigidas do software (requisitos do produto), da organização que o desenvolve (requisitos organizacionais) ou de fontes externas:

1. *Requisitos do produto.* Esses requisitos especificam ou restringem o comportamento do software durante a execução. Os exemplos incluem requisitos de desempenho, relativos à rapidez com que o sistema deve executar e de quanta memória ele precisa; requisitos de confiabilidade, que estabelecem a taxa de falha aceitável; requisitos de segurança da informação (*security*); e requisitos de usabilidade.
2. *Requisitos organizacionais.* São requisitos de sistema amplos, derivados das políticas e procedimentos nas organizações do cliente e do desenvolvedor. Os exemplos incluem requisitos de processos operacionais, que definem como o sistema será utilizado; requisitos de processos de desenvolvimento, que especificam a linguagem de programação, o ambiente de desenvolvimento ou os padrões de processo a serem utilizados; e os requisitos ambientais, que especificam o ambiente operacional do sistema.
3. *Requisitos externos.* Esse título abrangente cobre todos os requisitos derivados de fatores externos ao sistema e seu processo de desenvolvimento. Podem incluir requisitos regulatórios, que estabelecem o que deve ser feito para o sistema ser aprovado por uma entidade reguladora, como uma autoridade de segurança nuclear; requisitos legislativos, que devem ser seguidos para garantir que o sistema opere dentro da lei; e requisitos éticos, que garantem que o sistema será aceitável para os usuários e para o público em geral.

FIGURA 4.3 Tipos de requisitos não funcionais.

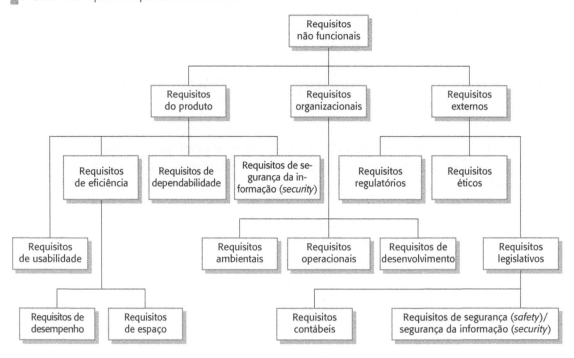

A Figura 4.4 mostra exemplos de requisitos do produto, organizacionais e externos que poderiam estar incluídos na especificação do sistema Mentcare. O requisito do produto é o requisito de disponibilidade que define quando o sistema deve estar disponível e o tempo de parada permitido por dia. Ele nada diz sobre a funcionalidade do sistema Mentcare e identifica claramente uma restrição a ser considerada pelos projetistas do sistema.

FIGURA 4.4 Exemplos de possíveis requisitos não funcionais do sistema Mentcare.

Requisito do produto

O sistema Mentcare deve ficar disponível para todas as clínicas durante o expediente normal (segunda-sexta, 8h30-17h30).

O tempo que o sistema pode permanecer fora do ar no expediente normal não deve ultrapassar 5 segundos em qualquer dia.

Requisito organizacional

Os usuários do sistema Mentcare devem se identificar usando o cartão de identificação de autoridade de saúde.

Requisito externo

O sistema deve implementar providências para a privacidade do paciente, conforme estabelecido em HStan-03-2006-priv.

O requisito organizacional especifica a forma de autenticação dos usuários. A autoridade de saúde que opera o sistema está aplicando em todo o software um procedimento de autenticação padrão que, em vez de ser feito através de um *login*, passa a ser feito por uma leitora que reconhece o cartão de identificação dos usuários. O requisito externo deriva da necessidade de o sistema obedecer a legislação relativa à privacidade. Esta é, obviamente, uma questão muito importante nos sistemas de saúde, e o requisito especifica que o sistema deve ser desenvolvido de acordo com um padrão nacional de privacidade.

Um problema comum com os requisitos não funcionais é que os *stakeholders* propõem esses requisitos na forma de metas gerais, como a facilidade de uso, a capacidade do sistema para se recuperar de uma falha ou a resposta rápida do usuário. As metas estabelecem boas intenções, mas causam problemas para os desenvolvedores do sistema, uma vez que abrem espaço para interpretação e subsequente conflito após o sistema ser entregue. Por exemplo, a meta do sistema a seguir é um exemplo típico de como os requisitos de usabilidade seriam solicitados por um gestor:

O sistema deve ser fácil de usar pela equipe médica e ser organizado de tal modo que os erros de usuário sejam minimizados.

Reescrevi isso para mostrar como a meta poderia ser expressa como um requisito não funcional 'testável'. É impossível verificar de forma imparcial a meta do sistema, mas na descrição a seguir é possível, ao menos, incluir a instrumentação de software para contar os erros cometidos pelos usuários quando estiverem realizando um teste.

A equipe médica deve ser capaz de utilizar todas as funções do sistema após duas horas de treinamento. Após essa etapa, a quantidade média de erros cometidos pelos usuários experientes não deve ultrapassar dois erros por hora de uso do sistema.

Sempre que possível, os requisitos não funcionais devem ser escritos de forma quantitativa para que possam ser testados objetivamente. A Figura 4.5 exibe as métricas para especificar as propriedades não funcionais do sistema. É possível mensurar essas características quando o sistema estiver sendo testado, para conferir se ele cumpriu ou não seus requisitos não funcionais.

FIGURA 4.5 Métricas para especificar requisitos não funcionais.

Propriedade	Métrica
Velocidade	Transações processadas/segundo Tempo de resposta do usuário/evento Tempo de atualização da tela
Tamanho	Megabytes/número de chips de ROM
Facilidade de uso	Tempo de treinamento Número de quadros de ajuda
Confiabilidade	Tempo médio até a falha Probabilidade de indisponibilidade Taxa de ocorrência de falhas Disponibilidade
Robustez	Tempo para reiniciar após a falha Porcentagem de eventos causando falhas Probabilidade de corromper dados em uma falha
Portabilidade	Porcentagem de declarações dependentes do sistema-alvo Número de sistemas-alvo

Na prática, os clientes de um sistema costumam achar difícil traduzir suas metas para requisitos mensuráveis. Para algumas metas, como a manutenibilidade, não há métricas simples que possam ser utilizadas. Em outros casos, quando é possível fazer uma especificação quantitativa, os clientes podem não conseguir relacionar suas necessidades com essas especificações. Eles não entendem, por exemplo, o que algum número definindo confiabilidade significa em termos de experiência cotidiana com sistemas de computador. Além disso, o custo de verificar objetivamente os requisitos não funcionais mensuráveis pode ser muito alto e os clientes que pagam pelo sistema podem achar que esses valores não são justificáveis.

Frequentemente, os requisitos não funcionais entram em conflito e interagem com outros funcionais ou não funcionais. Por exemplo, o requisito de identificação na Figura 4.4 requer que uma leitora de cartão seja instalada em cada computador conectado ao sistema. No entanto, pode haver outro requisito que exija acesso móvel ao sistema, por meio de tablets e smartphones dos médicos e profissionais de enfermagem. Esses dispositivos normalmente não são equipados com leitoras de cartão; portanto, nessas circunstâncias, pode ser necessário o suporte para algum método de identificação alternativo.

É difícil separar os requisitos funcionais dos não funcionais no documento de requisitos. Se os não funcionais forem declarados separadamente dos funcionais, a relação entre eles pode ser difícil de compreender. Entretanto, em condições ideais, deve-se destacar os requisitos claramente relacionados às propriedades emergentes do sistema, como desempenho ou confiabilidade. É possível fazer isso colocando-os em uma seção separada do documento de requisitos ou distinguindo-os, de alguma forma, dos demais requisitos de sistema.

Os requisitos não funcionais, como confiabilidade, segurança e confidencialidade, são particularmente importantes para os sistemas críticos. Na Parte 2, os requisitos de dependabilidade serão abordados, bem como as maneiras de especificar confiabilidade, segurança (*safety*) e segurança da informação (*security*) na forma de requisitos.

4.2 PROCESSOS DE ENGENHARIA DE REQUISITOS

Conforme discuti no Capítulo 2, a engenharia de requisitos envolve três atividades fundamentais: a descoberta dos requisitos por meio da interação com *stakeholders* (elicitação e análise); a conversão desses requisitos em uma forma padrão (especificação); e a averiguação de que os requisitos realmente definem o sistema que o cliente quer (validação). Mostrei esses processos sequenciais na Figura 2.4. Entretanto, na prática, a engenharia de requisitos é um processo iterativo, no qual as atividades são intercaladas, como mostra a Figura 4.6.

FIGURA 4.6 Uma visão em espiral do processo de engenharia de requisitos.

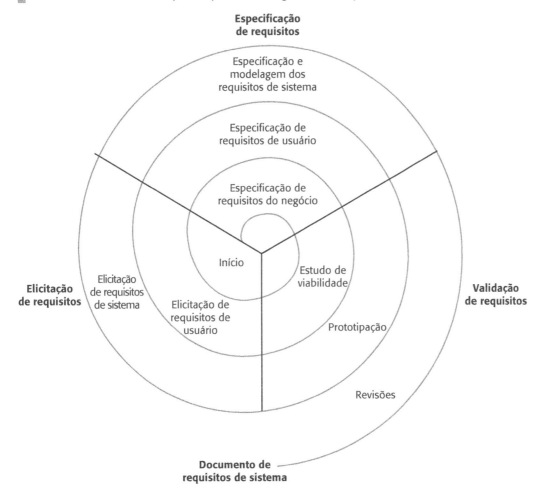

As atividades são organizadas como um processo iterativo em torno de uma espiral, e o resultado do processo de ER é um documento de requisitos de sistema. A quantidade de tempo e esforço dedicados a cada atividade em uma iteração depende do estágio do processo geral, do tipo de sistema a ser desenvolvido e do orçamento disponível.

No início do processo, a maior parte do esforço é dedicada à compreensão do negócio em alto nível e dos requisitos não funcionais, além dos requisitos de usuário do sistema. Em uma etapa mais avançada do processo — nos anéis mais externos da espiral —, mais esforço será dedicado à elicitação e à compreensão dos requisitos não funcionais e dos requisitos de sistema mais detalhados.

Esse modelo em espiral acomoda abordagens para o desenvolvimento nas quais os requisitos são desenvolvidos em diferentes níveis de detalhe. O número de iterações em torno da espiral pode variar, de modo que ela pode ser encerrada após alguns ou todos os requisitos de usuário terem sido elicitados. O desenvolvimento ágil pode ser utilizado, em vez da prototipação, para que os requisitos e a implementação do sistema sejam desenvolvidos em conjunto.

Em praticamente todos os sistemas, os requisitos mudam. As pessoas envolvidas desenvolvem uma compreensão melhor do que elas querem que o software faça; a organização que está adquirindo o sistema muda; e são feitas modificações no hardware, no software e no ambiente organizacional do sistema. As mudanças devem ser gerenciadas para entender tanto o impacto em outros requisitos quanto as implicações no sistema e o custo de realizá-las. Discutirei esse processo de gerenciamento dos requisitos na Seção 4.6.

4.3 ELICITAÇÃO DE REQUISITOS

Os objetivos do processo de elicitação de requisitos são compreender o trabalho que os *stakeholders* realizam e entender como usariam um novo sistema para apoiar o trabalho deles. Durante a elicitação de requisitos, os engenheiros de software trabalham com os *stakeholders* para saber mais sobre o domínio da aplicação, as atividades envolvidas no trabalho, os serviços e as características do sistema que eles querem, o desempenho desejado para o sistema, as limitações de hardware etc.

Elicitar e compreender os requisitos dos *stakeholders* no sistema é um processo difícil por várias razões:

1. Muitas vezes os *stakeholders* não sabem o que querem de um sistema de computador, exceto em aspectos mais gerais; eles podem achar difícil articular o que querem que o sistema faça; podem fazer exigências irreais porque não sabem o que é viável ou não.
2. Em um sistema, é natural que os *stakeholders* expressem os requisitos em seus próprios termos e com conhecimento implícito de seu próprio trabalho. Os engenheiros de requisitos, sem experiência no domínio do cliente, podem não entender tais requisitos.
3. Diferentes *stakeholders*, com requisitos distintos, podem expressá-los de maneiras variadas. Os engenheiros de requisitos têm de descobrir todas as possíveis fontes de requisitos, além dos pontos de convergência e de conflito.
4. Fatores políticos podem influenciar os requisitos de um sistema. Os gerentes podem exigir requisitos de sistema específicos, o que lhes permite aumentar sua influência na organização.
5. O ambiente econômico e de negócios no qual a análise ocorre é dinâmico. Inevitavelmente, ele muda durante o processo de análise. A importância de determinados requisitos pode mudar. Novos requisitos podem surgir de novos *stakeholders* que não foram consultados originalmente.

Um modelo do processo de elicitação e análise é exibido na Figura 4.7. Cada organização terá sua própria versão ou instanciação desse modelo geral, dependendo de fatores locais como a experiência da equipe, o tipo de sistema sendo desenvolvido e os padrões utilizados.

FIGURA 4.7 O processo de elicitação e análise de requisitos.

As atividades de processo são:

1. *Descoberta e compreensão dos requisitos.* Esse é o processo de interagir com os *stakeholders* do sistema para descobrir seus requisitos. Os requisitos de domínio dos *stakeholders* e documentação também são descobertos durante essa atividade.
2. *Classificação e organização dos requisitos.* Essa atividade pega o conjunto não estruturado de requisitos, agrupa os requisitos relacionados e os organiza em grupos coerentes.
3. *Priorização e negociação dos requisitos.* Inevitavelmente, quando estão envolvidos vários *stakeholders*, os requisitos entrarão em conflito. Essa atividade está relacionada com a priorização dos requisitos e com a descoberta e negociação para resolução de conflitos. Normalmente, os *stakeholders* devem se reunir para resolver as diferenças e chegar a um acordo sobre os requisitos.
4. *Documentação dos requisitos.* Os requisitos são documentados e servem de entrada para a próxima volta da espiral. Um rascunho inicial pode ser produzido nesse estágio ou os requisitos podem simplesmente ser mantidos de modo informal em lousas, *wikis* ou outros espaços compartilhados.

A Figura 4.7 mostra que elicitação e análise de requisitos são processos iterativos, com *feedback* contínuo de cada atividade para as demais. O ciclo do processo começa com a descoberta dos requisitos e termina com sua documentação. A compreensão que o analista tem dos requisitos aumenta a cada rodada do ciclo, que termina quando o documento de requisitos for produzido.

Para simplificar a análise dos requisitos, é útil organizar e agrupar as informações dos *stakeholders*. Uma maneira de fazer isso é considerar cada grupo de *stakeholders* como um ponto de vista e coletar todos os requisitos desse grupo a partir de um determinado ponto de vista. É possível incluir pontos de vista para representar requisitos de domínio e restrições dos outros sistemas. Alternativamente, é possível usar um modelo da arquitetura do sistema para identificar subsistemas e associar requisitos a cada um deles.

Pontos de vista

Ponto de vista é uma maneira de coletar e organizar um conjunto de requisitos de um grupo de *stakeholders* que têm algo em comum. Portanto, cada ponto de vista inclui um conjunto de requisitos de sistema. Os pontos de vista poderiam vir de usuários finais, gerentes ou outros, e ajudam a identificar as pessoas que podem fornecer informações sobre seus requisitos e estruturá-los para análise.

Inevitavelmente, diferentes *stakeholders* têm opiniões diferentes sobre a importância e a prioridade dos requisitos; às vezes, elas podem entrar em conflito. Se alguns *stakeholders* acharem que suas opiniões não foram consideradas adequadamente, então podem tentar minar deliberadamente o processo de ER. Portanto, é importante organizar reuniões regulares com os *stakeholders*, dando-lhes a oportunidade de expressar suas preocupações e chegar a um acordo quanto aos requisitos.

No estágio de documentação, é importante utilizar uma linguagem simples e diagramas para descrever os requisitos. Isso possibilita que os *stakeholders* os entendam e os comentem. Para facilitar a troca de informações, é melhor utilizar um documento compartilhado (por exemplo, Google Docs ou Office 365) ou um *wiki* que seja acessível a todos os *stakeholders*.

4.3.1 Técnicas de elicitação de requisitos

A elicitação dos requisitos envolve encontros com *stakeholders* de diferentes tipos para descobrir informações sobre o sistema proposto. É possível complementá-las com o conhecimento existente dos sistemas e seu uso, além de informações provenientes de documentos de vários tipos. Há que se investir tempo compreendendo como as pessoas trabalham, o que elas produzem, como usam outros sistemas e como podem precisar mudar para acomodar um novo.

Existem duas abordagens fundamentais para a elicitação de requisitos:

1. entrevistas, em que há uma conversa com as pessoas a respeito do que elas fazem;
2. observação ou etnografia, em que se observa as pessoas executando seu trabalho para ver quais artefatos elas usam, como usam etc.

Deve-se empregar uma mistura de entrevista e observação para coletar informações e, a partir disso, derivar os requisitos que mais tarde embasarão outras discussões.

4.3.1.1 Entrevistas

As entrevistas formais ou informais com os *stakeholders* do sistema fazem parte da maioria dos processos de engenharia de requisitos. Nelas, a equipe de engenharia de requisitos coloca questões para os *stakeholders* sobre o sistema que utilizam no momento e o sistema a ser desenvolvido. Os requisitos são derivados das respostas. As entrevistas podem ser de dois tipos:

1. entrevistas fechadas, nas quais os *stakeholders* respondem a um conjunto predefinido de perguntas;
2. entrevistas abertas, nas quais não há uma programação predefinida. A equipe de engenharia de requisitos explora uma gama de questões com os *stakeholders* do sistema e, a partir daí, desenvolve uma melhor compreensão de suas necessidades.

Na prática, as entrevistas com os *stakeholders* normalmente são uma mistura dos dois tipos. É possível obter a resposta a determinadas perguntas, mas, normalmente, elas levam a outras questões discutidas de uma maneira menos estruturada. As discussões totalmente abertas raramente funcionam bem. Em geral, deve-se fazer algumas perguntas para começar e manter a entrevista focada no sistema a ser desenvolvido.

As entrevistas são boas para obter uma compreensão global do que os *stakeholders* fazem, de como interagiriam com o novo sistema e das dificuldades que enfrentam nos sistemas atuais. As pessoas gostam de falar sobre o trabalho delas e, por isso, normalmente ficam felizes em participar de entrevistas. No entanto, a não ser que haja um protótipo do sistema para demonstrar, não se deve esperar que os *stakeholders* sugiram requisitos específicos e detalhados. Todo mundo acha difícil imaginar como um sistema poderia se parecer, portanto é preciso analisar as informações coletadas e gerar os requisitos a partir disso.

Pode ser difícil obter conhecimento de uma certa área por meio de entrevistas, por duas razões:

1. Todos os especialistas em aplicações usam jargões específicos de sua área de trabalho. É impossível discutir os requisitos sem usar esse tipo de terminologia. Normalmente, usam palavras de maneira precisa e sutil, que os engenheiros podem entender erroneamente.
2. Certos conhecimentos da área podem ser tão familiares aos *stakeholders* que eles acham difícil explicá-los, ou podem ser tão básicos que eles pensam que não vale a pena mencioná-los. Por exemplo, para um bibliotecário, não é preciso dizer que todas as aquisições são catalogadas antes de serem acrescentadas à biblioteca. No entanto, isso pode não ser óbvio para o entrevistador e, por esse motivo, sequer ser levado em conta entre os requisitos.

As entrevistas não são uma técnica eficaz para elicitar conhecimento a respeito dos requisitos e das restrições organizacionais porque existem relações de poder sutis entre as pessoas em uma empresa. As estruturas organizacionais divulgadas raramente correspondem à realidade da tomada de decisão em uma empresa, mas os entrevistados podem não querer revelar para um estranho a estrutura real em vez da teórica. Em geral, a maioria das pessoas reluta em discutir questões políticas e organizacionais que possam afetar os requisitos.

Para uma entrevista eficaz, duas coisas devem ser levadas em conta:

1. Ter a mente aberta, evitar ideias preconcebidas a respeito dos requisitos e ter disposição para ouvir os *stakeholders*. Se ele tiver propostas de requisitos surpreendentes, então é necessário estar disposto a mudar de ideia a respeito do sistema.
2. Incentivar o entrevistado a manter a conversa fazendo uma pergunta que sirva como trampolim ou uma proposta de requisitos; ou então trabalhando juntos em um sistema protótipo. Provavelmente, falar para as pessoas "diga-me o que você quer" não vai resultar em informações úteis, pois é muito mais fácil falar em um contexto definido do que em termos gerais.

As informações das entrevistas são utilizadas junto com outras que dizem respeito ao sistema, como a documentação que descreve os processos do negócio ou dos sistemas existentes, as observações do usuário e a experiência do desenvolvedor. Às vezes, além das informações nos documentos do sistema, as informações da entrevista podem ser a única fonte de informação sobre os requisitos de sistema. Entretanto, a entrevista em si está sujeita à perda de informações essenciais e, portanto, deve ser utilizada em conjunto com outras técnicas de elicitação de requisitos.

4.3.1.2 Etnografia

Os sistemas de software não existem isoladamente. Eles são utilizados em um ambiente social e organizacional e seus requisitos podem ser gerados ou restringidos por ele. Uma razão pela qual muitos sistemas de software são entregues, mas jamais utilizados, é que seus requisitos não levam em conta como esses fatores sociais e organizacionais afetam sua operação prática. Portanto, é muito importante que, durante o processo de engenharia de requisitos, se tente entender os problemas que afetam o uso do sistema.

A etnografia é uma técnica de observação que pode ser utilizada para entender os processos operacionais e para ajudar a derivar os requisitos do software que apoia esses processos. Um analista deve ficar imerso no ambiente de trabalho em que o sistema será utilizado com o objetivo de observar o dia a dia e tomar nota das tarefas reais nas quais os participantes estão envolvidos. A vantagem da etnografia é que ela ajuda a descobrir requisitos implícitos do sistema, os quais refletem o verdadeiro modo de trabalho das pessoas, em vez dos processos formais definidos pela organização.

Frequentemente, as pessoas acham difícil articular detalhes do seu trabalho porque é tão natural para elas que não precisam mais pensar a respeito dele. Elas entendem seu próprio trabalho, mas não a relação que ele possui com outros trabalhos na organização. Fatores sociais e organizacionais que afetam o trabalho, mas que não são óbvios para os indivíduos, podem ficar claros somente quando forem notados por um observador imparcial. Por exemplo, um grupo de trabalho pode se auto-organizar para que os membros conheçam o trabalho uns dos outros e possam cobrir um ao outro caso alguém se ausente. Isso pode não ser mencionado durante uma entrevista, já que o grupo poderia não considerar uma parte integrante do seu trabalho.

Suchman (1983) foi pioneira no uso da etnografia para estudar o trabalho de escritório. Ela constatou que as práticas de trabalho reais eram muito mais ricas, complexas e dinâmicas do que os modelos simples presumidos pelos sistemas de automação. A diferença entre o trabalho presumido e o real foi a razão mais importante para esses sistemas de escritório não produzirem um efeito significativo na produtividade. Crabtree (2003) discute uma ampla gama de estudos desde então e descreve, em geral, o uso da etnografia no projeto de sistemas. Em minha própria pesquisa, investiguei métodos de integração da etnografia nos processos de engenharia de software vinculando-a com os métodos de engenharia de requisitos (VILLER; SOMMERVILLE, 2000) e padrões de documentação da interação em sistemas cooperativos (MARTIN; SOMMERVILLE, 2004).

A etnografia é particularmente eficaz para descobrir dois tipos de requisitos:

1. Requisitos derivados da maneira que as pessoas realmente trabalham, e não da maneira que as definições de processos de negócio dizem que deveriam trabalhar. Na prática, as pessoas nunca seguem processos formais. Por exemplo,

os controladores de tráfego aéreo podem desligar um sistema de alerta de conflitos que detecta aeronaves que estão em rotas de colisão, embora os procedimentos de controle normais especifiquem que tal sistema deva ser utilizado. O sistema de alerta de conflitos é sensível e emite alertas sonoros mesmo quando os aviões estão bem distantes. Os controladores consideram que isso os distrai e preferem outras alternativas para assegurar que os aviões não sigam trajetórias de voo conflitantes.
2. Requisitos derivados da cooperação e do conhecimento das atividades das outras pessoas. Por exemplo, os controladores de tráfego aéreo podem usar o conhecimento do trabalho dos demais controladores para prever o número de aeronaves que entrarão em seu setor. Depois, eles modificam suas estratégias de controle, dependendo da carga de trabalho prevista. Portanto, um sistema de controle de tráfego aéreo automatizado deve permitir que os controladores em um setor tenham alguma visibilidade do trabalho realizado nos setores adjacentes.

A etnografia pode ser combinada com o desenvolvimento de um protótipo do sistema (Figura 4.8) e informa o desenvolvimento do protótipo, de modo que sejam necessários menos ciclos de refinamento. Além disso, a prototipação permite dar foco à etnografia por identificar problemas e questões que depois poderão ser discutidas com o etnógrafo, que buscará respostas para essas perguntas durante a próxima fase de estudo do sistema (SOMMERVILLE *et al.*, 1993).

FIGURA 4.8 Etnografia e prototipação para análise de requisitos.

A etnografia é útil para compreender os sistemas existentes, mas essa compreensão nem sempre ajuda na inovação. Esta é particularmente relevante para o desenvolvimento de novos produtos. Alguns analistas sugeriram que a Nokia usava etnografia para descobrir como as pessoas utilizavam seus telefones e, com base nisso, desenvolver novos modelos de telefone; a Apple, por outro lado, ignorou o uso atual e revolucionou a indústria de celulares com a introdução do iPhone.

Os estudos etnográficos podem revelar detalhes críticos dos processos que muitas vezes passam despercebidos por outras técnicas de elicitação de requisitos. Entretanto, em virtude do foco no usuário final, essa abordagem não é eficaz para descobrir requisitos de empresas ou de áreas mais amplas, nem para sugerir inovações. Portanto, a etnografia é uma entre as várias técnicas de elicitação de requisitos.

4.3.2 Histórias e cenários

As pessoas acham mais fácil se identificar com exemplos da vida real do que com descrições abstratas. Elas não são boas para falar de requisitos de sistema. No entanto, podem ser capazes de descrever como lidam com determinadas situações ou imaginar coisas que poderiam fazer com uma nova forma de trabalhar. As histórias e cenários são maneiras de capturar esse tipo de informação, que pode ser usada posteriormente ao entrevistar grupos de *stakeholders* para discutir o sistema com outros grupos e desenvolver requisitos de sistema mais específicos.

Histórias e cenários são essencialmente a mesma coisa. Trata-se de uma descrição de como o sistema pode ser utilizado em alguma tarefa em particular. Histórias e cenários descrevem o que as pessoas fazem, quais informações usam e produzem e quais sistemas podem adotar nesse processo. A diferença está no modo como as descrições são estruturadas e no nível de detalhe apresentado. As histórias são escritas como texto narrativo e apresentam uma descrição de alto nível do uso do sistema; os cenários normalmente são estruturados com informações específicas coletadas, como entradas e saídas. Considero as histórias eficazes para estabelecer o 'panorama geral'. Partes delas podem ser desenvolvidas em mais detalhes e representadas como cenários.

A Figura 4.9 é um exemplo de história que desenvolvi para entender os requisitos do ambiente de aprendizagem digital iLearn, que apresentei no Capítulo 1. Ela descreve uma situação em uma escola primária (ensino fundamental) em que o professor está usando o ambiente para apoiar os projetos dos alunos sobre a indústria pesqueira. Dá para ver que se trata de uma descrição de alto nível. Sua finalidade é facilitar a discussão sobre como o iLearn poderia ser utilizado e atuar como um ponto de partida para a elicitação dos requisitos do sistema.

FIGURA 4.9 A história de um usuário para o sistema iLearn.

Compartilhamento de imagens na sala de aula

Jack é um professor de escola primária em Ullapool (uma vila no norte da Escócia). Ele decidiu que um projeto de sala de aula deveria se concentrar na indústria pesqueira da região, examinando a história, o desenvolvimento e o impacto econômico da pesca. Como parte do projeto, ele pede que os alunos reúnam e compartilhem lembranças dos parentes, usem arquivos de jornal e coletem fotografias antigas relacionadas à pesca e às comunidades pesqueiras da região. Os alunos usam um *wiki* do iLearn para reunir histórias sobre pesca e o SCRAN (um site de recursos de história) para acessar os arquivos do jornal e as fotografias. No entanto, Jack também precisa de um site de compartilhamento de imagens, pois quer que os alunos troquem e comentem as fotos uns dos outros e coloquem no site as imagens escaneadas de fotografias antigas que possam ter em suas famílias.

Jack envia um e-mail para um grupo de professores de escola primária, do qual é membro, para ver se alguém pode recomendar um sistema adequado. Dois professores respondem e ambos sugerem que ele use o KidsTakePics, um site de compartilhamento de imagens que permite aos professores conferirem e moderarem o conteúdo. Como o KidsTakePics não é integrado ao serviço de autenticação do iLearn, ele cria uma conta de professor e uma conta de turma. Ele utiliza o serviço de configuração do iLearn para adicionar o KidsTakePics aos serviços visualizados pelos alunos em sua turma para que, quando fizerem o *login*, possam usar imediatamente o sistema para enviar fotos de seus celulares, tablets e computadores da sala de aula.

A vantagem das histórias é que todo mundo pode se identificar facilmente com elas. Achamos que essa abordagem é especialmente útil para obter informações de uma comunidade mais ampla do que poderíamos entrevistar na realidade. Disponibilizamos as histórias em um *wiki* e convidamos professores e alunos do país inteiro para comentá-las.

Essas histórias de mais alto nível não entram em detalhes sobre um sistema, mas podem ser desenvolvidas em cenários mais específicos. Os cenários são descrições de exemplos de sessões de interação do usuário. Acredito que seja melhor apresentar os cenários de uma maneira estruturada, em vez de um texto narrativo. As histórias de usuário utilizadas nos métodos ágeis, como na Programação Extrema, são cenários narrativos e não histórias genéricas para ajudar a elicitar requisitos.

Um cenário começa com uma descrição da interação. Durante o processo de elicitação, são acrescentados detalhes para criar uma descrição completa dessa interação. De modo geral, um cenário pode incluir:

1. uma descrição do que o sistema e os usuários esperam quando o cenário se inicia;
2. uma descrição do fluxo normal dos eventos no cenário;
3. uma descrição do que pode dar errado e de como esses problemas podem ser enfrentados;
4. informações sobre outras atividades que poderiam ocorrer ao mesmo tempo;
5. uma descrição do estado do sistema quando o cenário termina.

Como exemplo de um cenário, a Figura 4.10 descreve o que acontece quando um aluno envia fotos para o sistema KidsTakePics, conforme explicado na Figura 4.9. A diferença fundamental entre esse e outros sistemas é que o professor modera as fotos enviadas para conferir se são adequadas ao compartilhamento.

Nota-se que essa é uma descrição muito mais detalhada do que a da história relatada na Figura 4.9 e, portanto, pode ser utilizada para propor requisitos do sistema iLearn. Assim como as histórias, os cenários podem ser empregados para facilitar discussões com os *stakeholders*, que às vezes podem ter maneiras diferentes de atingir o mesmo resultado.

FIGURA 4.10 Cenário para o envio de fotos para o KidsTakePics.

Enviar fotos para o KidsTakePics

Pressuposto inicial: Um usuário ou grupo de usuários tem uma ou mais fotografias digitais para serem enviadas para o site de compartilhamento de imagens. Essas fotos estão salvas em um tablet ou notebook. Eles fizeram o *login* no site KidsTakePics.

Normal: O usuário opta por enviar as fotos e é solicitado a ele que selecione as fotos no computador a serem enviadas e escolha o nome do projeto sob o qual as fotos serão armazenadas. Os usuários também devem ter a opção de digitar palavras-chave que deverão ser associadas a cada foto enviada. Essas fotos recebem um nome criado pela conjunção do nome do usuário com o nome do arquivo da foto no computador local.

No final do envio, o sistema manda automaticamente um e-mail para o moderador do projeto, pedindo-lhe que verifique o novo conteúdo, e gera uma mensagem na tela para o usuário dizendo que essa verificação foi feita.

O que pode dar errado: Nenhum moderador está associado ao projeto selecionado. Um e-mail é gerado automaticamente para o administrador da escola pedindo para nomear um moderador do projeto. Os usuários devem ser informados de um possível atraso no procedimento para tornar suas fotos visíveis.

Fotos com o mesmo nome já foram enviadas pelo mesmo usuário. O usuário deve ser questionado se deseja enviar novamente as fotos, renomeá-las ou cancelar seu envio. Se os usuários escolherem reenviar, os originais serão sobrescritos. Se optarem por renomear, um novo nome será gerado automaticamente acrescentando um número ao nome de arquivo existente.

Outras atividades: O moderador pode estar logado no sistema e aprovar as fotos à medida que forem enviadas.

Estado do sistema ao terminar: O usuário está logado. As fotos escolhidas foram enviadas e receberam o status de 'aguardando moderação'. As fotos estarão visíveis para o moderador e para o usuário que as enviou.

4.4 ESPECIFICAÇÃO DE REQUISITOS

A especificação de requisitos é o processo de escrever os requisitos de usuário e de sistema em um documento de requisitos. Em condições ideais, esses requisitos devem ser claros, inequívocos, fáceis de entender, completos e consistentes. Na prática, isso é quase impossível de alcançar. Os *stakeholders* interpretam os requisitos de maneiras diferentes e muitas vezes há conflitos e incoerências inerentes a eles.

Os requisitos de usuário quase sempre são escritos em linguagem natural, complementada por diagramas e tabelas apropriados no documento de requisitos. Os requisitos de sistema também podem ser escritos em linguagem natural, mas outras notações baseadas em formulários, gráficos ou modelos matemáticos do sistema também podem ser utilizadas. A Figura 4.11 resume as possíveis notações para escrever requisitos de sistema.

FIGURA 4.11 Notações para escrever requisitos de sistema.

Notação	Descrição
Sentenças em linguagem natural	Os requisitos são escritos usando frases numeradas em linguagem natural. Cada frase deve expressar um requisito.
Linguagem natural estruturada	Os requisitos são escritos em linguagem natural em um formulário ou *template*. Cada campo fornece informações sobre um aspecto do requisito.
Notações gráficas	Modelos gráficos, suplementados por anotações em texto, são utilizados para definir os requisitos funcionais do sistema. São utilizados com frequência os diagramas de casos de uso e de sequência da UML.
Especificações matemáticas	Essas notações se baseiam em conceitos matemáticos como as máquinas de estados finitos ou conjuntos. Embora essas especificações inequívocas possam reduzir a ambiguidade em um documento de requisitos, a maioria dos clientes não compreende uma especificação formal. Eles não conseguem averiguar se ela representa o que desejam e relutam em aceitar essa especificação como um contrato do sistema (discutirei essa abordagem no Capítulo 10, que aborda a dependabilidade do sistema).

Os requisitos de usuário de um sistema devem descrever os requisitos funcionais e não funcionais de modo que sejam compreensíveis para os usuários do sistema que não têm conhecimento técnico detalhado. Em condições ideais, eles devem especificar apenas o comportamento externo do sistema. O documento de requisitos não deve incluir detalhes da arquitetura ou do projeto (*design*) do sistema. Consequentemente, ao escrever requisitos de usuário, não se deve usar jargões de software, notações estruturadas ou notações formais. Os requisitos de usuário devem ser escritos em linguagem natural, com tabelas simples, formulários e diagramas intuitivos.

Os requisitos de sistema são versões ampliadas dos requisitos de usuário, que os engenheiros de software usam como ponto de partida para o projeto do sistema, acrescentando detalhes e explicando como o sistema deverá atender os requisitos de usuário. Eles podem ser utilizados como parte do contrato para a implementação do sistema, portanto devem ser uma especificação completa e detalhada do sistema inteiro.

Em condições ideais, os requisitos de sistema devem descrever apenas o comportamento externo do sistema e suas restrições operacionais. Eles não devem se preocupar com o modo que o sistema deve ser projetado ou implementado. No entanto, no nível de detalhe exigido para especificar completamente um sistema de software complexo, não é possível nem desejável excluir todas s informações de projeto (*design*). Existem várias razões para isso:

1. Pode ser necessário fazer o projeto de uma arquitetura inicial do sistema para ajudar a estruturar a especificação dos requisitos. Os requisitos de sistema são organizados de acordo com diferentes subsistemas que o compõem. Fizemos isso quando definimos os requisitos do sistema iLearn, no qual propusemos a arquitetura exibida na Figura 1.8.
2. Na maioria dos casos, os sistemas devem interoperar com os sistemas existentes, o que restringe o projeto e impõe requisitos ao novo sistema.
3. Pode ser necessário o uso de uma arquitetura específica para satisfazer requisitos não funcionais, como a programação N-versões — discutida no Capítulo 11 — para alcançar confiabilidade. Um regulador externo que precise certificar-se de que o sistema é seguro (*safe*) pode especificar que deve ser utilizado um projeto de arquitetura já certificado.

4.4.1 Especificação em linguagem natural

A linguagem natural tem sido utilizada para escrever requisitos de software desde os anos 1950. É uma linguagem expressiva, intuitiva e universal. Também é potencialmente vaga e ambígua, sendo que a sua interpretação depende da experiência do leitor. Consequentemente, tem havido muitas propostas de maneiras alternativas para escrever os requisitos. No entanto, nenhuma dessas propostas foi adotada amplamente, e a linguagem natural continuará sendo a maneira mais utilizada de especificar requisitos de sistema e software.

Para minimizar os mal-entendidos ao escrever requisitos em linguagem natural, recomendo seguir estas diretrizes simples:

1. Inventar um formato padrão e garantir que todas as definições de requisitos o sigam. Padronizar o formato diminui a probabilidade de omissões e torna os requisitos mais fáceis de serem conferidos. Sempre que for possível, sugiro escrever o requisito em uma ou duas frases de linguagem natural.
2. Usar a linguagem coerentemente para distinguir entre requisitos obrigatórios e desejáveis. Os requisitos obrigatórios são aqueles que o sistema deve apoiar – e normalmente são escritos usando 'deve'. Os requisitos desejáveis não são essenciais – e são escritos usando 'pode'.
3. Usar realce de texto (negrito, itálico ou cor) para destacar partes importantes do requisito.
4. Não supor que os leitores compreendem a linguagem técnica da engenharia de software. É fácil que palavras como 'arquitetura' e 'módulo' sejam mal compreendidas. Sempre que possível, evitar o uso de jargões, abreviações e acrônimos.
5. Sempre que possível, tentar associar um racional a cada requisito de usuário. O racional deve explicar por que o requisito foi incluído e quem o propôs (a origem do requisito), de modo que se saiba a quem recorrer se o requisito

precisar ser alterado. O racional dos requisitos é particularmente útil quando isso acontece, já que essa mudança pode ajudar a decidir quais alterações seriam indesejáveis.

A Figura 4.12 ilustra como essas diretrizes podem ser utilizadas. Ela inclui dois requisitos para software embarcado na bomba de insulina automatizada, introduzida no Capítulo 1. Outros requisitos desse sistema embarcado são definidos no documento de requisitos da bomba de insulina, que pode ser baixado no site do livro (em inglês).

FIGURA 4.12 Exemplos de requisitos do sistema de software da bomba de insulina.

3.2 O sistema deve medir o nível de açúcar no sangue e fornecer insulina, se for necessário, a cada 10 minutos. (*As variações do açúcar no sangue são relativamente lentas, então é desnecessário medir com uma frequência maior; a medição menos frequente poderia levar a níveis de açúcar sanguíneo desnecessariamente elevados.*)

3.6 O sistema deve executar uma rotina de autoteste a cada minuto com as condições a serem testadas e as ações associadas, definidas na Tabela 1 do documento de requisitos. (*Uma rotina de autoteste pode descobrir problemas de hardware e software e alertar o usuário de que a operação normal pode ser impossível.*)

4.4.2 Especificações estruturadas

A linguagem natural estruturada é uma maneira de escrever os requisitos de sistema, de modo que estes sejam escritos em uma forma padrão em vez de em texto livre. Essa abordagem mantém a maior parte da expressividade e da clareza da linguagem natural, mas garante que alguma uniformidade seja imposta à especificação. As notações que adotam linguagem estruturada usam modelos para especificar requisitos de sistema. Essa especificação pode usar construtos de linguagem de programação para mostrar alternativas e iteração, podendo destacar elementos-chave por intermédio de sombreamento ou de fontes diferentes.

Os Robertsons (ROBERTSON; ROBERTSON, 2013), em seu livro sobre o método VOLERE de engenharia de requisitos, recomendam que os requisitos de usuário sejam escritos inicialmente em cartões, com um requisito por cartão. Eles sugerem uma série de campos em cada cartão, como o racional dos requisitos, as dependências de outros requisitos, a origem dos requisitos e os materiais de apoio. Isso é similar à abordagem utilizada no exemplo de uma especificação estruturada, exibido na Figura 4.13.

Problemas com o uso da linguagem natural na especificação dos requisitos

A flexibilidade da linguagem natural, tão útil para a especificação, costuma causar problemas. Existe espaço para escrever requisitos obscuros e os leitores (os projetistas) podem interpretar erroneamente os requisitos porque eles e os usuários têm experiências diferentes. É fácil fundir vários requisitos em uma única frase, o que pode dificultar a estruturação dos requisitos em linguagem natural.

FIGURA 4.13 Especificação estruturada de um requisito para uma bomba de insulina.

Bomba de insulina/Software de controle/SRS/3.3.2	
Função	Computar a dose de insulina: nível de açúcar seguro.
Descrição	Computa a dose de insulina a ser fornecida quando o nível de açúcar atual estiver na zona segura entre 3 e 7 unidades.
Entradas	Leitura atual do açúcar (r2), as duas leituras prévias (r0 e r1).
Fonte	Leitura atual de açúcar do sensor. Outras leituras da memória.
Saídas	DoseComp – a dose de insulina a ser fornecida.
Destino	Laço de controle principal.
Ação	DoseComp é igual a zero se o nível de açúcar estiver estável ou caindo; ou se o nível estiver aumentando, mas a taxa de crescimento estiver diminuindo. Se o nível estiver aumentando e a taxa de crescimento também, então a DoseComp é obtida pela divisão por 4 da diferença entre o nível de açúcar atual e o nível anterior, arredondando o resultado. Se o resultado for arredondado para zero, então a DoseComp é definida como dose mínima que pode ser fornecida (ver Figura 4.14).
Requer	Duas leituras prévias para que a taxa de variação do nível de açúcar possa ser calculada.
Pré-condição	O reservatório de insulina contém pelo menos a dose máxima permitida.
Pós-condição	r0 é substituída por r1, então r1 é substituída por r2.
Efeitos colaterais	Nenhum.

Para usar uma abordagem estruturada para especificar requisitos de sistema, é preciso definir um ou mais *templates* para os requisitos e representá-los como formulários estruturados. A especificação pode ser estruturada em volta dos objetos manipulados pelo sistema, das funções realizadas por ele ou dos eventos processados. Um exemplo de especificação baseada em formulário, nesse caso, é o que define como calcular a dose de insulina a ser fornecida quando o açúcar no sangue estiver dentro da faixa segura, como mostra a Figura 4.13.

Quando um *template* é empregado para especificar requisitos funcionais, as seguintes informações devem ser incluídas:

1. uma descrição da função ou entidade que está sendo especificada;
2. uma descrição das entradas e suas origens;
3. uma descrição das saídas e sua destinação;
4. informações sobre os dados necessários para computar ou outras entidades no sistema que sejam necessárias (a parte 'requer');
5. uma descrição da ação a ser tomada;
6. se for utilizada uma abordagem funcional, uma precondição estabelecendo o que deve ser verdadeiro antes da função ser invocada e uma pós-condição especificando o que é verdadeiro após a função ser invocada;
7. uma descrição dos efeitos colaterais (se houver) da operação.

O uso de especificações estruturadas remove alguns dos problemas da especificação em linguagem natural. A variabilidade na especificação é reduzida, e os requisitos são organizados com mais eficácia. No entanto, às vezes é difícil escrever os requisitos de uma maneira clara e inequívoca, particularmente quando computações complexas (como calcular a dose de insulina) devem ser especificadas.

Para resolver esse problema, é possível acrescentar mais informações aos requisitos em linguagem natural, por exemplo, usando tabelas ou modelos gráficos do sistema. Esses recursos podem mostrar como os cálculos são feitos, como o estado do sistema muda, como os usuários interagem com o sistema e como as sequências de ações são realizadas.

As tabelas são particularmente úteis quando existe uma série de possíveis situações alternativas e é preciso descrever as ações a serem tomadas para cada uma delas. A bomba de insulina baseia seus cálculos do requisito de insulina na taxa de variação dos níveis de açúcar no sangue. Essas taxas são calculadas usando as leituras atual e prévia. A Figura 4.14 é uma descrição tabular de como a taxa de variação do açúcar no sangue é utilizada para calcular a quantidade de insulina a ser fornecida.

FIGURA 4.14 Especificação tabular do cálculo em uma bomba de insulina.

Condição	Ação
Nível de açúcar em queda (r2 < r1)	DoseComp = 0
Nível de açúcar estável (r2 = r1)	DoseComp = 0
Nível de açúcar em alta e taxa de crescimento em queda ((r2 – r1) < (r1 – r0))	DoseComp = 0
Nível de açúcar em alta e taxa de crescimento estável ou em alta r2 > r1 & ((r2 – r1) ≥ (r1 – r0))	DoseComp = arredondar ((r2 – r1) / 4) Se resultado arredondado = 0, então DoseComp = DoseMínima

4.4.3 Casos de uso

Os casos de uso são uma maneira de descrever as interações entre usuários e um sistema usando um modelo gráfico e um texto estruturado. Foram introduzidos pela primeira vez no método Objectory (JACOBSON *et al.*, 1993) e hoje se tornaram uma característica fundamental da UML. Em sua forma mais simples, um caso de uso identifica os atores envolvidos em uma interação e nomeia o tipo de interação. Depois, são adicionadas informações descrevendo a interação com o sistema, que pode ser uma descrição textual ou um ou mais modelos gráficos — como os diagramas de sequência ou de máquina de estados da UML (ver Capítulo 5).

Os casos de uso são documentados por meio de um diagrama de casos de uso de alto nível. O conjunto de casos de uso representa todas as interações possíveis que serão descritas nos requisitos de sistema. Os atores no processo, que podem ser seres humanos ou outros sistemas, são representados como 'bonecos palito'. Cada classe de interação é representada como uma elipse nomeada. Linhas fazem a ligação entre os atores e a interação. Opcionalmente, pontas de seta podem ser acrescentadas às linhas para mostrar como a interação começa. Isso é ilustrado pela Figura 4.15, que mostra alguns dos casos de uso do sistema Mentcare.

Os casos de uso identificam cada interação entre o sistema e seus usuários ou outros sistemas. Cada caso de uso deve ser documentado com uma descrição textual, que pode ser ligada a outros modelos — também em UML — para compor um cenário mais detalhado. Por exemplo, uma descrição resumida do uso de caso de Realizar discussão de caso da Figura 4.15 poderia ser:

Realizar discussão de caso permite que dois ou mais médicos, trabalhando em consultórios diferentes, vejam o registro do mesmo paciente ao mesmo tempo. Um médico inicia a discussão do caso de um paciente escolhendo as pessoas envolvidas em um menu suspenso de médicos que estão on-line. O registro do paciente é exibido em suas telas, mas apenas o médico que iniciou a consulta pode editar o registro. Além disso, cria-se um chat para ajudar a coordenar as ações. Presume-se que uma chamada telefônica ou comunicação por voz possa ser providenciada separadamente.

FIGURA 4.15 Casos de uso do sistema Mentcare.

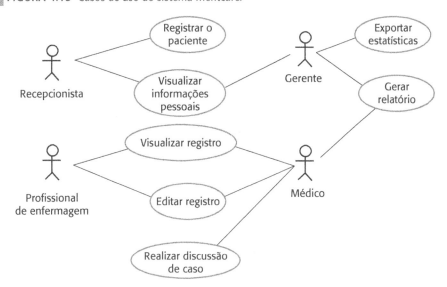

A UML é um padrão para modelagem orientada a objetos, então os casos de uso e a elicitação de requisitos baseada em casos de uso são utilizadas no processo de engenharia de requisitos. No entanto, minha experiência com os casos de uso é que eles são muito refinados para serem úteis na discussão de requisitos. Os *stakeholders* não compreendem o termo *caso de uso*, não acham útil o modelo gráfico e, muitas vezes, não estão interessados em uma descrição detalhada de cada interação do sistema. Consequentemente, acho os casos de uso mais úteis no projeto de sistemas do que na engenharia de requisitos. Discutirei melhor esse assunto no Capítulo 5, que mostra como os casos de uso são utilizados com outros modelos de sistema para documentar um projeto (*design*).

Algumas pessoas acham que cada caso de uso é um cenário de interação único e detalhado. Outras, como Stevens e Pooley (2006), sugerem que cada caso inclui um conjunto relacionado de cenários detalhados. Cada um deles é um único caminho do caso de uso. Portanto, haveria um cenário para a interação normal, além de cenários para cada exceção possível. Na prática, dá para usá-los de ambas as formas.

4.4.4 O documento de requisitos de software

O documento de requisitos de software (às vezes chamado de especificação de requisitos de software ou ERS) é uma declaração oficial do que os desenvolvedores do sistema devem implementar. Ele pode incluir os requisitos de usuário para um sistema e uma especificação detalhada dos requisitos de sistema. Às vezes, os requisitos de usuário e de sistema são integrados em uma descrição única. Em outros casos, os requisitos de usuário são descritos em um capítulo introdutório na especificação de requisitos de sistema.

Os documentos de requisito são essenciais quando: os sistemas têm o seu desenvolvimento terceirizado, times diferentes desenvolvem partes diferentes do sistema ou uma análise detalhada dos requisitos é obrigatória. Em outras circunstâncias, como o desenvolvimento de um produto de software ou de um sistema de negócio, um documento de requisitos detalhado pode não ser necessário.

Os métodos ágeis argumentam que os requisitos mudam com tanta rapidez que um documento de requisitos fica obsoleto logo que é escrito, então o esforço é quase todo desperdiçado. Em vez de um documento formal, as abordagens ágeis costumam coletar os requisitos de usuário de modo incremental e escrevê-los em cartões ou lousas na forma de pequenas histórias de usuário. Então, o usuário priorizará essas histórias para implementação nos incrementos seguintes do sistema.

Nos sistemas de negócio nos quais os requisitos são instáveis, creio que essa abordagem é boa. No entanto, ainda acredito que seja útil escrever um documento de suporte resumido que defina o negócio e os requisitos de dependabilidade do sistema; é fácil esquecer os requisitos que se aplicam ao sistema como um todo quando nos concentramos nos requisitos funcionais da próxima versão do sistema.

O documento de requisitos tem um conjunto de usuários diversos, variando da alta gerência da organização que está pagando pelo sistema até os engenheiros responsáveis por desenvolver o software. A Figura 4.16 mostra os possíveis usuários do documento e como eles o utilizam.

FIGURA 4.16 Usuários de um documento de requisitos.

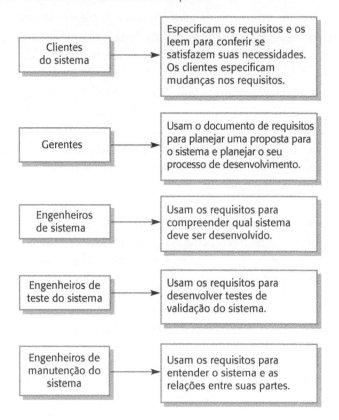

A diversidade dos possíveis usuários significa que o documento de requisitos tem de ser acordado. Ele deve descrever os requisitos para os clientes, defini-los em detalhes precisos para desenvolvedores e testadores, bem como incluir informações sobre futuras evoluções do sistema. As informações sobre mudanças antecipadas ajudam os projetistas do sistema a evitar decisões de projeto restritivas e os engenheiros de manutenção a adaptar o sistema aos novos requisitos.

O nível de detalhe que deve ser incluído em um documento de requisitos depende do tipo de sistema que está sendo desenvolvido e do processo de desenvolvimento utilizado. Os sistemas críticos precisam de requisitos detalhados porque a segurança (*safety*) e a segurança da informação (*security*) devem de ser analisadas em detalhes, a fim de encontrar possíveis erros nos requisitos. Quando o sistema é desenvolvido por uma empresa diferente (por meio de terceirização, por exemplo), as especificações do sistema precisam ser detalhadas e precisas. Se o desenvolvimento for interno, usando um processo de desenvolvimento iterativo, o documento de requisitos pode ser menos detalhado. Podem ser acrescentados detalhes aos requisitos e as ambiguidades resolvidas durante o desenvolvimento do sistema.

A Figura 4.17 mostra uma possível organização do documento de requisitos, baseada em um padrão do IEEE para esse tipo de documento (IEEE, 1998). Esse padrão é genérico e pode ser adaptado a usos específicos. Nesse caso, o padrão precisa ser ampliado para incluir informações sobre a evolução prevista para o sistema, pois elas ajudam os responsáveis pela manutenção do sistema e permitem que os projetistas incluam suporte para futuras características do sistema.

FIGURA 4.17 Estrutura de um documento de requisitos.

Capítulo	Descrição
Prefácio	Define o público-alvo do documento e descreve seu histórico de versões, incluindo a fundamentação para a criação de uma nova versão e um resumo das mudanças feitas em cada uma.
Introdução	Descreve a necessidade do sistema. Deve descrever resumidamente as funções do sistema e explicar como ele vai trabalhar com outros sistemas. Também precisa descrever como o sistema se encaixa nos objetivos de negócio gerais ou estratégicos da organização que contratou o software.
Glossário	Define os termos técnicos utilizados no documento. Deve-se evitar fazer pressupostos sobre a experiência ou a especialização do leitor.
Definição dos requisitos de usuário	Descreve os serviços fornecidos para o usuário. Os requisitos não funcionais do sistema também devem ser descritos nesta seção. Essa descrição pode usar linguagem natural, diagramas ou outras notações compreensíveis para os clientes. Os padrões de produto e processo que devem ser seguidos têm de ser especificados.
Arquitetura do sistema	Esse capítulo apresenta uma visão geral e de alto nível da arquitetura prevista para o sistema, mostrando a distribuição das funções pelos módulos do sistema. Os componentes de arquitetura reusados devem ser destacados.
Especificação dos requisitos de sistema	Descreve os requisitos funcionais e não funcionais em mais detalhes. Se for necessário, mais detalhes também são acrescentados aos requisitos não funcionais. Podem ser definidas interfaces com outros sistemas.
Modelos do sistema	Esse capítulo inclui modelos gráficos do sistema, mostrando as relações entre os componentes do sistema e entre o sistema e seu ambiente. Exemplos possíveis são os modelos de objeto, modelos de fluxo de dados ou modelos semânticos de dados.
Evolução do sistema	Descreve os pressupostos fundamentais nos quais o sistema se baseia e quaisquer mudanças previstas em virtude da evolução do hardware, da mudança nas necessidades dos usuários etc. Essa seção é útil para os projetistas do sistema, já que pode ajudá-los a evitar decisões de projeto que restringiriam futuras mudanças prováveis no sistema.
Apêndices	Fornecem informações específicas, detalhadas, relacionadas à aplicação que está sendo desenvolvida — por exemplo, descrições de hardware e banco de dados. Os requisitos de hardware definem as configurações mínima e ideal do sistema; os requisitos de banco de dados definem a organização lógica dos dados utilizados pelo sistema e seus relacionamentos.
Índice	Vários índices para o documento podem ser incluídos, bem como índice alfabético normal, índice de diagramas, índice de funções etc.

Naturalmente, as informações incluídas em um documento de requisitos dependem do tipo de software que está sendo desenvolvido e da abordagem que está sendo utilizada para o desenvolvimento. Um documento de requisitos com uma estrutura parecida com a da Figura 4.17 poderia ser produzido para um sistema de engenharia complexo que inclua hardware e software desenvolvidos por empresas diferentes. O documento de requisitos tende a ser longo e detalhado. Portanto, é importante incluir uma tabela de conteúdo abrangente e um índice do documento para que os leitores possam encontrar facilmente as informações necessárias.

Por outro lado, o documento de requisitos de um produto de software desenvolvido internamente vai deixar de fora muitos dos capítulos detalhados sugeridos anteriormente. O foco estará na definição dos requisitos de usuário e dos requisitos de sistema não funcionais de alto nível. Os projetistas e os programadores do sistema devem usar de seu bom senso para decidir como atender a descrição dos requisitos de usuário do sistema.

Padrões de documento de requisitos

Um grande número de organizações, como o Departamento de Defesa dos Estados Unidos e o IEEE, definiu padrões para documentos de requisito. Esses padrões normalmente são genéricos, contudo são úteis como uma base para desenvolver padrões organizacionais mais detalhados. O IEEE é um dos fornecedores de padrão mais conhecidos e desenvolveu um para a estrutura dos documentos de requisitos. Esse padrão é mais adequado para sistemas como comando e controle militar, que têm uma vida útil longa e geralmente são desenvolvidos por um grupo de organizações.

4.5 VALIDAÇÃO DE REQUISITOS

A validação de requisitos é o processo de conferir se os requisitos definem o sistema que o cliente realmente quer. Ele se sobrepõe à elicitação e à análise, já que é voltado para encontrar problemas. A validação de requisitos é criticamente importante porque os erros em um documento de requisitos podem levar a grandes custos de retrabalho quando esses problemas são descobertos durante o desenvolvimento ou após o sistema entrar em serviço.

O custo de corrigir um problema nos requisitos com uma alteração no sistema normalmente é muito maior do que o de consertar erros de projeto ou de código. Uma mudança nos requisitos significa, geralmente, que o projeto e a implementação do sistema também deverão ser modificados. Além disso, o sistema deve ser reiniciado.

Durante o processo de validação de requisitos, diferentes tipos de conferências devem ser executados nos requisitos do documento. Essas conferências incluem:

1. *Conferência da validade.* Confere se os requisitos refletem as reais necessidades dos usuários do sistema. Em virtude da mudança das circunstâncias, os requisitos de usuário podem ter mudado desde o que foi originalmente elicitado.
2. *Conferência da consistência.* Os requisitos no documento não devem entrar em conflito entre si, isto é, não deve haver restrições contraditórias ou descrições diferentes da mesma função do sistema.
3. *Conferência da completude.* O documento de requisitos deve incluir aqueles que definem todas as funções e as restrições pretendidas pelo usuário do sistema.
4. *Conferência do realismo.* Usando o conhecimento das tecnologias existentes, os requisitos devem ser conferidos para assegurar que possam ser implementados dentro do orçamento proposto para o sistema. Essas conferências também devem levar em conta o orçamento e o cronograma de desenvolvimento do sistema.
5. *Verificabilidade.* Para diminuir o potencial de conflito entre o cliente e o contratante, os requisitos do sistema sempre devem ser escritos de modo

que sejam verificáveis. Isso significa ser capaz de escrever um conjunto de testes que possam demonstrar que o sistema entregue satisfaz cada um dos requisitos especificados.

Revisões de requisitos

Uma revisão de requisitos é um processo no qual um grupo de pessoas relacionadas ao cliente do sistema e o desenvolvedor do sistema leem o documento de requisitos em detalhes e averiguam erros, anomalias e inconsistências. Depois de detectados e registrados, cabe ao cliente e ao desenvolvedor negociarem de que modo os problemas identificados devem ser solucionados.

Uma série de técnicas de validação de requisitos pode ser utilizada individualmente ou em conjunto:

1. *Revisões de requisitos.* Os requisitos são analisados sistematicamente por uma equipe de revisores que conferem erros e inconsistências.
2. *Prototipação.* Isso envolve o desenvolvimento de um modelo executável do sistema e o uso desse modelo com os usuários finais e clientes para ver se satisfaz suas necessidades e expectativas. Os *stakeholders* experimentam o sistema e opinam sobre mudanças nos requisitos para o time de desenvolvimento.
3. *Geração de casos de teste.* Os requisitos devem ser testáveis. Se os testes dos requisitos forem concebidos como parte do processo de validação, frequentemente isso revela problemas nos requisitos. Se um teste for difícil ou impossível de projetar, normalmente isso significa que os requisitos serão difíceis de implementar e devem ser reconsiderados. Desenvolver testes a partir dos requisitos de usuário antes de qualquer código ser escrito faz parte do desenvolvimento dirigido por testes.

Não se deve subestimar os problemas envolvidos na validação dos requisitos. No final das contas, é difícil mostrar que um conjunto de requisitos satisfaz de fato as necessidades de um usuário. Os usuários precisam imaginar o sistema em operação e como ele se encaixaria em seu trabalho; até para os profissionais de informática qualificados é difícil realizar esse tipo de análise abstrata, e é ainda mais para os usuários do sistema.

Como consequência, é raro encontrar todos os problemas de requisitos durante o processo de validação. Inevitavelmente, serão necessárias outras alterações nos requisitos para corrigir omissões e mal-entendidos, mesmo após chegar a um consenso no documento de requisitos.

4.6 MUDANÇA DE REQUISITOS

Os requisitos dos sistemas de software grandes sempre estão mudando. Uma razão para as mudanças frequentes é que esses sistemas são desenvolvidos para tratar de problemas 'traiçoeiros' — problemas que não podem ser definidos completamente (RITTEL; WEBBER, 1973). Como o problema não pode ser totalmente definido, os requisitos de software obrigatoriamente são incompletos. Durante o processo de desenvolvimento de software, a compreensão que os *stakeholders* têm do problema muda constantemente (Figura 4.18). Os requisitos do sistema devem evoluir para refletir essa compreensão alterada do problema.

FIGURA 4.18 Evolução dos requisitos.

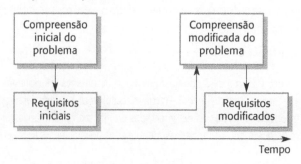

Depois que o sistema foi instalado e está sendo utilizado normalmente, é inevitável que surjam novos requisitos. Em parte, essa é uma consequência de erros e omissões nos requisitos originais, que precisam ser corrigidos. No entanto, a maioria das mudanças nos requisitos do sistema surge em razão de mudanças no ambiente de negócios do sistema:

1. Os ambientes de negócios e de tecnologia sempre mudam após a instalação do sistema. Pode ser introduzido um novo hardware e o atual pode ser atualizado. Pode ser necessário fazer a interface do sistema com outros sistemas. As prioridades do negócio podem mudar (com consequentes mudanças no suporte de sistema exigido), e novas legislações e normas podem ser introduzidas, exigindo adequação e conformidade do sistema.
2. As pessoas que pagam por um sistema e as pessoas que usam o sistema raramente são as mesmas. Os clientes do sistema impõem requisitos em virtude das restrições organizacionais e orçamentárias, que podem entrar em conflito com os requisitos dos usuários finais; após a entrega, novas características podem acabar tendo de ser adicionadas para dar suporte ao usuário, a fim de que o sistema cumpra suas metas.
3. Normalmente, os grandes sistemas têm uma comunidade variada de *stakeholders*, cada uma com diferentes requisitos e com prioridades que podem ser conflitantes ou contraditórias. Inevitavelmente, os requisitos do sistema final envolvem uma conciliação, e alguns *stakeholders* devem ter prioridade. Com a experiência, muitas vezes se descobre que a igualdade de suporte dado a diferentes *stakeholders* deve ser modificada e que os requisitos devem ser priorizados novamente.

Como os requisitos estão evoluindo, é preciso acompanhar cada um e manter vínculos entre os requisitos dependentes para que se possa avaliar o impacto das mudanças. Portanto, um processo formal é necessário para propor mudanças e vinculá-las aos requisitos do sistema. Esse processo de 'gerenciamento de requisitos' deve começar logo que uma versão de rascunho do documento de requisitos estiver disponível.

Os processos de desenvolvimento ágil foram concebidos para lidar com requisitos que mudam durante o processo de desenvolvimento. Nesses processos, quando um usuário propõe uma mudança nos requisitos, ela não passa por um processo formal de gerenciamento de mudanças. Em vez disso, o usuário tem de priorizar a mudança e, se for de alta prioridade, decidir quais características do sistema que foram planejadas para a próxima iteração devem ser abandonadas para que ela seja implementada.

Requisitos duradouros e voláteis

Alguns requisitos são mais susceptíveis à mudança do que outros. Os requisitos duradouros são aqueles associados às atividades centrais da organização, que mudam lentamente. Os requisitos duradouros estão associados com atividades de trabalho fundamentais. Os requisitos voláteis são mais propensos à mudança. Normalmente, estão associados às atividades de apoio que refletem como a organização faz o seu trabalho, em vez de associados ao trabalho em si.

O problema com essa abordagem é que os usuários não são necessariamente as pessoas mais indicadas para decidir se a mudança de um requisito tem ou não um custo-benefício justificável. Nos sistemas com vários *stakeholders*, as mudanças vão beneficiar alguns e outros não. Muitas vezes, é melhor para uma autoridade independente, que pode equilibrar as necessidades de todos os *stakeholders*, decidir sobre as mudanças que deveriam ser aceitas.

4.6.1 Planejamento do gerenciamento de requisitos

O planejamento do gerenciamento de requisitos tem a ver com estabelecer como será gerenciado um conjunto de requisitos em evolução. Durante o estágio de planejamento, é preciso decidir sobre uma série de questões:

1. *Identificação dos requisitos.* Cada requisito deve ser identificado para que possa ser referido por outros requisitos e utilizado em avaliações de rastreabilidade.
2. *Processo de gerenciamento de mudança.* Esse é um conjunto de atividades que avaliam o impacto e o custo das mudanças. Discutirei esse processo em mais detalhes na seção a seguir.
3. *Políticas de rastreabilidade.* Definem os relacionamentos que devem ser registrados entre cada requisito e entre os requisitos e o projeto (*design*) do sistema. A política de rastreabilidade também deve definir como esses registros devem ser mantidos.
4. *Apoio de ferramentas.* O gerenciamento de requisitos envolve o processamento de grande quantidade de informações sobre os requisitos. As ferramentas que podem ser utilizadas variam de sistemas especializados no gerenciamento de requisitos até planilhas compartilhadas e sistemas de bancos de dados simples.

O gerenciamento de requisitos precisa de suporte automatizado, e as ferramentas de software para isso devem ser escolhidas durante a fase de planejamento. É preciso de apoio de ferramentas para:

1. *Armazenamento de requisitos.* Os requisitos devem ser mantidos em um repositório de dados gerenciado e seguro, que seja acessível a todos os envolvidos no processo de engenharia de requisitos.
2. *Gerenciamento de mudança.* O processo de gerenciamento de mudança (Figura 4.19) é simplificado se houver apoio ativo de ferramentas, que podem acompanhar as mudanças sugeridas e as respostas a essas sugestões.
3. *Gerenciamento da rastreabilidade.* Conforme discutido acima, o apoio de ferramentas para rastreabilidade permite a descoberta de requisitos relacionados. Existem algumas ferramentas que usam técnicas de processamento

de linguagem natural para ajudar a descobrir possíveis relacionamentos entre os requisitos.

FIGURA 4.19 Gerenciamento de mudança de requisitos.

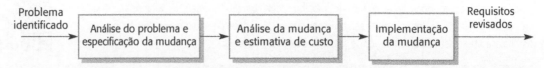

Nos sistemas pequenos, não é preciso usar ferramentas especializadas em gerenciamento de requisitos. Ele pode ser realizado usando documentos web, planilhas e bancos de dados compartilhados. No entanto, nos sistemas maiores, o apoio de ferramentas mais especializadas — sistemas como o DOORS (IBM, 2013) — facilita bastante o acompanhamento de uma grande quantidade de mudanças nos requisitos.

4.6.2 Gerenciamento de mudança de requisitos

O gerenciamento de mudança de requisitos (Figura 4.19) deve ser aplicado a todas as mudanças propostas para os requisitos de um sistema após a aprovação do documento de requisitos. O gerenciamento de mudança é essencial para decidir se os benefícios de implementar novos requisitos são justificados pelos custos de sua implementação. A vantagem de usar um processo formal no gerenciamento de mudança é que todas as propostas de mudança são tratadas consistentemente e as mudanças no documento de requisitos são feitas de maneira controlada.

Existem três estágios principais em um processo de gerenciamento de mudança:

1. *Análise do problema e especificação da mudança.* O processo começa com a identificação de um problema de requisito ou, às vezes, com uma proposta de mudança específica. Durante esse estágio, o problema – ou a proposta de mudança – é analisado para averiguar se é válido. Essa análise é transmitida de volta para o requisitante da mudança, que pode responder com uma proposta de mudança de requisitos mais específica ou decidir pela desistência da solicitação.
2. *Análise da mudança e estimativa de custo.* O efeito da mudança proposta é avaliado com base nas informações de rastreabilidade e no conhecimento geral dos requisitos do sistema. O custo de fazer a mudança é estimado em termos de modificações nos documentos de requisitos e, se for apropriado, de projeto e de implementação do sistema. Depois de concluída a análise, toma-se uma decisão de proceder ou não com a mudança de requisitos.
3. *Implementação da mudança.* Os documentos de requisitos e, se for apropriado, de projeto e de implementação do sistema são modificados. É preciso organizar o documento de requisitos para que se possa fazer mudanças nele sem ter de reescrevê-lo ou reorganizá-lo amplamente. Assim como acontece com os programas, a facilidade de mudança dos documentos se obtém ao minimizar as referências externas e ao tornar as seções do documento as mais modulares possíveis. Desse modo, cada seção pode ser modificada e substituída sem afetar outras partes do documento.

Rastreabilidade de requisitos

Você precisa acompanhar as relações entre os requisitos, suas fontes e o projeto do sistema para que possa analisar as razões das alterações propostas e o impacto que essas mudanças tendem a ter em outras partes do sistema. Você precisa também ser capaz de rastrear como uma mudança atravessa o sistema. Por quê?

Se um novo requisito tiver de ser implementado com urgência, sempre existe a tentação de mudar o sistema e depois modificar retrospectivamente o documento de requisitos. Quase inevitavelmente isso coloca em descompasso a especificação dos requisitos e a implementação do sistema. Depois de feitas as mudanças, é fácil esquecer de incluí-las no documento de requisitos. Em algumas circunstâncias, é preciso realizar mudanças emergenciais em um sistema. Nesses casos, é importante atualizar o documento de requisitos o quanto antes para incluir os requisitos revisados.

PONTOS-CHAVE

- Os requisitos de um sistema de software estabelecem o que o sistema deve fazer e definem as restrições à sua operação e implementação.
- Os requisitos funcionais são declarações de serviços que o sistema deve prestar ou descrições de como devem ser feitas algumas computações.
- Os requisitos não funcionais costumam restringir o sistema que está sendo desenvolvido e seu processo de desenvolvimento, sejam requisitos de produto, de negócios ou externos. Muitas vezes, estão relacionados com as propriedades emergentes do sistema e, portanto, se aplicam ao sistema como um todo.
- O processo de engenharia de requisitos inclui a elicitação, a especificação, a validação e o gerenciamento de requisitos.
- A elicitação de requisitos é um processo iterativo que pode ser representado como uma espiral de atividades — descoberta, classificação e organização, negociação e documentação dos requisitos.
- A especificação de requisitos é um processo de documentar formalmente os requisitos de usuário e de sistema e de criar um documento de requisitos de software.
- O documento de requisitos de software é uma declaração de acordo dos requisitos de sistema. Deve ser organizado para que os clientes do sistema e os desenvolvedores de software possam usá-lo.
- A validação de requisitos é o processo de conferir sua validade, consistência, completude, realismo e verificabilidade.
- As mudanças no ambiente de negócios, nas organizações e nas tecnologias levam, inevitavelmente, a mudanças nos requisitos de um sistema de software. O gerenciamento de requisitos é o processo de gerenciar e controlar essas mudanças.

LEITURAS ADICIONAIS

"Integrated requirements engineering: a tutorial." Esse é um tutorial que discute as atividades da engenharia de requisitos e como elas podem ser adaptadas para se encaixar na prática moderna de engenharia de software. SOMMERVILLE, I. *IEEE Software*, v. 22, n. 1, jan./fev. 2005. doi:10.1109/MS.2005.13>.

"Research directions in requirements engineering." É um bom levantamento da pesquisa em engenharia de software que destaca os futuros desafios da pesquisa na área para tratar dos problemas de escala e agilidade. CHENG, B. H. C.; ATLEE, J. M. *Proc. Conf. on Future of Software Engineering*, IEEE Computer Society, 2007. doi:10.1109/FOSE.2007.17.

Mastering the requirements process. 3. ed. Um livro bem escrito e fácil de ler baseado em um método particular (VOLERE), mas que também inclui muitos bons conselhos gerais sobre engenharia de requisitos. ROBERTSON, S.; ROBERTSON, J. Addison-Wesley, 2013.

SITE[3]

Apresentações em PowerPoint para este capítulo disponíveis em: <http://software-engineering-book.com/slides/chap4/>.

Links para vídeos de apoio disponíveis em: <http://software-engineering-book.com/videos/requirements-and-design/>.

Documento de requisitos da bomba de insulina disponível em: <https://iansommerville.com/software-engineering-book/case-studies/a-personal-insulin-pump/>.

Informação dos requisitos do sistema Mentcare disponível em: <https://iansommerville.com/software-engineering-book/case-studies/the-mentcare-system/>.

---

[3] Todo o conteúdo disponibilizado na seção *Site* de todos os capítulos está em inglês.

EXERCÍCIOS

4.1 Identifique e descreva resumidamente quatro tipos de requisitos que podem ser definidos para um sistema baseado em computador.

4.2 Descubra ambiguidades ou omissões na seguinte declaração de requisitos de parte de um sistema emissor de bilhetes:

> *Uma máquina de emitir bilhetes vende passagens de trem. Os usuários escolhem seu destino e fornecem um cartão de crédito e um número de identificação pessoal. A passagem de trem é emitida e o cartão de crédito dos usuários é cobrado. Quando os usuários pressionam o botão de iniciar, ativam um menu de possíveis destinos, junto com uma mensagem para a escolha de um destino e do tipo de bilhete necessário. Depois que o destino é selecionado, o preço do bilhete é exibido e os clientes são solicitados a fornecer seu cartão de crédito. Sua validade é conferida e os usuários devem fornecer seu identificador pessoal (PIN). Quando a transação de crédito é validada, o bilhete é emitido.*

4.3 Reescreva a descrição acima usando a abordagem estruturada descrita neste capítulo. Resolva as ambiguidades identificadas de maneira coerente.

4.4 Escreva um conjunto de requisitos não funcionais para o sistema emissor de bilhetes, estabelecendo a confiabilidade esperada e o tempo de resposta.

4.5 Usando a técnica sugerida aqui, em que as descrições em linguagem natural são apresentadas em um formato padrão, escreva requisitos de usuário plausíveis para as seguintes funções:

- Um sistema de bomba de gasolina sem frentista que inclui uma leitora de cartão de crédito. O cliente passa o cartão na leitora, depois especifica a quantidade de combustível necessária. O combustível é fornecido e a conta do cliente é debitada.
- A função de liberação de dinheiro em um caixa eletrônico de banco.
- Em um sistema de *internet banking*, um recurso que permite aos clientes transferirem fundos de uma conta no banco para outra conta no mesmo banco.

4.6 Sugira como um engenheiro responsável pela elaboração de uma especificação de requisitos de sistema poderia acompanhar as relações entre os requisitos funcionais e não funcionais.

4.7 Usando seu conhecimento de como se utiliza um caixa eletrônico, desenvolva um conjunto de casos de uso que poderia servir como base para entender os requisitos de um sistema desse tipo.

4.8 Quem deveria estar envolvido em uma revisão de requisitos? Desenhe um modelo de processo mostrando como uma revisão de requisitos poderia ser organizada.

4.9 Quando são feitas alterações emergenciais nos sistemas, o software do sistema pode necessitar de alterações antes das mudanças nos requisitos terem sido aprovadas. Sugira um modelo de processo para fazer essas modificações que venha a garantir que o documento de requisitos e a implementação do sistema não fiquem incoerentes.

4.10 Você assumiu um emprego com um usuário de software que contratou seu antigo patrão para desenvolver um sistema para ele. Você descobre que a interpretação dos requisitos feita pela sua empresa é diferente da interpretação feita pelo antigo patrão. Discuta o que você deve fazer nessa situação. Você sabe que os custos para o seu atual patrão vão aumentar se as ambiguidades não forem resolvidas. No entanto, você também tem responsabilidade com seu antigo patrão no que diz respeito à confidencialidade.

REFERÊNCIAS

CRABTREE, A. *Designing collaborative systems*: a practical guide to ethnography. London: Springer-Verlag, 2003.

DAVIS, A. M. *Software requirements*: objects, functions and states. Englewood Cliffs, NJ: Prentice-Hall, 1993.

IBM. "Rational Doors next generation: requirements engineering for complex systems." *IBM Jazz Community Site*, 2013. Disponível em: <https://jazz.net/products/rational-doors-next-generation/>. Acesso em: 5 abr. 2018.

IEEE. "IEEE Recommended Practice for Software Requirements Specifications." In: _____. *IEEE software engineering standards collection*. Los Alamitos, CA: IEEE Computer Society Press, 1998.

JACOBSON, I.; CHRISTERSON, M.; JONSSON, P.; OVERGAARD, G. *Object-oriented software engineering*. Wokingham, UK: Addison-Wesley, 1993.

MARTIN, D.; SOMMERVILLE, I. "Patterns of cooperative interaction: linking ethnomethodology and design." *ACM transactions on computer-human interaction*, v. 11, n. 1, mar. 2004. p. 59-89. doi:10.1145/972648.972651.

RITTEL, H.; WEBBER, M. "Dilemmas in a general theory of planning." *Policy Sciences*, v. 4, 1973. p. 155-169. doi:10.1007/BF01405730.

ROBERTSON, S.; ROBERTSON, J. *Mastering the requirements process*. 3. ed. Boston: Addison-Wesley, 2013.

SOMMERVILLE, I.; RODDEN, T.; SAWYER, P.; BENTLEY, R.; TWIDALE, M. "Integrating ethnography into the requirements engineering process." In: RE' 93. San Diego, CA: IEEE Computer Society Press, 1993. p. 165-173. doi:10.1109/ISRE.1993.324821.

STEVENS, P.; POOLEY, R. *Using UML*: software engineering with objects and components. 2. ed. Harlow, UK: Addison-Wesley, 2006.

SUCHMAN, L. "Office procedures as practical action: models of work and system design." *ACM Transactions on office information systems*, v. 1, n. 3, 1983. p. 320-328. doi:10.1145/357442.357445.

VILLER, S.; SOMMERVILLE, I. "Ethnographically informed analysis for software engineers." *International journal of human-computer studies*, v. 53, n. 1, 2000. p. 169-196. doi:10.1006/ijhc.2000.0370.

5 | Modelagem de sistemas

OBJETIVOS

O objetivo deste capítulo é introduzir modelos de sistemas que possam ser desenvolvidos como parte dos processos de engenharia de requisitos e projeto (*design*) de sistemas. Ao ler este capítulo, você:

- compreenderá como os modelos gráficos podem ser utilizados para representar sistemas de software e por que são necessários vários tipos de modelos para representar totalmente um sistema;
- aprenderá as perspectivas fundamentais da modelagem de sistemas, que são: contexto, interação, estrutura e comportamento;
- conhecerá os tipos principais de diagramas da UML e como podem ser usados em modelagem de sistemas;
- entenderá a engenharia dirigida por modelos, na qual um sistema executável é gerado automaticamente a partir de modelos estruturais e comportamentais.

CONTEÚDO

5.1 Modelos de contexto
5.2 Modelos de interação
5.3 Modelos estruturais
5.4 Modelos comportamentais
5.5 Engenharia dirigida por modelos

A modelagem de sistemas é um processo de desenvolvimento de modelos abstratos de um sistema, em que cada modelo apresenta uma visão ou perspectiva diferente desse sistema. Hoje, modelagem de sistemas significa, basicamente, representar um sistema usando algum tipo de notação gráfica baseada nos tipos de diagrama em UML (*Unified Modeling Language*, em português, Linguagem de Modelagem Unificada). No entanto, também é possível desenvolver modelos formais (matemáticos) de um sistema, normalmente como uma especificação detalhada. Neste capítulo, cobrirei a modelagem gráfica usando a UML, e a modelagem formal será rapidamente discutida no Capítulo 10.

Os modelos são utilizados durante o processo de engenharia de requisitos, para ajudar a derivar os requisitos detalhados de um sistema; durante o processo de projeto, para descrever o sistema aos engenheiros que estão implementando o sistema; e depois da implementação, para documentar a estrutura e operação do sistema. É possível desenvolver modelos tanto do sistema existente quanto do sistema a ser desenvolvido:

1. Modelos do sistema existente são utilizados durante a engenharia de requisitos. Eles ajudam a esclarecer o que o sistema atual faz e podem ser usados para focar a discussão dos *stakeholders* nos pontos fortes e fracos desse sistema.
2. Modelos do novo sistema são utilizados durante a análise de requisitos para ajudar a explicar para outros *stakeholders* os requisitos propostos. Os engenheiros usam esses modelos para discutir propostas de projeto e documentar o sistema para implementação. Ao usar um processo de engenharia dirigida por modelos (BRAMBILLA; CABOT; WIMMER, 2012), é possível gerar uma implementação completa ou parcial do sistema a partir desses modelos.

É importante compreender que um modelo não é uma representação completa do sistema. Propositalmente, ele deixa de fora alguns detalhes para facilitar a compreensão. O modelo é uma abstração do sistema que está sendo estudado, e não sua representação alternativa. Uma representação do sistema deve manter todas as informações a respeito da entidade que está sendo representada. Uma abstração deliberadamente simplifica o projeto de um sistema e seleciona as características mais relevantes. Por exemplo, as apresentações em PowerPoint que acompanham este livro são uma abstração de seus pontos-chave. No entanto, ao traduzir este livro do inglês para outro idioma, temos uma *representação* alternativa, pois a intenção do tradutor é manter todas as informações da forma como foram apresentadas em inglês.

É possível desenvolver modelos diferentes para representar o sistema a partir de perspectivas distintas. Como exemplo, podemos citar:

1. uma perspectiva externa, na qual se modela o contexto ou o ambiente do sistema;
2. uma perspectiva de interação, na qual são modeladas as interações entre um sistema e seu ambiente ou entre os componentes de um sistema;
3. uma perspectiva estrutural, na qual se modela a organização de um sistema ou a estrutura dos dados processados por ele;
4. uma perspectiva comportamental, na qual são modelados o comportamento dinâmico do sistema e o modo como ele responde aos eventos.

Unified Modeling Language (UML)

A *Unified Modeling Language* (UML) é um conjunto de 13 tipos diferentes de diagramas que podem ser usados para modelar sistemas de software, e surgiu de um trabalho nos anos 1990 sobre modelagem orientada a objetos, no qual notações similares orientadas a objetos foram integradas para criá-la. Uma revisão importante (UML 2) foi concluída em 2004. A UML é aceita universalmente como abordagem padrão para desenvolver modelos de sistemas de software. Variações, como a SysML, foram propostas para a modelagem mais geral de sistemas.

Frequentemente, durante o desenvolvimento de modelos de sistema, é possível ser flexível no modo de usar a notação gráfica. Nem sempre é preciso seguir rigorosamente os detalhes de uma notação, pois isso depende de como o modelo será utilizado. Os modelos gráficos podem ser usados de três modos diferentes:

1. Como forma de estimular e focar a discussão sobre um sistema existente ou proposto. O propósito do modelo é estimular e focar a discussão entre os engenheiros de software envolvidos no desenvolvimento do sistema. Os modelos podem ser incompletos, contanto que cubram os pontos-chave da discussão, e podem usar a notação de modelagem de maneira informal, como geralmente ocorre na modelagem ágil (AMBER; JEFFRIES, 2002).
2. Como forma de documentar um sistema existente. Quando os modelos são utilizados como documentação, eles não precisam ser completos — já que podem ser usados apenas para documentar algumas partes de um sistema —, mas devem usar a notação corretamente e ser uma descrição precisa do sistema.
3. Como uma descrição detalhada do sistema que pode ser usada para gerar a implementação deste. Quando os modelos são usados como parte de um processo de desenvolvimento baseado em modelos, eles devem ser completos e corretos. Como esses modelos são utilizados como base para gerar o código-fonte do sistema, é preciso ter muito cuidado para não confundir símbolos parecidos, como pontas de seta aberta e fechada, que podem ter significados diferentes.

Neste capítulo, usarei diagramas definidos na UML (RUMBAUGH; JACOBSON; BOOCH, 2004; BOOCH; RUMBAUGH; JACOBSON, 2005), que se tornou uma linguagem padrão para modelagem orientada a objetos. A UML possui 13 tipos de diagramas e, portanto, permite a criação de diversos tipos de modelos de sistema. No entanto, um levantamento (ERICKSON; SIAU, 2007) mostrou que a maioria dos usuários da UML acreditava que cinco tipos de diagramas poderiam representar os fundamentos de um sistema. Portanto, me concentro aqui nesses cinco tipos de diagramas de UML:

1. *diagramas de atividades*, que mostram as atividades envolvidas em um processo ou no processamento de dados;
2. *diagramas de caso de uso*, que mostram as interações entre um sistema e seu ambiente;
3. *diagramas de sequência*, que mostram as interações entre os atores e o sistema e entre os componentes do sistema;
4. *diagramas de classes*, que mostram as classes de objetos no sistema e as associações entre elas;
5. *diagramas de máquinas de estados*, que mostram como o sistema reage a eventos internos e externos.

5.1 MODELOS DE CONTEXTO

No estágio inicial da especificação de um sistema, deve-se decidir sobre seus limites, ou seja, sobre o que faz e o que não faz parte do sistema que está sendo desenvolvido. Isso envolve trabalhar com os *stakeholders* para definir qual funcionalidade será incluída e quais processamentos e operações devem ser executados no ambiente operacional do sistema. Pode-se decidir que o suporte automatizado, para alguns processos comerciais, seja implementado no software que está sendo desenvolvido, mas que outros sejam manuais ou apoiados por sistemas diferentes. É preciso levantar todas as possíveis sobreposições em termos de funcionalidade com os sistemas existentes e decidir onde a nova funcionalidade será implementada. Essas decisões devem ser tomadas o quanto antes para limitar os custos e o tempo necessário para compreender os requisitos e o projeto (*design*) do sistema.

Em alguns casos, há mais flexibilidade para definir o que constitui o limite entre um sistema e seu ambiente, mas, em outros, esse limite é relativamente claro. Por exemplo, no caso de um sistema automatizado estar substituindo um sistema manual ou computadorizado já existente, o ambiente do novo sistema normalmente é o mesmo do atual. Nos casos em que há mais flexibilidade, o limite é definido durante o processo de engenharia de requisitos.

Por exemplo, ao desenvolver a especificação do sistema de informação de pacientes Mentcare — sistema que se destina a gerenciar informações sobre os pacientes que frequentam clínicas de saúde mental e os tratamentos que foram prescritos —, deve-se decidir se o sistema terá como foco exclusivamente a coleta de informações sobre as consultas (usando outros sistemas para coletar informações pessoais dos pacientes) ou se também coletará informações pessoais dos pacientes. A vantagem de contar com outros sistemas para obter essas informações é que se evita a duplicação de dados. No entanto, a principal desvantagem é que esse processo pode tornar o acesso às informações mais lento ou até impossibilitá-lo, caso esses sistemas estejam indisponíveis.

Em algumas situações, a base de usuários para um sistema é muito diversa e os usuários têm uma ampla gama de requisitos de sistema. Pode-se preferir não definir os limites explicitamente, mas desenvolver um sistema configurável capaz de se adaptar às necessidades dos diferentes usuários. Essa foi a abordagem que adotamos nos sistemas iLearn, introduzidos no Capítulo 1. Nele, os usuários variam de crianças muito novas que não sabem ler até jovens, professores e administradores escolares. Como esses grupos precisam de limites de sistema diferentes, especificamos um sistema de configuração que permitiria definir esses limites quando o sistema fosse implantado.

A definição do limite de um sistema não está isenta de juízo de valor. Preocupações sociais e organizacionais podem significar que a posição de um limite do sistema pode ser determinada por fatores não técnicos. Por exemplo, um limite pode ser posicionado deliberadamente para que o processo de análise completo seja executado em um local; pode ser escolhido de tal modo que um gerente particularmente difícil não precise ser consultado; e pode ser posicionado para que o custo do sistema seja maior e a divisão de desenvolvimento de sistemas se expanda para projetá-lo e implementá-lo.

Depois que algumas decisões sobre os limites do sistema foram tomadas, parte da atividade de análise é a definição desse contexto e das dependências que um sistema tem de seu ambiente. Normalmente, o primeiro passo nessa atividade é produzir um modelo de arquitetura simples.

A Figura 5.1 é um modelo de contexto que mostra o sistema Mentcare e os outros sistemas no seu ambiente. Note que o sistema Mentcare está conectado com um sistema de agendamento e outro mais geral de registro de pacientes com o qual compartilha os dados. Esse sistema também está conectado a sistemas de relatórios gerenciais e internações hospitalares, além de um sistema de estatísticas que coleta informações para pesquisa. Finalmente, ele utiliza um sistema para gerar as prescrições de medicação dos pacientes.

FIGURA 5.1 Contexto do sistema Mentcare.

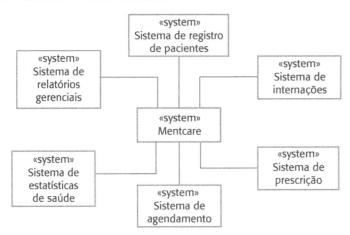

Normalmente, os modelos de contexto mostram que o ambiente inclui vários outros sistemas automatizados; no entanto, não mostram os tipos de relações entre os sistemas no ambiente ou o sistema que está sendo especificado. Sistemas externos poderiam produzir dados para o sistema ou consumi-los; compartilhar dados com o sistema ou se conectar (ou não) diretamente através de uma rede; ter a mesma localização física ou ficar em prédios diferentes. Todas essas relações podem afetar os requisitos e o projeto do sistema que está sendo definido e, portanto, devem ser levadas em consideração. Assim, os modelos de contexto simples são usados junto com outros, como os de processos de negócio. Esses modelos descrevem processos humanos e automatizados nos quais são utilizados determinados softwares.

Diagramas de atividades da UML podem ser empregados para mostrar os processos de negócio nos quais os sistemas são utilizados. A Figura 5.2 mostra que o sistema Mentcare é utilizado em um importante processo de assistência à saúde mental — a internação compulsória.

FIGURA 5.2 Modelo de processo de internação compulsória.

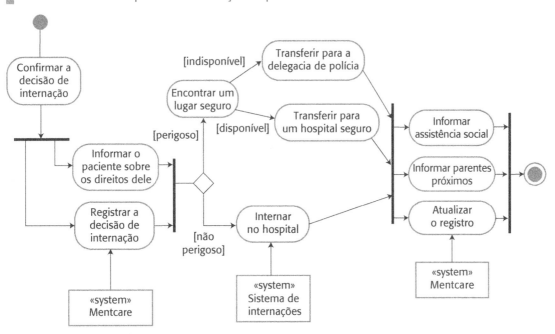

Às vezes, os pacientes que sofrem com problemas de saúde mental podem ser perigosos para outras pessoas ou para si mesmos. Portanto, pode ser que eles precisem ser internados em um hospital contra a própria vontade para que o tratamento seja administrado. Essa detenção está sujeita a garantias jurídicas rigorosas — por exemplo, a decisão de internar um paciente deve ser revista regularmente para que as pessoas não sejam mantidas em isolamento indefinidamente sem motivo. Uma função crítica do sistema Mentcare é assegurar que essas garantias sejam implementadas e que os direitos dos pacientes sejam respeitados.

Os diagramas de atividades em UML exibem as atividades em um processo e o fluxo de controle de uma atividade para outra. O início de um processo é indicado por um círculo cheio; o final, por um círculo cheio dentro de outro círculo. Retângulos com cantos arredondados representam atividades, ou seja, os subprocessos específicos que devem ser executados. É possível incluir objetos nos diagramas de atividades. A Figura 5.2 mostra os sistemas que são utilizados para apoiar diferentes subprocessos dentro do processo de internação involuntária. Mostrei que são sistemas diferentes usando o conceito de estereótipo da UML no qual é exibido o tipo de entidade na caixa entre « e »[1].

As setas representam o fluxo de trabalho de uma atividade para outra e uma barra sólida indica coordenação de atividades. Quando o fluxo de mais de uma atividade leva a uma barra sólida, então todas essas atividades devem ser completadas antes que o progresso seja possível. Quando o fluxo de uma barra sólida leva a uma série de atividades, elas podem ser executadas em paralelo. Portanto, na Figura 5.2 as atividades que informam a assistência social e o parente mais próximo do paciente, bem como a que atualiza o registro de detenções, podem ser concorrentes.

As setas podem ser anotadas com guardas (entre colchetes) especificando quando esse fluxo é seguido. Na Figura 5.2, pode-se ver guardas mostrando os fluxos de pacientes perigosos e não perigosos para a sociedade. Os pacientes perigosos devem ser internados em uma instalação segura. No entanto, os pacientes suicidas e que são um perigo para si mesmos podem ser internados em uma ala apropriada de um hospital, onde podem ser mantidos sob rigorosa supervisão.

5.2 MODELOS DE INTERAÇÃO

Todos os sistemas envolvem interação de algum tipo. Pode ser a interação do usuário, que envolve suas entradas e saídas; a interação entre o software que está sendo desenvolvido e outros sistemas em seu ambiente; ou a interação entre os componentes de um sistema de software. A modelagem da interação do usuário é importante, pois ajuda a identificar os requisitos de usuário. Modelar a interação entre sistemas destaca os problemas de comunicação que podem surgir. Modelar a interação dos componentes nos ajuda a entender se uma proposta de estrutura do sistema tende a produzir o desempenho e a dependabilidade esperados.

Esta seção discute duas abordagens relacionadas à modelagem da interação:

1. modelagem de caso de uso, que é utilizada basicamente para modelar interações entre um sistema e os agentes externos (pessoas ou outros sistemas);
2. diagramas de sequência, que são utilizados para modelar as interações entre os componentes do sistema, embora também possam ser incluídos os agentes externos.

---

[1] Nota da R.T.: esses símbolos são chamados de aspas francesas (*guillemets*).

Os modelos de caso de uso e os diagramas de sequência apresentam interações em diferentes níveis de detalhe e, portanto, podem ser utilizados juntos. Por exemplo, os detalhes das interações envolvidas em um caso de uso de alto nível podem ser documentados em um diagrama de sequência. A UML também inclui diagramas de comunicação que podem ser usados para modelar interações. Não descreverei esse tipo de diagrama aqui porque eles são somente uma representação alternativa dos diagramas de sequência.

5.2.1 Modelagem de casos de uso

A modelagem de casos de uso foi desenvolvida originalmente por Ivar Jacobson nos anos 1990 (JACOBSON *et al.*, 1993), e um tipo de diagrama para apoiar a modelagem dos casos de uso é parte da UML. Um caso de uso pode ser considerado uma descrição simples do que o usuário espera de um sistema nessa interação. Discuti os casos de uso na elicitação dos requisitos no Capítulo 4; considero os modelos de caso de uso mais úteis nos estágios iniciais do projeto do sistema em vez da engenharia de requisitos.

Cada caso de uso representa uma tarefa discreta que envolve a interação externa com um sistema. Em sua forma mais simples, um caso de uso é exibido como uma elipse, com os atores envolvidos representados como 'bonecos palito'. A Figura 5.3 mostra um caso de uso do sistema Mentcare que representa a tarefa de enviar os dados desse sistema para um registro de pacientes mais geral. Esse sistema mais geral mantém dados consolidados do paciente em vez dos dados de cada consulta, que estão registrados no sistema Mentcare.

FIGURA 5.3 Caso de uso 'Transferir dados'.

Repare que existem dois atores no caso de uso — o operador que está transferindo os dados e o sistema de registro de pacientes. A notação de 'bonecos palito' foi desenvolvida originalmente para cobrir a interação humana, mas também é utilizada para representar outros sistemas e hardware externos. Formalmente, os diagramas de caso de uso devem usar linhas em vez de setas, já que as setas em UML indicam a direção do fluxo de mensagens. Obviamente, em um caso de uso, as mensagens trafegam nos dois sentidos. No entanto, as setas na Figura 5.3 são utilizadas informalmente para indicar que o recepcionista inicia a transação e os dados são transferidos para o sistema de registro de pacientes.

Os diagramas de caso de uso proporcionam uma visão geral simples de uma interação, e é preciso acrescentar mais detalhes para que a descrição seja completa. Essas informações adicionais podem ser uma descrição textual simples, uma descrição estruturada em uma tabela ou um diagrama de sequência. O formato mais adequado depende do caso de uso e do nível de detalhe necessário ao modelo. Acho muito útil o formato tabular padrão. A Figura 5.4 mostra uma descrição tabular do caso de uso 'Transferir dados'.

FIGURA 5.4 Descrição tabular do caso de uso 'Transferir dados'.

Sistema Mentcare: Transferir dados	
Atores	Recepcionista, Sistema de registro dos pacientes (SRP)
Descrição	Um recepcionista pode transferir os dados do sistema Mentcare para um banco de dados geral de registro dos pacientes que é mantido pela autoridade de saúde. As informações transferidas podem ser pessoais atualizadas (endereço, número de telefone etc.) ou um resumo do diagnóstico e tratamento do paciente.
Dados	Informações pessoais do paciente, resumo do tratamento.
Estímulo	Comando do usuário emitido pelo recepcionista.
Resposta	Confirmação de que o SRP foi atualizado.
Comentários	O recepcionista deve ter permissões adequadas para acessar as informações do paciente e o SRP.

Os diagramas de caso de uso compostos mostram uma série de casos de uso diferentes. Às vezes, é possível incluir todas as interações possíveis dentro de um sistema em um único diagrama de caso de uso. No entanto, isso pode ser impossível em razão do número de casos de uso. Nessas situações, você pode desenvolver vários diagramas, cada um mostrando casos de uso relacionados. Por exemplo, a Figura 5.5 mostra todos os casos de uso do sistema Mentcare no qual o ator 'Recepcionista' está envolvido. Cada um desses casos deve estar acompanhado de uma descrição mais detalhada.

FIGURA 5.5 Casos de uso envolvendo o papel 'Recepcionista'.

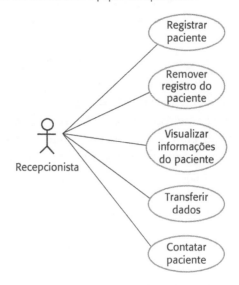

A UML inclui uma série de construtos para compartilhar todo ou parte de um caso de uso em outros diagramas do mesmo tipo. Embora esses construtos possam, às vezes, ser úteis para os projetistas de sistemas, minha experiência é a de que muitas pessoas, especialmente os usuários finais, os consideram difíceis de entender. Por essa razão, esses construtos não serão descritos aqui.

5.2.2 Diagramas de sequência

Os diagramas de sequência na UML são utilizados principalmente para modelar as interações entre atores e objetos em um sistema e as interações entre os próprios objetos. A UML tem uma sintaxe rica para diagramas de sequência que permite a modelagem de diversos tipos de interação. Como o espaço aqui não nos permite cobrir todas as possibilidades, o foco será nos fundamentos desse tipo de diagrama.

Como o nome indica, um diagrama de sequência exibe a sequência de interações que ocorre durante um determinado caso de uso ou instância do caso de uso. A Figura 5.6 ilustra os fundamentos da notação. Nesse exemplo, o diagrama modela as interações envolvidas no caso de uso 'Visualizar informações do paciente', com o qual um recepcionista pode ver algumas informações sobre o paciente.

FIGURA 5.6 Diagrama de sequência para 'Visualizar informações do paciente'.

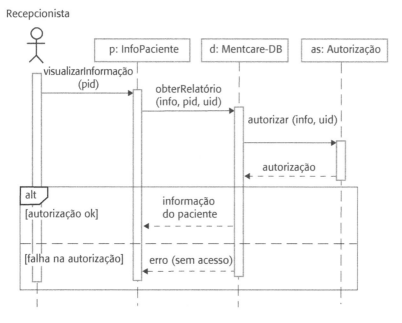

Os objetos e atores envolvidos são apresentados no topo do diagrama, com uma linha tracejada desenhada verticalmente a partir deles. As setas anotadas indicam interações entre os objetos. O retângulo nas linhas tracejadas indica a linha da vida do objeto em questão, isto é, o tempo que a instância do objeto está envolvida na computação. A sequência de interações se lê de cima para baixo. As anotações nas setas indicam as chamadas feitas aos objetos, seus parâmetros e os valores de retorno. Esse exemplo também mostra a notação utilizada para indicar alternativas. Uma caixa chamada 'alt' é utilizada com as condições indicadas em colchetes, com opções de interação alternativas separadas por uma linha pontilhada.

Você pode ler a Figura 5.6 da seguinte forma:

1. O recepcionista dispara o método 'visualizarInformação' em uma instância p da classe 'InfoPaciente', fornecendo o identificador do paciente, pid, para identificar a informação necessária. O p é um objeto de interface com o usuário, que é exibido como um formulário que contém as informações do paciente.
2. A instância p chama o banco de dados para obter as informações necessárias, fornecendo o identificador do recepcionista para viabilizar a verificação de segurança. (Nesse estágio não é importante identificar de onde vem o uid do recepcionista.)

3. O banco de dados verifica com um sistema de autorização se o recepcionista está autorizado a realizar essa ação.
4. Caso esteja, as informações do paciente são enviadas e exibidas em um formulário na tela do usuário. Se a autorização falhar, é mostrada uma mensagem de erro. A caixa indicada por 'alt' no canto superior esquerdo mostra que uma das interações contidas será executada. A condição que seleciona a opção é exibida em colchetes.

A Figura 5.7 é outro exemplo de um diagrama de sequência, do mesmo sistema, que ilustra duas outras características: a comunicação direta entre os atores no sistema e a criação de objetos como parte de uma sequência de operações. Nesse exemplo, um objeto do tipo 'Resumo' é criado para guardar os dados consolidados que devem ser carregados em um sistema de registro de pacientes (SRP) nacional.

FIGURA 5.7 Diagrama de sequência para 'Transferir dados'.

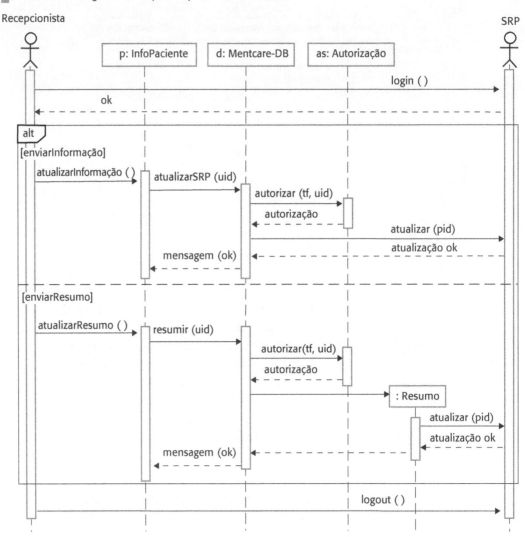

Esse diagrama pode ser lido do seguinte modo:

1. O recepcionista faz *login* no SRP.
2. Existem duas opções (conforme a caixa 'alt') que permitem a transferência direta das informações atualizadas do paciente, do banco de dados do Mentcare para o SRP, e a transferência dos dados resumidos do banco de dados do Mentcare para o SRP.
3. Em cada caso, as permissões do recepcionista são verificadas usando o sistema de autorização.
4. As informações pessoais podem ser transferidas diretamente do objeto de interface com o usuário para o SRP. Como alternativa, pode ser criado um registro resumido do banco de dados, que será transferido.
5. Ao final da transferência, o SRP emite uma mensagem de status e o usuário faz o *logout* do sistema.

A menos que se esteja usando diagramas de sequência para gerar códigos ou uma documentação detalhada, não é preciso incluir todas as interações nesses diagramas. Ao desenvolver modelos de sistema no início do processo de desenvolvimento para apoiar a engenharia de requisitos e o projeto (*design*) de alto nível, haverá muitas interações que dependem de decisões de implementação. Por exemplo, na Figura 5.7, a decisão de como obter o identificador do usuário para averiguar a autorização é uma das que podem ser postergadas. Em uma implementação, isso poderia envolver interação com um objeto Usuário. Como isso não é importante nessa fase, não é preciso incluir no diagrama de sequência.

5.3 MODELOS ESTRUTURAIS

Os modelos estruturais de software exibem a organização de um sistema em termos dos componentes que constituem esse sistema e suas relações. Os modelos estruturais podem ser estáticos, mostrando a organização do projeto (*design*) do sistema, ou dinâmicos, mostrando a organização do sistema em execução. Não se trata da mesma coisa — a organização dinâmica de um sistema como um conjunto de *threads* interagindo pode ser muito diferente de um modelo estático dos componentes do sistema.

Os modelos estruturais de um sistema são criados quando sua arquitetura está sendo discutida e projetada. Esses modelos podem ser tanto da arquitetura geral do sistema como modelos mais detalhados dos objetos no sistema e seus relacionamentos.

Nesta seção, concentro-me no uso dos diagramas de classes para modelar a estrutura estática das classes em um sistema de software. O projeto de arquitetura é um tópico importante na engenharia de software; diagramas de componentes, pacotes e implantação da UML podem ser usados na apresentação dos modelos de arquitetura, tema que abordarei nos Capítulos 6 e 17.

5.3.1 Diagramas de classes

Os diagramas de classes são utilizados no desenvolvimento de um modelo de sistema orientado a objetos para mostrar as classes em um sistema e as associações entre elas. De maneira geral, uma classe pode ser encarada como uma definição geral de um tipo de objeto de sistema. Uma associação é um vínculo entre classes, que indica a existência de um relacionamento entre elas. Consequentemente, cada classe pode precisar de algum conhecimento a respeito de sua classe associada.

Quando você está desenvolvendo modelos durante os estágios iniciais do processo de engenharia de software, os objetos representam alguma coisa no mundo real, como um paciente, uma prescrição ou um médico. À medida que a implementação é desenvolvida, definem-se os seus objetos para representar dados manipulados pelo sistema. Nesta seção, o foco está na modelagem de objetos do mundo real, que fazem parte dos requisitos ou dos processos iniciais de projeto de software. Uma abordagem similar é utilizada para a modelagem da estrutura de dados.

Diagramas de classes da UML podem ser apresentados em diferentes níveis de detalhamento. Quando se está desenvolvendo um modelo, o primeiro estágio normalmente é olhar para o mundo, identificar os objetos essenciais e representá-los como classes. A maneira mais simples de escrever esses diagramas é colocar o nome da classe em uma caixa. Também é possível notar a existência de uma associação desenhando uma linha entre as classes. Por exemplo, a Figura 5.8 é um diagrama de classes simples mostrando duas classes, 'Paciente' e 'Registro de Paciente', com uma associação entre si. Nesse estágio, não é preciso dizer qual é a associação.

FIGURA 5.8 Classes UML e associações.

A Figura 5.9 desenvolve o diagrama de classes simples da Figura 5.8 para mostrar que os objetos da classe 'Paciente' também estão envolvidos em relacionamentos com uma série de outras classes. Nesse exemplo, é possível definir um nome para as associações, a fim de dar ao leitor uma indicação do tipo de relacionamento existente.

FIGURA 5.9 Classes e associações no sistema Mentcare.

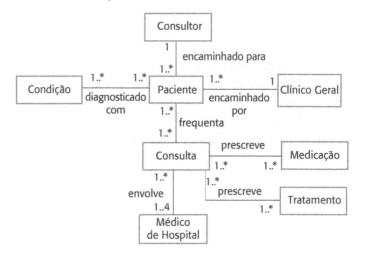

As Figuras 5.8 e 5.9 revelam uma característica importante dos diagramas de classes: a capacidade de mostrar quantos objetos estão envolvidos na associação. Na Figura 5.8, cada extremidade da associação é anotada com um número 1, mostrando que existe uma relação 1:1 entre os objetos e essas classes. Em outras palavras, cada paciente possui exatamente um registro e cada registro mantém informações sobre apenas um paciente.

Como se vê na Figura 5.9, outras multiplicidades são possíveis. É possível definir uma quantidade exata de objetos envolvidos (por exemplo, 1..4) ou, com um asterisco

(*), indicar um número indefinido de objetos envolvidos na associação. Por exemplo, na Figura 5.9, a multiplicidade (1..*) no relacionamento entre 'Paciente' e 'Condição' mostra que um paciente pode ser diagnosticado com várias condições e que uma mesma condição pode estar associada a vários pacientes.

Nesse nível de detalhamento, os diagramas de classes são parecidos com modelos semânticos de dados, utilizados no projeto (*design*) de bancos de dados. Eles mostram as entidades de dados, seus atributos associados e os relacionamentos existentes entre elas (HULL; KING, 1987). A UML não inclui um tipo de diagrama para modelagem de bancos de dados, já que o faz usando objetos e seus relacionamentos. No entanto, a UML pode ser usada para representar um modelo semântico de dados. Nesse aspecto, é possível considerar as entidades como classes de objeto simplificadas (sem operações), os atributos como atributos da classe e os relacionamentos como as associações entre as classes.

Quando se deseja mostrar as associações entre as classes, é melhor representá-las da maneira mais simples possível, sem atributos ou operações. Para definir objetos com mais detalhes, deve-se acrescentar informações sobre seus atributos (características do objeto) e suas operações (funções do objeto). Por exemplo, um objeto 'Paciente' tem o atributo 'endereço' e é possível incluir uma operação chamada 'mudarEndereço', acionada quando um paciente indicar que se mudou de um endereço para outro.

Na UML, os atributos e as operações podem ser exibidos estendendo o retângulo simples que representa uma classe. Ilustro isso na Figura 5.10, que mostra um objeto representando uma consulta entre médico e paciente:

1. O nome da classe está na seção superior.
2. Os atributos da classe estão na seção intermediária, incluindo os nomes dos atributos e, opcionalmente, seus tipos, que não são mostrados na Figura 5.10.
3. As operações (chamadas de métodos na linguagem Java e em outras linguagens de programação orientadas a objetos) associadas à classe de objetos estão na seção inferior do retângulo. Mostro algumas — mas não todas — operações na Figura 5.10.

No exemplo da Figura 5.10, presume-se que os médicos gravam recados de voz que são posteriormente transcritos para registrar os detalhes da consulta. Para prescrever medicação, o médico envolvido deve usar o método 'prescrever', gerando, assim, uma prescrição eletrônica.

FIGURA 5.10 Classe 'Consulta'.

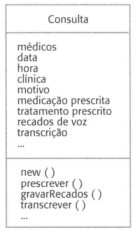

5.3.2 Generalização

A generalização é uma técnica do dia a dia que usamos para lidar com a complexidade. Em vez de aprendermos as características detalhadas de tudo que vivenciamos, aprendemos sobre as classes gerais (animais, carros, casas etc.) e sobre suas características. Então, reutilizamos o conhecimento classificando as coisas e focando nas diferenças entre elas e sua classe. Por exemplo, esquilos e ratos são membros da classe 'roedores' e, portanto, compartilham as mesmas características. As declarações gerais se aplicam a todos os membros dessa classe; por exemplo, todos os roedores têm dentes para roer.

Na modelagem de sistemas, muitas vezes é útil examinar as classes em um sistema para ver se é possível generalizar e criar classes novas. Isso significa que as informações comuns serão mantidas em apenas um lugar, o que é uma boa prática de projeto, pois significa que, se forem propostas alterações, então não será preciso procurar por todas as classes no sistema para saber se serão ou não afetadas pela mudança. As mudanças podem ser feitas no nível mais geral. Nas linguagens orientadas a objetos, como Java, a generalização é implementada com o uso de mecanismos de herança de classe embutidos na linguagem.

A UML tem um tipo específico de associação para indicar a generalização, conforme ilustrado na Figura 5.11. A generalização é exibida como uma seta apontando para a classe mais geral acima. Isso indica que 'Clínico Geral' e 'Médico de Hospital' podem ser generalizados como 'Médico' e que existem três tipos de 'Médico de Hospital': o que acabou de se formar na faculdade de medicina e precisa ser supervisionado ('Médico Residente'); o que trabalha sem supervisão e pode fazer parte de uma equipe médica ('Médico Experiente'); e o 'Consultor', médico experiente com responsabilidade total pela tomada de decisão.

FIGURA 5.11 Hierarquia de generalização.

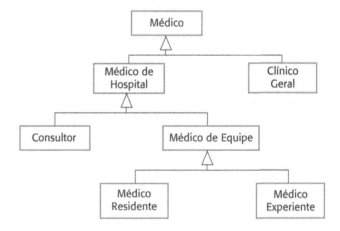

Em uma generalização, os atributos e operações associados às classes de nível mais alto também estão associados às classes de nível mais baixo. Estas são subclasses e herdam os atributos e operações de suas superclasses, que lhes acrescentam atributos e operações mais específicos.

Por exemplo, todo 'Médico' tem um nome e um número de telefone, e todo 'Médico de Hospital' tem o número da equipe e carrega um pager. O 'Clínico Geral' não possui esses atributos, já que trabalha de forma independente, mas possui um nome e um endereço de consultório particular. A Figura 5.12 mostra parte da hierarquia de generalização, que ampliei com atributos de classe para 'Médico', cujas operações se destinam a cadastrar e descadastrar o médico no sistema Mentcare.

FIGURA 5.12 Hierarquia de generalização com detalhes adicionados.

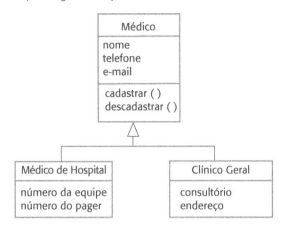

5.3.3 Agregação

Os objetos no mundo real consistem, muitas vezes, de partes diferentes. Por exemplo, um pacote de estudos de um curso pode ser composto de um livro, apresentações em PowerPoint, questionários e recomendações de leitura adicional. Às vezes, em um modelo de sistema, é preciso ilustrar tudo isso. A UML proporciona um tipo de associação especial entre as classes, chamada de agregação, que significa que um objeto (o todo) é composto de outros (as partes). Para definir a agregação, uma forma de diamante é adicionada no vínculo próximo da classe que representa o todo.

A Figura 5.13 mostra que o 'Registro de Paciente' é um agregado de 'Paciente' e de um número indefinido de 'Consultas', ou seja, o registro mantém informações pessoais do paciente e também um registro separado para cada consulta com um médico.

FIGURA 5.13 Associação de agregação.

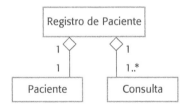

5.4 MODELOS COMPORTAMENTAIS

Os modelos comportamentais são aqueles que mostram o comportamento dinâmico de um sistema que está em execução. Eles mostram o que acontece ou o que deveria acontecer quando um sistema responde a um estímulo do seu ambiente. Esses estímulos podem ser dados ou eventos:

1. Dados são disponibilizados e devem ser processados pelo sistema. A disponibilidade dos dados desencadeia o processamento.
2. Eventos ocorrem e desencadeiam o processamento do sistema. Os eventos podem ter dados associados, embora nem sempre isso aconteça.

Muitos sistemas de negócios são sistemas de processamento de dados dirigidos principalmente por dados processados. Eles são controlados pelas entradas de dados no sistema, com pouco processamento de eventos externos. Seu processamento envolve uma sequência de ações nos dados e a geração de uma saída. Por exemplo, um sistema de faturamento telefônico aceita informações sobre chamadas feitas por um cliente, calcula os custos dessas chamadas e gera uma fatura para esse cliente.

Por outro lado, sistemas de tempo real normalmente são dirigidos por eventos e têm processamento de dados limitado. Por exemplo, um sistema de comutação de telefonia fixa responde a eventos como 'aparelho ativado' gerando um tom de discagem, responde ao pressionamento das teclas no aparelho capturando o número do telefone etc.

5.4.1 Modelagem dirigida por dados

Os modelos dirigidos por dados mostram a sequência de ações envolvidas no processamento dos dados de entrada e na geração de uma saída associada. Eles podem ser utilizados durante a análise dos requisitos, pois mostram o processamento em um sistema de ponta a ponta, ou seja, mostram a sequência inteira de ações que ocorrem desde o processamento de uma entrada inicial até a saída correspondente, que é a resposta do sistema.

Os modelos dirigidos por dados estão entre os primeiros modelos gráficos de software. Nos anos 1970, os métodos de projeto estruturado usavam os diagramas de fluxo de dados (DFD, do inglês *data-flow diagrams*) como uma maneira de ilustrar os passos de processamento em um sistema. Os modelos de fluxo de dados são úteis por acompanhar e documentar como os dados associados a determinados processos se movimentam pelo sistema, ajudando, dessa forma, o analista e os projetistas a compreenderem o que está acontecendo. Os DFDs são simples e intuitivos e, portanto, mais acessíveis aos *stakeholders* do que os outros tipos de modelo. Normalmente, é possível explicar esses diagramas para os possíveis usuários do sistema, que podem então, participar da validação do modelo.

Os diagramas de fluxo de dados podem ser representados em UML com a utilização de um tipo de diagrama de atividades que foi descrito na Seção 5.1. A Figura 5.14 é um diagrama de atividades simples que mostra a cadeia de processamento envolvida no software da bomba de insulina. Nele é possível ver os passos de processamento, representados como atividades (retângulos de cantos arredondados), e os dados que fluem entre eles, representados como objetos (retângulos).

Diagramas de fluxo de dados

Os diagramas de fluxo de dados (DFDs) são modelos de sistema que mostram uma perspectiva funcional em que cada transformação representa uma única função ou processo. Os DFDs são utilizados para mostrar, por meio de uma sequência de passos de processamento, como os dados fluem. Por exemplo, um passo de processamento poderia ser a filtragem dos registros duplicados em um banco de dados de clientes. Os dados são transformados em cada passo antes de passarem para a próxima fase. Esses passos de processamento ou transformações representam processos ou funções de software, cujos diagramas de fluxo de dados são usados para documentar um projeto de software. Os diagramas de atividades em UML podem ser utilizados para representar os DFDs.

FIGURA 5.14 Modelo de atividades da operação da bomba de insulina.

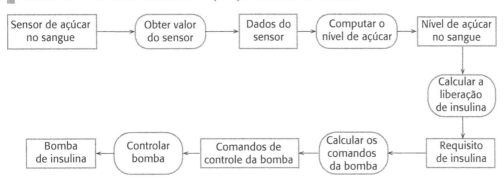

Uma maneira alternativa de mostrar a sequência de processamento em um sistema é usar diagramas de sequência da UML. Vimos como esses diagramas podem ser utilizados para modelar a interação, mas ao serem desenhados de modo que as mensagens sejam enviadas somente da esquerda para a direita, eles passam a mostrar o processamento de dados sequencial no sistema. A Figura 5.15 ilustra isso, usando um modelo de sequência do processamento de um pedido e o enviando para um fornecedor. Os modelos de sequência destacam os objetos em um sistema, ao passo que os diagramas de fluxo de dados destacam as operações ou as atividades. Na prática, os que não são especialistas parecem achar os diagramas de fluxo de dados mais intuitivos, mas os engenheiros preferem os diagramas de sequência.

FIGURA 5.15 Processamento de pedido.

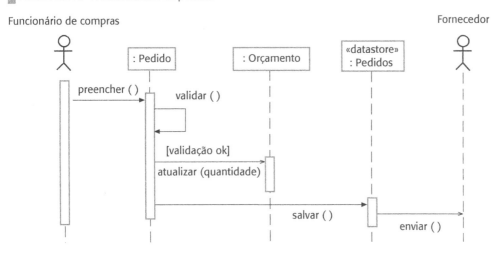

5.4.2 Modelagem dirigida por eventos

A modelagem dirigida por eventos mostra como um sistema responde a eventos externos e internos. Ela se baseia no pressuposto de que um sistema tem um número finito de estados e que os eventos (estímulos) podem causar uma transição de um estado para outro. Por exemplo, um sistema que controla uma válvula pode passar de um estado 'Válvula aberta' para um estado 'Válvula fechada' quando um comando do operador (o estímulo) for recebido. Essa visão de um sistema é particularmente adequada para sistemas de tempo real. A modelagem dirigida por eventos é utilizada amplamente no projeto e na documentação de sistemas de tempo real, como veremos no Capítulo 21.

A UML permite a modelagem dirigida por eventos usando diagramas de máquina de estados, que se baseiam nos *Statecharts* (HAREL, 1987). Esses diagramas mostram os estados do sistema e os eventos que causam transições de um estado para outro. Eles não mostram o fluxo de dados dentro do sistema, mas incluem outras informações sobre as computações executadas em cada estado.

Para ilustrar a modelagem dirigida por eventos (Figura 5.16), costumo usar o exemplo do software de controle de um forno de micro-ondas simples. Os fornos de micro-ondas reais são muito mais complexos do que esse sistema, mas uma versão simplificada é mais fácil de entender. Esse forno tem um botão para selecionar potência total ou parcial, um teclado numérico para digitar o tempo de cozimento, um botão iniciar/cancelar e um display alfanumérico.

FIGURA 5.16 Diagrama de máquina de estados de um forno de micro-ondas.

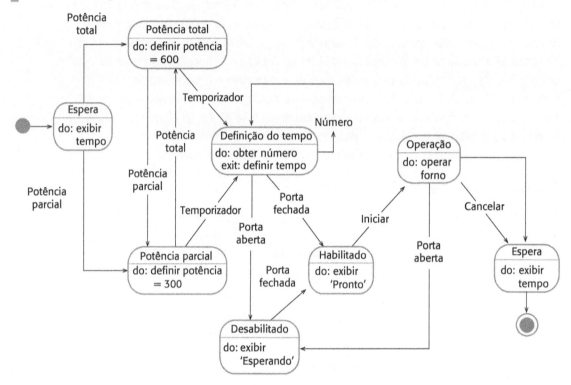

Presumi que a sequência de ações no uso de um micro-ondas é:

1. selecionar a potência (potência parcial ou total);
2. digitar o tempo de cozimento usando um teclado numérico;
3. pressionar **Iniciar** e o alimento é cozido pelo tempo fornecido.

Por razões de segurança, o forno não deve funcionar com a porta aberta e, ao final do cozimento, um alarme sonoro deve soar. O forno possui um display simples que é usado para exibir vários alertas e mensagens de advertência.

Nos diagramas de máquina de estados da UML, os retângulos de cantos arredondados representam estados do sistema. Eles podem incluir uma descrição resumida das ações executadas naquele estado (após o 'do'). As setas rotuladas representam estímulos que forçam a transição de um estado para outro. É possível indicar os estados de início e fim usando círculos cheios, como nos diagramas de atividades.

Na Figura 5.16, se vê que o sistema começa em um estado de espera e responde inicialmente ao botão de potência parcial ou potência total. Os usuários podem mudar de ideia após selecionarem uma dessas opções e pressionarem o outro botão. O tempo é configurado e, caso a porta esteja fechada, o botão **Iniciar** é habilitado. Pressionar esse botão dá início à operação do forno e o cozimento ocorre durante o tempo especificado. Esse é o final do ciclo de cozimento e o sistema retorna para o estado de espera.

O problema com a modelagem baseada em estados é que o número de estados possíveis aumenta rapidamente. Portanto, nos modelos de sistemas grandes, é preciso esconder os detalhes nos modelos. Uma maneira de fazer isso é usando o conceito de um 'superestado' que encapsula uma série de estados diferentes. Esse superestado parece com um estado único em um modelo de mais alto nível, mas depois é expandido para mostrar detalhes em um diagrama separado. Para ilustrar esse conceito, considere o estado **Operação** na Figura 5.16. Trata-se de um superestado que pode ser expandido, como mostra a Figura 5.17.

FIGURA 5.17 Modelo do estado Operação.

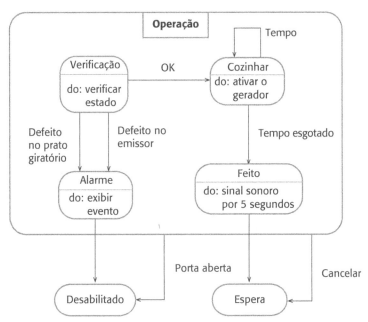

O estado **Operação** inclui uma série de subestados. Ele mostra que a operação começa com uma verificação do estado e que, caso problemas sejam identificados, um alarme é indicado e a operação é desabilitada. O cozimento envolve o acionamento do gerador do micro-ondas durante o tempo especificado; ao final, soa um alarme. Se a porta for aberta durante a operação, o sistema passa para o estado desabilitado, como mostra a Figura 5.17.

Os modelos de estado de um sistema fornecem uma visão geral do processamento de eventos, mas normalmente é preciso estender isso para uma descrição mais detalhada dos estímulos e dos estados do sistema. Você pode usar uma tabela para listar os estados e eventos que estimulam as transições de estado junto com a descrição de cada um. A Figura 5.18 mostra uma descrição tabular de cada estado e como são gerados os estímulos que forçam as transições.

FIGURA 5.18 Estados e estímulos no forno de micro-ondas.

Estado	Descrição
Espera	O forno está aguardando informações. O display mostra a hora atual.
Potência parcial	A potência do forno é definida em 300 watts. O display mostra 'Potência parcial'.
Potência total	A potência do forno é definida em 600 watts. O display mostra 'Potência total'.
Definição do tempo	O tempo de cozimento é definido de acordo com o valor fornecido pelo usuário. O display mostra o tempo de cozimento selecionado e é atualizado à medida que o tempo passa.
Desabilitado	A operação do forno está desabilitada por razões de segurança. A luz interna do forno está ligada. O display mostra 'Não está pronto'.
Habilitado	A operação do forno está habilitada. A luz interna do forno está desligada. O display mostra 'Pronto para cozinhar'.
Operação	Forno em operação. A luz interna do forno está ligada. O display mostra a contagem regressiva do temporizador. Ao final do cozimento, o alarme soa por cinco segundos. A luz do forno está ligada. O display mostra 'Cozimento concluído' enquanto o alarme está soando.
Estímulo	**Descrição**
Potência parcial	O usuário pressionou o botão de potência parcial.
Potência total	O usuário pressionou o botão de potência total.
Temporizador	O usuário pressionou um dos botões do temporizador.
Número	O usuário pressionou uma tecla numérica.
Porta aberta	O interruptor de porta do forno não está fechado.
Porta fechada	O interruptor de porta do forno está fechado.
Iniciar	O usuário pressionou o botão Iniciar.
Cancelar	O usuário pressionou o botão Cancelar.

5.5 ENGENHARIA DIRIGIDA POR MODELOS

A engenharia dirigida por modelos (MDE, do inglês *model-driven engineering*) é uma abordagem para o desenvolvimento na qual os modelos, e não os programas, são as saídas principais do processo de desenvolvimento (BRAMBILLA; CABOT; WIMMER, 2012). Os programas que executam em uma plataforma de hardware/software são gerados automaticamente a partir dos modelos. Os proponentes da MDE argumentam que ela eleva o nível de abstração na engenharia de software de modo que os engenheiros não precisam se preocupar com detalhes de linguagem de programação ou com as especificidades das plataformas de execução.

A MDE foi desenvolvida a partir da ideia de arquitetura dirigida por modelos (MDA, do inglês *model-driven architecture*), proposta pelo *Object Management Group* (OMG) como um novo paradigma de desenvolvimento de software (MELLOR; SCOTT; WEISE, 2004). A MDA se concentra nos estágios de projeto e de implementação do desenvolvimento de software, enquanto a MDE se relaciona com todos os aspectos do processo de engenharia de software. Portanto, tópicos como engenharia de requisitos baseada em modelos, processos de software para desenvolvimento baseado em modelos e teste baseado em modelos fazem parte da MDE, mas não são considerados na MDA.

A MDA é uma abordagem para a engenharia de sistemas que foi adotada por muitas empresas grandes para apoiar seus processos de desenvolvimento. Esta seção se concentra no uso da MDA para implementação de software, em vez de discutir os aspectos mais gerais da MDE. A adoção da engenharia dirigida por modelos, que é mais geral, tem sido lenta e poucas empresas adotaram essa abordagem em todo o seu ciclo de vida de desenvolvimento de software. Em seu *blog*, Den Haan discute as possíveis razões para a MDE não ter sido adotada de forma generalizada (DEN HAAN, 2011).

5.5.1 Arquitetura dirigida por modelos

A arquitetura dirigida por modelos (MELLOR; SCOTT; WEISE, 2004; STAHL; VOELTER, 2006) é uma abordagem focada em modelo para o projeto (*design*) e a implementação de software que usa um subconjunto de modelos UML para descrever um sistema. Aqui são criados modelos em diferentes níveis de abstração. A partir de um modelo independente de plataforma, de alto nível, é possível, a princípio, gerar um programa funcional sem intervenção manual.

O método de MDA recomenda que três tipos de modelo de sistema abstrato sejam produzidos:

1. *Um modelo independente de computação (CIM, do inglês* computation-independent model*)*. Os CIMs modelam as abstrações importantes do domínio utilizadas em um sistema — e às vezes são chamados de modelos de domínio. É possível desenvolver vários CIMs diferentes, refletindo diferentes visões do sistema. Por exemplo, pode haver um CIM de segurança da informação (*security*) para identificar importantes abstrações de segurança da informação, como um ativo e um papel; e um CIM de registro do paciente, que descreve abstrações como os pacientes e as consultas.
2. *Um modelo independente de plataforma (PIM, do inglês* platform-independent model*)*. Os PIMs modelam a operação do sistema sem fazer referência à sua implementação. Um PIM geralmente é descrito com modelos em UML que mostram a estrutura estática do sistema e como ele responde a eventos externos e internos.
3. *Modelos de plataforma específica (PSM, do inglês* platform-specific models*)*. Os PSMs são transformações do modelo independente de plataforma com um PSM diferente para cada plataforma de aplicação. A princípio, pode haver muitas camadas de PSM, em que cada uma adiciona detalhes específicos da plataforma. Portanto, o PSM de primeiro nível pode ser um *middleware* específico, mas independente do banco de dados. Quando for escolhido um banco de dados específico, então pode ser gerado um PSM específico para ele.

A engenharia dirigida por modelos permite que os engenheiros pensem em sistemas com um alto nível de abstração, sem se preocupar com os detalhes de sua implementação. Isso reduz a probabilidade de erros, acelera o processo de projeto (*design*) e implementação e permite a criação de modelos de aplicação reusáveis e independentes da plataforma. Usando ferramentas poderosas, as implementações de sistemas podem ser geradas para diferentes plataformas a partir do mesmo modelo. Portanto, para adaptar o sistema a alguma tecnologia de plataforma nova, é preciso escrever um tradutor do modelo para essa plataforma. Quando isso estiver disponível, todos os modelos independentes de plataforma podem ser rapidamente transformados para a nova plataforma.

Para a MDA, é fundamental o conceito de que as transformações entre modelos podem ser definidas e aplicadas automaticamente pelas ferramentas de software, conforme ilustrado na Figura 5.19. Esse diagrama também mostra um nível mais detalhado de transformação automática; essa transformação é aplicada ao PSM para gerar o código executável que vai rodar na plataforma de software designada. Portanto, pelo menos a princípio, o software executável pode ser gerado a partir de um modelo de mais alto nível do sistema.

FIGURA 5.19 Transformações de MDA.

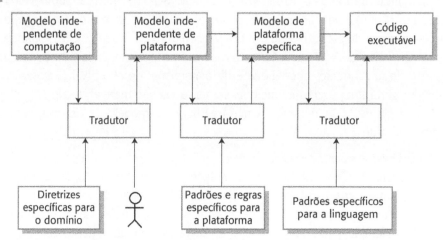

Na prática, a tradução completamente automática dos modelos em código raramente é possível. A tradução mais genérica dos modelos CIM para PIM continua a ser um problema para os pesquisadores; e, nos sistemas de produção, normalmente é necessária a intervenção humana, ilustrada usando um boneco palito, como na Figura 5.19. Um problema particularmente difícil para a transformação automatizada dos modelos é a necessidade de ligar os conceitos utilizados nos diferentes CIMs. Por exemplo, o conceito de um papel em um CIM de segurança da informação (*security*), que inclua controle de acesso dirigido por papel, pode precisar ser mapeado para o conceito de um membro da equipe em um CIM de hospital. Somente uma pessoa que entenda tanto do ambiente de segurança da informação quanto do ambiente de hospital poderá fazer esse mapeamento.

A tradução dos modelos independentes de plataforma para modelos de plataforma específica é um problema técnico mais simples. Existem ferramentas comerciais e ferramentas de código aberto (KOEGEL, 2012) que fornecem tradutores de PIMs para plataformas comuns, como Java e Java EE. Eles usam uma extensa biblioteca de regras e padrões específicos para plataformas a fim de converter de um PIM para um PSM. Pode haver vários PSMs para cada PIM em um sistema. Se um sistema de software tiver de ser executado em plataformas diferentes (por exemplo, Java EE e .Net), então, a princípio, só há necessidade de manter um único PIM. Os PSMs para cada plataforma são gerados automaticamente (Figura 5.20).

FIGURA 5.20 Modelos específicos para a plataforma.

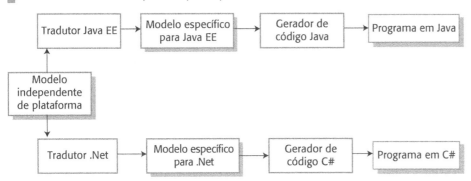

Embora as ferramentas de apoio à MDA incluam tradutores específicos para a plataforma, às vezes elas oferecem apenas um suporte parcial para traduzir de PIMs para PSMs. O ambiente de execução de um sistema é mais do que a plataforma de execução padrão, como Java EE ou Java. Inclui também outros sistemas de aplicação, bibliotecas específicas para a aplicação que podem ser criadas para uma empresa, serviços externos e bibliotecas de interface com o usuário.

Tudo isso varia de empresa para empresa, então não existe um suporte de ferramentas de prateleira que leve tudo isso em conta. Portanto, quando a MDA é introduzida em uma organização, podem ser criados tradutores especiais para usar os recursos disponíveis no ambiente local. Essa é uma das razões pela qual muitas empresas relutam em adotar abordagens de desenvolvimento dirigidas por modelos. Elas não querem desenvolver ou manter suas próprias ferramentas ou, para desenvolvê-las, contar com pequenas empresas de software, que podem simplesmente desaparecer. Sem essas ferramentas especializadas, o desenvolvimento dirigido por modelos requer mais codificação manual, o que reduz o custo-benefício da abordagem.

Acredito que existem várias outras razões para a MDA não ter se transformado em uma abordagem popular para o desenvolvimento de software.

1. Modelos são uma boa maneira de facilitar discussões sobre um projeto de software. No entanto, nem sempre as abstrações úteis para as discussões são as corretas para serem implementadas. É possível decidir por uma abordagem de implementação completamente diferente baseada no reúso de sistemas de aplicação de prateleira.
2. Para sistemas mais complexos, a implementação não é o problema principal — a engenharia de requisitos, a segurança da informação (*security*) e a dependabilidade, a integração com sistemas legados e os testes são mais importantes. Consequentemente, os ganhos decorrentes do uso da MDA são limitados.
3. Os argumentos para a independência de plataforma são válidos somente para sistemas grandes e duradouros, nos quais as plataformas ficam obsoletas durante a vida útil do sistema. Para produtos de software e sistemas de informação desenvolvidos para plataformas padrões, como Windows e Linux, a economia decorrente do uso da MDA tende a ser superada pelos custos de sua introdução e de seu ferramental.
4. A adoção generalizada dos métodos ágeis no mesmo período em que a MDA estava sendo desenvolvida desviou a atenção para longe das abordagens dirigidas por modelo.

UML executável

A ideia fundamental subjacente à engenharia dirigida por modelos é que deve ser possível a transformação completamente automatizada dos modelos para código. Para isso, você tem de poder construir modelos gráficos com significados claramente definidos que possam ser compilados para código executável. Você também precisa encontrar um modo de adicionar informações aos modelos gráficos sobre as maneiras em que são implementadas as operações definidas no modelo. Isso é possível usando um subconjunto da UML 2, chamado UML executável ou xUML (MELLOR; BALCER, 2002).

As histórias de sucesso da MDA (OMG, 2012) provêm principalmente de empresas que estão desenvolvendo sistemas, incluindo hardware e software. Nesses produtos, o software tem uma vida útil mais longa e pode precisar de modificações para refletir as mudanças nas tecnologias de hardware. O setor da aplicação (automotivo, controle de tráfego aéreo etc.) frequentemente é bem conhecido e, portanto, pode ser formalizado em um CIM.

Hutchinson, Rouncefield e Whittle (2012) relatam o uso industrial da MDA, e seu trabalho confirma que o sucesso no uso do desenvolvimento dirigido por modelos tem sido nos produtos de sistema. Sua avaliação sugere que as empresas têm obtido resultados diversos quando adotam essa abordagem, mas a maioria dos usuários relata que o uso da MDA aumentou a produtividade e diminuiu os custos de manutenção. Eles constataram que a MDA era particularmente útil para facilitar o reúso, e isso levou a importantes melhorias na produtividade.

Existe uma relação desconfortável entre os métodos ágeis e a arquitetura dirigida por modelos. A noção de ampla modelagem antecipada contradiz as ideias fundamentais no manifesto ágil e eu desconfio que poucos desenvolvedores ágeis se sentem confortáveis com a engenharia dirigida por modelos. Ambler, um pioneiro no desenvolvimento dos métodos ágeis, sugere que alguns aspectos da MDA podem ser empregados nos processos ágeis (AMBLER, 2004), mas considera impraticável a geração automática de código. No entanto, Zhang e Patel relatam o sucesso da Motorola no uso do desenvolvimento ágil com geração automatizada de código (ZHANG; PATEL, 2011).

PONTOS-CHAVE

- Um modelo é uma visão abstrata de um sistema que ignora deliberadamente alguns detalhes desse sistema. Podem ser desenvolvidos modelos complementares para mostrar o contexto, as interações, a estrutura e o comportamento do sistema.
- Os modelos de contexto mostram como um sistema que está sendo modelado é posicionado em um ambiente com outros sistemas e processos. Eles ajudam a definir os limites do sistema a ser desenvolvido.
- Os diagramas de casos de uso e os diagramas de sequência são usados para descrever as interações entre usuários e sistemas no sistema que está sendo projetado. Os casos de uso descrevem interações entre um sistema e os atores externos; os diagramas de sequência acrescentam mais informações aos casos de uso, mostrando as interações entre os objetos do sistema.
- Os modelos estruturais mostram a organização e arquitetura do sistema. Os diagramas de classes são utilizados para definir a estrutura estática das classes em um sistema e suas associações.

- Os modelos comportamentais são utilizados para descrever o comportamento dinâmico de um sistema em execução. Esse comportamento pode ser modelado a partir da perspectiva dos dados processados pelo sistema ou pelos eventos que estimulam respostas.
- Os diagramas de atividades podem ser utilizados para modelar o processamento de dados, no qual cada atividade representa um passo do processo.
- Os diagramas de máquina de estados são utilizados para modelar o comportamento de um sistema em resposta a eventos internos ou externos.
- A engenharia dirigida por modelos é uma abordagem para o desenvolvimento de software na qual um sistema é representado como um conjunto de modelos que podem ser transferidos automaticamente para código executável.

LEITURAS ADICIONAIS

Qualquer livro introdutório sobre UML fornece mais informações sobre a notação que cubro aqui. A UML mudou só um pouco nos últimos anos, então, embora alguns desses livros tenham mais de dez anos de idade, ainda são relevantes.

Using UML: software engineering with objects and components. 2. ed. Esse livro é uma breve e legível introdução ao uso da UML na especificação e projeto de sistemas. Acho que é excelente para aprender e entender a notação da UML, embora seja menos abrangente do que as descrições completas da UML encontradas no manual de referência da linguagem. STEVENS, P.; POOLEY, R. Addison-Wesley, 2006.

Model-driven software engineering in practice. É um livro bem abrangente sobre abordagens dirigidas por modelo com um foco no projeto (*design*) e implementação dirigidos por modelo. Assim como a UML, também cobre o desenvolvimento de linguagens de modelagem específicas para o domínio. BRAMBILLA, M.; CABOT, J.; WIMMER, M. Morgan Claypool, 2012.

SITE[2]

Apresentações em PowerPoint para este capítulo disponíveis em: <http://software-engineering-book.com/slides/chap5/>.
Links para vídeos de apoio disponíveis em: <http://software-engineering-book.com/videos/requirements-and-design/>.

[2] Todo o conteúdo disponibilizado na seção *Site* de todos os capítulos está em inglês.

EXERCÍCIOS

5.1 Explique por que é importante modelar o contexto de um sistema que está sendo desenvolvido. Forneça dois exemplos de possíveis erros que podem surgir se os engenheiros de software não entenderem o contexto do sistema.

5.2 Como você poderia usar o modelo de um sistema que já existe? Explique por que nem sempre é necessário que tal modelo de sistema esteja completo e correto. O mesmo valeria se você estivesse desenvolvendo um modelo de um novo sistema?

5.3 Pediram a você para desenvolver um sistema que vai ajudar a planejar grandes eventos e festas, como casamentos, festas de formatura e aniversários. Usando um diagrama de atividades, modele o contexto do processo desse sistema mostrando as atividades envolvidas no planejamento de uma festa (reservar um espaço, organizar os convites etc.) e os elementos do sistema que poderiam ser utilizados em cada etapa.

5.4 Para o sistema Mentcare, proponha um conjunto de casos de uso que ilustre as interações entre um médico, que visita os pacientes e prescreve medicamentos e tratamentos, e o sistema Mentcare.

5.5 Desenvolva um diagrama de sequência mostrando as interações envolvidas quando um aluno se inscreve em um curso na universidade. Os cursos podem ter inscrições limitadas, então o processo de matrícula deve incluir verificações de vagas disponíveis. Suponha que o aluno acesse um catálogo eletrônico de cursos para saber mais sobre os cursos disponíveis.

5.6 Examine cuidadosamente como as mensagens e as caixas postais são representadas no sistema de e-mail que você usa. Modele as classes que poderiam ser utilizadas na implementação orientada a objetos do sistema para representar uma caixa postal e uma mensagem de e-mail.

5.7 Com base em sua experiência com um caixa eletrônico de banco (ATM), desenhe um diagrama de atividades que modele o processamento dos dados envolvidos quando um cliente saca dinheiro do caixa.

5.8 Desenhe um diagrama de sequência para o mesmo sistema. Explique por que você poderia querer desenvolver diagramas de atividades e sequência durante a modelagem do comportamento de um sistema.

5.9 Desenhe diagramas de máquina de estados do software de controle para:
- uma lavadora automática com diferentes programas para diferentes tipos de roupas;
- o software de um DVD player;
- o software de controle da câmera em seu celular. Ignore o flash se você tiver um em seu celular.

5.10 Você é um gerente de engenharia de software e um membro experiente de sua equipe propõe que a engenharia dirigida por modelos deveria ser utilizada para desenvolver um novo sistema. Quais fatores você deveria levar em conta quando decidir se deve ou não introduzir essa abordagem para o desenvolvimento de software?

REFERÊNCIAS

AMBLER, S. W. *The object primer*: agile model-driven development with UML 2.0. 3. ed. Cambridge: Cambridge University Press, 2004.

AMBLER, S. W.; JEFFRIES, R. *Agile modeling*: effective practices for extreme programming and the unified process. New York: John Wiley & Sons, 2002.

BOOCH, G.; RUMBAUGH, J.; JACOBSON, I. *The Unified Modeling Language user guide*. 2. ed. Boston: Addison-Wesley, 2005.

BRAMBILLA, M.; CABOT, J.; WIMMER, M. *Model-driven software engineering in practice*. San Rafael: Morgan Claypool, 2012.

DEN HAAN, J. "Why there is no future for Model Driven Development." *The Enterprise Architect*, 25 jan. 2011. Disponível em: <http://www.theenterprisearchitect.eu/archive/2011/01/25/why-there-is-no-future-for-model-driven-development/>. Acesso em: 22 mai. 2018.

ERICKSON, J.; SIAU, K. "Theoretical and Practical Complexity of Modeling Methods." *Comm. ACM*, v. 50, n. 8, 2007. p. 46-51. doi:10.1145/1278201.1278205.

HAREL, D. "Statecharts: a visual formalism for complex systems." *Sci. Comput. Programming*, v. 8, n. 3, 1987. p. 231-274. doi:10.1016/0167-6423(87)90035-9.

HULL, R.; KING, R. "Semantic database modeling: survey, applications and research issues." *ACM Computing Surveys*, v. 19, n. 3, 1987. p. 201-260. doi:10.1145/45072.45073.

HUTCHINSON, J.; ROUNCEFIELD, M.; WHITTLE, J. "Model-Driven Engineering Practices in Industry." In: *34º Int. Conf. on Software Engineering*, 2012. p. 633-642. doi:10.1145/1985793.1985882.

JACOBSON, I.; CHRISTERSON, M.; JONSSON, P.; OVERGAARD, G. *Object-oriented software engineering*. Wokingham: Addison-Wesley, 1993.

KOEGEL, M. "EMF Tutorial: What Every Eclipse Developer Should Know about EMF." 2012. Disponível em: <http://eclipsesource.com/blogs/tutorials/emf-tutorial/>. Acesso em: 11 abr. 2018.

MELLOR, S. J.; BALCER, M. J. *Executable UML*. Boston: Addison-Wesley, 2002.

_____.; SCOTT, K.; WEISE, D. *MDA distilled*: principles of model-driven architecture. Boston: Addison-Wesley, 2004.

OMG - Object Management Group. "Model-driven architecture: success stories." 2012. Disponível em: <http://www.omg.org/mda/products_success.htm>. Acesso em: 11 abr. 2018.

RUMBAUGH, J.; JACOBSON, I.; BOOCH, G. *The Unified Modelling Language Reference Manual*. 2. ed. Boston: Addison-Wesley. 2004.

STAHL, T.; VOELTER, M. *Model-Driven Software Development*: Technology, Engineering, Management. New York: John Wiley & Sons. 2006.

ZHANG, Y.; PATEL, S. "Agile Model-Driven Development in Practice." *IEEE Software*, v. 28, n. 2, 2011. p. 84-91. doi:10.1109/MS.2010.85.

6 | Projeto de arquitetura

OBJETIVOS

O objetivo deste capítulo é introduzir os conceitos de arquitetura de software e projeto de arquitetura. Ao ler este capítulo, você:

- compreenderá por que o projeto de arquitetura de software é importante;
- compreenderá as decisões que precisam ser tomadas a respeito da arquitetura de software durante o projeto;
- será apresentado à ideia de padrões de arquitetura, que são maneiras experimentadas de organizar as arquiteturas de software que podem ser reusadas nos projetos de sistemas;
- compreenderá como podem ser utilizados padrões de arquitetura específicos para aplicações no processamento de transações e nos sistemas de processamento de linguagens.

CONTEÚDO

6.1 Decisões de projeto de arquitetura
6.2 Visões de arquitetura
6.3 Padrões de arquitetura
6.4 Arquiteturas de aplicações

O projeto de arquitetura visa compreender como um sistema de software deve ser organizado e projetar a estrutura geral desse sistema. No modelo do processo de desenvolvimento de software que descrevi no Capítulo 2, o projeto de arquitetura é o primeiro estágio no processo de projeto (*design*) do software. É o vínculo fundamental entre o projeto e a engenharia de requisitos, já que identifica os principais componentes estruturais em um sistema e as relações entre eles. A saída do processo de projeto de arquitetura é um modelo que descreve como o sistema está organizado como um conjunto de componentes que se comunicam.

Nos processos ágeis, é geralmente aceito que um estágio inicial do processo de desenvolvimento ágil esteja focado na criação do projeto da arquitetura geral do sistema. O desenvolvimento incremental das arquiteturas normalmente não é bem-sucedido. É relativamente fácil refatorar os componentes em resposta às mudanças. No entanto, é caro refatorar a arquitetura do sistema porque é possível ter de modificar a maior parte dos componentes do sistema para adaptá-los às mudanças da arquitetura.

Para ajudar a entender o que quero dizer com arquitetura de sistema, basta observar a Figura 6.1. Esse diagrama mostra um modelo abstrato da arquitetura de um sistema de embalagem robotizado, que consegue embalar diferentes tipos de objetos. Ele utiliza um componente de visão computacional para escolher os objetos em uma esteira, identificá-los e selecionar o tipo correto de embalagem. Depois, o sistema move os objetos da esteira de entrega para serem embalados e os coloca em outra esteira. O modelo de arquitetura mostra esses componentes e os vínculos entre eles.

FIGURA 6.1 A arquitetura de um sistema de controle de embalagem robotizado.

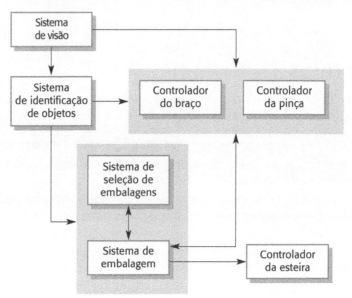

Na prática, há uma sobreposição significativa entre os processos de engenharia de requisitos e o projeto de arquitetura. Em condições ideais, uma especificação do sistema não deveria incluir qualquer informação de projeto. Contudo, esse ideal não é realista, exceto quando tratamos de sistemas muito pequenos. É preciso identificar os principais componentes da arquitetura, pois eles refletem as características de alto nível do sistema. Portanto, como parte integrante do processo de engenharia, é possível propor uma arquitetura do sistema abstrata, que associa grupos de funções ou características do sistema a componentes ou subsistemas de larga escala. Depois, essa decomposição é usada para discutir com *stakeholders* os requisitos e características mais detalhadas do sistema.

É possível projetar as arquiteturas de software em dois níveis de abstração, que eu chamo de arquiteturas em pequena e grande escala:

1. A *arquitetura em pequena escala* está relacionada com a arquitetura de um programa individual. Nesse nível, estamos preocupados com a maneira como cada programa é decomposto em seus componentes. Este capítulo tem a ver basicamente com as arquiteturas de programas.
2. A *arquitetura em grande escala* está relacionada com a arquitetura de sistemas corporativos complexos, que incluem outros sistemas, programas e componentes de programas. Esses sistemas corporativos podem ser distribuídos por diferentes computadores, os quais podem pertencer e ser gerenciados por diferentes empresas. (A arquitetura em grande escala será coberta nos Capítulos 17 e 18.)

A arquitetura de software é importante porque afeta o desempenho, a robustez, a capacidade de distribuição e a manutenibilidade de um sistema (BOSCH, 2000). Como explica Bosch, os componentes individuais implementam os requisitos funcionais do sistema, mas a influência dominante nas características não funcionais desse sistema é sua arquitetura. Chen, Ali Babar e Nuseibeh (2013) confirmaram isso em um estudo dos 'requisitos arquiteturalmente relevantes', no qual constataram que os requisitos não funcionais surtiram o efeito mais significativo na arquitetura do sistema.

Bass, Clements e Kazman (2012) sugerem que projetar e documentar explicitamente a arquitetura de software tem três vantagens:

1. *Comunicação com* stakeholders. A arquitetura é uma apresentação de alto nível do sistema que pode ser usada como foco de discussão por vários *stakeholders*.
2. *Análise de sistema.* Tornar explícita a arquitetura de sistema em um estágio inicial no desenvolvimento de sistemas exige alguma análise. As decisões de projeto de arquitetura têm um efeito profundo no cumprimento ou não dos requisitos críticos, como o desempenho, a confiabilidade e a manutenibilidade.
3. *Reúso em larga escala.* Um modelo de arquitetura é uma descrição compacta e gerenciável de como um sistema é organizado e de como os componentes operam entre si. A arquitetura do sistema costuma ser a mesma nos sistemas com requisitos parecidos e, por isso, consegue apoiar o reúso de software em larga escala. Conforme explicarei no Capítulo 15, as arquiteturas de linha de produto são uma abordagem na qual a mesma arquitetura é reusada por toda uma gama de sistemas relacionados.

As arquiteturas de sistema são frequentemente modeladas de modo informal, com diagramas de bloco simples sendo usados, como na Figura 6.1. Cada caixa no diagrama representa um componente. As caixas dentro de caixas indicam que o componente foi decomposto em subcomponentes. As setas significam que os dados e os sinais de controle são passados de um componente para outro na direção das setas. É possível ver muitos exemplos desse tipo de modelo de arquitetura no manual de arquitetura de software de Booch (2014).

Os diagramas de bloco apresentam uma imagem de alto nível da estrutura do sistema, que pessoas de diferentes disciplinas envolvidas no processo de desenvolvimento do sistema podem compreender imediatamente. Apesar de seu uso generalizado, Bass, Clements e Kazman (2012) não gostam dos diagramas de bloco informais para descrever uma arquitetura, pois dizem que são representações pobres da arquitetura, já que não mostram o tipo de relacionamento entre os componentes do sistema e nem suas propriedades externas visíveis.

As aparentes contradições entre a teoria de arquitetura e a prática industrial surgem porque existem duas maneiras de utilizar o modelo de arquitetura de um programa:

1. *Como forma de encorajar as discussões sobre o projeto do sistema.* Uma visão de alto nível da arquitetura de um sistema é útil para a comunicação com os *stakeholders* e para o planejamento do projeto, pois ela não está lotada de detalhes. Os *stakeholders* podem se referir a ela e entender uma visão abstrata do sistema e, depois, discutir o sistema como um todo sem se confundir com detalhes. O modelo de arquitetura identifica os componentes-chave que devem ser desenvolvidos, então os gerentes podem começar a designar pessoas para planejar o desenvolvimento desses sistemas.
2. *Como forma de documentar uma arquitetura que foi projetada.* O objetivo aqui é produzir um modelo completo do sistema que mostre seus diferentes componentes, suas interfaces e suas conexões. O argumento para esse tipo de

modelo é que uma descrição detalhada da arquitetura facilita a compreensão e o desenvolvimento do sistema.

Os diagramas de bloco são uma boa maneira de apoiar a comunicação entre as pessoas envolvidas no processo de projeto (*design*) do software. Eles são intuitivos, e tanto os especialistas no domínio quanto os engenheiros de software podem se referir a eles e participar das discussões sobre o sistema. Os gerentes consideram esses diagramas úteis no planejamento do projeto. Em muitos projetos, os diagramas de bloco são a única descrição da arquitetura.

Em condições ideais, se a arquitetura de um sistema tiver de ser documentada em detalhes, é melhor usar uma notação mais rigorosa para a descrição da arquitetura. Várias linguagens de descrição de arquitetura foram desenvolvidas (BASS; CLEMENTS; KAZMAN, 2012) com essa finalidade. Uma descrição mais detalhada e completa significa que há menos espaço para equívocos nos relacionamentos entre os componentes da arquitetura. No entanto, o desenvolvimento de uma descrição detalhada é um processo caro e demorado. É praticamente impossível saber se é econômico ou não, então essa abordagem não é muito utilizada.

6.1 DECISÕES DE PROJETO DE ARQUITETURA

O projeto de arquitetura é um processo criativo no qual se projeta a organização de um sistema que vai satisfazer os seus requisitos funcionais e não funcionais. Não existe um processo de projeto de arquitetura estereotipado. Ele depende do tipo do sistema que está sendo desenvolvido, da experiência do arquiteto do sistema e dos requisitos específicos desse sistema. Consequentemente, é melhor considerar o projeto de arquitetura como uma série de decisões a serem tomadas, em vez de uma sequência de atividades.

Durante o processo de projeto de arquitetura, os arquitetos do sistema têm de tomar uma série de decisões estruturais que afetam profundamente o sistema e seu processo de desenvolvimento. Com base em seu conhecimento e experiência, eles devem considerar as questões fundamentais exibidas na Figura 6.2.

FIGURA 6.2 Decisões de projeto de arquitetura.

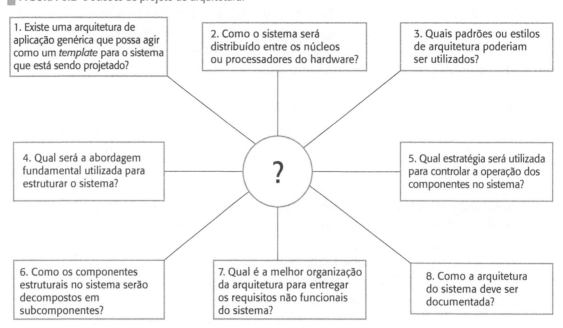

Embora cada sistema de software seja único, os sistemas no mesmo domínio de aplicação costumam ter arquiteturas similares, que refletem os conceitos fundamentais do domínio. Por exemplo, as linhas de produto de aplicação são aplicações criadas em torno de uma arquitetura central, com variantes que satisfazem requisitos específicos do cliente. Ao projetar uma arquitetura de sistemas, é necessário decidir o que o sistema e as classes de aplicação mais amplas têm em comum e quanto conhecimento é possível reaproveitar dessas arquiteturas de aplicações.

Nos sistemas embarcados e nas aplicações projetadas para computadores pessoais e dispositivos móveis, não é necessário projetar uma arquitetura distribuída para o sistema. No entanto, a maioria dos sistemas grandes consiste em sistemas distribuídos no quais o software do sistema é distribuído por muitos computadores diferentes. A escolha da arquitetura de distribuição é uma decisão-chave, que afeta o desempenho e a confiabilidade do sistema. Esse tópico é importante por si só, e será coberto no Capítulo 17.

A arquitetura de um sistema de software pode se basear em um determinado padrão ou estilo de arquitetura (esses termos acabaram ganhando o mesmo significado). Um padrão de arquitetura é uma descrição de uma organização de sistema (GARLAN; SHAW, 1993), como uma organização cliente-servidor ou uma arquitetura em camadas. Os padrões de arquitetura capturam a essência de uma arquitetura que tem sido utilizada em diferentes sistemas de software. Ao tomar decisões sobre a arquitetura de um sistema, é necessário estar a par dos padrões comuns, onde eles podem ser utilizados e quais são seus pontos fortes e fracos. Tratarei, na Seção 6.3, de vários padrões frequentemente utilizados.

O conceito de Garlan e Shaw, de um estilo de arquitetura, abrange as questões 4 a 6 na lista de questões fundamentais da Figura 6.2. Deve-se escolher a estrutura mais adequada — cliente-servidor ou em camadas, por exemplo —, que permitirá o atendimento dos requisitos do sistema. Para decompor as unidades estruturais do sistema, deve-se decidir por uma estratégia para decompor os componentes em subcomponentes. Finalmente, no processo de modelagem do controle, desenvolve-se um modelo geral de relacionamentos de controle entre as várias partes do sistema e decide-se como a execução dos componentes é controlada.

Em virtude do relacionamento entre as características não funcionais do sistema e sua arquitetura, a escolha do estilo de arquitetura e da estrutura deve depender dos requisitos não funcionais do sistema:

1. *Desempenho*. Se o desempenho for um requisito crítico, a arquitetura deve ser projetada para localizar as operações críticas dentro de um pequeno número de componentes, com esses componentes implantados no mesmo computador, em vez de distribuídos pela rede. Isso pode significar a necessidade de usar alguns componentes relativamente grandes, em vez de pequenos e mais refinados. Usar componentes grandes reduz o volume de comunicação entre os componentes, já que a maioria das interações entre funcionalidades relacionadas ocorre dentro de um mesmo componente. Também é possível considerar organizações do sistema em tempo de execução que permitem que o sistema seja replicado e executado em diferentes processadores.
2. *Segurança da informação* (security). Se a segurança da informação for um requisito crítico, deve ser utilizada uma estrutura em camadas na arquitetura,

com os ativos mais críticos protegidos nas camadas mais internas e um alto nível de validação de segurança da informação aplicado a essas camadas.

3. *Segurança* (safety). Se a segurança for um requisito crítico, a arquitetura deve ser projetada para que as operações relacionadas à segurança fiquem juntas em um mesmo componente ou em um pequeno número de componentes. Isso reduz os custos e os problemas de validação da segurança e permite o fornecimento de sistemas de proteção relacionados, que, em caso de falha, possam desligar o sistema de maneira segura.

4. *Disponibilidade.* Se a disponibilidade for um requisito crítico, a arquitetura deve ser projetada para incluir componentes redundantes para que seja possível substituir e atualizar os componentes sem parar o sistema. No Capítulo 11, descreverei as arquiteturas de sistema tolerantes a defeitos para sistemas de alta disponibilidade.

5. *Manutenibilidade.* Se a manutenibilidade for um requisito crítico, a arquitetura do sistema deve ser projetada usando componentes pequenos e autocontidos que possam ser facilmente modificados. Os produtores de dados devem ser separados dos consumidores, e as estruturas de dados compartilhadas devem ser evitadas.

Obviamente, há um possível conflito entre algumas dessas arquiteturas. Por exemplo, usar componentes grandes melhora o desempenho e usar componentes pequenos melhora a manutenibilidade. Entretanto, se o desempenho e a manutenibilidade forem requisitos importantes do sistema, então deve haver algum acordo. Às vezes, é possível fazer isso usando diferentes padrões e estilos de arquitetura para diferentes partes do sistema. Hoje, a segurança da informação (*security*) quase sempre é um requisito crítico, e deve-se projetar uma arquitetura que satisfaça, ao mesmo tempo, este e outros requisitos não funcionais.

É difícil avaliar um projeto de arquitetura porque o verdadeiro teste de uma arquitetura é determinado por quão bem o sistema atende seus requisitos funcionais e não funcionais quando é utilizado. Entretanto, é possível fazer alguma avaliação comparando o projeto com arquiteturas de referência ou com padrões mais genéricos. A descrição de Bosch (2000) das características não funcionais de alguns padrões de arquitetura pode ajudar nessa avaliação.

6.2 VISÕES DE ARQUITETURA

Expliquei na introdução a este capítulo que os modelos de arquitetura de um sistema de software podem ser utilizados para focar a discussão sobre os requisitos ou o projeto (*design*) de software. Por outro lado, eles podem ser usados para documentar um projeto de modo que ele possa ser utilizado como base para o projeto detalhado e a implementação do sistema. Nesta seção, discutirei duas questões relevantes para ambas as utilizações:

1. Quais visões ou perspectivas são úteis durante o projeto e documentação da arquitetura de um sistema?
2. Quais notações devem ser utilizadas para descrever os modelos de arquitetura?

É impossível representar em um único diagrama todas as informações relevantes a respeito da arquitetura de um sistema, pois um modelo gráfico só consegue mostrar uma visão ou perspectiva do sistema. Ele poderia mostrar como um sistema é decomposto em módulos, como os processos interagem em tempo de execução ou de quais maneiras distintas componentes de sistema se distribuem por uma rede. Como tudo isso é útil em momentos diferentes, tanto no projeto quanto na documentação, normalmente é preciso apresentar várias visões de arquitetura de software.

Existem diversas opiniões quanto às visões necessárias. Kruchten (1995), em seu conhecido modelo de arquitetura de software 4+1, sugere que deveria haver quatro visões fundamentais de arquitetura, que podem ser ligadas por meio de casos de uso e de cenários comuns (Figura 6.3). Ele sugere as seguintes:

1. *Uma visão lógica*, que mostra as abstrações fundamentais do sistema como objetos ou classes. Nesse tipo de visão, deve ser possível relacionar os requisitos do sistema às suas entidades.
2. *Uma visão de processo*, que mostra como, no tempo de execução, o sistema é composto de processos que interagem. Essa visão é útil para fazer julgamentos sobre características não funcionais do sistema, como o desempenho e a disponibilidade.
3. *Uma visão de desenvolvimento*, que mostra como o software é decomposto para desenvolvimento; isto é, mostra a divisão do software em componentes que são implementados por um único desenvolvedor ou time de desenvolvimento. Essa visão é útil para gerentes e programadores de software.
4. *Uma visão física*, que mostra o hardware do sistema e como os componentes de software estão distribuídos pelos processadores no sistema. Essa visão é útil para os engenheiros de sistema que estão planejando uma implantação do sistema.

FIGURA 6.3 Visões de arquitetura.

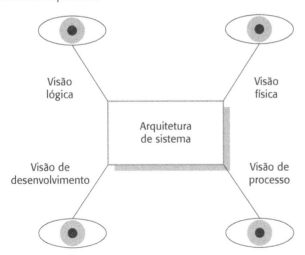

Hofmeister, Nord e Soni (2000) sugerem o uso de visões similares, mas acrescentam a ideia de uma visão conceitual. Essa é uma visão abstrata do sistema, que pode ser a base para decompor requisitos de alto nível em especificações mais detalhadas, ajudando os engenheiros a tomarem decisões sobre os componentes que podem ser reusados, e pode representar uma linha de produto (discutida no Capítulo 15) em vez de um único sistema. A Figura 6.1, que descreve a arquitetura de um robô empacotador, é um exemplo de visão conceitual do sistema.

Na prática, as visões conceituais da arquitetura de um sistema são quase sempre desenvolvidas durante o processo de projeto. Elas são utilizadas para explicar a arquitetura do sistema para os *stakeholders* e informar a tomada de decisão de arquitetura. Durante o processo de projeto, algumas das outras visões também podem ser desenvolvidas quando são discutidos diferentes aspectos do sistema, mas raramente é necessário desenvolver uma descrição completa de todas as perspectivas. Também pode ser possível associar padrões de arquitetura, que serão discutidos na próxima seção, com as diferentes visões de um sistema.

Existem diferentes visões quanto aos arquitetos de software deverem ou não usar a UML para descrever e documentar arquiteturas de software. Um levantamento feito em 2006 (LANGE; CHAUDRON; MUSKENS, 2006) mostrou que, quando a UML foi utilizada, ela foi aplicada principalmente de maneira informal. Os autores desse artigo argumentaram que isso não foi bom.

Eu discordo dessa opinião. A UML foi concebida para descrever sistemas orientados a objeto e, no estágio de projeto de arquitetura, muitas vezes se deseja descrever sistemas em um nível mais alto de abstração. As classes são próximas demais da implementação para serem úteis em uma descrição de arquitetura. Não acho que a UML seja útil durante o processo de projeto em si e prefiro notações informais que são mais rápidas de escrever e que podem ser facilmente desenhadas em uma lousa. A UML é mais valiosa quando se está documentando uma arquitetura em detalhes ou usando o desenvolvimento dirigido por modelos, conforme discutido no Capítulo 5.

Vários pesquisadores (BASS; CLEMENTS; KAZMAN, 2012) propuseram o uso de linguagens de descrição de arquitetura (ADLs, do inglês *architectural description languages*) mais especializadas para descrever arquiteturas de sistema. Os elementos básicos das ADLs são componentes e conectores, e elas incluem regras e diretrizes para arquiteturas bem formadas. No entanto, como as ADLs são linguagens especializadas, os especialistas do domínio e da aplicação acham difícil de entendê-las e de usá-las. Pode haver algum valor em usar ADLs específicas para domínios como parte do desenvolvimento dirigido por modelos, mas não acho que elas se tornarão parte da prática convencional de engenharia de software. Os modelos e as notações informais, como a UML, continuam a ser as maneiras mais utilizadas de documentar a arquitetura de sistema.

Os usuários dos métodos ágeis reivindicam que a documentação de projeto detalhada praticamente não é utilizada. Portanto, desenvolver esses documentos é desperdício de tempo e dinheiro. Concordo em grande parte com essa visão e acho que, exceto para sistemas críticos, não vale a pena desenvolver uma descrição de arquitetura detalhada a partir das quatro perspectivas de Kruchten. As visões que devem ser desenvolvidas são as que forem úteis para a comunicação, independentemente se a documentação de arquitetura está completa ou não.

6.3 PADRÕES DE ARQUITETURA

A ideia dos padrões como uma maneira de apresentar, compartilhar e reutilizar conhecimento sobre sistemas foi adotada em uma série de áreas da engenharia de software. O gatilho para isso foi a publicação de um livro sobre padrões de projeto orientado a objetos (GAMMA *et al.*, 1995). Isso suscitou o desenvolvimento de outros tipos de padrões, como os padrões de projeto organizacional (COPLIEN; HARRISON, 2004), de usabilidade (THE USABILITY GROUP, 1998), de interação cooperativa (MARTIN; SOMMERVILLE, 2004) e de gerenciamento de configuração (BERCZUK; APPLETON, 2002).

Os padrões de arquitetura foram propostos nos anos 1990 com o nome 'estilos de arquitetura' (SHAW; GARLAN, 1996). Uma série bem detalhada de manuais, em cinco volumes, sobre arquitetura de software orientada a objetos, foi publicada entre 1996 e 2007 (BUSCHMANN et al., 1996; SCHMIDT et al., 2000; BUSCHMANN; HENNEY; SCHMIDT, 2007a, 2007b; KIRCHER; JAIN, 2004).

Nesta seção, apresentarei os padrões de arquitetura e descreverei resumidamente uma seleção dos padrões mais utilizados. Esses padrões podem ser descritos usando uma mistura de descrição narrativa e de diagramas (Figuras 6.4 e 6.5). Para informações mais detalhadas sobre padrões e seu uso, vale a pena consultar os manuais de padrões publicados.

FIGURA 6.4 O padrão MVC (Modelo-Visão-Controlador).

Nome	MVC (Modelo-Visão-Controlador)
Descrição	Separa a apresentação e a interação dos dados do sistema. O sistema é estruturado em três componentes lógicos que interagem entre si. O componente Modelo gerencia os dados do sistema e as operações a eles associadas. O componente Visão define e gerencia como os dados são apresentados ao usuário. O componente Controlador gerencia a interação do usuário (por exemplo, pressionamento de teclas, cliques de mouse etc.) e passa essas interações para Visão e Modelo. Ver Figura 6.5.
Exemplo	A Figura 6.6 mostra a arquitetura de uma aplicação web, organizada com o uso do padrão MVC.
Quando é utilizado	É utilizado quando há várias maneiras de visualizar e interagir com os dados. Também é utilizado quando os requisitos futuros para interação e apresentação dos dados são desconhecidos.
Vantagens	Permite que os dados sejam alterados independentemente de sua representação e vice-versa. Apoia a apresentação dos mesmos dados de maneiras diferentes, exibindo as alterações feitas em uma representação em todas as demais.
Desvantagens	Pode envolver mais código e aumentar sua complexidade quando o modelo de dados e as interações forem simples.

É possível pensar em um padrão de arquitetura como uma descrição estilizada, abstrata, das práticas recomendadas que foram testadas e aprovadas em diferentes subsistemas e ambientes. Então, um padrão de arquitetura deve descrever a organização de um sistema que foi bem-sucedida em sistemas anteriores. Ela deve incluir tanto informações sobre quando é apropriado usar esse padrão e também detalhes de pontos fortes e fracos do padrão.

A Figura 6.4 descreve o conhecido padrão MVC (Modelo-Visão-Controlador), que é a base do gerenciamento da interação em muitos sistemas web, sendo suportado pela maioria dos *frameworks*. A descrição estilizada do padrão inclui o nome do padrão, uma descrição resumida, um modelo gráfico e um exemplo do tipo de sistema no qual o padrão é utilizado. Devem ser incluídas informações sobre quando o padrão é utilizado e suas vantagens e desvantagens.

Os modelos gráficos da arquitetura associada ao padrão MVC são mostrados nas Figuras 6.5 e 6.6. Eles apresentam a arquitetura a partir de diferentes visões: a Figura 6.5 é uma visão conceitual e a Figura 6.6 mostra uma arquitetura de sistema em tempo de execução quando esse padrão é utilizado para gerenciamento da interação em um sistema web.

FIGURA 6.5 A organização do MVC (Modelo-Visão-Controlador).

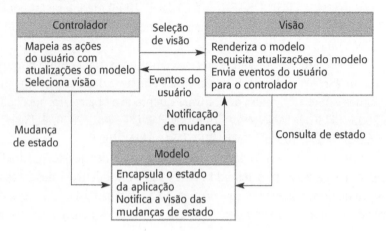

FIGURA 6.6 Arquitetura de aplicação web usando o padrão MVC.

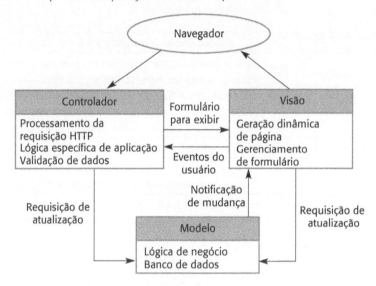

Nesse pequeno espaço, é impossível descrever todos os padrões genéricos que podem ser utilizados no desenvolvimento de software. Em vez disso, apresento alguns exemplos selecionados de padrões amplamente utilizados e que capturam bons princípios de projeto de arquitetura.

6.3.1 Arquitetura em camadas

Os conceitos de separação e de independência são fundamentais para o projeto de arquitetura porque permitem que as mudanças sejam localizadas. O padrão MVC, exibido na Figura 6.4, separa os elementos de um sistema, permitindo que sejam alterados de maneira independente. Por exemplo, adicionar uma nova visão ou mudar uma visão existente pode ser feito sem quaisquer alterações nos dados subjacentes ao modelo. O padrão de arquitetura em camadas é outra maneira de alcançar a separação e a independência. Esse padrão é exibido na Figura 6.7. Aqui, a funcionalidade do sistema é organizada em camadas separadas e cada uma se baseia apenas nos recursos e serviços oferecidos pela camada imediatamente abaixo dela.

FIGURA 6.7 O padrão de arquitetura em camadas.

Nome	Arquitetura em camadas
Descrição	Organiza o sistema em camadas, com funcionalidade associada a cada uma. Uma camada fornece serviços para a camada acima dela, então as camadas nos níveis mais inferiores representam os serviços essenciais que tendem a ser utilizados em todo o sistema (Figura 6.8).
Exemplo	Um modelo em camadas de um sistema de aprendizagem digital para apoiar a aprendizagem de todas as disciplinas nas escolas (Figura 6.9).
Quando é utilizado	Utilizado quando se cria novos recursos em cima de sistemas existentes; quando o desenvolvimento é distribuído por vários times, cada um deles responsável por uma camada de funcionalidade; quando há necessidade de segurança da informação (*security*) em múltiplos níveis.
Vantagens	Permite a substituição de camadas inteiras, contanto que a interface seja mantida. Recursos redundantes, como a autenticação, podem ser fornecidos em cada camada para aumentar a dependabilidade do sistema.
Desvantagens	Na prática, muitas vezes é difícil proporcionar uma separação clara entre as camadas, de modo que camadas dos níveis mais altos podem ter de interagir diretamente com as dos níveis mais baixos em vez das imediatamente inferiores a elas. O desempenho pode ser um problema por causa dos múltiplos níveis de interpretação de uma requisição de serviço à medida que essa requisição é processada em cada camada.

Essa abordagem em camadas apoia o desenvolvimento incremental de sistemas. À medida que uma camada é desenvolvida, alguns dos serviços fornecidos por ela podem ser disponibilizados aos usuários. A arquitetura também é mutável e móvel. Se a sua interface permanecer inalterada, uma nova camada com funcionalidade ampliada pode substituir uma camada existente sem mudar outras partes do sistema. Além disso, quando as interfaces de camada mudam ou quando novos recursos são acrescentados a uma camada, apenas a camada adjacente é afetada. Como os sistemas em camadas localizam dependências de máquina, isso facilita o fornecimento de implementações multiplataforma de um sistema de aplicação. Somente as camadas dependentes de máquina precisam ser implementadas novamente para levar em conta os recursos de um sistema operacional ou banco de dados diferente.

A Figura 6.8 é um exemplo de arquitetura em camadas, contando com quatro camadas. A camada de nível mais baixo inclui software de apoio ao sistema — tipicamente, apoio ao banco de dados e ao sistema operacional. A próxima camada é a de aplicação, que inclui os componentes relacionados à funcionalidade da aplicação e os componentes utilitários aproveitados por outros componentes da aplicação.

FIGURA 6.8 Uma arquitetura genérica em camadas.

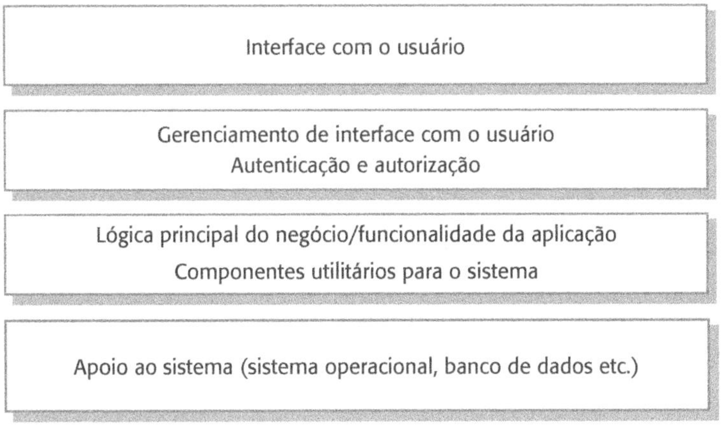

Interface com o usuário

Gerenciamento de interface com o usuário
Autenticação e autorização

Lógica principal do negócio/funcionalidade da aplicação
Componentes utilitários para o sistema

Apoio ao sistema (sistema operacional, banco de dados etc.)

A terceira camada está relacionada ao gerenciamento da interface com o usuário e ao fornecimento de autenticação e autorização de usuário, com a camada superior fornecendo recursos de interface com o usuário. Naturalmente, o número de camadas é arbitrário. Qualquer uma das camadas na Figura 6.6 poderia ser dividida em duas ou mais.

A Figura 6.9 mostra que o sistema de aprendizado digital iLearn, introduzido no Capítulo 1, possui uma arquitetura de quatro camadas que segue esse padrão. Há outro exemplo de padrão de arquitetura em camadas na Figura 6.19 (na Seção 6.4, que mostra a organização do sistema Mentcare).

FIGURA 6.9 A arquitetura do sistema iLearn.

6.3.2 Arquitetura de repositório

O padrão de arquitetura em camadas e o padrão MVC são exemplos nos quais a visão apresentada é a organização conceitual de um sistema. Meu próximo exemplo, o padrão repositório (Figura 6.10), descreve como um conjunto de componentes que interagem pode compartilhar dados.

A maioria dos sistemas que usa grandes quantidades de dados é organizada em torno de um banco de dados ou repositório compartilhado. Portanto, esse modelo é adequado para aplicações nas quais dados são gerados por um componente e usados por outro. Exemplos desse tipo de sistema incluem sistemas de comando e controle, sistemas de gerenciamento de informações, sistemas CAD (projeto assistido por computador, do inglês *computer aided design*) e ambientes interativos de desenvolvimento de software.

A Figura 6.11 ilustra uma situação em que se pode utilizar um repositório. Esse diagrama mostra um IDE que inclui diferentes ferramentas para apoiar um desenvolvimento dirigido por modelos. O repositório, nesse caso, pode ser um ambiente com controle de versão (conforme será discutido no Capítulo 25), que monitora as mudanças no software e permite a restauração de versões anteriores.

FIGURA 6.10 Padrão repositório.

Nome	Repositório
Descrição	Todos os dados em um sistema são gerenciados em um repositório central que é acessível a todos os componentes do sistema. Os componentes não interagem diretamente, apenas por meio do repositório.
Exemplo	A Figura 6.11 é um exemplo de IDE cujos componentes usam um repositório de informações de projeto (*design*) do sistema. Cada ferramenta de software gera informações que depois são disponibilizadas para uso de outras ferramentas.
Quando é utilizado	Esse padrão deve ser usado em um sistema no qual são gerados grandes volumes de informação que precisam ser armazenados por muito tempo. Também é possível usá-lo nos sistemas dirigidos por dados, cuja inclusão no repositório dispara uma ação ou uma ferramenta.
Vantagens	Os componentes podem ser independentes; eles não precisam saber da existência dos outros componentes. As mudanças feitas por um componente podem ser propagadas para todos os demais. Todos os dados podem ser gerenciados de modo consistente (por exemplo, *backups* feitos ao mesmo tempo), já que estão todos em um só lugar.
Desvantagens	O repositório é um único ponto de falha, então os problemas no repositório afetam o sistema inteiro. Pode haver ineficiências em organizar toda a comunicação por meio do repositório. Pode ser difícil distribuir o repositório por vários computadores.

FIGURA 6.11 Uma arquitetura de repositório para um IDE.

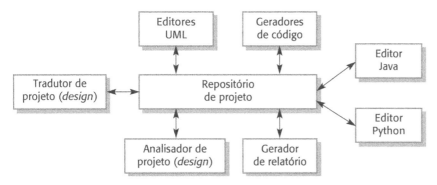

Organizar as ferramentas em torno de um repositório é uma maneira eficiente de compartilhar uma grande quantidade de dados. Não é necessário transmitir os dados explicitamente de um componente para outro. No entanto, os componentes devem operar em torno de um modelo aprovado de repositório de dados. Inevitavelmente, esse é um acordo entre as necessidades específicas de cada ferramenta e pode ser difícil ou impossível integrar novos componentes se os modelos de dados não se encaixarem no esquema aprovado. Na prática, pode ser difícil distribuir o repositório por uma série de máquinas. Embora seja possível distribuir um repositório logicamente centralizado, isso envolve manter várias cópias dos dados. Manter esses dados coerentes e atualizados sobrecarrega o sistema.

Na arquitetura de repositório exibida na Figura 6.11, o repositório é passivo e o controle é de responsabilidade dos componentes que usam o repositório. Uma abordagem alternativa, que foi derivada dos sistemas de inteligência artificial (IA), usa um modelo de 'quadro-negro' que dispara componentes quando determinados dados ficam disponíveis. Isso é conveniente quando os dados no repositório não são estruturados. As decisões sobre qual ferramenta deve ser ativada só podem ser tomadas quando os dados forem analisados. Esse modelo foi introduzido por Nii (1986), e Bosch (2000) inclui uma boa discussão sobre como esse estilo está relacionado aos atributos de qualidade do sistema.

6.3.3 Arquitetura cliente-servidor

O padrão de repositório preocupa-se com a estrutura estática de um sistema e não mostra a sua organização em tempo de execução. Meu próximo exemplo, o padrão cliente-servidor (Figura 6.12), ilustra uma organização em tempo de execução utilizada frequentemente em sistemas distribuídos. Um sistema que segue o padrão cliente-servidor é organizado como um conjunto de serviços e servidores associados e de clientes que acessam e usam esses serviços. Os principais componentes desse modelo são:

1. Um conjunto de servidores que oferecem serviços para outros componentes. Os exemplos incluem os servidores de impressão, que oferecem serviços de impressão; os servidores de arquivos, que oferecem serviços de gerenciamento de arquivos; e um servidor de compilação, que oferece serviços de compilação de linguagem de programação. Os servidores são componentes de software, e vários deles podem ser executados no mesmo computador.
2. Um conjunto de clientes que demanda os serviços oferecidos pelos servidores. Normalmente haverá várias instâncias de um programa cliente sendo executado simultaneamente em computadores diferentes.
3. Uma rede que permite que os clientes acessem esses serviços. Os sistemas cliente-servidor normalmente são implementados como sistemas distribuídos, conectados por protocolos da internet.

FIGURA 6.12 O padrão cliente-servidor.

Nome	Cliente-servidor
Descrição	Em uma arquitetura cliente-servidor, o sistema é apresentado como um conjunto de serviços, e cada serviço é fornecido por um servidor separado. Os clientes são usuários desses serviços e acessam os servidores para usá-los.
Exemplo	A Figura 6.13 é um exemplo de biblioteca de filmes e vídeos/DVDs organizada como um sistema cliente-servidor.
Quando é utilizado	Utilizado quando os dados em um banco de dados compartilhado têm de ser acessados a partir de diversos locais. Como os servidores podem ser replicados, eles também podem ser utilizados quando a carga em um sistema for variável.
Vantagens	A principal vantagem desse modelo é que os servidores podem ser distribuídos em rede. A funcionalidade geral (por exemplo, um serviço de impressão) pode estar disponível para todos os clientes e não precisa ser implementada por todos os serviços.
Desvantagens	Cada serviço é um único ponto de falha e, portanto, é suscetível a ataques de negação de serviço ou a falhas no servidor. O desempenho pode ser imprevisível porque depende da rede e também do sistema. Podem surgir problemas de gerenciamento se os servidores forem de propriedade de organizações diferentes.

As arquiteturas cliente-servidor normalmente são encaradas como arquiteturas de sistemas distribuídos, mas o modelo lógico de serviços independentes sendo executados em servidores diferentes pode ser implementado em um único computador. Mais uma vez, os benefícios importantes são a separação e a independência. Os serviços e servidores podem ser modificados sem afetar outras partes do sistema.

Os clientes podem ser obrigados a saber os nomes dos servidores disponíveis e os serviços que eles fornecem. No entanto, os servidores não precisam saber qual a identidade dos clientes ou quantos clientes estão acessando seus serviços. Os clientes acessam os serviços fornecidos por um servidor por meio de chamadas remotas de procedimento usando um protocolo de requisição-resposta (como o HTTP), no qual um cliente faz uma solicitação a um servidor e deve esperar até receber a resposta.

A Figura 6.13 é um exemplo de sistema baseado no modelo cliente-servidor. Esse sistema web é multiusuário e controla uma biblioteca de filmes e de fotos. Nele, vários servidores gerenciam e exibem diferentes tipos de mídia. Os quadros do vídeo precisam ser transmitidos rapidamente e em sincronia, mas em uma resolução relativamente baixa. Eles podem ser comprimidos em um repositório, então o servidor de vídeo pode lidar com a compressão e descompressão de vídeo em diferentes formatos. As imagens estáticas, porém, devem ser mantidas em uma resolução alta, então é conveniente mantê-las em um servidor separado.

FIGURA 6.13 Arquitetura cliente-servidor de uma biblioteca de filmes.

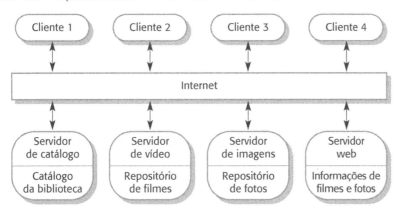

O catálogo deve ser capaz de lidar com uma série de consultas e de fornecer *links* para o sistema de informação na web, que inclui dados sobre filmes e videoclipes, e um sistema de *e-commerce* que permita a venda de fotografias, filmes e videoclipes. O programa cliente é simplesmente uma interface de usuário integrada, construída usando um navegador web para acessar esses serviços.

A vantagem mais importante do modelo cliente-servidor é que se trata de uma arquitetura distribuída. O uso eficaz pode ser feito nos sistemas em rede que contam com muitos processadores distribuídos. É fácil adicionar um novo servidor e integrá-lo ao resto do sistema ou atualizar os servidores transparentemente sem afetar as outras partes do sistema. Cobrirei as arquiteturas distribuídas no Capítulo 17, no qual explicarei com mais detalhes o modelo cliente-servidor e suas variações.

6.3.4 Arquitetura duto e filtro

Meu exemplo final de um padrão de arquitetura genérico é o duto e filtro (*pipe and filter* — Figura 6.14), um modelo de organização de um sistema em tempo de execução no qual transformações funcionais processam suas entradas e produzem saídas. Os dados fluem de um para outro e são transformados enquanto passam pela sequência. Cada etapa de processamento é implementada como uma transformação. Os dados de entrada fluem por essas transformações até serem convertidos para saída. As transformações podem ser executadas sequencial ou paralelamente. Os dados podem ser processados por cada transformação, item a item ou em um único lote.

FIGURA 6.14 O padrão duto e filtro.

Nome	Duto e filtro (*pipe and filter*)
Descrição	O processamento dos dados em um sistema é organizado de modo que cada componente de processamento (filtro) é discreto e executa um tipo de transformação dos dados. Os dados fluem (como em um duto) de um componente para outro para serem processados.
Exemplo	A Figura 6.15 é um exemplo de sistema duto e filtro utilizado para processar pedidos.
Quando é utilizado	Utilizado frequentemente nas aplicações de processamento de dados (tanto baseadas em lotes quanto em transações), em que as entradas são processadas em estágios separados, gerando saídas relacionadas.
Vantagens	Fácil de entender e permite o reúso de transformações. O estilo do fluxo de trabalho corresponde à estrutura de muitos processos de negócio. A evolução por meio da adição de transformações é direta. Pode ser implementado como um sistema sequencial ou concorrente.
Desvantagens	O formato da transferência de dados tem de ser acordado entre as transformações que se comunicam. Cada transformação deve analisar sua entrada e devolver a saída para a forma acordada. Isso aumenta a sobrecarga do sistema e pode significar que é impossível reusar componentes arquiteturais que usam estruturas de dados incompatíveis.

O nome 'duto e filtro' vem do sistema Unix original, no qual era possível vincular processos usando *pipes*. Esses *pipes* passavam um fluxo de texto de um processo para outro. Os sistemas que seguem esse modelo podem ser implementados combinando comandos Unix, usando *pipes* e recursos de controle do Unix *shell*. O termo *filtro* (*filter*) é utilizado porque uma transformação 'filtra' os dados que pode processar a partir de seu fluxo de dados de entrada.

Variações desse padrão têm sido utilizadas desde que os computadores foram introduzidos no processamento automático de dados. Quando as transformações são sequenciais com dados processados em lotes, esse modelo de arquitetura duto e filtro se transforma em um modelo sequencial em lotes — uma arquitetura comum nos sistemas de processamento de dados, como os sistemas de cobrança. A arquitetura de um sistema embarcado também pode ser organizada como um *pipeline* de processo, com cada processo executando concorrentemente. No Capítulo 21, cobrirei o uso desse padrão nos sistemas embarcados.

Um exemplo desse tipo de arquitetura de sistema, utilizado em uma aplicação de processamento em lotes, é exibido na Figura 6.15. Uma organização enviou faturas aos clientes. Uma vez por semana, os pagamentos feitos são reconciliados com as faturas; para as faturas pagas, um recibo é emitido; para as que estão em atraso, um lembrete é emitido.

FIGURA 6.15 Exemplo da arquitetura duto e filtro.

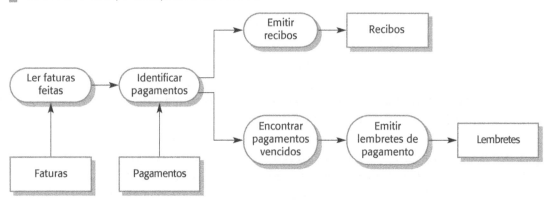

Os sistemas duto e filtro são mais adequados para sistemas de processamento em lotes e sistemas embarcados nos quais há interação limitada do usuário. Os sistemas interativos são difíceis de escrever usando o modelo duto e filtro em razão da necessidade de processar um fluxo de dados. Embora a entrada e a saída textuais simples possam ser modeladas dessa maneira, as interfaces gráficas com o usuário têm formatos de E/S mais complexos e uma estratégia de controle baseada em eventos, como cliques de mouse ou seleções de menu. É difícil implementar isso como um fluxo sequencial em conformidade com o modelo duto e filtro.

Padrões de arquitetura para controle

Existem padrões de arquitetura específicos que refletem as maneiras mais utilizadas para organizar o controle em um sistema. Esses padrões incluem controle centralizado, baseado em um componente invocando outros componentes; e o controle baseado em evento, no qual o sistema reage a eventos externos.

6.4 ARQUITETURAS DE APLICAÇÕES

Os sistemas de aplicação se destinam a satisfazer a necessidade de um negócio ou de uma empresa. Todas as empresas têm muito em comum — elas precisam contratar pessoas, emitir faturas, manter contas e assim por diante. As empresas que operam no mesmo setor usam aplicações comuns específicas para o setor. Portanto, assim como as funções comerciais mais genéricas, todas as empresas de telefonia precisam de sistemas para conectar e medir a duração das chamadas, gerenciar sua rede e emitir faturas para seus clientes. Consequentemente, os sistemas de aplicação utilizados por essas empresas também têm muito em comum.

Essas semelhanças levaram ao desenvolvimento de arquiteturas de software que descrevem a estrutura e a organização de determinados tipos de sistemas de software. As arquiteturas de aplicação encapsulam as características principais de uma classe de sistemas. Por exemplo, em sistemas de tempo real, pode haver modelos de arquitetura genéricos de diferentes tipos de sistemas, como os de coleta de dados ou os de monitoramento. Embora as instâncias desses sistemas sejam diferentes em seus detalhes, a estrutura de arquitetura comum pode ser reusada durante o desenvolvimento de novos sistemas do mesmo tipo.

A arquitetura de aplicação pode ser reimplementada durante o desenvolvimento de novos sistemas. No entanto, em muitos sistemas de negócio, ao configurar sistemas genéricos para a criação de uma nova aplicação, o reúso da arquitetura de aplicação está implícito. Vemos isso no uso generalizado dos sistemas ERP e dos sistemas de prateleira configuráveis, como os de contabilidade e os de controle de estoque, todos eles sistemas com arquitetura e componentes padrões. Os componentes são configurados e adaptados para criar uma aplicação comercial específica. Por exemplo, um sistema para gerenciamento da cadeia de suprimento pode ser adaptado para diferentes tipos de fornecedores, bens e arranjos contratuais.

Arquiteturas de aplicação

Existem vários exemplos de arquiteturas de aplicação no site do livro. Esses exemplos incluem descrições de sistemas de processamento em lotes, sistemas de alocação de recursos e sistemas de edição baseados em eventos.

Um projetista de software pode usar modelos de arquiteturas de aplicação de várias maneiras:

1. *Como ponto de partida para o processo de projeto de arquitetura.* Caso não haja familiaridade com o tipo de aplicação que está sendo desenvolvido, é possível basear o projeto inicial em uma arquitetura de aplicação genérica. Depois, essa arquitetura pode ser especificada para o sistema que estiver sendo desenvolvido.
2. *Como um checklist do projeto (design).* Ao desenvolver um projeto de arquitetura para um sistema de aplicação, é possível compará-lo a uma arquitetura de aplicação mais genérica. Isso permite verificar se o projeto está coerente com a arquitetura genérica.
3. *Como uma maneira de organizar o trabalho do time de desenvolvimento.* As arquiteturas de aplicação identificam características estruturais estáveis das arquiteturas de sistema e, em muitos casos, é possível desenvolver essas características paralelamente. É possível distribuir o trabalho entre os membros de um time para a implementação de diferentes componentes da arquitetura.
4. *Como um meio de avaliar os componentes para reúso.* Caso haja componentes passíveis de reúso, é possível compará-los com as estruturas genéricas para ver se há componentes similares na arquitetura de aplicação.
5. *Como um vocabulário para falar sobre aplicações.* Ao discutir uma aplicação específica ou comparar aplicações, é possível usar os conceitos identificados na arquitetura genérica para falar sobre essas aplicações.

Existem muitos tipos de sistemas de aplicação e, em alguns casos, eles podem parecer muito diferentes. No entanto, aplicações diferentes na superfície podem ter muito em comum e, assim, compartilhar uma arquitetura de aplicação abstrata. Ilustro isso descrevendo as arquiteturas de dois tipos de aplicação:

1. *Aplicações de processamento de transações.* São aplicações centradas em bancos de dados, que processam as solicitações de informação feitas pelos usuários e as atualizam em um banco de dados. Esses são os tipos mais comuns de sistemas de negócio interativos e são organizados de modo que as ações do usuário não interfiram umas nas outras e que a integridade do banco de dados seja mantida. Essa classe de sistema inclui os sistemas bancários interativos, os de *e-commerce*, os de informação e os de reservas.
2. *Sistemas de processamento de linguagem.* São sistemas nos quais as intenções do usuário são expressas em uma linguagem formal, como uma linguagem de programação. O sistema processa essa linguagem e a transforma em um formato interno, interpretando posteriormente essa representação interna. Os sistemas de processamento de linguagem mais conhecidos são os compiladores, que traduzem programas em linguagem de alto nível em código de máquina. No entanto, os sistemas de processamento de linguagem também são utilizados para interpretar linguagens de comando para bancos de dados e sistemas de informação, bem como linguagens de marcação, como XML.

Escolhi esses tipos particulares de sistemas porque uma grande quantidade de sistemas web de negócio são sistemas de processamento de transações, e todo desenvolvimento de software depende dos sistemas de processamento de linguagem.

6.4.1 Sistemas de processamento de transações

Os sistemas de processamento de transações são concebidos para processar requisições de um usuário por informação em um banco de dados ou requisições para atualizar um banco de dados (LEWIS; BERNSTEIN; KIFER, 2003). Tecnicamente, uma transação de banco de dados faz parte de uma sequência de operações que é tratada como uma única unidade (uma unidade atômica). Todas as operações em uma transação devem ser realizadas antes de as mudanças no banco de dados se tornarem permanentes. Isso garante que a falha das operações dentro de uma transação não leve a incoerências no banco de dados.

Na perspectiva do usuário, uma transação é qualquer sequência de operações coerente que satisfaz uma meta, como 'encontrar os horários de voos de Londres para Paris'. Se a transação do usuário não exigir uma alteração no banco de dados, então não é necessário que seja empacotada como uma transação técnica de banco de dados.

Um exemplo de transação de banco de dados é a solicitação de um cliente para retirar dinheiro de uma conta bancária usando um caixa eletrônico. Isso envolve conferir se há saldo na conta do cliente, modificar o saldo relativo à quantidade retirada e enviar comandos para o caixa eletrônico entregar o dinheiro. Enquanto todas essas etapas não forem concluídas, a transação está incompleta e o banco de dados das contas de cliente não é alterado.

Os sistemas de processamento de transações normalmente são interativos, nos quais os usuários fazem solicitações assíncronas de serviço. A Figura 6.16 ilustra a estrutura de arquitetura conceitual das aplicações de processamento de transações. Primeiramente, um usuário faz um pedido ao sistema por meio de um componente de processamento de E/S. Esse pedido é processado por uma lógica específica do sistema. Uma transação é criada e passada para um gerenciador de transações, que normalmente está embutido no sistema de gerenciamento do banco de dados. Após o gerenciador de transações garantir que a transação foi concluída adequadamente, a aplicação é avisada de que o processamento terminou.

FIGURA 6.16 Estrutura das aplicações de processamento de transações.

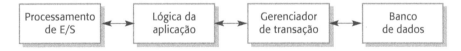

Os sistemas de processamento de transações podem ser organizados como uma arquitetura duto e filtro, em que os componentes do sistema são responsáveis pela entrada, pelo processamento e pela saída. Por exemplo, um sistema bancário, que permite aos clientes consultarem suas contas e retirarem dinheiro de um caixa eletrônico, é composto de dois componentes de software cooperativos: o software do caixa eletrônico e o software de processamento das contas no servidor de banco de dados da instituição bancária. Os componentes de entrada e de saída são implementados como software no caixa eletrônico, e o componente de processamento faz parte do servidor de banco de dados da instituição bancária. A Figura 6.17 mostra a arquitetura desse sistema, ilustrando as funções dos componentes de entrada, de processamento e de saída.

FIGURA 6.17 Arquitetura de software de um sistema de caixa eletrônico.

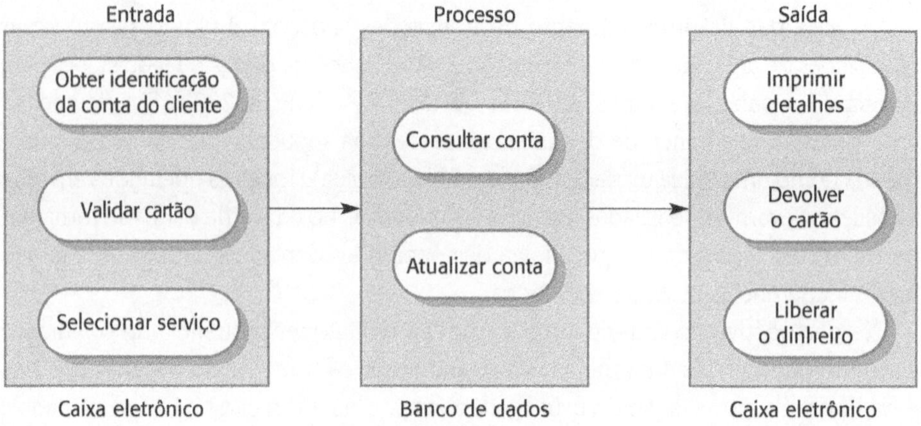

6.4.2 Sistemas de informação

Todos os sistemas que envolvem interação com um banco de dados compartilhado podem ser considerados sistemas de informação baseados em transação. Um sistema de informação permite o acesso controlado a uma grande base de informações, como um catálogo de uma biblioteca, uma tabela de horários de voos ou os registros dos pacientes em um hospital. Os sistemas de informação quase sempre são sistemas web, cuja interface com o usuário é acessada por meio de um navegador.

A Figura 6.18 apresenta um modelo bem genérico de sistema de informação. O sistema é modelado usando uma abordagem em camadas (discutida na Seção 6.3), em que a camada superior apoia a interface com o usuário e a camada inferior é o banco de dados do sistema. A camada de comunicação com o usuário lida com todas as entradas e saídas da interface com o usuário, e a camada de recuperação de informações inclui a lógica da aplicação para acessar e atualizar o banco de dados. Nesse modelo, as camadas podem ser mapeadas diretamente nos servidores, em um sistema web distribuído.

FIGURA 6.18 Arquitetura de sistema de informação em camadas.

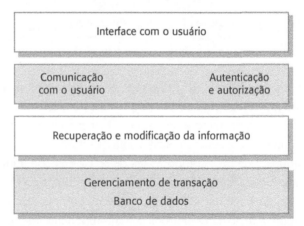

Como exemplo de uma instanciação desse modelo em camadas, a Figura 6.19 mostra a arquitetura do sistema Mentcare. Vale lembrar que esse sistema mantém e gerencia detalhes dos pacientes que consultam especialistas em problemas de saúde mental. Acrescentei detalhes a cada camada do modelo, identificando os componentes que oferecem apoio às comunicações com o usuário e à recuperação e ao acesso às informações:

1. A camada superior é uma interface com o usuário baseada em navegador.
2. A segunda camada tem a funcionalidade da interface de usuário que é fornecida por meio do navegador web. Ela inclui componentes para permitir que os usuários acessem o sistema e componentes de verificação para garantir que as operações que eles utilizam são permitidas de acordo com seu papel. Essa camada inclui componentes de gerenciamento de formulários e de menu, que apresentam informações para os usuários, e componentes de validação de dados, que verificam a coerência das informações.
3. A terceira camada implementa a funcionalidade do sistema e fornece componentes que implementam a segurança da informação (*security*) do sistema, a criação e a atualização de informações de pacientes, a importação e a exportação de dados de pacientes de outros bancos de dados, além dos geradores de relatório que criam relatórios gerenciais.
4. Finalmente, a camada mais baixa, que é construída usando um sistema de gerenciamento de banco de dados comercial, proporciona a supervisão das transações e o armazenamento persistente dos dados.

FIGURA 6.19 Arquitetura do sistema Mentcare.

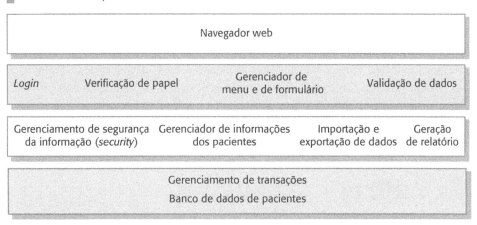

Os sistemas de informação e de gerenciamento de recursos às vezes também são sistemas de processamento de transações. Por exemplo, os sistemas de *e-commerce* são sistemas web de gerenciamento de recursos que aceitam pedidos eletrônicos de bens ou serviços e depois providenciam sua entrega ao cliente. Em um sistema de *e-commerce*, as camadas específicas para a aplicação incluem outra funcionalidade, que é um 'carrinho de compras' no qual os usuários podem adicionar uma série de itens em transações separadas e, em seguida, pagar por eles em uma única transação.

A organização dos servidores nesses sistemas normalmente reflete o modelo genérico de quatro camadas apresentado na Figura 6.18. Esses sistemas são implementados frequentemente como sistemas distribuídos, com uma arquitetura cliente-servidor multicamadas:

1. O servidor web é responsável por todas as comunicações com o usuário, e a interface é acessada por meio de um navegador web.
2. O servidor de aplicação é responsável por implementar a lógica específica da aplicação e também os pedidos de armazenamento e recuperação de informações.
3. O servidor de banco de dados move as informações de/para o banco de dados e lida com o gerenciamento de transações.

Usar vários servidores permite uma alta vazão (*throughput*) e possibilita o manuseio de milhares de transações por minuto. À medida que a demanda aumenta, servidores podem ser acrescentados em cada nível para lidar com o processamento extra envolvido.

6.4.3 Sistemas de processamento de linguagem

Os sistemas de processamento de linguagem traduzem uma linguagem para uma representação alternativa e, no caso das linguagens de programação, também podem executar o código resultante. Os compiladores traduzem uma linguagem de programação em código de máquina. Outros sistemas de processamento de linguagem podem traduzir uma descrição de dados em XML em comandos para consultar um banco de dados ou em uma representação XML alternativa. Os sistemas de processamento de linguagem natural podem traduzir uma linguagem em outra, como do francês para o norueguês.

A Figura 6.20 ilustra uma possível arquitetura para um sistema de processamento de linguagem. As instruções da linguagem-fonte definem o programa a ser executado, e um tradutor converte isso em instruções para uma máquina abstrata. Essas instruções são interpretadas por outro componente que as busca e executa usando, se necessário, dados do ambiente. A saída desse processo é o resultado da interpretação das instruções nos dados de entrada.

FIGURA 6.20 Arquitetura de um sistema de processamento de linguagem.

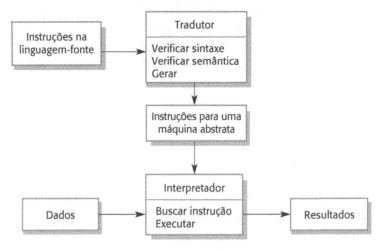

Em muitos compiladores, o interpretador é o hardware do sistema que processa instruções de máquina, e a máquina abstrata é um processador real. No entanto, nas linguagens dinamicamente tipadas, como Ruby e Python, o interpretador é um componente de software.

Os compiladores das linguagens de programação que fazem parte de um ambiente de programação mais geral têm uma arquitetura genérica (Figura 6.21) que inclui os seguintes componentes:

1. Um analisador léxico, que pega os *tokens* da linguagem de entrada e os converte em um formato interno.
2. Uma tabela de símbolos, que guarda informações sobre os nomes das entidades (variáveis, nomes de classe, nomes de objetos etc.) utilizados no texto que está sendo traduzido.
3. Um analisador sintático, que verifica a sintaxe da linguagem que está sendo traduzida. Ele usa uma gramática da linguagem definida e cria uma árvore de sintaxe.
4. Uma árvore de sintaxe, que é uma estrutura interna representando o programa que está sendo compilado.
5. Um analisador semântico, que usa as informações da árvore de sintaxe e a tabela de símbolos para verificar a correção semântica do texto da linguagem de entrada.
6. Um gerador de código, que 'caminha' pela árvore de sintaxe e gera código de máquina abstrata.

Outros componentes também poderiam ser incluídos para analisar e transformar a árvore de sintaxe e para melhorar a eficiência e remover a redundância do código de máquina gerado.

FIGURA 6.21 Arquitetura de repositório para um sistema de processamento de linguagem.

Arquiteturas de referência

As arquiteturas de referência capturam características importantes das arquiteturas de sistema em um domínio. Essencialmente, elas incluem tudo o que poderia estar em uma arquitetura de aplicação, apesar de, na realidade, ser muito improvável que qualquer aplicação viesse a incluir todas as características exibidas em uma arquitetura de referência. A principal finalidade das arquiteturas de referência é avaliar e comparar propostas de projeto e educar as pessoas a respeito das características de arquitetura naquele domínio.

Em outros tipos de sistema de processamento de linguagem, como um tradutor de linguagem natural, haverá outros componentes, como um dicionário. A saída do sistema é a tradução do texto de entrada.

A Figura 6.21 ilustra como um sistema de processamento de linguagem pode fazer parte de um conjunto integrado de ferramentas de apoio à programação. Nesse exemplo, a tabela de símbolos e a árvore sintática agem como um repositório central de informações. Ferramentas ou fragmentos de ferramenta se comunicam por meio desse sistema. Outras informações, que às vezes estão embutidas nas ferramentas, como a definição da gramática e a definição do formato de saída do programa, foram tiradas das ferramentas e colocadas no repositório. Portanto, um editor dirigido por sintaxe consegue verificar se a sintaxe de um programa está correta enquanto se digita nele. Um formatador de programa consegue criar listagens do programa que realçam os elementos sintáticos diferentes e, portanto, são mais fáceis de ler e entender.

Padrões de arquitetura alternativos podem ser utilizados em um sistema de processamento de linguagem (GARLAN; SHAW, 1993). Compiladores podem ser implementados usando uma composição de repositório e modelo duto e filtro. Em uma arquitetura de compilador, a tabela de símbolos é um repositório para dados compartilhados. As fases da análise léxica, sintática e semântica são organizadas sequencialmente, conforme a Figura 6.22, e se comunicam por meio da tabela de símbolos compartilhada.

FIGURA 6.22 Arquitetura de compilador duto e filtro.

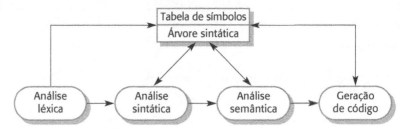

Esse modelo duto e filtro de compilação de linguagem é eficaz nos ambientes em lote, nos quais os programas são compilados e executados sem interação com o usuário; por exemplo, na tradução de um documento XML para outro. Ele é menos eficaz quando um compilador é integrado a outras ferramentas de processamento de linguagem, como um sistema de edição estruturada, um depurador interativo ou um formatador de programa. Nessa situação, as mudanças de um componente precisam ser refletidas imediatamente nos outros componentes. É melhor organizar o sistema em torno de um repositório, conforme a Figura 6.21, caso seja implementado um ambiente de programação geral orientado à linguagem.

PONTOS-CHAVE

- Arquitetura de software é uma descrição de como se organiza um sistema de software. As propriedades de um sistema, como desempenho, segurança da informação (*security*) e disponibilidade, são influenciadas pela arquitetura utilizada.

- As decisões de projeto de arquitetura incluem decisões sobre o tipo de aplicação, a distribuição do sistema, os estilos de arquitetura a serem utilizados e os modos como a arquitetura deve ser documentada e avaliada.

- As arquiteturas podem ser documentadas a partir de várias perspectivas ou visões diferentes. Possíveis visões incluem a visão conceitual, a visão lógica, a visão de processo, a visão de desenvolvimento e a visão física.
- Os padrões de arquitetura são um meio de reutilizar o conhecimento a respeito de arquiteturas de sistema genéricas. Eles descrevem a arquitetura, explicam quando ela pode ser utilizada e apontam suas vantagens e desvantagens.
- Os padrões de arquitetura mais utilizados incluem o modelo-visão-controlador, a arquitetura em camadas, o repositório, o cliente-servidor e o duto e filtro.
- Os modelos genéricos de arquiteturas de sistemas de aplicação nos ajudam a compreender a operação das aplicações, comparar aplicações do mesmo tipo, validar projetos de sistema de aplicação e avaliar os componentes de larga escala para reúso.
- Os sistemas de processamento de transações são interativos, permitindo que as informações em um banco de dados sejam acessadas remotamente e modificadas por uma série de usuários. Os sistemas de informação e de gerenciamento de recursos são exemplos de sistemas de processamento de transações.
- Os sistemas de processamento de linguagem são utilizados para traduzir textos de uma linguagem para outra e executar as instruções especificadas na linguagem de entrada. Eles incluem um tradutor e uma máquina abstrata que executa a linguagem gerada.

LEITURAS ADICIONAIS

Software architecture: perspectives on an emerging discipline. Este foi o primeiro livro sobre arquitetura de software e tem uma boa discussão, que ainda é relevante, sobre os diferentes estilos arquiteturais. SHAW, M.; GARLAN, D. Prentice-Hall, 1996.

"The golden age of software architecture". Este artigo pesquisa o desenvolvimento da arquitetura de software desde seu início nos anos 1980 até o seu uso no século XXI. Não é um conteúdo muito técnico, mas sim uma visão geral histórica interessante. SHAW, M.; CLEMENTS, P. *IEEE Software*, v. 21, n. 2, mar./abr. 2006. doi:10.1109/MS.2006.58.

Software architecture in practice. 3. ed. Essa é uma discussão prática das arquiteturas de software, que não promove exageradamente os benefícios do projeto de arquitetura. O texto fornece uma lógica comercial clara, explicando porque as arquiteturas são importantes. BASS, L.; CLEMENTS, P.; KAZMAN, R. Addison-Wesley, 2012.

Handbook of software architecture. Esse é um trabalho em andamento executado por Grady Booch, um dos primeiros evangelistas da arquitetura de software. Ele vem documentando as arquiteturas de uma série de sistemas de software de modo que se possa ver a realidade em vez da abstração acadêmica. Disponível na web e destinado a ser publicado em livro. BOOCH, G. 2014. Disponível em: <http://www.handbookofsoftwarearchitecture.com/>. Acesso em: 21 abr. 2018.

SITE[1]

Apresentações em PowerPoint para este capítulo disponíveis em: <http://software-engineering-book.com/slides/chap6/>.
Links para vídeos de apoio disponíveis em: <http://software-engineering-book.com/videos/requirements-and-design/>.

---

[1] Todo o conteúdo disponibilizado na seção *Site* de todos os capítulos está em inglês.

EXERCÍCIOS

6.1 Explique por que, ao descrever um sistema, talvez você tenha de começar o projeto da arquitetura do sistema antes de concluir a especificação dos requisitos.

6.2 Pediram que você prepare e entregue uma apresentação para um gerente não técnico a fim de justificar a contratação de um arquiteto de sistema para um novo projeto. Escreva uma lista de itens com pontos-chave em sua apresentação e explique a importância da arquitetura de software.

6.3 Explique por que podem surgir conflitos durante o projeto de uma arquitetura para a qual os requisitos de disponibilidade e segurança da informação (*security*) são os requisitos não funcionais mais importantes.

6.4 Desenhe diagramas mostrando uma visão conceitual e uma visão de processo das arquiteturas dos seguintes sistemas:
- Uma máquina de bilhetes utilizada por passageiros em uma estação ferroviária.
- Um sistema de videoconferência controlado por computador permitindo que vídeo, áudio e dados de computador fiquem visíveis para vários participantes ao mesmo tempo.
- Um aspirador robótico destinado a limpar espaços relativamente desobstruídos, como corredores. O aspirador deve ser capaz de sentir as paredes e outros obstáculos.

6.5 Explique por que normalmente você usa vários padrões de arquitetura quando projeta a arquitetura de um sistema grande.

6.6 Sugira uma arquitetura de um sistema (como o iTunes) que é utilizado para vender e distribuir música na internet. Quais padrões de arquitetura são a base para a sua arquitetura proposta?

6.7 Um sistema de informações deve ser desenvolvido para manter as informações sobre ativos de propriedade de uma empresa de serviços públicos, como prédios, veículos e equipamentos. A intenção é que ele seja atualizável pelo pessoal que trabalha em campo usando dispositivos móveis à medida que as informações sobre novos ativos ficarem disponíveis. A empresa tem vários bancos de dados de ativos que devem ser integrados por esse sistema. Projete uma arquitetura em camadas para esse sistema de gerenciamento de ativos baseados na arquitetura genérica de sistemas de informação exibida na Figura 6.18.

6.8 Usando o modelo genérico de um sistema de processamento de linguagem apresentado aqui, projete a arquitetura de um sistema que aceite comandos em linguagem natural e traduz esses comandos em consultas a banco de dados em uma linguagem como SQL.

6.9 Usando o modelo básico de um sistema de informações, conforme apresentado na Figura 6.18, sugira os possíveis componentes de um aplicativo para um dispositivo móvel que exiba informações sobre voos chegando e saindo de um determinado aeroporto.

6.10 Deveria haver uma profissão distinta, a de 'arquiteto de software', cujo papel seria trabalhar independentemente com um cliente para projetar a arquitetura do sistema de software? Outra empresa de software, então, implementaria o sistema. Quais poderiam ser as dificuldades de estabelecer esse tipo de profissão?

REFERÊNCIAS

BASS, L.; CLEMENTS, P.; KAZMAN, R. *Software architecture in practice*. 3. ed. Boston: Addison-Wesley, 2012.

BERCZUK, S. P.; APPLETON, B. *Software configuration management patterns*: effective teamwork, practical integration. Boston: Addison-Wesley, 2002.

BOOCH, G. Handbook of software architecture. 2014. Disponível em: <http://handbookofsoftwarearchitecture.com/>. Acesso em: 21 abr. 2018.

BOSCH, J. *Design and use of software architectures*. Harlow, UK: Addison-Wesley, 2000.

BUSCHMANN, F.; HENNEY, K.; SCHMIDT, D. C. *Pattern-oriented software architecture*: a pattern language for distributed computing. v. 4. New York: John Wiley & Sons, 2007a.

_____. *Pattern-oriented software architecture*: on patterns and pattern languages. v. 5. New York: John Wiley & Sons, 2007b.

BUSCHMANN, F.; MEUNIER, R.; ROHNERT, H.; SOMMERLAD, P. *Pattern-oriented software architecture*: a system of patterns. v. 1. New York: John Wiley & Sons, 1996.

CHEN, L.; ALI BABAR, M.; NUSEIBEH, B. "Characterizing architecturally significant requirements." *IEEE Software*, v. 30, n. 2, 2013. p. 38-45. doi:10.1109/MS.2012.174.

COPLIEN, J. O.; HARRISON, N. B. *Organizational patterns of agile software development*. Englewood Cliffs, NJ: Prentice-Hall, 2004.

GAMMA, E.; HELM, R.; JOHNSON, R.; VLISSIDES, J. *Design patterns*: elements of reusable object-oriented software. Reading, MA: Addison-Wesley, 1995.

GARLAN, D.; SHAW, M. An introduction to software architecture. In: AMBRIOLA, V.; TORTORA, G. *Advances in software engineering and knowledge engineering*, v. 2. London: World Scientific Publishing Co., 1993. p. 1-39.

HOFMEISTER, C.; NORD, R.; SONI, D. *Applied software architecture*. Boston: Addison-Wesley, 2000.

KIRCHER, M.; JAIN, P. *Pattern-oriented software architecture*: patterns for resource management. v. 3. New York: John Wiley & Sons, 2004.

KRUCHTEN, P. The 4+1 view model of software architecture. *IEEE Software*, v. 12, n. 6, 1995. p. 42-50. doi:10.1109/52.469759.

LANGE, C. F. J.; CHAUDRON, M. R. V.; MUSKENS, J. "UML software architecture and design description." *IEEE Software*, v. 23, n. 2, 2006. p. 40-46. doi:10.1109/MS.2006.50.

LEWIS, P. M.; BERNSTEIN, A. J.; KIFER, M. *Databases and transaction processing*: an application-oriented approach. Boston: Addison-Wesley, 2003.

MARTIN, D.; SOMMERVILLE, I. Patterns of cooperative interaction: linking ethnomethodology and design. *ACM transactions on computer-human interaction*, v. 11, n. 1, 1 mar. 2004. p. 59-89. doi:10.1145/972648.972651.

NII, H. P. Blackboard systems, parts 1 and 2. *AI Magazine*, v. 7, n. 1 e 2, 1986. p. 38-53; 62-69. Disponível em: <http://www.aaai.org/ojs/index.php/aimagazine/article/view/537/473>. Acesso em: 21 abr. 2018.

SCHMIDT, D.; STAL, M.; ROHNERT, H.; BUSCHMANN, F. *Pattern-oriented software architecture*: patterns for concurrent and networked objects. v. 2. New York: John Wiley & Sons, 2000.

SHAW, M.; GARLAN, D. *Software architecture*: perspectives on an emerging discipline. Englewood Cliffs, NJ: Prentice-Hall, 1996.

THE USABILITY GROUP. The brighton usability pattern collection. University of Brighton, UK: 1998. Disponível em: <http://www.it.bton.ac.uk/research/patterns/home.html>. Acesso em: 21 abr. 2018.

7 | Projeto e implementação

OBJETIVOS

Os objetivos deste capítulo são introduzir o projeto (*design*) de software orientado a objetos usando a UML e destacar as principais preocupações de implementação. Ao ler este capítulo, você:

▷ compreenderá as atividades mais importantes em um processo geral de projeto orientado a objetos;

▷ conhecerá alguns dos diferentes modelos que podem ser utilizados para documentar um projeto orientado a objetos;

▷ entenderá o conceito de padrões de projeto e como eles são uma maneira de reutilizar o conhecimento e a experiência de projeto;

▷ verá questões-chave que devem ser consideradas durante a implementação do software, incluindo o reúso e o desenvolvimento de software de código aberto (*open source*).

CONTEÚDO

7.1 Projeto orientado a objetos usando UML
7.2 Padrões de projeto
7.3 Questões de implementação
7.4 Desenvolvimento de código aberto (*open source*)

O projeto (*design*) e implementação de software é o estágio no processo de engenharia de software em que é desenvolvido um sistema executável. Para alguns sistemas simples, a engenharia de software se limita a projeto e implementação, e todas as outras atividades de engenharia de software se fundem nesse processo. Entretanto, para sistemas grandes, projeto e implementação de software é apenas um processo dentre tantos outros (engenharia de requisitos, verificação e validação etc.).

As atividades de projeto e implementação são invariavelmente intercaladas. O projeto de software é uma atividade criativa na qual são identificados componentes de software e seus relacionamentos, com base nos requisitos de um cliente. Implementação é o processo de realizar o projeto na forma de um programa. Às vezes, existe uma fase de projeto separada, quando o projeto é modelado e documentado; outras vezes, um projeto está 'na cabeça' do programador ou esboçado em uma lousa ou folhas de papel. Um projeto pretende solucionar um problema, então sempre há um processo de projeto. No entanto, nem sempre é necessário ou adequado descrevê-lo em detalhes usando a UML ou outra linguagem de descrição de projeto.

O projeto e a implementação estão intimamente relacionados e, normalmente, questões de implementação devem ser levadas em consideração quando se desenvolve um projeto. Por exemplo, usar a UML para documentar um projeto pode ser a coisa certa a fazer se se estiver programando em uma linguagem orientada a objetos, como Java ou C#. No entanto, penso que isso seja menos útil se linguagens dinamicamente tipadas, como Python, estiverem sendo utilizadas. Não faz sentido usar a UML se um sistema estiver sendo implementado pela configuração de um pacote de prateleira. Conforme discuti no Capítulo 3, os métodos ágeis costumam trabalhar a partir de esboços informais do projeto e deixam as decisões mais importantes para os programadores.

Uma das decisões de implementação mais importantes em um estágio inicial de um projeto de software é a de criar ou comprar a aplicação. Hoje, em muitos tipos de aplicação, é possível comprar sistemas de prateleira que podem ser adaptados e personalizados para os requisitos dos usuários. Por exemplo, se quiser implementar um sistema de registros médicos, é possível comprar um pacote já utilizado em hospitais. Normalmente, usar essa abordagem é mais barato e rápido do que desenvolver um novo sistema em uma linguagem de programação convencional.

Quando você desenvolve um sistema de aplicação reusando um produto de prateleira, o processo de projeto se concentra em como configurar o sistema para satisfazer os requisitos da aplicação. Modelos de projeto do sistema, como os modelos dos objetos e suas interações, não são desenvolvidos. Discutirei essa abordagem de desenvolvimento baseado em reúso no Capítulo 15.

Suponho que a maioria dos leitores tenha experiência com projeto e implementação de programas. Isso é algo que se adquire com o aprendizado de programação, dominando elementos de uma determinada linguagem, como Java ou Python. É provável que você tenha aprendido boas práticas de programação nas linguagens estudadas, e também sobre depuração dos programas desenvolvidos. Portanto, não abordarei esses tópicos aqui. Em vez disso, proponho dois objetivos:

1. Mostrar como a modelagem e o projeto de arquitetura do sistema (cobertos nos Capítulos 5 e 6) são postos em prática no desenvolvimento de um projeto de software orientado a objetos.
2. Introduzir questões importantes de implementação que normalmente não são cobertas nos livros de programação. Essas questões incluem reúso, gerenciamento de configuração e desenvolvimento de código aberto.

Como existe uma grande quantidade de plataformas de desenvolvimento diferentes, o capítulo não dá preferência a nenhuma linguagem de programação ou tecnologia de implementação em particular. Portanto, apresentarei todos os exemplos usando UML em vez de uma linguagem de programação, como Java ou Python.

7.1 PROJETO ORIENTADO A OBJETOS USANDO UML

Um sistema orientado a objetos é composto de objetos que interagem para manter seu próprio estado local e fornecer operações nesse estado. A representação do estado é privada e não pode ser acessada diretamente de fora do objeto. Os processos de projeto orientados a objetos envolvem a criação de classes de objeto e os relacionamentos entre elas. Essas classes definem os objetos no sistema e suas interações. Quando o projeto se realiza como um programa executável, os objetos são criados dinamicamente a partir dessas definições de classe.

Os objetos incluem dados e operações para manipulá-los. Portanto, eles podem ser entendidos e modificados como entidades independentes. Mudar a implementação de um objeto ou acrescentar serviços é algo que não deve afetar outros objetos do sistema. Como os objetos estão associados a coisas, muitas vezes há um mapeamento claro entre as entidades do mundo real (como os componentes de hardware) e os objetos que as controlam no sistema. Isso facilita a compreensão e, portanto, a manutenibilidade do projeto.

Para desenvolver um projeto de sistema a partir do conceito até o projeto detalhado e orientado a objetos, é preciso:

1. compreender e definir o contexto e as interações externas com o sistema;
2. projetar a arquitetura do sistema;
3. identificar os objetos principais no sistema;
4. desenvolver modelos de projeto;
5. especificar interfaces.

Assim como todas as atividades criativas, o projeto não é um processo sequencial óbvio. Ele se desenvolve a partir de ideias, da proposição de soluções e do refinamento destas à medida que mais informações são disponibilizadas. Inevitavelmente, deve-se voltar atrás e tentar novamente quando surgirem problemas. Em alguns casos, as opções são exploradas em detalhes para ver se funcionam; em outros, os detalhes são ignorados até quase o final do processo. Algumas vezes, se usam notações, como a UML, precisamente para esclarecer aspectos do projeto; em outros momentos, elas são utilizadas de modo informal para estimular discussões.

Explico o projeto de software orientado a objetos desenvolvendo um projeto para parte do software embarcado para a estação meteorológica na natureza, que apresentei no Capítulo 1. As estações meteorológicas na natureza são instaladas em áreas remotas. Cada estação registra informações do clima local e as transfere periodicamente para um sistema de informações meteorológicas usando um *link* de satélite.

7.1.1 Contexto do sistema e interações

O primeiro estágio em qualquer processo de projeto de software é desenvolver uma compreensão dos relacionamentos entre o software que está sendo projetado e seu ambiente externo. Isso é essencial para decidir como fornecer a funcionalidade necessária para o sistema e como estruturá-lo para se comunicar com seu ambiente. Conforme discuti no Capítulo 5, compreender o contexto também permite estabelecer os limites do sistema.

Definir os limites do sistema ajuda a decidir quais características serão implementadas no sistema que está sendo projetado e quais estarão em outros sistemas associados. Nesse caso, é preciso decidir como a funcionalidade será distribuída entre o sistema de controle para todas as estações meteorológicas e o software embarcado na própria estação.

Os modelos de contexto do sistema e os modelos de interação apresentam visões complementares dos relacionamentos entre um sistema e seu ambiente:

1. Um modelo de contexto do sistema é um modelo estrutural que apresenta os outros sistemas no ambiente do sistema que está sendo desenvolvido.
2. Um modelo de interação é um modelo dinâmico que mostra como o sistema interage com o seu ambiente à medida em que é utilizado.

O modelo de contexto de um sistema pode ser representado por meio de associações. Essas associações mostram simplesmente que existem alguns relacionamentos entre as entidades envolvidas. É possível documentar o ambiente do sistema usando um diagrama de blocos simples, que mostra as entidades no sistema e suas associações. A Figura 7.1 mostra que os sistemas no ambiente de cada estação meteorológica são um sistema de informações meteorológicas, um sistema de satélite a bordo e um sistema de controle. A informação de cardinalidade do *link* mostra que existe um único sistema de controle — mas várias estações meteorológicas —, um satélite e um sistema de informações meteorológicas gerais.

FIGURA 7.1 Contexto do sistema para a estação meteorológica.

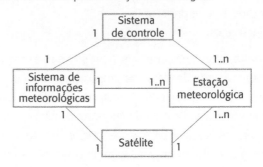

Ao modelar as interações de um sistema com o seu ambiente, deve-se usar uma abordagem abstrata que não inclua detalhes demais. Um modo de fazer isso é usar um modelo de caso de uso. Conforme discuti nos Capítulos 4 e 5, cada caso de uso representa uma interação com o sistema. Cada possível interação é identificada em uma elipse, e a entidade externa envolvida na interação é representada por um boneco palito.

Casos de uso da estação meteorológica

- Informar clima — envia dados climáticos para o sistema de informações meteorológicas.
- Informar status — envia informações de status para o sistema de informações meteorológicas.
- Reiniciar — se a estação meteorológica estiver desligada, reinicia o sistema.
- Desligar — desliga a estação meteorológica.
- Reconfigurar — reconfigura o software da estação meteorológica.
- Economizar energia — coloca a estação meteorológica em modo de economia de energia.
- Controlar remotamente — envia comandos de controle para qualquer subsistema da estação meteorológica.

O modelo de uso de caso da estação meteorológica é apresentado na Figura 7.2. Ele mostra que a estação interage com o sistema de informações meteorológicas para informar dados climáticos e o status do hardware da estação. Outras interações são com um sistema que pode emitir comandos de controle específicos para a estação meteorológica. O boneco palito é utilizado pela UML para representar outros sistemas e também usuários humanos.

FIGURA 7.2 Casos de uso da estação meteorológica.

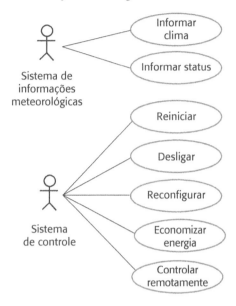

Cada um desses casos de uso deve ser descrito em linguagem natural estruturada. Isso ajuda os projetistas a identificarem os objetos no sistema e dá a eles uma compreensão do que o sistema se destina a fazer. Para essa descrição, uso um formato padrão que identifica claramente quais são as informações trocadas, como começa a interação etc. Conforme explicarei no Capítulo 21, os sistemas embarcados frequentemente são modelados a partir da descrição de como eles respondem a estímulos internos ou externos. Portanto, os estímulos e as respostas associadas devem ser apresentados na descrição. A Figura 7.3 mostra a descrição do caso de uso 'Informar clima' da Figura 7.2, que se baseia nessa abordagem.

FIGURA 7.3 Descrição de caso de uso — Informar clima.

Sistema	Estação meteorológica
Caso de uso	Informar clima
Atores	Sistema de informações meteorológicas, estação meteorológica
Dados	A estação meteorológica envia para o sistema de informações meteorológicas um resumo dos dados que foram coletados pelos instrumentos no período de coleta. Os dados enviados são: a máxima, a mínima e a média de temperaturas do solo e do ar; a máxima, a mínima e a média das pressões atmosféricas; a máxima, a mínima e a média das velocidades do vento; a precipitação total; a direção do vento, conforme amostrado a cada 5 minutos.
Estímulo	O sistema de informações meteorológicas estabelece uma comunicação por satélite com a estação meteorológica e solicita a transmissão dos dados.
Resposta	Os dados resumidos são enviados para o sistema de informações meteorológicas.
Comentários	As estações meteorológicas normalmente são solicitadas a informar uma vez a cada hora, mas essa frequência pode variar de uma estação para outra e pode ser modificada no futuro.

7.1.2 Projeto de arquitetura

Depois de definidas as interações entre o sistema de software e seu ambiente, essas informações podem ser usadas como base para projetar a arquitetura do sistema. Naturalmente, é preciso combinar esse conhecimento com o conhecimento geral dos princípios de projeto da arquitetura e com conhecimentos mais detalhados sobre o domínio de aplicação. Primeiro, os principais componentes do sistema e suas interações são identificados. Depois, a organização do sistema pode ser projetada usando um padrão de arquitetura, como um modelo em camadas ou cliente-servidor.

O projeto de alto nível de arquitetura de software da estação meteorológica é exibido na Figura 7.4. Essa estação é composta de subsistemas independentes que se comunicam transmitindo mensagens em uma infraestrutura comum, exibida como **Canal de comunicação** na Figura 7.4. Cada subsistema escuta as mensagens nessa infraestrutura e seleciona as que são destinadas a ele. Esse 'modelo ouvinte' (*listener*) é um estilo de arquitetura frequentemente utilizado em sistemas distribuídos.

FIGURA 7.4 Arquitetura de alto nível da estação meteorológica.

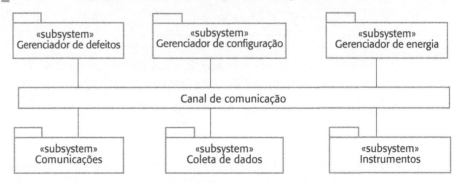

Quando o subsistema de comunicações recebe um comando de controle, como 'desligar', esse comando é capturado por cada um dos outros subsistemas, que depois se desligam da maneira correta. O benefício fundamental dessa arquitetura é a facilidade de permitir diferentes configurações de subsistemas, pois o emissor da mensagem não precisa endereçá-la para um subsistema em particular.

A Figura 7.5 mostra a arquitetura do subsistema de coleta de dados incluído na Figura 7.4. Os objetos **Transmissor** e **Receptor** estão relacionados ao gerenciamento da comunicação e o objeto **DadosClimáticos** encapsula as informações que são coletadas pelos instrumentos e transmitidas para o sistema de informações meteorológicas. Esse arranjo segue o padrão produtor-consumidor, que será discutido no Capítulo 21.

FIGURA 7.5 Arquitetura do sistema de coleta de dados.

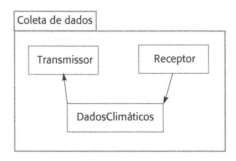

7.1.3 Identificação de classes

Nesse estágio do processo de projeto, já é possível ter algumas ideias a respeito dos objetos essenciais no sistema que está sendo projetado. À medida que aumenta a compreensão do projeto, refinam-se as ideias a respeito dos objetos do sistema. A partir da descrição do caso de uso 'Informar clima', é óbvio que será necessário implementar objetos representando os instrumentos que coletam os dados climáticos e outro objeto que represente o resumo dos dados climáticos. Normalmente, também será necessário um objeto (ou mais) de sistema de alto nível que encapsule as interações do sistema definidas nos casos de uso. Com esses objetos em mente, é possível começar a identificar as classes de objeto mais gerais no sistema.

À medida que o projeto orientado a objetos evoluiu ao longo dos anos 1980, foram sugeridas várias maneiras de identificar classes nos sistemas orientados a objetos, tais como:

1. Usar uma análise gramatical de uma descrição em linguagem natural do sistema a ser construído. Objetos e atributos seriam substantivos; e operações ou serviços, verbos (ABBOTT, 1983).
2. Usar entidades tangíveis (coisas) no domínio da aplicação, como aeronaves; papéis, como o de gerente; eventos, como uma solicitação; interações, como reuniões; locais, como escritórios; unidades organizacionais, como empresas etc. (WIRFS-BROCK; WILKERSON; WEINER, 1990).
3. Usar uma análise baseada em cenário em que são identificados e analisados vários cenários de uso do sistema, um de cada vez. À medida que cada cenário é analisado, a equipe responsável deve identificar objetos, atributos e operações necessários (BECK; CUNNINGHAM, 1989).

Na prática, deve-se usar várias fontes de conhecimento para descobrir as classes. Elas, os atributos e as operações do objeto — que são identificadas inicialmente a partir da descrição informal do sistema — podem ser o ponto de partida do projeto (*design*). Depois, as informações provenientes do conhecimento do domínio da aplicação e da análise do cenário podem ser usadas para refinar e estender os objetos iniciais. Essas informações podem ser coletadas em documentos de requisitos, em discussões com usuários ou em análises de sistemas existentes. Assim, com os objetos representando entidades externas ao sistema, também pode ser necessário projetar 'objetos de implementação', que são usados para fornecer serviços gerais, como busca e validação de dados.

Na estação meteorológica na natureza, a identificação dos objetos se baseia no hardware tangível do sistema. Não disponho de espaço para incluir aqui todos os objetos do sistema, mas mostro cinco classes na Figura 7.6. Os objetos **Termômetro de solo**, **Anemômetro** e **Barômetro** são do domínio da aplicação, e os objetos **EstaçãoMeteorológica** e **DadosMeteorológicos** foram identificados a partir da descrição do sistema e da descrição do cenário (caso de uso):

1. A classe **EstaçãoMeteorológica** fornece a interface básica da estação com o seu ambiente. Suas operações se baseiam nas interações mostradas na Figura 7.3. Uso uma única classe e ela inclui todas essas interações. Como alternativa, você poderia projetar a interface do sistema como várias classes diferentes, com uma classe por interação.

2. A classe **DadosMeteorológicos** é responsável por processar o comando Informar clima. Ela envia dados resumidos dos instrumentos da estação meteorológica para o sistema de informações meteorológicas.
3. As classes **Termômetro de solo**, **Anemômetro** e **Barômetro** estão diretamente relacionadas com os instrumentos no sistema. Elas refletem entidades de hardware tangíveis no sistema e as operações são relativas ao controle desse hardware. Esses objetos operam de forma autônoma para coletar dados na frequência especificada e armazenar os dados coletados localmente. Esses dados são fornecidos para o objeto **DadosMeteorológicos** mediante solicitação.

FIGURA 7.6 Classes da estação meteorológica.

EstaçãoMeteorológica
identificador
informarClima ( )
informarStatus ( )
economizarEnergia (instrumentos)
controlarRemotamente (comandos)
reconfigurar (comandos)
reiniciar (instrumentos)
desligar (instrumentos)

DadosMeteorológicos
temperaturaDoAr
temperaturaDoSolo
velocidadeDoVento
direçãoDoVento
pressão
precipitação
coletar ( )
resumir ( )

Termômetro de solo
ts_id
temperatura
obter ( )
testar ( )

Anemômetro
an_id
velocidadeDoVento
direçãoDoVento
obter ( )
testar ( )

Barômetro
bar_id
pressão
altura
obter ( )
testar ( )

O conhecimento do domínio da aplicação é usado para identificar outros objetos, atributos e serviços:

1. As estações meteorológicas frequentemente são instaladas em lugares remotos e incluem vários instrumentos que, às vezes, não funcionam bem. Em caso de falha, elas devem ser informadas automaticamente. Isso quer dizer que é preciso ter atributos e operações específicos para conferir o funcionamento correto dos instrumentos.
2. Existem muitas estações remotas, então cada estação meteorológica deve ter seu próprio identificador para que possa ser exclusivamente identificada nas comunicações.
3. Como as estações meteorológicas são instaladas em épocas diferentes, os tipos de instrumentos podem ser diferentes. Por essa razão, cada instrumento deve ser identificado unicamente, e um banco de dados de informações dos instrumentos deve ser mantido.

Nesse estágio do processo de projeto, o foco deve estar nos objetos em si, sem pensar sobre como eles poderiam ser implementados. Depois de identificar os objetos, é possível refinar o projeto desses objetos. Dá para procurar características comuns e depois projetar a hierarquia de classes do sistema. Por exemplo, é possível identificar uma superclasse **Instrumento**, que define as características comuns de todos os instrumentos, como um identificador, e as operações 'obter' e 'testar'. Também dá para acrescentar novos atributos e operações à superclasse, como um atributo que registra a frequência com que os dados devem ser coletados.

7.1.4 Modelos de projeto

Os modelos de projeto ou de sistema, conforme discuti no Capítulo 5, mostram os objetos ou classes de um sistema. Eles também mostram as associações e relações que existem entre essas entidades. Esses modelos são a ponte entre os requisitos do sistema e sua implementação. Eles precisam ser abstratos, para que os detalhes desnecessários não ocultem as relações entre eles e os requisitos do sistema. No entanto, eles também devem incluir detalhes suficientes, para que os programadores tomem decisões de implementação.

O nível de detalhe necessário em um modelo de projeto depende do processo utilizado. Os modelos abstratos podem ser suficientes nas situações em que há vínculos próximos entre engenheiros de requisitos, projetistas e programadores. Decisões de projeto específicas podem ser tomadas à medida que o sistema é implementado; e os problemas, resolvidos por meio de discussões informais. De modo similar, se for utilizado um método de desenvolvimento ágil, os modelos de projeto desenhados em uma lousa podem ser suficientes.

Entretanto, se for utilizado um processo de desenvolvimento dirigido por plano, talvez seja necessário obter modelos mais detalhados. Quando há vínculos distantes entre engenheiros de requisitos, projetistas e programadores (por exemplo, no caso de um sistema projetado em parte de uma organização, mas implementado em outro lugar), então são necessárias descrições de projeto precisas para que haja comunicação. Utilizam-se modelos detalhados, derivados de modelos abstratos de alto nível, para que todos os membros do time tenham a mesma compreensão do projeto.

Portanto, uma etapa importante no processo de projeto é decidir sobre os modelos de projeto necessários e sobre o nível de detalhes que eles devem ter. Isso depende do tipo de sistema que está sendo desenvolvido. Um sistema de processamento de dados sequencial é bem diferente de um sistema de tempo real embarcado, então é preciso usar diferentes tipos de modelos de projeto. A UML permite 13 tipos de modelos diferentes, mas, conforme discuti no Capítulo 5, muitos deles não são amplamente utilizados. Minimizar o número de modelos produzidos reduz os custos do projeto e o tempo necessário para concluí-lo.

Ao usar a UML para desenvolver um projeto, deve-se desenvolver dois tipos de modelo:

1. *Modelos estruturais*, que descrevem a estrutura estática do sistema usando classes e seus relacionamentos. Os relacionamentos importantes que podem ser documentados nesse estágio são os de generalização (herança), os do tipo usa/usado por e os de composição.
2. *Modelos dinâmicos*, que descrevem a estrutura dinâmica do sistema e mostram as interações previstas em tempo de execução entre os objetos do sistema. As interações que podem ser documentadas incluem a sequência de solicitações de serviço feitas pelos objetos e as mudanças de estado desencadeadas por essas interações.

Acredito que três tipos de modelo em UML sejam particularmente úteis para acrescentar detalhes ao caso de uso e aos modelos de arquitetura:

1. *Modelos de subsistema*, que mostram os agrupamentos lógicos dos objetos em subsistemas coerentes. Esses agrupamentos são representados na forma de diagrama de classes, com cada subsistema exibido como um pacote com objetos incluídos. Os modelos de subsistema são modelos estruturais.
2. *Modelos de sequência*, que mostram a sequência de interações entre os objetos. São representados usando os diagramas de sequência ou de colaboração da UML. Os modelos de sequência são dinâmicos.
3. *Modelos de máquinas de estados*, que mostram como os objetos mudam seu estado em resposta aos eventos. Eles são representados em UML usando diagramas de máquina de estados. Os modelos de máquinas de estados são dinâmicos.

Um modelo de subsistema é um modelo estático útil que mostra como um projeto é organizado em grupos de objetos logicamente relacionados. Já mostrei esse tipo de modelo na Figura 7.4, para apresentar os subsistemas no sistema de mapeamento meteorológico. Assim como os modelos de subsistemas, também se pode projetar modelos de objeto detalhados, mostrando os objetos nos sistemas e suas associações (herança, generalização, agregação etc.). No entanto, há um perigo em fazer modelagem excessiva. Não se deve tomar decisões detalhadas a respeito da implementação, pois o melhor é deixar para quando o sistema for implementado.

Os modelos de sequência são dinâmicos e descrevem, para cada modo de interação, a sequência de interações entre objetos. Durante a documentação de um projeto, deve ser produzido um modelo de sequência para cada interação relevante. Caso tenha sido desenvolvido um modelo de caso de uso, então deve haver um modelo de sequência para cada caso de uso identificado.

FIGURA 7.7 Diagrama de sequência descrevendo a coleta de dados.

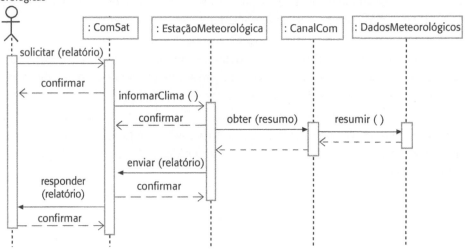

A Figura 7.7 é um exemplo de modelo de sequência exibido como um diagrama de sequência da UML. Esse diagrama mostra a sequência de interações que ocorrem quando um sistema externo solicita dados resumidos da estação meteorológica. Os diagramas de sequência são lidos de cima para baixo:

1. O objeto **ComSat** recebe uma solicitação do sistema de informações meteorológicas para coletar um relatório climático de uma estação meteorológica e confirma

o recebimento. A seta de ponta aberta na mensagem enviada indica que o sistema externo não espera por uma resposta e já pode executar outro processamento.

2. **ComSat** envia uma mensagem para **EstaçãoMeteorológica**, por meio de um *link* via satélite, para criar um resumo dos dados meteorológicos coletados. Mais uma vez, a seta de ponta aberta indica que **ComSat** não suspende sua execução esperando por uma resposta.
3. **EstaçãoMeteorológica** envia uma mensagem para um objeto **CanalCom** para resumir os dados climáticos. Nesse caso, a seta de ponta fechada indica que a instância da classe **EstaçãoMeteorológica** espera uma resposta.
4. **CanalCom** invoca o método resumir no objeto **DadosMeteorológicos** e espera por uma resposta.
5. O resumo dos dados climáticos é calculado e devolvido à **EstaçãoMeteorológica** por meio do objeto **CanalCom**.
6. Depois, **EstaçãoMeteorológica** chama o objeto **ComSat** para transmitir os dados resumidos para o sistema de informações meteorológicas, por meio do sistema de comunicação por satélite.

Os objetos **ComSat** e **EstaçãoMeteorológica** podem ser implementados como processo simultâneos, cuja execução pode ser suspensa ou retomada. A instância do objeto **ComSat** escuta as mensagens do sistema externo, decodifica essas mensagens e inicia as operações da estação meteorológica.

Os diagramas de sequência são utilizados para modelar o comportamento combinado de um grupo de objetos, mas também é possível resumir o comportamento de um objeto ou subsistema em resposta às mensagens e eventos. Para isso, pode-se usar um modelo de máquina de estados que mostre como o objeto muda de estado, dependendo das mensagens que receber. Conforme discuti no Capítulo 5, a UML inclui diagramas de máquina de estados para descrever tais modelos.

A Figura 7.8 é um diagrama de máquina de estados do sistema da estação meteorológica que mostra como ele responde às solicitações de vários serviços.

FIGURA 7.8 Diagrama de máquina de estados da estação meteorológica.

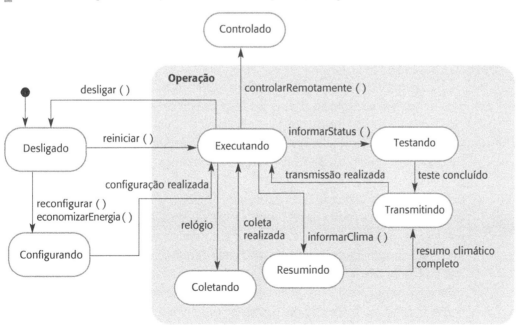

É possível ler esse diagrama da seguinte maneira:

1. Se o estado do sistema for **Desligado**, então ele pode responder com uma mensagem de **reiniciar ( )**, de **reconfigurar ( )** ou de **economizarEnergia ( )**. A seta sem rótulo com uma bola preta indica que o estado **Desligado** é o estado inicial. Uma mensagem **reiniciar ( )** provoca uma transição para a operação normal. Tanto a mensagem **economizarEnergia ( )** quanto a **reconfigurar ( )** provocam uma transição para um estado no qual o sistema se reconfigura. O diagrama de estado mostra que a reconfiguração é permitida somente se o sistema for desligado.
2. No estado **Executando**, o sistema espera outras mensagens. Se for recebida uma mensagem **desligar ( )**, o objeto retorna para o estado **Desligado**.
3. Se for recebida uma mensagem **informarClima ( )**, o sistema passa para um estado **Resumindo**. Quando o resumo é terminado, o sistema passa para o estado **Transmitindo**, em que as informações são transmitidas para o sistema remoto. Depois ele retorna para o estado **Executando**.
4. Se for recebido um sinal do relógio, o sistema passa para o estado **Coletando**, no qual coleta dados dos instrumentos. Cada instrumento é instruído, por sua vez, a coletar seus dados dos sensores associados.
5. Se for recebida uma mensagem **controlarRemotamente ( )**, o sistema passa para um estado controlado, no qual responde a um conjunto diferente de mensagens da sala de controle remoto. Essas mensagens não são exibidas nesse diagrama.

Os diagramas de máquina de estados são modelos de alto nível úteis que retratam a operação de um sistema ou de um objeto. Entretanto, não há necessidade de um diagrama de máquina de estados para todos os objetos no sistema. Muitos desses objetos são simples e sua operação pode ser descrita facilmente sem um modelo de máquina de estados.

7.1.5 Especificação de interface

Uma parte importante de qualquer processo de projeto é a especificação das interfaces entre os componentes. É preciso especificar as interfaces para que os objetos e os subsistemas possam ser projetados em paralelo. Depois que uma interface foi especificada, os desenvolvedores dos outros objetos podem assumir que a interface será implementada.

O projeto de interface se preocupa com a especificação dos detalhes da interface para um objeto ou grupo de objetos. Isso significa definir as assinaturas e a semântica dos serviços que são fornecidos pelo objeto ou por um grupo de objetos. As interfaces podem ser especificadas em UML usando a mesma notação de um diagrama de classes. No entanto, não há uma seção de atributos, e o estereótipo «interface» da UML deve ser incluído na parte do nome. A semântica da interface pode ser definida usando a linguagem de restrição de objetos (OCL, do inglês *object constraint language*). Discutirei o uso da OCL no Capítulo 16, no qual explicarei como ela pode ser utilizada para descrever a semântica dos componentes.

Os detalhes da representação de dados não devem ser incluídos em um projeto de interface, pois os atributos não são definidos em uma especificação da interface. No entanto, as operações devem ser incluídas para que seja possível acessar e atualizar os dados. Como a representação dos dados fica escondida, ela pode ser modificada facilmente sem afetar os objetos que usam esses dados. Isso leva a um projeto inerentemente mais manutenível. Por exemplo, uma representação em vetor de uma pilha pode ser trocada para uma lista sem afetar os objetos que usam essa pilha. Por outro lado, os atributos devem ser expostos normalmente em um modelo de objeto, pois essa é a maneira mais clara de descrever as características essenciais dos objetos.

Não existe uma relação 1:1 simples entre objetos e interfaces. O mesmo objeto pode ter várias interfaces, cada uma delas sendo um ponto de vista sobre os métodos que ela fornece. Isso tem suporte direto em Java, em que as interfaces são declaradas separadamente dos objetos, e esses objetos 'implementam' as interfaces. Do mesmo modo, um grupo de objetos pode ser acessado por meio de uma interface única.

A Figura 7.9 mostra duas interfaces que podem ser definidas para a estação meteorológica. A interface da esquerda é de relatório e define os nomes das operações que são utilizadas para gerar relatórios de clima e status. Elas correspondem diretamente às operações no objeto **EstaçãoMeteorológica**. A interface 'Controle Remoto' fornece quatro operações, que correspondem a um único método no objeto **EstaçãoMeteorológica**. Nesse caso, cada operação é codificada na *string* de comando associada ao método **controlarRemotamente**, exibido na Figura 7.6.

FIGURA 7.9 Interfaces da estação meteorológica.

«interface» Relatório
informarClima (em-id): relatórioC informarStatus (em-id): relatórioS

«interface» Controle Remoto
iniciarInstrumento (instrumento): iStatus pararInstrumento (instrumento): iStatus coletarDados (instrumento): iStatus fornecerDados (instrumento): string

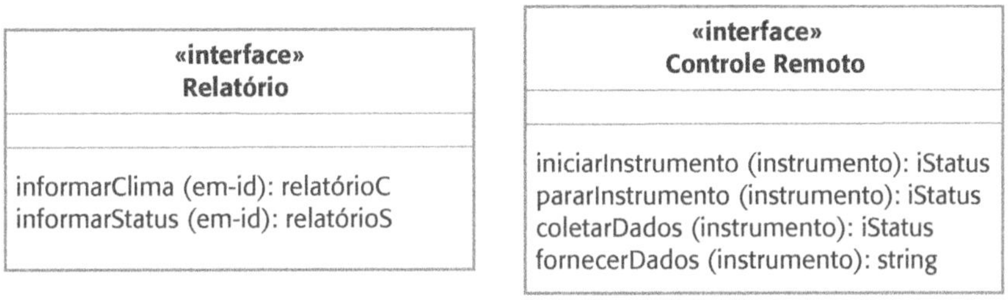

7.2 PADRÕES DE PROJETO

Os padrões de projeto (*design patterns*) derivaram de ideias apresentadas por Christopher Alexander (1979), que sugeriu a existência de certos padrões comuns em projetos de prédios que eram inerentemente agradáveis e eficazes. O padrão é uma descrição do problema e a essência de sua solução, de modo que ela possa ser reutilizada em diferentes contextos. O padrão não é uma especificação detalhada. Em vez disso, é possível encará-lo como uma descrição da sabedoria e do conhecimento acumulados, uma solução testada e aprovada para um problema comum.

Uma citação proveniente do site do Hillside Group (hillside.net/patterns), dedicada a manter informações sobre os padrões, encapsula seu papel no reúso:

> *Padrões e Linguagens de Padrões são maneiras de descrever as melhores práticas, os bons projetos e capturar a experiência de uma maneira que viabilize a reutilização dessas experiências por outras pessoas.*[1]

Os padrões causaram um enorme impacto no projeto de software orientado a objetos. Além de serem soluções testadas para problemas comuns, eles se transformaram em um vocabulário para falar sobre projeto. Portanto, é possível explicar um projeto

---
[1] The Hillside Group. Patterns. Site, 1994-2018. Disponível em: <hillside.net/patterns/>. Acesso em: 26 abr. 2018.

descrevendo os padrões utilizados nele. Isso vale particularmente para os padrões de projeto mais conhecidos, que foram descritos originalmente pela 'Gangue dos Quatro'[2] em seu livro sobre padrões, publicado em 1995 (GAMMA et al., 1995). Outras descrições de padrões importantes são as publicadas em uma série de livros de autores da Siemens, uma grande empresa europeia do setor de tecnologia (BUSCHMANN et al., 1996; SCHMIDT et al., 2000; KIRCHER; JAIN, 2004; BUSCHMANN; HENNEY; SCHMIDT, 2007a, 2007b).

Os padrões são uma maneira de reutilizar o conhecimento e a experiência de outros projetistas. Os padrões de projeto normalmente estão associados ao projeto orientado a objetos. Os que foram publicados se baseiam quase sempre nas características de objetos, como herança e polimorfismo, para promover a generalidade. No entanto, o princípio geral de encapsular a experiência em um padrão é igualmente aplicável a qualquer tipo de projeto de software. Por exemplo, é possível ter padrões de configuração para instanciar sistemas de aplicação reusáveis.

A Gangue dos Quatro definiu em seu livro os quatro elementos essenciais dos padrões de projeto:

1. Um nome que seja uma referência significativa para o padrão.
2. Uma descrição da área do problema que explique quando o padrão pode ser aplicado.
3. Uma descrição das partes da solução de projeto, suas relações e responsabilidades. Isso não é uma descrição do projeto concreto. É um *template* para uma solução de projeto que pode ser instanciado de diferentes maneiras. Muitas vezes, se expressa graficamente e mostra os relacionamentos entre os objetos e suas classes na solução.
4. Uma declaração das consequências — os resultados e os *trade-offs* — de aplicar o padrão. Isso pode ajudar os projetistas a compreenderem se um padrão pode ou não ser utilizado em uma determinada situação.

Gamma e seus coautores decompõem a descrição do problema em motivação (uma descrição explicando porque o padrão é útil) e aplicabilidade (uma descrição das situações em que o padrão pode ser utilizado). Sob a descrição da solução, eles descrevem a estrutura do padrão, os participantes, as colaborações e a implementação.

FIGURA 7.10 O padrão Observer.

Nome do padrão:	Observer
Descrição:	Separa a exibição do estado de um objeto do próprio objeto, permitindo exibições alternativas. Quando o estado do objeto muda, todas as exibições são automaticamente notificadas e atualizadas para refletir a mudança.
Descrição do problema:	Em muitas situações, deve-se proporcionar múltiplas exibições da informação do estado, como uma visualização gráfica ou uma exibição em tabela. Nem todas podem ser conhecidas quando a informação é especificada. Todas as apresentações alternativas devem permitir interação e, quando o estado muda, todas as exibições devem ser atualizadas. Esse padrão pode ser utilizado tanto nas situações em que é necessário mais de um formato de exibição para a informação de estado, quanto naquelas em que não é necessário que o objeto mantenedor da informação de estado conheça os formatos de exibição específicos utilizados.

continua

---

2 N. da T.: refere-se aos quatro autores do livro: Erich Gamma, John Vlissides, Ralph Johnson e Richard Helm.

continuação

Descrição da solução:	Isso envolve dois objetos abstratos, o Subject (sujeito) e o Observer (observador), e dois objetos concretos, ConcreteSubject (sujeito concreto) e ConcreteObserver (observador concreto), que herdam os atributos dos objetos abstratos relacionados. Os objetos abstratos incluem operações gerais, que são aplicáveis em todas as situações. O estado a ser exibido é mantido no ConcreteSubject, que herda operações do Subject, permitindo que ele inclua (*attach*) ou exclua (*detach*) Observers (cada observador corresponde a uma exibição) e emita uma notificação (*notify*) quando o estado mudar. O ConcreteObserver mantém uma cópia do estado do ConcreteSubject e implementa a interface update () do Observer que permite que essas cópias sejam mantidas harmonizadas, atualizando-as. O ConcreteObserver exibe automaticamente o estado e reflete as mudanças sempre que esse estado for atualizado. O modelo em UML do padrão é exibido na Figura 7.12.
Consequências:	O sujeito só conhece o Observer abstrato e não conhece detalhes da classe concreta. Portanto, há uma associação mínima entre esses objetos. Em razão da falta de conhecimento, as otimizações que melhoram o desempenho da exibição são impraticáveis. As mudanças no sujeito podem causar a geração de um conjunto de atualizações encadeadas nos observadores, algumas delas podendo ser desnecessárias.

Para ilustrar a descrição do padrão, uso o padrão Observer (observador, em português), extraído do livro de padrões da Gangue dos Quatro e exibido na Figura 7.10. Em minha descrição, eu uso os quatro elementos essenciais da descrição e também incluo uma breve declaração do que o padrão pode fazer. Esse padrão pode ser utilizado em situações nas quais são exigidas diferentes apresentações de um estado do objeto. Ele separa o objeto que deve ser exibido das diferentes formas de apresentação. Isso é ilustrado na Figura 7.11, que mostra duas representações gráficas diferentes do mesmo conjunto de dados.

FIGURA 7.11 Múltiplas exibições.

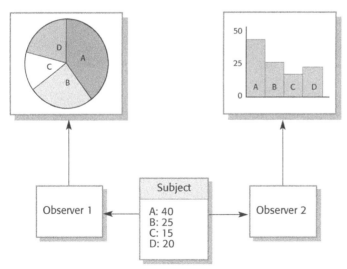

As representações gráficas normalmente são utilizadas para ilustrar as classes envolvidas nos padrões e seus relacionamentos. Elas suplementam a descrição do padrão e acrescentam detalhes à descrição da solução. A Figura 7.12 é a representação em UML do padrão Observer.

FIGURA 7.12 Modelo em UML do padrão Observer.

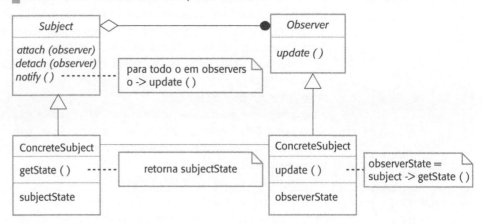

Para usar padrões no projeto, é preciso reconhecer que, para um eventual problema enfrentado, pode haver um padrão associado que pode ser aplicado. Exemplos desses problemas, documentados no livro de padrões original da Gangue dos Quatro, incluem:

1. dizer a vários objetos que o estado de algum outro objeto mudou (padrão Observer);
2. arrumar as interfaces para uma série de objetos relacionados, que muitas vezes foram desenvolvidas de modo incremental (padrão Façade);
3. proporcionar uma maneira padrão de acessar os elementos em um conjunto, independentemente de como ele foi implementado (padrão Iterator);
4. permitir a possibilidade de estender a funcionalidade de uma classe existente em tempo de execução (padrão Decorator).

Os padrões apoiam o reúso do conceito em alto nível. Ao tentar reusar componentes executáveis, inevitavelmente se fica restrito às decisões detalhadas do projeto que foram tomadas pelos implementadores desses componentes. Essas limitações variam desde os algoritmos específicos que foram utilizados para implementar os componentes até os objetos e tipos em suas interfaces. Quando as decisões de projeto conflitam com os seus requisitos, o reúso do componente é impossível ou introduz ineficiências no seu sistema. Usar padrões significa reaproveitar as ideias e adaptar a implementação para adequá-la ao sistema que está sendo desenvolvido.

Quando se começa a projetar um sistema, pode ser difícil saber, de antemão, se há necessidade de um padrão particular. Portanto, usar padrões em um processo de projeto envolve desenvolver um projeto, vivenciar um problema e, então, reconhecer que um padrão pode ser utilizado. Certamente, isso é possível se focamos nos 23 padrões de propósito geral documentados no livro de padrões original. No entanto, se o problema for diferente, pode ser difícil encontrar algo apropriado entre as centenas de diferentes padrões que foram propostos.

Os padrões são uma ótima ideia, mas é preciso ter experiência em projeto de software para utilizá-los com eficácia, pois é necessário reconhecer as situações em que um padrão pode ser aplicado. Os programadores inexperientes, ainda que tenham lido livros sobre padrões, sempre acharão difícil decidir se eles podem reusar um padrão ou se precisam desenvolver uma solução específica.

7.3 QUESTÕES DE IMPLEMENTAÇÃO

A engenharia de software inclui todas as atividades envolvidas no desenvolvimento de software, desde os requisitos iniciais do sistema até a manutenção e o gerenciamento do sistema implantado. Evidentemente, uma etapa crítica desse processo é a implementação do sistema, em que se cria uma versão executável do software. A implementação pode tanto envolver o desenvolvimento de programas em linguagens de programação de alto ou baixo nível como adequar e adaptar sistemas genéricos de prateleira a fim de satisfazer requisitos específicos de uma organização.

Suponho que a maioria dos leitores entenda os princípios de programação e tenha alguma experiência no assunto. Como este capítulo se destina a oferecer uma abordagem independentemente da linguagem, não me concentrei nas questões das boas práticas de programação, pois isso exigiria a utilização de exemplos em linguagens específicas. Em vez disso, introduzi alguns aspectos da implementação que são particularmente importantes para a engenharia de software e que, muitas vezes, não são abordados nos textos sobre programação. São eles:

1. *Reúso.* A maior parte do software moderno é construída reusando componentes ou sistemas que já existem. Ao longo do desenvolvimento de software, deve-se utilizar o código existente o máximo possível.
2. *Gerenciamento de configuração.* Durante o processo de desenvolvimento, são criadas muitas versões diferentes de cada componente do software. Se elas não forem controladas por um sistema de gerenciamento de configuração, corre-se o risco de incluir as versões erradas desses componentes no sistema.
3. *Desenvolvimento host-target.* O software de produção normalmente não é executado no mesmo computador do ambiente de desenvolvimento de software. Em vez disso, você o desenvolve em um computador (*host*) e o executa em outro (*target*, ou sistema-alvo). Os sistemas *host* e *target* às vezes são do mesmo tipo, mas, na maioria das vezes, são completamente diferentes.

7.3.1 Reúso

Dos anos 1960 até os anos 1990, a maior parte do novo software foi desenvolvida do zero, com todo o código escrito em uma linguagem de programação de alto nível. O único reúso significativo de software era o aproveitamento das funções e objetos nas bibliotecas de linguagem de programação. No entanto, o custo e a pressão do cronograma significaram que essa abordagem se tornou cada vez mais inviável, especialmente para sistemas comerciais e baseados na internet. Por essa razão, uma abordagem para o desenvolvimento baseada no reúso de software existente passou a ser a norma usada para muitos tipos de desenvolvimento de sistemas. Uma abordagem baseada em reúso é empregada atualmente nos sistemas web de todos os tipos, no software científico e, cada vez mais, na engenharia de sistemas embarcados.

O reúso de software é possível em uma série de níveis diferentes, como mostra a Figura 7.13:

1. *No nível de abstração.* Nesse nível, o software não é reusado diretamente, mas, em vez disso, é usado o conhecimento das abstrações bem-sucedidas no projeto de

software. Os padrões de projeto e os padrões de arquitetura (cobertos no Capítulo 6) são maneiras de representar o conhecimento abstrato para reúso.

2. *No nível de objeto*. Nesse nível, os objetos de uma biblioteca são reusados diretamente em vez de o código ser escrito. Para implementar esse tipo de reúso, deve-se encontrar as bibliotecas apropriadas e descobrir se os objetos e métodos oferecem a funcionalidade necessária. Por exemplo, se é preciso processar mensagens de e-mail em um programa Java, podem ser utilizados objetos e métodos de uma biblioteca JavaMail.

3. *No nível de componente*. Os componentes são conjuntos de objetos e classes que operam juntos para fornecer funções e serviços relacionados. Muitas vezes, deve-se adaptar e estender o componente, adicionando algum código por conta própria. Um exemplo de reúso no nível do componente é a criação de uma interface com o usuário usando um *framework*. Trata-se de um conjunto de classes genéricas que implementam o tratamento de eventos, gerenciamento de exibição etc. Conexões são acrescentadas aos dados a serem exibidos e o código é escrito para definir detalhes específicos da exibição, como o *layout* e as cores da tela.

4. *No nível de sistema*. Nesse nível, são reusados sistemas de aplicação inteiros. Essa função, geralmente, envolve algum tipo de configuração desses sistemas. Isso pode ser feito ao adicionar e ao modificar código (caso uma linha de produtos de software esteja sendo reusada) ou ao usar a interface de configuração do próprio sistema. Atualmente, a maioria dos sistemas comerciais é criada dessa maneira, com sistemas de aplicação genéricos sendo adaptados e reusados. Às vezes, essa abordagem pode envolver a integração de vários sistemas de aplicação para criar um novo.

FIGURA 7.13 Reúso de software.

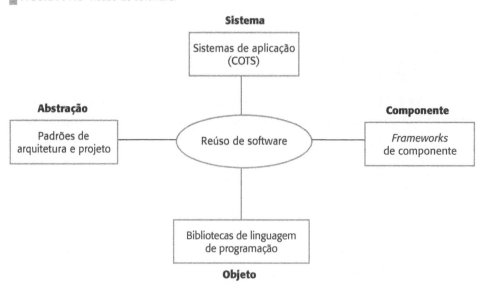

Reusando o software existente, é possível desenvolver novos sistemas mais rapidamente, com menos riscos de desenvolvimento e a um custo mais baixo. Como o software reusado foi testado em outras aplicações, ele deve ser mais confiável do que o novo software. Entretanto, existem custos associados ao reúso:

1. Os custos do tempo gasto na busca pelo software para reúso e na avaliação do nível de satisfação das suas necessidades por este software. Você pode ter de testar o software para certificar-se de que ele vai funcionar no seu ambiente, especialmente se for diferente do ambiente em que ele foi desenvolvido.
2. Os custos de comprar o software reusável, quando for aplicável. Nos grandes sistemas de prateleira, esse custo pode ser muito alto.
3. Os custos de adaptar e configurar os componentes do software ou do sistema reusável para refletir os requisitos do sistema que está sendo desenvolvido.
4. Os custos de integrar os elementos do software reusável com cada um dos demais elementos (caso esteja sendo usado software de fontes diferentes) e com o novo código desenvolvido. Pode ser difícil e caro integrar software reusável de diferentes fornecedores porque eles podem ter pressupostos conflitantes sobre como seu respectivo software será reusado.

A primeira coisa em que se deve pensar ao começar um projeto de desenvolvimento de software é como reusar o conhecimento e o software existentes. É preciso considerar a possibilidade de reúso antes de projetar o software em detalhes, já que pode ser necessário adaptar o projeto para reusar recursos de software existentes. Conforme discuti no Capítulo 2, em um processo de desenvolvimento orientado para reúso, elementos reusáveis são buscados e, então, seus requisitos e seu projeto são modificados para fazer o melhor uso desses elementos.

Em virtude da importância do reúso na engenharia de software moderna, dedicarei vários capítulos na Parte 3 deste livro exatamente a esse tópico (Capítulos 15, 16 e 18).

7.3.2 Gerenciamento de configuração

Em desenvolvimento de software, mudanças acontecem o tempo todo, então o gerenciamento da mudança é absolutamente essencial. Quando várias pessoas estão envolvidas no desenvolvimento de um sistema de software, é necessário assegurar que os membros do time não interfiram no trabalho uns dos outros. Em outras palavras, se duas pessoas estão trabalhando em um componente, suas mudanças precisam ser coordenadas. Senão, um programador pode fazer alterações e sobrescrever o trabalho do outro. Também é importante garantir que todos possam acessar as versões mais atualizadas dos componentes de software; senão, os desenvolvedores podem refazer o trabalho que já foi feito. Quando algo sai errado com uma nova versão de um sistema, deve ser possível voltar para uma versão funcional do sistema ou componente.

Gerenciamento de configuração é o nome dado ao processo geral de gerenciamento de um sistema de software em mudança. O objetivo do gerenciamento de configuração é o de apoiar o processo de integração do sistema para que todos os desenvolvedores possam acessar o código do projeto e seus documentos de maneira controlada, descobrir quais mudanças foram feitas, compilar e ligar os componentes para criar um sistema. Conforme a Figura 7.14, existem quatro atividades fundamentais no gerenciamento de configuração:

1. *Gerenciamento de versão*, em que o apoio é fornecido para controlar as diferentes versões dos componentes de software. Os sistemas de gerenciamento de versão incluem recursos para coordenar o desenvolvimento por vários programadores.

Eles impedem que um desenvolvedor sobrescreva o código que foi submetido para o sistema por outro desenvolvedor.
2. *Integração do sistema*, em que o apoio é fornecido para ajudar os desenvolvedores a definirem quais versões dos componentes são utilizadas para criar cada versão de um sistema. Essa descrição é utilizada para criar um sistema automaticamente, compilando e ligando os componentes necessários.
3. *Rastreamento de problemas*, em que o apoio é fornecido para permitir aos usuários relatarem defeitos e outros problemas, e permitir a todos os desenvolvedores ver quem está trabalhando nesses problemas e quando são consertados.
4. *Gerenciamento de lançamento* (*release*), em que novas versões do software são liberadas para os clientes. Essa tarefa está relacionada com o planejamento da funcionalidade dos novos lançamentos e com a organização do software para distribuição.

FIGURA 7.14 Gerenciamento de configuração.

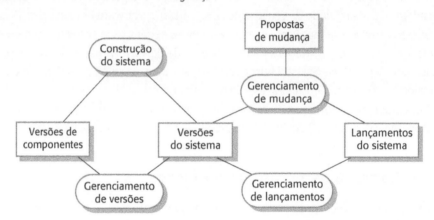

As ferramentas de gerenciamento de configuração de software apoiam cada uma das atividades acima. Essas ferramentas geralmente são instaladas em um ambiente de desenvolvimento integrado, como o Eclipse. O gerenciamento de versões pode ser apoiado usando um sistema de gerenciamento de versões, como o Subversion (PILATO; COLLINS-SUSSMAN; FITZPATRICK, 2008) ou o Git (LOELIGER; MCCULLOUGH, 2012), que pode apoiar o desenvolvimento em múltiplos locais por múltiplos times. O apoio à integração do sistema pode ser embutido na linguagem ou se basear em um conjunto de ferramentas à parte, como o GNU *build system*. O rastreamento de defeitos ou os sistemas de acompanhamento de problemas, como o Bugzilla, são utilizados para informar defeitos e outros problemas e monitorar se foram ou não consertados. Um conjunto abrangente de ferramentas construído em torno do sistema Git está disponível no Github (github.com).

Em razão de sua importância na engenharia de software profissional, discutirei o gerenciamento de mudança e de configuração com mais detalhes no Capítulo 25.

7.3.3 Desenvolvimento *host-target*

A maior parte do desenvolvimento de software profissional se baseia no modelo *host-target* (Figura 7.15). O software é desenvolvido em um computador (o *host*), mas executa em outra máquina (o *target*, ou alvo). Em termos mais gerais, podemos falar sobre uma plataforma de desenvolvimento (*host*) e uma plataforma de execução (*target*). A plataforma vai além do hardware. Ela inclui o sistema operacional instalado e outros softwares de apoio, como um sistema de gerenciamento de banco de dados ou, nas plataformas de desenvolvimento, um ambiente de desenvolvimento interativo.

FIGURA 7.15 Desenvolvimento *host-target*.

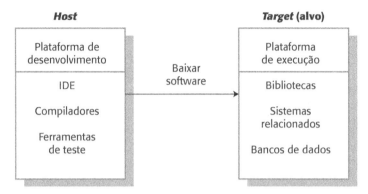

Às vezes, a plataforma de desenvolvimento e a plataforma de execução são a mesma, possibilitando o desenvolvimento do software e seu teste na mesma máquina. Portanto, se você desenvolve em Java, o ambiente-alvo é a Máquina Virtual Java. A princípio, ela é a mesma em todos os computadores, então os programas devem ser portáveis de uma máquina para outra. No entanto, particularmente nos sistemas embarcados e nos sistemas móveis, as plataformas de desenvolvimento e execução são diferentes. É preciso passar o software desenvolvido à plataforma de execução, seja para testar ou para executar um simulador em sua máquina de desenvolvimento.

Os simuladores são frequentemente utilizados durante o desenvolvimento dos sistemas embarcados. São simulados os dispositivos de hardware, como sensores, e os eventos no ambiente em que o sistema será implantado. Os simuladores aceleram o processo de desenvolvimento dos sistemas embarcados, já que cada desenvolvedor pode ter a sua própria plataforma de execução sem necessidade de baixar o software para o hardware-alvo. Porém, os simuladores têm um desenvolvimento caro e, portanto, geralmente só estão disponíveis para as arquiteturas de hardware mais populares.

Se o sistema-alvo tiver middleware ou outro software instalado que precise ser utilizado, então deve ser necessário testar o sistema usando esse software. Pode ser impraticável instalar o software em uma máquina de desenvolvimento, mesmo que seja a mesma da plataforma-alvo, em razão das restrições de licença. Se for o caso, será preciso transferir o código desenvolvido para a plataforma de execução para testar o sistema.

Uma plataforma de desenvolvimento de software deve fornecer uma gama de ferramentas para apoiar os processos de engenharia de software. Essas ferramentas podem incluir:

1. um compilador integrado e um sistema de edição dirigido pela sintaxe que permitam criar, editar e compilar o código;
2. um sistema de depuração da linguagem;
3. ferramentas gráficas de edição, como as ferramentas para editar modelos UML;

4. ferramentas de teste, como JUnit, que podem executar automaticamente um conjunto de testes em uma nova versão de um programa;
5. ferramentas para apoiar a refatoração e a visualização do programa;
6. ferramentas de gerenciamento de configuração para gerenciar versões do código-fonte e para integrar e construir os sistemas.

Além dessas ferramentas básicas, o sistema de desenvolvimento pode incluir ferramentas mais especializadas, como os analisadores estáticos (discutidos no Capítulo 12). Normalmente, os ambientes de desenvolvimento para times também incluem um servidor compartilhado que executa um sistema de gerenciamento de mudança e configuração e, talvez, um sistema para apoiar o gerenciamento de requisitos.

Hoje, as ferramentas de desenvolvimento de software estão instaladas em um ambiente de desenvolvimento integrado (IDE, do inglês *integrated development environment*). Um IDE é um conjunto de ferramentas de software que apoia diferentes aspectos do desenvolvimento de software dentro de algum *framework* e de uma interface de usuário comuns. Geralmente, os IDEs são criados para apoiar o desenvolvimento em uma linguagem de programação específica, como Java. O IDE da linguagem pode ser desenvolvido ou pode ser uma instanciação de um IDE de uso geral, com ferramentas de apoio específicas para a linguagem.

Um IDE de uso geral é um *framework* para abrigar ferramentas de software que proporcionam recursos de gerenciamento de dados para o software que está sendo desenvolvido e mecanismos de integração que permitem que as ferramentas trabalhem juntas. O IDE de propósito geral mais conhecido é o ambiente Eclipse (www.eclipse.org), que se baseia em uma arquitetura de *plug-in* para que possa ser especializado em diferentes linguagens, como Java, e domínios de aplicação. Portanto, é possível instalar o Eclipse e adaptá-lo a necessidades específicas adicionando *plug-ins*. Por exemplo, dá para adicionar um conjunto de *plug-ins* para permitir o desenvolvimento de sistemas em rede na linguagem Java (VOGEL, 2013) ou engenharia de sistemas embarcados usando a linguagem C.

Como parte do processo de desenvolvimento, é preciso tomar decisões sobre como o software desenvolvido será implantado na plataforma-alvo. Isso é simples nos sistemas embarcados, em que o alvo normalmente é um único computador. No entanto, nos sistemas distribuídos é preciso decidir sobre as plataformas específicas nas quais os componentes serão implantados. As questões que devem ser consideradas na tomada de decisão são:

1. *Os requisitos de hardware e software de um componente.* Se um componente for projetado para uma arquitetura de hardware específica ou depender de outro sistema de software, então, obviamente, ele deve ser implantado em uma plataforma que tenha o apoio necessário.
2. *Os requisitos de disponibilidade do sistema.* Sistemas de alta disponibilidade podem exigir que os componentes sejam implantados em mais de uma plataforma. Isso significa que, no caso de uma falha da plataforma, uma implementação alternativa do componente está disponível.
3. *Comunicação dos componentes.* Se houver muita comunicação entre os componentes, normalmente é melhor implantá-los na mesma plataforma ou em plataformas que sejam fisicamente próximas umas das outras. Isso reduz a latência da comunicação — o atraso entre o momento em que uma mensagem é enviada por um componente e recebida por outro.

É possível documentar as decisões sobre implantação de hardware e software usando diagramas de implantação da UML, que mostram como os componentes de software estão distribuídos entre as plataformas de hardware.

Caso esteja desenvolvendo um sistema embarcado, pode ser necessário levar em consideração as características-alvo, como o tamanho físico, a potência, a necessidade de respostas de tempo real a eventos de sensor, as características físicas de atuadores e de seu sistema operacional de tempo real. Discutirei a engenharia de sistemas embarcados no Capítulo 21.

Diagramas de implantação da UML

Os diagramas de implantação da UML mostram como os componentes de software são implantados fisicamente nos processadores. Ou seja, o diagrama de implantação mostra o hardware e o software no sistema e o middleware utilizado para conectar os diferentes componentes no sistema. Basicamente, você pode pensar nos diagramas de implantação como uma maneira de definir e documentar o ambiente-alvo.

7.4 DESENVOLVIMENTO DE CÓDIGO ABERTO (*OPEN SOURCE*)

O desenvolvimento de código aberto (*open source*) é uma abordagem para o desenvolvimento de software na qual o código-fonte de um sistema de software é publicado e voluntários são convidados para participar do processo de desenvolvimento (RAYMOND, 2001). Suas bases estão na Free Software Foundation (www.fsf.org), que defende que o código-fonte não deve ser proprietário, mas, sim, disponibilizado para que os usuários o examinem e modifiquem do modo que desejarem. Havia um pressuposto de que o código seria controlado e desenvolvido por um pequeno grupo principal, em vez de usuários do código.

O software de código aberto estendeu essa ideia, usando a internet para recrutar uma população muito maior de desenvolvedores voluntários. Muitos deles também são usuários do código. Pelo menos a princípio, qualquer colaborador de um projeto de código aberto pode informar e consertar defeitos, além de propor novas características e funcionalidades. No entanto, na prática, os sistemas de código aberto bem-sucedidos ainda se baseiam em um grupo principal de desenvolvedores que controlam as mudanças no software.

O software de código aberto é a espinha dorsal da internet e da engenharia de software. O sistema operacional Linux é o mais utilizado em servidores, assim como o servidor web Apache, que também é de código aberto. Outros produtos de código aberto importantes e aceitos universalmente são Java, o IDE Eclipse e o sistema de gerenciamento de banco de dados mySQL. O sistema operacional Android está instalado em milhões de celulares e tablets. Os grandes protagonistas do setor de computadores, como a IBM e a Oracle, apoiam o movimento de código aberto e baseiam seu software em produtos que seguem essa filosofia. Milhares de outros sistemas e componentes de código aberto menos conhecidos também podem ser utilizados.

Normalmente, adquirir software de código aberto é barato ou até mesmo gratuito — de maneira geral, é possível baixar softwares de código aberto sem pagar por eles. Entretanto, se quiser documentação e suporte, então pode ser necessário pagar por isso, muito embora os custos sejam razoavelmente baixos. O outro benefício principal de usar produtos de código aberto é que os sistemas que seguem essa filosofia e que são amplamente utilizados também são bastante confiáveis. Eles têm uma grande população de usuários dispostos a consertar os problemas sozinhos em vez de informar esses problemas para o desenvolvedor e esperar por uma nova versão do sistema. Os defeitos são descobertos e consertados mais rapidamente do que é possível na maioria das vezes com um software proprietário.

Para uma empresa envolvida no desenvolvimento de software, existem duas questões do código aberto que precisam ser consideradas:

1. O produto que está sendo desenvolvido deve usar componentes de código aberto?
2. Uma abordagem de código aberto deve ser utilizada para o desenvolvimento do próprio software?

As respostas para essas perguntas dependem do tipo de software que está sendo desenvolvido, da formação e da experiência do time de desenvolvimento.

Se estiver desenvolvendo um produto de software para venda, então o *time to market* (tempo até o produto chegar ao mercado) e a redução de custos são críticos. Se estiver desenvolvendo software em um domínio no qual existem sistemas de código aberto com alta qualidade, é possível poupar tempo e dinheiro usando esses sistemas. No entanto, se estiver desenvolvendo software para um conjunto específico de requisitos organizacionais, então pode não ser uma opção usar componentes de código aberto. O software poderá ter que ser integrado a sistemas existentes que são incompatíveis com os sistemas de código aberto disponíveis. Entretanto, ainda assim poderia ser mais rápido e barato modificar o sistema de código aberto do que desenvolver novamente a funcionalidade da qual você necessita.

Hoje em dia, muitas empresas de desenvolvimento de software estão usando uma abordagem de código aberto, especialmente para sistemas especializados. Seu modelo de negócios não depende da venda de um produto de software, mas, sim, de vender suporte para o produto. Elas acreditam que envolver a comunidade de código aberto vai permitir que o software seja desenvolvido de forma mais barata e mais rápida, criando uma comunidade de usuários do software.

Algumas empresas acreditam que adotar uma abordagem de código aberto revelará conhecimentos confidenciais do negócio para seus concorrentes e, portanto, relutam em adotar este modelo de desenvolvimento. No entanto, se estiver trabalhando em uma pequena empresa e abrir o código-fonte de seu software, pode ser tranquilizador para os clientes de que eles serão capazes de dar suporte ao software se a empresa vir a falir.

Publicar o código-fonte de um sistema não significa necessariamente que as pessoas de uma comunidade mais ampla vão ajudar no seu desenvolvimento. Os produtos de código aberto mais bem-sucedidos têm sido as plataformas, e não os sistemas de aplicação. Existe uma quantidade limitada de desenvolvedores que poderiam se interessar por sistemas de aplicação especializados. Transformar um sistema de software em código aberto não garante o envolvimento da comunidade. Existem milhares de projetos de código aberto na Sourceforge e no GitHub que têm apenas um punhado de downloads. No entanto, se os usuários do seu software se preocuparem com a sua futura disponibilidade, transformar o software em código aberto significa que eles poderão ter sua própria cópia e tranquilizar-se de que não perderão o acesso a esse software.

7.4.1 Licenciamento de código aberto

Embora um princípio fundamental do desenvolvimento de código aberto seja que o código-fonte deve ser livremente disponível, isso não significa que qualquer um possa fazer o que quiser com ele. Legalmente, o desenvolvedor do código (uma empresa ou um indivíduo) o possui, e pode colocar restrições ao seu modo de utilização incluindo condições legalmente vinculantes em uma licença de software de código aberto (ST. LAURENT, 2004). Alguns desenvolvedores de código aberto acreditam que, se um componente de código aberto for utilizado para desenvolver um novo sistema, então esse sistema também deverá ser de código aberto. Outros estão dispostos a permitir que seu código seja utilizado sem essa restrição. Os sistemas desenvolvidos podem ser proprietários e vendidos como sistemas de código fechado.

A maioria das licenças de código aberto (CHAPMAN, 2010) consiste em variações de um dos três modelos gerais:

1. GNU General Public License (GPL): essa é a chamada licença recíproca que, de maneira simplificada, significa que, se você usar software de código aberto licenciado de acordo com a GPL, então seu software deverá ser publicado em código aberto.
2. GNU Lesser General Public License (LGPL): essa é uma variação da licença GPL, em que se pode escrever componentes vinculados ao código aberto sem ter que publicar a fonte desses componentes. No entanto, caso se mude o componente licenciado, deve-se publicar tal mudança como código aberto.
3. Berkley Standard Distribution (BSD) License: essa é uma licença não recíproca, significando que não há obrigação de republicar quaisquer modificações feitas no código aberto. É possível incluir o código nos sistemas proprietários que são vendidos. Ao usar componentes de código aberto, deve-se reconhecer o criador original do código. A licença MIT é uma variação da licença BSD com condições semelhantes.

As questões de licenciamento são importantes porque quem usa software de código aberto como parte de um produto de software pode ser obrigado, pelos termos da licença, a tornar o seu próprio produto de código aberto. Para tentar vender um software, pode ser preferível mantê-lo em segredo. Isso significa que pode ser melhor evitar o uso de software de código aberto com licença GPL em seu desenvolvimento.

As licenças não são um problema para quem está construindo um software a ser executado em uma plataforma de código aberto, mas que não reusa componentes de código aberto. No entanto, caso seja embutido software de código aberto no software sendo construído, poderá ser necessário controlar processos e ter bancos de dados para monitorar o que foi utilizado e sob quais condições de licenciamento. Para Bayersdorfer (2007), as empresas que gerenciam projetos e usam código aberto devem:

1. Estabelecer um sistema para manter informações sobre componentes de código aberto que são baixados e utilizados. Elas precisam manter uma cópia da licença de cada componente válida no momento em que ele foi utilizado. As licenças podem mudar, então é preciso conhecer as condições com as quais concordaram.
2. Estar cientes dos diferentes tipos de licenças e entender como um componente é licenciado antes de ser utilizado. Elas podem optar pelo uso de um

componente em um sistema, mas não em outro, já que planejam usar esses sistemas de maneiras diferentes.
3. Estar cientes das trajetórias de evolução dos componentes. Elas precisam saber um pouco sobre o projeto de código aberto em que os componentes são desenvolvidos para compreender como eles poderiam mudar no futuro.
4. Educar as pessoas a respeito do código aberto. Não basta ter procedimentos em vigor para garantir a observância das condições de licenciamento. Também é necessário educar os desenvolvedores sobre o código aberto e o licenciamento desse tipo de código.
5. Manter sistemas de auditoria. Os desenvolvedores, sujeitos a prazos apertados, poderiam ficar tentados a violar os termos de uma licença. Se for possível, as empresas devem ter software instalado para detectar e prevenir isso.
6. Participar da comunidade de código aberto. Se as empresas contam com produtos de código aberto, elas devem participar da comunidade e ajudar a apoiar o seu desenvolvimento.

A abordagem de código aberto é um dos vários modelos de negócio relacionados ao software. Nesse modelo, as empresas liberam o código-fonte do seu software e vendem serviços e consultoria associados a ele. Elas também podem vender serviços de software baseados na nuvem — uma opção atraente para os usuários que não têm expertise para gerenciar seu próprio sistema de código aberto e também versões especializadas do seu sistema para determinados clientes. Portanto, o código aberto tende a crescer em importância como uma maneira de desenvolver e distribuir software.

PONTOS-CHAVE

- O projeto e a implementação de software são atividades intercaladas. O nível de detalhe no projeto depende do tipo de sistema que está sendo desenvolvido e do fato de se utilizar uma abordagem ágil ou dirigida por plano.
- O processo de projeto orientado a objetos inclui atividades para projetar a arquitetura do sistema, identificar objetos no sistema, descrever o projeto usando diferentes modelos de objeto e documentar as interfaces dos componentes.
- Muitos modelos diferentes podem ser produzidos durante um processo de projeto orientado a objetos. Eles incluem os modelos estáticos (modelos de classe, modelos de generalização, modelos de associação) e os modelos dinâmicos (modelos de sequência, modelos de máquina de estados).
- As interfaces dos componentes devem ser definidas precisamente para que outros objetos possam usá-las. O estereótipo de interface da UML pode ser utilizado para definir interfaces.
- Durante o desenvolvimento de software, deve-se sempre considerar a possibilidade de reusar o software existente, seja como componentes, como serviços ou como sistemas completos.
- Gerenciamento de configuração é o processo de gerenciar mudanças em um sistema de software em desenvolvimento. Ele é essencial quando um time está cooperando para desenvolver um software.
- A maior parte do desenvolvimento é do tipo *host-target*. Um IDE é usado em uma máquina hospedeira (*host*) para desenvolver o software, que é transferido para uma máquina destino (*target* ou alvo) para execução.

> O desenvolvimento de código aberto (*open source*) envolve tornar disponível publicamente o código-fonte de um sistema. Isso significa que muitas pessoas podem propor mudanças e melhorias no software.

LEITURAS ADICIONAIS

Design patterns: elements of reusable object-oriented software. Esse é o manual original de padrões de software, que os apresentou para uma grande comunidade. GAMMA, E.; HELM, R.; JOHNSON, R.; VLISSIDES, J. Addison-Wesley, 1995.

Applying UML and patterns: an introduction to object-oriented analysis and design and iterative development. 3. ed. Larman escreve claramente sobre projeto orientado a objetos e discute o uso da UML; essa é uma boa introdução ao uso dos padrões no processo de projeto. Embora tenha mais de dez anos, ainda é o melhor livro sobre o tema. LARMAN, C. Prentice-Hall, 2004.

Producing open source software: how to run a successful free software project. Este livro é um guia abrangente para o contexto do software de código aberto, questões de licenciamento e os aspectos práticos de tocar um projeto de desenvolvimento de código aberto. FOGEL, K. O'Reilly Media Inc., 2008.

Outras leituras sobre reúso de software serão sugeridas no Capítulo 15, e sobre gerenciamento de configuração, no Capítulo 25.

SITE[3]

Apresentações em PowerPoint para este capítulo disponíveis em: <http://software-engineering-book.com/slides/chap7/>.
Links para vídeos de apoio disponíveis em: <http://software-engineering-book.com/videos/implementation-and-evolution/>.
Mais informações sobre o sistema de informações meteorológicas disponíveis em: <http://software-engineering-book.com/case-studies/wilderness-weather-station/>.

---

3 Todo o conteúdo disponibilizado na seção *Site* de todos os capítulos está em inglês.

EXERCÍCIOS

7.1 Usando a notação tabular exibida na Figura 7.3, especifique os casos de uso da estação meteorológica para 'Informar status' e 'Reconfigurar'. Você deve fazer suposições razoáveis quanto à funcionalidade exigida aqui.

7.2 Suponha que o sistema Mentcare esteja sendo desenvolvido usando uma abordagem orientada a objetos. Desenhe um diagrama de caso de uso mostrando pelo menos seis casos de uso possíveis para esse sistema.

7.3 Usando a notação gráfica da UML para classes, projete as seguintes classes, identificando atributos e operações. Use a sua própria experiência para decidir sobre os atributos e operações que devem estar associados a esses objetos.
> Um sistema de mensagens em um celular ou tablet.
> Uma impressora para um computador pessoal.
> Um sistema de música pessoal.
> Uma conta bancária.
> Um catálogo de biblioteca.

7.4 Usando como ponto de partida os objetos da estação meteorológica identificados na Figura 7.6, identifique outros objetos que possam ser utilizados nesse sistema. Projete uma hierarquia de herança para os objetos que você identificou.

7.5 Desenvolva o projeto da estação meteorológica para mostrar a interação entre o subsistema de coleta de dados e os instrumentos que coletam os dados climáticos. Use diagramas de sequência para mostrar essa interação.

7.6 Identifique possíveis objetos nos seguintes sistemas e desenvolva um projeto orientado a objetos para eles. Você pode fazer quaisquer suposições razoáveis sobre os sistemas quando derivar o seu projeto.
> Um diário de grupo e um sistema de gerenciamento de tempo se destinam a permitir o agendamento de reuniões e compromissos entre um grupo de colegas de trabalho. Quando deve ocorrer uma reunião envolvendo uma série de pessoas o sistema encontra uma vaga comum em cada um de seus diários e marca a reunião para aquele horário. Se não houver uma vaga comum, ele interage com o usuário para reorganizar seu diário pessoal e arrumar um horário para a reunião.
> Um posto de gasolina deve ser configurado para operação totalmente automatizada. Os motoristas passam seus cartões de crédito por uma leitora conectada à bomba; o cartão é verificado pela comunicação com um computador da operadora, sendo estabelecido um limite

de combustível. O motorista pode abastecer com o combustível necessário. Quando o abastecimento estiver concluído e a mangueira da bomba for devolvida ao suporte, a conta do cartão de crédito do motorista é debitada com o custo do combustível. O cartão de crédito é devolvido após ser debitado. Se o cartão for inválido, a bomba o devolve antes de liberar a saída do combustível.

7.7 Desenhe um diagrama de sequência mostrando as interações dos objetos em um sistema de diário de grupo quando um grupo de pessoas está marcando uma reunião.

7.8 Desenhe um diagrama de estado da UML mostrando as possíveis mudanças de estado no diário de grupo ou no sistema do posto de abastecimento de combustível.

7.9 Usando exemplos, explique por que o gerenciamento de configuração é importante quando um time está desenvolvendo um produto de software.

7.10 Uma pequena empresa desenvolveu um produto de software especializado que ela configura especialmente para cada cliente. Os clientes novos normalmente têm necessidades específicas a serem incorporadas ao seu sistema e eles pagam para que sejam desenvolvidas e integradas ao produto. A empresa de software tem uma oportunidade para disputar um novo contrato, o que mais do que dobraria a sua base de clientes. O novo cliente deseja ter algum envolvimento na configuração do sistema. Explique porque, nessas circunstâncias, poderia ser uma boa ideia a empresa dona do software transformá-lo em código aberto.

REFERÊNCIAS

ABBOTT, R. Program design by informal english descriptions. *Comm. ACM*, v. 26, n. 11, 1983. p. 882--894. doi:10.1145/182.358441.

ALEXANDER, C. *A Timeless way of building*. Oxford, UK: Oxford University Press. 1979.

BAYERSDORFER, M. Managing a project with open source components. *ACM Interactions*, v. 14, n. 6, 2007. p. 33-34. doi: 10.1145/1300655.1300677.

BECK, K.; CUNNINGHAM, W. A laboratory for teaching object-oriented thinking. In: *Proc. OOPSLA'89 (Conference on Object-Oriented Programming, Systems, Languages and Applications)*, 1-6. ACM Press. 1989. doi:10.1145/74878.74879.

BUSCHMANN, F.; HENNEY, K.; SCHMIDT, D. C. *Pattern-oriented software architecture volume 4*: a pattern language for distributed computing. New York: John Wiley & Sons. 2007a.

_____. *Pattern-oriented software architecture volume 5*: on patterns and pattern languages. New York: John Wiley & Sons. 2007b.

BUSCHMANN, F.; MEUNIER, R.; ROHNERT, H.; SOMMERLAD, P. *Pattern-oriented software architecture*: a system of patterns, v. 1. New York: John Wiley & Sons, 1996.

CHAPMAN, C. A short guide to open-source and similar licences. *Smashing Magazine*, 24 mar. 2010. Disponível em: <http://www.smashingmagazine.com/2010/03/24/a-short-guide-to-open-source-and-similar-licenses/>. Acesso em: 22 abr. 2018.

GAMMA, E.; HELM, R.; JOHNSON, R.; VLISSIDES, J. *Design patterns*: elements of reusable object-oriented software. Reading, MA.: Addison-Wesley, 1995.

KIRCHER, M.; JAIN, P. *Pattern-oriented software architecture volume 3*: patterns for resource management. New York: John Wiley & Sons, 2004.

LOELIGER, J.; MCCULLOUGH, M. *Version control with Git*: powerful tools and techniques for collaborative software development. Sebastopol, CA: O'Reilly & Associates, 2012.

PILATO, C.; COLLINS-SUSSMAN, B.; FITZPATRICK, B. *Version control with Subversion*. Sebastopol, CA: O'Reilly & Associates, 2008.

RAYMOND, E. S. *The cathedral and the bazaar*: musings on Linux and open source by an accidental revolutionary. Sebastopol. CA: O'Reilly & Associates, 2001.

SCHMIDT, D.; STAL, M.; ROHNERT, H.; BUSCHMANN, F. *Pattern-oriented software architecture volume 2*: patterns for concurrent and networked objects. New York: John Wiley & Sons, 2000.

ST. LAURENT, A. *Understanding open source and free software licensing*. Sebastopol, CA: O'Reilly & Associates, 2004.

VOGEL, L. *Eclipse IDE*: a tutorial. Hamburg, Germany: Vogella Gmbh, 2013.

WIRFS-BROCK, R.; WILKERSON, B.; WEINER, L. *Designing object-oriented software*. Englewood Cliffs, NJ: Prentice-Hall, 1990.

8 | Teste de software

OBJETIVOS

O objetivo deste capítulo é introduzir o teste de software e seus processos. Ao ler este capítulo, você:

- compreenderá os estágios de teste, desde o desenvolvimento até a aceitação pelos clientes do sistema;
- será apresentado às técnicas que ajudam a escolher os casos de teste concebidos para descobrir defeitos de programação;
- compreenderá o desenvolvimento com testes *a priori* (*test-first*), em que os testes são projetados antes da escrita do código e executados automaticamente;
- conhecerá três tipos de testes diferentes — teste de componentes, teste de sistemas e teste de lançamento (*release*);
- compreenderá as diferenças entre teste de desenvolvimento e teste de usuário.

CONTEÚDO

8.1 Teste de desenvolvimento
8.2 Desenvolvimento dirigido por testes
8.3 Teste de lançamento
8.4 Teste de usuário

Os testes pretendem mostrar que um programa faz o que foi destinado a fazer e descobrir defeitos antes que ele seja colocado em uso. Em um teste de software, um programa é executado com uso de dados artificiais, e os resultados são conferidos em busca de erros, anomalias ou informações sobre os atributos não funcionais do programa.

Quem testa um software, tenta fazer duas coisas:

1. Demonstrar ao desenvolvedor e ao cliente que o software atende aos seus requisitos. No caso de software customizado, isso significa que deve haver pelo menos um teste para cada requisito no documento de requisitos. No caso de produtos de software genéricos, isso significa que deve haver testes para todas as características do sistema que serão incluídas no lançamento do produto. Também podem ser testadas combinações de características para averiguar a existência de interações indesejadas entre elas.

2. Encontrar entradas ou sequências de entradas nas quais o software se comporta de modo incorreto, indesejável ou fora da conformidade de suas especificações. Esses fatores são causados por defeitos (*bugs*), e o teste de software busca encontrá-los a fim de erradicar comportamentos indesejáveis, como falhas de sistema, interações indesejadas com outros sistemas, processamentos incorretos e dados corrompidos.

O primeiro caso é o teste de validação, no qual se espera que o sistema funcione corretamente por meio do uso de um conjunto de casos de teste que reflita o uso esperado do sistema. O segundo é o teste de defeitos, no qual os casos de teste são concebidos para expor defeitos. Nesse teste, os casos podem ser pouco claros de forma deliberada, e não precisam refletir a maneira como o sistema normalmente é utilizado. Naturalmente, não há um limite exato entre essas duas abordagens. Durante o teste de validação, serão encontrados defeitos no sistema; durante o teste de defeitos, alguns deles mostrarão que o programa atende aos seus requisitos.

A Figura 8.1 mostra as diferenças entre o teste de validação e o teste de defeitos. O sistema testado deve ser pensado como uma caixa-preta. Ele aceita entradas de algum conjunto de entradas E e gera saídas em um conjunto de saídas **S**. Algumas saídas estarão erradas – as saídas no conjunto S_e – e serão geradas pelo sistema em resposta às entradas no conjunto E_e. A prioridade no teste de defeitos é encontrar essas entradas no conjunto E_e, pois elas revelam problemas com o sistema. O teste de validação envolve testar com entradas corretas que estão fora do conjunto E_e e que estimulam o sistema a gerar as saídas corretas esperadas.

FIGURA 8.1 Modelo de entrada e saída de teste de programa.

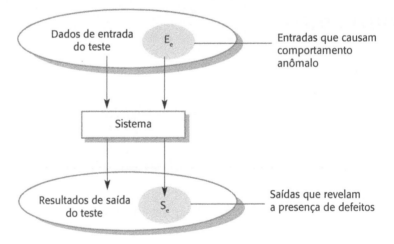

Os testes não conseguem demonstrar que o software está livre de defeitos ou que vai se comportar de acordo com a sua especificação em qualquer circunstância. Sempre é possível que um teste negligenciado descubra mais problemas com o sistema. Como declarou de forma eloquente Edsger Dijkstra (1972), um dos primeiros colaboradores no desenvolvimento da engenharia de software:

"O teste só consegue mostrar a presença de erros, não a sua ausência."[1]

---

[1] DIJKSTRA, E. W. "The humble programmer." *Comm. ACM*, v. 15, n. 10, 1972. p. 859-66. doi:10.1145/355604.361591.

Os testes fazem parte de um processo mais amplo de verificação e validação de software (V & V). A verificação e a validação não são a mesma coisa, embora sejam frequentemente confundidas. Barry Boehm, um pioneiro da engenharia de software, expressou de forma sucinta a diferença entre elas (BOEHM, 1979):

- **Validação**: Estamos construindo o produto certo?
- **Verificação**: Estamos construindo o produto corretamente?

Os processos de verificação e validação estão preocupados em conferir se o software que está sendo desenvolvido cumpre sua especificação e fornece a funcionalidade esperada pelas pessoas que estão pagando por ele. Esses processos de conferência começam logo que os requisitos são disponibilizados e continuam por todos os estágios do processo de desenvolvimento.

A verificação de software é o processo de conferir se o software cumpre seus requisitos funcionais e não funcionais declarados. A validação de software é um processo mais geral, cujo objetivo é assegurar que o software atenda às expectativas do cliente, e vai além da conferência da conformidade com a especificação, para demonstrar que o software faz o que se espera dele; ela é essencial porque, conforme discutimos no Capítulo 4, as declarações de requisitos nem sempre refletem os desejos ou necessidades reais dos clientes e usuários do sistema.

O objetivo dos processos de verificação e validação é estabelecer a confiança de que o sistema de software é 'adequado para a finalidade'. Isso significa que o sistema deve ser bom o bastante para o uso que se pretende fazer dele. O nível de confiança necessária depende da finalidade do sistema, das expectativas dos usuários e do ambiente de mercado real:

1. *Finalidade do software.* Quanto mais crítico o software, mais importante é a sua confiabilidade. Por exemplo, o nível de confiança necessário de um software utilizado para controlar um sistema crítico em segurança é muito maior do que o de um sistema de demonstração, que age como um protótipo das ideias de novos produtos.
2. *Expectativas de usuários.* Devido às experiências anteriores com software defeituoso e pouco confiável, alguns usuários têm baixas expectativas quanto à qualidade do produto adquirido e não se surpreendem com uma falha. Quando um novo sistema é instalado, os usuários podem tolerar falhas porque os benefícios do seu uso superam os custos de recuperação das falhas. No entanto, à medida que o produto de software se estabelece, os usuários esperam que ele se torne mais confiável. Consequentemente, pode ser necessário um teste mais completo das últimas versões do sistema.
3. *Ambiente de mercado.* Quando uma empresa de software coloca um sistema no mercado, ela deve levar em conta os produtos concorrentes, o preço que os clientes estão dispostos a pagar por ele e o cronograma necessário para entregá-lo. Em um ambiente competitivo, a empresa pode resolver lançar um programa antes de ele ter sido totalmente testado e depurado, pois deseja ser a primeira no mercado. Se um produto de software ou aplicativo for barato, os usuários podem se dispor a tolerar um nível mais baixo de confiabilidade.

Assim como envolvem o teste de software, os processos de verificação e validação podem envolver inspeções e revisões de software, a fim de analisar e conferir os requisitos do sistema, os modelos de projeto, o código-fonte do programa e até mesmo os testes de sistema propostos. Essas são técnicas estáticas de V & V, nas quais não é necessário executar o software para verificá-lo. A Figura 8.2 mostra que as inspeções e o teste de software apoiam a V & V em diferentes estágios do processo de software. As setas indicam os estágios do processo em que as técnicas podem ser utilizadas.

FIGURA 8.2 Inspeções e teste.

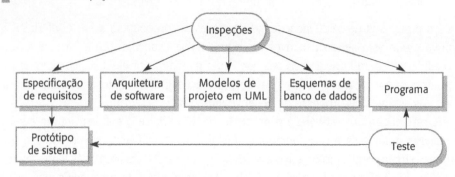

As inspeções se concentram principalmente no código-fonte do sistema, mas qualquer representação legível do software, como seus requisitos ou um modelo de projeto, pode ser inspecionada. Em uma inspeção de sistema para descobrir erros, utiliza-se o conhecimento do sistema, seu domínio de aplicação e a linguagem de programação ou de modelagem.

A inspeção de software tem três vantagens em relação ao teste:

1. Durante o teste, alguns erros podem mascarar (ocultar) outros. Quando um erro leva a saídas inesperadas, não é possível saber se as anomalias de saídas posteriores se devem a um novo erro ou a efeitos colaterais do erro original. Como a inspeção não envolve a execução do sistema, não é preciso se preocupar com as interações entre os erros. Consequentemente, uma única sessão de inspeção pode descobrir muitos erros em um sistema.
2. Versões incompletas de um sistema podem ser inspecionadas sem custos adicionais. Se um programa estiver incompleto, então é preciso desenvolver trechos de testes especializados para as partes disponíveis. Obviamente, isso aumenta os custos de desenvolvimento do sistema.
3. Assim como a busca por defeitos de programação, uma inspeção também pode considerar atributos mais amplos da qualidade de um programa, como a conformidade com padrões, a portabilidade e a manutenibilidade. É possível procurar por ineficiências, algoritmos inadequados e mau estilo de programação que poderiam tornar o sistema difícil de manter e atualizar.

As inspeções de programa são uma ideia antiga, e vários estudos e experimentos mostraram que as inspeções são mais eficazes na descoberta de defeitos do que o teste de programa. Fagan (1976) relatou que mais de 60% dos erros em um programa podem ser detectados usando inspeções informais do programa. No processo *Cleanroom* (PROWELL et al., 1999), reivindica-se que mais de 90% dos defeitos podem ser descobertos nas inspeções dos programas.

No entanto, essas inspeções não podem substituir o teste de software, uma vez que elas não são boas para descobrir defeitos provenientes de interações inesperadas entre as diferentes partes de um programa, problemas de temporização ou problemas com o desempenho do sistema. Nas empresas pequenas ou nos grupos de desenvolvimento, pode ser difícil e caro reunir uma equipe de inspeção à parte, já que todos os possíveis membros também podem ser desenvolvedores do software.

Discutirei as revisões e inspeções com mais profundidade no Capítulo 24 (Gerenciamento da qualidade). A análise estática, em que o código-fonte de um programa é analisado automaticamente para descobrir anomalias, é explicada no Capítulo 12. Neste capítulo, me concentrarei no teste e nos processos de teste.

A Figura 8.3 é um modelo abstrato do processo de teste tradicional, conforme utilizado no desenvolvimento dirigido por plano. Os casos de teste são especificações das entradas para o teste e das saídas esperadas do sistema (os resultados do teste), além de uma declaração do que está sendo testado. Os dados de teste são as entradas criadas para testar um sistema. Às vezes, eles podem ser criados automaticamente, mas a geração automática dos casos de teste é impossível. As pessoas que compreendem o que o sistema se destina a fazer devem se envolver na especificação dos resultados esperados do teste. No entanto, a execução do teste pode ser automatizada. Os resultados são comparados automaticamente com os resultados previstos, então não é necessário que uma pessoa procure erros e anomalias durante a execução do teste.

FIGURA 8.3 Modelo do processo de teste de software.

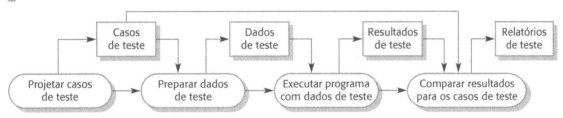

Geralmente, um sistema de software comercial passa por três estágios de teste:

1. *Teste de desenvolvimento*, em que o sistema é testado durante o desenvolvimento para descobrir defeitos. Os projetistas de sistema e programadores tendem a se envolver no processo de teste.
2. *Teste de lançamento (*release*)*, em que uma equipe de testes separada testa uma versão completa do sistema antes de ela ser entregue aos usuários. O objetivo do teste de lançamento é conferir se o sistema cumpre os requisitos dos *stakeholders*.
3. *Teste de usuário*, em que os usuários ou potenciais usuários de um sistema testam-no em seu próprio ambiente. Nos produtos de software, o 'usuário' pode ser um grupo de marketing interno que irá decidir se o software pode ser anunciado, lançado e vendido. O teste de aceitação é um tipo de teste de usuário, em que o cliente testa formalmente um sistema para decidir se deveria aceitá-lo do fornecedor ou se mais desenvolvimento é necessário.

Planejamento do teste

O planejamento do teste se preocupa com o cronograma e a definição dos recursos para todas as atividades no processo de teste, levando em conta desde a definição do processo até as pessoas envolvidas e o tempo disponíveis. Normalmente, é criado um plano de teste, definindo o que deve ser testado, o cronograma de teste previsto e como os testes serão registrados. Nos sistemas críticos, o plano de teste também pode incluir detalhes dos testes a serem realizados no software.

Na prática, o processo de teste geralmente envolve uma mistura de testes manuais e automatizados. No teste manual, um testador executa o programa com alguns dados de teste e compara os resultados com as suas expectativas. Ele anota e informa as discrepâncias para os programadores. Os testes automatizados são codificados em um programa executado cada vez que o sistema em desenvolvimento tiver que ser testado. Isso é mais rápido do que o teste manual, especialmente quando envolve testes de regressão — reexecutar testes anteriores para verificar se as mudanças no programa não introduziram novos defeitos.

Infelizmente, o teste nunca pode ser completamente automatizado, já que os testes automatizados só conseguem checar se um programa faz o que se propõe. É praticamente impossível usar testes automatizados para sistemas que dependem de como as coisas se parecem (por exemplo, uma interface gráfica com o usuário) ou para testar se um programa não tem efeitos colaterais imprevistos.

8.1 TESTE DE DESENVOLVIMENTO

O teste de desenvolvimento inclui todas as atividades de teste executadas pelo time responsável pelo sistema. O testador do software normalmente é o programador que o desenvolveu. Alguns processos de desenvolvimento usam pares programador-testador (CUSUMANO; SELBY, 1998): cada programador tem um testador associado que desenvolve os testes e o auxilia nesse processo. Em sistemas críticos, um processo mais formal pode ser utilizado, com um grupo de teste separado dentro do time de desenvolvimento, responsável por desenvolver os testes e manter registros detalhados dos seus resultados.

Existem três estágios do teste de desenvolvimento:

1. *Teste de unidade*, em que são testadas unidades de programa ou classes individuais. Esse tipo de teste deve se concentrar em testar a funcionalidade dos objetos e seus métodos.
2. *Teste de componentes*, em que várias unidades são integradas, criando componentes compostos. Esse teste deve se concentrar em testar as interfaces dos componentes que promovem acesso às suas funções.
3. *Teste de sistema*, em que alguns ou todos os componentes em um sistema são integrados e o sistema é testado como um todo. O teste de sistema deve se concentrar em testar as interações dos componentes.

O teste de desenvolvimento é basicamente um processo de teste dos defeitos, cujo objetivo é descobrir *bugs* do software. Portanto, normalmente ele é intercalado com a depuração — processo de localizar problemas no código e alterar o programa para consertá-los.

Depuração

Depuração é o processo de consertar erros e problemas que foram descobertos por meio de testes. Usando as informações dos testes de programa, os depuradores aplicam seu conhecimento de linguagem de programação e o resultado esperado do teste para localizar e consertar o erro do programa. Normalmente, a depuração de um programa usa ferramentas interativas que fornecem informações extras sobre a execução do programa.

8.1.1 Teste de unidade

O teste de unidade é o processo de testar componentes de programa, como os métodos ou as classes. As funções individuais ou métodos são o tipo de componente mais simples. Seus testes devem consistir em chamadas para essas rotinas com diferentes parâmetros de entrada. É possível usar as abordagens para projeto de caso de teste, discutidas na Seção 8.1.2, para projetar os testes de função ou método.

Ao testar classes, deve-se projetar seus testes para proporcionar a cobertura de todos as características do objeto. Todas as operações associadas ao objeto devem ser testadas; os valores de todos os atributos associados ao objeto devem ser definidos e conferidos; e o objeto deve ser colocado em todos os estados possíveis. Isso quer dizer que todos os eventos que provocam uma mudança de estado devem ser simulados.

Considere, por exemplo, o objeto EstaçãoMeteorológica do exemplo que discuti no Capítulo 7. Os atributos e operações desse objeto estão exibidos na Figura 8.4.

FIGURA 8.4 Interface do objeto EstaçãoMeteorológica.

EstaçãoMeteorológica
identificador
informarClima ( )   informarStatus ( )   economizarEnergia (instrumentos)   controlarRemotamente (comandos)   reconfigurar (comandos)   reiniciar (instrumentos)   desligar (instrumentos)

Ele tem um único atributo, o seu identificador, que é uma constante definida quando a estação meteorológica é instalada. Portanto, ele só precisa de um teste que verifique se a constante foi configurada corretamente. É necessário definir os casos de teste para todos os métodos associados ao objeto, como **informarClima** e **informarStatus**. Em condições ideais, os métodos devem ser testados isoladamente, mas, em alguns casos, a sequência de testes é necessária. Por exemplo, para testar o método que desliga os instrumentos da estação meteorológica (**desligar**), é necessário ter executado o método **reiniciar**.

A generalização ou herança complica o teste de classe. Não se pode simplesmente testar uma operação na classe em que ela é definida e supor que ela funcionará conforme o previsto em todas as subclasses que herdam a operação. A operação herdada pode levar a suposições a respeito de outras operações e atributos, que podem não ser válidas em algumas subclasses que herdam a operação. Portanto, deve-se testar a operação herdada em todos os lugares em que ela for utilizada.

Para testar os estados da estação meteorológica, dá para usar um modelo de máquina de estados, conforme discutido no Capítulo 7 (Figura 7.8). Com ele, é possível identificar sequências de transições de estado que precisam ser testadas e definir as sequências de eventos para forçar essas transições. A princípio, deve ser testada toda sequência possível de transição de estado, embora, na prática, isso possa ser caro demais. Os exemplos de sequências de estado que devem ser testadas na estação meteorológica incluem:

Desligado → Executando → Desligado
Configurando → Executando → Testando → Transmitindo → Executando
Executando → Coletando → Executando → Resumindo → Transmitindo
→ Executando

Sempre que possível, o teste de unidade deve ser automatizado; um *framework* de automação de teste, como o JUnit (TAHCHIEV *et al.*, 2010), pode ser usado para escrever e executar testes do programa. Os *frameworks* de teste de unidade fornecem classes de teste genéricas que podem ser estendidas para criar casos de teste específicos. Depois, eles podem executar todos os testes que foram implementados e informar, geralmente por meio de alguma interface gráfica com o usuário (GUI, do inglês *graphical user interface*), o sucesso ou não dos testes. Uma série inteira de testes pode ser executada em poucos segundos, então é possível executar todos os testes toda vez que você modificar o programa.

Um teste automatizado tem três partes:

1. *uma parte de configuração*, em que o sistema é iniciado com o caso de teste, ou seja, as entradas e as saídas esperadas;
2. *uma parte de chamada*, em que se chama o objeto ou o método a ser testado;
3. *uma parte de asserção*, em que o resultado da chamada é comparado com o resultado previsto. Caso o resultado da asserção seja verdadeiro, o teste foi bem-sucedido; se for falso, então ele fracassou.

Às vezes, o objeto que está sendo testado depende de outros, que podem não ter sido implementados ou cujo uso desacelera o processo de teste. Por exemplo, se um objeto chama um banco de dados, isso pode envolver um processo de configuração lento antes que o banco possa ser utilizado. Nesses casos, é possível usar *mock objects*.

Mock objects são objetos com a mesma interface dos objetos externos que estão sendo utilizados, simulando sua funcionalidade. Por exemplo, um objeto que simula um banco de dados pode ter apenas alguns itens de dados organizados em um vetor, que poderão ser acessados rapidamente, sem a sobrecarga de chamar um banco de dados e acessar os discos. De modo similar, *mock objects* podem ser utilizados para simular operações anormais ou eventos raros. Por exemplo, se um sistema foi feito para agir em determinados horários do dia, seu *mock object* pode simplesmente retornar esses horários, independentemente do horário real do relógio.

8.1.2 Escolhendo casos de teste de unidade

Testar é caro e demorado, então é importante escolher casos de teste de unidade eficazes. A eficácia, neste caso, significa duas coisas:

1. os casos de teste devem mostrar que, quando utilizado conforme o esperado, o componente que está sendo testado faz o que deveria fazer;
2. se houver defeitos no componente, eles devem ser revelados pelos casos de teste.

Portanto, devem ser projetados dois tipos de casos de teste. O primeiro deles deve refletir a operação normal de um programa e mostrar que o componente funciona. Por exemplo, ao testar um componente que cria e inicializa um novo registro de paciente, o caso de teste deve mostrar que o registro existe em um banco de dados e que seus campos foram definidos conforme especificado. O outro tipo de caso de teste deve se basear na experiência de teste de onde surgem os problemas comuns. Ele deve usar entradas anormais para verificar se elas são corretamente processadas e não provocam a falha do componente.

Duas estratégias que podem ser eficazes para ajudar na escolha dos casos de teste são:

1. *Teste de partição*. São identificados grupos de entradas com características comuns que devem ser processadas da mesma maneira. Deve-se escolher testes de dentro de cada um desses grupos.
2. *Teste baseado em diretriz*. Nesse tipo de teste, diretrizes que refletem a experiência prévia com os tipos de erros que os programadores costumam cometer quando desenvolvem componentes são usadas para escolher os casos de teste.

Os dados de entrada e os resultados de saída de um programa podem ser encarados como membros de conjuntos com características comuns. Como exemplo desses conjuntos, temos os números positivos, números negativos e seleções de menu. Os programas normalmente se comportam de maneira comparável para todos os membros de um conjunto, ou seja, quando se testa um programa que faz um cálculo e requer dois números positivos, espera-se que o programa se comporte da mesma maneira com todos os números positivos.

Em virtude desse comportamento equivalente, às vezes essas classes são chamadas de partições ou domínios de equivalência (BEZIER, 1990). Uma abordagem sistemática para o projeto de caso de teste se baseia na identificação de todas as partições de entrada e saída de um sistema ou componente. Os casos de teste são projetados para que as entradas e saídas recaiam nessas partições. O teste de partição pode ser usado para conceber casos de teste tanto para sistemas quanto para componentes.

Na Figura 8.5, a grande elipse sombreada à esquerda representa o conjunto de todas as entradas possíveis para o programa que está sendo testado. As elipses menores não sombreadas representam partições de equivalência. Um programa sendo testado deve processar da mesma forma todos os membros de uma partição de equivalência de entrada.

FIGURA 8.5 Particionamento de equivalência.

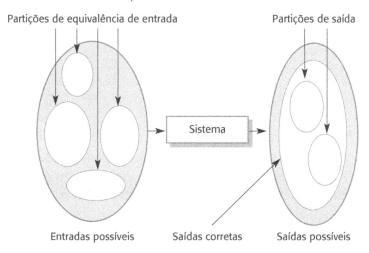

As partições de equivalência de saída são aquelas em que todas as saídas têm algo em comum. Às vezes há uma correspondência de 1:1 entre as partições de equivalência de entrada e de saída. No entanto, nem sempre é isso que acontece; pode ser necessário definir uma partição de equivalência de entrada separada, em que a única característica comum é que as entradas geram saídas dentro de uma mesma partição de saída. A área sombreada na elipse da esquerda representa as entradas inválidas. A área sombreada na elipse da direita representa as exceções que podem ocorrer, ou seja, as respostas para as entradas inválidas.

Assim que for identificado um conjunto de partições, os casos de teste devem ser escolhidos a partir de cada uma delas. Uma boa regra prática para a escolha dos casos de teste é escolhê-los nos limites das partições, além de casos próximos do ponto médio da partição. A razão para isso é que os projetistas e programadores tendem a considerar valores típicos das entradas quando desenvolvem um sistema. É possível testar esses valores ao escolher o ponto médio da partição. Os valores limítrofes frequentemente são atípicos (por exemplo, zero pode se comportar de maneira diferente dos outros números não negativos) e, por isso, em alguns casos, são negligenciados pelos desenvolvedores. As falhas de programa ocorrem frequentemente quando esses valores atípicos são processados.

As partições podem ser identificadas usando a especificação do programa ou a documentação do usuário e a própria experiência, o que permite prever as classes de valores de entrada que tendem a detectar erros. Por exemplo, digamos que uma especificação diga que o programa aceita de quatro a dez entradas que consistem de inteiros de cinco dígitos maiores que 10.000. Essa informação é usada para identificar as partições de entrada e os possíveis valores de entrada do teste. Esses valores são exibidos na Figura 8.6.

FIGURA 8.6 Partições de equivalência.

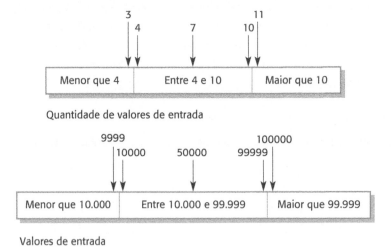

Quando a especificação de um sistema é usada para identificar partições de equivalência, isso se chama teste caixa-preta. Nenhum conhecimento a respeito do funcionamento do sistema é necessário. Às vezes, é útil suplementar os testes caixa-preta com 'testes caixa-branca', nos quais o código do programa é examinado para encontrar outros testes possíveis. Por exemplo, o código pode incluir exceções para lidar com entradas incorretas. Esse conhecimento pode ser usado para identificar 'partições de exceção' — intervalos diferentes em que deve ser aplicado o mesmo tratamento de exceção.

O particionamento de equivalência é uma abordagem eficaz para os testes porque ajuda a levar em conta os erros que os programadores costumam cometer quando processam as entradas nos limites das partições. Também é possível usar diretrizes de teste para ajudar a escolher os casos de teste, as quais encapsulam o conhecimento que indica os tipos de casos de teste eficazes para descobrir erros. Ao testar programas com sequências, vetores ou listas, as diretrizes que poderiam ajudar a revelar defeitos incluem:

1. Testar o software com sequências que tenham um único valor. Programadores naturalmente pensam em sequências compostas de diversos valores e, às vezes, incorporam esse pressuposto em seus programas. Consequentemente, se uma sequência de valor único é apresentada, um programa pode não funcionar corretamente.
2. Usar sequências diferentes com tamanhos diferentes em testes diferentes. Isso diminui a chance de que um programa com defeitos venha a produzir acidentalmente uma saída correta em virtude de algumas características acidentais da entrada.
3. Derivar os testes para que os elementos do início, do meio e do fim da sequência sejam acessados. Essa abordagem revela problemas nos limites da partição.

Teste de caminho

Teste de caminho é uma estratégia que visa exercitar cada caminho de execução independente em um programa ou componente. Se todos os caminhos independentes forem executados, então todos os comandos no componente devem ter sido executados pelo menos uma vez. Todos os comandos condicionais são testados para verdadeiro ou falso. Em um processo de desenvolvimento orientado a objetos, o teste de caminho pode ser utilizado para testar os métodos associados aos objetos.

O livro de Whittaker (2009) inclui muitos exemplos de diretrizes que podem ser utilizadas no projeto de casos de teste. Algumas das diretrizes mais genéricas sugeridas por ele são:

- escolher entradas que forcem o sistema a gerar todas as mensagens de erro;
- criar entradas que provoquem *overflow* dos *buffers* de entrada;
- repetir várias vezes a mesma entrada ou série de entradas;
- forçar a geração de saídas inválidas;
- obrigar os resultados dos cálculos a serem grandes ou pequenos demais.

À medida que se ganha experiência com testes, é possível desenvolver as próprias diretrizes de como escolher casos de teste eficazes. Trago mais exemplos de diretrizes de teste nesta próxima seção.

8.1.3 Teste de componentes

Os componentes de software consistem frequentemente em vários objetos que interagem entre si. Por exemplo, no sistema da estação meteorológica, o componente de reconfiguração inclui objetos que lidam com cada aspecto da reconfiguração. A funcionalidade desses objetos é acessada por meio das interfaces de componentes (ver Capítulo 7). Portanto, o teste de componentes compostos deve se concentrar em mostrar que a interface (ou interfaces) do componente se comporta de acordo com a sua especificação. É possível supor que foram realizados testes de unidade em cada objeto dentro do componente.

A Figura 8.7 ilustra essa ideia de teste da interface do componente. Suponha que os componentes A, B e C foram integrados para criar um componente maior ou um subsistema. Os casos de teste não são aplicados aos componentes individuais, mas, sim, à interface do componente composto; erros de interface podem não ser detectáveis testando cada objeto porque esses erros resultam das interações entre os objetos no componente.

FIGURA 8.7 Teste de interface.

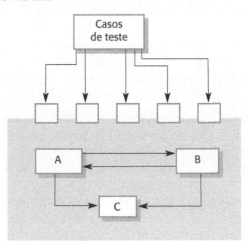

Existem diferentes tipos de interface entre os componentes do programa e, consequentemente, diferentes tipos de erro de interface que podem ocorrer:

1. *Interfaces de parâmetro.* São interfaces nas quais são passados dados ou, às vezes, referências a funções, de um componente para o outro. Os métodos em um objeto têm uma interface de parâmetro.
2. *Interfaces de memória compartilhada.* São interfaces nas quais um bloco de memória é compartilhado pelos componentes. Os dados são colocados na memória por um subsistema e recuperados por outros subsistemas. Esse tipo de interface é utilizado nos sistemas embarcados, nos quais sensores criam dados que são recuperados e processados por outros componentes do subsistema.
3. *Interfaces de procedimento.* São interfaces em que um componente encapsula um conjunto de procedimentos, que podem ser chamados por outros componentes. Objetos e componentes reusáveis têm essa forma de interface.
4. *Interfaces de passagem de mensagens.* São interfaces em que um componente solicita um serviço de outro componente passando uma mensagem para ele. Uma mensagem de retorno inclui os resultados da execução do serviço. Alguns sistemas orientados a objetos têm essa forma de interface, assim como os sistemas cliente-servidor.

Os erros de interface são uma das formas de erro mais comuns nos sistemas complexos (LUTZ, 1993). Eles são divididos em três classes:

> *Mau uso da interface.* Um componente chama outro componente e comete um erro no uso de sua interface. Esse tipo de erro é comum nas interfaces de

parâmetro, cujos parâmetros podem ser do tipo errado ou ser passados na ordem ou na quantidade erradas.

- *Má compreensão da interface.* Um componente de chamada entende errado a especificação da interface do componente chamado e faz suposições a respeito do seu comportamento. O componente chamado não se comporta conforme o previsto, o que provoca um comportamento inesperado no componente de chamada. Por exemplo, um método de busca binária pode ser chamado com um parâmetro que é um vetor desordenado, o que faria a busca fracassar.
- *Erros de temporização.* Ocorrem nos sistemas de tempo real que usam uma interface de memória compartilhada ou de passagem de mensagem. O produtor e o consumidor dos dados podem trabalhar em velocidades diferentes. A menos que atenção especial seja tomada no projeto da interface, o consumidor pode acessar informações obsoletas porque o produtor da informação não atualizou a informação da interface compartilhada.

O teste de defeitos de interface é difícil porque algumas de suas falhas podem se manifestar apenas em condições incomuns. Por exemplo, digamos que um objeto implemente uma fila como uma estrutura de dados de tamanho fixo. Um objeto chamador pode supor que a fila é implementada como uma estrutura de dados infinita e, assim, não verificar o *overflow* da fila quando um item é inserido.

Essa condição só pode ser detectada se uma sequência de casos de teste que forcem o *overflow* da fila for projetada. Os testes devem averiguar como os objetos chamadores lidam com o *overflow*. No entanto, como essa é uma condição rara, os testadores podem achar que não vale a pena conferi-la enquanto escrevem o conjunto de testes para o objeto fila.

Outro problema pode surgir em virtude das interações entre os defeitos nos diferentes módulos ou objetos. Os defeitos em um objeto podem ser detectados apenas quando algum outro objeto se comporta de maneira inesperada. Digamos que um objeto chame outro para receber algum serviço e que o objeto chamador suponha que a resposta está correta. Se o serviço chamado for defeituoso de alguma maneira, o valor retornado pode ser válido, mas é incorreto. Portanto, o problema não é detectável imediatamente, mas só ficará óbvio quando algum cálculo posterior, usando o valor retornado, der errado.

Algumas diretrizes gerais para o teste de interface são:

1. Examinar o código a ser testado e identificar cada chamada a um componente externo. Projetar um conjunto de testes nos quais os valores dos parâmetros para os componentes externos estejam nas extremidades de seus intervalos, já que esses valores extremos são mais suscetíveis de revelar inconsistências na interface.
2. Testar sempre a interface com um ponteiro nulo como parâmetro nos casos em que ponteiros são passados para uma interface.
3. Nos casos em que um componente é chamado por meio de uma interface de procedimento, projetar testes que causem deliberadamente a falha do componente. Pressupostos de falha diferentes são um dos equívocos mais comuns da especificação.
4. Usar o teste de estresse nos sistemas de passagem de mensagens. Isso significa conceber testes que gerem muito mais mensagens do que costuma ocorrer na prática. Essa é uma maneira eficaz de revelar problemas de temporização.
5. Conceber testes que variem a ordem em que os componentes são ativados, nos casos em que vários componentes interagem por meio de memória

compartilhada. Esses testes podem revelar pressupostos implícitos feitos pelo programador a respeito da ordem em que os dados compartilhados são produzidos e consumidos.

Às vezes, é melhor usar inspeções e revisões em vez de testar em busca de erros de interface. As inspeções podem se concentrar nas interfaces de componentes e nas questões a respeito do comportamento presumido da interface durante o processo de inspeção.

8.1.4 Teste de sistema

O teste de sistema durante o desenvolvimento envolve a integração dos componentes para criar uma versão do sistema e depois testar o sistema integrado. Esse teste verifica se os componentes são compatíveis, se interagem corretamente e se transferem os dados certos no momento certo por meio de suas interfaces. Obviamente, ele se sobrepõe ao teste de componente, mas existem duas diferenças importantes:

1. Durante o teste de sistema, os componentes reusáveis que foram desenvolvidos separadamente e os sistemas de prateleira podem ser integrados com componentes recém-desenvolvidos. Depois, o sistema completo é testado.
2. Os componentes desenvolvidos por diferentes membros do time ou subtimes podem ser integrados nessa fase. O teste de sistema é um processo coletivo, e não individual. Em algumas empresas, ele pode envolver uma equipe de testes separada, sem participação de projetistas e programadores.

Todos os sistemas têm um comportamento emergente. Isso significa que algumas funcionalidades e características do sistema se tornam óbvias somente quando os componentes são unidos. Isso pode ser um comportamento emergente planejado, que precisa ser testado. Por exemplo, é possível integrar um componente de autenticação com um componente que atualize o banco de dados do sistema. Passa-se então a ter uma característica do sistema que restringe as atualizações de informação a usuários autorizados. No entanto, às vezes o comportamento emergente não é planejado, além de ser indesejado. É preciso desenvolver testes que verifiquem se o sistema está fazendo apenas o que deveria fazer.

O teste de sistema deve se concentrar em testar as interações entre os componentes e objetos que compõem um sistema. Componentes ou sistemas reusáveis também podem ser testados para averiguar se funcionam conforme o previsto quando são integrados aos novos componentes. Esse teste de interação deve descobrir os defeitos do componente, que só são revelados quando ele é utilizado por outros no sistema. O teste de interação também ajuda a encontrar equívocos, cometidos pelos desenvolvedores do sistema, a respeito dos demais componentes.

Em virtude de seu foco nas interações, o teste baseado em casos de uso é uma abordagem eficaz para o teste de sistema. Normalmente, cada caso de uso do sistema é implementado por vários componentes ou objetos. Testar o caso de uso força a ocorrência dessas interações. Caso seja desenvolvido um diagrama de sequência para modelar a implementação do caso de uso, será possível observar os objetos ou os componentes envolvidos na interação.

No exemplo da estação meteorológica na natureza, o software do sistema informa dados meteorológicos resumidos para um computador remoto, conforme descrito no

Capítulo 7 (Figura 7.3). A Figura 8.8 mostra a sequência de operações na estação meteorológica quando ela responde a uma solicitação para coletar dados para o sistema de mapeamento. Esse diagrama pode ser usado para identificar as operações que serão testadas e ajudar a projetar os casos de teste para executar os testes. Portanto, enviar uma solicitação de relatório vai resultar na execução da seguinte sequência de métodos:

ComSat:solicitar → EstaçãoMeteorológica:informarClima
→ CanalCom:obter (resumo) → DadosMeteorológicos:resumir

FIGURA 8.8 Diagrama de sequência da coleta de dados meteorológicos.

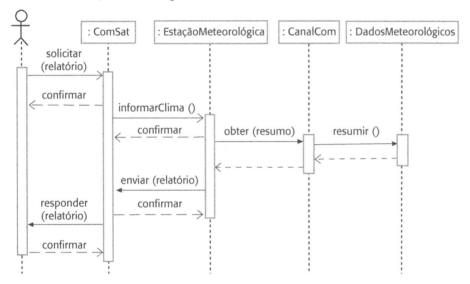

O diagrama de sequência ajuda a projetar casos de teste específicos que são necessários, pois mostram quais são as entradas exigidas e as saídas criadas:

1. Uma solicitação de entrada para um relatório deve ter uma confirmação associada. No final das contas, a solicitação deve retornar um relatório. Durante o teste, devem ser criados dados resumidos que possam ser utilizados para verificar se o relatório está organizado corretamente.
2. Uma solicitação de entrada para um relatório da **EstaçãoMeteorológica** resulta na geração de um relatório resumido. É possível testar isso isoladamente, criando dados brutos correspondentes ao resumo que foi preparado para o teste de **ComSat** e verificando se o objeto **EstaçãoMeteorológica** produz corretamente esse resumo. Esses dados brutos também são utilizados para testar o objeto **DadosMeteorológicos**.

É claro que simplifiquei o diagrama de sequência na Figura 8.8 para não mostrar as exceções. Um teste de caso de uso/cenário completo deve levar em conta essas exceções e assegurar que sejam tratadas corretamente.

Na maioria dos sistemas, é difícil saber o quanto de teste de sistema é essencial e quando se deve parar de testar. É impossível testar exaustivamente, ao ponto em que toda a sequência possível de execução do programa seja testada. Portanto, os testes devem se basear em subconjuntos possíveis de casos de teste. Em condições ideais, as empresas de software devem ter políticas para escolher esse subconjunto, as quais poderiam se basear em políticas de teste genéricas, como uma determinação de que todas as linhas de código do programa sejam executadas pelo menos uma vez. Alternativamente, elas podem se basear na experiência de uso do sistema e se concentrar em testar as características do sistema pronto. Por exemplo:

1. Todas as funções do sistema que são acessadas por meio de menus devem ser testadas.
2. Combinações de funções (por exemplo, formatação de texto) que são acessadas por meio de um mesmo menu devem ser testadas.
3. No caso de entrada de dados do usuário, todas as funções devem ser testadas com entradas certas e erradas.

Pela experiência com importantes produtos de software, como processadores de texto ou planilhas eletrônicas, fica claro que, durante o teste do produto, normalmente são utilizadas diretrizes parecidas. Quando as características (*features*) do software são utilizadas isoladamente, normalmente elas funcionam. Como explica Whittaker (2009), os problemas surgem quando combinações de características menos utilizadas não foram testadas juntas. Ele dá o exemplo de um processador de texto muito utilizado, em que o uso de notas de rodapé com o leiaute de múltiplas colunas provoca uma disposição incorreta do texto.

O teste de sistema automatizado normalmente é mais difícil do que o teste automatizado de unidade ou de componente. O teste de unidade automatizado se baseia na previsão das saídas e na codificação posterior dessas previsões em um programa. Essa previsão é, então, comparada ao resultado. Entretanto, a razão de implementar um sistema pode ser a geração de saídas grandes ou que não podem ser previstas com facilidade. É possível examinar uma saída e verificar a sua credibilidade sem necessariamente ser capaz de criá-la antecipadamente.

Integração e teste incrementais

O teste de sistema envolve a integração de diferentes componentes e o teste do sistema integrado que foi criado. Uma abordagem incremental para integração e teste deve sempre ser usada: se um componente é integrado, o sistema é testado, se outro componente é integrado, o sistema é testado novamente, e assim por diante. Se ocorrerem problemas, eles provavelmente se deverão a interações com o componente integrado mais recentemente.

A integração e o teste incrementais são fundamentais para os métodos ágeis, cujos testes de regressão são executados toda vez que um novo incremento é integrado.

8.2 DESENVOLVIMENTO DIRIGIDO POR TESTES

O desenvolvimento dirigido por testes (TDD, do inglês *test-driven development*) é uma abordagem para desenvolvimento de programas na qual se intercalam testes e desenvolvimento do código (BECK, 2002; JEFFRIES; MELNIK, 2007). Esse código é desenvolvido incrementalmente, junto a um conjunto de testes para cada incremento, e o próximo incremento não começa até que o código que está sendo desenvolvido seja aprovado em todos os testes. O desenvolvimento dirigido por testes foi introduzido como parte do método de desenvolvimento ágil Programação

Extrema (XP). Hoje, no entanto, ganhou aceitação geral e pode ser utilizado tanto em processos ágeis como em processos dirigidos por plano.

O processo fundamental de desenvolvimento dirigido por testes é exibido na Figura 8.9. As etapas no processo são:

1. Definir o incremento de funcionalidade necessário. Normalmente ele deve ser pequeno e implementável em poucas linhas de código.
2. Escrever um teste para a funcionalidade e implementá-lo como teste automatizado. Isso significa que o teste pode ser executado e informará se a funcionalidade for aprovada ou reprovada.
3. Executar o teste, junto a todos os outros testes que foram implementados. Inicialmente, a funcionalidade não terá sido implementada ainda, então o teste falhará. Isso é proposital, pois mostra que o teste acrescenta alguma coisa ao conjunto de testes.
4. Implementar a funcionalidade e executar novamente o teste. Isso pode envolver a refatoração do código existente para melhorá-lo e acrescentar novo código ao que já existe.
5. Depois que todos os testes são executados com sucesso, é possível passar para a implementação do próximo pedaço de funcionalidade.

FIGURA 8.9 Desenvolvimento dirigido por testes.

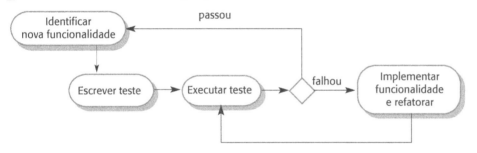

Um ambiente de teste automatizado — como o JUnit, que dá apoio ao teste de programas em Java (TAHCHIEV *et al.*, 2010) — é essencial para o TDD. Como o código é desenvolvido em incrementos muito pequenos, é necessário rodar cada teste a cada acréscimo de funcionalidade ou a cada refatoração do programa. Portanto, os testes são embutidos em um programa separado, que os executa e invoca o sistema que está sendo testado. Usando essa abordagem, é possível executar centenas de testes diferentes em poucos segundos.

O desenvolvimento dirigido por testes ajuda os programadores a esclarecerem suas ideias quanto ao que o segmento de código realmente deve fazer. Para escrever um teste, é preciso compreender o objetivo do que está sendo feito, já que essa compreensão facilita a escrita do código necessário. Naturalmente, o TDD não ajudará nos casos que se iniciam de um conhecimento ou de uma compreensão incompletos.

Caso não se conheça o suficiente para escrever os testes, então o código necessário não será desenvolvido. Por exemplo, se um cálculo envolve divisão, deve-se verificar se os números não estão sendo divididos por zero; porém, se o programador se esquecer de escrever um teste para isso, então o código que verifica isso nunca será incluído no programa.

Além de uma melhor compreensão do problema, outros benefícios do desenvolvimento dirigido por testes são:

1. *Cobertura de código.* A princípio, todo segmento de código que é escrito deve ter pelo menos um teste associado. Portanto, dá para confiar que todo o código no sistema foi realmente executado. O código é testado à medida que é escrito, então os defeitos são descobertos precocemente no processo de desenvolvimento.
2. *Teste de regressão.* Um conjunto de testes é desenvolvido incrementalmente à medida que o programa também é desenvolvido. Sempre é possível executar testes de regressão para conferir se as mudanças no programa não introduziram novos defeitos.
3. *Depuração simplificada.* Quando um teste falha, deve ficar óbvia a localização do problema. O código recém-escrito precisa ser verificado e modificado. Não é preciso usar ferramentas de depuração para localizar o problema. Relatos do uso de TDD sugerem que raramente é necessário usar um depurador automático no desenvolvimento dirigido por testes (MARTIN, 2007).
4. *Documentação de sistemas.* Os próprios testes agem como uma forma de documentação que descreve o que o código deveria estar fazendo. A leitura dos testes pode facilitar a compreensão do código.

Um dos benefícios mais importantes do TDD é que ele reduz os custos do teste de regressão, que envolve rodar um conjunto de testes que foram executados com sucesso após modificações terem sido feitas no sistema. O teste de regressão verifica se essas modificações não introduziram novos defeitos no sistema e se o novo código interage com o código existente conforme o esperado. Contudo, ele é caro e, às vezes, impraticável; nas vezes em que o sistema é testado manualmente, os custos de tempo e esforço são muito altos. Ao tentar escolher os testes mais relevantes para serem executados novamente, é fácil deixar passar testes importantes.

O teste automatizado reduz drasticamente os custos do teste de regressão. Os testes existentes podem ser reexecutados rapidamente e de forma barata. Depois de uma modificação em um sistema desenvolvido com testes *a priori* (*test-first*), todos os testes existentes devem ser executados com sucesso antes de se adicionar outra funcionalidade. Ao programar, pode-se ter confiança de que a nova funcionalidade adicionada não provocou ou revelou problemas com o código existente.

O desenvolvimento dirigido por testes é mais valioso no desenvolvimento de um novo software, em que a funcionalidade é implementada em um novo código ou por meio do uso de componentes de bibliotecas padrões. Caso estejam sendo reusados componentes com muito código ou sistemas legados, então é preciso escrever testes para esses sistemas como um todo. Não é possível decompô-los facilmente em elementos testáveis separadamente. O desenvolvimento incremental dirigido por testes é impraticável. Ele também pode ser ineficaz nos sistemas *multithreaded*, cujas diferentes *threads* podem ser intercaladas em momentos e execuções distintos do teste e, portanto, produzir resultados diferentes.

Se o TDD é empregado, ainda é preciso um processo de teste de sistema para validá-lo, ou seja, conferir se ele cumpre os requisitos de todos os *stakeholders* do sistema. O teste de sistema também averigua seu desempenho, sua confiabilidade e confere se o sistema faz coisas que não deveria fazer, como produzir saídas indesejadas. Andrea (2007) sugere como as ferramentas de teste podem ser estendidas para integrar alguns aspectos do teste de sistema com o TDD.

Hoje, o desenvolvimento dirigido por testes é amplamente utilizado, sendo a abordagem convencional para o teste de software. A maioria dos programadores que adotaram esse método está feliz com ele e o consideram uma maneira mais produtiva de desenvolver software. Também se reivindica que o uso do TDD incentiva a melhor estruturação de um programa e um código de melhor qualidade, mas os experimentos destinados a verificar essa reivindicação foram inconclusivos.

8.3 TESTE DE LANÇAMENTO

O teste de lançamento (*release*) é um processo de teste de um determinado lançamento de um sistema, destinado ao uso fora do time de desenvolvimento. Normalmente, o lançamento do sistema é voltado para clientes e usuários. Entretanto, em um projeto complexo, o lançamento poderia ser para outros times que estão desenvolvendo sistemas relacionados. Para produtos de software, o lançamento poderia ser para o gerenciamento do produto que depois o prepara para venda.

Existem duas distinções importantes entre o teste de lançamento e o teste de sistema durante o processo de desenvolvimento:

1. O time de desenvolvimento do sistema não deve ser responsável pelo teste de lançamento.
2. O teste de lançamento é o processo de conferir a validade para garantir que um sistema cumpra seus requisitos e seja bom o bastante para ser usado pelos clientes do sistema. O teste de sistema pelo time de desenvolvimento deve se concentrar em descobrir *bugs* nesse sistema (teste de defeitos).

O principal objetivo do teste de lançamento é convencer o fornecedor do sistema de que ele é suficientemente bom para uso. Se assim for, esse sistema pode ser lançado como um produto ou fornecido para o cliente. Portanto, o teste de lançamento tem de mostrar que o sistema fornece a funcionalidade, o desempenho e a dependabilidade especificados e que não falha durante o uso normal.

O teste de lançamento normalmente é um processo caixa-preta por meio do qual são derivados os testes a partir da especificação do sistema. O sistema é tratado como uma caixa-preta cujo comportamento só pode ser determinado pelo estudo de suas entradas e saídas relacionadas. Outro nome para isso é teste funcional, assim chamado porque o testador só se preocupa com a funcionalidade do software, e não com sua implementação.

8.3.1 Teste baseado em requisitos

Um princípio geral das práticas recomendadas em engenharia de requisitos é que requisitos devem ser testáveis. Em outras palavras, os requisitos devem ser escritos de modo que testes possam ser criados para eles, e um testador possa verificar se eles foram satisfeitos. Portanto, o teste baseado em requisitos é uma abordagem sistemática para o projeto de casos de teste, em que se considera cada requisito a fim de derivar deles um conjunto de testes. O teste baseado em requisitos é uma validação, não um teste de defeitos — o objetivo é demonstrar que o sistema implementou seus requisitos corretamente.

Por exemplo, considere os seguintes requisitos do sistema Mentcare, preocupados com a checagem de alergias de pacientes a certos medicamentos:

Se é sabido que um paciente é alérgico a qualquer medicamento específico, então a prescrição desse medicamento deve resultar em uma mensagem de alerta emitida para o usuário do sistema.

Se quem prescreve o medicamento opta por ignorar uma advertência de alergia, esse usuário deverá fornecer um motivo para isso.

Para conferir se esses requisitos foram satisfeitos, pode ser necessário desenvolver vários testes relacionados:

1. Criar um registro de paciente sem alergias conhecidas. Prescrever medicação para alergias conhecidas e checar se uma mensagem de advertência não é emitida pelo sistema.
2. Criar um registro de paciente com uma alergia conhecida. Prescrever medicação à qual o paciente é alérgico e verificar se a advertência é emitida pelo sistema.
3. Criar um registro de paciente com alergia a um ou mais medicamentos. Prescrever esses dois medicamentos separadamente e verificar se a advertência correta para cada medicamento é emitida.
4. Prescrever dois medicamentos aos quais o paciente é alérgico. Verificar se duas advertências são corretamente emitidas.
5. Prescrever um medicamento que emita uma advertência e ignorá-la. Verificar se o sistema exige que o usuário forneça informações explicando por que a advertência foi ignorada.

A partir dessa lista, é possível ver que testar um requisito não significa escrever apenas um único teste. Normalmente, vários testes devem ser escritos para garantir a cobertura de todo o requisito. Além disso, devem ser mantidos registros de rastreabilidade do teste baseado em requisitos, que vinculam os testes aos requisitos específicos que foram testados.

8.3.2 Teste de cenário

O teste de cenário é uma abordagem para o teste de lançamento por meio da qual são criados cenários de uso típicos, com o objetivo de empregá-los para desenvolver casos de teste para o sistema. O cenário é uma história que descreve uma maneira como o sistema poderia ser usado e que deve ser realista, para que os verdadeiros usuários sejam capazes de se relacionar com ele. Caso tenham sido utilizados cenários ou histórias de usuário como parte do processo de engenharia de requisitos (descrito no Capítulo 4), então será possível reutilizá-los como cenários de teste.

Em um curto artigo sobre teste de cenário, Kaner (2003) sugere que um teste de cenário deve ser uma história narrativa crível e razoavelmente complexa. Ele deve motivar os *stakeholders*: eles devem se relacionar com o cenário e acreditar que é importante que o sistema passe no teste. Kaner também sugere que o cenário deve ser fácil de avaliar. Se houver problemas com o sistema, então a equipe de teste de lançamento deve reconhecê-los.

Como um exemplo de possível cenário do sistema Mentcare, a Figura 8.10 descreve uma maneira de utilizar o sistema em uma visita domiciliar. Esse cenário testa uma série de características do sistema Mentcare:

1. Autenticação fazendo *login* no sistema.
2. Baixar e enviar registros de paciente especificados em um notebook.
3. Agendamento das visitas domiciliares.
4. Criptografar e descriptografar os registros dos pacientes em um dispositivo móvel.
5. Recuperação e modificação de registros.
6. Vínculos com o banco de dados de medicamentos que mantém informações sobre efeitos colaterais.
7. Sistema de solicitação de chamadas.

FIGURA 8.10 Uma história de usuário para o sistema Mentcare.

Jorge é um enfermeiro especializado em atendimento de pacientes de saúde mental. Uma de suas responsabilidades é visitar os pacientes em casa para averiguar se o seu tratamento é eficaz e se não estão sofrendo com efeitos colaterais da medicação. Em um dia de visitas domiciliares, Jorge entra no sistema Mentcare e o utiliza para imprimir a agenda de visitas do dia e um resumo das informações sobre os pacientes que visitará. Ele solicita que os registros dos pacientes sejam baixados para o seu notebook. O sistema pede a sua senha para criptografar os registros no notebook.

Um dos pacientes que ele visita é Tiago, que está sendo tratado com medicação para depressão. Tiago sente que a medicação o está ajudando, mas acredita que ela tem o efeito colateral de mantê-lo acordado à noite. Jorge procura o registro de Tiago e o sistema pede a sua senha para descriptografar o registro. Ele confere o medicamento prescrito e consulta seus efeitos colaterais. A insônia é um efeito colateral conhecido, então ele anota o problema no registro de Tiago e sugere que ele visite a clínica para mudar a medicação. Tiago concorda, e Jorge insere um aviso para ligar para ele quando voltar à clínica para marcar uma consulta com um médico. Jorge termina a consulta e o sistema criptografa novamente o registro de Tiago.

Após terminar suas consultas, Jorge volta para a clínica e envia os registros dos pacientes visitados ao banco de dados. O sistema gera para Jorge uma lista de chamada dos pacientes com quem ele teve contato para obter informações de acompanhamento e marcar consultas.

Ao testar um lançamento, é necessário percorrer esse cenário desempenhando o papel de Jorge e observando como o sistema se comporta em resposta às diferentes entradas. No papel de Jorge, é possível cometer erros deliberados, como digitar a senha errada para decodificar registros. Isso confere a resposta do sistema aos erros. Deve-se observar atentamente quaisquer problemas que apareçam, incluindo problemas de desempenho. Se um sistema for lento demais, isso vai mudar a maneira como é utilizado. Por exemplo, se levar tempo demais para criptografar um registro, então os usuários que disponham de pouco tempo podem pular esse estágio. Se eles perderem seu notebook, uma pessoa não autorizada poderia visualizar os registros dos pacientes.

Quando se usa uma abordagem baseada em cenário, normalmente se está testando vários requisitos dentro do mesmo cenário. Portanto, além de conferir os requisitos individuais, o testador também está conferindo se as combinações de requisitos não causam problemas.

8.3.3 Teste de desempenho

Depois que o sistema foi completamente integrado, é possível testar as propriedades emergentes, como o desempenho e a confiabilidade. Os testes de desempenho têm de ser projetados para garantir que o sistema possa processar sua carga pretendida. Normalmente, isso envolve executar uma série de testes nos quais se aumenta a carga até o desempenho do sistema ficar inaceitável.

Assim como outros tipos de teste, o de desempenho se preocupa tanto em mostrar que o sistema cumpre os requisitos quanto em descobrir problemas e defeitos no sistema. Para testar se os requisitos de desempenho foram alcançados, pode ser necessário construir um perfil operacional, ou seja, um conjunto de testes que reflete a composição real do trabalho que será tratado pelo sistema (ver Capítulo 11). Portanto, se 90% das transações em um sistema forem do tipo A, 5% do tipo B e o restante dos tipos C, D e E, então deve ser projetado um perfil operacional para que a ampla maioria dos testes seja do tipo A, senão, não será possível obter um teste preciso do desempenho operacional do sistema.

Essa abordagem, é claro, não é necessariamente a melhor para testar defeitos. A experiência mostrou que uma maneira eficaz de descobri-los é projetar testes em torno de limites do sistema. No teste de desempenho, isso significa estressar o sistema com demandas que estão fora dos limites do projeto do software. Esse processo é conhecido como teste de estresse.

Imagine que um sistema de processamento de transações projetado para processar até 300 transações por segundo esteja sendo testado. De início, testa-se esse sistema com menos de 300 transações por segundo; depois, a carga é aumentada gradualmente no sistema, para além de 300 transações por segundo, até que fique bem acima da carga máxima de projeto e o sistema falhe. O teste de estresse ajuda a fazer duas coisas:

1. Testar o comportamento de falha do sistema. Podem surgir circunstâncias por meio de uma combinação inesperada de eventos, em que a carga depositada no sistema ultrapasse o máximo previsto. Nessas circunstâncias, a falha do sistema não deve causar corrupção de dados ou perda imprevista de serviços de usuário. O teste de estresse verifica se o fato de sobrecarregar o sistema faz com que ele falhe de forma 'suave' em vez de entrar em colapso em virtude da carga.
2. Revelar defeitos que só aparecem quando o sistema está plenamente carregado. Embora se possa argumentar que há pouca probabilidade de esses defeitos causarem falhas do sistema em uso normal, pode haver combinações incomuns de circunstâncias replicadas pelo teste de estresse.

O teste de estresse é particularmente relevante para sistemas distribuídos baseados em uma rede de processadores. Esses sistemas frequentemente exibem degradação severa quando estão intensamente carregados. A rede fica inundada com dados de coordenação que os diferentes processos precisam trocar. Esses processos ficam cada vez mais lentos enquanto esperam pelos dados necessários que estão com os outros processos. O teste de estresse ajuda a descobrir quando começa essa degradação, de maneira que se possa adicionar verificações no sistema para rejeitar transações além desse ponto.

8.4 TESTE DE USUÁRIO

O teste de usuário é um estágio no processo de teste no qual os usuários ou clientes fornecem entradas e conselhos sobre o teste de sistema. Isso pode envolver o teste formal de um sistema que foi contratado de um fornecedor externo. Por outro lado, pode ser um processo informal em que os usuários experimentam um novo produto de software para ver se gostam e conferem se ele atende suas necessidades. O teste de usuário é essencial, mesmo em casos em que já tenham sido realizados testes abrangentes de sistema e de lançamento, pois as influências do ambiente de trabalho do usuário podem ter um efeito importante na confiabilidade, no desempenho, na usabilidade e na robustez de um sistema.

É praticamente impossível que um desenvolvedor de sistema replique o ambiente de trabalho desse sistema, pois os testes no ambiente de desenvolvimento são inevitavelmente artificiais. Por exemplo, um sistema destinado ao uso em um hospital é empregado em um ambiente clínico onde outras coisas estão acontecendo, como emergências de pacientes e conversas com parentes. Tudo isso afeta o uso de um sistema, mas os desenvolvedores não conseguem incluir esses fatos em seu ambiente de teste. Existem três tipos diferentes de teste de usuário:

1. *Teste-alfa*, no qual um grupo selecionado de usuários do software trabalha em estreita colaboração com o time de desenvolvimento para testar lançamentos iniciais do software.
2. *Teste-beta*, em que um lançamento do software é disponibilizado para um grupo maior de usuários, para que experimentem e informem os problemas descobertos para os desenvolvedores do sistema.
3. *Teste de aceitação*, em que os clientes testam o sistema para decidir se está pronto ou não para ser aceito junto dos desenvolvedores do sistema e instalado no ambiente do cliente.

No teste-alfa, usuários e desenvolvedores trabalham juntos para testar um sistema enquanto está sendo desenvolvido. Isso significa que os usuários podem identificar problemas e questões que não são imediatamente aparentes para a equipe de teste. Os desenvolvedores só podem trabalhar realmente a partir dos requisitos, mas frequentemente eles não refletem outros fatores que afetam o uso prático do software. Portanto, os usuários podem fornecer informações sobre a prática que ajudem no projeto de testes mais realistas.

O teste-alfa é frequentemente utilizado quando se desenvolvem produtos de software ou aplicativos. Os usuários experientes desses produtos podem estar dispostos a se envolver no processo de teste-alfa porque isso lhes dá informações iniciais a respeito das características do novo sistema que eles podem aproveitar. Também reduz o risco de que as mudanças imprevistas no software venham a ter efeitos perturbadores em seus negócios. No entanto, o teste-alfa também pode ser utilizado quando está sendo desenvolvido um software personalizado. Os métodos de desenvolvimento ágil defendem o envolvimento do usuário no processo de desenvolvimento e que os usuários devem desempenhar um papel fundamental na concepção dos testes do sistema.

O teste-beta acontece quando um lançamento inicial (às vezes inacabado) de um sistema de software é disponibilizado para um grupo maior de clientes e usuários para avaliação. Os aplicadores do teste-beta podem ser um grupo selecionado de clientes pioneiros na adoção do sistema. Como alternativa, o software pode ser disponibilizado publicamente para qualquer um que esteja interessado em experimentá-lo.

O teste-beta é utilizado principalmente em produtos de software aplicados a muitos contextos diferentes. Isso é importante, já que, ao contrário dos desenvolvedores de produtos personalizados, não há meio de o desenvolvedor do produto limitar o ambiente operacional do software. É impossível para os desenvolvedores de produto conhecerem e replicarem todos os contextos em que o produto de software será utilizado. Portanto, o teste-beta é utilizado para descobrir problemas de interação entre o software e as características de seu ambiente operacional. Ele também é uma forma de marketing, uma vez que os clientes aprendem sobre o sistema e o que ele pode fazer por eles.

O teste de aceitação é uma parte inerente do desenvolvimento de sistemas personalizados. Os clientes testam um sistema, usando seus próprios dados, e decidem se ele deve ser aceito do desenvolvedor do sistema. A aceitação implica que o pagamento final pelo software deve ser feito.

A Figura 8.11 mostra que existem seis estágios no processo de teste de aceitação:

1. *Definir critérios de aceitação.* Em condições ideais, essa etapa deve ocorrer no início do processo, antes de se assinar o contrato do sistema. Os critérios de aceitação devem fazer parte do contrato do sistema e ser aprovados pelo cliente e pelo desenvolvedor. Entretanto, na prática, pode ser difícil definir critérios tão no início do processo. Os requisitos detalhados podem não estar disponíveis, e os requisitos quase certamente mudarão durante o processo de desenvolvimento.

2. *Planejar testes de aceitação.* Essa etapa envolve decisões sobre recursos, tempo e orçamento tanto para o teste de aceitação quanto para o estabelecimento de um cronograma de testes. O plano do teste de aceitação também deve discutir a cobertura necessária dos requisitos e a ordem em que as características do sistema são testadas. Além disso, deve definir os riscos para o processo de teste, como as falhas do sistema e o desempenho inadequado, e discutir como esses riscos podem ser mitigados.

3. *Derivar os testes de aceitação.* Depois que os critérios de aceitação foram estabelecidos, podem ser criados testes para conferir se um sistema é aceitável ou não. Os testes de aceitação devem visar tanto as características funcionais quanto as não funcionais (por exemplo, desempenho) do sistema. Em condições ideais, eles devem proporcionar uma cobertura completa dos requisitos do sistema. Na prática, é difícil estabelecer critérios de aceitação completamente objetivos. Muitas vezes há escopo para argumentar sobre o teste mostrar ou não se um critério foi definitivamente cumprido.

4. *Executar testes de aceitação.* Os testes de aceitação acordados são executados no sistema. Em condições ideais, essa etapa deve ocorrer no ambiente real em que o sistema será utilizado, mas isso pode ser disruptivo e impraticável. Portanto, um ambiente de teste de usuário pode ter de ser configurado para executar esses testes. É difícil automatizar esse processo, já que parte dos testes de aceitação pode envolver o teste das interações entre usuários finais e o sistema. Pode ser necessário algum treinamento dos usuários finais.

5. *Negociar os resultados dos testes.* É muito improvável que todos os testes de aceitação definidos venham a ser aprovados e que não haverá problemas com o sistema. Se for o caso, então o teste de aceitação está completo e o sistema pode ser entregue. Na maioria das vezes, alguns problemas serão descobertos. Nesses casos, o desenvolvedor e o cliente devem negociar para decidir se o sistema é bom o bastante para ser usado. Eles também devem concordar sobre como o desenvolvedor vai consertar os problemas identificados.

6. *Aceitar ou rejeitar o sistema.* Esse estágio envolve uma reunião entre os desenvolvedores e o cliente para decidir se ou sistema deve ou não ser aceito. Se ele

não for bom o bastante para ser utilizado, então é necessário mais desenvolvimento para consertar os problemas identificados. Feito isso, a fase de teste de aceitação é repetida.

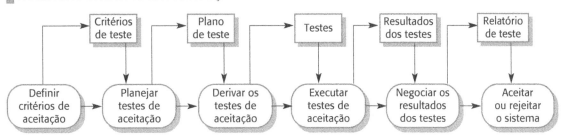

FIGURA 8.11 Processo de teste de aceitação.

Há quem ache que o teste de aceitação é uma questão contratual clara. Se um sistema não passar nos testes de aceitação, então ele deve ser rejeitado e o pagamento não deve ser realizado. No entanto, a realidade é mais complexa. Os clientes querem usar o software o quanto antes em virtude dos benefícios de sua instalação imediata. Eles podem ter comprado hardware novo, treinado pessoal e mudado seus processos. Podem estar dispostos a aceitar o software, apesar dos problemas, porque o custo de não usá-lo é maior do que o custo de contornar os problemas.

Portanto, o resultado das negociações pode ser a aceitação condicional do sistema. O cliente pode aceitar o sistema para que a instalação possa começar. O fornecedor do sistema concorda em consertar os problemas urgentes e entregar uma nova versão para o cliente o mais rápido possível.

Nos métodos ágeis, como a Programação Extrema, pode não haver uma atividade de teste de aceitação separada. O usuário final faz parte do time de desenvolvimento (ou seja, ele faz um teste-alfa) e fornece os requisitos do sistema em termos de histórias de usuário. Ele também é responsável por definir os testes, que decidem se o software desenvolvido atende ou não as suas histórias. Portanto, esses testes equivalem aos testes de aceitação. Esses testes são automatizados e o desenvolvimento não prossegue antes que os testes de aceitação da história tenham sido executados com êxito.

Quando os usuários estão incorporados a um time de desenvolvimento de software, eles devem ser usuários 'típicos' com conhecimento geral sobre como o sistema será utilizado. No entanto, pode ser difícil encontrar esses usuários e, portanto, os testes de aceitação podem não ser um reflexo verdadeiro de como um sistema é utilizado na prática. Além do mais, a necessidade de testes automatizados limita a flexibilidade dos sistemas interativos de teste. Nesse tipo de sistema, o teste de aceitação pode exigir grupos de usuários finais usando o sistema como se ele fizesse parte do trabalho diário. Sendo assim, embora um 'usuário incorporado' seja um conceito atraente a princípio, ele não necessariamente leva a testes de alta qualidade do sistema.

O problema do envolvimento do usuário nos times ágeis é uma razão para muitas empresas usarem uma mistura de testes ágeis e mais tradicionais. O sistema pode ser desenvolvido usando técnicas de desenvolvimento ágil, mas, após a conclusão de um grande lançamento, utiliza-se o teste de aceitação separado para decidir se o sistema deve ser aceito.

PONTOS-CHAVE

▶ O teste só consegue mostrar a presença de erros em um programa. Ele não consegue mostrar que não existem outros defeitos remanescentes.

▶ O teste de desenvolvimento é responsabilidade do time que desenvolve o software. Outra equipe deve ser responsável por testar um sistema antes que ele seja enviado aos usuários. No processo de teste de usuário, clientes ou usuários do sistema fornecem dados de teste e verificam se os testes são bem-sucedidos.

▶ O teste de desenvolvimento inclui o teste de unidade, no qual são testados objetos e métodos individuais; o teste de componentes, no qual são testados grupos de objetos relacionados; e o teste de sistema, no qual são testados sistemas parciais ou completos.

▶ Quando se testa um software, é necessário tentar 'quebrá-lo' usando experiência e diretrizes para escolher os tipos de casos de teste que foram eficazes na descoberta de defeitos em outros sistemas.

▶ Sempre que possível, testes automatizados devem ser escritos. Eles são incorporados em um programa, que pode ser executado toda vez que for feita uma mudança em um sistema.

▶ O desenvolvimento com testes *a priori* (*test-first*) é uma abordagem para o desenvolvimento por meio da qual os testes são escritos antes do código ser testado. São feitas pequenas alterações no código e ele é refatorado até que todos os testes sejam executados com êxito.

▶ O teste de cenário é útil porque replica o uso prático do sistema. Ele envolve inventar um cenário de uso típico e aproveitá-lo para derivar casos de teste.

▶ O teste de aceitação é um processo de teste de usuário no qual o objetivo é decidir se o software é bom o bastante para ser instalado e utilizado em seu ambiente operacional planejado.

LEITURAS ADICIONAIS

"How to design practical test cases." Um artigo didático sobre o projeto de casos de teste escrito por um autor de uma empresa japonesa com boa reputação por entregar software com muito poucos defeitos. YAMAURA, T. *IEEE Software*, v. 15, n. 6, nov. 1998. doi:10.1109/52.730835.

"Test-driven development." Essa edição especial sobre desenvolvimento dirigido por testes inclui uma boa visão geral do TDD e artigos sobre como ele tem sido utilizado em diferentes tipos de software. *IEEE Software*, v. 24, n. 3, mai./jun. 2007.

Exploratory software testing. Trata-se de um livro prático (e não teórico) sobre teste de software que desenvolve as ideias do livro anterior de Whittaker, *How to break software*. O autor apresenta um conjunto de diretrizes baseadas na experiência sobre teste de software. WHITTAKER, J. A. Addison-Wesley, 2009.

How Google tests software. Esse é um livro sobre teste de sistemas de larga escala baseados na nuvem e apresenta um novo conjunto de desafios comparados com as aplicações de software personalizadas. Embora eu não ache que a abordagem do Google possa ser utilizada diretamente, existem lições interessantes nesse livro para teste de sistema em larga escala. WHITTAKER, J.; ARBON, J.; CAROLLO, J. Addison-Wesley, 2012.

SITE[2]

Apresentações em PowerPoint para este capítulo disponíveis em: <http://software-engineering-book.com/slides/chap8/>.
Links para vídeos de apoio disponíveis em: <http://software-engineering-book.com/videos/implementation-and-evolution/>.

---

[2] Todo o conteúdo disponibilizado na seção *Site* de todos os capítulos está em inglês.

EXERCÍCIOS

8.1 Explique por que não é necessário que um programa seja completamente isento de defeitos antes de ser entregue aos seus clientes.

8.2 Explique por que os testes só conseguem detectar a presença de erros, e não a sua ausência.

8.3 Algumas pessoas argumentam que os desenvolvedores não devem se envolver no teste do seu próprio código, mas que todo teste deve ser de responsabilidade de uma equipe diferente. Apresente argumentos contra e a favor do teste ser realizado pelos próprios desenvolvedores.

8.4 Imagine que pediram a você que testasse um método chamado **reduzirEspaçoEmBranco** em um objeto 'Parágrafo' que, dentro do parágrafo, substitui sequências de espaços em branco por um único espaço em branco. Identifique as partições de teste desse exemplo e derive um conjunto de testes para o método **reduzirEspaçoEmBranco**.

8.5 O que é teste de regressão? Explique como o uso dos testes automatizados e de um *framework* de teste como JUnit simplifica esse procedimento.

8.6 O sistema Mentcare é construído adaptando um sistema de prateleira. Quais são as diferenças entre testar um sistema como esse e testar um software desenvolvido com uma linguagem orientada a objetos como Java?

8.7 Escreva um cenário que poderia ser utilizado para ajudar a projetar testes para o sistema de estações meteorológicas na natureza.

8.8 O que você entende pelo termo 'teste de estresse'? Sugira como você poderia aplicá-lo ao sistema Mentcare.

8.9 Quais são os benefícios de envolver os usuários no teste de lançamento em um estágio inicial do processo de teste? Existem desvantagens no envolvimento do usuário?

8.10 Uma abordagem comum para o teste de sistema é testá-lo até consumir todo o orçamento de teste e depois entregar o sistema para os clientes. Discuta a ética dessa abordagem para os sistemas que são entregues para clientes externos.

REFERÊNCIAS

ANDREA, J. "Envisioning the next generation of functional testing tools." *IEEE Software*, v. 24, n. 3, 2007. p. 58-65. doi:10.1109/MS.2007.73.

BECK, K. *Test driven development*: by example. Boston: Addison-Wesley, 2002.

BEZIER, B. *Software testing techniques*. 2. ed. New York: Van Nostrand Reinhold, 1990.

BOEHM, B. W. "Software engineering; R & D trends and defense needs." In: WEGNER, P. (ed.). *Research directions in software technology*, 1-9. Cambridge, MA: MIT Press, 1979.

CUSUMANO, M.; SELBY, R. W. *Microsoft secrets*. New York: Simon & Schuster, 1998.

DIJKSTRA, E. W. "The humble programmer." *Comm. ACM*, v. 15, n. 10, 1972. p. 859-866. doi:10.1145/355604.361591.

FAGAN, M. E. "Design and code inspections to reduce errors in program development." *IBM Systems J.*, v. 15, n. 3, 1976. p. 182-211.

JEFFRIES, R.; MELNIK, G. "TDD: the art of fearless programming."*IEEE Software*, v. 24, 2007. p. 24-30. doi:10.1109/MS.2007.75.

KANER, C. "An introduction to scenario testing." *Software Testing and Quality Engineering*, out. 2003.

LUTZ, R. R. "Analysing software requirements errors in safety-critical embedded systems." *RE'93*. San Diego, CA: IEEE, 1993. p. 126-133. doi:10.1109/ISRE.1993.324825.

MARTIN, R. C. "Professionalism and test-driven development." *IEEE Software*, v. 24, n. 3, 2007. p. 32-6. doi:10.1109/MS.2007.85.

PROWELL, S. J.; TRAMMELL, C. J.; LINGER, R. C.; POORE, J. H. *Cleanroom software engineering*: technology and process. Reading, MA: Addison-Wesley, 1999.

TAHCHIEV, P.; LEME, F.; MASSOL, V.; GREGORY, G. *JUnit in Action*. 2. ed. Greenwich, CT: Manning Publications, 2010.

WHITTAKER, J. A. *Exploratory software testing*. Boston: Addison-Wesley, 2009.

9 | Evolução de software

OBJETIVOS

Os objetivos deste capítulo são explicar por que a evolução do software é uma parte tão importante da engenharia de software e descrever os desafios de manter uma grande base de sistemas desenvolvidos ao longo de muitos anos. Ao ler este capítulo, você:

- compreenderá que os sistemas de software precisam se adaptar e evoluir para que continuem sendo úteis e que a modificação e a evolução de um software devem ser consideradas partes integrantes da engenharia de software;
- compreenderá o que significa dizer que os sistemas são legados e por que eles são importantes para as empresas;
- verá como os sistemas legados podem ser avaliados para decidir se devem ser descartados, mantidos, reprojetados ou substituídos;
- aprenderá sobre os diferentes tipos de manutenção de software e os fatores que afetam os custos de modificar sistemas de software legados.

CONTEÚDO

9.1 Processos de evolução
9.2 Sistemas legados
9.3 Manutenção de software

Os grandes sistemas de software possuem vida útil longa. Sistemas militares e de infraestrutura, como os de controle de tráfego aéreo, por exemplo, podem ter uma vida útil de 30 anos ou mais, enquanto que os sistemas de negócio costumam ter mais de dez anos de idade. Como o software corporativo costuma ser muito caro, uma empresa precisa usar seu sistema de software por muitos anos para que tenha retorno sobre o investimento. Produtos de software e aplicativos bem-sucedidos podem ter sido introduzidos muitos anos atrás, com novas versões lançadas de tempos em tempos. A primeira versão do Microsoft Word, por exemplo, foi introduzida em 1983; ele vem sendo usado, portanto, há mais de 30 anos.

Durante sua vida útil, os sistemas de software em operação precisam mudar se quiserem permanecer úteis. As mudanças nas empresas e nas expectativas dos usuários geram novos requisitos. As partes do software podem precisar de alterações para corrigir erros encontrados durante a operação, para adaptá-lo às mudanças em suas plataformas de hardware e software e para melhorar seu desempenho ou outras características não funcionais. Produtos de software e aplicativos precisam evoluir para lidar com as mudanças de plataforma e as novas características introduzidas por seus concorrentes. Portanto, os sistemas de software se adaptam e evoluem ao longo de sua vida útil, desde a implantação inicial até a desativação.

As empresas precisam mudar o software que usam para garantir que ele continue a gerar valor. Seus sistemas são ativos comerciais críticos e elas devem investir na mudança para manter o valor desses ativos. Consequentemente, a maioria das grandes empresas gasta mais na manutenção dos sistemas existentes do que no desenvolvimento de novos sistemas. Dados históricos sugerem que entre 60% e 90% dos custos de software são relativos à evolução (LIENTZ; SWANSON, 1980; ERLIKH, 2000). Jones (2006) constatou que aproximadamente 75% dos profissionais de desenvolvimento nos Estados Unidos, no ano de 2006, estava envolvido na evolução de software, e sugeriu que essa porcentagem provavelmente não cairia tão cedo.

A evolução de um software é particularmente cara nos sistemas corporativos em que cada um dos sistemas faz parte de um 'sistema de sistemas' mais amplo. Nesses casos, não é possível considerar as mudanças em apenas um sistema; também é preciso examinar como elas afetam o sistema de sistemas mais amplo. Modificar um sistema pode significar que outros sistemas em seu ambiente também precisam evoluir para lidar com a mudança.

Portanto, além de compreender e analisar o impacto de uma proposta de mudança no próprio sistema, também é necessário avaliar como essa mudança pode afetar outros sistemas no ambiente operacional. Hopkins e Jenkins (2008) cunharam o termo *desenvolvimento de software brownfield* para descrever as situações nas quais os sistemas de software têm de ser desenvolvidos e gerenciados em um ambiente no qual dependem de outros sistemas de software.

Os requisitos dos sistemas de software instalados mudam conforme a empresa e seu ambiente mudam, então novos lançamentos dos sistemas são criados em intervalos regulares, incorporando mudanças e atualizações. Portanto, a engenharia de software é um processo em espiral em que os requisitos, o projeto, a implementação e os testes ocorrem durante toda a vida útil do sistema (Figura 9.1). O processo é iniciado com a criação da versão 1 do sistema. Depois de entregue, mudanças são propostas e o desenvolvimento da versão 2 começa quase imediatamente. Na verdade, a necessidade de evolução pode ficar óbvia antes mesmo de o sistema ser instalado; lançamentos posteriores do software podem começar a ser desenvolvidos antes de a versão atual ter sido lançada.

Nos últimos 10 anos, o tempo entre as iterações da espiral diminuiu radicalmente. Antes do uso generalizado da internet, novas versões de um sistema de software só eram lançadas a cada dois ou três anos. Hoje, devido à pressão da concorrência e à necessidade de reagir rapidamente ao *feedback* dos usuários, o intervalo entre os lançamentos de alguns aplicativos e sistemas web pode ser de semanas, em vez de anos.

Esse modelo de evolução do software é aplicável nos casos em que a mesma empresa é responsável pelo software durante toda a vida útil dele. Existe uma transição suave do desenvolvimento para a evolução, e os mesmos métodos e processos de

FIGURA 9.1 Um modelo em espiral do processo de desenvolvimento e evolução.

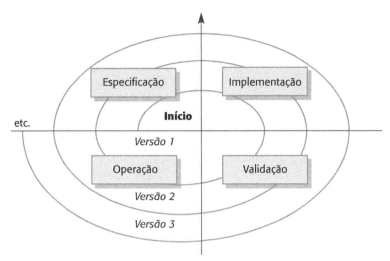

desenvolvimento de software são aplicados durante toda a sua vida útil. Os produtos de software e os aplicativos são desenvolvidos usando essa abordagem.

No entanto, a evolução de software personalizado normalmente segue um modelo diferente. O cliente do sistema pode pagar a uma empresa para desenvolver o software e depois assumir a responsabilidade por seu suporte e evolução usando sua própria equipe. Alternativamente, o cliente do software poderia assinar outro contrato, relativo a suporte e evolução, com uma empresa de software diferente.

Nesse caso, provavelmente há descontinuidades no processo de evolução. Os documentos de requisitos e de projeto (*design*) podem não ser passados de uma empresa para outra. As empresas podem se fundir ou se reorganizar, herdar um software de outras empresas e, então, descobrir que ele precisa ser modificado. Quando a transição do desenvolvimento para a evolução não é suave, o processo de modificação do software após a entrega recebe o nome de manutenção. Conforme discutirei mais adiante neste capítulo, a manutenção envolve atividades de processo extras, como a compreensão do programa, além das atividades normais de desenvolvimento de software.

Rajlich e Bennett (2000) propõem uma visão alternativa do ciclo de vida de evolução do software para sistemas de negócios. Nesse modelo, os autores fazem a distinção entre evolução e estar 'em serviço' (*servicing*, em inglês). Na fase de evolução, são feitas alterações significativas na arquitetura e na funcionalidade do software. Na fase 'em serviço', as únicas mudanças feitas são as relativamente pequenas, mas essenciais. Essas fases se sobrepõem umas às outras, como mostra a Figura 9.2.

FIGURA 9.2 Fases evolução e 'em serviço'.

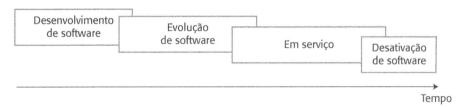

Segundo Rajlich e Bennett, quando o software é utilizado com êxito pela primeira vez, muitas mudanças nos requisitos são propostas pelos *stakeholders*, e então são implementadas. A essa fase dá-se o nome de evolução. No entanto, à medida que o software é modificado, sua estrutura tende a se degradar, e as mudanças no sistema ficam cada vez mais caras. Frequentemente, isso acontece após alguns anos de uso, quando outras mudanças de ambiente, como as de hardware e as de sistemas operacionais, também se fazem necessárias. Em algum estágio no ciclo de vida, o software alcança um ponto de transição no qual as mudanças significativas e a implementação de novos requisitos têm um custo-benefício cada vez menor. Nesse estágio, o software passa da fase evolução para 'em serviço'.

Durante a fase 'em serviço', o software ainda é útil, mas sofre pequenas alterações táticas. No decorrer desse estágio, a empresa geralmente está considerando como o software pode ser substituído. No estágio final, o software ainda pode ser utilizado, mas são feitas apenas as mudanças essenciais. Os usuários têm de contornar os problemas que descobrirem. No final das contas, o software é desativado. Muitas vezes, isso incorre em custos adicionais à medida que os dados são transferidos de um sistema antigo para um novo sistema substituto.

9.1 PROCESSOS DE EVOLUÇÃO

Assim como em todos os processos de software, não existe um processo padrão de mudança ou de evolução de software. O processo de evolução mais adequado para um sistema de software depende do tipo de software que está sendo mantido, dos processos de desenvolvimento de software utilizados em uma organização e das habilidades das pessoas envolvidas. Para alguns tipos de sistema, como aplicativos de celular, a evolução pode ser um processo informal, no qual as solicitações de mudança vêm principalmente de conversas entre os usuários e os desenvolvedores do sistema. Para outros tipos de sistema, como sistemas críticos embarcados, a evolução do software pode ser formalizada, com documentação estruturada produzida em cada etapa do processo.

As propostas de mudança formais e informais são a força motriz da evolução dos sistemas em todas as organizações. Em uma proposta de mudança, um indivíduo ou grupo sugere modificações e atualizações em um sistema de software existente. Essas propostas podem se basear em requisitos existentes que não foram implementados no sistema lançado, em solicitações de novos requisitos, nos relatórios de defeitos emitidos por *stakeholders* do sistema e em novas ideias do time de desenvolvimento para melhoria do software. Os processos de identificação da mudança e da evolução do sistema são cíclicos e continuam por toda a vida útil de um sistema (Figura 9.3).

FIGURA 9.3 Processos de identificação da mudança e evolução.

Antes de uma proposta de mudança ser aceita, uma análise do software é necessária, para averiguar quais componentes precisam ser alterados. Essa análise permite a avaliação do custo e do impacto da mudança. Isso faz parte do processo geral de gerenciamento da mudança, que também deve assegurar que as versões corretas dos componentes sejam incluídas em cada lançamento do sistema. Discuto o gerenciamento de mudanças e de configuração no Capítulo 25.

A Figura 9.4 exibe algumas das atividades envolvidas na evolução do software. O processo inclui as atividades fundamentais de análise da mudança, planejamento de lançamento, implementação do sistema e lançamento do sistema para os clientes. O custo e o impacto dessas mudanças são avaliados para ver quanto do sistema é afetado pela mudança e quanto custaria implementá-la.

FIGURA 9.4 Modelo geral de processo de evolução do software.

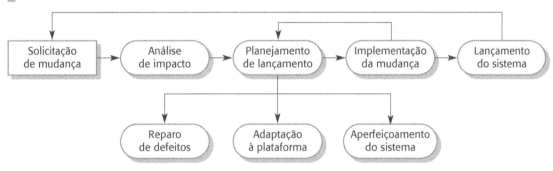

Se as mudanças propostas forem aceitas, um novo lançamento do sistema é planejado, e nesse processo, todas as mudanças propostas (reparo de defeitos, adaptação e nova funcionalidade) são consideradas. Depois, toma-se uma decisão sobre quais mudanças devem ser implementadas na próxima versão do sistema. As mudanças são implementadas e validadas, e uma nova versão do sistema é lançada. Então, esse processo é iterado com um novo conjunto de mudanças propostas para o próximo lançamento.

Nas situações em que o desenvolvimento e a evolução são integrados, a implementação da mudança é simplesmente uma iteração do processo de desenvolvimento. As revisões no sistema são projetadas, implementadas e testadas. A única diferença entre desenvolvimento inicial e evolução é que o *feedback* do cliente após a entrega precisa ser considerado no momento em que são planejados os novos lançamentos de uma aplicação.

Nas situações em que há envolvimento de times diferentes, uma diferença fundamental entre o desenvolvimento e a evolução é que o primeiro estágio da implementação da mudança requer uma compreensão do programa. Durante a fase de compreensão, os novos desenvolvedores precisam entender como ele está estruturado, como ele proporciona a funcionalidade e como a mudança proposta poderia afetá-lo. Eles precisam desse conhecimento para ter certeza de que a mudança a ser implementada não causará novos problemas quando for introduzida no sistema existente.

Se a especificação de requisitos e os documentos de projeto estiverem disponíveis, eles devem ser atualizados durante o processo de evolução para refletir as mudanças necessárias (Figura 9.5). Os novos requisitos de software devem ser escritos, analisados e validados. Se o projeto foi documentado com modelos em UML, eles devem ser atualizados. As mudanças propostas podem ser prototipadas como parte do processo de análise da mudança, no qual as implicações e os custos dessa mudança são avaliados.

FIGURA 9.5 Implementação da mudança.

No entanto, as solicitações de mudança às vezes estão relacionadas a problemas nos sistemas em operação que precisam ser enfrentados urgentemente. Essas mudanças urgentes podem surgir por três motivos:

1. Se for detectado um defeito grave no sistema, que precise ser reparado para permitir a operação normal ou para tratar de uma grave vulnerabilidade de segurança da informação.
2. Se as mudanças no ambiente operacional dos sistemas tiverem efeitos inesperados que perturbem a operação normal.
3. Se houver mudanças imprevistas na empresa que executa o sistema, como o surgimento de novos concorrentes ou a introdução de nova legislação que afete o sistema.

Nesses casos, a necessidade de fazer a mudança rapidamente significa que pode não ser possível atualizar toda a documentação do software. Em vez de modificar os requisitos e o projeto, prioriza-se o reparo de emergência no programa para solucionar o problema imediato (Figura 9.6). O perigo aqui é que os requisitos, o projeto do software e o código podem ficar inconsistentes. Embora se possa querer documentar a mudança nos requisitos e no projeto, podem ser necessários outros reparos emergenciais no software. Esses reparos têm prioridade sobre a documentação. Eventualmente, a mudança original é esquecida, e a documentação e o código do sistema nunca mais se realinham. Esse problema de manter várias representações de um sistema é um dos argumentos para a documentação mínima, que é fundamental para os processos de desenvolvimento ágil.

FIGURA 9.6 Processo de reparo emergencial.

Os reparos emergenciais no sistema devem ser feitos o mais rápido possível. É escolhida uma solução rápida e exequível, em vez da melhor, no que diz respeito à estrutura do sistema, o que tende a acelerar o processo de envelhecimento do software de modo que as futuras mudanças ficam cada vez mais difíceis e os custos de manutenção aumentam. Em condições ideais, após a execução dos reparos emergenciais no código, o novo código deve ser refatorado e melhorado para evitar a degradação do programa. Naturalmente, o código de reparo pode ser reutilizado, se for possível. Entretanto, pode ser encontrada uma solução alternativa melhor para o problema quando houver mais tempo disponível para a análise.

Os métodos e processos ágeis, discutidos no Capítulo 3, podem ser utilizados para a evolução do programa e também no seu desenvolvimento. Como esses métodos se baseiam no desenvolvimento incremental, a transição do desenvolvimento ágil para a evolução pós-entrega deve ser suave.

No entanto, podem surgir problemas durante a passagem de um time de desenvolvimento para outro responsável pela evolução do sistema. Existem duas situações potencialmente problemáticas:

1. Se o time de desenvolvimento utilizou uma abordagem ágil, mas o time de evolução prefere uma abordagem dirigida por plano. O time de evolução pode estar esperando uma documentação detalhada para apoiar a evolução, mas isso raramente é produzido nos processos ágeis. Pode não haver uma declaração definitiva dos requisitos do sistema que possa ser modificada enquanto as mudanças são feitas no sistema.
2. Se foi utilizada uma abordagem dirigida por plano, mas o time de evolução prefere usar métodos ágeis. Nesse caso, o time de evolução pode ter de começar do zero, desenvolvendo testes automatizados. O código do sistema pode não ter sido refatorado e simplificado, como é esperado no desenvolvimento ágil. Nesse caso, pode ser necessária alguma reengenharia do programa para melhorar o código antes que ele seja utilizado em um processo de desenvolvimento ágil.

As técnicas ágeis, como o desenvolvimento dirigido por testes e o teste de regressão automatizado, são úteis quando há modificações no sistema. Essas modificações podem ser expressas como histórias de usuário, e o envolvimento do cliente pode ajudar a priorizar as mudanças necessárias em um sistema em operação. A abordagem do Scrum de focar em um *backlog* de trabalho a ser realizado pode ajudar a priorizar as mudanças mais importantes do sistema. Em suma, a evolução envolve simplesmente continuar o processo de desenvolvimento ágil.

No entanto, os métodos ágeis utilizados no desenvolvimento podem precisar de modificações quando forem utilizados na manutenção e na evolução do programa. Pode ser praticamente impossível envolver os usuários no time de desenvolvimento, pois as propostas de mudança vêm de uma ampla gama de *stakeholders*. Pode ser preciso interromper os ciclos curtos de desenvolvimento para lidar com os reparos de emergência, e o intervalo entre os lançamentos pode ter de ser prolongado para evitar a desestruturação dos processos operacionais.

9.2 SISTEMAS LEGADOS

Grandes empresas começaram a informatizar suas operações nos anos 1960. Então, nos últimos 50 anos, aproximadamente, houve a introdução de cada vez mais software. Muitos desses sistemas foram substituídos (várias vezes em alguns casos) à medida que as empresas mudaram e evoluíram. No entanto, muitos sistemas antigos, chamados de sistemas legados, ainda estão em uso e desempenham um papel fundamental na operação dos negócios.

Os sistemas legados são mais antigos e se baseiam em linguagens e tecnologia que não são mais usadas no desenvolvimento dos novos sistemas. Geralmente, eles vêm sofrendo manutenção há muito tempo e sua estrutura pode ter sido degradada pelas modificações feitas. Os softwares legados podem depender de um hardware mais antigo, como os *mainframes*, e ter processos e procedimentos legados associados. Pode ser impossível mudar para processos de negócio mais eficazes porque o software legado não pode ser modificado para apoiar novos processos.

Os sistemas legados não são apenas sistemas de software, mas sistemas sociotécnicos mais amplos que incluem hardware, software, bibliotecas, software de apoio, e processos de negócio. A Figura 9.7 mostra as partes lógicas de um sistema legado e suas relações.

FIGURA 9.7 Elementos de um sistema legado.

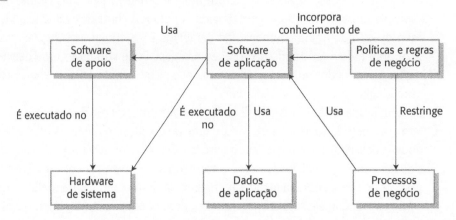

1. *Hardware de sistema*. Os sistemas legados podem ter sido escritos para um hardware que não existe mais, que é caro para manter e que pode não ser compatível com as mais recentes políticas organizacionais de aquisição de TI.
2. *Software de apoio*. O sistema legado pode depender de uma gama de software de apoio, do sistema operacional e software utilitário fornecido pelo fabricante do hardware aos compiladores utilizados para o desenvolvimento do sistema. Mais uma vez, eles podem estar obsoletos e não mais receberem suporte de seus fornecedores originais.
3. *Software de aplicação*. O sistema de aplicação que fornece os serviços de negócio é composto normalmente de uma série de programas de aplicação que foram desenvolvidos em momentos diferentes. Alguns desses programas também farão parte de outros sistemas de aplicação.
4. *Dados de aplicação*. Esses dados são processados pelo sistema de aplicação. Em muitos sistemas legados, um imenso volume de dados se acumulou ao longo da vida útil do sistema. Esses dados podem estar inconsistentes, duplicados em vários arquivos e espalhados por uma série de bancos de dados diferentes.
5. *Processos de negócio*. São utilizados para atingir algum objetivo de negócio. Um exemplo de processo de negócio em uma empresa de seguros seria a emissão de uma apólice de seguros; em uma fábrica, um processo de negócio seria aceitar um pedido de produtos e configurar o processo de produção associado. Os processos de negócio podem ser concebidos em torno de um sistema legado e restringidos pela funcionalidade que ele proporciona.
6. *Políticas e regras de negócio*. São definições de como o negócio deve ser tocado e as suas limitações. O uso de um sistema de aplicação legado pode estar incorporado nessas políticas e regras.

Um modo alternativo de olhar para esses componentes de um sistema legado é como uma série de camadas, conforme mostra a Figura 9.8.

FIGURA 9.8 Camadas do sistema legado.

Cada camada do sistema depende da camada imediatamente abaixo dela e faz interface com ela. Se as interfaces forem mantidas, então deve ser possível fazer mudanças dentro de uma camada sem afetar nenhuma das camadas adjacentes. Na prática, porém, esse encapsulamento básico é uma simplificação excessiva e as mudanças em uma camada do sistema podem exigir mudanças consecutivas nas camadas acima e abaixo do nível modificado. As razões para isso são:

1. Modificar uma camada do sistema pode introduzir novos recursos, e as camadas mais altas do sistema podem ser modificadas para tirar proveito disso. Por exemplo, um novo banco de dados introduzido na camada de software de apoio pode incluir recursos para acessar os dados por meio de um navegador web, e os processos de negócio podem ser modificados para aproveitar esse recurso.
2. Alterar o software pode tornar o sistema mais lento, e novo hardware pode ser necessário para melhorar o desempenho desse sistema. O aumento no desempenho devido ao novo hardware pode significar que agora se tornam possíveis novas mudanças no software, que antes eram impraticáveis.
3. Muitas vezes é impossível manter as interfaces de hardware, especialmente se for introduzido um novo hardware. Esse é um problema particularmente no que diz respeito a sistemas embarcados, nos quais há uma forte ligação entre hardware e software. Podem ser necessárias alterações importantes no software de aplicação para que o novo hardware seja utilizado com eficácia.

É difícil saber exatamente quanto código legado ainda está em uso, mas, como um indicativo, a indústria estimou que existem mais de 200 bilhões de linhas de código em COBOL nos sistemas de negócio atuais. COBOL é uma linguagem de programação concebida para codificar sistemas de negócio, tendo sido a principal linguagem de desenvolvimento corporativo dos anos 1960 até os anos 1990, particularmente no setor financeiro (MITCHEL, 2012). Esses programas ainda funcionam com eficácia e eficiência, e as empresas que os utilizam não veem necessidade de mudá-los. No entanto, um grande problema que elas enfrentam é a escassez de programadores COBOL à medida que os desenvolvedores originais do sistema se aposentam. As universidades não ensinam mais COBOL, e os engenheiros de software mais jovens estão mais interessados nas linguagens de programação modernas.

A escassez de competência é só um dos problemas de manter sistemas de negócio legados. Outros problemas incluem vulnerabilidades de segurança da informação, já que esses sistemas foram desenvolvidos antes do uso generalizado da internet e dos problemas de interface com sistemas codificados em linguagens de programação modernas. O fornecedor original da ferramenta de software pode ter desaparecido ou não manter mais as ferramentas de apoio utilizadas para desenvolver o sistema. O hardware do sistema pode estar obsoleto e, portanto, cada vez mais caro de manter.

Por que, então, as empresas não substituem seus sistemas por equivalentes mais modernos? A resposta simples para essa pergunta é que isso é caro e arriscado demais. Se um sistema legado funciona de forma eficaz, os custos de substituição podem exceder a economia proveniente dos custos de suporte reduzidos de um novo sistema. Descartar os sistemas legados e trocá-los por software moderno abre a possibilidade de as coisas darem errado e o novo sistema não satisfazer as necessidades da empresa. Os gestores tentam minimizar esses riscos e, portanto, não querem enfrentar as incertezas dos novos sistemas de software.

Descobri alguns dos problemas da substituição dos sistemas legados quando estive envolvido na análise de um projeto desse tipo em uma grande organização. Essa empresa usava mais de 150 sistemas legados para operar o seu negócio e decidiu substituir todos eles por um único sistema de ERP centralizado. Por uma série de razões tecnológicas e de negócio, a implantação do novo sistema foi um fracasso e não proporcionou as melhorias prometidas. Após gastar mais de £ 10 milhões, apenas uma parte do novo sistema estava operacional e funcionava com menos eficácia do que os sistemas que substituiu. Os usuários continuaram a usar os sistemas antigos, mas não conseguiram integrá-los com a parte do novo sistema que havia sido implantada, então foi necessário um processo manual adicional.

Existem várias razões para ser caro e arriscado substituir sistemas legados por sistemas novos:

1. Raramente há uma especificação completa do sistema legado. A especificação original pode ter se perdido. Se existir uma especificação, é improvável que tenha sido atualizada com todas as modificações feitas no sistema. Portanto, não existe uma maneira direta de especificar um novo sistema que seja funcionalmente idêntico ao que está em uso.

2. Os processos de negócio e as maneiras como os sistemas legados operam costumam estar indissociavelmente entrelaçados. Esses processos provavelmente evoluíram para tirar proveito dos serviços de software e contornar suas deficiências. Se o sistema for substituído, esses processos precisam mudar, incorrendo em custos e consequências potencialmente imprevisíveis.

3. Regras de negócio importantes podem estar incorporadas no software e não estar documentadas em outro lugar. Uma regra de negócio é uma restrição que se aplica a alguma função de negócio cuja violação pode ter consequências imprevisíveis para o negócio. Por exemplo, uma empresa de seguros pode ter suas regras embutidas para avaliar o risco de uma apólice em seu software. Se essas regras forem violadas, a empresa pode aceitar apólices de alto risco que poderiam resultar em caras reivindicações futuras.

4. O desenvolvimento de um novo software é inerentemente arriscado, então pode haver problemas inesperados com um sistema novo. Ele pode não ser entregue dentro do prazo ou da estimativa de preço prevista.

Manter sistemas legados em uso evita os riscos da substituição, mas inevitavelmente encarece as mudanças no software existente à medida que os sistemas envelhecem. A alteração dos sistemas de software legados com alguns anos de idade é particularmente onerosa:

1. O estilo do programa e as convenções de uso são incoerentes porque diferentes pessoas foram responsáveis pelas mudanças no sistema. Esse problema aumenta a dificuldade de compreender o código do sistema.
2. O sistema pode, em parte ou como um todo, ser implementado com linguagens de programação obsoletas. Pode ser difícil encontrar pessoas que tenham conhecimento dessas linguagens. Portanto, terceirizar a manutenção do software pode ser necessário, e isso é caro.
3. A documentação do sistema frequentemente é inadequada e obsoleta. Em alguns casos, a única documentação é o código-fonte do sistema.
4. Muitos anos de manutenção costumam degradar a estrutura do sistema, tornando-o cada vez mais difícil entender. Novos programas podem ter sido adicionados e feito interface de uma forma especial com outras partes do sistema.
5. O sistema pode ter sido otimizado para utilização do espaço ou para velocidade de execução a fim de ser executado de modo eficaz no hardware mais antigo e lento. Isso normalmente envolve o uso de otimizações específicas de máquina e de linguagens, que costuma levar a um software difícil de entender, causando problemas para os programadores que aprenderam técnicas de engenharia de software modernas e que não vão entender os truques de programação que foram utilizados para otimizar o software.
6. Os dados processados pelo sistema podem ser mantidos em diferentes arquivos com estruturas incompatíveis. Pode haver duplicação de dados, e eles próprios podem ser obsoletos, imprecisos e incompletos. Podem ser usados vários bancos de dados de diferentes fornecedores.

No mesmo estágio, o custo de gerenciar e manter o sistema legado fica tão alto que ele precisa ser substituído por um novo sistema. Na próxima seção, discutirei uma abordagem sistemática para a tomada de decisão quanto a essa substituição do sistema legado.

9.2.1 Gerenciamento de sistemas legados

Para os novos sistemas desenvolvidos usando processos modernos de engenharia de software, tais quais o desenvolvimento ágil e as linhas de produto de software, é possível planejar como integrar o desenvolvimento e a evolução do sistema. Cada vez mais empresas compreendem que o processo de desenvolvimento de sistemas é um ciclo de vida completo. É inútil separar o desenvolvimento de software da evolução, além de levar a custos mais altos. No entanto, conforme discuti, ainda há uma quantidade imensa de sistemas legados que são sistemas de negócio críticos. Eles têm de ser ampliados e adaptados para as práticas de *e-business* em constante mudança.

A maioria das organizações tem um orçamento limitado para manter e atualizar seu portfólio de sistemas legados e, por isso, devem decidir como auferir o melhor retorno sobre o investimento. Isso envolve fazer uma avaliação realista de seus sistemas legados e depois definir a estratégia mais adequada para desenvolver esses sistemas. Existem quatro pontos estratégicos:

1. *Descartar completamente o sistema.* Essa deve ser a opção se o sistema não estiver contribuindo efetivamente para os processos de negócio. Normalmente isso

acontece quando os processos de negócio mudaram desde a instalação do sistema e não dependem mais do sistema legado.

2. *Deixar o sistema intacto e continuar com a manutenção regular.* Essa é a opção se o sistema ainda for necessário, mas for razoavelmente estável e seus usuários fizerem relativamente poucas solicitações de mudança.
3. *Promover a reengenharia do sistema para melhorar sua manutenibilidade.* Essa deve ser a opção nos casos em que a qualidade do sistema foi degradada pela mudança e novas mudanças no sistema ainda estão sendo propostas. Esse processo pode incluir o desenvolvimento de novos componentes de interface, de modo que o sistema original possa trabalhar com outros sistemas mais novos.
4. *Substituir todo ou parte do sistema por um sistema novo.* Essa deve ser a opção escolhida quando fatores — como um novo hardware, por exemplo — impedem que o sistema antigo continue em operação, ou quando sistemas de prateleira permitem que o novo sistema seja desenvolvido a um custo razoável. Em muitos casos, pode ser adotada uma estratégia de substituição evolucionária, na qual os principais componentes do sistema são trocados por sistemas de prateleira com outros componentes reusados sempre que possível.

Ao avaliar um sistema legado, é necessário examiná-lo por uma perspectiva de negócio e uma perspectiva técnica (WARREN, 1998). Pela perspectiva de negócio, é preciso decidir se a empresa realmente precisa do sistema. Pela perspectiva técnica, é preciso avaliar a qualidade do software de aplicação, assim como o software e o hardware de apoio ao sistema. Então, se usa uma combinação do valor de negócio e da qualidade do sistema para fundamentar a decisão sobre o que fazer com o sistema legado.

Por exemplo, suponha que uma organização tenha dez sistemas legados. É preciso avaliar a qualidade e o valor de negócio de cada um desses sistemas e depois criar um gráfico apontando valor de negócio e qualidade do sistema relativos. Um exemplo disso é exibido na Figura 9.9. Partindo do diagrama, é possível perceber que existem quatro grupos de sistemas:

1. *Baixa qualidade, baixo valor de negócio.* Esses sistemas devem ser descartados, pois mantê-los em operação será oneroso e a taxa de retorno para a empresa será relativamente pequena.
2. *Baixa qualidade, alto valor de negócio.* Esses sistemas contribuem de forma importante para a empresa, então não podem ser descartados. No entanto, sua baixa qualidade significa que são caros de manter. Esses sistemas devem passar por uma reengenharia para melhorar sua qualidade ou podem ser substituídos, se houver sistemas de prateleira adequados à disposição.
3. *Alta qualidade, baixo valor de negócio.* Esses sistemas não contribuem para o negócio da empresa, mas podem ter uma manutenção mais barata. Não vale a pena substituí-los, então a manutenção normal pode continuar se não forem necessárias mudanças onerosas e o hardware do sistema continuar em uso, caso contrário, o software deve ser descartado.
4. *Alta qualidade, alto valor de negócio.* Esses sistemas devem ser mantidos em operação. No entanto, sua alta qualidade significa que não é preciso investir na transformação ou substituição do sistema. A manutenção normal do sistema deve continuar.

FIGURA 9.9 Exemplo de avaliação de sistema legado.

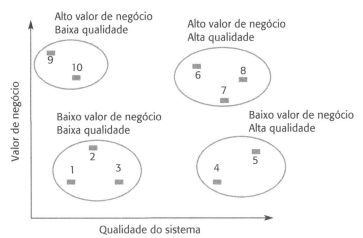

O valor de negócio de um sistema é uma medida de quanto tempo e esforço ele poupa em comparação com os processos manuais ou com o uso de outros sistemas. Para avaliar o valor de negócio de um sistema, devemos identificar seus *stakeholders* — os usuários finais e seus gerentes, por exemplo —, e fazer uma série de perguntas. Existem quatro questões básicas que devem ser discutidas:

1. *O uso do sistema.* Se um sistema for utilizado apenas ocasionalmente ou por um pequeno número de pessoas, isso pode significar que ele tem um baixo valor de negócio. Um sistema legado pode ter sido desenvolvido para satisfazer uma necessidade de negócio que mudou ou que agora pode ser atendida com mais eficácia de outras maneiras. No entanto, é preciso ter cuidado com o uso ocasional, embora importante, dos sistemas. Um sistema universitário para matrícula de alunos, por exemplo, é utilizado apenas no início de cada ano acadêmico; embora seu uso seja esporádico, é um sistema essencial e com alto valor de negócio.
2. *Os processos de negócio apoiados.* Quando um sistema é introduzido, os processos de negócio normalmente são introduzidos para aproveitar as capacidades do sistema. Se ele for inflexível, esses processos podem ser impossíveis de mudar. No entanto, à medida que o ambiente muda, os processos de negócio originais podem ficar obsoletos. Um sistema pode ter um baixo valor de negócio, portanto, porque força a utilização de processos de negócio ineficientes.
3. *Dependabilidade do sistema.* A dependabilidade do sistema não é um problema apenas técnico, mas também de negócio. Se um sistema não for confiável e seus problemas afetarem diretamente os clientes da empresa, seu valor de negócio é baixo.
4. *Os resultados do sistema.* A questão-chave aqui é a importância dos resultados do sistema para o bom funcionamento da empresa. Se ela depender desses resultados, então o sistema tem um alto valor de negócio. Por outro lado, se esses resultados puderem ser gerados de forma barata por outros meios, ou se o sistema produzir resultados raramente utilizados, então ele tem um baixo valor de negócio.

Suponha, por exemplo, que uma empresa forneça um sistema de reservas de viagem utilizado pelo pessoal responsável por organizá-las. Eles podem fazer reservas com um agente de viagens licenciado. As passagens são entregues e a empresa recebe por elas. No entanto, uma avaliação do valor de negócio pode revelar que esse sistema é utilizado em uma porcentagem bem pequena dos pedidos de viagem. As pessoas que organizam as viagens acham mais barato e conveniente lidar diretamente com os fornecedores por meio de seus sites. Esse sistema ainda pode ser utilizado, mas não vale a pena mantê-lo — a mesma funcionalidade está disponível em sistemas externos.

Por outro lado, digamos que uma empresa tenha desenvolvido um sistema que controle todos os pedidos anteriores do cliente e gere lembretes automaticamente para que ele encomende novamente os produtos. Isso resulta em uma grande quantidade de pedidos repetidos e mantém o cliente satisfeito, pois ele sente que o fornecedor está a par de suas necessidades. As saídas de um sistema como esse são importantes para o negócio, então esse sistema tem um alto valor de negócio.

Para avaliar um sistema de software pela perspectiva técnica, é preciso considerar o próprio sistema de aplicação e o ambiente no qual o sistema opera. O ambiente inclui o hardware e todo o software de apoio associado, como compiladores, depuradores e ambientes de desenvolvimento que são necessários para manter o sistema. O ambiente é importante porque muitas mudanças no sistema, como atualizações no hardware ou no sistema operacional, resultam de mudanças no ambiente.

Os fatores que devem ser considerados durante a avaliação do ambiente são exibidos na Figura 9.10. Repare que nem todos esses fatores são características técnicas do ambiente. Também é preciso considerar a confiabilidade dos fornecedores do hardware e do software de apoio. Se os fornecedores não estiverem mais no negócio, os sistemas podem não ser mais suportados e deverão ser substituídos.

FIGURA 9.10 Fatores utilizados na avaliação do ambiente.

Fator	Perguntas
Estabilidade do fornecedor	O fornecedor ainda existe? O fornecedor é financeiramente estável e propenso a continuar existindo? Se o fornecedor tiver falido, alguém mais mantém os sistemas?
Taxa de falha	O hardware tem uma alta taxa de falhas? O software de apoio falha e força o sistema a reiniciar?
Idade	Quais são as idades do hardware e do software? Quanto mais velhos o hardware e o software de apoio, mais obsoletos eles serão. Eles ainda podem funcionar corretamente, mas poderia haver benefícios econômicos e de negócio significativos em passar para um sistema mais moderno.
Desempenho	O desempenho do sistema é adequado? Os problemas de desempenho têm um efeito significativo nos usuários do sistema?
Requisitos de suporte	Qual é o suporte local necessário exigido pelo hardware e pelo software? Se esse suporte implicar em custos elevados, pode valer a pena considerar a substituição do sistema.
Custos de manutenção	Quais são os custos de manutenção do hardware e das licenças do software de apoio? O hardware mais antigo pode ter custos de manutenção mais altos do que os sistemas modernos. O software de apoio pode ter custos de licenciamento anual elevados.
Interoperabilidade	Existem problemas quando o sistema faz interface com os outros sistemas? Os compiladores, por exemplo, podem ser utilizados com versões atuais do sistema operacional?

No processo de avaliação do ambiente, se for possível, é ideal coletar dados sobre o sistema e suas mudanças. Os exemplos de dados que podem ser úteis incluem os custos de manter o hardware do sistema e o software de apoio, o número de defeitos de hardware que ocorrem ao longo de um determinado período de tempo e a frequência das correções e reparos aplicados ao software de apoio do sistema.

Para avaliar a qualidade técnica de um sistema de aplicação, é necessário avaliar fatores (Figura 9.11) relacionados principalmente com a dependabilidade, dificuldades de manutenção do sistema e sua documentação. Também é possível coletar dados que ajudarão a julgar a qualidade do sistema, como:

1. *O número de solicitações de mudança no sistema.* As mudanças no sistema costumam corromper sua estrutura e tornam mudanças posteriores mais difíceis. Quanto maior esse valor acumulado, menor a qualidade do sistema.
2. *O número de interfaces com o usuário.* Esse é um fator importante nos sistemas baseados em formulário: cada formulário pode ser considerado uma interface com o usuário diferente. Quanto mais interfaces, mais provável que existam inconsistências e redundâncias nessas interfaces.
3. *O volume de dados utilizados pelo sistema.* À medida que o volume de dados (número de arquivos, tamanho do banco de dados etc.) processados pelo sistema aumenta, também aumentam as inconsistências e erros nesses dados. Quando os dados foram coletados ao longo de um período de tempo, os erros e as inconsistências são inevitáveis. Limpar dados antigos é um processo muito caro e demorado.

FIGURA 9.11 Fatores utilizados na avaliação da aplicação.

Fator	Perguntas
Compreensibilidade	Qual é o grau de dificuldade para compreender o código-fonte do sistema atual? Qual é a complexidade das estruturas de controle utilizadas? As variáveis têm nomes significativos que refletem sua função?
Documentação	Qual é a documentação de sistema disponível? A documentação está completa, atualizada e coerente?
Dados	Existe um modelo de dados explícito para o sistema? Até que ponto os dados estão duplicados nos arquivos? Os dados utilizados pelo sistema estão atualizados e são consistentes?
Desempenho	O desempenho da aplicação é adequado? Os problemas de desempenho têm um efeito significativo nos usuários do sistema?
Linguagem de programação	Existem compiladores modernos disponíveis para a linguagem de programação utilizada para desenvolver o sistema? A linguagem de programação ainda é utilizada no desenvolvimento de novos sistemas?
Gerenciamento de configuração	Todas as versões de todas as partes do sistema são gerenciadas por um sistema de gerenciamento de configuração? Existe uma descrição explícita das versões dos componentes que são utilizados no sistema atual?
Dados de teste	Existem dados de teste do sistema? Existe um registro dos testes de regressão executados quando novas características foram acrescentadas ao sistema?
Habilidades do pessoal	Há pessoas disponíveis que tenham habilidades para manter a aplicação? Existem pessoas disponíveis que tenham experiência no sistema?

Em condições ideais, deve-se utilizar uma avaliação objetiva para fundamentar as decisões sobre o que fazer com o sistema legado. No entanto, em muitos casos, essas decisões não são realmente objetivas, mas baseadas em considerações organizacionais ou políticas. Por exemplo, se duas empresas se fundem, a parceira politicamente mais poderosa normalmente vai manter seus sistemas e descartar os da outra empresa. Se a alta gestão em uma organização decidir passar para uma nova plataforma de hardware, então isso pode exigir que as aplicações sejam substituídas.

Se não houver orçamento disponível para a transformação do sistema em um determinado ano, então sua manutenção pode continuar, embora isso vá resultar em custos mais altos no longo prazo.

Dinâmica da evolução de programas

A dinâmica da evolução de programas é o estudo da evolução dos sistemas de software, cujos pioneiros foram Lehman e Les Belady nos anos 1970. Isso levou às conhecidas Leis de Lehman, que, segundo consta, são aplicadas a todos os sistemas de software de larga escala. As leis mais importantes são:

1. Um programa deve mudar continuamente para continuar sendo útil.
2. À medida que um programa em desenvolvimento muda, sua estrutura se degrada.
3. Ao longo da vida útil de um programa, a taxa de mudança é aproximadamente constante e independente dos recursos disponíveis.
4. A mudança incremental em cada lançamento de um sistema é aproximadamente constante.
5. Novas funcionalidades devem ser acrescentadas aos sistemas para aumentar a satisfação do usuário.

9.3 MANUTENÇÃO DE SOFTWARE

Manutenção de software é o processo geral de modificar um sistema após a sua entrega. O termo é aplicado geralmente ao software personalizado, no qual diferentes grupos de desenvolvimento estão envolvidos antes e depois da entrega. As mudanças feitas no software podem ser simples, para corrigir erros de código; mais extensas, para corrigir erros de projeto; ou significativas, para corrigir erros de especificação ou acomodar novos requisitos. As mudanças são implementadas modificando os componentes do sistema existente e, onde for necessário, adicionando novos componentes ao sistema.

Existem três tipos diferentes de manutenção de software:

1. *Reparo de defeitos para corrigir bugs e vulnerabilidades.* Os erros de codificação costumam ser relativamente baratos de corrigir; os erros de projeto são mais caros, porque podem envolver reescrever vários componentes do programa; os erros de requisitos são os mais caros para consertar, porque pode ser necessário projetar novamente o sistema.
2. *Adaptação ao ambiente para adaptar o software a novas plataformas e ambientes.* Esse tipo de manutenção é necessário quando se muda algum aspecto do ambiente de um sistema, como o hardware, o sistema operacional da plataforma ou outro software de apoio. Os sistemas de aplicação podem precisar de adaptações para lidar com essas mudanças de ambiente.
3. *Acréscimo de funcionalidade para adicionar novas características e apoiar novos requisitos.* Esse tipo de manutenção é necessário quando os requisitos do sistema mudam em resposta à mudança organizacional ou de negócios. A escala das mudanças necessárias no software frequentemente é muito maior do que as dos outros tipos de manutenção.

Na prática, não há uma distinção nítida entre esses tipos de manutenção. Quando se adapta um sistema a um novo ambiente, é possível adicionar funcionalidade para tirar vantagem das novas características do ambiente. Os defeitos de software são expostos frequentemente porque os usuários utilizam o sistema de maneiras imprevistas, e a melhor forma de corrigir esses defeitos é mudar o sistema a fim de acomodar a forma como eles trabalham.

De modo geral, esses tipos de manutenção são reconhecidos, mas pessoas diferentes podem lhes dar nomes diferentes. 'Manutenção corretiva' é utilizado universalmente para se referir à manutenção para reparar defeitos. No entanto, 'manutenção adaptativa' às vezes significa adaptar o software a um novo ambiente; em outros casos, significa adaptá-lo a novos requisitos. 'Manutenção perfectiva' às vezes significa aperfeiçoar o software implementado novos requisitos; em outros casos, significa manter a funcionalidade do sistema, mas melhorar a sua estrutura e o seu desempenho. Devido a essa incerteza de nomenclatura, evitei usar esses termos neste livro.

A Figura 9.12 mostra uma distribuição aproximada dos custos de manutenção, com base em dados da pesquisa mais recente de Davidsen e Krogstie (2010). Esse estudo comparou a distribuição do custo de manutenção com uma série de estudos anteriores, realizados de 1980 a 2005. Os autores constataram que a distribuição dos custos de manutenção mudou pouco ao longo de 30 anos. Embora não tenhamos dados mais recentes, isso sugere que essa distribuição ainda é, em grande parte, correta. Corrigir defeitos do sistema não é a atividade de manutenção mais cara. Evoluir o sistema para lidar com ambientes novos, requisitos novos ou modificados geralmente consome a maior parte do esforço de manutenção.

FIGURA 9.12 Distribuição do esforço de manutenção.

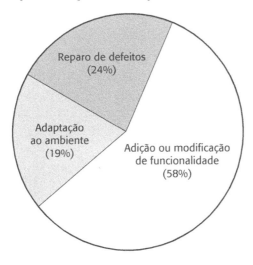

A experiência mostrou que normalmente é mais caro acrescentar novas características a um sistema durante a manutenção do que implementá-las durante o desenvolvimento inicial. As razões para isso são:

1. *Um novo time precisa entender o programa que está sendo mantido.* Depois que um sistema é entregue, é normal que o time de desenvolvimento se desfaça e as pessoas passem a trabalhar com novos projetos. O novo time ou os indivíduos responsáveis pela manutenção do sistema não entendem o sistema ou o contexto das decisões de seu projeto. Eles precisam investir tempo entendendo o sistema existente antes de implementar mudanças nele.

2. *A separação entre a manutenção e o desenvolvimento significa que não há incentivo para o time de desenvolvimento escrever um software de fácil manutenção.* O contrato para manter um sistema normalmente é separado do contrato de desenvolvimento do sistema. Uma empresa diferente, em vez de o desenvolvedor original, pode ser responsável pela manutenção do software. Nessas circunstâncias, um time de desenvolvimento não se beneficia ao investir esforço para tornar o software de fácil manutenção. Se um time de desenvolvimento puder usar atalhos para poupar esforço durante o desenvolvimento, vale a pena fazê-lo, mesmo se isso significar que o software será mais difícil de mudar no futuro.
3. *O trabalho de manutenção de programa não é popular.* A manutenção tem uma imagem negativa entre os engenheiros de software. Ela é vista como um processo menos qualificado que o desenvolvimento de sistemas e frequentemente é alocada para pessoal menos experiente. Além disso, os sistemas antigos podem ter sido escritos em linguagens de programação obsoletas. Os desenvolvedores que trabalham na manutenção podem não ter muita experiência com essas linguagens e devem aprendê-las para manter o sistema.
4. *À medida que os programas envelhecem, sua estrutura se degrada e eles ficam mais difíceis de modificar.* Ao passo que são feitas alterações nos programas, sua estrutura tende a se degradar. Consequentemente, eles ficam mais difíceis de serem entendidos e modificados. Alguns sistemas foram desenvolvidos sem técnicas modernas de engenharia de software. É possível que eles não tenham sido bem estruturados e talvez tenham sido otimizados para eficiência, em vez de inteligibilidade. A documentação do sistema pode ter se perdido ou ser inconsistente. Sistemas antigos podem não ter sido submetidos a um gerenciamento de configuração rigoroso, então os desenvolvedores têm de investir tempo encontrando as versões certas dos componentes do sistema para alterar.

Documentação

A documentação do sistema pode ajudar no processo de manutenção, fornecendo aos responsáveis pela manutenção informações sobre a estrutura e a organização do sistema e sobre as características que ele oferece aos usuários. Embora os proponentes das abordagens ágeis sugiram que o código deve ser a documentação principal, os modelos de projeto de alto nível e as informações sobre as dependências e restrições podem fazer com que fique mais fácil compreender e alterar esse código.

Os três primeiros problemas decorrem do fato de que muitas organizações ainda consideram o desenvolvimento e a manutenção de software atividades separadas. A manutenção é vista como uma atividade de segunda classe, e não há incentivo para gastar dinheiro durante o desenvolvimento para reduzir os custos da modificação do sistema. A única solução de longo prazo para esses problemas é considerar que os sistemas evoluem por toda a sua vida útil por meio de um processo de desenvolvimento contínuo. A manutenção deveria ter um status tão elevado quanto o do desenvolvimento de um novo software.

O quarto problema, a degradação da estrutura do sistema, é, de algumas formas, o mais fácil de resolver. As técnicas de reengenharia de software (descritas mais adiante neste capítulo) podem ser aplicadas para melhorar a estrutura e a inteligibilidade do sistema. Transformações de arquitetura podem adaptar o sistema ao novo hardware. A refatoração pode melhorar a qualidade do código do sistema e facilitar sua alteração.

A princípio, quase sempre é economicamente compensador investir esforços no projeto e na implementação de um sistema para reduzir os custos de alterações futuras. É oneroso acrescentar nova funcionalidade após a entrega, pois é necessário investir tempo aprendendo o sistema e analisando o impacto das alterações propostas. O trabalho feito durante o desenvolvimento, com o objetivo de estruturar o software para torná-lo mais fácil de ser entendido e modificado, diminuirá os custos da evolução. Boas técnicas de engenharia de software, como a especificação precisa, o desenvolvimento com testes *a priori* (*test-first*), o uso de desenvolvimento orientado a objetos e o gerenciamento de configuração ajudam a reduzir o custo de manutenção.

Os argumentos desses bons princípios para a economia no longo prazo, pelo investimento em tornar os sistemas mais fáceis de manter, infelizmente são impossíveis de fundamentar com dados reais. Coletar dados é caro, e o valor desses dados é difícil de julgar; portanto, a ampla maioria das empresas não acha que valha a pena reunir e analisar dados de engenharia de software.

Na realidade, a maioria das empresas reluta em gastar mais no desenvolvimento de software para reduzir os custos de manutenção no longo prazo. Existem duas razões principais para essa relutância:

1. As empresas fazem planos de investimentos trimestrais ou anuais, e os gestores são incentivados a reduzir os custos de curto prazo. Investir em manutenibilidade faz com que os custos no curto prazo, que são mensuráveis, cresçam. No entanto, os ganhos de longo prazo não podem ser medidos no mesmo tempo, então as empresas relutam em gastar dinheiro com algo que tenha um retorno futuro desconhecido.
2. Os desenvolvedores normalmente não são responsáveis por manter o sistema que desenvolveram. Consequentemente, eles não veem vantagens em fazer o trabalho adicional que poderia reduzir os custos de manutenção, já que não obterão qualquer benefício dele.

A única maneira de contornar esse problema é integrar o desenvolvimento e a manutenção para que o time de desenvolvimento original continue responsável pelo software durante toda a sua vida útil. Isso é possível para produtos de software e empresas como a Amazon, que desenvolve e mantém o seu próprio software (O'HANLON, 2006). Entretanto, para o software personalizado, desenvolvido e mantido por uma empresa de software para um cliente, é improvável que isso aconteça.

9.3.1 Previsão de manutenção

A previsão de manutenção se preocupa em tentar avaliar as mudanças que podem ser necessárias em um sistema de software e em identificar as partes do sistema que tendem a ser mais caras para alterar. Se entender isso, você pode projetar os componentes de software de forma que sejam mais fáceis de modificar, tornando-os mais adaptáveis. Você também pode investir esforços em melhorar os componentes para reduzir seus custos de manutenção durante a vida do sistema. Ao prever as mudanças, você também pode avaliar os custos de manutenção globais de um sistema em um determinado período de tempo e estabelecer um orçamento para manter o software. A Figura 9.13 mostra as possíveis previsões e as perguntas que elas podem responder.

FIGURA 9.13 Previsão de manutenção.

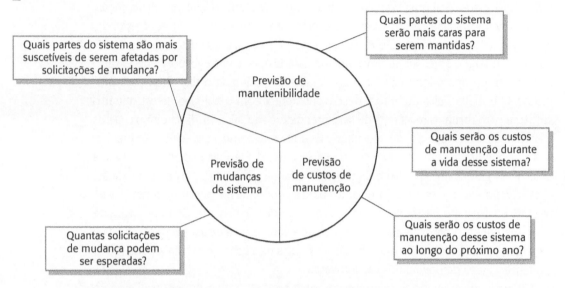

Prever o número de solicitações de mudança de um sistema requer uma compreensão da relação entre esse sistema e o seu ambiente externo. Alguns sistemas têm uma relação muito complexa com seu ambiente externo, e as mudanças nesse ambiente resultam, inevitavelmente, em mudanças no sistema. Para avaliar as relações entre um sistema e o ambiente, deve-se examinar:

1. *A quantidade e a complexidade das interfaces do sistema.* Quanto maior a quantidade de interfaces e quanto mais complexas elas forem, é mais provável que haja modificações à medida que novos requisitos sejam propostos.
2. *A quantidade de requisitos de sistema inerentemente voláteis.* Conforme discuti no Capítulo 4, os requisitos que refletem as políticas e os procedimentos organizacionais tendem a ser mais voláteis do que os requisitos que se baseiam em características estáveis de uma área.
3. *Os processos de negócio nos quais o sistema é utilizado.* À medida que os processos de negócio evoluem, eles geram solicitações de mudança no sistema. Quando um sistema é integrado a cada vez mais processos de negócio, há mais demandas por mudanças.

Nos primeiros trabalhos de manutenção de software, pesquisadores examinaram as relações entre a complexidade do programa e a sua manutenibilidade (BANKER *et al.*, 1993; COLEMAN *et al.*, 2008). Esses estudos constataram que, quanto mais complexo um sistema ou componente, mais cara é a sua manutenção. As medições da complexidade são particularmente úteis na identificação de componentes do programa que provavelmente terão uma manutenção cara. Portanto, para reduzir os custos de manutenção, deve-se tentar substituir os componentes complexos do sistema por alternativas mais simples.

Depois que um sistema foi colocado em serviço, dados de processo podem ser usados para ajudar a prever a manutenibilidade. Exemplos de métricas que podem ser utilizadas para avaliar a manutenibilidade são:

1. *Quantidade de solicitações de manutenção corretiva.* Um aumento no número de relatos de defeitos e falhas pode indicar que mais erros estão sendo introduzidos

no programa do que estão sendo corrigidos durante o processo de manutenção. Isso pode indicar um declínio na manutenibilidade.
2. *Tempo médio necessário para a análise de impacto.* Está relacionado com a quantidade de componentes do programa que são afetados pela solicitação de mudança. Se o tempo necessário para a análise de impacto aumentar, isso implica que cada vez mais componentes estão sendo afetados e que a manutenibilidade está diminuindo.
3. *O tempo médio para implementar uma solicitação de mudança.* Esse tempo não é igual ao da análise de impacto, embora possa ter alguma correlação com ele. Essa é a quantidade de tempo que você precisa para modificar o sistema e a sua documentação após ter avaliado os componentes afetados. Um aumento no tempo necessário para implementar uma mudança pode indicar um declínio da manutenibilidade.
4. *Quantidade de solicitações de mudança pendentes.* Um aumento nesse número ao longo do tempo pode implicar em uma diminuição da manutenibilidade.

É possível usar as informações previstas sobre as solicitações de mudança e as previsões sobre a manutenibilidade do sistema para prever os custos de manutenção. A maioria dos gerentes combina essas informações com a intuição e a experiência para estimar os custos. O modelo COCOMO II de estimativa do custo, que será discutido no Capítulo 23, sugere que uma estimativa do esforço de manutenção de software pode se basear no esforço para entender o código existente e no esforço para desenvolver um novo código.

9.3.2 Reengenharia de software

A manutenção de software envolve entender o programa que precisa ser alterado e depois implementar quaisquer alterações necessárias. No entanto, muitos sistemas, especialmente os sistemas legados mais antigos, são difíceis de entender e de alterar. Os programas podem tanto ter sido otimizados para melhor desempenho ou melhor utilização de espaço, em detrimento de sua compreensibilidade, quanto tido sua estrutura inicial corrompida com o passar do tempo por uma série de alterações.

Para tornar os sistemas de software legados mais fáceis de manter, é possível fazer a reengenharia desses sistemas, a fim de melhorar sua estrutura e sua compreensibilidade. Esse processo pode envolver nova documentação do sistema, refatoração da arquitetura do sistema, tradução dos programas para uma linguagem de programação mais moderna ou modificação e atualização da estrutura e dos valores dos dados do sistema. A funcionalidade do software não muda e, normalmente, deve-se evitar grandes alterações na arquitetura do sistema.

A reengenharia tem duas vantagens importantes sobre a substituição:

1. *Menor risco.* Existe um risco alto em redesenvolver um software crítico para o negócio. Podem ser cometidos erros na especificação do sistema ou pode haver problemas de desenvolvimento. Os atrasos na introdução do novo software podem significar a perda do negócio e custos extras.
2. *Menor custo.* O custo de reengenharia pode ser significativamente menor que o custo de desenvolver um novo software. Ulrich (1990) cita o exemplo de um sistema comercial para o qual os custos de reimplementação foram estimados

em US$ 50 milhões. O sistema passou por uma reengenharia bem-sucedida no valor de US$ 12 milhões. Suspeito que, com a moderna tecnologia de software, o custo relativo da reimplementação provavelmente é menor do que o número de Ulrich, mas ainda será maior que o custo da reengenharia.

A Figura 9.14 é um modelo geral do processo de reengenharia. A entrada para o processo é um programa legado, e a saída é uma versão melhorada e reestruturada do mesmo programa. As atividades no processo de reengenharia são:

1. *Tradução de código-fonte.* Usando uma ferramenta de tradução, é possível converter o programa de uma linguagem de programação antiga para uma versão mais moderna da mesma linguagem, ou mesmo para uma linguagem diferente.
2. *Engenharia reversa.* O programa é analisado e as informações dele são extraídas. Isso ajuda a documentar sua organização e funcionalidade. Mais uma vez, esse processo costuma ser completamente automatizado.
3. *Melhoria de estrutura do programa.* A estrutura de controle do programa é analisada e modificada para facilitar sua leitura e compreensão. Isso pode ser parcialmente automatizado, mas é necessária alguma intervenção manual.
4. *Modularização do programa.* As partes relacionadas do programa são agrupadas e, nos casos adequados, a redundância é removida. Em alguns casos, esse estágio pode envolver a refatoração da arquitetura (por exemplo, um sistema que usa vários repositórios de dados diferentes pode ser refatorado para usar um único repositório). Esse é um processo manual.
5. *Reengenharia de dados.* Os dados processados pelo programa são modificados para refletir as alterações do programa. Isso pode significar a redefinição dos esquemas de bancos de dados e a conversão dos bancos de dados existentes para uma estrutura nova. Normalmente, os dados também devem ser limpos, o que envolve encontrar e corrigir erros, remover registros duplicados etc. Esse pode ser um processo muito caro e demorado.

FIGURA 9.14 O processo de reengenharia.

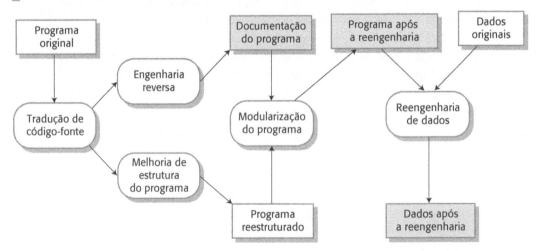

A reengenharia de programas pode não exigir necessariamente todas as etapas da Figura 9.11. Não é preciso traduzir o código-fonte se a linguagem de programação ainda for a mesma da aplicação. Se toda a reengenharia puder ser feita automaticamente, então pode ser desnecessário recuperar a documentação por meio de engenharia reversa. A reengenharia dos dados é necessária apenas se as estruturas de dados no programa mudarem durante a reengenharia do sistema.

Para fazer o sistema submetido à reengenharia interoperar com o novo software, pode ser necessário desenvolver serviços adaptadores, conforme discutido no Capítulo 18. Esses serviços escondem as interfaces originais do sistema de software e apresentam interfaces novas e mais bem estruturadas, que podem ser utilizadas por outros componentes. Esse processo de empacotamento do sistema legado é uma técnica importante para desenvolver serviços reusáveis de larga escala.

Obviamente, o custo da reengenharia depende do volume de trabalho executado. Há um espectro de possíveis abordagens para esse processo, como mostra a Figura 9.15. Os custos aumentam da esquerda para a direita, tal que a tradução do código-fonte é a opção mais barata e a reengenharia, como parte da migração da arquitetura, é a mais cara.

FIGURA 9.15 Abordagens para a reengenharia.

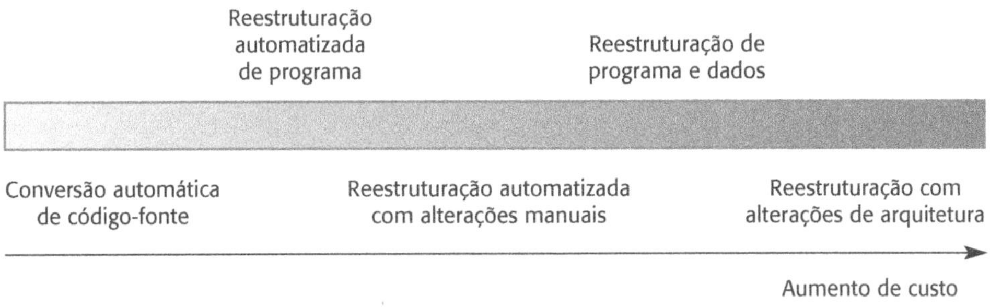

O problema com a reengenharia de software é que existem limites práticos para o quanto é possível melhorar um sistema por meio da reengenharia. Não é possível, por exemplo, converter um sistema escrito com uma abordagem funcional para um sistema orientado a objetos. As principais mudanças de arquitetura ou a reorganização radical do gerenciamento de dados do sistema não podem ser feitas automaticamente, então elas são muito caras. Embora a reengenharia possa melhorar a manutenibilidade, o sistema submetido à reengenharia provavelmente não será tão manutenível quanto um sistema novo desenvolvido com o uso de métodos modernos de engenharia de software.

9.3.3 Refatoração

A refatoração é o processo de fazer melhorias em um programa para desacelerar a degradação por meio da mudança. Isso significa modificar um programa para melhorar a sua estrutura, reduzir a sua complexidade ou facilitar a sua compreensão. A refatoração às vezes é considerada um método limitado ao desenvolvimento orientado a objetos, mas os princípios podem ser aplicados, de fato, a qualquer abordagem de desenvolvimento. Ao refatorar um programa, não se deve acrescentar funcionalidade a ele, mas se concentrar em sua melhoria. Portanto, a refatoração pode ser encarada como uma 'manutenção preventiva' que reduz os problemas de alteração futura.

A refatoração é uma parte inerente dos métodos ágeis porque eles se baseiam na mudança. A qualidade do programa está sujeita à rápida degradação, então os desenvolvedores ágeis costumam refatorar seus programas para evitar essa deterioração. A ênfase no teste de regressão nos métodos ágeis diminui o risco de introduzir novos erros por meio da refatoração. Quaisquer erros que sejam introduzidos devem ser detectáveis, já que os testes antes bem-sucedidos podem fracassar. No entanto, a refatoração não depende de outras 'atividades ágeis'.

Embora a reengenharia e a refatoração se destinem a tornar o software mais fácil de entender e de modificar, elas não são a mesma coisa. A reengenharia ocorre após um sistema ter sido mantido por algum tempo, com custos crescentes de manutenção. São utilizadas ferramentas automatizadas para processar e fazer a reengenharia de um sistema legado, a fim de criar um novo sistema mais fácil de manter. A refatoração é um processo contínuo de melhoria durante todo o processo de desenvolvimento e de evolução, buscando evitar a degradação da estrutura e do código — que aumenta o custo e a dificuldade de manter um sistema.

Fowler *et al.* (1999) sugere que existem situações estereotípicas (chamadas por ele de 'maus cheiros'), em que o código de um programa pode ser melhorado. Exemplos de maus cheiros que podem ser melhorados por meio da refatoração incluem:

1. *Código duplicado.* O mesmo código, ou um muito similar, pode ser incluído em diferentes lugares em um programa. Isso pode ser removido e implementado como um único método ou função invocado conforme a necessidade.
2. *Métodos longos.* Se um método for longo demais, ele deve ser reprojetado como uma série de métodos menores.
3. *Comandos* switch *(case).* Frequentemente, esses comandos envolvem duplicação, em que o *switch* depende do tipo de um valor. Os comandos *switch* podem estar dispersos em um programa. Nas linguagens orientadas a objetos, pode-se usar polimorfismo para obter a mesma coisa.
4. *Aglomeração de dados.* Ocorrem quando o mesmo grupo de itens de dados (campos nas classes, parâmetros nos métodos) ocorrem novamente em vários pontos de um programa. Eles podem ser substituídos por um objeto que encapsule todos os dados.
5. *Generalidade especulativa.* Ocorre quando os desenvolvedores incluem generalidade em um programa, caso venha a ser necessária no futuro. Muitas vezes isso pode ser simplesmente removido.

Fowler, não apenas em seu livro como também em seu site, sugere algumas transformações de refatoração primitiva, que podem ser utilizadas isoladamente ou em conjunto para lidar com os maus cheiros. Exemplos dessas transformações incluem 'Extrair método', em que se remove a duplicação e se cria um novo método; 'Consolidar expressão condicional', em que se substitui uma sequência de testes por um único teste; e 'Subir método na hierarquia', em que métodos similares nas subclasses são substituídos por um único método em uma superclasse. Os IDEs, como o Eclipse, geralmente incluem em seus editores o apoio para refatoração. Isso torna mais fácil encontrar partes dependentes de um programa que precisam ser modificadas para implementar a refatoração.

A refatoração, executada durante o desenvolvimento do programa, é uma maneira eficaz de reduzir os custos de manutenção de um programa no longo prazo. No entanto, quando se assume a manutenção de um programa cuja estrutura tenha se degradado bastante, pode ser praticamente impossível refatorar o código sozinho. Pode ser necessário pensar sobre a refatoração do projeto, que tende a ser um problema mais caro e difícil. A refatoração do projeto envolve identificar padrões de projeto relevantes (discutidos no Capítulo 7) e substituir o código existente por um que implemente esses padrões de projeto (KERIEVSKY, 2004).

PONTOS-CHAVE

- O desenvolvimento e a evolução de software podem ser considerados um processo integrado, interativo, que pode ser representado usando um modelo em espiral.
- Nos sistemas personalizados, o custo de manutenção de software normalmente ultrapassa o custo de desenvolvimento de software.
- O processo de evolução de software é impulsionado por solicitações de mudança e inclui a análise do impacto das mudanças, planejamento de lançamento e implementação da mudança.
- Os sistemas legados são mais antigos, desenvolvidos usando tecnologias de software e hardware obsoletas, mas que continuam úteis para uma empresa.
- Muitas vezes é mais barato e menos arriscado manter um sistema legado do que desenvolver um sistema substituto usando tecnologia moderna.
- O valor de negócio de um sistema legado e a qualidade do software de aplicação e seu ambiente devem ser avaliados para determinar se um sistema deve ser substituído, transformado ou mantido.
- Existem três tipos de manutenção de software: reparo de defeitos, modificação do software para trabalhar em um novo ambiente e implementação de requisitos novos ou modificados.
- A reengenharia de software tem a ver com reestruturar e redocumentar o software para torná-lo mais fácil de entender e mudar.
- A refatoração, que é fazer pequenas mudanças no programa que preservem a funcionalidade, pode ser encarada como uma manutenção preventiva.

LEITURAS ADICIONAIS

Working effectively with legacy code. Aconselhamento prático valioso sobre os problemas e as dificuldades de lidar com sistemas legados. FEATHERS, M., John Wiley & Sons, 2004.

"The economics of software maintenance in the 21st century." Esse artigo é uma introdução geral à manutenção e uma discussão abrangente dos custos de manutenção. Jones discute os fatores que afetam os custos de manutenção e sugere que quase 75% da mão de obra de software está envolvida em atividades de manutenção. JONES, C. 2006. Disponível em: <www.compaid.com/caiinternet/ezine/capersjones-maintenance.pdf>. Acesso em: 4 mai. 2018.

"You can't be agile in maintenance?" Apesar do título, essa postagem de blog argumenta que as técnicas ágeis são apropriadas para a manutenção e discute quais técnicas, conforme sugerido pela Programação Extrema, podem ser eficazes. BIRD, J., 2011. Disponível em: <http://swreflections.blogspot.co.uk/2011/10/you-cant-be-agile-in-maintenance.html>. Acesso em: 4 mai. 2018.

"Software reengineering and testing considerations." Esse é um excelente *white-paper* sobre questões de manutenção de uma importante empresa de software indiana. KUMAR, Y.; DIPTI, 2012. Disponível em: <http://www.infosys.com/engineering-services/white-papers/Documents/software-re-engineering-processes.pdf>. Acesso em: 4 mai. 2018.

SITE[1]

Apresentações em PowerPoint para este capítulo disponíveis em: <http://software-engineering-book.com/slides/chap9/>.
Links para vídeos de apoio disponíveis em: <http://software-engineering-book.com/videos/implementation-and-evolution/>.

---

[1] Todo o conteúdo disponibilizado na seção *Site* de todos os capítulos está em inglês.

EXERCÍCIOS

9.1 Explique por que um sistema de software utilizado em um ambiente do mundo real deve mudar ou se torna cada vez menos útil.

9.2 Na Figura 9.4, você pode ver que a análise do impacto é um subprocesso importante no processo de evolução do software. Usando um diagrama, sugira quais atividades poderiam estar envolvidas na análise do impacto da mudança.

9.3 Explique por que os sistemas legados devem ser considerados sistemas sociotécnicos em vez de simplesmente sistemas de software que foram desenvolvidos com tecnologia antiga.

9.4 Sob quais circunstâncias uma organização poderia decidir pelo descarte de um sistema quando sua avaliação sugere que ele é de alta qualidade e de alto valor de negócio?

9.5 Quais são as opções estratégicas para evolução dos sistemas legados? Quando você substituiria normalmente todo ou parte de um sistema em vez de continuar a manutenção do software?

9.6 Explique por que os problemas com software de apoio poderiam significar que uma organização tem de substituir seus sistemas legados.

9.7 Como um gerente de projetos de software em uma empresa especializada no desenvolvimento de software para o setor de petróleo *offshore*, você recebeu a tarefa de descobrir os fatores que afetam a manutenibilidade dos sistemas desenvolvidos pela sua empresa. Sugira como você poderia configurar um programa para analisar o processo de manutenção e determinar as métricas corretas de manutenibilidade da empresa.

9.8 Descreva resumidamente os três tipos principais de manutenção de software. Por que às vezes é difícil distinguir entre eles?

9.9 Explique as diferenças entre reengenharia e refatoração de software.

9.10 Os engenheiros de software têm uma responsabilidade profissional de desenvolver código que seja fácil de manter, mesmo que o empregador não solicite isso explicitamente?

REFERÊNCIAS

BANKER, R. D.; DATAR, S. M.; KEMERER, C. F.; ZWEIG, D. "Software complexity and maintenance costs." *Comm. ACM*, v. 36, n. 11, 1993. p. 81-94. doi:10.1145/163359.163375.

COLEMAN, D.; ASH, D.; LOWTHER, B.; OMAN, P. "Using metrics to evaluate software system maintainability." *IEEE Computer*, v. 27, n. 8, 1994. p. 44-49. doi:10.1109/2.303623.

DAVIDSEN, M. G.; KROGSTIE, J. "A longitudinal study of development and maintenance." *Information and Software Technology*, v. 52, n. 7, 2010. p. 707-719. doi:10.1016/j.infsof.2010.03.003.

ERLIKH, L. "Leveraging legacy system dollars for e-business." *IT Professional*, v. 2, n. 3, maio-jun. 2000. p. 17-23. doi:10.1109/6294.846201.

FOWLER, M.; BECK, K.; BRANT, J.; OPDYKE, W.; ROBERTS, D. *Refactoring*: improving the design of existing code. Boston: Addison-Wesley, 1999.

HOPKINS, R.; JENKINS, K. *Eating the IT Elephant*: moving from greenfield development to brownfield. Boston: IBM Press, 2008.

JONES, T. C. "The economics of software maintenance in the 21st century." 2006. Disponível em: <www.compaid.com/caiinternet/ezine/capersjones-maintenance.pdf>. Acesso em: 4 mai. 2018.

KERIEVSKY, J. *Refactoring to Patterns*. Boston: Addison-Wesley, 2004.

KOZLOV, D.; KOSKINEN, J.; SAKKINEN, M.; MARKKULA, J. "Assessing maintainability change over multiple software releases." *Journal of Software Maintenance and Evolution*, v. 20, n. 1, 2008. p. 31-58. doi:10.1002/smr.361.

LIENTZ, B. P.; SWANSON, E. B. *Software maintenance management*. Reading, MA: Addison-Wesley, 1980.

MITCHELL, R. M. "COBOL on the mainframe: does it have a future?" *Computerworld US*, 2012. Disponível em: <http://features.techworld.com/applications/3344704/cobol-on-the-mainframe-does-it-have-a-future/>. Acesso em: 4 mai. 2018.

O'HANLON, C. "A conversation with Werner Vogels." *ACM Queue*, v. 4, n. 4, 2006. p. 14-22. doi:10.1145/1142055.1142065.

RAJLICH, V. T.; BENNETT, K. H. "A staged model for the software life cycle." *IEEE Computer*, v. 33, n. 7, 2000. p. 66-71. doi:10.1109/2.869374.

ULRICH, W. M. "The evolutionary growth of software reengineering and the decade ahead." *American Programmer*, v. 3, n. 10, 1990. p. 14-20.

WARREN, I. (ed.). *The renaissance of legacy systems*. London: Springer, 1998.

Parte 2
Dependabilidade e segurança

Os sistemas de software fazem parte, atualmente, de todos os aspectos de nossas vidas; acredito, então, que o desafio mais significativo a ser enfrentado na engenharia de software é garantir que podemos confiar nesses sistemas. Para isso, é preciso ter certeza de que eles estarão disponíveis quando necessário e terão o desempenho esperado. Eles devem ser seguros, a fim de que nossos computadores ou dados não sejam ameaçados e têm que se recuperar rapidamente no caso de falha ou de ciberataque. Desse modo, esta parte do livro concentra-se nos tópicos importantes da dependabilidade e da segurança da informação do sistema de software.

O Capítulo 10 introduz os conceitos básicos de dependabilidade e segurança da informação: confiabilidade, disponibilidade, segurança (*safety*), segurança da informação (*security*) e resiliência. Explico por que criar sistemas seguros e com dependabilidade não é simplesmente uma questão técnica. Apresento a redundância e a diversidade como os mecanismos fundamentais utilizados para criar sistemas com dependabilidade e seguros. Cada atributo de dependabilidade é abordado em mais detalhes nos capítulos seguintes.

O Capítulo 11 tem como focos a confiabilidade e a disponibilidade, e eu explico como esses atributos podem ser especificados na forma de probabilidade de falha ou de tempo de parada. Discuto uma série de padrões de arquitetura para sistemas tolerantes a defeitos e técnicas de desenvolvimento que podem ser utilizadas para reduzir o número de defeitos em um sistema. Na seção final, explico como a confiabilidade de um sistema pode ser testada e medida.

Cada vez mais sistemas são críticos em segurança (*safety*). Uma falha nesses sistemas pode colocar as pessoas em risco. O Capítulo 12 aborda a engenharia de segurança e as técnicas que podem ser utilizadas para desenvolver esses sistemas críticos em segurança. Explico por que a segurança (*safety*) é um conceito mais amplo do que a confiabilidade e discuto os métodos para derivar requisitos de segurança. Também explico por que é importante que os processos de engenharia de sistemas críticos em segurança sejam definidos e documentados e descrevo casos de segurança de software — documentos estruturados que são utilizados para justificar por que um sistema é seguro (do ponto de vista de segurança [*safety*]).

As ameaças à segurança da informação (*security*) dos sistemas são um dos maiores problemas enfrentados pelas sociedades atuais e dedico dois capítulos a esse tópico. O Capítulo 13 ocupa-se da engenharia de segurança de aplicação — métodos utilizados para atingir a segurança da informação em sistemas de software individuais. Explico os relacionamentos entre segurança da informação e outros atributos de dependabilidade e cubro a engenharia de requisitos de segurança da informação, o projeto de sistemas seguros e o teste de segurança da informação.

O Capítulo 14 é um novo capítulo que aborda a questão mais ampla da resiliência. Um sistema resiliente pode continuar a prestar seus serviços essenciais mesmo quando partes do sistema falham ou são submetidas a um ciberataque. Explico os fundamentos da cibersegurança e discuto como a resiliência é alcançada pelo uso de redundância e diversidade e por meio da delegação de poder às pessoas, bem como por meio de mecanismos técnicos. Finalmente, discuto as questões de sistemas e de projeto de software que podem contribuir para melhorar a resiliência de um sistema.

10 | Dependabilidade de sistemas

OBJETIVOS

O objetivo deste capítulo é introduzir a dependabilidade de software e de elementos envolvidos no desenvolvimento de sistemas de software confiáveis[1]. Ao ler este capítulo, você:

- compreenderá por que a dependabilidade e a segurança da informação (*security*) são atributos importantes para todos os sistemas de software;
- compreenderá as cinco importantes dimensões da dependabilidade: disponibilidade, confiabilidade, segurança (*safety*), segurança da informação (*security*) e resiliência;
- compreenderá o conceito de sistemas sociotécnicos e por que esses sistemas devem ser considerados como um todo em vez de meros sistemas de software;
- entenderá por que a redundância e a diversidade são conceitos fundamentais para obter sistemas e processos confiáveis;
- conhecerá o potencial para usar métodos formais na engenharia de sistemas confiáveis.

CONTEÚDO

10.1 Propriedades de dependabilidade
10.2 Sistemas sociotécnicos
10.3 Redundância e diversidade
10.4 Processos confiáveis
10.5 Métodos formais e dependabilidade

Ao passo que os sistemas computacionais vêm se incorporando cada vez mais às empresas e à nossa vida pessoal, os problemas resultantes de falhas de sistema e de software têm aumentado. Uma falha de um software no servidor de uma empresa de comércio *e-commerce* levar a uma perda considerável de receita e de clientes para essa empresa. Um erro de software no sistema de controle embarcado de um automóvel poderia levar a onerosos *recalls* do modelo para consertos e, no pior caso, poderia ser um fator que causasse acidentes. A infecção dos computadores de uma empresa com um *malware* requer operações de limpeza caras para isolar o problema, o que pode levar a perdas ou danos de informação sensível.

---

[1] N. da R.T.: o adjetivo em inglês *dependable* foi traduzido como "confiável" quando se refere a sistemas, softwares e processos.

Uma vez que os sistemas intensivos de software são tão importantes para governos, empresas e indivíduos, precisamos ser capazes de confiar nesses sistemas. O software deve estar disponível quando for necessário e deve funcionar corretamente, sem efeitos colaterais indesejáveis como a exposição não autorizada de informações. Em suma, temos que ser capazes de confiar (*depend*, em inglês) nos sistemas de software.

O termo *dependabilidade* foi proposto por Jean-Claude Laprie, em 1995, para cobrir os atributos de sistema relacionados a disponibilidade, confiabilidade, segurança (*safety*) e segurança da informação (*security*). Suas ideias foram revisadas ao longo dos anos seguintes e são discutidas em um artigo definitivo, publicado em 2004 (AVIZIENIS *et al.*, 2004). Conforme discutirei na Seção 10.1, essas propriedades estão inextricavelmente ligadas, então, faz sentido haver um único termo para abarcar todas elas.

A dependabilidade dos sistemas, normalmente, é mais importante do que a sua funcionalidade detalhada, pelos seguintes motivos:

1. *As falhas de sistema afetam um grande número de pessoas.* Muitos sistemas incluem funcionalidades raramente utilizadas. Se essas funcionalidades fossem deixadas de fora do sistema, apenas um pequeno número de usuários seria afetado. As falhas de sistema que afetam sua disponibilidade potencialmente afetam todos os usuários do sistema. Ter sistemas indisponíveis pode significar que atividades de negócio normais são impossíveis.

2. *Os usuários rejeitam os sistemas não confiáveis, não seguros ou desprotegidos.* Se os usuários acharem que um sistema não é confiável ou está desprotegido, eles não o utilizarão. Além disso, eles também podem se recusar a comprar ou usar outros produtos da empresa que produziu um sistema não confiável. Eles não querem repetir uma experiência ruim com um sistema não confiável.

3. *Os custos da falha de sistema podem ser enormes.* Para algumas aplicações, como um sistema de controle de reator ou um sistema de navegação de uma aeronave, o custo de uma falha de sistema é de uma ordem de grandeza maior do que o custo do sistema de controle. As falhas em sistemas que controlam infraestrutura crítica, como uma rede de energia elétrica, têm consequências econômicas generalizadas.

4. *Sistemas não confiáveis podem provocar perda de informação.* É muito caro coletar e manter dados; normalmente, eles valem muito mais do que o sistema computacional no qual são processados. O custo de recuperar dados perdidos ou corrompidos normalmente é muito elevado.

Sistemas críticos

Algumas classes de sistemas são 'críticas'; nesses sistemas, uma falha pode resultar em lesão a pessoas, danos ao ambiente ou grandes perdas econômicas. Os exemplos de sistemas críticos incluem os sistemas embarcados em dispositivos médicos — como uma bomba de insulina (segurança crítica), os sistemas de navegação de espaçonaves (missão crítica) e os sistemas de transferência de dinheiro *on-line* (negócio crítico).

Os sistemas críticos são muito caros para ser desenvolvidos, pois as falhas devem ser muito raras, e é necessário incluir mecanismos de recuperação que sejam utilizados caso elas ocorram.

No entanto, um sistema pode ser útil mesmo sem ser muito confiável. Não acho que o processador de texto empregado para escrever este livro seja um sistema muito confiável. Às vezes ele trava e precisa ser reiniciado. Todavia, por ele ser muito útil, estou preparado para tolerar falhas ocasionais. Por outro lado, tendo em mente minha falta de confiança no sistema, salvo meu trabalho frequentemente e mantenho várias cópias de segurança deste trabalho. Compenso a ausência de dependabilidade do sistema com ações que limitam os danos que poderiam advir da falha do sistema.

Criar software confiável faz parte do processo mais geral da engenharia de sistemas confiáveis (com dependabilidade). Conforme discutirei na Seção 10.2, o software sempre faz parte de um sistema mais amplo. Ele roda em um ambiente operacional, que inclui o hardware no qual o software é executado, os usuários humanos do software e os processos organizacionais ou de negócios nos quais o software é utilizado. Portanto, ao projetar um sistema confiável, deve-se considerar:

1. *Falha de hardware.* O hardware do sistema pode falhar por erros em seu projeto, porque os componentes falham em virtude de erro de fabricação, por fatores ambientais, como umidade ou altas temperaturas, ou porque os componentes chegaram ao final de sua vida útil.
2. *Falha de software.* O software do sistema pode falhar por erros em sua especificação, projeto ou implementação.
3. *Falha operacional.* Os usuários humanos podem não utilizar ou operar o sistema conforme pretendido pelos projetistas. À medida que o hardware e o software tornam-se mais confiáveis, as falhas na operação talvez sejam a maior causa individual de falhas de sistema.

Essas falhas estão frequentemente inter-relacionadas. Um componente de hardware defeituoso pode significar que os operadores do sistema tenham que lidar com uma situação imprevista e uma carga de trabalho extra. Isso os coloca sob estresse, e pessoas estressadas costumam se enganar. Esses enganos podem provocar falhas de software, o que significa ainda mais trabalho para os operadores, ainda mais estresse e assim por diante.

Como consequência, é particularmente importante que os projetistas de sistemas intensivos em software confiáveis adotem uma perspectiva holística dos sistemas sociotécnicos, em vez de se concentrar em um único aspecto do sistema, como somente software ou hardware. Se o hardware, o software e os processos operacionais forem projetados separadamente, sem levar em conta os possíveis pontos fracos das outras partes do sistema, é mais provável que os erros venham a ocorrer nas interfaces entre as diferentes partes do sistema.

10.1 PROPRIEDADES DE DEPENDABILIDADE

Todos estamos familiarizados com falhas de sistemas computacionais. Sem nenhum motivo óbvio, nossos computadores às vezes travam ou de algum modo se comportam de maneira inesperada. Os programas que rodam nesses computadores podem não funcionar conforme o esperado e, às vezes, podem corromper os dados gerenciados pelo sistema. Aprendemos a conviver com essas falhas, mas poucos de nós confiam plenamente nos computadores que normalmente usamos.

A dependabilidade de um sistema computacional é uma propriedade do sistema que reflete o quanto ele merece confiança (*trustworthiness*) — que significa, em essência, o grau de confiança que um usuário tem de que o sistema vai funcionar conforme o previsto e que não vai 'falhar' durante o uso normal. Não é significativo representar numericamente a dependabilidade. Em vez disso, termos relativos como 'não confiável', 'muito confiável' e 'ultraconfiável' podem refletir o grau de confiança que se poderia ter em um sistema.

Existem cinco dimensões principais da dependabilidade, como apresentado na Figura 10.1:

1. *Disponibilidade.* Informalmente, a disponibilidade de um sistema é a probabilidade de que ele esteja funcionando e que seja capaz de prestar serviços úteis a qualquer momento.
2. *Confiabilidade.* Informalmente, a confiabilidade de um sistema é a probabilidade, ao longo de um determinado período de tempo, de ele vir a prestar serviços corretamente, conforme o esperado pelo usuário.
3. *Segurança (safety).* Informalmente, a segurança de um sistema é um julgamento da probabilidade de ele vir a causar danos às pessoas ou ao seu ambiente.
4. *Segurança da informação (security).* Informalmente, a segurança da informação de um sistema é um julgamento da probabilidade de ele conseguir resistir a intrusões acidentais ou deliberadas.
5. *Resiliência.* Informalmente, a resiliência de um sistema é um julgamento de quão bem esse sistema pode manter a continuidade de seus serviços críticos na presença de eventos disruptivos, como falha de equipamento e ciberataques. A resiliência é uma adição mais recente ao conjunto de propriedades da dependabilidade que foram originalmente sugeridas por Laprie.

FIGURA 10.1 Propriedades principais da dependabilidade.

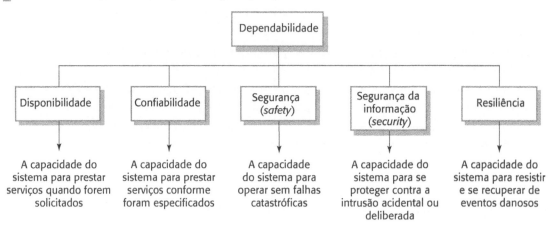

As propriedades da dependabilidade exibidas na Figura 10.1 são complexas e podem ser decompostas em várias propriedades mais simples. A segurança da informação (*security*), por exemplo, inclui 'integridade' (assegurar que os programas e dados do sistema não sejam danificados) e 'confidencialidade' (garantir que a informação seja acessada somente por pessoas autorizadas). Confiabilidade inclui 'correção' (garantir que o sistema funcione como especificado), 'precisão' (garantir que a informação seja entregue em um nível apropriado de detalhes) e 'pontualidade' (garantir que a informação seja fornecida quando requerido).

Naturalmente, nem todas as propriedades da dependabilidade são críticas para todos os sistemas. Para o sistema da bomba de insulina, introduzido no Capítulo 1, as propriedades mais importantes são a confiabilidade (ele deve fornecer a dose correta de insulina) e a segurança (ele nunca deve fornecer uma dose perigosa de insulina). Segurança da informação não é um problema, já que a bomba não armazena informações confidenciais. Como ela não está em rede, não pode ser atacada de maneira maliciosa. Para o sistema das estações meteorológicas na natureza, a disponibilidade e a confiabilidade são as propriedades mais importantes, pois os custos de reparo podem ser muito altos. Para o sistema de informações de pacientes Mentcare, a segurança da informação e a resiliência são particularmente importantes, em virtude dos dados privados sensíveis que são mantidos e da necessidade de o sistema estar disponível para as consultas dos pacientes.

Algumas outras propriedades do sistema que estão intimamente relacionadas a essas cinco propriedades da dependabilidade e têm influência são:

1. *Reparabilidade.* As falhas de sistema são inevitáveis, mas o transtorno causado pela falha pode ser minimizado se o sistema puder ser reparado rapidamente. Deve ser possível diagnosticar o problema, acessar o componente que falhou e fazer mudanças para consertá-lo. A reparabilidade do software é maior quando a organização que usa o sistema tem acesso ao código-fonte e tem a habilidade para modificá-lo. O software de código aberto torna isso mais fácil, mas o reúso dos componentes pode dificultar.

2. *Manutenibilidade.* À medida que os sistemas são utilizados, novos requisitos surgem, e é importante manter o valor do sistema ao modificá-lo para incluir esses novos requisitos. O software manutenível é aquele que pode ser adaptado de modo econômico para lidar com os novos requisitos e no qual há baixa probabilidade de que as mudanças feitas introduzam novos erros no sistema.

3. *Tolerância ao erro.* Essa propriedade pode ser considerada parte da usabilidade e reflete o grau em que o sistema foi projetado, de modo que os erros de entrada do usuário sejam evitados e tolerados. Quando ocorrerem erros do usuário, o sistema deve, na medida do possível, detectá-los e corrigi-los automaticamente ou solicitar ao usuário que forneça os dados novamente.

A ideia de dependabilidade do sistema como uma propriedade abrangente foi introduzida porque as propriedades da dependabilidade — disponibilidade, segurança da informação (*security*), confiabilidade, segurança (*safety*) e resiliência — estão intimamente relacionadas. A operação segura do sistema depende de ele estar disponível e funcionando de modo confiável. Um sistema pode se tornar não confiável porque um invasor corrompeu seus dados. Os ataques de negação de serviço em um sistema se destinam a comprometer a disponibilidade dele. Se um sistema for infectado com um vírus, não dá para contar com sua confiabilidade ou segurança (*safety*), pois o vírus pode mudar o comportamento do sistema.

Portanto, para desenvolver um software confiável (com dependabilidade), é preciso:

1. Evitar a introdução de erros acidentais no sistema durante a especificação e o desenvolvimento do software.

2. Projetar processos de verificação e validação eficazes na descoberta de erros residuais que afetam a dependabilidade do sistema.
3. Projetar o sistema para ser tolerante a defeitos, de modo que possa continuar a funcionar quando as coisas derem errado.
4. Projetar mecanismos de proteção contra os ataques externos que possam comprometer a disponibilidade ou a segurança da informação do sistema.
5. Configurar corretamente o sistema instalado e seu software de apoio de acordo com o ambiente operacional.
6. Incluir a capacidade no sistema para reconhecer e resistir a ciberataques externos.
7. Projetar sistemas que possam se recuperar rapidamente de falhas e ciberataques, sem perda de dados críticos.

A necessidade de tolerância aos defeitos significa que os sistemas confiáveis têm que incluir códigos redundantes para ajudá-los a monitorar a si próprios, detectar estados de erro e se recuperar de defeitos antes que falhas ocorram. Isso afeta o desempenho dos sistemas, já que é necessária uma checagem adicional cada vez que o sistema entra em execução. Portanto, os projetistas normalmente têm que escolher entre desempenho e dependabilidade. Pode ser necessário manter as checagens fora do sistema, pois elas o deixam mais lento. No entanto, o risco consequente é que o sistema falhe porque não foi detectado um defeito.

É caro criar sistemas confiáveis. Aumentar a dependabilidade de um sistema significa incorrer em custos adicionais para projetar, implementar e validar o sistema. Os custos de verificação e validação são particularmente elevados para sistemas que devem ser ultraconfiáveis, como os sistemas de controle críticos em segurança. Assim como validar o sistema quanto ao cumprimento dos requisitos, o processo de validação pode ter que provar para um regulador externo que o sistema é seguro. Os sistemas de aeronaves, por exemplo, têm que demonstrar para reguladores como a Agência Nacional de Aviação Civil que a probabilidade de uma falha catastrófica do sistema que afete a segurança da aeronave é extremamente baixa.

A Figura 10.2 exibe a relação entre os custos e as melhorias incrementais na dependabilidade. Se o software não for muito confiável, é possível obter melhorias

FIGURA 10.2 Curva de custo/dependabilidade.

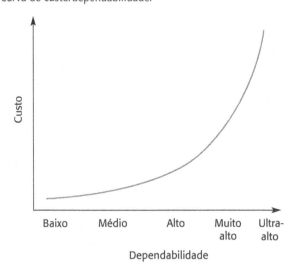

significativas bem baratas usando uma engenharia de software melhor. No entanto, se boas práticas já estiverem sendo usadas, os custos da melhoria são muito maiores e os benefícios dessa melhoria são menores.

Também há o problema de testar o software para demonstrar que ele é confiável. A solução desse problema conta com a execução de muitos testes e a análise do número de falhas ocorridas. À medida que o software se torna mais confiável, há cada vez menos falhas. Consequentemente, são necessários cada vez mais testes para experimentar e avaliar quantos problemas ainda restam no software. Os testes são um processo muito caro, então isso pode aumentar significativamente o custo dos sistemas de alta dependabilidade.

10.2 SISTEMAS SOCIOTÉCNICOS

Em um sistema computacional, o software e o hardware são interdependentes. Sem o hardware, um sistema de software é uma abstração, ou seja, é simplesmente uma representação de ideias e conhecimento humanos. Sem o software, o hardware é um conjunto de dispositivos eletrônicos. No entanto, se forem reunidos para formar um sistema, é possível criar uma máquina capaz de executar computações complexas e fornecer os resultados para o seu ambiente.

Isso ilustra uma das características fundamentais de um sistema — ele é mais do que a soma de suas partes. Os sistemas têm propriedades que se tornam aparentes apenas quando seus componentes estão integrados e funcionam juntos. Os sistemas de software não são isolados, mas fazem parte de sistemas mais amplos que têm um propósito humano, social ou organizacional. Portanto, a engenharia de software não é uma atividade isolada, mas uma parte intrínseca da engenharia de sistemas (Capítulo 19).

Como exemplo, o software do sistema das estações meteorológicas na natureza controla os instrumentos em uma estação. Ele se comunica com outros sistemas de software e faz parte de um sistema mais amplo de previsão climática nacional e internacional. Assim como o hardware e o software, esses sistemas incluem tanto os processos para prever o clima quanto as pessoas que operam o sistema e analisam seus resultados. O sistema também inclui as organizações que dependem dele para ajudá-las a prever o clima para indivíduos, governo e indústria.

Esses sistemas mais amplos são conhecidos como *sistemas sociotécnicos*. Eles incluem elementos não técnicos, como pessoas, processos e regulamentos; e componentes técnicos, como computadores, software e outros equipamentos. A dependabilidade do sistema é influenciada por todos os elementos em um sistema sociotécnico — hardware, software, pessoas e organizações.

Os sistemas sociotécnicos são tão complexos que é impossível entendê-los como um todo. Em vez disso, é preciso encará-los como camadas, conforme apresenta a Figura 10.3. Essas camadas compõem a pilha de sistemas sociotécnicos:

1. *A camada de equipamentos* é composta de dispositivos de hardware, e alguns deles podem ser computadores.
2. *A camada do sistema operacional* interage com o hardware e proporciona um conjunto de recursos comuns para as camadas de software mais altas no sistema.

FIGURA 10.3 A pilha de sistemas sociotécnicos.

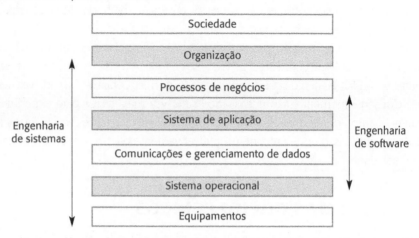

3. *A camada de comunicações e gerenciamento de dados* estende os recursos do sistema operacional e proporciona uma interface que permite a interação com funcionalidades mais amplas, como o acesso a sistemas remotos e a um banco de dados do sistema. Às vezes as pessoas se referem a isso como *middleware*, já que fica entre a aplicação e o sistema operacional.
4. *A camada de aplicação* fornece a funcionalidade necessária e específica para a aplicação. Pode haver muitas aplicações diferentes nessa camada.
5. *A camada de processos de negócio* inclui os processos de negócio organizacionais, que utilizam o sistema de software.
6. *A camada organizacional* inclui processos estratégicos de nível mais alto, assim como regras de negócios, políticas e normas que devem ser seguidas quando se utiliza o sistema.
7. *A camada social* refere-se a leis e regulamentações da sociedade, que governam a operação do sistema.

Repare que não existe uma 'camada de software' separada. O software de um tipo ou de outro é uma parte importante de todas as camadas no sistema sociotécnico. O equipamento é controlado pelo software embarcado; o sistema operacional e as aplicações são software. Os processos de negócio, as organizações e a sociedade contam com a internet (software) e com outros sistemas de software globais.

A princípio, a maioria das interações deve ser entre camadas vizinhas na pilha, de modo que cada camada esconda da camada superior os detalhes da camada inferior. No entanto, na prática, pode haver interações inesperadas entre as camadas, resultando em problemas para o sistema como um todo. Por exemplo, digamos que haja uma mudança na lei que governa o acesso às informações pessoais. Isso vem da camada social, e leva a novos procedimentos organizacionais e mudanças nos processos de negócio. O próprio sistema de aplicação pode não ser capaz de proporcionar o nível de privacidade necessário; então, pode ser necessário implementar mudanças na camada de comunicações e gerenciamento de dados.

Pensar holisticamente a respeito dos sistemas, em vez de simplesmente considerar o software de maneira isolada, é essencial quando se considera a segurança da informação (*security*) e a dependabilidade do software. O software em si é intangível e, mesmo quando danificado, é restaurado de modo fácil e barato. No entanto, quando essas falhas do software reverberam em outras partes do sistema, elas afetam o ambiente físico e humano do software. Aqui, as consequências da falha são mais significativas. Dados importantes podem se perder ou ser corrompidos. As pessoas podem ter que fazer trabalho extra para conter a falha ou se recuperar dela; por exemplo, o equipamento pode ser danificado, dados podem ser perdidos ou corrompidos, ou a confidencialidade pode ser violada, com consequências desconhecidas.

Portanto, deve-se adotar uma visão no nível de sistema ao projetar um software para ser confiável e seguro (do ponto de vista da segurança da informação). Deve-se levar em conta as consequências das falhas de software para os outros elementos no sistema. Além disso, é necessário entender como esses outros elementos de sistema podem ser a causa da falha do software e como eles podem ajudar a proteger contra as falhas e a se recuperar delas.

É importante garantir, sempre que possível, que uma falha de software não leve à falha geral do sistema. Portanto, deve-se examinar como o software interage com o seu ambiente imediato para assegurar que:

1. As falhas de software, tanto quanto possível, fiquem contidas nos limites da camada da pilha do sistema e não afetem gravemente a operação das outras camadas do sistema.
2. Você entenda o modo como os defeitos e as falhas nas outras camadas da pilha de sistemas podem afetar o software. É importante considerar também como podem ser criadas checagens no software para ajudar a detectar essas falhas e como o suporte pode ser fornecido para a recuperação a partir da falha.

Como o software é inerentemente flexível, os problemas inesperados do sistema frequentemente são deixados para que os engenheiros de software os solucionem. Digamos que uma instalação de radar tenha sido feita de modo que ocorram fantasmas na imagem do radar. É inviável mudar o radar para um local com menos interferência, então os engenheiros de sistemas têm de descobrir outra maneira de remover esses fantasmas. A solução pode ser melhorar a capacidade de processamento de imagens do software para remover esses fantasmas. Isso pode deixar o software mais lento, a ponto de o desempenho dele ficar inaceitável. Então, o problema pode ser caracterizado como uma falha de software, ao passo que, na verdade, trata-se de uma falha no processo de projeto do sistema como um todo.

Esse tipo de situação, na qual os engenheiros de software ficam com a responsabilidade de melhorar a capacidade do software sem aumentar o custo do hardware, é muito comum. Muitas falhas de software conhecidas não são uma consequência de problemas inerentes ao software, mas sim o resultado da tentativa de mudar o software para acomodar requisitos de engenharia de sistemas modificados. Um bom exemplo foi a falha do sistema de bagagens do aeroporto de Denver (SWARTZ, 1996), onde o software de controle deveria lidar com as limitações do equipamento utilizado.

10.2.1 Regulamentação e conformidade

O modelo geral de organização econômica quase universal atualmente é o das empresas privadas, que oferecem bens e serviços e lucram com isso. Há um ambiente competitivo, de modo que essas empresas podem competir por custo, por qualidade, por prazo de entrega e assim por diante. No entanto, para garantir a segurança (*safety*) de seus cidadãos, a maioria dos governos limita a liberdade das empresas privadas, fazendo com que elas sigam determinados padrões para assegurar que seus produtos sejam seguros (também do ponto de vista da segurança da informação). Portanto, uma empresa não pode oferecer produtos mais baratos para a venda por ter reduzido seus custos por meio da redução da segurança de seus produtos.

Os governos criaram um conjunto de regras e normas em diferentes áreas que definem padrões de segurança (*safety*) e segurança da informação (*security*). Eles também estabeleceram reguladores ou corpos regulatórios cujo trabalho é garantir que as empresas que oferecem produtos em uma área obedeçam essas regras. Os reguladores têm amplos poderes. Eles podem multar as empresas e até mesmo prender seus diretores, caso as normas sejam violadas. Eles podem ter um papel de licenciamento (por exemplo, nos setores de aviação e nuclear), em que devem emitir uma licença antes de um novo sistema poder ser utilizado. Portanto, os fabricantes de aeronaves precisam ter um certificado de aeronavegabilidade do regulador em cada país onde a aeronave será utilizada.

Para obter a certificação, as empresas que estão desenvolvendo sistemas críticos em segurança têm de produzir um caso de segurança extenso (discutido no Capítulo 13), mostrando que as regras e normas foram seguidas. O caso deve convencer o regulador de que o sistema pode operar com segurança (*safety*). É muito caro desenvolver um caso de segurança como esse, e pode ser tão caro obter a documentação para certificação quanto é desenvolver o sistema em si.

Regulamentação e conformidade[2] (seguir as regras) aplicam-se ao sistema sociotécnico como um todo, e não simplesmente ao elemento de software desse sistema. Por exemplo, um regulador da indústria nuclear está preocupado que, em caso de superaquecimento, um reator nuclear não libere radioatividade no ambiente. Os argumentos para convencer o regulador de que esse é o caso podem se basear nos sistemas de proteção de software, nos processos operacionais utilizados para monitorar o núcleo do reator e na integridade das estruturas que contenham qualquer liberação de radioatividade.

Cada um desses elementos tem que ter o seu próprio caso de segurança. Então, o sistema de proteção deve ter um caso de segurança que demonstre que o software vai funcionar corretamente e desligará o reator conforme pretendido. O caso geral também deve mostrar que, se o sistema de proteção do software falhar, existem mecanismos de segurança alternativos que não se baseiam no software e que serão invocados.

10.3 REDUNDÂNCIA E DIVERSIDADE

As falhas de componentes em qualquer sistema são inevitáveis. Pessoas cometem erros, defeitos ocultos no software causam comportamento indesejável, hardware queima. Usamos uma gama de estratégias para reduzir o número de falhas humanas, como substituir os componentes de hardware antes do final de sua vida útil prevista e checar o software usando ferramentas de análise estática. No entanto, não podemos ter certeza de que essas medidas eliminarão as falhas de componentes. Portanto, devemos projetar sistemas para que falhas de componentes individuais não levem a uma falha geral do sistema.

---

2 N. da R.T.: alguns autores e algumas empresas usam o termo em inglês, *compliance*.

As estratégias para alcançar e melhorar a dependabilidade baseiam-se tanto na redundância quanto na diversidade. Redundância significa que uma capacidade de reserva está incluída em um sistema e que pode ser utilizada se parte desse sistema falhar. Diversidade significa que componentes redundantes do sistema são de tipos diferentes, aumentando assim as chances de que eles não venham a falhar exatamente da mesma maneira.

Usamos a redundância e a diversidade para aumentar a dependabilidade em nosso dia a dia. Habitualmente, para proteger nossos lares, usamos mais de uma tranca (redundância) e elas costumam ser de tipos diferentes (diversidade). Isso significa que, se os invasores encontrarem uma maneira de abrir uma das trancas, eles têm que encontrar uma maneira diferente para abrir as outras trancas antes de conseguirem entrar. Deveríamos fazer *backup* de nossos computadores rotineiramente, assim manteríamos cópias redundantes de nossos dados. Para evitar problemas com falhas de discos, os *backups* deveriam ser mantidos em um dispositivo externo diferente.

Os sistemas de software projetados para dependabilidade podem incluir componentes redundantes, que proporcionam a mesma funcionalidade de outros componentes do sistema. Eles são chaveados no sistema se o componente primário falhar. Se esses componentes redundantes forem diversos, ou seja, não forem os mesmos que outros componentes, um defeito comum nos componentes replicados não resultará em uma falha do sistema. Outra forma de redundância é a inclusão de código de checagem, que não é estritamente necessário para que o sistema funcione. Esse código pode detectar alguns tipos de problemas, como corrupção de dados, antes que provoquem falhas. Ele pode invocar mecanismos de recuperação para corrigir problemas, a fim de garantir que o sistema continue a operar.

Nos sistemas para os quais a disponibilidade é um requisito crítico, normalmente são empregados servidores redundantes que entram em operação automaticamente se um servidor indicado falhar. Às vezes, para garantir que ataques ao sistema não possam explorar uma vulnerabilidade comum, esses servidores podem ser de tipos diferentes e executar sistemas operacionais diferentes. Um exemplo de diversidade e redundância de software é o uso de diferentes sistemas operacionais, nos quais uma funcionalidade similar é fornecida de diferentes maneiras. (Discutirei a diversidade do software mais detalhadamente no Capítulo 12.)

Diversidade e redundância também podem ser utilizadas no projeto de processos de desenvolvimento de software confiáveis. Os processos de desenvolvimento confiáveis evitam a introdução de defeitos no sistema. Em um processo confiável, atividades como a validação do software não se baseiam em uma única ferramenta ou técnica. Isso melhora a dependabilidade do software porque reduz as chances

A explosão do Ariane 5

Em 1996, o foguete Ariane 5, da Agência Espacial Europeia, explodiu 37 segundos após o lançamento em seu voo inaugural. O defeito foi provocado por uma falha no sistema de software. Havia um sistema de reserva, mas que não era diverso, e então o software no computador de reserva falhou exatamente da mesma maneira. O foguete e sua carga útil, que consistia em um satélite, foram destruídos.

de falhas do processo, nas quais erros humanos cometidos durante o processo de desenvolvimento do software levam a erros do software.

Por exemplo, atividades de validação podem incluir o teste do programa, as inspeções manuais do programa e a análise estática como técnicas de detecção de defeitos. Qualquer uma dessas técnicas poderia encontrar defeitos que não seriam percebidos por outros métodos. Além disso, diferentes membros do time podem ser responsáveis pela mesma atividade de processo (por exemplo, uma inspeção de programa). As pessoas lidam com tarefas de diferentes maneiras, dependendo de sua personalidade, experiência e formação profissional; então, esse tipo de redundância proporciona uma perspectiva diversa sobre o sistema.

No entanto, conforme discutirei no Capítulo 11, usar a redundância e a diversidade pode introduzir defeitos no software. A diversidade e a redundância tornam os sistemas mais complexos e normalmente mais difíceis de entender. Não só há mais código para escrever e checar, mas também deve ser adicionada mais funcionalidade ao sistema para detectar falhas de componentes e passar o controle para os componentes alternativos. Essa complexidade adicional significa que é mais provável que os programadores cometam erros e menos provável que as pessoas que examinam o sistema encontrem esses erros.

Por esse motivo, alguns engenheiros acham que, como o software não se desgasta, é melhor evitar a redundância e a diversidade de software. Na visão deles, a melhor abordagem é projetar o software para ser o mais simples possível, com procedimentos extremamente rigorosos de verificação e validação (PARNAS; VAN SCHOUWEN; SHU, 1990). Mais dinheiro pode ser gasto em verificação e validação por causa da economia resultante de não ter que desenvolver componentes de software redundantes.

Essas duas abordagens são utilizadas em sistemas de software comerciais críticos em segurança. Por exemplo, o hardware e o software de controle de voo do Airbus 340 são ambos diversos e redundantes. O software de controle de voo no Boeing 777 roda em hardware redundante, mas cada computador roda o mesmo software, que foi amplamente validado. Os projetistas do sistema de controle de voo do Boeing 777 se concentraram na simplicidade em vez de na redundância. Essas duas aeronaves são muito confiáveis, então, para a dependabilidade, tanto a abordagem diversa quanto a simples podem claramente ser bem-sucedidas.

10.4 PROCESSOS CONFIÁVEIS

Os processos de software confiáveis são projetados para produzir software com dependabilidade. A lógica para investir em processos confiáveis é que um bom processo de software provavelmente levará a um software que contenha poucos erros e, portanto, seja menos propenso a falhar durante a execução. Usando um processo confiável, uma empresa pode garantir que o processo foi devidamente aprovado e documentado e que as técnicas de desenvolvimento corretas foram utilizadas para desenvolver sistemas críticos. A Figura 10.4 mostra alguns dos atributos dos processos de software confiáveis.

FIGURA 10.4 Atributos dos processos confiáveis.

Característica do processo	Descrição
Auditável	O processo deve ser compreensível para pessoas que não sejam participantes do processo, que podem conferir se os padrões do processo estão sendo seguidos e fazer sugestões para a melhoria do processo.
Diverso	O processo deve incluir atividades de verificação e validação redundantes e diversas.
Documentável	O processo deve ter um modelo definido que estabeleça suas atividades e a documentação que deve ser produzida durante essas atividades.
Robusto	O processo deve ser capaz de se recuperar de falhas de atividades individuais.
Padronizado	O processo deve disponibilizar um conjunto geral de padrões de desenvolvimento de software, abrangendo sua produção e sua documentação.

Com frequência, a evidência de que um processo confiável foi utilizado é importante para convencer um regulador de que a prática de engenharia de software mais eficaz foi aplicada no desenvolvimento do software. Os desenvolvedores de sistemas normalmente vão apresentar um modelo do processo para um regulador, com evidências de que o processo foi seguido. O regulador também tem que ser convencido de que o processo é utilizado consistentemente por todos os participantes e que pode ser utilizado em diferentes projetos de desenvolvimento. Isso significa que o processo deve ser definido explicitamente e que deve ser repetível:

1. Um processo explicitamente definido é aquele que tem um modelo de processo definido, utilizado para conduzir o processo de produção de software. Os dados devem ser coletados durante o processo, provando que o time de desenvolvimento seguiu o processo conforme definido no modelo.
2. Um processo repetível é aquele que não se baseia na interpretação e no julgamento individual. Em vez disso, o processo pode ser repetido entre projetos e com diferentes membros de um time, independentemente de quem estiver envolvido no desenvolvimento. Isso é particularmente importante para sistemas críticos, que com frequência têm um longo ciclo de desenvolvimento durante o qual costumam ocorrer mudanças significativas no time de desenvolvimento.

Os processos confiáveis usam a redundância e a diversidade para alcançar a confiabilidade. Muitas vezes eles incluem atividades diferentes, mas com um mesmo objetivo. Por exemplo, as inspeções e os testes de programas visam descobrir erros em um programa. As abordagens podem ser utilizadas em conjunto para que tenham uma maior probabilidade de encontrar erros do que seria possível usando uma só técnica.

Processos operacionais confiáveis

Este capítulo discute os processos de desenvolvimento confiáveis (com dependabilidade), mas os processos operacionais de sistemas contribuem igualmente para a confiabilidade do sistema. Ao projetar esses processos operacionais, deve-se levar em conta os fatores humanos e sempre ter em mente que as pessoas são passíveis de cometer enganos quando usam um sistema. Um processo confiável deve ser projetado para evitar erros humanos, portanto o software deve detectá-los e permitir que sejam corrigidos quando cometidos.

As atividades utilizadas nos processos confiáveis dependem obviamente do tipo de software que está sendo desenvolvido. De modo geral, no entanto, essas atividades devem ser orientadas para evitar a introdução de erros em um sistema, detectando e removendo erros, e mantendo informações a respeito do processo em si.

Exemplos de atividades que poderiam ser incluídas em um processo confiável são:

1. Revisões dos requisitos para conferir se, na medida do possível, eles são completos e consistentes.
2. Gerenciamento de requisitos para garantir que as mudanças sejam controladas e que o impacto das mudanças propostas para os requisitos seja entendido por todos os desenvolvedores afetados por elas.
3. Especificação formal, em que um modelo matemático do software é criado e analisado (discutirei os benefícios da especificação formal na Seção 10.5). Talvez o benefício mais importante seja obrigar que seja feita uma análise detalhada dos requisitos do sistema. Essa análise em si tende a descobrir problemas nos requisitos que podem ter sido negligenciados nas revisões desses mesmos requisitos.
4. Modelagem de sistema, em que o projeto do software é documentado explicitamente como um conjunto de modelos gráficos e os vínculos entre os requisitos e esses modelos são documentados explicitamente. Se for utilizada uma abordagem de engenharia dirigida por modelo (ver Capítulo 5), parte do código pode ser gerada automaticamente a partir desses modelos.
5. Inspeções de projeto (*design*) e de programa, nas quais diferentes descrições do sistema são inspecionadas e conferidas por diferentes pessoas. Um *checklist* de erros comuns de projeto e de programação pode ser utilizado para apoiar o processo de inspeção.
6. Análise estática, em que checagens automatizadas são executadas no código-fonte do programa. Essas checagens buscam anomalias que poderiam indicar erros de programação ou omissões (cobrirei a análise estática no Capítulo 12).
7. Planejamento e gerenciamento de testes, em que é projetado um conjunto abrangente de testes do sistema. O processo de teste tem que ser gerenciado cuidadosamente para demonstrar que esses testes cobrem os requisitos do sistema e que foram aplicados corretamente durante o processo.

Do mesmo modo que as atividades de processo que focam no desenvolvimento e no teste do sistema, deve haver processos bem definidos de gerenciamento da qualidade e de mudança. Enquanto as atividades específicas em um processo confiável podem variar de uma empresa para outra, a necessidade de gerenciamento eficaz da qualidade e de mudança é universal.

Os processos de gerenciamento da qualidade (abordados no Capítulo 24) estabelecem um conjunto de padrões de processo e produto. Eles também incluem atividades que capturam informações do processo para demonstrar que esses padrões foram seguidos. Por exemplo, pode haver um padrão definido para executar inspeções de um programa. O líder da equipe de inspeção é o responsável por documentar o processo para mostrar que o padrão foi seguido.

O gerenciamento de mudança, discutido no Capítulo 25, trata de gerenciar as mudanças aceitas em um sistema, garantindo que sejam implementadas e confirmando que as entregas planejadas do software incluam as mudanças igualmente planejadas. Um problema comum com software é que os componentes errados são incluídos em um *build* do sistema. Isso pode levar a uma situação na qual um sistema em execução inclui componentes que não foram checados durante o processo de desenvolvimento. Os procedimentos de gerenciamento de configuração devem ser definidos como parte do processo de gerenciamento de mudanças para garantir que isso não aconteça.

Como os métodos ágeis se tornaram cada vez mais utilizados, pesquisadores e profissionais pensaram cuidadosamente em como utilizar as abordagens ágeis no desenvolvimento de software confiável (TRIMBLE, 2012). A maioria das empresas que desenvolve sistemas de software críticos baseou seu desenvolvimento em processos dirigidos por planos e relutou em fazer mudanças radicais em seu processo de desenvolvimento. No entanto, elas reconhecem o valor das abordagens ágeis e estão explorando formas de tornar seus processos de desenvolvimento considerando a dependabilidade mais ágeis.

Uma vez que um software confiável costuma exigir certificação, deve ser criada documentação de processos e produtos. A análise antecipada dos requisitos também é essencial para descobrir possíveis requisitos e conflitos de requisitos que possam comprometer a segurança (*safety*) e a segurança da informação (*security*) do sistema. A análise formal das mudanças é essencial para avaliar o efeito das mudanças na segurança (*safety*) e na integridade do sistema. Esses requisitos entram em conflito com a abordagem geral do desenvolvimento ágil de minimização da documentação e de codesenvolvimento dos requisitos e do sistema.

Embora a maior parte do desenvolvimento ágil use um processo informal, não documentado, esse não é um requisito fundamental da agilidade. Um processo ágil pode ser definido para incorporar técnicas como o desenvolvimento iterativo, desenvolvimento com testes *a priori* e envolvimento do usuário no time de desenvolvimento. Contanto que o time siga esse processo e documente suas ações, as técnicas ágeis podem ser empregadas. Foram propostos vários métodos ágeis que apoiam essa ideia e incorporam os requisitos da engenharia de sistemas confiáveis (DOUGLASS, 2013). Esses métodos combinam as técnicas mais apropriadas do desenvolvimento ágil e do desenvolvimento dirigido por plano.

10.5 MÉTODOS FORMAIS E DEPENDABILIDADE

Por mais de 30 anos, pesquisadores defenderam o uso de métodos formais de desenvolvimento de software. Os métodos formais são abordagens matemáticas para o desenvolvimento de software nos quais se define um modelo formal do software. Depois, é possível analisar formalmente esse modelo para procurar erros e inconsistências, provar que um programa é consistente com o seu modelo ou aplicar no modelo uma série de transformações que preservem a correção para gerar um programa. Abrial (2009) reivindica que o uso de métodos formais pode levar a 'sistemas sem defeitos', embora ele tenha o cuidado de limitar o significado dessa afirmação.

Em uma excelente pesquisa, Woodcock *et al.* (2009) discutem as aplicações industriais em que métodos formais foram empregados com sucesso, que incluem sistemas de controle de trens (BADEAU; AMELOT, 2005), sistemas de cartão de débito (HALL; CHAPMAN, 2002) e sistemas de controle de voo (MILLER *et al.*, 2005). Os métodos formais são a base das ferramentas utilizadas em verificação estática, como o sistema de verificação de drivers utilizado pela Microsoft (BALL *et al.*, 2006).

O uso de uma abordagem matematicamente formal para o desenvolvimento de software foi proposto em um estágio inicial no desenvolvimento da ciência da computação. A ideia era que uma especificação formal e um programa pudessem ser desenvolvidos independentemente. Uma prova matemática seria então desenvolvida para mostrar que o programa e sua especificação eram consistentes. Inicialmente, as provas eram desenvolvidas manualmente, mas esse era um processo demorado e caro. Rapidamente ficou claro que as provas manuais só podiam ser desenvolvidas para sistemas muito pequenos. Hoje, a prova de programas recebe apoio em larga escala de software provador de teoremas automatizado, o que significa que os sistemas maiores podem ser provados. No entanto, desenvolver as obrigações de prova para provadores de teoremas é uma tarefa difícil e especializada, logo, a verificação formal não é amplamente utilizada.

Uma abordagem alternativa, que evita uma atividade de prova separada, é o desenvolvimento baseado em refinamento. Nele, uma especificação formal de um sistema é refinada por meio de uma série de transformações que preservam a correção para gerar o software. Como essas transformações são confiáveis, dá para ter certeza de que o programa gerado é consistente com a sua especificação formal. Essa foi a abordagem utilizada no desenvolvimento de software para o sistema do metrô de Paris (BADEAU; AMELOT, 2005). Foi utilizada uma linguagem chamada B (ABRIAL, 2010), concebida para apoiar o refinamento da especificação.

Os métodos formais baseados em verificação de modelos (*model checking*, em inglês) (JHALA; MAJUMDAR, 2009) foram utilizados em uma série de sistemas (BOCHOT *et al.*, 2009; CALINESCU; KWIATKOWSKA, 2009). Esses sistemas se baseiam em construir ou gerar um modelo de estados formal de um sistema e usar um verificador de modelos para averiguar se as propriedades desse modelo, como as de segurança (*safety*), são sempre válidas. O programa de verificação de modelos analisa exaustivamente a especificação e pode informar se a propriedade do sistema é satisfeita pelo modelo ou apresentar um exemplo mostrando que não é satisfeita. Se um modelo pode ser gerado de maneira automática ou sistemática a partir de um programa, isso significa que os defeitos desse programa podem ser revelados (cobrirei a verificação de modelos nos sistemas críticos em segurança no Capítulo 12).

Os métodos formais para a engenharia de software são eficazes para descobrir ou evitar duas classes de erro nas representações de software:

1. *Erros e omissões na especificação e no projeto*. O processo de desenvolver e analisar um modelo formal do software pode revelar erros e omissões nos requisitos de software. Se o modelo for gerado automaticamente ou sistematicamente a partir do código-fonte, a análise que usa verificação de modelos pode descobrir estados indesejáveis que podem ocorrer, como um impasse (*deadlock*) em um sistema concorrente.
2. *Inconsistências entre uma especificação e um programa*. Se for utilizado um método de refinamento, evitam-se erros cometidos pelos desenvolvedores que tornam o software inconsistente com a especificação. A prova do programa descobre inconsistências entre um programa e a sua especificação.

Técnicas de especificação formal

As especificações formais do sistema podem ser expressadas usando duas abordagens fundamentais, seja como modelos das interfaces do sistema (especificações algébricas) ou como modelos de estados do sistema. Um capítulo adicional na web (em inglês) sobre esse tópico mostra exemplos dessas duas abordagens. O capítulo inclui uma especificação formal de parte do sistema da bomba de insulina.

O ponto de partida para todos os métodos formais é um modelo matemático do sistema, que age como uma especificação do sistema. Para criar esse modelo, é necessário traduzir os requisitos de usuário do sistema — que são representados em linguagem natural, diagramas e tabelas — em uma linguagem matemática que tenha semântica definida formalmente. A especificação formal é uma descrição inequívoca do que o sistema deve fazer.

As especificações formais são a maneira mais precisa de especificar sistemas e, portanto, de reduzir o espaço para mal-entendidos. Muitos defensores dos métodos formais acreditam que vale a pena criar uma especificação formal, mesmo sem refinamento ou prova do programa. Construir uma especificação formal força que seja feita uma análise detalhada dos requisitos, e essa é uma maneira eficaz de descobrir problemas nos requisitos. Em uma especificação em linguagem natural, os erros podem ser encobertos pela imprecisão da linguagem. Não é isso que acontece se o sistema for especificado formalmente.

As vantagens de desenvolver uma especificação formal e usá-la em um processo de desenvolvimento formal são:

1. À medida que uma especificação formal é desenvolvida em detalhes, desenvolve-se uma compreensão profunda e detalhada dos requisitos do sistema. Os problemas de requisitos que são descobertos no início normalmente são mais baratos de corrigir do que se forem descobertos em estágios posteriores do processo de desenvolvimento.
2. Como a especificação é representada em uma linguagem com semântica definida formalmente, é possível analisá-la automaticamente para descobrir inconsistências e incompletude.
3. Se for usado um método como o B, é possível transformar a especificação formal em um programa por meio de uma sequência de transformações que preservam a correção. É garantido, portanto, que o programa resultante atenda à especificação.
4. Os custos de testar um programa podem ser reduzidos porque ele foi verificado em relação a sua especificação. Por exemplo, no desenvolvimento do software para os sistemas do metrô de Paris, o uso do refinamento significou que não houve necessidade de testar os componentes do software, tendo sido necessário somente o teste de sistema.

O levantamento de Woodcock *et al.* (2009) constatou que os usuários dos métodos formais relataram menos erros no software entregue. Nem os custos, nem o tempo necessário para o desenvolvimento do software foram maiores do que em projetos de desenvolvimento comparáveis. Houve benefícios significativos em usar abordagens formais em sistemas críticos em segurança que exigiram certificação de um regulador. A documentação produzida foi uma parte importante do caso de segurança do sistema (ver Capítulo 12).

Apesar dessas vantagens, os métodos formais tiveram um impacto limitado no desenvolvimento prático de software, mesmo nos sistemas críticos. Woodcock pesquisou 62 projetos, ao longo de 25 anos, que usaram métodos formais. Mesmo se admitirmos projetos que utilizaram essas técnicas, mas que não relataram seu uso, essa é uma fração minúscula do número total de sistemas críticos desenvolvidos nessa época. A indústria tem relutado em adotar métodos formais por uma série de motivos:

1. Os donos do problema e os especialistas no domínio não conseguem entender uma especificação formal, então, não conseguem conferir se ela representa com precisão os seus requisitos. Os engenheiros de software, que entendem a especificação formal, podem não entender o domínio da aplicação, então, eles também não conseguem ter certeza de que a especificação formal é um reflexo preciso dos requisitos do sistema.
2. É fácil quantificar os custos de criar uma especificação formal, mas é muito mais difícil estimar a possível economia de custo que resultará do seu uso. Como consequência, os gerentes não estão dispostos a correr o risco de adotar métodos formais. Eles não se convencem com os relatos de sucesso, já que, em grande parte, eles são provenientes de projetos atípicos nos quais os desenvolvedores eram defensores ardorosos de uma abordagem formal.
3. A maioria dos engenheiros de software não foi treinada para usar linguagens de especificação formais. Por isso eles relutam em propor o seu uso nos processos de desenvolvimento.
4. É difícil escalar os métodos formais atuais para sistemas muito grandes. Quando são utilizados os métodos formais, isso acontece principalmente para especificar software crítico de kernel em vez de sistemas completos.
5. O apoio de ferramentas para os métodos formais é limitado, e as ferramentas disponíveis frequentemente são de código aberto e difíceis de usar. O mercado também é pequeno demais para os fornecedores de ferramentas comerciais.
6. Os métodos formais não são compatíveis com o desenvolvimento ágil, no qual os programas são desenvolvidos incrementalmente. No entanto, esse não é o maior problema, já que a maioria dos sistemas críticos ainda é desenvolvida com o uso de uma abordagem dirigida por plano.

Parnas, um pioneiro defensor do desenvolvimento formal, criticou os métodos formais atuais e afirma que eles partiram de uma premissa fundamentalmente errada (PARNAS, 2010). Ele acredita que esses métodos não vão ganhar aceitação enquanto não forem radicalmente simplificados, o que vai exigir um tipo diferente de matemática como base. Minha opinião é a de que mesmo isso não significará que os métodos formais sejam rotineiramente adotados na engenharia de sistemas críticos, a menos que se demonstre claramente que sua adoção e seu uso tenham bom custo-benefício em comparação com outros métodos de engenharia de software.

PONTOS-CHAVE

- A dependabilidade dos sistemas é importante porque a falha de sistemas computacionais críticos pode levar a grandes perdas econômicas, grave perda de informações, danos físicos ou ameaças à vida humana.
- A dependabilidade de um sistema computacional é uma propriedade do sistema que reflete o grau de confiança que o usuário tem nesse sistema. As dimensões mais importantes da dependabilidade são a disponibilidade, a confiabilidade, a segurança (*safety*), a segurança da informação (*security*) e a resiliência.
- Os sistemas sociotécnicos incluem hardware do computador, software e pessoas, e eles se situam dentro de uma organização. São projetados para apoiar metas e objetivos organizacionais ou de negócio.

- O uso de processos confiáveis e repetíveis é essencial se os defeitos em um sistema tiverem que ser minimizados. O processo deve incluir atividades de verificação e validação em todos os estágios, desde a definição dos requisitos até a implementação do sistema.
- O uso de redundância e diversidade no hardware, nos processos de software e nos sistemas de software é essencial para o desenvolvimento de sistemas confiáveis.
- Os métodos formais, nos quais um modelo formal do sistema é utilizado como base para o desenvolvimento, ajudam a reduzir o número de erros de especificação e de implementação em um sistema. No entanto, os métodos formais tiveram uma aceitação limitada na indústria em razão de preocupações com o custo-benefício dessa abordagem.

LEITURAS ADICIONAIS

"Basic concepts and taxonomy of dependable and secure computing". Esse trabalho apresenta uma discussão completa dos conceitos de dependabilidade escritos por alguns dos pioneiros no campo, responsáveis pelo desenvolvimento dessas ideias. AVIZIENIS, A.; LAPRIE, J.-C.; RANDELL, B.; LANDWEHR, C. *IEEE transactions on dependable and secure computing*, v. 1, n. 1, 2004. Disponível em: <http://dx.doi.org/10.1109/TDSC.2004.2>. Acesso em: 5 mai. 2018.

"Formal methods: practice and experience". Um levantamento excelente do uso dos métodos formais na indústria, junto com uma descrição de alguns projetos que usaram métodos formais. Os autores apresentam um resumo realista das barreiras ao uso desses métodos. WOODCOCK, J.; LARSEN, P. G.; BICARREGUI, J.; FITZGERALD, J. *Computing Surveys*, v. 41, n. 1, jan. 2009. Disponível em: <http://dx.doi.org/10.1145/1592434.1592436>. Acesso em: 5 mai. 2018.

The LSCITS socio-technical systems handbook. Esse manual introduz os sistemas sociotécnicos de uma maneira acessível e dá acesso a artigos mais detalhados sobre tópicos sociotécnicos. 2012. Disponível em: <http://archive.cs.st-andrews.ac.uk/STSE-Handbook/>. Acesso em: 5 mai. 2018.

SITE[3]

Apresentações em PowerPoint para este capítulo disponíveis em: <http://software-engineering-book.com/slides/chap10/>.
Links para vídeos de apoio disponíveis em: <http://software-engineering-book.com/videos/critical-systems/>.

---

3 Todo o conteúdo disponibilizado na seção *Site* de todos os capítulos está em inglês.

EXERCÍCIOS

10.1 Sugira seis razões para a importância da dependabilidade do software na maioria dos sistemas sociotécnicos.

10.2 Quais são as dimensões mais importantes da dependabilidade do software?

10.3 Usando um exemplo, explique por que, durante o desenvolvimento de sistemas confiáveis, é importante considerar esses sistemas como sociotécnicos e não simplesmente como sistemas de software e hardware técnicos.

10.4 Dê dois exemplos de funções governamentais que são apoiadas por sistemas sociotécnicos complexos e explique por que, em um futuro próximo, essas funções não poderão ser completamente automatizadas.

10.5 Explique a diferença entre redundância e diversidade.

10.6 Explique por que é razoável assumir que o uso de processos confiáveis levará à criação de software confiável.

10.7 Dê dois exemplos de atividades diversas e redundantes que poderiam ser incorporadas aos processos confiáveis.

10.8 Dê duas razões por que as diferentes versões de um sistema baseado na diversidade do software podem falhar de modo parecido.

10.9 Você é um engenheiro encarregado do desenvolvimento de um pequeno sistema crítico em segurança para controle de trens, que deve ser comprovadamente seguro (considerando segurança [*safety*] e segurança da informação [*security*]). Você sugere que os métodos formais devem ser utilizados no desenvolvimento desse sistema, mas seu gerente é cético em relação a essa abordagem. Escreva um relatório destacando os benefícios dos métodos formais e apresentando um caso para o seu uso nesse projeto.

10.10 Foi sugerido que a necessidade de regulação inibe a inovação e que os reguladores impõem o uso de métodos mais antigos de desenvolvimento de sistemas que foram utilizados em outros sistemas. Discuta se essa sugestão é verdadeira e se é desejável que os reguladores imponham seus pontos de vista sobre quais métodos devem ser utilizados.

REFERÊNCIAS

ABRIAL, J. R. "Faultless systems: yes we can." *IEEE Computer*, v. 42, n. 9, 2009, p. 30-36. doi:10.1109/MC.2009.283.

_____. *Modeling in Event-B*: system and software engineering. Cambridge, UK: Cambridge University Press, 2010.

AVIZIENIS, A.; LAPRIE, J. C.; RANDELL, B.; LANDWEHR, C. "Basic concepts and taxonomy of dependable and secure computing." *IEEE Trans. on dependable and secure computing*, v. 1, n. 1, 2004, p. 11-33. doi:10.1109/TDSC.2004.2.

BADEAU, F.; AMELOT, A. "Using B as a high level programming language in an industrial project: Roissy VAL." *Proc. ZB 2005*: formal specification and development in Z and B. Guildford. UK: Springer, 2005. doi:10.1007/11415787_20.

BALL, T.; BOUNIMOVA, E.; COOK, B.; LEVIN, V.; LICHTENBERG, J.; MCGARVEY, C.; ONDRUSEK, B.; RAJAMANI, S. K.; USTUNER, A. "Thorough static analysis of device drivers." *Proc. EuroSys 2006*. Leuven: Belgium. 2006. doi:10.1145/1218063.1217943.

BOCHOT, T.; VIRELIZIER, P.; WAESELYNCK, H.; WIELS, V. "Model checking flight control systems: the Airbus experience." *Proc. 31st International Conf. on Software Engineering*, Companion Volume. Leipzig: IEEE Computer Society Press, 2009, p. 18-27. doi:10.1109/ICSE-COMPANION.2009.5070960.

CALINESCU, R. C.; KWIATKOWSKA, M. Z. "Using quantitative analysis to implement autonomic IT systems." *Proc. 31st International Conf. on Software Engineering*, Companion Volume. Leipzig: IEEE Computer Society Press, 2009. p. 100-10. doi:10.1109/ICSE.2009.5070512.

DOUGLASS, B. "Agile analysis practices for safety-critical software development." Disponível em: <http://www.ibm.com/developerworks/rational/library/agile-analysis-practices-safety-critical-development/>. Acesso em: 5 maio 2018.

HALL, A.; CHAPMAN. R. "Correctness by construction: developing a commercially secure system." *IEEE Software*, v. 19, n. 1, 2002. p. 18-25. doi:10.1109/52.976937.

JHALA, R.; MAJUMDAR, R. "Software model checking." *Computing Surveys*, v. 41, n. 4, artigo 21, 2009. doi:10.1145/1592434.1592438.

MILLER, S. P.; ANDERSON, E. A.; WAGNER, L. G.; WHALEN, M. W.; HEIMDAHL, M. P. E. "Formal verification of flight critical software." *Proc. AIAA guidance, navigation and control conference*. [s.e.]: San Francisco, 2005. doi:10.2514/6.2005-6431.

PARNAS, D. "Really rethinking formal methods." *IEEE Computer*, v. 43, n. 1, 2010. p. 28-34. doi:10.1109/MC.2010.22.

PARNAS, D.; VAN SCHOUWEN, J.; SHU, P. K. "Evaluation of safety-critical software." *Comm. ACM*, v. 33, n. 6, jun. 1990. p. 636-651. doi:10.1145/78973.78974.

SWARTZ, A. J. "Airport 95: automated baggage system?" *ACM Software Engineering Notes*, v. 21, n. 2, 1996. p. 79-83. doi:10.1145/227531.227544.

TRIMBLE, J. "Agile development methods for space operations." *SpaceOps 2012*. [s.e.]: Stockholm: 2012. doi:10.2514/6.2012-1264554.

WOODCOCK, J.; LARSEN, P. G.; BICARREGUI, J.; FITZGERALD. J. "Formal methods: practice and experience." *Computing Surveys*, v. 41, n. 4, 2009. p. 1-36. doi:10.1145/1592434.1592436.

11 | Engenharia de confiabilidade

OBJETIVOS

O objetivo deste capítulo é explicar como a confiabilidade do software pode ser especificada, implementada e medida. Ao ler este capítulo, você:

- compreenderá a distinção feita entre confiabilidade e disponibilidade de software;
- será apresentado a métricas para especificação da confiabilidade e como elas são utilizadas para especificar requisitos de confiabilidade mensuráveis;
- compreenderá como diferentes estilos de arquitetura podem ser empregados para implementar arquiteturas de sistemas confiáveis e tolerantes a defeitos;
- conhecerá boas práticas de programação para engenharia de software confiável;
- compreenderá como a confiabilidade de um sistema de software pode ser medida usando teste estatístico.

CONTEÚDO

11.1 Disponibilidade e confiabilidade
11.2 Requisitos de confiabilidade
11.3 Arquiteturas tolerantes a defeitos
11.4 Programação para confiabilidade
11.5 Medição da confiabilidade

Nossa dependência de sistemas de software para quase todos os aspectos de nossas vidas profissional e pessoal significa que esperamos que esse software esteja disponível quando precisamos dele, seja no início da manhã ou no final da noite, nos finais de semana ou nos feriados — o software deve rodar diariamente, todos os dias do ano. Esperamos que o software funcione sem paradas e falhas e que preserve nossos dados e informações pessoais. Precisamos ser capazes de confiar no software que usamos, o que significa que esse software tem que ser confiável.

O uso de técnicas de engenharia de software, de linguagens de programação melhores e de gerência eficaz da qualidade levou a grandes melhorias na confiabilidade do software ao longo dos últimos 20 anos. Contudo, as falhas de sistema ainda ocorrem, afetando a disponibilidade do sistema ou gerando resultados incorretos. Nas situações em que o software tem um papel particularmente crítico — como em uma aeronave ou como parte integrante de uma infraestrutura crítica nacional —, técnicas especiais de engenharia de confiabilidade podem ser utilizadas para alcançar os altos níveis de confiabilidade e disponibilidade necessários.

Infelizmente, é fácil se confundir ao falar de confiabilidade de sistemas, já que pessoas diferentes podem querer dizer coisas diferentes quando falam sobre defeitos e falhas de sistema. Brian Randell, um pesquisador pioneiro em confiabilidade de software, definiu um modelo defeito-erro-falha (RANDELL, 2000) baseado na ideia de que os erros humanos causam defeitos, que levam a erros, que por sua vez levam a falhas de sistema. Ele definiu esses termos precisamente:

1. *Erro humano ou engano.* Comportamento humano que resulta na introdução de defeitos em um sistema. Por exemplo, no caso do sistema das estações meteorológicas na natureza, um programador poderia resolver que o modo de computar o tempo até a próxima transmissão é somar 1 hora ao tempo atual. Isso funciona, exceto quando o horário de transmissão é entre 23h00 e meia-noite (meia-noite é 00h00 no relógio de 24 horas).
2. *Defeito de sistema.* Uma característica de um sistema de software que pode levar a um erro de sistema. O defeito no exemplo acima é a inclusão de código para somar 1 a uma variável chamada **horárioDeTransmissão**, sem conferir se o valor dessa variável é maior ou igual a 23h00.
3. *Erro de sistema.* Um estado errôneo do sistema durante a execução que pode levar a um comportamento inesperado pelos usuários desse sistema. Nesse exemplo, o valor da variável **horárioDeTransmissão** é definido incorretamente para 24hXX em vez de 00hXX quando o código defeituoso é executado.
4. *Falha de sistema.* Um evento que ocorre em algum momento quando o sistema não presta um serviço conforme o esperado por seus usuários. Nesse caso, nenhum dado meteorológico é transmitido, porque o horário é inválido.

Os defeitos de sistema não resultam necessariamente em erros, que por sua vez não resultam necessariamente em falhas de sistema:

1. Nem todo o código em um programa é executado. O código que inclui um defeito (por exemplo, a não inicialização de uma variável) pode nunca ser executado, por causa do modo como o software é utilizado.
2. Os erros são transitórios. Uma variável de estado pode ter um valor incorreto causado pela execução de código defeituoso. No entanto, antes de ele ser acessado e causar uma falha do sistema, alguma outra entrada do sistema pode ser processada, reiniciando o estado para um valor válido. O valor errado não tem efeito prático.
3. O sistema pode incluir mecanismos de detecção de defeitos e de proteção. Eles garantem que o comportamento errôneo seja descoberto e corrigido antes que os serviços do sistema sejam afetados.

Outra razão pela qual certos defeitos podem não levar a falhas em um sistema é que os usuários adaptam seu comportamento para evitar o uso de entradas que eles sabem que causam falhas no programa. Os usuários experientes 'contornam' as características do software que consideram não confiáveis. Eu, por exemplo, evito alguns recursos — como a numeração automática — no sistema de processamento de texto que utilizo porque a experiência que tenho é a de que ele frequentemente comete erros. Corrigir defeitos nesses recursos não utilizados não faz diferença prática para a confiabilidade do sistema.

A distinção entre defeitos, erros e falhas leva a três abordagens complementares que são utilizadas para melhorar a confiabilidade de um sistema:

1. *Prevenção de defeitos.* O processo de projeto e implementação do software deve usar abordagens para o desenvolvimento que ajudem a evitar erros de projeto e programação e, portanto, a minimizar o número de defeitos introduzidos no sistema. Menos defeitos significa menos chances de falhas durante a execução. As técnicas de prevenção de defeitos incluem o uso de uma linguagem de programação fortemente tipada para permitir a verificação abrangente pelo compilador e a minimização do uso de construtos de linguagem de programação propensos a erro, como ponteiros.
2. *Detecção e correção de defeitos.* Os processos de verificação e validação são concebidos para descobrir e remover defeitos em um programa, antes de ele ser implantado para uso operacional. Os sistemas críticos exigem ampla verificação e validação para descobrir a maior quantidade possível de defeitos antes da implantação e para convencer os *stakeholders* e os reguladores de que o sistema tem dependabilidade. O teste e a depuração sistemáticos, bem como a análise estática, são exemplos de técnicas de detecção de defeitos.
3. *Tolerância a defeitos.* O sistema é concebido para que os defeitos ou o comportamento inesperado durante a execução sejam detectados e gerenciados de modo que uma falha do sistema não ocorra. As abordagens simples para a tolerância a defeitos baseadas na verificação em tempo de execução embutida podem ser incluídas em todos os sistemas. Técnicas de tolerância a defeitos mais especializadas, como o uso de arquiteturas de sistemas tolerantes a defeitos — discutidas na Seção 11.3 — podem ser utilizadas quando for necessário um altíssimo nível de disponibilidade e confiabilidade do sistema.

Infelizmente, nem sempre compensa, de um ponto de vista econômico, aplicar técnicas de prevenção, detecção e tolerância a defeitos. O custo de encontrar e remover os defeitos restantes em um sistema de software aumenta exponencialmente à medida que os defeitos são descobertos e removidos (Figura 11.1). Conforme o software fica mais confiável, é preciso gastar cada vez mais tempo e esforço para encontrar cada vez menos defeitos. Em algum ponto, mesmo nos sistemas críticos, os custos desse esforço extra se tornam injustificáveis.

FIGURA 11.1 Os custos crescentes da remoção dos defeitos residuais.

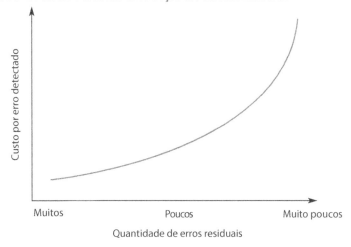

Consequentemente, as empresas de software aceitam que os seus produtos sempre conterão alguns defeitos residuais. O nível dos defeitos depende do tipo de sistema. Os produtos de software têm um nível de defeitos relativamente alto, ao passo que os sistemas críticos normalmente têm um nível de defeitos bem mais baixo.

A justificativa para aceitar os defeitos é que, se e quando o sistema falhar, será mais barato pagar pelas consequências da falha do que descobrir e remover defeitos antes da entrega do sistema. No entanto, a decisão de lançar um software defeituoso não é simplesmente uma questão econômica. A aceitabilidade social e política da falha do sistema também deve ser levada em conta.

11.1 DISPONIBILIDADE E CONFIABILIDADE

No Capítulo 10, introduzi os conceitos de confiabilidade e disponibilidade do sistema. Se pensarmos nos sistemas como algo que presta algum tipo de serviço (entregar dinheiro, controlar freios ou completar chamadas telefônicas, por exemplo), então disponibilidade se refere a se seu serviço está ou não ativo e funcionando, e confiabilidade se refere a se ele fornece ou não os resultados corretos. A disponibilidade e a confiabilidade podem ser expressas na forma de probabilidades. Se a disponibilidade for 0,999, isso quer dizer que, ao longo de um determinado período, o sistema está disponível 99,9% das vezes. Se, em média, 2 entradas a cada 1.000 resultarem em falhas, então a confiabilidade, representada como uma taxa de ocorrência de falha, é 0,002.

Definições mais precisas de disponibilidade e confiabilidade são:

1. *Confiabilidade.* A probabilidade de operação isenta de falhas ao longo de um período especificado, em um determinado ambiente, para um propósito específico.
2. *Disponibilidade.* A probabilidade de que um sistema, em algum momento, estará operacional e será capaz de prestar os serviços requisitados.

A confiabilidade do sistema não é um valor absoluto — ela depende de onde e de como o sistema é utilizado. Por exemplo, em uma medição da confiabilidade de uma aplicação em um ambiente de escritório, a maioria dos usuários pode não estar interessada na operação do software. Eles seguem as instruções para o seu uso e não tentam fazer experiências com o sistema. Posteriormente, ao medir a confiabilidade do mesmo sistema em um ambiente universitário, o resultado pode ser bem diferente. Isso porque os alunos podem explorar os limites do sistema e usá-lo de maneiras inesperadas, o que pode resultar em falhas do sistema que não ocorreram no ambiente mais restrito do escritório. Portanto, as percepções de confiabilidade do sistema em cada um desses ambientes são diferentes.

A definição de confiabilidade baseia-se em uma ideia de operação isenta de falhas, que são eventos externos que afetam os usuários de um sistema. Contudo, o que constitui uma 'falha'? Uma definição técnica de falha é o comportamento que não está em conformidade com a especificação do sistema. No entanto, existem dois problemas com essa definição:

1. As especificações de software frequentemente estão incompletas ou incorretas, e cabe aos engenheiros de software interpretar como o sistema deveria se comportar. Como eles não são especialistas do domínio, podem não implementar

o comportamento que os usuários esperam. O software pode se comportar conforme o especificado, mas, para os usuários, ele ainda é defeituoso.

2. Ninguém, exceto os desenvolvedores de sistemas, lê os documentos de especificação de software. Portanto, os usuários podem prever que o software se comporte de uma maneira quando a especificação diz algo completamente diferente.

Sendo assim, a falha não é algo que possa ser definido objetivamente. Em vez disso, é um julgamento feito pelos usuários de um sistema. Essa é uma razão pela qual os usuários não têm todos a mesma impressão da confiabilidade de um sistema.

Para compreender por que a confiabilidade é diferente em ambientes diferentes, precisamos pensar sobre um sistema como um mapeamento de entradas/saídas. A Figura 11.2 mostra um sistema de software que vincula um conjunto de entradas a um conjunto de saídas. Dada uma entrada ou sequência de entradas, o programa responde produzindo uma saída correspondente. Por exemplo, dada a entrada de uma URL, um navegador web produz uma saída que é a exibição da página solicitada.

FIGURA 11.2 Sistema como um mapeamento de entradas/saídas.

A maioria das entradas não leva a falhas de sistema. Entretanto, algumas entradas ou combinações de entradas — exibidas na elipse sombreada E_e da Figura 11.2 — provocam falhas de sistema ou a geração de saídas errôneas. A confiabilidade do programa depende do número de entradas de sistema que são parte do conjunto de entrada que leva a uma saída errônea — em outras palavras, o conjunto de entradas que provoca a execução de código defeituoso e a ocorrência de erros do sistema. Se as entradas no conjunto E_e forem executadas por partes do sistema frequentemente utilizadas, então as falhas serão frequentes. Entretanto, se as entradas em E_e forem executadas por código raramente utilizado, então os usuários dificilmente verão essas falhas.

Os defeitos que afetam a confiabilidade do sistema para um usuário podem nunca aparecer no modo de trabalho de uma outra pessoa. Na Figura 11.3, o conjunto de entradas errôneas corresponde à elipse identificada como E_e na Figura 11.2. O conjunto de entradas produzido pelo Usuário 2 tem interseção com esse conjunto de entradas errôneas. Portanto, o Usuário 2 experimenta algumas falhas do sistema.

Entretanto, o Usuário 1 e o Usuário 3 nunca usam as entradas do conjunto errôneo. Para eles, o software sempre parecerá confiável.

FIGURA 11.3 Padrões de uso do software.

A disponibilidade de um sistema não depende apenas do seu número de falhas, mas também do tempo necessário para consertar os defeitos que causaram as falhas. Portanto, se um sistema A falhar uma vez por ano e o sistema B falhar uma vez por mês, então aparentemente A é mais confiável que B. No entanto, se o sistema A leva 6 horas para reiniciar após uma falha, e o sistema B, 5 minutos, a disponibilidade do sistema B ao longo do ano (60 minutos de parada) é muito maior que a do sistema A (360 minutos de parada).

Além disso, a perturbação causada pela indisponibilidade não se reflete na métrica de disponibilidade simples que especifica a porcentagem de tempo que o sistema está disponível. O momento em que o sistema falha também é importante. Se um sistema estiver indisponível por uma hora a cada dia, entre 3h00 e 4h00, isso pode não afetar muitos usuários; no entanto, se o mesmo sistema estiver indisponível por 10 minutos durante o horário comercial, a indisponibilidade do sistema tem um efeito muito maior nos usuários.

A confiabilidade e a disponibilidade estão intimamente relacionadas, mas às vezes uma é mais importante do que a outra. Se os usuários esperam por um serviço contínuo de um sistema, então ele tem o requisito de alta disponibilidade. Ele deve estar disponível sempre que houver uma demanda. No entanto, se um sistema puder se recuperar rapidamente das falhas, sem perder dados de usuário, então essas falhas podem não afetar tanto os usuários do sistema.

Uma central telefônica que encaminha as chamadas é um exemplo de sistema em que a disponibilidade é mais importante do que a confiabilidade. Os usuários esperam conseguir fazer chamadas quando tirarem o telefone do gancho ou ativarem um aplicativo no telefone, por isso o sistema tem requisitos de alta disponibilidade. Se ocorrer um defeito no sistema enquanto uma conexão estiver sendo estabelecida, muitas vezes isso pode ser rapidamente recuperável. *Switches* na estação-base podem reiniciar o sistema e tentar novamente a conexão. Isso pode ser feito rapidamente, e os usuários de telefone podem sequer notar que ocorreu uma falha. Além disso, mesmo se uma chamada for interrompida, as consequências geralmente não são graves. Os usuários simplesmente reconectam se isso acontecer.

11.2 REQUISITOS DE CONFIABILIDADE

Em setembro de 1993, um avião pousou no aeroporto de Varsóvia, na Polônia, durante uma tempestade com relâmpagos. Durante 9 segundos após o pouso, os freios no sistema de frenagem controlado por computador não funcionaram. O sistema de frenagem não havia reconhecido o pouso do avião e presumiu que a aeronave ainda estava no ar. Uma característica de segurança (*safety*) na aeronave impediu a mobilização do sistema de impulso reverso, que desacelera a aeronave, já que esse impulso reverso é catastrófico se o avião estiver no ar. O avião chegou ao final da pista, bateu em um banco de areia e pegou fogo.

O inquérito sobre o acidente mostrou que o software do sistema de frenagem operou de acordo com a sua especificação. Não havia erros no sistema de controle. No entanto, a especificação do software estava incompleta e não levou em conta uma situação rara que surgiu nesse caso. O software funcionou, mas o sistema falhou.

Esse caso mostra que a dependabilidade do sistema não é uma questão apenas de boa engenharia. Ela também exige atenção aos detalhes quando os requisitos do sistema são derivados e quando a especificação dos requisitos de software é ajustada para garantir a dependabilidade de um sistema. Os requisitos de dependabilidade são de dois tipos:

1. *Requisitos funcionais*, que definem os recursos de verificação e recuperação que devem ser incluídos no sistema e as características que promovem a proteção contra falhas e ataques externos ao sistema.
2. *Requisitos não funcionais*, que definem a confiabilidade e a disponibilidade necessárias do sistema.

Conforme discuti no Capítulo 10, a confiabilidade global de um sistema depende da confiabilidade do hardware, do software e dos operadores do sistema. O software do sistema tem que levar em conta esses requisitos. Da mesma maneira que é válido incluir requisitos que compensem a falha do software, também pode haver requisitos de confiabilidade relacionados que ajudem na detecção e na recuperação de falhas de hardware e de erros dos operadores.

11.2.1 Métricas de confiabilidade

A confiabilidade pode ser especificada como uma probabilidade de ocorrência de falha do sistema quando ele estiver em uso em um ambiente operacional específico. Caso haja disposição para aceitar, por exemplo, que 1 em cada 1.000 transações possa falhar, então pode-se especificar a probabilidade de falha como 0,001. Isso não significa que haverá exatamente uma falha a cada 1.000 transações, mas, sim, que se você observar N mil transações, o número de falhas deve ser aproximadamente N.

Três métricas podem ser empregadas para especificar a confiabilidade e a disponibilidade:

1. *Probabilidade de falha sob demanda (POFOD, do inglês* probability of failure on demand*)*. O uso dessa métrica define a probabilidade de que uma demanda por serviço de um sistema resulte em uma falha desse sistema. Assim, POFOD = 0,001 significa que há chance de 1/1.000 de que uma falha ocorra quando houver uma demanda.

2. *Taxa de ocorrência de falhas (ROCOF, do inglês* rate of occurrence of failures*).* Essa métrica estabelece o provável número de falhas de sistema que tendem a ser observadas em relação a certo período (por exemplo, uma hora) ou a uma quantidade de execuções do sistema. No exemplo acima, a ROCOF é 1/1.000. O inverso da ROCOF é o tempo médio até a falha — MTTF, *mean time to failure*—, que às vezes é utilizado como uma métrica de confiabilidade. O MTTF é a quantidade média de unidades de tempo entre as falhas de sistemas observadas. Uma ROCOF de duas falhas por hora implica que o tempo médio até a falha é 30 minutos.
3. *Disponibilidade (AVAIL, do inglês* availability*).* AVAIL é a probabilidade de um sistema estar operacional quando houver uma demanda por um serviço. Portanto, uma disponibilidade de 0,9999 significa que, em média, o sistema estará disponível 99,99% do tempo de operação. A Figura 11.4 mostra o que significam, na prática, os diferentes níveis de disponibilidade.

FIGURA 11.4 Especificação da disponibilidade.

Disponibilidade	Explicação
0,9	O sistema está disponível 90% do tempo. Isso significa que, em um período de 24 horas (1.440 minutos), ele estará indisponível por 144 minutos.
0,99	Em um período de 24 horas, o sistema estará indisponível por 14,4 minutos.
0,999	O sistema estará indisponível por 84 segundos em um período de 24 horas.
0,9999	O sistema estará indisponível por 8,4 segundos em um período de 24 horas — aproximadamente um minuto por semana.

A POFOD deve ser usada nas situações em que uma falha sob demanda pode levar a uma falha grave do sistema. Isso se aplica independentemente da frequência das demandas. Por exemplo, um sistema de proteção que monitora um reator químico e interrompe a reação se ele estiver superaquecido deve ter a sua confiabilidade especificada usando a POFOD. Geralmente, as demandas sobre um sistema de proteção são pouco frequentes, pois o sistema é a última linha de defesa após todas as outras estratégias de recuperação terem fracassado. Portanto, uma POFOD de 0,001 (uma falha em 1.000 demandas) poderia parecer arriscada. No entanto, se houver apenas duas ou três demandas do sistema em toda a sua vida útil, então provavelmente esse sistema jamais falhará.

A ROCOF deve ser utilizada quando as demandas dos sistemas ocorrerem regularmente, em vez de intermitentemente. Por exemplo, em um sistema que lide com uma grande quantidade de transações, é possível especificar uma ROCOF de 10 falhas por dia. Isso significa estar disposto a aceitar que uma média de 10 transações por dia não serão executadas com sucesso e terão que ser canceladas ou reenviadas. Alternativamente, é possível especificar a ROCOF como o número de falhas por 1.000 transações.

Se o tempo absoluto entre falhas for importante, é possível especificar a confiabilidade como o tempo médio até as falhas (MTTF). Por exemplo, ao especificar a confiabilidade necessária para um sistema com transações longas (como um sistema de projeto assistido por computador), essa métrica deve ser usada. O MTTF deve ser muito maior do que o tempo médio em que um usuário trabalha em seus modelos sem salvar os resultados. Isso significa que os usuários, provavelmente, não perderão trabalho durante uma falha do sistema em qualquer sessão.

11.2.2 Requisitos de confiabilidade não funcionais

Os requisitos de confiabilidade não funcionais são especificações de confiabilidade e disponibilidade de um sistema usando uma das métricas de confiabilidade (POFOD, ROCOF ou AVAIL) descritas na seção anterior. A especificação quantitativa da confiabilidade e da disponibilidade vem sendo utilizada há muitos anos nos sistemas críticos em segurança, mas é incomum nos sistemas críticos de negócio. No entanto, como cada vez mais empresas exigem serviço 24/7 de seus sistemas, faz sentido elas serem precisas quanto às suas expectativas de confiabilidade e disponibilidade.

A especificação quantitativa da confiabilidade é útil por uma série de questões:

1. O processo de decidir o nível de confiabilidade necessário ajuda a esclarecer as necessidades reais dos *stakeholders*, fazendo-os compreender que existem três tipos diferentes de falha de sistema e deixando claro para eles que a obtenção de altos níveis de confiabilidade custa caro.
2. Ela proporciona uma base para avaliar quando se deve parar o teste de um sistema. É possível parar quando o sistema alcançar o nível de confiabilidade necessário.
3. Ela é um meio de avaliar diferentes estratégias de projeto destinadas a melhorar a confiabilidade de um sistema. É possível julgar como cada estratégia levaria aos níveis de confiabilidade solicitados.
4. Se um regulador tiver que aprovar um sistema antes de ele entrar em serviço (por exemplo, todos os sistemas críticos para a segurança de voo em uma aeronave são regulados), então é importante para a certificação do sistema a evidência de que a meta de confiabilidade exigida foi cumprida.

Para não incorrer em custos excessivos e desnecessários, é importante especificar a confiabilidade que é realmente necessária, em vez de simplesmente escolher um nível muito alto para o sistema inteiro. Pode haver requisitos diferentes para partes diferentes do sistema se algumas delas forem mais críticas do que outras. Ao especificar requisitos de confiabilidade, devem ser seguidas estas três diretrizes:

1. Especificar os requisitos de disponibilidade e confiabilidade para diferentes tipos de falha. Deve haver menor probabilidade de falhas de alto custo do que de falhas sem grandes consequências.
2. Especificar os requisitos de disponibilidade e de confiabilidade para diferentes tipos de serviço do sistema. Os serviços críticos do sistema devem ter maior confiabilidade, mas é possível tolerar mais falhas nos serviços menos críticos. Pode-se decidir que só é economicamente compensador usar a especificação quantitativa da confiabilidade para os serviços de sistema mais críticos.
3. Pensar se a confiabilidade elevada é realmente necessária. Por exemplo, é possível usar mecanismos de detecção de erros para conferir as saídas de um sistema e ter processos de correção de erros em vigor para corrigi-los. Então, um alto nível de confiabilidade do sistema que gera as saídas pode não ser necessário, já que os erros podem ser detectados e corrigidos.

Especificação excessiva da confiabilidade

A especificação excessiva da confiabilidade significa a definição de um nível de confiabilidade mais alto do que o realmente necessário para a operação prática do software. A especificação excessiva da confiabilidade aumenta o custo de desenvolvimento de maneira desproporcional. A razão para isso é que os custos de reduzir os defeitos e verificar a confiabilidade aumentam exponencialmente à medida que a confiabilidade aumenta.

Para ilustrar essas diretrizes, considere os requisitos de confiabilidade e de disponibilidade do sistema dos caixas eletrônicos dos bancos, que liberam dinheiro em espécie e prestam outros serviços aos clientes. Os bancos têm duas preocupações com esses sistemas:

1. Garantir que eles prestem os serviços ao cliente conforme requisitado e que registrem corretamente as transações do cliente no banco de dados de contas bancárias.
2. Garantir que esses sistemas estejam disponíveis para uso quando necessário.

Os bancos têm muitos anos de experiência em identificar e corrigir transações incorretas dos correntistas. Eles usam métodos de contabilidade para detectar quando as coisas dão errado. A maioria das transações que falha pode ser simplesmente cancelada, sem resultar em perdas para o banco e com poucos inconvenientes para o cliente. Portanto, os bancos que operam redes de caixas eletrônicos aceitam que as falhas desses sistemas podem significar que um pequeno número de transações é incorreto, mas eles acham mais econômico corrigir esses erros mais tarde do que incorrer em custos elevados na prevenção de transações defeituosas. Assim, a confiabilidade absoluta necessária para um caixa eletrônico pode ser relativamente baixa. Várias falhas por dia podem ser aceitáveis.

Para um banco (e para os clientes do banco), a disponibilidade da rede de caixas eletrônicos é mais importante do que as transações individuais falharem ou não nos caixas eletrônicos. A indisponibilidade significa aumento na demanda por serviços na boca do caixa, insatisfação dos clientes, custos de engenharia para reparar a rede etc. Portanto, para os sistemas baseados em transações, como os sistemas bancários e os de comércio eletrônico, o foco da especificação da confiabilidade normalmente está em especificar a disponibilidade do sistema.

Para especificar a disponibilidade de uma rede de caixas eletrônicos, é necessário identificar os serviços do sistema e especificar a disponibilidade necessária de cada um desses serviços, que são:

- o serviço de banco de dados das contas dos clientes;
- os serviços individuais fornecidos por um caixa eletrônico, como 'sacar dinheiro' e 'fornecer informações da conta'.

O serviço de banco de dados é o mais crítico, já que a falha desse serviço significa que todos os caixas eletrônicos da rede estão fora de ação. Portanto, esse serviço deve ser especificado com um alto nível de disponibilidade. Nesse caso, um número aceitável para a disponibilidade do banco de dados (ignorando questões como manutenções e atualizações agendadas) estaria provavelmente em torno de 0,9999, entre 7h00 e 23h00. Isso significa um tempo de parada de menos de 1 minuto por semana.

Para um caixa eletrônico individual, a disponibilidade geral depende da confiabilidade mecânica e do fato de que ele pode ficar sem dinheiro em espécie. As questões de software provavelmente são menos importantes do que esses fatores. Com isso, um nível mais baixo de disponibilidade do software é aceitável. A disponibilidade geral do software do caixa eletrônico poderia ser especificada como 0,999, o que significa que uma máquina poderia ficar indisponível por um período entre um e dois minutos a cada dia. Isso permite que o software do caixa eletrônico seja reiniciado no caso de um problema.

A confiabilidade dos sistemas de controle normalmente é especificada em termos da probabilidade de o sistema falhar quando ocorrer uma demanda (POFOD). Considere os requisitos de confiabilidade do software de controle na bomba de insulina apresentada no Capítulo 1; esse sistema fornece insulina uma determinada quantidade de vezes por dia e monitora a glicose no sangue do usuário várias vezes por hora.

Existem dois tipos possíveis de falha na bomba de insulina:

1. *Falhas de software transitórias*, que podem ser consertadas por ações do usuário, como resetar ou recalibrar a máquina. Para esses tipos de falha, pode ser aceitável um valor relativamente baixo da POFOD — por exemplo, 0,002. Isso significa que pode ocorrer uma falha a cada 500 solicitações feitas à máquina. Isto é, aproximadamente uma a cada 3,5 dias, pois o açúcar no sangue é medido cinco vezes por hora.
2. *Falhas de software permanentes*, que exigem que este software seja reinstalado pelo fabricante. A probabilidade desse tipo de falha deve ser muito menor. Aproximadamente uma por ano é o valor mínimo; então a POFOD não deve ultrapassar 0,00002.

A falha na entrega de insulina não tem implicações de segurança imediatas, então são fatores comerciais, e não de segurança (*safety*), que determinam o nível de confiabilidade necessário. Os custos do serviço são altos porque os usuários precisam de conserto e substituição rápidos. É do interesse do fabricante limitar o número de falhas permanentes que exigem reparo.

11.2.3 Especificação funcional da confiabilidade

Para alcançar um alto nível de confiabilidade e disponibilidade em um sistema intensivo de software, é possível usar uma combinação de técnicas de prevenção, detecção e tolerância a defeitos. Isso significa que os requisitos de confiabilidade funcionais têm de ser gerados de modo a especificar como o sistema deverá proporcionar prevenção, detecção e tolerância a defeitos.

Esses requisitos de confiabilidade funcionais devem especificar os defeitos a serem detectados e as ações a serem adotadas para garantir que esses defeitos não levem a falhas do sistema. Portanto, a especificação funcional da confiabilidade envolve analisar os requisitos não funcionais (se tiverem sido especificados), avaliar os riscos para a confiabilidade e especificar a funcionalidade do sistema para abordá-los.

Existem quatro tipos de requisitos de confiabilidade funcionais:

1. *Requisitos de verificação*. Esses requisitos identificam verificações nas entradas do sistema para garantir que as entradas incorretas ou fora do intervalo sejam detectadas antes de serem processadas pelo sistema.
2. *Requisitos de recuperação*. Esses requisitos são orientados de modo a ajudar o sistema a se recuperar depois de uma falha. Normalmente estão relacionados

com manter cópias do sistema e de seus dados e especificar como restaurar os serviços do sistema após a falha.
3. *Requisitos de redundância*. Eles especificam as características redundantes do sistema que asseguram que a falha de um único componente não leve à perda completa do serviço. Discutirei isso em mais detalhes no Capítulo 12.
4. *Requisitos de processo*. São requisitos para evitar defeitos, que garantem que boas práticas sejam utilizadas no processo de desenvolvimento. As práticas especificadas devem reduzir o número de defeitos em um sistema.

Alguns exemplos desses tipos de requisito de confiabilidade são exibidos na Figura 11.5.

FIGURA 11.5 Exemplos de requisitos de confiabilidade funcionais.

> **RC1:** Um intervalo predefinido deve ser determinado para todas as entradas do operador, e o sistema deve conferir se todas essas entradas caem nesse intervalo predefinido (verificação).
>
> **RC2:** Cópias do banco de dados de pacientes devem ser mantidas em dois servidores diferentes, que não fiquem no mesmo prédio (recuperação, redundância).
>
> **RC3:** A programação N-versões (*N-version programming*) deve ser utilizada para implementar o sistema de controle de frenagem (redundância).
>
> **RC4:** O sistema deve ser implementado em um subconjunto seguro da linguagem de programação Ada e verificado usando análise estática (processo).

Não existem regras simples para derivar os requisitos de confiabilidade funcionais. As organizações que desenvolvem sistemas críticos normalmente têm conhecimento organizacional sobre os possíveis requisitos de confiabilidade e como esses requisitos refletem a confiabilidade real de um sistema. Essas organizações podem se especializar em tipos específicos de sistemas — como os de controle de ferrovias —, então os requisitos de confiabilidade podem ser reutilizados em vários sistemas.

11.3 ARQUITETURAS TOLERANTES A DEFEITOS

A tolerância a defeitos é uma abordagem para a dependabilidade em tempo de execução na qual os sistemas incluem mecanismos para continuar em operação, mesmo depois de um defeito de software ou de hardware ocorrer e de o estado do sistema ser errado. Os mecanismos de tolerância a defeitos detectam e corrigem esse estado errado de modo que um defeito não leve a uma falha do sistema. A tolerância a defeitos é necessária nos sistemas críticos em segurança (*safety*) ou em segurança da informação (*security*) e nos casos em que o sistema não consegue passar para um estado seguro quando um erro é detectado.

Para proporcionar tolerância a defeitos, a arquitetura do sistema tem de ser projetada para incluir hardware e software redundantes e diversos. Os exemplos de sistemas que podem precisar de arquiteturas tolerantes a defeito incluem os de aeronaves, que devem estar disponíveis durante todo o voo, os de telecomunicações e os de comando e controle críticos.

A realização mais simples de uma arquitetura com dependabilidade está em servidores replicados, em que dois ou mais servidores realizam a mesma tarefa. As solicitações de processamento são canalizadas por um componente de gerenciamento de servidores, que conduz cada solicitação para um determinado servidor. Esse componente também acompanha as respostas dos servidores. No caso de falha do servidor, que pode ser detectada por uma ausência de resposta, o servidor defeituoso é desligado do sistema. As solicitações não processadas são reenviadas para outros servidores para serem processadas.

Essa abordagem de servidor replicado é amplamente utilizada em sistemas de processamento de transações, nos quais é fácil manter cópias das transações a serem processadas. Os sistemas de processamento de transações são projetados para que os dados sejam atualizados apenas depois que uma transação foi concluída corretamente. Os atrasos no processamento não afetam a integridade do sistema. Essa pode ser uma maneira eficiente de usar o hardware se o servidor de *backup* for utilizado normalmente em tarefas de baixa prioridade. Se ocorrer um problema com um servidor primário, suas transações não processadas são transferidas para o servidor de *backup*, que atribui ao trabalho a prioridade mais elevada.

Os servidores replicados proporcionam redundância, mas normalmente não proporcionam diversidade. O hardware do servidor geralmente é idêntico, e os servidores executam a mesma versão do software. Portanto, eles podem lidar com as falhas de hardware e software localizadas em uma única máquina, mas não conseguem lidar com problemas de projeto de software que causam a falha de todas as versões do software ao mesmo tempo. Para lidar com falhas de projeto de software, um sistema tem que usar software e hardware diversificados.

Torres-Pomales (2000) levantou várias técnicas de tolerância a defeitos de software e Pullum (2001) descreveu diferentes tipos de arquiteturas tolerantes a defeitos. Nas seções a seguir, eu descrevo três padrões de arquitetura que vêm sendo utilizados nos sistemas tolerantes a defeitos.

11.3.1 Sistemas de proteção

Um sistema de proteção é um sistema especializado associado a algum outro sistema. Normalmente é um sistema de controle para algum processo, como um processo de fabricação de produtos químicos; ou um sistema de controle de equipamentos, como os dos trens sem condutor. Um exemplo de sistema de proteção poderia ser o de um trem que detecta se avançou o sinal vermelho. Se não houver indicação de que o sistema de controle do trem está desacelerando a composição, então o sistema de proteção aciona automaticamente os freios para fazê-lo parar. Os sistemas de proteção monitoram independentemente o seu ambiente. Se os sensores indicarem um problema com o qual o sistema controlado não está conseguindo lidar, então o sistema de proteção é ativado para desligar o processo ou o equipamento.

A Figura 11.6 ilustra a relação entre um sistema de proteção e um sistema controlado. O sistema de proteção monitora o equipamento controlado e o ambiente. Se um problema for detectado, ele emite comandos para atuadores desligarem o sistema ou invocarem outros mecanismos de proteção, como abrir uma válvula de alívio de pressão. Note que existem dois conjuntos de sensores. Um conjunto é utilizado para monitoramento normal do sistema e o outro é usado especificamente para proteção do sistema. No caso de falha do sensor, há *backups* em vigor para que o sistema de proteção possa continuar em operação. O sistema também pode ter atuadores redundantes.

FIGURA 11.6 Arquitetura do sistema de proteção.

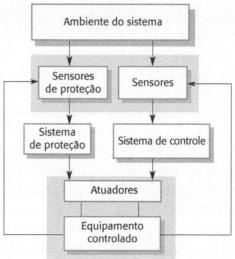

Um sistema de proteção inclui apenas a funcionalidade crítica necessária para mover o sistema de um estado potencialmente inseguro para um estado seguro (que poderia ser o desligamento do sistema). É um exemplo mais geral de arquitetura tolerante a defeitos, na qual um sistema principal é apoiado por um sistema de *backup* menor e mais simples, que inclui apenas funcionalidade essencial. Por exemplo, o software de controle de ônibus espaciais dos EUA tinha um sistema de *backup* com uma funcionalidade de 'levá-lo para casa'. Isto é, o sistema de *backup* poderia pousar o ônibus espacial se o sistema de controle principal falhasse, mas não tinha outras funções de controle.

A vantagem desse estilo de arquitetura é que o software do sistema de proteção pode ser muito mais simples do que o software que está controlando o processo protegido. A única função do sistema de proteção é monitorar a operação e garantir que o sistema seja levado a um estado de segurança em caso de emergência. Portanto, é possível investir mais esforço na prevenção e na detecção de defeitos. Você pode verificar se a especificação do software está correta e coerente e se o software está correto em relação à sua especificação. O objetivo é garantir que a confiabilidade do sistema de proteção seja tal que ele tenha uma probabilidade muito baixa de falha sob demanda (por exemplo, 0,001). Dado que as demandas sobre o sistema de proteção devem ser raras, uma probabilidade de falha sob demanda de 1/1.000 significa que as falhas do sistema de proteção devem ser muito raras.

11.3.2 Arquitetura de automonitoramento

Em uma arquitetura de automonitoramento (Figura 11.7) o sistema é projetado para monitorar a sua própria operação e tomar alguma atitude se um problema for detectado. Os cálculos são feitos em canais separados e os resultados desses cálculos são comparados. Se forem idênticos e estiverem disponíveis ao mesmo tempo, então a operação do sistema é considerada correta. Se os resultados forem diferentes, então se presume que há uma falha. Quando isso ocorre, o sistema gera uma exceção de falha na linha de saída do status. Isso sinaliza que o controle deve ser transferido para algum outro sistema.

FIGURA 11.7 Arquitetura de automonitoramento.

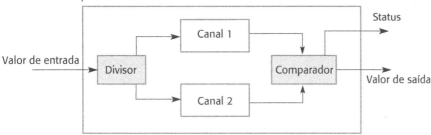

Para serem eficazes na detecção dos defeitos de hardware e software, os sistemas de automonitoramento têm de ser projetados de modo que:

1. O hardware utilizado em cada canal seja diversificado. Na prática, isso pode significar que cada canal usa um tipo de processador diferente para executar os cálculos necessários ou que o *chipset* que compõe o sistema pode ser proveniente de diferentes fabricantes. Isso reduz a probabilidade de defeitos comuns de projeto do processador que afetam a computação.
2. O software utilizado em cada canal seja diversificado. Do contrário, o mesmo erro de software poderia ocorrer ao mesmo tempo em cada canal.

Por si só, essa arquitetura pode ser utilizada em situações nas quais é importante os cálculos estarem corretos, mas não é essencial haver disponibilidade. Se as respostas de cada canal forem diferentes, o sistema desliga. Em muitos sistemas de tratamento e diagnóstico médico, a confiabilidade é mais importante do que a disponibilidade, porque uma resposta incorreta do sistema poderia fazer com que o paciente recebesse tratamento errado. Se o sistema desligar em caso de erro, isso é uma inconveniência, mas o paciente geralmente não será prejudicado.

Nas situações que exigem alta disponibilidade, vários sistemas de autoverificação em paralelo devem ser usados. Uma unidade de chaveamento que detecte defeitos e selecione um resultado de um dos sistemas é necessária, considerando que ambos estejam produzindo uma resposta coerente. Essa abordagem é utilizada no sistema de controle de voo da série 340 da aeronave Airbus, que usa cinco computadores de autoverificação. A Figura 11.8 é um diagrama simplificado do sistema de controle de voo do Airbus, que mostra a organização dos sistemas de automonitoramento.

No sistema de controle de voo do Airbus, cada um dos computadores de controle de voo executa computações em paralelo, usando as mesmas entradas. As saídas são conectadas a filtros de hardware que detectam se o status indica um defeito e, caso indique, se a saída do computador defeituoso foi desligada. A saída, então, é obtida de um sistema alternativo. É possível, portanto, que quatro computadores falhem e a operação da aeronave continue. Em mais de 15 anos de operação, não houve relatos de situações nas quais o controle da aeronave foi perdido em virtude de falha total do sistema de controle de voo.

FIGURA 11.8 Arquitetura do sistema de controle de voo do Airbus.

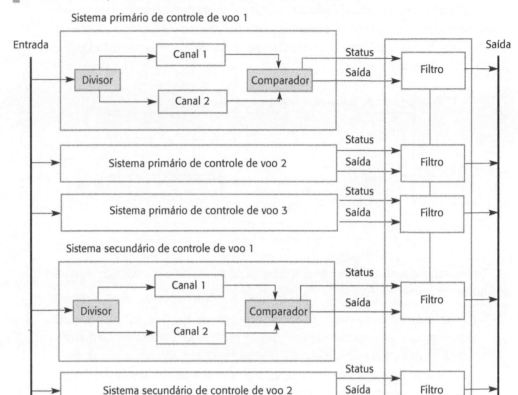

Os projetistas do sistema do Airbus tentaram alcançar a diversidade de uma série de maneiras diferentes:

1. Os computadores de controle de voo primário usam um processador diferente do utilizado pelos sistemas secundários de controle de voo.
2. O *chipset* utilizado em cada canal nos sistemas primário e secundário é de fornecedores diferentes.
3. O software nos sistemas secundários de controle de voo proporciona apenas funcionalidade crítica — é menos complexo que o software primário.
4. O software de cada canal nos sistemas primário e secundário é desenvolvido usando linguagens de programação diferentes e por times diferentes.
5. São utilizadas diferentes linguagens de programação nos sistemas secundário e primário.

Conforme discutirei na Seção 11.3.4, isso tudo não garante a diversidade, mas reduz a probabilidade de falhas comuns em canais diferentes.

11.3.3 Programação N-versões (*N-version programming*)

As arquiteturas de automonitoramento são exemplos de sistemas nos quais se utiliza a programação de multiversões para promover a redundância e a diversidade de software. Essa noção de programação de multiversões foi derivada dos sistemas de hardware, em que o conceito de TMR (redundância modular tripla, do inglês *triple modular redundancy*) vem sendo usado há muitos anos para criar sistemas tolerantes a falhas de hardware (Figura 11.9).

FIGURA 11.9 Redundância modular tripla (TMR).

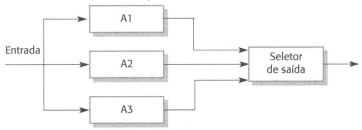

Em um sistema TMR, a unidade de hardware é replicada três vezes (ou às vezes mais). A saída de cada unidade é passada para um comparador de saídas que, normalmente, é implementado como um sistema de votação. Esse sistema compara todas as suas entradas e, se duas ou mais forem iguais, então esse valor é a saída. Se uma das unidades falhar e não produzir a mesma saída das outras unidades, sua saída é ignorada. Um gerenciador de defeitos pode tentar consertar a unidade defeituosa automaticamente, mas, se isso não for possível, o sistema é reconfigurado automaticamente para retirar a unidade de serviço. Então o sistema continua a funcionar com duas unidades de trabalho.

Essa abordagem de tolerância a defeitos baseia-se na conclusão de que a maioria dos defeitos de hardware resulta de falhas do componente, em vez de defeitos de projeto. Os componentes, portanto, tendem a falhar de maneira independente. A abordagem presume que, quando plenamente operacionais, todas as unidades de hardware se comportam de acordo com a especificação. Assim, há uma baixa probabilidade de falha simultânea de componentes em todas as unidades de hardware.

Naturalmente, todos os componentes poderiam ter um defeito de projeto comum e, assim, todos produzirem a mesma resposta (errada). Usar unidades de hardware que têm uma especificação comum, mas que são projetadas e construídas por diferentes fabricantes reduz as chances de uma falha de modo comum. Presume-se que é pequena a probabilidade de diferentes times cometerem o mesmo erro de projeto ou fabricação.

Uma abordagem similar pode ser utilizada para o software tolerante a defeitos, em que *N* versões diferentes de um sistema de software são executadas em paralelo (AVIZIENIS, 1995). Essa abordagem para tolerância ao defeito de software, ilustrada na Figura 11.10, tem sido utilizada em sistemas de sinalização ferroviária, de aeronaves e de proteção de reatores.

FIGURA 11.10 Programação N-versões.

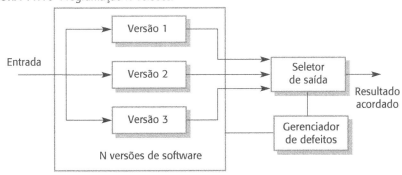

Usando uma especificação comum, o mesmo sistema de software é implementado por uma série de times. Essas versões são executadas em computadores diferentes.

Suas saídas são comparadas usando um sistema de votação, e as saídas incoerentes ou as que não são produzidas a tempo são rejeitadas. Pelo menos três versões do sistema devem estar disponíveis, de modo que duas versões devem ser coerentes no caso de uma única falha.

A programação N-versões pode ser menos cara do que as arquiteturas de autoverificação nos sistemas em que uma alta disponibilidade é exigida. No entanto, isso ainda requer que vários times diferentes desenvolvam versões diferentes do software, o que leva a custos de desenvolvimento de software muito altos. Como consequência, essa abordagem é utilizada apenas nos sistemas nos quais é impraticável fornecer um sistema de proteção contra falhas críticas de segurança.

11.3.4 Diversidade de software

Todas as arquiteturas tolerantes a defeitos mencionadas anteriormente dependem da diversidade de software para alcançar essa tolerância. Isso se sustenta no pressuposto de que implementações diversas da mesma especificação (ou de uma parte da especificação, para sistemas de proteção) são independentes. Elas não devem incluir erros comuns e, portanto, não falharão da mesma maneira, ao mesmo tempo. Assim, o software deve ser escrito por diferentes times, que não devem se comunicar durante o processo de desenvolvimento. Esse requisito reduz as chances de mal-entendidos ou interpretações equivocadas comuns da especificação.

A empresa que está adquirindo um sistema pode incluir políticas explícitas de diversidade que se destinam a maximizar as diferenças entre as versões do sistema, como:

1. Incluir requisitos que especifiquem que diferentes métodos de projeto (*design*) sejam usados. Por exemplo, um time pode ser obrigado a produzir um projeto orientado a objetos e outro pode produzir um projeto orientado a funções.
2. Estipular que os programas devem ser implementados usando diferentes linguagens de programação. Por exemplo, em um sistema de três versões, as linguagens Ada, C++ e Java poderiam ser usadas para escrever as versões do software.
3. Exigir o uso de diferentes ferramentas e ambientes de desenvolvimento para o sistema.
4. Exigir a utilização de diferentes algoritmos em algumas partes da implementação. Isso, no entanto, limita a liberdade do time de projeto e pode ser difícil de conciliar com os requisitos de desempenho do sistema.

Em condições ideais, as diversas versões do sistema não devem ter dependências e, portanto, devem falhar de maneiras completamente diferentes. Se esse for o caso, então a confiabilidade geral de um sistema diverso é obtida multiplicando as confiabilidades de cada canal. Se cada canal tiver uma probabilidade de falha sob demanda de 0,001, então a POFOD global de um sistema de três canais (com todos os canais independentes) é um milhão de vezes maior do que a confiabilidade de um sistema de canal único.

Entretanto, na prática é impossível alcançar a independência completa dos canais. Foi mostrado experimentalmente que os times de projeto de software independentes costumam cometer os mesmos erros ou entender mal as mesmas partes da especificação (BRILLIANT; KNIGHT; LEVESON, 1990; LEVESON, 1995). Existem várias razões para esse mal-entendido:

1. Os membros de diferentes times frequentemente têm a mesma formação cultural e podem ter sido educados usando a mesma abordagem e os mesmos livros didáticos. Isso significa que eles podem achar as mesmas coisas difíceis de entender e ter dificuldades comuns em se comunicar com os especialistas do domínio. É bem possível que eles venham a cometer os mesmos erros e projetar os mesmos algoritmos para solucionar um problema, independentemente uns dos outros.
2. Se os requisitos estiverem incorretos ou se forem baseados em interpretações equivocadas do ambiente do sistema, então esses erros serão refletidos em cada implementação do sistema.
3. Em um sistema crítico, a sua especificação detalhada, que é derivada dos seus requisitos, deve proporcionar uma definição inequívoca do seu comportamento. No entanto, se a especificação for ambígua, então diferentes times podem interpretar a especificação da mesma maneira equivocada.

Uma maneira de reduzir a possibilidade de erros comuns de especificação é desenvolver especificações detalhadas para o sistema, independentemente, e definir as especificações em linguagens diferentes. Um time de desenvolvimento poderia trabalhar a partir de uma especificação formal, outro a partir de um modelo de sistema baseado em estados, e um terceiro a partir de uma especificação em linguagem natural. Essa abordagem ajuda a evitar alguns erros de interpretação da especificação, mas não resolve o problema dos erros de requisitos. Ela também introduz a possibilidade de erros na tradução dos requisitos, levando a especificações incoerentes.

Em uma análise de experimentos, Hatton (1997) concluiu que um sistema de três canais era de 5 a 9 vezes mais confiável do que um sistema de canal único. Ele concluiu que as melhorias na confiabilidade que podiam ser obtidas dedicando mais recursos a uma versão única não se equiparavam a isso e, portanto, as abordagens N-versões tinham mais chances de levar a sistemas mais confiáveis do que as abordagens de versão única.

Entretanto, não está claro se as melhorias na confiabilidade provenientes de um sistema multiversões justificam os custos extras de desenvolvimento. Para muitos sistemas, os custos extras podem não se justificar, já que um sistema bem projetado de versão única pode ser bom o bastante. É apenas nos sistemas críticos em segurança e em missão, nos quais os custos de falhas são muito altos, que o software multiversões pode ser necessário. Mesmo nessas situações (por exemplo, um sistema de veículo espacial), pode ser suficiente fornecer um *backup* simples com funcionalidade limitada até o sistema principal ser consertado e reiniciado.

11.4 PROGRAMAÇÃO PARA CONFIABILIDADE

Neste livro, enfoquei deliberadamente os aspectos da engenharia de software independentes da linguagem de programação. É quase impossível discutir programação sem entrar nos detalhes de uma linguagem de programação específica. No entanto, quando consideramos a engenharia de confiabilidade, existe um conjunto de práticas de programação recomendadas que são razoavelmente universais e que ajudam a reduzir os erros nos sistemas entregues.

Uma lista de oito práticas recomendadas é exibida na Figura 11.11. Elas podem ser aplicadas independentemente da linguagem de programação utilizada no desenvolvimento dos sistemas. Seguir essas diretrizes também reduz as chances de introduzir nos programas vulnerabilidades relacionadas à segurança da informação (*security*).

FIGURA 11.11 Diretrizes de boas práticas para a programação com dependabilidade.

1. Limitar a visibilidade das informações em um programa.
2. Conferir a validade de todas as entradas.
3. Fornecer tratamento para todas as exceções.
4. Minimizar o uso de construtos propensos a erro.
5. Fornecer capacidade de reinicialização.
6. Conferir limites do vetor.
7. Incluir tempos de espera (*timeouts*) quando invocar componentes externos.
8. Dar nomes a todas as constantes que representam valores do mundo real.

Diretriz 1: Limitar a visibilidade das informações em um programa

Um princípio de segurança da informação adotado pelas organizações militares é o de 'precisar saber'. Apenas os indivíduos que precisam conhecer uma determinada informação para executar suas obrigações recebem essa informação. A informação que não é diretamente relevante para o seu trabalho é retida.

Ao programar, deve-se adotar um princípio análogo para controlar o acesso às variáveis e às estruturas de dados utilizadas. Os componentes do programa só devem ter acesso autorizado aos dados dos quais necessitam para sua implementação. Outros dados do programa devem ficar inacessíveis e escondidos deles. Ao esconder a informação, ela não poderá ser corrompida pelos componentes do programa que não deveriam utilizá-la. Se a interface continuar igual, a representação dos dados poderá ser modificada sem afetar outros componentes no sistema.

É possível conseguir isso ao implementar estruturas de dados no programa como tipos abstratos de dados, que são aqueles em que a estrutura e a representação internas de uma variável desse tipo são ocultas. A estrutura e os atributos do tipo não são visíveis externamente, e todo o acesso aos dados se dá por meio de operações.

Por exemplo, é possível ter um tipo abstrato de dados que represente uma fila de solicitações de serviço. As operações devem incluir **inserir** e **remover**, que inserem e removem itens da fila, e uma operação que retorna o número de itens na fila. Inicialmente, poderia ser implementada uma fila como um vetor, mas, subsequentemente, a implementação poderia ser mudada para uma lista ligada. Isso pode ser feito sem quaisquer mudanças no código usando a fila, pois a representação da fila nunca é acessada diretamente.

Em algumas linguagens orientadas a objetos, é possível implementar tipos abstratos de dados usando definições de interface, nas quais se declara a interface para um objeto sem fazer referência à implementação dele. Por exemplo, dá para definir uma interface **Fila** que possui métodos para colocar objetos na fila, removê-los dessa fila e consultar o tamanho dela. Na classe que implementa essa interface, os atributos e métodos devem ser privados para essa classe.

Diretriz 2: Conferir a validade de todas as entradas

Todos os programas recebem entradas do seu ambiente e as processam. A especificação faz suposições sobre essas entradas que refletem seu uso no mundo real. Por exemplo, pode-se supor que um número de conta bancária é sempre um inteiro positivo de oito dígitos. No entanto, em muitos casos, a especificação do sistema não define quais ações devem ser tomadas se a entrada estiver incorreta. Inevitavelmente, os usuários cometerão erros e, às vezes, fornecerão os dados errados. Conforme discutirei no Capítulo 13, os ataques maliciosos a um sistema podem contar com a entrada deliberada de informações inválidas. Mesmo quando as entradas vêm de sensores ou de outros sistemas, esses sistemas podem estar errados e fornecer valores incorretos.

Portanto, deve-se sempre conferir a validade das entradas logo que forem lidas pelo ambiente operacional do programa. Obviamente, as checagens envolvidas dependem das próprias entradas, mas algumas possíveis checagens são:

1. *Checagens de intervalo.* Pode-se esperar entradas em um determinado intervalo. Por exemplo, uma entrada que represente uma probabilidade deve estar dentro do intervalo 0,0 a 1,0; uma entrada que represente a temperatura da água em estado líquido deve estar entre 0° Celsius e 100° Celsius, e assim por diante.
2. *Checagens de tamanho.* Pode-se esperar entradas com certo número de caracteres, como oito caracteres para representar uma conta bancária. Em outros casos, o tamanho pode não ser fixo, mas pode haver um limite superior realista. É improvável que o nome de uma pessoa venha a ter mais de 40 caracteres, por exemplo.
3. *Checagens de representação.* Pode-se esperar uma entrada de um determinado tipo, que é representado de uma forma padrão. Por exemplo, os nomes das pessoas não incluem caracteres numéricos, os endereços de e-mail são compostos de duas partes separadas por um símbolo @, e assim por diante.
4. *Checagens de razoabilidade.* Nas situações em que uma entrada é uma em uma série e algo é sabido sobre as relações entre os membros da série, é possível verificar se um valor de entrada é razoável. Por exemplo, se o valor de entrada representar as leituras de um medidor de energia elétrica de uma residência, então deve-se esperar que a quantidade de eletricidade utilizada seja aproximadamente igual à do período correspondente no ano anterior. É claro que haverá variações, mas diferenças na ordem de grandeza sugerem que alguma coisa deu errado.

As ações adotadas caso uma checagem de validação da entrada falhe dependem do tipo de sistema que está sendo implementado. Em alguns casos, o problema é relatado ao usuário e é solicitado que o valor seja novamente fornecido. Nas situações em que o valor vem de um sensor, o valor válido mais recente poderia ser usado. Nos sistemas de tempo real embarcados, pode ser necessário estimar o valor com base nos dados prévios para que o sistema possa continuar em operação.

Diretriz 3: Fornecer tratamento para todas as exceções

Durante a execução do programa, é inevitável que ocorram erros ou eventos imprevistos. Eles podem surgir em virtude de um defeito no programa ou podem ser uma consequência de circunstâncias externas imprevisíveis. Um erro ou evento inesperado que ocorre durante a execução de um programa se chama exceção. Exemplos de exceções poderiam ser uma falha de energia do sistema, uma tentativa de acessar dados inexistentes ou *overflow/underflow* numérico.

As exceções podem ser causadas por condições de hardware ou de software. Quando ocorre uma exceção, ela deve ser tratada pelo sistema. Isso pode ser feito dentro do próprio programa ou pode envolver a transferência do controle para um mecanismo de tratamento de exceções do sistema. Geralmente, o mecanismo de tratamento de exceções do sistema reporta o erro e interrompe a execução. Portanto, para garantir que as exceções do programa não causem falha do sistema, deve-se definir um tratamento para todas as exceções que possam surgir. Também é necessário ter certeza de que todas as exceções sejam detectadas e tratadas explicitamente.

Linguagens como Java, C++ e Python têm construtos nativos de tratamento de exceções. Quando ocorre uma situação excepcional, a exceção é sinalizada e o ambiente de execução da linguagem transfere o controle para um tratamento de exceções, que é uma seção de código que declara os nomes das exceções e as ações apropriadas para tratar cada exceção (Figura 11.12). O tratamento de exceções está fora do fluxo de controle normal e o fluxo normal não é retomado após o tratamento da exceção.

FIGURA 11.12 Tratamento de exceção.

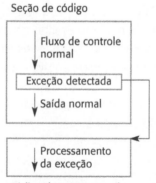

Um tratamento de exceção normalmente faz uma de três coisas:

1. Sinaliza a um componente de nível mais alto que ocorreu uma exceção e fornece a esse componente informações a respeito do tipo de exceção. Essa abordagem é usada quando um componente chama outro e o componente chamador precisa saber se o componente que foi chamado foi executado com sucesso. Se não foi, cabe ao componente chamador tomar uma atitude para se recuperar do problema.
2. Realiza algum processamento alternativo ao que originalmente se pretendia. Portanto, o tratamento de exceções toma algumas atitudes para se recuperar do problema. Depois, o processamento pode continuar conforme o normal. Alternativamente, o tratamento de exceções pode indicar que ocorreu uma exceção para que o componente chamador fique a par do fato e possa lidar com a exceção.

3. Passa o controle para o sistema de apoio em tempo de execução da linguagem de programação que trata da exceção. Muitas vezes, esse é o padrão quando ocorrem defeitos em um programa — quando há um *overflow* de valor numérico, por exemplo. A ação usual do ambiente de execução é interromper o processamento. Essa abordagem só deve ser usada quando for possível passar o sistema para um estado seguro e tranquilo, antes de abrir mão do controle para o ambiente de execução.

O tratamento de exceções dentro de um programa permite que ele detecte e se recupere de alguns erros de entrada e eventos externos que não foram previstos. Desse modo, isso proporciona um grau de tolerância a defeitos. O programa detecta defeitos e pode tomar uma atitude para se recuperar deles. Como a maioria dos erros de entrada e eventos externos inesperados normalmente são passageiros, frequentemente é possível continuar a operação normal após o processamento da exceção.

Diretriz 4: Minimizar o uso de construtos propensos a erro

Os defeitos nos programas e, portanto, muitas falhas de programas, normalmente são consequências de erro humano. Os programadores se enganam porque perdem a noção das muitas relações entre as variáveis de estado. Eles escrevem código que resulta em comportamento inesperado e mudanças de estado do sistema. As pessoas sempre cometerão erros, mas, no final dos anos 1960, ficou claro que algumas abordagens para a programação eram mais propensas do que outras a introduzir erros em um programa.

Por exemplo, deve-se tentar evitar o uso de números de ponto flutuante, porque a precisão desses números é limitada pela sua representação no hardware. As comparações entre números muito grandes ou muito pequenos não são confiáveis. Outro construto potencialmente propenso a erro é a alocação dinâmica de memória quando se gerencia explicitamente a memória no programa. É muito fácil esquecer-se de liberar a memória quando ela não é mais necessária, e isso pode levar a erros difíceis de detectar em tempo de execução.

Alguns padrões para o desenvolvimento de sistemas críticos em segurança proíbem o uso de construtos propensos a erros. No entanto, uma posição tão radical quanto essa normalmente não é prática. Todos esses construtos e técnicas são úteis, embora devam ser utilizados com cuidado. Sempre que possível, seus efeitos potencialmente perigosos devem ser controlados usando-os dentro de tipos abstratos de dados ou objetos. Eles agem como '*firewalls*' naturais que limitam os danos causados em caso de ocorrência de erros.

Construtos propensos a erros

Algumas características das linguagens de programação são mais propensas do que outras a levar à introdução de defeitos no programa. A confiabilidade do programa tende a ser maior se o uso desses construtos puder ser evitado. Sempre que possível, deve-se minimizar o uso de comandos *go to*, números de ponto flutuante, ponteiros, alocação dinâmica de memória, paralelismo, recursão, interrupções, *aliasing*, vetores sem verificação de limites e processamento padrão de entrada.

Diretriz 5: Fornecer capacidade de reinicialização

Muitos sistemas de informação corporativos baseiam-se em transações curtas em que o processamento das entradas do usuário leva um tempo relativamente curto. Esses sistemas são projetados para que as mudanças em seus bancos de dados sejam finalizadas somente após a conclusão bem-sucedida de todo o processamento. Se algo der errado durante o processamento, o banco de dados não é atualizado e, portanto, não fica inconsistente. Praticamente todos os sistemas de *e-commerce*, em que a compra só é confirmada na página final, funcionam dessa maneira.

As interações de usuário com sistemas de *e-commerce* duram geralmente alguns minutos e envolvem um processamento mínimo. As transações de bancos de dados são curtas e normalmente são concluídas em menos de um segundo. No entanto, outros tipos de sistemas, como os de CAD e os de processamento de texto, envolvem transações demoradas. Em um sistema de transações demoradas, o tempo entre o início do uso do sistema e a conclusão do trabalho pode ser de vários minutos ou horas. Se o sistema falhar durante uma transação demorada, então todo o trabalho pode ser perdido. De modo parecido, nos sistemas computacionalmente intensivos, como alguns sistemas de *e-ciência*, podem ser necessários minutos ou horas de processamento para realizar os cálculos. Todo esse tempo se perde em caso de falha do sistema.

Em todos esses tipos de sistemas, deve-se proporcionar uma capacidade de reinicialização baseada na manutenção de cópias dos dados coletados ou gerados durante o processamento. O recurso de reinicialização deve permitir que o sistema seja reiniciado usando essas cópias, em vez de ter de começar tudo de novo, desde o início. Essas cópias às vezes são chamadas *checkpoints*. Por exemplo:

1. Em um sistema de *e-commerce*, é possível manter cópias dos formulários preenchidos por um usuário e deixá-lo acessar e enviar os formulários sem ter de preenchê-los novamente.
2. Em um sistema de transações longas ou de muitos cálculos, é possível salvar os dados automaticamente, de minutos em minutos, e, em caso de falha do sistema, reiniciar com os dados salvos mais recentemente. Também é necessário prever o erro do usuário a fim de fornecer uma maneira para que os usuários voltem ao *checkpoint* mais recente e comecem novamente a partir dali.

Se ocorrer uma exceção e for impossível continuar a operação normal, a exceção pode ser tratada usando recuperação de erro retrógrada. Isso significa que o estado do sistema salvo no *checkpoint* é reestabelecido e a operação recomeça desse ponto.

Diretriz 6: Conferir limites do vetor

Todas as linguagens de programação permitem a especificação de vetores — estruturas de dados sequenciais acessadas por meio de um índice numérico. Esses vetores normalmente são dispostos em áreas contíguas na memória de trabalho de um programa. Eles são especificados para serem de um determinado tamanho, refletindo como são utilizados. Por exemplo, para representar as idades de até 10.000 pessoas, é possível declarar um vetor com 10.000 posições para guardar os dados de idade.

Algumas linguagens de programação, como Java, sempre conferem se, quando um valor é inserido em um vetor, o índice está dentro dos limites do vetor. Então, se um vetor A for indexado de 0 a 9.999, uma tentativa de inserir valores nos elementos

A [-5] ou A [12345] levará a uma exceção. No entanto, linguagens de programação como C e C++ não incluem automaticamente a verificação dos limites do vetor e simplesmente calculam um deslocamento em relação ao início dele. Portanto, A [12345] acessaria a palavra situada 12345 posições a partir do início do vetor, independentemente de fazer parte ou não desse vetor.

Essas linguagens não incluem a verificação automática de limites do vetor porque isso introduz uma sobrecarga toda vez que o vetor é acessado e, portanto, aumenta o tempo de execução do programa. Entretanto, a ausência de verificação dos limites leva a vulnerabilidades de segurança da informação (*security*), como um estouro de *buffer*, que discutirei no Capítulo 13. Em termos mais gerais, essa ausência introduz uma vulnerabilidade no sistema que pode levar a uma falha. Se estiver usando uma linguagem como C ou C++, que não tenha verificação dos limites do vetor, devem sempre ser incluídas verificações para conferir se o índice do vetor está dentro dos limites.

Diretriz 7: Incluir tempos de espera (*timeouts*) quando invocar componentes externos

Nos sistemas distribuídos, os componentes do sistema são executados em computadores diferentes, e chamadas são feitas através da rede, de um componente para outro. Para receber algum serviço, o componente A pode invocar o componente B; A espera B responder antes de continuar a execução. Entretanto, se o componente B não responder por alguma razão, então o componente A não pode continuar. Ele simplesmente espera indefinidamente por uma resposta. Uma pessoa que esteja aguardando uma resposta do sistema vê uma falha de sistema silenciosa, sem resposta do sistema. Não há alternativa, senão matar o processo em espera e reiniciar o sistema.

Para evitar essa possibilidade, tempos de espera (*timeouts*) devem sempre ser incluídos quando componentes externos são chamados. Um tempo de espera é um pressuposto automático de que um componente chamado falhou e não vai produzir uma resposta. Um intervalo de tempo é definido durante o qual se espera uma resposta de um componente chamado. Se uma resposta não vier nesse intervalo, é possível assumir uma falha e tomar de volta o controle do componente chamado. Depois, é possível tentar se recuperar da falha ou dizer aos usuários do sistema o que aconteceu e deixar que decidam o que fazer.

Diretriz 8: Dar nomes a todas as constantes que representam valores do mundo real

Todos os programas não triviais incluem uma série de valores constantes que representam os valores de entidades do mundo real. Esses valores não são modificados à medida que o programa é executado. Às vezes, são constantes absolutas e nunca mudam (por exemplo, a velocidade da luz), mas, na maioria das vezes, são valores que mudam com relativa lentidão no decorrer do tempo. Por exemplo, um programa para calcular o imposto de renda incluirá constantes que são as alíquotas de imposto atuais. Elas mudam de um ano para outro, e então o programa deve ser atualizado com novos valores de constantes.

É sempre necessário incluir uma seção nos programas em que todos os valores constantes do mundo real utilizados por eles são declarados. Quando usar constantes, é necessário se referir a elas pelo nome em vez de pelo valor. Isso traz duas vantagens no que diz respeito à dependabilidade:

1. A chance de um erro ou de uso de um valor incorreto é menos provável. É fácil digitar um número errado, e o sistema quase sempre será incapaz de detectar um engano. Por exemplo, digamos que a alíquota de imposto seja 34%. Um simples erro de transposição poderia levar a um erro de digitação como 43%. No entanto, quando se digita um nome errado (como **ALIQUOTA_PADRAO_DE_IMPOSTO**), esse erro pode ser detectado pelo compilador como uma variável não declarada.
2. Quando um valor muda, não é necessário examinar o programa inteiro para descobrir onde esse valor foi usado. Tudo o que precisa mudar é o valor associado à declaração da constante. O novo valor é automaticamente incluído onde for necessário.

11.5 MEDIÇÃO DA CONFIABILIDADE

Para avaliar a confiabilidade de um sistema, é preciso coletar dados sobre sua operação. Os dados necessários podem incluir:

1. O número de falhas do sistema, dado um número de solicitações de serviços do sistema. Isso serve para medir a POFOD e se aplica independentemente do tempo em que as demandas são feitas.
2. O tempo ou número de transações entre as falhas do sistema somado ao tempo decorrido total ou ao número total de transações. Isso serve para medir a ROCOF e o MTTF.
3. O tempo de reparo ou reinicialização após uma falha do sistema que leva à perda do serviço. Serve para medir a disponibilidade, que não depende apenas do tempo entre as falhas, mas também do tempo necessário para o sistema voltar a operar.

As unidades de tempo que podem ser utilizadas nessas métricas são o tempo do calendário ou uma unidade discreta, como o número de transações. O tempo do calendário deve ser usado para os sistemas que estão em operação contínua. Sistemas de monitoramento, como os de controle de processos, enquadram-se nessa categoria. Portanto, a ROCOF poderia ser o número de falhas por dia. Os sistemas que processam transações, como os caixas eletrônicos de bancos ou os sistemas de reserva de passagens aéreas, têm cargas variáveis colocadas sobre eles, dependendo do horário do dia. Nesses casos, a unidade de 'tempo' utilizada poderia ser o número de transações; isto é, a ROCOF seria o número de transações defeituosas por N-mil transações.

O teste de confiabilidade é um processo de teste estatístico que visa medir a confiabilidade de um sistema. As métricas de confiabilidade, como a POFOD (probabilidade de falha sob demanda) e a ROCOF (taxa de ocorrência de falhas), podem ser utilizadas para especificar quantitativamente a confiabilidade do software necessária. É possível conferir o processo de teste de confiabilidade se o sistema tiver alcançado o nível de confiabilidade necessário.

O processo de medir a confiabilidade de um sistema às vezes se chama teste estatístico (Figura 11.13), e é voltado explicitamente para a medição da confiabilidade, em vez de para a busca por defeitos. Prowell *et al.* (1999) dão uma boa descrição do teste estatístico em seu livro sobre o processo *Cleanroom*.

FIGURA 11.13 Teste estatístico para medição da confiabilidade.

Existem quatro estágios no processo de teste estatístico:

1. No começo, os sistemas existentes do mesmo tipo são estudados para entender como são utilizados na prática. Isso é importante, pois se tenta medir a confiabilidade conforme vivenciada pelos usuários do sistema. O objetivo é definir um perfil operacional, que identifica as classes de entradas do sistema e a probabilidade de que elas venham a ocorrer no uso normal.
2. Depois, um conjunto de dados de teste que reflitam o perfil operacional é construído. Isso significa que são criados dados de teste com a mesma distribuição de probabilidade dos dados de testes dos sistemas estudados. Normalmente, um gerador de dados de teste é usado para apoiar esse processo.
3. O sistema é testado usando esses dados, contando o número e o tipo de falhas que ocorrem. Os horários dessas falhas também são registrados em log. Conforme discuti anteriormente, as unidades de tempo escolhidas devem ser apropriadas para a métrica de confiabilidade empregada.
4. Após a observação de um número estatisticamente significativo de falhas, é possível calcular a confiabilidade do software e o valor adequado para a métrica de confiabilidade.

Essa abordagem para a medição da confiabilidade, atraente em termos conceituais, não é fácil de se aplicar na prática. As principais dificuldades que surgem se devem a:

1. *Incerteza do perfil operacional.* Os perfis operacionais baseados na experiência com outros sistemas podem não ser um reflexo exato do uso real do sistema.
2. *Custos elevados de geração de dados de teste.* Pode ser muito caro gerar o grande volume de dados necessários em um perfil operacional, a menos que o processo possa ser totalmente automatizado.
3. *Incerteza estatística quando uma alta confiabilidade é especificada.* Deve-se gerar um número de falhas estatisticamente significativo para permitir as medições exatas da confiabilidade. Quando o software já é confiável, ocorrem relativamente poucas falhas e é difícil gerar novas falhas.
4. *Reconhecimento da falha.* Nem sempre é obvio se uma falha do sistema ocorreu ou não. Se houver uma especificação formal, é possível identificar os desvios dessa especificação, mas se a especificação estiver em linguagem natural, pode haver ambiguidades, o que significa que os observadores podem discordar sobre o sistema ter ou não falhado.

Sem dúvida, a melhor maneira de gerar um grande conjunto de dados, necessário para a medição da confiabilidade, é usar um gerador de dados de teste, que pode ser configurado para gerar automaticamente as entradas correspondentes ao perfil operacional. Entretanto, geralmente não é possível automatizar a produção de todos os dados de teste para sistemas interativos porque as entradas muitas vezes são uma resposta às saídas do sistema. Os conjuntos de dados desses sistemas têm de ser gerados manualmente, com custos proporcionalmente mais altos. Mesmo nos casos em que é possível a automação completa, escrever comandos para o gerador de dados de teste pode tomar um tempo significativo.

O teste estatístico pode ser utilizado em conjunto com a injeção de defeitos para reunir dados sobre a eficácia do processo de teste de defeitos. A injeção de defeitos (VOAS; MCGRAW, 1997) é a inclusão deliberada de erros no programa. Quando o programa é executado, eles apontam para defeitos do programa e falhas associadas. Depois, a falha é analisada para descobrir se a causa principal é um dos erros que foram acrescentados ao programa. Se é descoberto que X% dos defeitos injetados levam a falhas, os proponentes da injeção de defeitos argumentam que o processo de teste de defeitos também terá descoberto X% dos defeitos reais do programa.

Essa abordagem presume que a distribuição e o tipo de defeitos injetados refletem os defeitos reais no sistema. É razoável pensar que isso poderia valer para os defeitos decorrentes de erros de programação, mas é menos provável que valham para os defeitos resultantes de problemas com requisitos ou com o projeto. A injeção de defeitos é ineficaz em prever o número de defeitos oriundos de qualquer coisa exceto de erros de programação.

Modelagem do crescimento da confiabilidade

Um modelo de crescimento da confiabilidade é um modelo de como a confiabilidade do sistema muda ao longo do tempo durante o processo de teste. À medida que as falhas do sistema são descobertas, os defeitos subjacentes que causam essas falhas são consertados, de modo que a confiabilidade do sistema deve melhorar durante o teste e a depuração do sistema. Para prever a confiabilidade, o modelo conceitual de crescimento da confiabilidade deve ser traduzido em um modelo matemático.

11.5.1 Perfis operacionais

O perfil operacional de um sistema de software reflete como ele será utilizado na prática. Ele consiste de uma especificação das classes de entrada e a probabilidade de sua ocorrência. Quando um novo sistema de software substitui um sistema automatizado existente, é razoavelmente fácil avaliar o provável padrão de uso do novo software. Ele deve corresponder ao uso existente, com alguma tolerância para a nova funcionalidade que será (presumivelmente) incluída no novo software. Por exemplo, um perfil operacional pode ser especificado para os sistemas de comutação telefônica porque as empresas de telecomunicações conhecem os padrões de chamada que esses sistemas têm de tratar.

Geralmente, o perfil operacional é tal que as entradas com maior probabilidade de serem geradas se enquadram em um pequeno número de classes, conforme mostrado no lado esquerdo da Figura 11.14. São muitas as classes cujas entradas são altamente improváveis, mas não impossíveis. Elas são exibidas no lado direito da Figura 11.14. As reticências (...) significam que há muito mais dessas entradas incomuns do que foi exibido.

FIGURA 11.14 Distribuição de entradas em um perfil operacional.

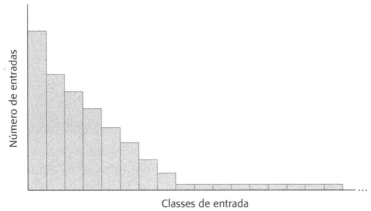

Musa (1998) discute o desenvolvimento dos perfis operacionais nos sistemas de telecomunicações. Como existe um longo histórico de coleta de dados de uso nesse domínio, o processo de desenvolvimento do perfil operacional é relativamente direto. Ele reflete simplesmente o histórico de dados de uso. Para um sistema que exigiu aproximadamente 15 pessoas-ano de esforço de desenvolvimento, um perfil operacional foi desenvolvido em aproximadamente uma pessoa-mês. Em outros casos, a geração do perfil operacional demorou mais (2-3 pessoas-ano), mas o custo foi distribuído por uma série de entregas do sistema.

Quando um sistema de software é novo e inovador, entretanto, é difícil prever como ele será utilizado. Consequentemente, é praticamente impossível criar um perfil operacional preciso. Muitos usuários diferentes, com expectativas, origens e experiências diferentes poderão usar o novo sistema. Não há uma base de dados de histórico de uso. Esses usuários podem usar os sistemas de maneiras que os desenvolvedores não previram.

Certamente é possível desenvolver um perfil operacional preciso para alguns tipos de sistema, como os de telecomunicações, que têm um padrão de uso uniforme. No entanto, para outros tipos de sistema, pode ser difícil ou impossível desenvolver um perfil operacional preciso, pois:

1. Um sistema pode ter muitos usuários diferentes que têm, cada um, suas próprias maneiras de usar o sistema. Conforme expliquei anteriormente neste capítulo, diferentes usuários têm diferentes impressões da confiabilidade porque usam um sistema de diferentes maneiras. É difícil combinar todos esses padrões de uso em um único perfil operacional.
2. Com o passar do tempo, os usuários mudam as maneiras como usam um sistema. À medida que os usuários aprendem sobre um novo sistema e confiam mais nele, começam a usá-lo de maneiras mais sofisticadas. Portanto, um perfil operacional que corresponde ao padrão de uso inicial de um sistema pode não ser válido depois que os usuários se familiarizam com o sistema.

Por esses motivos, muitas vezes é impossível desenvolver um perfil operacional confiável. Ao usar um perfil operacional ultrapassado ou incorreto, não dá para confiar na precisão de quaisquer medições de confiabilidade que forem feitas.

PONTOS-CHAVE

- A confiabilidade de software pode ser alcançada evitando a introdução de defeitos, detectando e removendo os defeitos antes da implantação do sistema e incluindo recursos de tolerância a defeitos que permitam ao sistema continuar operando após um defeito causar uma falha do sistema.

- Os requisitos de confiabilidade podem ser definidos quantitativamente na especificação de requisitos do sistema. As métricas de confiabilidade incluem a probabilidade de falha sob demanda (POFOD), a taxa de recorrência de falhas (ROCOF) e a disponibilidade (AVAIL).

- Os requisitos de confiabilidade funcionais são requisitos de funcionalidade do sistema, como os de verificação e de redundância, que ajudam o sistema a satisfazer seus requisitos de confiabilidade não funcionais.

- As arquiteturas de sistema com dependabilidade são aquelas projetadas para tolerância a defeitos. Uma série de estilos de arquitetura apoia a tolerância a defeitos, incluindo os sistemas de proteção, as arquiteturas de automonitoramento e a programação N-versões.

- A diversidade de software é difícil de alcançar porque é praticamente impossível assegurar que cada versão do software seja verdadeiramente independente.

- A programação com dependabilidade baseia-se na inclusão da redundância em um programa que confere a validade das entradas e os valores das variáveis do programa.

- O teste estatístico é utilizado para estimar a confiabilidade do software. Ele se baseia em testar o sistema com dados de teste que correspondem a um perfil operacional que reflete a distribuição das entradas para o software quando ele estiver em uso.

LEITURAS ADICIONAIS

Software fault tolerance techniques and implementation. Uma discussão abrangente das técnicas para obter software com tolerância a defeitos e arquiteturas tolerantes a defeitos. O livro aborda também as questões gerais da dependabilidade de software. A engenharia de confiabilidade é uma área madura, e as técnicas discutidas aqui ainda são atuais. PULLUM, L. L. Artech House, 2001.

"Software reliability engineering: a roadmap." Um levantamento feito por um proeminente pesquisador em confiabilidade de software que resume a excelência em engenharia de confiabilidade de software e discute os desafios da pesquisa nesta área. LYU, M. R. *Proc. Future of Software Engineering*, IEEE Computer Society, 2007. doi:10.1109/FOSE.2007.24.

"Mars code." Esse artigo discute a abordagem para a engenharia de confiabilidade utilizada no desenvolvimento de software para o Mars Curiosity Rover. A abordagem baseou-se no uso de boas práticas de programação, redundância e verificação de modelos (abordada no Capítulo 12). HOLZMANN, G. J. *Comm. ACM*., v. 57, n. 2, 2014. doi:10.1145/2560217.2560218.

SITE[1]

Apresentações em PowerPoint para este capítulo disponíveis em: <http://software-engineering-book.com/slides/chap11/>.

Links para vídeos de apoio disponíveis em: <http://software-engineering-book.com/videos/reliability-and-safety/>.

Mais informações sobre o sistema de controle de voo do Airbus disponíveis em: <http://software-engineering-book.com/case-studies/airbus-340/>.

---

[1] Todo o conteúdo disponibilizado na seção *Site* de todos os capítulos está em inglês.

EXERCÍCIOS

11.1 Explique por que é praticamente impossível validar especificações de confiabilidade quando elas são expressas em termos de um número de falhas muito pequeno durante a vida útil de um sistema.

11.2 Sugira métricas de confiabilidade adequadas para as seguintes classes de sistema de software. Justifique a sua escolha. Preveja o uso desses sistemas e sugira valores apropriados para a métrica de confiabilidade.

- um sistema que monitora os pacientes na unidade de terapia intensiva de um hospital;
- um processador de texto;
- um sistema de controle de uma máquina automática de vendas;
- um sistema para controlar a frenagem em um carro;
- um sistema para controlar uma unidade de refrigeração;
- um gerador de relatórios gerenciais.

11.3 O sistema de proteção de um trem freia automaticamente se o limite de velocidade de um trecho da ferrovia for ultrapassado ou se o trem entrar em um trecho da ferrovia atualmente sinalizado com uma luz vermelha (isto é, se o trecho não deve ser percorrido). Justificando a sua resposta, explique qual é a métrica de confiabilidade que você utilizaria para especificar a confiabilidade necessária para um sistema como esse.

11.4 Qual é a característica comum de todos os estilos de arquitetura voltados para dar apoio à tolerância a defeitos do software?

11.5 Sugira as circunstâncias nas quais é adequado usar uma arquitetura tolerante a defeitos durante a implementação de um sistema de controle baseado em software e explique por que essa abordagem é necessária.

11.6 Você é responsável por projetar um *switch* de comunicações que deve que proporcionar disponibilidade 24/7, mas que não é crítico em segurança. Justificando a sua resposta, sugira um estilo de arquitetura que poderia ser utilizado para esse sistema.

11.7 Sugeriu-se que o software de controle de uma máquina de radioterapia, utilizada para tratar pacientes com câncer, deveria ser implementado usando programação N-versões. Comente se você acha essa uma boa sugestão ou não.

11.8 Explique por que todas as versões em um sistema projetado em torno da diversidade de software podem falhar de modo parecido.

11.9 Explique por que você deve tratar explicitamente todas as exceções em um sistema destinado a ter um alto nível de disponibilidade.

11.10 As falhas de software podem causar inconveniências consideráveis para os usuários do software. É ético que as empresas lancem software nos quais sabem ter defeitos que poderiam levar a falhas? Elas deveriam ser responsáveis por compensar os usuários pelas perdas causadas pela falha de seu software? Elas deveriam ser obrigadas por lei a oferecer garantias de software da mesma maneira que os fabricantes de bens de consumo devem garantir seus produtos?

REFERÊNCIAS

AVIZIENIS, A. A.; LYU, M. R. "A methodology of N-version programming." In: LYU, M. R. (ed.). *Software fault tolerance*. Chichester, UK: John Wiley & Sons, 1995. p. 23-46.

BRILLIANT, S. S.; KNIGHT, J. C.; LEVESON, N. G. "Analysis of faults in an N-version software experiment." *IEEE Trans. on Software Engineering*, v. 16, n. 2, 1990. p. 238-247. doi:10.1109/32.44387.

HATTON, L. "N-version design versus one good version." *IEEE Software*, v. 14, n. 6, 1997. p. 71-76. doi:10.1109/52.636672.

LEVESON, N. G. *Safeware*: system safety and computers. Reading, MA: Addison-Wesley, 1995.

MUSA, J. D. *Software reliability engineering*: more reliable software, faster development and testing. New York: McGraw-Hill, 1998.

PROWELL, S. J.; TRAMMELL, C. J.; LINGER, R. C.; POORE, J. H. *Cleanroom software engineering*: technology and process. Reading, MA: Addison-Wesley, 1999.

PULLUM, L. *Software fault tolerance techniques and implementation*. Norwood, MA: Artech House, 2001.

RANDELL, B. "Facing up to faults." *Computer J.*, v. 45, n. 2, 2000. p. 95-106. doi:10.1093/comjnl/43.2.95.

TORRES-POMALES, W. "Software fault tolerance: a tutorial." *The NASA STI Program Office... in Profile*, 2000. Disponível em: <https://ntrs.nasa.gov/archive/nasa/casi.ntrs.nasa.gov/20000120144.pdf>. Acesso em: 20 mai. 2018.

VOAS, J.; MCGRAW, G. *Software fault injection*: innoculating programs against errors. New York: John Wiley & Sons, 1997.

12 | Engenharia de segurança (*safety*)

OBJETIVOS

O objetivo deste capítulo é explicar as técnicas utilizadas para garantir a segurança (*safety*) durante o desenvolvimento de sistemas críticos. Ao ler este capítulo, você:

- compreenderá o que significa um sistema ser crítico em segurança e por que a segurança deve ser considerada separadamente da confiabilidade na engenharia de sistemas críticos;
- compreenderá como uma análise dos perigos pode ser utilizada para derivar requisitos de segurança;
- conhecerá os processos e as ferramentas utilizados na garantia de segurança do software;
- compreenderá o conceito de caso de segurança, utilizado para justificar a segurança de um sistema para os reguladores, e como os argumentos formais podem ser utilizados nos casos de segurança.

CONTEÚDO

12.1 Sistemas críticos em segurança
12.2 Requisitos de segurança
12.3 Processos de engenharia de segurança
12.4 Casos de segurança

Na Seção 11.2, descrevi resumidamente um acidente aéreo no aeroporto de Varsóvia, em que um Airbus colidiu durante o pouso. Duas pessoas morreram e 54 ficaram feridas. O inquérito subsequente mostrou que uma causa significativa do acidente foi uma falha do software de controle, que reduziu a eficiência do sistema de frenagem da aeronave. Este é um dos exemplos, felizmente raros, em que o comportamento de um sistema de software levou a mortos e feridos. Ele ilustra que o software hoje é um componente fundamental em muitos sistemas críticos para preservar e manter a vida. Estes são sistemas de software críticos em segurança, e uma série de métodos e técnicas foi desenvolvida para a engenharia de software crítico em segurança.

Conforme discuti no Capítulo 10, a segurança (*safety*)[1] é uma das principais propriedades da dependabilidade. Um sistema pode ser considerado seguro se operar sem falhas catastróficas — uma falha que cause ou possa causar morte ou lesão às

---

[1] Nota da R.T.: Como este capítulo trata especificamente de segurança (*safety*), para tornar o texto mais fluido, não se repetirá mais o termo em inglês *safety* para explicitar a diferença com a segurança da informação (*security*).

pessoas. Sistemas cujas falhas possam levar a danos ambientais também são críticos em segurança, já que danos ambientais (como vazamento de substâncias químicas) podem levar a subsequentes lesões ou mortes humanas.

O software nos sistemas críticos em segurança tem um duplo papel na obtenção da segurança:

1. O sistema pode ser controlado por software para que as decisões tomadas por este e as ações seguintes sejam críticas em segurança. Portanto, o comportamento do software está diretamente relacionado com a segurança global do sistema.
2. O software é amplamente utilizado para conferir e monitorar outros componentes críticos em segurança de um sistema. Por exemplo, todos os componentes do motor de uma aeronave são monitorados pelo software, que procura por indicações de falha de componentes. Esse software é crítico em segurança porque, se falhar, outros componentes podem falhar e causar um acidente.

A segurança nos sistemas de software é alcançada se for desenvolvida uma compreensão das situações que poderiam levar a falhas relacionadas à segurança. O software é projetado para que essas falhas não ocorram. Talvez seja possível acreditar, então, que se um sistema crítico em segurança é confiável e se comporta conforme o especificado, ele é seguro. Infelizmente, não é tão simples assim. A confiabilidade do sistema é necessária para alcançar a segurança, mas não é suficiente. Sistemas confiáveis podem não ser seguros, e vice-versa. O acidente no aeroporto de Varsóvia foi um exemplo desse tipo de situação, que discutiremos mais detalhadamente na Seção 12.2.

Os sistemas de software que são confiáveis podem não ser seguros por quatro razões:

1. Nunca podemos ter 100% de certeza de que um sistema de software é livre de defeitos e tolerante a defeitos. Os defeitos não detectados podem ficar inativos por um longo tempo, e as falhas de software podem ocorrer após muitos anos de operação confiável.
2. A especificação pode estar incompleta por não descrever o comportamento exigido do sistema em algumas situações críticas. Uma alta porcentagem de mau funcionamento do sistema resulta de erros de especificação em vez de erros de projeto. Em um estudo sobre erros em sistemas embarcados, Lutz (1993) concluiu que as "dificuldades com os requisitos são a causa principal dos erros de software relacionados à segurança, que persistiram até a integração e teste do sistema"[2]. Um trabalho mais recente de Veras et al. (2010) nos sistemas espaciais confirma que os erros de requisitos ainda são um problema importante nos sistemas embarcados.
3. O mau funcionamento do hardware pode fazer com que sensores e atuadores se comportem de modo imprevisível. Quando os componentes estão próximos da falha física, eles podem se comportar erraticamente e gerar sinais fora dos intervalos que podem ser tratados pelo software. Então o software pode falhar ou interpretar equivocadamente esses sinais.
4. Os operadores do sistema podem gerar entradas que não são individualmente incorretas, mas que, em algumas situações, podem levar a mau funcionamento do sistema. Um exemplo curioso disso ocorreu quando o trem de pouso de uma aeronave foi danificado enquanto ela estava no solo. Aparentemente, um técnico pressionou um botão que instruía o software de apoio a recolher o trem de

---

[2] LUTZ, R. R. "Analysing software requirements errors in safety-critical embedded systems." In: *RE'93*. San Diego, CA: IEEE, 1993. p. 126-133. doi:0.1109/ISRE.1993.324825.

pouso. O software executou com perfeição as instruções mecânicas. Entretanto, o sistema deveria ter desabilitado o comando, a não ser que avião estivesse no ar.

Portanto, a segurança tem de ser considerada tanto quanto a confiabilidade durante o desenvolvimento de sistemas críticos em segurança. As técnicas de engenharia da confiabilidade que introduzi no Capítulo 11 obviamente são aplicáveis à engenharia de sistemas críticos em segurança, portanto, não discutirei aqui as arquiteturas de sistema e a programação com dependabilidade, mas me concentrarei nas técnicas para aprimorar e garantir a segurança do sistema.

12.1 SISTEMAS CRÍTICOS EM SEGURANÇA

Os sistemas críticos em segurança são aqueles em que é essencial que a operação seja sempre segura. Isto é, o sistema nunca deve provocar danos às pessoas ou ao meio ambiente, independentemente de ele estar ou não em conformidade com a sua especificação. Exemplos de sistemas críticos em segurança incluem os de controle e monitoramento em aeronaves, os de controle de processos nas indústrias química e farmacêutica e os de controle em automóveis.

O software crítico em segurança divide-se em duas classes:

1. *Software crítico em segurança primário.* É o software embarcado como controlador de um sistema. O mau funcionamento desse tipo de software pode provocar mau funcionamento do hardware, resultando em lesões ao ser humano ou prejuízo ambiental. O software da bomba de insulina, que introduzi no Capítulo 1, é um exemplo de sistema crítico em segurança primário. A falha do sistema pode levar à lesão do usuário.
O sistema da bomba de insulina é simples, mas o controle por software também é utilizado em sistemas críticos em segurança muito complexos. O controle por software, e não por hardware, é essencial em razão da necessidade de gerenciar grandes quantidades de sensores e atuadores, que têm leis de controle complexas. Por exemplo, aeronaves militares avançadas e aerodinamicamente instáveis requerem o ajuste contínuo controlado por software de suas superfícies de voo para garantir que não caiam.
2. *Software crítico em segurança secundário.* Esse software pode causar uma lesão indiretamente. Um exemplo é um sistema de projeto de engenharia assistido por computador, cujo mau funcionamento poderia resultar em um defeito no projeto de um objeto. Esse defeito pode provocar lesões às pessoas se o sistema projetado funcionar indevidamente. Outro exemplo de sistema crítico em segurança secundário é o Mentcare — para gerenciamento de pacientes que precisam de cuidados de saúde mental —, já que uma falha desse sistema poderia fazer com que um paciente instável recebesse tratamento incorreto, e esse paciente poderia machucar a si próprio ou outras pessoas.
Alguns sistemas de controle, como os que controlam a infraestrutura nacional crítica (fornecimento de eletricidade, telecomunicações, tratamento de esgotos etc.), são sistemas críticos em segurança secundários. A falha desses sistemas provavelmente não tem consequências imediatas aos seres humanos, mas uma interrupção prolongada dos sistemas controlados poderia levar a ferimentos e morte. A falha de um sistema de tratamento de esgotos, por exemplo, poderia levar a um nível mais alto de doenças infecciosas à medida que esgoto sem tratamento é liberado no ambiente.

Expliquei, no Capítulo 11, como alcançar a disponibilidade e a confiabilidade de software e de sistemas por meio da prevenção de defeitos, da detecção e da remoção de defeitos e da tolerância a defeitos. O desenvolvimento de sistemas críticos em segurança usa essas abordagens e as reforça com técnicas dirigidas por perigos que consideram acidentes de sistema possíveis. As técnicas são:

1. *Prevenção de perigos.* O sistema é projetado para que os perigos sejam evitados. Por exemplo, um sistema de cortadora de papel que exige que o operador use as duas mãos para pressionar simultaneamente botões diferentes evita o perigo de as mãos do operador ficarem no caminho da lâmina.
2. *Detecção e remoção de perigos.* O sistema é projetado para que os perigos sejam detectados e removidos antes de ocasionarem um acidente. Por exemplo, um sistema de indústria química pode detectar pressão excessiva e abrir uma válvula de alívio de pressão para reduzi-la antes que uma explosão ocorra.
3. *Limitação dos danos.* O sistema pode incluir características de proteção que minimizem os danos que resultam de um acidente. Por exemplo, um motor de avião normalmente inclui extintores de incêndio automáticos. Se houver fogo no motor, frequentemente ele pode ser controlado antes de se tornar uma ameaça para a aeronave.

Um perigo é um estado do sistema que poderia levar a um acidente. Usando o exemplo anterior do sistema de cortadora de papel, surge um perigo quando a mão do operador está em uma posição em que a lâmina de corte poderia atingi-la. Perigos não são acidentes — frequentemente nos vemos em situações perigosas e saímos delas sem quaisquer problemas. No entanto, os acidentes sempre são precedidos por perigos, então, a redução dos perigos reduz a quantidade de acidentes.

Um perigo é um exemplo de vocabulário especializado que utilizamos na engenharia de sistemas críticos em segurança. Explico outras terminologias empregadas nos sistemas críticos em segurança na Figura 12.1.

FIGURA 12.1 Terminologia de segurança.

Termo	Definição
Acidente	Um evento ou uma sequência de eventos não planejados que resulta em lesão ou morte de seres humanos, danos à propriedade ou ao ambiente. Uma overdose de insulina é um exemplo de acidente.
Dano	Uma medida da perda resultante de um acidente. O dano pode variar de morte de muitas pessoas em consequência de um acidente até uma lesão menor ou dano à propriedade. O dano resultante de uma overdose de insulina poderia levar à lesão grave ou morte do usuário da bomba de insulina.
Perigo	Uma condição com o potencial para causar ou contribuir para um acidente. Uma falha do sensor que mede a glicose no sangue é um exemplo de perigo.
Probabilidade de perigo	A probabilidade de ocorrência de eventos que criam um perigo. Os valores da probabilidade tendem a ser arbitrários, mas variam de 'provável' (uma chance de 1/100 de ocorrer um perigo, por exemplo) até 'implausível' (não são imaginadas situações prováveis em que determinado perigo pudesse ocorrer). A probabilidade de uma falha de sensor na bomba de insulina que superestime o nível de açúcar no sangue do usuário é baixa.
Gravidade de perigo	Uma avaliação do pior dano possível que poderia resultar de um determinado perigo. A gravidade do perigo pode variar de catastrófica, em que muitas pessoas morrem, até pequena, em que os resultados são danos menores. Quando há possibilidade de morte de pelo menos um indivíduo, uma avaliação razoável da gravidade do perigo é 'muito alta'.
Risco	Uma medida da probabilidade de o sistema causar um acidente. O risco é avaliado considerando a probabilidade de perigo, a gravidade do perigo e a probabilidade de que o perigo cause um acidente. O risco de uma overdose de insulina é de médio a baixo.

Hoje, somos realmente bons em criar sistemas que conseguem lidar com uma coisa que vai mal. Podemos projetar mecanismos no sistema que conseguem detectar e se recuperar de problemas únicos. No entanto, quando várias coisas saem errado ao mesmo tempo, os acidentes são mais prováveis. À medida que os sistemas se tornam mais e mais complexos, não entendemos as relações entre suas diferentes partes. Consequentemente, não conseguimos prever as consequências de uma combinação de eventos ou falhas imprevistos do sistema.

Em uma análise de acidentes sérios, Perrow (1984) sugeriu que quase todos os acidentes ocorreram por uma combinação de falhas em diferentes partes do sistema. Combinações não previstas de falhas de subsistemas levaram a interações que resultaram em falha global do sistema. Por exemplo, a falha de um sistema de condicionamento de ar pode levar a superaquecimento. Depois que o hardware fica quente, seu comportamento se torna imprevisível, então o superaquecimento pode levar o hardware do sistema a gerar sinais incorretos. Esses sinais errados podem fazer com que o software reaja incorretamente.

Perrow afirmou que, nos sistemas complexos, é impossível prever todas as possíveis combinações de falhas. Portanto, ele cunhou a frase 'acidentes normais', com a implicação de que os acidentes têm de ser considerados inevitáveis quando criamos sistemas críticos em segurança complexos.

Para reduzir a complexidade, poderíamos usar controladores de hardware simples em vez de controle por software. Entretanto, os sistemas controlados por software podem monitorar uma gama maior de condições do que os sistemas eletromecânicos mais simples. Eles podem ser adaptados com relativa facilidade. Eles usam hardware de computador, que tem uma confiabilidade inerente elevada e que é fisicamente pequeno e leve.

Os sistemas controlados por software podem proporcionar travas de segurança sofisticadas. Eles podem apoiar estratégias de controle que reduzem a quantidade de tempo que as pessoas precisam passar em ambientes perigosos. Embora o controle de software possa introduzir mais maneiras de algo no sistema dar errado, ele também permite monitoramento e proteção melhores. Portanto, o controle por software pode contribuir para melhorias na segurança do sistema.

É importante manter um senso de proporção quanto aos sistemas críticos em segurança. Os sistemas de software críticos operam sem problemas na maior parte do tempo. Relativamente poucas pessoas no mundo inteiro morreram ou se feriram em virtude de software defeituoso. Perrow está certo em dizer que os acidentes sempre serão uma possibilidade. É impossível fazer um sistema 100% seguro, e a sociedade tem que decidir se as consequências de um acidente ocasional valem ou não os benefícios advindos do uso das tecnologias avançadas.

Especificação de requisitos baseada em riscos

A especificação baseada em riscos é uma abordagem que tem sido amplamente utilizada pelos desenvolvedores de sistemas críticos em segurança (*safety*) e em segurança da informação (*security*).

Ela se concentra nos eventos que poderiam causar a maioria dos danos ou que tendem a ocorrer frequentemente. Os eventos que têm apenas consequências menores ou que são extremamente raros podem ser ignorados. O processo de especificação baseada em risco envolve compreender os riscos enfrentados pelo sistema, descobrir as suas causas principais e gerar requisitos para gerenciar esses riscos.

12.2 REQUISITOS DE SEGURANÇA

Na introdução deste capítulo, descrevi um acidente aéreo no aeroporto de Varsóvia no qual o sistema de frenagem de um Airbus falhou. O inquérito desse acidente mostrou que o software do sistema de frenagem havia operado de acordo com a sua especificação. Não havia erros no programa. No entanto, a especificação do software estava incompleta e não tinha levado em conta uma situação rara, que surgiu nesse caso. O software funcionou, mas o sistema falhou.

Esse episódio ilustra que a segurança do sistema não depende apenas da boa engenharia. Ela requer atenção ao detalhe quando os requisitos do sistema são derivados e a inclusão de requisitos de software especiais voltados para garantir a segurança de um sistema. Os requisitos de segurança são funcionais, definindo recursos de verificação e recuperação que devem ser incluídos no sistema e características que fornecem proteção contra falhas e ataques externos ao sistema.

O ponto de partida para gerar requisitos funcionais de segurança normalmente é o conhecimento do domínio, padrões de segurança e normas. Tudo isso leva a requisitos de alto nível que talvez sejam mais bem descritos como requisitos do tipo 'não deve'. Ao contrário dos requisitos funcionais normais, que definem o que o sistema deve fazer, os requisitos do tipo 'não deve' definem o comportamento inaceitável do sistema. Exemplos de requisitos do tipo 'não deve' são:

> "O sistema não deve permitir o acionamento do modo de impulso reverso quando a aeronave estiver em voo."
>
> "O sistema não deve permitir a ativação simultânea de mais de três sinais de alarme."
>
> "O sistema de navegação não deve permitir que os usuários definam o destino necessário quando o carro estiver em movimento."

Esses requisitos do tipo 'não deve' não podem ser implementados diretamente, mas têm de ser decompostos em requisitos funcionais de software mais específicos. Alternativamente, eles podem ser implementados por meio de decisões de projeto, como uma decisão de usar determinados tipos de equipamentos no sistema.

Os requisitos de segurança são basicamente de proteção e não estão relacionados com a operação normal do sistema. Eles podem especificar que o sistema deve ser desligado para que a segurança seja mantida. Ao derivar os requisitos de segurança, é preciso, portanto, encontrar um equilíbrio aceitável entre segurança e funcionalidade e evitar a superproteção. Não há vantagem em criar um sistema muito seguro se ele não operar com bom custo-benefício.

A especificação dos requisitos baseada em riscos é uma abordagem geral utilizada na engenharia de sistemas críticos, em que os riscos enfrentados pelo sistema são identificados e os requisitos para evitar ou mitigar esses riscos também o são. Ela pode ser utilizada para todos os tipos de requisitos de dependabilidade. Para sistemas críticos em segurança, ela se traduz em um processo orientado para os perigos identificados. Conforme discuti na seção anterior, um perigo é alguma coisa que poderia resultar (mas não necessariamente) em morte ou lesão de uma pessoa.

Existem quatro atividades em um processo de especificação de segurança dirigida por perigos:

1. *Identificação do perigo*. Processo que identifica os perigos que podem ameaçar o sistema. Esses perigos podem ser armazenados em um registro de perigos,

um documento formal que registra as análises de segurança e as avaliações e que pode ser enviado para um regulador como parte de um caso de segurança.
2. *Avaliação do perigo*. Processo que decide quais perigos são os piores e/ou mais prováveis de ocorrer. Eles devem ser priorizados quando requisitos de segurança são derivados.
3. *Análise do perigo*. Processo de análise da causa raiz que identifica os eventos que podem levar à ocorrência de um perigo.
4. *Redução do risco*. Processo que se baseia no resultado da análise do perigo e leva à identificação de requisitos de segurança. Esses requisitos podem estar relacionados à garantia de que um perigo não surja ou não leve a um acidente ou que, se um acidente ocorrer, o dano associado seja minimizado.

A Figura 12.2 ilustra esse processo de especificação de requisitos dirigida por perigos.

FIGURA 12.2 Especificação de requisitos dirigida por perigos.

12.2.1 Identificação do perigo

Nos sistemas críticos em segurança, a identificação de um perigo começa pela determinação das diferentes classes de perigos — físico, elétrico, biológico, de radiação e de falha de serviço, por exemplo. Cada uma dessas classes pode ser analisada para descobrir perigos específicos que poderiam ocorrer. As possíveis combinações de perigos potencialmente nocivos também devem ser identificadas.

Engenheiros experientes, que trabalham com especialistas de domínio e conselheiros de segurança profissionais, identificam perigos a partir da experiência prévia e de uma análise do domínio da aplicação. As técnicas de trabalho em grupo, como o *brainstorming*, podem ser utilizadas nas situações em que um grupo se reúne para trocar ideias. Para o sistema da bomba de insulina, as pessoas que podem estar envolvidas incluem médicos, físicos médicos e engenheiros, além de projetistas de software.

O sistema da bomba de insulina que introduzi no Capítulo 1 é um sistema crítico em segurança, pois a falha pode provocar lesão ou até mesmo morte do usuário do sistema. Os acidentes que podem ocorrer durante o uso dessa máquina incluem o usuário sofrer as consequências de longo prazo do controle deficiente do açúcar no sangue (problemas oculares, cardíacos e renais), disfunção cognitiva em consequência dos baixos níveis de açúcar no sangue ou a ocorrência de algumas outras condições médicas, como uma reação alérgica.

Alguns perigos que podem surgir no sistema da bomba de insulina são:

- computação de overdose de insulina (falha de serviço);
- computação de dosagem insuficiente de insulina (falha de serviço);

- falha do sistema de monitoramento do hardware (falha de serviço);
- falha de energia em razão de esgotamento da bateria (elétrico);
- interferência elétrica com outro equipamento médico, como um marca-passo cardíaco (elétrico);
- mau contato no sensor ou atuador causado por montagem incorreta (físico);
- partes da máquina quebrarem no corpo do paciente (físico);
- infecção causada pela introdução da máquina (biológica);
- reação alérgica aos materiais ou à insulina utilizada na máquina (biológica).

Perigos relacionados ao software normalmente dizem respeito à falha no fornecimento de um serviço do sistema ou falha dos sistemas de monitoramento e proteção. Os sistemas de monitoramento e proteção podem ser incluídos em um dispositivo para detectar condições, como o baixo nível de bateria, que poderiam levar à falha do dispositivo.

Pode ser utilizado um registro para armazenar os perigos identificados, assim como uma razão para terem sido incluídos. O registro de perigos é um documento legal importante que registra todas as decisões relacionadas à segurança a respeito de cada perigo. Ele pode ser utilizado para mostrar que os engenheiros de requisitos prestaram o cuidado e a atenção devidos na consideração de todos os perigos previsíveis, e que esses perigos foram analisados. Em caso de acidente, o registro de perigos pode ser utilizado em um inquérito subsequente ou nos processos judiciais para mostrar que os desenvolvedores do sistema não foram negligentes em sua análise de segurança do sistema.

12.2.2 Avaliação do perigo

O processo de avaliação do perigo tem como foco a compreensão dos fatores que levam à ocorrência de um perigo e as consequências de um acidente ou incidente associado a esse perigo. Essa análise é necessária para entender se um perigo é uma ameaça grave ao sistema ou ao ambiente. Ela também constitui uma base para decidir como gerenciar o risco associado ao perigo.

Para cada perigo, o resultado do processo de análise e classificação é uma declaração de aceitabilidade, expressa em termos de risco, que, por sua vez, leva em conta a probabilidade de um acidente e suas consequências. Existem três categorias de risco utilizadas na avaliação do perigo:

1. *Riscos intoleráveis* nos sistemas críticos em segurança são aqueles que ameaçam a vida humana. O sistema deve ser projetado para que esses riscos não surjam ou, se surgirem, para que as características do sistema garantam que eles sejam detectados antes de causarem um acidente. No caso da bomba de insulina, um risco intolerável é a liberação de uma overdose de insulina.
2. *Riscos baixos na medida do possível* (ALARP, do inglês *as low as reasonably practical*) são aqueles com consequências menos graves ou com consequências graves, mas com uma probabilidade de ocorrência muito baixa. O sistema deve ser projetado para que a probabilidade de um acidente em virtude do risco seja minimizada — estando sujeita a outras considerações, como o custo e a entrega. Um risco ALARP para a bomba de insulina poderia ser a falha do sistema de monitoramento do hardware. As consequências dessa falha são, na

pior das hipóteses, uma dose insuficiente de insulina no curto prazo, situação que não deve levar a um acidente grave.
3. *Riscos aceitáveis* são aqueles em que os acidentes associados resultam normalmente em danos pequenos. Os projetistas de sistemas devem tomar todas as medidas para reduzir os riscos 'aceitáveis', contanto que essas medidas não aumentem significativamente os custos, o prazo de entrega ou outros atributos não funcionais do sistema. Um risco aceitável no caso da bomba de insulina poderia ser o risco de uma reação alérgica no usuário. Essa reação geralmente causa apenas uma pequena irritação cutânea. O uso de materiais especiais — mais caros — no dispositivo para reduzir esse risco não se justificaria.

A Figura 12.3 mostra essas três categorias divididas em regiões de um triângulo. A largura do triângulo reflete os custos de garantir que os riscos não resultem em incidentes ou acidentes. Os custos mais elevados são gerados pelos riscos no topo do diagrama e os custos mais baixos pelos riscos no vértice do triângulo.

FIGURA 12.3 Triângulo do risco.

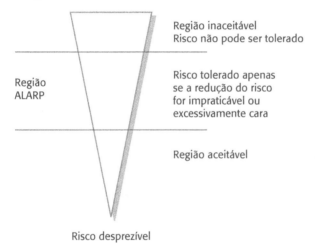

As fronteiras entre as regiões na Figura 12.3 não são fixas, mas dependem de quão aceitáveis são os riscos nas sociedades em que o sistema será implantado. Isso varia de país para país — algumas sociedades têm mais aversão ao risco e são mais litigiosas do que outras. Entretanto, ao longo do tempo, todas as sociedades se tornaram mais avessas ao risco, então as fronteiras se moveram para baixo. Em eventos raros, os custos financeiros de aceitar os riscos e pagar por quaisquer acidentes resultantes podem ser menores do que os custos da prevenção de acidentes. No entanto, a opinião pública pode exigir que dinheiro seja gasto para reduzir a probabilidade de um acidente do sistema, independentemente do custo.

Por exemplo, pode ser mais barato para uma empresa limpar a poluição nas raras ocasiões em que ela ocorrer do que instalar sistemas para prevenção da poluição. Entretanto, como o público e a mídia não vão tolerar esses acidentes, corrigir os danos em vez de prevenir o acidente não é mais uma coisa aceitável. Os eventos em outros sistemas também podem levar a uma reclassificação do risco. Por exemplo, os riscos que se acreditava serem improváveis (e, portanto, situados na região ALARP) podem ser reclassificados como intoleráveis em razão de eventos externos, como ataques terroristas, ou fenômenos naturais, como tsunamis.

A Figura 12.4 mostra uma classificação do risco para os perigos relativos ao sistema de liberação de insulina identificados na seção anterior. Separei os perigos relacionados à computação incorreta da insulina em overdose e dose insuficiente. Uma overdose de insulina é potencialmente mais grave do que uma dose insuficiente no curto prazo. A overdose de insulina pode resultar em disfunção cognitiva, coma e, por fim, em morte. As doses insuficientes de insulina levam a altos níveis de açúcar no sangue. No curto prazo, esses altos níveis causam cansaço, mas não são muito graves; no longo prazo, porém, podem levar a graves problemas cardíacos, renais e oculares.

FIGURA 12.4 Classificação dos riscos para a bomba de insulina.

Perigo identificado	Probabilidade do perigo	Gravidade do acidente	Risco estimado	Aceitabilidade
1. Computação de overdose de insulina	Média	Alta	Alto	Intolerável
2. Computação de dose insuficiente de insulina	Média	Baixa	Baixo	Aceitável
3. Falha do sistema de monitoramento do hardware	Média	Média	Baixo	ALARP
4. Falha de energia	Alta	Baixa	Baixo	Aceitável
5. Máquina acoplada incorretamente	Alta	Alta	Alto	Intolerável
6. Quebra da máquina no paciente	Baixa	Alta	Médio	ALARP
7. Infecção causada pela máquina	Média	Média	Médio	ALARP
9. Interferência elétrica	Baixa	Alta	Médio	ALARP
10. Reação alérgica	Baixa	Baixa	Baixo	Aceitável

Os perigos 4 a 9 na Figura 12.4 não estão relacionados com o software, mas o software tem um papel a desempenhar na detecção desses perigos. O software de monitoramento do hardware deve observar o estado do sistema e avisar sobre problemas potenciais. O aviso frequentemente permitirá que o perigo seja detectado antes de causar um acidente. Exemplos de perigos que poderiam ser detectados são a falha de energia — detectada enquanto se monitora a bateria — e o encaixe incorreto da máquina no paciente — que pode ser detectado no monitoramento dos sinais do sensor de açúcar no sangue.

O software de monitoramento no sistema está, com certeza, relacionado à segurança. A não detecção de um perigo poderia resultar em um acidente. Se o sistema de monitoramento falhar, mas o hardware estiver funcionando corretamente, então a falha não é grave. Entretanto, se o sistema de monitoramento falhar e a falha do hardware não puder ser detectada, então isso poderia ter consequências mais sérias.

A avaliação do perigo envolve estimar a probabilidade do perigo e a gravidade do risco. Isso é difícil, pois os perigos e os acidentes são incomuns. Consequentemente, os engenheiros envolvidos podem não ter experiência direta com incidentes ou acidentes prévios. Ao estimar a probabilidade e a gravidade do acidente, faz sentido usar termos relativos como *provável, improvável, raro, alto, médio* e *baixo*. É praticamente impossível quantificar esses termos, porque não há dados estatísticos suficientes sobre a maioria dos tipos de acidentes.

12.2.3 Análise do perigo

A análise do perigo é o processo de descoberta das causas principais dos perigos em um sistema crítico em segurança. Seu objetivo é descobrir quais eventos ou combinações de eventos poderiam causar uma falha do sistema que resulte em um perigo. Para isso, é possível usar uma abordagem *top-down* (de cima para baixo) ou *bottom-up* (de baixo para cima). As técnicas *top-down*, dedutivas, são mais fáceis de usar; elas começam pelo perigo e chegam até a possível falha do sistema. As técnicas *bottom-up*, indutivas, começam com uma proposição de falha do sistema e identificam quais perigos poderiam resultar dessa falha.

Várias técnicas foram propostas como possíveis abordagens para a decomposição ou análise do perigo (STOREY, 1996). Uma das técnicas mais utilizadas é a análise da árvore de defeitos, uma técnica *top-down* desenvolvida para análise dos perigos de hardware e software (LEVESON; CHA; SHIMEALL, 1991). Essa técnica é bem fácil de entender sem conhecimento especializado do domínio.

Para fazer uma análise da árvore de defeitos, a ideia é partir dos perigos que foram identificados. Para cada perigo, deve-se retroagir para descobrir suas possíveis causas. O perigo é colocado na raiz da árvore e os estados do sistema que podem levar a esse perigo são identificados. Para cada um desses estados, devem ser identificados outros estados do sistema que podem levar a eles. Essa decomposição continua até a causa raiz do risco. Perigos que só surgem a partir de uma combinação de causas raízes geralmente são menos propensos a levar a um acidente do que os perigos com uma única causa principal.

A Figura 12.5 é uma árvore de defeitos para perigos relacionados ao software no sistema de liberação de insulina e que poderiam levar à liberação de uma dose errada. Nesse caso, a dose insuficiente e a overdose de insulina foram unificadas em um único perigo, ou seja, 'administração de uma dose incorreta de insulina'. Isso reduz o número de árvores de defeitos necessárias. Naturalmente, ao especificar como o software deve reagir a esse perigo, é necessário distinguir entre uma dose insuficiente e uma overdose de insulina. Como mencionei antes, eles não são igualmente graves — no curto prazo, uma overdose é o perigo mais grave.

FIGURA 12.5 Exemplo de árvore de defeitos.

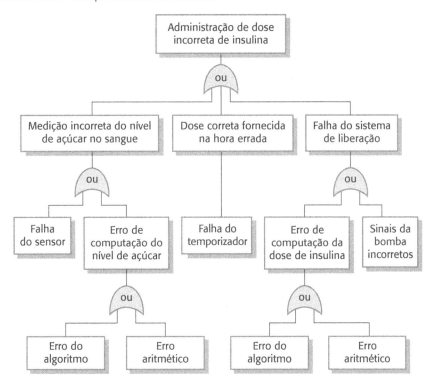

A Figura 12.5 mostra que:

1. Três condições poderiam levar à administração de uma dose errada de insulina. (1) O nível de açúcar no sangue pode ser medido incorretamente, e então o requisito de insulina será calculado com uma entrada incorreta. (2) O sistema de liberação pode não responder corretamente aos comandos que especificam a quantidade de insulina a ser injetada. Por outro lado, (3) a dose pode ser calculada corretamente, mas ser fornecida cedo ou tarde demais.
2. O ramo esquerdo da árvore de defeitos, relacionado à medição incorreta do nível de açúcar no sangue, identifica como isso poderia acontecer: seja porque o sensor que fornece um valor para calcular o nível de açúcar falhou ou porque o cálculo do nível de açúcar no sangue foi feito incorretamente. O nível de açúcar é calculado a partir de alguns parâmetros mensurados, como a condutibilidade da pele. Uma computação incorreta pode resultar tanto de um algoritmo incorreto ou de um erro aritmético que resulta do uso de números de ponto flutuante.
3. O ramo central da árvore está relacionado a problemas de sincronismo e se conclui que eles podem resultar apenas de falha do sistema temporizador.
4. O ramo direito da árvore, relacionado à falha do sistema de liberação, examina as possíveis causas dessa falha: elas poderiam resultar de uma computação errada do requisito de insulina ou de uma falha no envio dos sinais corretos para a bomba que fornece insulina. Mais uma vez, uma computação incorreta pode resultar de uma falha de algoritmo ou de erros aritméticos.

As árvores de defeitos também são utilizadas para identificar possíveis problemas de hardware. As árvores de defeito de hardware podem fornecer ideias de requisitos de software para detectar e, talvez, corrigir esses problemas. Por exemplo, as doses de insulina não são administradas frequentemente — não mais do que cinco ou seis vezes por hora e, às vezes, menos do que isso. Portanto, há disponibilidade de capacidade do processador para executar programas de diagnóstico e de autoverificação. Os erros de hardware, como erros no sensor, na bomba ou no temporizador, podem ser descobertos e os alertas emitidos antes de produzirem um efeito grave no paciente.

12.2.4 Redução do risco

Depois que os riscos potenciais e suas causas principais foram identificados, é possível derivar requisitos de segurança que gerenciam os riscos e garantem que os incidentes ou acidentes não ocorram. Há três estratégias possíveis:

1. *Proteção contra perigos*, em que um sistema é projetado para que o perigo não ocorra.
2. *Detecção e remoção de perigos*, em que um sistema é projetado para que os perigos sejam detectados e neutralizados antes de resultarem em um acidente.
3. *Limitação de danos*, em que um sistema é projetado para que as consequências de um acidente sejam minimizadas.

Normalmente, os projetistas de sistemas críticos usam uma combinação dessas abordagens. Em um sistema crítico em segurança, os perigos intoleráveis podem ser gerenciados se a sua probabilidade for minimizada e um sistema de proteção (ver Capítulo 11) que proporcione um *backup* de segurança for adicionado. Um sistema de controle de indústria química, por exemplo, vai tentar detectar e evitar a pressão excessiva no reator. No entanto, também é possível que haja um sistema de proteção independente que monitore a pressão e abra a válvula de escape se for detectada uma pressão elevada.

No sistema da bomba de insulina, um estado seguro é o estado desligado, no qual nenhuma insulina é injetada. Por um período curto, isso não é uma ameaça para a saúde do diabético. Para as falhas de software que poderiam levar a uma dose incorreta de insulina, as seguintes 'soluções' poderiam ser desenvolvidas:

1. *Erro aritmético.* Esse erro pode ocorrer quando um cálculo aritmético causa uma falha de representação. A especificação deve identificar todos os erros aritméticos possíveis e definir que um tratamento de exceção seja incluído para cada erro possível. A especificação deve determinar a atitude a ser tomada para cada um desses erros. A ação padrão mais segura é desligar o sistema de fornecimento e ativar um alarme de aviso.
2. *Erro algorítmico.* Esta é uma situação mais difícil, já que não há exceção de programa clara que deva ser tratada. Esse tipo de erro poderia ser detectado ao comparar a dose de insulina necessária calculada com a dose previamente fornecida. Se for muito maior, isso pode significar que a quantidade foi calculada incorretamente. O sistema também pode monitorar a sequência de doses. Após a liberação de um número de doses acima da média, pode ser emitido um alerta, limitando a dosagem posterior.

Alguns dos requisitos de segurança resultantes para o software da bomba de insulina são exibidos na Figura 12.6. Os requisitos na Figura 12.6 são de usuário. Naturalmente, eles seriam expressos em mais detalhes em uma especificação dos requisitos de sistema mais aprofundada.

FIGURA 12.6 Exemplos de requisitos de segurança.

RS1: O sistema não deve fornecer nenhuma dose única de insulina maior que a dose máxima especificada para um usuário do sistema.

RS2: O sistema não deve fornecer uma dose cumulativa diária de insulina maior do que a dose diária máxima especificada para um usuário do sistema.

RS3: O sistema deve incluir um recurso de diagnóstico de hardware que será executado pelo menos quatro vezes por hora.

RS4: O sistema deve incluir um tratamento para todas as exceções identificadas na Tabela 3[3].

RS5: O alarme audível deve soar quando qualquer anomalia de hardware ou software for descoberta e deve ser exibida uma mensagem de diagnóstico, conforme a definição na Tabela 4.

RS6: No caso de um alarme, o fornecimento de insulina deve ser suspenso até o usuário resetar o sistema e parar o alarme.

12.3 PROCESSOS DE ENGENHARIA DE SEGURANÇA

Os processos de software empregados para desenvolver sistemas críticos em segurança baseiam-se nos processos utilizados na engenharia de confiabilidade de software. Em geral, toma-se muito cuidado para desenvolver uma especificação

---

[3] Observação: As tabelas 3 e 4 são tabelas incluídas no documento de requisitos; elas não são exibidas aqui.

de sistema completa e, frequentemente, bem detalhada. O projeto e a implementação do sistema seguem um modelo em cascata, baseado em plano, com revisões e conferências em cada etapa do processo. A prevenção e a detecção de defeitos são os indutores do processo. Para alguns tipos de sistema, como os de aeronaves, podem ser utilizadas arquiteturas tolerantes a defeitos, conforme discuti no Capítulo 11.

A confiabilidade é um pré-requisito dos sistemas críticos em segurança. Por causa dos custos muito elevados e das consequências possivelmente trágicas de uma falha de sistema, outras atividades de verificação podem ser empregadas no desenvolvimento de sistemas críticos em segurança. Essas atividades podem incluir o desenvolvimento de modelos formais de um sistema, a análise deles para descobrir erros e inconsistências, e o uso de ferramentas de software de análise estática que examinam o código-fonte do software para descobrir possíveis defeitos.

Os sistemas seguros precisam ser confiáveis, mas, conforme discuti, a confiabilidade não basta. Os erros e as omissões nos requisitos e na verificação podem significar que os sistemas confiáveis não são seguros. Portanto, os processos de desenvolvimento de sistemas críticos em segurança devem incluir revisões de segurança, em que engenheiros e *stakeholders* do sistema examinam o trabalho realizado e buscam explicitamente os possíveis problemas que poderiam afetar a segurança do sistema.

Alguns tipos de sistemas críticos em segurança são regulados, conforme expliquei no Capítulo 10. Os reguladores nacionais e internacionais exigem evidências detalhadas de que o sistema é seguro. Essas evidências poderiam incluir:

1. A especificação do sistema que foi desenvolvido e os registros das checagens feitas sobre essa especificação.
2. Evidências dos processos de verificação e validação executados e dos resultados de verificação e validação do sistema.
3. Evidências de que as organizações que desenvolvem o sistema têm processos de software definidos e confiáveis que incluem revisões de garantia de segurança. Deve haver registros mostrando que esses processos foram devidamente executados.

Nem todos os sistemas críticos em segurança são regulados. Por exemplo, não há um regulador para os automóveis, embora hoje os carros tenham vários sistemas computacionais embarcados. A segurança dos sistemas dos automóveis é responsabilidade do fabricante do veículo. No entanto, em razão da possibilidade de ação judicial no caso de acidente, os desenvolvedores dos sistemas não regulados devem manter as mesmas informações detalhadas de segurança. Se for movida uma ação contra eles, é preciso que possam mostrar que não foram negligentes no desenvolvimento do software do veículo.

A necessidade dessa ampla documentação de processos e produtos é outra razão para os processos ágeis não poderem ser utilizados, não sem mudanças significativas, para o desenvolvimento de sistemas críticos em segurança. Os processos ágeis concentram-se no próprio software e argumentam (corretamente) que uma grande parte da documentação do processo jamais é utilizada após a sua confecção. No entanto, nas situações em que é necessário guardar registros por motivos legais ou regulatórios, deve-se manter documentação sobre os processos utilizados e sobre o sistema em si.

Os sistemas críticos em segurança, como outros tipos de sistemas que têm requisitos de alta confiabilidade, precisam se basear em processos confiáveis (ver Capítulo 10). Um processo confiável normalmente vai incluir atividades como gerenciamento de requisitos, gerenciamento de mudanças e controle de configuração, modelagem de sistema, revisões e inspeções de sistema, planejamento de testes e análise de cobertura de teste. Quando um sistema é crítico em segurança, pode haver mais processos de garantia de segurança e de verificação e análise.

12.3.1 Processos de garantia de segurança

A garantia de segurança é um conjunto de atividades que conferem se um sistema vai operar com segurança. As atividades específicas de garantia de segurança devem ser incluídas em todas as etapas do processo de desenvolvimento de software. Essas atividades registram as análises de segurança que foram executadas e a pessoa (ou pessoas) responsável por essas análises. As atividades de garantia de segurança precisam ser completamente documentadas. Essa documentação pode fazer parte da evidência utilizada para convencer um regulador ou proprietário do sistema de que ele operará com segurança.

Exemplos de atividades de garantia de segurança são:

1. *Análise e monitoramento de perigos*, que são rastreados desde a análise preliminar dos perigos até o teste e a validação de sistema.
2. *Revisões de segurança*, que são empregadas durante todo o processo de desenvolvimento.
3. *Certificação de segurança*, em que a segurança dos componentes críticos é certificada formalmente. Isso envolve um grupo externo ao time de desenvolvimento de sistemas que examina as evidências disponíveis e decide se um sistema ou componente deve ou não ser considerado seguro antes de ser disponibilizado para uso.

Para apoiar esses processos de garantia de segurança, os engenheiros de segurança de projetos devem ser indicados para assumir responsabilidade explícita pelos aspectos de segurança de um sistema. Esses indivíduos serão responsabilizados se ocorrer uma falha de sistema relacionada à segurança. Eles devem ser capazes de demonstrar que as atividades de garantia de segurança foram corretamente executadas.

Os engenheiros de segurança trabalham com gerentes da qualidade para garantir que seja utilizado um detalhado sistema de gerenciamento de configuração para acompanhar toda a documentação relacionada à segurança e mantê-la em sintonia com a documentação técnica associada. Não há vantagem em ter procedimentos de validação rigorosos se uma falha de gerenciamento de configuração significar que o sistema errado é fornecido para o cliente. O gerenciamento da qualidade e o gerenciamento de configuração serão abordados nos Capítulos 24 e 25.

A análise de perigos é uma parte essencial do desenvolvimento de sistemas críticos em segurança. Ela envolve a identificação dos perigos, sua probabilidade de ocorrência e a probabilidade de um perigo levar a um acidente. Se houver um código de programa que verifique e trate cada perigo, então é possível argumentar que esses perigos não resultarão em acidentes. Nas situações em que a certificação externa é necessária antes de um sistema ser utilizado (por exemplo, em uma aeronave), normalmente é uma condição de certificação que essa rastreabilidade possa ser comprovada.

O documento de segurança principal a ser produzido é um registro de perigos. Esse documento fornece evidências de como os perigos identificados foram levados em conta durante o desenvolvimento de software. Esse registro de perigos é utilizado em cada etapa do processo de desenvolvimento de software para documentar de que modo cada etapa levou os perigos em conta.

Um exemplo simplificado de entrada do registro de perigos para o sistema da bomba de insulina é exibido na Figura 12.7. Esse registro documenta o processo de análise de perigos e mostra os requisitos de projeto que foram gerados durante esse processo. Esses requisitos de projeto se destinam a assegurar que o sistema de controle nunca forneça uma overdose de insulina para um usuário da bomba.

FIGURA 12.7 Uma entrada simplificada do registro de perigos.

Registro de perigos					
Sistema: Bomba de insulina		*Arquivo:* BombaInsulina/Segurança/LogPerigo			
Engenheiro de segurança: James Brown		*Versão:* 1/3			
Perigo identificado:	Overdose de insulina fornecida ao paciente				
Identificado por:	Jane Williams				
Classe de criticidade:	1				
Risco identificado:	Alto				
Árvore de perigo identificada:	SIM	*Data:*	24/01/2011	*Local:*	Registro de perigos, página 5
Criadores da árvore de perigo:	Jane Williams e Bill Smith				
Árvore de perigo conferida:	SIM	*Data:*	28/01/2011	*Conferente:*	James Brown
Requisitos de projeto da segurança do sistema					

1. O sistema deve incluir software de autoteste que testará o sistema de sensores, o relógio e o sistema de liberação de insulina.

2. O software de autoverificação deve ser executado uma vez a cada minuto.

3. No caso de o software de autoverificação descobrir um defeito em qualquer um dos componentes do sistema, deve ser emitido um alarme audível e o *display* da bomba deve mostrar o nome do componente em que foi descoberto o defeito. O fornecimento de insulina deve ser suspenso.

4. O sistema deve incorporar um sistema de redefinição que permita ao usuário modificar a dose de insulina calculada e fornecida pelo sistema.

5. O grau de redefinição não deve ser maior do que um valor predeterminado (maxRedefinicao), que é definido durante a configuração do sistema pela equipe médica.

Os indivíduos que têm responsabilidade de segurança devem ser identificados explicitamente no registro de perigos. A identificação pessoal é importante por duas razões:

1. Quando as pessoas são identificadas, elas podem ser responsabilizadas por suas ações. Elas tendem a ser mais cuidadosas, porque qualquer problema pode ser rastreado até o trabalho delas.
2. No caso de um acidente, pode haver ações judiciais ou um inquérito. É importante ser capaz de identificar os responsáveis pela garantia de segurança para que eles possam defender suas ações como parte do processo legal.

As revisões de segurança são revisões da especificação do software, do projeto (*design*) e do código-fonte, cujo objetivo é descobrir condições potencialmente perigosas. Não são processos automatizados, mas envolvem pessoas que examinam atentamente os erros cometidos e as suposições e omissões que possam afetar a segurança de um sistema. Por exemplo, no acidente aéreo que apresentei anteriormente, uma revisão de segurança poderia ter questionado a suposição de que uma aeronave está no solo quando há peso nas duas rodas e elas estão girando.

As revisões de segurança devem ser dirigidas pelo registro de perigos. Para cada um dos perigos identificados, uma equipe de revisão examina o sistema e julga se ele lidaria ou não com o perigo de uma maneira segura. Quaisquer dúvidas levantadas são marcadas no relatório da equipe de revisão e têm de ser abordadas pelo time de desenvolvimento do sistema. Discutirei os diversos tipos de revisão com mais detalhes no Capítulo 24, que trata da garantia de qualidade de software.

A certificação de segurança do software é utilizada quando componentes externos são incorporados ao sistema crítico em segurança. Quando todas as partes de um sistema foram desenvolvidas localmente, as informações completas sobre os processos de desenvolvimento utilizados podem ser mantidas. No entanto, não é economicamente compensador desenvolver componentes que já estão disponíveis em outros fornecedores. O problema para o desenvolvimento de sistemas críticos em segurança é que esses componentes externos podem ter sido desenvolvidos considerando padrões diferentes dos padrões de componentes desenvolvidos localmente. A segurança deles é desconhecida.

Como consequência, pode ser um requisito que todos os componentes externos sejam certificados antes de serem integrados a um sistema. A equipe de certificação de segurança, que é separada do time de desenvolvimento, faz uma verificação e validação amplas dos componentes. Se for apropriado, ela entra em contato com os desenvolvedores dos componentes para averiguar se processos confiáveis foram utilizados na criação deles e para examinar o código-fonte desses componentes. Depois de ficar satisfeita ao saber que o componente cumpre a especificação e não tem funcionalidades 'ocultas', a equipe de certificação pode emitir um certificado que autorize a utilização do componente nos sistemas críticos em segurança.

Licenciamento de engenheiros de software

Em algumas áreas da engenharia, os engenheiros de segurança devem ser engenheiros licenciados. Os engenheiros inexperientes ou pouco qualificados não podem assumir a responsabilidade pela segurança. Em 30 estados norte-americanos, existe alguma forma de licenciamento para os engenheiros de software envolvidos no desenvolvimento de sistemas relacionados à segurança. Esses estados exigem que o engenheiro envolvido no desenvolvimento de software crítico em segurança seja licenciado e tenha um nível mínimo de qualificação e experiência. Esse tema é controverso, e o licenciamento não é exigido em muitos outros países.

12.3.2 Verificação formal

Os métodos formais de desenvolvimento de software, conforme discuti no Capítulo 10, baseiam-se em um modelo formal que serve como uma especificação do sistema. Esses métodos formais estão relacionados principalmente com a análise matemática da especificação, com a transformação da especificação em uma representação semanticamente equivalente e mais detalhada, ou com a verificação formal de que uma representação do sistema é semanticamente equivalente a outra representação.

A necessidade de garantia nos sistemas críticos em segurança tem sido um dos principais condutores no desenvolvimento dos métodos formais. O teste abrangente de sistemas é extremamente caro, e não é garantido que revele todos os defeitos de um sistema. Isso vale particularmente para os sistemas distribuídos, a fim de que os componentes do sistema estejam rodando concorrentemente. Vários sistemas ferroviários críticos em segurança foram desenvolvidos nos anos 1990 usando métodos formais (DEHBONEI; MEJIA, 1995; BEHM et al., 1999). Empresas como a Airbus usam métodos formais rotineiramente em seu desenvolvimento de software para sistemas críticos (SOUYRIS et al., 2009).

Os métodos formais podem ser utilizados em diferentes estágios no processo de V & V:

1. Uma especificação formal do sistema pode ser desenvolvida e analisada matematicamente em busca de inconsistências. Essa técnica é eficaz na descoberta de erros e omissões da especificação. A verificação de modelos, discutida na próxima seção, é uma abordagem particularmente eficaz para a análise da especificação.
2. É possível verificar formalmente, usando argumentos matemáticos, se o código de um sistema de software é coerente com sua especificação. Isso requer uma especificação formal, e é eficaz para descobrir erros de programação e alguns erros de projeto.

Por causa da grande lacuna semântica entre uma especificação formal do sistema e o código do programa, é difícil e caro provar que um programa desenvolvido separadamente é coerente com a sua especificação. O trabalho na verificação do programa hoje é baseado principalmente no desenvolvimento transformacional. Em um processo de desenvolvimento transformacional, uma especificação formal é transformada sistematicamente, por meio de uma série de representações, em código do programa. Ferramentas de software apoiam o desenvolvimento das transformações e ajudam a verificar se as representações correspondentes do sistema são coerentes. O método B é provavelmente o método transformacional formal mais utilizado (ABRIAL, 2010). Ele tem sido usado no desenvolvimento de sistemas de controle de trens e em software aviônico.

Os defensores dos métodos formais alegam que o uso desses métodos leva a sistemas mais confiáveis e seguros. A verificação formal demonstra que o programa desenvolvido satisfaz a sua especificação e que os erros de implementação não comprometerão a dependabilidade do sistema. Ao desenvolver um modelo formal de sistemas concorrentes usando uma especificação escrita em uma linguagem como CSP (SCHNEIDER, 1999), é possível descobrir condições que poderiam resultar em um impasse (*deadlock*) no programa final e então tratar desses problemas. Isso é muito difícil de fazer apenas com testes.

No entanto, a especificação formal e a prova não garantem que o software será seguro na prática:

1. A especificação pode não refletir os requisitos reais dos usuários e de outros *stakeholders* do sistema. Conforme discuti no Capítulo 10, os *stakeholders* do sistema raramente entendem as notações formais, então não conseguem ler diretamente a especificação formal para encontrar erros e omissões. Isso significa que é provável que a especificação formal não seja uma representação precisa dos requisitos do sistema.
2. A prova pode conter erros. As provas de programa são grandes e complexas, então, assim como os programas grandes e complexos, elas normalmente contêm erros.

3. A prova pode fazer suposições erradas sobre a maneira como o sistema é utilizado. Se o sistema não for utilizado conforme o previsto, então o comportamento do sistema fica fora do escopo da prova.

A verificação de um sistema de software não trivial toma muito tempo, exigindo experiência matemática e ferramentas de software especializadas, como provadores de teoremas. É um processo caro e, à medida que o sistema aumenta, os custos da verificação formal aumentam desproporcionalmente.

Muitos engenheiros de software acham, portanto, que a verificação formal não compensa economicamente. Eles acreditam que o mesmo nível de confiança no sistema pode ser alcançado de modo mais barato usando outras técnicas de verificação, como as inspeções e o teste de sistema. No entanto, empresas como a Airbus, que usam a verificação formal, alegam que o teste de unidade dos componentes não é necessário, levando a uma economia de custos significativa (MOY *et al.*, 2013).

Estou convencido de que os métodos formais e a verificação formal têm um papel importante a desempenhar no desenvolvimento dos sistemas de software críticos. As especificações formais são muito eficazes na descoberta de alguns tipos de problemas de especificação que podem levar à falha do sistema. Embora a verificação formal continue a ser impraticável para sistemas grandes, ela pode ser utilizada para verificar componentes centrais com segurança (*safety*) e segurança da informação (*security*) críticas.

12.3.3 Verificação de modelos

Verificar formalmente os programas usando uma abordagem dedutiva é difícil e caro, mas foram desenvolvidas abordagens alternativas para a análise formal baseadas em uma noção de correção mais restrita. A mais bem-sucedida dessas abordagens se chama verificação de modelos — *model checking*, em inglês (JHALA; MAJUMDAR, 2009). A verificação de modelos envolve criar um modelo de estado formal de um sistema e conferir se esse modelo está correto usando ferramentas de software especializadas. As etapas envolvidas nesse processo são exibidas na Figura 12.8.

FIGURA 12.8 Verificação de modelos.

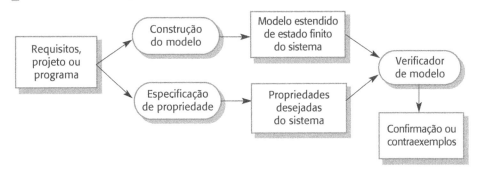

A verificação de modelos tem sido amplamente utilizada para examinar os projetos de sistema de hardware. Ela é cada vez mais utilizada nos sistemas de software críticos, como o software de controle nos veículos de exploração de Marte da NASA (REGAN; HAMILTON, 2004; HOLZMANN, 2014) e pela Airbus no desenvolvimento de software aviônico (BOCHOT *et al.*, 2009).

Muitas ferramentas diferentes foram desenvolvidas para a verificação de modelos. O SPIN foi um dos primeiros exemplos de verificador de modelos de software (HOLZMANN, 2003). Os sistemas mais recentes incluem o SLAM, da Microsoft (BALL; LEVIN; RAJAMANI, 2011), e o PRISM (KWIATKOWSKA; NORMAN; PARKER, 2011).

Os modelos usados pelos sistemas verificadores são modelos estendidos de estado finito do software. Os modelos são expressos na linguagem do sistema verificador de modelos utilizado — por exemplo, o verificador de modelos SPIN usa uma linguagem chamada Promela. Um conjunto de propriedades de sistema desejáveis é identificado e escrito em uma notação formal, baseada normalmente na lógica temporal. Por exemplo, no sistema meteorológico das estações na natureza, uma propriedade a ser verificada poderia ser se o sistema sempre vai alcançar o estado 'transmitindo' a partir do estado 'gravando'.

O verificador de modelos explora todos os caminhos através do modelo (isto é, todas as possíveis transições de estado), verificando se a propriedade é válida para cada caminho. Se for, então o verificador de modelos confirma que o modelo está correto em relação à propriedade. Se a propriedade não for válida para um determinado caminho, o verificador de modelos gera um contraexemplo ilustrando em que ponto a propriedade não é válida. A verificação de modelos é particularmente útil na validação dos sistemas concorrentes, que são notoriamente difíceis de testar por causa de sua sensibilidade ao tempo. O verificador pode explorar as transições intercaladas e concorrentes para descobrir possíveis problemas.

Uma questão-chave na verificação de modelos é a criação do modelo de sistema. Se o modelo tiver que ser criado manualmente (a partir de um documento de requisitos ou de projeto), o processo ficará caro, pois a criação do modelo toma bastante tempo. Além disso, existe a possibilidade de que o modelo criado não seja um modelo preciso dos requisitos ou do projeto. Portanto, é melhor se o modelo puder ser criado automaticamente a partir do código-fonte do programa. Existem verificadores de modelos que trabalham diretamente de programas em Java, C, C++ e Ada.

A verificação de modelos é muito cara em termos computacionais porque usa uma abordagem completa para examinar todos os caminhos através do modelo de sistema. À medida que o tamanho de um sistema aumenta, a quantidade de estados também aumenta, com um consequente aumento no número de caminhos a serem examinados. Portanto, para os grandes sistemas, a verificação de modelos pode ser impraticável em razão do tempo necessário para executar as verificações. Entretanto, algoritmos melhores estão sendo desenvolvidos para identificar partes do estado que não têm que ser exploradas durante a verificação de uma determinada propriedade. Conforme esses algoritmos forem incorporados aos verificadores de modelos, será cada vez mais possível usar a verificação de modelos de modo rotineiro no desenvolvimento de grandes sistemas críticos.

12.3.4 Análise estática de programas

Os analisadores estáticos automatizados são ferramentas de software que varrem o código-fonte de um programa e detectam possíveis defeitos e anomalias. Eles analisam o texto do programa e, assim, reconhecem os diferentes tipos de comandos. Eles podem detectar se os comandos estão bem formados ou não, fazer inferências sobre o fluxo de controle no programa e, em muitos casos, calcular o conjunto de todos os valores possíveis dos dados do programa. Eles complementam os recursos de detecção de erros fornecidos pelo compilador da linguagem e podem ser utilizados como parte do processo de inspeção ou como uma atividade separada do processo de V & V.

A análise estática automatizada é mais rápida e barata do que as revisões de código detalhadas, e é muito eficaz na descoberta de alguns tipos de defeitos de programa. No entanto, ela não consegue descobrir algumas classes de erros que poderiam ser identificados nas reuniões de inspeção de programa.

As ferramentas de análise estática (LOPES; VICENTE; SILVA, 2009) trabalham no código-fonte de um sistema e, ao menos para alguns tipos de análise, não precisam de mais entradas. Isso significa que os programadores não precisam aprender notações especializadas para escrever especificações de programa, e por isso os benefícios da análise ficam imediatamente claros. Isso torna a análise estática automatizada mais fácil de introduzir em um processo de desenvolvimento do que a verificação formal ou a verificação de modelos.

A intenção da análise estática é chamar a atenção do leitor do código para anomalias no programa, como variáveis utilizadas sem inicialização, variáveis não utilizadas ou dados cujos valores poderiam sair do intervalo. Exemplos de problemas que podem ser detectados pela análise estática são exibidos na Figura 12.9.

FIGURA 12.9 Verificações de análise estática automatizada.

Classe do defeito	Verificação de análise estática
Defeitos de dados	Variáveis utilizadas sem inicialização
	Variáveis declaradas, mas nunca utilizadas
	Variáveis atribuídas duas vezes, mas nunca utilizadas entre as atribuições
	Possíveis violações de limite em vetores
	Variáveis não declaradas
Defeitos de controle	Código inalcançável
	Desvios incondicionais para laços
Defeitos de entrada/saída	Variáveis geram saídas duas vezes sem atribuição intermediária
Defeitos de interface	Incompatibilidade de tipo dos parâmetros
	Incompatibilidade de número de parâmetros
	Não utilização dos resultados das funções
	Funções e procedimentos não invocados
Defeitos de gerenciamento de memória	Ponteiros não atribuídos
	Aritmética de ponteiros
	Vazamentos de memória

Naturalmente, as verificações específicas feitas pelo analisador estático dependem da linguagem de programação e do que é ou não permitido nessa linguagem. As anomalias resultam frequentemente de erros de programação ou omissões, então elas destacam as coisas que poderiam dar errado durante a execução do programa. No entanto, essas anomalias não são necessariamente defeitos de programa; elas podem ser construtos introduzidos deliberadamente pelo programador, ou a anomalia pode não ter consequências adversas.

Três níveis de verificação podem ser implementados em analisadores estáticos:

1. *Verificação de erro característico.* Nesse nível, o analisador estático conhece os erros comuns cometidos pelos programadores nas linguagens como Java ou C.

A ferramenta analisa o código em busca de padrões característicos do problema e destaca esses padrões para o programador. Apesar de relativamente simples, a análise baseada nos erros comuns pode ter um bom custo-benefício. Zheng *et al.* (2006) analisaram uma grande base de código em C e C++, e descobriram que 90% dos erros nos programas resultaram de 10 tipos de erro característico.

2. *Verificação de erro definido pelo usuário.* Nessa abordagem, os usuários do analisador estático definem os padrões de erro a serem detectados. Eles podem estar relacionados com o domínio da aplicação ou se basear no conhecimento do sistema específico que está sendo desenvolvido. Um exemplo de padrão de erro é 'manter a ordenação'; por exemplo, o método A sempre deve ser chamado antes do método B. Com o tempo, uma organização pode coletar informações sobre os defeitos comuns que ocorrem em seus programas e estender as ferramentas de análise estática com padrões de erro para destacar esses erros.

3. *Verificação de asserção.* Essa é a abordagem mais geral e mais poderosa para a análise estática. Os desenvolvedores incluem asserções formais (escritas frequentemente como comentários estilizados) em seu programa que declaram as relações que devem ser válidas naquele ponto do programa. Por exemplo, o programa poderia incluir uma asserção dizendo que o valor da alguma variável deve ficar no intervalo $x..y$. O analisador executa simbolicamente o código e destaca os comandos em que a asserção pode não ser válida.

A análise estática é eficaz para encontrar erros nos programas, mas frequentemente gera uma grande quantidade de falso-positivos. São seções de código nas quais não há erros, mas nas quais as regras do analisador estático detectaram um potencial para erro. A quantidade de falso-positivos pode ser reduzida adicionando mais informações ao programa na forma de asserções, mas isso requer mais trabalho do desenvolvedor do código. É necessário trabalhar na triagem desses falso-positivos antes de o código em si poder ser verificado em busca de erros.

Muitas organizações usam rotineiramente a análise estática em seus processos de desenvolvimento de software. A Microsoft introduziu a análise estática no desenvolvimento dos *drivers* de dispositivo cujas falhas de programa podem ter um efeito grave. Eles estenderam a abordagem a uma amplitude muito maior de seu software em busca de problemas de segurança da informação (*security*) e também de erros que afetem a confiabilidade do programa (BALL; LEVIN; RAJAMANI, 2011). Verificar em busca de problemas bem conhecidos, como o estouro de *buffer*, é eficaz para garantir a segurança da informação (*security*), pois os atacantes baseiam seus ataques nessas vulnerabilidades comuns. Os ataques podem visar seções de código pouco utilizadas que podem não ter sido testadas completamente. A análise estática é uma maneira econômica de encontrar esses tipos de vulnerabilidade.

12.4 CASOS DE SEGURANÇA

Conforme discuti, muitos sistemas intensivos de software e críticos em segurança são regulados. Uma autoridade externa tem influência significativa em seu desenvolvimento e implantação. Os reguladores são corpos governamentais cuja função é garantir que as empresas comerciais não implantem sistemas que ameacem a segurança do público e do ambiente ou a economia nacional. Os proprietários de sistemas críticos em segurança devem convencer os reguladores de que fizeram o máximo de esforço para garantir que seus sistemas fossem seguros. O regulador avalia o caso de segurança para o sistema, que apresenta evidências e argumentos de que a operação normal do sistema não causará danos ao usuário.

Essa evidência é coletada durante o processo de desenvolvimento dos sistemas. Ela pode incluir informações sobre a análise e mitigação dos perigos, resultados de testes, análises estáticas, informações sobre os processos de desenvolvimento utilizados, registros das reuniões de revisão etc. Tudo isso é montado e organizado em um caso de segurança, que é uma apresentação detalhada das razões por que os proprietários do sistema e os seus desenvolvedores acreditam que seu sistema seja seguro.

Um caso de segurança é um conjunto de documentos que inclui uma descrição do sistema a ser certificado, informações sobre os processos utilizados para desenvolver o sistema e, criticamente, argumentos lógicos que demonstram que o sistema tende a ser seguro. De modo mais suscinto, Bishop e Bloomfield (1998) definiram um caso de segurança como:

> *Um corpo de evidências documentadas que fornece um argumento convincente e válido de que um sistema é adequadamente seguro para uma determinada aplicação em um determinado momento.*[4]

A organização e o conteúdo de um caso de segurança dependem do tipo de sistema que deve ser certificado e do seu contexto de operação. A Figura 12.10 mostra uma possível estrutura de um caso de segurança, mas não existem padrões industriais universais nessa área. As estruturas dos casos de segurança variam de acordo com a indústria e a maturidade do domínio. Por exemplo, os casos de segurança nuclear são exigidos há muitos anos. Eles são bem abrangentes e apresentados de uma maneira familiar aos engenheiros nucleares. No entanto, os casos de segurança para dispositivos médicos foram introduzidos recentemente. Eles têm uma estrutura mais flexível e são menos detalhados do que os nucleares.

FIGURA 12.10 Possível conteúdo de um caso de segurança de software.

Capítulo	Descrição
Descrição do sistema	Uma visão geral do sistema e uma descrição de seus componentes críticos.
Requisitos de segurança	Os requisitos de segurança obtidos da especificação de requisitos do sistema. Os detalhes de outros requisitos relevantes do sistema também podem ser incluídos.
Análise de perigos e riscos	Documentos que descrevem os perigos e os riscos que foram identificados e as medidas adotadas para reduzi-los. Análises e *logs* de perigo.
Análise de projeto	Um conjunto de argumentos estruturados (ver Seção 12.4.1) que justificam por que o projeto (*design*) é seguro.
Verificação e validação	Uma descrição dos procedimentos de V & V utilizados e, quando for apropriado, os planos de teste do sistema. Resumos dos resultados dos testes mostrando os defeitos que foram detectados e corrigidos. Se tiverem sido utilizados métodos formais, uma especificação formal do sistema e quaisquer análises dessa especificação. Registros das análises estáticas do código-fonte.

continua

---

[4] BISHOP, P.; BLOOMFIELD, R. E. "A methodology for safety case development." *Proc. Safety-Critical Systems Symposium*. Birmingham, UK: Springer, 1998. Disponível em: <http://www.adelard.com/papers/sss98web.pdf>. Acesso em: 25 mai. 2018.

continuação

Relatórios de revisão	Registros de todas as revisões de projeto e segurança.
Competências do time	Evidências da competência de todos os membros do time envolvidos no desenvolvimento e na validação dos sistemas relacionados à segurança.
Garantia de qualidade do processo	Registro de todos os processos de garantia da qualidade (ver Capítulo 24) conduzidos durante o desenvolvimento do sistema.
Processos de gerenciamento de mudanças	Registros de todas as mudanças propostas, atitudes tomadas e, quando for apropriado, justificativas da segurança dessas mudanças. Informações sobre procedimentos de gerenciamento de configuração e *logs* de gerenciamento de configuração.
Casos de segurança associados	Referências a outros casos de segurança que possam impactar o caso de segurança.

Um caso de segurança se refere a um sistema como um todo e, como parte integrante do caso, é possível que existam casos de segurança de software subsidiário. Durante a construção de um caso de segurança de software, é necessário relacionar as falhas de software às falhas de sistema mais amplas e demonstrar que essas falhas de software não ocorrerão ou não se propagarão de maneira a permitir que falhas de sistema perigosas ocorram.

Os casos de segurança são documentos grandes e complexos e, portanto, muito caros para produzir e manter. Por causa desses custos elevados, os desenvolvedores de sistemas críticos em segurança precisam levar em conta os requisitos do caso de segurança durante o processo de desenvolvimento:

1. Graydon, Knight e Strunk (2007) argumentam que o desenvolvimento de um caso de segurança deve estar intimamente integrado ao projeto (*design*) e à implementação do sistema. Isso significa que as decisões de projeto do sistema podem ser influenciadas pelos requisitos do caso de segurança. As opções de projeto que aumentem muito as dificuldades e os custos de desenvolvimento do caso podem então ser evitadas.
2. Os reguladores têm suas próprias opiniões a respeito do que é aceitável e do que é inaceitável em um caso de segurança. Portanto, faz sentido que um time de desenvolvimento trabalhe com eles desde o início do desenvolvimento para estabelecer o que o regulador espera do caso de segurança do sistema.

O desenvolvimento dos casos de segurança é caro em razão dos custos de manutenção de registros e dos custos dos processos abrangentes de validação de sistema e garantia de segurança. As mudanças do sistema e o retrabalho também contribuem para os custos do caso de segurança. Quando são feitas mudanças no software ou no hardware de um sistema, uma grande parte do caso de segurança pode ter de ser reescrita para demonstrar que a segurança do sistema não foi afetada pela mudança.

12.4.1 Argumentos estruturados

A decisão sobre um sistema ser seguro ou não em termos operacionais deve se basear em argumentos lógicos. Esses argumentos devem demonstrar que a evidência apresentada apoia as alegações sobre a segurança da informação (*security*) e a dependabilidade em um sistema. Essas alegações podem ser absolutas (o evento X vai acontecer ou não) ou probabilísticas (a probabilidade de ocorrência do evento Y é de 0,*n*). Um argumento liga a evidência e a alegação. Conforme a Figura 12.11, um argumento é a relação entre o que se considera ser o caso (a alegação) e um corpo de evidências coletadas. O argumento explica essencialmente por que a alegação, que é uma afirmação sobre a segurança da informação ou a dependabilidade do sistema, pode ser inferida a partir da evidência disponível.

FIGURA 12.11 Argumentos estruturados.

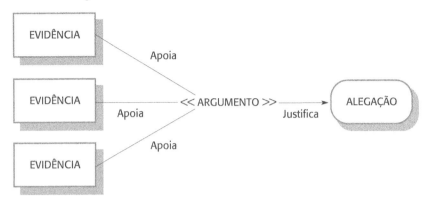

Os argumentos em um caso de segurança normalmente são apresentados como argumentos 'com base em alegações'. Alguma alegação é feita a respeito da segurança do sistema e, com base na evidência disponível, um argumento é apresentado para justificar por que essa alegação é válida. Por exemplo, o seguinte argumento poderia ser utilizado para justificar uma alegação de que as computações realizadas pelo software de controle em uma bomba de insulina não levarão à liberação de uma overdose de insulina. Naturalmente, essa é uma apresentação bastante simplificada do argumento. Em um caso de segurança real, seriam apresentadas referências mais detalhadas à evidência:

Alegação: A dose única máxima calculada pela bomba de insulina não deve ultrapassar **doseMax**, já que **doseMax** foi avaliada como uma dose única segura para um determinado paciente.

Evidência: Argumento de segurança para o programa de controle da bomba de insulina (abordado mais adiante nesta seção).

Evidência: Conjuntos de dados de teste para a bomba de insulina. Em 400 testes, que proporcionaram uma cobertura completa do código, o valor da dose de insulina a ser fornecido, **doseAtual**, nunca ultrapassou **doseMax**.

Evidência: Um relatório de análise estática do programa de controle da bomba de insulina. A análise estática do software de controle não revelou anomalias que tenham afetado o valor da **doseAtual**, a variável do programa que guarda a dose de insulina a ser fornecida.

Argumento: A evidência apresentada demonstra que a dose máxima de insulina que pode ser computada é igual a **doseMax**.

Portanto, é razoável supor, com um alto nível de confiança, que as evidências justificam a alegação de que a bomba de insulina não calculará uma dose de insulina a ser fornecida que ultrapasse a dose única máxima segura.

A evidência apresentada é tanto redundante quanto diversa. O software é conferido usando vários mecanismos diferentes com sobreposição significativa entre eles. Conforme discuti no Capítulo 10, o uso de processos redundantes e diversos aumenta a confiança. Se omissões e erros não forem detectados por um processo de validação, há uma boa chance de eles virem à tona por um dos outros processos.

Normalmente, haverá muitas alegações sobre a segurança de um sistema, com a validade de uma alegação dependendo frequentemente da validade ou não das demais alegações. Portanto, as alegações podem ser organizadas em uma hierarquia. A Figura 12.12 mostra parte dessa hierarquia de alegações para a bomba de insulina. Para demonstrar que uma alegação de alto nível é válida, primeiro deve-se trabalhar com os argumentos das alegações de níveis inferiores. Se for possível mostrar que cada uma dessas alegações de nível inferior é justificada, então será possível inferir que as alegações de níveis mais altos são justificadas.

FIGURA 12.12 Hierarquia de alegações de segurança da bomba de insulina.

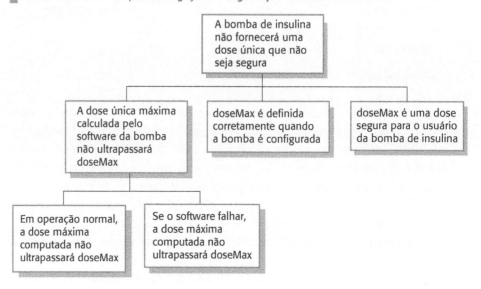

12.4.2 Argumentos de segurança do software

Um pressuposto geral subjacente ao trabalho em segurança de sistemas é que o número de defeitos do sistema que podem levar a perigos para a segurança é significativamente menor do que o número total de defeitos que podem existir no sistema. A garantia de segurança pode, portanto, se concentrar nesses defeitos que têm potencial de periculosidade. Se puder ser demonstrado que esses defeitos não podem ocorrer ou, se ocorrerem, que o perigo associado a eles não resultará em um acidente, então o sistema é seguro. Essa é a base dos argumentos de segurança de software.

Os argumentos de segurança de software são um tipo de argumento estruturado que demonstra que um programa cumpre suas obrigações de segurança. Em um argumento de segurança, não é necessário provar que o programa funciona conforme o pretendido. Só é necessário mostrar que a execução do programa não resultará no alcance de um estado potencialmente perigoso. Portanto, os argumentos de segurança são mais baratos de fazer do que os argumentos de correção. Não é necessário considerar todos os estados do programa — é possível se concentrar apenas em estados que poderiam levar a um perigo.

Os argumentos de segurança demonstram que, supondo condições de execução normais, um programa deve ser seguro. Geralmente, eles se baseiam em uma contradição, na qual se supõe que o sistema não é seguro e se mostra em seguida que é impossível chegar a um estado não seguro. As etapas envolvidas na criação de um argumento de segurança são:

1. Deve-se começar supondo que um estado não seguro, identificado pela análise de perigos do sistema, pode ser alcançado por meio da execução do programa.
2. É escrito um predicado (uma expressão lógica) que define esse estado não seguro.
3. Depois, o modelo do sistema ou o programa são analisados sistematicamente para mostrar que, para todos os caminhos que levam a esse estado, a condição de encerramento desses caminhos, também definida como um predicado, contradiz o predicado de estado não seguro. Se for o caso, é possível declarar que o pressuposto inicial de um estado não seguro está errado.
4. Ao repetir essa análise para todos os perigos identificados, é possível reunir fortes evidências de que o sistema é seguro.

Os argumentos de segurança podem ser aplicados em diferentes níveis, desde os requisitos até os modelos de projeto (*design*) e o código. No nível dos requisitos, tenta-se demonstrar que não faltam requisitos de segurança e que os requisitos não fazem pressupostos inválidos a respeito do sistema. No nível do projeto, analisa-se um modelo de estado do sistema para encontrar estados não seguros. No nível do código, são considerados todos os caminhos através do código crítico em segurança para mostrar que a execução de todos esses caminhos leva a uma contradição.

A título de exemplo, consideremos o código descrito na Figura 12.13, que é uma descrição simplificada de parte da implementação do sistema de fornecimento de insulina. O código computa a dose de insulina a ser fornecida e depois aplica algumas verificações de segurança de que essa não é uma overdose para o paciente. Desenvolver um argumento de segurança para esse código envolve demonstrar que a dose de insulina administrada nunca é maior do que o nível máximo de segurança para uma dose única. Essa dose é estabelecida para cada usuário diabético, individualmente, nas discussões com os seus médicos.

FIGURA 12.13 Cálculo da dose de insulina com verificações de segurança.

```
— A dose de insulina a ser fornecida é uma função do nível
de — açúcar no sangue, da dose fornecida previamente e do
tempo — decorrido entre a dose prévia e a dose atual

doseAtual = calcularInsulina();

// Verificação de segurança — se necessário, ajustar doseAtual.

// condição 1
if (doseAnterior == 0)
{
   if (doseAtual > doseMax/2)
      doseAtual = doseMax/2;
}
else
   if (doseAtual > (doseAnterior * 2))
      doseAtual = doseAnterior * 2;

// condição 2
if (doseAtual < doseMinima)
   doseAtual = 0;
else if (doseAtual > doseMax)
   doseAtual = doseMax;
administrarInsulina (doseAtual);
```

Para demonstrar a segurança, não é necessário provar que o sistema fornece a dose 'correta', mas meramente que ele nunca fornece uma overdose para o paciente. Trabalha-se com o pressuposto de que **doseMax** é o nível seguro para esse usuário do sistema.

Para construir o argumento de segurança, deve-se identificar o predicado que define o estado não seguro, que é o de **doseAtual > doseMax**. Depois, é preciso demonstrar que todos os caminhos do programa levam a uma contradição dessa afirmação não segura. Se for o caso, a condição não segura não pode ser verdadeira. Se foi possível provar uma contradição, dá para confiar que o programa não calculará uma dose de insulina que não seja segura. É possível estruturar e apresentar os argumentos de segurança graficamente, conforme a Figura 12.14.

FIGURA 12.14 Argumento de segurança informal baseado em demonstração das contradições.

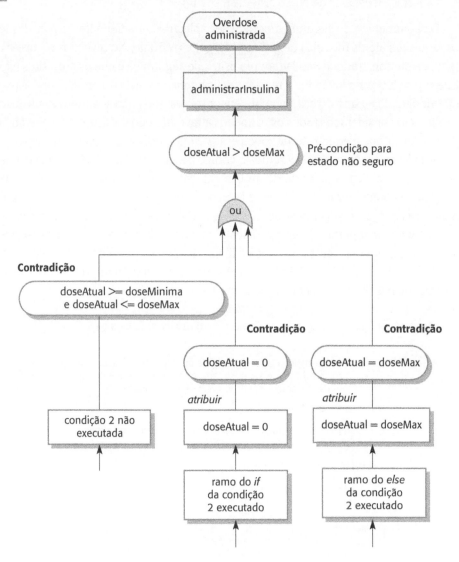

O argumento de segurança exibido na Figura 12.14 apresenta três possíveis caminhos do programa que levam à chamada do método **administrarInsulina**. É necessário mostrar que a quantidade de insulina fornecida nunca ultrapassa **doseMax**. Todos os possíveis caminhos do programa até **administrarInsulina** são considerados:

1. Nenhum ramo da condição 2 é executado. Isso só pode acontecer se **doseAtual** estiver fora do intervalo **doseMinima..doseMax**. O predicado de pós-condição é, portanto:

    doseAtual >= doseMinima e doseAtual <= doseMax

2. O ramo do *if* da condição 2 é executado. Nesse caso, a atribuição de **doseAtual** com zero é executada. Portanto, o predicado de pós-condição é **doseAtual = 0**.
3. O ramo do *else* da condição 2 é executado. Nesse caso, a atribuição de **doseAtual** com **doseMax** é executada. Portanto, após esse comando ter sido executado, sabemos que a pós-condição é **doseAtual = doseMax**.

Nos três casos, os predicados contradizem a pré-condição não segura de **doseAtual > doseMax**. Como ambas não podem ser verdadeiras, podemos declarar que o nosso pressuposto inicial estava errado e, portanto, a computação é segura.

Para construir um argumento estruturado de que o programa não faz uma computação não segura, primeiro é necessário identificar todos os caminhos possíveis através do código que poderiam levar a uma atribuição potencialmente não segura. Deve-se trabalhar de modo retrógrado, partindo do estado não seguro, e considerar a última atribuição para todas as variáveis de estado em cada caminho que leva a esse estado não seguro. Se for possível demonstrar que nenhum dos valores dessas variáveis é não seguro, então será possível demonstrar que o pressuposto inicial (computação não segura) está incorreto.

Trabalhar de maneira retrógrada é importante porque significa que é possível ignorar todos os estados intermediários além dos estados finais que levam à condição de saída do código. Os valores anteriores não importam para a segurança do sistema. Nesse exemplo, tudo com o que é necessário se preocupar é o conjunto de possíveis valores de **doseAtual** imediatamente antes de o método **administrarInsulina** ser executado. É possível ignorar as computações como a condição 1 na Figura 12.13, no argumento de segurança, porque seus resultados são sobrescritos nos comandos finais do programa.

PONTOS-CHAVE

- Os sistemas críticos em segurança são aqueles cuja falha leva à lesão humana ou à morte.
- Uma abordagem dirigida por perigo pode ser utilizada para compreender os requisitos de segurança dos sistemas críticos em segurança. É preciso identificar os possíveis perigos e decompô-los (usando métodos como a análise da árvore de defeitos) para descobrir suas causas principais. Depois, deve-se especificar os requisitos para evitar ou se recuperar desses problemas.
- É importante ter um processo certificado bem definido para o desenvolvimento de sistemas críticos em segurança. O processo deve incluir a identificação e o monitoramento dos possíveis perigos.
- A análise estática é uma abordagem de V & V que examina o código-fonte (ou outra representação) de um sistema, buscando erros e anomalias. Ela permite que todas as partes de um programa sejam conferidas, não apenas as partes que são exercitadas pelos testes de sistemas.
- A verificação de modelos é uma abordagem formal de análise estática que verifica exaustivamente todos os estados em um sistema quanto a erros potenciais.
- Os casos de segurança e dependabilidade coletam todas as evidências que demonstram que um sistema é seguro e confiável. Os casos de segurança são necessários quando um regulador externo deve certificar o sistema antes de ele ser utilizado.

LEITURAS ADICIONAIS

Safeware: system safety and computers. Embora tenha agora 20 anos de idade, o livro ainda oferece a melhor e mais completa cobertura dos sistemas críticos em segurança. Ele é particularmente forte em sua descrição da análise de perigos e na derivação dos requisitos a partir dessa análise. LEVESON, N. Addison-Wesley, 1995.

"Safety-critical software." Uma edição especial da revista *IEEE Software* que enfoca os sistemas críticos em segurança. Ela inclui artigos sobre desenvolvimento baseado em modelos de sistemas críticos em segurança, verificação de modelos e métodos formais. *IEEE Software*, v. 30, n. 3, mai./jun., 2013.

"Constructing safety assurance cases for medical devices." Esse pequeno artigo fornece um exemplo prático de como um caso de segurança pode ser criado para uma bomba de analgésico. RAY, A.; CLEAVELAND, R. *Proc. workshop on assurance cases for software-intensive systems*, São Francisco, 2013. doi:10.1109/ASSURE.2013.6614270.

SITE[5]

Apresentações em PowerPoint para este capítulo disponíveis em: <http://software-engineering-book.com/slides/chap12/>.
Links para vídeos de apoio disponíveis em: <http://software-engineering-book.com/videos/reliability-and-safety/>.

---

5 Todo o conteúdo disponibilizado na seção *Site* de todos os capítulos está em inglês.

EXERCÍCIOS

12.1 Identifique seis produtos de consumo que tendem a ser controlados por sistemas de software críticos em segurança.

12.2 Explique por que os limites no triângulo do risco exibido na Figura 12.3 são passíveis de mudança com o tempo e com a variação das atitudes sociais.

12.3 No sistema da bomba de insulina, o usuário tem que mudar a agulha e o fornecimento de insulina em intervalos regulares e também pode mudar a dose única máxima e a dose diária máxima que podem ser administradas. Sugira três erros do usuário que poderiam ocorrer e proponha requisitos de segurança que evitariam que esses erros resultassem em um acidente.

12.4 Um sistema de software crítico em segurança para tratar pacientes de câncer tem que ter dois componentes principais:
- Uma máquina de radioterapia, que fornece doses controladas de radiação para as regiões tumorais. Essa máquina é controlada por um software embarcado.
- Um banco de dados de tratamento, que inclui detalhes do tratamento fornecido a cada paciente. Os requisitos de tratamento são inseridos nesse banco de dados e baixados automaticamente para a máquina de radioterapia.

Identifique três perigos que podem surgir nesse sistema. Para cada perigo, sugira um requisito defensivo que reduza a probabilidade de esses perigos resultarem em um acidente. Explique por que a sua defesa sugerida tende a reduzir o risco associado ao perigo.

12.5 Um sistema de proteção ferroviária aplica automaticamente os freios de um trem se o limite de velocidade de um segmento de trilho for ultrapassado ou se o trem entrar em um segmento sinalizado atualmente com uma luz vermelha (ou seja, o segmento não deve ser percorrido). Existem dois requisitos críticos em segurança para esse sistema de proteção ferroviária:
- O trem não deve entrar no segmento de trilho sinalizado com uma luz vermelha.
- O trem não deve exceder o limite de velocidade especificado para uma seção do trilho.

Supondo que o status do sinal e o limite de velocidade do segmento de trilho sejam transmitidos para o software a bordo do trem antes de ele entrar no segmento, proponha cinco possíveis requisitos funcionais do sistema para o software a bordo do trem que possam ter sido gerados a partir dos requisitos de segurança do sistema.

12.6 Explique quando pode ser economicamente justificável usar especificação e verificação formais no desenvolvimento de sistemas de software críticos em segurança. Por que você acha que alguns engenheiros de sistemas críticos são contra o uso de métodos formais?

12.7 Explique por que usar a verificação de modelos às vezes é uma abordagem para a verificação mais compensadora economicamente do que verificar a correção de um programa contra uma especificação formal.

12.8 Liste quatro tipos de sistemas que podem exigir casos de segurança de software, explicando por que os casos de segurança são necessários.

12.9 O mecanismo de controle do travamento da porta em uma instalação de resíduos nucleares é projetado para operação segura. Ele garante que a entrada para o depósito seja permitida apenas quando os escudos de radiação estiverem em vigor ou quando o nível de radiação na sala ficar abaixo de algum valor determinado (nivelDePerigo).
Então:

(i) Se os escudos de radiação controlados remotamente estiverem em vigor dentro de uma sala, um operador autorizado pode abrir a porta.

(ii) Se o nível de radiação em uma sala estiver abaixo de um valor especificado, um operador autorizado pode abrir a porta.

(iii) Um operador autorizado é identificado pela digitação de um código de entrada autorizado na porta.

O código exibido na Figura 12.15 controla o mecanismo de travamento da porta. Repare que o estado seguro é o de que a entrada não deve ser permitida. Usando a abordagem discutida neste capítulo, desenvolva um argumento de segurança para esse código. Use os números de linha para se referir a comandos específicos. Se você achar que o código não é seguro, sugira como ele deve ser modificado para se tornar seguro.

12.10 Os engenheiros de software que trabalham na especificação e no desenvolvimento de sistemas relacionados à segurança deveriam ser certificados profissionalmente ou licenciados de alguma maneira? Justifique.

FIGURA 12.15 Código de entrada da porta.

```
1  codigoDeEntrada = fechadura.getCodigoDeEntrada();
2  if (codigoDeEntrada == fechadura.codigoAutorizado)
3  {
4      statusDoEscudo = Escudo.getStatus();
5      nivelDeRadiacao = SensorDeRadiacao.get();
6      if (nivelDeRadiacao < nivelPerigoso)
7          estado = seguro;
8      else
9          estado = naoSeguro;
10     if (statusDoEscudo == Escudo.emVigor())
11         estado = seguro;
12     if (estado == seguro)
13     {
14         Porta.trancada = false;
15         Porta.destrancar();
16     }
17     else
18     {
19         Porta.trancar();
20         Porta.trancada = true;
21     }
22 }
```

REFERÊNCIAS

ABRIAL, J. R. *Modeling in event-B*: system and software engineering. Cambridge, UK: Cambridge University Press, 2010.

BALL, T.; LEVIN, V.; RAJAMANI, S. K. "A decade of software model checking with SLAM." *Communications of the ACM*, v. 54, n. 7, jul. 2011. p. 68-76. doi:10.1145/1965724.1965743.

BEHM, P.; BENOIT, P.; FAIVRE, A.; MEYNADIER, J. "Meteor: a successful application of B in a large project." *Formal Methods'99*. Berlin: Springer-Verlag, 1999. p. 369-387. doi:10.1007/3-540-48119-2_22.

BISHOP, P.; BLOOMFIELD, R. E. "A methodology for safety case development." *Proc. Safety-Critical Systems Symposium*. Birmingham, UK: Springer, 1998. Disponível em: <www.adelard.com/papers/sss98web.pdf>. Acesso em: 25 mai. 2018.

BOCHOT, T.; VIRELIZIER, P.; WAESELYNCK, H.; WIELS, V. "Model checking flight control systems: the Airbus experience." *Proc. 31st International Conf. on Software Engineering*, Companion Volume. Leipzig: IEEE Computer Society, 2009. p. 18-27. doi:10.1109/ICSE-COMPANION.2009.5070960.

DEHBONEI, B.; MEJIA, F. "Formal development of safety-critical software systems in railway signaling." In: HINCHEY, M.; BOWEN, J. P. (eds.) *Applications of formal methods*. London: Prentice-Hall, 1995. p. 227-252.

GRAYDON, P. J.; KNIGHT, J. C.; STRUNK, E. A. "Assurance based development of critical systems." *Proc. 37th Annual IEEE Conf. on Dependable Systems and Networks*. Edinburgh, Scotland, 2007. p. 347-357. doi:10.1109/DSN.2007.17.

HOLZMANN, G. J. The SPIN model checker: primer and reference model. Boston: Addison-Wesley, 2003.

_____. "Mars Code." *Comm. ACM*, v. 57, n. 2, fev. 2014. p. 64-73. doi:10.1145/2560217.2560218.

JHALA, R.; MAJUMDAR, R. "Software model checking." *Computing Surveys*, v. 41, n. 4, 2009. doi:10.1145/1592434.1592438.

KWIATKOWSKA, M.; NORMAN, G.; PARKER, D. "PRISM 4.0: Verification of probabilistic real-time systems." *Proc. 23rd Int. Conf. on Computer Aided Verification*. Snowbird, UT: Springer-Verlag, 2011. p. 585-591. doi:10.1007/978-3-642-22110-1_47.

LEVESON, N. G.; CHA, S. S.; SHIMEALL, T. J. "Safety verification of ADA programs using software fault trees." *IEEE Software*, v. 8, n. 4, 1991. p. 48-59. doi:10.1109/52.300036.

LOPES, R.; VICENTE, D.; SILVA, N. "Static analysis tools, a practical approach for safety-critical software verification." *Proceedings of DASIA 2009 Data Systems in Aerospace*. Noordwijk, Netherlands: European Space Agency, 2009.

LUTZ, R. R. "Analyzing software requirements errors in safety-critical embedded systems." *RE'93*. San Diego, CA: IEEE, 1993. p. 126-133. doi:0.1109/ISRE.1993.324825.

MOY, Y.; LEDINOT, E.; DELSENY, H.; WIELS, V.; MONATE, B. "Testing or formal verification: DO-178C alternatives and industrial experience." *IEEE Software*, v. 30, n. 3, mai. 2013. p. 50-57. doi:10.1109/MS.2013.43.

PERROW, C. 1984. *Normal accidents*: living with high-risk technology. New York: Basic Books.

REGAN, P.; HAMILTON, S. "NASA's mission reliable." *IEEE Computer*, v. 37, n. 1, 2004. p. 59-68. doi:10.1109/MC.2004.1260727.

SCHNEIDER, S. *Concurrent and real-time systems*: the CSP approach. Chichester, UK: John Wiley & Sons, 1999.

SOUYRIS, J.; WEILS, V.; DELMAS, D.; DELSENY; H. "Formal verification of avionics software products." *Formal Methods'09*: Proceedings of the 2nd World Congress on Formal Methods. Springer-Verlag, 2009. p. 532-546. doi:10.1007/978-3-642-05089-3_34.

STOREY, N. *Safety-critical computer systems*. Harlow, UK: Addison-Wesley, 1996.

VERAS, P. C.; VILLANI, E.; AMBROSIO, A. M.; SILVA, N.; VIEIRA, M.; MADEIRA, H. "Errors in space software requirements: a field study and application scenarios." *21st Int. Symp. on Software Reliability Engineering*. San Jose, CA, 2010. doi:10.1109/ISSRE.2010.37.

ZHENG, J.; WILLIAMS, L.; NAGAPPAN, N.; SNIPES, W.; HUDEPOHL, J. P.; VOUK, M. A. "On the value of static analysis for fault detection in software." *IEEE Trans. on Software Eng*, v. 32, n. 4, 2006. p. 240--253. doi:10.1109/TSE.2006.38.

13 | Engenharia de segurança da informação (security)

OBJETIVOS

O objetivo deste capítulo é introduzir questões de segurança da informação (security) que você deve considerar quando estiver desenvolvendo aplicações. Ao ler este capítulo, você:

- compreenderá a importância da engenharia de segurança da informação e a diferença entre segurança da informação da aplicação e da infraestrutura;
- entenderá como pode ser utilizada uma abordagem baseada em risco para derivar os requisitos de segurança da informação e analisar os projetos (design) de sistema;
- conhecerá os padrões de arquitetura de software e as diretrizes de projeto para engenharia de sistemas seguros;
- compreenderá por que o teste e a garantia de segurança da informação são difíceis e caros.

CONTEÚDO

13.1 Segurança da informação e dependabilidade
13.2 Segurança da informação e organizações
13.3 Requisitos de segurança da informação
13.4 Projeto de sistemas seguros
13.5 Teste e garantia de segurança da informação

A adoção generalizada da internet nos anos 1990 introduziu um novo desafio para os engenheiros de software: projetar e implementar sistemas seguros. À medida que mais e mais sistemas se conectaram à internet, uma série de diferentes ataques externos foi imaginada para ameaçar esses sistemas. Os problemas para produzir sistemas confiáveis aumentaram enormemente. Os engenheiros de sistemas tiveram de considerar ameaças de atacantes maliciosos e qualificados tecnicamente, bem como problemas resultantes de erros acidentais no processo de desenvolvimento.

Hoje, é essencial projetar sistemas para resistir a ataques externos e se recuperar deles. Sem precauções de segurança, os atacantes inevitavelmente comprometerão um sistema em rede. Eles podem fazer mau uso do hardware, roubar dados confidenciais ou perturbar os serviços oferecidos pelo sistema.

É necessário levar em conta três dimensões de segurança da informação[1] na engenharia de sistemas seguros:

1. *Confidencialidade*. As informações em um sistema podem ser divulgadas ou acessadas por pessoas ou programas não autorizados para tal. Por exemplo, o roubo de dados de cartões de crédito de um sistema de comércio eletrônico é um problema de confidencialidade.
2. *Integridade*. As informações em um sistema podem estar danificadas ou corrompidas, tornando-as incomuns ou não confiáveis. Por exemplo, um *worm* que apaga dados em um sistema é um problema de integridade.
3. *Disponibilidade*. O acesso a um sistema — ou aos seus dados — que normalmente está disponível pode não ser possível. Um ataque de negação de serviço (DoS, do inglês *denial of service*), que sobrecarrega um servidor, é um exemplo de situação em que a disponibilidade do sistema está comprometida.

Essas dimensões estão intimamente relacionadas. Se um ataque tornar um sistema indisponível, então não será possível atualizar as informações que mudam com o tempo. Isso significa que a integridade do sistema pode estar comprometida. Se um ataque tiver sucesso, e a integridade do sistema estiver comprometida, então o sistema pode ter que ser desligado para correção do problema. Portanto, a disponibilidade do sistema é reduzida.

De uma perspectiva organizacional, a segurança da informação tem de ser considerada em três níveis:

1. *Segurança de infraestrutura*, relacionada com a manutenção da segurança da informação de todos os sistemas e redes que proporcionam uma infraestrutura e um conjunto de serviços compartilhados para a organização.
2. *Segurança de aplicação*, relacionada com a segurança da informação de cada sistema de aplicação ou de grupos de sistemas correlatos.
3. *Segurança operacional*, relacionada com a operação e o uso seguros de sistemas da organização.

A Figura 13.1 é um diagrama de uma pilha de sistemas de aplicação que mostra como um sistema conta com uma infraestrutura de outros sistemas em sua operação. Os níveis mais baixos da infraestrutura consistem em hardware, mas a infraestrutura de software para os sistemas de aplicação pode incluir:

- uma plataforma de sistema operacional, como Linux ou Windows;
- outras aplicações genéricas que rodam nesse sistema, como navegadores web e clientes de e-mail;
- um sistema de gerenciamento de banco de dados;
- *middleware* que apoie a computação distribuída e o acesso a banco de dados;
- bibliotecas de componentes reusáveis que são utilizados pelo software de aplicação.

---

1 Nota da R.T.: Como este capítulo trata especificamente de segurança da informação (*security*), para tornar o texto mais fluido, não se repetirá mais o termo em inglês *security* para explicitar a diferença com a segurança (*safety*).

FIGURA 13.1 Camadas de sistema em que a segurança da informação pode ser comprometida.

Aplicação	
Componentes reusáveis e bibliotecas	
Middleware	
Gerenciamento de banco de dados	
Aplicações genéricas e compartilhadas (navegadores, e-mail etc.)	
Sistema operacional	
Rede	Hardware do computador

Os sistemas em rede são controlados por software, e as redes podem estar sujeitas a ameaças à segurança, nas quais um atacante intercepta e lê ou modifica os pacotes de rede. No entanto, isso exige equipamento especializado, então a maioria dos ataques de segurança é direcionada para a infraestrutura de software dos sistemas. Os atacantes têm como foco as infraestruturas de software porque os seus componentes, como os navegadores web, estão disponíveis universalmente. Os atacantes podem sondar esses sistemas em busca de pontos fracos e compartilhar informações sobre as vulnerabilidades que descobriram. Como muitas pessoas usam o mesmo software, os ataques têm uma ampla aplicabilidade.

A segurança da informação da infraestrutura é basicamente um problema de gerenciamento do sistema, em que os gerentes de sistema configuram a infraestrutura para resistir a ataques. O gerenciamento da segurança da informação do sistema inclui várias atividades, como o gerenciamento dos usuários e das permissões, instalação e manutenção de software, e monitoramento, detecção e recuperação de ataques:

1. O gerenciamento de usuários e permissões envolve incluir e excluir usuários do sistema, garantir que os mecanismos apropriados de autenticação de usuário estejam em vigor e configurar as permissões no sistema para que os usuários tenham acesso somente aos recursos dos quais necessitam.
2. A instalação e a manutenção de software do sistema envolvem instalar o software e o *middleware* e configurá-los corretamente para que vulnerabilidades de segurança sejam evitadas. Isso também envolve atualizar esse software regularmente com novas versões ou *patches*, que corrigem os problemas de segurança que foram descobertos.
3. O monitoramento, a detecção e a recuperação de ataques envolvem monitorar o sistema quanto ao acesso não autorizado, detectar e ativar estratégias para resistir aos ataques e organizar *backups* dos programas e dados para que a operação normal possa ser retomada após um ataque externo.

A segurança da informação operacional é basicamente uma questão humana e social. Ela se concentra em garantir que as pessoas que usam o sistema não se comportem de uma maneira que comprometa a segurança. Por exemplo, os usuários podem permanecer logados no sistema e deixar o computador sozinho. Um atacante poderia obter acesso ao sistema facilmente. Frequentemente, os usuários se comportam de modo não seguro para realizar suas tarefas com mais eficácia, e eles têm uma boa razão para se comportar de modo não seguro. Um desafio para a segurança operacional é aumentar a consciência das pessoas a respeito de questões de segurança e encontrar o equilíbrio certo entre segurança e eficácia do sistema.

Hoje, o termo 'cibersegurança' é utilizado normalmente em discussões de segurança de sistema. Cibersegurança é um termo bastante abrangente, que cobre todos os aspectos da proteção dos cidadãos, empresas e infraestruturas críticas, a partir das ameaças que surgem em virtude do uso que fazem dos computadores e da internet. Seu escopo inclui todos os níveis do sistema, do hardware e das redes até os sistemas de aplicação e os dispositivos móveis que podem ser utilizados para acessar esses sistemas. Discutirei questões gerais de cibersegurança, incluindo segurança de infraestrutura, no Capítulo 14, que trata da engenharia de resiliência.

Neste capítulo, concentro-me nas questões de engenharia de segurança de aplicações — requisitos de segurança, projeto para segurança e teste de segurança. Não abordo as técnicas de segurança geral que podem ser utilizadas, como encriptação, nem mecanismos de controle de acesso ou vetores de ataque, como vírus e *worms*. Os livros didáticos genéricos sobre segurança de computadores (PFLEEGER; PFLEEGER, 2007; ANDERSON, 2008; STALLINGS; BROWN, 2012) discutem essas técnicas em detalhes.

13.1 SEGURANÇA DA INFORMAÇÃO E DEPENDABILIDADE

A segurança da informação é um atributo de sistema que reflete a sua capacidade para se proteger de ataques maliciosos internos ou externos. Esses ataques externos são possíveis porque a maioria dos computadores e dispositivos móveis está conectada em rede e, portanto, acessível por pessoas de fora. Exemplos de ataques poderiam ser a instalação de vírus e cavalos de Troia, o uso não autorizado de serviços do sistema ou a modificação não autorizada de um sistema ou de seus dados.

Se alguém quiser realmente que um sistema seja o mais seguro possível, é melhor não conectá-lo à internet. Nesse caso, os problemas de segurança da informação se limitam a garantir que os usuários autorizados não abusem do sistema e controlar o uso de dispositivos como as portas USB. Entretanto, na prática, o acesso via rede proporciona enormes benefícios para a maioria dos sistemas, então desconectá-los da internet não é uma opção de segurança da informação viável.

Para alguns sistemas, a segurança da informação é o atributo mais importante da dependabilidade. Sistemas militares, sistemas de comércio eletrônico e sistemas que envolvem o processamento e o intercâmbio de informações confidenciais devem ser projetados para que alcancem um alto nível de segurança da informação. Se um sistema de reserva de passagens aéreas estiver indisponível, por exemplo, isso provoca inconvenientes e alguns atrasos na emissão dos bilhetes. No entanto, se o sistema não for seguro, então um atacante poderia apagar todas as reservas e seria praticamente impossível continuar com as operações normais da companhia aérea.

Assim como em outros aspectos da dependabilidade, uma terminologia especializada está associada à segurança da informação (PFLEEGER; PFLEEGER, 2007). Essa terminologia é explicada na Figura 13.2. A Figura 13.3 é uma história de segurança do sistema Mentcare que utilizo para ilustrar alguns desses termos. A Figura 13.4 usa os conceitos de segurança da informação definidos na Figura 13.2 e mostra como eles se aplicam a essa história de segurança.

FIGURA 13.2 Terminologia de segurança da informação.

Termo	Definição
Ativo	Alguma coisa de valor que precisa ser protegida. O ativo pode ser o próprio sistema de software ou os dados utilizados por ele.
Ataque	O aproveitamento de uma vulnerabilidade do sistema: um atacante tem como objetivo causar algum dano a um ou mais ativos do sistema. Os ataques podem vir de fora do sistema (ataques externos) ou de usuários autorizados (ataques internos).
Controle	Uma medida de proteção que reduz a vulnerabilidade de um sistema. A encriptação é um exemplo de controle que reduz a vulnerabilidade de um controle de acesso a um sistema mais fraco.
Exposição	Possível perda ou dano infligido a um sistema computacional. Perdas ou danos podem ser de dados, ou de tempo e esforço — se for necessário recuperar o sistema depois de uma violação de segurança.
Ameaça	Circunstância que tem potencial para causar perda ou dano. Pode-se pensar que uma ameaça é uma vulnerabilidade do sistema sujeita a ataques.
Vulnerabilidade	Um ponto fraco em um sistema computacional que pode ser aproveitado para causar perda ou dano.

FIGURA 13.3 Uma história de segurança da informação do sistema Mentcare.

Acesso não autorizado ao sistema Mentcare

Os funcionários da clínica entram no sistema Mentcare usando um usuário e uma senha. O sistema exige que as senhas tenham pelo menos oito letras, mas permite a definição de qualquer senha sem verificações adicionais. Um criminoso descobre que um astro dos esportes bem remunerado está recebendo tratamento para problemas de saúde mental. Ele gostaria de obter acesso ilegal às informações nesse sistema para chantagear o atleta.

Apresentando-se como um parente preocupado ao falar com os profissionais de enfermagem na clínica, ele descobre como acessar o sistema e as informações pessoais dos profissionais de enfermagem e suas famílias. Após ter examinado os crachás, ele descobre os nomes de algumas pessoas com acesso permitido, tenta entrar no sistema usando esses nomes e sistematicamente adivinhando as possíveis senhas, como os nomes dos filhos dos profissionais de enfermagem.

FIGURA 13.4 Exemplos de terminologia de segurança da informação.

Termo	Exemplo
Ativo	O registro de cada paciente que está recebendo ou que recebeu tratamento.
Ataque	A falsificação da identidade de um usuário autorizado.
Controle	Um sistema de verificação de senhas que não permite a utilização de nomes próprios ou palavras incluídas normalmente em um dicionário.
Exposição	Potencial perda financeira de futuros pacientes que não buscarão tratamento médico por não confiarem na clínica para manter seus dados. Perda financeira decorrente de ação judicial pelo astro dos esportes. Perda de reputação.
Ameaça	Um usuário não autorizado vai ganhar acesso ao sistema adivinhando as credenciais (usuário e senha) de um usuário autorizado.
Vulnerabilidade	A autenticação baseia-se em um sistema que não exige senhas fortes. Os usuários podem configurar senhas fáceis de adivinhar.

As vulnerabilidades de sistema podem surgir por problemas nos requisitos, no projeto ou na implementação, ou podem advir de falhas humanas, sociais ou organizacionais. As pessoas podem escolher senhas fáceis de adivinhar ou escrever suas senhas em lugares onde possam ser encontradas. Os administradores do sistema cometem erros ao configurar o controle de acesso ou os arquivos de configuração, e os usuários não instalam ou não usam software de proteção. No entanto, não podemos simplesmente classificar esses problemas como erros humanos. Os enganos ou omissões do usuário costumam refletir as más decisões de projeto de sistemas que requerem, por exemplo, frequentes alterações de senha (de modo que os usuários anotam suas senhas) ou mecanismos de configuração complexos.

Quatro tipos de ameaça à segurança da informação podem surgir:

1. Ameaças de interceptação, que permitem que um atacante ganhe acesso a um ativo. Assim, uma possível ameaça ao sistema Mentcare poderia ser uma situação na qual um atacante ganhe acesso aos registros de um paciente.
2. Ameaças de interrupção, que permitem que um atacante torne parte do sistema indisponível. Uma possível ameaça, portanto, seria um ataque de negação de serviço a um servidor de banco de dados.
3. Ameaças de alteração, que permitem a um atacante manipular um ativo do sistema. No sistema Mentcare, uma ameaça de alteração seria o caso de um atacante que altera ou destrói um registro de paciente.
4. Ameaças de fabricação, que permitem a um atacante inserir informações falsas em um sistema. Talvez não seja uma ameaça crível ao sistema Mentcare, mas certamente seria uma ameaça em um sistema bancário, no qual transações falsas poderiam ser adicionadas ao sistema que transfere dinheiro para a conta bancária do invasor do ataque.

Os controles que podem ser colocados em vigor para melhorar a segurança da informação do sistema baseiam-se nas noções fundamentais de prevenção, detecção e recuperação:

1. *Prevenção da vulnerabilidade.* Controles que se destinam a garantir que os ataques não logrem êxito. A estratégia aqui é a de projetar o sistema para que os problemas de segurança da informação sejam evitados. Por exemplo, sistemas militares sensíveis não são conectados à internet, dificultando o acesso externo. É possível pensar na encriptação como um controle baseado na prevenção. Qualquer acesso não autorizado a dados criptografados significa que o atacante não consegue ler esses dados. É caro e demorado quebrar uma encriptação forte.
2. *Detecção e neutralização de ataques.* Controles destinados a detectar e repelir ataques. Esses controles envolvem incluir em um sistema funcionalidade que monitore a sua operação e verifique padrões de atividade incomuns. Se esses ataques forem detectados, então é possível tomar uma atitude, como desligar partes do sistema ou restringir o acesso a certos usuários.
3. *Limitação da exposição e recuperação.* Controles que permitem que os sistemas se recuperem de problemas. Esses controles podem variar de estratégias de *backup* automatizado e 'espelhamento' das informações até apólices de seguro para cobrir os custos associados a um ataque malsucedido ao sistema.

A segurança da informação está intimamente relacionada aos demais atributos de confiabilidade, disponibilidade, segurança (*safety*) e resiliência:

1. *Segurança da informação e confiabilidade.* Se um sistema for atacado, e ele ou seus dados forem corrompidos em virtude desse ataque, então isso pode levar a falhas que comprometam a confiabilidade do sistema.

Erros no desenvolvimento de um sistema podem levar a brechas na segurança. Se um sistema não rejeitar entradas imprevistas ou se os limites de um vetor não forem conferidos, então os atacantes podem explorar esses pontos fracos para ganhar acesso ao sistema. Por exemplo, não verificar a validade de uma entrada pode significar que um atacante pode injetar e executar código malicioso.

2. *Segurança da informação e disponibilidade.* Um ataque comum em um sistema web é a negação de serviço, em que um servidor web é inundado com solicitações de serviço provenientes de inúmeras fontes diferentes. O objetivo desse ataque é tornar o sistema indisponível. Uma variação desse ataque é ameaçar um site lucrativo com esse tipo de ataque a menos que um resgate seja pago aos atacantes.

3. *Segurança da informação e segurança (*safety*).* Mais uma vez, o problema principal é um ataque que corrompe o sistema ou seus dados. As checagens de segurança (*safety*) baseiam-se no pressuposto de que podemos analisar o código-fonte de um software crítico em segurança (*safety*) e que o código executável é uma tradução completamente exata desse código-fonte. Se não for esse o caso, uma vez que um atacante mudou o código executável, falhas relacionadas à segurança (*safety*) podem ser induzidas, e o caso de segurança criado para o software é inválido.

Assim como à segurança (*safety*), não podemos atribuir um valor numérico à segurança da informação (*security*) de um sistema, nem podemos testar exaustivamente o sistema quanto à segurança de sua informação. Tanto a segurança quanto a segurança da informação podem ser pensadas como características 'negativas' ou do tipo 'não deve', pois se preocupam com coisas que não devem acontecer. Como nunca podemos provar uma negativa, nunca podemos provar que um sistema é seguro, seja do ponto de vista de segurança ou de segurança da informação.

4. *Segurança da informação e resiliência.* A resiliência, abordada no Capítulo 14, é uma característica do sistema que reflete a sua capacidade para resistir e se recuperar de eventos prejudiciais. O evento prejudicial mais provável nos sistemas de software ligados em rede é um ciberataque de algum tipo, então a maior parte do trabalho feito atualmente em resiliência é voltada para impedir, detectar e se recuperar de tais ataques.

A segurança da informação tem de ser preservada se quisermos criar sistemas intensivos em software que sejam confiáveis, disponíveis e seguros. Ela não é uma funcionalidade extra que pode ser acrescentada mais tarde, mas algo a ser considerado em todos os estágios do ciclo de vida do desenvolvimento, desde os requisitos iniciais até a operação do sistema.

13.2 SEGURANÇA DA INFORMAÇÃO E ORGANIZAÇÕES

Criar sistemas seguros é caro e incerto. É impossível prever os custos de uma falha de segurança, então as empresas e outras organizações acham difícil julgar quanto deveriam gastar na segurança da informação do sistema. Em relação a isso, segurança da informação (*security*) e segurança (*safety*) são coisas diferentes. Existem leis que governam a segurança do local de trabalho e a do operador, e os desenvolvedores de sistemas críticos em segurança têm de obedecê-las, independentemente dos custos. Eles podem estar sujeitos a ações judiciais se usarem um sistema que não é seguro do ponto de vista de segurança (*safety*). No entanto, a menos que a falha de segurança revele informações pessoais, não existem leis que impeçam que um sistema que não é seguro do ponto de vista de segurança da informação seja implantado.

As empresas avaliam os riscos e as perdas que podem surgir de certos tipos de ataques aos ativos do sistema. Elas podem decidir que é mais barato aceitar esses riscos do que criar um sistema seguro que possa deter ou repelir ataques externos. As empresas de cartão de crédito aplicam essa abordagem na prevenção de fraudes. Geralmente, é possível introduzir novas tecnologias para reduzir fraudes em cartões de crédito. No entanto, muitas vezes é mais barato essas empresas compensarem os usuários por suas perdas por fraudes do que comprar e implantar tecnologia de redução de fraudes.

Portanto, o gerenciamento de riscos à segurança da informação é um negócio, e não uma questão técnica. As perdas financeiras e de reputação decorrentes de um ataque bem-sucedido ao sistema devem ser levadas em conta, assim como os custos dos procedimentos e tecnologias de segurança da informação que podem reduzir essas perdas. Para que o gerenciamento do risco seja eficaz, as organizações devem ter uma política de segurança da informação documentada que estabeleça:

1. *Os ativos que devem ser protegidos*. Nem sempre faz sentido aplicar procedimentos de segurança da informação rigorosos a todos os ativos organizacionais. Muitos ativos não são confidenciais, e uma empresa pode melhorar a sua imagem tornando esses ativos disponíveis gratuitamente. Os custos de manter a segurança da informação que está em domínio público são muito menores do que os custos de manter seguras as informações confidenciais.

2. *O nível de proteção necessário para os diferentes tipos de ativos*. Nem todos os ativos precisam do mesmo nível de proteção. Em alguns casos (por exemplo, para informações pessoais sensíveis), é necessário um alto nível de segurança da informação; em outros, as consequências da perda podem ser menores, então um nível mais baixo de segurança da informação é adequado. Portanto, algumas informações podem ser disponibilizadas para qualquer usuário autorizado e autenticado no sistema; outras informações podem ser muito mais sensíveis e estar disponíveis apenas para os usuários em certos papéis ou posições de responsabilidade.

3. *As responsabilidades de cada usuário, de gerentes e da organização*. A política de segurança da informação deve estabelecer o que se espera dos usuários — por exemplo, usar senhas fortes, fazer o *log out* dos computadores e trancar os escritórios. Ela também define o que os usuários podem esperar da empresa, como serviços de *backup* e arquivamento de informações e provisionamento de equipamentos.

4. *Procedimentos e tecnologias de segurança da informação existentes que deveriam ser mantidos*. Por razões práticas e econômicas, pode ser essencial continuar a usar as abordagens existentes para a segurança da informação, mesmo que elas tenham limitações conhecidas. Por exemplo, uma empresa pode exigir o uso de uma autenticação com usuário e senha simplesmente porque outras abordagens tendem a ser rejeitadas pelos usuários.

As políticas de segurança da informação frequentemente estabelecem estratégias gerais de acesso às informações que devem se aplicar à organização inteira. Por exemplo, uma estratégia de acesso pode se basear na permissão ou na senioridade da pessoa que acessa as informações. Desse modo, uma política militar de segurança da informação pode afirmar que 'os leitores só podem acessar documentos cuja classificação esteja no mesmo nível de permissão ou inferior ao do leitor'. Isso significa que, se um leitor foi habilitado para um nível 'secreto', ele poderá acessar documentos classificados como secretos, confidenciais ou abertos, mas não documentos ultrassecretos.

O objetivo das políticas de segurança da informação é deixar cientes todas as pessoas em uma organização, por isso elas não devem ser documentos técnicos longos e detalhados. De uma perspectiva de engenharia de segurança da informação, essa política define, em termos gerais, as metas de segurança da informação da organização, cujo processo está relacionado à implementação dessas metas.

13.2.1 Avaliação dos riscos à segurança da informação

A avaliação e o gerenciamento dos riscos à segurança da informação são atividades organizacionais que se concentram em identificar e compreender os riscos para os ativos de informação (sistemas e dados) da organização. A princípio, uma avaliação de risco individual deve ser feita para todos os ativos; na prática, porém, isso pode ser inviável, se for necessário avaliar um grande número de sistemas e bancos de dados. Nessas situações, pode ser aplicada a todos eles uma avaliação genérica; no entanto, as avaliações de risco individuais devem ser executadas nos sistemas novos.

A avaliação e o gerenciamento do risco são atividades organizacionais — em vez de atividades técnicas — que fazem parte do ciclo de vida do desenvolvimento de software. A razão para isso é que alguns tipos de ataque não se baseiam na tecnologia, mas nos pontos fracos da segurança das organizações de um modo geral. Por exemplo, um atacante pode obter acesso ao equipamento se fazendo passar por um engenheiro credenciado. Se uma organização tiver um processo para averiguar com o fornecedor do equipamento se a visita de um engenheiro está planejada, isso pode deter o ataque. Essa abordagem é muito mais simples do que tentar abordar o problema usando uma solução tecnológica.

Quando um novo sistema deve ser desenvolvido, a avaliação e o gerenciamento dos riscos à segurança da informação devem ser processos permanentes no ciclo de vida do desenvolvimento, desde a especificação inicial até o uso operacional. As etapas da avaliação do risco são:

1. *Avaliação preliminar de risco.* O objetivo dessa avaliação de risco inicial é identificar riscos genéricos aplicáveis ao sistema e decidir se um nível de segurança da informação adequado pode ser alcançado por um custo razoável. Nesse estágio, ainda não foram tomadas decisões sobre os requisitos detalhados do sistema, sobre o projeto do sistema ou sobre a tecnologia de implementação. Potenciais vulnerabilidades da tecnologia, ou os controles que estão incluídos nos componentes de sistema reusados ou no *middleware* não são conhecidos. Assim, a avaliação do risco deve se concentrar na identificação e na análise dos riscos de alto nível do sistema. Os resultados do processo de avaliação de risco são usados para ajudar a identificar requisitos de segurança da informação.

2. *Avaliação de risco do projeto (design).* Essa avaliação de risco ocorre durante o ciclo de vida do desenvolvimento do sistema e é informada pelas decisões técnicas de projeto e implementação do sistema. Os resultados da avaliação podem levar a mudanças nos requisitos de segurança da informação e na inclusão de novos requisitos. As vulnerabilidades conhecidas e as possíveis são identificadas, e esse conhecimento é usado para embasar a tomada de decisão sobre a funcionalidade do sistema e sobre como deve ser implementado, testado e implantado.
3. *Avaliação de risco operacional.* Esse processo de avaliação de risco concentra-se no uso do sistema e nos possíveis riscos que podem surgir. Por exemplo, quando um sistema é utilizado em um ambiente em que interrupções são comuns, um risco para a segurança da informação é que um usuário autenticado deixe o computador sozinho para resolver um problema. Para se contrapor a esse risco, um requisito de tempo limite pode ser especificado, de modo que o usuário seja automaticamente deslogado após um período de inatividade.

A avaliação de risco operacional deve continuar após um sistema ter sido instalado, a fim de avaliar como o sistema é utilizado e considerar as propostas de requisitos novos e modificados, pois as suposições de requisitos operacionais feitas quando o sistema foi especificado podem estar erradas. As mudanças organizacionais podem significar que o sistema é utilizado de maneiras diferentes das originalmente planejadas. Essas mudanças levam a novos requisitos de segurança da informação, que têm de ser implementados à medida que o sistema evolui.

13.3 REQUISITOS DE SEGURANÇA DA INFORMAÇÃO

A especificação dos requisitos de segurança da informação para os sistemas tem muito em comum com a especificação dos requisitos de segurança (*safety*). Não é possível especificar requisitos de segurança (*safety*) ou de segurança da informação (*security*) como probabilidades. Assim como os requisitos de segurança, os requisitos de segurança da informação frequentemente são do tipo 'não deve', que definem o comportamento inaceitável do sistema em vez de definir a funcionalidade dele.

No entanto, a segurança da informação é um problema muito mais desafiador do que a segurança (*safety*), por uma série de razões:

1. Quando se considera a segurança (*safety*), é possível presumir que o ambiente no qual o sistema está instalado não é hostil. Ninguém está tentando causar um incidente relacionado à segurança. Quando considerar a segurança da informação, é necessário supor que os ataques ao sistema são deliberados e que o perpetrador do ataque pode ter conhecimento dos pontos fracos do sistema.
2. Quando ocorrem falhas de sistema que representam risco para a segurança (*safety*), os erros ou as omissões que causaram a falha são procurados. Quando ataques deliberados causam uma falha de sistema, pode ser mais difícil encontrar a causa principal, pois o atacante pode tentar esconder a causa da falha.
3. Geralmente é aceitável desligar um sistema ou degradar os serviços do sistema para evitar uma falha relacionada à segurança (*safety*). No entanto, os ataques ao sistema podem ser de negação de serviço, que se destinam a comprometer a disponibilidade do sistema. Desligar o sistema significa que o ataque foi bem-sucedido.
4. Os eventos relacionados à segurança (*safety*) são acidentais e não são criados por um adversário inteligente. Um atacante pode sondar as defesas de um

sistema em uma série de ataques, modificando os ataques enquanto aprende mais sobre o sistema e suas respostas.

Essas distinções significam que os requisitos de segurança da informação têm de ser mais extensos que os de segurança (*safety*). Os requisitos de segurança (*safety*) geram requisitos funcionais de sistema, que proporcionam proteção contra eventos e defeitos que poderiam causar falhas relacionadas à segurança (*safety*). Esses requisitos estão relacionados principalmente com a verificação de problemas e a tomada de atitudes se esses problemas ocorrerem. Por outro lado, muitos tipos de requisitos de segurança da informação cobrem as diferentes ameaças enfrentadas por um sistema.

Firesmith (2003) identificou dez tipos de requisitos de segurança da informação que podem ser incluídos na especificação de um sistema:

1. Requisitos de identificação especificam se um sistema deve ou não identificar seus usuários antes de interagir com eles.
2. Requisitos de autenticação especificam como os usuários são identificados.
3. Requisitos de autorização especificam os privilégios e as permissões de acesso dos usuários identificados.
4. Requisitos de imunidade especificam como um sistema deve se proteger de vírus, *worms* e ameaças parecidas.
5. Requisitos de integridade especificam como a corrupção de dados pode ser evitada.
6. Requisitos de detecção de intrusão especificam quais mecanismos devem ser utilizados para detectar ataques ao sistema.
7. Requisitos de não repúdio especificam que uma parte não pode negar o seu envolvimento em uma transação.
8. Requisitos de privacidade especificam como a privacidade dos dados deve ser mantida.
9. Requisitos de auditoria de segurança da informação especificam como o uso do sistema pode ser auditado e verificado.
10. Requisitos de segurança da manutenção de sistema especificam como uma aplicação pode impedir que mudanças autorizadas derrotem acidentalmente os seus mecanismos de segurança da informação.

Naturalmente, não é preciso ter todos esses tipos de requisitos de segurança da informação em todos os sistemas. Os requisitos particulares dependem do tipo de sistema, da situação de uso e dos usuários esperados.

A avaliação e a análise de risco preliminares visam identificar os riscos genéricos para a segurança da informação de um sistema e seus dados associados. Essa avaliação de risco é uma entrada importante para o processo de engenharia de requisitos de segurança da informação. Os requisitos de segurança da informação podem ser propostos para apoiar as estratégias gerais de gerenciamento de risco, que são a prevenção, a detecção e a mitigação:

1. Os requisitos de prevenção estabelecem os riscos que devem ser evitados ao projetar o sistema, de maneira que eles simplesmente não surjam.
2. Os requisitos de detecção de riscos definem mecanismos que identificam o risco se ele surgir e o neutralizam antes da ocorrência de perdas.
3. Os requisitos de mitigação de riscos estabelecem como o sistema deve ser projetado para que possa se recuperar e restaurar os ativos do sistema após a ocorrência de alguma perda.

Um processo de requisitos de segurança da informação dirigido por risco é exibido na Figura 13.5. As etapas do processo são:

1. *Identificação de ativos*, em que os ativos do sistema que podem precisar de proteção são identificados. O próprio sistema ou determinadas funções do sistema podem ser identificados como ativos, bem como os dados associados a ele.
2. *Avaliação de valor de ativos*, em que o valor dos ativos identificados é estimado.
3. *Avaliação de exposição*, em que as possíveis perdas associadas a cada ativo são avaliadas. Esse processo deve levar em conta as perdas diretas, como o furto de informações, os custos da recuperação e a possível perda de reputação.
4. *Identificação de ameaças*, em que as ameaças aos ativos do sistema são identificadas.
5. *Avaliação de ataques*, em que cada ameaça é decomposta em ataques que poderiam ser feitos ao sistema e em maneiras como esses ataques podem ocorrer. É possível usar árvores de ataque (SCHNEIER, 1999) para analisá-los. Essas árvores são parecidas com as de defeitos (Capítulo 12), pois começam com uma ameaça na raiz e, depois, identificam as possíveis causas de ataques e como eles poderiam acontecer.
6. *Identificação de controles*, em que controles que poderiam ser colocados em prática para proteger um ativo são propostos. Os controles são os mecanismos técnicos, como a encriptação, que podem ser usados para proteger ativos.
7. *Avaliação de viabilidade*, em que a viabilidade técnica e os custos dos controles propostos são avaliados. Não vale a pena ter controles caros para proteger ativos que não tenham um valor alto.
8. *Definição de requisitos de segurança da informação*, em que o conhecimento da exposição, das ameaças e das avaliações de controle é utilizado para derivar os requisitos de segurança da informação do sistema. Esses requisitos podem se aplicar à infraestrutura ou ao sistema de aplicação.

FIGURA 13.5 Processo preliminar de avaliação do risco para requisitos de segurança da informação.

O sistema de gerenciamento de pacientes Mentcare é crítico em segurança da informação. As Figuras 13.6 e 13.7 são fragmentos de um relatório que documenta a análise de risco desse sistema de software. A Figura 13.6 é uma análise que descreve os ativos no sistema e o seu valor. A Figura 13.7 mostra algumas das ameaças que um sistema pode enfrentar.

FIGURA 13.6 Análise de ativos em um relatório de avaliação do risco preliminar para o sistema Mentcare.

Ativo	Valor	Exposição
O sistema de informação	Alto. Necessário para apoiar todas as consultas clínicas. Potencialmente crítico em segurança (*safety*).	Alta. Perda financeira, pois as consultas podem ter de ser canceladas. Custos de restauração do sistema. Possível dano ao paciente se o tratamento não puder ser prescrito.
O banco de dados de pacientes	Alto. Necessário para apoiar todas as consultas clínicas. Potencialmente crítico em segurança (*safety*).	Alta. Perda financeira, pois as consultas podem ter de ser canceladas. Custos de restauração do sistema. Possível dano ao paciente se o tratamento não puder ser prescrito.
Registro individual de um paciente	Normalmente baixo, embora possa ser alto para pacientes de alto nível específicos.	Perdas diretas baixas, mas possível perda de reputação.

FIGURA 13.7 Análise de ameaças e controles em um relatório de avaliação de risco preliminar.

Ameaça	Probabilidade	Controle	Viabilidade
Um usuário não autorizado obtém acesso como gerente do sistema e o torna indisponível.	Baixa	Permitir o gerenciamento do sistema somente a partir de locais específicos e fisicamente seguros.	Baixo custo de implementação, mas deve-se tomar cuidado com a distribuição de chaves e garantir que elas estejam disponíveis em caso de emergência.
Um usuário não autorizado obtém acesso, como usuário do sistema, a informações confidenciais.	Alta	Exigir que todos os usuários sejam autenticados usando um mecanismo biométrico. Registrar todas as mudanças nas informações dos pacientes para rastrear o uso do sistema.	Tecnicamente viável, mas uma solução de alto custo. Possível resistência dos usuários. Simples e transparente quanto à implementação e também permite recuperação.

Depois de realizada uma avaliação de risco preliminar, requisitos podem ser propostos com o objetivo de evitar, detectar e mitigar os riscos ao sistema. No entanto, a criação desses requisitos não é um processo padronizado ou automatizado. Ela requer informações de engenheiros e especialistas da área para sugerir requisitos com base em sua compreensão da análise de risco e dos requisitos funcionais do sistema de software. Alguns exemplos de requisitos de segurança da informação do sistema Mentcare e dos riscos associados são:

1. As informações dos pacientes devem ser baixadas, no início de uma sessão clínica, do banco de dados para uma área segura no cliente do sistema.
   Risco: Danos por negação de serviço. Manter cópias locais significa que o acesso ainda é possível.
2. Todas as informações de pacientes no cliente do sistema devem ser criptografadas.
   Risco: Acesso externo aos registros do paciente. Se os dados forem criptografados, então o atacante precisará ter acesso à chave de encriptação para descobrir as informações dos pacientes.
3. As informações dos pacientes devem ser carregadas no banco de dados quando uma sessão clínica terminar, e apagadas do computador cliente.
   Risco: Acesso externo aos registros de pacientes por meio de um notebook roubado.
4. Um registro de todas as mudanças feitas no sistema e o iniciador dessas mudanças devem ser mantidos em um computador diferente do servidor de banco de dados.

Risco: Ataques internos ou externos que corrompam os dados atuais. Um registro deve permitir que registros atualizados sejam recriados a partir de um *backup*.

Os dois primeiros requisitos estão relacionados — as informações dos pacientes são baixadas para uma máquina local para que as consultas possam continuar se o servidor de banco de dados de pacientes for atacado ou ficar indisponível. No entanto, essas informações devem ser apagadas para que outros usuários do computador cliente não consigam acessá-las. O quarto requisito é de recuperação e de auditoria, o que significa que as mudanças podem ser recuperadas se os registros de mudanças forem reproduzidos e que também é possível descobrir quem as fez. Essa possibilidade de responsabilização desestimula o mau uso do sistema por pessoal não autorizado.

13.3.1 Casos de mau uso

Derivar requisitos de segurança da informação a partir de uma análise de risco é um processo criativo que envolve engenheiros e especialistas de uma área. Uma abordagem desenvolvida para dar apoio a esse processo para usuários de UML é a ideia dos casos de mau uso (SINDRE; OPDAHL, 2005). Os casos de mau uso são cenários que representam interações maliciosas com um sistema. É possível usar esses cenários para discutir e identificar possíveis ameaças e, portanto, também determinar os requisitos de segurança da informação do sistema. Eles podem ser utilizados junto aos casos de uso durante a derivação dos requisitos do sistema (Capítulos 4 e 5).

Os casos de mau uso estão associados com as instâncias de caso de uso e representam ameaças ou ataques associados a esses casos de uso. Eles podem ser incluídos em um diagrama de caso de uso, mas também devem ter uma descrição em texto mais completa e detalhada. Na Figura 13.8, selecionei os casos de uso de um recepcionista usando o sistema Mentcare e adicionei casos de mau uso, que normalmente são representados como elipses pretas.

FIGURA 13.8 Casos de mau uso.

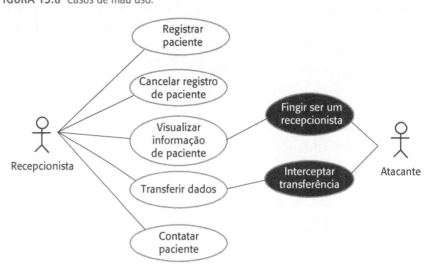

Assim como os casos de uso, os casos de mau uso podem ser descritos de várias maneiras. Acho que é mais útil descrevê-los como um suplemento para a descrição do caso de uso original. Também acho que é melhor ter um formato flexível para os casos de mau uso, já que diferentes tipos de ataques devem ser descritos de diferentes maneiras. A Figura 13.9 mostra a descrição original do caso de uso de transferência de dados (Figura 5.4), com a adição de uma descrição de caso de mau uso.

FIGURA 13.9 Descrições de casos de mau uso.

Sistema Mentcare: Transferir dados	
Atores	Recepcionista, Sistema de registro dos pacientes (SRP).
Descrição	Um recepcionista pode transferir os dados do sistema Mentcare para um banco de dados geral de registro dos pacientes que é mantido pela autoridade de saúde. As informações transferidas podem ser informações pessoais atualizadas (endereço, número de telefone etc.) ou um resumo do diagnóstico e tratamento do paciente.
Dados	Informações pessoais do paciente, resumo do tratamento.
Estímulo	Comando do usuário emitido pelo recepcionista.
Resposta	Confirmação de que o SRP foi atualizado.
Comentários	O recepcionista deve ter permissões adequadas para acessar as informações do paciente e o SRP.

Sistema Mentcare: Interceptar transferência (caso de mau uso)	
Atores	Recepcionista, Sistema de registro de pacientes (SRP), Atacante.
Descrição	Um recepcionista transfere dados do seu PC para o sistema Mentcare no servidor. Um atacante intercepta a transferência de dados e tira uma cópia deles.
Dados (ativos)	Informações pessoais do paciente, resumo do tratamento.
Ataques	Um monitor de rede é adicionado ao sistema, e pacotes do recepcionista para o servidor são interceptados.
	Um servidor falso é configurado entre o recepcionista e o servidor de banco de dados para que o recepcionista acredite que está interagindo com o sistema real.
Mitigações	Todo o equipamento de rede deve ser mantido em uma sala trancada. Os engenheiros que acessam o equipamento devem ser credenciados.
	Todas as transferências de dados entre o cliente e o servidor devem ser criptografadas. Deve ser utilizada comunicação cliente-servidor baseada em certificado.
Requisitos	Todas as comunicações entre o cliente e o servidor devem usar o *Secure Socket Layer* (SSL). O protocolo https usa autenticação baseada em certificado e encriptação.

O problema com os casos de mau uso espelha o problema geral dos casos de uso, que é o de as interações entre os usuários finais e um sistema não serem capazes de abarcar todos os requisitos do sistema. Os casos de mau uso podem ser usados como parte do processo de engenharia de requisitos de segurança da informação, mas também é preciso considerar os riscos associados aos *stakeholders* do sistema que não interagem diretamente com o sistema.

13.4 PROJETO DE SISTEMAS SEGUROS

É muito difícil acrescentar segurança da informação a um sistema depois de ele ter sido implementado. É necessário, portanto, levar em conta as questões de segurança da informação durante o processo de projeto (*design*) e fazer escolhas que melhorem a segurança da informação de um sistema. Nesta seção, concentro-me em duas questões independentes da aplicação e relevantes para o projeto de sistemas seguros:

1. *Projeto de arquitetura* — como as decisões de projeto de arquitetura afetam a segurança da informação de um sistema?

2. *Boas práticas* — quais são as práticas recomendadas durante o projeto de sistemas seguros?

Naturalmente, essas não são as únicas questões de projeto importantes para a segurança da informação. Cada aplicação é diferente, e o projeto de segurança da informação também deve levar em conta o propósito, a criticidade e o ambiente operacional da aplicação. Por exemplo, o projeto de um sistema militar deve adotar um modelo de classificação de segurança da informação da área militar (secreto, ultrassecreto etc.); o projeto de um sistema que mantém informações pessoais precisa levar em conta a legislação de proteção dos dados, que impõe restrições ao modo de gerenciar esses dados.

Usar redundância e diversidade, essenciais para a dependabilidade, pode significar que um sistema é capaz de resistir e de se recuperar de ataques que miram características específicas de projeto ou implementação. Os mecanismos para apoiar um alto nível de disponibilidade podem ajudar o sistema a se recuperar dos ataques de negação de serviço, nos quais o objetivo de um atacante é derrubar o sistema e o impedir de funcionar corretamente.

Projetar um sistema para ser seguro inevitavelmente envolve fazer concessões. Geralmente, é possível projetar várias medidas de segurança da informação em um sistema, as quais reduzirão as chances de um ataque bem-sucedido. No entanto, essas medidas de segurança da informação podem exigir computações adicionais e, portanto, afetar o desempenho global do sistema. Por exemplo, as chances de que informações confidenciais sejam divulgadas podem ser reduzidas se a informação for criptografada. No entanto, isso significa que os usuários da informação têm de esperar para que ela seja descriptografada, o que pode tornar o seu trabalho mais lento.

Também existem tensões entre segurança da informação e usabilidade — outra propriedade emergente do sistema. As medidas de segurança da informação às vezes requerem que o usuário se lembre de e forneça mais informações (várias senhas, por exemplo). No entanto, às vezes os usuários se esquecem dessas informações, então a segurança adicional significa que eles não poderão usar o sistema.

Os projetistas de sistemas têm de encontrar um equilíbrio entre segurança da informação, desempenho e usabilidade. Isso depende do tipo de sistema que está sendo desenvolvido, das expectativas dos seus usuários e do seu ambiente de operação. Por exemplo, em um sistema militar, os usuários estão familiarizados com sistemas de alta segurança e, portanto, aceitam e seguem processos que requerem verificações frequentes. Em um sistema de negociação de ações, em que a velocidade é essencial, as interrupções da operação para verificações de segurança seriam completamente inaceitáveis.

Ataques de negação de serviço

Os ataques de negação de serviço tentam derrubar um sistema ligado em rede, bombardeando-o com uma imensa quantidade de solicitações de serviço, geralmente a partir de centenas de sistemas de ataque. Eles colocam uma carga sobre o sistema para a qual ele não foi projetado e excluem solicitações legítimas de serviços do sistema. Consequentemente, o sistema pode ficar indisponível porque ele trava com a alta carga ou precisa ser desconectado da rede por seus gerentes para interromper o fluxo de solicitações.

13.4.1 Avaliação de risco do projeto

A avaliação de risco de segurança durante a engenharia de requisitos identifica um conjunto de requisitos de segurança da informação de alto nível para um sistema. No entanto, à medida que o sistema é projetado e implementado, as decisões de arquitetura e tecnologia tomadas durante o processo de projeto do sistema influenciam a sua segurança da informação. Essas decisões geram novos requisitos de projeto e podem significar que os requisitos existentes têm de mudar.

O projeto do sistema e a avaliação dos riscos relacionados ao projeto são processos intercalados (Figura 13.10). Decisões de projeto preliminares são tomadas, e os riscos associados a essas decisões são avaliados. Essa avaliação pode levar a novos requisitos, para mitigar os riscos que foram identificados, ou a mudanças no projeto, para reduzir esses riscos. À medida que o projeto do sistema evolui e é desenvolvido em mais detalhes, os riscos são reavaliados e os resultados ajudam a realimentar os projetistas do sistema. O processo de avaliação dos riscos do projeto termina quando ele está completo e os riscos restantes são aceitáveis.

FIGURA 13.10 Projeto e avaliação de riscos intercalados.

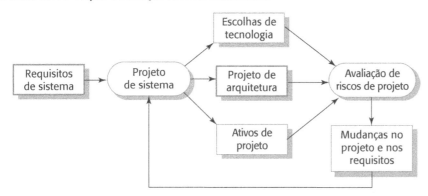

Durante o projeto e implementação, quando os riscos são avaliados, há mais informações disponíveis sobre o que precisa ser protegido e sobre as vulnerabilidades no sistema. Algumas dessas vulnerabilidades serão inerentes às escolhas de projeto feitas. Por exemplo, uma vulnerabilidade inerente à autenticação baseada em senha é um usuário autorizado revelar sua senha para um usuário não autorizado. Assim, se a autenticação baseada em senha for utilizada, o processo de avaliação de riscos pode sugerir novos requisitos para mitigar o risco. Por exemplo, pode haver um requisito de autenticação multifator em que os usuários devem autenticar a si próprios usando algum conhecimento pessoal, além da senha.

A Figura 13.11 é um modelo do processo de avaliação de risco do projeto. A diferença principal entre a análise de risco preliminar e a avaliação de risco do projeto é que, na fase de projeto, já se sabe alguma coisa sobre a representação e a distribuição das informações e sobre a organização do banco de dados dos ativos de alto nível que têm de ser protegidos. Também há informações sobre decisões de projeto importantes, como o software a ser reusado, os controles e a proteção da infraestrutura, e assim por diante. Com base nessa informação, a avaliação pode identificar mudanças nos requisitos de segurança da informação e no projeto do sistema para proporcionar mais proteção para os ativos importantes.

FIGURA 13.11 Avaliação de risco de projeto.

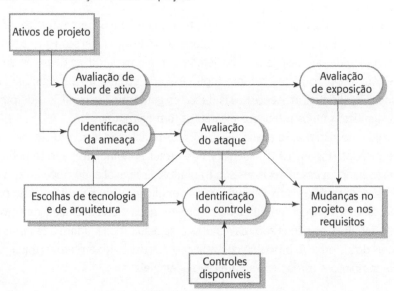

Dois exemplos do sistema Mentcare ilustram como os requisitos de segurança da informação são influenciados pelas decisões sobre representação e distribuição das informações:

1. É possível tomar a decisão de projeto de separar as informações pessoais dos pacientes das informações sobre os tratamentos recebidos (ativos de projeto), com uma chave ligando esses registros. As informações de tratamento são técnicas e, portanto, muito menos sensíveis do que as informações pessoais dos pacientes. Se a chave for protegida, então um atacante só será capaz de acessar informações de rotina, sem conseguir ligar essas informações a um determinado paciente.

2. Suponha que, no início de uma sessão, seja tomada uma decisão de projeto de copiar os registros dos pacientes para um sistema cliente local. Isso permite que o trabalho continue se o servidor estiver indisponível, possibilitando que o profissional de saúde acesse os registros do paciente por meio de um notebook, mesmo se não houver conexão de rede disponível. No entanto, agora há dois conjuntos de registros para proteger, e as cópias do cliente estão sujeitas a outros riscos, como furto do notebook. Portanto, é preciso pensar em quais controles devem ser utilizados para reduzir o risco. É possível incluir um requisito de que os registros de clientes mantidos em notebooks ou outros computadores pessoais devam ser criptografados.

Para ilustrar como as decisões sobre tecnologias de desenvolvimento influenciam a segurança da informação, suponha que o prestador de serviços de saúde tenha resolvido construir um sistema Mentcare usando um sistema de informação de prateleira para manter os registros dos pacientes. Esse sistema tem de ser configurado para cada tipo de clínica em que é utilizado. Essa decisão foi tomada porque parece oferecer a funcionalidade mais completa pelo custo de desenvolvimento mais baixo e pelo menor tempo de implantação.

Ao desenvolver uma aplicação reusando um sistema existente, é preciso aceitar as decisões de projeto tomadas pelos desenvolvedores desse sistema. Suponhamos que algumas dessas decisões de projeto sejam:

1. Os usuários do sistema são autenticados usando uma combinação de usuário e senha. Nenhum outro método de autenticação é permitido.
2. A arquitetura do sistema é cliente-servidor, e os clientes acessam os dados por meio de um navegador web normal em um computador cliente.
3. As informações são apresentadas aos usuários como um formulário web editável. Eles podem mudar as informações no local e carregar as informações atualizadas no servidor.

Para um sistema genérico, essas decisões de projeto são perfeitamente aceitáveis, mas a avaliação dos riscos do projeto mostra que elas têm vulnerabilidades associadas. Exemplos dessas possíveis vulnerabilidades são exibidos na Figura 13.12.

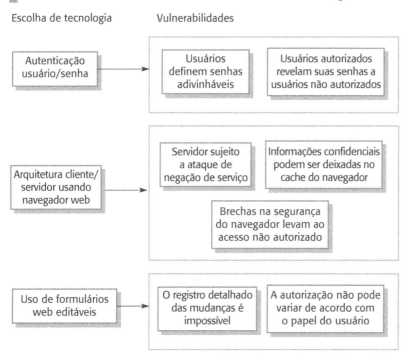

FIGURA 13.12 Vulnerabilidades associadas às escolhas de tecnologia.

Depois que as vulnerabilidades foram identificadas, é necessário decidir os passos que devem ser dados para reduzir os riscos associados. Muitas vezes isso vai envolver a tomada de decisões com relação a outros requisitos de segurança da informação do sistema ou sobre o processo operacional de usar esse sistema. Exemplos desses requisitos poderiam ser:

1. Um programa de verificação de senha deve ser disponibilizado e deve ser executado diariamente para verificar todas as senhas dos usuários. As senhas que aparecerem no dicionário do sistema devem ser identificadas, e os usuários com senhas fracas devem ser reportados para os administradores do sistema.
2. O acesso ao sistema deverá ser permitido apenas para os computadores clientes que foram aprovados e registrados com os administradores do sistema.
3. Apenas um navegador web aprovado deve ser instalado nos computadores clientes.

Como um sistema de prateleira é utilizado, não é possível incluir um verificador de senhas no próprio sistema de aplicação, então um sistema à parte deve ser usado.

Os verificadores de senhas analisam a força das senhas de usuários quando elas são definidas e notificam esses usuários se eles tiverem escolhido senhas fracas. As senhas vulneráveis, portanto, podem ser identificadas com uma rapidez razoável após terem sido configuradas, e uma atitude pode ser tomada para garantir que os usuários mudem suas senhas.

O segundo e o terceiro requisitos significam que todos os usuários sempre acessarão o sistema por meio do mesmo navegador. É possível decidir qual é o navegador mais seguro quando o sistema for implantado, e instalar esse navegador em todos os computadores clientes. As atualizações de segurança são simplificadas porque não há necessidade de atualizar diferentes navegadores quando forem descobertas e corrigidas vulnerabilidades na segurança da informação.

O modelo exibido na Figura 13.10 supõe um processo em que o projeto é desenvolvido com um nível de detalhe razoável antes de a implementação começar. Esse não é o caso de processos ágeis em que o projeto e a implementação são desenvolvidos juntos, com o código refatorado à medida que o projeto é desenvolvido. A entrega frequente de incrementos do sistema não permite que haja tempo para a avaliação detalhada do risco, mesmo se as informações sobre ativos e escolhas de tecnologia estiverem disponíveis.

As questões que envolvem segurança da informação e desenvolvimento ágil foram amplamente discutidas (LANE, 2010; SCHOENFIELD, 2013). Até agora, a questão ainda não foi resolvida de verdade — algumas pessoas acham que existe um conflito fundamental entre segurança da informação e desenvolvimento ágil, e outras acreditam que esse conflito pode ser resolvido usando histórias focadas na segurança da informação (SAFECODE, 2012). Esse ainda é um problema pendente para os desenvolvedores de métodos ágeis. Nesse meio-tempo, muitas empresas preocupadas com a segurança da informação recusam-se a usar métodos ágeis porque eles entram em conflito com as suas políticas de segurança da informação e análise de risco.

13.4.2 Projeto de arquitetura

As decisões de projeto de arquitetura de software podem ter efeitos profundos nas propriedades emergentes de um sistema de software. Se for utilizada uma arquitetura inapropriada, pode ser muito difícil manter a confidencialidade e a integridade das informações ou garantir um nível necessário de disponibilidade do sistema.

Ao projetar uma arquitetura de sistema que mantenha a segurança da informação, é preciso considerar duas questões fundamentais:

1. *Proteção* — como o sistema deve ser organizado para que os ativos críticos possam ser protegidos contra ataques externos?
2. *Distribuição* — como os ativos de sistema devem ser distribuídos para que as consequências de um ataque bem-sucedido sejam minimizadas?

Essas questões são potencialmente conflitantes. Se todos os ativos forem colocados em um só lugar, construir camadas de proteção em volta deles é uma possibilidade. Como só é necessário construir um único sistema de proteção, arcar com um sistema forte, que conta com várias camadas de proteção, é possível. No entanto, se essa proteção falhar, então todos os ativos estarão comprometidos. Adicionar várias camadas de proteção também afeta a usabilidade de um sistema, o que pode significar que é mais difícil cumprir os requisitos de usabilidade e desempenho do sistema.

Por outro lado, se os ativos forem distribuídos, fica mais caro protegê-los porque os sistemas de proteção têm de ser implementados para cada ativo distribuído. Geralmente, não é possível implementar tantas camadas de proteção. As chances de a proteção vir a ser violada aumentam. No entanto, se isso acontecer, a perda sofrida não será total. Pode ser possível duplicar e distribuir ativos de informação e, se uma cópia for corrompida ou ficar inacessível, outra cópia pode ser utilizada. Entretanto, se a informação for confidencial, manter outras cópias aumenta o risco de que um invasor venha a acessá-la.

Para o sistema Mentcare, uma arquitetura cliente-servidor com um banco de dados central compartilhado é utilizada. Para proporcionar proteção, o sistema tem uma arquitetura em camadas, com os ativos de proteção crítica no nível mais baixo no sistema. A Figura 13.13 ilustra essa arquitetura de sistema multinível, na qual os ativos críticos a serem protegidos são os registros de cada paciente.

FIGURA 13.13 Arquitetura de proteção em camadas.

Para acessar e modificar os registros de pacientes, um atacante tem de penetrar três camadas do sistema:

1. *Proteção no nível da plataforma.* A camada superior controla o acesso à plataforma na qual o sistema de registro dos pacientes é executado. Normalmente, isso envolve um usuário entrando em um computador particular. A plataforma normalmente incluirá também o apoio para manter a integridade dos arquivos no sistema, para realizar *backups* e assim por diante.
2. *Proteção no nível da aplicação.* O próximo nível de proteção é construído na própria aplicação. Ele envolve ações de usuário, como acessar a aplicação, ser autenticado e obter autorização para executar ações como visualizar ou modificar dados. Pode haver apoio para gerenciamento da integridade específico da aplicação.

3. *Proteção no nível do registro.* Esse nível é invocado quando o acesso a registros específicos é necessário, e envolve verificar se um usuário está autorizado a realizar as operações solicitadas nesse registro. A proteção nesse nível também poderia envolver a encriptação para garantir que os registros não sejam exibidos por um gerenciador de arquivos. A verificação da integridade usando, por exemplo, somas de verificação (*checksum*) criptográficas, pode detectar mudanças feitas fora dos mecanismos normais de atualização do registro.

O número de camadas de proteção necessário em uma aplicação em particular depende da criticidade dos dados. Nem todas as aplicações precisam de proteção no nível do registro e, portanto, o controle de acesso mais superficial é utilizado com mais frequência. Para alcançar a segurança da informação, não deve ser permitido que as mesmas credenciais de usuário sejam utilizadas em cada nível. Em condições ideais, se o sistema for baseado em senhas, então a senha da aplicação deve ser diferente da senha do sistema e da senha no nível do registro. No entanto, várias senhas são difíceis de serem memorizadas pelos usuários, e eles acham irritantes as solicitações repetidas para se autenticarem. Portanto, muitas vezes, pode ser necessário comprometer a segurança da informação em favor da usabilidade do sistema.

Se a proteção dos dados for um requisito crítico, então uma arquitetura cliente-servidor centralizada normalmente é a mais eficaz em termos de segurança da informação. O servidor é responsável por proteger dados sensíveis. No entanto, se a proteção estiver comprometida, então as perdas associadas a um ataque são altas, já que todos os dados podem ser perdidos ou danificados. Os custos da recuperação também podem ser altos (por exemplo, todas as credenciais dos usuários podem ter que ser reemitidas). Os sistemas centralizados também são mais vulneráveis aos ataques de negação de serviço, que sobrecarregam o servidor e tornam impossível para qualquer pessoa acessar o banco de dados do sistema.

Se as consequências de uma violação do servidor forem altas, pode ser preferível usar uma arquitetura distribuída alternativa para a aplicação. Nessa situação, os ativos do sistema são distribuídos por uma série de plataformas diferentes, com mecanismos de proteção separados usados em cada uma delas. Um ataque em um nó poderia significar que alguns ativos estarão indisponíveis, mas ainda seria possível prestar alguns serviços de sistema. Os dados podem ser replicados pelos nós no sistema para simplificar a recuperação após os ataques.

A Figura 13.14 ilustra a arquitetura de um sistema bancário para negociação de ações e fundos nos mercados de Nova York, Londres, Frankfurt e Hong Kong. O sistema é distribuído para que os dados sobre cada mercado sejam mantidos separadamente. Os ativos necessários para permitir a atividade crítica da negociação de ações (contas de usuários e preços) são replicados e estão disponíveis em todos os nós. Se um nó do sistema for atacado e ficar indisponível, a atividade crítica da negociação de ações pode ser transferida para outro país e, assim, ainda pode estar disponível para os usuários.

Já discuti sobre o problema de encontrar um equilíbrio entre segurança da informação e desempenho do sistema. Um problema do projeto de sistemas seguros é que, em muitos casos, o melhor estilo de arquitetura para os requisitos de segurança da informação pode não ser o melhor para satisfazer os requisitos de desempenho. Por exemplo, digamos que uma aplicação tenha um requisito absoluto para manter a confidencialidade de um grande banco de dados e outro requisito para acesso muito

FIGURA 13.14 Ativos distribuídos em um sistema de negociação de ações.

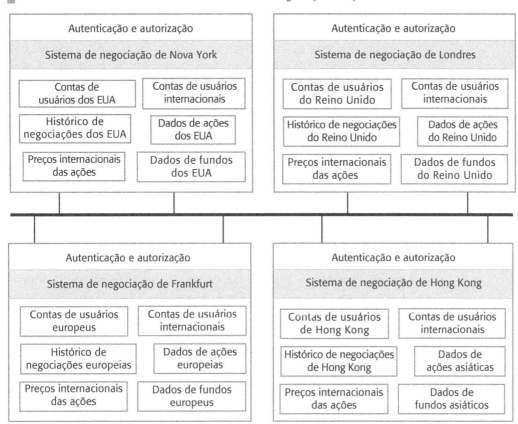

veloz a esses dados. Um alto nível de proteção sugere que camadas de proteção são necessárias, o que significa que deve haver comunicação entre as camadas do sistema. Isso traz uma inevitável sobrecarga para o desempenho, o que vai deixar mais lento o acesso aos dados.

Se for utilizada uma arquitetura alternativa, então pode ser mais difícil e caro implementar a proteção e garantir a confidencialidade. Nessa situação, é necessário discutir, com o cliente que está pagando pelo sistema, os conflitos inerentes e entrar em um acordo quanto à resolução desses conflitos.

13.4.3 Diretrizes de projeto

Não existem maneiras fáceis de garantir a segurança da informação do sistema. Diferentes tipos de sistemas requerem medidas técnicas diferentes para alcançar um nível de segurança da informação que seja aceitável para o dono do sistema. As atitudes e os requisitos dos diferentes grupos de usuários afetam profundamente o que é aceitável ou não. Por exemplo, em um banco, os usuários tendem a aceitar um nível de segurança da informação mais alto e, consequentemente, procedimentos de segurança da informação mais intrusivos do que, digamos, em uma universidade.

Entretanto, algumas diretrizes gerais têm ampla aplicabilidade quando se projetam soluções de segurança da informação do sistema. Essas diretrizes encapsulam boas práticas de projeto para a engenharia de sistemas seguros. As diretrizes gerais de projeto para segurança da informação, como as discutidas a seguir, têm dois usos principais:

1. Elas ajudam a aumentar a conscientização dos membros de um time de engenharia de software sobre as questões de segurança da informação. Os engenheiros de software concentram-se frequentemente no objetivo de curto prazo de conseguir que o software funcione e seja entregue aos clientes. Para eles, é fácil negligenciar questões de segurança da informação. O conhecimento dessas diretrizes pode significar que as questões de segurança da informação são consideradas quando as decisões sobre o projeto de software são tomadas.
2. Elas podem ser utilizadas como um *checklist* de revisão no processo de validação do sistema. A partir das diretrizes de alto nível discutidas aqui, podem ser derivadas questões mais específicas, que explorem como a segurança da informação foi projetada em um sistema.

Às vezes, as diretrizes de segurança da informação são princípios muito gerais, como 'proteger o elo mais frágil em um sistema', 'manter as coisas simples' e 'evitar a segurança da informação através da obscuridade'. Eu acho essas diretrizes gerais vagas demais para terem um uso real no processo de projeto. Por causa disso, concentrei-me aqui nas diretrizes de projeto mais específicas. As dez diretrizes de projeto, resumidas na Figura 13.15, foram extraídas de fontes diferentes (SCHNEIER, 2000; VIEGA; MCGRAW, 2001; WHEELER, 2004).

FIGURA 13.15 Diretrizes de projeto para a engenharia de sistemas seguros.

Diretrizes de projeto para segurança da informação
1. Basear as decisões de segurança da informação em uma política explícita
2. Usar a defesa em profundidade
3. Falhar com segurança
4. Balancear segurança da informação e usabilidade
5. Registrar as ações do usuário
6. Usar redundância e diversidade para diminuir o risco
7. Especificar o formato das entradas do sistema
8. Compartimentalizar seus ativos
9. Projetar para a implantação
10. Projetar para a recuperação

Diretriz 1: Basear as decisões de segurança da informação em uma política explícita

Uma política de segurança organizacional é uma declaração de alto nível que estabelece condições fundamentais de segurança da informação para uma organização. Ela define o 'que' da segurança da informação, em vez de o 'como'. Assim, a política não deve definir os mecanismos a serem utilizados para proporcionar e reforçar a segurança da informação. A princípio, todos os aspectos da política de segurança da informação devem estar refletidos nos requisitos do sistema. Na prática, especialmente se o desenvolvimento for ágil, é improvável que isso aconteça.

Os projetistas devem usar a política de segurança da informação como um arcabouço para tomar e avaliar decisões de projeto. Por exemplo, digamos que esteja sendo projetado um controle de acesso para o sistema Mentcare. A política de segurança da informação do hospital pode afirmar que apenas funcionários credenciados podem modificar os registros eletrônicos dos pacientes. Isso leva a requisitos para verificar o credenciamento de qualquer pessoa que tente modificar o sistema e para rejeitar modificações de pessoas não credenciadas.

O problema é que muitas organizações não têm uma política explícita de segurança dos sistemas. Com o passar do tempo, podem ser feitas mudanças nos sistemas em resposta aos problemas identificados, mas sem um grande documento de políticas para guiar a evolução de um sistema. Nessas situações, é preciso trabalhar e documentar a política a partir dos exemplos e confirmá-la com os gestores da empresa.

Diretriz 2: Usar a defesa em profundidade

Em qualquer sistema crítico, é uma boa prática de projeto tentar evitar um único ponto de falha. Isto é, uma única falha em parte do sistema não deve resultar em falha global dos sistemas. Em termos de segurança da informação, isso significa que não se deve contar com um único mecanismo para garantir a segurança da informação; em vez disso, várias técnicas diferentes devem ser empregadas. Esse conceito às vezes é chamado de 'defesa em profundidade'.

Um exemplo de defesa em profundidade é a autenticação multifator. Por exemplo, ao usar uma senha para autenticar os usuários em um sistema, também é possível incluir um mecanismo de autenticação de desafio-resposta, em que os usuários têm de registrar previamente perguntas e respostas no sistema. Após terem fornecido suas credenciais de *login*, eles devem responder as perguntas corretamente antes que o acesso seja concedido a eles.

Diretriz 3: Falhar com segurança

As falhas são inevitáveis em todos os sistemas e, da mesma maneira que os sistemas críticos em segurança, os sistemas críticos em segurança da informação devem sempre 'falhar com segurança', mas do ponto de vista de segurança da informação. Quando o sistema falha, procedimentos de contingência menos seguros do que o próprio sistema não devem ser usados, nem a falha do sistema deve significar que um atacante possa acessar dados aos quais normalmente não teria permissão.

Por exemplo, no sistema Mentcare, sugeri um requisito de que os dados dos pacientes deveriam ser baixados para um sistema cliente no início de uma sessão. Isso acelera o acesso e torna-o possível no caso de o servidor estar indisponível. Normalmente, o servidor apaga esses dados no final da sessão. No entanto, se o servidor tiver falhado, então é possível que a informação no cliente seja mantida. Uma abordagem de falha segura nessas circunstâncias é criptografar todos os dados dos pacientes armazenados no cliente. Isso significa que um usuário não autorizado não consegue ler os dados.

Diretriz 4: Balancear segurança da informação e usabilidade

As demandas de segurança da informação e usabilidade costumam ser contraditórias. Para tornar um sistema seguro, é necessário verificar que os usuários estão autorizados a usar o sistema e que eles estão agindo em concordância com as políticas de segurança da informação. Tudo isso provoca, inevitavelmente, uma demanda sobre os usuários — eles podem ter de se lembrar de usuários e senhas, usar o sistema só de determinados computadores etc. Isso significa que os usuários levam mais tempo para entrar no sistema e usá-lo com eficácia. À medida que são acrescentadas características de segurança da informação a um sistema, normalmente torna-se mais difícil usá-lo. Recomendo o livro de Cranor e Garfinkel (2005), que discute uma ampla gama de questões na área geral de segurança da informação e usabilidade.

Chega um ponto em que é contraproducente continuar adicionando novas características de segurança da informação à custa de usabilidade. Por exemplo, ao exigir que os usuários forneçam várias senhas ou que mudem suas senhas para cadeias de caracteres impossíveis de lembrar em intervalos frequentes, eles simplesmente passarão a anotar essas senhas em algum lugar. Um atacante (especialmente alguém de dentro da organização) pode encontrar essas senhas anotadas e acessar o sistema.

Diretriz 5: Registrar as ações do usuário

Sempre que for possível fazê-lo em termos práticos, deve-se manter um registro (*log*) das ações dos usuários. Esse registro deve gravar, no mínimo, quem fez o quê, os ativos usados, a hora e a data da ação. Se for possível manter isso como uma lista de comandos executáveis, é possível repetir o registro para se recuperar das falhas. Também são necessárias ferramentas que permitam analisar o registro e detectar ações potencialmente anômalas. Essas ferramentas podem varrer o registro e encontrar ações anômalas e, assim, ajudar a detectar ataques e rastrear como o atacante conseguiu acessar o sistema.

Além de ajudar a se recuperar de uma falha, um registro das ações dos usuários é útil porque age como um impedimento para ataques internos. Se as pessoas souberem que suas ações estão sendo registradas, então elas estarão menos propensas a fazer coisas não autorizadas. Isso é mais eficaz para ataques casuais, como um profissional de enfermagem que procura os registros de paciente de vizinhos dele, ou para detectar ataques em que credenciais de usuário legítimas foram roubadas por meio de engenharia social. Naturalmente, essa abordagem não é infalível, já que invasores internos tecnicamente qualificados também podem ser capazes de acessar e alterar o registro.

Diretriz 6: Usar redundância e diversidade para diminuir o risco

Redundância significa manter mais de uma versão do software ou dos dados em um sistema. Diversidade, quando aplicada ao software, significa que versões diferentes não devem contar com a mesma plataforma ou ser implementadas usando as mesmas tecnologias. Portanto, as vulnerabilidades de plataforma ou tecnologia não afetarão todas as versões e, portanto, não levarão a uma falha comum.

Já discuti exemplos de redundância — manter informações dos pacientes no servidor e no cliente, primeiro no sistema Mentcare e depois no sistema distribuído de negociação de ações exibido na Figura 13.14. No sistema de registros de pacientes, é possível usar sistemas operacionais diversos no cliente e no servidor (por exemplo,

Linux no servidor, Windows no cliente). Isso garante que um ataque baseado em uma vulnerabilidade do sistema operacional não vai afetar o servidor ou o cliente. É claro que executar vários sistemas operacionais leva a maiores custos de gerenciamento de sistemas. É preciso escolher entre os benefícios da segurança da informação e um maior custo.

Diretriz 7: Especificar o formato das entradas do sistema

Um ataque comum a um sistema envolve o fornecimento de entradas inesperadas que fazem com que esse sistema se comporte de modo imprevisível. Essas entradas podem provocar simplesmente a queda do sistema, resultando em perda de serviço, ou elas poderiam ser compostas de código malicioso que é executado pelo sistema. As vulnerabilidades de estouro de *buffer*, demonstradas pela primeira vez no 'Internet Worm' (SPAFFORD, 1989) e normalmente utilizadas por atacantes, podem ser desencadeadas usando longas *strings* de entrada. O chamado 'envenenamento de SQL', em que um usuário malicioso fornece um fragmento de SQL que é interpretado por um servidor, é outro ataque bem comum.

É possível evitar muitos desses problemas ao especificar o formato e a estrutura das entradas de sistema esperadas. Essa especificação deve se basear no conhecimento das entradas esperadas de sistema. Por exemplo, se um sobrenome tiver que ser fornecido, é possível especificar que todos os caracteres devem ser alfabéticos, sem números ou pontuação (além de um hífen). Também é possível limitar o tamanho do nome. Por exemplo, ninguém tem um nome de família com mais de 40 caracteres e nenhum endereço tem mais de 100 caracteres de tamanho. Se for esperado um valor numérico, nenhum caractere alfabético deve ser permitido. Essa informação é utilizada nas verificações de entrada quando o sistema é implementado.

Diretriz 8: Compartimentalizar seus ativos

Compartimentalizar significa que não é necessário conceder aos usuários acesso a todas as informações em um sistema. Com base no princípio geral de segurança da informação de 'precisar saber', é importante organizar as informações de sistema em compartimentos. Os usuários só devem ter acesso às informações das quais necessitam para o seu trabalho, em vez de a todas as informações em um sistema. Isso significa que os efeitos de um ataque que comprometa a conta de um usuário podem ser contidos. Algumas informações podem ser perdidas ou danificadas, mas é improvável que todas as informações do sistema venham a ser afetadas.

Por exemplo, o sistema Mentcare poderia ser projetado para que a equipe de uma clínica normalmente só tenha acesso aos registros de pacientes com consulta marcada naquela clínica. Essa equipe não deve ter acesso aos registros de todos os pacientes no sistema. Isso não apenas limita a potencial perda decorrente de ataques internos, mas também significa que, se um invasor roubar credenciais da equipe, então ele não conseguirá danificar os registros de todos os pacientes.

Dito isso, também pode ser necessário manter mecanismos no sistema para conceder o acesso inesperado — digamos que o acesso a um paciente gravemente doente que exija tratamento urgente sem uma consulta marcada. Nessas circunstâncias, algum mecanismo seguro alternativo poderia ser usado para suplantar a compartimentalização no sistema. Nessas situações, em que a segurança da informação é suavizada para manter a disponibilidade do sistema, é essencial o uso de um mecanismo de *log* para registrar o uso do sistema. Depois, é possível conferir os registros para rastrear qualquer uso não autorizado.

Diretriz 9: Projetar para a implantação

Muitos problemas de segurança da informação surgem porque o sistema não está configurado corretamente quando é implantado em seu ambiente operacional. Implantação significa instalar o software nos computadores nos quais ele será executado e configurar os parâmetros do software para refletir o ambiente de execução e as preferências do usuário do sistema. Erros como esquecer de desabilitar os recursos de depuração ou esquecer de mudar a senha padrão do administrador podem introduzir vulnerabilidades em um sistema.

Boas práticas de gerenciamento podem evitar muitos problemas de segurança da informação que surgem dos erros de configuração e implantação. Ainda assim, os projetistas de software têm a responsabilidade de 'projetar para a implantação'. Deve-se sempre fornecer apoio para a implantação que reduza as chances de os usuários e administradores do sistema cometerem erros quando configuram o software.

Recomendo quatro maneiras de incorporar o apoio à implantação em um sistema:

1. *Incluir apoio para visualizar e analisar as configurações.* Devem ser incluídos em um sistema recursos que permitam aos administradores ou aos usuários autorizados examinar a configuração atual do sistema.
2. *Minimizar os privilégios padrões.* O software deve ser projetado para que a configuração padrão de um sistema proporcione privilégios essenciais mínimos.
3. *Localizar os parâmetros de configuração.* Quando projetar o apoio à configuração do sistema, é necessário garantir que tudo que afete a mesma parte de um sistema seja configurado no mesmo lugar.
4. *Fornecer maneiras fáceis de corrigir vulnerabilidades de segurança.* Mecanismos diretos para atualizar o sistema devem ser incluídos, a fim de corrigir vulnerabilidades de segurança da informação que forem descobertas.

As questões de implantação são um problema menor do que eram antigamente, já que cada vez mais software não requer instalação pelo cliente. Em vez disso, o software é executado como um serviço e é acessado por meio de um navegador web. Entretanto, o software do servidor ainda é vulnerável a erros de implantação e a omissões, e alguns tipos de sistema requerem software dedicado rodando no computador do usuário.

Diretriz 10: Projetar para a recuperação

Independentemente de quanto esforço é colocado na manutenção da segurança da informação dos sistemas, deve-se sempre projetar um sistema com a suposição de que uma falha de segurança da informação poderia ocorrer. Portanto, é preciso pensar a respeito de como se recuperar de possíveis falhas e restaurar o sistema para um estado operacional seguro. É possível, por exemplo, incluir um sistema de autenticação de reserva no caso de a autenticação por senha ficar comprometida.

Digamos que uma pessoa não autorizada e externa à clínica obtenha acesso ao sistema Mentcare e que não seja possível saber como essa pessoa obteve a combinação válida de usuário e senha. É preciso reiniciar o sistema de autenticação, não só mudar as credenciais utilizadas pelo invasor. Isso é essencial, pois o invasor também pode ter acessado as senhas de outros usuários. É preciso, portanto, garantir que todos os usuários autorizados mudem suas senhas. Também é essencial garantir que a pessoa não autorizada não tenha acesso ao mecanismo de mudança de senha.

Portanto, o sistema deve ser projetado para negar acesso a qualquer usuário, até que altere a sua senha, e para enviar um e-mail a todos os usuários pedindo que mudem suas senhas. É necessário um mecanismo alternativo para autenticar os usuários reais para a mudança de senha, supondo que as senhas por eles escolhidas podem não ser seguras. Uma maneira de fazer isso é usar um mecanismo de desafio/resposta, pelo qual os usuários têm de responder perguntas para as quais eles registraram previamente as respostas. Isso só é invocado quando as senhas são modificadas, permitindo a recuperação de um ataque com relativamente pouca perturbação do usuário.

Projetar para a recuperação é um elemento essencial de criação de resiliência nos sistemas. Trato desse tópico em mais detalhes no Capítulo 14.

13.4.4 Programação de sistemas seguros

O projeto de sistemas seguros significa projetar a segurança da informação em um sistema de aplicação. No entanto, além de focar na segurança da informação no nível do projeto, também é importante considerar a segurança da informação ao programar um sistema de software. Muitos ataques bem-sucedidos baseiam-se em vulnerabilidades do programa, introduzidas durante o seu desenvolvimento.

O primeiro ataque amplamente conhecido a sistemas baseados na internet aconteceu em 1988, quando um *worm* foi introduzido em sistemas Unix pela rede (SPAFFORD, 1989). Ele tirou proveito de uma conhecida vulnerabilidade de programação. Se os sistemas forem programados em C, não há uma verificação automática dos limites do vetor. Um atacante pode incluir uma cadeia longa com comandos de programa como entrada, e isso sobrescreve a pilha de programa, podendo fazer com que o controle seja transferido para o código malicioso. Desde então, essa vulnerabilidade tem sido explorada em muitos outros sistemas programados em C ou C++.

Esse exemplo ilustra dois aspectos importantes da programação de sistemas seguros:

1. As vulnerabilidades muitas vezes são específicas da linguagem. A verificação do limite dos vetores é automática em linguagens como Java, então essa não é uma vulnerabilidade que possa ser explorada em programas Java. No entanto, milhões de programas são escritos em C e C++, já que essas linguagens permitem o desenvolvimento de software mais eficiente. Desse modo, simplesmente evitar o uso dessas linguagens não é uma opção realista.
2. As vulnerabilidades de segurança da informação estão intimamente relacionadas com a confiabilidade do programa. O exemplo acima fez com que o programa

em questão travasse, então as ações tomadas para melhorar a confiabilidade do programa também podem aumentar a segurança da informação do sistema.

No Capítulo 11, introduzi diretrizes para a programação de sistemas confiáveis. Elas são exibidas na Figura 13.16. Essas diretrizes também ajudam a melhorar a segurança da informação de um programa, já que os atacantes se concentram em suas vulnerabilidades para ganhar acesso a um sistema. Por exemplo, um ataque por envenenamento de SQL baseia-se em um atacante que preenche um formulário com comandos SQL em vez de o texto esperado pelo sistema. Esses comandos podem corromper o banco de dados ou liberar informações confidenciais. É possível evitar completamente esse problema implementando verificações de entrada (Diretriz 2) baseadas no formato e na estrutura esperados para essas entradas.

FIGURA 13.16 Diretrizes de programação considerando a dependabilidade.

Diretrizes de programação considerando a dependabilidade
1. Limitar a visibilidade das informações em um programa
2. Conferir a validade de todas as entradas
3. Fornecer tratamento para todas as exceções
4. Minimizar o uso de construtos propensos a erro
5. Fornecer capacidade de reinicialização
6. Conferir limites do vetor
7. Incluir tempos de espera (*timeouts*) quando invocar componentes externos
8. Dar nomes a todas as constantes que representam valores do mundo real

13.5 TESTE E GARANTIA DE SEGURANÇA DA INFORMAÇÃO

A avaliação da segurança da informação de um sistema é cada vez mais importante para que tenhamos confiança de que os sistemas que utilizamos são seguros. Os processos de verificação e validação dos sistemas web devem se concentrar, portanto, na avaliação da segurança da informação, que testa a capacidade do sistema de resistir a diferentes tipos de ataques. No entanto, como explica Anderson (2008), esse tipo de avaliação da segurança da informação é muito difícil de fazer. Consequentemente, os sistemas costumam ser implantados com falhas de segurança da informação. Os atacantes se aproveitam dessas vulnerabilidades para obter acesso ao sistema ou causar danos ao sistema ou seus dados.

Fundamentalmente, o teste de segurança da informação é difícil de realizar por duas razões:

1. Os requisitos de segurança da informação, como alguns requisitos de segurança (*safety*), são do tipo 'não deve'. Ou seja, eles especificam o que não deve acontecer, em vez de especificar a funcionalidade do sistema ou o comportamento exigido. Normalmente, não é possível definir esse comportamento indesejado como restrições simples a serem verificadas pelo sistema.

   Se recursos estiverem disponíveis, é possível demonstrar, ao menos a princípio, que um sistema cumpre seus requisitos funcionais. No entanto, é impossível provar que um sistema não faz alguma coisa. Independentemente da quantidade de testes, as vulnerabilidades de segurança da informação podem permanecer em um sistema mesmo depois de ele ter sido implantado.

Naturalmente, é possível gerar requisitos funcionais que são projetados para proteger o sistema contra alguns tipos de ataques conhecidos. No entanto, não é possível derivar requisitos para tipos de ataques desconhecidos ou imprevistos. Mesmo nos sistemas que estão em uso há muitos anos, um atacante engenhoso pode descobrir um novo ataque e penetrar em um sistema que se acreditava ser seguro.

2. As pessoas que atacam um sistema são inteligentes e buscam ativamente as vulnerabilidades que podem explorar. Elas estão dispostas a experimentar o sistema e tentar coisas bem fora da atividade normal e do uso dele. Por exemplo, em um campo de sobrenome, elas podem fornecer 1.000 caracteres com uma mistura de letras, pontuação e números, simplesmente para ver como o sistema responde.

Depois que encontram uma vulnerabilidade, elas publicam essas vulnerabilidades, e assim aumentam o número de possíveis atacantes. Fóruns de internet foram criados para trocar informações sobre vulnerabilidades de sistemas. Também existe um mercado próspero de *malware*, em que os atacantes podem obter acesso a kits que os ajudam a desenvolver facilmente um *malware*, como *worms* e capturadores de teclas digitadas.

Os atacantes podem tentar descobrir as suposições feitas pelos desenvolvedores do sistema e então desafiá-las para ver o que acontece. Eles estão em uma posição de usar e explorar um sistema durante um período e de analisar esse sistema usando ferramentas de software para descobrir vulnerabilidades que poderiam explorar. Na verdade, eles podem ter mais tempo para despender buscando as vulnerabilidades do que os próprios engenheiros de teste do sistema, já que os testadores também devem focar no teste do sistema.

É possível usar uma combinação de teste, de análise baseada em ferramenta e de verificação formal para conferir e analisar a segurança da informação de um sistema de aplicação:

1. *Teste baseado na experiência*. Nesse caso, o sistema é analisado levando em conta tipos de ataque conhecidos pela equipe de validação. Isso pode envolver o desenvolvimento de casos de teste ou o exame do código-fonte de um sistema. Por exemplo, para verificar se o sistema não é suscetível ao conhecido ataque por envenenamento de SQL, o sistema pode ser testado usando entradas que incluam comandos SQL. Para verificar se erros de estouro de *buffer* não ocorrerão, todos os *buffers* de entrada podem ser examinados para ver se o programa está conferindo se as atribuições aos elementos do *buffer* estão dentro dos limites.

Podem ser criados *checklists* dos problemas de segurança da informação conhecidos para ajudar no processo. A Figura 13.17 traz alguns exemplos de questões que poderiam ser utilizadas para direcionar o teste baseado na experiência. Checagens sobre se as diretrizes de projeto e de programação para segurança da informação foram seguidas também podem ser incluídas em um *checklist* de problemas.

2. *Teste de penetração*. Essa é uma forma de teste baseado em experiência em que é possível aproveitar a experiência de fora do time de desenvolvimento

para testar um sistema de aplicação. As equipes de teste de penetração recebem a missão de violar a segurança da informação do sistema. Elas simulam ataques ao sistema e usam a sua engenhosidade para descobrir novas maneiras de comprometer a segurança da informação do sistema. Os membros da equipe de teste de penetração devem ter experiência prévia com teste de segurança da informação e em encontrar pontos fracos na segurança da informação de sistemas.

3. *Análise baseada em ferramentas.* Nessa abordagem, ferramentas de segurança da informação — como verificadores de senhas — são utilizadas para analisar o sistema. Os verificadores de senhas detectam as senhas inseguras, como nomes comuns ou cadeias de letras consecutivas. Essa abordagem, na realidade, é uma extensão da validação baseada na experiência, em que o conhecimento das falhas de segurança da informação é incorporado às ferramentas utilizadas. A análise estática é outro tipo de análise baseada em ferramenta que vem sendo cada vez mais utilizada.

    A análise estática baseada em ferramenta (Capítulo 12) é uma abordagem particularmente útil para a verificação da segurança da informação. Uma análise estática de um programa pode guiar rapidamente a equipe de teste para as áreas de um programa que podem incluir erros e vulnerabilidades. As anomalias reveladas na análise estática podem ser corrigidas diretamente ou podem ajudar a identificar testes que precisem ser feitos para revelar se essas anomalias representam ou não um risco para o sistema. A Microsoft usa rotineiramente a análise estática para verificar o seu software quanto a possíveis vulnerabilidades de segurança da informação (JENNEY, 2013). A Hewlett-Packard oferece uma ferramenta chamada Fortify (HEWLETT-PACKARD, 2012), projetada especificamente para examinar programas em Java quanto a vulnerabilidades de segurança da informação.

4. *Verificação formal.* Discuti o uso da verificação formal dos programas nos Capítulos 10 e 12. Essencialmente, ela envolve a criação de argumentos matemáticos formais que demonstrem se um programa está em conformidade com a sua especificação. Hall e Chapman (2002) demonstraram há mais de dez anos a viabilidade de provar se um sistema cumpriu seus requisitos formais de segurança da informação e, desde então, houve uma série de outros experimentos. No entanto, como acontece em outras áreas, a verificação formal da segurança da informação não é amplamente utilizada. Ela requer conhecimento especializado e tende a não ser tão viável economicamente quanto a análise estática.

O teste de segurança da informação é demorado, e o tempo disponível para a equipe de teste normalmente é limitado. Isso significa que uma abordagem baseada em risco deve ser adotada para testar a segurança da informação e é preferível concentrar esforços nos riscos enfrentados pelo sistema considerados mais relevantes. Se houver uma análise dos riscos à segurança da informação do sistema, ela pode ser utilizada para direcionar o processo de teste. Além de testar o sistema quanto aos requisitos de segurança da informação derivados desses riscos, a equipe de teste também deve tentar a violação do sistema adotando abordagens alternativas que ameacem seus ativos.

FIGURA 13.17 Exemplos de itens em um *checklist* de segurança da informação.

Checklist **de segurança da informação**

1. Todos os arquivos criados na aplicação têm permissões de acesso adequadas? As permissões de acesso erradas podem levá-los a ser acessados por usuários não autorizados.
2. O sistema encerra automaticamente as sessões de usuário após um período de inatividade? As sessões deixadas em atividade podem permitir o acesso não autorizado por meio de um computador deixado sozinho.
3. Se o sistema for escrito em uma linguagem de programação sem verificação de limite dos vetores, há situações nas quais pode ser explorado o estouro de *buffer*? O estouro do *buffer* pode permitir que atacantes enviem sequências de código para o sistema e depois as executem.
4. Se forem definidas senhas, o sistema verifica se elas são 'fortes'? Senhas fortes consistem em letras, números e caracteres especiais misturados, e não são verbetes normais do dicionário. Elas são mais difíceis de quebrar do que as senhas simples.
5. As entradas provenientes do ambiente do sistema sempre são verificadas em relação a uma especificação? O processamento incorreto de entradas malformadas é uma causa comum de vulnerabilidades de segurança.

PONTOS-CHAVE

- A engenharia de segurança da informação concentra-se em como desenvolver e manter sistemas de software que possam resistir a ataques maliciosos destinados a danificar um sistema computadorizado ou seus dados.

- As ameaças à segurança da informação podem ser em relação à confidencialidade, à integridade ou à disponibilidade de um sistema ou de seus dados.

- O gerenciamento dos riscos de segurança da informação envolve avaliar as perdas que poderiam advir dos ataques a um sistema e derivar requisitos de segurança da informação destinados a eliminar ou a reduzir essas perdas.

- Para especificar requisitos de segurança da informação, é preciso identificar os ativos que devem ser protegidos e definir como as técnicas e a tecnologia de segurança da informação devem ser empregadas para proteger esses ativos.

- Questões-chave durante o projeto de uma arquitetura de sistema segura incluem organizar a estrutura do sistema, para proteger os principais ativos, e distribuir esses ativos, a fim de minimizar as perdas decorrentes de um ataque bem-sucedido.

- Diretrizes de projeto de segurança da informação alertam os projetistas do sistema para questões de segurança da informação que eles podem não ter considerado. Elas fornecem uma base para criar *checklists* para revisão da segurança da informação.

- A validação da segurança da informação é difícil porque os requisitos de segurança da informação afirmam o que não deve acontecer em um sistema, em vez do que deveria acontecer. Além disso, os atacantes de sistemas são inteligentes e podem ter mais tempo para sondar os pontos fracos do que o tempo disponível para o teste de segurança da informação.

LEITURAS ADICIONAIS

Security engineering: a guide to building dependable distributed systems. 2. ed. Uma discussão completa e abrangente dos problemas de criação de sistemas seguros. O foco é nos sistemas e não na engenharia de software, com cobertura ampla do hardware e redes, e exemplos excelentes extraídos de falhas de sistemas reais. ANDERSON, R. John Wiley & Sons, 2008. Disponível em: <http://www.cl.cam.ac.uk/~rja14/book.html>. Acesso em: 27 mai. 2018.

24 deadly sins of software security: programming flaws and how to fix them. Acho que esse é um dos melhores livros práticos sobre programação de sistemas seguros. Os autores discutem as vulnerabilidades de programação mais comuns e descrevem como elas podem ser evitadas na prática. HOWARD, M.; LEBLANC, D.; VIEGA, J. McGraw-Hill, 2009.

Computer security: principles and practice. Um bom texto geral sobre questões de segurança da informação de computadores. Ele aborda a tecnologia de segurança da informação, sistemas confiáveis, gerenciamento da segurança da informação e criptografia. STALLINGS, W.; BROWN, L. Addison-Wesley, 2012.

SITE[2]

Apresentações em PowerPoint para este capítulo disponíveis em: <http://software-engineering-book.com/slides/chap13/>.
Links para vídeos de apoio disponíveis em: <http://software-engineering-book.com/videos/security-and-resilience/>.

---
[2] Todo o conteúdo disponibilizado na seção *Site* de todos os capítulos está em inglês.

EXERCÍCIOS

13.1 Explique as diferenças importantes entre a engenharia de segurança da informação das aplicações e a engenharia de segurança da informação da infraestrutura.

13.2 Para o sistema Mentcare, sugira um exemplo de ativo, uma exposição, uma vulnerabilidade, um ataque, uma ameaça e um controle, além dos discutidos neste capítulo.

13.3 Explique por que há a necessidade de avaliação preliminar do risco à segurança da informação e avaliação de risco do projeto durante o desenvolvimento de um sistema.

13.4 Estenda a tabela na Figura 13.7 para identificar mais duas ameaças ao sistema Mentcare, assim como controles associados. Use essas ameaças como uma base para gerar requisitos de segurança da informação do software que implementem os controles propostos.

13.5 Explique, usando uma analogia extraída de um contexto alheio à engenharia de software, por que deve ser empregada uma abordagem em camadas para a proteção de ativos.

13.6 Explique por que é importante usar tecnologias diversas no desenvolvimento de sistemas seguros.

13.7 Para o sistema de negociação de ações discutido na Seção 13.4.2, cuja arquitetura é exibida na Figura 13.14, sugira dois outros ataques plausíveis ao sistema e proponha possíveis estratégias que poderiam combater esses ataques.

13.8 Explique por que é importante, durante a codificação de sistemas seguros, validar todas as entradas do usuário e conferir se elas têm o formato esperado.

13.9 Sugira como você validaria um sistema de proteção com senha para uma aplicação que você desenvolveu. Explique a função de quaisquer ferramentas que acha que podem ser úteis.

13.10 O sistema Mentcare tem de ser seguro contra os ataques que poderiam revelar informações confidenciais dos pacientes. Sugira três possíveis ataques contra esse sistema. Usando essas informações, estenda a lista de verificação na Figura 13.17 para guiar os testadores do sistema Mentcare.

REFERÊNCIAS

ANDERSON, R. *Security engineering*. 2. ed. Chichester, UK: John Wiley & Sons, 2008.

CRANOR, L.; GARFINKEL, S. *Designing secure systems that people can use*. Sebastopol, CA: O'Reilly Media Inc., 2005.

FIRESMITH, D. G. "Engineering security requirements." *Journal of Object Technology*, v. 2, n. 1, 2003. p. 53-68. Disponível em: <www.jot.fm/issues/issue_2003_01/column6>. Acesso em: 27 mai. 2018.

HALL, A.; CHAPMAN, R. "Correctness by construction: developing a commercially secure system." *IEEE Software*, v. 19, n. 1, 2002. p. 18-25. doi:10.1109/52.976937.

HEWLETT-PACKARD. "Securing your enterprise software: HP Fortify Code Analyzer." 2012. Disponível em: <http://www2.hp.com/V2/GetDocument.aspx?docname=4AA4-2455ENW&cc=us&lc=en>. Acesso em: 27 mai. 2018.

JENNEY, P. "Static analysis strategies: success with Code Scanning." *Microsoft Developer Network*. 2013. Disponível em: <https://msdn.microsoft.com/en-us/gg615593>. Acesso em: 27 mai. 2018.

LANE, A. "Agile development and security." *Securosis blog*, 2010. Disponível em: <https://securosis.com/blog/agile-development-and-security>. Acesso em: 27 mai. 2018.

PFLEEGER, C. P.; PFLEEGER, S. L. *Security in computing*. 4. ed. Boston: Addison-Wesley, 2007.

SAFECODE. "Practical security stories and security tasks for agile development environments." 2012. Disponível em: <http://safecode.org/publication/SAFECode_Agile_Dev_Security0712.pdf>. Acesso em: 27 mai. 2018.

SCHNEIER, B. "Attack Trees." *Dr. Dobb's Journal*, v. 24, n. 12, dez. 1999. p. 1-9. Disponível em: <https://www.schneier.com/academic/archives/1999/12/attack_trees.html>. Acesso em: 27 maio 2018.

_____. *Secrets and lies*: digital security in a networked world. New York: John Wiley & Sons, 2000.

SCHOENFIELD, B. "Agile and security: enemies for life?" *Brookschoenfield.com*: thoughts on information security. 2013. Disponível em: <http://brookschoenfield.com/?p=151>. Acesso em: 1 jun. 2018.

SINDRE, G.; OPDAHL, A. L. "Eliciting security requirements through misuse cases." *Requirements Engineering*, v. 10, n. 1, 2005. p. 34-44. doi:10.1007/s00766-004-0194-4.

SPAFFORD, E. "The internet worm: crisis and aftermath." *Comm ACM*, v. 32, n. 6, 1989. p. 678-687. doi:10.1145/63526.63527.

STALLINGS, W.; BROWN, L. *Computer security*: principles and practice. 2. ed. Boston: Addison-Wesley, 2012.

VIEGA, J.; MCGRAW, G. *Building secure software*. Boston: Addison-Wesley, 2001.

WHEELER, D. A. *Secure programming for Linux and Unix*. [s.l.]: autopublicado, 2004. Disponível em: <http://www.dwheeler.com/secure-programs/>. Acesso em: 27 mai. 2018.

14 | Engenharia de resiliência

OBJETIVOS

O objetivo deste capítulo é introduzir a ideia de engenharia de resiliência, que orienta os projetos de sistemas para que resistam a eventos externos adversos, como erros do operador e ciberataques. Ao ler este capítulo, você:

- compreenderá as diferenças entre resiliência, confiabilidade e segurança da informação (*security*), e por que a resiliência é importante para os sistemas em rede;
- conhecerá questões fundamentais para a criação de sistemas resilientes, a saber, o reconhecimento de problemas, a resistência a falhas e ataques, a recuperação de serviços críticos e o restabelecimento do sistema;
- entenderá por que a resiliência é uma questão sociotécnica em vez de técnica, e qual é o papel dos operadores e dos gerentes de sistema ao prover resiliência;
- será apresentado a um método de projeto de sistemas que apoia a resiliência.

CONTEÚDO

14.1 Cibersegurança
14.2 Resiliência sociotécnica
14.3 Projeto de sistemas resilientes

Em abril de 1970, a missão tripulada à Lua, Apollo 13, sofreu uma falha catastrófica. Um tanque de oxigênio explodiu no espaço, resultando em uma grave perda de oxigênio atmosférico e de oxigênio para as células de combustível que alimentavam o veículo espacial. A situação era potencialmente fatal, sem possibilidade de resgate, e não havia planos de contingência. No entanto, usando o equipamento disponível de maneiras não planejadas e adaptando procedimentos padrões, os esforços combinados da tripulação do veículo espacial e da equipe de solo contornaram os problemas. O veículo espacial foi trazido de volta à Terra com segurança, e todos os tripulantes sobreviveram. O sistema geral (pessoas, equipamentos e processos) foi *resiliente*. Ele se adaptou para enfrentar a falha e se recuperar.

Introduzi a ideia de resiliência no Capítulo 10, como um dos atributos fundamentais da dependabilidade do sistema, e a defini como:

> *A resiliência de um sistema é um julgamento de quão bem esse sistema pode manter a continuidade de seus serviços críticos na presença de eventos disruptivos, como falha de equipamentos e ciberataques.*

Essa não é uma definição 'padrão' de resiliência — diferentes autores, como Laprie (2008) e Hollnagel (2006), propõem definições gerais baseadas na capacidade de um sistema de resistir à mudança. Ou seja, um sistema resiliente é aquele que consegue operar com sucesso quando alguns dos pressupostos fundamentais definidos por seus projetistas deixam de valer.

Por exemplo, uma hipótese inicial de projeto pode ser a de que os usuários cometerão erros, mas não procurarão deliberadamente por vulnerabilidades do sistema a serem exploradas. Se o sistema for usado em um ambiente em que esteja sujeito a ciberataques, essa suposição deixa de ser verdadeira. Um sistema resiliente pode lidar com a mudança de ambiente e continuar a operar com sucesso.

Embora essas definições sejam mais gerais, a minha definição de resiliência é mais próxima de como o termo é utilizado atualmente, na prática, pelos governos e pela indústria. Ela incorpora três ideias essenciais:

1. A ideia de que alguns dos serviços oferecidos por um sistema são críticos, cuja falha poderia surtir efeitos humanos, sociais ou econômicos graves.
2. A ideia de que alguns eventos são disruptivos e podem afetar a capacidade de um sistema de prestar seus serviços críticos.
3. A ideia de que a resiliência é um julgamento — não existe métrica de resiliência, pois ela não pode ser medida. A resiliência de um sistema só pode ser avaliada por especialistas, que conseguem examinar um sistema e seus processos operacionais.

O trabalho fundamental em resiliência de sistemas começou na comunidade desenvolvedora de sistemas críticos em segurança, com o objetivo de compreender quais fatores contribuem para que os acidentes sejam evitados e para que se possa sobreviver a eles. No entanto, o número crescente de ciberataques aos sistemas em rede fez com que a resiliência hoje seja vista frequentemente como uma questão de segurança da informação (*security*). Ela é essencial para criar sistemas que possam resistir a ciberataques maliciosos e continuar a fornecer serviços para seus usuários.

Obviamente, a engenharia de resiliência está intimamente relacionada com a engenharia de confiabilidade e com a engenharia de segurança da informação (*security*). O objetivo da engenharia de confiabilidade é garantir que os sistemas não falhem. Uma falha de sistema é um evento observável externamente, que muitas vezes é a consequência de um defeito do sistema. Portanto, técnicas como a prevenção e a tolerância a defeitos, conforme discutidas no Capítulo 11, foram desenvolvidas para reduzir o número de defeitos do sistema e identificar esses defeitos antes que levem a uma falha do sistema.

Apesar de nossos melhores esforços, os defeitos sempre estarão presentes nos sistemas grandes e complexos, e podem levá-los a falhas. Os cronogramas de entrega são curtos, e os orçamentos de teste, limitados. Os times de desenvolvimento trabalham sob pressão, e é praticamente impossível detectar todos os defeitos e vulnerabilidades de segurança da informação (*security*) em um sistema de software. Estamos construindo sistemas tão complexos (ver Capítulo 19) que não é possível entender todas as interações entre os seus componentes. Algumas dessas interações podem ser um gatilho para uma falha geral do sistema.

A engenharia de resiliência não se concentra em evitar as falhas, mas, sim, em aceitar a realidade de que elas ocorrerão. Ela faz duas suposições importantes:

1. A engenharia de resiliência supõe que é impossível evitar falhas de sistema e, portanto, preocupa-se em limitar os custos dessas falhas e em se recuperar delas.
2. Supõe, também, que as boas práticas de engenharia de confiabilidade foram utilizadas para minimizar o número de defeitos técnicos em um sistema. Portanto, ela coloca mais ênfase em limitar o número de falhas do sistema que surgem de eventos externos como erros do operador ou ciberataques.

Na prática, falhas técnicas de sistema são frequentemente desencadeadas por eventos externos a ele. Esses eventos podem envolver ações do operador ou erros do usuário que são inesperados. Ao longo dos últimos anos, porém, à medida que o número de sistemas em rede aumentou, esses eventos muitas vezes consistiram em ciberataques. Em um ciberataque, uma pessoa — ou um grupo — com intenções maliciosas tenta danificar o sistema ou roubar informações confidenciais. Hoje, esses eventos são mais significativos como uma fonte potencial de falhas de sistema do que os erros do usuário ou do operador.

Dada a hipótese de que as falhas ocorrerão inevitavelmente, a engenharia de resiliência preocupa-se com a recuperação imediata do sistema, para manter serviços críticos, e com o restabelecimento no longo prazo de todos os serviços do sistema. Conforme discutirei na Seção 14.3, isso significa que os projetistas de sistemas têm de incluir características nesses sistemas para manter o estado do software e de seus dados. No caso de uma falha acontecer, informações essenciais podem ser restauradas.

Quatro atividades de resiliência relacionadas estão envolvidas na detecção e na recuperação dos problemas de sistema.

1. *Reconhecimento*. O sistema ou seus operadores devem ser capazes de reconhecer os sintomas de um problema que possa levar a uma falha desse sistema. Em condições ideais, esse reconhecimento deve ser possível antes da ocorrência da falha.
2. *Resistência*. Se os sintomas de um problema ou os sinais de um ciberataque forem detectados precocemente, é possível recorrer a estratégias de resistência, que reduzem a probabilidade de o sistema falhar. Essas estratégias de resistência podem se concentrar em isolar partes críticas para que não sejam afetadas pelos problemas em outras partes do sistema. A resistência inclui um elemento proativo, em que as defesas para deter os problemas estão incluídas em um sistema, e um elemento reativo, em que ações são executadas quando um problema é descoberto.
3. *Recuperação*. Se uma falha ocorre, o objetivo da atividade de recuperação é garantir que os serviços críticos do sistema sejam restaurados rapidamente para que os seus usuários não sejam gravemente afetados pela falha.
4. *Restabelecimento*. Nessa atividade final, todos os serviços do sistema são restaurados e a sua operação normal pode continuar.

Essas atividades levam a mudanças no estado do sistema, como mostra a Figura 14.1, que aponta as mudanças de estado no sistema no caso de um ciberataque. Em paralelo à operação normal, o sistema monitora o tráfego da rede em busca de possíveis ciberataques. No caso de um ataque, o sistema passa para um estado de resistência, no qual os serviços normais podem ser restritos.

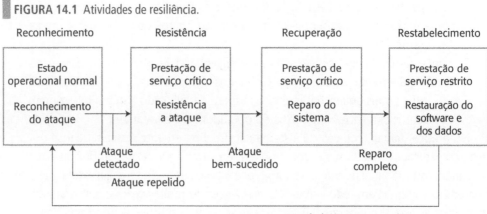

FIGURA 14.1 Atividades de resiliência.

Se a resistência repelir com sucesso o ataque, o serviço normal é retomado. Senão, o sistema passa para um estado de recuperação, no qual apenas os serviços críticos estarão disponíveis. Os reparos dos danos causados pelo ciberataque são executados e, quando concluídos, o sistema passa para um estado de restabelecimento. Nessa etapa, os serviços do sistema são restaurados de modo incremental. Finalmente, quando toda a restauração estiver concluída, o serviço normal é retomado.

Como ilustra o exemplo da Apollo 13, a resiliência não pode ser 'programada' em um sistema. É impossível prever tudo o que poderia dar errado e todos os contextos em que os problemas poderiam surgir. A chave para a resiliência, portanto, são a flexibilidade e a adaptabilidade. Conforme discutirei na Seção 14.2, deve ser possível para operadores e gerentes agir para proteger e consertar o sistema, mesmo que essas ações sejam anormais ou não sejam permitidas normalmente.

Aumentar a resiliência de um sistema tem custos significativos, é claro. Pode ser necessário comprar ou modificar software, além de outros investimentos em hardware ou em serviços na nuvem, para proporcionar sistemas de *backup* que possam ser utilizados em caso de falha do sistema. Os benefícios desses custos são impossíveis de calcular, porque as perdas decorrentes de uma falha ou ataque só podem ser calculadas após o evento.

Assim, as empresas podem relutar em investir na resiliência se nunca tiverem sofrido um ataque grave ou uma perda associada. No entanto, o número crescente de ciberataques de grande repercussão que afetaram sistemas governamentais e de negócio fez com que crescesse a consciência da necessidade de resiliência. Está claro que as perdas podem ser muito relevantes e, às vezes, os negócios podem não sobreviver a um ciberataque bem-sucedido. Desse modo, há um investimento crescente na engenharia de resiliência para reduzir os riscos de negócio associados à falha do sistema.

14.1 CIBERSEGURANÇA

Manter a segurança da informação (*security*) de uma infraestrutura de rede e de sistemas governamentais, pessoais e de negócio é um dos problemas mais importantes com os quais a sociedade se depara. A ubiquidade da internet e a nossa dependência dos sistemas computacionais criou oportunidades para furto e perturbação social. É muito difícil medir os prejuízos decorrentes dos cibercrimes. No entanto, em 2013, foi estimado que as perdas para a economia global em razão de cibercrimes foram de US$ 100 bilhões a US$ 500 bilhões (INFOSECURITY, 2013).

Conforme sugeri no Capítulo 13, a cibersegurança é uma questão mais ampla do que a engenharia de segurança da informação (*security*) dos sistemas de software, que é uma atividade principalmente técnica, que se concentra em estratégias e tecnologias para garantir que os sistemas de aplicações sejam seguros. A cibersegurança é uma preocupação sociotécnica, que cobre todos os aspectos da garantia de proteção dos cidadãos, empresas e infraestruturas críticas contra as ameaças que surgem a partir do uso de computadores e da internet. Embora as questões técnicas sejam importantes, a tecnologia por si só não consegue garantir a segurança da informação (*security*). Os fatores que contribuem para as falhas de cibersegurança incluem:

- ignorância organizacional da gravidade do problema;
- projeto (*design*) deficiente e aplicação displicente dos procedimentos de segurança da informação (*security*);
- descuido humano;
- *trade-off* inadequado entre usabilidade e segurança da informação (*security*).

A cibersegurança tem relação com todos os ativos de TI de uma organização, das redes aos sistemas de aplicação. A ampla maioria desses ativos é adquirida externamente, e as empresas não compreendem sua operação em detalhes. Sistemas, como os navegadores web, são programas grandes e complexos, e inevitavelmente contêm defeitos que podem ser uma fonte de vulnerabilidade. Os diferentes sistemas em uma organização estão relacionados entre si de diversas maneiras. Eles podem ser armazenados no mesmo disco, compartilhar dados, contar com componentes comuns do sistema operacional etc. O 'sistema de sistemas' da organização é incrivelmente complexo. É impossível assegurar que ele está isento de vulnerabilidades de segurança da informação (*security*).

Consequentemente, você deve supor que seus sistemas são vulneráveis a ciberataques e que, em algum momento, um ciberataque tende a ocorrer. Um ciberataque, se bem-sucedido, pode ter consequências financeiras graves para uma empresa, então é essencial que os ataques sejam contidos e as perdas, minimizadas. A engenharia de resiliência eficaz nos níveis organizacional e sistêmico pode repelir ataques e trazer os sistemas de volta à operação rapidamente e, assim, limitar as perdas decorridas.

No Capítulo 13, em que discuti a engenharia de segurança da informação (*security*), introduzi conceitos que são fundamentais para o planejamento da resiliência. Alguns desses conceitos são:

1. *Ativos*, que são sistemas e dados que devem ser protegidos. Alguns ativos são mais valiosos do que outros e, portanto, requerem um nível de proteção maior.
2. *Ameaças*, que são circunstâncias que causam prejuízos ao danificarem ou roubarem infraestrutura de TI ou ativos de sistema de uma organização.
3. *Ataques*, que são manifestações de uma ameaça, em que um atacante pretende danificar ou roubar ativos de TI, como sites ou dados pessoais.

Três tipos de ameaças devem ser considerados no planejamento da resiliência:

1. *Ameaças à confidencialidade dos ativos*. Nesse caso, os dados não são danificados, mas são disponibilizados para pessoas que não devem ter acesso a eles. Um exemplo de ameaça à confidencialidade é quando um banco de dados de

cartão de crédito mantido por uma empresa é roubado, com o potencial para uso ilegal das informações sobre os cartões.
2. *Ameaças à integridade dos ativos.* São ameaças nas quais os sistemas ou dados são danificados de alguma maneira por um ciberataque. Isso pode envolver a introdução de um vírus ou *worm* no software, ou a corrupção dos bancos de dados da organização.
3. *Ameaças à disponibilidade dos ativos.* São ameaças que têm como objetivo negar o uso dos ativos pelos usuários autorizados. O exemplo mais conhecido é um ataque de negação de serviço, que objetiva derrubar um site e, assim, deixá-lo indisponível para uso externo.

Essas classes de ameaça não são independentes. Quem ataca pode comprometer a integridade de um sistema do usuário introduzindo *malware*, como um componente *botnet*. Depois, ele pode ser invocado remotamente como parte de um ataque distribuído de negação de serviço a outro sistema. Outros tipos de *malware* podem ser utilizados para capturar detalhes pessoais e, assim, permitir que ativos confidenciais sejam acessados.

Para combater essas ameaças, as organizações devem instaurar controles para dificultar que os atacantes acessem ou danifiquem os ativos. Também é importante conscientizar as pessoas quanto às questões de cibersegurança, para que elas saibam por que esses controles são importantes e, assim, estejam menos suscetíveis a revelar informações para um atacante.

Exemplos de controles que podem ser utilizados estão listados a seguir:

1. *Autenticação*: os usuários de um sistema têm de mostrar que estão autorizados a acessar o sistema. A abordagem familiar de usuário e senha para a autenticação é utilizada universalmente, mas é um controle um tanto fraco.
2. *Encriptação*: os dados são embaralhados algoritmicamente para que um leitor não autorizado não consiga acessar as informações. Muitas empresas exigem hoje que os discos dos notebooks sejam criptografados. Se o computador for perdido ou roubado, isso reduz a probabilidade de que a confidencialidade das informações seja violada.
3. *Firewalls*: os pacotes que chegam à rede são examinados e, então, são aceitos ou rejeitados, de acordo com um conjunto de regras da organização. Os *firewalls* podem ser usados para assegurar que apenas o tráfego de fontes confiáveis possa passar da internet externa para a rede local da organização.

Um conjunto de controles em uma organização proporciona um sistema de proteção em camadas. Um atacante tem que passar por todas as camadas de proteção para que o ataque tenha sucesso. No entanto, há um *trade-off* entre proteção e eficiência. À medida que o número de camadas de proteção aumenta, o sistema fica mais lento. Esses sistemas consomem uma quantidade cada vez maior de memória e processador, deixando uma quantidade menor disponível para trabalho útil. Quanto mais segurança da informação (*security*), mais inconveniente é para os usuários, e é mais provável que eles venham a adotar práticas que não são seguras para aumentar a usabilidade do sistema.

Assim como acontece com outros aspectos da dependabilidade do sistema, os meios fundamentais para proteção contra os ciberataques dependem da redundância e da diversidade. Lembre-se de que redundância significa ter capacidade extra e recursos duplicados em um sistema; diversidade significa que diferentes tipos de equipamento, software e procedimentos são utilizados para que falhas comuns tenham menos chances de ocorrer em vários sistemas. São exemplos de casos em que a redundância e a diversidade são valiosas para a ciber-resiliência:

1. Para cada sistema, devem ser mantidas cópias dos dados e do software em sistemas de computador separados. Discos compartilhados devem ser evitados, se possível. Isso permite a recuperação depois de um ciberataque bem-sucedido (recuperação e restabelecimento).
2. A autenticação diversa em múltiplos estágios pode proteger contra os ataques de senha. Assim como a autenticação com usuário e senha, outras etapas de autenticação podem estar envolvidas, exigindo que os usuários forneçam algumas informações pessoais ou um código gerado por seu dispositivo móvel (resistência).
3. Os servidores críticos podem ser mais poderosos do que o necessário para lidar com a carga prevista. A capacidade extra significa que os ataques podem sofrer mais resistência sem necessariamente degradar a resposta normal do servidor. Além disso, se outros servidores forem atingidos, a capacidade extra está disponível para executar o software desses servidores enquanto eles são reparados (resistência e recuperação).

O planejamento para cibersegurança tem de se basear em ativos e controles e nos 4 'Rs' da engenharia de resiliência — reconhecimento, resistência, recuperação e restabelecimento. A Figura 14.2 mostra um processo de planejamento que pode ser seguido. Os estágios fundamentais nesse processo são os listados a seguir:

1. *Classificação de ativos.* O hardware, o software e os ativos humanos da organização são examinados e classificados dependendo do quanto são essenciais para as operações normais. Eles podem ser classificados como críticos, importantes ou úteis.
2. *Identificação de ameaças.* Para cada um desses ativos (ou pelo menos os ativos críticos e importantes), é preciso identificar e classificar as ameaças dirigidas a ele. Em alguns casos, é possível tentar estimar a probabilidade de uma ameaça surgir, mas tais estimativas frequentemente são imprecisas, já que não há informações suficientes sobre os possíveis atacantes.
3. *Reconhecimento de ameaças.* Para cada ameaça, ou, às vezes, o par ativo/ameaça, é necessário identificar como um ataque baseado naquela ameaça poderia ser reconhecido. Pode ser preciso decidir se é necessário adquirir ou codificar mais software para reconhecimento delas ou se já existem procedimentos regulares de verificação.
4. *Resistência às ameaças.* Para cada ameaça ou par ativo/ameaça, possíveis estratégias de resistência devem ser identificadas. Elas podem estar incorporadas ao sistema (estratégias técnicas) ou podem se basear em procedimentos operacionais. Também pode ser necessário usar estratégias de neutralização de ameaças para que elas não voltem a ocorrer.
5. *Recuperação de ativos.* Para cada ativo crítico ou par ativo/ameaça, é preciso descobrir como esse ativo poderia ser recuperado no caso de um ciberataque bem-sucedido. Isso pode envolver a disponibilização de hardware extra ou

uma mudança dos procedimentos de *backup*, para facilitar o acesso a cópias redundantes dos dados.

6. *Restabelecimento de ativos.* É um processo mais geral de recuperação de ativos no qual são definidos procedimentos para trazer o sistema de volta à operação normal. O restabelecimento de ativos deve se preocupar com todos os ativos, e não simplesmente com os que são críticos para a organização.

FIGURA 14.2 Planejamento de ciber-resiliência.

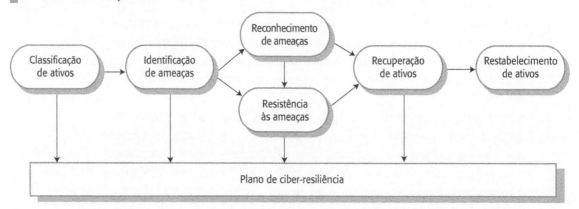

As informações sobre todos esses estágios devem ser mantidas em um plano de ciber-resiliência. Esse plano deve ser atualizado regularmente e, sempre que possível, as estratégias identificadas devem ser testadas em simulações de ataques ao sistema.

Outra parte importante do planejamento da ciber-resiliência é decidir como permitir uma resposta flexível no caso de um ciberataque. Paradoxalmente, os requisitos de resiliência e segurança da informação (*security*) costumam se chocar. O objetivo da segurança da informação (*security*) normalmente é limitar o privilégio o máximo possível, de modo que os usuários só possam fazer o que a política de segurança da informação (*security*) da organização permitir. No entanto, para lidar com os problemas, um usuário ou operador do sistema pode ter que tomar a iniciativa e executar ações que normalmente são feitas por alguém com um privilégio de nível mais alto.

Por exemplo, o gerente de um sistema médico pode não estar autorizado, em situações normais, a mudar os direitos de acesso da equipe médica aos registros. Por razões de segurança da informação (*security*), as permissões de acesso têm de ser autorizadas formalmente e duas pessoas precisam estar envolvidas na mudança. Isso reduz a chance de gerentes de sistema se mancomunarem com atacantes e concederem acesso a informações médicas confidenciais.

Agora, imagine que o gerente do sistema nota que um usuário logado está acessando uma grande quantidade de registros fora do horário de expediente normal. O gerente suspeita que uma conta foi comprometida e que o usuário que está acessando os registros na realidade não está autorizado. Para limitar os danos, os direitos de acesso do usuário devem ser revogados, e uma checagem deve ser feita com o usuário autorizado para ver se os acessos realmente foram ilegais. Entretanto, os procedimentos de segurança da informação (*security*), que limitam os direitos dos gerentes do sistema de alterar a permissão dos usuários, impossibilitam isso.

O planejamento da resiliência deve levar em conta essas situações. Uma maneira de fazer isso é incluir nos sistemas um modo de 'emergência', no qual as checagens normais são ignoradas. Em vez de proibir as operações, o sistema registra o que foi feito e quem foi o responsável. Portanto, a trilha de auditoria das ações de emergência pode ser utilizada para conferir se as ações de um gerente do sistema se justificaram. Naturalmente, há espaço para uso indevido aqui, e a própria existência de um modo de emergência é uma possível vulnerabilidade. Portanto, as organizações têm um *trade-off* entre as possíveis perdas e os benefícios de adicionar mais características a um sistema para apoiar a resiliência.

14.2 RESILIÊNCIA SOCIOTÉCNICA

Fundamentalmente, a engenharia de resiliência é uma atividade sociotécnica, em vez de técnica. Conforme expliquei no Capítulo 10, um sistema sociotécnico inclui hardware, software e pessoas, e é influenciado pela cultura, pelas políticas e pelos procedimentos da organização que possui e usa o sistema. Para projetar um sistema resiliente, é necessário pensar sobre o projeto de sistemas sociotécnicos, e não se concentrar exclusivamente no software. A engenharia de resiliência está relacionada com eventos adversos que podem levar à falha do sistema. Lidar com esses eventos costuma ser mais fácil e eficaz no sistema sociotécnico mais abrangente.

Por exemplo, o sistema Mentcare mantém dados confidenciais dos pacientes, e um possível ciberataque externo pode visar ao roubo desses dados. As proteções técnicas, como a autenticação e a encriptação, podem ser utilizadas para proteger os dados, mas não são eficazes se um atacante tiver acesso às credenciais de um usuário verdadeiro do sistema. É possível tentar solucionar esse problema no nível técnico usando procedimentos de autenticação mais complexos. No entanto, esses procedimentos aborrecem os usuários e podem levar a vulnerabilidades se eles decidem anotar suas informações de autenticação. Uma estratégia melhor pode ser a introdução de políticas e procedimentos organizacionais que enfatizem a importância de não compartilhar as credenciais de *login*, e transmitir aos usuários maneiras fáceis de criar e manter senhas fortes.

Os sistemas resilientes são flexíveis e adaptáveis para que possam lidar com o imprevisto. É muito difícil criar software que possa se adaptar para lidar com problemas imprevistos. Entretanto, conforme vimos no acidente da Apollo 13, as pessoas são muito boas nisso. Portanto, para alcançar a resiliência, é importante aproveitar o fato de que as pessoas são uma parte inerente dos sistemas sociotécnicos. Em vez de tentar se antecipar e lidar com todos os problemas no software, é preciso deixar alguns tipos de solução dos problemas para as pessoas responsáveis por operar e gerenciar o sistema de software.

Para compreender por que se deve deixar a solução de alguns problemas para as pessoas, é preciso considerar a hierarquia dos sistemas sociotécnicos que inclui sistemas técnicos intensivos de software. A Figura 14.3 mostra que os sistemas técnicos S1 e S2 são parte de um sistema sociotécnico ST1 mais amplo. O sistema sociotécnico inclui operadores que monitoram a condição de S1 e S2, e que podem tomar atitudes para resolver os problemas nesses sistemas. Se o sistema S1 (por exemplo) falhar, então os operadores em ST1 podem detectar essa falha e tomar atitudes de recuperação antes que a falha do software leve à falha do sistema sociotécnico mais amplo. Os operadores também podem chamar procedimentos de recuperação e restabelecimento para trazer S1 de volta ao seu estado operacional normal.

FIGURA 14.3 Sistemas técnico e sociotécnico aninhados.

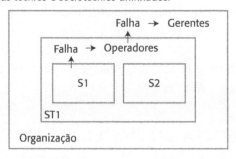

Os processos operacionais e gerenciais são a interface entre a organização e os sistemas técnicos utilizados. Se esses processos forem bem concebidos, eles permitem às pessoas descobrir e lidar com falhas de sistemas técnicos, assim como garantir que os erros do operador sejam minimizados. Conforme discutirei na Seção 14.2.2, processos rígidos que são excessivamente automatizados não são inerentemente resilientes. Eles não permitem que as pessoas usem suas habilidades e seus conhecimentos para adaptar e modificar processos a fim de enfrentar o inesperado e lidar com falhas imprevistas.

O sistema ST1 é um entre uma série de sistemas sociotécnicos na organização. Se os operadores do sistema não conseguirem conter uma falha do sistema técnico, então isso pode levar a uma falha no sistema sociotécnico ST1. Os gerentes no nível da organização devem detectar o problema e tomar medidas para se recuperar dele. Assim, a resiliência é uma característica organizacional e do sistema.

Hollnagel (2010), um dos primeiros defensores da engenharia de resiliência, argumenta que é importante para as organizações estudarem e aprenderem com o sucesso, mas também com o fracasso. Falhas de segurança (*safety*) e de segurança da informação (*security*) de alto nível levam a investigações e a mudanças na prática e nos procedimentos. Porém, em vez de reagir a essas falhas, é melhor evitá-las, observando como as pessoas lidam com os problemas e mantêm a resiliência. Essa prática recomendada pode ser disseminada por toda a organização. A Figura 14.4 mostra quatro características que, segundo Hollnagel, refletem a resiliência de uma organização. Essas características são:

1. *A capacidade para responder.* As organizações têm de ser capazes de adaptar seus processos e procedimentos em resposta aos possíveis riscos — que podem ser previstos ou podem ser ameaças detectadas — para a organização e seus sistemas. Por exemplo, se uma nova ameaça à segurança da informação (*security*) for detectada e publicada, uma organização resiliente pode fazer mudanças rapidamente para que essa ameaça não perturbe as suas operações.
2. *A capacidade para monitorar.* As organizações devem monitorar suas operações internas e o seu ambiente externo quanto às ameaças antes que elas surjam. Por exemplo, uma empresa deve monitorar como seus funcionários seguem as políticas de segurança da informação (*security*). Se for detectado um comportamento potencialmente não seguro, a empresa deve responder tomando atitudes para compreender por que isso aconteceu e mudar o comportamento do funcionário.
3. *A capacidade para se antecipar.* Uma organização resiliente não deve focar só em suas aplicações atuais, mas deve antecipar possíveis eventos futuros e mudanças

que possam afetar suas operações e resiliência. Esses eventos podem incluir inovações tecnológicas, mudanças em regulações ou leis e modificações no comportamento do cliente. Por exemplo, a tecnologia *wearable* está começando a ficar disponível, e as empresas devem pensar em como isso poderia afetar suas políticas e procedimentos atuais de segurança da informação (*security*).
4. *A capacidade para aprender.* A resiliência organizacional pode ser melhorada por meio de aprendizado com a experiência. É particularmente importante aprender com as respostas bem-sucedidas aos eventos adversos, como a resistência eficaz a um ciberataque. Aprender com o sucesso permite que as práticas recomendadas sejam disseminadas por toda a organização.

FIGURA 14.4 Características das organizações resilientes.

Como afirma Hollnagel, para se tornarem resilientes, as organizações têm de tratar de todas essas questões até certo ponto. Algumas se concentrarão mais em uma qualidade do que em outras. Por exemplo, uma empresa que controle um grande *data center* pode se concentrar principalmente no monitoramento e na capacidade de resposta. Contudo, uma biblioteca digital que gerencie o arquivamento de informações de longo prazo pode ter que prever como as mudanças futuras afetarão seu negócio e, também, como responderão a quaisquer ameaças imediatas à segurança da informação (*security*).

14.2.1 Erro humano

Os primeiros trabalhos sobre engenharia de resiliência preocupavam-se com acidentes em sistemas críticos em segurança (*safety*) e em saber como o comportamento dos operadores humanos poderia levar a falhas de sistema relacionadas à segurança (*safety*). Isso permitiu uma compreensão das defesas dos sistemas que é igualmente aplicável aos sistemas que têm de resistir a ações humanas maliciosas, além das acidentais.

Sabemos que as pessoas cometem erros e, a menos que um sistema seja completamente automatizado, é inevitável que os usuários e os operadores do sistema venham a fazer coisas erradas ocasionalmente. Infelizmente, esses erros humanos podem levar a falhas graves do sistema. Reason (2000) sugere que o problema do erro humano pode ser encarado de duas maneiras:

1. *A abordagem pessoal.* Erros são considerados responsabilidade do indivíduo, e 'atos perigosos' (como um operador desprezar a necessidade de uma barreira de segurança) são consequência de descuido individual ou de comportamento imprudente. As pessoas que adotam essa abordagem acreditam que os erros

humanos podem ser reduzidos por ameaças de ação disciplinar, procedimentos mais rigorosos, novo treinamento e assim por diante. A opinião delas é a de que o erro é um defeito do indivíduo responsável por cometer o engano.

2. *A abordagem de sistemas*. O pressuposto básico é o de que as pessoas são falíveis e cometerão erros. As pessoas cometem erros porque estão sob pressão da alta carga de trabalho, por mau treinamento ou em virtude de um projeto de sistemas inadequado. Os bons sistemas devem reconhecer a possibilidade do erro humano e incluir barreiras e proteções que os detectem e permitam ao sistema recuperar-se antes que a falha ocorra. Quando algo desse tipo acontece, a melhor maneira de evitar a sua recorrência é compreender como e por que as defesas do sistema não interceptaram o erro. Culpar e punir a pessoa que desencadeou a falha não aumenta a segurança do sistema no longo prazo.

Acredito que a abordagem de sistemas é a correta e que os engenheiros devem assumir que os erros humanos ocorrerão durante a operação do sistema. Dessa maneira, para aumentar a resiliência de um sistema, os projetistas têm de pensar em defesas e barreiras para os erros humanos que poderiam fazer parte de um sistema. Eles também precisam pensar se essas barreiras devem fazer parte dos componentes técnicos do sistema. Senão, elas poderiam fazer parte dos processos, procedimentos e diretrizes para usá-lo. Por exemplo, dois operadores podem ser destacados para conferir as entradas críticas do sistema.

As barreiras e as defesas que protegem contra os erros humanos podem ser técnicas ou sociotécnicas. Por exemplo, o código para validar todas as entradas é uma defesa técnica; um procedimento de aprovação para atualizações críticas do sistema, que precise de duas pessoas para confirmar a atualização, é uma defesa sociotécnica. Usar diversas barreiras significa que vulnerabilidades compartilhadas são menos prováveis e que um erro do usuário é mais propenso a ser interceptado antes da falha do sistema.

Em geral, deve-se usar redundância e diversidade para criar um conjunto de camadas defensivas (Figura 14.5), em que cada camada use uma abordagem diferente para deter atacantes ou interceptar falhas de componentes ou erros humanos. As barreiras em cinza escuro são as verificações de software; as barreiras em cinza claro são as verificações feitas por pessoas.

FIGURA 14.5 Camadas defensivas.

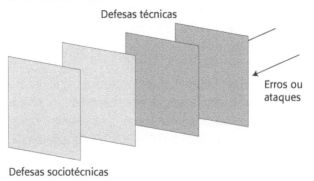

Como exemplo dessa abordagem para a defesa em profundidade, algumas das verificações de erros do controlador que podem fazer parte de um sistema de controle de tráfego aéreo incluem:

1. *Um alerta de conflito como parte integrante de um sistema de controle de tráfego aéreo.* Quando um controlador instrui uma aeronave a mudar velocidade e altitude, o sistema extrapola sua trajetória para ver se ela cruza com qualquer outra aeronave. Se cruzar, ele soa um alarme.
2. *Procedimentos de registro formalizados para gerenciamento de tráfego aéreo.* O mesmo sistema de controle de tráfego aéreo pode ter um procedimento claramente definido, que estabelece como registrar as instruções de controle que foram emitidas para a aeronave. Esses procedimentos ajudam os controladores a verificar se eles emitiram a instrução corretamente e a tornar a informação visível para outros conferirem.
3. *Verificação colaborativa.* O controle de tráfego aéreo envolve uma equipe de controladores que monitoram constantemente o trabalho uns do outros. Quando um controlador comete um erro, os outros normalmente detectam esse erro antes da ocorrência de um acidente.

Reason (2000) aproveita a ideia das camadas defensivas em uma teoria sobre como os erros humanos levam a falhas de sistema. Ele introduz o assim chamado modelo do 'queijo suíço', que sugere que as camadas defensivas não são barreiras sólidas, mas são como fatias desse queijo. Alguns tipos de queijo suíço, como o *emmenthal*, têm furos de tamanhos diferentes. Reason sugere que as vulnerabilidades, ou o que ele chama de condições latentes nas camadas, são análogas a esses furos.

Essas condições latentes não são estáticas — elas mudam de acordo com o estado do sistema e as pessoas envolvidas na operação do sistema. Para continuar com a analogia, os buracos mudam de tamanho e se movem pelas camadas defensivas durante a operação do sistema. Por exemplo, se um sistema contar com operadores conferindo o trabalho um do outro, uma possível vulnerabilidade é que ambos cometam o mesmo erro. Isso é improvável sob condições normais, por isso, no modelo do queijo suíço, o buraco é pequeno. No entanto, quando o sistema está muito carregado e a carga de trabalho de ambos os operadores é alta, então os erros são mais prováveis. O tamanho do buraco representando essa vulnerabilidade aumenta.

A falha em um sistema com defesas em camadas ocorre quando há algum evento desencadeador externo com potencial para causar danos. Esse evento pode ser um erro humano (que Reason chama de falha ativa) ou um ciberataque. Se todas as barreiras defensivas falharem, então o sistema como um todo falhará. Conceitualmente, isso corresponde às fatias de queijo suíço alinhadas na Figura 14.6.

FIGURA 14.6 Modelo do queijo suíço de falha de sistema de Reason.

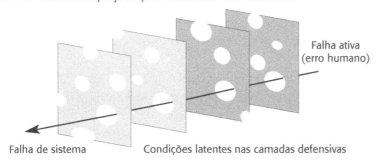

Esse modelo sugere que estratégias diferentes podem ser utilizadas para aumentar a resiliência do sistema a eventos adversos externos:

1. Reduzir a probabilidade de ocorrência de um evento externo que poderia desencadear falhas do sistema. Para reduzir os erros humanos, é possível treinar melhor os operadores ou dar-lhes mais controle sobre a sua carga de trabalho para que não fiquem sobrecarregados. Para reduzir os ciberataques, pode-se reduzir o número de pessoas que possuem informações privilegiadas do sistema e, assim, reduzir as chances de divulgação para um atacante.
2. Aumentar o número de camadas defensivas. Como regra geral, quanto mais camadas houver em um sistema, menos provável é que os buracos fiquem alinhados e uma falha do sistema ocorra. No entanto, se essas camadas não forem independentes, então elas podem compartilhar uma vulnerabilidade comum. Desse modo, as barreiras tendem a ter o mesmo 'buraco' no mesmo lugar e, então, adicionar uma nova camada traz pouco benefício.
3. Projetar um sistema para que diversos tipos de barreiras sejam incluídos. Isso significa que os 'buracos' provavelmente estarão em lugares diferentes e então haverá menos chance de se alinharem e não interceptarem um erro.
4. Minimizar o número de condições latentes em um sistema. Efetivamente, significa reduzir o número e o tamanho dos 'buracos' do sistema. Entretanto, isso pode aumentar significativamente os custos da engenharia de sistemas. Reduzir o número de defeitos no sistema aumenta os custos de teste e de V & V. Portanto, essa opção pode não ser econômica.

Ao projetar um sistema, é preciso considerar todas essas opções e escolher quais poderiam ser as maneiras de melhor custo-benefício para melhorar as defesas do sistema. Se estiver criando um software personalizado, então a melhor opção pode ser a de usar verificações de software para aumentar o número e a diversidade das camadas. No entanto, se estiver usando software de prateleira, pode ser necessário considerar como defesas sociotécnicas podem ser adicionadas. Também é possível mudar os procedimentos de treinamento para reduzir as chances de ocorrência de problemas e tornar mais fácil lidar com os incidentes quando eles surgirem.

14.2.2 Processos operacionais e gerenciais

Todos os sistemas de software têm processos operacionais associados que refletem as suposições dos projetistas sobre como esses sistemas serão utilizados. Alguns sistemas de software, particularmente os que controlam ou interagem com equipamentos especiais, têm operadores treinados que são uma parte intrínseca do sistema de controle. As decisões são tomadas durante a fase de projeto, a respeito de quais funções devem fazer parte do sistema técnico e quais funções devem ser responsabilidade do operador. Por exemplo, no sistema de geração de imagens de um hospital, o operador pode ter a responsabilidade de conferir a qualidade das imagens imediatamente após o seu processamento. Essa checagem permite que o procedimento de geração das imagens seja repetido se houver um problema.

Os processos operacionais são aqueles envolvidos no uso do sistema para a sua finalidade definida. Por exemplo, os operadores de um sistema de controle de tráfego aéreo seguem processos específicos quando as aeronaves entram e saem do espaço aéreo, quando elas têm de ter altura ou velocidade modificadas, quando ocorre uma emergência etc. Para os sistemas novos, esses processos operacionais têm de ser definidos e documentados durante o processo de desenvolvimento do sistema. Os operadores podem precisar de treinamento, e outros processos de trabalho podem precisar de adaptação para que eles façam um uso efetivo do novo sistema.

Entretanto, a maioria dos sistemas de software não tem operadores treinados, mas, sim, usuários que utilizam o sistema como parte do seu trabalho ou para apoiar os seus interesses pessoais. Para os sistemas pessoais, os projetistas podem descrever o uso previsto do sistema, mas não têm controle sobre como os usuários realmente se comportarão. Para sistemas de TI corporativos, porém, treinamento pode ser fornecido para os usuários, ensinando-os a usar o sistema. Embora o comportamento do usuário não possa ser controlado, é razoável esperar que eles normalmente sigam os processos definidos.

Os sistemas de TI corporativos normalmente também terão administradores ou gerentes de sistema que são responsáveis por manter esses sistemas. Embora não façam parte do processo de negócio apoiado pelo sistema, sua tarefa é monitorar o sistema de software em busca de erros e problemas. Se algo ruim surgir, os gerentes tomam atitudes para solucionar o problema e restaurar o sistema para o seu estado operacional normal.

Na seção anterior, discuti a importância da defesa em profundidade e do uso de mecanismos diversos para conferir os eventos adversos que poderiam levar a uma falha de sistema. Os processos operacionais e gerenciais são um mecanismo de defesa importante e, ao projetar um processo, é preciso encontrar um equilíbrio entre a operação eficiente e o gerenciamento de problemas, que frequentemente estão em conflito (como mostra a Figura 14.7), já que aumentar a eficiência elimina a redundância e a diversidade de um sistema.

FIGURA 14.7 Eficiência e resiliência.

Operação eficiente de processo	Gerenciamento de problemas
Otimização e controle de processo	Flexibilidade e adaptabilidade do processo
Ocultação e segurança das informações	Compartilhamento e visibilidade das informações
Automação para reduzir a carga de trabalho do operador com menos operadores e gerentes	Processos manuais e capacidade extra do operador/gerente para lidar com os problemas
Especialização de papéis	Compartilhamento de papéis

Ao longo dos últimos 25 anos, as empresas se concentraram na melhoria de processo. Para melhorar a eficiência dos processos operacionais e gerenciais, as empresas estudam como seus processos são executados e procuram práticas particularmente eficientes e ineficientes. A prática eficiente é codificada e documentada, e o software pode ser desenvolvido para apoiar esse processo 'ideal'. A prática ineficiente é substituída por maneiras mais eficientes de fazer as coisas. Às vezes, mecanismos de controle de processos são introduzidos para garantir que os operadores e os gerentes de sistemas sigam essa 'boa prática'.

O problema com a melhoria de processos é que, muitas vezes, ela torna mais difícil para as pessoas lidarem com os problemas. O que parece ser uma prática 'ineficiente' surge, com frequência, porque as pessoas mantêm informações redundantes ou compartilham informações, pois elas sabem que isso torna mais fácil lidar com os problemas quando as coisas dão errado. Por exemplo, os controladores de tráfego aéreo podem imprimir detalhes do voo e se basear também no banco de dados de voos, já que eles terão informações sobre os voos que estão no ar caso o banco de dados do sistema fique indisponível.

As pessoas têm uma capacidade única para responder efetivamente às situações inesperadas, mesmo que elas nunca tenham tido uma experiência direta com essas situações. Por isso, quando as coisas dão errado, os operadores e os gerentes de sistema conseguem se recuperar da situação, embora às vezes possam ter de quebrar as regras e 'contornar' os processos definidos. Assim, é preciso projetar processos operacionais flexíveis e adaptáveis. Os processos operacionais não devem ser muito restritivos; eles não devem exigir que as operações sejam realizadas em uma determinada ordem; e o software do sistema não deve se basear na execução de um processo específico.

Por exemplo, um sistema de serviço de emergência de uma sala de controle é utilizado para gerenciar as chamadas de emergência e iniciar uma resposta a essas chamadas. O processo 'normal' de controlar uma chamada é registrar os detalhes de quem está realizando essa chamada e depois enviar uma mensagem para o serviço de emergência mais apropriado, fornecendo detalhes sobre o incidente e o endereço. Esse procedimento fornece uma trilha de auditoria das ações executadas. Uma investigação subsequente pode conferir se a chamada de emergência foi controlada adequadamente.

Agora, imagine que esse sistema sofra um ataque de negação de serviço, que torna indisponível o sistema de mensagens. Em vez de simplesmente não responder às chamadas, os operadores podem usar seus celulares e seu conhecimento de atendentes de chamadas para chamar diretamente as unidades de serviço de emergência para que elas respondam a incidentes graves.

O gerenciamento e o provisionamento de informações também são importantes para a operação resiliente. Para tornar o processo mais eficiente, pode fazer sentido apresentar aos operadores as informações das quais eles necessitam no momento em que necessitam. Pela perspectiva da segurança da informação (*security*), as informações não devem ser acessíveis, a menos que o operador ou o gerente precise dessas informações. No entanto, uma abordagem mais livre para o acesso à informação pode melhorar a resiliência do sistema.

Se os operadores forem apresentados apenas às informações que o criador do processo acha que eles 'precisam saber', então eles podem não conseguir detectar problemas que não afetem diretamente suas tarefas imediatas. Quando as coisas dão errado, os operadores do sistema não têm um quadro mais amplo do que está acontecendo no sistema, então é mais difícil para eles formularem estratégias para lidar com os problemas. Se não conseguirem acessar algumas informações no sistema por razões de segurança da informação (*security*), então eles podem ser incapazes de parar os ataques e consertar os danos que tenham sido causados.

Automatizar o processo de gerenciamento do sistema significa que um único gerente pode ser capaz de gerenciar uma grande quantidade de sistemas. Os sistemas automatizados podem detectar problemas comuns e agir para se recuperar desses problemas. Menos pessoas são necessárias para operar e gerenciar o sistema e, portanto, os custos são menores. No entanto, a automação de processos tem duas desvantagens:

1. Os sistemas de gerenciamento automatizados podem cometer erros e tomar atitudes equivocadas. À medida que os problemas se desenvolvem, o sistema pode tomar atitudes inesperadas, piorando a situação, e que não podem ser compreendidas pelos gerentes do sistema.

2. A solução de problemas é um processo colaborativo. Se menos gerentes estiverem disponíveis, é provável que leve mais tempo para elaborar uma estratégia para se recuperar de um problema ou ciberataque.

Dessa maneira, a automação de processos pode ter efeitos tanto positivos quanto negativos na resiliência do sistema. Se o sistema automatizado funcionar corretamente, ele pode detectar problemas, invocar resistência ao ciberataque — se for necessário — e iniciar procedimentos de recuperação automatizados. Contudo, se o sistema automatizado não conseguir lidar com o problema, menos pessoas estarão disponíveis para enfrentar esse problema, e o sistema pode ser danificado pela automação de processo fazendo a coisa errada.

Em um ambiente em que existem diferentes tipos de sistemas e equipamentos, pode ser impraticável esperar que todos os operadores e gerentes sejam capazes de lidar com todos os diferentes sistemas. Desse modo, os indivíduos podem se especializar em poucos sistemas. Isso leva a uma operação mais eficiente, mas tem consequências para a resiliência.

O problema com a especialização de papéis é que pode não haver ninguém disponível, em um determinado momento, que entenda as interações entre os sistemas. Consequentemente, é difícil lidar com os problemas se o especialista não estiver disponível. Se as pessoas trabalham com vários sistemas, elas entendem as dependências e os relacionamentos entre eles e, portanto, conseguem lidar com os problemas que afetam mais de um sistema. Sem um especialista disponível, fica muito mais difícil conter o problema e consertar quaisquer danos que tenham sido causados.

Uma avaliação de risco pode ser usada, conforme discutido no Capítulo 13, para ajudar a tomar decisões sobre o equilíbrio entre eficiência e resiliência dos processos. É possível considerar todos os riscos para os quais pode ser necessária a intervenção do operador ou do gerente de sistema e avaliar tanto a probabilidade desses riscos quanto o grau de possíveis perdas que poderiam advir. Para os riscos que podem levar a danos graves ou a perdas extensas e para os riscos que são mais propensos a ocorrer, deve-se favorecer a resiliência, em detrimento da eficiência do processo.

14.3 PROJETO DE SISTEMAS RESILIENTES

Sistemas resilientes conseguem resistir e se recuperar dos incidentes adversos, como as falhas de software e os ciberataques. Eles podem prestar serviços críticos com interrupções mínimas e retornar rapidamente ao seu estado de operação normal após a ocorrência de um incidente. Ao projetar um sistema resiliente, deve-se supor que as falhas ou ataques ao sistema ocorrerão, e, por isso, características redundantes e diversas devem ser incluídas para lidar com esses eventos adversos.

Projetar sistemas para a resiliência envolve duas correntes de trabalho intimamente relacionadas:

1. *Identificar serviços e ativos críticos.* Os serviços e ativos críticos são os elementos do sistema que permitem que ele cumpra sua finalidade primária. Por exemplo, a finalidade primária de um sistema que controla o envio de ambulâncias em resposta a chamadas de emergência é conseguir ajuda o mais rapidamente possível para as pessoas que precisam do serviço. Os serviços críticos são os relativos a receber chamadas e a enviar as ambulâncias para a emergência

médica. Outros serviços, como registro de chamadas e rastreamento de ambulâncias, são menos importantes.

2. *Projetar componentes de sistema que apoiem o reconhecimento do problema, a resistência, a recuperação e o restabelecimento.* Por exemplo, em um sistema de envio de ambulâncias, um temporizador *watchdog* (ver Capítulo 12) pode ser incluído para detectar se o sistema não está respondendo aos eventos. Os operadores podem ter que se autenticar com um *token* de hardware para resistir à possibilidade de acesso não autorizado. Se o sistema falhar, as chamadas podem ser desviadas para outro centro, de modo que os serviços essenciais sejam mantidos. Cópias do banco de dados e do software do sistema podem ser mantidas em um hardware alternativo, para permitir o restabelecimento após uma interrupção.

As noções fundamentais de reconhecimento, resistência e recuperação foram a base dos primeiros trabalhos em engenharia de resiliência realizados por Ellison *et al.* (1999, 2002). Eles conceberam um método chamado análise de sobrevivência de sistemas, que é utilizado para avaliar as vulnerabilidades nos sistemas e dar apoio ao projeto de arquiteturas e de características de sistema que promovem a capacidade de sobrevivência.

A análise de sobrevivência de sistemas é um processo de quatro estágios (Figura 14.8), que analisa os requisitos e a arquitetura atuais ou propostos; identifica serviços críticos, cenários de ataque e 'pontos fracos' do sistema; e propõe mudanças para aumentar a capacidade de sobrevivência de um sistema. As atividades fundamentais em cada um desses estágios são:

1. *Entendimento do sistema.* Para um sistema existente ou proposto, rever os objetivos de sistema (às vezes chamados objetivos de missão), seus requisitos e sua arquitetura.
2. *Identificação de serviços críticos.* Os serviços que sempre devem ser mantidos e os componentes necessários para manter esses serviços são identificados.
3. *Simulação de ataque.* Cenários ou casos de uso de possíveis ataques são identificados, junto com os componentes do sistema que seriam afetados por esses ataques.
4. *Análise da capacidade de sobrevivência.* Os componentes essenciais e que podem ser comprometidos por um ataque são identificados, além das estratégias de sobrevivência baseadas na resistência, no reconhecimento e na recuperação.

FIGURA 14.8 Estágios na análise de sobrevivência.

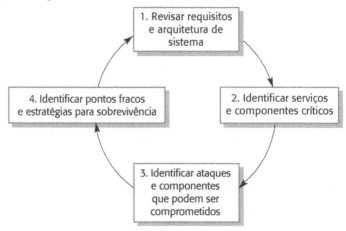

O problema fundamental com essa abordagem para a análise da capacidade de sobrevivência é que seu ponto de partida é a documentação de requisitos e arquitetura de um sistema. Esse é um pressuposto razoável para sistemas de defesa (o trabalho foi patrocinado pelo Departamento de Defesa dos Estados Unidos), mas apresenta dois problemas para os sistemas de negócio:

1. Não está explicitamente relacionado aos requisitos de negócio para resiliência. Acredito que eles são um ponto de partida mais adequado do que os requisitos de sistemas técnicos.
2. Supõe que exista uma declaração detalhada de requisitos de um sistema, mas, na verdade, a resiliência pode ter que ser 'adaptada' em um sistema no qual não há um documento completo ou atualizado descrevendo os requisitos. Para sistemas novos, a resiliência em si pode ser um requisito, ou os sistemas podem ser desenvolvidos usando uma abordagem ágil. A arquitetura de sistema pode ser concebida para levar em conta a resiliência.

Um método de engenharia de resiliência mais geral, conforme a Figura 14.9, leva em conta tanto a falta de requisitos detalhados quanto o projeto explícito de recuperação e de restabelecimento no sistema. Para a maioria dos componentes em um sistema, não será possível acessar seu código-fonte nem modificá-lo. Sua estratégia para a resiliência tem que ser concebida tendo em mente essa limitação.

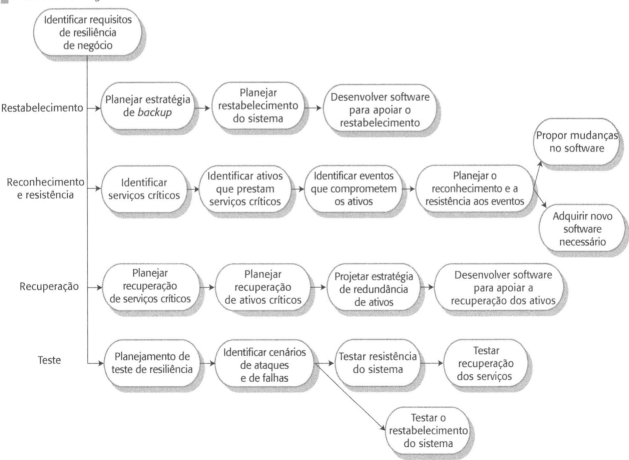

FIGURA 14.9 Engenharia de resiliência.

Existem cinco correntes de trabalho relacionadas nessa abordagem para a engenharia de resiliência:

1. Identificar os requisitos de resiliência de negócio. Esses requisitos determinam como o negócio como um todo deve manter os serviços que presta aos clientes e, a partir disso, são desenvolvidos os requisitos de resiliência de cada sistema. É caro proporcionar resiliência, e é importante não exagerar no apoio desnecessário à resiliência dos sistemas.
2. Planejar como restabelecer um sistema ou conjunto de sistemas, devolvendo o seu estado de operação normal após um evento adverso. Esse plano tem de ser integrado ao *backup* do negócio normal e à sua estratégia de arquivamento, que permite a recuperação das informações após um erro técnico ou humano. Ele também deve compor uma estratégia de recuperação de desastres mais ampla. É preciso levar em conta a possibilidade de eventos físicos, como incêndio e inundação, e estudar como manter informações críticas em locais diferentes. É possível optar pelo uso de *backups* na nuvem para atender esse plano.
3. Identificar falhas do sistema e ciberataques que possam comprometer um sistema e projetar estratégias de reconhecimento e resiliência para lidar com esses eventos adversos.
4. Planejar como recuperar rapidamente os serviços críticos após eles terem sido danificados ou retirados do ar por uma falha ou ciberataque. Essa etapa normalmente envolve providenciar cópias redundantes dos ativos críticos que fornecem esses serviços e, quando necessário, chavear para essas cópias.
5. Testar todos os aspectos do planejamento de resiliência de forma crítica. Esse teste envolve a identificação de falhas e cenários de ataque e a execução desses cenários contra o sistema.

A essência da resiliência é manter a disponibilidade dos serviços críticos. Consequentemente, deve-se conhecer:

- os serviços do sistema que são mais críticos para um negócio;
- a qualidade mínima do serviço que deve ser mantida;
- como esses serviços poderiam ser comprometidos;
- como esses serviços podem ser protegidos;
- como se recuperar rapidamente se os serviços ficarem indisponíveis.

Como parte integrante da análise dos serviços críticos, é preciso identificar os ativos de sistema que são essenciais para a prestação desses serviços. Esses ativos podem ser hardware (servidores, redes etc.), software, dados e pessoas. Para criar um sistema resiliente, é preciso pensar em como usar a redundância e a diversidade para garantir que esses ativos continuem disponíveis no caso de uma falha de sistema.

Para todas essas atividades, a chave para fornecer uma resposta rápida e um plano de recuperação após um evento adverso é ter mais software que dê apoio à resistência, à recuperação e ao restabelecimento. Pode ser um software de segurança da informação (*security*) comercial ou de apoio à resiliência que seja programado nos sistemas de aplicação. Também pode incluir *scripts* e programas especialmente escritos, desenvolvidos para recuperação e restabelecimento. Se o software de apoio correto estiver disponível, os processos de recuperação e restabelecimento podem ser parcialmente automatizados, invocados e executados rapidamente após uma falha de sistema.

O teste de resiliência envolve simular possíveis falhas de sistema e ciberataques para testar se os planos de resiliência concebidos funcionam conforme o previsto. Testar é essencial porque sabemos a partir da experiência que os pressupostos feitos no planejamento de resiliência frequentemente são inválidos e que as ações planejadas nem sempre funcionam. Testar a resiliência pode revelar esses problemas, para que o plano de resiliência possa ser refinado.

Testar pode ser muito difícil e caro, já que, obviamente, o teste não pode ser executado em um sistema em operação. O sistema e seu ambiente podem ter que ser duplicados para o teste, e a equipe pode ter que ser liberada de suas responsabilidades normais para trabalhar no sistema de teste. Para diminuir o custo, é possível usar o 'teste de mesa'. A equipe de teste assume que ocorreu um problema e testa suas reações a esse problema; eles não simulam o problema em um sistema real. Embora essa abordagem possa fornecer informações úteis sobre a resiliência do sistema, ela é menos eficaz do que o teste na descoberta das deficiências no plano de resiliência.

Como um exemplo dessa abordagem, vamos examinar a engenharia de resiliência do sistema Mentcare. Recapitulando, esse sistema é utilizado para dar apoio aos médicos que tratam da saúde mental de pacientes em uma série de locais. O sistema fornece informações sobre os pacientes e registra as consultas com médicos e profissionais de enfermagem especializados. Ele inclui uma série de verificações que podem indicar os pacientes potencialmente perigosos ou suicidas. A Figura 14.10 mostra a arquitetura desse sistema.

FIGURA 14.10 Arquitetura cliente-servidor do sistema Mentcare.

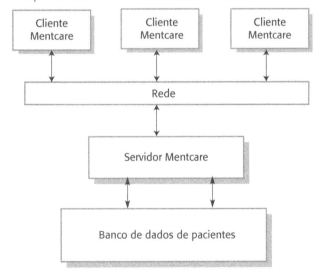

O sistema é consultado por médicos e profissionais de enfermagem antes e durante uma consulta, e as informações do paciente são atualizadas após a consulta. Para garantir a eficácia das clínicas, os requisitos de resiliência do negócio são que os serviços críticos do sistema devem ficar disponíveis durante o expediente normal; que os dados dos pacientes não podem ser permanentemente danificados ou perdidos por uma falha de sistema ou por um ciberataque; e que as informações dos pacientes não devem ser liberadas para pessoas não autorizadas.

Dois serviços críticos no sistema têm que ser mantidos:

1. *Um serviço de informação* que fornece dados sobre o diagnóstico atual e o plano de tratamento de um paciente.
2. *Um serviço de alerta* que destaca os pacientes que poderiam representar um perigo para si próprios ou para outras pessoas.

Repare que o serviço crítico não é a disponibilidade do registro completo do paciente. Médicos e profissionais de enfermagem só precisam voltar aos tratamentos prévios ocasionalmente, então o atendimento não é gravemente afetado se um registro completo não estiver disponível. Portanto, é possível prestar um atendimento eficaz usando um registro resumido, que inclua somente informações sobre o paciente e o tratamento recente.

Os ativos necessários para prestar esses serviços nas operações normais do sistema são:

1. O banco de dados de registro dos pacientes que mantém informações sobre todos os pacientes.
2. Um servidor de banco de dados que fornece acesso ao banco de dados para computadores clientes locais.
3. Uma rede para as comunicações cliente/servidor.
4. Desktops ou notebooks locais, utilizados pelos funcionários das clínicas, para acessar informações dos pacientes.
5. Um conjunto de regras para identificar os pacientes potencialmente perigosos e marcar os registros desses pacientes. O software cliente destaca os pacientes perigosos para os usuários do sistema.

Para planejar estratégias de reconhecimento, resistência e recuperação, é preciso desenvolver um conjunto de cenários que antecipem eventos adversos que poderiam comprometer os serviços críticos oferecidos pelo sistema. Exemplos desses eventos adversos são:

1. A indisponibilidade do servidor de banco de dados, em razão de uma falha de sistema, de uma falha de rede ou de um cibertataque de negação de serviço.
2. A corrupção deliberada ou acidental do banco de dados de registro dos pacientes ou das regras que definem o que significa um 'paciente perigoso'.
3. Infecção dos computadores clientes com *malware*.
4. Acesso aos computadores clientes por pessoas não autorizadas, que ganham acesso aos registros dos pacientes.

A Figura 14.11 mostra possíveis estratégias de reconhecimento e resistência para esses eventos adversos. Repare que essas estratégias não são apenas abordagens técnicas, mas também incluem *workshops* para informar os usuários do sistema sobre questões de segurança da informação (*security*). Sabemos que muitas violações da segurança da informação acontecem porque os usuários revelam inadvertidamente informações privilegiadas para um atacante, e esses *workshops* reduzem as chances de isso acontecer. Não tenho espaço aqui para discutir todas as opções que identifiquei na Figura 14.11. Em vez disso, concentro-me em como a arquitetura do sistema pode ser modificada para ser mais resiliente.

Na Figura 14.11, sugeri que manter as informações do paciente nos computadores clientes era uma estratégia de redundância possível que poderia ajudar a manter os serviços críticos. Isso leva a uma arquitetura de software modificada, exibida na Figura 14.12. As principais características dessa arquitetura são:

FIGURA 14.11 Estratégias de reconhecimento e resistência para eventos adversos.

Evento	Reconhecimento	Resistência
Indisponibilidade de servidor	1. Temporizador *watchdog* no cliente que avisa se não houver resposta para o acesso do cliente 2. Mensagens de texto dos gerentes do sistema para os usuários da clínica	1. Projetar a arquitetura do sistema para manter cópias locais das informações críticas 2. Fornecer pesquisa *peer-to-peer* entre os clientes para dados dos pacientes 3. Fornecer smartphones aos funcionários, que possam ser utilizados para acessar a rede no caso de falha do servidor 4. Fornecer um servidor de *backup*
Corrupção do banco de dados de pacientes	1. Somas de verificação (*checksum*) criptográficas no nível de registro 2. Autoverificação regular da integridade do banco de dados 3. Sistema de notificação de informações incorretas	1. Registro de transações repetíveis para atualizar o *backup* do banco de dados com as transações recentes 2. Manutenção de cópias locais das informações dos pacientes e do software para restaurar o banco de dados a partir das cópias locais e dos *backups*
Infecção dos computadores clientes com *malware*	1. Sistema de notificação para que os usuários de computador possam relatar comportamento incomum 2. Verificações automáticas de malware na inicialização do sistema	1. *Workshops* de conscientização sobre segurança da informação (*security*) para todos os usuários do sistema 2. Desativação das portas USB nos computadores clientes 3. Configuração automática do sistema para clientes novos 4. Acesso de suporte ao sistema a partir de dispositivos móveis 5. Instalação de software de segurança da informação (*security*)
Acesso não autorizado a informações de pacientes	1. Mensagens de texto de alerta dos usuários sobre possíveis invasores 2. Análise de registro (*log*) para atividade incomum	1. Processo de autenticação do sistema em múltiplos níveis 2. Desativação das portas USB nos computadores clientes 3. Registro de acesso e análise do registro em tempo real 4. *Workshops* de conscientização sobre segurança da informação (*security*) para todos os usuários do sistema

1. *Registros resumidos dos pacientes mantidos em computadores clientes locais.* Os computadores locais podem se comunicar diretamente uns com os outros e trocar informações usando a rede do sistema ou, se for necessário, uma rede *ad hoc* criada com o uso de celulares. Portanto, se o banco de dados não estiver disponível, médicos e profissionais de enfermagem ainda conseguem acessar informações essenciais dos pacientes (resistência e recuperação).
2. *Um servidor de* backup *para permitir a falha do servidor principal.* Esse servidor é responsável por obter instantâneos regulares do banco de dados para serem utilizados como *backup*. No caso de falha do servidor principal, ele também pode fazer esse papel para o sistema inteiro. Isso proporciona continuidade dos serviços e recuperação após uma falha de serviço (resistência e recuperação).
3. *Verificação da integridade do banco de dados e software de recuperação.* A verificação da integridade roda como uma tarefa de segundo plano, conferindo os sinais de corrupção do banco de dados. Se for descoberta a corrupção, isso pode iniciar automaticamente a recuperação de alguns ou de todos os dados dos *backups*. O registro de transações permite que esses *backups* sejam atualizados com detalhes das mudanças recentes (reconhecimento e recuperação).

FIGURA 14.12 Arquitetura para resiliência do sistema Mentcare.

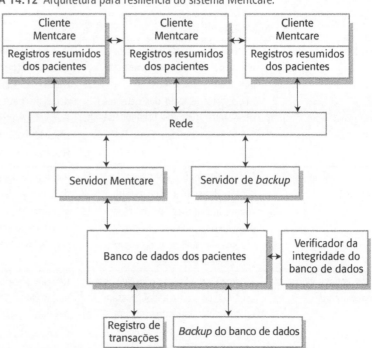

Para manter os serviços essenciais de acesso a informações dos pacientes e de alerta ao pessoal, podemos usar a redundância inerente a um sistema cliente-servidor. Ao baixar as informações para o cliente no início de uma sessão, a consulta pode continuar sem acesso ao servidor. Apenas informações sobre os pacientes agendados para comparecer às consultas naquele dia precisam ser baixadas. Se houver necessidade de acessar outras informações do paciente e o servidor estiver indisponível, então outros computadores podem ser contatados por comunicação *peer-to-peer* para ver se as informações estão disponíveis nesses computadores.

O serviço que fornece um alerta para os funcionários a respeito dos pacientes que podem ser perigosos pode ser implementado facilmente usando essa abordagem. Os registros dos pacientes que podem ferir a si mesmos ou outras pessoas são identificados antes do processo de download. Quando os funcionários da clínica acessam esses registros, o software pode destacar os registros para indicar os pacientes que precisam de cuidados especiais.

As características, nessa arquitetura, que apoiam a resistência aos eventos adversos também são úteis para apoiar a recuperação a partir desses eventos. Ao manter múltiplas cópias das informações e disponibilizar hardware de *backup*, os serviços críticos do sistema podem ser restaurados rapidamente para a operação normal. Por causa da necessidade de o sistema estar disponível somente durante o horário comercial (digamos, das 8h às 18h), o sistema pode ser restabelecido durante a noite para que esteja disponível no dia seguinte após uma falha.

Além de manter os serviços críticos, os requisitos de negócio de manter a confidencialidade e a integridade dos dados do paciente também devem ser atendidos. A arquitetura exibida na Figura 14.12 inclui um sistema de *backup* e verificação explícita da integridade do banco de dados para reduzir as chances de as informações dos pacientes serem danificadas acidentalmente ou em um ataque malicioso. As informações nos computadores clientes também estão disponíveis e podem ser utilizadas para apoiar a recuperação depois de corrupção ou danos aos dados.

Embora manter várias cópias dos dados seja uma proteção contra a corrupção dos dados, isso representa um risco para a confidencialidade, já que todas essas cópias têm de estar seguras. Nesse caso, o risco pode ser controlado de algumas maneiras:

1. Baixar apenas os registros resumidos dos pacientes agendados para comparecer a uma clínica. Isso limita a quantidade de registros que poderiam ser comprometidos.
2. Encriptar o disco nos computadores clientes locais. Os atacantes que não tenham a chave de encriptação não conseguem ler o disso se obtiverem acesso ao computador.
3. Apagar com segurança as informações baixadas ao final de uma sessão. Isso reduz ainda mais as chances de um atacante conseguir acessar informações confidenciais.
4. Garantir que todas as transações da rede estejam encriptadas. Se um atacante interceptar essas transações, ele não conseguirá acessar as informações.

Em razão da degradação do desempenho, possivelmente será impraticável encriptar todo o banco de dados de pacientes no servidor. Uma autenticação com senhas fortes deve ser usada para proteger essa informação.

PONTOS-CHAVE

- A resiliência de um sistema é um julgamento de quão bem esse sistema é capaz de manter a continuidade de seus serviços críticos na presença de eventos disruptivos, como falha de equipamento e ciberataques.
- A resiliência deve se basear no modelo dos 4 Rs — reconhecimento, resistência, recuperação e restabelecimento.
- O planejamento da resiliência deve se basear no pressuposto de que os sistemas em rede estarão sujeitos a ciberataques perpetrados por pessoas mal-intencionadas, tanto internas quanto externas, e que alguns desses ataques terão êxito.
- Os sistemas devem ser projetados com uma série de camadas defensivas de diferentes tipos. Se essas camadas forem eficazes, as falhas humanas e técnicas podem ser interceptadas, e haverá resistência aos ciberataques.
- Para permitir que os operadores e os gerentes lidem com os problemas, os processos devem ser flexíveis e adaptáveis. A automação de processos pode tornar difícil para as pessoas lidarem com os problemas.
- Os requisitos de resiliência de negócio devem ser o ponto de partida para projetar sistemas visando à resiliência. Para alcançar a resiliência do sistema, é necessário se concentrar no reconhecimento e na recuperação a partir dos problemas, na recuperação dos serviços e ativos críticos e no restabelecimento do sistema.
- Uma parte importante do projeto para resiliência é identificar os serviços críticos, que são aqueles essenciais para o sistema assegurar a sua finalidade primária. Os sistemas devem ser projetados para que esses serviços sejam protegidos e, no caso de falha, recuperados o mais rápido possível.

LEITURAS ADICIONAIS

"Survivable network system analysis: a case study." Um artigo excelente que introduz o conceito de sobrevivência do sistema e usa um estudo de caso de um sistema de registros de tratamentos de saúde mental para ilustrar a aplicação de um método voltado para a sobrevivência. ELLISON, R. J.; LINGER, R. C.; LONGSTAFF, T.; MEAD, N. R. *IEEE Software*, v. 16, n. 4, 1999. doi:10.1109/52.776952.

Resilience engineering in practice: a guidebook. Uma coleção de artigos e estudos de caso sobre engenharia de resiliência, que adota uma perspectiva ampla de sistemas sociotécnicos. HOLLNAGEL, E.; PARIES, J.; WOODS, D. W.; WREATHALL, J. Ashgate Publishing Co., 2011.

"Cyber risk and resilience management." Um site com uma ampla gama de recursos sobre cibersegurança e resiliência, incluindo um modelo para gerenciamento da resiliência. Software Engineering Institute, 2013. Disponível em: <https://www.cert.org/resilience/>. Acesso em: 2 jun. 2018.

SITE[1]

Apresentações em PowerPoint para este capítulo disponíveis em: <http://software-engineering-book.com/slides/chap14/>.
Links para vídeos de apoio disponíveis em: <http://software-engineering-book.com/videos/security-and-resilience/>.

[1] Todo o conteúdo disponibilizado na seção *Site* de todos os capítulos está em inglês.

EXERCÍCIOS

14.1 Explique como as estratégias complementares de resistência, reconhecimento, recuperação e restabelecimento podem ser utilizadas para proporcionar resiliência de sistemas.

14.2 Explique como a redundância e a diversidade podem ser utilizadas para aumentar a capacidade de um sistema de resistir a ciberataques que possam corromper ou danificar seus ativos.

14.3 O que é uma organização resiliente? Explique como o modelo de Hollnagel, exibido na Figura 14.4, é uma base eficaz para melhorar a resiliência das organizações.

14.4 Um hospital propõe introduzir uma política de que qualquer membro da equipe clínica (médicos ou profissionais de enfermagem) que aja ou autorize ações que levem um paciente a se machucar estará sujeito a acusações penais. Explique por que essa é uma má ideia, que provavelmente não vai aumentar a segurança do paciente, e por que tende a afetar de maneira adversa a resiliência da organização.

14.5 Sugira três camadas defensivas que poderiam ser incluídas em um sistema de informações para proteger dados de alterações feitas por pessoas não autorizadas para tal.

14.6 Explique por que a inflexibilidade dos processos pode inibir a capacidade de um sistema sociotécnico de resistir e se recuperar de eventos adversos, como ciberataques e falha de software. Se tiver exemplos pessoais de inflexibilidade de processos, ilustre a sua resposta com exemplos de sua experiência.

14.7 Sugira como a abordagem para a engenharia de resiliência, que propus na Figura 14.9, poderia ser utilizada em conjunto com um processo de desenvolvimento ágil para o software no sistema. Quais problemas poderiam surgir com o uso do desenvolvimento ágil em sistemas nos quais a resiliência é um fator importante?

14.8 Na Seção 13.4.2, (1) um usuário não autorizado faz pedidos maliciosos para mudar os preços e (2) uma invasão corrompe o banco de dados de transações realizadas. Para cada um desses ciberataques, identifique as estratégias de resistência, reconhecimento e recuperação que poderiam ser empregadas.

14.9 Na Figura 14.11, sugeri uma série de eventos adversos que poderiam afetar o sistema Mentcare. Esboce um plano de teste para esse sistema, que estabeleça como você poderia testar a capacidade do sistema Mentcare para reconhecer, resistir e se recuperar desses eventos.

14.10 Uma gerente sênior em uma empresa está preocupada com ataques internos aos ativos de TI, perpetrados por funcionários descontentes. Como parte do programa de melhoria da resiliência, ela propõe a introdução de um sistema de registro e análise de dados para capturar e analisar todas as ações dos funcionários, mas sem que eles saibam. Discuta a ética de introduzir esse tipo de sistema e de fazê-lo sem avisar os usuários do sistema.

REFERÊNCIAS

ELLISON, R. J.; LINGER, R. C.; LONGSTAFF, T.; MEAD, N. R. "Survivable network system analysis: a case study." *IEEE Software*, v. 16, n. 4, 1999. p. 70-77. doi:10.1109/52.776952.

ELLISON, R. J.; LINGER, R. C.; LIPSON, H.; MEAD, N. R.; MOORE, A. "Foundations of survivable systems engineering." *Crosstalk*: The Journal of Defense Software Engineering, v. 12, 2002. p. 10-15. Disponível em: <http://resources.sei.cmu.edu/asset_files/WhitePaper/2002_019_001_77700.pdf>. Acesso em: 2 jun. 2018.

HOLLNAGEL, E. "Resilience — the challenge of the unstable." In: HOLLNAGEL, E.; WOODS, D. D.; LEVESON, N. G. (eds.). *Resilience engineering: concepts and precepts*. 2006. p. 9-18.

_____. "RAG — the resilience analysis grid." In: HOLLNAGEL, E.; PARIES, J.; WOODS, D.; WREATHALL, J. (eds.). *Resilience engineering in practice*. Farnham, UK: Ashgate Publishing Group, 2010. p. 275-295.

INFOSECURITY. "Global cybercrime, espionage costs $100-$500 billion per year." Infosecurity Magazine, 23 jul. 2013. Disponível em: <http://www.infosecurity-magazine.com/view/33569/global-cybercrime-espionage-costs-100500-billion-per-year>. Acesso em: 2 jun. 2018.

LAPRIE, J-C. "From dependability to resilience." *38th Int. Conf. on Dependable Systems and Networks*. Anchorage, Alaska: 2008. Disponível em: <http://2008.dsn.org/fastabs/dsn08fastabs_laprie.pdf>. Acesso em: 2 jun. 2018.

REASON, J. "Human error: models and management." *British Medical J.*, v. 320, 2000. p. 768-770. doi:10.1136/bmj.320.7237.768.

Parte 3
Engenharia de software avançada

Esta parte do livro aborda tópicos mais avançados de engenharia de software. Nestes capítulos, presumo que os leitores conheçam os fundamentos da disciplina, estudados nos Capítulos 1-9.

Os Capítulos 15-18 concentram-se no paradigma de desenvolvimento dominante para sistemas de informação web e sistemas corporativos — o reúso de software. O Capítulo 15 introduz o tópico e explica os diferentes tipos de reúso possíveis. Depois, apresento a abordagem mais comum, que é o reúso dos sistemas de aplicação. Eles são configurados e adaptados às necessidades específicas de cada negócio.

O Capítulo 16 aborda o reúso de componentes de software, em vez de sistemas de software inteiros. Nesse capítulo, explico o que é um componente e por que os padrões de modelos de componentes são necessários para o reúso eficaz dos componentes. Também discuto o processo geral de engenharia de software baseada em componentes e os problemas da composição de componentes.

Hoje, a maioria dos grandes sistemas consiste em sistemas distribuídos e o Capítulo 17 aborda questões e problemas de criar sistemas distribuídos. Introduzo a abordagem cliente-servidor como um paradigma fundamental da engenharia de sistemas distribuídos, e explico maneiras de implementar esse estilo de arquitetura. A seção final explica o software como serviço — a entrega de funcionalidade de software por meio da internet, que mudou o mercado dos produtos de software.

O Capítulo 18 introduz o tópico relacionado de arquiteturas orientadas a serviços, que ligam as noções de distribuição e reúso. Os serviços são componentes de software reusáveis cuja funcionalidade pode ser acessada por meio da internet. Discuto duas abordagens amplamente utilizadas para o desenvolvimento de serviços, a baseada em SOAP e a de serviços RESTful. Explico o que está envolvido na criação de serviços (engenharia de serviços) e na composição de serviços para criar novos sistemas de software.

O foco dos Capítulos 19-21 é a engenharia de sistemas. No Capítulo 19, introduzo o tópico e explico por que é importante que os engenheiros de software compreendam a engenharia de sistemas. Discuto o ciclo de vida da engenharia de sistemas e a importância da aquisição nesse ciclo de vida.

O Capítulo 20 trata dos sistemas de sistemas (SoS, do inglês *systems of systems*). Os grandes sistemas que construiremos no século XXI não serão desenvolvidos do zero, mas serão criados pela integração de sistemas complexos existentes. Explico por que compreender a complexidade é importante no desenvolvimento de SoS e discuto os padrões de arquitetura dos sistemas de sistemas complexos.

A maioria dos sistemas de software não consiste em aplicativos ou sistemas de negócio, mas, sim, em sistemas embarcados de tempo real. O Capítulo 21 aborda esse tópico importante. Introduzo a ideia de sistema embarcado de tempo real e descrevo os padrões de arquitetura utilizados no projeto de sistemas embarcados. Depois, explico o processo de análise de sincronização, e concluo o capítulo com uma discussão sobre sistemas operacionais de tempo real.

15 | Reúso de software

OBJETIVOS

Os objetivos deste capítulo são introduzir o reúso de software e descrever as abordagens para o desenvolvimento de sistemas baseadas no reúso de software em larga escala. Ao ler este capítulo, você:

- compreenderá os benefícios e os problemas de reusar software no desenvolvimento de sistemas novos;
- compreenderá o conceito de *framework* de aplicação como um conjunto de objetos reusáveis e como os *frameworks* podem ser usados no desenvolvimento de aplicações;
- será apresentado às linhas de produtos de software, que consistem em uma arquitetura central comum e componentes reusáveis que são configurados para cada versão do produto;
- aprenderá como os sistemas podem ser desenvolvidos configurando e compondo sistemas de software de aplicação de prateleira.

CONTEÚDO

15.1 O panorama do reúso
15.2 *Frameworks* de aplicação
15.3 Linhas de produtos de software
15.4 Reúso de sistemas de aplicação

A engenharia de software baseada em reúso é uma estratégia na qual o processo de desenvolvimento é voltado para reúso de software existente. Até por volta do ano 2000, o reúso sistemático do software era incomum, mas hoje é empregado extensivamente no desenvolvimento de novos sistemas de negócio. A mudança para o desenvolvimento baseado em reúso foi uma resposta às demandas por custos mais baixos de produção e manutenção de software, por entrega mais rápida dos sistemas e por maior qualidade de software. As empresas encaram o software como um ativo valioso. Elas estão promovendo o reúso dos sistemas existentes para aumentar o seu retorno sobre os investimentos em software.

Hoje, software reusável de diferentes tipos está amplamente disponível. O movimento de código aberto culminou em uma imensa base de código pronta para ser reusada, seja na forma de bibliotecas de programas ou de aplicações inteiras. Muitos sistemas de aplicação específicos para domínios, como sistemas ERP, estão disponíveis e podem ser adaptados aos requisitos do cliente. Algumas empresas grandes fornecem uma série de componentes reusáveis para seus clientes. Os padrões (como os padrões de *web services*) facilitaram o desenvolvimento dos serviços de software e seu reúso em uma série de aplicações.

A engenharia de software baseada em reúso é uma abordagem para o desenvolvimento que tenta maximizar o reúso do software existente. As unidades de software reusadas podem ter tamanhos radicalmente diferentes. Por exemplo:

1. *Reúso de sistema*. Sistemas completos, que podem ser compostos de uma série de programas de aplicação, podem ser reusados como parte de um sistema de sistemas (Capítulo 20).
2. *Reúso de aplicações*. Uma aplicação pode ser reusada ao ser incorporada sem alterações a outros sistemas ou configurada para diferentes clientes. Como alternativa, famílias de aplicações ou linhas de produtos de software que têm uma arquitetura comum, mas que são adaptadas para os requisitos individuais, podem ser utilizadas para desenvolver um novo sistema.
3. *Reúso de componentes*. Os componentes de uma aplicação, com tamanho que varia de subsistemas até objetos únicos, podem ser reusados. Por exemplo, um sistema de reconhecimento de padrões desenvolvido como parte de um sistema de processamento de texto pode ser reusado em um sistema de gerenciamento de banco de dados. Os componentes podem ser abrigados na nuvem ou em servidores privados e podem ser acessados como serviços por meio de uma API (interface de programação de aplicação, do inglês *application programming interface*).
4. *Reúso de objetos e funções*. Componentes de software que implementam uma única função — como uma função matemática — ou uma classe de objeto podem ser reusados. Essa forma de reúso, concebida em torno de bibliotecas padrões, tem sido comum nos últimos 40 anos. Muitas bibliotecas de funções e de classes estão disponíveis gratuitamente. As classes e as funções nessas bibliotecas são reusadas quando vinculadas ao código da aplicação recém-desenvolvida. Em áreas como as de algoritmos matemáticos e de gráficos, em que conhecimento caro e especializado é necessário para desenvolver objetos e funções eficientes, o reúso é particularmente econômico.

Todos os sistemas de software e componentes que incluem funcionalidade genérica são potencialmente reusáveis. No entanto, às vezes esses sistemas ou componentes são tão específicos que é muito caro modificá-los para uma nova situação. Em vez de reusar o código, no entanto, é possível reusar as ideias que fundamentaram o software. Isso se chama reúso de conceito.

No reúso de conceito, um componente de software não é reusado; em vez disso, são reusados uma ideia, um modo de trabalhar ou um algoritmo. O conceito reusado é representado em notação abstrata, como um modelo de sistema, que não inclui detalhes da implementação. Portanto, ele pode ser configurado e adaptado para uma série de situações. O reúso de conceito está incorporado a abordagens como a de padrões de projeto (Capítulo 7), de produtos de sistema configuráveis e de geradores de programas. Quando os conceitos são reusados, o processo de reúso deve incluir uma atividade na qual os conceitos abstratos sejam instanciados para criar componentes executáveis.

Uma vantagem óbvia do reúso de software é que os custos gerais do desenvolvimento são menores. Há menos componentes de software para especificar, projetar, implementar e validar. No entanto, a redução de custo é apenas um dos benefícios do reúso de software. Outras vantagens são apresentadas na Figura 15.1.

FIGURA 15.1 Benefícios do reúso de software.

Benefício	Explicação
Desenvolvimento acelerado	Lançar um sistema no mercado o mais brevemente possível costuma ser mais importante do que os custos totais do desenvolvimento. O reúso de software pode acelerar a produção do sistema, pois tanto o tempo de desenvolvimento quanto o de validação podem ser reduzidos.
Uso eficaz de especialistas	Em vez de refazer o mesmo trabalho repetidamente, os especialistas de aplicação podem desenvolver um software reusável que encapsule o seu conhecimento.
Maior dependabilidade	O software reusado, que foi testado e aprovado em sistemas em funcionamento, deve ser mais confiável do que o novo software. Seus defeitos de projeto e implementação devem ter sido descobertos e corrigidos.
Custos de desenvolvimento mais baixos	Os custos de desenvolvimento são proporcionais ao tamanho do software que está sendo desenvolvido. Reusar o software significa que menos linhas de código têm de ser escritas.
Menos risco para o processo	O custo do software existente já é conhecido, enquanto os custos de desenvolvimento são sempre uma incógnita. Esse fator é importante para o gerenciamento do projeto porque reduz a margem de erro na estimativa de custo do projeto. Isso vale especialmente quando grandes componentes de software, como os subsistemas, são reusados.
Conformidade com os padrões	Alguns padrões, como os de interface com o usuário, podem ser implementados como um conjunto de componentes reusáveis. Por exemplo, se os menus em uma interface com o usuário forem implementados usando componentes reusáveis, todas as aplicações apresentam os mesmos formatos de menu para os usuários. O uso de um padrão de interface com o usuário melhora a dependabilidade, porque os usuários cometem menos erros quando é apresentada a eles uma interface conhecida.

Entretanto, existem custos e dificuldades associados ao reúso (Figura 15.2). Há um custo significativo associado a entender se um componente é adequado ou não para reúso em determinada situação e a testá-lo para garantir a sua dependabilidade. Esses custos adicionais significam que a economia nos custos de desenvolvimento pode ser menor do que a prevista. No entanto, os outros benefícios do reúso ainda se aplicam.

FIGURA 15.2 Problemas do reúso de software.

Problema	Explicação
Criar, manter e usar uma biblioteca de componentes	Povoar uma biblioteca de componentes reusáveis e garantir que os desenvolvedores de software possam usar essa biblioteca pode custar caro. Os processos de desenvolvimento têm de ser adaptados para garantir que a biblioteca seja utilizada.
Encontrar, entender e adaptar componentes reusáveis	Os componentes de software têm de ser descobertos em uma biblioteca, compreendidos e, às vezes, adaptados para trabalhar em um novo ambiente. Os engenheiros devem estar razoavelmente confiantes de que encontrarão um componente na biblioteca antes de incluírem uma busca por componentes como parte de seu processo de desenvolvimento normal.
Maiores custos de manutenção	Se o código-fonte de um sistema de software ou componente reusado não estiver disponível, então os custos de manutenção podem ser mais altos porque os elementos reusados do sistema podem se tornar incompatíveis com as mudanças feitas no sistema.
Falta de suporte da ferramenta	Algumas ferramentas de software não fornecem suporte ao desenvolvimento com reúso. Pode ser difícil ou impossível integrar essas ferramentas com um sistema de biblioteca de componentes. O processo de software empregado por essas ferramentas pode não levar em conta o reúso. É mais provável que isso aconteça com as ferramentas que apoiam a engenharia de sistemas embarcados do que com as ferramentas de desenvolvimento orientado a objetos.
Síndrome do 'não inventado aqui'	Alguns engenheiros de software preferem reescrever os componentes porque acreditam que podem aperfeiçoá-los. Isso tem a ver em parte com a confiança e em parte com o fato de que escrever o software original é encarado como algo mais desafiador do que reusar o software de outras pessoas.

Conforme discuto no Capítulo 2, os processos de desenvolvimento de software têm de ser adaptados para levar em conta o reúso. Em particular, deve haver uma fase de refinamento dos requisitos do sistema em que esses requisitos são modificados para refletir o software reusável que está disponível. As fases de projeto e de implementação de sistema também podem incluir atividades explícitas para procurar e avaliar possíveis componentes para reúso.

15.1 O PANORAMA DO REÚSO

Nos últimos 20 anos, muitas técnicas foram desenvolvidas para apoiar o reúso de software. Essas técnicas aproveitam-se do fato de que sistemas em um mesmo domínio de aplicação são parecidos e têm potencial para reúso; de que essa prática é possível em diferentes níveis, desde as funções mais simples até as aplicações completas; e de que os padrões para componentes reusáveis facilitam o reúso. A Figura 15.3 mostra o 'panorama do reúso' — diferentes maneiras de implementar o reúso de software. Cada uma dessas abordagens para o reúso é descrita resumidamente na Figura 15.4.

FIGURA 15.3 O panorama do reúso.

FIGURA 15.4 Abordagens que apoiam o reúso de software.

Abordagem	Descrição
Frameworks de aplicação	Coleções de classes abstratas e concretas são adaptadas e estendidas para criar sistemas de aplicação.
Integração de sistemas de aplicação	Dois ou mais sistemas de aplicação são integrados para proporcionar mais funcionalidade.
Padrões de arquitetura	Padrões de arquiteturas de software que apoiam tipos comuns de sistemas de aplicação são utilizados como base de aplicações. Descritos nos Capítulos 6, 11 e 17.
Desenvolvimento de software orientado a aspectos	Componentes compartilhados são 'entrelaçados' em uma aplicação em diferentes lugares quando o programa é compilado. Descrito no Capítulo 31 da web (em inglês).
Engenharia de software baseada em componentes	Sistemas são desenvolvidos integrando componentes (coleções de objetos) que se adaptam aos padrões de modelo de componentes. Descrita no Capítulo 16.
Sistemas de aplicação configuráveis	Sistemas específicos de domínio são projetados para que possam ser configurados para as necessidades de clientes de sistemas específicos.
Padrões de projeto	Abstrações genéricas que ocorrem entre aplicações são representadas como padrões de projeto que exibem objetos e interações abstratos e concretos. Descritos no Capítulo 7.

continua

continuação

Sistemas ERP	Sistemas de grande escala que encapsulam funcionalidades e regras de negócios genéricas são configurados para uma organização.
Empacotamento de sistemas legados	Os sistemas legados (Capítulo 9) são 'empacotados' ao se definir um conjunto de interfaces e conceder acesso a esses sistemas por meio dessas interfaces.
Engenharia dirigida por modelos	O software é representado como modelos de domínio e modelos independentes de implementação e o código é gerado a partir desses modelos. Descrita no Capítulo 5.
Geradores de programas	Um sistema gerador incorpora o conhecimento de um tipo de aplicação e é utilizado para gerar sistemas nesse domínio a partir de um modelo do sistema fornecido pelo usuário.
Bibliotecas de programa	Bibliotecas de classes e de funções que implementam abstrações utilizadas com frequência estão disponíveis para reúso.
Sistemas orientados a serviços	Sistemas são desenvolvidos vinculando serviços compartilhados que podem ser fornecidos externamente. Descritos no Capítulo 18.
Linhas de produtos de software	Um tipo de aplicação é generalizado em torno de uma arquitetura comum para que ela possa ser adaptada para diferentes clientes.
Sistemas de sistemas	Dois ou mais sistemas distribuídos são integrados para criar um sistema novo. Descritos no Capítulo 20.

Dado esse conjunto de técnicas para o reúso, a questão-chave é: 'qual é a técnica mais apropriada para uma determinada situação?'. Obviamente, a resposta para essa pergunta depende dos requisitos do sistema que está sendo desenvolvido, da tecnologia e dos ativos reusáveis à disposição e da experiência do time de desenvolvimento. Os fatores principais que devem ser considerados ao se planejar o reúso são os seguintes:

1. *O cronograma de desenvolvimento do software.* Se o software tiver de ser desenvolvido rapidamente, deve-se tentar reusar sistemas completos em vez de componentes individuais. Embora a adequação aos requisitos possa ser imperfeita, essa abordagem minimiza a quantidade de desenvolvimento necessária.

2. *O tempo de vida previsto para o software.* Para desenvolver um sistema de vida longa, é necessário se concentrar na capacidade de manutenção do sistema. Não devemos pensar somente nos benefícios intermediários do reúso, mas também nas suas implicações de longo prazo.

   Durante a vida útil de um sistema, ele terá de ser adaptado a novos requisitos, o que significa mudanças em partes do sistema. Se não houver acesso ao código-fonte dos componentes reusáveis, pode ser preferível evitar componentes de prateleira e sistemas de fornecedores externos. Esses fornecedores podem não conseguir continuar com o suporte ao software reusado. Pode ser mais seguro reusar sistemas e componentes de código aberto (Capítulo 7), pois isso significa que é possível acessar e manter cópias do código-fonte.

3. *A formação, as habilidades e a experiência do time de desenvolvimento.* Todas as tecnologias de reúso são bastante complexas e é preciso muito tempo para entender e usar essas tecnologias com eficiência. Portanto, é necessário concentrar o esforço de reúso nas áreas em que o time de desenvolvimento tenha experiência.

4. *A criticidade do software e seus requisitos não funcionais.* Para um sistema crítico, que precisa ser certificado por um regulador externo, pode ser necessário criar um caso de segurança (*safety*) ou de segurança da informação (*security*) para esse sistema (discutido no Capítulo 12). Isso é difícil se não for possível ter acesso ao código-fonte do software. Se o software tiver requisitos de desempenho rigorosos, pode ser impossível usar estratégias como a engenharia dirigida

por modelos (Capítulo 5). A engenharia dirigida por modelos baseia-se em gerar código a partir de um modelo reusável específico para um domínio de sistema; no entanto, os geradores de código empregados pela engenharia dirigida por modelos costumam gerar código relativamente ineficiente.

5. *O domínio de aplicação.* Em muitos domínios de aplicação, como os sistemas de informação industriais e os sistemas de informação médicos, existem produtos genéricos que podem ser reusados, bastando que sejam configurados para uma situação local. Essa é uma das abordagens mais eficazes para o reúso e quase sempre é mais barato comprar do que criar um sistema novo.

6. *A plataforma em que o sistema irá rodar.* Alguns modelos de componentes, como o .NET, são específicos para plataformas da Microsoft. Do mesmo modo, os sistemas de aplicação genéricos podem ser específicos para uma plataforma e só será possível reusá-los se o sistema for projetado para a mesma plataforma.

A gama de técnicas de reúso disponíveis é tão grande que, na maioria das situações, existe a possibilidade de algum reúso de software. O fato de o reúso se realizar ou não é uma questão mais gerencial do que técnica. Isso porque os gerentes podem hesitar em comprometer seus requisitos para permitir a utilização de componentes reusáveis. Eles podem não entender os riscos associados ao reúso tão bem quanto entendem os riscos do desenvolvimento original. Embora os riscos de desenvolvimento de um novo software possam ser maiores, alguns gerentes podem preferir os riscos conhecidos do desenvolvimento aos riscos desconhecidos do reúso. Para promover o reúso por toda a empresa, pode ser necessário introduzir um programa de reúso que enfoque a criação de ativos e processos reusáveis para facilitar as coisas (JACOBSON; GRISS; JONSSON, 1997).

Reúso baseado em geradores

O reúso baseado em geradores envolve incorporar conceitos e conhecimentos reusáveis em ferramentas automatizadas e fornecer uma maneira fácil para os usuários da ferramenta integrarem código específico a esse conhecimento genérico. Essa abordagem geralmente é mais eficaz em aplicações específicas de domínio. As soluções conhecidas para problemas em determinado domínio são incorporadas ao sistema gerador e selecionadas pelo usuário para criar um sistema novo.

15.2 *FRAMEWORKS* DE APLICAÇÃO

Os primeiros entusiastas do desenvolvimento orientado a objetos sugeriram que um dos principais benefícios de usar essa abordagem era que os objetos poderiam ser reusados em sistemas diferentes. No entanto, a experiência mostrou que os objetos são, muitas vezes, granulares e especializados demais para uma determinada aplicação. Frequentemente, leva mais tempo para entender e adaptar o objeto do que para implementá-lo. Hoje em dia, está claro que o reúso orientado a objetos é apoiado mais adequadamente em um processo de desenvolvimento orientado a objetos, por meio de abstrações mais genéricas chamadas *frameworks*.

Um *framework* é uma estrutura genérica estendida para criar um subsistema ou aplicação mais específicos. Schmidt, Gokhale e Natarajan (2004) definem um *framework* como *um conjunto integrado de artefatos de software (como classes, objetos e componentes) que colaboram para proporcionar uma arquitetura reusável para uma família de aplicações relacionadas.*[1]

Os *frameworks* fornecem suporte a características genéricas que tendem a ser utilizadas em todas as aplicações de um tipo parecido. Por exemplo, um *framework* de interface com o usuário fornece suporte para o tratamento de eventos de interface e incluirá um conjunto de componentes de interface que podem ser utilizados para construir telas. Depois, cabe ao desenvolvedor especializar esse *framework* adicionando funcionalidade específica para uma determinada aplicação. Por exemplo, em um *framework* de interface com o usuário, o desenvolvedor define os leiautes da tela adequados para a aplicação que está sendo implementada.

Os *frameworks* apoiam o reúso de projeto ao proporcionarem um esqueleto de arquitetura para a aplicação, além do reúso de classes específicas no sistema. A arquitetura é implementada pelas classes e suas interações. As classes são reusadas diretamente e podem ser estendidas com o uso de características como a herança e o polimorfismo.

Os *frameworks* são implementados como uma coleção de classes concretas e abstratas em uma linguagem de programação orientada a objetos. Portanto, eles são específicos para cada linguagem, e estão disponíveis em linguagens de programação orientadas a objetos frequentemente utilizadas — como Java, C# e C++ — e em linguagens dinâmicas — como Ruby e Python. Na verdade, um *framework* pode incorporar outros *frameworks*, e cada um deles é concebido para apoiar o desenvolvimento de parte da aplicação. É possível usar um *framework* para criar uma aplicação completa ou para implementar parte de uma aplicação, como a interface gráfica com o usuário.

Os *frameworks* de aplicação mais utilizados são os de aplicações web (WAFs, do inglês *web application frameworks*), que ajudam na construção de sites dinâmicos. A arquitetura de um WAF baseia-se geralmente no padrão composto Modelo-Visão-Controlador (MVC), exibido na Figura 15.5. O padrão MVC foi proposto originalmente nos anos 1980, como uma abordagem para o projeto de interfaces gráficas com o usuário (GUI) que permitiu múltiplas apresentações de um objeto e estilos de interação diferentes com cada uma dessas apresentações. Essencialmente, o padrão separa o estado de sua apresentação, de modo que o estado possa ser atualizado a partir de cada apresentação.

FIGURA 15.5 O padrão Modelo-Visão-Controlador (MVC).

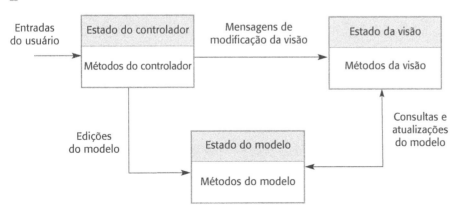

---

[1] SCHMIDT, D. C.; GOKHALE, A.; NATARAJAN, B. "Leveraging application frameworks." *ACM Queue*, v. 2, n. 5, jul./ago. 2004. p. 66-75. doi:10.1145/1016998.1017005.

Um *framework* MVC ajuda na apresentação dos dados de diferentes maneiras e permite a interação com cada uma dessas apresentações. Quando os dados são modificados em uma das apresentações, o modelo do sistema é modificado, e os controladores associados a cada visão atualizam a sua apresentação.

Os *frameworks* são, frequentemente, implementações de padrões de projeto, conforme discutimos no Capítulo 7. Por exemplo, um *framework* MVC inclui o padrão Observer, o padrão Strategy, o padrão Composite e uma série de outros que são discutidos por Gamma *et al.* (1995). A natureza genérica dos padrões e o seu uso das classes abstratas e concretas permitem a extensibilidade. Sem padrões, os *frameworks* quase certamente seriam inúteis.

Enquanto cada *framework* inclui funcionalidades ligeiramente diferentes, os *frameworks* de aplicação web em geral fornecem componentes e classes que permitem:

1. *Segurança da informação.* Os WAFs podem incluir classes, para ajudar a implementar a autenticação do usuário (*login*), e o controle de acesso, para garantir que os usuários só possam acessar a funcionalidade permitida no sistema.
2. *Páginas web dinâmicas.* Classes são fornecidas para ajudar a definir modelos de páginas web e povoá-las dinamicamente com dados específicos a partir do banco de dados do sistema.
3. *Integração com banco de dados.* Os *frameworks* normalmente não incluem um banco de dados, mas presume-se que será utilizado um banco de dados separado, como o MySQL. O *framework* pode incluir classes que fornecem uma interface abstrata para bancos de dados diferentes.
4. *Gerenciamento de sessão.* Classes para criar e gerenciar sessões (uma série de interações entre um usuário e o sistema) normalmente são parte de um WAF.
5. *Interação do usuário.* Os *frameworks* web fornecem suporte para AJAX (HOLDENER, 2008) e/ou HTML 5 (SARRIS, 2013), o que permite a criação de páginas web interativas. Eles podem incluir classes que viabilizam a criação de interfaces independentes do dispositivo e que se adaptam automaticamente a celulares e tablets.

Para implementar um sistema usando um *framework*, são adicionadas classes concretas que herdam operações das classes abstratas no *framework*. Além disso, são definidos '*callbacks*' — métodos que são chamados em resposta a eventos reconhecidos pelo *framework*. Os objetos do *framework*, em vez de objetos específicos para a aplicação, são responsáveis pelo controle no sistema. Schmidt, Gokhale e Natarajan (2004) chamam isso de 'inversão de controle'.

Em resposta aos eventos da interface com o usuário e do banco de dados, objetos do *framework* invocam 'métodos gancho' (*hook methods*) que depois são vinculados à funcionalidade fornecida pelo usuário. A funcionalidade fornecida pelo usuário define como a aplicação deve responder ao evento (Figura 15.6). Por exemplo, um *framework* terá um método que trata um clique de mouse do ambiente. Esse método é chamado método gancho, e deve ser configurado para chamar os métodos apropriados da aplicação para tratar o clique de mouse.

FIGURA 15.6 Inversão do controle nos *frameworks*.

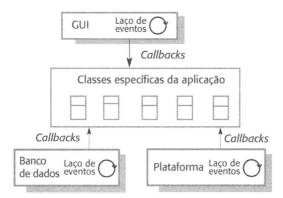

Fayad e Schmidt (1997) discutem três outras classes de *framework*:

1. Frameworks *de infraestrutura de sistema* apoiam o desenvolvimento de infraestruturas de sistema, como comunicações, interfaces com o usuário e compiladores.
2. Frameworks *de integração e* middleware consistem em um conjunto de padrões e classes associadas, que apoiam a comunicação de componentes e a troca de informações. Exemplos desse tipo de *framework* incluem o .NET da Microsoft e o Enterprise Java Beans (EJB). Eles fornecem suporte para os modelos de componentes padronizados, conforme será discutido no Capítulo 16.
3. Frameworks *de aplicação corporativa* são relativos a domínios de aplicação específicos, como telecomunicações ou sistemas financeiros (BAUMER *et al.*, 1997). Esses *frameworks* incorporam conhecimento do domínio da aplicação e apoiam o desenvolvimento de aplicações para o usuário final. Não são amplamente utilizados e foram praticamente substituídos pelas linhas de produtos de software.[2]

Aplicações que são construídas usando *frameworks* podem ser a base para reúso posterior, por meio do conceito de linhas de produtos de software ou famílias de aplicações. Como essas aplicações são construídas usando um *framework*, modificar os membros da família para criar instâncias de sistema costuma ser um processo direto, que envolve reescrever classes e métodos concretos que foram adicionados ao *framework*.

Os *frameworks* são uma abordagem muito eficaz para o reúso. No entanto, introduzi-los nos processos de desenvolvimento de software é caro, pois são inerentemente complexos e pode levar vários meses para que alguém aprenda a usá-los. Pode ser difícil e caro avaliar os *frameworks* disponíveis para escolher o mais adequado. Depurar aplicações baseadas em *framework* é mais difícil do que depurar o código original, porque nem sempre é possível entender como os métodos do *framework* interagem. Ferramentas de depuração podem fornecer informações sobre os componentes do *framework* reusados que o desenvolvedor não entende.

15.3 LINHAS DE PRODUTOS DE SOFTWARE

Quando uma empresa tem de dar suporte a uma série de sistemas parecidos, mas não idênticos, uma das abordagens mais eficazes para o reúso é a criação de uma linha

---

[2] FAYAD, M. E.; SCHMIDT, D. C. "Object-oriented application frameworks." *Comm. ACM*, v. 40, n. 10, 1997. p. 32-38. doi:10.1145/262793.262798.

de produtos de software. Os sistemas de controle de hardware frequentemente são desenvolvidos usando essa abordagem para o reúso, assim como as aplicações para domínios específicos em áreas como logística ou sistemas médicos. Por exemplo, um fabricante de impressoras tem de desenvolver softwares para controle de impressão, e há uma versão específica do produto para cada tipo de impressora. Essas versões de software têm muito em comum, então faz sentido criar um produto-base (a linha de produtos) e adaptá-lo para cada tipo de impressora.

Uma linha de produtos de software é um conjunto de aplicações com uma arquitetura comum e componentes compartilhados, em que cada aplicação se especializa em refletir requisitos específicos do cliente. O sistema-base é projetado para que possa ser configurado e adaptado para se adequar às necessidades de diferentes clientes ou equipamentos. Isso pode envolver a configuração de alguns componentes, a implementação de componentes adicionais e a modificação de alguns dos componentes para refletir novos requisitos.

Desenvolver aplicações adaptando uma versão genérica delas significa que grande parte do código dessa aplicação é reusada em cada sistema. O processo de teste é simplificado, porque os testes de grande parte da aplicação também podem ser reusados, reduzindo o tempo de desenvolvimento geral da aplicação. Os engenheiros aprendem sobre o domínio de aplicação por meio da linha de produtos de software e, então, tornam-se especialistas que conseguem trabalhar rapidamente para desenvolver novas aplicações.

As linhas de produtos de software surgem, geralmente, de aplicações existentes. Ou seja, uma organização desenvolve uma aplicação e, depois, quando um sistema parecido for necessário, reúsa informalmente o seu código na nova aplicação. O mesmo processo é empregado à medida que aplicações parecidas são desenvolvidas. No entanto, a mudança tende a corromper a estrutura da aplicação; portanto, à medida que novas instâncias são desenvolvidas, fica cada vez mais difícil criar uma nova versão. Consequentemente, pode ser tomada a decisão de projetar uma linha de produtos genérica. Isso envolve identificar a funcionalidade comum nas instâncias de produto e desenvolver uma aplicação-base, que depois é utilizada para desenvolvimento futuro.

Essa aplicação-base (Figura 15.7) é concebida para simplificar o reúso e a reconfiguração. Geralmente, uma aplicação-base inclui:

1. Componentes principais, que fornecem suporte de infraestrutura. Geralmente, não são modificados quando uma nova instância da linha de produtos é desenvolvida.
2. Componentes configuráveis, que podem ser modificados e configurados para se especializarem de acordo com a nova aplicação. Às vezes, é possível reconfigurar esses componentes sem mudar o seu código usando uma linguagem de configuração de componentes integrada.
3. Componentes especializados, específicos para o domínio, alguns dos quais podem ser trocados quando uma nova instância de uma linha de produtos é criada.

Os *frameworks* de aplicação e as linhas de produtos de software têm muito em comum. Ambos apoiam arquitetura e componentes comuns e requerem novo desenvolvimento para criar uma versão específica de um sistema. As principais diferenças entre essas abordagens são:

FIGURA 15.7 Organização de um sistema-base para uma linha de produtos.

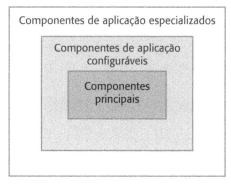

1. Os *frameworks* de aplicação baseiam-se em características orientadas a objetos, como herança e polimorfismo, para implementar extensões para o *framework*. Geralmente, o código do *framework* não é modificado e as possíveis modificações são limitadas ao que for permitido pelo *framework*. As linhas de produtos de software não são necessariamente criadas usando uma abordagem orientada a objetos. Os componentes da aplicação são alterados, apagados ou reescritos. Não há limites, pelo menos a princípio, para as mudanças que podem ser feitas.
2. A maioria dos *frameworks* de aplicação fornece suporte geral, em vez de suporte específico para o domínio. Por exemplo, existem *frameworks* de aplicação para criar aplicações web. Uma linha de produtos de software normalmente incorpora informações detalhadas do domínio e da plataforma. Por exemplo, poderia haver uma linha de produtos de software relacionada a aplicações para gerenciamento dos prontuários de saúde.
3. As linhas de produtos de software costumam ser aplicações de controle para equipamentos. Por exemplo, pode haver uma linha de produtos de software para uma família de impressoras. Isso significa que a linha de produtos tem de fornecer suporte para a interface com o hardware. Os *frameworks* de aplicação normalmente são orientados a software e normalmente não incluem componentes de interação com hardware.
4. As linhas de produtos de software são compostas de uma família de aplicações relacionadas, de propriedade da mesma organização. Quando uma nova aplicação é criada, o ponto de partida costuma ser o membro mais próximo da família de aplicações, não a aplicação genérica básica.

Ao desenvolver uma linha de produtos de software usando uma linguagem de programação orientada a objetos, é possível usar um *framework* de aplicação como base para o sistema. A base da linha de produtos é criada estendendo o *framework* com componentes específicos do domínio de aplicação, usando mecanismos existentes. Depois, há uma segunda fase de desenvolvimento, em que são criadas versões do sistema para os diferentes clientes. Por exemplo, é possível usar um *framework* web para criar a base de uma linha de produtos de software que apoia serviços de *help desk* na web. Essa 'linha de produtos *help desk*' pode, depois, ser especializada para proporcionar determinados tipos de suporte *help desk*.

A arquitetura de uma linha de produtos de software costuma refletir um estilo ou padrão de arquitetura geral, específico para a aplicação. Por exemplo, considere um sistema de linha de produtos concebido para lidar com a expedição de veículos para serviços de emergência. Os operadores desse sistema atendem chamadas de incidentes, encontram o veículo apropriado para responder ao incidente e mandam o veículo para o local. Os desenvolvedores desse tipo de sistema podem comercializar versões dele para a polícia, para os bombeiros e para serviços de ambulância.

Esse sistema de expedição de veículos é um exemplo de arquitetura genérica de alocação e gerenciamento de recursos (Figura 15.8). Os sistemas de gerenciamento de recursos usam um banco de dados de recursos disponíveis e incluem componentes para implementar a política de alocação de recursos que foi decidida pela empresa usuária do sistema. Os usuários interagem com um sistema de gerenciamento de recursos para solicitar ou liberar recursos e para fazer perguntas sobre recursos e sua disponibilidade.

FIGURA 15.8 Arquitetura de um sistema de gerenciamento de recursos.

Interação
- Interface com o usuário

Gerenciamento de E/S
- Autenticação de usuário
- Fornecimento de recursos
- Gerenciamento de consultas

Gerenciamento de recursos
- Rastreamento de recursos
- Controle da política de recursos
- Alocação de recursos

Gerenciamento de banco de dados
- Gerenciamento de transações
- Banco de dados de recursos

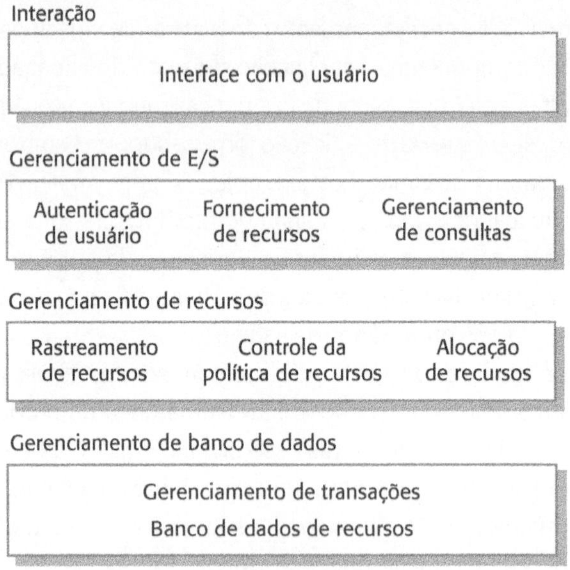

É possível ver como essa estrutura de quatro camadas pode ser instanciada na Figura 15.9, que mostra os módulos que poderiam ser incluídos em uma linha de produtos de sistemas de expedição de veículos. Os componentes em cada nível do sistema dessa linha de produtos são:

1. No nível de interação, os componentes fornecem uma tela de interface com o operador e uma interface com os sistemas de comunicação utilizados.
2. No nível de gerenciamento de E/S (nível 2), os componentes lidam com a autenticação do operador, geram relatórios de incidentes e de veículos expedidos, apoiam a geração de mapas e o planejamento de rotas, e fornecem um mecanismo para os operadores consultarem os bancos de dados do sistema.
3. No nível de gerenciamento de recursos (nível 3), os componentes permitem localizar e expedir veículos, atualizar o status dos veículos e dos equipamentos e gravar registros de detalhes de incidentes.
4. No nível do banco de dados, além do usual apoio ao gerenciamento de transações, existem diferentes bancos de dados de veículos, equipamentos e mapas.

FIGURA 15.9 Arquitetura de uma linha de produtos de sistemas de expedição de veículos.

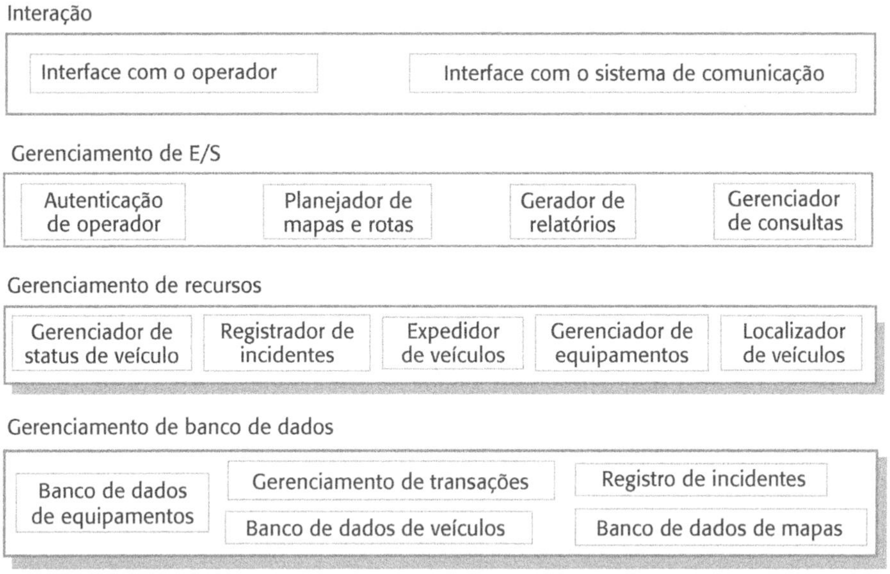

Interação
- Interface com o operador
- Interface com o sistema de comunicação

Gerenciamento de E/S
- Autenticação de operador
- Planejador de mapas e rotas
- Gerador de relatórios
- Gerenciador de consultas

Gerenciamento de recursos
- Gerenciador de status de veículo
- Registrador de incidentes
- Expedidor de veículos
- Gerenciador de equipamentos
- Localizador de veículos

Gerenciamento de banco de dados
- Banco de dados de equipamentos
- Gerenciamento de transações
- Registro de incidentes
- Banco de dados de veículos
- Banco de dados de mapas

Para criar uma nova instância desse sistema, pode ser necessário modificar componentes individuais. Por exemplo, a polícia tem uma grande quantidade de veículos, mas uma quantidade relativamente pequena de tipos de veículos. Por outro lado, os bombeiros têm muitos tipos de veículos especiais, mas relativamente poucas unidades. Portanto, ao implementar um sistema para esses serviços diferentes, pode ser necessário definir uma estrutura de banco de dados de veículos diferente.

Vários tipos de especialização de uma linha de produtos de software podem ser desenvolvidos:

1. *Especialização para plataforma.* Versões da aplicação podem ser desenvolvidas para diferentes plataformas. Por exemplo, pode haver versões da aplicação para as plataformas Windows, Mac OS e Linux. Nesse caso, a funcionalidade da aplicação normalmente é inalterada; somente os componentes que interagem com o hardware e com o sistema operacional são modificados.
2. *Especialização para ambiente.* Versões da aplicação podem ser criadas para lidar com ambientes operacionais e dispositivos periféricos diferentes. Por exemplo, um sistema para os serviços de emergência pode existir em diferentes versões, dependendo do hardware de comunicações usado por cada serviço. Por exemplo, os rádios da polícia podem ter criptografia incorporada que precise ser utilizada. Os componentes da linha de produtos são modificados para refletir a funcionalidade e as características do equipamento utilizado.
3. *Especialização funcional.* Versões da aplicação podem ser criadas para clientes específicos com requisitos diferentes. Por exemplo, um sistema de automação de biblioteca pode ser modificado de maneiras diferentes para ser utilizado em uma biblioteca pública, em uma biblioteca de referência ou em uma biblioteca de universidade. Nesse caso, os componentes que implementam a funcionalidade podem ser modificados e novos componentes podem ser adicionados ao sistema.
4. *Especialização para processos.* O sistema pode ser adaptado para lidar com processos de negócio específicos. Por exemplo, um sistema de pedidos pode

ser adaptado para lidar com um processo de pedidos centralizado em uma empresa e com um processo distribuído em outra.

A Figura 15.10 mostra o processo de estender uma linha de produtos de software para criar uma aplicação nova. As atividades nesse processo são as seguintes:

1. *Elicitar requisitos dos* stakeholders. É possível começar com um processo de engenharia de requisitos normal. No entanto, como já existe um sistema, é possível começar demonstrando o sistema e fazendo com que *stakeholders* possam experimentá-lo, expressando seus requisitos como modificações das funções fornecidas.
2. *Selecionar o sistema existente mais adequado aos requisitos.* Ao criar um novo membro de uma linha de produtos, é possível começar com a instância de produto mais próxima. Os requisitos são analisados, e o membro da família que mais se aproxima desses requisitos é escolhido para modificação.
3. *Renegociar os requisitos.* À medida que surgem mais detalhes das alterações solicitadas e que o projeto é planejado, alguns requisitos podem ser renegociados com o cliente para minimizar as mudanças que terão de ser feitas na aplicação-base.
4. *Adaptar o sistema existente.* Novos módulos são desenvolvidos para o sistema existente, e os módulos existentes são adaptados para cumprir os novos requisitos.
5. *Entregar um novo membro da família de produtos.* A nova instância da linha de produtos é entregue ao cliente. Alguma configuração pode ser necessária no momento de implantação para refletir os ambientes particulares nos quais o sistema será utilizado. Nesse estágio, as características principais devem ser documentadas para que possam ser utilizadas como base para outros desenvolvimentos do sistema no futuro.

FIGURA 15.10 Desenvolvimento de instância de produto.

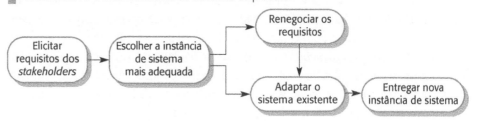

Ao criar um novo membro de uma linha de produtos, pode ser necessário encontrar um equilíbrio entre reusar o máximo possível da aplicação genérica e satisfazer os requisitos detalhados dos *stakeholders*. Quanto mais detalhados forem os requisitos do sistema, menos provável é que os componentes existentes venham a satisfazê-los. No entanto, se os *stakeholders* estiverem dispostos a ser flexíveis e a limitar as modificações do sistema, será possível entregar esse sistema com mais rapidez e a um custo mais baixo.

As linhas de produtos de software são concebidas para ser reconfiguráveis. Essa reconfiguração pode envolver a adição ou a remoção de componentes do sistema, a definição de parâmetros e restrições para os componentes do sistema, e a inclusão de conhecimento dos processos de negócio. Essa configuração pode ocorrer em diferentes estágios no processo de desenvolvimento:

1. *Configuração em tempo de projeto (design)*. A organização que está desenvolvendo o software modifica a base comum de uma linha de produtos, desenvolvendo, selecionando ou adaptando os componentes para criar um sistema novo para um cliente.
2. *Configuração em tempo de implantação.* Um sistema genérico é projetado para ser configurado por um cliente ou por consultores que estão trabalhando com o cliente. Conhecimento a respeito dos requisitos específicos para o cliente e do ambiente operacional do sistema é incorporado aos dados de configuração utilizados pelo sistema genérico.

Quando um sistema é configurado em tempo de projeto, o fornecedor começa com um sistema genérico ou com uma instância da linha de produtos existente. Modificando e estendendo os módulos nesse sistema, o fornecedor cria um sistema específico que fornece a funcionalidade requisitada pelo cliente. Geralmente, isso envolve alterar e estender o código-fonte do sistema para que haja mais flexibilidade do que é possível com a configuração em tempo de implantação.

A configuração em tempo de projeto é usada quando é impossível utilizar os recursos de configuração em tempo de implantação existentes para desenvolver uma versão nova desse sistema. No entanto, com o passar do tempo, após a criação de vários membros da família com funcionalidade comparável, pode-se decidir refatorar a linha-base de produtos para incluir uma funcionalidade que foi implementada em vários membros da família de aplicações. Depois, essa nova funcionalidade pode passar a ser configurável quando o sistema for implantado.

A configuração em tempo de implantação envolve usar ferramentas para criar uma configuração de sistema específica, registrada em um banco de dados de configuração ou como um conjunto de arquivos de configuração (Figura 15.11). O sistema executável, que pode ser rodado em um servidor ou independentemente em um computador, consulta esse banco de dados durante a sua execução, tal que a sua funcionalidade pode ser especializada para o seu contexto de execução.

FIGURA 15.11 Configuração em tempo de implantação.

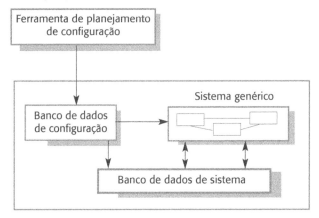

Vários níveis de configuração em tempo de implantação podem ser fornecidos em um sistema:

1. *Escolha de componentes*, em que são selecionados os módulos em um sistema que proporcionam a funcionalidade necessária. Por exemplo, em um sistema de informações de pacientes, é possível escolher um componente de gerenciamento de imagem que permita vincular imagens médicas (raios-X, TCs etc.) ao prontuário médico de um paciente.

2. *Definição de fluxo de trabalho e de regras*, em que são definidos fluxos de trabalho (como a informação é processada, fase a fase) e regras de validação, que devem se aplicar às informações fornecidas pelos usuários ou geradas pelo sistema.
3. *Definição de parâmetros*, em que são determinados os valores de parâmetros de sistema específicos, que refletem a instância da aplicação que está sendo criada. Por exemplo, é possível especificar o comprimento máximo de campos a serem preenchidos por um usuário ou as características de um hardware conectado a um sistema.

A configuração em tempo de implantação pode ser muito complexa, e, no caso de sistemas grandes, configurar e testar um sistema para um cliente pode levar vários meses. Os grandes sistemas configuráveis podem apoiar o processo de configuração fornecendo ferramentas de software, como as de planejamento, para ajudar no processo de configuração. Discutirei mais a configuração em tempo de implantação na Seção 15.4.1, que aborda o reúso dos sistemas de aplicação que precisam ser configurados para trabalhar em diferentes ambientes operacionais.

15.4 REÚSO DE SISTEMAS DE APLICAÇÃO

Um produto de sistema de aplicação é um sistema de software que pode ser adaptado para as necessidades de diferentes clientes sem que o código-fonte do sistema seja modificado. Os sistemas de aplicação são desenvolvidos por um fornecedor de sistemas para um mercado genérico; eles não são desenvolvidos especialmente para um determinado cliente. Esses produtos de sistema às vezes são conhecidos como COTS (*Commercial Off-the Shelf System*, ou sistemas comerciais de prateleira). No entanto, o termo 'COTS' é utilizado basicamente para sistemas militares, e prefiro chamar esses produtos de *sistemas de aplicação*.

Praticamente todo software desktop para empresas e muitos dos sistemas baseados em servidor são sistemas de aplicação. Esse software é projetado para uso geral, então inclui muitas características (*features*) e funções. Por isso, ele tem potencial para ser reusado em ambientes diferentes e como parte de aplicações diferentes. Torchiano e Morisio (2004) também descobriram que os produtos de código aberto eram utilizados, com frequência, sem alterações e sem qualquer exame do código-fonte.

Os sistemas de aplicação são adaptados usando mecanismos de configuração integrados que permitem que a funcionalidade do sistema seja ajustada para as necessidades específicas do cliente. Por exemplo, em um sistema de registros de pacientes de um hospital, formulários de entrada e relatórios de saída poderiam ser definidos para diferentes tipos de pacientes. Outras características de configuração podem permitir que o sistema aceite *plugins* que ampliem a funcionalidade ou que verifiquem as entradas de usuário para garantir que sejam válidas.

Essa abordagem para o reúso de software tem sido amplamente adotada por grandes empresas desde o final dos anos 1990, já que oferece benefícios significativos em relação ao desenvolvimento de software personalizado:

1. Assim como em outros tipos de reúso, o desenvolvimento mais rápido de um sistema confiável pode ser possível.

2. É possível ver qual funcionalidade é fornecida pelas aplicações e, portanto, é mais fácil julgar se elas tendem ou não a ser adequadas. Outras empresas podem já fazer uso das aplicações, então a experiência a respeito do sistema está disponível.
3. Alguns riscos de desenvolvimento são evitados quando software existente é usado. No entanto, essa abordagem tem seus próprios riscos, como discutirei mais adiante.
4. As empresas podem se concentrar em sua atividade principal sem ter que dedicar muitos recursos para o desenvolvimento de sistemas de TI.
5. À medida que as plataformas operacionais evoluem, as atualizações da tecnologia podem ser simplificadas, pois elas são responsabilidade do fornecedor do sistema de aplicação, e não do cliente.

Naturalmente, essa abordagem para a engenharia de software tem os seus próprios problemas:

1. Os requisitos geralmente têm de ser adaptados para refletir a funcionalidade e o modo de operação do sistema de aplicação de prateleira. Isso pode levar a mudanças disruptivas nos processos de negócio existentes.
2. O sistema de aplicação pode se basear em pressupostos praticamente impossíveis de mudar. Portanto, o cliente deve adaptar o seu negócio para refletir esses pressupostos.
3. Escolher o sistema de aplicação certo para uma empresa pode ser um processo difícil, especialmente porque muitos desses sistemas não estão bem documentados. Escolher da forma errada significa que pode ser impossível fazer o novo sistema funcionar conforme o necessário.
4. Pode haver uma falta de experiência local para apoiar o desenvolvimento de sistemas. Consequentemente, o cliente tem de se basear em fornecedores e em consultores externos para obter aconselhamento de desenvolvimento, que pode ser voltado para vender produtos e serviços, com tempo insuficiente dedicado para entender as reais necessidades do cliente.
5. O fornecedor do sistema controla o suporte e a evolução desse sistema. Ele pode falir, ser comprado ou fazer mudanças que causem dificuldades para os clientes.

Os sistemas de aplicação podem ser usados como sistemas individuais ou como sistemas combinados, em que dois ou mais sistemas são integrados. Os sistemas individuais consistem em uma aplicação genérica de um único fornecedor, que é configurada para os requisitos do cliente. Os sistemas integrados envolvem a integração das funcionalidades de sistemas individuais, frequentemente de fornecedores diferentes, para criar um novo sistema de aplicação. A Figura 15.12 resume as diferenças entre essas abordagens. Discutirei a integração de sistemas de aplicação na Seção 15.4.2.

FIGURA 15.12 Sistemas de aplicação individuais e integrados.

Sistemas de aplicação configuráveis	Integração de sistemas de aplicação
Produto único que fornece a funcionalidade exigida por um cliente	Vários sistemas de aplicação diferentes são integrados para proporcionar uma funcionalidade personalizada
Baseados em uma solução genérica e em processos padronizados	Soluções flexíveis podem ser desenvolvidas para os processos do cliente
O foco do desenvolvimento é a configuração do sistema	O foco do desenvolvimento é a integração do sistema
O fornecedor do sistema é responsável pela manutenção	O proprietário do sistema é responsável pela manutenção
O fornecedor do sistema fornece a plataforma para o sistema	O proprietário do sistema fornece a plataforma para o sistema

15.4.1 Sistemas de aplicação configuráveis

Os sistemas de aplicação configuráveis são sistemas de aplicação genéricos que podem ser concebidos para apoiar um determinado tipo de negócio, atividade de negócio ou, às vezes, uma empresa completa. Por exemplo, um sistema desenvolvido para dentistas pode lidar com consultas, lembretes, registros dentários, registros dos pacientes e cobrança. Em maior escala, um sistema ERP pode apoiar os processos de produção, de pedidos e de gestão de relacionamento com clientes em uma empresa grande.

Os sistemas de aplicação de domínios específicos, como os que apoiam funções de negócio (por exemplo, gerenciamento de documentos), proporcionam funcionalidades que tendem a ser necessárias para uma ampla gama de possíveis usuários. No entanto, eles também incorporam suposições sobre como os usuários trabalham, as quais podem causar problemas em situações específicas. Por exemplo, um sistema para apoiar a inscrição de alunos em uma universidade pode assumir que os alunos serão inscritos para uma graduação em certa universidade. No entanto, se duas universidades colaborarem para oferecer graduações conjuntas, então pode ser praticamente impossível representar esse detalhe no sistema.

Os sistemas ERP, como os produzidos pela SAP e pela Oracle, são sistemas integrados de larga escala, projetados para apoiar práticas corporativas como pedidos e faturamento, gerenciamento de estoque e planejamento da produção (MONK; WAGNER, 2013). O processo de configuração desses sistemas envolve coletar informações detalhadas sobre a empresa e os processos de negócio do cliente e integrar essas informações a um banco de dados de configuração. Isso requer, frequentemente, conhecimento detalhado das notações e ferramentas de configuração, e, em geral, é um processo realizado por consultores que trabalham lado a lado com os clientes.

Um sistema ERP genérico inclui uma série de módulos que podem ser compostos de diferentes maneiras, a fim de criar um sistema para um cliente. O processo de configuração envolve escolher os módulos que serão incluídos, configurar cada um desses módulos, definir processos e regras de negócio e definir a estrutura e a organização do banco de dados do sistema. Um modelo de arquitetura global de um sistema ERP que apoia uma série de funções corporativas é exibido na Figura 15.13.

FIGURA 15.13 Arquitetura de um sistema ERP.

As características principais dessa arquitetura são:

1. Uma série de módulos para apoiar diferentes funções de negócio. Esses módulos são genéricos e podem apoiar departamentos ou divisões inteiras da empresa. No exemplo da Figura 15.13, os módulos selecionados para

inclusão no sistema são um módulo para apoiar as compras; um módulo para apoiar o gerenciamento da cadeia de suprimentos; um módulo de logística para apoiar o fornecimento de bens; e um módulo CRM (gerenciamento do relacionamento com os clientes, do inglês *customer relationship management*) para manter informações sobre os clientes.
2. Um conjunto definido de modelos de processo de negócio, associados a cada módulo, que se relacionam às atividades daquele módulo. Por exemplo, o modelo de processo de pedido pode definir como os pedidos são criados e aprovados. Isso vai especificar os papéis e as atividades envolvidas na realização de um pedido.
3. Um banco de dados comum que mantém informações sobre todas as funções de negócio relacionadas. Desse modo, não deve ser necessário replicar informações, como os detalhes dos clientes, em diferentes partes do negócio.
4. Um conjunto de regras de negócio que se aplica a todos os dados no banco de dados. Assim, quando os dados são fornecidos a partir de uma função, essas regras devem garantir que sejam coerentes com os dados exigidos pelas outras funções. Por exemplo, uma regra de negócio pode exigir que todos os reembolsos de despesas sejam aprovados por alguém de um nível mais alto do que o da pessoa que solicita o reembolso.

Os sistemas ERP são utilizados em quase todas as grandes empresas para apoiar algumas ou todas as suas funções. Eles são, portanto, uma forma amplamente utilizada de reúso de software. A limitação óbvia dessa abordagem para o reúso é que a funcionalidade da aplicação do cliente se restringe à funcionalidade dos modelos integrados ao sistema ERP. Se uma empresa precisar de mais funcionalidade, ela pode ter que desenvolver um sistema adicional separado para fornecer essa funcionalidade.

Os processos e as operações da empresa compradora têm de ser definidos na linguagem de configuração do sistema ERP, que incorpora o conhecimento dos processos de negócio pela ótica do fornecedor do sistema; além disso, pode haver um descompasso entre esses pressupostos e os conceitos e processos utilizados na empresa do cliente. Um grave descompasso entre o modelo de negócio do cliente e o modelo de sistema utilizado pelo sistema ERP torna altamente provável que esse sistema não venha a satisfazer as reais necessidades do cliente (SCOTT, 1999).

Por exemplo, a noção de cliente foi um conceito fundamental de um sistema ERP vendido para uma universidade. Nele, um cliente era um agente externo que comprou bens e serviços de um fornecedor. Esse conceito provocou grandes dificuldades durante a configuração do sistema. Na realidade, as universidades não têm clientes. Em vez disso, elas têm relacionamentos do tipo cliente com uma série de pessoas e de organizações, como alunos, agências de financiamento de pesquisas e instituições educacionais. Nenhum desses relacionamentos é compatível com um relacionamento de cliente em que uma pessoa ou uma empresa compra produtos ou serviços da outra. Nesse caso em particular, foram necessários vários meses para resolver esse descompasso, e a solução final satisfez apenas parcialmente os requisitos da universidade.

Os sistemas ERP normalmente exigem uma configuração extensa para se adaptarem aos requisitos de cada organização em que são instalados. Essa configuração pode envolver as seguintes ações:

1. Selecionar a funcionalidade requerida para o sistema, por exemplo, ao decidir quais módulos devem ser incluídos.
2. Estabelecer um modelo de dados que defina como os dados da organização serão estruturados no banco de dados do sistema.
3. Definir as regras de negócio que se aplicam a esses dados.
4. Definir as interações esperadas com os sistemas externos.
5. Projetar os formulários de entrada e os relatórios de saída gerados pelo sistema.
6. Projetar os novos processos de negócio em conformidade com o modelo de processo permitido pelo sistema.
7. Determinar os parâmetros que definem como o sistema é implantado em sua plataforma subjacente.

Assim que os parâmetros de configuração são definidos, o novo sistema está pronto para ser testado. O teste é um grande problema quando os sistemas são configurados, em vez de programados usando uma linguagem convencional. Há duas razões para isso:

1. A automação do teste pode ser difícil ou impossível. Uma API que possa ser utilizada pelos *frameworks* de teste — como o JUnit — pode não estar disponível facilmente, então o sistema tem de ser testado manualmente, com os testadores inserindo entradas de dados de teste para o sistema. Além disso, os sistemas são, frequentemente, especificados de maneira informal, então pode ser difícil definir casos de teste sem bastante ajuda dos usuários finais.
2. Os erros do sistema costumam ser sutis e específicos para os processos de negócio. O sistema de aplicação, ou o sistema ERP, é uma plataforma confiável, então as falhas técnicas de sistema são raras. Os problemas que ocorrem frequentemente se devem a mal-entendidos entre as pessoas que configuram o sistema e os *stakeholders* que o utilizam. Os testadores do sistema, sem conhecimento detalhado dos processos do usuário final, não conseguem detectar esses erros.

15.4.2 Sistemas de aplicação integrados

Os sistemas de aplicação integrados incluem dois ou mais sistemas de aplicação ou, às vezes, sistemas legados. É possível usar essa abordagem quando nenhum sistema de aplicação satisfizer as necessidades ou quando se quiser integrar um novo sistema de aplicação com outros sistemas que já estão em uso. Os componentes do sistema podem interagir por meio de suas APIs, ou interfaces de serviço, se elas forem definidas. Alternativamente, eles podem ser compostos conectando a saída de um sistema à entrada de outro ou atualizando os bancos de dados utilizados pelas aplicações.

Para desenvolver sistemas de aplicação integrados, é necessário fazer uma série de escolhas de projeto:

1. *Quais sistemas de aplicação individuais oferecem a funcionalidade mais adequada?* Normalmente, haverá vários produtos de sistema que podem ser combinados de diferentes maneiras. Sem uma experiência prévia com um determinado sistema de aplicação, pode ser difícil decidir qual é o produto mais adequado.
2. *Como os dados serão trocados?* Diferentes sistemas normalmente usam estruturas e formatos de dados únicos. É necessário escrever adaptadores para

converter de uma representação para outra. Esses adaptadores são sistemas de execução que operam lado a lado com os sistemas de aplicação constituintes.
3. *Quais características de um produto realmente serão utilizadas?* Os sistemas de aplicação individuais podem incluir mais funcionalidade do que o necessário, e a funcionalidade pode estar duplicada em diferentes produtos. É necessário decidir quais características são mais adequadas em quais produtos para atender certos requisitos. Se possível, também pode ser preciso negar acesso à funcionalidade não utilizada, porque isso pode interferir com a operação normal do sistema.

Considere o seguinte cenário como uma ilustração da integração de um sistema de aplicação. Uma grande organização pretende desenvolver um sistema de compras que permita que seus funcionários façam pedidos a partir de suas mesas. Ao introduzir esse sistema na organização, a empresa estima que possa poupar US$ 5 milhões por ano. Ao centralizar as compras, o novo sistema pode garantir que os pedidos sejam feitos sempre com fornecedores que ofereçam os melhores preços; ele também deve reduzir a administração associada aos pedidos. Como acontece com os sistemas manuais, o sistema inclui a escolha dos bens disponíveis em um fornecedor, a criação de um pedido, a aprovação de um pedido, o envio de um pedido para o fornecedor, o recebimento dos bens e a confirmação de que o pagamento foi feito.

A empresa tem um sistema legado de pedidos que é utilizado por um escritório central de compras. Esse software de processamento de pedidos está integrado com um sistema de cobrança e entrega existente. Para criar o novo sistema de pedidos, o sistema legado é integrado a uma plataforma de *e-commerce* na web e a um sistema de e-mail que lida com a comunicação com os usuários. A estrutura do sistema de compras final é exibida na Figura 15.14.

FIGURA 15.14 Sistema de compras integrado.

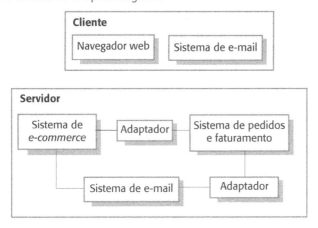

Esse sistema de compras deve ser um sistema cliente-servidor com navegação web padrão e sistemas de e-mail utilizados no cliente. No lado do servidor, a plataforma de *e-commerce* tem de se integrar com o sistema de pedidos existente por meio de um adaptador. O sistema de *e-commerce* tem o seu próprio formato para os pedidos, confirmações de entrega etc., e todos devem ser convertidos para o formato utilizado pelo sistema de pedidos. O sistema de *e-commerce* usa o sistema de e-mail para enviar notificações para os usuários, mas o sistema de pedidos nunca foi projetado para essa finalidade. Portanto, outro adaptador tem que ser escrito para converter as notificações do sistema de pedidos para mensagens de e-mail.

Meses e às vezes anos de esforço de implementação podem ser poupados, e o tempo para desenvolver e implantar um sistema pode ser drasticamente reduzido pela integração dos sistemas de aplicação existentes. O sistema de compras descrito acima foi implementado e implantado em uma empresa muito grande em nove meses. Originalmente, foi estimado que três anos seriam necessários para desenvolver um sistema de compras em Java que pudesse ser integrado ao sistema legado de pedidos.

A integração de sistemas de aplicação pode ser simplificada com a utilização de uma abordagem orientada a serviços. Essencialmente, uma abordagem orientada a serviços significa conceder acesso à funcionalidade do sistema de aplicação por meio de uma interface de serviço padrão, com um serviço para cada unidade discreta de funcionalidade. Algumas aplicações podem oferecer uma interface de serviço, mas às vezes ela tem de ser implementada pelo integrador do sistema. É preciso programar um empacotador (*wrapper*), que esconde a aplicação e fornece serviços visíveis externamente (Figura 15.15). Essa abordagem é particularmente valiosa para sistemas legados que têm de ser integrados com os sistemas de aplicação mais novos.

FIGURA 15.15 Empacotamento de aplicações.

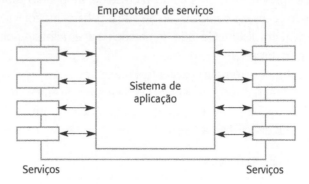

A princípio, integrar sistemas de aplicação é o mesmo que integrar qualquer outro componente. É preciso entender as interfaces do sistema e usá-las exclusivamente para se comunicar com o software; escolher entre os requisitos específicos e o desenvolvimento rápido com reúso; e projetar uma arquitetura de sistema que permita aos sistemas de aplicação operar juntos.

No entanto, o fato de que esses produtos normalmente são sistemas grandes por si só, e de que são vendidos frequentemente como sistemas independentes, introduz mais problemas. Boehm e Abts (1999) destacam quatro importantes problemas de integração de sistemas:

1. *Falta de controle sobre a funcionalidade e o desempenho.* Embora possa parecer que a interface publicada de um produto ofereça os recursos necessários, o sistema pode não ser implementado corretamente ou pode ter um mau desempenho. O produto pode ter operações ocultas que interfiram com o seu uso em uma situação específica. Corrigir esses problemas pode ser uma prioridade do integrador do sistema, mas pode não ser uma preocupação real do fornecedor do produto. Os usuários podem simplesmente ter de encontrar alternativas para os problemas se quiserem reusar o sistema de aplicação.

2. *Problemas com a interoperabilidade do sistema.* Às vezes, é difícil fazer com que sistemas de aplicação individuais trabalhem juntos, porque cada sistema incorpora

suas próprias suposições sobre como será utilizado. Garlan, Allen e Ockerbloom (1995), falando sobre sua experiência de integrar quatro sistemas de aplicação, constataram que três desses produtos eram baseados em eventos, mas que cada um usava um modelo de eventos diferente. Cada sistema assumiu que tinha acesso exclusivo à fila de eventos. Consequentemente, a integração foi bastante difícil. O projeto exigiu cinco vezes mais esforço do que o previsto originalmente. O cronograma foi ampliado para dois anos em vez dos seis meses previstos.

Em uma análise retrospectiva do seu trabalho, 10 anos mais tarde, Garlan, Allen e Ockerbloom (2009) concluíram que os problemas de integração que eles descobriram não tinham sido solucionados. Torchiano e Morisio (2004) constataram que a falta de observância dos padrões em muitos sistemas de aplicação significou que a integração foi mais difícil que o previsto.

3. *Nenhum controle sobre a evolução do sistema.* Os fornecedores de sistemas de aplicação tomam suas próprias decisões sobre as mudanças do sistema, em resposta às pressões do mercado. Para os produtos de computador em particular, novas versões são produzidas frequentemente e podem não ser compatíveis com todas as versões prévias. Novas versões podem ter funcionalidades adicionais indesejadas e versões prévias podem ficar indisponíveis e sem suporte.

4. *Suporte dos fornecedores do sistema.* O nível de suporte disponível dos fornecedores de sistemas varia amplamente. O suporte do fornecedor é particularmente importante quando surgem problemas, já que os desenvolvedores não têm acesso ao código-fonte e à documentação detalhada do sistema. Embora fornecedores possam se comprometer a dar suporte, as mudanças de mercado e as circunstâncias econômicas podem dificultar o respeito a esse comprometimento. Por exemplo, um fornecedor de sistema pode resolver descontinuar um produto em razão da demanda limitada, ou ele pode ser comprado por outra empresa que não deseja manter o suporte aos produtos que foram adquiridos.

Boehm e Abts reconhecem que, em muitos casos, os custos de manutenção e de evolução do sistema podem ser maiores nos sistemas de aplicação integrados. Essas dificuldades são problemas do ciclo de vida; elas não afetam apenas o desenvolvimento inicial do sistema. Quanto mais as pessoas envolvidas na manutenção ficam distantes dos desenvolvedores originais do sistema, mais provável é que surjam dificuldades com o sistema integrado.

PONTOS-CHAVE

- Existem muitas maneiras diferentes de reusar o software, variando do reúso de classes e de métodos em bibliotecas até o reúso de sistemas de aplicação completos.
- As vantagens do reúso de software são os custos menores, o desenvolvimento mais rápido do software e os riscos mais baixos. A dependabilidade do sistema é maior. Especialistas podem ser utilizados com mais eficácia, concentrando a sua experiência no projeto de componentes reusáveis.
- *Frameworks* de aplicação são coleções de objetos concretos e abstratos projetados para reúso por meio da especialização e da adição de novos objetos. Normalmente, eles incorporam boas práticas de projeto por meio de padrões de projeto.

- Linhas de produtos de software são aplicações relacionadas, desenvolvidas a partir de uma ou mais aplicações-base. Um sistema genérico é adaptado e especializado para satisfazer requisitos específicos de funcionalidade, de uma plataforma-alvo ou de uma configuração operacional.
- O reúso de sistemas de aplicação está relacionado com o reúso de sistemas grandes de prateleira. Esses sistemas fornecem muitas funcionalidades, e seu reúso pode reduzir radicalmente os custos e o tempo de desenvolvimento. Os sistemas podem ser desenvolvidos configurando um sistema de aplicação genérico único ou integrando dois ou mais sistemas de aplicação.
- Os possíveis problemas com o reúso de sistemas de aplicação incluem a falta de controle sobre a funcionalidade, o desempenho e a evolução do sistema; a necessidade de suporte de fornecedores externos; e as dificuldades para garantir que os sistemas possam interoperar.

LEITURAS ADICIONAIS

"Overlooked aspects of COTS-based development." Um artigo interessante que discute uma pesquisa com desenvolvedores que usam uma abordagem baseada em COTS e os problemas que eles encontraram. TORCHIANO, M.; MORISIO, M. *IEEE Software*, v. 21, n. 2, mar./abr. 2004. doi:10.1109/MS.2004.1270770.

CRUISE — Component Reuse in Software Engineering. Esse e-book cobre uma ampla gama de tópicos sobre reúso, incluindo estudos de caso, reúso baseado em componentes e processos de reúso. No entanto, sua cobertura do reúso de sistemas de aplicação é limitada. NASCIMENTO, L. *et al*. 2007. Disponível em: <http://www.academia.edu/179616/C.R.U.I.S.E_-_Component_Reuse_in_Software_Engineering>. Acesso em: 5 jun. 2018.

"Construction by configuration: a new challenge for software engineering." Nesse artigo convidado, discuto os problemas e as dificuldades de construir uma nova aplicação configurando sistemas existentes. SOMMERVILLE, I. *Proc. 19th Australian Software Engineering Conference*, 2008. doi:10.1109/ASWEC.2008.75.

"Architectural mismatch: why reuse is still so hard." Esse trabalho analisa um artigo anterior que discutia os problemas de reusar e integrar uma série de sistemas de aplicação. Os autores concluíram que, embora tenha sido feito algum progresso, ainda havia problemas nos pressupostos conflitantes feitos pelos projetistas de cada um dos sistemas. GARLAN, D.; ALLEN, R.; OCKERBLOOM J. *IEEE Software*, v. 26, n. 4, jul./ago. 2009. doi:10.1109/MS.2009.86.

SITE[3]

Apresentações em PowerPoint para este capítulo disponíveis em: <http://software-engineering-book.com/slides/chap15/>.
Links para vídeos de apoio disponíveis em: <http://software-engineering-book.com/videos/software-reuse/>.

[3] Todo o conteúdo disponibilizado na seção *Site* de todos os capítulos está em inglês.

EXERCÍCIOS

15.1 Quais são os principais fatores técnicos e não técnicos que atrapalham o reúso de software? Pessoalmente, você reúsa muito software? Se não, por quê?

15.2 Sugira por que a economia de custo advinda do reúso de software existente não é simplesmente proporcional ao tamanho dos componentes que são reusados.

15.3 Cite quatro circunstâncias nas quais você não recomendaria o reúso de software.

15.4 Explique o que significa 'inversão do controle' nos *frameworks* de aplicação. Explique por que essa abordagem poderia causar problemas se você integrasse dois sistemas separados e que foram criados originalmente usando o mesmo *framework* de aplicação.

15.5 Usando o exemplo do sistema da estação meteorológica descrito nos Capítulos 1 e 7, sugira uma arquitetura de linha de produtos para uma família de aplicações relacionada com o monitoramento remoto e coleta de dados. Você deve apresentar a sua arquitetura como um modelo em camadas, mostrando os componentes que poderiam ser incluídos em cada nível.

15.6 A maior parte do software para desktops, como processadores de texto, pode ser configurada de várias maneiras diferentes. Examine o software que você utiliza regularmente e apresente as opções de configuração desse software. Sugira as dificuldades que os usuários poderiam ter ao configurar o software. O Microsoft Office (ou uma de suas alternativas de código aberto) é um bom exemplo para usar neste exercício.

15.7 Por que muitas empresas grandes escolhem os sistemas ERP como base para o seu sistema de informações organizacionais? Quais problemas podem surgir durante a implantação de um sistema ERP de larga escala em uma organização?

15.8 Identifique seis riscos possíveis que podem surgir quando os sistemas são construídos usando sistemas de aplicação existentes. Quais são os passos que uma empresa pode dar para reduzir esses riscos?

15.9 Explique por que os adaptadores geralmente são necessários quando os sistemas são construídos pela integração de sistemas de aplicação. Sugira três problemas práticos que poderiam surgir ao escrever um software adaptador para ligar dois sistemas de aplicação.

15.10 O reúso de software levanta uma série de questões de direitos autorais e propriedade intelectual. Se um cliente pagar para um desenvolvedor de software, quem tem os direitos de reusar o código desenvolvido? O desenvolvedor do software tem direito de usar o código como base de um componente genérico? Quais mecanismos de pagamento poderiam ser empregados para reembolsar os fornecedores de componentes reusáveis?

REFERÊNCIAS

BAUMER, D.; GRYCZAN, G.; KNOLL, R.; LILIENTHAL, C.; RIEHLE, D.; ZULLIGHOVEN, H. "Framework development for large systems." *Comm. ACM*, v. 40, n. 10, 1997. p. 52-59. doi:10.1145/262793.262804.

BOEHM, B.; ABTS, C. "COTS integration: plug and pray?" *Computer*, v. 32, n. 1, 1999. p. 135-138. doi:10.1109/2.738311.

FAYAD, M. E.; SCHMIDT, D. C. "Object-oriented application frameworks." *Comm. ACM*, v. 40, n. 10, 1997. p. 32-38. doi:10.1145/262793.262798.

GAMMA, E.; HELM, R.; JOHNSON, R.; VLISSIDES, J. Design patterns: elements of reusable object-oriented software. Reading, MA: Addison-Wesley, 1995.

GARLAN, D.; ALLEN, R.; OCKERBLOOM, J. "Architectural mismatch: why reuse is so hard." *IEEE Software*, v. 12, n. 6, 1995. p. 17-26. doi:10.1109/52.469757.

_____. "Architectural mismatch: why reuse is still so hard." *IEEE Software*, v. 26, n. 4, 2009. p. 66-69. doi:10.1109/MS.2009.86.

HOLDENER, A.T. *Ajax*: the definitive guide. Sebastopol, CA: O'Reilly and Associates, 2008.

JACOBSON, I.; GRISS, M.; JONSSON, P. *Software reuse*. Reading, MA: Addison-Wesley, 1997.

MONK, E.; WAGNER, B. *Concepts in enterprise resource planning*. 4. ed. Independence, KY: Cengage Learning, 2013.

SARRIS, S. *HTML5 unleashed*. Indianapolis, IN: Sams Publishing, 2013.

SCHMIDT, D. C.; GOKHALE, A.; NATARAJAN, B. "Leveraging application frameworks." *ACM Queue*, v. 2, n. 5, jul.-ago. 2004. p. 66-75. doi:10.1145/1016998.1017005.

SCOTT, J. E. "The FoxMeyer drug's bankruptcy: was it a failure of ERP." *Proc. Association for Information Systems 5th Americas Conf. on Information Systems*. Milwaukee, WI. 1999. Disponível em: <www.uta.edu/faculty/weltman/OPMA5364TW/FoxMeyer.pdf>. Acesso em: 5 jun. 2018.

TORCHIANO, M.; MORISIO, M. "Overlooked aspects of COTS-based development." *IEEE Software*, v. 21, n. 2, 2004. p. 88-93. doi:10.1109/MS.2004.1270770.

16 | Engenharia de software baseada em componentes

OBJETIVOS

O objetivo deste capítulo é descrever uma abordagem para o reúso de software baseada na composição de componentes reusáveis padronizados. Ao ler este capítulo, você:

- compreenderá o que é um componente de software que pode ser incluído em um programa como um elemento executável;
- compreenderá os elementos-chave dos modelos de componentes de software e o apoio fornecido por *middleware* para esses modelos;
- conhecerá atividades-chave nos processos de engenharia de software baseada em componentes (CBSE, do inglês *component-based software engineering*) para reúso e o processo de CBSE com reúso;
- conhecerá três tipos diferentes de composição de componentes e alguns dos problemas que têm de ser resolvidos quando componentes são compostos para criar novos componentes ou sistemas.

CONTEÚDO

16.1 Componentes e modelos de componentes
16.2 Processos de engenharia de software baseada em componentes
16.3 Composição de componentes

A engenharia de software baseada em componentes (CBSE, do inglês *component-based software engineering*) surgiu no final dos anos 1990 como uma abordagem para o desenvolvimento de sistemas de software baseada no reúso de componentes de software. Sua criação foi motivada pela frustração com o desenvolvimento orientado a objetos, que não levou ao reúso extensivo, como havia sido sugerido originalmente. Classes individuais eram detalhadas e específicas demais, e muitas vezes tinham de estar vinculadas a uma aplicação em tempo de compilação. Era necessário ter conhecimento detalhado das classes para usá-las, o que significava ter o código-fonte do componente. Dessa forma, vender ou distribuir objetos como componentes reusáveis individuais era praticamente impossível.

Os componentes, abstrações de um nível mais alto do que os objetos, são definidos por suas interfaces. Normalmente, eles são maiores do que objetos individuais, e todos os detalhes de implementação estão ocultos dos demais componentes. A engenharia de software baseada em componentes é o processo de definir, implementar e integrar ou compor em sistemas esses componentes independentes e fracamente acoplados.

A CBSE tornou-se uma abordagem de desenvolvimento de software importante para sistemas corporativos de larga escala, com requisitos de desempenho e segurança da informação (*security*) exigentes. Os clientes estão exigindo software seguro e confiável, fornecido e implantado com mais rapidez. A única maneira de satisfazer essas demandas é criar software reusando componentes existentes.

Os fundamentos da engenharia de software baseada em componentes são os seguintes:

1. Componentes independentes que são especificados completamente por suas interfaces. Deve haver uma separação clara entre a interface do componente e a sua implementação. Isso significa que uma implementação de um componente pode ser substituída por outra, sem a necessidade de mudar outras partes do sistema.
2. Padrões de componentes que definem interfaces e, com isso, facilitam a integração dos componentes. Esses padrões estão incorporados em um modelo de componentes. Eles definem, no mínimo, como as interfaces do componente devem ser especificadas e como os componentes se comunicam. Alguns modelos vão muito além e definem interfaces que devem ser implementadas por todos os componentes em conformidade. Se os componentes estiverem conforme os padrões, então a sua operação é independente de sua linguagem de programação. Os componentes escritos em linguagens diferentes podem ser integrados no mesmo sistema.
3. *Middleware* que fornece suporte de software para a integração do componente. Para fazer com que componentes distribuídos e independentes trabalhem juntos, é necessário o apoio de um *middleware*, que cuida da comunicação entre os componentes. *Middleware* para suporte de componentes lida de maneira eficaz com questões de baixo nível, o que permite foco nos problemas relacionados à aplicação. Além disso, o *middleware* pode fornecer suporte para a alocação de recursos, gerenciamento de transações, segurança da informação (*security*) e concorrência.
4. Um processo de desenvolvimento direcionado para a engenharia de software baseada em componentes. Um processo de desenvolvimento que permita que os requisitos evoluam é necessário, dependendo da funcionalidade dos componentes disponíveis.

Problemas com a CBSE

Hoje, a CBSE é uma abordagem dominante para a engenharia de software, amplamente utilizada na criação de novos sistemas. No entanto, quando utilizada como uma abordagem para reúso, os problemas incluem o quanto é possível confiar no componente, a certificação do componente, requisitos que podem ficar comprometidos e a previsão das propriedades dos componentes, especialmente quando são integrados com outros.

O desenvolvimento baseado em componentes incorpora práticas recomendadas de engenharia de software. Muitas vezes, faz sentido projetar um sistema usando componentes, mesmo se for necessário desenvolver esses componentes em vez de reusá-los. Existem princípios de projeto sólidos subjacentes à CBSE que apoiam a construção de software inteligível e manutenível:

1. Os componentes são independentes, então não interferem na operação uns dos outros. Os detalhes de implementação são ocultos. A implementação do componente pode ser modificada sem afetar o resto do sistema.
2. Os componentes se comunicam por meio de interfaces bem definidas. Se essas interfaces forem mantidas, um componente pode ser substituído por outro componente que forneça funcionalidade adicional ou melhorada.
3. As infraestruturas dos componentes oferecem uma gama de serviços padrões que podem ser utilizados nos sistemas de aplicação. Isso reduz a quantidade de código novo que precisa ser desenvolvido.

A motivação inicial para a CBSE foi a necessidade de apoiar o reúso e a engenharia de software distribuída. Um componente era encarado como um elemento de um sistema de software que poderia ser acessado, a partir do uso de um mecanismo de chamada de procedimento remoto, por outros componentes executados em diferentes computadores. Cada sistema que reusava um componente tinha de incorporar uma cópia do componente. Essa ideia de um componente estendeu a noção de objetos distribuídos, conforme definido nos modelos de sistemas distribuídos como a especificação CORBA (POPE, 1997). Foram introduzidos vários protocolos diferentes e 'padrões' específicos para cada tecnologia visando apoiar essa visão de componente, incluindo o Enterprise Java Beans (EJB), da Sun; COM e .NET, da Microsoft; e CCM, da CORBA (LAU; WANG, 2007).

Infelizmente, as empresas envolvidas na proposição desses padrões não puderam concordar com um padrão único para os componentes, limitando o impacto dessa abordagem no reúso de software. Os componentes desenvolvidos para plataformas diferentes, como .NET ou J2EE, não conseguem interoperar. Além disso, os padrões e os protocolos propostos eram complexos e difíceis de entender. Isso também foi uma barreira para a sua adoção.

Em resposta a esses problemas, a noção de um componente como um serviço foi desenvolvida, e padrões foram propostos para ajudar a engenharia de software orientada a serviços. A diferença mais importante entre um componente como um serviço e a noção original de um componente é que os serviços são entidades independentes externas ao programa que as utiliza. Ao criar um sistema orientado a serviços, faz-se referência ao serviço externo em vez de incluir uma cópia desse serviço no sistema.

A engenharia de software orientada a serviços é um tipo de engenharia de software baseada em componentes. Ela usa uma noção de componente mais simples do que a proposta originalmente na CBSE, em que os componentes eram rotinas executáveis incluídas em sistemas maiores. Cada sistema que utilizava um componente embutia a sua própria versão desse componente. As abordagens orientadas a serviços estão substituindo gradualmente a CBSE por componentes embutidos como uma abordagem para o desenvolvimento de sistemas. Neste capítulo, discuto o uso da CBSE com componentes embutidos; a engenharia de software orientada a serviços será tratada no Capítulo 18.

16.1 COMPONENTES E MODELOS DE COMPONENTES

A comunidade de reúso de software geralmente concorda que um componente é uma unidade de software independente que pode ser composta com outros componentes para criar um sistema de software. Além disso, no entanto, as pessoas propuseram várias definições de um componente de software. Councill e Heineman (2001) definem um componente como:

> *Um elemento de software que está em conformidade com um modelo de componentes padrão, que pode ser implantado de maneira independente e pode ser composto sem modificações, de acordo com um padrão de composição.*[1]

Essa definição é baseada em padrões, de modo que uma unidade de software em conformidade com esses padrões é um componente. Szyperski (2002), no entanto, não menciona padrões em sua definição de componente, mas enfoca características-chave dos componentes:

> *Um componente de software é uma unidade de composição com interfaces especificadas contratualmente e dependências de contexto explícitas, e só. Um componente de software pode ser implantado de modo independente e está sujeito à composição por terceiros.*[2]

As duas definições foram desenvolvidas em torno da ideia de um componente como um elemento embutido em um sistema, e não como um serviço ao qual o sistema faz referência. No entanto, elas são igualmente aplicáveis aos componentes de serviços.

Szyperski também afirma que um componente não tem um estado observável externamente; ou seja, as cópias dos componentes são indistinguíveis. No entanto, alguns modelos de componentes, como o Enterprise Java Beans, permitem que haja componentes com estado, de modo que esses não correspondem à definição de Szyperski. Embora os componentes sem estado certamente sejam mais simples de se usar, em alguns sistemas os componentes com estado são mais convenientes e reduzem a complexidade do sistema.

O que as duas definições acima têm em comum é que elas concordam que os componentes são independentes e que são a unidade fundamental de composição em um sistema. Penso que, se combinarmos essas propostas, obteremos uma descrição mais polida de um componente reusável. A Figura 16.1 mostra o que considero características essenciais de um componente usado na CBSE.

FIGURA 16.1 Características de componentes.

Característica	Descrição
Passível de composição	Para ser passível de composição, todas as interações externas de um componente devem ocorrer por meio de interfaces definidas publicamente. Além disso, o componente deve fornecer acesso externo às informações sobre si mesmo, como seus métodos e atributos.

continua

---

1 COUNCILL, W. T.; HEINEMAN, G. T. "Definition of a software component and its elements." In: _____ (eds.) *Component-based software engineering.* Boston: Addison Wesley, 2001. p. 5-20.

2 SZYPERSKI, C. *Component software*: beyond object-oriented programming. 2. ed. Harlow, UK: Addison-Wesley, 2002.

continuação

Implantável	Para ser implantável, um componente tem de ser autocontido. Ele deve ser capaz de operar como uma entidade *stand-alone* em uma plataforma que proporcione uma implementação do modelo de componentes. Normalmente, isso significa que o componente é um código binário e não tem de ser compilado antes de ser implantado. Se um componente for implementado como um serviço, ele não tem de ser implantado por um usuário desse componente. Em vez disso, ele é implantado por um prestador de serviço.
Documentado	Os componentes têm de ser totalmente documentados para que um possível usuário possa decidir se eles satisfazem ou não as suas necessidades. A sintaxe e, em condições ideais, a semântica de todas as interfaces de componentes devem ser especificadas.
Independente	Um componente deve ser independente — deve ser possível compô-lo e implantá-lo sem ter de usar outros componentes específicos. Nas situações em que o componente precise de serviços fornecidos externamente, eles devem ser definidos explicitamente em uma especificação de interface do tipo 'requer'.
Padronizado	A padronização de componentes significa que um componente utilizado em um processo de CBSE tem de estar em conformidade com um modelo de componentes padrão, o qual pode definir interfaces, metadados, documentação, composição e implantação de componentes.

Uma maneira útil de pensar sobre um componente é vê-lo como um prestador de um ou mais serviços, mesmo que o componente esteja embutido, em vez de implementado como um serviço. Quando um sistema precisa que alguma coisa seja feita, ele chama um componente para prestar o serviço sem se preocupar com o lugar em que o componente está sendo executado ou com a linguagem de programação utilizada para desenvolver esse componente. Por exemplo, um componente em um sistema de uma biblioteca pública poderia fornecer um serviço de busca que permita aos usuários pesquisarem o catálogo da biblioteca; um componente que converta de um formato gráfico para outro (por exemplo, TIFF para JPEG) fornece um serviço de conversão de dados e assim por diante.

Visualizar um componente como um prestador de serviço enfatiza duas características críticas de um componente reusável:

1. O componente é uma entidade executável independente, que é definida por suas interfaces. Não é necessário qualquer conhecimento do seu código-fonte para utilizá-lo. Ele pode ser referenciado como um serviço externo ou incluído diretamente em um programa.
2. Os serviços oferecidos por um componente são disponibilizados através de uma interface, e todas as interações são feitas através dessa interface. A interface do componente é expressa em termos de operações parametrizadas, e o seu estado interno nunca é exposto.

Em princípio, todos os componentes têm duas interfaces relacionadas, como mostra a Figura 16.2. Essas interfaces refletem os serviços que o componente fornece e os serviços que o componente requer para operar corretamente:

1. A interface 'fornece' (*provides*) define os serviços fornecidos pelo componente. Essa interface é a API do componente. Ela define os métodos que podem ser chamados por um usuário do componente. Em um diagrama de componentes em UML, a interface 'fornece' de um componente é indicada por um círculo no final de uma linha que parte do ícone do componente.
2. A interface 'requer' (*requires*) especifica os serviços que outros componentes no sistema devem fornecer para que um componente opere corretamente. Se

esses serviços não estiverem disponíveis, então o componente não funcionará. Isso não compromete a independência ou a capacidade de implantação de um componente porque a interface 'requer' não define como esses serviços devem ser fornecidos. Em UML, o símbolo de uma interface 'requer' é um semicírculo no final de uma linha partindo do ícone do componente. Repare que os ícones das interfaces 'fornece' e 'requer' podem se encaixar como uma bola e soquete.

FIGURA 16.2 Interfaces de componentes.

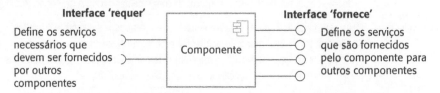

Para ilustrar essas interfaces, a Figura 16.3 exibe o modelo de um componente que foi projetado para coletar e agrupar informações de um vetor de sensores. Ele roda de modo autônomo para coletar dados ao longo de um intervalo de tempo e, mediante solicitação, fornece dados agrupados para um componente que o tenha chamado. A interface 'fornece' inclui métodos para adicionar, remover, iniciar, parar e testar os sensores. O método **reportar** retorna os dados coletados pelo sensor, e o método **listarTodos** fornece informações sobre os sensores acoplados. Embora eu não os tenha mostrado aqui, esses métodos têm parâmetros associados que especificam os identificadores e as localizações dos sensores, entre outras informações.

FIGURA 16.3 Modelo de um componente coletor de dados.

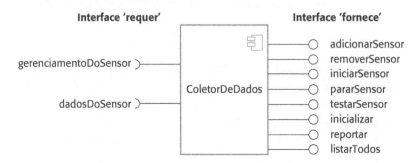

A interface 'requer' é utilizada para conectar o componente aos sensores. Ela assume que os sensores tenham uma interface de dados, acessada por meio de **dadosDoSensor**, e uma interface de gerenciamento, acessada por meio de **gerenciamentoDoSensor**. Essa interface foi concebida para conectar diferentes tipos de sensores, de modo que ela não inclui operações de sensores específicos, como **testar** e **fornecerLeitura**. Em vez disso, os comandos usados por um tipo específico de sensor são adicionados a uma *string*, que é um parâmetro para as operações na interface 'requer'. Componentes adaptadores processam essa *string* passada como parâmetro e traduzem os comandos adicionados para uma interface de controle específica de cada tipo de sensor. Discutirei o uso dos adaptadores mais adiante neste capítulo, quando mostrarei como o componente coletor de dados pode ser conectado a um sensor (Figura 16.12).

Componentes e objetos

Os componentes são frequentemente implementados em linguagens orientadas a objetos e, em alguns casos, o acesso à interface 'fornece' de um componente se dá por meio de chamadas de método. No entanto, os componentes e as classes não são a mesma coisa. Ao contrário das classes, os componentes podem ser implantados de maneira independente, não definem tipos, independem da linguagem de programação e se baseiam em um modelo de componentes padrão.

Os componentes são acessados usando RPCs (chamadas de procedimento remoto, do inglês *remote procedure calls*). Cada componente tem um identificador único e, com esse nome, pode ser chamado a partir de outro computador. O componente chamado usa o mesmo mecanismo para acessar os componentes 'requeridos' que são definidos nessa interface.

Uma diferença importante entre um componente como serviço externo e um componente como elemento de programa acessado com uso de chamada de procedimento remoto é que os serviços são entidades completamente independentes. Eles não têm uma interface 'requer' explícita. Naturalmente, eles requerem que outros componentes forneçam apoio à sua operação, mas esses componentes são fornecidos internamente. Outros programas podem usar serviços sem a necessidade de implementar qualquer suporte adicional exigido pelo serviço.

16.1.1 Modelos de componentes

Um modelo de componentes é uma definição dos padrões para implementação, documentação e implantação de componentes. Esses padrões servem para os desenvolvedores de componentes garantirem a interoperabilidade desses componentes. Também servem para os fornecedores de infraestrutura para execução de componentes, que fornecem *middleware* para apoiar a operação de componentes. Para componentes de serviços, o modelo mais importante é o de *Web Services*; para os componentes embutidos, os modelos mais utilizados incluem o Enterprise Java Beans (EJB) e o .NET da Microsoft (LAU; WANG, 2007).

Os elementos básicos de um modelo de componentes ideal são discutidos por Weinreich e Sametinger (2001). Resumi esses elementos na Figura 16.4, cujo diagrama mostra que os elementos de um modelo de componentes definem as interfaces desse componente, a informação necessária para que o componente seja usado em um programa e o modo como o componente deve ser implantado:

1. *Interfaces*. Os componentes são definidos especificando suas interfaces. O modelo de componentes determina como as interfaces devem ser definidas e quais elementos — como nomes de operações, parâmetros e exceções — devem ser incluídos na definição da interface. O modelo também deve especificar a linguagem utilizada para definir as interfaces dos componentes. Para os *web services*, a especificação de interfaces usa linguagens baseadas em XML, conforme será discutido no Capítulo 18; o EJB é específico para a linguagem Java, que é utilizada como linguagem de definição da interface; em .NET, as interfaces são definidas usando a Common Intermediate Language (CIL), da Microsoft. Alguns modelos de componentes requerem interfaces

específicas que devem ser definidas por um componente. Elas são usadas para compor o componente com a infraestrutura do modelo de componentes, que proporciona serviços padronizados, como segurança da informação (*security*) e gerenciamento de transações.

2. *Uso.* Para que os componentes sejam distribuídos e acessados remotamente via RPCs, eles precisam ter um nome único ou um identificador associado, e esse nome deve ser único globalmente. Por exemplo, no EJB, um nome hierárquico é gerado com a raiz baseada em um nome de domínio da internet. Os serviços têm um URI (identificador de recurso uniforme, do inglês *Uniform Resource Identifier*) único.

Os metadados de componentes são dados sobre o componente em si, como informações sobre suas interfaces e atributos. Os metadados são importantes porque permitem que os usuários do componente descubram quais serviços são fornecidos e requeridos. As implementações de modelos de componentes normalmente incluem maneiras específicas (como o uso de uma interface de reflexão em Java) para acessar os metadados desses componentes.

Os componentes são entidades genéricas e, quando implantados, têm de ser configurados para se encaixar em um sistema de aplicação. Por exemplo, é possível configurar o componente coletor de dados (Figura 16.3) definindo o número máximo de sensores em um vetor. O modelo de componentes pode, portanto, especificar como os componentes em código binário podem ser personalizados para um ambiente particular.

3. *Implantação.* O modelo de componentes inclui uma especificação de como os componentes devem ser empacotados para implantação como rotinas executáveis e independentes. Como os componentes são entidades independentes, eles têm de ser empacotados com todo o software de apoio que não seja fornecido pela infraestrutura do componente ou que não esteja definido na interface 'requer'. A informação de implantação inclui o conteúdo de um pacote e a sua organização em código binário.

Inevitavelmente, à medida que surgirem novos requisitos, os componentes terão de ser alterados ou substituídos. Portanto, o modelo de componentes pode incluir regras que governam quando e como a substituição de componentes é permitida. Finalmente, o modelo de componentes pode definir a documentação que deve ser produzida sobre o componente. Ela é utilizada para encontrar o componente e decidir se ele é adequado.

FIGURA 16.4 Elementos básicos de um modelo de componentes.

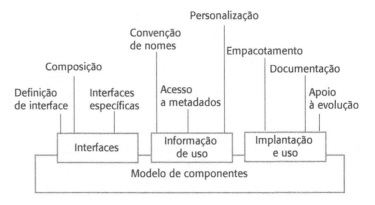

Para os componentes que são rotinas executáveis em vez de serviços externos, o modelo de componentes define os serviços a serem fornecidos pelo *middleware* que apoia os componentes em execução. Weinreich e Sametinger (2001) usam a analogia de um sistema operacional para explicar os modelos de componentes. Um sistema operacional fornece um conjunto de serviços genéricos que podem ser usados pelas aplicações. Uma implementação de um modelo de componentes fornece serviços compartilhados comparáveis para os componentes. A Figura 16.5 mostra alguns dos serviços que podem ser fornecidos por uma implementação de um modelo de componentes.

FIGURA 16.5 Serviços de *middleware* definidos em um modelo de componentes.

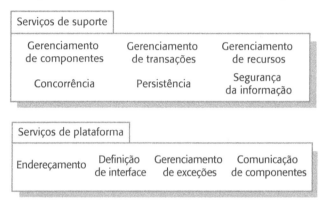

Os serviços fornecidos por uma implementação de um modelo de componentes caem em duas categorias:

1. *Serviços de plataforma*, que permitem que os componentes se comuniquem e interoperem em um ambiente distribuído. Esses serviços são fundamentais e devem estar disponíveis em todos os sistemas baseados em componentes.
2. *Serviços de suporte*, serviços comuns que provavelmente muitos componentes diferentes irão requerer. Por exemplo, muitos componentes requerem autenticação para garantir que o usuário dos serviços desses componentes seja autorizado. Faz sentido fornecer um conjunto padrão de serviços de *middleware* a serem utilizados por todos os componentes. Isso reduz os custos de desenvolvimento de componentes, e possíveis incompatibilidades dos componentes podem ser evitadas.

O *middleware* implementa os serviços de componentes comuns e fornece interfaces para eles. Para usar os serviços fornecidos por uma infraestrutura de modelo de componentes, é possível encarar os componentes como sendo implantados em um 'contêiner', que é uma implementação dos serviços de suporte e uma definição das interfaces que um componente deve fornecer para se integrar com o contêiner. Conceitualmente, ao adicionar um componente ao contêiner, esse componente pode acessar os serviços de suporte, enquanto o contêiner pode acessar as interfaces do componente. Quando em uso, as próprias interfaces do componente não são acessadas diretamente por outros componentes, mas por meio de uma interface do contêiner que invoca o código para acessar a interface do componente embutido.

Contêineres são grandes e complexos e, ao implantar um componente em um contêiner, é possível obter acesso a todos os serviços de *middleware*. No entanto, os componentes simples podem não precisar de todos os recursos oferecidos pelo *middleware* de suporte. Portanto, a abordagem adotada nos *web services* para o fornecimento comum de serviços é bem diferente. Para *web services*, foram definidos padrões para os serviços comuns, como gerenciamento de transações e segurança da informação (*security*), e esses padrões foram implementados como bibliotecas de programação. Ao implementar um componente de serviço, é possível usar apenas os serviços comuns que forem necessários.

Os serviços associados a um modelo de componentes têm muito em comum com os recursos fornecidos pelos *frameworks* orientados a objetos, que discuti no Capítulo 15. Embora os serviços fornecidos possam não ser tão abrangentes, os serviços de *framework* frequentemente são mais eficientes do que os serviços baseados em contêineres. Consequentemente, algumas pessoas acham melhor usar *frameworks* como o Spring (WHEELER; WHITE, 2013) para desenvolvimento Java do que o modelo de componentes EJB com recursos completos.

16.2 PROCESSOS DE ENGENHARIA DE SOFTWARE BASEADA EM COMPONENTES

Os processos de CBSE são processos de software que apoiam a engenharia de software baseada em componentes. Eles levam em conta as possibilidades de reúso e as diferentes atividades de processo envolvidas no desenvolvimento e na utilização de componentes reusáveis. A Figura 16.6 (KOTONYA, 2003) apresenta uma visão geral dos processos de CBSE. No nível mais alto, existem dois tipos de processos de CBSE:

1. *Desenvolvimento para reúso.* Esse processo está interessado no desenvolvimento de componentes ou serviços que serão reusados em outras aplicações. Envolve, normalmente, a generalização dos componentes existentes.
2. *Desenvolvimento com reúso.* Processo de desenvolvimento de novas aplicações usando componentes e serviços existentes.

FIGURA 16.6 Processos de CBSE.

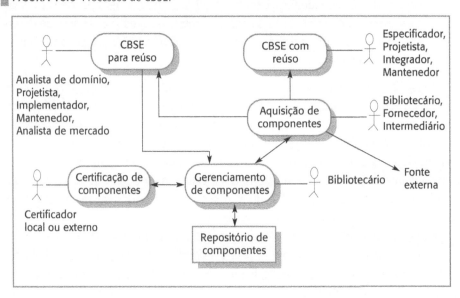

Esses processos têm objetivos diferentes e, portanto, incluem atividades diferentes. No processo de desenvolvimento para reúso, o objetivo é produzir um ou mais componentes reusáveis. É necessário conhecer os componentes com os quais se trabalha e ter acesso ao código-fonte deles, a fim de generalizá-los. No desenvolvimento com reúso, não dá para saber quais componentes estão disponíveis, então é necessário descobrir esses componentes e projetar o sistema para usá-los da maneira mais eficaz. O código-fonte desses componentes pode não estar acessível.

É possível ver, na Figura 16.6, que os processos básicos da CBSE, com e para reúso, têm processos de apoio relacionados à aquisição, ao gerenciamento e à certificação de componentes:

1. *Aquisição de componentes* é o processo de adquirir componentes para reúso ou para desenvolvê-los e torná-los reusáveis. Ela pode envolver o acesso a componentes ou serviços desenvolvidos localmente ou a busca por esses componentes em uma fonte externa.
2. *Gerenciamento de componentes* trata do gerenciamento dos componentes reusáveis de uma empresa, para garantir que eles sejam adequadamente catalogados, armazenados e disponibilizados para reúso.
3. *Certificação de componentes* é o processo de verificar um componente e certificar-se de que ele satisfaz a sua especificação.

Os componentes mantidos por uma organização podem ser armazenados em um repositório de componentes que inclua tanto os componentes quanto as informações sobre a utilização deles.

16.2.1 CBSE para reúso

A CBSE para reúso é o processo de desenvolver componentes reusáveis e disponibilizá-los para reúso por meio de um sistema de gerenciamento de componentes. A visão dos primeiros apoiadores da CBSE (SZYPERSKI, 2002) era a de que um próspero mercado de componentes se desenvolveria. Existiriam fornecedores especializados em componentes que organizariam a venda desses componentes para diferentes desenvolvedores, que, por sua vez, comprariam os componentes para incluí-los em um sistema ou pagariam pelos serviços à medida que fossem utilizados. No entanto, essa visão não se concretizou. Existem relativamente poucos fornecedores de componentes, e não é comum comprar componentes de prateleira.

Consequentemente, a CBSE para reúso é mais utilizada dentro das organizações que se comprometeram com a engenharia de software dirigida por reúso. Essas empresas têm uma base de componentes desenvolvidos internamente que podem ser reusados. No entanto, esses componentes desenvolvidos internamente podem não ser reusáveis sem que sejam feitas alterações. Muitas vezes, eles incluem características e interfaces específicas de uma aplicação, que provavelmente não serão necessárias para outros programas em que o componente seja reusado.

Para tornar os componentes reusáveis, é necessário adaptar e estender os componentes específicos para aplicações a fim de criar versões mais genéricas e, portanto, mais reusáveis. Obviamente, essa adaptação tem um custo associado. Em primeiro lugar, é preciso decidir se um componente tende a ser reusado; em segundo, se a economia de custo decorrente do reúso futuro justifica os custos de tornar esse componente reusável.

Para responder à primeira dessas perguntas, deve-se decidir se o componente implementa ou não uma ou mais abstrações estáveis do domínio — elementos fundamentais do domínio de aplicação, que mudam lentamente. Em um sistema bancário, por exemplo, as abstrações do domínio poderiam incluir contas, titulares das contas e declarações. Em um sistema de administração hospitalar, as abstrações do domínio poderiam incluir pacientes, tratamentos e profissionais de enfermagem. Essas abstrações do domínio às vezes são chamadas objetos de negócio. Se o componente for uma implementação de uma abstração do domínio frequentemente utilizada ou de um grupo de objetos de negócio relacionados, provavelmente ele pode ser reusado.

Para responder à pergunta sobre economia de custos, é preciso avaliar os custos das mudanças necessárias para tornar o componente reusável. Esses custos são os de documentação e validação do componente, e de tornar o componente mais genérico. As mudanças que podem ser necessárias para tornar um componente reusável incluem:

- remover os métodos específicos de aplicação;
- mudar os nomes para torná-los mais genéricos;
- adicionar métodos para proporcionar uma cobertura funcional mais completa;
- tornar o tratamento de exceções consistente para todos os métodos;
- adicionar uma interface de 'configuração' para permitir que o componente seja adaptado a diferentes situações de uso;
- integrar os componentes requeridos para aumentar a independência.

O problema do tratamento de exceções é difícil. A princípio, os componentes não devem tratar das exceções eles mesmos, porque cada aplicação terá seus próprios requisitos para gerenciamento das exceções. Em vez disso, o componente deve definir quais exceções podem surgir e publicar essas exceções como parte da interface. Por exemplo, um componente simples, que implemente uma estrutura de dados de pilha, deve detectar e publicar as exceções de *overflow* e *underflow* da pilha. Na prática, porém, existem dois problemas com esse processo:

1. Publicar todas as exceções leva a interfaces inchadas e mais difíceis de entender. Isso pode desencorajar os potenciais usuários do componente.
2. A operação do componente pode depender do tratamento local das exceções, e mudar isso pode ter implicações graves para a funcionalidade do componente.

Portanto, uma abordagem pragmática para o tratamento de exceções dos componentes é necessária. As exceções técnicas comuns, casos em que a recuperação é importante para o funcionamento do componente, devem ser tratadas localmente. Essas exceções e como elas são tratadas devem ser documentadas junto com o componente. Outras exceções relacionadas à função de negócio do componente devem ser passadas para o componente chamador para serem tratadas.

Mili *et al.* (2002) discutem maneiras de estimar os custos de tornar um componente reusável e os retornos sobre esse investimento. Os benefícios de reusar em vez de desenvolver novamente um componente não são simplesmente os ganhos de produtividade. Também existem ganhos de qualidade, pois um componente reusado deve ser mais confiável, além de ganho no tempo de lançamento do produto no mercado (*time-to-market*). Esses são os maiores retornos advindos da implantação do software com mais rapidez.

Mili *et al.* apresentam várias fórmulas para estimar esses ganhos, assim como o modelo COCOMO, que será discutido no Capítulo 23. No entanto, os parâmetros dessas fórmulas são difíceis de estimar com precisão, e as fórmulas devem ser adaptadas para as circunstâncias locais, tornando-as difíceis de usar. Suspeito que poucos gerentes de projeto de software usam esses modelos para estimar o retorno do investimento em tornar componentes reusáveis.

Se um componente é reusável ou não depende do domínio da aplicação, da funcionalidade e da generalidade desse componente. Se o domínio for genérico e o componente implementar uma funcionalidade padrão nesse domínio, então é mais provável que ele seja reusável. À medida que se adiciona generalidade a um componente, a capacidade de reúso dele é ampliada, porque ele pode ser aplicado a uma gama mais ampla de ambientes. Infelizmente, isso normalmente significa que o componente tem mais operações e é mais complexo, tornando-o mais difícil de entender e usar.

Portanto, há um *trade-off* entre a capacidade de reúso e a compreensibilidade de um componente. Para tornar um componente reusável, deve-se fornecer um conjunto de interfaces genéricas com operações que atendam a todas as formas em que o componente poderia ser utilizado. A capacidade de reúso acrescenta complexidade e, portanto, reduz a compreensibilidade do componente, tornando mais difícil e demorado decidir se um componente é adequado para reúso. Em razão do tempo envolvido na compreensão de um componente reusável, às vezes é mais econômico implementar novamente um componente mais simples com a funcionalidade específica desejada.

Uma possível fonte de componentes são os sistemas legados. Conforme discuti no Capítulo 9, os sistemas legados são aqueles que atendem uma importante função de negócio, mas que foram escritos usando tecnologias de software que se tornaram obsoletas. Consequentemente, pode ser difícil usá-los com os sistemas novos. No entanto, se esses sistemas antigos forem convertidos em componentes, sua funcionalidade pode ser reusada nas aplicações novas.

É claro que esses sistemas legados normalmente não têm interfaces 'requer' e 'fornece' claramente definidas. Para tornar esses componentes reusáveis, é necessário criar um empacotador que defina as interfaces dos componentes. O empacotador esconde a complexidade do código interno e proporciona uma interface para os componentes externos acessarem os serviços fornecidos. Embora o empacotador seja um software bastante complexo, o custo de seu desenvolvimento pode ser significativamente mais baixo do que o da reimplementação do sistema legado.

Depois de desenvolver e testar um componente ou serviço reusável, ele deverá ser gerenciado para reúso futuro. O gerenciamento envolve decidir como classificar o componente para que ele possa ser descoberto, tornando-o disponível em um repositório ou como um serviço, mantendo as informações sobre o uso do componente e controlando as diferentes versões dele. Se o componente for de código aberto, ele poderá ser disponibilizado em um repositório público, como o GitHub ou o SourceForge. Se ele for destinado à utilização em uma empresa, pode ser preferível usar um sistema de repositório interno.

Uma empresa com um programa de reúso pode realizar alguma forma de certificação antes de disponibilizar seus componentes para reúso. A certificação significa que, além do desenvolvedor, outras pessoas verificaram a qualidade do componente, testando o componente e certificando-se de que ele alcança um padrão de qualidade aceitável antes de ser disponibilizado para reúso. No entanto, esse processo pode ser caro e, por isso, muitas empresas simplesmente deixam o teste e a verificação da qualidade para os desenvolvedores do componente.

16.2.2 CBSE com reúso

O reúso bem-sucedido de componentes requer um processo de desenvolvimento ajustado para incluir componentes reusáveis no software que esteja sendo desenvolvido. O processo de CBSE com reúso tem de incluir atividades que encontrem e integrem os componentes reusáveis. A estrutura de um processo como esse foi discutida no Capítulo 2, e a Figura 16.7 mostra as atividades principais dentro do processo. Algumas dessas atividades, como a descoberta inicial dos requisitos de usuário, são realizadas da mesma maneira que em outros processos de software. Entretanto, há diferenças essenciais entre a CBSE com reúso e os processos para desenvolvimento de software original:

1. Os requisitos de usuário são desenvolvidos inicialmente em linhas gerais, não em detalhes, e os *stakeholders* são incentivados a ser tão flexíveis quanto possível na definição de seus requisitos. Requisitos específicos demais limitam a quantidade de componentes que poderiam satisfazer esses requisitos. No entanto, diferentemente do desenvolvimento incremental, é preciso ter uma descrição completa dos requisitos para que seja possível identificar a maior quantidade possível de componentes para reúso.
2. Os requisitos são refinados e modificados no início do processo, dependendo dos componentes disponíveis. Se os requisitos de usuário não puderem ser satisfeitos com os componentes disponíveis, é necessário discutir os requisitos relacionados que podem obter suporte dos componentes reusáveis. Os usuários podem estar dispostos a mudar de opinião caso isso represente uma entrega mais barata e rápida do sistema.
3. Há uma atividade adicional de busca de componentes e refinamento do projeto após a concepção da arquitetura do sistema. Aparentemente, os componentes utilizáveis podem ser inadequados ou não funcionar corretamente com outros componentes escolhidos. Isso implica em uma busca por alternativas para esses componentes. Dependendo da funcionalidade desses componentes, mais alterações nos requisitos podem ser necessárias.

4. O desenvolvimento é um processo de composição no qual os componentes descobertos são integrados. Isso envolve integrar os componentes com a infraestrutura do modelo de componentes e, muitas vezes, desenvolver adaptadores para conciliar as interfaces dos componentes incompatíveis. Naturalmente, funcionalidade adicional além da que é fornecida pelos componentes reusados também pode ser necessária.

FIGURA 16.7 CBSE com reúso.

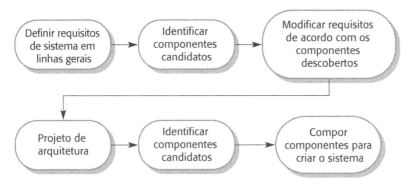

A etapa de projeto de arquitetura é particularmente importante. Jacobson, Griss e Jonsson (1997) constataram que definir uma arquitetura robusta é crítico para o sucesso do reúso. Durante a atividade de projeto de arquitetura, é possível escolher um modelo de componentes e uma plataforma de implementação. No entanto, muitas empresas têm uma plataforma de desenvolvimento padrão (.NET, por exemplo), portanto, o modelo de componentes é predeterminado. Conforme discuti no Capítulo 6, também é necessário estabelecer a arquitetura de alto nível do sistema e tomar decisões sobre sua distribuição e seu controle nessa etapa.

Uma atividade exclusiva do processo de CBSE é a identificação de componentes ou serviços candidatos para reúso. Isso envolve uma série de subatividades, como mostra a Figura 16.8. Inicialmente, o foco deve ser a busca e a seleção. É preciso ter certeza de que há componentes disponíveis para satisfazer os requisitos. Obviamente, deve haver alguma verificação inicial de que o componente é adequado, mas um teste detalhado pode não ser necessário. No estágio posterior, depois de a arquitetura do sistema ter sido concebida, mais tempo deve ser despendido na validação do componente. É preciso garantir que os componentes identificados realmente são adequados para a aplicação; se não forem, então os processos de busca e seleção deverão ser repetidos.

FIGURA 16.8 Processo de identificação de componentes.

A primeira etapa na identificação de componentes é procurar os que estão disponíveis dentro da própria empresa ou em fornecedores confiáveis. São poucos os fornecedores de componentes, por isso é mais provável que se procure componentes desenvolvidos na própria organização ou nos repositórios de software de código aberto disponíveis. As empresas de desenvolvimento de software podem criar seu próprio banco de componentes reusáveis sem os riscos inerentes ao uso de componentes vindos de fornecedores externos. Alternativamente, é possível pesquisar bibliotecas de código disponíveis na internet, como a SourceForge ou o GitHub, para ver se o código-fonte de um componente de que se necessita está disponível.

Assim que o processo de busca identifica os possíveis componentes, os componentes candidatos devem ser escolhidos para avaliação. Em alguns casos, a tarefa é direta: os componentes na lista implementam diretamente os requisitos do usuário e não há componentes concorrentes que atendem esses requisitos. Entretanto, em outros casos, o processo de seleção é mais complexo. Sem um mapeamento claro dos requisitos em componentes, é possível que vários componentes devam ser integrados para satisfazer um requisito ou um grupo de requisitos específicos. Portanto, será necessário decidir qual dessas composições de componentes fornece a melhor cobertura dos requisitos.

Depois de selecionar os componentes para a possível inclusão em um sistema, é preciso validá-los, a fim de averiguar se eles se comportam como anunciado. A extensão da validação depende da fonte dos componentes. No caso de um componente desenvolvido por uma fonte conhecida e confiável, pode nem ser necessário testar esse componente; ele pode ser testado apenas quando estiver integrado com outros. Por outro lado, se um componente de uma fonte desconhecida for usado, é sempre bom verificá-lo e testá-lo antes de incluí-lo no sistema.

A validação de componentes envolve desenvolver tanto um conjunto de casos de teste para um componente (ou, possivelmente, estender os casos de teste fornecidos com esse componente) quanto um ambiente de testes para rodar os testes de componentes. O principal problema com a validação de componentes é que a especificação desses componentes pode não ser suficientemente detalhada para permitir que seja desenvolvido um conjunto completo de testes. Normalmente, os componentes são especificados de maneira informal, com a sua especificação de interface como única documentação formal. Ela pode não incluir informações suficientes para desenvolver um conjunto completo de testes convincentes de que a interface anunciada para o componente é a que se necessita.

Além de testar se o componente para reúso faz o que é necessário, também pode ser necessário conferir se o componente não inclui código malicioso ou funcionalidade desnecessária. Os desenvolvedores profissionais raramente usam componentes de fontes não confiáveis, especialmente se essas fontes não fornecem o código-fonte. Portanto, o problema do código malicioso não costuma surgir. Entretanto, componentes reusados podem conter funcionalidade desnecessária, e pode ser preciso conferir se essa funcionalidade não interferirá no uso do componente.

O problema com funcionalidade desnecessária é que ela pode ser ativada pelo próprio componente. Embora possa não ter efeito na aplicação que está reusando o componente, isso pode deixá-lo mais lento, fazendo com que produza efeitos inesperados ou, em casos excepcionais, provoque graves falhas de sistema. A Figura 16.9 resume uma situação em que a falha de um sistema de software reusado, que tinha uma funcionalidade desnecessária, levou à falha catastrófica do sistema.

FIGURA 16.9 Exemplo de falha de validação com software reusado.

A falha no lançamento do Ariane 5

Durante o desenvolvimento do lançador espacial Ariane 5, os projetistas decidiram reusar o software de referência inercial desenvolvido com sucesso no lançador Ariane 4. O software de referência inercial mantém a estabilidade do foguete. Os projetistas decidiram reusar esse software sem alterações (como seria feito com componentes), embora ele incluísse funcionalidade adicional que não era necessária no Ariane 5.

No primeiro lançamento do Ariane 5, o software de navegação inercial falhou, e o foguete perdeu o controle. O foguete e sua carga foram destruídos. A causa do problema foi uma exceção não tratada quando uma conversão de um número de ponto fixo (número com quantidade fixa de dígitos antes e depois da casa decimal) para inteiro resultou em um *overflow* numérico. Isso fez com que o sistema de execução desligasse o sistema de referência inercial, e a estabilidade do lançador não pôde ser mantida. O defeito nunca havia ocorrido no Ariane 4 porque ele tinha motores menos poderosos e o valor que foi convertido não poderia ser grande o bastante para acarretar *overflow* na conversão.

Isso ilustra um problema importante do reúso de software. O software pode se basear nos pressupostos sobre o contexto em que o sistema será utilizado, e esses pressupostos podem não ser válidos em uma situação diferente. Mais informações sobre essa falha estão disponíveis no *link* (em inglês).

O problema no lançador do Ariane 5 surgiu porque as suposições feitas a respeito do software para o Ariane 4 foram inválidas para o Ariane 5. Esse é um problema geral com os componentes reusáveis. Eles são implementados originalmente para um ambiente de aplicação específico, e, naturalmente, consideram hipóteses sobre esse ambiente. Tais hipóteses raramente são documentadas, então, quando o componente é reusado, é impossível desenvolver testes de desenvolvimento para conferir se as hipóteses ainda são válidas. Ao reusar um componente em um novo ambiente, não é possível descobrir as hipóteses incorporadas sobre o ambiente até que o componente seja usado em um sistema em operação.

16.3 COMPOSIÇÃO DE COMPONENTES

A composição de componentes é o processo de integrar os componentes uns com os outros e com um 'código cola' ('*glue code*', em inglês) especialmente escrito para criar um sistema ou outro componente. É possível compor componentes de várias maneiras diferentes, conforme a Figura 16.10. Da esquerda para a direita, esses diagramas ilustram as composições sequencial, hierárquica e aditiva. Na discussão a seguir, presumirei que dois componentes (A e B) estejam sendo compostos para criar um componente novo:

1. *Composição sequencial.* Em uma composição sequencial, um componente novo é criado a partir de dois componentes existentes, chamando esses componentes em sequência. É possível encarar a composição como uma combinação de interfaces 'fornece'. Isto é, os serviços oferecidos por um componente A são chamados e os resultados retornados por A são usados na chamada dos serviços oferecidos pelo componente B. Os componentes não chamam uns aos outros na composição sequencial, mas são chamados pela aplicação externa. Esse tipo de composição pode ser utilizado com componentes embutidos ou serviços.

Algum código cola extra pode ser necessário para chamar os serviços do componente na ordem correta e garantir que os resultados fornecidos pelo componente A sejam compatíveis com as entradas esperadas pelo componente B. O código cola transforma essas saídas para a forma esperada pelo componente B.

2. *Composição hierárquica.* Esse tipo de composição ocorre quando um componente chama diretamente os serviços fornecidos por outro componente. Ou seja, o componente A chama o componente B. O componente chamado fornece os serviços necessários para o componente chamador. Portanto, a interface 'fornece' do componente chamado deve ser compatível com a interface 'requer' do componente chamador.

O componente A chama o componente B diretamente e, se suas interfaces forem compatíveis, pode não haver necessidade de código adicional. No entanto, se houver uma incompatibilidade entre a interface 'requer' de A e a interface 'fornece' de B, então pode ser necessária alguma conversão. Como os serviços não têm uma interface 'requer', esse modo de composição não é utilizado quando os componentes são implementados como serviços acessados através da internet.

3. *Composição aditiva.* Ocorre quando dois ou mais componentes são reunidos (adicionados) para criar um componente novo, que combina as suas funcionalidades. A interface 'fornece' e a interface 'requer' do novo componente são uma combinação das interfaces correspondentes nos componentes A e B. Os componentes são chamados separadamente por meio da interface externa do componente composto e podem ser chamados em qualquer ordem. A e B não são dependentes e nem chamam um ao outro. Esse tipo de composição pode ser utilizado com componentes embutidos ou de serviços.

FIGURA 16.10 Tipos de composição de componente.

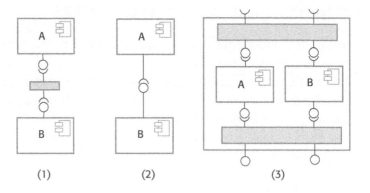

É possível usar todas as formas de composição de componentes quando se cria um sistema. Em todos os casos, pode ser necessário escrever código cola que ligue os componentes. Para a composição sequencial, por exemplo, a saída do componente A se torna a entrada do componente B. Comandos intermediários são necessários para chamar o componente A, coletar o resultado e depois chamar o componente B, com esse resultado como parâmetro. Quando um componente chama outro, pode ser preciso introduzir um componente intermediário que assegure que a interface 'fornece' e a interface 'requer' sejam compatíveis.

Ao escrever novos componentes especialmente para composição, deve-se projetar as interfaces desses componentes para que sejam compatíveis com outros componentes no sistema. Assim, esses componentes podem ser compostos facilmente em uma só unidade. No entanto, quando os componentes são desenvolvidos independentemente para reúso, é frequente deparar-se com incompatibilidades de interface. Isso significa que as interfaces dos componentes que se deseja compor não são iguais. Podem ocorrer três tipos de incompatibilidade:

1. *Incompatibilidade de parâmetros.* As operações em cada lado da interface têm o mesmo nome, mas tipos e quantidades de parâmetros diferentes. Na Figura 16.11, o parâmetro de localização retornado por **LocalizadorDeEndereço** é incompatível com os parâmetros requeridos pelos métodos **exibirMapa** e **imprimirMapa** em **Mapeador**.
2. *Incompatibilidade de operações.* Os nomes das operações nas interfaces 'fornece' e 'requer' são diferentes. Essa é uma incompatibilidade adicional entre os componentes exibidos na Figura 16.11.
3. *Insuficiência de operações.* A interface 'fornece' de um componente é um subconjunto da interface 'requer' de outro componente ou vice-versa.

FIGURA 16.11 Componentes com interfaces incompatíveis.

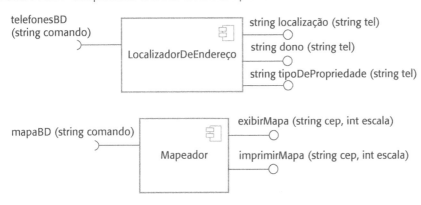

Em todos os casos, é preciso enfrentar o problema da incompatibilidade escrevendo um adaptador que concilie as interfaces dos dois componentes que estão sendo reusados. Um componente adaptador converte uma interface para outra.

A forma exata do adaptador depende do tipo de composição. Às vezes, como no próximo exemplo, o adaptador pega o resultado de um componente e o converte para uma forma que possa ser usada como entrada para outro componente. Em outros casos, o adaptador pode ser chamado pelo componente A como um *proxy* para o componente B. Essa situação ocorre se A quiser chamar B, mas os detalhes da interface 'requer' de A não são compatíveis com os detalhes da interface 'fornece' de B. O adaptador concilia essas diferenças convertendo seus parâmetros de entrada vindos de A para os parâmetros de entrada de B. Depois ele chama B para fornecer os serviços requeridos por A.

Para ilustrar os adaptadores, considere os dois componentes simples exibidos na Figura 16.11, cujas interfaces são incompatíveis. Eles poderiam fazer parte de um sistema usado por serviços de emergência. Quando o operador de emergência atende uma chamada, o número do telefone é fornecido ao componente

LocalizadorDeEndereço. Depois, usando o componente **Mapeador**, o operador imprime um mapa a ser enviado para o veículo expedido para a emergência.

O primeiro componente, **LocalizadorDeEndereço**, encontra o endereço compatível com o número de telefone. Ele também pode retornar o dono da propriedade associado ao número de telefone e o tipo da propriedade. O componente **Mapeador** pega um CEP e exibe ou imprime um mapa de ruas da área em torno do CEP na escala especificada.

Esses componentes são passíveis de composição, a princípio, porque a localização da propriedade inclui o CEP. No entanto, é preciso escrever um componente adaptador chamado **ExtratorDeCEP** que pega os dados de localização do **LocalizadorDeEndereço** e extrai o CEP. Esse CEP é utilizado como entrada para o **Mapeador**, e o mapa de ruas é exibido em uma escala de 1:10.000. O código a seguir, que é um exemplo de composição sequencial, ilustra a sequência de chamadas necessária para implementar este processo:

endereço = LocalizadorDeEndereço.localização(telefone);
cep = ExtratorDeCEP.getCEP(endereço);
Mapeador.exibirMapa (cep, 10000);

Outro caso em que um componente adaptador pode ser utilizado é na composição hierárquica, em que um componente deseja usar outro, mas há uma incompatibilidade entre a interface 'fornece' e a interface 'requer' dos componentes na composição. Ilustrei o uso de um adaptador na Figura 16.12, na qual um adaptador é utilizado para ligar um componente coletor de dados e um sensor. Eles poderiam ser utilizados na implementação do sistema de uma estação meteorológica na natureza, conforme discutido no Capítulo 7.

FIGURA 16.12 Adaptador ligando um coletor de dados e um sensor.

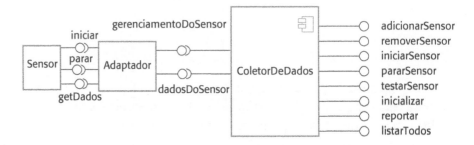

Os componentes sensor e coletor de dados são compostos usando um adaptador que concilia a interface 'requer' do componente coletor de dados com a interface 'fornece' do componente sensor. O componente coletor de dados foi projetado com uma interface 'requer' genérica, que dá suporte à coleta dos dados do sensor e ao gerenciamento do sensor. Para cada uma dessas operações, o parâmetro é uma *string* de texto que representa os comandos específicos do sensor. Por exemplo, para emitir um comando de coleta, seria possível dizer **dadosDoSensor("coletar")**. Como mostrei na Figura 16.12, o próprio sensor tem operações separadas, como **iniciar**, **parar** e **getDados**.

O adaptador examina a *string* de entrada, identifica o comando (por exemplo, **coletar**) e depois chama **Sensor.getDados** para ler o valor do sensor. Depois, ele retorna o resultado (como uma *string*) para o componente coletor de dados. Esse estilo de interface significa que o coletor de dados pode interagir com diferentes tipos de sensor. Um adaptador separado, que converte os comandos do sensor do **ColetorDeDados** para a interface do sensor, é implementado para cada tipo de sensor.

Essa discussão sobre composição de componentes assume que é possível afirmar, a partir da documentação dos componentes, se as interfaces são compatíveis ou não. É claro que a definição da interface inclui o nome da operação e os tipos de parâmetros, de modo que é possível fazer alguma avaliação da compatibilidade partindo desse ponto. No entanto, a decisão a respeito da compatibilidade semântica das interfaces depende da documentação do componente.

Para ilustrar esse problema, vamos considerar a composição exibida na Figura 16.13. Esses componentes são usados para implementar um sistema que baixa as imagens de uma câmera e as armazena em uma biblioteca de fotografias. O usuário do sistema pode fornecer outras informações para descrever e catalogar a fotografia. Para evitar confusão, não mostrei aqui todos os métodos da interface. Em vez disso, mostrei simplesmente os métodos necessários para ilustrar o problema da documentação do componente. Os métodos na interface da **BibliotecaDeFotos** são:

public void adicionarItem(Identificador fid, Fotografia f, EntradaDeCatálogo descritor);
public Fotografia recuperar(Identificador fid);
public EntradaDeCatálogo entrada(Identificador fid);

FIGURA 16.13 Composição da biblioteca de fotos.

Suponha que a documentação do método **adicionarItem** na **BibliotecaDeFotos** seja:

Esse método adiciona uma fotografia à biblioteca e associa o identificador da fotografia e o descritor do catálogo com a fotografia.

Essa descrição parece explicar o que o componente faz, mas considere as seguintes questões:

- O que acontece se o identificador da fotografia já estiver associado com uma fotografia na biblioteca?
- O descritor da fotografia está associado com a entrada no catálogo e também com a fotografia? Ou seja, se você apagar a fotografia, você também remove a informação do catálogo?

Não há informação suficiente na descrição informal de **adicionarItem** para responder a essas perguntas. Naturalmente, é possível acrescentar informações à descrição em linguagem natural do método, mas, em geral, a melhor maneira para resolver as ambiguidades é usar uma linguagem formal para descrever a interface. A especificação exibida na Figura 16.14 é parte da descrição da interface da **BibliotecaDeFotos**, que adiciona informações à descrição informal.

FIGURA 16.14 Descrição em OCL da interface da BibliotecaDeFotos.

```
-- A palavra-chave context define o componente ao qual as condições se aplicam
context adicionarItem
-- As precondições especificam o que deve ser verdadeiro antes da execução de adicionarItem
pre:      BibliotecaDeFotos.tamanho() > 0
          BibliotecaDeFotos.recuperar(fid) = null
-- As pós-condições especificam o que é verdadeiro após a execução
post:     tamanho() = tamanho()@pre + 1
          BibliotecaDeFotos.recuperar(fid) = f
          BibliotecaDeFotos.entradaDoCatalogo(fid) = descritor
context remover
pre:      BibliotecaDeFotos.recuperar(fid) <> null ;
post:     BibliotecaDeFotos.recuperar(fid) = null
          BibliotecaDeFotos.entradaDoCatalogo(fid) = BibliotecaDeFotos.entradaDoCatalogo(fid)@pre
          BibliotecaDeFotos.tamanho() = tamanho()@pre - 1
```

A Figura 16.14 mostra as precondições e as pós-condições que são definidas em uma notação baseada na *Object Constraint Language* (OCL), que faz parte da UML (WARMER; KLEPPE, 2003). A OCL é concebida para descrever restrições nos modelos de objetos em UML; ela permite expressar predicados que devem ser sempre verdadeiros, que devem ser verdadeiros antes de um método ser executado, e que devem ser verdadeiros após um método ser executado. Esses são invariantes, precondições e pós-condições, respectivamente. Para acessar o valor de uma variável antes de uma operação, adiciona-se @pre após o seu nome. Portanto, usando a idade como um exemplo:

$$idade = idade@pre + 1$$

Esse comando significa que o valor da idade após uma operação é um a mais do que antes da operação.

As abordagens baseadas em OCL são utilizadas principalmente na engenharia de software baseada em modelos para adicionar informação semântica aos modelos UML. As descrições em OCL podem ser usadas para conduzir os geradores de código na engenharia dirigida por modelos. A abordagem geral foi derivada da abordagem de Meyer, chamada Projeto por Contrato (MEYER, 1992), na qual as interfaces e as obrigações dos objetos comunicantes são formalmente especificadas e impostas pelo sistema de execução. Meyer sugere que o uso da abordagem Projeto por Contrato é essencial se quisermos desenvolver componentes confiáveis (MEYER, 2003).

A Figura 16.14 mostra a especificação dos métodos **adicionarItem** e **remover** na **BibliotecaDeFotos**. O método que está sendo especificado é indicado pela palavra-chave **context** e pelas precondições e pós-condições, que são as palavras-chave **pre** e **post**. As precondições de **adicionarItem** afirmam que:

1. Não deve haver uma fotografia na biblioteca com o mesmo identificador da fotografia a ser fornecida.
2. A biblioteca deve existir — supondo que criar uma biblioteca adiciona um único item a ela, tal que o seu tamanho é sempre maior que zero.

As pós-condições para **adicionarItem** afirmam que:

1. O tamanho da biblioteca aumentou em 1 (então só foi feita uma única entrada).
2. Se for recuperado usando o mesmo identificador, então se obtém como retorno a fotografia que foi adicionada.
3. Se for buscado no catálogo por esse identificador, então se obtém de volta a entrada de catálogo feita.

A especificação de **remover** fornece mais informações. A precondição afirma que, para remover um item, ele deve estar na biblioteca e, após ser removida, a foto não pode mais ser recuperada e o tamanho da biblioteca é reduzido em 1. No entanto, o método **remover** não apaga a entrada no catálogo — ainda é possível recuperá-la após a foto ter sido apagada. A razão para isso é poder manter informações no catálogo sobre o porquê de a foto ter sido removida, sua nova localização etc.

Ao criar um sistema por meio da composição de componentes, pode-se descobrir que há possíveis conflitos entre os requisitos funcionais e os não funcionais, entre a necessidade de entregar o sistema o mais rapidamente possível e a de criar um sistema que possa evoluir de acordo com a mudança nos requisitos. *Trade-offs* devem ser levados em conta nas decisões sobre componentes:

1. Qual composição de componentes é mais eficaz para atender os requisitos funcionais do sistema?
2. Qual composição de componentes tornará mais fácil adaptar o componente composto quando seus requisitos mudarem?
3. Quais serão as propriedades emergentes do sistema composto? Essas propriedades incluem o desempenho e a dependabilidade. Você só pode avaliar essas propriedades depois que o sistema completo estiver implementado.

Infelizmente, em muitas situações, as soluções para os problemas de composição podem ser conflitantes, como, por exemplo, a situação ilustrada na Figura 16.15, em que um sistema pode ser criado por meio de duas composições alternativas. O sistema é um coletor de dados e um gerador de relatórios, com o qual dados são coletados de diferentes fontes e armazenados em um banco de dados; depois, diferentes relatórios resumindo esses dados são produzidos.

FIGURA 16.15 Componentes de coletar dados e gerar relatórios.

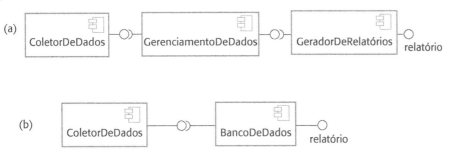

Aqui, há um possível conflito entre adaptabilidade e desempenho. A composição (a) é mais adaptável, mas a composição (b) provavelmente é mais rápida e confiável. A vantagem da composição (a) é que a geração dos relatórios e o gerenciamento dos dados são separados, então há mais flexibilidade para mudanças futuras. O sistema de gerenciamento de dados pode ser substituído e, se forem necessários relatórios que o componente atual não consiga produzir, esse componente também pode ser substituído sem ter que mudar o componente de gerenciamento dos dados.

Na composição (b), um componente de banco de dados com recursos de geração de relatórios embutidos (por exemplo, Microsoft Access) é utilizado. A vantagem principal da composição (b) é que existem menos componentes, então será uma implementação mais rápida, porque não há sobrecargas de comunicação dos componentes. Regras de integridade dos dados que se aplicam ao banco de dados também irão se aplicar aos relatórios. Esses relatórios não conseguirão combinar os dados de maneira incorreta. Na composição (a) não existem essas restrições, então os erros nos relatórios podem ocorrer.

Em geral, um bom princípio de composição a seguir é o da separação de interesses. Ou seja, você deve tentar projetar o seu sistema para que cada componente tenha um papel claramente definido. Em condições ideais, os papéis dos componentes não devem se sobrepor. No entanto, pode ser mais barato comprar um componente multifuncional em vez de dois ou mais componentes separados. Além disso, pode haver penalidades de dependabilidade e desempenho quando forem utilizados múltiplos componentes.

PONTOS-CHAVE

▸ A engenharia de software baseada em componentes é uma abordagem baseada no reúso para a definição, a implementação e a composição de componentes independentes, fracamente acoplados, em sistemas.

▸ Um componente é uma unidade de software cujas dependências e funcionalidade são definidas completamente por um conjunto de interfaces públicas. Os componentes podem ser compostos com outros componentes sem conhecimento prévio de sua implementação, e podem ser implementados como uma unidade executável.

▸ Os componentes podem ser implementados como rotinas executáveis incluídas em um sistema ou como serviços externos referenciados de dentro de um sistema.

▸ Um modelo de componentes define um conjunto de padrões para os componentes, incluindo padrões de interface, padrões de uso e padrões de implantação. A implementação do modelo de componentes proporciona um conjunto de serviços comuns que podem ser utilizados por todos os componentes.

▸ Durante o processo de CBSE, é necessário intercalar os processos da engenharia de requisitos e do projeto do sistema. Há um *trade-off* entre requisitos desejáveis e serviços que estão disponíveis nos componentes reusáveis existentes.

▸ A composição de um componente é o processo de 'conectar' os componentes para criar um sistema. Os tipos de composição incluem a sequencial, a hierárquica e a aditiva.

▸ Ao compor componentes reusáveis que não foram escritos para a sua aplicação, pode ser preciso escrever adaptadores ou 'código cola' para conciliar as diferentes interfaces de componentes.

▶ A escolha das composições tem de considerar a funcionalidade necessária do sistema, os requisitos não funcionais e a facilidade com a qual cada componente pode ser substituído quando o sistema é modificado.

LEITURAS ADICIONAIS

Component software: beyond object-oriented programming. 2. ed. Essa edição atualizada do primeiro livro sobre CBSE aborda as questões técnicas e não técnicas na CBSE. Ele tem mais detalhes sobre tecnologias específicas do que o livro de Heineman e Councill, e inclui uma discussão completa das questões de mercado. SZYPERSKI, C. Addison-Wesley, 2002.

"Specification, implementation and deployment of components." Uma boa introdução aos fundamentos da CBSE. A mesma edição da *CACM* inclui artigos sobre componentes e desenvolvimento baseado em componentes. CRNKOVIC, I.; HNICH, B.; JONSSON, T.; KIZILTAN, Z. *Comm. ACM*, v. 45, n. 10, out. 2002. doi:10.1145/570907.570928.

"Software component models." Essa discussão abrangente dos modelos de componentes comerciais e de pesquisa classifica esses modelos e explica as diferenças entre eles. LAU, K-K.; WANG, Z. *IEEE Transactions on Software Engineering*, v. 33, n. 10, out. 2007. doi:10.1109/TSE.2007.70726.

"Software components beyond programming: from routines to services." Esse é o artigo de abertura em uma edição especial da revista que inclui vários artigos sobre componentes de software. Esse artigo discute a evolução dos componentes e como os componentes orientados a serviços estão substituindo as rotinas de programas executáveis. CRNKOVIC, I.; STAFFORD, J.; SZYPERSKI, C. *IEEE Software*, v. 28, n. 3, mai./jun. 2011. doi:10.1109/MS.2011.62.

Object Constraint Language (OCL) Tutorial. Uma boa introdução ao uso da *Object Constraint Language*. CABOT, J. 2012. Disponível em: <http://modeling-languages.com/ocl-tutorial/>. Acesso em: 10 jun. 2018.

SITE[3]

Apresentações em PowerPoint para este capítulo disponíveis em: <http://software-engineering-book.com/slides/chap16/>.
Links para vídeos de apoio disponíveis em: <http://software-engineering-book.com/videos/software-reuse/>.
Uma discussão mais detalhada do acidente do Ariane 5 disponível em: <http://software-engineering-book.com/case-studies/ariane5/>.

---

[3] Todo o conteúdo disponibilizado na seção *Site* de todos os capítulos está em inglês.

EXERCÍCIOS

16.1 Por que é importante que todas as interações dos componentes sejam definidas por meio de interfaces 'requer' e 'fornece'?

16.2 O princípio da independência dos componentes significa que deveria ser possível substituir um componente por outro que seja implementado de maneira completamente diferente. Usando um exemplo, explique como essa substituição de componente poderia ter consequências indesejadas e levar à falha do sistema.

16.3 Quais são as diferenças fundamentais entre os componentes como elementos de programa e os componentes como serviços?

16.4 Por que é importante que os componentes se baseiem em um modelo de componentes padrão?

16.5 Usando um exemplo de componente que implementa um tipo de dados abstrato, como uma pilha ou uma lista, mostre por que normalmente é necessário estender e adaptar os componentes para reúso.

16.6 Explique por que é difícil validar um componente reusável sem o código-fonte desse componente. Como uma especificação formal de componente poderia simplificar os problemas da validação?

16.7 Projete a interface 'fornece' e a interface 'requer' de um componente reusável que possa ser usado para representar um paciente no sistema Mentcare, que introduzi no Capítulo 1.

16.8 Usando exemplos, ilustre os diferentes tipos de adaptador necessários para permitir as composições sequencial, hierárquica e aditiva.

16.9 Projete as interfaces de componentes que poderiam ser usados em um sistema para uma sala de controle de emergência. Você deve projetar as interfaces para um componente de registro de chamadas, que registra as chamadas feitas, e um componente de descoberta de veículo que, dado o CEP e um tipo de incidente, encontra o veículo apropriado mais próximo para ser enviado para o incidente.

16.10 Foi sugerido o estabelecimento de uma autoridade de certificação independente. Os fornecedores enviariam seus componentes para essa autoridade, que validaria o componente, determinando se ele é confiável. Quais seriam as vantagens e desvantagens de uma autoridade de certificação como essa?

REFERÊNCIAS

COUNCILL, W. T.; HEINEMAN, G. T. "Definition of a software component and its elements." In: _____ (eds.). *Component-based software engineering*. Boston: Addison-Wesley, 2001. p. 5-20.

JACOBSON, I.; GRISS, M.; JONSSON, P. *Software reuse*. Reading, MA: Addison-Wesley, 1997.

KOTONYA, G. "The CBSE process: issues and future visions." *2nd CBSEnet Workshop*. Budapest, Hungary, 2003. Disponível em: <http://miro.sztaki.hu/projects/cbsenet/budapest/presentations/Gerald-CBSEProcess.ppt>. Acesso em: 13 jan. 2015.

LAU, K-K.; WANG, Z. "Software component models." *IEEE Trans. on Software Eng.*, v. 33, n. 10, 2007. p. 709-724. doi:10.1109/TSE.2007.70726.

MEYER, B. "Applying design by contract." *IEEE Computer*, v. 25, n. 10, 1992. p. 40-51. doi:10.1109/2.161279.

_____. "The grand challenge of trusted components." *Proc. 25th Int. Conf. on Software Engineering*. Portland, OR: IEEE Press, 2003. doi:10.1109/ICSE.2003.1201252.

MILI, H.; MILI, A.; YACOUB, S.; ADDY, E. *Reuse-based software engineering*. New York: John Wiley & Sons, 2002.

POPE, A. *The CORBA reference guide*: understanding the common object request broker architecture. Harlow, UK: Addison-Wesley, 1997.

SZYPERSKI, C. *Component software*: beyond object-oriented programming. 2. ed. Harlow, UK: Addison--Wesley, 2002.

WARMER, J.; KLEPPE, A. *The object constraint language*: getting your models ready for MDA. Boston: Addison-Wesley, 2003.

WEINREICH, R.; SAMETINGER, J. "Component models and component services: concepts and principles." In: HEINEMAN, G. T.; COUNCILL, W. T. (eds.). *Component-based software engineering*. Boston: Addison-Wesley, 2001. p. 33-48.

WHEELER, W.; WHITE, J. *Spring in practice*. Greenwich, CT: Manning Publications, 2013.

17 | Engenharia de software distribuído

OBJETIVOS

O objetivo deste capítulo é introduzir a engenharia de sistemas distribuídos e as arquiteturas de sistemas distribuídos. Ao ler este capítulo, você:

- conhecerá as questões principais que devem ser consideradas ao projetar e implementar sistemas de software distribuídos;
- compreenderá o modelo de computação cliente-servidor e a arquitetura em camadas de sistemas cliente-servidor;
- será apresentado aos padrões mais utilizados nas arquiteturas de sistemas distribuídos e conhecerá os tipos de sistemas para os quais se aplica cada padrão de arquitetura;
- compreenderá a noção de software como serviço, que fornece acesso pela web aos sistemas de aplicação implantados remotamente.

CONTEÚDO

17.1 Sistemas distribuídos
17.2 Computação cliente-servidor
17.3 Padrões de arquitetura de sistemas distribuídos
17.4 Software como serviço

Hoje, a maioria dos sistemas computacionais são sistemas distribuídos. Um sistema distribuído é aquele que envolve vários computadores, em vez de uma única aplicação executada em uma única máquina. Mesmo as aplicações aparentemente autocontidas em um PC ou em um notebook, como os editores de imagem, são sistemas distribuídos. Eles são executados em um único sistema de computador, mas contam, frequentemente, com sistemas remotos na nuvem para a atualização, armazenamento e outros serviços. Tanenbaum e Van Steen (2007) definem um sistema distribuído como uma "coleção de computadores independentes que aparece para o usuário como um único sistema coerente".[1]

Ao projetar um sistema distribuído, existem questões específicas que precisam ser levadas em conta simplesmente porque o sistema é distribuído. Essas questões surgem porque diferentes partes do sistema estão rodando em computadores gerenciados de modo independente e porque as características da rede — como a latência e a confiabilidade — podem ter de ser consideradas no projeto.

---

[1] TANENBAUM, A. S.; VAN STEEN, M. *Distributed systems*: principles and paradigms. 2. ed. Upper Saddle River, NJ: Prentice-Hall, 2007.

Coulouris *et al.* (2011) identificam os cinco benefícios de desenvolver sistemas na forma distribuída:

1. *Compartilhamento de recursos.* Um sistema distribuído permite o compartilhamento dos recursos de hardware e de software — como discos, impressoras e compiladores — que estão associados com os computadores em uma rede.
2. *Abertura.* Os sistemas distribuídos normalmente são sistemas abertos — sistemas concebidos em torno de protocolos padrões da internet, de modo que o equipamento e o software de diferentes fornecedores podem ser combinados.
3. *Concorrência.* Em um sistema distribuído, vários processos podem operar ao mesmo tempo em computadores diferentes na rede. Esses processos podem (mas não precisam) se comunicar uns com os outros durante a sua operação normal.
4. *Escalabilidade.* Em princípio, pelo menos, os sistemas distribuídos são escaláveis, pois suas capacidades podem ser aumentadas pela adição de novos recursos para lidar com as novas demandas sobre o sistema. Na prática, a rede que liga os computadores individuais no sistema pode limitar a escalabilidade desse sistema.
5. *Tolerância a defeitos.* A disponibilidade de vários computadores e o potencial para replicar informações significam que os sistemas distribuídos podem ser tolerantes a algumas falhas de hardware e software (ver Capítulo 11). Na maioria dos sistemas distribuídos, um serviço degradado pode ser disponibilizado quando ocorrerem falhas; a perda completa do serviço só acontece quando há uma falha de rede.[2]

Os sistemas distribuídos são inerentemente mais complexos do que os sistemas centralizados. Isso os torna mais difíceis de projetar, implementar e testar. É mais difícil compreender as propriedades emergentes dos sistemas distribuídos devido à complexidade das interações entre os componentes e à infraestrutura do sistema. Por exemplo, em vez de depender da velocidade de execução de um processador, o desempenho do sistema depende da largura de banda da rede, da carga da rede e da velocidade dos outros computadores que fazem parte do sistema. Mover os recursos de uma parte do sistema para outra pode afetar significativamente o desempenho do sistema.

Além disso, como sabem todos os usuários da internet, os sistemas distribuídos são imprevisíveis em sua resposta. O tempo de resposta depende da carga geral sobre o sistema, da sua arquitetura e da carga da rede. Como todos esses fatores podem mudar em um curto espaço de tempo, o tempo decorrido para responder a uma solicitação do usuário pode mudar significativamente de uma solicitação para outra.

Os desenvolvimentos mais importantes que afetaram os sistemas de software distribuídos nos últimos anos são os sistemas orientados a serviços e o advento da computação em nuvem, fornecendo infraestrutura, plataformas e software como serviço. Neste capítulo, concentro-me em questões gerais dos sistemas distribuídos, e, na Seção 17.4, discuto a ideia de software como serviço. No Capítulo 18, discutirei outros aspectos da engenharia de software orientada a serviços.

---

[2] COULOURIS, G.; DOLLIMORE, J.; KINDBERG, T.; BLAIR, G. *Distributed systems*: concepts and design. 5. ed. Harlow, UK: Addison-Wesley, 2011.

17.1 SISTEMAS DISTRIBUÍDOS

Conforme discuti na introdução a este capítulo, os sistemas distribuídos são mais complexos do que os sistemas executados em um único processador. Essa complexidade surge porque é praticamente impossível ter um modelo *top-down* de controle desses sistemas. Os nós do sistema que fornecem funcionalidade costumam ser sistemas independentes gerenciados e controlados por seus donos. Não existe uma autoridade única encarregada do sistema distribuído como um todo. A rede que conecta esses nós também é um sistema gerenciado separadamente. Ela é um sistema complexo por si só e não pode ser controlada pelos donos dos sistemas que a utilizam. Portanto, existe uma imprevisibilidade inerente na operação dos sistemas distribuídos que deve ser levada em conta durante o projeto de um sistema.

Algumas das questões de projeto mais importantes que precisam ser consideradas na engenharia de sistemas distribuídos são:

1. *Transparência.* Até que ponto o sistema distribuído deve parecer um sistema único para o usuário? Quando é útil para os usuários entenderem que o sistema é distribuído?
2. *Abertura.* Um sistema deve ser projetado usando protocolos padrões que permitam interoperabilidade, ou protocolos mais especializados devem ser empregados? Embora os protocolos padrões de rede sejam usados universalmente hoje em dia, não é o caso para níveis de interação mais altos, como a comunicação de serviços.
3. *Escalabilidade.* Como o sistema pode ser construído para que seja escalável? Ou seja, como o sistema global pode ser projetado para que sua capacidade possa ser aumentada em resposta às demandas crescentes sobre o sistema?
4. *Segurança da informação.* Como podem ser definidas e implementadas políticas de segurança da informação (*security*) utilizáveis que se apliquem a um conjunto de sistemas gerenciados de maneira independente?
5. *Qualidade de serviço.* Como a qualidade do serviço fornecido para os usuários do sistema pode ser especificada e como o sistema deveria ser implementado para fornecer uma qualidade de serviço aceitável para todos os usuários?
6. *Gerenciamento de falhas.* Como as falhas do sistema podem ser detectadas, contidas (para que tenham efeito mínimo sobre os outros componentes no sistema) e corrigidas?

Em um mundo ideal, o fato de um sistema ser distribuído deveria ser algo transparente para os usuários. Os usuários veriam o sistema como um sistema único, cujo comportamento não é afetado pela maneira como ele é distribuído. Na prática, isso é impossível de conseguir, porque não há um controle central sobre o sistema como um todo. Consequentemente, cada computador em um sistema pode se comportar de maneira diferente em momentos diferentes. Além disso, como sempre leva um período de tempo para que os sinais viajem pela rede, atrasos são inevitáveis. O tempo de duração desses atrasos depende da localização dos recursos no sistema, da qualidade da conexão do usuário à rede e da carga dessa rede.

Para tornar um sistema distribuído transparente (isto é, ocultar sua natureza distribuída), é preciso ocultar sua distribuição subjacente. São criadas abstrações que escondem os recursos do sistema, de modo que a localização e a implementação desses recursos possam ser modificadas sem que haja necessidade de modificar a aplicação distribuída. Um *middleware* (discutido na Seção 17.1.2) é usado para mapear os recursos lógicos referenciados por um programa em recursos físicos reais e gerenciar as interações dos recursos.

Na prática, é impossível tornar um sistema completamente transparente, e os usuários geralmente estão cientes de estarem lidando com um sistema distribuído. Portanto, pode-se decidir por expor a distribuição para os usuários. Assim, eles podem se preparar para algumas das consequências da distribuição, como os atrasos na rede e as falhas de nós remotos.

Os sistemas distribuídos abertos são construídos de acordo com padrões geralmente aceitos. Os componentes de qualquer fornecedor podem, portanto, ser integrados ao sistema e interoperar com os outros componentes do sistema. No nível da rede, a abertura hoje é dada como certa, com sistemas em conformidade com os protocolos da internet; mas, no nível do componente, a abertura ainda não é universal. A abertura implica que os componentes do sistema podem ser desenvolvidos de modo independente em qualquer linguagem de programação e, se estiverem em conformidade com os padrões, funcionarão com os outros componentes.

O padrão CORBA (POPE, 1997), desenvolvido nos anos 1990, pretendia ser o padrão universal para sistemas distribuídos abertos. No entanto, nunca alcançou uma massa crítica de adeptos. Em vez disso, muitas empresas preferiram desenvolver sistemas usando padrões proprietários para componentes de empresas como a Sun (hoje Oracle) e Microsoft. Esses padrões proporcionaram implementações e software de apoio melhores, além de um melhor suporte de longo prazo para os protocolos industriais.

CORBA — Common Object Request Broker Architecture

A arquitetura CORBA foi proposta como uma especificação de um sistema *middleware*, nos anos 1990, pelo Object Management Group (OMG). O objetivo era que ela fosse um padrão aberto que permitisse o desenvolvimento de *middleware* para apoiar as comunicações e a execução de componentes distribuídos, além de proporcionar um conjunto de serviços padronizados que pudessem ser utilizados por esses componentes.

Foram produzidas várias implementações da arquitetura CORBA, mas o sistema não foi amplamente adotado. Os usuários preferiram sistemas proprietários como os da Microsoft ou os da Oracle, ou passaram a adotar arquiteturas orientadas a serviços.

Os padrões de *web service* (discutidos no Capítulo 18) para arquiteturas orientadas a serviços foram desenvolvidos para ser padrões abertos. Entretanto, esses padrões encontraram uma resistência significativa por causa de sua perceptível ineficiência. Muitos desenvolvedores de sistemas baseados em serviços optaram por protocolos RESTful, porque eles têm uma sobrecarga inerentemente mais baixa do que os protocolos de *web service*. O uso dos protocolos RESTful não é padronizado.

A escalabilidade de um sistema reflete a sua capacidade de prestar serviços de alta qualidade à medida que crescem as demandas sobre o sistema. As três dimensões da escalabilidade são o tamanho, a distribuição e a capacidade de gerenciamento:

1. *Tamanho.* Deve ser possível acrescentar mais recursos a um sistema para lidar com números crescentes de usuários. Em condições ideais, à medida que o número de usuários aumenta, o sistema deve aumentar automaticamente de tamanho para lidar com o maior número de usuários.
2. *Distribuição.* Deve ser possível dispersar geograficamente os componentes de um sistema sem degradar o seu desempenho. À medida que novos componentes são adicionados, o lugar em que se encontram não deve importar. As grandes empresas podem, frequentemente, usar recursos de computação em suas diferentes instalações pelo mundo.
3. *Capacidade de gerenciamento.* Deve ser possível gerenciar um sistema à medida que o seu tamanho aumenta, mesmo se partes do sistema estiverem situadas em organizações independentes. Este é um dos desafios mais difíceis da escala, pois envolve gerentes comunicando-se e concordando com políticas de gestão. Na prática, a capacidade de gerenciamento de um sistema costuma ser o fator que limita o grau em que ele pode ser escalado.

Alterar o tamanho de um sistema pode envolver *escalar verticalmente* (*scaling up*) ou *escalar horizontalmente* (*scaling out*). Escalar verticalmente significa substituir recursos no sistema por outros mais poderosos — é possível aumentar a memória em um servidor de 16 GB para 64 GB, por exemplo. Escalar horizontalmente significa adicionar mais recursos para o sistema — um servidor web adicional para trabalhar lado a lado com um servidor existente, por exemplo. Escalar horizontalmente costuma ter um melhor custo-benefício do que escalar verticalmente, especialmente hoje, que a computação em nuvem facilitou a tarefa de acrescentar ou remover servidores de um sistema. No entanto, isto só proporciona melhorias no desempenho quando o processamento concorrente é possível.

Discuti questões gerais de segurança da informação (*security*) e de engenharia da segurança da informação na Parte 2 deste livro. Quando um sistema é distribuído, os atacantes podem visar a qualquer um dos componentes individuais do sistema ou à própria rede. Se uma parte do sistema for atacada com êxito, então o atacante pode conseguir usar isso como uma 'porta dos fundos' para outras partes do sistema.

Um sistema distribuído deve se defender contra os seguintes tipos de ataque:

1. *Interceptação,* em que um atacante intercepta as comunicações entre as partes do sistema tal que ocorre uma perda de confidencialidade.
2. *Interrupção,* em que os serviços do sistema são atacados e não podem ser fornecidos conforme o esperado. Os ataques de negação de serviço envolvem o bombardeio de um nó com solicitações de serviço ilegítimas, para que ele não consiga lidar com as solicitações válidas.
3. *Modificação,* em que um atacante acessa o sistema e modifica dados ou serviços do sistema.
4. *Fabricação,* em que um atacante gera informações que não deveriam existir e depois as utiliza para ganhar alguns privilégios. Por exemplo, um atacante pode gerar uma entrada de senha falsa e usá-la para acessar um sistema.

A principal dificuldade nos sistemas distribuídos é estabelecer uma política de segurança da informação (*security*) que possa ser aplicada de modo confiável a todos os componentes em um sistema. Conforme discuti no Capítulo 13, uma política de segurança da informação estabelece o nível de segurança da informação a ser alcançado por um sistema. Os mecanismos de segurança da informação, como a encriptação e a autenticação, são usados para reforçar a política de segurança da informação. As dificuldades em um sistema distribuído surgem porque diferentes organizações podem ser donas de partes do sistema. Essas organizações podem ter políticas e mecanismos de segurança da informação mutuamente incompatíveis. Parte da segurança da informação pode ter de ser comprometida para que os sistemas possam trabalhar juntos.

A qualidade do serviço (QoS, do inglês *quality of service*) oferecida por um sistema distribuído reflete a capacidade desse sistema de fornecer seus serviços de maneira confiável e com um tempo de resposta e uma vazão (*throughput*) que sejam aceitáveis para os seus usuários. Em condições ideais, os requisitos de QoS devem ser especificados antecipadamente, e o sistema deve ser projetado e configurado para fornecer essa QoS. Infelizmente, nem sempre isso é praticável, por duas razões:

1. Pode não ser econômico projetar e configurar o sistema para fornecer um serviço de alta qualidade no pico de carga. Os picos de demanda podem significar que você precisa de muitos servidores extras além do normal para garantir que os tempos de resposta sejam mantidos. Esse problema foi diminuído pelo advento da computação em nuvem, em que servidores podem ser alugados de um provedor virtual pelo tempo que for necessário. Com o aumento da demanda, outros servidores podem ser adicionados automaticamente.
2. Os parâmetros de qualidade do serviço podem ser mutuamente contraditórios. Por exemplo, maior confiabilidade pode significar vazão (*throughput*) menor, já que são introduzidos procedimentos de verificação para garantir que todas as entradas do sistema sejam válidas.

A qualidade do serviço é particularmente importante quando o sistema está lidando com dados de tempo crítico, como a transmissão de som ou de vídeo. Nessas circunstâncias, se a qualidade do serviço ficar aquém de um valor limite, então o som ou vídeo pode degradar-se e ficar impossível de ser entendido. Os sistemas que lidam com som e vídeo devem incluir componentes de negociação e gerenciamento da qualidade do serviço. Esses componentes devem avaliar os requisitos de QoS em relação aos recursos disponíveis e, se forem insuficientes, negociar por mais recursos ou por uma meta de QoS reduzida.

Em um sistema distribuído, é inevitável que as falhas venham a acontecer, então o sistema tem de ser projetado para ser resiliente a essas falhas. A falha é tão onipresente que uma definição irreverente de um sistema distribuído sugerida por Leslie Lamport, um proeminente pesquisador dos sistemas distribuídos, é:

Você sabe que tem um sistema distribuído quando a queda de um sistema do qual você nunca ouviu falar o impede de fazer qualquer trabalho.[3]

Isso é ainda mais verdadeiro agora que cada vez mais sistemas estão sendo executados na nuvem. O gerenciamento de falhas envolve a aplicação de técnicas de tolerância a defeitos, discutidas no Capítulo 11. Os sistemas distribuídos, portanto, devem incluir mecanismos para descobrir se um componente do sistema falhou, se deve continuar a fornecer a quantidade máxima possível de serviços independentemente da falha e, na medida do possível, se deve se recuperar automaticamente da

---

[3] LAMPORT, L. In: ANDERSON, R. J. *Security engineering*: a guide to building dependable distributed systems. 2. ed. Chichester, UK: John Wiley & Sons, 2008.

falha. Um benefício importante da computação em nuvem é que ela reduziu radicalmente o custo de fornecer componentes de sistema redundantes.

17.1.1 Modelos de interação

Dois tipos fundamentais de interação podem ocorrer entre os computadores em um sistema de computação distribuído: interação procedural e interação baseada em mensagem. A interação procedural envolve um computador que chama um serviço conhecido, oferecido por algum outro computador, e espera pelo fornecimento desse serviço. A interação baseada em mensagem envolve o computador 'que envia' definindo as informações sobre o que é necessário em uma mensagem, que é então enviada a outro computador. Geralmente, as mensagens transmitem mais informações em uma única interação do que uma chamada de procedimento para outra máquina.

Para ilustrar a diferença entre a interação procedural e a interação baseada em mensagem, considere uma situação em que é feito um pedido em um restaurante. Ao manter uma conversa com o garçom, o cliente se envolve em uma série de interações procedurais síncronas que definem o pedido. Uma solicitação é feita, o garçom a reconhece, outra solicitação é feita, reconhecida, e assim por diante. Isso é comparável à interação dos componentes em um sistema de software, no qual um componente invoca métodos de outros componentes. O garçom anota o pedido com os das outras pessoas que estão à mesa. Ele passa o pedido — que inclui detalhes de tudo que foi solicitado — para a cozinha, a fim de que a comida seja preparada. Essencialmente, o garçom está passando uma mensagem para o pessoal da cozinha, definindo a comida a ser preparada. Essa é uma interação baseada em mensagem.

Ilustrei esse tipo de interação na Figura 17.1, que mostra o processo síncrono do pedido como uma série de chamadas, e na Figura 17.2, que mostra uma mensagem de XML hipotética que define um pedido feito pela mesa de três pessoas. A diferença entre essas formas de troca de informação é clara. O garçom anota o pedido como uma série de interações, e cada uma delas define uma parte desse pedido. Entretanto, o garçom tem uma única interação com a cozinha: uma mensagem define o pedido completo.

FIGURA 17.1 Interação procedural entre um cliente e um garçom.

FIGURA 17.2 Interação baseada em mensagem entre um garçom e o pessoal da cozinha.

```xml
<entrada>
        <prato nome="sopa" tipo="tomate" />
        <prato nome="sopa" tipo="peixe" />
        <prato nome="salada completa" />
</entrada>
<principal>
        <prato nome="filé-mignon" tipo="tiras" cozimento="ao ponto" />
        <prato nome="filé-mignon" tipo="bife" cozimento="malpassado" />
        <prato nome="robalo">
</principal>
<acompanhamento>
        <prato nome="batata frita" porções="2" />
        <prato nome="salada" porções="1" />
</acompanhamento>
```

A comunicação procedural em um sistema distribuído normalmente é implementada usando chamadas de procedimentos remotos (RPCs, do inglês *remote procedure calls*). Em uma RPC, os componentes têm nomes exclusivos em termos globais (como um URL). Usando esse nome, um componente pode chamar os serviços oferecidos por outro componente como se fosse um procedimento ou método local. O *middleware* do sistema intercepta essa chamada e a transmite para um componente remoto, que faz a computação necessária e, por meio do *middleware*, retorna o resultado para o componente que chamou. Em Java, invocações de métodos remotos (RMIs, do inglês *remote method invocations*) são chamadas de procedimentos remotos.

As RPCs requerem que um '*stub*' do procedimento chamado esteja acessível no computador que está iniciando a chamada. Esse *stub* define a interface do procedimento remoto. O *stub* é chamado e traduz os parâmetros do procedimento em uma representação padrão para transmitir ao procedimento remoto. Por meio do *middleware*, ele envia a solicitação de execução para o procedimento remoto. O procedimento remoto usa funções de biblioteca para converter os parâmetros para o formato necessário, realiza a computação e depois retorna os resultados através do '*stub*' que está representando o chamador.

A interação baseada em mensagem normalmente envolve um componente criando uma mensagem que detalha os serviços solicitados de outro componente. Essa mensagem é enviada para o componente de destino por meio do *middleware* do sistema. O destinatário analisa a mensagem, conduz os processamentos e cria uma mensagem para o componente que enviou a mensagem original com os resultados necessários. Depois, a mensagem é passada para o *middleware*, que a transmite para o componente que enviou a mensagem original.

Um problema com a abordagem RPC para a interação é que tanto quem chama quanto quem é chamado precisa estar disponível no momento da comunicação, e ambos devem saber como se referir um ao outro. Em suma, uma RPC tem os mesmos requisitos que um procedimento ou método de chamada locais. Por outro lado, em uma abordagem baseada em mensagem, a indisponibilidade pode ser tolerada. Se o componente do sistema que está processando a mensagem estiver indisponível, a mensagem simplesmente fica em uma fila até que o destinatário fique *on-line* novamente. Além disso, não é necessário que o remetente saiba o nome do destinatário da mensagem e vice-versa. Eles simplesmente se comunicam com o *middleware*, que é responsável por garantir que as mensagens sejam transmitidas para o sistema correto.

17.1.2 Middleware

Os componentes em um sistema distribuído podem ser implementados em linguagens de programação diferentes e podem ser executados em diferentes tipos de processadores. Os modelos de dados, a representação das informações e os protocolos para comunicação podem ser todos diferentes. Portanto, um sistema distribuído requer software que possa gerenciar essas partes diversas e garantir que elas possam se comunicar e trocar dados.

O termo *middleware* é utilizado para se referir a esse software — aquele que fica no meio dos componentes distribuídos do sistema. Esse conceito é ilustrado na Figura 17.3, que mostra que o *middleware* é uma camada entre o sistema operacional e os programas da aplicação. O *middleware* normalmente é implementado como um conjunto de bibliotecas, que são instaladas em cada computador distribuído, além de um sistema de execução para gerenciar as comunicações.

FIGURA 17.3 *Middleware* em um sistema distribuído.

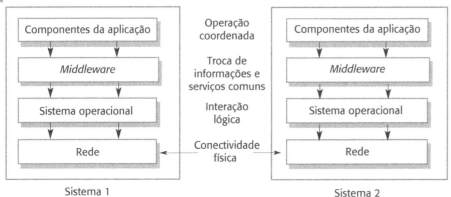

Bernstein (1996) descreve os tipos de *middleware* disponíveis para dar suporte à computação distribuída. O *middleware* é um software de propósito geral, geralmente de prateleira, em vez de ser especialmente escrito por desenvolvedores de aplicações. Os exemplos de *middleware* incluem software para gerenciar comunicações com bancos de dados, gerenciadores de transações, conversores de dados e controladores de comunicação.

Em um sistema distribuído, o *middleware* fornece dois tipos distintos de suporte:

1. *Suporte à interação*, em que o *middleware* coordena as interações entre os diferentes componentes no sistema. O *middleware* fornece transparência de localização, pelo fato de não ser necessário que os componentes conheçam as localizações físicas dos demais componentes. Ele também pode dar suporte à conversão de parâmetros se diferentes linguagens de programação forem utilizadas para implementar componentes, à detecção de eventos, à comunicação etc.
2. *Suporte à prestação de serviços comuns*, em que o *middleware* fornece implementações reusáveis dos serviços que podem ser necessários para vários

componentes no sistema distribuído. Usando esses serviços comuns, os componentes podem interoperar facilmente e fornecer serviços de usuário de maneira consistente.

Já dei exemplos do suporte à interação que o *middleware* pode proporcionar na Seção 17.1.1. O *middleware* é usado para apoiar chamadas de procedimentos e métodos remotos, troca de mensagens etc.

Os serviços comuns são aqueles que podem ser necessários para diferentes componentes, independentemente da funcionalidade desses componentes. Conforme discuti no Capítulo 16, eles podem incluir serviços de segurança da informação (autenticação e autorização), serviços de notificação e nome, e serviços de gerenciamento de transações. Para os componentes distribuídos, pode-se considerar que esses serviços comuns são fornecidos por um contêiner de *middleware*; para os serviços, eles são fornecidos por meio de bibliotecas compartilhadas. Quando um componente é implantado, ele pode acessar e usar esses serviços comuns.

17.2 COMPUTAÇÃO CLIENTE-SERVIDOR

Os sistemas distribuídos que são acessados por meio da internet são organizados como sistemas cliente-servidor. Em um sistema cliente-servidor, o usuário interage com um programa que está sendo executado em seu computador local, como um navegador web ou aplicativo em um dispositivo móvel. Estes interagem com um outro programa que está sendo executado em um computador remoto, como um servidor web. O computador remoto fornece serviços, como o acesso a páginas web, que estão disponíveis para clientes externos. Esse modelo cliente-servidor, conforme discuti no Capítulo 6, é um modelo de arquitetura geral de uma aplicação, que não se restringe às aplicações distribuídas por várias máquinas. Também é possível utilizá-lo como um modelo de interação lógica em que o cliente e o servidor rodam no mesmo computador.

Em uma arquitetura cliente-servidor, uma aplicação é modelada como um conjunto de serviços que são fornecidos por servidores. Os clientes podem acessar esses serviços e apresentar os resultados para os usuários finais. Os clientes precisam estar a par dos servidores que estão disponíveis, mas não precisam saber nada sobre os outros clientes. Clientes e servidores são processos distintos, como mostra a Figura 17.4. Essa figura ilustra uma situação em que existem quatro servidores (s1-s4) que prestam serviços diferentes. Cada serviço tem um conjunto de clientes associados que acessam esses serviços.

FIGURA 17.4 Interação cliente-servidor.

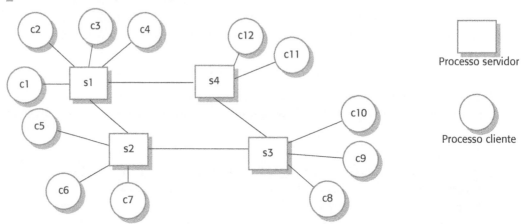

A Figura 17.4 mostra os processos cliente e servidor em vez de processadores. É normal que vários processos clientes rodem em um único processador. Por exemplo, é possível rodar em um PC um cliente de e-mail que baixe as mensagens de um servidor de e-mail remoto; também é possível executar um navegador web que interaja com um servidor web remoto e um cliente de impressão que envie documentos para uma impressora remota. A Figura 17.5 mostra um possível arranjo em que os 12 clientes lógicos exibidos na Figura 17.4 estão sendo executados em seis computadores. Os quatro processos servidores são mapeados em dois computadores físicos que são servidores.

FIGURA 17.5 Mapeamento de clientes e servidores em computadores em rede.

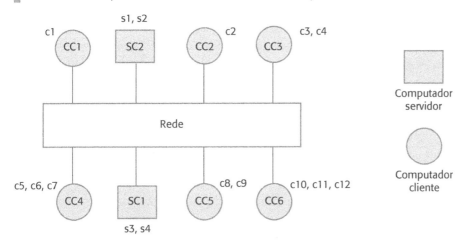

Vários processos servidores diferentes podem ser executados no mesmo processador, mas, com frequência, os servidores são implementados como sistemas multiprocessadores nos quais uma instância distinta do processo servidor é executada em cada máquina. O software de balanceamento de carga distribui as solicitações de serviço dos clientes para os diferentes servidores, a fim de que cada um deles realize o mesmo volume de trabalho. Isso permite que um volume maior de transações com clientes seja manipulado, sem degradar a resposta para cada um dos clientes.

Os sistemas cliente-servidor dependem de que haja uma distinção clara entre a apresentação da informação e as computações que criam e processam essa informação. Consequentemente, a arquitetura dos sistemas cliente-servidor distribuídos deve ser projetada para que eles sejam estruturados em várias camadas lógicas, com interfaces claras entre elas. Isso permite que cada camada seja distribuída para um computador diferente. A Figura 17.6 ilustra esse modelo, mostrando uma aplicação estruturada em quatro camadas:

1. *Uma camada de apresentação*, que está voltada para a apresentação de informações para o usuário e que gerencia toda a interação com o usuário.
2. *Uma camada de manipulação de dados*, que gerencia os dados passados de e para o cliente. Essa camada pode implementar verificações dos dados, gerar páginas web e assim por diante.
3. *Uma camada de processamento da aplicação*, que está relacionada com a implementação da lógica da aplicação e, dessa maneira, com o fornecimento da funcionalidade exigida pelos usuários finais.
4. *Uma camada de banco de dados*, que armazena dados e fornece gerenciamento de transações e serviços de consulta.

FIGURA 17.6 Modelo de arquitetura em camadas para aplicação cliente-servidor.

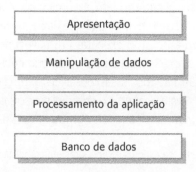

A seção a seguir explica como as diferentes arquiteturas cliente-servidor distribuem essas camadas lógicas de diferentes maneiras. O modelo cliente-servidor também está na base da noção de software como serviço (SaaS, do inglês *software as a service*), uma maneira importante de implantar software e acessá-lo por meio da internet. Abordarei esse tópico na Seção 17.4.

17.3 PADRÕES DE ARQUITETURA DE SISTEMAS DISTRIBUÍDOS

Conforme expliquei na introdução a este capítulo, os projetistas de sistemas distribuídos têm de organizar seus projetos de sistema para encontrar um equilíbrio entre desempenho, dependabilidade, segurança da informação (*security*) e capacidade de gerenciamento do sistema. Como não há um modelo universal de organização do sistema que seja apropriado para todas as circunstâncias, surgiram vários estilos de arquitetura distribuída. Durante o projeto de uma aplicação distribuída, é necessário escolher um estilo de arquitetura que atenda aos requisitos não funcionais críticos do sistema.

Nesta seção, discuto cinco estilos de arquitetura:

1. *Arquitetura mestre-escravo*, utilizada em sistemas de tempo real nos quais é preciso garantir os tempos de resposta das interações.
2. *Arquitetura cliente-servidor de duas camadas*, utilizada em sistemas cliente-servidor simples e nas situações nas quais é importante centralizar o sistema por razões de segurança da informação (*security*).
3. *Arquitetura cliente-servidor multicamadas*, utilizada quando o servidor tem de processar um alto volume de transações.
4. *Arquitetura de componentes distribuídos*, utilizada quando os recursos de diferentes sistemas e bancos de dados precisam ser combinados ou como um modelo de implementação para sistemas cliente-servidor multicamadas.
5. *Arquitetura peer-to-peer*, utilizada quando os clientes trocam informações armazenadas localmente e o papel do servidor é apresentar os clientes uns aos outros. Também pode ser utilizada quando muitas computações independentes têm de ser feitas.

17.3.1 Arquiteturas mestre-escravo

As arquiteturas mestre-escravo para sistemas distribuídos são usadas normalmente nos sistemas de tempo real. Nesses sistemas, pode haver processadores distintos associados à aquisição de dados provenientes do ambiente do sistema, ao processamento e computação de dados e ao gerenciamento de atuadores. Os atuadores, conforme discutirei no Capítulo 21, são dispositivos controlados pelo sistema de software que agem para modificar o ambiente do sistema. Por exemplo, um atuador pode controlar uma válvula e mudar o seu estado de 'aberta' para 'fechada'. O processo 'mestre' normalmente é responsável pela computação, coordenação e comunicação, além de controlar os processos 'escravos'. Os processos 'escravos' são dedicados a ações específicas, como aquisição de dados de um vetor de sensores.

A Figura 17.7 mostra um exemplo desse modelo de arquitetura. Um sistema de controle de tráfego em uma cidade tem três processos lógicos que rodam em processadores diferentes. O processo mestre é o processo da sala de controle, que se comunica com processos escravos distintos, que são responsáveis por coletar dados de tráfego e gerenciar a operação dos semáforos.

FIGURA 17.7 Sistema de gerenciamento de tráfego com uma arquitetura mestre-escravo.

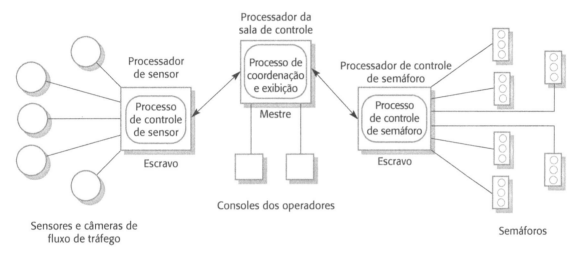

Um conjunto de sensores distribuídos coleta informações sobre o fluxo do tráfego. O processo de controle de sensor consulta os sensores periodicamente para capturar as informações de fluxo do tráfego e reunir essas informações para processamento posterior. O próprio processador de sensor é consultado periodicamente pelo processo mestre, que é responsável por exibir o status do tráfego para os operadores, calcular as sequências dos semáforos e aceitar comandos dos operadores para modificar essas sequências. O sistema da sala de controle envia comandos para um processo de controle de semáforo, que converte esses comandos em sinais para controlar o hardware dos semáforos. O próprio sistema mestre da sala de controle é organizado em uma arquitetura cliente-servidor, com os processos clientes sendo executados nos consoles dos operadores.

O modelo mestre-escravo de um sistema distribuído é usado nas situações em que se pode prever o processamento distribuído necessário, e nos casos em que o processamento pode ser facilmente localizado para os processadores escravos. Essa situação é comum nos sistemas de tempo real, nos quais é importante cumprir os prazos de processamento. Os processadores escravos podem ser usados em operações computacionalmente intensivas, como o processamento de sinais e o gerenciamento de equipamentos controlados pelo sistema.

17.3.2 Arquiteturas cliente-servidor de duas camadas

Na Seção 17.2, expliquei a organização geral dos sistemas cliente-servidor em que parte do sistema da aplicação roda no computador do usuário (o cliente) e parte roda em um computador remoto (o servidor). Também apresentei um modelo de aplicação em camadas (Figura 17.6), no qual diferentes camadas no sistema podem ser executadas em diferentes computadores.

Uma arquitetura cliente-servidor de duas camadas (*two-tier*, em inglês) é a forma mais simples desse tipo de arquitetura. O sistema é implementado como um servidor lógico único com um número indefinido de clientes que usam esse servidor. Isso é ilustrado na Figura 17.8, que mostra duas formas desse modelo de arquitetura:

1. *Um modelo cliente magro (*thin-client*)*, no qual a camada de apresentação é implementada no cliente e todas as outras camadas (manipulação de dados, processamento da aplicação e banco de dados) são implementadas em um servidor. O software de apresentação do cliente normalmente é um navegador web, mas aplicativos para dispositivos móveis também podem estar disponíveis.
2. *Um modelo cliente gordo (*fat-client*)*, no qual parte ou todo o processamento da aplicação é executado no cliente. As funções de gerenciamento de dados e de banco de dados são implementadas no servidor. Nesse caso, o software cliente pode ser um programa escrito especificamente que é fortemente integrado à aplicação do servidor.

FIGURA 17.8 Modelos de arquitetura cliente magro e cliente gordo.

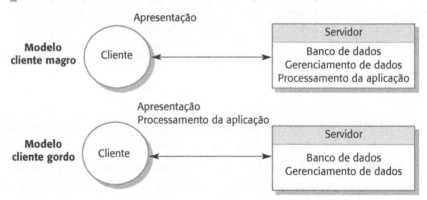

A vantagem do modelo cliente magro é a simplicidade para gerenciar os clientes. Isso se torna uma questão importante quando há muitos clientes, já que pode ser difícil e caro instalar novo software em todos eles. Se um navegador web for utilizado como cliente, não há necessidade de instalar qualquer software.

A desvantagem da abordagem cliente magro, porém, é que ela deposita uma pesada carga de processamento tanto no servidor quanto na rede. O servidor é responsável por toda a computação, o que pode levar à geração de um tráfego significativo na rede entre o cliente e o servidor. Implementar um sistema usando esse modelo pode exigir mais investimento em rede e em capacidade do servidor.

O modelo cliente gordo usa o poder de processamento disponível no computador que está executando o software cliente e distribui parte ou todo o processamento da aplicação e da apresentação para o cliente. O servidor é essencialmente um servidor de transações que gerencia todas as transações de banco de dados. A manipulação de dados é direta, já que não há necessidade de gerenciar a interação entre o cliente e o sistema de processamento da aplicação. O modelo cliente gordo requer que a gerência do sistema implante e mantenha o software no computador cliente.

Um exemplo de situação em que é utilizada uma arquitetura cliente gordo é o sistema de caixas eletrônicos de um banco, que entrega dinheiro e presta outros serviços bancários para os usuários. O caixa eletrônico é o computador cliente, e o servidor é, em geral, um computador de grande porte rodando o banco de dados de contas de clientes. Esse computador de grande porte é uma máquina poderosa concebida para processamento de transações. Portanto, ela consegue lidar com o grande volume de transações gerado pelos caixas eletrônicos, por outros sistemas de caixa e pelo internet *banking*. O software no caixa eletrônico executa muito do processamento relacionado ao cliente associado a uma transação.

A Figura 17.9 mostra uma versão simplificada da organização do sistema de caixas eletrônicos. Eles não se conectam diretamente com o banco de dados de clientes, mas, sim, com um monitor de teleprocessamento (TP). Um monitor de teleprocessamento é um sistema de *middleware* que organiza a comunicação com os clientes remotos e dispõe em série as transações dos clientes para processamento pelo banco de dados. Isso garante que as transações sejam independentes e não interfiram umas nas outras. Usar transações dispostas em série significa que o sistema pode se recuperar de defeitos sem corromper os dados do sistema.

FIGURA 17.9 Arquitetura cliente gordo para um sistema de caixas eletrônicos.

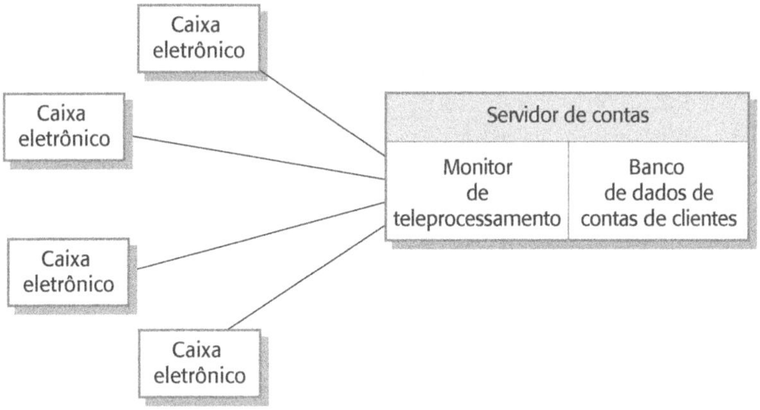

Embora um modelo cliente gordo distribua o processamento com mais eficácia do que um modelo cliente magro, o gerenciamento do sistema é mais complexo se for utilizado um cliente de propósito específico, em vez de um navegador web. A funcionalidade da aplicação se dispersa por muitos computadores. Quando o software de aplicação tem de ser modificado, isso envolve a reinstalação do software em cada computador cliente. Esse custo pode ser relevante se houver centenas de clientes no sistema. A atualização automática do software cliente pode reduzir esses custos, mas introduz seus próprios problemas se a funcionalidade do cliente for alterada. A nova funcionalidade pode significar que as empresas têm de mudar a maneira de usar o sistema.

O uso extensivo de dispositivos móveis significa que é importante minimizar o tráfego da rede sempre que possível. Esses dispositivos incluem hoje computadores poderosos que podem fazer processamento local. Consequentemente, a fronteira entre as arquiteturas de cliente magro e de cliente gordo não é mais tão clara. Os aplicativos podem ter funcionalidade embutida que realiza esse processamento local, e as páginas web podem incluir componentes em Javascript que são executados no computador local do usuário. O problema da atualização dos aplicativos continua a existir, mas tem sido tratado, até certo ponto, pela atualização automática dos aplicativos sem intervenção explícita do usuário. Consequentemente, embora às vezes seja útil usar esses modelos como base geral para a arquitetura de um sistema distribuído, na prática, poucas aplicações web implementam todo o processamento no servidor remoto.

17.3.3 Arquiteturas cliente-servidor multicamadas

O problema fundamental com uma abordagem cliente-servidor de duas camadas é que as camadas lógicas no sistema — apresentação, processamento da aplicação, gerenciamento de dados e banco de dados — devem ser mapeadas em dois sistemas de computador: o cliente e o servidor. Isso pode levar a problemas com a escalabilidade e o desempenho, se for escolhido o modelo cliente magro, ou a problemas de gerenciamento do sistema, se for utilizado o modelo cliente gordo. Para evitar alguns desses problemas, uma arquitetura 'cliente-servidor multicamadas' (*multi-tier*, em inglês) pode ser utilizada. Nessa arquitetura, as diferentes camadas do sistema — apresentação, gerenciamento de dados, processamento da aplicação e banco de dados — são processos separados que podem ser executados em processadores diferentes.

Um sistema de internet *banking* (Figura 17.10) é um exemplo de arquitetura cliente-servidor multicamadas, em que há três camadas no sistema. O banco de dados de clientes do banco (normalmente armazenado em um computador de grande porte, como discutimos anteriormente) fornece os serviços de banco de dados. Um servidor web presta serviços de gerenciamento de dados, como a geração de páginas web e alguns serviços de aplicação. Os serviços de aplicação, como os recursos para transferir dinheiro, gerar declarações, pagar contas etc., são implementados no servidor web e como *scripts*, que são executados pelo cliente. O próprio computador do usuário com um navegador web é o cliente. Esse sistema é escalável porque é relativamente fácil adicionar servidores (escalar horizontalmente) conforme o número de clientes aumenta.

FIGURA 17.10 Arquitetura de três camadas para um sistema de internet *banking*.

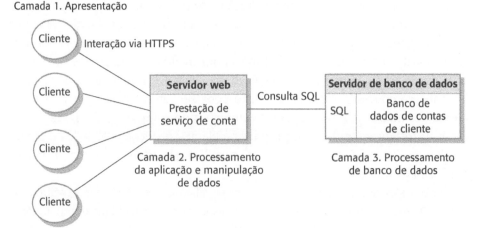

Nesse caso, o uso de uma arquitetura de três camadas permite que a transferência de informações entre o servidor web e o servidor de banco de dados seja otimizada. Um *middleware* eficiente que dê suporte às consultas SQL (*Structured Query Language*) ao banco de dados é utilizado para lidar com a recuperação de informações do banco de dados.

O modelo cliente-servidor de três camadas pode ser ampliado para uma variante multicamadas, em que outros servidores são acrescentados ao sistema. Isso pode envolver usar um servidor web para o gerenciamento de dados e servidores separados para o processamento da aplicação e serviços de bancos de dados. Os sistemas multicamadas também podem ser usados quando as aplicações precisam acessar e usar dados de bancos de dados diferentes. Nesse caso, pode ser necessário adicionar um servidor de integração ao sistema, que coleta os dados distribuídos e os apresenta ao servidor da aplicação como se fossem de um único banco de dados. Conforme discutirei na seção a seguir, as arquiteturas de componentes distribuídos podem ser utilizadas para implementar sistemas cliente-servidor multicamadas.

Os sistemas cliente-servidor multicamadas que distribuem o processamento da aplicação entre vários servidores são mais escaláveis do que as arquiteturas de duas camadas. As camadas no sistema podem ser gerenciadas de maneira independente, com outros servidores adicionados à medida que a carga aumenta. O processamento pode ser distribuído entre os servidores de lógica da aplicação e os de manipulação de dados, levando a uma resposta mais rápida para as solicitações dos clientes.

Os projetistas de arquiteturas cliente-servidor devem levar em conta uma série de fatores quando escolhem a arquitetura de distribuição mais adequada. Na Figura 17.11, estão descritas as situações em que as arquiteturas cliente-servidor discutidas aqui podem ser utilizadas.

FIGURA 17.11 Uso de padrões de arquitetura cliente-servidor.

Arquitetura	Aplicações
Arquitetura cliente-servidor de duas camadas com clientes magros	Aplicações de sistemas legados que são utilizadas quando é impraticável separar o processamento da aplicação e a manipulação dos dados. Os clientes podem acessar esses serviços, conforme será discutido na Seção 17.4.
	Aplicações computacionalmente intensivas, como compiladores com poucos ou nenhum requisito de manipulação de dados.
	Aplicações intensivas em termos de dados (navegação e consulta) com processamento da aplicação não intensivo. Navegação simples na internet é o exemplo mais comum de uma situação em que essa arquitetura é utilizada.
Arquitetura cliente-servidor de duas camadas com clientes gordos	Aplicações nas quais o processamento é fornecido por software de prateleira (por exemplo, Microsoft Excel) no cliente.
	Aplicações nas quais é necessário o processamento computacionalmente intensivo de dados (por exemplo, visualização de dados).
	Aplicações móveis nas quais a conectividade via internet não pode ser assegurada. Portanto, o processamento local usando informações em cache do banco de dados é possível.
Arquitetura cliente-servidor multicamadas	Aplicações de larga escala com centenas ou milhares de clientes.
	Aplicações nas quais tanto os dados quanto a aplicação são voláteis.
	Aplicações nas quais dados de várias fontes são integrados.

17.3.4 Arquiteturas de componentes distribuídos

Ao organizar o processamento em camadas, conforme a Figura 17.6, cada camada de um sistema pode ser implementada como um servidor lógico separado. Esse modelo funciona bem para muitos tipos de aplicação. Entretanto, ele limita a flexibilidade dos projetistas do sistema: será necessário decidir quais serviços devem ser incluídos em cada camada. Na prática, porém, nem sempre está claro se um serviço é de gerenciamento de dados, de aplicação ou de banco de dados. Os projetistas também devem planejar a escalabilidade e proporcionar alguns meios para os servidores serem replicados à medida que mais clientes são adicionados ao sistema.

Uma abordagem mais geral para o projeto de sistemas distribuídos é projetar o sistema como um conjunto de serviços, sem tentar alocar esses serviços para camadas do sistema. Cada serviço, ou grupo de serviços relacionados, pode ser implementado usando um objeto ou componente separado. Em uma arquitetura de componentes distribuídos (Figura 17.12), o sistema é organizado como um conjunto de componentes que interagem, conforme discutido no Capítulo 16. Esses componentes disponibilizam uma interface para um conjunto de serviços que eles fornecem. Outros componentes chamam esses serviços por meio de um *middleware*, usando chamadas de procedimentos ou métodos remotos.

FIGURA 17.12 Arquitetura de componentes distribuídos.

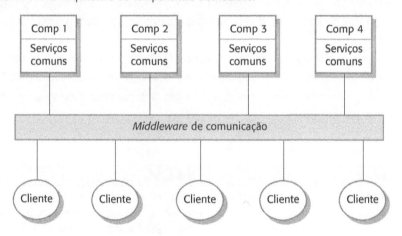

Os sistemas de componentes distribuídos dependem de um *middleware*. Ele gerencia as interações dos componentes, concilia as diferenças entre os tipos de parâmetros passados entre os componentes e fornece um conjunto de serviços comuns que os componentes da aplicação podem usar. O padrão CORBA (ORFALI; HARKEY; EDWARDS, 1997) definiu um *middleware* para os sistemas de componentes distribuídos, mas as implementações de CORBA nunca foram adotadas universalmente. As empresas preferiram usar software proprietário como o EJB (*Enterprise Java Beans*) ou o .NET.

Usar um modelo de componentes distribuídos para implementar sistemas distribuídos tem uma série de benefícios:

1. Permite que o projetista do sistema postergue as decisões sobre onde e como os serviços devem ser fornecidos. Os componentes que prestam os serviços podem ser executados em qualquer nó da rede. Não há necessidade de decidir

antecipadamente se um serviço faz parte de uma camada de gerenciamento de dados, uma camada da aplicação ou uma camada de interface com o usuário.
2. É uma arquitetura de sistema muito aberta, que permite o acréscimo de novos recursos conforme a necessidade. Novos serviços de sistema podem ser adicionados facilmente sem grandes perturbações ao sistema existente.
3. O sistema é flexível e escalável. Objetos novos ou replicados podem ser adicionados à medida que a carga do sistema aumenta, sem perturbar outras partes do sistema.
4. É possível reconfigurar o sistema dinamicamente com componentes sendo migrados pela rede quando necessário. Isso pode ser importante quando houver padrões flutuantes de demanda sobre os serviços. Um componente que presta serviço pode ser migrado para o mesmo processador em que estão os objetos que requisitam os serviços, o que melhora o desempenho do sistema.

Uma arquitetura de componentes distribuídos pode ser utilizada como um modelo lógico que permite estruturar e organizar o sistema. Nesse caso, é possível pensar em como proporcionar funcionalidades de aplicação somente em termos de serviços e combinações de serviços. Depois, o trabalho é o de implementar esses serviços. Por exemplo, uma aplicação de varejo pode ter componentes de aplicação relacionados com o controle de estoque, com a comunicação com os clientes, com o pedido de mercadorias etc.

Os sistemas de mineração de dados (do inglês, *data-mining*) são um bom exemplo de sistema que pode ser implementado usando uma arquitetura de componentes distribuídos. Os sistemas de mineração de dados procuram por relações entre os dados que podem estar distribuídos em bancos de dados (Figura 17.13). Esses sistemas extraem informações de vários bancos de dados diferentes, executam processamento computacionalmente intensivo e apresentam visualizações fáceis de entender das relações que foram descobertas.

FIGURA 17.13 Arquitetura de componentes distribuídos para um sistema de mineração de dados.

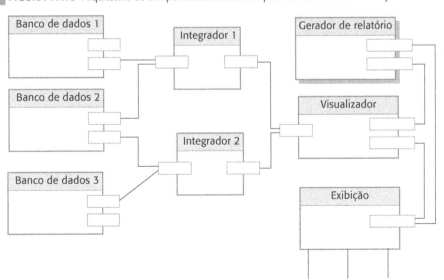

Um exemplo desse tipo de aplicação de mineração de dados poderia ser um sistema para uma empresa varejista que vende alimentos e livros. As empresas de varejo mantêm bancos de dados separados com informações detalhadas sobre produtos alimentícios e livros. Elas usam um sistema de cartão de fidelidade para monitorar as compras dos clientes, de modo que existe um grande banco de dados vinculando os códigos de barras dos produtos com as informações dos clientes. O departamento de marketing deseja encontrar relações entre as compras de alimentos e livros de um cliente. Por exemplo, uma proporção relativamente grande de pessoas que compram pizzas também poderia comprar romances policiais. Com esse conhecimento, a empresa consegue visar especificamente aos clientes que fazem compras de alimentos específicos com informações sobre novos romances quando forem publicados.

Nesse exemplo, cada banco de dados de vendas pode ser encapsulado como um componente distribuído, com uma interface que proporciona um acesso somente de leitura aos seus dados. Componentes integradores preocupam-se com tipos de relações específicos e coletam informações de todos os bancos de dados para tentar deduzir as relações. Poderia haver um componente integrador preocupado com as variações sazonais nos produtos vendidos e outro integrador que se preocupasse com as relações entre diferentes tipos de produtos.

Os componentes visualizadores interagem com os componentes integradores para criar uma visualização ou um relatório sobre as relações que foram descobertas. Dado o grande volume de dados manipulados, os componentes visualizadores normalmente apresentam seus resultados graficamente. Finalmente, um componente de exibição pode ser responsável por fornecer modelos gráficos para clientes visando à apresentação final em seu navegador web.

Uma arquitetura de componentes distribuídos, em vez de uma arquitetura em camadas, é apropriada para esse tipo de aplicação porque permite adicionar novos bancos de dados ao sistema sem grandes perturbações. Cada banco de dados novo é acessado simplesmente adicionando-se outro componente distribuído. Os componentes de acesso ao banco de dados fornecem uma interface simplificada que controla o acesso aos dados. Os bancos de dados acessados podem residir em máquinas diferentes. A arquitetura também facilita a mineração de novos tipos de relações ao adicionar novos objetos integradores.

As arquiteturas de componentes distribuídos têm duas grandes desvantagens:

1. Elas são mais complexas de projetar do que os sistemas cliente-servidor. Os sistemas cliente-servidor multicamadas parecem ser uma maneira bastante intuitiva de pensar a respeito de sistemas. Eles refletem muitas transações humanas em que as pessoas solicitam e recebem serviços de outras pessoas especializadas em prestá-los. A complexidade das arquiteturas de componentes distribuídos aumenta os custos de implementação.
2. Não existem padrões universais para os modelos de componentes distribuídos ou para o *middleware*. Em vez disso, fornecedores diferentes, como a Microsoft e a Sun, desenvolveram *middleware* diferente e incompatível. Esse *middleware* é complexo, e depender dele aumenta significativamente a complexidade dos sistemas de componentes distribuídos.

Como consequência desses problemas, as arquiteturas de componentes distribuídos estão sendo substituídas por sistemas orientados a serviços (que serão discutidos no Capítulo 18). No entanto, os sistemas de componentes distribuídos têm benefícios de desempenho sobre os sistemas orientados a serviços. As comunicações do tipo RPC normalmente são mais rápidas do que a interação baseada em mensagens empregada nos sistemas orientados a serviços. Portanto, as arquiteturas de componentes distribuídos ainda são utilizadas em sistemas de alta vazão (*throughput*), nos quais uma grande quantidade de transações tem de ser processada rapidamente.

17.3.5 Arquiteturas *peer-to-peer*

O modelo de computação cliente-servidor que discuti nas seções anteriores do capítulo faz uma distinção clara entre os servidores, que são prestadores de serviços, e os clientes, que são os recebedores desses serviços. Esse modelo normalmente leva a uma distribuição desigual de carga sobre o sistema: os servidores realizam mais trabalho do que os clientes. Isso pode levar as organizações a gastarem muito em capacidade de servidor enquanto existe uma capacidade de processamento não utilizada em centenas ou milhares de PCs e dispositivos móveis usados para acessar os servidores do sistema.

Os sistemas *peer-to-peer* (p2p) (ORAM, 2001) são sistemas descentralizados nos quais o processamento pode ser realizado por qualquer nó da rede. Pelo menos a princípio, nenhuma distinção é feita entre clientes e servidores. Nas aplicações *peer-to-peer*, o sistema global é projetado para tirar proveito do poder computacional e do armazenamento disponíveis através de uma rede de computadores potencialmente imensa. Os padrões e os protocolos que permitem a comunicação por meio desses nós estão embutidos na própria aplicação, e cada nó deve executar uma cópia dessa aplicação.

As tecnologias *peer-to-peer* têm sido usadas principalmente em sistemas pessoais em vez de sistemas de negócio. O fato de que não existem servidores centrais significa que esses sistemas são mais difíceis de monitorar; assim, um nível mais alto de privacidade na comunicação é possível.

Por exemplo, os sistemas de compartilhamento de arquivos baseados no protocolo BitTorrent são amplamente utilizados para trocar arquivos nos PCs dos usuários. Os sistemas privados para mensagens instantâneas, como o ICQ e o Jabber, proporcionam comunicação direta entre usuários sem um servidor intermediário. O Bitcoin é um sistema de pagamentos *peer-to-peer* que usa a moeda eletrônica Bitcoin. O Freenet é um banco de dados descentralizado que foi projetado para facilitar a publicação de informações de maneira anônima e para dificultar a supressão dessas informações pelas autoridades.

Outros sistemas p2p foram desenvolvidos nos casos em que a privacidade não é o requisito principal. Os serviços de telefone de voz sobre IP (VoIP, do inglês *voice over IP*), como o Viber, baseiam-se na comunicação *peer-to-peer* entre as partes envolvidas na chamada telefônica ou de vídeo. O SETI@home é um projeto antigo que processa dados de antenas de radiotelescópios em PCs domésticos para buscar indicações de vida extraterrestre. Nesses sistemas, a vantagem do modelo p2p é que um servidor central não é um gargalo de processamento.

Os sistemas *peer-to-peer* também têm sido utilizados por empresas para aproveitar o poder de suas redes de PCs (MCDOUGALL, 2000). A Intel e a Boeing implementaram sistemas p2p para aplicações computacionalmente intensivas. Esses sistemas tiram proveito da capacidade de processamento ociosa nos computadores locais. Em vez de comprar hardware de alto desempenho caro, os cálculos de engenharia podem ser feitos durante a noite, quando os desktops ficam ociosos. As empresas também usam bastante os sistemas p2p comerciais, como sistemas de mensagens e de VoIP.

A princípio, cada nó em uma rede p2p poderia estar a par de todos os outros nós. Os nós poderiam se conectar e trocar dados diretamente com qualquer outro nó na rede. Na prática, isso é impossível, a menos que a rede tenha apenas alguns membros. Consequentemente, os nós são geralmente organizados em 'localidades', com alguns nós agindo como pontes para outras localidades de nós. A Figura 17.14 mostra essa arquitetura p2p descentralizada.

FIGURA 17.14 Arquitetura p2p descentralizada.

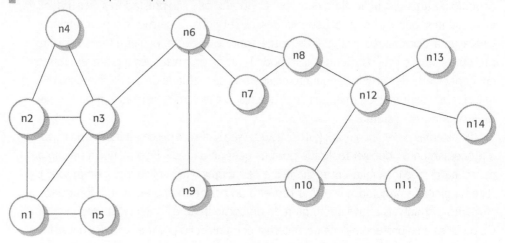

Em uma arquitetura descentralizada, os nós na rede não são simplesmente elementos funcionais, mas também são comutadores de comunicação que podem rotear os dados e controlar os sinais de um nó a outro. Por exemplo, suponha que a Figura 17.14 represente um sistema descentralizado de gerenciamento de documentos. Uma associação de pesquisadores usa esse sistema para compartilhar documentos. Cada membro da associação mantém seu próprio repositório de documentos. No entanto, quando um documento é recuperado, o nó que o está recuperando também o disponibiliza para outros nós.

Se alguém precisa de um documento armazenado em algum lugar da rede, basta emitir um comando de busca, que é enviado para os nós em sua 'localidade'. Cada um dos nós verifica se o tem e, se tiver, envia o documento para o requisitante. Se nenhum dos nós o tiver, eles roteiam a busca para outros nós. Portanto, se n1 emitir uma busca por um documento que está armazenado em n10, essa busca é roteada pelos nós n3, n6 e n9 até n10. Quando o documento finalmente é recuperado, o nó que o detém envia esse documento para o nó requisitante diretamente ao criar uma conexão *peer-to-peer*.

Essa arquitetura descentralizada tem a vantagem de ser altamente redundante e, por isso, tolerante a defeitos e à desconexão de nós da rede. Entretanto, as desvantagens são que muitos nós diferentes podem processar a mesma busca e que há uma sobrecarga significativa nas comunicações replicadas entre os nós.

Um modelo alternativo de arquitetura p2p, que se afasta de uma arquitetura p2p pura, é uma arquitetura semicentralizada, na qual, dentro da rede, um ou mais nós agem como servidores para facilitar as comunicações entre os nós. Isso reduz a quantidade de tráfego entre os nós. A Figura 17.15 ilustra como esse modelo de arquitetura semicentralizada difere do modelo completamente descentralizado exibido na Figura 17.14.

FIGURA 17.15 Arquitetura p2p semicentralizada.

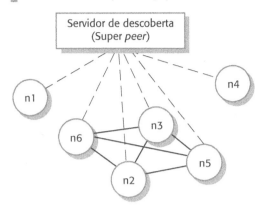

Em uma arquitetura semicentralizada, o papel do servidor (às vezes chamado super *peer*) é ajudar a estabelecer contato entre os nós na rede ou coordenar os resultados de uma computação. Por exemplo, se a Figura 17.15 representar um sistema de mensagens instantâneas, então os nós da rede se comunicam com o servidor (indicado por linhas tracejadas) para descobrir quais são os outros nós disponíveis. Uma vez descobertos esses nós, podem ser estabelecidas comunicações diretas e a conexão com o servidor se torna desnecessária. Portanto, os nós n2, n3, n5 e n6 estão em comunicação direta.

Em um sistema computacional *peer-to-peer*, no qual uma computação intensiva em processamento é distribuída por uma grande quantidade de nós, é normal que alguns deles sejam super *peers*. Seu papel é distribuir o trabalho para outros nós, além de comparar e verificar os resultados da computação.

O modelo de arquitetura *peer-to-peer* pode ser o melhor para um sistema distribuído em duas circunstâncias:

1. Nos casos em que o sistema é computacionalmente intensivo e é possível separar o processamento necessário em muitas computações independentes. Por exemplo, um sistema *peer-to-peer* que auxilia a descoberta de fármacos distribui a computação que busca por possíveis tratamentos de câncer ao analisar um enorme número de moléculas para ver se elas têm as características necessárias para suprimir o crescimento dos cânceres. Cada molécula pode ser considerada separadamente, então não há necessidade de os nós no sistema se comunicarem.

2. Nos casos em que o sistema envolve, principalmente, a troca de informações entre computadores individuais em uma rede, sem que haja necessidade de armazená-las ou gerenciá-las centralmente. Exemplos desse tipo de aplicação incluem os sistemas de compartilhamento de arquivos que permitem aos nós trocarem arquivos locais, como músicas e vídeos, e os sistemas de telefonia, que permitem comunicações de voz e de vídeo entre computadores.

As arquiteturas *peer-to-peer* permitem o uso eficiente da capacidade através de uma rede. No entanto, preocupações com relação à segurança da informação (*security*) são a principal razão para esses sistemas não terem sido utilizados de modo mais abrangente, especialmente nas empresas (WALLACH, 2003). A falta de gerenciamento centralizado significa que atacantes podem configurar nós de rede maliciosos que propagam *spam* e *malware* para usuários legítimos do sistema p2p. A comunicação *peer-to-peer* envolve a abertura de seu computador para interações diretas com outros nós, e isso significa que esses sistemas poderiam acessar qualquer um dos seus recursos. Para se contrapor a essa possibilidade, é preciso organizar o sistema para que esses recursos fiquem protegidos. Se isso for feito incorretamente, então o sistema não é seguro e é vulnerável à corrupção externa.

17.4 SOFTWARE COMO SERVIÇO

Nas seções anteriores, discuti os modelos cliente-servidor e como a funcionalidade pode ser distribuída entre o cliente e o servidor. Para implementar um sistema cliente-servidor, pode ser necessário instalar um programa ou aplicativo no computador cliente que se comunique com o servidor, implemente funcionalidade no lado do cliente e gerencie a interface com o usuário. Por exemplo, um cliente de e-mail, como Outlook ou Mac Mail, fornece recursos de gerenciamento de e-mail no próprio computador. Isso evita o problema de sobrecarga no servidor em sistemas de cliente magro, nos quais todo o processamento é executado no servidor.

Os problemas de sobrecarga do servidor podem ser significativamente reduzidos usando tecnologias web como AJAX (HOLDENER, 2008) e HTML5 (SARRIS, 2013). Essas tecnologias permitem o gerenciamento eficiente da apresentação de páginas web e da computação local, executando *scripts* que fazem parte da página web. Isso significa que um navegador pode ser configurado e utilizado como cliente, com processamento local significativo. O software da aplicação pode ser visto como um serviço remoto, que pode ser acessado de qualquer dispositivo capaz de rodar um navegador padrão. Exemplos amplamente utilizados de software como serviço incluem sistemas de e-mail web, como Yahoo e Gmail, e aplicações de escritório, como Google Docs e Office 365.

Essa ideia de software como serviço (SaaS, do inglês *software as a service*) envolve hospedar o software remotamente e prover o acesso a ele por meio da internet. Os elementos principais de SaaS são:

1. O software é implantado em um servidor (ou, na maioria das vezes, na nuvem) e acessado por meio de um navegador web. Ele não é implantado em um PC local.
2. O software é propriedade de um fornecedor e é gerenciado por ele, e não pelas organizações que o utilizam.
3. Os usuários podem pagar pelo software de acordo com o quanto o utilizam, seja por uma assinatura anual ou mensal. Às vezes, o software é gratuito para qualquer pessoa usar, mas os usuários devem aceitar visualizar propagandas, que financiam o serviço de software.

O desenvolvimento da filosofia SaaS se acelerou nos últimos anos à medida que a computação em nuvem tornou-se generalizada. Quando um serviço é implantado na nuvem, o número de servidores pode mudar rapidamente para corresponder às demandas dos usuários por aquele serviço. Não é necessário que prestadores de serviços se prepararem para picos de carga; consequentemente, os custos desses prestadores diminuíram radicalmente.

Para os compradores de software, o benefício de SaaS é que os custos de gerenciamento do software são transferidos para o fornecedor, que passa a ser responsável por corrigir defeitos e instalar atualizações do software, lidar com as mudanças na plataforma do sistema operacional e garantir que a capacidade de hardware possa satisfazer a demanda. Os custos de gerenciamento da licença de software são zero; se alguém tiver vários computadores, não é necessário licenciar o software para todos eles. Se uma aplicação de software for utilizada só ocasionalmente, o modelo de pagamento por uso pode ser mais barato do que a compra de uma aplicação. O software pode ser acessado a partir de dispositivos móveis, como os smartphones, de qualquer parte do mundo.

O principal problema que inibe o uso de SaaS é a transferência de dados com o serviço remoto. A transferência de dados acontece na velocidade das redes e, portanto, transferir uma grande quantidade de dados — como vídeo ou imagens de alta qualidade — consome bastante tempo. Também pode ser necessário pagar para o fornecedor do serviço de acordo com a quantidade de dados transferida. Outros problemas são a falta de controle sobre a evolução do software (o fornecedor pode mudar o software quando desejar) e problemas com leis e regulamentações. Muitos países têm leis que regulamentam o armazenamento, o gerenciamento, a preservação e a acessibilidade de dados, e passar dados para um serviço remoto pode violar essas leis.

Os conceitos de software como serviço e as arquiteturas orientadas a serviços (SOA, do inglês *service-oriented architectures*), que serão discutidas no Capítulo 18, estão relacionados, mas não são sinônimos:

1. Software como serviço é uma maneira de proporcionar funcionalidade em um servidor remoto com acesso pelo cliente por meio de um navegador web. O servidor mantém os dados e o estado do usuário durante uma sessão de interação. As transações normalmente são longas, como editar um documento, por exemplo.
2. A arquitetura orientada a serviços é uma abordagem para estruturar um sistema de software como um conjunto de serviços distintos e sem estado. Esses serviços podem ser fornecidos por vários prestadores e podem ser distribuídos. Geralmente, as transações são curtas: um serviço é chamado, faz alguma coisa e depois retorna um resultado.

O SaaS é uma maneira de fornecer funcionalidade de aplicação para os usuários, ao passo que a SOA é uma tecnologia de implementação de sistemas de aplicação. Os sistemas que são implementados usando a SOA não têm de ser acessados pelos usuários como serviços web. As aplicações de SaaS para negócios podem ser implementadas usando componentes, em vez de serviços. No entanto, se o SaaS for implementado usando SOA, passa a ser possível que as aplicações usem APIs de serviço para acessar a funcionalidade de outras aplicações. Então elas podem ser integradas em sistemas mais complexos. Esses sistemas são chamados *mashups* e são outra abordagem para o reúso e o desenvolvimento rápido de software.

Pela perspectiva do desenvolvimento de software, o processo de desenvolvimento de serviços tem muito em comum com outros tipos de desenvolvimento de software. No entanto, a construção de serviços normalmente não é dirigida por requisitos de usuário, mas pelas suposições do prestador de serviços a respeito do que os usuários precisam. Consequentemente, o software precisa ser capaz de evoluir rapidamente depois que o prestador obtém *feedback* a respeito dos requisitos dos usuários. O desenvolvimento ágil com entrega incremental é, desse modo, uma abordagem eficaz para o software a ser implantado como um serviço.

Alguns softwares que são implementados como serviço — a exemplo do Google Docs para usuários da web — oferecem uma experiência genérica para todos os usuários. No entanto, as empresas podem querer serviços específicos adaptados para seus próprios requisitos. Ao implementar SaaS para uma empresa, é possível basear o serviço de software em um serviço genérico e adaptá-lo para as necessidades de cada cliente. Três fatores importantes têm de ser considerados:

1. *Configurabilidade*. Como configurar o software para os requisitos específicos de cada organização?
2. *Multilocação*. Como apresentar a cada usuário do software a impressão de que ele está trabalhando com a sua própria cópia do sistema e, simultaneamente, utilizar eficientemente os recursos do sistema?
3. *Escalabilidade*. Como projetar o sistema para que ele possa ser escalado a fim de acomodar um número de usuários imprevisivelmente grande?

O conceito de arquiteturas de linhas de produto, discutido no Capítulo 16, é uma maneira de configurar o software para usuários que têm requisitos comuns, mas não idênticos. Inicia-se com um sistema genérico, que é então adaptado de acordo com os requisitos específicos de cada usuário.

Entretanto, isso não funciona com o SaaS, pois significaria implantar uma cópia diferente do serviço em cada organização que utiliza o software. Em vez disso, é preciso projetar a capacidade de configuração do sistema e fornecer uma interface de configuração que permita aos usuários especificarem suas preferências, e, depois, usar essas preferências para ajustar o comportamento do software dinamicamente à medida que ele é usado. Os recursos de configuração podem permitir:

1. *Gerenciamento de marcas*: os usuários de cada organização são apresentados a uma interface que reflete a sua própria organização.
2. *Regras de negócio e fluxos de trabalho*: cada organização define as suas próprias regras que governam o uso do serviço e seus dados.
3. *Extensões de banco de dados*: cada organização define como o modelo genérico de dados de serviço é estendido para satisfazer suas necessidades específicas.
4. *Controle de acesso*: os clientes do serviço criam contas individuais para sua equipe e definem os recursos e funções que são acessíveis a cada um de seus usuários.

A Figura 17.16 ilustra essa situação. Esse diagrama mostra cinco usuários do serviço, que trabalham para três clientes diferentes do prestador de serviços. Os usuários interagem com o serviço por meio de um perfil de cliente, que define a configuração do serviço para seus patrões.

FIGURA 17.16 Configuração de um sistema de software oferecido como serviço.

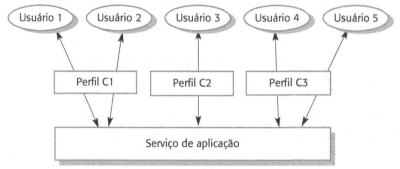

A situação de multilocação é a que permite que muitos usuários diferentes acessem o mesmo sistema, cuja arquitetura é definida para permitir o compartilhamento eficiente de seus recursos. Contudo, deve parecer aos usuários que cada um deles tem o uso exclusivo do sistema. A multilocação envolve projetar o sistema para que haja uma distinção absoluta entre sua funcionalidade e seus dados. Assim, todas as operações devem ser destituídas de estado para que possam ser compartilhadas. Os dados devem ser fornecidos pelo cliente ou estar disponíveis em um sistema de armazenamento ou banco de dados que possa ser acessado de qualquer instância do sistema.

Um problema particular nos sistemas com multilocação é o gerenciamento dos dados. A maneira mais simples de proporcionar o gerenciamento dos dados é permitir que todos os clientes tenham seu próprio banco de dados, que eles podem usar e configurar como desejarem. No entanto, isso requer que o prestador de serviço mantenha muitas instâncias diferentes de banco de dados (uma por cliente) e disponibilize esses bancos de dados sob demanda.

Como alternativa, o prestador de serviço pode usar um único banco de dados, com diferentes usuários virtualmente isolados dentro desse banco de dados. Isso é ilustrado na Figura 17.17, que mostra que as entradas do banco de dados têm um 'identificador do inquilino', que vincula essas entradas a usuários específicos. Ao usar visualizações do banco de dados, é possível extrair as entradas para cada cliente do serviço e apresentar aos usuários desses clientes um banco de dados virtual individual. Esse processo pode ser estendido para satisfazer as necessidades de clientes específicos usando as características de configuração discutidas acima.

FIGURA 17.17 Banco de dados com multilocação.

Inquilino	Chave	Nome	Endereço
234	C100	XYZ Corp	Rua Qualquer, 43, Alguma cidade
234	C110	BigCorp	Rua Principal, 2, Motown
435	X234	J. Bowie	Rua do Moinho, 56, Vila Estrela
592	PP37	R. Burns	Rua Alloway, Condado de Ayrshire

Escalabilidade é a capacidade do sistema de lidar com um número crescente de usuários sem reduzir a qualidade geral do serviço prestado para qualquer usuário. Geralmente, quando se considera a escalabilidade no contexto do SaaS, deve-se considerar 'escalar horizontalmente', em vez de 'escalar verticalmente'. É importante lembrar que escalar horizontalmente significa adicionar servidores e aumentar o número de transações que podem ser processadas paralelamente. A escalabilidade é um tópico complexo que não consigo detalhar aqui, mas algumas diretrizes gerais para implementar software escalável são:

1. Desenvolver aplicações em que cada componente é implementado como um serviço simples sem estado, que pode ser executado em qualquer servidor. No curso de uma única transação, um usuário pode, portanto, interagir com instâncias do mesmo serviço que estão rodando em vários servidores diferentes.
2. Projetar o sistema usando interação assíncrona de modo que a aplicação não tenha que esperar pelo resultado de uma interação (como uma solicitação de leitura). Isso permite que a aplicação continue realizando trabalho útil enquanto está esperando pelo término da interação.

3. Gerenciar os recursos, como as conexões de rede e de bancos de dados, como um *pool*, para que nenhum servidor sequer fique suscetível ao esgotamento de recursos.
4. Projetar o banco de dados para permitir o bloqueio granular. Isto é, que ele funcione de modo a não bloquear registros inteiros no banco de dados quando apenas parte de um registro estiver em uso.
5. Usar uma plataforma como serviço (PaaS, do inglês *platform as a service*) na nuvem, como o Google App Engine (SANDERSON, 2012) ou outra solução PaaS para implementação do sistema. Essas plataformas incluem mecanismos que escalarão o sistema automaticamente na horizontal à medida que a carga aumentar.

O conceito de software como serviço é uma importante mudança de paradigma na computação distribuída. Já é possível ver software de consumo e aplicações profissionais, como o Photoshop, passarem a adotar esse modelo de entrega. Cada vez mais as empresas estão substituindo seus próprios sistemas, como CRM e controle de inventário, por sistemas SaaS baseados na nuvem, fornecidos por prestadores de serviço externos, como a Salesforce. As empresas de software especializadas que implementam aplicações de negócios preferem fornecer SaaS porque ele simplifica a atualização e o gerenciamento do software.

O SaaS representa uma nova maneira de pensar sobre a engenharia dos sistemas corporativos. Sempre foi útil pensar em sistemas como algo que fornece serviços para os usuários, mas, até o advento do SaaS, essa função envolvia o uso de abstrações diferentes, como os objetos, durante a implementação do sistema. Nos casos em que há uma correspondência mais próxima entre as abstrações do usuário e as do sistema, os sistemas resultantes são mais fáceis de compreender, manter e evoluir.

PONTOS-CHAVE

▸ Os benefícios dos sistemas distribuídos são que eles podem ser escalados para lidar com a demanda crescente, podem continuar a prestar serviços para os usuários mesmo se algumas partes do sistema falharem e permitem o compartilhamento de recursos.

▸ As questões a se considerar no projeto dos sistemas distribuídos incluem a transparência, a abertura, a escalabilidade, a segurança da informação (*security*), a qualidade do serviço e o gerenciamento de falhas.

▸ Os sistemas cliente-servidor são distribuídos; neles, o sistema é estruturado em camadas, com a camada de apresentação implementada em um computador cliente. Os servidores fornecem gerenciamento de dados, aplicações e serviços de banco de dados.

▸ Os sistemas cliente-servidor podem ter várias camadas (*tier*, em inglês), cada uma delas distribuída em diferentes computadores.

▸ Os padrões de arquitetura para sistemas distribuídos incluem arquiteturas mestre-escravo, arquiteturas cliente-servidor de duas camadas e de multicamadas, arquiteturas de componentes distribuídos e arquiteturas *peer-to-peer*.

▸ Os sistemas de componentes distribuídos requerem *middleware* para manipular as comunicações dos componentes e permitir que objetos sejam adicionados e removidos do sistema.

- As arquiteturas *peer-to-peer* são descentralizadas e não há distinção entre clientes e servidores. O processamento pode ser distribuído por muitos sistemas em diferentes organizações.
- O software como serviço é uma maneira de desenvolver aplicações como sistemas cliente magro, em que o cliente é um navegador web.

LEITURAS ADICIONAIS

Peer-2-peer: harnessing the power of disruptive technologies. Embora esse livro não tenha muitas informações sobre arquiteturas p2p, ele é uma introdução excelente para a computação p2p e discute a organização e a abordagem utilizadas em uma série de sistemas p2p. ORAM, A. (ed.). O'Reilly and Associates Inc., 2001.

"Turning software into a service". Uma boa visão geral que discute os princípios da computação orientada a serviços. Ao contrário de muitos artigos sobre o tema, esse não oculta os princípios subjacentes de uma discussão dos padrões envolvidos. TURNER, M.; BUDGEN, D.; BRERETON, P. *IEEE Computer*, v. 36, n. 10, out. 2003. doi:10.1109/MC.2003.1236470.

Distributed systems. 5. ed. Um abrangente livro didático que discute todos os aspectos do projeto e da implementação de sistemas distribuídos. Ele inclui a cobertura de sistemas *peer-to-peer* e de sistemas de dispositivos móveis. COULOURIS, G.; DOLLIMORE, J.; KINDBERG, T.; BLAIR, G. Addison-Wesley, 2011.

Engineering software as a service: an agile approach using cloud computing. Esse livro acompanha o curso *on-line* dos autores sobre esse tópico. Um bom livro prático voltado para as pessoas novas nesse tipo de desenvolvimento. FOX, A.; PATTERSON, D. Strawberry Canyon LLC, 2014. Disponível em: <http://www.saasbook>. Acesso em: 30 jun. 2018.

SITE[4]

Apresentações em PowerPoint para este capítulo disponíveis em: <http://software-engineering-book.com/slides/chap17/>.
Links para vídeos de apoio disponíveis em: <http://software-engineering-book.com/videos/requirements-and-design/>.

---

[4] Todo o conteúdo disponibilizado na seção *Site* de todos os capítulos está em inglês.

EXERCÍCIOS

17.1 O que você entende por 'escalabilidade'? Discuta as diferenças entre escalar verticalmente e escalar horizontalmente, e explique em quais casos podem ser utilizadas essas diferentes abordagens para a escalabilidade.

17.2 Explique por que os sistemas de software distribuídos são mais complexos do que os sistemas de software centralizados, em que toda a funcionalidade do sistema é implementada em um único computador.

17.3 Usando um exemplo de chamada de procedimento remoto, explique como o *middleware* coordena a interação dos computadores em um sistema distribuído.

17.4 Qual é a diferença fundamental entre uma abordagem de cliente magro e uma de cliente gordo para as arquiteturas de sistemas cliente-servidor?

17.5 Foi solicitado que você projetasse um sistema seguro que requer autenticação forte e autorização. O sistema deve ser projetado para que a comunicação entre suas partes não possa ser interceptada e lida por um atacante. Sugira a arquitetura cliente-servidor mais adequada para esse sistema e, dando as razões para a sua resposta, proponha como a funcionalidade deve ser distribuída entre os sistemas cliente e servidor.

17.6 Seu cliente quer desenvolver um sistema que apresenta informações sobre ações com o qual revendedores possam acessar informações sobre as empresas e avaliar vários cenários de investimento usando um sistema de simulação. Cada revendedor usa essa simulação de uma maneira diferente, de acordo com a própria experiência e o tipo das ações em questão. Sugira uma arquitetura cliente-servidor para esse sistema, que mostre onde fica a funcionalidade. Justifique o modelo de sistema cliente-servidor que você escolheu.

17.7 Usando uma abordagem de componentes distribuídos, proponha uma arquitetura para um sistema de reservas de cinema em todo o país. Os usuários podem verificar a disponibilidade de assentos e reservar assentos em um conjunto de cinemas. O sistema deve permitir a devolução de ingressos para que as pessoas possam devolvê-los para venda de última hora para outros clientes.

17.8 Mencione duas vantagens e duas desvantagens das arquiteturas *peer-to-peer* descentralizadas e semicentralizadas.

17.9 Explique por que implantar software como serviço pode reduzir os custos de suporte de TI de uma empresa. Quais custos adicionais poderiam surgir se esse modelo de implantação for utilizado?

17.10 Sua empresa deseja passar das aplicações desktop para o acesso à mesma funcionalidade remotamente, na forma de serviços. Identifique os riscos que poderiam aparecer e sugira como eles poderiam ser reduzidos.

REFERÊNCIAS

BERNSTEIN, P. A. "Middleware: a model for distributed system services." *Comm. ACM*, v. 39, n. 2, 1996. p. 86-97. doi:10.1145/230798.230809.

COULOURIS, G.; DOLLIMORE, J.; KINDBERG, T.; BLAIR, G. *Distributed systems*: concepts and design. 5. ed. Harlow, UK: Addison-Wesley, 2011.

HOLDENER, A. T. *Ajax*: the definitive guide. Sebastopol, CA: O'Reilly & Associates, 2008.

LAMPORT. L. In: ANDERSON, R. J. *Security engineering*: a guide to building dependable distributed systems. 2. ed. Chichester, UK: John Wiley & Sons, 2008.

MCDOUGALL, P. "The power of peer-to-peer." *Information Week*, 28 ago. 2000. Disponível em: <www.informationweek.com/801/peer.htm>. Acesso em: 17 fev. 2015.

ORAM, A. *Peer-to-peer*: harnessing the benefits of a disruptive technology. Sebastopol, CA: O'Reilly & Associates, 2001.

ORFALI, R.; HARKEY, D.; EDWARDS, J. *Instant CORBA*. Chichester, UK: John Wiley & Sons, 1997.

POPE, A. *The CORBA reference guide*: understanding the common object request broker architecture. Harlow, UK: Addison-Wesley, 1997.

SANDERSON, D. *Programming with Google App Engine*. Sebastopol, CA: O'Reilly Media Inc., 2012.

SARRIS, S. *HTML5 Unleashed*. Indianapolis, IN: Sams Publishing, 2013.

TANENBAUM, A. S.; VAN STEEN, M. *Distributed systems*: principles and paradigms. 2. ed. Upper Saddle River, NJ: Prentice-Hall, 2007.

WALLACH, D. S. "A survey of peer-to-peer security issues." In: OKADA, M.; PIERCE, B. C.; SCEDROV, A.; TOKUDA, H.; YONEZAWA, A. *Software security*: theories and systems. Heidelberg: Springer-Verlag, 2003. p. 42-57. doi:10.1007/3-540-36532-X_4.

18 | Engenharia de software orientada a serviços

OBJETIVOS

O objetivo deste capítulo é introduzir a engenharia de software orientada a serviços como uma maneira de construir aplicações distribuídas usando *web services*. Ao ler este capítulo, você:

- compreenderá as noções básicas de um *web service*, os padrões de *web service* e a arquitetura orientada a serviços;
- compreenderá o conceito de serviços RESTful e as diferenças importantes entre serviços RESTful e serviços baseados em SOAP;
- compreenderá o processo de engenharia de serviços, destinado a produzir *web services* reusáveis;
- compreenderá como a composição de serviços baseada no fluxo de trabalho pode ser utilizada para criar software orientado a serviço que apoie processos corporativos.

CONTEÚDO

18.1 Arquitetura orientada a serviços
18.2 Serviços RESTful
18.3 Engenharia de serviços
18.4 Composição de serviços

O desenvolvimento da web nos anos 1990 revolucionou a troca de informações organizacionais. Os computadores clientes podiam acessar informações em servidores remotos fora de suas próprias organizações. No entanto, o acesso se dava apenas por meio de um navegador web, e o acesso direto à informação por outros programas não era prático. Isso significava que as conexões oportunistas entre os servidores, nos quais um programa podia, por exemplo, consultar uma série de catálogos de diferentes fornecedores, não eram possíveis.

Para contornar esse problema, foram desenvolvidos *web services* que permitiam aos programas acessar e atualizar os recursos disponíveis na web. Usando um *web service*, as organizações que desejam tornar suas informações acessíveis a outros programas podem fazê-lo definindo e publicando uma interface de *web service*. Essa interface define os dados disponíveis e como eles podem ser acessados e utilizados.

De modo geral, um *web service* é uma representação padrão de algum recurso computacional e informacional que pode ser usado por outros programas. Esses recursos podem ser de informação, como um catálogo de peças; recursos computacionais, como um processador especializado; ou recursos de armazenamento. Por exemplo, um serviço de arquivo poderia ser implementado para armazenar de modo permanente e confiável dados de empresas que, por lei, têm de ser mantidos por muitos anos.

Um *web service* é um exemplo de um conceito mais geral de serviço, que Lovelock, Vandermerwe e Lewis (1996) definiram como:

> *um ato ou desempenho oferecido por uma parte a outra. Embora o processo possa ser vinculado a um produto físico, o desempenho é essencialmente intangível e normalmente não resulta na posse de qualquer um dos fatores de produção.*[1]

Os serviços são um desenvolvimento natural dos componentes de software, cujo modelo de componentes é, em essência, um conjunto de padrões associados a *web services*. Um *web service*, portanto, pode ser definido como:

> *Um componente de software reusável, fracamente acoplado, que encapsula funcionalidade discreta, e que pode ser distribuído e acessado por meio de programação. Um* web service *é um serviço acessado usando protocolos padrões da internet e baseados em XML.*

Uma distinção crítica entre um serviço e um componente de software, conforme definido na engenharia de software baseada em componentes, é que os serviços devem ser independentes e fracamente acoplados. Ou seja, eles sempre devem operar da mesma maneira, independentemente do seu ambiente de execução. Eles não devem se basear em componentes externos que possam ter comportamento funcional e não funcional diferente. Portanto, os *web services* não têm uma interface 'requer', que, na CBSE, define os outros componentes do sistema que devem estar presentes. Uma interface de *web service* é simplesmente uma interface 'fornece', que define a funcionalidade e os parâmetros do serviço.

Os sistemas orientados a serviços são uma maneira de desenvolver sistemas distribuídos nos quais os componentes do sistema são serviços independentes, executados em computadores geograficamente distribuídos. Os serviços são independentes da plataforma e da linguagem de implementação. Os sistemas de software podem ser construídos compondo tanto serviços locais quanto externos, de diferentes fornecedores, com interação sem descontinuidade entre os serviços no sistema.

Conforme discuti no Capítulo 17, os conceitos de 'software como um serviço' e 'sistemas orientados a serviço' não são a mesma coisa. O software como um serviço significa oferecer funcionalidade de software a usuários remotamente, por meio da web, e não por meio de aplicações instaladas no computador do usuário. Os sistemas orientados a serviços são implementados usando componentes de serviços reusáveis, que são acessados por outros programas em vez de serem acessados diretamente pelos usuários. O software que é oferecido como um serviço pode ser implementado usando um sistema orientado a serviços. No entanto, não é obrigatório implementar o software dessa maneira para oferecê-lo como um serviço de usuário.

Adotar uma abordagem orientada a serviços para a engenharia de software tem uma série de benefícios importantes:

---

[1] LOVELOCK, C.; VANDERMERWE, S.; LEWIS, B. *Services marketing*. Englewood Cliffs, NJ: Prentice Hall, 1996.

1. Os serviços podem ser oferecidos por qualquer fornecedor dentro ou fora de uma organização. Presumindo que esses serviços estejam em conformidade com certos padrões, as organizações conseguem criar aplicações ao integrar os serviços de uma gama de fornecedores. Por exemplo, uma empresa de manufatura pode ligar-se diretamente aos serviços prestados por seus fornecedores.
2. O fornecedor do serviço torna públicas as informações sobre o serviço, para que qualquer usuário autorizado possa usá-lo. O fornecedor e o usuário do serviço não precisam negociar o que o serviço faz antes que ele possa ser incorporado a um programa.
3. As aplicações podem postergar a ligação (*binding*) dos serviços até serem implantados ou até a sua execução. Portanto, uma aplicação usando um serviço de preço de ações (por exemplo) poderia, a princípio, mudar dinamicamente os prestadores de serviço enquanto o sistema está sendo executado. Isso significa que as aplicações podem ser reativas e adaptar sua operação para lidar com as mudanças no seu ambiente de execução.
4. A construção oportunista de novos serviços é possível. Um fornecedor de serviços pode reconhecer novos serviços que podem ser criados ao ligar os serviços existentes de maneiras inovadoras.
5. Os usuários pagam pelos serviços de acordo com o seu uso, não pelo seu fornecimento. Portanto, em vez de comprar um componente caro que raramente é utilizado, o autor da aplicação pode usar um serviço externo que será pago apenas quando necessário.
6. As aplicações podem ser menores, o que é particularmente importante para dispositivos móveis com capacidades limitadas de processamento e de memória. Algum processamento computacionalmente intensivo e algum tratamento de exceções podem ser descarregados para dispositivo externos.

Os sistemas orientados a serviços têm arquiteturas fracamente acopladas, nas quais as ligações dos serviços podem mudar durante a execução do sistema. Uma versão diferente — mas equivalente — do serviço pode ser executada em diferentes momentos. Alguns sistemas serão criados somente com o uso de *web services*, outros misturarão *web services* com componentes desenvolvidos localmente. Para ilustrar como podem ser organizadas as aplicações que usam uma mistura de serviços e componentes, considere o seguinte cenário:

> *Um sistema de informação veicular abastece os motoristas com informações sobre o clima, as condições de trânsito, as informações locais e assim por diante. Esse sistema está ligado ao rádio do carro, de modo que as informações sejam entregues como um sinal em uma estação de rádio específica. O carro é equipado com um receptor GPS para descobrir a sua posição e, com base nessa posição, o sistema acessa uma ampla gama de serviços de informação. Então as informações podem ser fornecidas no idioma especificado pelo motorista.*

A Figura 18.1 ilustra a possível organização de um sistema como esse. O software veicular inclui cinco módulos que se comunicam com o motorista, com um receptor GPS que indica a posição do carro e com o rádio do veículo. Os módulos **Transmissor** e **Receptor** lidam com toda a comunicação com os serviços externos.

FIGURA 18.1 Sistema de informações veicular baseado em serviços.

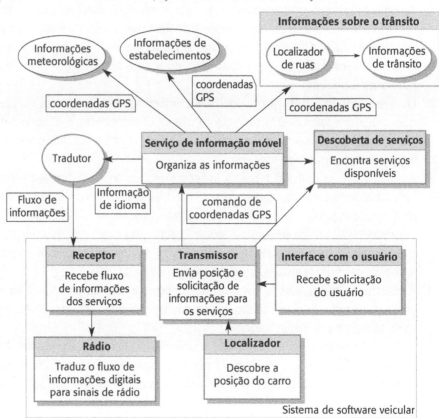

O carro se comunica com um serviço externo de informação móvel que agrega informações de uma série de outros serviços, fornecendo informações sobre o clima, o trânsito e estabelecimentos locais. Diferentes fornecedores, em diferentes lugares, oferecem esses serviços, e o sistema veicular acessa um serviço externo de descoberta para encontrar o que estiver disponível na área. O serviço de informação móvel também usa a descoberta para ligar-se aos serviços corretos de meteorologia, de trânsito e de estabelecimentos. A informação agregada é enviada para o carro por meio de um serviço que traduz essa informação para o idioma de preferência do motorista.

Esse exemplo ilustra uma das principais vantagens da abordagem orientada a serviços. Quando o sistema é programado ou implantado, não é preciso decidir qual prestador de serviço deve ser utilizado ou quais serviços específicos devem ser acessados. À medida que o carro circula, o software veicular usa a descoberta de serviços para encontrar os serviços de informação locais mais úteis. Graças ao uso de um serviço de tradução, ele pode cruzar fronteiras e disponibilizar as informações para as pessoas que não falam o idioma local.

Acho que a abordagem orientada a serviços para a engenharia de software é um desenvolvimento tão importante quanto a engenharia de software orientada a objetos. Os sistemas orientados a serviços são essenciais para os sistemas na nuvem e para os sistemas móveis. Newcomer e Lomow (2005), em seu livro sobre a arquitetura orientada a serviços, resumem o potencial das abordagens orientadas a serviço, que hoje está se realizando:

Movida pela convergência de tecnologias essenciais e pela adoção universal dos web services, a empresa orientada a serviços promete melhorar significativamente a agilidade corporativa, acelerar o prazo de lançamento de novos produtos e serviços, reduzir os custos de TI e melhorar a eficiência operacional.[2]

Criar aplicações baseadas em serviços permite que as empresas e outras organizações cooperem e usem as funções de negócio umas das outras. Desse modo, os sistemas que envolvem uma grande troca de informações entre empresas, como os sistemas de cadeia de suprimentos, com os quais uma empresa encomenda bens de outra, podem ser facilmente automatizados. As aplicações baseadas em serviços podem ser construídas ligando serviços de vários prestadores usando uma linguagem de programação padrão ou uma linguagem de fluxo de trabalho (*workflow*) especializada, conforme discutirei na Seção 18.4.

O trabalho inicial sobre provisionamento e implementação de serviços foi fortemente influenciado pela discordância da indústria de software quanto aos padrões de componentes. Ele foi, portanto, orientado por padrões, e todas as principais empresas se envolveram no desenvolvimento de padrões. Isso levou a toda uma gama de padrões de *web services* (ou, como ficaram conhecidos, *WS*standards*) e ao conceito de arquiteturas orientadas a serviços. Elas foram propostas para sistemas baseados em serviços, com toda a comunicação entre serviços baseada em padrões. No entanto, os padrões propostos eram complexos e tinham uma grande sobrecarga de execução. Esse problema levou muitas empresas a adotar uma abordagem de arquitetura alternativa, baseada nos chamados serviços RESTful. Uma abordagem RESTful é mais simples do que a de uma arquitetura orientada a serviços, mas é menos adequada para serviços que oferecem funcionalidade complexa. Discuto essas duas abordagens de arquitetura neste capítulo.

18.1 ARQUITETURA ORIENTADA A SERVIÇOS

A arquitetura orientada a serviços (SOA, do inglês *service-oriented architecture*) é um estilo de arquitetura que se baseia na ideia de que serviços executáveis podem ser incluídos em aplicações. Os serviços têm interfaces publicadas bem definidas, e as aplicações podem escolher se elas são adequadas ou não. Uma ideia importante que dá apoio à arquitetura orientada a serviços é que o mesmo serviço pode estar disponível em diferentes fornecedores, e as aplicações podem tomar uma decisão em tempo de execução a respeito de qual deles utilizar.

A Figura 18.2 ilustra a estrutura de uma arquitetura orientada a serviços. Os prestadores de serviços projetam e implementam serviços, além de especificar a interface para esses serviços. Eles também publicam informações sobre os serviços em um registro acessível. Os solicitantes (às vezes chamados clientes do serviço) que desejem usar um serviço descobrem sua especificação e localizam o fornecedor. Eles podem ligar (*bind*, em inglês) sua aplicação ao serviço específico e se comunicar com ele usando protocolos de serviço padrões.

---

[2] NEWCOMER, E.; LOMOW, G. *Understanding SOA with web services*. Boston: Addison-Wesley, 2005.

FIGURA 18.2 Arquitetura orientada a serviços.

O desenvolvimento e o uso de padrões acordados internacionalmente são fundamentais para a arquitetura orientada a serviços. O resultado é que ela não sofreu com as incompatibilidades que surgem normalmente com as inovações técnicas, em que diferentes fornecedores mantêm sua versão proprietária da tecnologia. A Figura 18.3 mostra uma lista de padrões-chave que foram estabelecidos para apoiar os *web services*.

FIGURA 18.3 Padrões de *web services*.

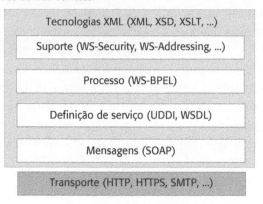

Os protocolos de *web services* cobrem todos os aspectos das arquiteturas orientadas a serviços, dos mecanismos básicos para troca de informações de serviço (SOAP) aos padrões de linguagem de programação (WS-BPEL). Esses padrões baseiam-se em XML, uma notação legível por máquina e por humanos, que permite a definição de dados estruturados cujo texto é marcado com um identificador significativo. A XML tem uma gama de tecnologias de apoio — como a XSD, para definição de esquemas —, usadas para estender e manipular as descrições de XML. Erl (2004) fornece um bom resumo das tecnologias XML e seu papel nos *web services*.

Resumidamente, os padrões fundamentais para as arquiteturas orientadas a serviços são:

1. *SOAP.* É um padrão de troca de mensagens que apoia a comunicação entre serviços. O protocolo simples de acesso a objetos (do inglês *Simple Object Access Protocol*) define os componentes essenciais e opcionais das mensagens passadas entre os serviços. Os serviços em uma arquitetura orientada a serviços às vezes são chamados de serviços baseados em SOAP.
2. *WSDL.* A linguagem de descrição de *web services* (WSDL, do inglês *web service description language*) é um padrão para a definição de interfaces de serviços. Ela estabelece como as operações do serviço (nomes, parâmetros e tipos de operação) e como as ligações dos serviços devem ser definidas.

3. *WS-BPEL*. Esse é o padrão para uma linguagem de fluxo de trabalho que é usada para definir os programas de processo que envolvem vários serviços diferentes. Explicarei o que são programas de processo na Seção 18.3.

O padrão de descoberta UDDI (descrição, descoberta e integração universal, do inglês *universal description, discovery and integration*) define os componentes de uma especificação de serviço, destinada a ajudar potenciais usuários a descobrir a existência de um serviço. Esse padrão foi concebido para permitir que as empresas criassem registros com descrições UDDI definindo os serviços que ofereciam. Algumas empresas criaram registros UDDI nos primeiros anos do século XXI, mas os usuários preferiram mecanismos de busca padrões para encontrar os serviços. Todos os registros UDDI públicos estão fechados atualmente.

Os principais padrões de arquitetura orientada a serviços são apoiados por uma gama de padrões de suporte focados em aspectos mais especializados dessa arquitetura. Existem muitos padrões de suporte porque seu objetivo é apoiar a SOA nos diferentes tipos de aplicação corporativa. Entre os exemplos desses padrões, estão:

1. *WS-Reliable Messaging*, um padrão para troca de mensagens que assegura que elas serão entregues uma única vez.
2. *WS-Security*, um conjunto de padrões de suporte à segurança da informação (*security*) dos *web services*, que inclui padrões que especificam a definição de políticas de segurança da informação e padrões para cobrir o uso de assinaturas digitais.
3. *WS-Addressing*, que define como as informações de endereço devem ser representadas em uma mensagem SOAP.
4. *WS-Transactions*, que define como as transações entre serviços distribuídos devem ser coordenadas.

Os padrões de *web services* são um tópico enorme e não tenho espaço aqui para discuti-los detalhadamente. Recomendo os livros de Erl (2004, 2005) para uma visão geral desses padrões. Suas descrições detalhadas também estão disponíveis como documentos públicos na web (W3C, 2013).

18.1.1 Componentes de serviço em uma SOA

A troca de mensagens, conforme expliquei na Seção 17.1, é um mecanismo importante para coordenar as ações em um sistema de computação distribuído. Os serviços em uma SOA se comunicam pela troca de mensagens, expressas em XML, e essas mensagens são distribuídas usando protocolos de transporte padrões da internet, como HTTP e TCP/IP.

Um serviço define o que necessita de outro serviço ao estabelecer seus requisitos em uma mensagem, que é enviada de um a outro. O serviço destinatário analisa a mensagem, realiza a computação e, ao terminar, envia uma resposta para o serviço solicitante. Esse serviço analisa a resposta para extrair a informação necessária. Ao contrário dos componentes de software, os serviços não usam chamadas de procedimentos ou métodos remotos para acessar a funcionalidade associada a outros serviços.

Para usar um *web service*, é preciso saber onde o serviço está localizado (sua URI, do inglês *Uniform Resource Identifier*) e quais são os detalhes de sua interface. Esses detalhes são fornecidos em uma descrição de serviço, escrita em uma linguagem baseada em XML chamada WSDL. A especificação WSDL define três aspectos de um *web service*: o que o serviço faz, como ele se comunica e onde encontrá-lo:

1. A parte 'o que' de um documento WSDL, chamada interface, especifica as operações às quais o serviço oferece suporte e define o formato das mensagens enviadas e recebidas pelo serviço.
2. A parte 'como' de um documento WSDL, chamada ligação (*binding*), mapeia a interface abstrata para um conjunto concreto de protocolos. A ligação especifica os detalhes técnicos de como se comunicar com um *web service*.
3. A parte 'onde' de um documento WSDL descreve a localização de uma implementação específica do *web service* — seu ponto final (*endpoint*).

O modelo conceitual WSDL (Figura 18.4) mostra os elementos de uma descrição de serviço. Cada elemento é expresso em XML e pode ser fornecido em arquivos separados. Esses elementos são:

1. Uma parte introdutória, que define os *namespaces* XML utilizados e que pode incluir uma seção de documentação que forneça informações adicionais sobre o serviço.
2. Uma descrição opcional dos tipos usados nas mensagens trocadas pelo serviço.
3. Uma descrição da interface do serviço, ou seja, as operações que o serviço fornece para outros serviços ou usuários.
4. Uma descrição das mensagens de entrada e de saída processadas pelo serviço.
5. Uma descrição da ligação utilizada pelo serviço, ou seja, o protocolo que será empregado para enviar e receber mensagens. O protocolo predefinido é o SOAP, mas outras ligações também podem ser especificadas. A ligação estabelece como as mensagens de entrada e de saída associadas ao serviço devem ser empacotadas em uma mensagem e especifica os protocolos de comunicação utilizados. A ligação também pode especificar de que modo as informações de suporte, como as credenciais de segurança da informação ou os identificadores de transação, são incluídas nas mensagens para o serviço.
6. Uma especificação de ponto final (*endpoint*), que é a localização física do serviço, expressa como uma URI — o endereço de um recurso que pode ser acessado através da Internet.

FIGURA 18.4 Organização de uma especificação WSDL.

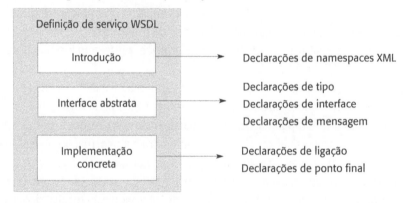

A Figura 18.5 mostra parte da interface de um serviço simples que, dados uma data e um local — especificado como uma cidade dentro de um país —, retorna as temperaturas máxima e mínima registradas naquele local e naquela data. A mensagem de entrada também especifica se essas temperaturas devem ser retornadas em graus Celsius ou em graus Fahrenheit.

FIGURA 18.5 Parte de uma descrição WSDL de um *web service*.

Define alguns dos tipos utilizados. Assume que os prefixos de namespace 'xs' se referem ao URI do namespace para esquemas XML e que o prefixo de namespace associado a essa definição é tempons.

```
<types>
    <xs:schema targetNameSpace="http://.../tempons"
        xmlns:tempons="http://.../tempons">
        <xs:element name="LugarEData" type="regId"/>
        <xs:element name="TempMaxMin" type="regtmm"/>
        <xs:element name="DefeitoEntrada" type="msgerro"/>

        <xs:complexType name="regId">
        <xs:sequence>
            <xs:element name="cidade" type="xs:string"/>
            <xs:element name="país" type="xs:string"/>
            <xs:element name="dia" type="xs:date"/>
        </xs:sequence>
        </xs:complexType>
        Definições dos tipos de TempMaxMin e DefeitoEntrada aqui.
    </xs:schema>
</types>
```

Agora define a interface e suas operações. Nesse caso, existe apenas uma única operação para retornar as temperaturas máxima e mínima.

```
<interface name="infoTempo">
    <operation name="getTempMaxMin" pattern="wsdlns:in-out">
        <input messageLabel="In" element="tempons:LugarEData"/>
        <output messageLabel="Out" element="tempons:TempMaxMin"/>
        <outfault messageLabel="Out" element="tempons:DefeitoEntrada"/>
    </operation>
</interface>
```

As descrições de serviço baseadas em XML incluem definições dos *namespaces* XML. Um identificador de *namespace* pode preceder qualquer identificador utilizado na descrição XML, permitindo a distinção entre identificadores com o mesmo nome que tenham sido definidos em diferentes partes de uma descrição XML. Não é necessário entender os detalhes dos *namespaces* para entender os exemplos aqui. Só é preciso saber que os nomes podem receber um prefixo com um identificador do *namespace* e que o par **namespace:nome** deve ser único.

Na Figura 18.5, a primeira parte da descrição mostra parte da definição do elemento e do tipo que é usada na especificação do serviço. Isso define os elementos **LugarEData**, **TempMaxMin** e **DefeitoEntrada**. Incluí somente a especificação de **LugarEData**, que pode ser considerada como um registro com três campos — cidade, país e data. Uma abordagem similar seria utilizada para definir **TempMaxMin** e **DefeitoEntrada**.

A segunda parte da descrição mostra como a interface do serviço é definida. Nesse exemplo, o serviço **infoTempo** tem uma única operação, embora não haja restrições quanto ao número de operações que podem ser definidas. A operação **infoTempo** tem um padrão de entrada-saída associado (*in-out*), o que significa que ela pega uma mensagem de entrada e gera uma mensagem de saída. A especificação WSDL 2.0 permite uma série de padrões de troca de mensagens, como *in-only* (apenas entrada), *in-out* (entrada e saída), *out-only* (apenas saída), *in-optional-out* (entrada, com saída opcional) e *out-in* (saída e entrada). Então, as mensagens de entrada e de saída que se referem às definições feitas anteriormente são definidas.

Uma interface de serviço definida em WSDL é simplesmente uma descrição da assinatura do serviço, ou seja, as operações e seus parâmetros. Ela não inclui qualquer informação sobre a semântica do serviço ou sobre as suas características não funcionais, como desempenho e dependabilidade. Se o plano é usar o serviço, é preciso descobrir o que o serviço realmente faz e o significado das mensagens de entrada e de saída. É necessário experimentar para descobrir o desempenho e a dependabilidade do serviço. Embora nomes significativos e documentação ajudem a entender a funcionalidade do serviço, ainda é possível equivocar-se a respeito do que o serviço realmente faz.

As descrições de serviços baseadas em XML são longas, detalhadas e tediosas de ler. As especificações WSDL normalmente não são escritas à mão, e a maior parte das informações em uma especificação é gerada automaticamente.

18.2 SERVIÇOS RESTFUL

Os desenvolvimentos iniciais dos *web services* e da engenharia de software orientada a serviços foram baseados em padrões, com mensagens baseadas em XML trocadas entre os serviços. Essa é uma abordagem geral que permite o desenvolvimento de serviços complexos, a ligação dinâmica dos serviços e o controle sobre a qualidade e a dependabilidade dos serviços. No entanto, à medida que os serviços foram desenvolvidos, concluiu-se que a maioria deles consistia em serviços de uma única função, com interfaces de entrada e de saída relativamente simples. Os usuários dos serviços não estavam verdadeiramente interessados na ligação dinâmica e no uso de vários fornecedores de serviços. Eles raramente usam padrões de *web service* para qualidade do serviço, confiabilidade e assim por diante.

O problema é que os padrões de *web services* são 'pesos pesados', que, às vezes, são excessivamente genéricos e ineficientes. Implementar esses padrões requer uma quantidade considerável de processamento para criar, transmitir e interpretar as mensagens XML associadas. Isso desacelera as comunicações entre os serviços e, nos sistemas de alta-vazão (*throughput*), pode ser necessário mais hardware para fornecer a qualidade de serviço necessária.

Em resposta a essa situação, uma abordagem alternativa 'leve' para a arquitetura de *web services* foi desenvolvida. Essa abordagem baseia-se no estilo de arquitetura REST (do inglês, *Representational State Transfer*), que quer dizer uma transferência de estado representacional (FIELDING, 2000). REST é um estilo de arquitetura baseado em transferir representações de recursos de um servidor para um cliente. É o estilo que constitui a base da web como um todo e tem sido utilizado como um método mais simples do que SOAP/WSDL para implementar interfaces de *web services*.

O elemento fundamental em uma arquitetura RESTful é um recurso. Essencialmente, um recurso é simplesmente um elemento de dados, como um catálogo, um registro médico ou um documento — como um capítulo deste livro. Em geral, os recursos podem ter várias representações; isto é, eles podem existir em formatos diferentes. Por exemplo, o capítulo deste livro tem três representações: a representação MS Word, que é utilizada para editar; a representação PDF, que é utilizada para exibição na web; e a representação InDesign, que é empregada ao longo da produção editorial. O recurso lógico por trás dessa composição de texto e imagens é o mesmo em todas essas representações.

Em uma arquitetura RESTful, tudo é representado como um recurso. Os recursos têm um identificador único, que é o seu URL (localizador uniforme de recurso, do inglês *uniform resource locator*). Os recursos são parecidos com objetos, com quatro operações polimórficas fundamentais associadas a eles, conforme a Figura 18.6 (a):

1. Criar — faz o recurso existir.
2. Ler — retorna uma representação do recurso.
3. Atualizar — muda o valor do recurso.
4. Remover — torna o recurso inacessível.

FIGURA 18.6 Recursos e ações.

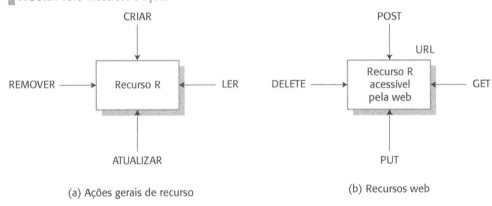

(a) Ações gerais de recurso   (b) Recursos web

A web é um exemplo de sistema que tem uma arquitetura RESTful. As páginas web são recursos, e o identificador único de uma página web é o seu URL.

Os protocolos http e https da web baseiam-se em quatro ações: POST, GET, PUT e DELETE. Essas ações são mapeadas para operações básicas dos recursos, como mostrei na Figura 18.6 (b):

1. POST é usada para criar um recurso. Ela tem dados associados que definem o recurso.
2. GET é usada para ler o valor de um recurso e retorná-lo ao solicitante na representação especificada, como XHTML, que pode ser apresentada em um navegador web.
3. PUT é usada para atualizar o valor de um recurso.
4. DELETE é usada para apagar o recurso.

Todos os serviços, de alguma maneira, operam sobre dados. Por exemplo, o serviço descrito na Seção 18.2, que retorna as temperaturas máxima e mínima de um local em uma determinada data, usa um banco de dados de informações meteorológicas. Os serviços baseados em SOAP executam ações sobre esse banco de dados para retornar valores particulares dele. Os serviços RESTful (RICHARDSON; RUBY, 2007) acessam os dados diretamente.

Quando uma abordagem RESTful é utilizada, os dados são expostos e acessados usando o seu URL. Os serviços RESTful usam os protocolos http ou https, e as únicas ações permitidas são POST, GET, PUT e DELETE. Portanto, os dados meteorológicos de cada local no banco de dados poderiam ser acessados usando URLs como:

http://exemplo-temperatura.net/temperaturas/boston
http://exemplo-temperatura.net/temperaturas/edimburgo

Isso invocaria a operação GET e retornaria uma lista de temperaturas máximas e mínimas. Para solicitar as temperaturas de uma data específica, uma consulta de URL pode ser usada:

http://exemplo-temperatura.net/temperaturas/edimburgo?data=20180819

As consultas de URL também podem ser usadas para deixar clara a solicitação, dado que pode haver vários lugares no mundo com o mesmo nome:

http://exemplo-temperatura.net/temperaturas/boston?data=20180819&pais=USA&estado=Mass

Uma diferença importante entre os serviços RESTful e os baseados em SOAP é que os serviços RESTful não são baseados exclusivamente em XML. Portanto, quando um recurso é solicitado, criado ou alterado, a representação pode ser especificada. Isso é importante para os serviços RESTful porque as representações como a JSON (Javascript Object Notation), assim como a XML, podem ser utilizadas. Essas representações podem ser processadas com mais eficiência do que as notações baseadas em XML, reduzindo a sobrecarga envolvida em uma chamada de serviço. Portanto, a solicitação das temperaturas máxima e mínima em Boston pode retornar as seguintes informações:

```
{
"local": "Boston",
"pais": "EUA",
"estado": "Mass",
"data": "19 Ago 2018",
"unidades": "Fahrenheit",
"max temp": 41,
"min temp": 29
}
```

A resposta para uma solicitação GET em um serviço RESTful pode incluir URLs. Portanto, se a resposta para uma solicitação for um conjunto de recursos, então o URL de cada um desses serviços pode ser incluído. O serviço solicitante pode processar as solicitações do seu próprio modo. Assim, uma solicitação por informações climáticas, considerando um nome de lugar que não seja único, pode retornar as URLs de todos esses lugares que correspondem à solicitação. Por exemplo:

http://exemplo-temperatura.net/temperaturas/edimburgo-escocia
http://exemplo-temperatura.net/temperaturas/edimburgo-australia
http://exemplo-temperatura.net/temperaturas/edimburgo-maryland

Um princípio de projeto fundamental para os serviços RESTful é que eles devem ser sem estado. Ou seja, em uma sessão de interação, o próprio recurso não deve incluir qualquer informação de estado, como o horário da última solicitação. Em vez disso, todas as informações de estado necessárias devem ser retornadas para o solicitante. Se informações de estado forem necessárias em solicitações posteriores, elas devem ser retornadas para o servidor pelo próprio solicitante.

Os serviços RESTful têm sido mais amplamente empregados ao longo dos últimos anos, em razão de dispositivos móveis. Esses dispositivos têm capacidade de processamento limitada, então a sobrecarga mais baixa dos serviços RESTful permite um melhor desempenho do sistema. Eles também são fáceis de usar com os websites existentes — implementar uma API RESTful para um website normalmente é bem fácil.

No entanto, existem problemas com a abordagem RESTful:

1. Quando um serviço tem uma interface complexa e não é um recurso simples, pode ser difícil projetar um conjunto de serviços RESTful para representar essa interface.
2. Não existem padrões para a descrição da interface RESTful, então os usuários do serviço devem contar com documentação informal para entender a interface.
3. Ao usar serviços RESTful, deve-se implementar a própria infraestrutura para monitorar e gerenciar a qualidade e a confiabilidade do serviço. Os serviços baseados em SOAP têm padrões adicionais de suporte à infraestrutura, como WS-Reliability e WS-Transactions.

Pautasso, Zimmermann e Leymann (2008) discutem quando se deve utilizar RESTful e baseada em SOAP. No entanto, muitas vezes é possível fornecer ambas as interfaces baseada em SOAP e RESTful para o mesmo serviço ou recurso (Figura 18.7). Essa abordagem dual é comum atualmente nos serviços na nuvem de fornecedores como Microsoft, Google e Amazon. Os clientes dos serviços podem escolher o método de acesso a esses serviços que seja mais adequado a suas aplicações.

FIGURA 18.7 APIs RESTful e baseada em SOAP.

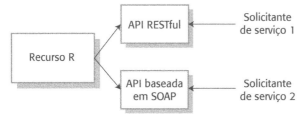

18.3 ENGENHARIA DE SERVIÇOS

A engenharia de serviços é o processo de desenvolver serviços para reúso em aplicações orientadas a serviços. Ela tem muito em comum com a engenharia de componentes. Os engenheiros de serviços têm de garantir que o serviço represente uma abstração reusável que poderia ser útil nos diferentes sistemas. Eles devem projetar e desenvolver funcionalidade útil em várias situações, associada com a abstração, e assegurar que o serviço é robusto e confiável. Eles têm que documentar o serviço para que ele possa ser descoberto e compreendido pelos potenciais usuários.

Conforme a Figura 18.8, há três estágios lógicos no processo de engenharia de serviços:

1. *Identificação de serviço candidato*, em que possíveis serviços a se implementar são identificados e seus requisitos são definidos.
2. *Projeto de serviço*, em que são projetadas a interface lógica do serviço e as suas interfaces de implementação (baseada em SOAP e/ou RESTful).
3. *Implementação e implantação de serviço*, em que o serviço é implementado e testado a fim de tornar-se disponível para uso.

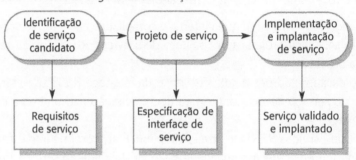

FIGURA 18.8 Processo de engenharia de serviços.

Conforme discuti no Capítulo 16, o desenvolvimento de um componente reusável pode começar de um componente existente, que foi anteriormente implementado e utilizado em uma aplicação. Isso também vale para os serviços — o ponto de partida para esse processo geralmente será um serviço existente ou um componente que deve ser convertido para serviço. Nessa situação, o processo de projeto envolve a generalização do componente existente para que sejam removidas as características específicas da aplicação. Implementação significa adaptar o componente ao acrescentar interfaces de serviço e implementar as generalizações necessárias.

18.3.1 Identificação de serviço candidato

A ideia básica da computação orientada a serviços é que os serviços devem apoiar processos de negócio. Como toda organização tem uma variedade de processos, há muitos serviços com possibilidade de ser implementados. A identificação dos serviços candidatos envolve, portanto, entender e analisar os processos de negócio da organização para decidir quais serviços reusáveis poderiam ser implementados para apoiar esses processos.

Erl (2005) sugere que são três os tipos fundamentais de serviços:

1. *Serviços utilitários*. Esses serviços implementam alguma funcionalidade geral, que pode ser usada por diferentes processos de negócio. Um exemplo de serviço utilitário é um conversor de moedas, que pode ser acessado para calcular a conversão de uma moeda (dólares, por exemplo) para outras (euros, por exemplo).

2. *Serviços de negócio.* Esses serviços estão associados com uma função de negócio específica. Um exemplo de função de negócio em uma universidade é a matrícula de alunos para um curso.
3. *Serviços de coordenação ou de processo.* Esses serviços apoiam um processo de negócio mais geral, que normalmente envolve diferentes atores e atividades. Um exemplo de serviço de coordenação em uma empresa é um serviço de encomendas que permite fazer pedidos com os fornecedores, aceitar os produtos e efetuar pagamentos.

Erl também sugere que os serviços podem ser considerados como orientados a tarefa ou a entidade. Os serviços orientados a tarefa estão associados com alguma atividade, enquanto os serviços orientados a entidade estão associados com um recurso do sistema. O recurso é uma entidade de negócios, como um formulário para se candidatar a um emprego. A Figura 18.9 mostra exemplos de serviços orientados a tarefa e orientados a entidade. Os serviços utilitários, ou de negócio, podem ser orientados a entidade ou a tarefa; os serviços de coordenação sempre são orientados a tarefa.

FIGURA 18.9 Classificação dos serviços.

	Utilitário	**Negócio**	**Coordenação**
Tarefa	Conversor de moedas	Validar formulário de reclamação	Processar pedido de reembolso
	Localizador de funcionários	Avaliar risco de crédito	Pagar fornecedor externo
Entidade	Tradutor de documentos	Formulário de reembolso	
	Conversor de formulário web para XML	Formulário de matrícula de aluno	

O objetivo na identificação de serviços candidatos deve ser o de identificar os serviços que são logicamente coerentes, independentes e reusáveis. A classificação de Erl é útil nesse aspecto, pois sugere como descobrir serviços reusáveis olhando para as entidades de negócio como recursos e atividades de negócio. No entanto, às vezes, é difícil identificar os serviços candidatos, porque é necessário prever como eles serão utilizados. É preciso pensar nos possíveis candidatos e, depois, fazer uma série de perguntas sobre eles para ver se tendem a ser serviços úteis. Algumas dessas perguntas para identificar serviços potencialmente reusáveis são:

1. No caso de um serviço orientado a entidade, esse serviço está associado a um único recurso lógico que é utilizado em diferentes processos de negócio? Quais operações são realizadas normalmente na entidade e devem ser suportadas? Elas se encaixam com as operações PUT, GET, POST e DELETE do serviço RESTful?
2. No caso de um serviço orientado a tarefa, ela é executada por diferentes pessoas na organização? Essas pessoas estarão dispostas a aceitar a inevitável padronização que ocorre quando um único serviço de suporte é fornecido? O serviço pode se encaixar no modelo RESTful ou deve ser reprojetado como um serviço orientado a entidade?
3. O serviço é independente? Isto é, até que ponto ele conta com a disponibilidade de outros serviços?
4. O serviço tem de manter o estado? Se a informação de estado for necessária, ela deve ser mantida em um banco de dados ou passada como um parâmetro

para o serviço. Usar um banco de dados afeta a capacidade de reúso do serviço, já que há uma dependência entre o serviço e o banco de dados necessário. Em geral, os serviços aos quais o estado é passado são mais fáceis de reusar, pois a ligação a um banco de dados não é necessária.

5. Esse serviço poderia ser usado por clientes externos? Por exemplo, um serviço orientado a entidade associado a um catálogo poderia ser disponibilizado tanto para usuários internos como para os externos.
6. É provável que diferentes usuários do serviço tenham requisitos não funcionais diferentes? Se for, então mais de uma versão de um serviço talvez deva ser implementada.

As respostas para essas perguntas ajudam a selecionar e refinar as abstrações que podem ser implementadas como serviços. No entanto, não existe uma fórmula para decidir quais são os melhores serviços. É preciso lançar mão da experiência e do conhecimento de negócio para decidir quais são os serviços mais adequados.

O resultado do processo de seleção dos serviços é um conjunto de serviços identificados e requisitos associados a esses serviços. Os requisitos funcionais dos serviços definem o que esses serviços devem fazer. Os requisitos não funcionais definem a segurança da informação (*security*), o desempenho e a disponibilidade do serviço.

Para ajudar na compreensão do processo de identificação e implementação de serviço candidato, considere o exemplo a seguir:

> *Uma empresa, que vende produtos de informática, providenciou preços especiais para configurações aprovadas por alguns clientes grandes. Para facilitar o pedido automático, a empresa deseja produzir um catálogo de serviços que permitirá aos clientes selecionar o equipamento de que precisam. Diferentemente de um catálogo de consumidor, os pedidos não são feitos diretamente por uma interface de catálogo. Em vez disso, os pedidos são feitos por meio do sistema web de aquisição de cada empresa que acessa o catálogo como um web service. A razão para isso é que as empresas grandes normalmente têm os seus próprios procedimentos de orçamento e aprovação de pedidos, que devem ser seguidos quando um pedido é feito.*

O serviço de catálogo é um exemplo de serviço orientado a entidade, em que o recurso subjacente é o catálogo. Os requisitos funcionais do serviço de catálogo são os seguintes:

1. Uma versão específica do catálogo deve ser fornecida para cada empresa usuária. Isso inclui as configurações aprovadas, os equipamentos que podem ser pedidos pelos funcionários da empresa cliente e os preços dos equipamentos que foram acordados com a empresa.
2. O catálogo deve permitir que um funcionário da empresa cliente baixe uma versão dele para navegação *off-line*.
3. O catálogo deve permitir que os usuários comparem as especificações e os preços de até seis itens.
4. O catálogo deve proporcionar navegabilidade e oferecer um mecanismo de busca para os usuários.

5. Os usuários do catálogo devem ser capazes de descobrir o prazo de entrega previsto de um determinado número de itens específicos do catálogo.
6. Os usuários do catálogo devem ser capazes de fazer 'pedidos virtuais' que reservem itens necessários por 48 horas. Os pedidos virtuais devem ser confirmados por um pedido real feito por um sistema de aquisição. O pedido real deve ser recebido até 48 horas após o pedido virtual.

Além desses requisitos funcionais, o catálogo tem uma série de requisitos não funcionais:

1. O acesso ao serviço de catálogo deve ser restrito aos funcionários das organizações credenciadas.
2. Os preços e as configurações oferecidos para cada cliente devem ser confidenciais, e o acesso a essas informações só pode ser concedido aos funcionários da empresa cliente.
3. O catálogo deve ser disponibilizado sem interrupção do serviço das 7h às 11h (horário de Brasília).
4. O serviço de catálogo deve ser capaz de processar até 100 solicitações por segundo no pico de carga.

Não há requisito não funcional relacionado ao tempo de resposta do serviço de catálogo. Isso depende do tamanho do catálogo e da quantidade prevista de usuários simultâneos. Como esse serviço não é de tempo crítico, não há necessidade de especificar o desempenho necessário nesse estágio.

18.3.2 Projeto da interface do serviço

Depois de identificar os serviços candidatos, o próximo estágio no processo de engenharia de serviços é o de projetar as interfaces desses serviços. Isso envolve definir as operações associadas ao serviço e os parâmetros dessas operações. Se serviços baseados em SOAP forem utilizados, é preciso projetar as mensagens de entrada e de saída. Se os serviços RESTful forem utilizados, é preciso pensar nos recursos necessários e em como as operações padrões devem ser usadas para implementar as operações dos serviços.

O ponto de partida para o projeto da interface dos serviços é o projeto de interface abstrata, em que são identificadas as entidades e as operações associadas ao serviço, suas entradas e saídas, e as exceções associadas a essas operações. Depois, é preciso pensar em como essa interface abstrata é realizada na forma de serviços baseados em SOAP ou de serviços RESTful.

Se escolher uma abordagem baseada em SOAP, é necessário projetar a estrutura das mensagens XML enviadas e recebidas pelo serviço. As operações e as mensagens são a base de uma descrição da interface escrita em WSDL. Se escolher uma abordagem RESTful, é necessário projetar como as operações do serviço correspondem às operações RESTful.

O projeto de interface abstrata começa com os requisitos do serviço e define os nomes e os parâmetros das operações. Nessa etapa, as exceções que podem surgir quando é invocada uma operação do serviço também devem ser definidas. A Figura 18.10 mostra as operações do catálogo que implementam os requisitos. Não é necessário que sejam especificadas em detalhes; detalhes podem ser acrescentados na próxima etapa do processo de projeto.

FIGURA 18.10 Operações do catálogo.

Operação	Descrição
CriarCatálogo	Cria uma versão do catálogo ajustada para um cliente específico. Inclui um parâmetro opcional para criar uma versão em PDF do catálogo, que pode ser baixada.
Visualizar	Exibe todos os dados associados a um item específico do catálogo.
Pesquisar	Pega uma expressão lógica e pesquisa no catálogo de acordo com essa expressão. Exibe uma lista de itens que correspondem à expressão pesquisada.
Comparar	Promove uma comparação de até seis características (por exemplo, preço, dimensões, velocidade do processador etc.) entre até quatro itens do catálogo.
ConferirPrazo	Retorna o prazo de entrega previsto para um item se ele for pedido naquele dia.
FazerPedidoVirtual	Reserva o número de itens que será pedido por um cliente e fornece informações dos itens para o sistema de compras do próprio cliente.

Depois que for estabelecida uma descrição informal do que o serviço deve fazer, o próximo estágio é acrescentar mais detalhes das entradas e das saídas do serviço. Na Figura 18.11, mostro isso para o serviço de catálogo, que estende a descrição funcional da Figura 18.10.

FIGURA 18.11 Projeto da interface do catálogo.

Operação	Entradas	Saídas	Exceções
CriarCatálogo	*ccEntrada* Id da empresa PDF-flag	*ccSaida* URL do catálogo da empresa	*ccErro* Id da empresa inválido
Visualizar	*visEntrada* URL do catálogo Número do catálogo	*visSaida* URL da página com informações do item	*visErro* Número do catálogo inválido
Pesquisar	*pesquisaEntrada* URL do catálogo *String* de pesquisa	*pesquisaSaida* URL da página web com os resultados da pesquisa	*pesquisaErro* *String* de pesquisa malformada
Comparar	*compEntrada* URL do catálogo Atributo de entrada (até 6) Número do catálogo (até 4)	*compSaida* URL da página mostrando a tabela de comparação	*compErro* Id da empresa inválido Número do catálogo inválido Atributo desconhecido
ConferirPrazo	*cpEntrada* Id da empresa Número do catálogo Número de itens necessários	*cpSaida* Prazo de entrega previsto	*cpErro* Id da empresa inválido Indisponível Zero itens solicitados
FazerPedidoVirtual	*pvEntrada* Id de empresa Número do catálogo Número de itens necessários	*pvSaida* Número do catálogo Número de itens necessários Prazo de entrega previsto Estimativa de preço unitário Estimativa de preço total	*pvErro* Id da empresa inválido Número de catálogo inválido Zero itens solicitados

É particularmente importante definir as exceções e como elas podem ser comunicadas aos usuários do serviço. Os engenheiros de serviços não sabem como os seus serviços serão utilizados. Normalmente, não é prudente supor que os usuários compreenderão completamente as especificações dos serviços. As mensagens de entrada podem estar incorretas, então é preciso definir as exceções que relatem entradas incorretas para o cliente do serviço. Em geral, uma prática recomendada no desenvolvimento de componentes reusáveis é deixar todo o tratamento de exceções para o usuário do componente. Os desenvolvedores do serviço não devem impor suas visões sobre como as exceções devem ser tratadas.

Em alguns casos, tudo o que é preciso fazer é uma descrição textual das operações e de suas entradas e saídas. A realização detalhada do serviço é deixada como uma decisão de implementação. Às vezes, porém, ter um projeto mais detalhado é necessário, e a descrição em detalhes da interface pode ser especificada em uma notação gráfica, como a UML, ou em um formato de descrição legível, como o JSON. A Figura 18.12, que descreve as entradas e as saídas para a operação **ConferirPrazo** mostra como é possível usar a UML para descrever a interface em detalhes.

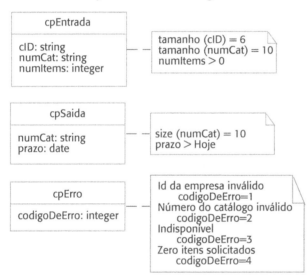

FIGURA 18.12 Definição em UML das mensagens de entrada e de saída.

Repare como decidi detalhar a descrição ao anotar as restrições no diagrama UML. Esses detalhes definem o comprimento das *strings* que representam a empresa e o item do catálogo, além de especificar que o número de itens deve ser maior do que zero e que o prazo de entrega deve ser posterior à data atual. As anotações também mostram os códigos de erro associados a cada possível defeito.

O serviço de catálogo é um exemplo de serviço prático, que ilustra que nem sempre é simples escolher entre a abordagem RESTful e a SOAP para a implementação de um serviço. Como um serviço baseado em entidade, o catálogo pode ser representado como um recurso, sugerindo que um modelo RESTful é o certo a se utilizar. No entanto, as operações do catálogo não são simples operações GET, e é necessário manter algum estado em uma sessão de interação com o catálogo. Isso sugere o uso de uma abordagem baseada em SOAP. Esses dilemas são comuns na engenharia de serviços e, normalmente, as circunstâncias locais (disponibilidade de conhecimentos, por exemplo) são um fator importante na decisão de qual abordagem utilizar.

Para implementar um conjunto de serviços RESTful, é preciso decidir sobre o conjunto de recursos que será utilizado para representar o catálogo e sobre como as operações fundamentais GET, POST e PUT operarão nesses recursos. Algumas das decisões de projeto são simples:

1. Deve haver um recurso representando um catálogo específico de uma empresa. Ele deve ter um URL na forma <catálogo base>/<nome da empresa> e deve ser criado usando uma operação POST.
2. Cada item do catálogo deve ter o seu próprio URL na forma <catálogo base>/<nome da empresa>/<identificador do item>.
3. A operação GET é usada para recuperar itens. **Visualizar** é implementada usando o URL de um item em um catálogo como parâmetro do GET. **Pesquisar** é implementada usando GET com o catálogo da empresa como URL e a *string* de pesquisa como parâmetro de consulta. Essa operação GET retorna uma lista de URLs dos itens correspondentes à busca.

Entretanto, as operações **Comparar**, **ConferirPrazo** e **FazerPedidoVirtual** são mais complexas:

1. A operação **Comparar** pode ser implementada como uma sequência de operações GET para recuperar cada item, seguida por uma operação POST para criar a tabela de comparação e uma operação GET final para retornar os resultados ao usuário.
2. As operações **ConferirPrazo** e **FazerPedidoVirtual** requerem um recurso adicional, representando um pedido virtual. Uma operação POST é usada para criar esse recurso com o número de itens necessários. A identificação da empresa é usada para preencher automaticamente o formulário de pedidos, e o prazo de entrega é calculado. Depois, o recurso pode ser recuperado usando uma operação GET.

É preciso pensar com cuidado em como as exceções são mapeadas em códigos de resposta padrão do http — como o código 404, que significa que um URL não pode ser recuperado. Não tenho espaço aqui para me aprofundar nessa questão, mas isso aumenta o nível de complexidade do projeto da interface do serviço.

Para os serviços baseados em SOAP, o processo de realização é mais simples nesse caso, pois o projeto da interface lógica pode ser traduzido automaticamente para WSDL. A maioria dos ambientes de programação que apoia o desenvolvimento orientado a serviços (o ambiente Eclipse, por exemplo) inclui ferramentas que podem traduzir uma descrição de interface lógica em sua representação WSDL correspondente.

18.3.3 Implementação e implantação do serviço

Depois de identificar os serviços candidatos e projetar suas interfaces, o estágio final do processo de engenharia de serviços é o de implementar o serviço. Essa implementação pode envolver a programação do serviço usando uma linguagem como Java ou C#. Ambas incluem bibliotecas com amplo suporte para o desenvolvimento de serviços baseados em SOAP e RESTful.

Alternativamente, é possível implementar serviços criando interfaces para componentes existentes ou sistemas legados. Os ativos de software que já se provaram úteis podem, portanto, ser disponibilizados para reúso. No caso dos sistemas legados, isso significa que a funcionalidade do sistema pode ser acessada por novas aplicações. Também é possível desenvolver novos serviços definindo composições dos serviços existentes, conforme explicarei na Seção 18.4.

Uma vez implementado, um serviço precisa ser testado antes de sua implantação definitiva. Isso envolve examinar e particionar as entradas do serviço (conforme expliquei no Capítulo 8), criar mensagens de entrada que reflitam essas combinações de entradas e, depois, verificar se as saídas são as esperadas. Deve-se sempre tentar gerar exceções durante o teste para conferir se o serviço pode lidar com entradas inválidas. Para os serviços baseados em SOAP, existem ferramentas que permitem testar e examinar os serviços, e que geram testes a partir de uma especificação WSDL. No entanto, essas ferramentas só conseguem testar a conformidade da interface do serviço com a WSDL. Elas não conseguem testar o comportamento funcional do serviço.

A implantação do serviço, etapa final do processo, envolve disponibilizá-lo para uso em um servidor web. A maioria dos softwares de servidor torna essa operação simples. O arquivo que contém o serviço executável é instalado em um diretório específico. Depois, ele fica automaticamente disponível para uso.

Se o objetivo é disponibilizar o serviço a uma grande organização, ou ao público, é necessário fornecer a documentação para os usuários externos do serviço. Potenciais usuários podem decidir se o serviço tende a satisfazer as suas necessidades e se consideram o autor um fornecedor de serviços confiável e seguro. A informação que uma descrição do serviço poderia incluir é a seguinte:

1. Informações sobre a empresa, detalhes de contato etc. Isso é importante por motivo de confiança. Os usuários externos de um serviço têm de confiar que o serviço não se comportará de modo malicioso. A informação a respeito do fornecedor do serviço permite que os usuários verifiquem suas credenciais com as agências de informações comerciais.
2. Uma descrição informal da funcionalidade fornecida pelo serviço. Isso ajuda os possíveis usuários a decidirem se o serviço é o que eles querem.
3. Uma descrição de como usar o serviço. Para serviços simples, isso pode ser uma descrição textual informal que explique os parâmetros de entrada e de saída. Para serviços mais complexos baseados em SOAP, a descrição WSDL pode ser publicada.
4. Informações de assinatura que permitem aos usuários cadastrarem-se para obter informações a respeito de atualizações do serviço.

Uma dificuldade geral com as especificações dos serviços é que o seu comportamento funcional normalmente é especificado de modo informal, como uma descrição

Serviços de sistemas legados

Os sistemas legados são antigos sistemas de software utilizados por uma organização. Pode não ser economicamente viável reescrever ou substituir esses sistemas, e muitas organizações gostariam de usá-los em conjunto com sistemas mais modernos. Um dos usos mais importantes dos serviços é implementar 'empacotadores' para sistemas legados, que proporcionam acesso às funções e aos dados desses sistemas. Os sistemas, então, podem ser acessados por meio da internet e integrados com outras aplicações.

em linguagem natural. As descrições em linguagem natural são fáceis de ler, mas estão sujeitas a erros de interpretação. Para tratar desse problema, tem ocorrido um grande volume de pesquisa sobre o uso de ontologias e linguagens ontológicas para especificar a semântica do serviço marcando esse serviço com informações ontológicas (W3C, 2012). Entretanto, a especificação baseada em ontologia é complexa e não é amplamente compreendida. Consequentemente, não tem sido largamente utilizada.

18.4 COMPOSIÇÃO DE SERVIÇOS

O princípio por trás da engenharia de software orientada a serviços é a possibilidade de compor e configurar serviços para criar novos serviços compostos. Eles podem ser integrados com uma interface com o usuário implementada em um navegador para criar uma aplicação web, ou podem ser utilizados como componentes em alguma outra composição de serviço. Os serviços envolvidos na composição podem ser desenvolvidos especialmente para a aplicação, podem ser serviços de negócio desenvolvidos dentro de uma empresa ou podem ser serviços de um fornecedor externo. Tanto os serviços RESTful quanto os baseados em SOAP podem ser compostos para criar serviços com funcionalidade estendida.

Muitas empresas converteram suas aplicações corporativas em sistemas orientados a serviços, nos quais o elemento básico da aplicação é um serviço em vez de um componente. Isso permite o reúso generalizado dentro de uma empresa. Atualmente, presenciamos o surgimento de aplicações interorganizacionais, de fornecedores confiáveis que usam os serviços uns dos outros. A realização final da visão de longo prazo dos sistemas orientados a serviços vai se apoiar no desenvolvimento de um 'mercado de serviços', no qual os serviços são comprados de fornecedores externos confiáveis.

A composição de serviços pode ser utilizada para integrar processos de negócio separados, fornecendo um processo integrado que ofereça mais funcionalidades. Como exemplo, uma companhia aérea deseja desenvolver um serviço agregador de viagens, que forneça um pacote completo de férias para os turistas. Além de reservar seus voos, os turistas também poderão fazer reservas em hotéis no destino selecionado, providenciar o aluguel de veículos ou solicitar um táxi do aeroporto, navegar em um guia de viagem e fazer reservas para visitar atrações locais. Para criar essa aplicação, a companhia aérea compõe o seu próprio serviço de reservas com os serviços oferecidos por uma agência de reserva de hotéis, empresas de aluguel de veículos ou de táxi e serviços de reserva oferecidos pelos proprietários das atrações locais. O resultado é um único serviço que integra os serviços de diferentes fornecedores.

É possível encarar esse processo como uma sequência de etapas distintas, como mostra a Figura 18.13. A informação é passada de uma etapa para a seguinte. Por exemplo, a empresa de aluguel de veículos é informada do horário previsto de chegada do voo. A sequência de etapas chama-se fluxo de trabalho (*workflow*) — um conjunto de atividades ordenadas no tempo, em que cada atividade realiza uma parte do trabalho. Trata-se de um modelo de um processo de negócio, que estabelece as etapas envolvidas para alcançar um objetivo particular importante para uma empresa. Nesse caso, o processo de negócio é o serviço de reservas de férias oferecido pela companhia aérea.

FIGURA 18.13 Fluxo de trabalho de pacote de férias.

O fluxo de trabalho é uma ideia simples, e o cenário de reserva de férias citado acima parece direto. Na prática, a composição do serviço normalmente é mais complexa do que sugere esse simples modelo. É preciso considerar a possibilidade de falha do serviço e, assim, incluir o gerenciamento de exceções para lidar com essas falhas. Também é necessário levar em conta demandas fora de padrão feitas pelos usuários da aplicação. Por exemplo, um turista se machuca e precisa alugar uma cadeira de rodas a ser entregue no aeroporto. Isso exigiria que serviços extras fossem implementados e compostos para incluir outras etapas ao fluxo de trabalho.

O projeto de um serviço agregador de viagens deve ser capaz de lidar com situações em que a execução normal de um dos serviços resulta em uma incompatibilidade com a execução de algum outro serviço. Por exemplo, um voo foi reservado para partir em 1 de junho e outro para voltar no dia 7 do mesmo mês. O fluxo de trabalho avançou para a fase de reserva de hotel; o hotel, no entanto, estava recebendo uma convenção importante até o dia 2 de junho, por isso não tinha quartos disponíveis. O serviço de reserva de hotéis deve comunicar essa indisponibilidade, que não significa uma falha, pois a indisponibilidade é uma situação comum.

Dessa maneira, é necessário 'desfazer' a reserva do voo e passar a informação sobre a indisponibilidade de volta para o usuário. Ele então tem de decidir se muda as datas ou o hotel. Na terminologia do fluxo de trabalho, isso se chama ação de compensação. As ações de compensação são utilizadas para desfazer ações que já aconteceram, mas que devem ser alteradas, como consequência de atividades posteriores no próprio fluxo de trabalho.

O processo de projetar novos serviços reusando serviços existentes é um processo de projeto de software com reúso (Figura 18.13). Projetar com reúso envolve inevitavelmente conciliar requisitos. Os requisitos 'ideais' do sistema têm de ser modificados para refletir os serviços que realmente estão disponíveis, cujos custos ficam dentro do orçamento e cuja qualidade é aceitável.

Na Figura 18.14, mostro os seis estágios principais no processo de construção do sistema por meio da composição:

1. *Formular fluxo de trabalho preliminar.* Nesse estágio inicial do projeto, os requisitos do serviço composto são usados como base para criar um projeto de serviço 'ideal'. O projeto criado nesse estágio é bastante abstrato, e a intenção é adicionar detalhes depois que houver mais informações sobre os serviços disponíveis.

2. *Descobrir serviços.* Durante esse estágio do processo, busca-se por serviços existentes para serem incluídos na composição. A maior parte do reúso dos serviços acontece dentro das empresas, então isso pode envolver a pesquisa dos catálogos de serviços locais. Por outro lado, é possível pesquisar serviços oferecidos por fornecedores confiáveis, como a Oracle e a Microsoft.

3. *Selecionar possíveis serviços.* A partir do conjunto de serviços candidatos que foram descobertos, deve-se escolher os possíveis serviços que podem implementar as atividades do fluxo de trabalho. Os critérios de seleção devem incluir, obviamente, a funcionalidade dos serviços oferecidos. Eles também podem incluir o custo e a qualidade dos serviços (responsividade, disponibilidade etc.) oferecidos.
4. *Refinar fluxo de trabalho.* Com base na informação sobre os serviços selecionados, o fluxo de trabalho deve ser refinado. Isso envolve acrescentar detalhes à descrição abstrata e talvez acrescentar ou remover atividades do fluxo de trabalho. Em seguida, os estágios de descoberta e seleção de serviços podem ser repetidos. Depois que um conjunto de serviços estável foi escolhido e o projeto de fluxo de trabalho final foi estabelecido, pode-se passar ao próximo estágio no processo.
5. *Criar programa de fluxo de trabalho.* Durante esse estágio, o projeto do fluxo de trabalho abstrato é transformado em um programa executável, e a interface do serviço é definida. É possível implementar programas de fluxo de trabalho usando uma linguagem de programação, como Java ou C#, ou usando uma linguagem de fluxo de trabalho, como BPMN (explicada a seguir). Esse estágio também pode envolver a criação de interfaces com o usuário baseadas na web para permitir que o novo serviço seja acessado por meio de um navegador web.
6. *Testar serviço ou aplicação completos.* O processo de testar o serviço composto completo é mais complexo do que testar componentes nas situações em que são utilizados serviços externos. Discutirei os problemas do teste na Seção 18.4.2.

FIGURA 18.14 Construção de serviço por meio de composição.

Esse processo supõe que os serviços existentes estão disponíveis para composição. Caso seja preciso contar com informações externas que não estejam disponíveis por meio de uma interface de serviço, pode ser necessário implementar esses serviços. Normalmente, isso envolve um processo de 'raspagem de dados' (*screen scraping*), no qual o programa extrai informações do texto HTML das páginas web que são enviadas para o navegador exibir.

18.4.1 Projeto e implementação do fluxo de trabalho

O projeto do fluxo de trabalho envolve a análise de processos de negócio existentes ou planejados para entender quais são as tarefas envolvidas e como essas tarefas trocam informações. Depois, o novo processo de negócio é definido em uma notação de projeto de fluxo de trabalho. Isso estabelece os estágios envolvidos na execução do processo e a informação passada entre os diferentes estágios do processo. No entanto, os processos existentes podem ser informais e dependentes da habilidade e da capacidade das pessoas envolvidas. Pode não existir uma maneira 'normal' de trabalho ou uma definição de processo. Nesses casos, é preciso usar o conhecimento do processo atual para projetar um fluxo de trabalho que alcance os mesmos objetivos.

Os fluxos de trabalho representam modelos de processos de negócio. São modelos gráficos escritos usando BPMN (do inglês, *Business Process Modeling Notation*) ou diagramas de atividade da UML (WHITE; MIERS, 2008; OMG, 2011). Uso a BPMN nos exemplos deste capítulo. Caso sejam usados serviços baseados em SOAP, é possível converter fluxos de trabalho BPMN automaticamente para WS-BPEL, uma linguagem de fluxo de trabalho baseada em XML que está de acordo com outros padrões de *web services* como SOAP e WSDL. Os serviços RESTful podem ser compostos dentro de um programa em uma linguagem de programação padrão, como Java. Alternativamente, uma linguagem de composição para *mashups* de serviços pode ser usada (ROSENBERG *et al.*, 2008).

A Figura 18.15 é um exemplo de um modelo BPMN simples de parte do cenário do pacote de férias, exibido na Figura 18.14. O modelo mostra um fluxo de trabalho simplificado para a reserva de hotel e pressupõe a existência de um serviço **Hoteis** com operações associadas, chamadas **getRequisitos**, **verificarDisponibilidade**, **reservarQuartos**, **indisponivel**, **confirmarReserva** e **cancelarReserva**. O processo envolve a obtenção dos requisitos do cliente, verificar a disponibilidade de quartos e, depois, se houver quartos disponíveis, fazer uma reserva para as datas requeridas.

FIGURA 18.15 Fragmento do fluxo de trabalho de reserva de hotel.

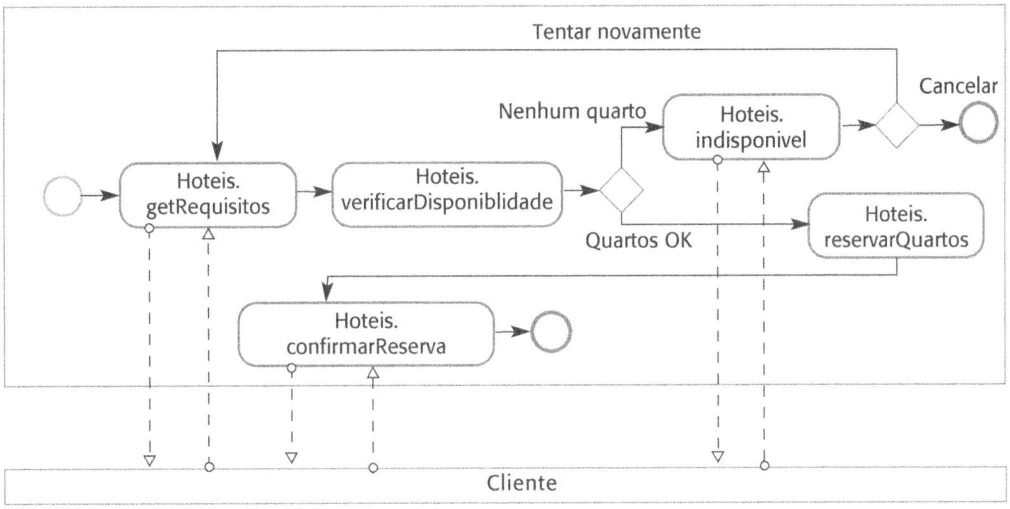

Esse modelo introduz alguns dos conceitos básicos de BPMN que são utilizados para criar modelos de fluxo de trabalho:

1. Os retângulos com os cantos arredondados representam atividades. Uma atividade pode ser executada por um ser humano ou por um serviço automatizado.
2. Os círculos representam eventos discretos. Um evento é algo que acontece durante um processo de negócio. Um círculo simples é utilizado para representar um evento inicial e um círculo em negrito é utilizado para representar um evento final. Um círculo duplo (não exibido) é utilizado para representar um

evento intermediário. Os eventos podem ser eventos de temporização, permitindo que os fluxos de trabalho sejam executados de maneira periódica ou cronometrada.
3. Um losango é utilizado para representar um *gateway*. Um *gateway* é um estágio no processo em que alguma escolha é feita. Por exemplo, na Figura 18.15, uma escolha é feita com base na disponibilidade ou não de quartos.
4. Uma seta sólida mostra a sequência de atividades; uma seta tracejada representa o fluxo de mensagens entre as atividades. Na Figura 18.15, essas mensagens são passadas entre o serviço de reserva de hotel e o cliente.

Esses recursos principais são suficientes para descrever a maioria dos fluxos de trabalho. No entanto, a BPMN inclui muitos recursos adicionais que não tenho espaço para descrever aqui. Eles acrescentam informações a uma descrição de processo de negócio que permitem que ela seja traduzida automaticamente em um serviço executável.

A Figura 18.15 mostra um processo que é executado em uma única organização, a empresa que fornece o serviço de reservas. Entretanto, o benefício principal de uma abordagem orientada a serviços é que ela permite a computação interorganizacional. Isso significa que uma computação envolve processos e serviços de diferentes empresas. Esse processo é representado em BPMN pelo desenvolvimento de fluxos de trabalho separados para cada uma das organizações envolvidas, com interações entre eles.

Para ilustrar vários processos de fluxo de trabalho, uso um exemplo diferente, extraído da computação de alto desempenho, em que o hardware é oferecido como um serviço. Os serviços são criados para fornecer acesso a computadores de alto desempenho para uma comunidade de usuários distribuída geograficamente. Nesse exemplo, um computador de processamento vetorial (uma máquina que consegue executar processamento paralelo em vetores de valores) é oferecido como um serviço (**ServicoProcVetorial**) por um laboratório de pesquisa. Esse serviço é acessado através de outro serviço chamado **PrepararComputacao**. Esses serviços e suas interações são exibidos na Figura 18.16.

FIGURA 18.16 Interação de fluxos de trabalho.

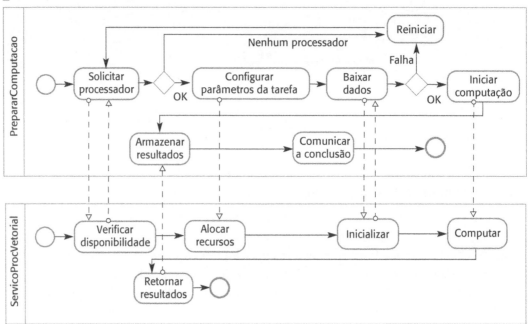

Nesse exemplo, o fluxo de trabalho para o serviço **PrepararComputacao** pede acesso a um processador vetorial e, se houver um processador disponível, ele estabelece a computação necessária e baixa os dados para o serviço de processamento. Após concluída a computação, os resultados são armazenados no computador local. O fluxo de trabalho para **ServicoProcVetorial** inclui as seguintes etapas:

1. Verificar se há um processador disponível.
2. Alocar recursos para a computação.
3. Inicializar o sistema.
4. Realizar a computação.
5. Retornar os resultados para o cliente do serviço.

Em termos de BPMN, o fluxo de trabalho de cada organização é representado em um *pool* separado. Isso é mostrado graficamente com a delimitação do fluxo de trabalho de cada participante do processo em um retângulo, com o nome escrito verticalmente na margem esquerda. Os fluxos de trabalho de cada *pool* são coordenados pela troca de mensagens. Nas situações em que diferentes partes de uma organização estão envolvidas em um fluxo de trabalho, os *pools* são divididos em 'raias'. Cada 'raia' mostra as atividades daquela parte da organização.

Depois que um modelo de processo de negócio foi projetado, ele tem de ser refinado, dependendo dos serviços que foram descobertos. Conforme sugeri na discussão da Figura 18.14, o modelo pode passar por uma série de iterações até chegar a um projeto que permita o máximo reúso possível dos serviços disponíveis.

Uma vez que o projeto final esteja disponível, é possível desenvolver o sistema orientado a serviços final. Isso envolve a implementação dos serviços que não estão disponíveis para reúso e a conversão do modelo de fluxo de trabalho para um programa executável. Como os serviços são independentes da linguagem de implementação, novos serviços podem ser escritos em qualquer linguagem. O modelo de fluxo de trabalho pode ser processado automaticamente para criar um modelo WS-BPEL executável se serviços baseados em SOAP forem utilizados. Alternativamente, se forem utilizados serviços RESTful, o fluxo de trabalho pode ser programado manualmente, com o modelo agindo como uma especificação de programa.

18.4.2 Testando composições de serviços

O teste é importante em todos os processos de desenvolvimento, pois demonstra que um sistema satisfaz seus requisitos funcionais e não funcionais e detecta defeitos que foram introduzidos durante o processo de desenvolvimento. Muitas técnicas de teste, como as inspeções de programa e o teste de cobertura, baseiam-se na análise do código-fonte do software. No entanto, se forem utilizados serviços de um fornecedor externo, não será possível ter acesso ao código-fonte das implementações do serviço. Portanto, não é possível usar as técnicas de teste caixa-branca que se baseiam no código-fonte do sistema.

Além dos problemas de entender a implementação do serviço, os testadores também se deparam com outras dificuldades quando testam as composições de serviços:

1. Serviços externos estão sob o controle do fornecedor do serviço, e não do usuário. O fornecedor do serviço pode modificá-lo ou suspendê-lo a qualquer momento, invalidando qualquer teste prévio da aplicação. Com componentes

de software, esses problemas são tratados mantendo-se diferentes versões do componente, mas versões de serviços normalmente não são suportadas.

2. Se os serviços forem ligados dinamicamente, uma aplicação pode não usar o mesmo serviço cada vez que for executada. Portanto, os testes podem ser bem-sucedidos quando uma aplicação estiver ligada a um determinado serviço, mas não se pode garantir que esse serviço será utilizado durante uma execução real do sistema. Esse problema é uma razão para que a ligação dinâmica não seja amplamente utilizada.

3. O comportamento não funcional de um serviço não depende simplesmente de como ele é utilizado pela aplicação que está sendo testada. Um serviço pode se sair bem durante o teste porque não está operando sob carga pesada. Na prática, o comportamento observado do serviço pode ser diferente em virtude das demandas feitas por outros usuários.

4. O modelo de pagamento por serviços pode encarecer muito o teste. Existem diferentes modelos de pagamento: alguns serviços podem ser totalmente gratuitos, alguns podem ser pagos por assinatura e outros podem ser pagos por uso. Se os serviços forem gratuitos, então o fornecedor do serviço não vai querer que eles sejam sobrecarregados por aplicações que estão sendo testadas; se for necessária uma assinatura, então um usuário pode relutar em assinar o serviço antes de testá-lo. De modo similar, se o uso se basear no pagamento por execução, os usuários do serviço podem achar excessivo o custo dos testes.

5. Discuti o conceito de ações de compensação que são invocadas quando ocorre uma exceção e os compromissos prévios que foram feitos (como uma reserva de passagem aérea) têm de ser revogados. Há um problema em testar ações desse tipo, pois elas dependem da falha de outros serviços. Normalmente, é difícil simular a falha desses serviços durante o processo de teste.

Esses problemas são particularmente graves quando serviços externos são utilizados. São menos graves quando os serviços são utilizados dentro da mesma empresa ou quando as empresas em regime de cooperação confiam nos serviços fornecidos por seus parceiros. Nesses casos, o código-fonte pode ser disponibilizado para guiar o processo de teste e o pagamento pelos serviços não tende a ser um problema. Resolver esses problemas de teste e produzir diretrizes, ferramentas e técnicas para testar aplicações orientadas a serviços continuam a ser tópicos de pesquisa importantes.

PONTOS-CHAVE

▹ A arquitetura orientada a serviços é uma abordagem para a engenharia de software na qual serviços padronizados e reusáveis são os elementos básicos para os sistemas de aplicação.

▹ Os serviços podem ser implementados dentro de uma arquitetura orientada a serviços usando um conjunto de padrões de *web services* baseados em XML. Esses padrões incluem a comunicação, a definição da interface e a execução dos serviços em fluxos de trabalho.

▹ Alternativamente, pode ser utilizada uma arquitetura RESTful, que se baseia em recursos e operações padrões sobre esses recursos. Uma abordagem RESTful usa os protocolos http e https para a comunicação dos serviços e mapeia as operações nos verbos http padrão POST, GET, PUT e DELETE.

- Os serviços podem ser classificados como utilitários, que fornecem uma funcionalidade de propósito geral; serviços de negócio, que implementam parte de um processo de negócio; ou serviços de coordenação, que coordenam a execução de outros serviços.
- O processo de engenharia de serviços envolve identificar os serviços candidatos à implementação, definir a interface do serviço, implementar, testar e implantar o serviço.
- O desenvolvimento de software com uso de serviços baseia-se na ideia de que os programas são criados por meio da composição e da configuração dos serviços para criar novos serviços e sistemas compostos.
- As linguagens gráficas de fluxo de trabalho, como a BPMN, podem ser utilizadas para descrever um processo de negócio e os serviços utilizados nesse processo. Essas linguagens podem descrever interações entre as organizações que estão envolvidas.

LEITURAS ADICIONAIS

Service-oriented architecture: concepts, technology and design. Existe uma imensa quantidade de tutoriais na internet cobrindo todos os aspectos dos *web services*. No entanto, acho que o livro de Thomas Erl é a melhor visão geral e descrição dos *web services* e dos padrões de serviços. Erl inclui uma discussão dos tópicos da engenharia de software na computação orientada a serviços. Ele também escreveu livros mais recentes sobre serviços RESTful e uma série de livros sobre sistemas orientados a serviços abordando as arquiteturas SOA e RESTful. Nesse livro, Erl discute os padrões SOA e *web services*, mas se concentra basicamente em discutir como uma abordagem orientada a serviços pode ser utilizada em todos os estágios do processo de software. ERL, T. Prentice-Hall, 2005.

"Service-oriented architecture." Uma boa introdução à SOA, de leitura agradável. Vários autores, 2008. Disponível em: <http://msdn.microsoft.com/en-us/library/bb833022.aspx>. Acesso em: 13 jan. 2015.

"RESTful web services: the basics." Um bom tutorial introdutório sobre abordagem e serviços RESTful. RODRIGUEZ, A. 2008. Disponível em: <www.ibm.com/developerworks/webservices/library/ws-restful/>. Acesso em: 8 jul. 2018.

Service design patterns: fundamental design solutions for SOAP/WSDL, and RESTful web services. Este é um texto mais avançado para desenvolvedores que desejam usar *web services* nas aplicações corporativas. Ele descreve uma série de problemas comuns e soluções de *web services* abstratos para esses problemas. DAIGNEAU, R. Addison-Wesley, 2012.

"Web services tutorial." Este é um tutorial extenso sobre todos os aspectos da arquitetura orientada a serviços, *web services* e padrões de *web service*, escrito por pessoas envolvidas no desenvolvimento desses padrões. É muito útil se você precisar de uma compreensão detalhada dos padrões. W3C, 1999-2014. Disponível em: <https://www.w3schools.com/xml/xml_services.asp>. Acesso em: 11 ago. 2018.

SITE[3]

Apresentações em PowerPoint para este capítulo disponíveis em: <http://software-engineering-book.com/slides/chap18/>.
Links para vídeos de apoio disponíveis em: <http://software-engineering-book.com/videos/software-reuse/>.

---

[3] Todo o conteúdo disponibilizado na seção *Site* de todos os capítulos está em inglês.

EXERCÍCIOS

18.1 Quais são as distinções mais importantes entre os serviços e os componentes de software?

18.2 Os padrões são fundamentais para as arquiteturas orientadas a serviços e acredita-se que a conformidade com os padrões foi essencial para o sucesso da adoção de uma abordagem baseada em serviços. No entanto, os serviços RESTful, que são cada vez mais utilizados, não são baseados em padrão. Discuta por que você acha que essa mudança ocorreu e se você acha ou não que a falta de padrões inibirá o desenvolvimento e o deslanche dos serviços RESTful.

18.3 Estenda a Figura 18.5 para incluir definições WSDL de **TempMaxMin** e **DefeitoEntrada**. As temperaturas devem ser representadas como *integers*, com um campo adicional indicando se a temperatura está em graus Fahrenheit ou Celsius. **DefeitoEntrada** deve ser um tipo simples consistindo em um código de erro.

18.4 Defina uma especificação de interface para os serviços **ConversorMoeda** e **AvaliarRiscoCredito** exibidos na Figura 18.9.

18.5 Sugira como os serviços **ConversorMoeda** e **AvaliarRiscoCredito** poderiam ser implementados pela abordagem RESTful.

18.6 Projete as possíveis mensagens de entrada e de saída para os serviços exibidos na Figura 18.13. Você pode especificar essas mensagens em UML ou XML.

18.7 Justificando a sua resposta, sugira dois tipos importantes de aplicação nas quais você *não* recomendaria o uso da arquitetura orientada a serviços.

18.8 Explique o que significa 'ação de compensação' e, usando um exemplo, mostre por que essas ações podem ter que ser incluídas em fluxos de trabalho.

18.9 Para o exemplo do serviço de reservas de pacotes de férias, projete um fluxo de trabalho que irá reservar transporte terrestre para um grupo de passageiros chegando a um aeroporto. Eles devem ter a opção de chamar um táxi ou alugar um carro. Você pode supor que as empresas de táxi e de aluguel de veículos oferecem *web services* para fazer uma reserva.

18.10 Usando um exemplo, explique em detalhes por que é difícil o teste completo dos serviços que incluem ações de compensação.

REFERÊNCIAS

ERL, T. *Service-oriented architecture*: a field guide to integrating XML and web services. Upper Saddle River, NJ: Prentice-Hall, 2004.

_____. *Service-oriented architecture*: concepts, technology and design. Upper Saddle River, NJ: Prentice-Hall, 2005.

FIELDING, R. "Representational State Transfer." In: _____. Architectural styles and the design of network-based software architecture. Tese de doutorado - University of California, Irvine, 2000. p. 76-106. Disponível em: <www.ics.uci.edu/~fielding/pubs/dissertation/fielding_dissertation.pdf>. Acesso em: 8 jul. 2018.

LOVELOCK, C; VANDERMERWE, S.; LEWIS, B. *Services marketing*. Englewood Cliffs, NJ.: Prentice-Hall, 1996.

NEWCOMER, E.; LOMOW, G. *Understanding SOA with web services*. Boston: Addison-Wesley, 2005.

OMG. About the Business Process Model and Notation specification version 2.0. 2011. Disponível em: <http://www.omg.org/spec/BPMN/2.0/>. Acesso em: 8 jul. 2018.

PAUTASSO, C.; ZIMMERMANN, O.; LEYMANN, F. "RESTful web services vs. 'Big' web services: making the right architectural decision." *Proc. WWW*. Beijing, China, 2008. p. 805-814. doi:10.1145/1367497.1367606.

RICHARDSON, L.; RUBY, S. *RESTful web services*. Sebastopol, CA: O'Reilly Media Inc., 2007.

ROSENBERG, F.; CURBERA, F.; DUFTLER, M.; KHALAF, R. "Composing RESTful services and collaborative workflows: a lightweight approach." *IEEE Internet Computing*, v. 12, n. 5, 2008. p. 24-31. doi:10.1109/MIC.2008.98.

W3C OWL Working Group (eds.). OWL 2 Web Ontology Language. *W3C*. 2012. Disponível em: <www.w3.org/TR/owl2-overview/>. Acesso em: 8 jul. 2018.

_____. WEB of Services. *W3C*. 2013. Disponível em: <www.w3.org/standards/webofservices/>. Acesso em: 8 jul. 2018.

WHITE, S. A.; MIERS, D. *BPMN modeling and reference guide*: understanding and using BPMN. Lighthouse Point, FL. USA: Future Strategies Inc., 2008.

19 | Engenharia de sistemas

OBJETIVOS

Os objetivos deste capítulo são explicar por que os engenheiros de software devem entender a engenharia de sistemas e introduzir os processos de engenharia de sistemas mais importantes. Ao ler este capítulo, você:

- saberá o que é um sistema sociotécnico e entenderá por que questões humanas, sociais e organizacionais afetam os requisitos e o projeto dos sistemas de software;
- compreenderá a ideia de projeto conceitual e por que ela é um primeiro estágio essencial no processo de engenharia de sistemas;
- saberá o que é aquisição de sistema e entenderá por que diferentes processos de aquisição de sistemas são utilizados para diferentes tipos de sistemas;
- conhecerá os processos de desenvolvimento da engenharia de sistemas e seus relacionamentos.

CONTEÚDO

19.1 Sistemas sociotécnicos
19.2 Projeto conceitual
19.3 Aquisição de sistemas
19.4 Desenvolvimento de sistemas
19.5 Operação e evolução de sistemas

Um computador só se torna útil quando inclui software e hardware. Sem o hardware, um sistema de software é uma abstração — simplesmente uma representação de algum conhecimento e ideias humanas. Sem o software, um sistema de hardware é um conjunto de dispositivos eletrônicos inertes. No entanto, ao juntar os dois para formar um sistema computacional, cria-se uma máquina capaz de realizar computações complexas e fornecer os resultados dessas computações para o seu ambiente.

Isso ilustra uma das características fundamentais de um sistema: ele é mais do que a soma de suas partes. Os sistemas têm propriedades que só se tornam aparentes quando seus componentes estão integrados e operando juntos. Além disso, os sistemas são desenvolvidos para apoiar as atividades humanas — trabalho, entretenimento, comunicação, proteção das pessoas e do ambiente e assim por diante. Eles interagem com as pessoas, e o seu projeto (*design*) é influenciado por considerações humanas e organizacionais. Hardware, fatores humanos, sociais e organizacionais têm de ser levados em consideração durante o desenvolvimento de todos os sistemas de software profissionais. Os sistemas que incluem software caem em duas categorias:

1. *Sistemas técnicos baseados em computador* são sistemas que incluem componentes de hardware e software, mas não procedimentos e processos. Os exemplos de sistemas técnicos incluem televisões, celulares e outros equipamentos com software embarcado. Aplicações para PCs, jogos de computador e dispositivos móveis também são sistemas técnicos. Indivíduos e organizações usam sistemas técnicos com uma finalidade particular, mas o conhecimento dessa finalidade não faz parte do sistema técnico. Por exemplo, o processador de texto que estou usando (Microsoft Word) não sabe que está sendo usado para escrever um livro.
2. *Sistemas sociotécnicos* incluem um ou mais sistemas técnicos, mas, de maneira crucial, também incluem pessoas que entendem o propósito do sistema, dentro do próprio sistema. Os sistemas sociotécnicos têm processos operacionais definidos, e as pessoas (os operadores) são partes inerentes do sistema. Eles são governados por políticas e por regras organizacionais e podem ser afetados por limitações externas, como leis e políticas regulatórias nacionais. Por exemplo, este livro foi criado por meio de um sistema sociotécnico de publicação que inclui vários processos (criação, edição, diagramação etc.) e de sistemas técnicos (Microsoft Word e Excel, Adobe Illustrator etc.).

A engenharia de sistemas (WHITE *et al.*, 1993; STEVENS *et al.*, 1998; THAYER, 2002) é a atividade de projetar sistemas inteiros levando em conta as características do hardware, do software e dos elementos humanos desses sistemas. A engenharia de sistemas inclui tudo o que está relacionado com aquisição, especificação, desenvolvimento, implantação, operação e manutenção de sistemas técnicos e sociotécnicos. Os engenheiros de sistemas têm de considerar a capacidade do hardware e do software, assim como as interações do sistema com os usuários e seu ambiente. Eles devem pensar a respeito dos serviços do sistema, das restrições sob as quais o sistema deve ser construído e operado e dos modos como o sistema é utilizado.

Neste capítulo, o foco é a engenharia de sistemas intensivos de software grandes e complexos. São 'sistemas corporativos', ou seja, sistemas utilizados para apoiar os objetivos de uma grande organização. Os sistemas corporativos são utilizados pelo governo e pelos serviços militares, bem como por grandes empresas e outros órgãos públicos. Eles são sistemas sociotécnicos influenciados pelo modo de trabalho da organização e por regras e regulamentos nacionais e internacionais. Podem ser constituídos por uma série de sistemas diferentes e podem ser sistemas distribuídos com grandes bancos de dados. Eles têm uma vida útil longa e são críticos para a operação da empresa.

Acredito que é importante que os engenheiros de software conheçam a engenharia de sistemas e que sejam participantes ativos nos processos de engenharia de sistemas, por duas razões:

1. Atualmente, o software é o elemento dominante nos sistemas corporativos, ainda que muitos tomadores de decisão experientes nas organizações tenham uma compreensão limitada de software. Os engenheiros de software têm de participar mais ativamente da tomada de decisão de alto nível sobre os sistemas, para que eles sejam confiáveis e desenvolvidos dentro do prazo e do orçamento.
2. Para um engenheiro de software, ter a consciência de como um software interage com outros sistemas de hardware e de software, além dos fatores humanos, sociais e organizacionais que afetam os modos como o software é

utilizado, é de grande ajuda. Esse conhecimento é útil para entender os limites do software e projetar sistemas melhores.

Existem quatro estágios sobrepostos (Figura 19.1) na vida útil dos sistemas grandes e complexos:

1. *Projeto conceitual.* Essa atividade inicial da engenharia de sistemas desenvolve o conceito do tipo de sistema necessário. Ela estabelece, em linguagem não técnica, o propósito do sistema, o porquê de sua necessidade e as características de alto nível que os usuários podem esperar do sistema. O projeto conceitual também pode descrever restrições amplas, como a necessidade de interoperabilidade com outros sistemas. Essas restrições limitam a liberdade dos engenheiros de sistemas ao projetarem e desenvolverem o sistema.
2. *Aquisição.* Durante esse estágio, o projeto conceitual é desenvolvido para que a informação fique disponível para tomar decisões sobre o contrato para o desenvolvimento do sistema. Isso pode envolver a tomada de decisões sobre a distribuição da funcionalidade pelo hardware, pelo software e pelos processos operacionais. Também pode ser necessário tomar decisões sobre qual hardware e software deve ser adquirido, quais fornecedores devem desenvolver o sistema e os termos e condições do contrato de fornecimento.
3. *Desenvolvimento.* Durante esse estágio, o sistema é desenvolvido. Os processos de desenvolvimento incluem a definição dos requisitos, o projeto do sistema, a engenharia de hardware e software, a integração do sistema e o teste. Os processos operacionais são definidos, e os cursos de treinamento dos usuários do sistema são concebidos.
4. *Operação.* Nesse estágio, o sistema é implantado, os usuários são treinados e o sistema é colocado em uso. Os processos operacionais planejados normalmente têm de mudar para refletir o real ambiente de trabalho no qual o sistema é utilizado. Com o tempo, o sistema evolui à medida que novos requisitos são identificados. Por fim, o sistema perde seu valor, sendo desmantelado e substituído.

FIGURA 19.1 Estágios da engenharia de sistemas.

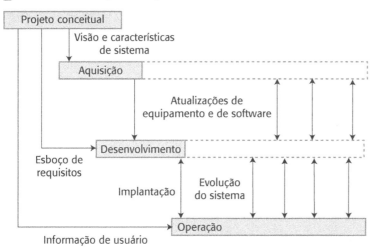

A Figura 19.1 mostra as interações entre esses estágios. A atividade de projeto conceitual é uma base para a aquisição e o desenvolvimento do sistema, mas também é utilizada para fornecer informações sobre o sistema aos usuários. O desenvolvimento e a aquisição se sobrepõem, e etapas de aquisição adicionais podem ser necessárias durante o desenvolvimento e a operação à medida que novo equipamento e novo software estiverem disponíveis. Depois que o sistema estiver em operação, as mudanças nos requisitos são inevitáveis; implementar essas mudanças requer mais desenvolvimento e, talvez, aquisição de software e hardware.

As decisões tomadas em qualquer um desses estágios têm influência profunda nos demais estágios. As opções de projeto quanto ao escopo do sistema e ao seu hardware e software podem ser limitadas pelas decisões de aquisição. Os erros humanos cometidos durante a especificação, projeto e desenvolvimento podem significar a introdução de defeitos no sistema. Uma decisão de limitar o teste por motivos orçamentários pode significar defeitos não descobertos antes de o sistema ser posto em uso. Durante a operação, erros na configuração para implantação podem levar a problemas no uso do sistema. Decisões tomadas durante a aquisição original podem ser esquecidas quando houver propostas de mudança no sistema. Isso pode levar a consequências imprevistas, oriundas da implementação das mudanças.

Uma diferença importante entre a engenharia de sistemas e a engenharia de software é o envolvimento de um gama de profissionais durante todo o ciclo de vida do sistema. Esses profissionais incluem engenheiros, que podem estar envolvidos nos projetos de hardware e de software; usuários finais do sistema; gerentes preocupados com questões organizacionais e especialistas no domínio da aplicação do sistema. Por exemplo, o projeto do sistema da bomba de insulina, apresentado no Capítulo 1, requer especialistas em eletrônica, em engenharia mecânica, em software e em medicina.

Para sistemas muito grandes, pode ser necessária uma gama ainda maior de especialistas. A Figura 19.2 ilustra as disciplinas técnicas que podem estar envolvidas na aquisição e no desenvolvimento de um novo sistema de controle de tráfego aéreo: arquitetos e engenheiros civis estão envolvidos porque os novos sistemas de controle de tráfego aéreo normalmente têm de ser instalados em uma nova edificação; engenheiros elétricos e mecânicos estão envolvidos para especificar e manter a energia e o ar-condicionado; engenheiros eletrônicos estão preocupados com computadores, radares e outros equipamentos; ergonomistas projetam as estações de trabalho dos controladores de voo; e os engenheiros de software e os projetistas de interface com o usuário são responsáveis pelo software do sistema.

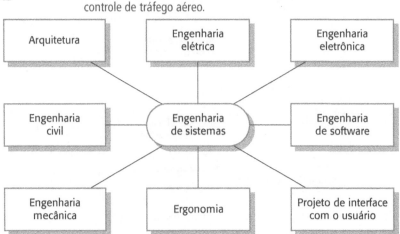

FIGURA 19.2 Disciplinas profissionais envolvidas na engenharia de sistemas de controle de tráfego aéreo.

O envolvimento de uma série de disciplinas profissionais é essencial em razão dos diferentes tipos de componentes nos sistemas complexos. No entanto, as diferenças e os mal-entendidos entre as disciplinas podem levar a decisões de projeto equivocadas. Essas decisões inadequadas podem atrasar o desenvolvimento do sistema ou torná-lo menos adequado para a finalidade pretendida. Existem três motivos pelos quais podem ocorrer mal-entendidos ou outras diferenças entre engenheiros com formações diferentes:

1. Diferentes disciplinas profissionais usam as mesmas palavras, mas nem sempre elas significam a mesma coisa. Consequentemente, os mal-entendidos são comuns nas discussões entre engenheiros de diferentes formações. Se essas diferenças não forem descobertas e resolvidas durante o desenvolvimento do sistema, elas podem levar a erros nos sistemas entregues. Por exemplo, um engenheiro eletrônico pode saber um pouco sobre programação em C, mas não entender que um método em Java é como uma função em C.
2. Cada disciplina faz suposições sobre o que as outras disciplinas podem ou não fazer. Esses pressupostos frequentemente se baseiam em uma compreensão inadequada do que é possível. Por exemplo, um engenheiro eletrônico pode decidir que todo o processamento de sinal (uma tarefa computacionalmente intensiva) deve ser feito por software para simplificar o projeto de hardware. No entanto, isso pode significar muito mais esforço de software para assegurar que o processador do sistema possa lidar com a quantidade de cálculos determinada.
3. As disciplinas tentam proteger os limites de sua profissão e podem argumentar em defesa de certas decisões de projeto porque essas decisões vão demandar a sua especialização profissional. Portanto, um engenheiro de software pode argumentar em defesa de um sistema baseado em software para o travamento das portas de um prédio, embora um sistema mecânico de chaves possa ser mais confiável.

Minha experiência é a de que o trabalho interdisciplinar só pode ser bem-sucedido se houver tempo suficiente para que essas questões sejam discutidas e resolvidas. Isso requer discussões regulares cara a cara e uma abordagem flexível de todos os envolvidos no processo de engenharia de sistemas.

19.1 SISTEMAS SOCIOTÉCNICOS

O termo *sistema* é usado universalmente. Falamos sobre sistemas de computador, sistemas operacionais, sistemas de pagamento, sistema educacional, sistema de governo e assim por diante. Obviamente são empregos bem diferentes da palavra 'sistema', embora compartilhem a mesma característica fundamental: de certa maneira, o sistema é mais do que simplesmente a soma de suas partes.

Os sistemas abstratos, como o sistema de governo, estão fora do escopo deste livro. Concentro-me aqui nos sistemas que incluem computadores e software e que têm algum propósito específico, como permitir a comunicação, apoiar a navegação ou manter prontuários médicos. Uma definição útil desses tipos de sistema é:

Um sistema é uma coleção intencional de componentes inter-relacionados de diferentes tipos que trabalham juntos para prestar um conjunto de serviços para o dono do sistema e seus usuários.

Essa definição geral pode cobrir uma gama muito ampla de sistemas. Por exemplo, um sistema simples, como uma caneta apontadora laser, presta um serviço de indicação e pode incluir alguns componentes de hardware com um minúsculo programa de controle em uma memória somente de leitura (ROM). Por outro lado, um sistema de controle de tráfego aéreo inclui milhares de componentes de hardware e software, assim como usuários humanos, que tomam decisões baseadas nas informações provenientes desse sistema computacional. Ele presta uma série de serviços, incluindo o fornecimento de informações para pilotos, a manutenção de uma distância segura entre os aviões, a utilização do espaço aéreo etc.

Em todos os sistemas complexos, as propriedades e o comportamento dos componentes do sistema estão inextricavelmente interligados. O funcionamento bem-sucedido de cada componente do sistema depende do funcionamento dos demais componentes. O software só pode operar se o processador estiver operacional; o processador só pode fazer as computações se o sistema de software que define essas computações tiver sido instalado com êxito.

Os grandes sistemas costumam ser 'sistemas de sistemas'. Isto é, são compostos de vários sistemas separados. Por exemplo, um sistema de comando e controle da polícia pode incluir um sistema de informações geográficas para fornecer detalhes da localização dos incidentes. Esse sistema de informações geográficas pode ser utilizado em sistemas de logística de transportes ou de comando e controle de emergências. A engenharia de sistemas de sistemas é um tópico cada vez mais importante na engenharia de software, e o abordarei no Capítulo 20.

Com poucas exceções, os grandes sistemas são sociotécnicos (sobre os quais tratei no Capítulo 10). Isto é, eles não incluem apenas software e hardware, mas também pessoas, processos e políticas organizacionais. Os sistemas sociotécnicos são sistemas corporativos destinados a ajudar a atingir um propósito comercial. Esse propósito poderia ser o aumento das vendas, a redução do material utilizado na produção, o recolhimento de impostos, a manutenção de um espaço aéreo seguro etc. Porque estão incorporados em um ambiente organizacional, a aquisição, o desenvolvimento e o uso desses sistemas são influenciados pelas políticas e pelos procedimentos da organização, bem como por sua cultura de trabalho. Os usuários do sistema são pessoas influenciadas pela maneira como a organização é gerenciada e por suas interações com outras pessoas, dentro e fora da organização.

A estreita relação entre os sistemas sociotécnicos e as organizações que os utilizam significa que costuma ser difícil estabelecer os limites do sistema. Diferentes pessoas dentro da organização enxergarão as fronteiras do sistema de diferentes maneiras. Definir o que é e o que não é parte do escopo do sistema é tão importante quanto definir os seus requisitos.

A Figura 19.3 ilustra esse problema. O diagrama mostra um sistema sociotécnico como um conjunto de camadas, em que cada camada contribui de alguma maneira para o funcionamento do sistema. No centro, há um sistema técnico intensivo de software e seus processos operacionais (a área destacada da Figura 19.3). A maioria das pessoas concordaria que ambos fazem parte do sistema. No entanto, o comportamento do sistema é influenciado por uma série de fatores sociotécnicos externos a esse centro. O limite do sistema deveria ser simplesmente desenhado em volta do centro ou deveria incluir outros níveis organizacionais?

FIGURA 19.3 Estrutura em camadas de sistemas sociotécnicos.

Leis e regulamentos nacionais
Estratégias e metas organizacionais
Cultura organizacional
Políticas e regras organizacionais
Processos operacionais
Sistema técnico

Se essas considerações sociotécnicas mais amplas deveriam ou não ser consideradas como parte do sistema, depende da organização e de suas políticas e regras. Se as regras e as políticas organizacionais puderem ser modificadas, então algumas pessoas poderiam argumentar que elas devem fazer parte do sistema. Entretanto, é mais difícil mudar a cultura organizacional e ainda mais difícil mudar a estratégias e os objetivos. Apenas os governos podem mudar as leis para acomodar um sistema. Além disso, diferentes *stakeholders* podem ter opiniões diferentes sobre em que pontos devem ser desenhados os limites do sistema. Não existem respostas simples para essas perguntas, mas elas têm de ser discutidas e negociadas durante o processo de projeto do sistema.

Geralmente, os grandes sistemas sociotécnicos são utilizados em organizações. Ao projetar e desenvolver sistemas sociotécnicos, é preciso entender, na medida do possível, o ambiente organizacional no qual eles serão utilizados. Sem esse entendimento, os sistemas podem não satisfazer as necessidades corporativas. Os usuários e seus gerentes podem rejeitá-lo ou não utilizar o sistema em seu potencial pleno.

A Figura 19.4 mostra os principais elementos em uma organização que podem afetar os requisitos, o projeto (*design*) e a operação de um sistema sociotécnico. Um novo sistema pode levar a mudanças em alguns ou em todos estes elementos:

1. *Processos.* Um sistema novo pode significar que as pessoas têm de mudar a maneira de trabalhar. Se isso acontecer, treinamento certamente será necessário. Se as alterações forem significativas, ou se envolverem demissões de pessoas, há o perigo de os usuários resistirem à introdução do sistema.
2. *Empregos.* Sistemas novos podem desqualificar os usuários em um ambiente ou fazer com que os usuários mudem a sua maneira de trabalhar. Se for o caso, os usuários podem resistir ativamente à introdução do sistema na organização. Profissionais especializados, como médicos ou professores, podem resistir aos projetos de sistemas que os obriguem a mudar o seu modo de trabalho normal. As pessoas envolvidas podem sentir que a sua experiência profissional está erodindo e que seu status na organização está sendo reduzido pelo sistema.
3. *Políticas organizacionais.* O sistema proposto pode não ser completamente coerente com as políticas organizacionais (por exemplo, sobre privacidade). Isso pode exigir mudanças no sistema, nas políticas ou nos processos para alinhar o sistema e as políticas.

4. *Estrutura política da organização.* O sistema pode mudar a estrutura de poder político em uma organização. Por exemplo, se uma organização depende de um sistema complexo, as pessoas que controlam o acesso a esse sistema têm uma boa dose de poder político. Por outro lado, se uma organização se reorganizar em uma estrutura diferente, isso pode afetar os requisitos e o uso do sistema.

FIGURA 19.4 Elementos organizacionais.

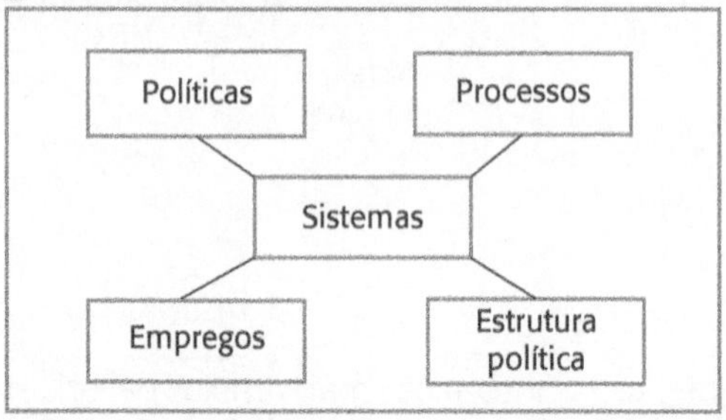

Os sistemas sociotécnicos são sistemas complexos, o que significa que é praticamente impossível ter de antemão uma compreensão total de seu comportamento. Essa complexidade leva a três características importantes dos sistemas sociotécnicos:

1. Eles têm propriedades emergentes que são propriedades do sistema como um todo, em vez de associadas a partes individuais do sistema. As propriedades emergentes dependem dos componentes do sistema e das relações entre eles. Algumas dessas relações só passam a existir quando o sistema é integrado com base em seus componentes, então as propriedades emergentes só podem ser avaliadas nesse momento. A segurança da informação (*security*) e a dependabilidade são exemplos de importantes propriedades emergentes do sistema.
2. Eles são não determinísticos, de modo que, quando são apresentados a uma entrada específica, nem sempre produzem a mesma saída. O comportamento do sistema depende dos operadores humanos, e as pessoas nem sempre reagem da mesma maneira. Além disso, o uso do sistema pode criar relações novas entre os componentes do sistema e, por isso, mudar o seu comportamento emergente.
3. Os critérios de sucesso do sistema são subjetivos, e não objetivos. A extensão em que o sistema apoia os objetivos organizacionais não depende apenas do sistema em si. Ele também depende da estabilidade desses objetivos, das relações e dos conflitos entre os objetivos organizacionais e de como as pessoas na organização interpretam esses objetivos. Uma nova gestão pode reinterpretar os objetivos organizacionais para os quais um sistema foi concebido, de modo que um sistema 'bem-sucedido' possa ser encarado como algo que deixou de ser adequado para o seu propósito.

As considerações sociotécnicas costumam ser críticas para determinar se um sistema cumpriu seus objetivos ou não. Infelizmente, para os engenheiros com pouca experiência em estudos sociais ou culturais, é muito difícil levar em conta essas questões. Para ajudar a entender os efeitos dos sistemas nas organizações, foram propostas várias metodologias de sistemas sociotécnicos. Em um artigo sobre projetos de sistemas sociotécnicos, discuto as vantagens e as desvantagens dessas metodologias de projeto sociotécnico (BAXTER; SOMMERVILLE, 2011).

19.1.1 Propriedades emergentes

As complexas relações entre os componentes em um sistema significam que esse sistema é mais do que a mera soma de suas partes; ele tem propriedades que são do sistema como um todo. Essas 'propriedades emergentes' (CHECKLAND, 1981) não podem ser atribuídas a qualquer parte específica do sistema. Em vez disso, elas só emergem depois que os componentes do sistema foram integrados. Algumas propriedades emergentes, como o peso, podem ser derivadas diretamente das propriedades do subsistema. Na maioria das vezes, no entanto, elas surgem de uma combinação de propriedades de subsistemas e de relações entre subsistemas. A propriedade do sistema não pode ser calculada diretamente das propriedades dos componentes individuais do sistema. Na Figura 19.5 são exibidos exemplos de propriedades emergentes.

FIGURA 19.5 Exemplos de propriedades emergentes.

Propriedade	Descrição
Confiabilidade	A confiabilidade do sistema depende da confiabilidade dos componentes, mas interações inesperadas podem provocar novos tipos de falhas e, portanto, afetar a confiabilidade do sistema.
Reparabilidade	Essa propriedade reflete a facilidade com que um problema é corrigido no sistema depois de ter sido descoberto. Ela depende da capacidade de diagnosticar o problema, de acessar os componentes defeituosos e de modificar ou substituir esses componentes.
Segurança da informação (*security*)	A segurança da informação de um sistema (sua capacidade para resistir a ataques) é uma propriedade complexa que não pode ser medida facilmente. Ataques podem ser criados e, sem ter sido previstos pelos projetistas do sistema, podem vencer as proteções embutidas.
Usabilidade	Essa propriedade reflete a facilidade de usar o sistema. Ela depende dos componentes do sistema técnico, de seus operadores e do seu ambiente operacional.
Volume	O volume de um sistema (o espaço total ocupado) depende de como os conjuntos de componentes estão organizados e conectados.

Existem dois tipos de propriedades emergentes:

1. *Propriedades emergentes funcionais,* nas quais o propósito de um sistema só emerge após a integração dos seus componentes. Por exemplo, uma bicicleta tem a propriedade funcional de ser um meio de transporte depois que foi montada a partir de seus componentes.
2. *Propriedades emergentes não funcionais*, relacionadas ao comportamento do sistema em seu ambiente operacional. A confiabilidade, o desempenho, a segurança (*safety*) e a segurança da informação (*security*) são exemplos dessas propriedades. Essas características são críticas para sistemas computacionais, pois o fato de não alcançar um nível mínimo definido para essas propriedades normalmente torna o sistema inutilizável. Alguns usuários podem não precisar de certas funções do sistema, então o sistema pode ser aceitável sem tais funções. No entanto, um sistema não confiável ou lento demais tende a ser rejeitado por todos os seus usuários.

As propriedades emergentes, como a confiabilidade, dependem das propriedades dos componentes individuais e de suas interações ou relacionamentos. Por exemplo, a confiabilidade de um sistema sociotécnico é influenciada por três coisas:

1. *Confiabilidade do hardware*. Qual é a probabilidade de os componentes de hardware falharem e quanto tempo leva para reparar um componente que falhou?
2. *Confiabilidade do software*. Qual é a probabilidade de um componente de software produzir uma saída incorreta? A falha de software é diferente da falha de hardware, pois o software não é desgastado. As falhas costumam ser transitórias. O sistema segue trabalhando após a produção de um resultado incorreto.
3. *Confiabilidade do operador*. Qual é a probabilidade de o operador de um sistema cometer um erro e fornecer uma entrada incorreta? Qual é a probabilidade de que o software não detecte esse erro e o propague?

As confiabilidades do hardware, do software e do operador não são independentes, mas afetam umas às outras de maneiras imprevisíveis. A Figura 19.6 mostra como as falhas em um nível podem ser propagadas para outros níveis no sistema. Digamos que um componente de hardware em um sistema comece a apresentar problemas. A falha de hardware, às vezes, pode gerar sinais espúrios que estão fora do intervalo de entradas esperadas pelo software. Então o software pode se comportar de maneira imprevisível e produzir resultados inesperados. Isso pode confundir e, consequentemente, causar estresse no operador do sistema.

FIGURA 19.6 Propagação da falha.

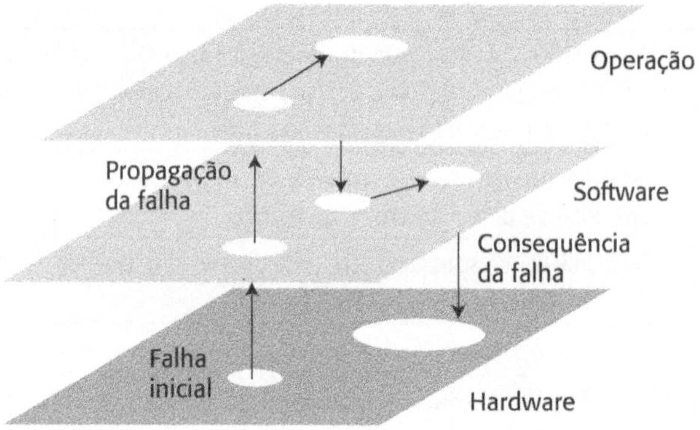

Sabemos que as pessoas são mais propensas a cometer erros quando se sentem estressadas. Então, uma falha de hardware pode desencadear erros do operador. Esses erros, por sua vez, podem levar ao comportamento imprevisto do software, resultando em mais demandas sobre o processador. Isso poderia sobrecarregar o hardware, causando mais falhas e assim por diante. Desse modo, uma falha inicial relativamente pequena pode evoluir rapidamente para um problema grave que poderia levar ao desligamento completo do sistema.

A confiabilidade de um sistema depende do contexto no qual esse sistema é utilizado. No entanto, o ambiente do sistema não pode ser especificado completamente, e, muitas vezes, é impossível para os projetistas do sistema limitarem o ambiente para os sistemas em operação. Diferentes sistemas operando em um ambiente podem reagir aos problemas de maneiras imprevisíveis, afetando assim a confiabilidade de todos esses sistemas.

Por exemplo, considere um sistema que é projetado para operar a uma temperatura ambiente normal. Para permitir variações e condições excepcionais, os componentes eletrônicos de um sistema são projetados para operar dentro de certo intervalo de temperaturas, por exemplo, de zero a 40 graus Celsius. Fora desse intervalo de temperatura, os componentes vão se comportar de maneira imprevisível. Agora, suponha que esse sistema seja instalado perto de um condicionador de ar. Se esse condicionador de ar falhar e expelir gás quente sobre os produtos eletrônicos, então o sistema pode superaquecer. Os componentes e, portanto, o sistema inteiro, podem falhar.

Se o sistema tivesse sido instalado em outro lugar no mesmo ambiente, esse problema não teria ocorrido. No entanto, por causa da proximidade física dessas máquinas, havia um relacionamento imprevisto entre elas que levou à falha do sistema.

Assim como a confiabilidade, as propriedades emergentes como o desempenho ou a usabilidade são difíceis de avaliar, mas podem ser medidas depois de o sistema entrar em operação. Propriedades como segurança (*safety*) e segurança da informação (*security*), porém, não são mensuráveis diretamente. Aqui, não há uma preocupação apenas com os atributos relacionados ao comportamento do sistema, mas também com o comportamento indesejado ou inaceitável.

Um sistema seguro, do ponto de vista da segurança da informação, é aquele que não permite o acesso não autorizado aos seus dados. Infelizmente, é claramente impossível prever todos os modos de acesso possíveis e proibi-los de maneira explícita. Portanto, só pode ser possível avaliar essas propriedades 'não deve' depois de o sistema entrar em operação. Só é possível saber que um sistema está desprotegido quando alguém tenta penetrá-lo.

19.1.2 Não determinismo

Um sistema determinístico é aquele absolutamente previsível. Se ignorarmos as questões de concorrência, os sistemas de software que são executados em hardware confiável são determinísticos. Quando uma sequência de entradas é apresentada a eles, eles sempre produzirão a mesma sequência de saídas. Naturalmente, não existe um hardware completamente confiável, mas o hardware costuma ser suficientemente confiável para considerarmos os sistemas de hardware determinísticos.

As pessoas, por outro lado, são não determinísticas. Quando exatamente a mesma entrada é apresentada a elas (digamos que a solicitação para realizar uma tarefa), suas respostas dependerão do seu estado emocional e físico, da pessoa que está solicitando, das outras pessoas no ambiente e do que elas estiverem fazendo. Às vezes, elas ficam felizes de fazer o trabalho e, outras vezes, se recusam; às vezes, vão realizar bem a tarefa, outras vezes, a realizarão mal.

Os sistemas sociotécnicos são não determinísticos, em parte porque incluem pessoas, em parte porque as mudanças no hardware, no software e nos dados nesses sistemas são frequentes demais. As interações entre essas mudanças são complexas e, portanto, o comportamento do sistema é imprevisível. Os usuários não sabem quando e por que as mudanças foram feitas, então eles encaram o sistema como não determinístico.

Por exemplo, um sistema é apresentado a um conjunto de 20 entradas de teste. Ele processa essas entradas, e os resultados são registrados. Um tempo depois, as mesmas 20 entradas de teste são processadas, e os resultados são comparados com os resultados armazenados previamente. Cinco deles são diferentes. Isso significa que houve cinco falhas? Ou as diferenças são simplesmente variações razoáveis no comportamento do sistema? Só é possível descobrir isso examinando os resultados com mais profundidade e julgando o modo como o sistema lidou com cada entrada.

Com frequência, o não determinismo é visto como uma coisa ruim, e considera-se que os projetistas devam tentar evitar esse comportamento sempre que possível. Na verdade, nos sistemas sociotécnicos, o não determinismo tem benefícios importantes. Ele significa que o comportamento de um sistema não é fixo o tempo todo, mas, sim, que pode mudar dependendo do ambiente do sistema. Por exemplo, os operadores podem observar que um sistema está exibindo sinais de falha. Em vez de usar o sistema normalmente, eles podem mudar o seu comportamento para diagnosticar e recuperar o sistema dos problemas detectados.

19.1.3 Critérios de sucesso

Geralmente, os sistemas sociotécnicos complexos são desenvolvidos para enfrentar 'problemas traiçoeiros' (RITTEL; WEBBER, 1973). Um problema traiçoeiro é tão complexo e envolve tantas entidades relacionadas que não há uma especificação definitiva para ele. Diferentes *stakeholders* encaram o problema de diferentes maneiras, e ninguém tem uma compreensão integral do problema como um todo. A verdadeira natureza do problema pode surgir apenas quando for desenvolvida uma solução.

Um exemplo extremo de problema traiçoeiro é o planejamento de emergência para lidar com as consequências de um terremoto. Ninguém consegue prever com exatidão onde será o epicentro de um terremoto, a que horas ele vai acontecer ou qual será o seu efeito no ambiente local. É impossível especificar em detalhes como lidar com o problema. Os projetistas de sistemas têm de fazer suposições, mas o entendimento do que é necessário só emerge depois de o terremoto ter ocorrido.

Isso dificulta a definição dos critérios de sucesso de um sistema. Como é possível decidir se um sistema novo contribui para os objetivos comerciais da empresa que pagou por ele? O julgamento do sucesso não costuma ser feito com base nos motivos originais para a aquisição e o desenvolvimento do sistema. Em vez disso, ele se baseia na eficácia ou não do sistema no momento de sua implantação. Como o ambiente corporativo pode mudar com muita rapidez, os objetivos comerciais podem mudar de maneira significativa durante o desenvolvimento do sistema.

A situação é ainda mais complexa quando existem vários objetivos conflitantes, que são interpretados de maneira diferente por *stakeholders* distintos. Por exemplo, o sistema no qual se baseia o sistema Mentcare foi concebido para apoiar dois objetivos comerciais diferentes:

1. Melhorar a qualidade do atendimento às pessoas com algum problema de saúde mental.
2. Melhorar o custo-benefício dos tratamentos ao fornecer aos gerentes relatórios detalhados do atendimento prestado e dos custos desse atendimento.

Infelizmente, esses objetivos se provaram conflitantes, porque a informação necessária para satisfazer o objetivo dos relatórios significava que os médicos e os profissionais de enfermagem tinham de fornecer mais informações, além dos registros de saúde que mantinham normalmente. Isso reduziu a qualidade do atendimento dos pacientes, pois a equipe tinha menos tempo para falar com eles. Pela perspectiva de um médico, esse sistema não representou uma melhoria em relação ao sistema manual anterior; mas, pela perspectiva da gestão, ele representou uma melhoria.

Desse modo, qualquer critério de sucesso estabelecido nos estágios iniciais do processo de engenharia de sistemas tem de ser revisto regularmente durante o desenvolvimento e uso do sistema. Não é possível avaliar esses critérios objetivamente, já que eles dependem do efeito do sistema sobre seu ambiente e seus usuários. Um sistema pode, aparentemente, satisfazer seus requisitos conforme especificados originalmente, mas ser praticamente inútil em razão das mudanças no ambiente em que ele é usado.

19.2 PROJETO CONCEITUAL

Uma vez sugerida a ideia para um sistema, o projeto conceitual é a primeira coisa a ser feita no processo de engenharia de sistemas. Na fase de projeto conceitual, com base em uma ideia inicial, a viabilidade é avaliada, e a ideia é desenvolvida para criar uma visão global do sistema que poderia ser desenvolvido. Depois, é preciso descrever o sistema previsto, para que os não especialistas, como os usuários do sistema, os principais tomadores de decisão da empresa ou os políticos possam entender o que está sendo proposto.

Há uma sobreposição visível entre o projeto conceitual e a engenharia de requisitos. Como parte do processo de projeto conceitual, deve-se imaginar como o sistema proposto será utilizado. Isso pode envolver discussões com possíveis usuários e outros *stakeholders*, com grupos de discussão e com base em observações sobre como os sistemas existentes são utilizados. O objetivo dessas atividades é entender como os usuários trabalham, o que é importante para eles e quais podem ser as restrições práticas do sistema.

A importância de estabelecer uma visão do sistema proposto raramente é mencionada na literatura de projeto (*design*) e de requisitos de software. No entanto, essa visão faz parte do processo de engenharia de sistemas militares há muitos anos. Fairley, Thayer e Bjorke (1994) discutem a ideia de análise do conceito e documentação dos resultados dessa análise em um documento chamado 'Conceito de Operações' (ConOps). Hoje, a ideia de desenvolver um documento ConOps é amplamente utilizada nos sistemas de larga escala, e é possível encontrar muitos exemplos de documentos ConOps na web.

Infelizmente, como quase sempre acontece nos sistemas militares e governamentais, as boas ideias podem ser sufocadas pela burocracia e por padrões inflexíveis. É exatamente isso que aconteceu com o ConOps, quando um padrão de documento foi proposto (IEEE, 2007). Como afirma Mostashari *et al.* (2012), a tendência é que sejam feitos documentos longos e ilegíveis, que não servem ao seu propósito. Eles propõem uma abordagem mais ágil para o desenvolvimento de um documento de ConOps, gerando um documento mais enxuto e flexível como resultado desse processo.

Não gosto do termo *Conceito de Operações*, em parte por suas conotações militares, em parte porque acho que um documento de projeto conceitual não é só sobre a operação do sistema. Ele também deve apresentar a compreensão do engenheiro do sistema quanto à razão de o sistema estar sendo desenvolvido, uma explicação sobre a adequação das propostas do projeto e, às vezes, uma organização inicial do sistema. Como afirma Fairley, "ele deve ser organizado para contar uma história", ou seja, escrito para que as pessoas sem formação técnica possam compreender as propostas que estão sendo feitas.

A Figura 19.7 mostra as atividades que podem fazer parte do processo de projeto conceitual. O projeto conceitual deve ser sempre um processo executado por uma equipe que envolva pessoas de diferentes formações. Fiz parte de uma equipe de projeto conceitual para o ambiente de aprendizagem digital, introduzido no Capítulo 1. Para o ambiente de aprendizagem digital, a equipe de projeto incluiu professores, pesquisadores da área de educação, engenheiros de software, administradores de sistema e gerentes de sistema.

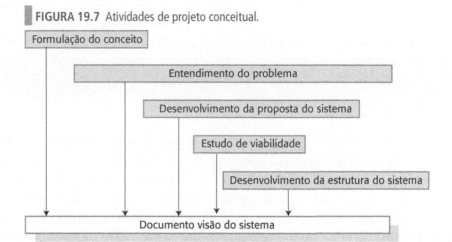

FIGURA 19.7 Atividades de projeto conceitual.

A formulação do conceito é o primeiro estágio do processo; o objetivo é definir uma declaração inicial de necessidades e descobrir qual tipo de sistema seria o melhor para satisfazer as necessidades dos *stakeholders*. Inicialmente, fomos encarregados de propor uma intranet para compartilhamento de informações nas escolas que fosse mais fácil de usar do que o sistema atual. No entanto, após discussões com professores, descobrimos que isso não era realmente necessário. O sistema atual era estranho de se usar, mas as pessoas tinham encontrado maneiras de contornar isso. Na verdade, era necessário um ambiente de aprendizagem digital que pudesse ser adaptado ao se acrescentar assuntos e ferramentas específicas para a idade, além de conteúdo disponibilizado gratuitamente na internet.

Descobrimos isso porque a atividade de formulação do conceito se sobrepôs à atividade de compreensão do problema. Para entender o problema, é preciso discutir com os usuários e com outros *stakeholders* como eles fazem o trabalho deles. É preciso descobrir o que é importante para eles, quais são as barreiras que os impedem de fazer o que querem e quais são as ideias de mudanças consideradas necessárias. É preciso ter a mente aberta (o problema é deles, não seu) e estar preparado para mudar de ideia quando a realidade não corresponder à sua visão inicial.

No estágio de desenvolvimento da proposta do sistema, a equipe de projeto conceitual estabelece ideias de sistemas alternativos, e elas são a base do estudo de viabilidade para decidir quais ideias justificam mais desenvolvimento. Em um estudo de viabilidade, devem ser examinados os sistemas comparáveis que foram desenvolvidos em outros lugares e as questões de tecnologia (por exemplo, uso de dispositivos móveis) que possam afetar o uso do sistema. Depois, deve-se avaliar se o sistema pode ou não ser implementado usando as tecnologias atuais de hardware e software.

Descobri que outra atividade útil é desenvolver um esboço da estrutura ou arquitetura para o sistema. Essa atividade é útil tanto para avaliar a viabilidade quanto para proporcionar uma base para que a engenharia de requisitos e o projeto de arquitetura sejam mais detalhados. Além disso, pelo fato de a maioria dos sistemas ser construída hoje em dia com base em sistemas e componentes existentes, uma arquitetura inicial significa que as partes essenciais do sistema foram identificadas e podem ser adquiridas separadamente. Com frequência, essa abordagem é melhor do que adquirir um sistema como uma unidade monolítica de um único fornecedor.

Para o ambiente de aprendizagem digital, decidimos por uma arquitetura de serviços em camadas (exibida na Figura 1.8). Todos os componentes no sistema devem ser considerados serviços substituíveis. Dessa maneira, os usuários podem substituir um serviço padrão por sua alternativa preferida e, assim, adaptar o sistema às idades e aos interesses dos alunos que estão aprendendo com o sistema.

Todas essas atividades geram informações utilizadas para desenvolver o documento visão do sistema. Esse é um documento crítico que os tomadores de decisão mais experientes usam para decidir se o desenvolvimento do sistema deve prosseguir. Ele também é usado para desenvolver outros documentos, como a análise de risco e a estimativa de orçamento, entradas importantes para o processo de tomada de decisão.

Os gerentes usam o documento visão do sistema para entender o sistema; uma equipe de aquisições o utiliza para definir um documento de proposta; e os engenheiros de requisitos o utilizam como base para refinar os requisitos do sistema. Como essas pessoas diferentes precisam de níveis de detalhe diferentes, sugiro que o documento seja estruturado em duas partes:

1. Um resumo para os tomadores de decisão sêniores que apresente os pontos principais do problema e o sistema proposto. Ele deve ser escrito de modo que os leitores consigam visualizar imediatamente como o sistema será usado e quais serão os benefícios proporcionados.
2. Uma série de apêndices que desenvolvem as ideias com mais detalhes e que podem ser usados nas atividades de aquisição de sistemas e engenharia de requisitos.

É desafiador escrever um resumo da visão do sistema para leitores que são pessoas ocupadas e que provavelmente não contam com uma formação técnica. Descobri que usar as histórias de usuário é muito eficaz, e proporciona uma visão tangível do uso do sistema com que o pessoal não técnico consegue se identificar. As histórias devem ser curtas e personalizadas, devendo ser uma descrição viável do uso do sistema, como mostra a Figura 19.8. Há um outro exemplo de história do usuário do mesmo sistema no Capítulo 4 (Figura 4.9).

FIGURA 19.8 História de usuário utilizada em um documento visão do sistema.

Arte digital

Jill é uma aluna do 2º ano de uma escola secundária em Dundee (Escócia). Ela tem um smartphone só dela, e a família compartilha um tablet da Samsung e um notebook da Dell. Na escola, Jill inicia uma sessão em um computador e é apresentada ao ambiente Glow+, que inclui uma gama de serviços, alguns escolhidos por seus professores e alguns que ela mesma escolheu na biblioteca de aplicativos Glow.

Ela está trabalhando em um projeto de arte celta e usa o Google para pesquisar uma série de sites de arte. Ela rabisca alguns desenhos no papel e depois usa a câmera de seu telefone para fotografar o que foi feito; ela carrega as fotos em seu espaço pessoal do Glow+ usando a rede sem fio da escola. Sua lição de casa é concluir o projeto e escrever um comentário curto a respeito de suas ideias.

Em casa, ela usa o tablet da família para iniciar uma sessão no ambiente Glow+ e então usa um aplicativo de arte para processar sua fotografia e continuar o trabalho, acrescentando cor etc. Ela termina essa parte do projeto e, para concluí-lo, passa ao notebook de casa para digitar seus comentários. Ela carrega o trabalho terminado no ambiente Glow+ e envia uma mensagem para sua professora de arte dizendo que ele está disponível para ser avaliado. A professora visualiza o projeto em um período livre antes da próxima aula de arte de Jill usando um tablet da escola e, em sala de aula, ela discute o trabalho com Jill.

Após a discussão, a professora e Jill decidem que o trabalho deve ser compartilhado, e então elas o publicam em uma página do site escola, que mostra exemplos dos trabalhos dos alunos. Além disso, o trabalho é incluído no portfólio virtual de Jill — seu registro de trabalhos escolares dos 3 aos 18 anos de idade.

As histórias de usuário são eficazes porque, como já foi observado, os leitores podem se identificar com elas; além disso, elas podem mostrar o potencial do sistema proposto de uma maneira facilmente acessível. Naturalmente, elas são apenas parte de uma visão do sistema, e o resumo também deve incluir uma descrição de alto nível dos pressupostos feitos e das maneiras pelas quais o sistema agregará valor à organização.

19.3 AQUISIÇÃO DE SISTEMAS

A aquisição de sistemas é um processo cujo resultado é uma decisão de comprar um ou mais sistemas de fornecedores. Nesse estágio, são tomadas decisões sobre o escopo do sistema que deve ser comprado, os orçamentos, os prazos e os requisitos de alto nível do sistema. Usando essas informações, são tomadas outras decisões sobre a aquisição do sistema, o tipo de sistema necessário e o fornecedor (ou os fornecedores) do sistema. Os direcionadores dessas decisões são os seguintes:

1. *A substituição de outros sistemas organizacionais.* Se a organização tiver uma mistura de sistemas que não conseguem trabalhar juntos ou que são caros para manter, então a compra de um sistema substituto com mais capacidade pode levar a benefícios de negócio importantes.
2. *A necessidade de cumprir regulamentos externos.* As empresas, cada vez mais, têm de demonstrar conformidade com regulamentos definidos externamente (por exemplo, as normas contábeis conforme a lei Sarbanes-Oxley, nos Estados Unidos). Isso requer a substituição de sistemas que não estejam em conformidade com a regulação vigente ou o provisionamento de novos sistemas especificamente para monitorar o cumprimento dela.
3. *Concorrência externa.* Se uma empresa precisa competir com mais eficiência ou manter uma posição competitiva, os gestores podem resolver comprar sistemas novos para aumentar a eficiência ou a eficácia da empresa. Quanto aos sistemas militares, a necessidade de aumentar a capacidade em face de novas ameaças é uma razão importante para adquirir sistemas novos.
4. *Reorganização da empresa.* As empresas e outras organizações se reestruturam frequentemente com a intenção de aumentar a eficiência e/ou melhorar o atendimento ao cliente. Reorganizações levam a mudanças nos processos de negócio que requerem apoio de novos sistemas.
5. *Orçamento disponível.* O orçamento disponível é um fator óbvio na determinação do escopo dos sistemas novos que podem ser adquiridos.

Além disso, novos sistemas governamentais são adquiridos para refletir mudanças políticas e medidas políticas. Por exemplo, os políticos podem decidir comprar novos sistemas de vigilância, alegando que eles combaterão o terrorismo. Comprar esses sistemas mostra aos eleitores que eles estão tomando uma atitude.

Grandes sistemas complexos normalmente são projetados usando uma mistura de componentes de prateleira e de componentes construídos sob medida. Muitas vezes, eles são integrados a sistemas legados existentes e bancos de dados organizacionais. Quando os sistemas legados e os sistemas de prateleira são utilizados, software personalizado novo para integrar esses componentes pode ser necessário. O novo software gerencia as interfaces dos componentes para que eles possam interoperar. A necessidade de desenvolver um software 'cola' é uma razão pela qual a economia gerada pelo uso de componentes de prateleira talvez não seja tão grande quanto o previsto.

Três tipos de sistemas ou componentes de sistemas podem ter de ser adquiridos:

1. Aplicações de prateleira que podem ser usadas sem alterações e que precisam apenas de uma configuração mínima para serem usadas.
2. Aplicação configurável ou sistemas ERP que têm de ser modificados ou adaptados para uso, seja modificando o código ou usando características de configuração embutidas, como definições de processos e regras.
3. Sistemas personalizados que precisam ser especialmente projetados e implementados para uso.

Cada um desses componentes tende a seguir um processo de aquisição diferente. A Figura 19.9 ilustra as principais características do processo de aquisição desses tipos de sistema. Há questões-chave que afetam os processos de aquisição:

1. Muitas vezes, as organizações têm um conjunto aprovado e recomendado de aplicações de software que foi verificado pelo departamento de TI. Geralmente, é possível comprar ou adquirir software de código aberto desse conjunto diretamente, sem a necessidade de uma justificativa detalhada. No sistema iLearn, por exemplo, recomendamos que o Wordpress fosse disponibilizado para blogs de alunos e da equipe. Se microfones forem necessários, é possível comprar hardware de prateleira. Não há requisitos detalhados, e os usuários se adaptam às características da aplicação escolhida.
2. Os componentes de prateleira normalmente não correspondem exatamente aos requisitos, a menos que esses requisitos tenham sido escritos com esses componentes em mente. Dessa maneira, escolher um sistema significa encontrar a correspondência mais próxima entre os requisitos do sistema e os recursos oferecidos pelos sistemas de prateleira. ERP e outros sistemas de aplicações de larga escala geralmente caem nessa categoria. Pode ser necessário modificar os requisitos para que se adéquem às suposições do sistema, o que pode ter um efeito dominó em outros sistemas. Um processo de configuração extenso para ajustar e adaptar a aplicação ou sistema ERP ao ambiente de trabalho do comprador normalmente também é necessário.
3. Quando um sistema tem de ser criado sob medida, a especificação dos requisitos faz parte do contrato do sistema que está sendo adquirido. Trata-se, portanto, de um documento legal e técnico. O documento de requisitos é crítico, e os processos de aquisição desse tipo geralmente levam uma quantidade de tempo considerável.
4. Particularmente para os sistemas do setor público, existem regras e regulamentos detalhados que afetam a aquisição dos sistemas. Por exemplo, na União Europeia, todo sistema do setor público acima de um determinado preço deve estar aberto à apresentação de propostas por qualquer fornecedor na Europa. Isso exige que sejam criados documentos de licitação detalhados e que essa licitação seja divulgada na Europa por um período fixo. Essa regra não só torna lento o processo de aquisição, mas também tende a inibir o desenvolvimento ágil. Ela força o comprador do sistema a desenvolver requisitos para que todas as empresas tenham informações suficientes para fazer uma proposta para a licitação.
5. Para sistemas de aplicações que requerem alterações ou para sistemas personalizados, geralmente há um período de negociação contratual, no qual o cliente e o fornecedor negociam os termos e as condições de desenvolvimento do sistema. Uma vez selecionado o sistema, é possível negociar com o fornecedor os custos, as condições de licenciamento, as possíveis alterações no sistema e outros

assuntos contratuais. Para sistemas personalizados, as negociações tendem a envolver cronogramas de pagamento, relatórios, critérios de aceitação, solicitações de mudança dos requisitos e custos das alterações do sistema. Durante esse processo, podem ser acordadas alterações nos requisitos que venham a reduzir os custos globais e a evitar alguns problemas de desenvolvimento.

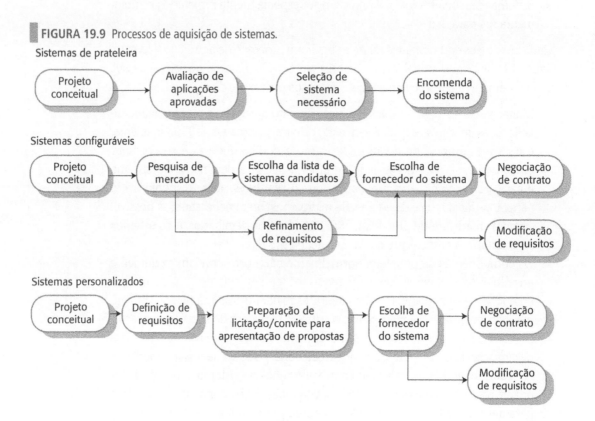

FIGURA 19.9 Processos de aquisição de sistemas.

Os sistemas sociotécnicos complexos raramente são desenvolvidos 'em casa' pelo comprador do sistema. Em vez disso, empresas de sistemas externas são convidadas a fazer uma proposta para um contrato de engenharia de sistemas. O negócio do cliente não é a engenharia de sistemas, então seus funcionários não têm a qualificação necessária para desenvolver os sistemas por si mesmos. Para sistemas complexos de hardware e de software, pode ser necessário usar um grupo de fornecedores, cada um com um tipo de expertise diferente.

Para sistemas grandes, como um sistema de controle de tráfego aéreo (CTA), um grupo de fornecedores pode formar um consórcio para fazer uma proposta. O consórcio deve incluir todas as capacitações necessárias para esse tipo de sistema. Para um sistema de CTA, isso incluiria fornecedores de hardware de computador, empresas de software, fornecedores de periféricos e fornecedores de equipamentos especializados, como sistemas de radar.

Os clientes normalmente não querem negociar com vários fornecedores, então o contrato normalmente é concedido a um contratado principal, que coordena o projeto. O contratado principal coordena o desenvolvimento de subsistemas diferentes pelos subcontratados. Os subcontratados projetam e criam partes do sistema de acordo com uma especificação que é negociada com o contratado principal e o cliente. Depois de concluído, o contratado principal integra esses componentes e os entrega ao cliente.

As decisões tomadas no estágio de aquisição do processo de engenharia de sistemas são críticas para os estágios posteriores desse processo. As decisões de aquisição equivocadas costumam levar a problemas, como o atraso na entrega de um sistema e o desenvolvimento de sistemas inadequados para o seu ambiente operacional. Se for escolhido o sistema errado ou o fornecedor errado, então os processos técnicos do sistema e da engenharia de software ficarão mais complexos.

Por exemplo, estudei uma 'falha' de sistema em que foi tomada a decisão de escolher um sistema ERP porque ele iria 'padronizar' as operações na organização. Essas operações eram muito diversas, e descobriu-se que havia bons motivos para isso. A padronização era praticamente impossível. O sistema ERP não podia ser adaptado para lidar com essa diversidade. Ele acabou sendo abandonado após incorrer em custos de £10 milhões, aproximadamente.

As decisões tomadas e as escolhas feitas durante a aquisição do sistema têm um efeito profundo na segurança da informação (*security*) e na dependabilidade de um sistema. Por exemplo, se for tomada a decisão de adquirir um sistema de prateleira, então a organização tem de aceitar que não terá qualquer influência sobre os requisitos de segurança da informação e de dependabilidade desse sistema. A segurança da informação de um sistema depende de decisões tomadas pelos fornecedores. Além disso, os sistemas de prateleira podem ter pontos fracos conhecidos de segurança da informação ou podem exigir uma configuração complexa. Os erros de configuração, causados por pontos de entrada para o sistema que não foram corretamente protegidos, são uma fonte significativa de problemas de segurança da informação.

Por outro lado, uma decisão de adquirir um sistema personalizado significa que muito esforço deve ser dedicado a entender e a definir os requisitos de segurança da informação e de dependabilidade. Se uma empresa tiver experiência limitada nessa área, isso é uma coisa bem difícil de fazer. Se o nível de dependabilidade exigido e o desempenho aceitável do sistema tiverem de ser alcançados, então o tempo de desenvolvimento pode ter de ser ampliado, aumentando também o orçamento.

Muitas decisões ruins relativas à aquisição surgem de causas políticas e não técnicas. A alta gestão pode querer ter mais controle e, portanto, exigir que um único sistema seja utilizado na organização. Os fornecedores podem ser escolhidos por terem um relacionamento de longa data com a empresa, e não porque oferecem a melhor tecnologia. Os gestores podem querer manter a compatibilidade com os sistemas existentes porque se sentem ameaçados pelas novas tecnologias. Conforme discutirei no Capítulo 20, as pessoas que não entendem o sistema necessário costumam ser responsáveis pelas decisões de aquisição. As questões de engenharia não desempenham necessariamente um papel importante em seu processo de tomada de decisão.

19.4 DESENVOLVIMENTO DE SISTEMAS

O desenvolvimento de sistemas é um processo complexo, em que os elementos que compõem o sistema são desenvolvidos ou adquiridos e integrados posteriormente para criar o sistema final. Os requisitos do sistema são a ponte entre o projeto conceitual e os processos de desenvolvimento. Durante o projeto conceitual, são definidos os requisitos de negócio e os requisitos de alto nível funcionais e não funcionais do sistema. É possível considerar essa etapa como o início do desenvolvimento, do qual partem os processos sobrepostos exibidos na Figura 19.1. Uma vez acordados os contratos para os elementos do sistema, a engenharia de requisitos mais detalhada é iniciada.

A Figura 19.10 é um modelo de processo de desenvolvimento de sistemas. Os processos de engenharia de sistemas normalmente seguem um modelo de processo em 'cascata' similar ao que discuti no Capítulo 2. Embora o modelo em cascata não seja apropriado para a maioria dos tipos de desenvolvimento de software, os processos de alto nível da engenharia de sistemas são dirigidos por plano e ainda seguem esse modelo.

FIGURA 19.10 Processo de desenvolvimento de sistemas.

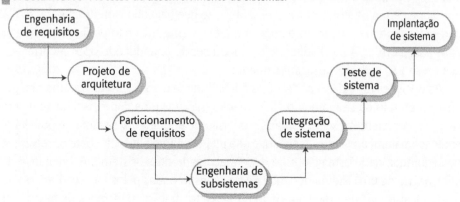

Os processos dirigidos por plano são utilizados na engenharia de sistemas porque diferentes elementos do sistema são desenvolvidos independentemente. Diferentes prestadores de serviço trabalham concomitantemente em subsistemas distintos. Portanto, as interfaces desses elementos têm de ser projetadas antes de o desenvolvimento começar. Para sistemas que incluem hardware e outros equipamentos, as mudanças durante o desenvolvimento podem ser muito caras ou, às vezes, praticamente impossíveis. Assim, é essencial que os requisitos do sistema sejam plenamente entendidos antes de iniciar o desenvolvimento do hardware ou o trabalho de construção.

Um dos aspectos mais confusos da engenharia de sistemas é que as empresas usam uma terminologia diferente para cada estágio do processo. Às vezes, a engenharia de requisitos faz parte do processo de desenvolvimento e às vezes é uma atividade distinta. Entretanto, após o projeto conceitual, existem sete atividades de desenvolvimento fundamentais:

1. A *engenharia de requisitos* é o processo de refinamento, análise e documentação dos requisitos de alto nível e dos requisitos de negócio identificados no projeto conceitual. Abordei as atividades mais importantes da engenharia de requisitos no Capítulo 4.
2. O *projeto de arquitetura* se sobrepõe significativamente ao processo de engenharia de requisitos. O processo envolve o estabelecimento da arquitetura global do sistema, a identificação dos diferentes componentes do sistema e o entendimento das relações entre eles.
3. O *particionamento de requisitos* tem a ver com a decisão de quais subsistemas (identificados na arquitetura do sistema) são responsáveis por implementar os requisitos de sistema. Esses requisitos podem ter de ser alocados ao hardware, ao software ou a processos operacionais, e ser priorizados para implementação. Em condições ideais, é preciso alocar os requisitos a subsistemas individuais para que a implementação de um requisito crítico não precise da colaboração

de outros subsistemas. No entanto, nem sempre isso é possível. Nesse estágio, também é preciso decidir sobre os processos operacionais e como eles são usados na implementação dos requisitos.

4. A *engenharia de subsistemas* envolve o desenvolvimento de componentes de software do sistema, a configuração de hardware e de software de prateleira, o projeto de hardware personalizado — se necessário —, a definição dos processos operacionais do sistema e o reprojeto de processos de negócio essenciais.

5. A *integração de sistema* é o processo de reunir elementos do sistema para criar um sistema novo. Só então ficam aparentes as propriedades emergentes do sistema.

6. O *teste de sistema* é uma atividade estendida na qual o sistema inteiro é testado e os problemas são expostos. Entra-se novamente nas fases de engenharia de subsistemas e de integração de sistema para corrigir esses problemas, ajustar o desempenho do sistema e implementar novos requisitos. O teste de sistema pode envolver o teste realizado pelo desenvolvedor do sistema e o teste de aceitação/usuário pela organização que adquiriu o sistema.

7. A *implantação de sistema* é o processo de disponibilizar o sistema para os seus usuários, transferindo dados dos sistemas existentes e estabelecendo comunicações com outros sistemas no ambiente. O processo termina quando o sistema é colocado em operação e, após isso, os usuários começam a usá-lo para apoiar o trabalho deles.

Embora o processo geral seja dirigido por plano, os processos de desenvolvimento de requisitos e de projeto (*design*) do sistema são inextricavelmente ligados. Os requisitos e o projeto de alto nível são desenvolvidos concomitantemente. As restrições impostas pelos sistemas existentes podem limitar as opções de projeto e essas opções podem ser especificadas nos requisitos. Pode ser necessário fazer algum projeto inicial para estruturar e organizar o processo de engenharia de requisitos. À medida que o processo de projeto continua, problemas com os requisitos existentes podem ser descobertos e novos requisitos podem surgir. Consequentemente, é necessário pensar nesses processos como uma espiral, conforme a Figura 19.11.

FIGURA 19.11 Espiral de requisitos e projeto (*design*).

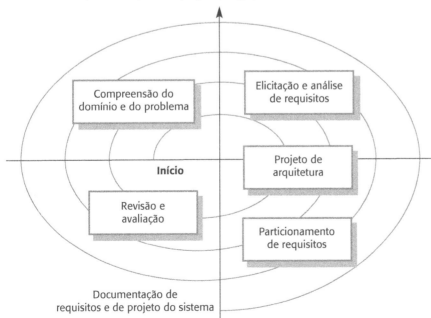

A espiral reflete, na realidade, o fato de que os requisitos afetam as decisões de projeto e vice-versa; portanto, faz sentido intercalar esses processos. Começando no centro, cada volta da espiral pode acrescentar detalhes aos requisitos e ao projeto. À medida que os subsistemas são identificados na arquitetura, são tomadas decisões sobre as responsabilidades desses subsistemas de fornecer os requisitos de sistema. Algumas voltas da espiral podem se concentrar nos requisitos, outras no projeto. Às vezes, com o novo conhecimento coletado durante o processo de requisitos e de projeto, a declaração do problema em si tem de ser modificada.

Para quase todos os sistemas, muitos projetos (*designs*) possíveis satisfazem os requisitos. Esses projetos cobrem uma gama de soluções que combinam hardware, software e operações humanas. A solução escolhida para desenvolvimento pode ser a solução técnica mais adequada e a que satisfaça os requisitos. Entretanto, considerações organizacionais e políticas mais amplas podem influenciar a escolha da solução. Por exemplo, um cliente governamental pode preferir usar fornecedores nacionais em vez de estrangeiros para o seu sistema, mesmo se os produtos nacionais forem tecnicamente inferiores.

Essas influências geralmente surtem efeito na fase de revisão e avaliação do modelo em espiral, na qual os projetos e os requisitos podem ser aceitos ou rejeitados. O processo termina quando uma revisão decide que os requisitos e o projeto de alto nível estão suficientemente detalhados para que os subsistemas sejam especificados e projetados.

A engenharia de subsistemas envolve o projeto e a construção dos componentes de hardware e de software do sistema. Para alguns tipos de sistemas, como os veículos espaciais, todos os componentes de hardware e de software podem ser projetados e construídos durante o processo de desenvolvimento. No entanto, na maioria dos sistemas, alguns componentes são comprados em vez de desenvolvidos. Geralmente, é muito mais barato comprar produtos existentes do que desenvolver componentes sob medida. No entanto, comprar grandes sistemas prontos, como os sistemas ERP, representa um custo significativo de configurá-los para uso em um ambiente operacional.

Os subsistemas normalmente são desenvolvidos em paralelo. Quando são encontrados problemas que atravessam as fronteiras dos subsistemas, uma solicitação de alteração do sistema pode ser feita. Nas situações em que os sistemas envolvem extensa engenharia de hardware, costuma ser muito caro fazer modificações após a produção ter começado. Frequentemente, devem ser encontradas 'alternativas' que compensem o problema. Essas alternativas em geral envolvem alterações de software para implementar novos requisitos.

Durante a integração dos sistemas, subsistemas desenvolvidos de maneira independente são reunidos para compor um sistema completo. Essa integração pode ser alcançada com o uso de uma abordagem 'big bang', na qual todos os subsistemas são integrados ao mesmo tempo. No entanto, por razões técnicas e gerenciais, um processo de integração incremental em que os subsistemas são integrados um de cada vez é a melhor abordagem:

1. Normalmente, é impossível agendar o desenvolvimento de todos os subsistemas para que sejam concluídos ao mesmo tempo.
2. A integração incremental reduz o custo de localização do erro. Se muitos subsistemas forem integrados simultaneamente, um erro que surja durante o teste

pode estar em qualquer um deles. Quando um único subsistema é integrado com um sistema já existente, os erros que ocorrerem provavelmente estão no subsistema recém-integrado ou nas interações entre os subsistemas existentes e o novo subsistema.

Como um número crescente de sistemas é construído por meio da integração entre hardware e aplicações de software de prateleira, a diferença entre implementação e integração está se tornando indistinta. Em alguns casos, não é necessário desenvolver novo hardware ou software. Essencialmente, a integração de sistemas é a fase de implementação do sistema.

Durante e depois do processo de integração, o sistema é testado. Esse teste deve se concentrar nas interfaces entre os componentes e no comportamento do sistema como um todo. Inevitavelmente, o teste também revela problemas com os subsistemas individuais que precisam ser consertados. Testar é demorado, e um problema comum no desenvolvimento de sistemas é que a equipe de testes pode ultrapassar o seu orçamento ou tempo. Esse problema pode levar à entrega de sistemas propensos a erro, que precisam ser consertados após terem sido implantados.

Os defeitos de subsistemas que são uma consequência de hipóteses inválidas sobre outros subsistemas frequentemente são expostos durante a integração do sistema. Isso pode levar a discussões entre os prestadores de serviço responsáveis por implementar os subsistemas diferentes. Quando problemas na interação dos subsistemas são descobertos, os prestadores de serviço podem discordar sobre qual é o subsistema defeituoso. As negociações para solucionar os problemas podem levar semanas ou meses.

O estágio final do processo de desenvolvimento é a entrega e a implantação do sistema. O software é instalado no hardware e preparado para entrar em operação. Essa etapa pode envolver a configuração do sistema para refletir o ambiente local em que ele é utilizado, a transferência de dados dos sistemas existentes e a preparação da documentação do usuário e do treinamento. Nesse estágio, também pode ser necessário reconfigurar outros sistemas no ambiente para garantir que o novo sistema interopere com eles.

Embora a implantação do sistema seja simples a princípio, muitas vezes ela é mais difícil do que o esperado. O ambiente do usuário pode ser diferente do que foi previsto pelos desenvolvedores do sistema. Adaptar o sistema para fazê-lo funcionar em um ambiente inesperado pode ser uma coisa difícil. Os dados de sistema existentes podem precisar de uma ampla limpeza e parte disso pode envolver mais esforço que o esperado. As interfaces com outros sistemas podem não estar documentadas corretamente. É possível descobrir que os processos operacionais planejados precisam ser modificados porque não são compatíveis com os processos operacionais dos outros sistemas. O treinamento do usuário costuma ser difícil de providenciar, com a consequência de que, ao menos no início, os usuários não conseguirão acessar todo o potencial do sistema. Portanto, a implantação do sistema pode demorar e custar muito mais do que o previsto.

19.5 OPERAÇÃO E EVOLUÇÃO DE SISTEMAS

Processos operacionais são aqueles que estão envolvidos com o uso do sistema conforme a intenção dos projetistas. Por exemplo, os operadores de um sistema de controle de tráfego aéreo seguem processos específicos quando uma aeronave entra ou sai do espaço aéreo, quando elas têm de mudar de altura ou de velocidade, quando ocorre uma emergência etc. Nos sistemas novos, esses processos operacionais têm de ser definidos e documentados. Os operadores podem precisar de treinamento, e outros processos de trabalho podem precisar de adaptação para que o novo sistema seja usado com eficácia. Nesse estágio, podem surgir problemas não detectados porque a especificação do sistema pode conter erros ou omissões. Ao mesmo tempo em que o sistema pode se comportar de acordo com a especificação, suas funções podem não satisfazer as reais necessidades operacionais. Consequentemente, os operadores podem não usar o sistema como seus projetistas pretendiam.

Embora os projetistas dos processos operacionais possam ter baseado seus projetos de processo em estudos abrangentes sobre os usuários, sempre há um período de 'domesticação' (STEWART; WILLIAMS, 2005), no qual os usuários se adaptam ao novo sistema e descobrem processos práticos de como usá-lo. Embora o projeto da interface com o usuário seja importante, estudos mostraram que, em um certo tempo, os usuários conseguem se adaptar às interfaces complexas. À medida que ficam mais experientes, eles preferem maneiras de usar o sistema mais rapidamente do que mais facilmente. Isso significa que, durante o projeto de sistemas, não se deve simplesmente considerar os usuários inexperientes, mas deve-se projetar a interface para ser adaptável a usuários experientes.

Algumas pessoas acham que os operadores de sistemas são uma fonte de problemas e que devemos passar para os sistemas automatizados, nos quais o envolvimento do operador é minimizado. Em minha opinião, existem dois problemas com essa abordagem:

1. Ela tende a aumentar a complexidade técnica do sistema porque ele tem de ser projetado para lidar com todos os modos de falha previstos. Isso aumenta os custos e o tempo necessário para criar o sistema. Trazer pessoas para lidar com as falhas imprevistas também deve estar previsto.

2. As pessoas são adaptáveis e podem lidar com os problemas e as situações inesperadas. Desse modo, quando se estiver especificando e projetando o sistema, não é preciso prever tudo o que potencialmente poderia dar errado.

As pessoas têm uma capacidade única para responder efetivamente ao inesperado, mesmo que nunca tenham tido uma experiência direta com esses eventos ou estados inesperados do sistema. Portanto, quando as coisas dão errado, os operadores do sistema costumam conseguir se recuperar da situação encontrando alternativas e usando o sistema de uma maneira fora do padrão. Os operadores também usam seu conhecimento local para adaptar e melhorar processos. Normalmente, os processos operacionais reais são diferentes dos previstos pelos projetistas do sistema.

Consequentemente, é preciso projetar processos operacionais para serem flexíveis e adaptáveis. Os processos operacionais não devem ser restritivos demais, nem exigir que as operações sejam feitas em uma determinada ordem; e o software do sistema não deve contar com o fato de que processos específicos sejam seguidos. Geralmente, os operadores melhoram o processo porque eles sabem o que funciona e o que não funciona em uma situação real.

Um problema que pode surgir somente após o sistema entrar em operação é o seu funcionamento com os sistemas existentes. Pode haver problemas físicos de incompatibilidade ou pode ser difícil transferir os dados de um sistema para outro.

Problemas mais sutis poderiam surgir porque diferentes sistemas têm diferentes interfaces com o usuário. Introduzir um sistema novo pode aumentar a taxa de erro do operador, já que os operadores usam comandos de interface com o usuário para o sistema errado.

19.5.1 Evolução do sistema

Os sistemas grandes e complexos costumam ter uma longa vida útil. Sistemas de hardware e de software complexos podem permanecer em uso por mais de 20 anos, embora as tecnologias originais de hardware e de software utilizadas sejam obsoletas. Existem várias razões para essa longevidade, como mostra a Figura 19.12.

FIGURA 19.12 Fatores que influenciam a vida útil do sistema.

Fator	Lógica
Custo do investimento	O custo de um projeto de engenharia de sistemas pode ser de dezenas ou mesmo de centenas de milhões de dólares. Esse custo só se justifica se o sistema puder agregar valor para uma organização por muitos anos.
Perda de expertise	À medida que a empresa muda e se reestrutura para focar em suas atividades principais, muitas vezes ela perde expertise de engenharia. Isso pode significar que ela não tem capacidade para especificar os requisitos de um novo sistema.
Custo de substituição	O custo de substituir um sistema grande é muito alto. Substituir um sistema existente pode se justificar apenas se isso levar a uma economia significativa em relação ao sistema existente.
Retorno sobre o investimento	Se houver um orçamento fixo para a engenharia de sistemas, investir em novos sistemas em alguma outra área da empresa pode levar a um maior retorno sobre o investimento do que substituir um sistema existente.
Riscos da mudança	Os sistemas são uma parte inerente das operações de negócio, e os riscos de substituir sistemas existentes por sistemas novos não pode ser justificado. O perigo com um sistema novo é de que as coisas possam dar errado no hardware, no software e nos processos operacionais. Os possíveis custos desses problemas para a empresa podem ser tão altos que as empresas não podem assumir o risco de substituição do sistema.
Dependências do sistema	Os sistemas são interdependentes, e a substituição de um desses sistemas pode levar a mudanças extensas em outros sistemas.

Ao longo de sua vida útil, os sistemas grandes e complexos mudam e evoluem para corrigir os erros nos requisitos originais e implementar novos requisitos que surgiram. Os computadores do sistema tendem a ser substituídos por máquinas novas e mais rápidas. A organização que usa o sistema pode se reorganizar e, com isso, usar o sistema de uma maneira diferente. O ambiente externo do sistema pode mudar, forçando mudanças no sistema. Logo, a evolução é um processo que acontece em paralelo com os processos operacionais normais do sistema. A evolução do sistema envolve a reentrada no processo de desenvolvimento para fazer mudanças e acréscimos no hardware, no software e nos processos operacionais.

A evolução dos sistemas, como a evolução do software (discutida no Capítulo 9), é inerentemente onerosa por várias razões, apresentadas a seguir:

1. As mudanças propostas têm de ser analisadas com muito cuidado pelas perspectivas técnica e de negócio. As mudanças devem contribuir com as metas do sistema e não devem ser motivadas apenas por aspectos técnicos.
2. Como os subsistemas nunca são completamente independentes, as mudanças em um subsistema podem ter efeitos colaterais que afetem adversamente o desempenho ou o comportamento de outros subsistemas. Portanto, mudanças podem ser necessárias também nesses subsistemas.

3. As razões para decisões do projeto original costumam não ser registradas. Os responsáveis pela evolução do sistema têm de descobrir por que foram tomadas determinadas decisões de projeto.
4. À medida que os sistemas envelhecem, sua estrutura se torna corrompida pela mudança, então os custos de realizar outras mudanças aumentam.

Os sistemas que estão em uso há muitos anos costumam contar com tecnologia de hardware e de software obsoleta. Esses 'sistemas legados' (discutidos no Capítulo 9) são sistemas computacionais sociotécnicos que foram desenvolvidos usando tecnologia que hoje está obsoleta. No entanto, eles não incluem apenas hardware e software legados. Eles também contam com processos e procedimentos legados — velhas maneiras de fazer as coisas que são difíceis de mudar porque se baseiam em software legado. As mudanças em uma parte do sistema inevitavelmente envolvem mudanças em outros componentes.

As mudanças feitas em um sistema durante a sua evolução costumam ser uma fonte de problemas e de vulnerabilidades. Se as pessoas que implementam essas mudanças forem diferentes das que desenvolveram o sistema, elas podem não estar a par de que uma decisão de projeto foi tomada por motivos de dependabilidade e de segurança da informação (*security*). Portanto, elas podem modificar o sistema e perder algumas proteções que foram implementadas deliberadamente quando o sistema foi construído. Além disso, como o teste é caro, pode ser impossível refazê-lo completamente após cada alteração no sistema. Consequentemente, o teste pode não descobrir os efeitos adversos das mudanças que introduzem ou expõem defeitos em outros componentes do sistema.

PONTOS-CHAVE

▷ A engenharia de sistemas está relacionada com todos os aspectos da especificação, da aquisição, do projeto e do teste de sistemas sociotécnicos complexos.

▷ Os sistemas sociotécnicos incluem hardware e software de computador, além de pessoas, e situam-se dentro de uma organização. Eles são concebidos para apoiar as metas e os objetivos organizacionais ou de negócio.

▷ As propriedades emergentes de um sistema são características do sistema como um todo, em vez de características de suas partes componentes. Elas incluem propriedades como desempenho, confiabilidade, usabilidade, segurança (*safety*) e segurança da informação (*security*).

▷ Os processos fundamentais da engenharia de sistemas são o projeto conceitual, a aquisição, o desenvolvimento e a operação do sistema.

▷ O projeto conceitual do sistema é uma atividade fundamental, na qual são desenvolvidos os requisitos de alto nível do sistema e uma visão do sistema operacional.

▷ A aquisição do sistema cobre todas as atividades envolvidas na decisão de qual sistema comprar e de quem o fornecerá. Diferentes processos de aquisição são usados para sistemas de aplicação de prateleira, para sistemas comerciais de prateleira configuráveis e para sistemas personalizados.

▷ Os processos de desenvolvimento de sistema incluem a especificação dos requisitos, o projeto, a construção, a integração e o teste.

▷ Quando um sistema é colocado em uso, os processos operacionais e o sistema em si inevitavelmente mudam para refletir as mudanças nos requisitos do negócio e no ambiente do sistema.

LEITURAS ADICIONAIS

"Airport 95: automated baggage system." Um excelente estudo de caso, de leitura fácil, do que pode dar errado com um projeto de engenharia de sistemas e de como o software tende a ser considerado o culpado pelas falhas mais amplas do sistema. *ACM software engineering notes*, n. 21, mar. 1996. doi:10.1145/227531.227544.

"Fundamentals of systems engineering." Esse é o capítulo introdutório no manual de engenharia de sistemas da NASA. Ele apresenta uma visão geral do processo de engenharia de sistemas espaciais. Embora eles sejam sistemas principalmente técnicos, existem questões sociotécnicas a serem consideradas. A dependabilidade tem, obviamente, uma importância crítica. *NASA Systems Engineering Handbook*, NASA/SP-2007-6105, 2007. Disponível em: <http://ntrs.nasa.gov/archive/nasa/casi.ntrs.nasa.gov/20080008301_2008008500.pdf>. Acesso em: 15 jul. 2018.

The LSCITS socio-technical systems handbook. Esse manual introduz os sistemas sociotécnicos de uma maneira acessível e proporciona acesso a artigos mais detalhados sobre tópicos sociotécnicos. Vários autores, 2012. Disponível em: <http://archive.cs.st-andrews.ac.uk/STSE-Handbook/>. Acesso em: 15 jul. 2018.

Architecting systems: concepts, principles and practice. Esse é um livro agradavelmente diferente sobre engenharia de sistemas, que não tem o foco no hardware, como muitos livros 'tradicionais' sobre engenharia de sistemas. O autor, um engenheiro de sistemas experiente, extrai exemplos de uma ampla gama de sistemas e reconhece a importância não só das questões técnicas, como também das sociotécnicas. SILLITTO, H. College Publications, 2014.

SITE[1]

Apresentações em PowerPoint para este capítulo disponíveis em: <http://software-engineering-book.com/slides/chap19/>.
Links para vídeos de apoio disponíveis em: <http://software-engineering-book.com/videos/systems-engineering/>.

---

[1] Todo o conteúdo disponibilizado na seção *Site* de todos os capítulos está em inglês.

EXERCÍCIOS

19.1 Dê dois exemplos de funções governamentais que são apoiadas por sistemas sociotécnicos complexos e explique por que, no futuro próximo, essas funções não podem ser completamente automatizadas.

19.2 Explique por que o ambiente no qual um sistema computacional é instalado pode ter efeitos imprevistos sobre o sistema, que levem a sua falha.

19.3 Por que é impossível inferir as propriedades emergentes de um sistema complexo com base nas propriedades dos seus componentes?

19.4 O que é um 'problema traiçoeiro'? Explique por que o desenvolvimento de um sistema nacional de prontuários médicos deveria ser considerado um 'problema traiçoeiro'.

19.5 Um sistema multimídia de museu virtual, que oferece experiências virtuais da Grécia Antiga, está para ser desenvolvido por um consórcio de museus europeus. O sistema deve proporcionar aos usuários o recurso de visualização de modelos em 3D da Grécia Antiga por meio de um navegador web padrão e deve permitir uma experiência de imersão em realidade virtual. Desenvolva um projeto conceitual para esse sistema, destacando suas características principais e os requisitos de alto nível essenciais.

19.6 Explique por que você precisa ser flexível e adaptar os requisitos do sistema quando adquire grandes sistemas de software prontos, como os sistemas ERP. Busque na web discussões das características desses sistemas e explique, pela perspectiva sociotécnica, por que essas falhas ocorreram. Um possível ponto de partida é: <https://www.360cloudsolutions.com/top-six-erp-implementation-failures>.

19.7 Por que a integração de sistemas é uma parte particularmente crítica do processo de desenvolvimento de sistemas? Sugira três questões sociotécnicas que podem causar dificuldades no processo de integração de sistemas.

19.8 Explique por que os sistemas legados costumam ser críticos para a operação de uma empresa.

19.9 Quais são os argumentos contra e a favor de considerar a engenharia de sistemas uma profissão em si, como a engenharia elétrica ou a engenharia de software?

19.10 Você é um engenheiro envolvido no desenvolvimento de um sistema financeiro. Durante a instalação, você descobre que esse sistema fará com que muitas pessoas sejam redundantes. As pessoas no ambiente negam a você acesso a informações essenciais para concluir a instalação do sistema. Até que ponto você, como engenheiro de sistemas, deveria se envolver nessa situação? Você tem a responsabilidade profissional de fazer a instalação conforme foi contratada? Você deveria simplesmente abandonar o trabalho até a organização adquirente resolver o problema?

REFERÊNCIAS

BAXTER, G.; SOMMERVILLE, I. "Socio-technical systems: from design methods to systems engineering." *Interacting with computers*, v. 23, n. 1, 2011. p. 4-17. doi:10.1016/j.intcom.2010.07.003.

CHECKLAND, P. *Systems thinking, systems practice.* Chichester, UK: John Wiley & Sons, 1981.

FAIRLEY, R. E.; THAYER, R. H.; BJORKE, P. "The concept of operations: the bridge from operational requirements to technical specifications." *1st Int. Conf. on Requirements Engineering*, Colorado Springs, CO, 1994. p. 40-7. doi:10.1109/ICRE.1994.292405.

IEEE. "IEEE Guide for information technology. System definition — Concept of Operations (ConOps) Document." *Electronics*, v. 1998, 2007. doi:10.1109/IEEESTD.1998.89424.

MOSTASHARI, A.; MCCOMB, S. A.; KENNEDY, D. M.; CLOUTIER, R.; KORFIATIS, P. "Developing a stakeholder-assisted agile CONOPS development process." *Systems Engineering*, v. 15, n. 1, 2012. p. 1-13. doi:10.1002/sys.20190.

RITTEL, H.; WEBBER, M. "Dilemmas in a general theory of planning." *Policy Sciences*, v. 4, 1973. p. 155-169. doi:10.1007/BF01405730.

STEVENS, R.; BROOK, P.; JACKSON, K.; ARNOLD, S. *Systems engineering: coping with complexity.* London: Prentice-Hall, 1998.

STEWART, J.; WILLIAMS, R. "The wrong trousers? Beyond the design fallacy: social learning and the user." In: ROHRACHE, H. *User involvement in innovation processes. Strategies and limitations from a socio-technical perspective*. Berlin: Profil-Verlag, 2005. p. 39-71.

THAYER, R. H. 2002. "Software system engineering: a tutorial." *IEEE Computer*, v. 35, n. 4. p. 68-73. doi:10.1109/MC.2002.993773.

WHITE, S.; ALFORD, M.; HOLTZMAN, J.; KUEHL, S.; MCCAY, B.; OLIVER, D.; OWENS, D.; TULLY, C.; WILLEY, A. "Systems engineering of computer-based systems." *IEEE Computer*, v. 26, n. 11, 1993. p. 54-65. doi:10.1109/ECBS.1994.331687.

20 Sistemas de sistemas

OBJETIVOS

Os objetivos deste capítulo são introduzir a ideia de um sistema de sistemas e discutir os desafios de criar sistemas complexos compostos de sistemas de software. Ao ler este capítulo, você:

- compreenderá o que significa um sistema de sistemas e em que ele se difere de um sistema individual;
- entenderá a classificação dos sistemas de sistemas e as diferenças entre os tipos de sistemas de sistemas;
- compreenderá por que os métodos convencionais de engenharia de software baseados no reducionismo são inadequados para desenvolver sistemas de sistemas;
- conhecerá o processo de engenharia de sistemas de sistemas e os padrões de arquitetura dos sistemas de sistemas.

CONTEÚDO

20.1 Complexidade de sistemas
20.2 Classificação de sistemas de sistemas
20.3 Reducionismo e sistemas complexos
20.4 Engenharia de sistemas de sistemas
20.5 Arquitetura de sistemas de sistemas

Precisamos da engenharia de software porque criamos sistemas grandes e complexos. A disciplina surgiu nos anos 1960 porque quase todas as primeiras tentativas de construir sistemas de software grandes deram errado. Criar software era muito mais caro do que o esperado, levava mais tempo do que o planejado, e o resultado não era confiável. Para abordar esses problemas, desenvolvemos uma gama de técnicas e tecnologias de engenharia de software, que têm sido notavelmente bem-sucedidas. Hoje, podemos construir sistemas muito maiores, mais complexos, confiáveis e eficazes do que os sistemas de software dos anos 1970.

No entanto, não 'solucionamos' os problemas da engenharia de grandes sistemas. Ainda é muito comum projetos de software falharem. Por exemplo, têm havido problemas graves e atrasos na implementação dos sistemas de saúde governamentais, tanto nos Estados Unidos quanto no Reino Unido. Assim como nos anos 1960, a causa principal desse problema é que estamos tentando criar sistemas maiores e mais complexos do que antes. Estamos tentando criar esses 'megassistemas' usando métodos e tecnologias que nunca foram projetados para essa finalidade. Conforme discuto mais adiante neste capítulo, acredito que a tecnologia atual de engenharia de software não seja escalável para lidar com a complexidade inerente a muitos dos sistemas que estão sendo propostos atualmente.

O aumento no tamanho dos sistemas de software desde a introdução da engenharia de software tem sido notável. Os grandes sistemas de hoje podem ser centenas ou mesmo milhares de vezes maiores do que os considerados grandes sistemas dos anos 1960. Northrop *et al.* (2006) sugeriu que logo veríamos o desenvolvimento de sistemas com um bilhão de linhas de código. Pouco mais de dez anos depois dessa previsão, suspeito que esses sistemas já estão em uso.

É claro que não escrevemos um bilhão de linhas de código do zero. Conforme discuti no Capítulo 15, a real história de sucesso da engenharia de software tem sido o reúso de software. O desenvolvimento em larga escala só é possível porque desenvolvemos maneiras de reusar o software nas aplicações e nos sistemas. Hoje, e no futuro, os sistemas muito grandes serão construídos pela integração de sistemas existentes de fornecedores diferentes para criar sistemas de sistemas (SoS, do inglês *systems of systems*).

O que queremos dizer quando mencionamos um sistema de sistemas? Como afirma Hitchins (2009), pela perspectiva geral de sistemas não existe diferença entre um 'sistema' e um 'sistema de sistemas'. Ambos têm propriedades emergentes e podem ser compostos de subsistemas. No entanto, pela perspectiva da engenharia de software, creio que exista uma distinção útil entre esses termos. Mais do que técnica, essa distinção é sociotécnica:

> *Um sistema de sistemas é um sistema que contém dois ou mais elementos gerenciados de maneira independente.*

Isso significa que não há um gerenciador único para todas as partes do sistema de sistemas e que diferentes partes de um sistema estão sujeitas a diferentes gestões, políticas e regras de controle. Como veremos, o gerenciamento e o controle distribuídos têm um efeito profundo na complexidade global do sistema.

Essa definição de sistemas de sistemas não diz nada sobre seu tamanho. Um sistema relativamente pequeno que inclui serviços de diferentes fornecedores é um sistema de sistemas. Alguns dos problemas da engenharia de SoS se aplicam a esses sistemas pequenos, mas os desafios reais emergem quando os sistemas constituintes são também de larga escala.

Grande parte do trabalho na área de SoS veio da comunidade de defesa. À medida que a capacidade dos sistemas de software aumentou no final do século XX, tornou-se possível coordenar e controlar sistemas militares previamente independentes, como os sistemas de defesa tanto navais como aéreos baseados em solo. Esses sistemas poderiam incluir dezenas ou centenas de elementos distintos, com os sistemas de software mantendo o controle desses elementos e fornecendo informações para os controladores, o que permite que sejam implantados com mais eficácia.

Esse tipo de SoS está fora do escopo de um livro de engenharia de software. Em vez disso, concentro-me aqui nos sistemas de sistemas nos quais os elementos de sistema são de software, em vez de hardware, como aeronaves, veículos militares ou radares. Esses sistemas de sistemas de software são criados integrando diferentes sistemas e, no momento da escrita deste livro, a maior parte dos sistemas de sistemas de software incluía um número relativamente pequeno de sistemas distintos. Cada sistema constituinte normalmente é um sistema complexo por si só. No entanto, é previsto que, ao longo dos próximos anos, o tamanho dos SoS de software cresça muito, já que cada vez mais sistemas são integrados para usar as capacidades que oferecem.

Exemplos de sistemas de sistemas de software são:

1. Um sistema de gerenciamento de nuvem que lida com o gerenciamento de nuvem privada local e o gerenciamento de servidores em nuvens públicas, como as da Amazon e da Microsoft.
2. Um sistema bancário *on-line* que lida com pedidos de empréstimo e que se conecta a um sistema de referência de crédito, fornecido por agências especializadas, para verificar a capacidade de crédito dos solicitantes.
3. Um sistema de informações de emergência que integra dados da polícia, de ambulâncias, de bombeiros e da guarda-costeira sobre os ativos disponíveis para lidar com emergências civis, como inundações e grandes acidentes.
4. O ambiente de aprendizagem digital (iLearn), apresentado no Capítulo 1, que fornece uma gama de apoio à aprendizagem ao integrar sistemas de software distintos, como o Microsoft Office 365; ambientes virtuais de aprendizagem, como o Moodle; e ferramentas de modelagem de simulação, além de conteúdo como arquivos de jornal.

Maier (1998) identificou cinco características essenciais dos sistemas de sistemas:

1. *Independência operacional dos elementos.* Partes do sistema não são simplesmente componentes, mas podem operar como sistemas úteis por si mesmos. Os sistemas dentro de sistema de sistemas evoluem de maneira independente.
2. *Independência gerencial dos elementos.* Partes do sistema são de 'propriedade' e gerenciamento de diferentes organizações ou diferentes partes de uma organização maior. Portanto, diferentes regras e políticas se aplicam ao gerenciamento e à evolução desses sistemas. Conforme sugeri, esse é o fator-chave que distingue um sistema de sistemas de um mero sistema.
3. *Desenvolvimento evolutivo.* Os SoS não são desenvolvidos em um único projeto, mas evoluem ao longo do tempo a partir de seus sistemas constituintes.
4. *Emergência.* Os SoS têm características emergentes que só ficam aparentes após terem sido criados. Naturalmente, conforme discutido no Capítulo 19, a emergência é uma característica de todos os sistemas, mas é particularmente importante nos SoS.
5. *Distribuição geográfica dos elementos.* Os elementos de um SoS frequentemente estão distribuídos geograficamente por diferentes organizações. Isso é importante de um ponto de vista técnico, porque significa que uma rede gerenciada externamente é parte integrante do sistema de sistemas. Também é importante de se considerar do ponto de vista gerencial, pois crescem as dificuldades de comunicação entre os envolvidos na tomada de decisão e de manutenção da segurança da informação (*security*) do sistema.[1]

---

[1] MAIER, M. W. "Architecting principles for systems-of-systems". *Systems Engineering*, v. 1, n. 4, 1998. p. 267-284. doi:10.1002/(SICI)1520-6858(1998)1:4<267::AID-SYS3>3.0.CO;2-D.

Gostaria de acrescentar duas outras características à lista de Maier que são particularmente relevantes para os sistemas de sistemas de software:

1. *Intensivos em dados.* Um SoS de software baseia-se tipicamente em um volume de dados muito grande. Em termos de tamanho, isso pode ser dezenas ou mesmo centenas de vezes maior do que o código dos próprios sistemas que o constituem.
2. *Heterogeneidade.* Os diferentes sistemas em um SoS de software provavelmente não foram desenvolvidos usando as mesmas linguagens de programação e os mesmos métodos de projeto. Isso é uma consequência do ritmo acelerado da evolução das tecnologias de software. As empresas atualizam frequentemente seus métodos e suas ferramentas de desenvolvimento à medida que versões melhoradas são disponibilizadas. Em uma vida útil de 20 anos de um grande SoS, as tecnologias podem mudar quatro ou cinco vezes.

Conforme discuto na Seção 20.1, essas características significam que o SoS pode ser muito mais complexo do que os sistemas com um único dono ou gerente. Acredito que os atuais métodos e técnicas de engenharia de software não podem escalar para lidar com essa complexidade. Como consequência, são inevitáveis os problemas com os sistemas muito grandes e complexos que estamos desenvolvendo atualmente. Precisamos de um conjunto completamente novo de abstrações, métodos e tecnologias para a engenharia de sistemas de sistemas de software.

Essa necessidade tem sido reconhecida por uma série de autoridades diferentes. No Reino Unido, um relatório publicado em 2004 (ROYAL ACADEMY OF ENGINEERING, 2004) levou ao estabelecimento de uma pesquisa nacional e iniciativa de treinamento em sistemas de TI grandes e complexos (SOMMERVILLE *et al.*, 2012). Nos Estados Unidos, o Software Engineering Institute fez um relatório em 2006 sobre sistemas de ultralarga escala (NORTHROP *et al.*, 2006). A partir da comunidade de engenharia de sistemas, Stevens (2010) discute os problemas de construir 'megassistemas' no transporte, na saúde e na defesa.

20.1 COMPLEXIDADE DE SISTEMAS

Sugeri na introdução que os problemas de engenharia que surgem quando construímos sistemas de sistemas de software se devem à complexidade inerente desses sistemas. Nesta seção, explico a base da complexidade do sistema e discuto diferentes tipos de complexidade que surgem nos SoS de software.

Todos os sistemas são compostos de partes (elementos) que se relacionam entre si em um sistema. Por exemplo, as partes de um programa podem ser objetos, e as partes de cada objeto podem ser constantes, variáveis e métodos. Exemplos de relacionamentos incluem 'chamadas' (método A chama método B), 'herança' (objeto X herda métodos e atributos do objeto Y) e 'parte' (método A faz parte do objeto X).

A complexidade de qualquer sistema depende do número e dos tipos de relacionamentos entre os elementos do sistema. A Figura 20.1 mostra exemplos de dois sistemas. O Sistema (a) é relativamente simples, com apenas um pequeno número de relacionamentos entre seus elementos. Por outro lado, o Sistema (b), com o mesmo número de elementos, é mais complexo porque tem muito mais relacionamentos entre os elementos.

FIGURA 20.1 Sistemas simples e complexos.

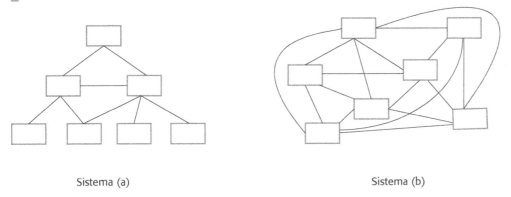

Sistema (a)   Sistema (b)

O tipo de relacionamento também influencia a complexidade global de um sistema. Os relacionamentos estáticos são aqueles planejados e analisáveis com base em representações estáticas do sistema. Portanto, o relacionamento de 'uso' em um sistema de software é estático. A partir do código-fonte ou de um modelo UML do sistema, é possível descobrir como qualquer componente do software usa outros componentes.

Os relacionamentos dinâmicos são aqueles que existem em um sistema durante a execução. O relacionamento de 'chamada' é dinâmico porque, em qualquer sistema com comandos 'if', não é possível dizer se um método vai ou não chamar outro. Isso depende das entradas para o sistema em tempo de execução. Os relacionamentos dinâmicos são mais complexos de analisar, já que é preciso conhecer as entradas para o sistema e os dados utilizados, bem como o código-fonte do sistema.

Assim como a complexidade do sistema, também é preciso considerar a complexidade dos processos utilizados para desenvolver e manter o sistema depois que ele entra em uso. A Figura 20.2 ilustra esses processos e seu relacionamento com o sistema desenvolvido.

FIGURA 20.2 Processos de produção e gerenciamento.

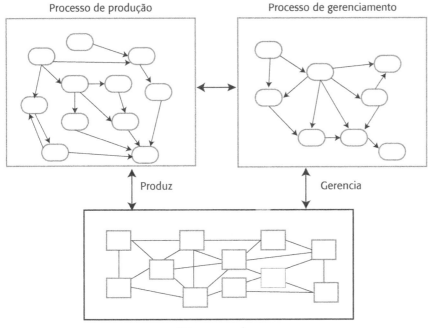

Conforme os sistemas crescem em tamanho, eles precisam de processos de produção e gerenciamento mais complexos. Processos complexos, por si só, são sistemas complexos: são difíceis de entender e podem ter propriedades emergentes indesejáveis; são mais demorados do que os processos mais simples e requerem mais documentação e coordenação das pessoas e organizações envolvidas no desenvolvimento do sistema. A complexidade do processo de produção é uma das principais razões para os projetos darem errado, como quando há atraso na entrega do software ou o projeto fica acima do orçamento. Dessa maneira, os sistemas grandes sempre correm risco de exceder o custo e o prazo.

A complexidade é importante para a engenharia de software porque é a principal influência na compreensão e na capacidade de mudança de um sistema. Quanto mais complexo for um sistema, mais difícil é entendê-lo e analisá-lo. Dado que a complexidade se dá em função do número de relacionamentos entre os elementos de um sistema, é inevitável que os sistemas grandes sejam mais complexos em relação aos pequenos. À medida que a complexidade aumenta, existem cada vez mais relacionamentos entre os elementos do sistema, e uma maior probabilidade de mudança de uma parte do sistema terá efeitos indesejáveis em outros lugares.

Vários tipos de complexidade são relevantes para os sistemas sociotécnicos:

1. A *complexidade técnica* do sistema é derivada dos relacionamentos entre diferentes componentes do próprio sistema.
2. A *complexidade gerencial* do sistema é derivada da complexidade dos relacionamentos entre o sistema e seus gerentes (isto é, o que gerentes podem mudar no sistema) e os relacionamentos entre os gerentes de diferentes partes do sistema.
3. A *complexidade da governança* de um sistema depende dos relacionamentos entre as leis, os regulamentos e as políticas que afetam o sistema e os relacionamentos entre os processos de tomada de decisão nas organizações responsáveis pelo sistema. À medida que diferentes partes do sistema podem estar em diferentes organizações e em diferentes países, diferentes leis, regras e políticas podem se aplicar a cada sistema dentro do SoS.

A complexidade da governança e a complexidade gerencial estão relacionadas, mas não são a mesma coisa. A complexidade gerencial é uma questão operacional — o que pode ou não realmente ser feito com o sistema. A complexidade da governança está associada ao nível mais alto dos processos de tomada de decisão nas organizações que afetam o sistema. As decisões a serem tomadas são limitadas pelas leis e regulamentos nacionais e internacionais.

Por exemplo, uma empresa está decidida a permitir que os seus funcionários acessem seus sistemas usando seus próprios dispositivos móveis em vez dos notebooks fornecidos por ela. Como resultado dessa decisão, o gerenciamento do sistema torna-se mais complexo à medida que os gerentes têm de assegurar que os dispositivos móveis sejam configurados corretamente para que os dados da empresa fiquem protegidos. A complexidade técnica do sistema também aumenta, já que não há mais uma única plataforma de implementação. O software pode ter que ser modificado para funcionar em diferentes notebooks, tablets e celulares.

Além da complexidade técnica, as características dos sistemas de sistemas também podem levar a uma complexidade gerencial e de governança muito maior. A

Figura 20.3 resume como as diferentes características dos sistemas de sistemas contribuem primariamente para diferentes tipos de complexidade:

1. *Independência operacional.* Os sistemas constituintes do SoS estão sujeitos a diferentes políticas e regras (complexidade da governança) e maneiras de gerenciar o sistema (complexidade gerencial).
2. *Independência gerencial.* Os sistemas constituintes do SoS são gerenciados por pessoas diferentes de maneiras diferentes. Eles têm de agir de maneira coordenada para garantir que as mudanças da gerência sejam coerentes (complexidade gerencial). Pode ser necessário um software especial para apoiar o gerenciamento e a evolução de modo consistente (complexidade técnica).
3. O *desenvolvimento evolutivo* contribui para a complexidade técnica de um SoS, porque diferentes partes do sistema tendem a ser construídas usando tecnologias diferentes.
4. A *emergência* é uma consequência da complexidade. Quanto mais complexo um sistema, mais provável que ele tenha propriedades emergentes indesejáveis. Essas propriedades aumentam a complexidade técnica do sistema, pois o software precisa ser desenvolvido ou modificado para compensar tais propriedades.
5. A *distribuição geográfica* aumenta a complexidade técnica, gerencial e de governança em um SoS. A complexidade técnica é maior porque é necessário um software para coordenar e sincronizar sistemas remotos; a complexidade gerencial é maior porque é mais difícil aos gerentes, em diferentes países, coordenarem suas ações; a complexidade da governança é maior porque diferentes partes dos sistemas podem estar situadas em diferentes jurisdições e, portanto, estão sujeitas a diferentes leis e regulamentos.
6. Os *sistemas intensivos em dados* são tecnicamente complexos em razão dos relacionamentos entre os itens de dados. A complexidade técnica também tende a ser maior para lidar com erros e incompletude de dados. A complexidade da governança pode ser maior em virtude das diferentes leis que governam o uso desses dados.
7. A *heterogeneidade* de um sistema contribui para sua complexidade técnica em razão das dificuldades de garantir que as diferentes tecnologias utilizadas em diferentes partes do sistema sejam compatíveis.

FIGURA 20.3 Características de sistemas de sistemas e complexidade de sistemas.

Característica de SoS	Complexidade técnica	Complexidade gerencial	Complexidade de governança
Independência operacional		X	X
Independência gerencial	X	X	
Desenvolvimento evolutivo	X		
Emergência	X		
Distribuição geográfica	X	X	X
Intensivo em dados	X		X
Heterogeneidade	X		

Atualmente, os sistemas de sistemas de larga escala são entidades inimaginavelmente complexas, que não podem ser entendidas ou analisadas como um todo.

Conforme discutirei na Seção 20.3, a grande quantidade de interações entre as partes e a natureza dinâmica dessas interações significa que as abordagens de engenharia convencionais não funcionam bem para sistemas complexos. A causa principal dos problemas nos projetos de desenvolvimento de grandes sistemas intensivos de software é a complexidade e não o mau gerenciamento ou as falhas técnicas.

20.2 CLASSIFICAÇÃO DE SISTEMAS DE SISTEMAS

Anteriormente, sugeri que a característica distintiva de um sistema de sistemas era que dois ou mais de seus elementos eram gerenciados de modo independente. Diferentes pessoas com diferentes prioridades têm autoridade para tomar decisões operacionais do dia a dia sobre mudanças no sistema. Como o trabalho delas não é necessariamente alinhado, podem surgir conflitos que exijam uma quantidade significativa de tempo e de esforço para resolver. Portanto, os sistemas de sistemas sempre têm algum grau de complexidade gerencial.

No entanto, essa definição ampla de SoS cobre uma gama muito extensa de tipos de sistemas, incluindo os que são de propriedade exclusiva de uma organização, mas que são gerenciados por diferentes partes da organização. Também inclui sistemas cujos constituintes são de propriedade e gerenciamento de diferentes organizações que podem, às vezes, competir umas com as outras. Maier (1998) idealizou um esquema de classificação para o SoS baseado em sua complexidade de governança e gerenciamento.

1. *Sistemas dirigidos*. Os SoS dirigidos são de propriedade de uma única organização e são desenvolvidos pela integração dos sistemas que também pertencem à organização. Os elementos do sistema podem ser gerenciados independentemente por diferentes áreas da organização. No entanto, existe um órgão de gestão final dentro dela que pode estabelecer prioridades para o gerenciamento do sistema. Ele pode resolver disputas entre os gerentes de diferentes elementos do sistema. Portanto, os sistemas dirigidos têm alguma complexidade gerencial, mas nenhuma complexidade de governança. Um sistema militar de comando e controle que integra informações e sistemas aéreos e terrestres é um exemplo de SoS dirigido.
2. *Sistemas colaborativos*. Os SoS colaborativos são sistemas sem autoridade central para estabelecer prioridades de gerenciamento e resolver disputas. Tipicamente, os elementos do sistema são de propriedade e controle de diferentes organizações. No entanto, todas as organizações envolvidas reconhecem os benefícios mútuos da governança conjunta do sistema. Assim, normalmente elas estabelecem um corpo de governança voluntário que toma as decisões a respeito do sistema. Os sistemas colaborativos têm tanto uma complexidade gerencial quanto um grau limitado de complexidade de governança. Um sistema integrado de informações sobre transportes públicos é um exemplo de sistema de sistemas colaborativo. Prestadores de serviços de transporte rodoviário, ferroviário e aéreo concordam em ligar seus sistemas para fornecer aos passageiros informações atualizadas.
3. *Sistemas virtuais*. Os sistemas virtuais não têm governança central, e os participantes podem não concordar com o seu propósito global. Os sistemas envolvidos podem entrar ou sair do SoS. A interoperabilidade não é garantida,

mas depende de interfaces publicadas que podem mudar. Esses sistemas têm um grau muito alto de complexidade gerencial e de governança. Um exemplo de SoS virtual é um sistema de negociação de ações algorítmico automatizado de alta velocidade. Esses sistemas de diferentes empresas compram e vendem ações automaticamente umas das outras, com as negociações ocorrendo em frações de segundo.

Infelizmente, considero que os nomes que Maier utilizou não refletem fielmente as distinções entre esses diferentes tipos de sistemas. Como ele próprio diz, sempre há alguma colaboração no gerenciamento dos elementos do sistema, portanto, 'sistemas colaborativos' não é realmente um bom nome. Já o termo *sistemas dirigidos* implica autoridade de cima para baixo, no entanto, mesmo dentro de uma única organização, a necessidade de manter boas relações de trabalho entre as pessoas envolvidas significa que a governança é consensual em vez de imposta.

Nos SoS 'virtuais', pode não haver mecanismos formais para a colaboração, mas o sistema tem algum benefício mútuo para todos os participantes. Assim, eles tendem a ser informalmente colaborativos para assegurar que o sistema possa continuar a funcionar. Além disso, o uso que Maier faz do termo *virtual* poderia ser confuso, porque atualmente passou a significar 'implementado por software', como nas máquinas virtuais e na realidade virtual.

A Figura 20.4 ilustra a colaboração nesses diferentes tipos de sistema. Em vez de usar os nomes de Maier, usei o que espero que sejam termos mais descritivos:

1. *Sistemas de sistemas organizacionais* são SoS nos quais a governança e o gerenciamento do sistema ficam dentro da mesma organização ou empresa. Eles correspondem ao 'SoS dirigido' de Maier. A colaboração entre os donos do sistema é gerenciada pela organização. O SoS pode ser distribuído geograficamente, com diferentes partes do sistema sujeitas a diferentes leis e regulamentos nacionais. Na Figura 20.4, os Sistemas 1, 2 e 3 são gerenciados de modo independente, mas a governança desses sistemas é centralizada.

2. *Sistemas federados* são SoS cuja governança depende de um corpo participativo voluntário no qual todos os donos do sistema são representados. Na Figura 20.4 isso é exibido pelos donos dos Sistemas 1, 2 e 3 que participam de um único corpo de governança. Esses donos concordam em colaborar e acreditam que as decisões tomadas pelo corpo de governança são vinculativas. Eles implementam essas decisões em suas políticas de gerenciamento individuais, embora as implementações possam diferir em virtude de leis, regulamentos e cultura nacionais.

3. *Coalizões de sistemas de sistemas* são SoS sem mecanismos formais de governança, mas em que as organizações envolvidas colaboram informalmente e gerenciam seus próprios sistemas para manter o sistema como um todo. Por exemplo, se um sistema prover um *feed* de dados para outros, os gerentes desse sistema não mudarão o formato das informações sem aviso prévio. A Figura 20.4 mostra que há governança no nível organizacional, mas que a colaboração informal existe no nível gerencial.

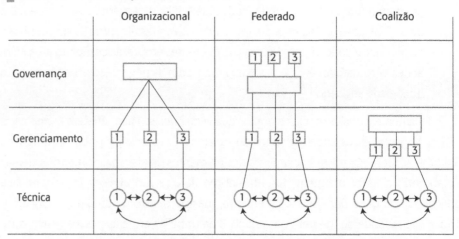

FIGURA 20.4 Colaboração de sistemas de sistemas.

Esse esquema de classificação baseada na governança é um meio de identificar os requisitos de governança de um SoS. Classificando um sistema de acordo com esse modelo, é possível verificar se existem as estruturas de governança adequadas e se elas são as estruturas realmente necessárias. Estabelecer essas estruturas nas organizações é um processo político e inevitavelmente leva muito tempo. Dessa maneira, é importante entender o problema logo no início do processo e adotar medidas para garantir que a governança apropriada esteja em vigor. Pode ser preciso adotar um modelo que passe um sistema de uma classe para outra. Passar o modelo de governança para a esquerda na Figura 20.4 costuma reduzir a complexidade.

Conforme sugerido, o ambiente de aprendizagem digital escolar (iLearn) é um sistema de sistemas. Além do sistema de aprendizagem digital em si, ele está conectado com os sistemas de administração escolar e com os sistemas de gerenciamento de rede. Esses sistemas de gerenciamento de rede são utilizados para filtragem da internet, impedindo os alunos de acessarem sites com material indesejado.

O iLearn é um sistema técnico relativamente simples, mas tem uma complexidade de governança de alto nível. Essa complexidade surge em razão da maneira como a educação é financiada e gerida. Em muitos países, a educação pré-universitária é financiada e organizada em um nível local, não em um nível nacional. Estados e municípios são responsáveis pelas escolas em suas jurisdições e têm autonomia para decidir a respeito do financiamento e das políticas escolares. Cada autoridade local mantém o seu próprio sistema de administração escolar e o sistema de gerenciamento de rede.

Na Escócia, por exemplo, existem 32 autoridades locais com responsabilidade pela educação em suas áreas. A administração escolar é terceirizada para um entre três prestadores de serviços, e o iLearn deve se conectar aos seus sistemas. No entanto, cada autoridade local tem suas próprias políticas de gerenciamento de rede com outros sistemas do tipo envolvidos.

O desenvolvimento de um sistema de aprendizagem digital é uma iniciativa nacional, mas para criar um ambiente de aprendizagem digital, como dito, ele tem de ser integrado aos sistemas de gerenciamento de rede e de administração escolar. Portanto, é um sistema de sistemas composto de sistemas de administração escolar e de gerenciamento de rede, bem como os sistemas internos do iLearn, como o Office 365 e o Wordpress. Não existe processo de governança comum entre as autoridades, então, de acordo com o esquema de classificação, isso é uma coalizão de sistemas.

Na prática, significa que ele não pode garantir que os alunos nos diferentes lugares possam acessar as mesmas ferramentas e conteúdo em virtude das diferentes políticas de filtragem da internet.

Quando o modelo conceitual do sistema foi feito, havia uma forte recomendação de que as políticas comuns deviam ser estabelecidas entre as autoridades locais sobre o fornecimento de informações administrativas e filtragem da internet. Em essência, sugeriu-se que o sistema fosse federado, e não uma coalizão de sistemas. Essa sugestão requer o estabelecimento de um novo corpo de governança para entrar em acordo sobre as políticas comuns e padrões do sistema.

20.3 REDUCIONISMO E SISTEMAS COMPLEXOS

Afirmei anteriormente que os métodos e tecnologias atuais de engenharia de software não são capazes de lidar com a complexidade inerente aos sistemas de sistemas modernos. É claro que essa ideia não é nova: o progresso em todas as disciplinas de engenharia sempre foi impulsionado por problemas desafiadores e difíceis. Novos métodos e ferramentas são desenvolvidos em resposta a falhas e dificuldades com as abordagens existentes.

Temos visto o desenvolvimento incrivelmente rápido da engenharia de software para ajudar a gerenciar o tamanho e a complexidade crescentes dos sistemas de software. Esse esforço tem sido muito bem-sucedido. Hoje podemos criar sistemas que são muito maiores e complexos do que os sistemas dos anos 1960 e 1970.

A abordagem que tem sido a base do gerenciamento da complexidade em engenharia de software chama-se *reducionismo*. Trata-se de uma posição filosófica baseada nos pressupostos de que qualquer sistema é feito de partes ou subsistemas. Ela assume que o comportamento e as propriedades do sistema como um todo podem ser entendidos e previstos com base na compreensão das partes individuais e dos relacionamentos entre elas. Ou seja, para projetar um sistema, as partes que o compõem são identificadas, construídas separadamente e depois montadas no sistema completo. Os sistemas podem ser encarados como hierarquias, com os importantes relacionamentos entre os nós pai e filho na hierarquia.

O reducionismo tem sido e continua a ser a abordagem fundamental das bases de todos os tipos de engenharia, pois permite identificar as abstrações comuns entre os mesmos tipos de sistemas, projetando-as e construindo-as separadamente. Elas podem ser integradas para criar o sistema necessário. Por exemplo, as abstrações em um automóvel poderiam ser uma carroceria, uma unidade de tração, um motor, um sistema de combustível etc. Existe um número relativamente pequeno de relacionamentos entre essas abstrações, então é possível especificar interfaces e projetar e criar cada parte do sistema separadamente.

A mesma abordagem reducionista tem sido a base da engenharia de software por quase 50 anos. Projetos (*design*) feitos *top-down* (de cima para baixo), em que se começa com um modelo de alto nível de um sistema que depois é desmembrado em componentes, é uma abordagem reducionista. Esse é o fundamento de todos os métodos de projeto de software, como o projeto orientado a objetos. As linguagens de programação incluem abstrações, como os procedimentos e os objetos, que refletem diretamente a decomposição reducionista do sistema.

Os métodos ágeis, embora possam parecer bem diferentes do projeto de sistemas *top-down*, também são reducionistas. Eles se baseiam na capacidade de decompor um sistema em partes, implementar essas partes separadamente e depois integrá-las para criar o sistema. A única diferença real entre os métodos ágeis e o projeto *top--down* é que o sistema é desmembrado em componentes de modo incremental em vez de todos de uma só vez.

Os métodos reducionistas são mais bem-sucedidos quando existem relativamente poucos relacionamentos ou poucas interações entre as partes de um sistema e quando é possível modelar esses relacionamentos de uma maneira científica. Isso vale geralmente para sistemas mecânicos e elétricos nos quais há ligações físicas entre os componentes do sistema. Vale menos para os sistemas eletrônicos, e certamente não vale para os sistemas de software, nos quais pode haver muito mais relacionamentos estáticos e dinâmicos entre os componentes de sistema.

As distinções entre componentes de software e de hardware foram reconhecidas nos anos 1970. Os métodos de projeto enfatizaram a importância de limitar e de controlar os relacionamentos entre as partes de um sistema. Esses métodos sugeriram que os componentes devem ser fortemente integrados, com um baixo acoplamento entre eles. A integração forte significava que a maioria dos relacionamentos era interna ao componente, e o baixo acoplamento significava que havia relativamente poucos relacionamentos entre dois componentes. A necessidade de integração forte (dados e operações) e de baixo acoplamento foi o impulsionador do desenvolvimento da engenharia de software orientada a objetos.

Infelizmente, controlar a quantidade e os tipos de relacionamentos é praticamente impossível nos sistemas grandes, especialmente nos sistemas de sistemas. O reducionismo não funciona bem quando existem muitos relacionamentos em um sistema e quando esses relacionamentos são difíceis de entender e analisar. Portanto, qualquer tipo de desenvolvimento de sistema grande tende a passar por desafios.

As razões para essas possíveis dificuldades são que os pressupostos fundamentais inerentes ao reducionismo são inaplicáveis aos sistemas grandes e complexos (SOMMERVILLE *et al.*, 2012). Esses pressupostos são exibidos na Figura 20.5 e se aplicam a três áreas:

1. *Propriedade e controle de sistema.* O reducionismo presume que há uma autoridade controladora do sistema que pode resolver as disputas e tomar decisões técnicas de alto nível que se aplicam ao sistema. Como visto, já que existem vários organismos envolvidos em sua governança, isso simplesmente não vale para os sistemas de sistemas.
2. *Tomada de decisão racional.* O reducionismo presume que as interações entre os componentes podem ser avaliadas objetivamente, por exemplo, por meio de modelagem matemática. Essas avaliações são a força motriz da tomada de decisão do sistema. Dessa maneira, se um determinado projeto de um veículo, por exemplo, oferece a maior economia de combustível sem diminuição da potência, então uma abordagem reducionista supõe que esse será o projeto escolhido.
3. *Limites de sistema definidos.* O reducionismo presume que os limites de um sistema podem ser acordados e definidos. Muitas vezes isso é direto: pode haver um invólucro físico definindo o sistema como em um automóvel, uma ponte tem de atravessar um determinado trecho de água etc. Os sistemas complexos costumam ser desenvolvidos para abordar problemas traiçoeiros (RITTEL; WEBBER, 1973). Para esses problemas, decidir o que faz parte do sistema e o que está fora dele costuma ser um julgamento subjetivo, com discordâncias frequentes entre os *stakeholders* envolvidos.

FIGURA 20.5 Pressupostos reducionistas e realidade de sistemas complexos.

Esses pressupostos reducionistas são inválidos para todos os sistemas complexos, mas quando esses sistemas são intensivos em software, as dificuldades são agravadas:

1. Os relacionamentos nos sistemas de software não são governados pelas leis da física. Não é possível produzir modelos matemáticos dos sistemas de software que irão prever seu comportamento e atributos. Logo, não há bases científicas para a tomada de decisão. Os fatores políticos normalmente são os direcionadores da tomada de decisão para sistemas de software grandes e complexos.

2. O software não tem limitações físicas e, por isso, não há barreiras quanto ao estabelecimento de limitações do sistema. Os diferentes *stakeholders* defenderão a colocação das limitações de um modo que seja melhor para eles. Além disso, é muito mais fácil mudar os requisitos de software do que os de hardware. Os limites e o escopo de um sistema tendem a mudar durante o seu desenvolvimento.

3. É relativamente fácil ligar sistemas de software de proprietários diferentes; por isso, somos mais propensos a experimentar e criar um SoS no qual não existe um único órgão de controle. O gerenciamento e a evolução dos diferentes sistemas envolvidos não podem ser controlados completamente.

Por essas razões, acredito que os problemas e as dificuldades comuns na engenharia de grandes sistemas de software são inevitáveis. As falhas de grandes projetos governamentais, como os projetos de automação da saúde no Reino Unido e nos Estados Unidos, são uma consequência da complexidade, e não de falhas técnicas ou de gerenciamento de projeto.

As abordagens reducionistas, como o desenvolvimento orientado a objetos, têm sido muito bem-sucedidas no aprimoramento da nossa capacidade para projetar muitos tipos de sistemas de software. Elas vão continuar a ser úteis e eficazes no desenvolvimento de sistemas pequenos e médios, cuja complexidade pode ser controlada e que podem fazer parte de um SoS de software. No entanto, em virtude dos pressupostos fundamentais do reducionismo, 'aprimorar' esses métodos não levará a uma melhoria em nossa capacidade de projetar sistemas de sistemas complexos. Em vez disso, precisamos de novas abstrações, novos métodos e novas ferramentas que reconheçam as complexidades técnicas, humanas, sociais e políticas da engenharia de SoS. Acredito que esses novos métodos serão probabilísticos e estatísticos e que as ferramentas se basearão na simulação de sistemas para apoiar a tomada de decisão. Desenvolver essas novas abordagens é um desafio importante para a engenharia de software e de sistemas no século XXI.

20.4 ENGENHARIA DE SISTEMAS DE SISTEMAS

A engenharia de sistemas de sistemas é o processo de integrar sistemas existentes para criar funcionalidades e capacidades novas. Os SoS não são projetados de maneira *top-down* (de cima para baixo). Em vez disso, eles são criados quando uma organização reconhece que eles podem agregar valor aos sistemas existentes integrando-os a um SoS. Por exemplo, um governo municipal poderia querer diminuir a poluição do ar em determinados pontos da cidade. Para isso, ele poderia integrar seu sistema de gerenciamento de tráfego com um sistema nacional de monitoramento da poluição em tempo real. Isso permite que o sistema de gerenciamento de tráfego altere sua estratégia para reduzir a poluição modificando as sequências dos semáforos, os limites de velocidade etc.

Os problemas da engenharia de software de SoS têm muito em comum com os problemas relacionados à integração de sistemas de aplicação de larga escala, algo que foi discutido no Capítulo 15 (BOEHM; ABTS, 1999). Para recapitular, esses problemas eram os seguintes:

1. Falta de controle sobre a funcionalidade e o desempenho do sistema.
2. Pressupostos diferentes e incompatíveis feitos pelos desenvolvedores dos diferentes sistemas.
3. Estratégias de evolução e calendários diferentes para sistemas distintos.
4. Falta de apoio dos donos dos sistemas quando surgem problemas.

Grande parte do esforço na construção de sistemas de sistemas de software é tratar desses problemas. Isso envolve decidir sobre arquitetura de sistemas, desenvolver interfaces de software que reconciliam as diferenças entre os sistemas participantes e tornar o sistema resiliente às mudanças imprevistas que podem ocorrer.

Os sistemas de sistemas de software são entidades grandes e complexas, e o processo utilizado para o seu desenvolvimento varia amplamente, dependendo do tipo de sistema envolvido, do domínio de aplicação e das necessidades das organizações envolvidas no desenvolvimento do SoS. No entanto, como mostra a Figura 20.6, cinco atividades gerais estão envolvidas nos processos de desenvolvimento de SoS:

1. *Projeto conceitual.* A ideia de projeto conceitual foi introduzida no Capítulo 19, que trata da engenharia de sistemas. O projeto conceitual cria uma visão de alto nível de um sistema, definindo os requisitos essenciais e identificando as restrições sobre o sistema global. Na engenharia de SoS, uma informação importante para o processo de projeto conceitual é o conhecimento dos sistemas existentes que podem participar do SoS.
2. *Seleção de sistemas.* Durante essa atividade, é escolhido um conjunto de sistemas para inclusão no SoS. Esse processo é comparável ao de escolher sistemas de aplicação para reúso, abordado no Capítulo 15. É preciso avaliar os sistemas existentes para escolher as capacidades necessárias. Quando estiver escolhendo sistemas de aplicação, os critérios de seleção são, em grande parte, comerciais;

ou seja, quais sistemas oferecem a funcionalidade mais adequada a um preço que se pode pagar?

Entretanto, imperativos políticos e questões de governança e gerenciamento de sistemas costumam ser fatores-chave que influenciam quais sistemas estão incluídos em um SoS. Por exemplo, alguns sistemas podem não ser considerados porque uma organização não deseja colaborar com um concorrente. Em outros casos, as organizações que estão contribuindo para uma federação de sistemas podem ter sistemas em vigor e insistir para que eles sejam utilizados, embora não sejam necessariamente os melhores sistemas.

3. *Projeto de arquitetura.* Em paralelo com a seleção dos sistemas, tem de ser desenvolvida uma arquitetura global para o SoS. O projeto de arquitetura é um tópico importante por si só e será abordado na Seção 20.5.
4. *Desenvolvimento de interface.* Os diferentes sistemas envolvidos em um SoS costumam ter interfaces incompatíveis. Assim, uma parte importante do esforço de engenharia de software na criação de SoS é o desenvolvimento de interfaces para que os sistemas constituintes possam interoperar. Isso também pode envolver o desenvolvimento de uma interface de usuário unificada para que os operadores do SoS não tenham que lidar com várias delas, já que usam sistemas diferentes no SoS.
5. *Integração e implantação.* Esse estágio envolve fazer com que os diferentes sistemas envolvidos no SoS trabalhem juntos e interoperem por meio de interfaces desenvolvidas. A implantação do sistema significa colocá-lo em funcionamento nas organizações relacionadas e torná-lo operacional.

FIGURA 20.6 Processo de engenharia de SoS.

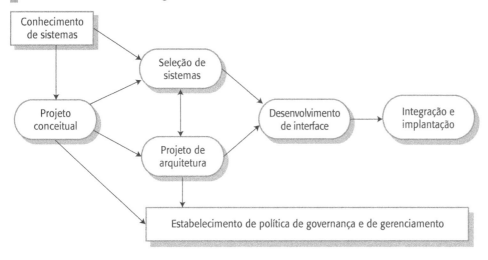

Em paralelo a essas atividades técnicas, é necessário haver uma atividade de alto nível focada no estabelecimento de políticas para a governança do sistema de sistemas e na definição de diretrizes de gerenciamento para implementá-las. Nas situações em que há várias organizações envolvidas, esse processo pode ser prolongado e difícil, envolvendo organizações por meio da mudança de suas próprias políticas e seus processos. Desse modo, é importante começar as discussões sobre governança logo no início do processo de desenvolvimento do SoS.

20.4.1 Desenvolvimento de interface

Os sistemas que formam um sistema de sistemas costumam ser desenvolvidos de modo independente para alguma finalidade específica. Sua interface de usuário é ajustada para a finalidade original. Esses sistemas podem ou não ter APIs que permitam que outros sistemas interajam diretamente com eles. Portanto, quando esses sistemas são integrados em um SoS, as interfaces de software têm de ser desenvolvidas, permitindo que os sistemas constituintes interoperem.

Em geral, o objetivo no desenvolvimento do SoS é que os sistemas sejam capazes de se comunicar diretamente uns com os outros sem intervenção do usuário. Se esses sistemas já oferecerem uma interface baseada em serviço, conforme discutido no Capítulo 18, então essa comunicação pode ser implementada usando essa abordagem. O desenvolvimento de interface envolve a descrição de como usar as interfaces para acessar a funcionalidade de cada sistema. Os sistemas envolvidos podem se comunicar diretamente uns com os outros. As coalizões de sistemas, em que todos os sistemas envolvidos são pares (*peers*), tendem a usar esse tipo de interação direta, já que elas não requerem acordos preestabelecidos sobre os protocolos de comunicação do sistema.

No entanto, é mais frequente que os sistemas que formam um SoS tenham sua própria API especializada ou apenas permitam que sua funcionalidade seja acessada por meio de suas interfaces de usuário. Assim, será preciso desenvolver um software que reconcilie as diferenças entre essas interfaces. É melhor implementá-las com base em serviços, conforme a Figura 20.7 (SILLITTO, 2010).

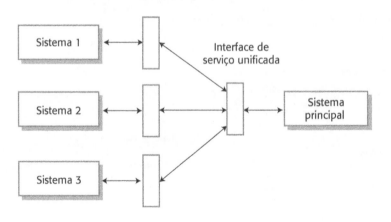

FIGURA 20.7 Sistemas com interfaces de serviço.

Para desenvolver interfaces baseadas em serviços, é necessário examinar a funcionalidade dos sistemas existentes e definir um conjunto de serviços para refleti-la. Depois, a interface fornece esses serviços, que são implementados por chamadas à API de base do sistema ou ao simular a interação do usuário com o sistema. Um dos sistemas no SoS costuma ser um sistema principal ou coordenador, que gerencia as interações entre os sistemas constituintes. O sistema principal funciona como um intermediário de serviços, direcionando as chamadas de serviço entre os diferentes sistemas no SoS. Assim, cada sistema não precisa saber qual dos outros está fornecendo um serviço chamado.

As interfaces de usuário de cada sistema em um SoS tendem a ser diferentes. O sistema principal deve ter algumas interfaces de usuário gerais que lidam com a autenticação do usuário e concedem acesso aos recursos do sistema subjacente. No entanto, normalmente é caro e demorado implementar uma interface como essa, unificada para substituir cada interface dos sistemas subjacentes.

Uma interface com o usuário unificada torna mais fácil para os novos usuários aprenderem a usar o SoS e reduz a probabilidade de erro desses usuários. Entretanto, decidir se o desenvolvimento da interface com o usuário unificada é econômico ou não depende de uma série de fatores:

1. *Os pressupostos de interação dos sistemas no SoS.* Alguns sistemas podem ter um modelo de interação dirigido por processo, em que o sistema controla a interface e solicita informações do usuário. Outros podem dar o controle para o usuário, de modo que ele escolha a sequência de interações com o sistema. É praticamente impossível unificar modelos de interação diferentes.
2. *O modo de uso do SoS.* Em muitos casos, os SoS são utilizados de maneira que a maioria das interações dos usuários em um local são com um dos sistemas constituintes. Eles usam outros sistemas apenas quando outras informações são necessárias. Por exemplo, os controladores de tráfego aéreo podem usar normalmente um sistema de radar para informações de voo e acessar apenas um banco de dados de planos de voo quando precisarem de outras informações. Uma interface unificada é uma má ideia nessas situações, pois deixaria mais lenta a interação com o sistema mais utilizado. Contudo, se os operadores interagirem com todos os sistemas constituintes, então uma interface com o usuário unificada pode ser o melhor caminho a seguir.
3. *A 'abertura' do SoS.* Se o SoS for aberto, de modo que possam ser acrescentados sistemas novos a ele quando estiver em uso, então o desenvolvimento da interface com o usuário unificada é impraticável. É impossível antecipar como será a interface com o usuário dos sistemas novos. A abertura também se aplica às organizações que usam o SoS. Se novas organizações passarem a se envolver, então elas podem ter equipamentos e suas próprias preferências de interação com o usuário. Portanto, elas podem preferir não ter uma interface com o usuário unificada.

Na prática, é possível que o fator limitador na unificação da interface com o usuário seja o orçamento e o tempo disponível para o seu desenvolvimento. O desenvolvimento de uma interface com o usuário é uma das atividades mais dispendiosas da engenharia de sistemas. Em muitos casos, simplesmente não há orçamento de projeto suficiente à disposição para a criação de uma interface com o usuário unificada para o sistema de sistemas.

20.4.2 Integração e implantação

A integração e a implantação do sistema costumam ser atividades separadas. Um sistema é integrado a partir de seus componentes por uma equipe de integração e de teste, então validado e depois liberado para implantação. Os componentes são gerenciados para que as mudanças sejam controladas e a equipe de integração possa ficar confiante de que a versão necessária está incluída no sistema. No entanto, uma abordagem como essa pode não ser possível para o SoS. Alguns dos sistemas componentes podem já estar implantados e em uso, e a equipe de integração não consegue controlar as alterações nesses sistemas.

Assim, para o SoS faz sentido considerar que a integração e a implantação fazem parte do mesmo processo. Essa abordagem reflete uma das diretrizes de projeto discutidas na seção a seguir: um sistema de sistemas incompleto deve ser utilizável e proporcionar funcionalidade útil. O processo de integração deve começar pelos sistemas que já estão implantados, com sistemas novos sendo adicionados ao SoS para promover adições coerentes à funcionalidade do sistema global.

Muitas vezes, faz sentido planejar a implantação do SoS para refletir isso, de modo que ela ocorra em uma série de estágios. Por exemplo, a Figura 20.8 ilustra um processo de implantação em três estágios para o ambiente de aprendizagem digital iLearn:

1. A implantação inicial fornece autenticação, funcionalidade de aprendizagem básica e integração com os sistemas de administração escolar.
2. O segundo estágio da implantação acrescenta um sistema de armazenamento integrado e um conjunto de ferramentas mais especializadas para apoiar a aprendizagem específica para o indivíduo. Essas ferramentas poderiam incluir arquivos para história, sistemas de simulação para ciências e ambientes de programação para computação.
3. O terceiro estágio acrescenta características para configuração de usuário e a capacidade de adicionar novos sistemas ao ambiente iLearn. Esse estágio permite que diferentes versões do sistema sejam criadas para diferentes faixas etárias, mais ferramentas especializadas e alternativas para as ferramentas padrões.

FIGURA 20.8 Sequência de lançamento do SoS iLearn.

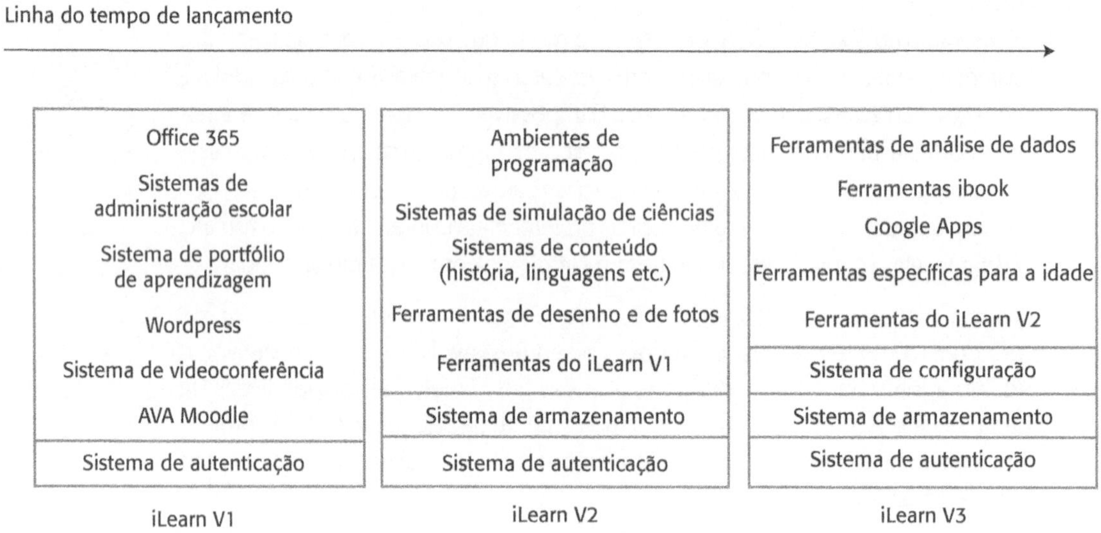

Linha do tempo de lançamento

iLearn V1	iLearn V2	iLearn V3
Office 365	Ambientes de programação	Ferramentas de análise de dados
Sistemas de administração escolar	Sistemas de simulação de ciências	Ferramentas ibook
Sistema de portfólio de aprendizagem	Sistemas de conteúdo (história, linguagens etc.)	Google Apps
Wordpress	Ferramentas de desenho e de fotos	Ferramentas específicas para a idade
Sistema de videoconferência	Ferramentas do iLearn V1	Ferramentas do iLearn V2
AVA Moodle	Sistema de armazenamento	Sistema de configuração
Sistema de autenticação	Sistema de autenticação	Sistema de armazenamento
		Sistema de autenticação

Como em qualquer projeto de engenharia de grandes sistemas, a parte mais demorada e cara da integração do sistema é o teste. Testar sistemas de sistemas é difícil e caro por três motivos:

1. Pode não haver uma especificação de requisitos detalhada que pode ser utilizada como base para testar o sistema. Pode não ser econômico desenvolver um documento de requisitos do SoS porque os detalhes da funcionalidade do sistema são definidos pelos sistemas que estão incluídos.
2. Os sistemas constituintes podem mudar durante o processo de teste, então esses testes podem não ser repetíveis.

3. Se forem descobertos problemas, pode não ser possível corrigi-los ao solicitar alteração em um ou mais sistemas constituintes. Em vez disso, algum software intermediário pode ter de ser introduzido para solucionar o problema.

Para ajudar a abordar alguns desses problemas, acredito que o teste do SoS deve incluir algumas das técnicas de teste desenvolvidas nos métodos ágeis:

1. Os métodos ágeis não contam com uma especificação completa do sistema para realizar o seu teste de aceitação. Em vez disso, os *stakeholders* se envolvem estritamente no processo de teste e têm autoridade para decidir quando o sistema em geral é aceitável. Para o SoS, uma gama de *stakeholders* deve ser envolvida no processo de teste, se possível, e eles podem comentar se o sistema está pronto ou não para a implantação.
2. Os métodos ágeis fazem um uso extenso do teste automatizado. Isso facilita muito a reexecutar os testes para descobrir se alterações inesperadas no sistema causaram problemas para o SoS como um todo.

Dependendo do tipo de sistema, pode ser necessário planejar a instalação do equipamento e o treinamento do usuário como parte do processo de implantação. Se o sistema estiver sendo instalado em um ambiente novo, a instalação do equipamento é simples. No entanto, se for destinado a substituir um sistema existente, pode haver problemas para instalar o novo equipamento se não for compatível com o que já está em uso; pode não haver espaço físico suficiente para o novo equipamento ser instalado com o sistema em funcionamento; pode não haver energia elétrica suficiente, ou os usuários podem não ter tempo para se envolver porque estão ocupados usando o sistema atual. Essas questões não técnicas podem atrasar o processo de implantação e desacelerar a adoção e o uso do SoS.

20.5 ARQUITETURA DE SISTEMAS DE SISTEMAS

Talvez a atividade mais crítica do processo de engenharia de sistema de sistemas seja o projeto de arquitetura, que envolve a escolha dos sistemas a serem incluídos no SoS, a avaliação de como irão interoperar e a elaboração do projeto de mecanismos que facilitem a interação. São tomadas as decisões-chave sobre gerenciamento de dados, redundância e comunicações. Em essência, o arquiteto de SoS é responsável por realizar a visão estabelecida no projeto conceitual do sistema. Para os sistemas organizacionais e federados, em particular, as decisões tomadas nesse estágio são críticas para o desempenho, a resiliência e a capacidade de manutenção do sistema de sistemas.

Maier (1998) discute quatro princípios gerais para arquitetar sistemas de sistemas complexos:

1. Projetar sistemas para que eles possam agregar valor se estiverem incompletos. Nas situações em que um sistema for composto de vários outros sistemas, ele não deve ser apenas útil se todos os seus componentes estiverem funcionando corretamente. Em vez disso, deve haver 'formas intermediárias estáveis' para que o sistema parcial funcione e possa fazer coisas úteis.
2. Ser realista quanto ao que pode ser controlado. O melhor desempenho de um SoS pode ser alcançado quando um indivíduo ou grupo exerce controle sobre o sistema geral e seus constituintes. Se não houver controle, então é difícil um SoS agregar valor. No entanto, as tentativas de supercontrole do SoS tendem

a levar à resistência dos donos de cada sistema e a consequentes atrasos em sua implantação e evolução.

3. Foco nas interfaces do sistema. Para criar um sistema de sistemas bem-sucedido é preciso projetar interfaces para que os elementos do sistema possam interoperar. É importante que essas interfaces não sejam restritivas demais para que os elementos do sistema possam evoluir e continuar a ser participantes úteis no SoS.
4. Fornecer incentivos à colaboração. Quando os elementos do sistema forem independentes em relação a sua propriedade e gerenciamento, é importante que cada dono de sistema tenha incentivos para continuar a participar dele. Esses incentivos podem ser financeiros (pagamento por uso ou custos operacionais reduzidos), de acesso (você compartilha seus dados e eu compartilho os meus) ou comunitários (participe de um SoS para ter voz na comunidade).

Sillitto (2010) colaborou para esses princípios e sugeriu outras diretrizes de projeto importantes, que incluem os seguintes tópicos:

1. Projetar um SoS como uma arquitetura de nós e rede. Os nós são sistemas sociotécnicos que incluem dados, software, hardware, infraestrutura (componentes técnicos); e políticas organizacionais, pessoas, processos e treinamento (sociotécnicos). A rede não é apenas a infraestrutura de comunicação entre os nós, mas também proporciona um mecanismo para a comunicação social informal e formal entre as pessoas que gerenciam e executam os sistemas em cada nó.
2. Especificar o comportamento como serviços trocados entre os nós. O desenvolvimento das arquiteturas orientadas a serviços proporciona hoje um mecanismo padrão para a operabilidade dos sistemas. Se um sistema ainda não fornecer uma interface, então ela deve ser implementada como parte do processo de desenvolvimento do SoS.
3. Entender e gerenciar as vulnerabilidades do sistema. Em qualquer SoS haverá falhas inesperadas e comportamento indesejado. É criticamente importante tentar entender as vulnerabilidades e projetar o sistema para ser resiliente a tais falhas.

A mensagem fundamental que emerge dos trabalhos de Maier e de Sillitto é que os arquitetos de SoS têm de adotar uma perspectiva ampla, de modo a olhar o sistema como um todo, levando em conta considerações técnicas e sociotécnicas. Às vezes, a melhor solução para um problema não é mais software, mas, sim, alterações nas regras e nas políticas que governam a operação do sistema.

Os *frameworks* de arquitetura como o MODAF (MOD, 2008) e o TOGAF (THE OPEN GROUP, 2011) foram sugeridos como um meio de apoiar o projeto de arquitetura dos sistemas de sistemas. Os *frameworks* de arquitetura foram desenvolvidos originalmente para apoiar arquiteturas de sistemas empresariais, que são portfólios de sistemas separados. Os sistemas empresariais podem ser SoS organizacionais ou podem ter uma estrutura de gerenciamento mais simples para que o portfólio do sistema possa ser gerenciado como um todo. Os *frameworks* de arquitetura se destinam ao desenvolvimento de sistemas de sistemas organizacionais em que há uma única autoridade de governança para o SoS inteiro.

Um *framework* de arquitetura reconhece que um único modelo de arquitetura não apresenta todas as informações necessárias para a análise da arquitetura e do negócio. Em vez disso, os *frameworks* propõem uma série de visões de arquitetura, que devem ser criadas e mantidas para descrever e documentar sistemas empresariais. Os *frameworks* têm muito em comum e tendem a refletir a linguagem e a história das organizações envolvidas. Por exemplo, MODAF e DODAF são *frameworks* comparáveis do Ministério da Defesa do Reino Unido (MOD, do inglês *Ministry of Defense*) e do Departamento de Defesa dos Estados Unidos (DOD, do inglês *Department of Defense*).

O *framework* TOGAF foi desenvolvido pelo The Open Group como um padrão aberto e destina-se a apoiar o projeto de uma arquitetura de negócio, uma arquitetura de dados, uma arquitetura de aplicação e uma arquitetura de tecnologia para uma empresa. No seu cerne, encontra-se o Método de Desenvolvimento de Arquitetura (ADM, do inglês *Architecture Development Method*), que consiste em uma série de fases discretas. Essas fases são exibidas na Figura 20.9, tiradas da documentação de referência do TOGAF (THE OPEN GROUP, 2011).

FIGURA 20.9 O método TOGAF de desenvolvimento da arquitetura (TOGAF® Version 9.1, © 1999-2011. The Open Group.).

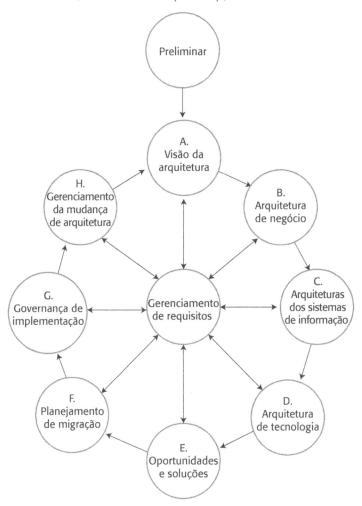

Todos os *frameworks* de arquitetura envolvem a produção e gerenciamento de um grande conjunto de modelos de arquitetura. Cada uma das atividades exibidas na Figura 20.9 leva à produção de modelos de sistema. Entretanto, isso é problemático por duas razões:

1. O desenvolvimento inicial de um modelo leva muito tempo e envolve amplas negociações entre os *stakeholders* do sistema, o que atrasa o desenvolvimento do sistema global.

2. É demorado e caro manter a consistência do modelo à medida que são feitas mudanças na organização e nos sistemas que constituem um SoS.

Os *frameworks* de arquitetura são fundamentalmente reducionistas e ignoram em grande parte as questões sociotécnicas e políticas. Enquanto eles reconhecem que os problemas são difíceis de definir e estão em aberto, eles assumem um grau de controle e governança que é impossível alcançar em muitos sistemas de sistemas. São um *checklist* útil para lembrar os arquitetos das coisas que devem ser consideradas no processo de projeto de arquitetura. No entanto, a sobrecarga envolvida no gerenciamento de modelos e na abordagem reducionista adotados pelos *frameworks* limita sua utilidade no projeto de arquitetura do SoS.

20.5.1 Padrões de arquitetura para sistemas de sistemas

Descrevi padrões de arquitetura para diferentes tipos de sistema nos Capítulos 6, 17 e 21. Em suma, um padrão de arquitetura é uma arquitetura estilizada que pode ser reconhecida em uma série de sistemas diferentes. Esses padrões são uma maneira útil de estimular discussões sobre a arquitetura mais adequada para um sistema, além de documentar e explicar as arquiteturas utilizadas. Esta seção aborda uma série de padrões 'típicos' nos sistemas de sistemas de software. Assim como acontece com todos os padrões de arquitetura, os sistemas reais baseiam-se normalmente em mais de um desses padrões.

A noção de padrões de arquitetura dos SoS ainda está em um estágio inicial de desenvolvimento, Kawalsky *et al.* (2013) discutem o valor dos padrões de arquitetura para entender e apoiar o projeto de SoS, com um foco nos padrões para sistemas de comando e controle. Esses padrões são eficazes para ilustrar a organização do SoS, sem a necessidade de conhecimento detalhado do domínio.

Sistemas como um *feed* de dados

Nesse padrão de arquitetura (Figura 20.10), existe um sistema principal que requer dados de tipos diferentes. Esses dados estão disponíveis, e o sistema principal consulta esses sistemas para obter os dados necessários. Geralmente, os sistemas que fornecem dados não interagem uns com os outros. Esse padrão costuma ser observado nos sistemas organizacionais ou federados, nos quais alguns mecanismos de governança estão em vigor.

FIGURA 20.10 Sistemas como *feeds* de dados.

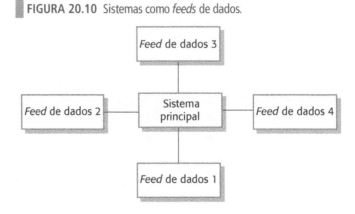

Por exemplo, para licenciar um veículo no Reino Unido é preciso ter um seguro válido e um certificado de boas condições de circulação. Quando há interação com o sistema de licenciamento do veículo, ele se conecta a dois outros sistemas para verificar se esses documentos são válidos:

1. Um *sistema de 'veículos segurados'*, que é um sistema federado operado pelas seguradoras de veículos, as quais mantêm informações sobre todas as apólices de seguro de automóveis atuais.
2. Um *sistema de 'certificado do Ministério dos Transportes'*, que é utilizado para registrar todos os certificados de boas condições de circulação emitidos pelas agências de testes licenciadas pelo governo.

A arquitetura de 'sistemas como *feed* de dados' é a mais apropriada para ser utilizada quando é possível identificar entidades de uma maneira única e criar consultas relativamente simples sobre elas. No sistema de licenciamento, os veículos podem ser identificados unicamente por seu número de registro. Em outros sistemas, pode ser possível identificar entidades como os monitores de poluição por suas coordenadas GPS.

Uma variação da arquitetura de 'sistemas como *feed* de dados' surge quando vários sistemas fornecem dados parecidos, mas não idênticos. Portanto, a arquitetura tem de incluir uma camada intermediária, como mostra a Figura 20.11. O papel dela é traduzir a consulta geral do sistema principal para a consulta específica necessária para o sistema de informação individual.

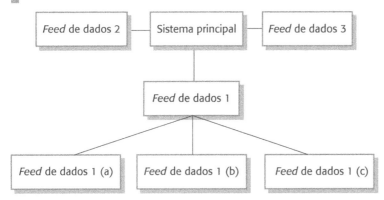

FIGURA 20.11 Sistemas como *feeds* de dados com uma interface unificadora.

Por exemplo, o ambiente iLearn interage com os sistemas de administração escolar de três prestadores de serviço diferentes. Todos esses sistemas fornecem as mesmas informações sobre os alunos (nomes, informações pessoais etc.), mas têm interfaces diferentes. Os bancos de dados têm organizações diferentes e o formato dos dados retornados é diferente de um sistema para outro. A interface unificadora aqui detecta onde o usuário do sistema está baseado e, usando essa informação regional, sabe qual sistema administrativo deve ser acessado. Depois, ele converte uma consulta padrão em uma consulta correta para esse sistema.

Os problemas que podem surgir nos sistemas que usam esse padrão são relativos principalmente à interface quando os *feeds* de dados não estão disponíveis ou demoram a responder. É importante assegurar que sejam incluídos limites de tempo no sistema para que uma falha de um *feed* de dados não comprometa o tempo de resposta do sistema como um todo. Os mecanismos de governança devem estar em vigor para garantir que os formatos dos dados fornecidos não sejam alterados sem a concordância de todos os donos de sistemas.

Sistemas em um contêiner

Sistemas em um contêiner são sistemas de sistemas em que um deles age como um contêiner virtual e fornece um conjunto de serviços comuns, como autenticação e serviço de armazenamento. Conceitualmente, outros sistemas são colocados nesse contêiner para tornar sua funcionalidade acessível para os usuários de sistemas. A Figura 20.12 ilustra um sistema contêiner com três serviços comuns e seis sistemas incluídos. Os sistemas que estão incluídos podem ser selecionados em uma lista de sistemas aprovada e não precisam saber que estão incluídos no contêiner. Esse padrão de SoS é observado com mais frequência nos sistemas federados ou nas coalizões de sistemas.

FIGURA 20.12 Sistemas em um contêiner.

Sistemas incluídos		
s1	s2	s3
s4	s5	s6
Serviço comum 3		
Serviço comum 2		
Serviço comum 1		

Sistema contêiner

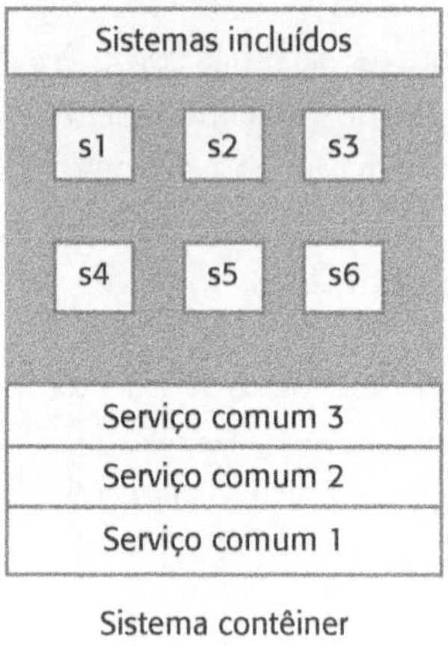

O ambiente iLearn é um sistema em um contêiner. Existem serviços comuns que apoiam a autenticação, o armazenamento dos dados de usuário e a configuração do sistema. Outras funcionalidades vêm da escolha de sistemas existentes, como um arquivo de jornal ou um ambiente virtual de aprendizagem, e da integração desses sistemas ao contêiner.

É claro que sistemas não são colocados em um contêiner de verdade para implementar esses sistemas de sistemas. Em vez disso, para cada sistema aprovado, há uma interface distinta que permite sua integração aos serviços comuns. Essa interface gerencia a tradução dos serviços comuns fornecidos pelo contêiner e os requisitos do sistema integrado. Também pode ser possível incluir sistemas que não são aprovados. No entanto, eles não terão acesso aos serviços comuns fornecidos pelo contêiner.

A Figura 20.13 ilustra essa integração. Este gráfico é uma versão simplificada do iLearn que fornece três serviços comuns:

1. Um serviço de autenticação, que oferece um único *login* para todos os sistemas aprovados. Os usuários não precisam manter credenciais separadas para esses sistemas.
2. Um serviço de armazenamento para os dados de usuário, que pode ser transferido ininterruptamente de/para sistemas aprovados.

3. Um serviço de configuração, que é utilizado para incluir ou remover sistemas do contêiner.

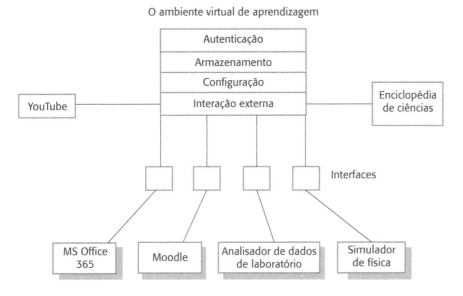

FIGURA 20.13 O ambiente virtual de aprendizagem como um sistema contêiner.

Esse exemplo mostra uma versão do iLearn para a disciplina de física. Assim como um sistema de produtividade de escritório (Office 365) e um AVA (ambiente virtual de aprendizagem, como o Moodle), esse sistema inclui simulação e sistemas de análise de dados. Outros sistemas — YouTube e uma enciclopédia de ciências — também fazem parte desse sistema. Entretanto, eles não são 'aprovados' e, portanto, não há interface disponível no contêiner. Os usuários devem fazer *login* nesses sistemas separadamente e organizar suas próprias transferências de dados.

Existem dois problemas com esse tipo de arquitetura de SoS:

1. Uma interface distinta deve ser desenvolvida para cada sistema aprovado, de modo que os serviços comuns possam ser utilizados com esses sistemas. Isso significa que apenas um número relativamente pequeno de sistemas aprovados pode ser suportado.
2. Os donos do sistema contêiner não têm influência na funcionalidade e no comportamento dos sistemas incluídos. Eles podem parar de funcionar ou ser retirados a qualquer momento.

Entretanto, o principal benefício dessa arquitetura é permitir o desenvolvimento incremental. Uma versão inicial do sistema contêiner pode se basear em sistemas 'não aprovados'. As interfaces para eles podem ser desenvolvidas em versões posteriores para que sejam mais estreitamente integrados aos serviços do contêiner.

Sistemas de negociação

Sistemas de negociação são sistemas de sistemas em que não há um único sistema principal, mas o processamento pode ocorrer em qualquer um dos sistemas constituintes. Os sistemas envolvidos negociam informações entre si. Pode haver interações um-para-um ou um-para-muitos entre esses sistemas. Cada um publica sua própria interface, mas pode não haver padrões de interface seguidos por todos os sistemas. Esse sistema é exibido na Figura 20.14. Os sistemas de negociação podem ser federados ou uma coalizão de sistemas.

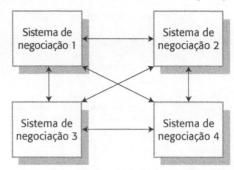

FIGURA 20.14 Sistema de sistemas de negociação.

Um exemplo de SoS de negociação é um sistema de sistemas para a negociação algorítmica de ações e participações. Todos os corretores têm seus próprios sistemas distintos que podem comprar e vender automaticamente ações de outros sistemas. Eles estabelecem preços e negociam individualmente com esses sistemas. Outro exemplo de sistema de negociação é um agregador de viagens que mostra comparações de preços e permite que a viagem seja marcada diretamente por um usuário.

Os sistemas de negociação podem ser desenvolvidos para qualquer tipo de mercado, com a troca de informações sobre os bens negociados e seus preços. Embora os sistemas de negociação sejam sistemas por si só e possam ser utilizados para negociação individual, eles são mais úteis em um contexto de negociação automatizada, no qual os sistemas negociam diretamente uns com os outros.

O principal problema com esse tipo de sistema é que não há mecanismo de governança, então qualquer um dos sistemas envolvidos pode mudar com o tempo. Como essas mudanças podem contradizer os pressupostos feitos por outros sistemas, a negociação pode não continuar. Às vezes, os donos dos sistemas em coalizão desejam ser capazes de continuar a negociar com outros sistemas, fazendo então arranjos informais para garantir que as mudanças em um sistema não impossibilitem a negociação. Em outros casos, como no agregador de viagens, uma companhia aérea pode mudar deliberadamente seu sistema para que fique indisponível, forçando para que as reservas sejam feitas diretamente com ela.

PONTOS-CHAVE

- Sistemas de sistemas são aqueles em que dois ou mais dos sistemas constituintes são gerenciados e governados independentemente.
- Três tipos de complexidade são importantes para os sistemas de sistemas — complexidade técnica, complexidade gerencial e complexidade de governança.
- A governança de sistemas pode ser utilizada como base para um esquema de classificação dos SoS, a saber: os sistemas organizacionais, os sistemas federados e as coalizões de sistemas.
- O reducionismo, como um método de engenharia, é insuficiente em razão da complexidade inerente aos sistemas de sistemas, porque ele presume que haja limites claros de sistema, tomada de decisão racional e problemas bem definidos. Nenhum desses pressupostos é válido para os SoS.

- Os estágios fundamentais do processo de desenvolvimento do SoS são o projeto conceitual, a seleção de sistemas, o projeto de arquitetura, o desenvolvimento de interface e a integração e implantação. Políticas de governança e de gerenciamento devem ser concebidas em paralelo com essas atividades.
- Os padrões de arquitetura dos sistemas de sistemas são um meio de descrever e discutir as arquiteturas típicas do SoS. Padrões importantes são os sistemas como *feeds* de dados, sistemas em um contêiner e sistemas de negociação.

LEITURAS ADICIONAIS

"Architecting principles for systems of systems." Hoje um artigo clássico sobre sistemas de sistemas, que introduz um esquema de classificação para SoS, discute seu valor e propõe uma série de princípios de arquitetura para o projeto de SoS. MAIER, M. *Systems engineering*, v. 1, n. 4, 1998.

Ultra-large scale systems: the software challenge of the future. Esse livro, produzido pelo Departamento de Defesa dos Estados Unidos, em 2006, introduz a noção de sistemas de ultralarga escala, que são sistemas de sistemas com centenas de nós. Ele discute os problemas e os desafios no desenvolvimento de tais sistemas. NORTHROP, L. *et al. Software Engineering Institute*, 2006. Disponível em: <https://resources.sei.cmu.edu/asset_files/Book/2006_014_001_30542.pdf>. Acesso em: 15 jul. 2018.

"Large-scale complex IT systems." Esse artigo discute os problemas dos sistemas de TI complexos de larga escala que são sistemas de sistemas e expande as ideias aqui sobre a decomposição do reducionismo. Ele propõe uma série de desafios de pesquisa na área de SoS. SOMMERVILLE, I. *et al*. *Communications of the ACM*, v. 55, n. 7, jul. 2012. doi:10.1145/2209249.2209268.

SITE[2]

Apresentações em PowerPoint para este capítulo disponíveis em: <http://software-engineering-book.com/slides/chap20/>.
Links para vídeos de apoio disponíveis em: <http://software-engineering-book.com/videos/systems-engineering/>.

---

[2] Todo o conteúdo disponibilizado na seção *Site* de todos os capítulos está em inglês.

EXERCÍCIOS

20.1 Explique por que a independência gerencial e operacional são características-chave distintivas dos sistemas de sistemas em comparação com outros sistemas grandes e complexos.

20.2 Qual é a diferença entre complexidade de governança e complexidade gerencial?

20.3 A classificação de SoS apresentada na Seção 20.2 sugere um esquema de classificação baseado em governança. Justificando sua resposta, identifique as classificações para os seguintes sistemas de sistemas:
(a) Um sistema de saúde que proporciona acesso unificado a todos os registros de saúde de pacientes de hospitais, clínicas e cuidados primários.
(b) A World Wide Web.
(c) Um sistema governamental que dá acesso a uma gama de serviços de bem-estar social, como pensões, auxílio-invalidez e seguro-desemprego.
Existe algum problema com a classificação sugerida para qualquer um desses sistemas?

20.4 Explique o que quer dizer reducionismo e por que ele é eficaz como base para muitos tipos de engenharia.

20.5 Quais são as características dos sistemas de software complexos que fazem do reducionismo uma abordagem menos eficaz para a engenharia de software?

20.6 No processo de desenvolvimento de SoS, explique por que é importante que a seleção dos sistemas e o projeto de arquitetura devam ser atividades simultâneas e por que deve haver uma ligação estreita entre elas.

20.7 Sillitto sugere que as comunicações entre os nós em um SoS não são apenas técnicas, mas também devem incluir comunicações sociotécnicas informais entre as pessoas envolvidas no sistema. Usando o SoS iLearn como exemplo, sugira em que ocasiões essas comunicações informais podem ser importantes para melhorar a eficácia do sistema.

20.8 Sugira o padrão de arquitetura mais ajustado para os sistemas de sistemas introduzidos no Exercício 20.3.

20.9 O padrão de sistema de negociação assume que não há uma autoridade central envolvida. No entanto, nas áreas como a negociação de ações, os sistemas devem seguir regras regulatórias. Sugira como esse padrão poderia ser modificado para permitir que um regulador averigue se essas regras foram seguidas. Isso não deve envolver todas as negociações que passarem por um nó central.

20.10 Você trabalha para uma empresa de software que desenvolveu um sistema que presta informações sobre consumidores e que é utilizado dentro de um SoS por uma série de outros varejistas. Eles pagam a você pelos serviços utilizados. Discuta a ética de mudar as interfaces do sistema sem aviso prévio para coagir os usuários a pagarem taxas mais altas. Considere essa questão do ponto de vista dos funcionários da empresa, do cliente e dos *stakeholders*.

REFERÊNCIAS

BOEHM, B.; ABTS, C. "COTS integration: plug and pray?" *Computer*, v. 32, n. 1, 1999. p. 135-138. doi:10.1109/2.738311.

HITCHINS, D. "System of systems — The ultimate tautology." *Systems world* [blog], 20 fev. 2009. Disponível em: <http://systems.hitchins.net/profs-blog/system-of-systems---the.html>. Acesso em: 15 jul. 2018.

KAWALSKY, R.; JOANNOU, D.; TIAN, Y.; FAYOUMI, A. "Using architecture patterns to architect and analyze systems of systems." *Conference on systems engineering research (CSER 13)*, 2013. p. 283--292. doi:10.1016/j.procs.2013.01.030.

MAIER, M. W. "Architecting principles for systems-of-systems." *Systems Engineering*, v. 1, n. 4, 1998. p. 267-284. doi:10.1002/(SICI)1520–6858(1998)1:4<267::AID-SYS3>3.0.CO;2-D.

MOD (*Ministry of Defense*), Reino Unido. "MOD architecture framework." *Gov.co.uk*, 2008. Disponível em: <https://www.gov.uk/guidance/mod-architecture-framework>. Acesso em: 15 jul. 2018.

NORTHROP, L.; GABRIEL, R. P.; KLEIN, M.; SCHMIDT, D. *Ultra-large-scale systems*: the software challenge of the future. Pittsburgh: Software Engineering Institute, 2006. Disponível em: <https://resources.sei.cmu.edu/asset_files/Book/2006_014_001_30542.pdf>. Acesso em: 15 jul. 2018.

RITTEL, H.; WEBBER, M. "Dilemmas in a general theory of planning." *Policy Sciences*, v. 4, 1973. p. 155--169. doi:10.1007/BF01405730.

ROYAL ACADEMY OF ENGINEERING. *Challenges of complex IT projects*. London, 2004. Disponível em: <https://www.bcs.org/upload/pdf/complexity.pdf>. Acesso em: 15 jul. 2018.

SILLITTO, H. "Design principles for ultra-large-scale systems." *Proceedings of the 20th International Council for Systems Engineering International Symposium*. Chicago, 2010.

SOMMERVILLE, I.; CLIFF, D.; CALINESCU, R.; KEEN, J.; KELLY, T.; KWIATKOWSKA, M.; MCDERMID, J.; PAIGE, R. "Large-scale complex IT systems." *Comm. ACM*, v. 55, n. 7, 2012. p. 71-77. doi:10.1145/2209249.2209268.

STEVENS, R. *Engineering mega-systems*: the challenge of systems engineering in the information age. Boca Raton, FL: CRC Press, 2010.

THE OPEN GROUP. "Open group standard TOGAF Version 9.1, an Open Group Standard." 2011. Disponível em: <http://pubs.opengroup.org/architecture/togaf91-doc/arch/>. Acesso em: 15 jul. 2018.

21 Engenharia de software de tempo real

OBJETIVOS

O objetivo deste capítulo é introduzir algumas das características distintivas da engenharia de software embarcado de tempo real. Ao ler este capítulo, você:

- compreenderá o conceito de software embarcado, utilizado para controlar sistemas que reagem a eventos externos em seu ambiente;
- conhecerá um processo de projeto para sistemas de tempo real, em que os sistemas de software são organizados como um conjunto de processos cooperativos;
- compreenderá três padrões de arquitetura utilizados frequentemente no projeto de sistemas de tempo real;
- entenderá a organização dos sistemas operacionais de tempo real e o papel que eles exercem em um sistema de tempo real embarcado.

CONTEÚDO

21.1 Projeto de sistemas embarcados
21.2 Padrões de arquitetura para software de tempo real
21.3 Análise temporal
21.4 Sistemas operacionais de tempo real

Os computadores são utilizados para controlar uma ampla gama de sistemas, desde máquinas domésticas simples, passando por controles de videogame até fábricas inteiras. Esses computadores interagem diretamente com dispositivos de hardware. Seu software deve reagir a eventos gerados pelo hardware e frequentemente emitir sinais de controle em reposta a esses eventos. Esses sinais resultam em uma ação, como a iniciação de uma chamada telefônica, o movimento de um personagem na tela, a abertura de uma válvula ou a exibição do status do sistema. O software nesses sistemas está embarcado no sistema de software, frequentemente na memória só para leitura (ROM). Ele responde, em tempo real, aos eventos que ocorrem no ambiente do sistema. O que eu quero dizer com 'tempo real' é que o sistema de software tem um prazo limite (*deadline*) para responder aos eventos externos. Se esse prazo for perdido, então o sistema de hardware-software geral não vai funcionar corretamente.

O software embarcado é muito importante economicamente porque quase todos os dispositivos elétricos atuais incluem software. Dessa maneira, há muito mais sistemas de software embarcados do que outros tipos de sistemas de software. Ebert e Jones (2009) estimaram que havia cerca de 30 sistemas de microprocessador embarcados por pessoa nos países desenvolvidos. Esse número estava crescendo entre 10% e 20% por ano. Isso sugere que, em 2020, haverá mais de 100 sistemas embarcados por pessoa.

A capacidade de resposta em tempo real é a diferença fundamental entre os sistemas embarcados e os demais sistemas de software, como os sistemas de informação, os sistemas web ou os sistemas de software pessoal, cuja finalidade principal é o processamento de dados. Para os sistemas que não são de tempo real, a correção pode ser definida especificando como as entradas do sistema batem com as saídas correspondentes que devem ser produzidas por ele. Em resposta a uma entrada, deve ser gerada pelo sistema uma saída correspondente e, muitas vezes, alguns dados devem ser armazenados. Por exemplo, ao optar por um comando de criação em um sistema de informação de pacientes, a resposta correta do sistema é criar um registro de paciente em um banco de dados e confirmar que isso foi feito. Dentro de limites razoáveis, não importa quanto tempo isso leve.

No entanto, em um sistema de tempo real, a correção depende tanto da resposta a uma entrada quanto do tempo que leva para gerá-la. Se o sistema demorar demais para responder, então a resposta necessária pode ser ineficaz. Por exemplo, se o software embarcado que controla um sistema de freios de um carro for lento demais, ele pode causar um acidente, uma vez que será impossível parar o carro a tempo.

Portanto, o tempo é fundamental na definição de um sistema de software de tempo real:

> *Um sistema de software de tempo real é um sistema cuja operação correta depende tanto dos resultados produzidos por ele quanto do tempo decorrido até a produção desses resultados. Um 'sistema de tempo real não crítico' é aquele cuja operação é degradada se os resultados não forem produzidos de acordo com os requisitos de tempo especificados. Se os resultados não forem produzidos de acordo com a especificação de tempo em um 'sistema de tempo real crítico', isso é considerado uma falha do sistema.*

A resposta pontual é um fator importante em todos os sistemas embarcados, nas nem todos os sistemas embarcados requerem uma resposta muito rápida. Por exemplo, o software da bomba de insulina, que venho utilizando como exemplo em vários capítulos deste livro, é um sistema embarcado. No entanto, embora o sistema precise verificar o nível de glicose em intervalos periódicos, ele não precisa responder com muita rapidez a eventos externos. O software da estação meteorológica na natureza também é um sistema embarcado, porém, uma vez mais, ele não requer uma resposta rápida aos eventos externos.

Além da necessidade de resposta em tempo real, existem outras diferenças importantes entre os sistemas embarcados e outros tipos de sistema de software:

1. Os sistemas embarcados geralmente são executados continuamente e não terminam. Eles se iniciam quando o hardware é ligado e ficam em execução até que seja desligado. As técnicas para a engenharia de software confiável, conforme discutido no Capítulo 11, podem ter de ser empregadas para garantir a operação contínua. O sistema de tempo real pode incluir mecanismos de atualização que permitam a reconfiguração dinâmica, de modo que o sistema possa ser atualizado enquanto está em serviço.

2. As interações com o ambiente do sistema são imprevisíveis. Nos sistemas interativos, o ritmo da interação é controlado pelo sistema. Ao limitar as opções do usuário, os eventos e os comandos a serem processados são conhecidos antecipadamente. Por outro lado, os sistemas embarcados de tempo real devem ser capazes de responder a eventos previstos e imprevistos a qualquer momento. Isso leva a um projeto de sistemas de tempo real baseado na concorrência, com vários processos sendo executados em paralelo.
3. Limitações físicas podem afetar o projeto de um sistema. Exemplos de limitações incluem restrições à energia disponível para o sistema e o espaço físico ocupado pelo hardware. Essas limitações podem gerar requisitos para o software embarcado, como a necessidade de economizar energia e de prolongar a vida útil da bateria. As limitações de tamanho e de peso podem significar que o software tem de assumir algumas funções do hardware em razão da necessidade de limitar o número de chips utilizados no sistema.
4. Pode ser necessária a interação direta com o hardware. Nos sistemas interativos e nos sistemas de informação, uma camada de software (os drivers de dispositivo) esconde o hardware do sistema operacional. Isso é possível porque só dá para conectar alguns tipos de dispositivos nesses sistemas, como teclados, mouses e monitores. Por outro lado, os sistemas embarcados podem ter de interagir com uma ampla variedade de dispositivos de hardware que não possuem drivers distintos.
5. Questões de segurança (*safety*) e de confiabilidade podem dominar o projeto do sistema. Muitos sistemas embarcados controlam dispositivos cuja falha pode ter altos custos humanos e econômicos. Portanto, a dependabilidade é crítica, e o projeto do sistema tem de assegurar o comportamento crítico em segurança o tempo inteiro. Muitas vezes, isso leva a uma abordagem conservadora para o projeto, em que são empregadas técnicas testadas e aprovadas em vez de técnicas que podem introduzir novos modos de falha.

Os sistemas embarcados de tempo real podem ser encarados como sistemas reativos; ou seja, eles devem reagir aos eventos em seu ambiente (BERRY, 1989; LEE, 2002). Os tempos de resposta muitas vezes são governados pelas leis da física, em vez de serem escolhidos de acordo com a conveniência humana. Isso contrasta com outros tipos de software, em que o sistema controla a velocidade da interação. Por exemplo, o processador de texto que estou usando para escrever este livro consegue verificar a ortografia e a gramática e não há limites práticos quanto ao tempo necessário para fazê-lo.

21.1 PROJETO DE SISTEMAS EMBARCADOS

Durante o processo de projeto do software embarcado, os projetistas de software têm de considerar em detalhes o projeto e o desempenho do hardware do sistema. Parte do processo de projeto do sistema pode envolver a decisão de quais capacidades do sistema devem ser implementadas no software e quais devem ser implementadas no hardware. Em muitos sistemas de tempo real que são embarcados em produtos de consumo, como os sistemas presentes nos telefones celulares, os custos e o consumo de energia do hardware são críticos. Podem ser utilizados processadores específicos, projetados para apoiar sistemas embarcados. Em alguns sistemas, pode ser necessário projetar e construir hardware sob medida.

Um processo de projeto de software *top-down* — no qual o projeto começa com um modelo abstrato que é decomposto e desenvolvido em uma série de estágios — é impraticável para a maioria dos sistemas de tempo real. Decisões de baixo nível sobre o hardware, o software de apoio e o sincronismo do sistema devem ser consideradas logo no início do processo. Essas decisões limitam a flexibilidade dos projetistas do sistema. Funcionalidades adicionais de software, como gerenciamento da bateria e do consumo de energia, podem ter de ser incluídas no sistema.

Dado que os sistemas embarcados são sistemas reativos que reagem a eventos em seu ambiente, a abordagem mais geral para o projeto de software de tempo real embarcado baseia-se em um modelo de estímulo-resposta. Um estímulo é um evento que ocorre no ambiente do sistema de software que faz com que o sistema reaja de alguma maneira; uma resposta é um sinal ou mensagem que o software envia para o seu ambiente.

É possível definir o comportamento de um sistema de tempo real listando os estímulos recebidos pelo sistema, as respostas associadas e o tempo no qual a resposta deve ser produzida. Por exemplo, a Figura 21.1 mostra possíveis estímulos e respostas de um sistema de alarme contra roubo (discutidos na Seção 21.2.1).

FIGURA 21.1 Estímulos e respostas de um sistema de alarme contra roubo.

Estímulo	Resposta
Desligar alarmes	Desligar todos os alarmes ativos; desligar todas as luzes que foram ligadas.
Botão de pânico do console positivo	Iniciar alarme; desligar as luzes em volta do console; chamar a polícia.
Falha no fornecimento de energia	Chamar o técnico de manutenção.
Falha de sensor	Chamar o técnico de manutenção.
Apenas um sensor positivo	Disparar alarme; ligar as luzes em volta da área do sensor positivo.
Dois ou mais sensores positivos	Disparar alarme; ligar as luzes em volta das áreas dos sensores positivos; chamar a polícia indicando o local da suposta invasão.
Queda de tensão entre 10% e 20%	Passar para a bateria; executar teste de fornecimento de energia.
Queda de tensão superior a 20%	Passar para a bateria; disparar alarme; chamar a polícia; executar o teste de fornecimento de energia.

Os estímulos se enquadram em duas classes:

1. *Estímulos periódicos*. Eles ocorrem em intervalos de tempo previsíveis. Por exemplo, o sistema pode examinar um sensor a cada 50 milissegundos e tomar uma atitude (responder) dependendo do valor do sensor (o estímulo).
2. *Estímulos não periódicos*. Eles ocorrem de modo irregular e imprevisível e normalmente são sinalizados usando o mecanismo de interrupção do computador. Um exemplo desse tipo de estímulo seria uma interrupção indicando que uma transferência de E/S foi concluída e que os dados estão disponíveis em um *buffer*.

Os estímulos são provenientes de sensores no ambiente do sistema, e as respostas são enviadas para atuadores, como mostra a Figura 21.2. Esses atuadores controlam os equipamentos, como uma bomba, que depois fazem mudanças no ambiente do sistema. Os próprios atuadores também podem gerar estímulos. Os estímulos dos atuadores indicam frequentemente que ocorreu algum problema com o atuador, o qual deve ser tratado pelo sistema.

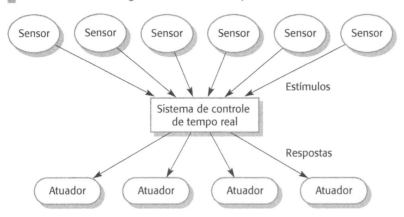

FIGURA 21.2 Modelo geral de sistema de tempo real embarcado.

Uma diretriz geral de projeto para sistemas de tempo real é ter processos de controle separados para cada tipo de sensor e atuador (Figura 21.3). Para cada tipo de sensor pode haver um processo de gerenciamento que lida com sua coleta de dados. Processos de processamento de dados computam as respostas necessárias para os estímulos recebidos pelo sistema. Os processos de controle estão associados a cada atuador e gerenciam sua operação. Esse modelo permite que os dados sejam coletados rapidamente do sensor (antes que sejam sobrescritos pela próxima entrada) e que o processamento e a resposta associada do atuador sejam realizados mais tarde.

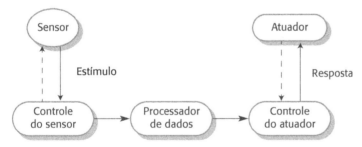

FIGURA 21.3 Processos de sensor e atuador.

Um sistema de tempo real tem de responder a estímulos que ocorrem em momentos diferentes. Portanto, é preciso organizar a arquitetura do sistema para que, logo que um estímulo for recebido, o controle seja transferido para o tratador correto. Isso é impraticável nos programas sequenciais. Consequentemente, os sistemas de software de tempo real em geral são projetados como um conjunto de processos concorrentes e cooperativos. Para apoiar o gerenciamento desses processos, a plataforma de execução sobre a qual o sistema de tempo real é executado pode incluir um sistema operacional de tempo real (discutido na Seção 21.4). As funções fornecidas por esse sistema operacional são acessadas por meio do sistema de apoio em tempo de execução para a linguagem de programação de tempo real utilizada.

Não existe um padrão para o processo de projeto de sistema embarcado. Em vez disso, são utilizados processos que dependem do tipo de sistema, do hardware disponível e da organização que está desenvolvendo o sistema. As seguintes atividades podem ser incluídas no processo de projeto de software de tempo real:

1. *Seleção de plataforma*. Nessa atividade, uma plataforma de execução é escolhida para o sistema, ou seja, o hardware e o sistema operacional de tempo real a serem utilizados. Os fatores que influenciam essa seleção incluem as restrições temporais do sistema, as limitações da energia disponível, a experiência do time de desenvolvimento e a meta de preço do sistema entregue.
2. *Identificação de estímulos-respostas*. Isso envolve a identificação dos estímulos que o sistema deve processar e a resposta (ou respostas) associada a cada estímulo.
3. *Análise temporal*. Para cada estímulo e resposta associada, são identificadas as restrições temporais que se aplicam ao estímulo e ao processamento da resposta. Essas restrições são utilizadas para estabelecer os prazos dos processos no sistema.
4. *Projeto de processo*. O projeto de processo envolve agregar o estímulo e o processamento da resposta em uma série de processos concorrentes. Um bom ponto de partida para projetar a arquitetura de processo são os padrões de arquitetura que eu descrevo na Seção 20.2. Depois, a arquitetura de processo é otimizada para refletir os requisitos específicos que precisam ser implementados.
5. *Projeto do algoritmo*. Para cada estímulo e resposta, são projetados algoritmos para executar as computações necessárias. Pode ser necessário desenvolver os projetos dos algoritmos relativamente cedo no processo de projeto para indicar a quantidade de processamento e o tempo necessários para concluir esse processamento. Isso é particularmente importante para as tarefas computacionalmente intensas, como o processamento de sinal.
6. *Projeto de dados*. As informações trocadas pelos processos e os eventos que coordenam a troca de informações são especificados, e as estruturas de dados para gerenciar essa troca de informações são projetadas. Vários processos concorrentes podem compartilhar essas estruturas de dados.
7. *Agendamento de processos*. É projetado um sistema de agendamento que irá garantir que os processos sejam iniciados a tempo para cumprir seus prazos.

As atividades específicas e a sequência de atividades no processo de projeto de um sistema de tempo real dependem do tipo de sistema que está sendo desenvolvido, sua inovação e seu ambiente. Em alguns casos, para sistemas novos, deve ser possível seguir uma abordagem razoavelmente abstrata, a qual se inicia com os estímulos e os processamentos associados e depois são decididos o hardware e as plataformas de execução. Em outros casos, a escolha do hardware e do sistema operacional é feita antes de iniciar o projeto do software, e depois o software é projetado para levar em conta as restrições impostas pelo hardware do sistema.

Os processos em um sistema de tempo real têm de ser coordenados e devem compartilhar informações. Os mecanismos de coordenação de processos asseguram a exclusão mútua dos recursos compartilhados. Quando um processo está modificando um recurso compartilhado, outros processos não devem ser capazes de alterar esse recurso. Os mecanismos para garantir a exclusão mútua incluem semáforos, monitores e regiões críticas. Esses mecanismos de sincronização de processos são descritos na maioria dos livros sobre sistemas operacionais (SILBERSCHALTZ; GALVIN; GAGNE, 2013; STALLINGS, 2014).

Durante o projeto da troca de informações entre os processos, é preciso levar em conta que esses processos podem estar sendo executados em velocidades diferentes. Um processo está produzindo informações e o outro processo as está consumindo. Se o produtor estiver executando mais rápido do que o consumidor, as novas informações podem sobrescrever uma informação previamente lida antes de o processo consumidor ter lido a informação original. Se o processo consumidor estiver executando mais rápido do que o processo produtor, a mesma informação pode ser lida duas vezes.

Para evitar esse problema, é necessário implementar a troca de informações usando um *buffer* compartilhado e usar mecanismos de exclusão mútua para controlar o acesso a esse *buffer*. Isso significa que as informações não podem ser sobrescritas antes de serem lidas e que elas não podem ser lidas duas vezes. A Figura 21.4 ilustra a organização de um *buffer* compartilhado. Normalmente, isso é implementado como uma fila circular, usando uma estrutura de dados. Os descompassos na velocidade entre os processos produtor e consumidor podem ser acomodados sem ter de atrasar a execução do processo.

FIGURA 21.4 Processos produtor/consumidor compartilhando um *buffer* circular.

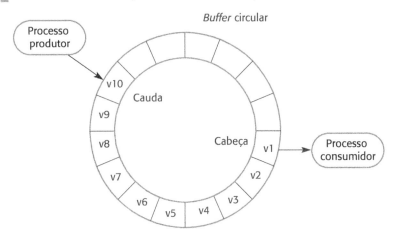

O processo produtor sempre insere dados no local do *buffer* no fim da fila (representado como v10 na Figura 21.4). O processo consumidor sempre recupera os dados da cabeça da fila (representada como v1 na Figura 21.4). Após o processo consumidor ter recuperado a informação, a cabeça da fila é ajustada para o próximo item (v2). Depois que o processo produtor adicionou informações, a cauda da fila é ajustada para a próxima posição livre.

Obviamente, é importante garantir que os processos produtor e consumidor não tentem acessar o mesmo item ao mesmo tempo (isto é, quando **Cabeça = Cauda**). Se tentarem, o valor do item é imprevisível. O sistema também tem de garantir que o processo produtor não adicione itens a um *buffer* cheio e que o processo consumidor não tente tirar itens de um *buffer* vazio.

Para isso, é preciso implementar o *buffer* circular como um processo com as operações **Get** e **Put** para acessar o *buffer*. A operação **Put** é chamada pelo processo produtor e a operação **Get** pelo processo consumidor. Primitivas de sincronização, como os semáforos ou as regiões críticas, são utilizadas para garantir que as operações **Get** e **Put** sejam sincronizadas, para que não acessem o mesmo local simultaneamente. Se o *buffer* estiver cheio, o processo **Put** tem de esperar até aparecer uma posição livre; se o *buffer* estiver vazio, o processo **Get** tem de esperar até acontecer uma entrada.

Depois de escolher uma plataforma de execução do sistema, projetar uma arquitetura de processo e decidir sobre a política de agendamento, deve-se verificar se o sistema vai cumprir os seus requisitos de tempo. É possível fazer essa verificação por meio de análise estática do sistema, usando o conhecimento do comportamento temporal dos componentes ou por meio de simulação. Essa análise pode revelar que o sistema não vai ter um desempenho adequado. A arquitetura de processos, a política de agendamento, a plataforma de execução ou todos eles podem ter de ser reprojetados para melhorar o desempenho do sistema.

As restrições de tempo ou de outros requisitos, às vezes, podem significar que é melhor implementar no hardware algumas funções do sistema, como o processamento de sinal. Os componentes de hardware modernos, como as FPGAs (matrizes de portas programáveis em campo, do inglês *field-programmable gate arrays*), são flexíveis e podem ser adaptados a diferentes funções. Componentes de hardware fornecem um desempenho muito melhor do que o software equivalente. Os gargalos de processamento do sistema podem ser identificados e substituídos por hardware, evitando com isso a cara otimização do software.

21.1.1 Modelagem de sistemas de tempo real

Os eventos aos quais um sistema de tempo real deve reagir costumam fazer com que o sistema passe de um estado para outro. Por essa razão, os modelos de máquina de estados, que introduzi no Capítulo 5, são utilizados para descrever os sistemas de tempo real. Um modelo de máquina de estados de um sistema assume que, a qualquer momento, o sistema está em um dos estados de uma série de estados possíveis. Quando um estímulo é recebido, isso pode causar uma transição para um estado diferente. Por exemplo, um sistema que controla uma válvula pode passar de um estado 'válvula aberta' para um estado 'válvula fechada' quando for recebido um comando (o estímulo) do operador.

Os modelos de máquina de estados fazem parte dos métodos de projeto de sistemas de tempo real. A UML apoia o desenvolvimento de modelos de máquina de estados baseados em *Statecharts* (HAREL, 1987, 1988). Os *Statecharts* são modelos de máquina de estados formais que permitem estados hierárquicos, de modo que grupos de estados podem ser considerados uma entidade única. Douglass discute o uso da UML no desenvolvimento de sistemas de tempo real (DOUGLASS, 1999).

Já ilustrei essa abordagem para a modelagem de sistemas no Capítulo 5, no qual utilizei um exemplo de modelo de um forno de micro-ondas simples. A Figura 21.5 é outro exemplo de modelo de máquina de estados que mostra a operação de um sistema de fornecimento de combustível embarcado em uma bomba de gasolina. Os retângulos arredondados representam estados do sistema e as setas representam estímulos que forçam a transição de um estado para outro.

FIGURA 21.5 Modelo de máquina de estados de uma bomba de gasolina.

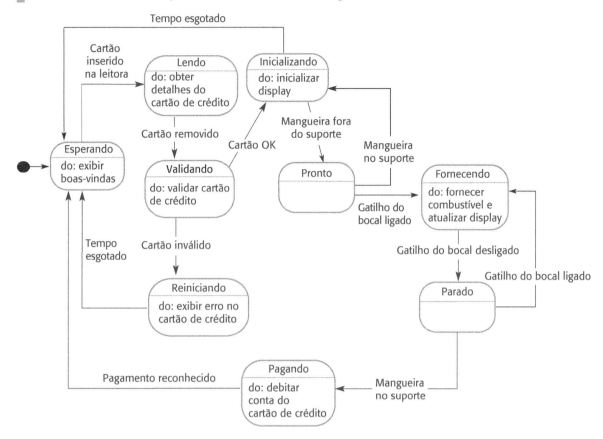

Os nomes escolhidos no diagrama da máquina de estados são descritivos. A informação associada indica as ações executadas pelos atuadores do sistema ou as informações exibidas. Repare que esse sistema nunca termina, mas fica ocioso em um estado de espera quando a bomba não está operando.

O sistema de fornecimento de combustível é concebido para permitir a operação sem atendente, com a seguinte sequência de operações:

1. O cliente insere um cartão de crédito em uma leitora de cartão embutida na bomba. Isso provoca uma transição para o estado **Lendo**, no qual os detalhes do cartão são lidos, e o comprador é solicitado a remover o cartão em seguida.
2. A remoção do cartão desencadeia uma transição para o estado **Validando**, em que o cartão é validado.
3. Se o cartão for válido, o sistema inicializa a bomba e, quando a mangueira de combustível for removida do suporte, passa para o estado **Pronto**, em que está pronto para fornecer combustível. A ativação do gatilho no bocal faz com que o combustível seja bombeado; isso quando o gatilho é liberado (para simplificar, ignorei o pressostato projetado para interromper o derramamento de combustível).
4. Após o fornecimento do combustível, o comprador coloca a mangueira no suporte e o sistema passa para um estado **Pagando**, no qual a conta do cartão de crédito do cliente é debitada.
5. Após o pagamento, o software da bomba retorna para o estado **Esperando**.

Os modelos de máquina de estados são utilizados na engenharia dirigida por modelos, que discuti no Capítulo 5, para definir a operação de um sistema. Eles podem ser transformados automatica ou semiautomaticamente em um programa executável.

21.1.2 Programação de sistemas de tempo real

As linguagens de programação para o desenvolvimento de sistemas de tempo real têm de incluir recursos para acessar o hardware, e deve ser possível prever a temporização de determinadas operações nessas linguagens. Os sistemas de tempo real crítico, que executam em hardware limitado, às vezes ainda são programados em linguagem de montagem (*assembly*) para que os prazos apertados possam ser cumpridos. As linguagens de programação de sistemas, como C, que permitem a geração de código eficiente, são amplamente utilizadas.

A vantagem de usar uma linguagem de programação de sistemas, como C, é que ela permite o desenvolvimento de programas eficientes. No entanto, essas linguagens não incluem construtos para permitir a concorrência ou o gerenciamento de recursos compartilhados. A concorrência e o gerenciamento de recursos são implementados por meio de chamadas às primitivas fornecidas pelo sistema operacional de tempo real para exclusão mútua. Como o compilador não consegue verificar essas chamadas, os erros de programação são mais prováveis. Os programas também costumam ser mais difíceis de entender porque a linguagem não inclui características (*features*) de tempo real. Além de entender o programa, o leitor também tem de saber como o suporte de tempo real é fornecido usando chamadas de sistema.

Como os sistemas de tempo real devem cumprir suas restrições de tempo, pode não ser possível usar o desenvolvimento orientado a objetos para sistemas de tempo real críticos. O desenvolvimento orientado a objetos envolve a ocultação de representações de dados e o acesso aos valores de atributos por meio de operações definidas no objeto. Há uma importante sobrecarga de desempenho nos sistemas orientados a objetos porque é necessário mais código para mediar o acesso aos atributos e lidar com as chamadas às operações. A consequente perda de desempenho pode impossibilitar o cumprimento dos prazos de tempo real.

Foi desenvolvida uma versão de Java para o desenvolvimento de sistemas embarcados (BURNS; WELLINGS, 2009; BRUNO; BOLLELLA, 2009). Essa linguagem inclui um mecanismo de *thread* modificado, que permite a especificação de *threads* que não serão interrompidas pelo mecanismo de coleta de lixo da linguagem. A manipulação de eventos assíncronos e a especificação de tempo também foram incluídas. No entanto, no momento em que escrevo, essa especificação tem sido utilizada principalmente nas plataformas que têm uma grande capacidade de processamento e memória (por exemplo, um telefone celular) em vez de sistemas embarcados mais simples, com recursos mais limitados. Esses sistemas ainda são implementados normalmente em C.

Java para sistemas de tempo real

A linguagem de programação Java tem sido modificada para se adequar ao desenvolvimento de sistemas de tempo real. Essas modificações incluem comunicações assíncronas; a adição de tempo, incluindo o tempo absoluto e o relativo; um novo modelo de *thread*, no qual as *threads* não podem ser interrompidas pela coleta de lixo; e um novo modelo de gerenciamento de memória, que evita os atrasos imprevisíveis que podem resultar da coleta de lixo.

21.2 PADRÕES DE ARQUITETURA PARA SOFTWARE DE TEMPO REAL

Os padrões de arquitetura são descrições abstratas e estilizadas de boas práticas de projeto. Eles capturam o conhecimento sobre a organização das arquiteturas de sistema, quando essas arquiteturas devem ser usadas e suas vantagens e desvantagens. O padrão de arquitetura é usado com o objetivo de entender uma arquitetura e como um ponto de partida para criar um projeto de arquitetura específico.

A diferença entre software de tempo real e interativo significa que existem padrões de arquitetura distintos para os sistemas embarcados de tempo real. Os padrões de sistemas de tempo real são orientados a processos, em vez de orientados a objetos ou a componentes. Nesta seção, discuto três padrões de arquitetura de tempo real utilizados frequentemente:

1. *Observar e reagir*. Esse padrão é utilizado quando um conjunto de sensores é monitorado e exibido rotineiramente. Quando os sensores mostram que ocorreu algum evento (por exemplo, uma chamada recebida em um telefone celular), o sistema reage iniciando um processo para tratar desse evento.
2. *Controle de ambiente*. Esse padrão é utilizado quando um sistema inclui sensores que fornecem informações sobre o ambiente e os atuadores que podem mudar o ambiente. Em resposta às mudanças ambientais detectadas pelo sensor, são enviados sinais de controle para os atuadores do sistema.
3. Pipeline *de processos*. Esse padrão é utilizado quando dados têm de ser transformados de uma representação para outra antes de poderem ser processados. A transformação é implementada como uma sequência de etapas de processamento que podem ser executadas concomitantemente. Isso permite um processamento muito rápido dos dados, pois um núcleo ou processador separado pode executar cada transformação.

É claro que esses padrões podem ser combinados e, com frequência, mais de um deles será visto em um único sistema. Por exemplo, quando o padrão de controle de ambiente é utilizado, é muito comum que os atuadores sejam monitorados usando o padrão observar e reagir. No caso de uma falha de atuador, o sistema pode reagir exibindo uma mensagem de advertência, desligando o atuador, alternando para um sistema de *backup* e assim por diante.

Os padrões que eu abordo são padrões de arquitetura que descrevem a estrutura global de um sistema embarcado. Douglass (2002) descreve padrões de projeto de tempo real de mais baixo nível, que permitem a tomada de decisão mais detalhada sobre o projeto. Esses padrões são relativos ao controle da execução, às comunicações, à alocação de recursos, à segurança (*safety*) e à confiabilidade.

Esses padrões de arquitetura devem ser o ponto de partida para um projeto de sistemas embarcado; no entanto, não são *templates* de projeto. Se forem usados como *templates*, provavelmente se obterá uma arquitetura de processo ineficiente. É necessário otimizar a estrutura do processo para garantir que não haja processos demais e também assegurar que haja uma correspondência clara entre os processos e os sensores e atuadores no sistema.

21.2.1 Observar e reagir

Os sistemas de monitoramento são uma importante classe de sistemas de tempo real embarcados. Um sistema de monitoramento examina o ambiente por meio de um conjunto de sensores e normalmente exibe de alguma maneira o estado desse ambiente. Isso pode estar em uma tela embutida, em displays de instrumentos sob medida ou em um display remoto. Se o sistema detectar algum evento ou algum estado de sensor excepcional, o sistema de monitoramento toma alguma atitude. Frequentemente, isso envolve disparar um alarme para chamar a atenção do operador para o evento. Às vezes, o sistema pode iniciar alguma ação preventiva, como desligar o sistema para preservá-lo de danos.

O padrão observar e reagir (Figuras 21.6 e 21.7) é utilizado comumente nos sistemas de monitoramento. Os valores dos sensores são observados, e o sistema inicia ações que dependem desses valores de sensor. Os sistemas de monitoramento podem ser compostos de várias instanciações do padrão observar e reagir, um para cada tipo de sensor no sistema. Dependendo dos requisitos de sistema, é possível otimizar o projeto combinando processos (por exemplo, usando um único processo de exibição para mostrar as informações de todos os diferentes tipos de sensor).

FIGURA 21.6 Padrão observar e reagir.

Nome	Observar e reagir
Descrição	Os valores de entrada de um conjunto de sensores dos mesmos tipos são coletados e analisados. Esses valores são exibidos de alguma maneira. Se os valores dos sensores indicarem o surgimento de alguma condição excepcional, então são iniciadas ações para chamar a atenção do operador para esse valor e, se necessário, atitudes podem ser tomadas em resposta ao valor excepcional.
Estímulos	Valores dos sensores acoplados ao sistema.
Respostas	Saídas para display, disparos de alarme, sinais para os sistemas que reagem.
Processos	Observador, de análise, de display, de alarme, reator.
Utilizado em	Sistemas de monitoramento, sistemas de alarme.

FIGURA 21.7 Estrutura de processo do padrão observar e reagir.

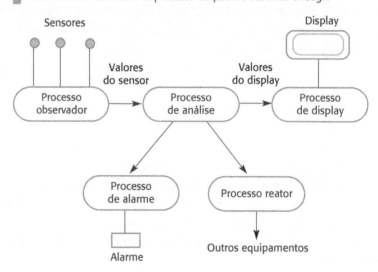

Como exemplo do uso desse padrão, considere o projeto de um sistema de alarme contra roubo a ser instalado em um prédio de escritórios:

> *Deve ser implementado um sistema de software como parte do sistema de alarme contra roubo em prédios comerciais. Esse sistema usa diferentes tipos de sensores, que incluem detectores de movimento em cada sala, sensores de porta, que detectam a abertura de portas nos corredores, e sensores de janela no térreo, que podem detectar quando uma delas foi aberta.*
>
> *Quando um sensor detectar a presença de um invasor, o sistema chama automaticamente a polícia e, usando um sintetizador de voz, relata a localização do alarme. Ele aciona as luzes nas salas em volta do sensor ativo e dispara um alarme audível. O sistema do sensor normalmente é alimentado pela rede de energia elétrica, mas é equipado com baterias de reserva. A falta de energia é detectada usando um monitor de circuito de energia distinto que monitora a voltagem na rede. Se for detectada uma queda de voltagem, o sistema assume que invasores interromperam o fornecimento de energia, então o alarme é disparado.*

Uma arquitetura de processo para o sistema de alarme é exibida na Figura 21.8. As setas representam sinais enviados de um processo para outro. Esse sistema é de tempo real 'não crítico', pois não tem requisitos rigorosos de tempo. Os sensores precisam detectar apenas a presença de pessoas, em vez de eventos de alta velocidade, então eles só precisam ser consultados 2 ou 3 vezes por segundo. Eu abordo os requisitos de tempo desse sistema na Seção 21.3.

FIGURA 21.8 Estrutura de processo de um sistema de alarme contra roubo.

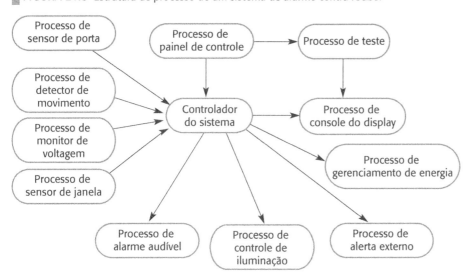

Já introduzi os estímulos e as respostas desse sistema de alarme na Figura 21.1. Essas respostas são utilizadas como ponto de partida para o projeto do sistema. O padrão observar e reagir é utilizado nesse projeto. Existem processos observadores associados a cada tipo de sensor e processos reatores para cada tipo de reação. Um único processo de análise verifica os dados de todos os sensores. Os processos de exibição no padrão são combinados em um único processo de exibição.

21.2.2 Controle de ambiente

O uso mais generalizado de software embarcado de tempo real é nos sistemas de controle. Nesses sistemas, o software controla a operação do equipamento com base nos estímulos do ambiente do equipamento. Por exemplo, um sistema de freios antiderrapante em um carro monitora as rodas e o sistema de freios do carro (o ambiente do sistema). Ele busca sinais de que as rodas estão derrapando quando a pressão do freio é aplicada. Se for o caso, o sistema ajusta a pressão dos freios para parar o travamento das rodas e reduzir a probabilidade de derrapagem.

Os sistemas de controle podem usar o padrão de controle de ambiente, que é um padrão de controle geral que inclui processos de sensor e atuador. Esse padrão é descrito na Figura 21.9, com a arquitetura de processo exibida na Figura 21.10. Uma variação desse padrão deixa de fora o processo de display. Essa variação é utilizada nas situações em que a intervenção do usuário não é necessária ou em que a taxa de controle é tão alta que um display não faria sentido.

FIGURA 21.9 Padrão controle de ambiente.

Nome	Controle de ambiente
Descrição	O sistema analisa informações de um conjunto de sensores que coletam dados do ambiente do sistema. Outras informações também podem ser coletadas sobre o estado dos atuadores que estão conectados ao sistema. Com base nos dados dos sensores e atuadores, são enviados sinais de controle para os atuadores, que depois provocam mudanças no ambiente do sistema. As informações sobre os valores dos sensores e o estado dos atuadores podem ser exibidas.
Estímulos	Valores dos sensores acoplados ao sistema e o estado dos atuadores do sistema.
Respostas	Sinais de controle para os atuadores exibirem informações.
Processos	Monitor, controle, display, controlador do atuador, monitor do atuador.
Utilizado em	Sistemas de controle.

FIGURA 21.10 Estrutura de processo do padrão controle de ambiente.

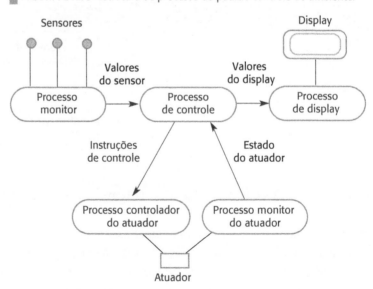

Esse padrão pode ser a base de um projeto de sistema de controle com uma instanciação do padrão de controle de ambiente para cada atuador (ou tipo de atuador) sendo controlado. O projeto é então otimizado para reduzir o número de processos. Por exemplo, dá para combinar os processos de monitoramento e de controle do atuador ou manter um único processo de monitoramento e controle para vários atuadores. As otimizações dependem dos requisitos de tempo. Pode ser necessário monitorar sensores com mais frequência do que enviar sinais de controle, situação em que pode ser impraticável combinar processos de controle e de monitoramento. Também pode haver *feedback* direto entre os processos de controle e de monitoramento do atuador. Isso permite que decisões de controle sejam tomadas pelo processo de controle do atuador.

Na Figura 21.11 é possível ver como esse padrão é utilizado. Ela mostra um exemplo de controlador para um sistema de freios de automóvel. O ponto de partida para o projeto é a associação de uma instância do padrão com cada tipo de atuador no sistema. Nesse caso, existem quatro atuadores, e cada um deles controla o freio em uma roda. Os processos de cada sensor são combinados em um único processo de monitoramento das rodas, o qual supervisiona os sensores em todas elas. Esse monitoramento do estado de cada roda verifica se ela está girando ou se está travada. Um processo distinto monitora a pressão no pedal do freio exercida pelo motorista.

FIGURA 21.11 Arquitetura do sistema de controle de frenagem antiderrapante.

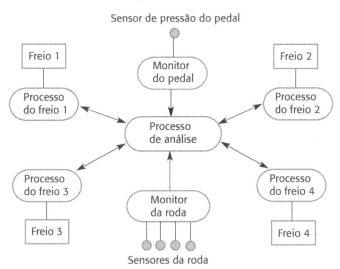

O sistema inclui uma característica antiderrapante, que é acionada no caso de os sensores indicarem que uma roda está travada quando o freio for aplicado. Isso significa que há atrito insuficiente entre o pavimento e o pneu; em outras palavras, o carro está derrapando. Se a roda estiver travada, o motorista não consegue guiá-la. Para combater esse efeito, o sistema envia uma rápida sequência de sinais de ligar/desligar o freio naquela roda, permitindo que ela gire e que o controle seja readquirido.

O processo **Monitor da roda** monitora se cada roda está girando. Se uma roda estiver derrapando (não estiver girando), ele informa o **Processo de análise**. Então, isso sinaliza os processos associados às rodas que estão derrapando para que iniciem a frenagem antiderrapante.

21.2.3 *Pipeline* de processos

Muitos sistemas de tempo real estão preocupados com a coleta de dados analógicos do ambiente do sistema. Em seguida, eles digitalizam os dados para análise e processamento pelo sistema. O sistema também pode converter dados digitais para analógicos, que ele envia de volta para o ambiente. Por exemplo, um software de rádio aceita pacotes de entrada com dados digitais representando a transmissão de rádio e transforma os dados em um sinal sonoro que as pessoas conseguem ouvir.

O processamento dos dados envolvidos em muitos desses sistemas tem de ser executado com muita rapidez. Senão, os dados de entrada podem se perder e os sinais de saída, se fragmentar, pela falta de informações essenciais. O padrão de *pipeline* de processos possibilita esse rápido processamento ao decompor o processamento dos dados necessários em uma sequência de transformações distintas. Cada uma dessas transformações é implementada por um processo independente. Essa arquitetura é eficiente para sistemas que usam vários processadores ou que usam processadores com vários núcleos. Cada processo no *pipeline* pode ser associado a um processador ou a um núcleo distinto, de modo que as etapas de processamento possam ser executadas em paralelo.

A Figura 21.12 é uma descrição resumida do padrão *pipeline* de processos e a Figura 21.13 mostra a arquitetura dos processos desse padrão. Repare que os processos envolvidos produzem e consomem informações. Os processos trocam informações usando *buffers* sincronizados, conforme expliquei na Seção 21.1. Por isso, os processos produtor e consumidor conseguem operar em velocidades diferentes sem perda de dados.

FIGURA 21.12 Padrão *pipeline* de processos.

Nome	*Pipeline* de processos
Descrição	Um *pipeline* de processos é configurado com dados que se movem em sequência de uma extremidade do *pipeline* para outra. Os processos frequentemente estão ligados por *buffers* sincronizados para permitir que os processos produtor e consumidor executem em velocidades diferentes. A conclusão de um *pipeline* pode ser a exibição ou o armazenamento de dados, ou o *pipeline* pode terminar em um atuador.
Estímulos	Valores de entrada do ambiente e de alguns outros processos.
Respostas	Valores de saída para o ambiente ou um *buffer* compartilhado.
Processos	Produtor, *buffer*, consumidor.
Utilizado em	Sistemas de aquisição de dados, sistemas multimídia.

FIGURA 21.13 Estrutura de processo do padrão *pipeline* de processos.

Um exemplo de sistema que pode usar um *pipeline* de processos é um sistema de aquisição de dados de alta velocidade. Os sistemas de aquisição de dados coletam dados de sensores para processamento e análise subsequentes. Esses sistemas são utilizados em situações em que os sensores estão coletando um grande volume de dados do ambiente do sistema e não é possível ou necessário processá-los todos em tempo real. Em vez disso, os dados são coletados e armazenados para análise posterior. Os sistemas de aquisição de dados são utilizados com frequência em experimentos científicos e em sistemas de controle de processos nos quais processos físicos, como reações químicas, ocorrem muito rapidamente. Nesses sistemas, os sensores podem estar gerando dados com muita rapidez, e o sistema de aquisição de dados tem de garantir que uma leitura do sensor seja coletada antes de os valores dessa leitura mudarem.

A Figura 21.14 é um modelo simplificado de um sistema de aquisição de dados que poderia fazer parte do software de controle em um reator nuclear. Esse sistema coleta dados dos sensores que monitoram o fluxo de nêutrons (a densidade dos nêutrons) no reator. Os dados do sensor são colocados em um *buffer*, do qual são extraídos e processados. O nível médio do fluxo é exibido em um display do operador e armazenado para futuro processamento.

FIGURA 21.14 Aquisição de dados de fluxo de nêutrons.

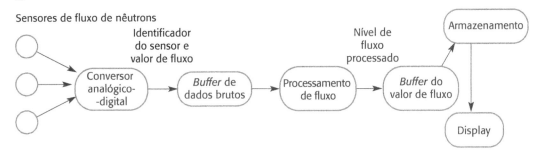

21.3 ANÁLISE TEMPORAL

Conforme discuti na introdução deste capítulo, a correção de um sistema de tempo real depende não só da correção de suas saídas, mas também do tempo em que essas saídas são produzidas. Portanto, a análise temporal é uma atividade importante no processo de desenvolvimento de software embarcado de tempo real. Nesse tipo de análise, calcula-se com que frequência cada processo no sistema deve ser executado para garantir que todas as entradas sejam processadas e todas as respostas do sistema sejam produzidas no momento apropriado. Os resultados da análise temporal são utilizados para decidir com que frequência cada processo deve ser executado e como esses processos devem ser agendados pelo sistema operacional de tempo real.

A análise temporal dos sistemas de tempo real é particularmente difícil quando o sistema tem de lidar com uma mistura de estímulos e de respostas periódicos e não periódicos. Como os estímulos não periódicos são imprevisíveis, é necessário fazer suposições sobre a probabilidade de esses estímulos ocorrerem e, portanto, de necessitarem de um serviço em um determinado momento. Essas hipóteses podem estar incorretas, e o desempenho do sistema após a entrega pode não ser adequado. O livro de Cooling (2003) discute técnicas para análise de desempenho em tempo real que levam em conta eventos não periódicos.

À medida que os computadores ficaram mais rápidos, tornou-se possível projetar sistemas usando apenas estímulos periódicos. Quando os processadores eram lentos, os estímulos não periódicos tinham de ser utilizados para garantir que os eventos críticos fossem processados antes do seu prazo limite, pois normalmente os atrasos no processamento envolviam alguma perda para o sistema. Por exemplo, a falha de fornecimento de energia em um sistema embarcado pode significar que esse sistema tenha de desligar o equipamento acoplado de maneira controlada, dentro de um curto período (por exemplo, 50 milissegundos). Isso poderia ser implementado como uma interrupção de 'falha de energia'. Entretanto, também pode ser implementado usando um processo periódico que roda frequentemente e verifica a energia. Contanto que o tempo entre as invocações de processos seja curto, ainda há tempo para realizar um desligamento controlado do sistema antes da falta de energia causar danos. Por essa razão, discuto as questões de tempo somente para processos periódicos.

Ao analisar os requisitos de tempo dos sistemas de tempo real embarcados e projetar sistemas para satisfazer esses requisitos, é preciso considerar três fatores fundamentais:

1. *Prazo limite (*deadline*).* O tempo no qual os estímulos devem ser processados e alguma resposta produzida pelo sistema. Se o sistema não cumprir um prazo limite, caso ele seja um sistema de tempo real crítico, isso será considerado uma falha de sistema; já em um sistema de tempo real não crítico, isso resultará na degradação de um serviço do sistema.
2. *Frequência.* O número de vezes por segundo que um processo deve executar para que se tenha confiança de que ele sempre cumprirá seus prazos limites.
3. *Tempo de execução.* O tempo necessário para processar um estímulo e produzir uma resposta. O tempo de execução nem sempre é o mesmo em razão da execução condicional de código, dos atrasos ao esperar por outros processos etc. Portanto, pode ser necessário considerar tanto o tempo médio de execução de um processo quanto o tempo de execução desse processo no pior cenário, que é o tempo máximo que o processo leva para executar. Em um sistema de tempo real crítico, é preciso criar hipóteses baseadas no tempo de execução no pior cenário, a fim de garantir que o prazo limite não seja perdido. Nos sistemas de tempo real não crítico é possível basear os cálculos em um tempo médio de execução.

Para continuar o exemplo de uma falha de alimentação de energia, vamos calcular o tempo de execução no pior cenário para um processo que chaveia a alimentação do equipamento da rede elétrica para uma bateria reserva. A Figura 21.15 apresenta uma linha do tempo mostrando os eventos no sistema:

1. Suponha que, após um evento de falta de energia na rede, decorram 50 milissegundos (ms) para a voltagem fornecida cair para um nível em que o equipamento possa ser danificado. Portanto, a bateria reserva deve ser ativada e entrar em operação dentro de 50 ms. Normalmente, deixa-se uma margem de erro, então deve ser estabelecido um prazo menor do que 40 ms em virtude das variações físicas do equipamento. Isso significa que todo o equipamento deve estar operando com a bateria reserva em no máximo 40 ms.

2. No entanto, o sistema de bateria reserva não pode ser ativado instantaneamente. Leva 16 ms para iniciar o fornecimento de energia pela bateria e o abastecimento ficar totalmente operacional. Isso significa que o tempo disponível para detectar a falta de energia e iniciar a alimentação com bateria reserva é de 24 ms.
3. Existe um processo agendado para executar 250 vezes por segundo, ou seja, a cada 4 ms. Esse processo presume que há um problema de falta de energia caso ocorra uma queda de voltagem significativa entre as leituras e se essa queda se mantiver por três leituras. Esse tempo é tolerado para que as flutuações temporárias não causem a mudança da alimentação para a bateria reserva.
4. Na linha do tempo da figura, a energia falha imediatamente após ter sido feita uma leitura. Portanto, a leitura R1 é a inicial para a verificação da falta de energia. A voltagem continua a cair nas leituras R2-R4, então o sistema supõe uma falta de energia. Esse é o pior cenário possível, em que uma falta de energia ocorre imediatamente após uma verificação do sensor, então 16 ms se passaram desde esse evento.
5. Nesse estágio, começa a execução do processo que chaveia a alimentação para a bateria. Como a bateria leva 16 ms para entrar em operação, o tempo de execução no pior cenário para esse processo é 8 ms, para que o prazo de 50 ms possa ser alcançado.

FIGURA 21.15 Análise temporal da falha de energia.

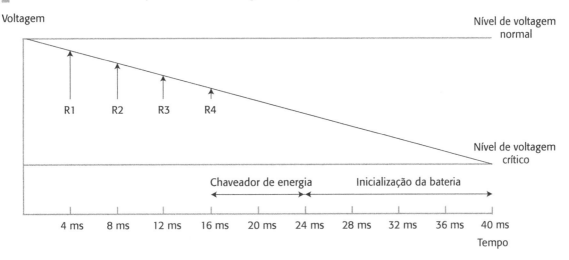

O ponto de partida para a análise temporal em um sistema de tempo real são os requisitos de tempo, que devem estabelecer os prazos limites para cada resposta requerida no sistema. A Figura 21.16 mostra possíveis requisitos de tempo para o sistema de alarme contra roubo de um prédio comercial, discutido na Seção 21.2.1. Para simplificar esse exemplo, vamos ignorar os estímulos gerados pelos procedimentos de teste do sistema e os sinais externos para reiniciar o sistema no caso de um alarme falso. Isso significa que existem apenas dois tipos de estímulos processados pelo sistema:

1. A falha de energia é detectada pela observação da queda de voltagem de mais de 20%. A resposta requerida é chavear o circuito para a alimentação por

bateria por meio de uma sinalização do dispositivo eletrônico de comutação de energia, que passa da rede elétrica para a bateria reserva.

2. O alarme de invasão é um estímulo gerado por um dos sensores do sistema. A resposta para esse estímulo é computar o número da sala do sensor ativo, fazer uma ligação para a polícia, iniciar o sintetizador de voz para fazer a chamada e ligar um alarme de invasão audível e as luzes do prédio na área da invasão.

FIGURA 21.16 Requisitos de tempo para o sistema de alarme contra roubo.

Estímulo/resposta	Requisitos de tempo
Alarme audível	O alarme audível deve ser ativado em até 0,5 s após um sensor disparar um alarme.
Comunicações	A ligação para a polícia deve ser iniciada em até 2 s após um sensor disparar um alarme.
Alarme de porta	Cada alarme de porta deve ser consultado duas vezes por segundo.
Interruptor de luz	As luzes devem ser ligadas em até 0,5 s após um sensor disparar um alarme.
Detector de movimento	Cada detector de movimento deve ser consultado duas vezes por segundo.
Falha de energia	A passagem para alimentação por bateria deve ser concluída em um prazo de 50 ms.
Sintetizador de voz	Uma mensagem sintetizada deve estar disponível em até 2 s após um sensor disparar um alarme.
Alarme de janela	Cada alarme de janela deve ser consultado duas vezes por segundo.

Como mostra a Figura 21.16, é preciso listar as restrições de tempo de cada classe de sensor separadamente, mesmo quando (como nesse caso) elas são as mesmas. Considerá-las separadamente deixa margem para alterações futuras e facilita o cálculo do número de vezes que o processo de controle deve ser executado a cada segundo.

O próximo estágio do projeto é alocar as funções do sistema aos processos concorrentes. Quatro tipos de sensores devem ser consultados periodicamente, cada um com um processo associado: o sensor de voltagem, os sensores de porta, os sensores de janela e os detectores de movimento. Normalmente, o processo associado ao sensor executará com muita rapidez, já que tudo o que ele está fazendo é verificar se um sensor mudou ou não de estado (por exemplo, passando de desligado para ligado). É razoável supor que o tempo de execução para verificar e avaliar o estado de um sensor é menor que 1 milissegundo.

Para garantir o cumprimento do prazo limite definido pelos requisitos de tempo, deve-se decidir com que frequência os processos relacionados têm de executar e quantos sensores devem ser examinados durante cada execução do processo. Existem conflitos de escolha óbvios aqui entre a frequência e o tempo de execução:

1. O prazo para detectar uma mudança de estado é 0,25 segundo, significando que cada sensor deve ser verificado 4 vezes por segundo. Se for examinado um sensor durante cada execução de processo e se houver N sensores de um determinado tipo, é necessário agendar o processo 4N vezes por segundo para garantir que todos os sensores sejam verificados dentro do prazo limite.

2. Se, por exemplo, forem examinados quatro sensores durante cada execução de processo, então o tempo de execução aumenta em 4 ms, aproximadamente,

mas só é preciso executar o processo N vezes por segundo para cumprir o requisito de tempo.

Nesse caso, como os requisitos do sistema definem as ações quando dois ou mais sensores são positivos, a melhor estratégia é a de examinar os sensores em grupos, com esses grupos baseados na proximidade física dos sensores. Se um invasor entrar no prédio, então provavelmente ele estará ao lado dos sensores positivos.

Ao concluir a análise temporal, é possível anotar o modelo de processo com informações sobre a frequência de execução e seu tempo de execução previsto (ver Figura 21.17). Aqui, os processos periódicos são anotados com sua frequência: os processos iniciados em resposta a um estímulo são anotados com **R**, e o processo de teste roda em segundo plano, anotado com **B** (de *background*). Esse processo em segundo plano só é executado quando há tempo de processador disponível. Em geral, é mais simples projetar um sistema para que haja um pequeno número de frequências de processo. Os tempos de execução representam o pior cenário dos tempos de execução exigidos dos processos.

FIGURA 21.17 Tempo de processamento do alarme.

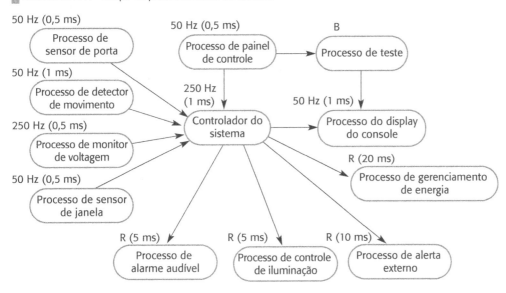

A etapa final no processo de projeto é conceber um sistema de agendamento que garanta que um processo sempre será agendado para cumprir seus prazos. Isso só pode ser feito quando são conhecidas as abordagens de agendamento permitidas pelo sistema operacional (SO) de tempo real utilizado (BURNS; WELLINGS, 2009). O agendador no sistema operacional de tempo real aloca um processo para um processador por uma determinada quantidade de tempo. O tempo pode ser fixo ou variar de acordo com a prioridade do processo.

Ao alocar prioridades aos processos, é preciso considerar os prazos de cada processo para que aqueles com prazos mais curtos recebam tempo de processador para cumprir seus prazos. Por exemplo, o processo de monitor de voltagem no alarme contra roubo precisa ser agendado para que as quedas de voltagem sejam detectadas e a passagem seja feita para a energia reserva antes de o sistema falhar. Portanto, isso deve ter uma prioridade mais alta do que os processos que conferem os valores de sensor, já que eles têm prazos finais razoavelmente relaxados em comparação com o seu tempo de execução previsto.

21.4 SISTEMAS OPERACIONAIS DE TEMPO REAL

A plataforma de execução para a maioria dos sistemas de aplicação é um sistema operacional que gerencia os recursos compartilhados e fornece características como um sistema de arquivos e o gerenciamento de processos em tempo de execução. No entanto, a extensa funcionalidade em um sistema operacional convencional ocupa muito espaço e torna lenta a operação dos programas. Além disso, as características de gerenciamento de processos no sistema podem não ser projetados para permitir o controle detalhado sobre o agendamento dos processos.

Por essas razões, sistemas operacionais padrão, como Linux e Windows, normalmente não são utilizados como plataforma de execução para sistemas de tempo real. Sistemas embarcados muito simples podem ser implementados sem um sistema operacional subjacente (*bare metal*). Os sistemas fornecem o seu próprio apoio à execução e, portanto, incluem a inicialização e o desligamento do sistema, o gerenciamento de processos e recursos e o agendamento de processos. Entretanto, na maioria das vezes, as aplicações embarcadas são criadas sobre um sistema operacional de tempo real (SOTR), um sistema operacional mais eficiente e capaz de oferecer as características necessárias para sistemas de tempo real. Exemplos de SOTR são o Windows Embedded Compact, o VxWorks e o RTLinux.

Um sistema operacional de tempo real gerencia processos e alocação de recursos para um sistema de tempo real. Ele inicia e interrompe processos para que os estímulos possam ser tratados e aloca memória e recursos do processador. Os componentes de um SOTR (Figura 21.18) dependem do tamanho e da complexidade do sistema de tempo real que está sendo desenvolvido. Todos os sistemas, exceto os mais simples, incluem os seguintes componentes:

1. Um relógio de tempo real, que fornece a informação necessária para agendar os processos periodicamente.
2. Se houver suporte a interrupções, um tratador de interrupções, que gerencia solicitações de serviços não periódicas.
3. Um agendador (*scheduler*), que é responsável por examinar os processos que podem ser executados e para escolher um desses processos para execução.
4. Um gerenciador de recursos, que aloca recursos de memória e de processador para os processos que foram agendados para execução.
5. Um despachante, que é responsável por iniciar a execução dos processos.

Os sistemas operacionais de tempo real para sistemas grandes, como controle de processos ou sistemas de telecomunicações, podem ter outros recursos, como um gerenciador de armazenamento em disco, utilitários de gerenciamento de falhas que detectam e relatam falhas do sistema e um gerenciador de configuração que permite a reconfiguração dinâmica das aplicações de tempo real.

FIGURA 21.18 Componentes de um sistema operacional de tempo real.

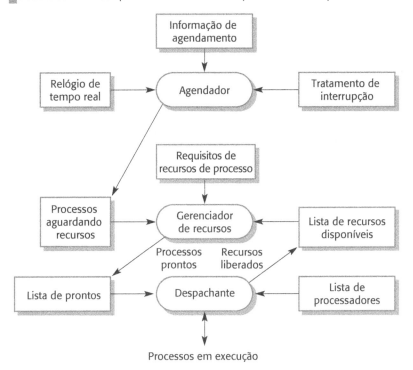

21.4.1 Gerenciamento de processos

Os sistemas de tempo real têm de lidar com eventos externos rapidamente e, em alguns casos, cumprir prazos para processar esses eventos. Os processos de tratamento de eventos devem, portanto, ser agendados para execução a tempo de detectar o evento. Eles também devem ter alocados recursos de processador suficientes para cumprir seu prazo. O gerenciador de processos em um SOTR é responsável por escolher os processos para execução, por alocar recursos de processador e memória e por iniciar e interromper a execução de processos em um processador.

O gerenciador de processos tem de gerenciar processos com prioridades diferentes. Para alguns estímulos, como aqueles associados a certos eventos excepcionais, é essencial que o processamento seja completado dentro do prazo limite especificado. Outros processos podem ser postergados com segurança se um processo mais crítico requerer o serviço. Consequentemente, o SOTR deve ser capaz de gerenciar pelo menos dois níveis de prioridade para processos do sistema:

1. *Nível de clock*. Esse nível de prioridade é alocado aos processos periódicos.
2. *Nível de interrupção*. Esse é o nível de prioridade mais alto, sendo alocado aos processos que precisam de uma resposta muito rápida. Um desses processos será o processo de *clock* de tempo real. Esse processo não é necessário se não houver suporte a interrupções no sistema.

Um nível de prioridade seguinte pode ser alocado aos processos em segundo plano (como os processos de autoverificação), que não precisam cumprir prazo de tempo real. Esses processos são agendados para execução quando houver capacidade de processador disponível.

Os processos periódicos devem ser executados em intervalos de tempo específicos para aquisição de dados e controle de atuador. Na maior parte dos sistemas de tempo real, haverá vários tipos de processos periódicos. Usando os requisitos de tempo especificados no programa de aplicação, o SOTR organiza a execução dos processos periódicos para que eles cumpram seu prazo limite.

As ações executadas pelo sistema operacional para o gerenciamento de processos periódicos são exibidas na Figura 21.19. O agendador examina a lista de processos periódicos e seleciona um processo a ser executado. A escolha depende da prioridade do processo, dos períodos do processo, dos tempos de execução previstos e dos prazos limites dos processos prontos. Às vezes, dois processos com prazos limites diferentes devem ser executados no mesmo ciclo de *clock*. Nessa situação, um processo deve ser postergado. Normalmente, o sistema vai optar por postergar o processo com o prazo mais longo.

FIGURA 21.19 Ações de SOTR necessárias para iniciar um processo.

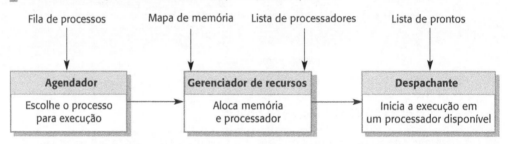

Os processos que têm de responder rapidamente a eventos assíncronos podem ser dirigidos por interrupção. O mecanismo de interrupção do computador faz com que o controle seja transferido para uma localização de memória predeterminada. Esse local contém uma instrução para saltar para uma rotina de serviço de interrupção simples e rápida. A rotina de serviço desabilita outras interrupções para evitar que ela mesma seja interrompida. Depois, ela descobre a causa da interrupção e inicia, com uma prioridade alta, um processo para tratar o estímulo causador da interrupção. Em alguns sistemas de aquisição de dados de alta velocidade, o tratamento de interrupção salva os dados que a interrupção sinalizou que estavam disponíveis em um *buffer* para processamento posterior. As interrupções são habilitadas novamente, e o controle é devolvido para o sistema operacional.

A qualquer momento, vários processos, todos com prioridades diferentes, poderiam ser executados. O agendador de processos implementa políticas de agendamento de processos que determinam sua ordem de execução. Existem duas estratégias de agendamento utilizadas comumente:

1. *Agendamento não preemptivo*. Após um processo ter sido agendado para execução, ele executa até que termine ou seja bloqueado por alguma razão, como esperar por uma entrada. Isso pode causar problemas se houver processos com prioridades diferentes e um processo de alta prioridade tiver de esperar pela conclusão de um processo de baixa prioridade.
2. *Agendamento preemptivo*. A execução de um processo pode ser interrompida se um processo de prioridade mais alta requerer o serviço. O processo de

prioridade mais alta ganha precedência na execução do processo de prioridade mais baixa e é alocado a um processador.

Dentro dessas estratégias, foram desenvolvidos algoritmos de agendamento diferentes. Eles incluem o agendamento *round-robin*, no qual cada processo é executado de cada vez; o agendamento de taxa monotônica, no qual o processo com período mais curto (maior frequência) recebe prioridade; e o agendamento 'prazo mais curto primeiro', no qual o processo na fila com o prazo mais curto é agendado (BURNS; WELLINGS, 2009).

As informações sobre o processo a ser executado são passadas para o gerenciador de recursos. O gerenciador de recursos aloca memória e, em um sistema multiprocessadores, também adiciona um processador a esse processo. Em seguida, o processo é colocado em uma 'lista de prontos', em que constam os processos prontos para execução. Quando um processador terminar de executar um processo e ficar disponível, o despachante é invocado, percorrendo a lista de processos prontos para execução até encontrar um processo que possa ser executado em um processador disponível e, assim, começar sua execução.

PONTOS-CHAVE

- Um sistema de software embarcado faz parte de um sistema de hardware/software que reage aos eventos em seu ambiente. O software está 'embarcado' no hardware. Os sistemas embarcados normalmente são de tempo real.
- Um sistema de tempo real é um sistema de software que deve responder a eventos em tempo real. A correção do sistema não depende apenas dos resultados que ele produz, mas também do tempo decorrido para a produção desses resultados.
- Os sistemas de tempo real normalmente são implementados como um conjunto de processos comunicantes que reagem a estímulos e produzem respostas.
- Os modelos de máquina de estados são uma representação de projeto importante para os sistemas de tempo real embarcados. Eles são utilizados para mostrar como o sistema reage ao seu ambiente à medida que os eventos desencadeiam mudanças de estado no sistema.
- Vários padrões podem ser observados nos diferentes tipos de sistemas embarcados. Esses padrões incluem um para monitoramento do ambiente do sistema quanto a eventos adversos, um para o controle do atuador e um para processamento de dados.
- Os projetistas de sistemas de tempo real têm de fazer uma análise temporal, que é orientada pelo prazo limite de processar e de responder a estímulos. Eles têm de decidir a respeito da frequência com que cada processo no sistema deve ser executado e sobre o tempo de execução previsto e o tempo de execução no pior cenário possível dos processos.
- Um sistema operacional de tempo real é responsável pelo gerenciamento de processos e de recursos. Ele sempre inclui um agendador, que é o componente responsável por decidir quais processos devem ser agendados para execução.

LEITURAS ADICIONAIS

Real-time systems and programming language: Ada, Real-time Java and C/Real-time POSIX. 4. ed. Um texto excelente e abrangente que fornece uma ampla cobertura de todos os aspectos de sistemas de tempo real. BURNS, A.; WELLINGS, A. Addison-Wesley, 2009.

"Trends in embedded software engineering." Esse artigo sugere que o desenvolvimento dirigido por modelo (conforme discutido no Capítulo 5 deste livro) se tornará uma abordagem importante para o desenvolvimento de sistemas embarcados. Isso é parte de uma edição especial sobre sistemas embarcados. Outros artigos, como o escrito por Ebert e Jones, também são uma leitura útil. *IEEE Software*, v. 26, n. 3, mai./jun. 2009. doi:10.1109/MS.2009.80.

Real-time systems: design principles for distributed embedded applications. 2. ed. Esse é um livro didático abrangente sobre os sistemas de tempo real modernos que podem ser distribuídos e sistemas móveis. O autor concentra-se nos sistemas de tempo real críticos e aborda tópicos importantes, como a conectividade com a internet e o gerenciamento de energia. KOPETZ, H. Springer, 2013.

SITE[1]

Apresentações em PowerPoint para este capítulo disponíveis em: <http://software-engineering-book.com/slides/chap21/>.
Links para vídeos de apoio disponíveis em: <http://software-engineering-book.com/videos/systems-engineering/>.

---

[1] Todo o conteúdo disponibilizado na seção *Site* de todos os capítulos está em inglês.

EXERCÍCIOS

21.1 Usando exemplos, explique por que os sistemas de tempo real têm de ser implementados usando processos concorrentes.

21.2 Identifique possíveis estímulos e as respostas esperadas para um sistema embarcado que controla um refrigerador doméstico ou uma lavadora de roupas.

21.3 Usando a abordagem para modelagem baseada em estado, conforme discutido na Seção 21.1.1, modele a operação do software embarcado em um sistema de correio de voz incluído em uma linha de telefone fixo. Ele deve exibir em um display de LED o número de mensagens gravadas e permitir que o usuário disque e ouça as mensagens gravadas.

21.4 Explique por que uma abordagem orientada a objetos para o desenvolvimento de software pode não ser adequada para sistemas de tempo real.

21.5 Mostre como o padrão de controle de ambiente poderia ser utilizado como base do projeto de um sistema para controlar a temperatura em uma estufa. A temperatura deve estar entre 10° e 30° Celsius. Se ela cair para menos de 10°, o sistema de aquecimento deve ser ligado; se ficar acima de 30°, a janela deve ser aberta automaticamente.

21.6 Projete uma arquitetura de processo para um sistema de monitoramento ambiental que coleta dados de um conjunto de sensores de qualidade do ar situados em volta de uma cidade. Existem 5.000 sensores organizados em 100 bairros. Cada sensor deve ser interrogado 4 vezes por segundo. Quando mais de 30% dos sensores em um determinado bairro indicarem que a qualidade do ar está abaixo de um nível aceitável, são ativadas luzes locais de advertência. Todos os sensores retornam as leituras para um computador central, que gera relatórios a cada 15 minutos sobre a qualidade do ar na cidade.

21.7 Um sistema de proteção ferroviário aciona automaticamente os freios de um trem se o limite de velocidade de um determinado trecho da linha férrea for ultrapassado ou se o trem entrar em um trecho da linha férrea sinalizado atualmente com uma luz vermelha (isto é, o trecho não deve ser percorrido). Os detalhes são exibidos na Figura 21.20. Identifique os estímulos que devem ser processados pelo sistema de controle embarcado no trem e as respostas associadas a esses estímulos.

FIGURA 21.20 Requisitos de um sistema de proteção ferroviário.

Sistema de proteção ferroviário

- O sistema adquire informações sobre o limite de velocidade de um trecho a partir de um transmissor na linha férrea, que transmite continuamente o identificador do trecho e o seu limite de velocidade. O mesmo transmissor também transmite informações sobre o status do sinal que controla o trecho da linha férrea. O tempo necessário para transmitir o trecho da linha férrea e sinalizar a informação é 50 ms.
- O trem consegue receber informações do transmissor na linha férrea quando está a até 10 metros de um dos transmissores.
- A velocidade máxima do trem é 180 km/h.
- Sensores no trem fornecem informações sobre a sua velocidade atual (atualizadas a cada 250 ms) e o status dos freios (atualizado a cada 100 ms).
- Se a velocidade do trem ultrapassar o limite do trecho atual em mais de 5 km/h, soa um alarme na cabine do trem. Se a velocidade do trem ultrapassar o limite do trecho atual em mais de 10 km/h, os freios são automaticamente aplicados até a velocidade cair para o limite do trecho atual. Os freios do trem devem ser aplicados em até 100 ms a partir do momento em que foi detectada a velocidade excessiva da composição.
- Se o trem entrar em um trecho da linha férrea sinalizado com uma luz vermelha, o sistema de proteção da composição aciona os freios e reduz a velocidade a zero. Os freios do trem devem ser acionados em até 100 ms a partir do momento em que foi recebido o sinal de luz vermelha.
- O sistema atualiza continuamente uma exibição do status na cabine do maquinista.

21.8 Sugira uma possível arquitetura para esse sistema.

21.9 Se um processo periódico no sistema de proteção ferroviário embarcado for utilizado para coletar dados de um transmissor na linha férrea, com que frequência ele deve ser agendado para garantir que o sistema colete informações do transmissor? Explique como você chegou a sua resposta.

21.10 Por que os sistemas operacionais de propósito geral, como Linux ou Windows, não são adequados como plataformas de sistema de tempo real? Aproveite sua experiência usando sistemas de propósito geral para ajudar a responder essa pergunta.

REFERÊNCIAS

BERRY, G. "Real-time programming: special-purpose or general-purpose languages." In: RITTER, G. *Information Processing*, v. 89. Amsterdam: Elsevier Science Publishers, 1989. p. 11-17.

BRUNO, E. J.; BOLLELLA, G. *Real-time Java programming*: with Java RTS. Boston: Prentice-Hall, 2009.

BURNS, A.; WELLINGS, A. *Real-time systems and programming languages*: Ada, Real-Time Java and C/Real-Time POSIX. Boston: Addison-Wesley, 2009.

COOLING, J. *Software engineering for real-time systems*. Harlow, UK: Addison-Wesley, 2003.

DOUGLASS, B. P. *Real-time UML*: developing efficient objects for embedded systems. 2. ed. Boston: Addison-Wesley, 1999.

_____. *Real-time design patterns*: robust scalable architecture for real-time systems. Boston: Addison-Wesley, 2002.

EBERT, C.; JONES, C. "Embedded software: facts, figures and future." *IEEE Computer*, v. 26, n. 3, 2009. p. 42-52. doi:10.1109/MC.2009.118.

HAREL, D. "*Statecharts*: a visual formalism for complex systems." *Sci. Comput. Programming*, v. 8, n. 3, 1987. p. 231-274. doi:10.1016/0167-6423(87)90035-9.

_____. "On visual formalisms." *Comm. ACM*, v. 31, n. 5, 1988. p. 514-530. doi:10.1145/42411.42414.

LEE, E. A. "Embedded software." In: ZELKOWITZ, M. *Advances in computers*, v. 56. London: Academic Press, 2002.

SILBERSCHALTZ, A.; GALVIN, P. B.; GAGNE, G. *Operating system concepts*. 9. ed. New York: John Wiley & Sons, 2013.

STALLINGS, W. *Operating systems*: internals and design principles. 8. ed. Boston: Prentice-Hall, 2014.

Parte 4
Gerenciamento de software

Às vezes, sugere-se que a diferença fundamental entre engenharia de software e outros tipos de programação é que a primeira é um processo gerenciado. Com isso, quero dizer que o desenvolvimento de software ocorre dentro de uma organização e está sujeito a uma gama de restrições de prazo, orçamento e organizacionais. Apresento uma série de tópicos de gerenciamento nesta parte do livro, com foco em questões de gerenciamento técnico em vez de em questões de gerenciamento 'mais suaves', como o gerenciamento de pessoas ou o gerenciamento mais estratégico dos sistemas empresariais.

Os Capítulos 22 e 23 concentram-se nas atividades essenciais de gerenciamento de projetos: o planejamento, o gerenciamento de risco e o gerenciamento de pessoas. O Capítulo 22 introduz o gerenciamento de projetos de software, e sua primeira seção concentra-se no gerenciamento de risco, em que os gerentes identificam o que poderia dar errado e planejam o que poderiam fazer a respeito. Esse capítulo também inclui seções sobre gerenciamento de pessoas e trabalho em equipe.

O Capítulo 23 aborda o planejamento e a estimativa de projetos. Apresento gráficos de barras como ferramentas de planejamento fundamentais e explico por que o desenvolvimento dirigido por plano vai continuar sendo uma abordagem de desenvolvimento importante, apesar do sucesso dos métodos ágeis. Também discuto questões que influenciam o preço cobrado por um sistema e as técnicas de estimativa de custo do software. Uso a família COCOMO de modelos de custo para descrever a modelagem algorítmica do custo e explico os benefícios e as desvantagens das abordagens algorítmicas.

O Capítulo 24 explica os fundamentos do gerenciamento da qualidade do software, conforme praticado nos projetos grandes. O gerenciamento da qualidade trata dos processos e das técnicas para assegurar e melhorar a qualidade do software. Discuto a importância de padrões no gerenciamento da qualidade e o uso de revisões e inspeções no processo de garantia da qualidade. A seção final desse capítulo aborda a medição do software, e discuto os benefícios e os problemas de usar métricas e *analytics* de dados de software no gerenciamento da qualidade.

Finalmente, o Capítulo 25 discute o gerenciamento de configuração, uma questão crítica para todos os sistemas grandes. No entanto, a necessidade de gerenciamento de configuração nem sempre é óbvia para os alunos que têm apenas se preocupado com o desenvolvimento de software pessoal; descrevo, então, os vários aspectos desse tópico, incluindo o gerenciamento de versões, a construção do sistema, o gerenciamento de mudanças e o gerenciamento de lançamentos. Explico por que a integração contínua ou a construção diária do sistema é importante. Uma mudança importante nesta edição é a inclusão de material novo sobre sistemas de gerenciamento de versões distribuídos, como o Git, que estão sendo cada vez mais utilizados para dar apoio à engenharia de software praticada pelos times distribuídos.

22 | Gerenciamento de projetos

OBJETIVOS

O objetivo deste capítulo é introduzir o gerenciamento de projetos de software e duas importantes atividades: o gerenciamento de riscos e o gerenciamento de pessoas. Ao ler este capítulo, você:

- conhecerá as principais tarefas dos gerentes de projetos de software;
- será apresentado à noção de gerenciamento de risco e a alguns dos riscos que poderão surgir nos projetos de software;
- compreenderá os fatores que influenciam a motivação pessoal e o que eles significam para os gerentes de projetos de software;
- compreenderá as questões fundamentais que influenciam o trabalho em equipe, como a composição, a organização e a comunicação da equipe.

CONTEÚDO

22.1 Gerenciamento de riscos
22.2 Gerenciamento de pessoas
22.3 Trabalho em equipe

O gerenciamento de projetos de software é uma parte essencial da engenharia de software. Os projetos precisam ser gerenciados porque a engenharia de software profissional sempre está sujeita às restrições de cronograma e de orçamento da organização. O trabalho do gerente de projetos é garantir que o projeto de software cumpra e supere essas restrições, bem como fornecer software de alta qualidade. O bom gerenciamento não consegue garantir o sucesso do projeto. No entanto, o mau gerenciamento costuma resultar em falha do projeto: o software pode ser entregue com atraso, custar mais do que a estimativa original ou não satisfazer as expectativas dos clientes.

Os critérios de sucesso do gerenciamento de projetos obviamente variam de um projeto para outro, mas, na maioria dos projetos, os objetivos importantes são:

- entregar o software para o cliente no tempo acordado;
- manter os custos gerais dentro do orçamento;
- entregar um software que satisfaça as expectativas do cliente;
- manter um time de desenvolvimento coerente e em bom funcionamento.

Esses objetivos não são exclusivos da engenharia de software, mas de todos os projetos de engenharia. No entanto, a engenharia de software é diferente dos outros tipos de engenharia em uma série de aspectos, que tornam o gerenciamento de software particularmente desafiador. Algumas dessas diferenças são apresentadas a seguir:

1. *O produto é intangível.* Um gerente de projeto de construção naval ou de engenharia civil pode ver o produto que está sendo desenvolvido. Se um cronograma atrasar, o efeito no produto é visível — partes da estrutura obviamente estarão inacabadas. O software é intangível. Ele não pode ser visto ou tocado. Os gerentes de projetos de software não conseguem ver o progresso olhando para um artefato que esteja sendo construído. Em vez disso, eles contam com os outros para produzir evidências que eles possam usar para rever o progresso do trabalho.

2. *Grandes projetos de software costumam ser 'únicos'.* Todo grande projeto de desenvolvimento de software é exclusivo porque cada ambiente no qual o software é desenvolvido é, de alguma maneira, diferente dos demais. Mesmo os gerentes com uma grande experiência prévia podem achar difícil prever os problemas. Além disso, as rápidas mudanças tecnológicas nos computadores e nas comunicações podem tornar a experiência obsoleta. As lições aprendidas com os projetos prévios podem não ser imediatamente transferíveis para os projetos novos.

3. *Os processos de software são variáveis e específicos para a organização.* O processo de engenharia de alguns tipos de sistema, como pontes e edificações, é bem conhecido. No entanto, diferentes empresas usam processos de desenvolvimento de software bem diferentes. Não conseguimos prever de maneira confiável quando determinado processo de software tende a levar a problemas de desenvolvimento. Isso é especialmente verdadeiro quando o projeto de software faz parte de um projeto de engenharia de sistemas mais amplo ou quando um software completamente novo está sendo desenvolvido.

Por esses três problemas, não é surpresa que alguns projetos de software atrasem, fiquem acima do orçamento e fora do cronograma. Muitas vezes, os sistemas de software são novos, muito complexos e tecnicamente inovadores. Os estouros de cronograma e de orçamento também são comuns em outros projetos de engenharia, como os de novos sistemas de transportes, que são complexos e inovadores. Dadas as dificuldades envolvidas, talvez seja algo notável o fato de que tantos projetos de software sejam entregues a tempo e dentro do orçamento.

É impossível traçar uma descrição de cargo padrão de um gerente de projetos de software. O trabalho varia imensamente de acordo com a organização e o software que está sendo desenvolvido. Alguns dos fatores mais importantes que afetam o modo de gerenciar os projetos de software são:

1. *Tamanho da empresa.* As empresas pequenas conseguem operar com gerenciamento e comunicação informais entre o time e não precisam de políticas e estruturas de gestão formais. Elas têm menos sobrecarga administrativa do que as organizações maiores. Em organizações maiores, as hierarquias de gestão, a elaboração formal de relatórios e orçamentos e os processos de aprovação devem ser seguidos.

2. *Clientes de software.* Se o cliente for interno (como no caso do desenvolvimento de produtos de software), então as comunicações com o cliente podem ser mais informais, dispensando a necessidade de se adaptar ao modo de trabalho dele. Se um software personalizado estiver sendo desenvolvido para um cliente

externo, é preciso chegar a um acordo para decidir por canais de comunicação mais formais. Se o cliente for um órgão de governo, a empresa de software deve operar de acordo com as políticas e os procedimentos desse órgão, que provavelmente serão mais burocráticos.

3. *Tamanho do software.* Sistemas menores podem ser desenvolvidos por um time pequeno, que pode se reunir na mesma sala para discutir o progresso e outras questões de gerenciamento. Sistemas grandes normalmente precisam de vários times de desenvolvimento, que podem estar distribuídos geograficamente e em diferentes empresas. O gerente de projetos tem de coordenar as atividades desses times e providenciar a comunicação entre eles.

4. *Tipo de software.* Se o software que está sendo desenvolvido for um produto de consumo, os registros formais das decisões de gerenciamento do projeto são desnecessários. Por outro lado, se um sistema crítico em segurança estiver sendo desenvolvido, todas as decisões de gerenciamento do projeto devem ser registradas e justificadas, já que elas podem afetar a segurança (*safety*) do sistema.

5. *Cultura organizacional.* Algumas organizações têm uma cultura baseada no apoio e no incentivo aos indivíduos, enquanto outras são focadas no grupo. As grandes organizações costumam ser burocráticas. Algumas organizações têm uma cultura de correr riscos, ao passo que outras são avessas ao risco.

6. *Processo de desenvolvimento de software.* Os processos ágeis normalmente tentam operar com gerenciamento 'leve'. Os processos mais formais requerem monitoramento gerencial para garantir que o time de desenvolvimento esteja seguindo o processo definido.

Esses fatores significam que os gerentes de projeto, nas diferentes organizações, podem trabalhar de maneiras bem diversas. Há, no entanto, uma série de atividades fundamentais de gerenciamento de projetos comuns a todas as organizações:

1. *Planejamento de projetos.* Os gerentes de projetos são responsáveis por planejar, estimar e agendar o desenvolvimento do projeto e atribuir tarefas às pessoas. Eles supervisionam o trabalho para garantir que ele seja executado de acordo com os padrões necessários e monitoram o progresso para checar se o desenvolvimento está dentro do prazo e do orçamento.

2. *Gerenciamento de riscos.* Os gerentes de projetos têm de avaliar os riscos que podem afetar um projeto, monitorar esses riscos e tomar atitudes quando surgirem problemas.

3. *Gerenciamento de pessoas.* Os gerentes de projetos são responsáveis por gerenciar uma equipe de pessoas. Eles têm de escolher as pessoas para sua equipe e estabelecer maneiras de trabalhar que levem a um desempenho eficiente da equipe.

4. *Preparação de relatórios.* Os gerentes de projetos normalmente são responsáveis por reportar o progresso de um projeto para os clientes e os gerentes da empresa que está desenvolvendo o software. Eles têm de ser capazes de se comunicar em uma série de níveis, desde o nível da informação técnica detalhada até o dos resumos para a gerência, pois têm de escrever documentos concisos, coerentes e que sintetizem informações críticas a partir de relatórios de projeto mais detalhados. Além disso, devem ser capazes de apresentar essas informações durante as revisões de progresso.

5. *Elaboração de propostas.* O primeiro estágio em um projeto de software pode envolver a elaboração de uma proposta para ganhar um contrato de execução de um item de trabalho. A proposta descreve os objetivos do projeto e como ele será executado. Normalmente, ela inclui estimativas de custo e prazo e justificativas para o contrato de projeto ser concedido a uma determinada organização ou equipe. A elaboração da proposta é uma tarefa crítica, já que a sobrevivência de muitas empresas de software depende de ter uma quantidade suficiente de propostas aceitas e contratos efetivados.

O planejamento do projeto é um tópico importante por si só, que discutirei no Capítulo 23. Neste capítulo, concentro-me no gerenciamento de riscos e no gerenciamento de pessoas.

22.1 GERENCIAMENTO DE RISCOS

O gerenciamento de riscos é um dos trabalhos mais importantes para um gerente de projetos. É possível considerar os riscos como algo que preferiríamos que não ocorresse, pois eles podem ameaçar o projeto, o software que está sendo desenvolvido ou a organização como um todo. O gerenciamento de riscos envolve prever os riscos que poderiam afetar o cronograma do projeto ou a qualidade do software que está sendo desenvolvido e, então, tomar uma atitude para evitá-los (HALL, 1998; OULD, 1999).

Os riscos podem ser categorizados de acordo com o seu tipo (técnico, organizacional etc.), conforme explicarei na Seção 22.1.1. Uma classificação complementar permite classificar os riscos de acordo com o que eles afetam:

1. Os riscos de projeto afetam o cronograma ou os recursos. Um exemplo de risco de projeto é a perda de um arquiteto de sistema experiente. Encontrar um arquiteto substituto com a habilidade e a experiência certas pode levar muito tempo; consequentemente, levará mais tempo para desenvolver o projeto (*design*) de software do que o planejado originalmente.
2. Os riscos de produto afetam a qualidade ou o desempenho do software que está sendo desenvolvido. Um exemplo de risco de produto é um componente adquirido não ter o desempenho esperado. Isso pode afetar o desempenho global do sistema, de modo que ele fique mais lento do que o previsto.
3. Os riscos de negócio afetam a organização que está desenvolvendo ou adquirindo o software. Um exemplo de risco de negócio é o lançamento de um produto novo por um concorrente. A introdução de um produto concorrente pode significar que os pressupostos feitos a respeito das vendas dos produtos de software existentes podem ser indevidamente otimistas.

É claro que essas categorias de risco se sobrepõem. A decisão de um engenheiro experiente de sair de um projeto, por exemplo, representa um *risco de projeto* porque o cronograma de entrega do software será afetado. Inevitavelmente, leva tempo para um novo membro do projeto entender o trabalho que está sendo feito, então ele não consegue ser produtivo imediatamente. Consequentemente, a entrega do sistema pode ser atrasada. A perda de um membro do time também pode ser um *risco de produto*, pois o substituto pode não ser experiente e, portanto, cometer erros de programação. Finalmente, perder um membro do time pode ser um *risco de negócio*, porque a reputação de um engenheiro experiente pode ser um fator crítico para ganhar novos contratos.

Nos grandes projetos, os resultados da análise de risco devem ser relacionados em um registro de riscos, junto de uma análise de consequências. Isso estabelece as consequências do risco para o projeto, para o produto e para o negócio. O gerenciamento de risco eficiente torna mais fácil lidar com problemas e garantir que esses problemas não levem a deslizes inaceitáveis no orçamento ou no cronograma. Para projetos pequenos, o registro formal dos riscos pode não ser necessário, mas o gerente de projetos deve estar ciente deles.

Os riscos específicos que podem afetar um projeto dependem do próprio projeto e do ambiente organizacional no qual o software está sendo desenvolvido. No entanto, também há riscos comuns que independem do tipo de software em desenvolvimento. Eles podem ocorrer em qualquer projeto de desenvolvimento de software. Alguns exemplos desses riscos comuns são exibidos na Figura 22.1.

FIGURA 22.1 Exemplos de riscos comuns para o projeto, o produto e o negócio.

Risco	Afeta	Descrição
Rotatividade de pessoal	Projeto	Um membro experiente da equipe vai sair do projeto antes de ele terminar.
Mudança na gestão	Projeto	Haverá uma mudança da gestão da empresa, com prioridades diferentes.
Indisponibilidade de hardware	Projeto	O hardware essencial para o projeto não será entregue no prazo.
Mudança nos requisitos	Projeto e produto	Haverá um número de mudanças nos requisitos maior do que o previsto.
Atrasos na especificação	Projeto e produto	As especificações das interfaces essenciais não estão disponíveis no prazo.
Tamanho subestimado	Projeto e produto	O tamanho do sistema foi subestimado.
Baixo desempenho das ferramentas de software	Produto	As ferramentas de software que apoiam o projeto não têm o desempenho previsto.
Mudança tecnológica	Negócio	A tecnologia subjacente na qual o sistema é criado é suplantada por uma tecnologia nova.
Concorrência de produtos	Negócio	Um produto concorrente é comercializado antes de o sistema ficar pronto.

O gerenciamento de riscos de software é importante em virtude das incertezas inerentes ao desenvolvimento de software. Essas incertezas surgem da má definição de requisitos, de mudanças nos requisitos por mudanças nas necessidades do cliente, de dificuldades para estimar o tempo e os recursos necessários para o desenvolvimento de software e de diferenças nas habilidades individuais. É necessário prever os riscos, entender o impacto deles no projeto, nos produto e no negócio, e adotar medidas para evitá-los. Pode ser preciso criar planos de contingência para que, se os riscos ocorrerem, seja possível agir imediatamente para se recuperar.

Um resumo do processo de gerenciamento de riscos é apresentado na Figura 22.2. O processo envolve vários estágios:

1. *Identificação de riscos.* Os possíveis riscos para o projeto, produto ou negócio devem ser identificados.
2. *Análise de riscos.* As probabilidades e as consequências desses riscos devem ser avaliadas.
3. *Planejamento de riscos.* Planos para abordar o risco devem ser feitos, a fim de evitá-lo ou de minimizar seus efeitos no projeto.

4. *Monitoramento de riscos.* O risco e os planos de mitigação do risco devem ser avaliados regularmente, e devem ser revistos quando houver mais informações sobre o risco.

FIGURA 22.2 O processo de gerenciamento de risco.

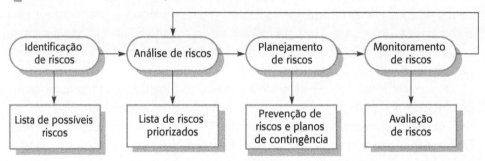

Nos grandes projetos, é necessário documentar os resultados do processo de gerenciamento de risco em um plano de gerenciamento de riscos. Ele deve incluir uma discussão sobre os riscos enfrentados pelo projeto, uma análise desses riscos e as informações sobre como se planeja que os riscos sejam gerenciados se for provável que eles se tornem um problema.

O gerenciamento de riscos é um processo iterativo que continua durante todo o projeto. Depois de criar um plano de gerenciamento de riscos, é necessário monitorar a situação para detectar os riscos emergentes. À medida que mais informações sobre os riscos vão se tornando disponíveis, é preciso reanalisar os riscos e decidir se a prioridade dos riscos mudou. Dessa maneira, pode ser necessário mudar os planos de prevenção de riscos e de gerenciamento de contingências.

O gerenciamento de riscos no desenvolvimento ágil é menos formal. As mesmas atividades fundamentais ainda devem ser seguidas, e os riscos, discutidos, embora possam não estar formalmente documentados. O desenvolvimento ágil reduz alguns riscos, como os de mudanças nos requisitos. No entanto, o desenvolvimento ágil também tem suas desvantagens. Em virtude de sua dependência das pessoas, a rotatividade do pessoal pode ter efeitos significativos no projeto, no produto e no negócio. Por causa da falta de documentação formal e de sua dependência das comunicações informais, é muito difícil manter a continuidade e o ritmo se pessoas importantes deixarem o projeto.

22.1.1 Identificação de riscos

A identificação de riscos é o primeiro estágio do processo de gerenciamento de riscos. Ela trata de identificar os riscos que poderiam representar uma ameaça significativa para o processo de engenharia de software, para o software que está sendo desenvolvido ou para a organização que está desenvolvendo esse software. A identificação dos riscos pode ser um processo do time, em que ele se reúne para fazer um *brainstorm* dos possíveis riscos. Alternativamente, os gerentes de projetos podem identificar os riscos com base em sua experiência do que deu errado em projetos anteriores.

Um *checklist* com os diferentes tipos de risco pode ser utilizado como ponto de partida para a identificação dos riscos. Seis tipos de risco podem ser incluídos nesse *checklist*:

1. Os riscos de estimativa surgem quando a gerência estima os recursos necessários para criar o sistema.
2. Os riscos organizacionais surgem do ambiente da organização na qual o software está sendo desenvolvido.
3. Os riscos de pessoas estão associados às pessoas no time de desenvolvimento.
4. Os riscos de requisitos vêm das mudanças nos requisitos do cliente e do processo de gerenciamento das mudanças de requisitos.
5. Os riscos de tecnologia vêm das tecnologias de hardware e de software utilizadas para desenvolver o sistema.
6. Os riscos de ferramentas vêm das ferramentas de software e de outros softwares de apoio usados para desenvolver o sistema.

A Figura 22.3 mostra exemplos de possíveis riscos em cada uma dessas categorias. Ao fim do processo de identificação dos riscos, deve haver uma longa lista de riscos que poderiam ocorrer e afetar o produto, o processo e o negócio. Então, é preciso reduzir essa lista para um tamanho administrável. Se houver riscos demais, é praticamente impossível acompanhar todos eles.

FIGURA 22.3 Exemplos de diferentes tipos de risco.

Tipo de risco	Possíveis riscos
Estimativa	1. O tempo necessário para desenvolver o software foi subestimado.
	2. A taxa de correção de defeitos foi subestimada.
	3. O tamanho do software foi subestimado.
Organizacional	4. A organização foi reestruturada, e uma gerência diferente ficou responsável pelo projeto.
	5. Problemas financeiros da organização obrigam a reduções no orçamento do projeto.
Pessoal	6. É impossível recrutar pessoas com as habilidades necessárias.
	7. Um membro importante da equipe está doente e indisponível em momentos críticos.
	8. O treinamento necessário para a equipe não está disponível.
Requisitos	9. Mudanças propostas nos requisitos exigem uma grande dose de retrabalho no projeto (*design*).
	10. Os clientes não entendem o impacto das mudanças nos requisitos.
Tecnologia	11. O banco de dados utilizado no sistema não consegue processar tantas transações por segundo quanto o previsto.
	12. Defeitos nos componentes de software reusáveis têm de ser consertados antes que eles sejam reusados.
Ferramentas	13. O código gerado pelas ferramentas de geração de código é ineficiente.
	14. As ferramentas de software não conseguem trabalhar juntas de maneira integrada.

22.1.2 Análise de riscos

Durante o processo de análise dos riscos, é necessário considerar cada risco identificado e julgar sua probabilidade de ocorrência e sua gravidade. Não existe uma maneira fácil de fazer isso. É preciso contar com o bom senso, com a experiência em projetos anteriores e com os problemas que surgiram durante esses projetos. Não é possível fazer uma avaliação numérica precisa da probabilidade e da gravidade de cada risco. Em vez disso, deve-se atribuir o risco a um grupo entre vários:

1. A probabilidade do risco poderia ser avaliada como insignificante, baixa, moderada, alta ou muito alta.
2. Os efeitos do risco poderiam ser avaliados como catastróficos (ameaçam a sobrevivência do projeto), graves (provocariam atrasos significativos), toleráveis (atrasos dentro da contingência permitida) ou insignificantes.

Depois, é possível tabular os resultados desse processo de análise usando uma tabela ordenada de acordo com a gravidade do risco. A Figura 22.4 ilustra uma tabela para os riscos que identifiquei na Figura 22.3. Obviamente, a avaliação da probabilidade e da gravidade é arbitrária nesse caso. Para fazer essa avaliação, informações detalhadas sobre o projeto, o processo, o time de desenvolvimento e a organização são necessárias.

FIGURA 22.4 Tipos de riscos e exemplos.

Risco	Probabilidade	Efeitos
Problemas financeiros da organização obrigam a reduções no orçamento do projeto (5).	Baixa	Catastróficos
É impossível recrutar pessoas com as habilidades necessárias (6).	Alta	Catastróficos
Um membro importante da equipe está doente e indisponível em momentos críticos (7).	Moderada	Graves
Defeitos nos componentes de software reusáveis têm de ser consertados antes que eles sejam reusados (12).	Moderada	Graves
Mudanças propostas nos requisitos exigem uma grande dose de retrabalho no projeto (*design*) (9).	Moderada	Graves
A organização foi reestruturada, e uma gerência diferente ficou responsável pelo projeto (4).	Alta	Graves
O banco de dados utilizado no sistema não consegue processar tantas transações por segundo quanto o previsto (11).	Moderada	Graves
O tempo necessário para desenvolver o software foi subestimado (1).	Alta	Graves
As ferramentas de software não conseguem trabalhar juntas de maneira integrada (14).	Alta	Toleráveis
Os clientes não entendem o impacto das mudanças nos requisitos (10).	Moderada	Toleráveis
O treinamento necessário para a equipe não está disponível (8).	Moderada	Toleráveis
A taxa de correção de defeitos foi subestimada (2).	Moderada	Toleráveis
O tamanho do software foi subestimado (3).	Alta	Toleráveis
O código gerado pelas ferramentas de geração de código é ineficiente (13).	Moderada	Insignificantes

É claro que tanto a probabilidade quanto a avaliação dos efeitos de um risco podem mudar quando mais informações sobre o risco forem disponibilizadas e os planos de gerenciamento de riscos forem implementados. Portanto, essa tabela deve ser atualizada durante cada iteração do processo de gerenciamento de riscos.

Depois que os riscos forem analisados e classificados, deve-se avaliar quais deles são os mais significativos. Esse julgamento pode depender de uma combinação da probabilidade de esse risco surgir e dos efeitos dele. Em geral, riscos catastróficos devem sempre ser considerados, assim como todos os riscos graves que tenham uma probabilidade de ocorrência além da moderada.

Boehm (1988) recomenda identificar e monitorar o 'top 10' de riscos. No entanto, acho que o número certo de riscos a se monitorar depende do projeto. Poderiam ser 5 ou 15. Dos riscos identificados na Figura 22.4, acho apropriado considerar os oito riscos que têm consequências catastróficas ou graves (Figura 22.5).

FIGURA 22.5 Estratégias para ajudar a gerenciar o risco.

Risco	Estratégia
Problemas financeiros da organização	Preparar um documento resumido para a alta gerência que mostre como o projeto contribui de modo muito importante para as metas da empresa e apresente as razões pelas quais cortes de orçamento do projeto não terão bom custo-benefício.
Problemas de recrutamento	Alertar o cliente quanto às possíveis dificuldades e a possibilidade de atrasos; investigar a compra de componentes.
Doenças do pessoal	Reorganizar a equipe para que haja mais sobreposição de trabalho e as pessoas entendam o trabalho uma das outras.
Componentes defeituosos	Substituir componentes potencialmente defeituosos por componentes comprados de confiabilidade conhecida.
Mudanças nos requisitos	Derivar informações de rastreabilidade para avaliar o impacto das mudanças nos requisitos; maximizar a ocultação da informação no projeto (*design*).
Reestruturação organizacional	Preparar um documento resumido para a alta gerência que mostre como o projeto contribui de maneira importante para as metas da empresa.
Desempenho do banco de dados	Investigar a possibilidade de comprar um banco de dados de melhor desempenho.
Tempo de desenvolvimento subestimado	Investigar a compra de componentes; investigar o uso de geração de código automatizada.

22.1.3 Planejamento de riscos

O processo de planejamento de riscos desenvolve estratégias para gerenciar riscos significativos que ameacem o projeto. Para cada risco, é necessário pensar nas ações que poderiam ser adotadas para minimizar a perturbação do projeto caso o problema identificado no risco ocorra. Deve-se pensar também na informação que precisa ser coletada enquanto o projeto é monitorado, a fim de que os problemas emergentes possam ser detectados antes de se tornarem problemas mais sérios.

No planejamento de riscos, é preciso fazer perguntas 'e se' tanto a respeito de riscos individuais quanto de combinações de riscos e de fatores externos que afetem esses riscos. Algumas perguntas que poderiam ser feitas são exemplificadas a seguir:

1. E se vários engenheiros adoecerem ao mesmo tempo?
2. E se uma crise econômica levar a cortes de 20% no orçamento do projeto?
3. E se o desempenho do software de código aberto for inadequado e o único especialista nesse software sair do projeto?
4. E se a empresa que fornece e mantém os componentes de software falir?
5. E se o cliente não entregar os requisitos revisados conforme o previsto?

Com base nas respostas a essas perguntas 'e se', é preciso conceber estratégias para gerenciar os riscos. A Figura 22.5 mostra possíveis estratégias de gerenciamento de risco que foram identificadas para os riscos significativos (isto é, aqueles riscos graves ou intoleráveis) exibidos na Figura 22.4. Essas estratégias se enquadram em três categorias:

1. *Estratégias de prevenção*. Seguir essas estratégias significa que a probabilidade de o risco surgir é reduzida. Um exemplo de estratégia de prevenção de risco é a de lidar com componentes defeituosos, exibida na Figura 22.5.
2. *Estratégias de minimização*. Seguir essas estratégias significa que o impacto do risco é reduzido. Um exemplo de estratégia de minimização de risco é a estratégia para a doença de um membro importante da equipe, exibida na Figura 22.5.

3. *Planos de contingência.* Seguir essas estratégias significa estar preparado para o pior e ter uma estratégia em vigor para lidar com esse cenário. Um exemplo de plano de contingência é a estratégia para problemas financeiros da organização, exibida na Figura 22.5.

Há uma analogia clara aqui com as estratégias usadas nos sistemas críticos para garantir a confiabilidade, a segurança da informação (*security*) e a segurança (*safety*), em que se deve evitar as falhas, tolerá-las ou se recuperar delas. Obviamente, é melhor usar uma estratégia que evite o risco. Se isso não for possível, deve-se usar uma estratégia que reduza as chances de o risco ter efeitos graves. Finalmente, deve haver estratégias em vigor para lidar com o risco caso ele surja. Essas estratégias reduzem o impacto global do risco no projeto ou no produto.

22.1.4 Monitoramento de riscos

O monitoramento de riscos é o processo de checar se os pressupostos a respeito dos riscos para o produto, para o processo e para o negócio não mudaram. É necessário avaliar regularmente cada um dos riscos identificados para decidir se um risco está se tornando mais ou menos provável. Também é importante pensar se os efeitos do risco mudaram ou não. Para isso, outros fatores devem ser vistos, como o número de solicitações de mudança de requisitos, que fornece pistas sobre a probabilidade de ocorrência do risco e seus efeitos. Obviamente, esses fatores dependem dos tipos de risco. A Figura 22.6 traz alguns exemplos de fatores que podem ser úteis na avaliação desses tipos de risco.

FIGURA 22.6 Indicadores de risco.

Tipo de risco	Possíveis indicadores
Estimativa	Não cumprimento do cronograma combinado; não resolução dos defeitos relatados.
Organizacional	Fofoca na organização; falta de ação por parte da alta gerência.
Pessoal	Baixo moral das pessoas; más relações entre os membros do time; alta rotatividade do pessoal.
Requisitos	Muitas solicitações de mudanças nos requisitos; queixas do cliente.
Tecnologia	Entrega atrasada do hardware ou software de suporte; muitos problemas de tecnologia relatados.
Ferramentas	Relutância dos membros do time em usar ferramentas; queixas a respeito das ferramentas de software; solicitações de computadores mais rápidos/mais memória etc.

Os riscos devem ser monitorados regularmente em todos os estágios de um projeto. Em cada análise gerencial, deve-se considerar e discutir separadamente cada um dos principais riscos. É necessário decidir se o risco é mais ou menos provável de ocorrer e se a severidade e as consequências do risco mudaram.

22.2 GERENCIAMENTO DE PESSOAS

As pessoas que trabalham em uma organização de software são os seus maiores ativos. É caro recrutar e reter pessoas boas, e cabe aos gerentes de software garantir que os engenheiros que trabalham em um projeto sejam tão produtivos quanto for possível. Nas empresas e nas economias de sucesso, essa produtividade é alcançada quando as pessoas são respeitadas pela organização e recebem responsabilidades que refletem suas habilidades e experiência.

É importante que os gerentes de projetos de software compreendam as questões técnicas que influenciam o trabalho de desenvolvimento de software. No entanto, infelizmente, bons engenheiros de software nem sempre são bons gestores de pessoas. Os engenheiros de software costumam ter fortes habilidades técnicas, mas carecem de habilidades emocionais e pessoais (*soft skills*) que lhes permitam motivar e liderar um time de desenvolvimento de projeto. O gerente de projetos deve estar ciente dos possíveis problemas de gerenciamento de pessoas e tentar desenvolver habilidades para gerenciar pessoas.

Existem quatro fatores críticos que influenciam o relacionamento entre um gerente e as pessoas que ele gerencia:

1. *Consistência*. Todas as pessoas em um time de projeto devem ser tratadas de modo comparável. Ninguém espera que todas as gratificações sejam idênticas, mas as pessoas não devem achar que a contribuição delas para a organização é subvalorizada.
2. *Respeito*. Pessoas diferentes têm habilidades diferentes, e os gerentes devem respeitar essas diferenças. Todos os membros do time devem receber uma oportunidade para fazer uma contribuição. Em alguns casos, é claro, encontramos pessoas que simplesmente não se encaixam no time e não conseguem continuar, mas é importante não tirar conclusões precipitadas sobre elas em um estágio inicial do projeto.
3. *Inclusão*. As pessoas contribuem efetivamente quando sentem que são ouvidas e que suas propostas são levadas em consideração. É importante desenvolver um ambiente de trabalho no qual todas as opiniões, mesmo as das pessoas menos experientes, são consideradas.
4. *Honestidade*. O gerente deve sempre ser honesto a respeito do que está indo bem e do que está indo mal com o time; também deve reconhecer seu próprio nível de conhecimento técnico e estar disposto a submeter-se à pessoa com mais conhecimento quando for necessário. Quem tenta esconder a própria ignorância ou os problemas da área geralmente acaba sendo descoberto e perde o respeito do grupo.

A gerência prática de pessoas tem de se basear na experiência, então a minha intenção nesta seção e na próxima é falar sobre o trabalho em equipe e despertar a consciência para as questões mais importantes com as quais os gerentes de projetos têm de lidar.

22.2.1 Motivação de pessoas

O gerente de projetos deve motivar as pessoas do time para que elas contribuam com o melhor das habilidades delas. Na prática, motivação significa organizar o trabalho e seu ambiente para incentivar as pessoas a trabalharem com a maior eficácia possível. Se as pessoas não estiverem motivadas, elas estarão menos interessadas no trabalho que estão fazendo. Elas trabalharão mais devagar, estarão mais propensas a cometer erros e não contribuirão para as metas do time ou da organização.

Para incentivá-las, é preciso entender um pouco sobre o que motivas as pessoas. Maslow (1954) sugere que as pessoas são motivadas pela satisfação de suas necessidades. Essas necessidades estão organizadas em uma série de níveis, mostrados na Figura 22.7. Os níveis mais baixos dessa hierarquia representam as necessidades fundamentais, como alimento, sono e assim por diante, e a necessidade de se sentir protegido em um ambiente. A necessidade social diz respeito à sensação de pertencimento a um grupo social. A necessidade de estima representa a sensação de ser respeitado por outras pessoas, e a necessidade de realização pessoal tem a ver com o desenvolvimento pessoal. As pessoas precisam satisfazer suas necessidades de nível mais baixo, como a fome, antes das necessidades mais abstratas, de nível mais alto.

FIGURA 22.7 Hierarquia das necessidades humanas.

As pessoas que trabalham nas organizações de desenvolvimento de software normalmente não estão com fome ou com sede nem são fisicamente ameaçadas pelo seu ambiente. Portanto, do ponto de vista da gerência, é mais importante certificar-se de que as necessidades sociais, de estima e de autorrealização das pessoas sejam satisfeitas.

1. Para satisfazer as necessidades sociais, é preciso dar tempo às pessoas para se encontrarem com seus colegas de trabalho e proporcionar lugares para que esses encontros aconteçam. Empresas de software como Google oferecem um espaço social em seus escritórios para as pessoas se reunirem. Isso é relativamente fácil quando todos os membros de um time de desenvolvimento trabalham no mesmo lugar, mas cada vez mais os membros dos times não ficam no mesmo prédio ou nem mesmo na mesma cidade ou estado. Eles podem trabalhar para organizações diferentes ou em casa na maior parte do tempo. As redes sociais e as teleconferências podem ser usadas para comunicação remota, mas a minha experiência com esses sistemas é que eles são mais eficazes quando as pessoas já se conhecem. Reuniões presenciais providenciadas no início do projeto permitem que as pessoas interajam diretamente com outros membros do time. Por meio dessa interação direta, as pessoas passam a fazer parte de um grupo social e aceitam as metas e prioridades desse grupo.
2. Para satisfazer as necessidades de estima, é necessário mostrar às pessoas que elas são valorizadas pela organização. O reconhecimento público das realizações é uma maneira simples e eficaz de fazê-lo. Obviamente, as pessoas também devem sentir que são pagas em um nível que reflita suas habilidades e experiência.

3. Finalmente, para satisfazer as necessidades de autorrealização, é preciso dar às pessoas responsabilidade pelo seu trabalho, alocá-las em tarefas que exijam delas (mas que não sejam impossíveis) e proporcionar oportunidades para treinamento e desenvolvimento, para que possam melhorar suas habilidades. O treinamento é uma importante influência motivadora, pois as pessoas gostam de adquirir novos conhecimentos e aprender novas habilidades.

O modelo de motivação de Maslow é útil até certo ponto, mas acho que um problema com ele é que tem um ponto de vista exclusivamente pessoal sobre a motivação. Ele não leva em conta o fato de que as pessoas se sentem parte de uma organização, um grupo profissional e uma ou mais culturas. Ser membro de um grupo coeso é altamente motivador para a maioria das pessoas. As pessoas com trabalhos gratificantes costumam gostar de ir trabalhar porque são motivadas pelas pessoas com as quais trabalham e pelo trabalho que realizam. Portanto, o gerente também deve pensar em como um grupo pode ser motivado como um todo. Discutirei essa e outras questões de trabalho em equipe na Seção 22.3.

Na Figura 22.8, ilustro um problema de motivação que os gerentes têm de enfrentar frequentemente. Neste exemplo, um membro competente do grupo perde o interesse pelo trabalho e pelo grupo como um todo. A qualidade de seu trabalho cai e passa a ser inaceitável. Essa situação tem de ser enfrentada rapidamente. Se o problema não for isolado, os demais membros do grupo ficarão insatisfeitos e sentirão que estão realizando uma fatia injusta do trabalho.

FIGURA 22.8 Motivação individual.

Estudo de caso: motivação

Alice é uma gerente de projetos de software que trabalha em uma empresa que desenvolve sistemas de alarme. Essa empresa quer entrar no mercado em expansão de tecnologia assistiva para ajudar idosos e pessoas com deficiência a viver com independência. Alice foi nomeada para liderar um time de seis desenvolvedores, que podem desenvolver novos produtos com base na tecnologia de alarme da empresa.

O projeto de tecnologia assistiva de Alice começa bem. Boas relações de trabalho entre os membros do time e novas ideias criativas se desenvolvem. O time decide desenvolver um sistema com o qual um usuário consiga iniciar e controlar o sistema de alarme a partir de um telefone celular ou tablet. No entanto, com alguns meses de projeto, Alice nota que Daniela, uma especialista em hardware, começa a chegar tarde ao trabalho. A qualidade do trabalho de Daniela está se deteriorando e parece, cada vez mais, que ela não se comunica com os outros membros do time.

Alice fala informalmente sobre o problema com os outros membros do time para tentar descobrir se as circunstâncias pessoais de Daniela mudaram e se isso poderia afetar o seu trabalho. Eles não sabem de nada, então Alice decide conversar com Daniela e tentar entender o problema.

Após negar algumas vezes ter qualquer problema, Daniela admite que perdeu o interesse pelo trabalho. Ela esperava desenvolver e empregar suas habilidades em interface de hardware. No entanto, por causa da direção escolhida para o produto, ela tem poucas oportunidades para usar essas habilidades. Basicamente, ela atua como programadora de linguagem C no software do sistema de alarme.

Embora admita que o trabalho seja desafiador, Daniela está preocupada por não estar desenvolvendo suas habilidades de interface. Ela acha que vai ser difícil encontrar um trabalho que envolva interfaces de hardware quando esse projeto terminar. Por não querer aborrecer o time ao revelar que está pensando sobre o próximo projeto, ela decidiu que é melhor conversar menos com os outros integrantes.

Nesse exemplo, Alice tenta descobrir se as circunstâncias pessoais de Daniela poderiam ser o problema. É normal que dificuldades pessoais afetem a motivação, porque as pessoas não conseguem se concentrar em seu trabalho. É preciso dar tempo e apoio para que as pessoas possam resolver tais questões, muito embora também seja necessário esclarecer que elas ainda têm responsabilidade com seu empregador.

O problema de motivação de Daniela é um que pode surgir quando os projetos se desenvolvem em uma direção inesperada. As pessoas que esperam fazer um tipo de trabalho podem acabar fazendo alguma coisa completamente diferente. Nessas circunstâncias, pode ser necessário que o membro do time saia e encontre oportunidades em algum outro lugar. Entretanto, nesse exemplo, Alice decide tentar convencer Daniela de que ampliar sua experiência é um passo positivo na carreira. Ela concede a Daniela mais autonomia de projeto (*design*) e organiza cursos de treinamento em engenharia de software que lhe darão mais oportunidades após o termino do seu projeto atual.

O tipo psicológico da personalidade também influencia a motivação. Bass e Dunteman (1963) identificaram três classificações para profissionais:

1. *Pessoas orientadas a tarefas*, que são motivadas pelo trabalho que estão fazendo. Em engenharia de software, essas pessoas são motivadas pelo desafio intelectual do desenvolvimento de software.
2. *Pessoas auto-orientadas*, que são motivadas principalmente pelo sucesso pessoal e pelo reconhecimento. Elas estão interessadas no desenvolvimento de software como um meio de alcançar seus próprios objetivos. Muitas vezes, elas têm objetivos de longo prazo — como a progressão da carreira — que as motivam e desejam ser bem-sucedidas em seu trabalho para chegar a esses objetivos.
3. *Pessoas orientadas à interação*, que são motivadas pela presença e pelas ações dos colegas de trabalho. Como cada vez mais atenção é depositada no projeto de interfaces com o usuário, os indivíduos orientados à interação estão se envolvendo mais na engenharia de software.

O Modelo de Maturidade e de Capacidade para as Pessoas

O Modelo de Maturidade e de Capacidade para as Pessoas (P-CMM, do inglês *People Capability Maturity Model*) é um arcabouço para avaliar a eficiência com que as organizações gerenciam o desenvolvimento de seu pessoal. Ele destaca as melhores práticas no gerenciamento de pessoas e cria uma base para as organizações aprimorarem seus processos de gerenciamento de pessoas. Ele é mais adequado para empresas grandes em vez de pequenas e informais.

Pesquisas demonstraram que as personalidades orientadas à interação geralmente gostam de trabalhar em grupo, enquanto as pessoas orientadas a tarefas ou auto-orientadas preferem atuar individualmente. As mulheres são mais propensas que os homens a serem orientadas à interação. Frequentemente, elas são comunicadoras mais eficazes. Discuto a mistura desses diferentes tipos de personalidades em grupos no estudo de caso exibido mais adiante, na Figura 22.10.

A motivação de cada indivíduo é uma combinação de aspectos de cada classe, mas um tipo de motivação costuma ser dominante em algum momento. No entanto, os indivíduos podem mudar. Por exemplo, pessoas técnicas que sentem não estar sendo adequadamente recompensadas podem se tornar auto-orientadas e colocar os interesses pessoais antes das questões técnicas. Se um grupo trabalha particularmente bem, as pessoas auto-orientadas podem se tornar mais voltadas para a interação.

22.3 TRABALHO EM EQUIPE

A maior parte do software profissional é desenvolvida por equipes de projeto que variam de duas a várias centenas de pessoas. No entanto, como é impossível para todos em um grupo grande trabalharem juntos em um único problema, as equipes grandes normalmente são divididas em uma série de grupos menores. Cada grupo é responsável por desenvolver parte do sistema global. O melhor tamanho para um grupo de engenharia de software é de quatro a seis membros e eles nunca devem ter mais de 12 membros. Quando os grupos são pequenos, os problemas de comunicação são reduzidos. Todos se conhecem, e o grupo todo pode sentar em uma mesa para se reunir e discutir sobre o projeto e o software que estão desenvolvendo.

Reunir um grupo que tenha o equilíbrio certo de habilidades técnicas, experiência e personalidades é uma tarefa de gerência fundamental. No entanto, os grupos bem-sucedidos são mais do que simplesmente um conjunto de indivíduos com o equilíbrio certo de habilidades. Um bom grupo é coeso e se vê como uma unidade forte. As pessoas envolvidas são motivadas pelo sucesso do grupo e, também, por seus próprios objetivos pessoais.

Em um grupo coeso, os membros consideram o grupo mais importante do que os indivíduos que o compõem. Os membros de um grupo coeso e bem liderado são leais a esse grupo. Eles se identificam com os objetivos do grupo e com os demais membros. Eles tentam proteger o grupo, como uma entidade, de interferências externas. Isso torna o grupo robusto e capaz de lidar com problemas e situações inesperadas.

Os benefícios de criar um grupo coeso são:

1. *O grupo pode estabelecer seus próprios padrões de qualidade*. Como esses padrões são estabelecidos por consenso, eles estão mais propensos a serem seguidos do que os padrões externos impostos ao grupo.
2. *Indivíduos aprendem e apoiam uns aos outros*. Os membros do grupo aprendem trabalhando juntos. As inibições causadas pela ignorância são minimizadas à medida que a aprendizagem mútua é incentivada.
3. *O conhecimento é compartilhado*. A continuidade pode ser mantida se um membro do grupo sair. Outros no grupo podem assumir tarefas críticas e assegurar que o projeto não seja indevidamente interrompido.
4. *A refatoração e a melhoria contínua são incentivadas*. Os membros do grupo trabalham coletivamente para fornecer resultados de alta qualidade e corrigir problemas, independentemente dos indivíduos que criaram o projeto (*design*) ou programa originalmente.

Bons gerentes de projetos devem sempre tentar incentivar a coesão do grupo. Eles podem tentar estabelecer um senso de identidade de grupo ao nomeá-lo, estabelecer uma identidade e um território. Alguns gerentes gostam de atividades de formação de grupo explícitas, como esportes e jogos, embora nem sempre elas sejam populares entre os membros do grupo. Eventos sociais para os membros do grupo e suas famílias são uma boa maneira de unir as pessoas.

Uma das maneiras mais eficazes de promover a coesão é ser inclusivo. É preciso tratar os membros do grupo como responsáveis e confiáveis, e disponibilizar as informações livremente. Às vezes, os gerentes sentem que não podem revelar certas informações para todos no grupo. Invariavelmente, isso cria um clima de desconfiança. Uma maneira eficaz de fazer com que as pessoas se sintam valorizadas e pertencentes a um grupo é assegurar-se de que elas saibam o que está acontecendo.

Um exemplo é apresentado no estudo de caso na Figura 22.9. Alice providencia reuniões informais regulares nas quais conta para os outros membros do grupo o que está acontecendo. Ela faz questão de envolver as pessoas no desenvolvimento do produto, pedindo que tragam novas ideias a partir de suas próprias experiências familiares. Os 'dias fora da empresa' também são uma boa maneira de promover a coesão: as pessoas relaxam juntas enquanto ajudam umas às outras a aprenderem sobre novas tecnologias.

FIGURA 22.9 Coesão do grupo.

Estudo de caso: espírito de equipe

Alice, uma gerente de projetos experiente, entende a importância de criar um grupo coeso. Como a empresa está desenvolvendo um novo produto, ela aproveita a oportunidade para envolver todos os membros do grupo na especificação e no projeto (*design*) do produto, fazendo com que discutam a tecnologia possível com os membros idosos de suas famílias. Ela os incentiva a trazer esses membros da família para reunirem-se com os demais membros do grupo de desenvolvimento.

Alice também marca almoços mensais para todos os membros do grupo. Esses almoços são uma oportunidade para todos os membros do time se encontrarem informalmente, falar sobre assuntos de interesse e conhecer uns aos outros. No almoço, Alice conta para o grupo novidades, políticas, estratégias e outros assuntos da empresa. Cada membro do time resume o que vem fazendo e o grupo discute um tópico geral, como novas ideias de produtos fornecidas pelos parentes idosos.

Em intervalos de poucos meses, Alice organiza um 'dia fora da empresa' para o grupo, em que o time passa dois dias em 'atualização tecnológica'. Cada membro do time prepara uma atualização sobre uma tecnologia relevante e a apresenta ao grupo. Essa reunião é externa, com bastante tempo reservado para discussão e interação social.

Se o grupo é ou não eficaz depende, até certo ponto, da natureza do projeto e da organização que está fazendo o trabalho. Se uma organização estiver em um estado de turbulência, com reorganizações constantes e insegurança no emprego, é difícil para os membros do time se concentrarem no desenvolvimento do software. Do mesmo modo, se um projeto ficar mudando e estiver correndo perigo de ser cancelado, as pessoas perdem o interesse nele.

Tendo um ambiente organizacional e de projeto estável, os três fatores com maior efeito no trabalho do time são:

1. *As pessoas no grupo*. É necessário haver uma mistura de pessoas em um grupo de projeto, pois o desenvolvimento de software envolve atividades diversas como negociar com clientes, programar, testar e documentar.
2. *A maneira como o grupo é organizado*. Um grupo deve ser organizado para que os indivíduos possam contribuir com o melhor de suas habilidades e para que as tarefas sejam concluídas conforme o esperado.
3. *Comunicações técnicas e gerenciais*. A boa comunicação entre os membros do grupo e entre o time de engenharia de software e outros *stakeholders* do projeto é essencial.

Assim como acontece com todas as questões de gerenciamento, reunir o time certo não garante o sucesso do projeto. Muitas outras coisas podem dar errado, incluindo mudanças na empresa e no ambiente de negócios. No entanto, não prestar atenção à composição, à organização e à comunicação do grupo faz crescer a probabilidade de o projeto vir a enfrentar dificuldades.

22.3.1 Selecionando membros do grupo

O trabalho de um gerente ou líder de time é criar um grupo coeso e organizar esse grupo para que ele trabalhe junto de modo eficaz. Essa tarefa envolve selecionar um grupo com o equilíbrio certo de habilidades técnicas e personalidades. Às vezes, as pessoas são contratadas fora da organização; mais frequentemente, os grupos de engenharia de software são reunidos a partir dos funcionários atuais que têm experiência em outros projetos. Os gerentes raramente têm liberdade total na escolha do time. Muitas vezes, eles têm de usar as pessoas disponíveis na empresa, mesmo se não forem ideais para o trabalho.

Muitos engenheiros de software são motivados principalmente pelo seu trabalho. Os grupos de desenvolvimento de software, portanto, costumam ser compostos de pessoas que têm suas próprias ideias sobre como os problemas técnicos devem ser solucionados. Elas querem fazer o melhor trabalho possível, então podem deliberadamente reprojetar os sistemas que acharem que podem ser melhorados e acrescentar outras características que não estão nos requisitos do sistema. Métodos ágeis incentivam os engenheiros a tomarem a iniciativa de melhorar o software. No entanto, às vezes, isso significa que tempo é gasto fazendo coisas que não são realmente necessárias e que diferentes engenheiros competem para reescrever o código uns dos outros.

O conhecimento técnico e a habilidade não devem ser os únicos fatores usados para selecionar os membros do grupo. O problema de 'competição entre engenheiros' pode ser reduzido se as pessoas no grupo tiverem motivações complementares. As pessoas que são motivadas pelo seu trabalho tendem a ser mais fortes tecnicamente. As pessoas auto-orientadas provavelmente serão melhores para avançar no trabalho e terminá-lo. As pessoas orientadas para interação ajudam a facilitar a comunicação dentro do grupo. Acho que é particularmente importante ter pessoas orientadas para interação em um grupo. Elas gostam de conversar com as pessoas e podem detectar tensões e discordâncias em um estágio inicial, antes que esses problemas tenham um impacto grave no grupo.

No estudo de caso na Figura 22.10, sugiro como Alice, a gerente de projetos, tentou criar um grupo com personalidades complementares. Esse grupo em particular tem uma boa mistura de pessoas orientadas para interação e para tarefa, mas já discuti na Figura 22.8 como a personalidade auto-orientada de Daniela causou problemas porque ela não estava realizando o trabalho esperado. O papel de Fernando no grupo, de especialista de domínio trabalhando em meio período, também poderia ser um problema. Ele está interessado principalmente nos desafios técnicos, então pode não interagir bem com os outros membros do grupo. O fato de que ele nem sempre faz parte do time significa que ele pode não estar totalmente identificado com as metas do time.

FIGURA 22.10 Composição do grupo.

Estudo de caso: composição do grupo

Ao criar um grupo para desenvolvimento de tecnologia assistiva, Alice sabe da importância de selecionar membros com personalidades complementares. Durante a entrevista dos possíveis membros do grupo, ela tentou avaliar se eles são orientados para tarefas, auto-orientados ou orientados para interação. Ela sentiu que ela própria era do tipo predominantemente auto-orientado, porque considerava o projeto uma maneira de ser notada pela alta gerência e possivelmente promovida. Portanto, ela procurava uma ou talvez duas personalidades orientadas para interação, com indivíduos orientados a tarefas para completar o time. A avaliação final à qual chegou foi:

Alice — auto-orientada

Bruno — orientado para tarefas

Chun — orientado para interação

Daniela — auto-orientada

Eduardo — orientado para interação

Fiona — orientada para tarefas

Fernando — orientado para tarefas

Hassan — orientado para interação

Às vezes, é impossível escolher um grupo com personalidades complementares. Se for o caso, o gerente de projetos tem de controlar o grupo para que os objetivos individuais não tenham precedência sobre os objetivos da organização ou do grupo. Esse controle é mais fácil de alcançar se todos os membros do grupo participarem em cada estágio do projeto. A iniciativa individual é mais propensa a se desenvolver quando os membros do grupo recebem instruções sem ter consciência do papel que a sua tarefa tem no projeto global.

Por exemplo, um engenheiro de software assume o desenvolvimento de um sistema e repara que poderiam ser feitas melhorias no projeto (*design*). Se ele implementar essas melhorias sem entender o racional do projeto (*design*) original, quaisquer mudanças, apesar de bem intencionadas, poderiam ter implicações adversas para outras partes do sistema. Se todos os membros do grupo estiverem envolvidos no projeto (*design*) desde o início, eles estarão mais suscetíveis a entender por que foram tomadas certas decisões de projeto (*design*). Então eles podem se identificar com essas decisões em vez de se opor a elas.

22.3.2 Organização do grupo

O modo como um grupo é organizado afeta as suas decisões, a maneira de trocar informações e as interações do grupo de desenvolvimento com os *stakeholders* externos do projeto. Algumas questões organizacionais importantes para os gerentes de projetos são:

1. O gerente de projetos deve ser o líder técnico do grupo? O líder técnico ou o arquiteto de sistemas é responsável pelas decisões técnicas críticas tomadas durante o desenvolvimento do software. Às vezes, o gerente de projetos tem

habilidade e experiência para assumir esse papel. No entanto, nos grandes projetos, é melhor separar os papéis técnicos e gerenciais. O gerente de projetos deve indicar um engenheiro sênior para ser o arquiteto do projeto, o qual assumirá a responsabilidade pela liderança técnica.

2. Quem estará envolvido na tomada de decisões técnicas e como essas decisões serão tomadas? As decisões serão tomadas pelo arquiteto de sistemas, pelo gerente de projetos ou por meio de um consenso entre um número maior de membros do time?

3. Como serão tratadas as interações com *stakeholders* externos e a alta gerência da empresa? Em muitos casos, o gerente de projetos será responsável por essas interações, auxiliado pelo arquiteto de sistemas, se houver um. No entanto, um modelo organizacional alternativo é criar um papel dedicado, que se ocupe desse contato externo, e indicar alguém com as habilidades de interação certas para esse papel.

4. Como os grupos podem integrar as pessoas que não estão no mesmo local físico? Hoje em dia é comum que grupos incluam membros de diferentes organizações e que essas pessoas trabalhem em casa ou em escritórios compartilhados. Essa mudança tem de ser considerada nos processos de tomada de decisão em grupo.

5. Como o conhecimento pode ser compartilhado pelo grupo? A organização do grupo afeta o compartilhamento de informações, pois certos métodos da organização são melhores do que outros no que concerne o compartilhamento. No entanto, deve-se evitar o compartilhamento excessivo de informações, pois as pessoas ficam sobrecarregadas, e a informação excessiva as distrai do seu trabalho.

Pequenos grupos de programação normalmente são organizados de maneira informal. O líder do grupo se envolve no desenvolvimento de software com outros membros do grupo. Em um grupo informal, todos discutem o trabalho a ser executado, e as tarefas são alocadas de acordo com a capacidade e a experiência. Os membros mais antigos podem ser responsáveis pelo projeto de arquitetura. No entanto, o projeto detalhado e a implementação são responsabilidade do membro do time alocado para uma determinada tarefa.

Os times de desenvolvimento ágil são sempre grupos informais. Os entusiastas dos métodos ágeis afirmam que a estrutura formal inibe a troca de informações. Muitas decisões vistas normalmente como decisões de gerência (como as decisões de cronograma) podem ser devolvidas para os membros do grupo. No entanto, um gerente de projetos que seja responsável pela tomada de decisão estratégica e pela comunicação fora do grupo ainda é necessário.

Contratação das pessoas certas

Os gerentes de projetos frequentemente são responsáveis por selecionar pessoas na organização que se juntarão à equipe de engenharia de software. Nesse processo, é muito importante reunir as pessoas certas, pois a má escolha pode ser um grave risco para o projeto.

Os fatores principais que devem influenciar a seleção da equipe são a formação e o treinamento, a experiência no domínio de aplicação e na tecnologia, a capacidade de comunicação, a adaptabilidade e a habilidade para resolução de problemas.

Os grupos informais podem ser bem sucedidos, particularmente quando a maioria dos membros do grupo é experiente e competente. Esse grupo toma decisões por consenso, o que melhora a coesão e o desempenho. No entanto, se um grupo for composto principalmente de membros pouco experientes ou pouco competentes, a informalidade pode ser um obstáculo. Sem engenheiros experientes para dirigir o trabalho, o resultado pode ser a falta de coordenação entre os membros do grupo e, possivelmente, o eventual fracasso do projeto.

Nos grupos hierárquicos, o líder do grupo está no topo da hierarquia. Ele tem autoridade mais formal do que os membros do grupo e, portanto, pode dirigir o trabalho deles. Há uma estrutura organizacional clara e as decisões são tomadas na direção do topo da hierarquia e implementadas pelas pessoas mais abaixo. As comunicações são primariamente instruções de altos funcionários; as pessoas nos níveis mais abaixo da hierarquia têm relativamente pouca comunicação com os gerentes nos níveis superiores.

Os grupos hierárquicos conseguem trabalhar bem quando um problema bem compreendido pode ser facilmente dividido em componentes de software que possam ser desenvolvidos em diferentes partes da hierarquia. Esse agrupamento permite a rápida tomada de decisão, o que justifica o fato de as organizações militares seguirem esse modelo. No entanto, raramente ele funciona bem na engenharia de software complexo. No desenvolvimento de software, a comunicação eficaz do time em todos os níveis é essencial:

1. As mudanças no software costumam exigir mudanças em várias partes do sistema, e isso requer discussão e negociação em todos os níveis da hierarquia.
2. As tecnologias de software mudam tão rapidamente que as pessoas mais jovens podem conhecer mais sobre novas tecnologias do que as pessoas mais experientes. A comunicação de cima para baixo pode significar que o gerente de projetos não descobrirá as oportunidades de usar essas tecnologias novas. Profissionais mais jovens podem ficar frustrados pelo fato de tecnologias que eles consideram antiquadas serem empregadas no desenvolvimento.

Um grande desafio enfrentado pelos gerentes de projetos é a diferença na capacidade técnica entre os membros do grupo. Os melhores programadores podem ser até 25 vezes mais produtivos do que os piores. Faz sentido usar esses 'superprogramadores' da maneira mais eficaz e lhes proporcionar o máximo de apoio possível.

Ao mesmo tempo, pode ser desmotivador para os outros membros do grupo esse foco nos superprogramadores, pois eles ficam ressentidos por não receberem responsabilidades. Eles podem se preocupar com o modo como isso afetará o desenvolvimento de suas carreiras. Além disso, se um 'superprogramador' sair da empresa, o impacto em um projeto pode ser enorme. Portanto, adotar um modelo de grupo baseado em especialistas individuais pode apresentar riscos significativos.

22.3.3 Comunicação do grupo

É absolutamente essencial que os membros do grupo se comuniquem com eficácia e eficiência uns com os outros e com os outros *stakeholders* do projeto. Os membros do grupo devem trocar informações sobre o status do seu trabalho, as decisões de projeto que foram tomadas e as mudanças nas decisões de projeto anteriores. Eles têm de resolver os problemas que surgem com outros *stakeholders* e informá-los das mudanças no sistema, no grupo e nos planos de entrega. A boa comunicação também ajuda a fortalecer a coesão do grupo. Os membros do grupo passam a entender as motivações, pontos fortes e pontos fracos dos demais membros.

A eficácia e a eficiência da comunicação são influenciadas por:

1. *Tamanho do grupo*. À medida que o grupo fica maior, é mais difícil para os membros se comunicarem com eficácia. O número de *links* de comunicação unidirecionais é $n * (n - 1)$, em que n é o tamanho do grupo; com um grupo de oito membros, são 56 vias de comunicação possíveis. Isso significa que é bem possível que algumas pessoas raramente venham a se comunicar umas com as outras. As diferenças de status entre os membros do grupo significam que a comunicação quase sempre é unidirecional. Os gerentes e engenheiros experientes tendem a dominar a comunicação com a equipe menos experiente, que pode relutar em começar uma conversa ou em fazer comentários críticos.
2. *Estrutura do grupo*. As pessoas nos grupos estruturados de maneira informal se comunicam com mais eficácia do que as pessoas nos grupos com uma estrutura hierárquica formal. Nos grupos hierárquicos, as comunicações tendem a fluir para cima e para baixo da hierarquia. As pessoas no mesmo nível podem não falar umas com as outras. Esse é um problema particular em um projeto grande com vários grupos de desenvolvimento. Se pessoas que trabalham em subsistemas diferentes só se comunicam por meio de seus gerentes, então provavelmente haverá mais atrasos e mal-entendidos.
3. *Composição do grupo*. As pessoas com os mesmos tipos de personalidade (discutidos na Seção 22.2) podem entrar em conflito e, como consequência, a comunicação pode ser inibida. A comunicação também costuma ser melhor nos grupos com ambos os sexos misturados do que nos grupos com pessoas apenas do mesmo sexo (MARSHALL; HESLIN, 1975). As mulheres frequentemente são mais orientadas para a interação do que os homens e podem agir como controladoras e facilitadoras de interação entre o grupo.
4. *Ambiente físico de trabalho*. A organização do espaço de trabalho é um fator importante na facilitação ou na inibição da comunicação. Enquanto algumas empresas usam escritórios abertos padronizados para suas equipes, outras investem em um espaço de trabalho que inclua uma mistura de áreas de trabalho privadas e em grupo. Isso permite tanto atividades colaborativas quanto o desenvolvimento individual, que requer um alto nível de concentração.
5. *Canais de comunicação disponíveis*. Existem muitas formas de comunicação — cara a cara, mensagens de e-mail, documentos formais, telefone e tecnologias como as redes sociais e os *wikis*. Como os times de projeto são cada vez mais distribuídos, com os membros do time trabalhando remotamente, é preciso usar tecnologias de interação, como os sistemas de vídeo ou teleconferência, para facilitar a comunicação de grupo.

O ambiente físico de trabalho

As comunicações de grupo e a produtividade individual são afetadas pelo ambiente de trabalho do time. Os espaços de trabalho individuais são melhores para a concentração no trabalho técnico detalhado, já que as pessoas são menos propensas a serem distraídas por interrupções. No entanto, os espaços de trabalho compartilhados são melhores para a comunicação. Um ambiente de trabalho bem projetado leva em conta ambas as necessidades.

Os gerentes de projetos normalmente trabalham com prazos apertados e, como consequência, tentam usar os canais de comunicação que não tomem muito do seu tempo. Eles podem contar com reuniões e documentos formais para passar adiante as informações para a equipe de projeto e para os *stakeholders*, bem como enviar e-mails longos para a equipe de projeto. Infelizmente, embora essa seja uma abordagem eficiente para a comunicação pela perspectiva de um gerente de projetos, normalmente ela não é eficaz. Frequentemente, existem boas razões para as pessoas não poderem comparecer às reuniões e, portanto, elas não ouvem a apresentação. As pessoas não têm tempo para ler documentos e e-mails longos que não sejam diretamente relevantes para o seu trabalho. Quando são produzidas várias versões do mesmo documento, os leitores acham difícil acompanhar as mudanças.

A comunicação eficaz é alcançada quando a comunicação é bidirecional e as pessoas envolvidas podem discutir questões e informações e estabelecer um entendimento comum das propostas e problemas. Tudo isso pode ser feito por meio de reuniões, embora essas reuniões sejam dominadas frequentemente pelas personalidades fortes. As discussões informais, nas quais um gerente se reúne com o time para um café, às vezes são mais eficazes.

Cada vez mais times de projeto incluem membros remotos, o que também torna mais difícil fazer reuniões. Para envolvê-los na comunicação, também é possível usar *wikis* e *blogs* para apoiar a troca de informações. Os *wikis* apoiam a criação colaborativa e a edição de documentos, e os *blogs* apoiam discussões encadeadas sobre perguntas e comentários feitos pelos membros do grupo. Os *wikis* e os *blogs* permitem que os membros do projeto e os *stakeholders* externos troquem informações, independentemente de sua localização. Eles ajudam a gerenciar informações e a acompanhar as discussões encadeadas, que muitas vezes se tornam confusas quando conduzidas por e-mail. Também é possível usar mensagens instantâneas e teleconferências, que podem ser providenciadas facilmente, para resolver questões que necessitem de discussão.

PONTOS-CHAVE

- O bom gerenciamento de projetos de software é essencial para que os projetos de engenharia de software sejam desenvolvidos dentro do cronograma e do orçamento.
- O gerenciamento de software é diferente de outros gerenciamentos em engenharia. O software é intangível. Os projetos podem ser novos ou inovadores, então não há um corpo de experiência para guiar o gerenciamento. Os processos de software não são tão maduros quanto os processos de engenharia tradicionais.
- O gerenciamento de risco envolve identificar e avaliar os principais riscos do projeto para estabelecer a probabilidade de eles ocorrerem e as consequências para o projeto caso ocorram. É preciso fazer planos para evitar, gerenciar ou lidar com os prováveis riscos, se ou quando ocorrerem.
- O gerenciamento de pessoas envolve escolher as pessoas certas para trabalhar em um projeto e organizar o time e o seu ambiente de trabalho para que sejam o mais produtivos possível.
- As pessoas são motivadas pela interação com outras pessoas, pelo reconhecimento da gerência e de seus colegas e pelas oportunidades de desenvolvimento pessoal concedidas a elas.
- Os grupos de desenvolvimento de software devem ser bem pequenos e coesos. Os fatores fundamentais que influenciam a eficácia de um grupo são as pessoas nesse grupo, o modo em que estão organizadas e a comunicação entre elas.

▸ A comunicação dentro de um grupo é influenciada por fatores como o status dos membros do grupo, o tamanho do grupo, a composição de gêneros do grupo, as personalidades e os canais de comunicação disponíveis.

LEITURAS ADICIONAIS

The mythical man month: essays on software engineering. Anniversary edition. Os problemas do gerenciamento de software continuaram praticamente iguais desde os anos 1960, e esse é um dos melhores livros sobre o tema. Ele apresenta um relato interessante e de leitura fácil do gerenciamento de um dos primeiros grandes projetos de software, o sistema operacional IBM OS/360. A edição de aniversário (publicada 20 anos atrás após a edição original em 1975) inclui outros artigos clássicos de Brooks. BROOKS, F. P. Addison-Wesley, 1995.

Peopleware: productive projects and teams. 2. ed. Esse livro, que hoje é um clássico, concentra-se na importância de tratar as pessoas corretamente durante a gestão de projetos de software. É um dos poucos livros que reconhece como o lugar onde as pessoas trabalham influencia a comunicação e a produtividade. Altamente recomendado. DEMARCO, T.; LISTER, T. Dorset House, 1999.

Waltzing with bears: managing risk on software projects. Uma introdução a riscos e ao gerenciamento de riscos, bem prática e fácil de ler. DEMARCO, T.; LISTER, T. Dorset House, 2003.

Effective project management: traditional, agile, extreme. 7. ed. Um livro sobre gerenciamento de projetos em geral, e não apenas sobre gerenciamento de projetos de software. Ele se baseia no conhecido PMBOK (*Project Management Body of Knowledge*) e, ao contrário da maioria dos livros sobre o assunto, discute as técnicas de gerenciamento de projetos para projetos ágeis. WYSOCKI, R. K. 2014.

SITE[1]

Apresentações em PowerPoint para este capítulo disponíveis em: <http://software-engineering-book.com/slides/chap22/>.
Links para vídeos de apoio disponíveis em: <http://software-engineering-book.com/videos/software-management/>.

---
1 Todo o conteúdo disponibilizado na seção *Site* de todos os capítulos está em inglês.

EXERCÍCIOS

22.1 Explique por que a intangibilidade dos sistemas de software apresenta problemas especiais para o gerenciamento de projetos de software.

22.2 Explique por que os melhores programadores nem sempre se tornam os melhores gerentes de software. Você pode achar útil basear a sua resposta na lista de atividades de gerenciamento na Seção 22.1.

22.3 Usando instâncias de problemas de projeto referenciadas nas leituras sugeridas, faça uma lista das dificuldades e erros de gerenciamento que ocorreram nesses projetos de programação fracassados (sugiro que você comece com *The mythical man month*, conforme sugestão da seção de leituras adicionais).

22.4 Além dos riscos exibidos na Figura 22.1, identifique pelo menos seis outros possíveis riscos que poderiam surgir nos projetos de software.

22.5 Sugira por que a probabilidade de os riscos surgirem e as consequências desses riscos provavelmente mudarão durante o desenvolvimento de um projeto.

22.6 Os contratos a preço fixo, nos quais a empresa contratada estabelece um preço fixo para o desenvolvimento de um sistema, podem ser usados para passar o risco do projeto do cliente para a empresa contratada. Se alguma coisa der errado, a empresa contratada tem de pagar. Sugira como o uso desse tipo de contrato pode aumentar a probabilidade de surgimento de riscos do produto.

22.7 Explique por que manter todos os membros do grupo informados a respeito do progresso e das decisões técnicas em um projeto pode melhorar a coesão do grupo.

22.8 Quais problemas você acha que poderiam surgir nos times de Programação Extrema, em que muitas decisões de gerenciamento são devolvidas para os membros do time?

22.9 Escreva um estudo de caso, no estilo utilizado aqui, para ilustrar a importância da comunicação em um time de projeto. Suponha que os membros do time trabalhem remotamente e que não seja possível reunir o time todo em um curto prazo.

22.10 Seu gerente pede a você para entregar o software em um cronograma que você sabe que só pode ser cumprido se pedir ao seu time de projeto que trabalhe de graça após o expediente. Todos os membros do time têm filhos pequenos. Discuta se você deve aceitar essa demanda de seu gerente ou se você deve persuadir seu time a ceder o seu tempo para a organização em vez de ceder para as suas famílias. Quais fatores poderiam ser importantes na sua decisão?

REFERÊNCIAS

BASS, B. M.; DUNTEMAN, G. "Behaviour in groups as a function of self, interaction and task orientation." *Journal of Abnormal & Social Psychology*, v. 66, n. 4, 1963. p. 19-28. doi:10.1037/h0042764.

BOEHM, B. W. "A spiral model of software development and enhancement." *IEEE Computer*, v. 21, v. 5, 1988. p. 61-72. doi:10.1109/2.59.

HALL, E. *Managing risk*: methods for software systems development. Reading, MA: Addison-Wesley, 1998.

MARSHALL, J. E.; HESLIN, R. "Boys and girls together. Sexual composition and the effect of density on group size and cohesiveness." *Journal of Personality and Social Psychology*, v. 35, n. 5, 1975. p. 952--961. doi:10.1037/h0076838.

MASLOW, A. A. *Motivation and personality*. New York: Harper & Row, 1954.

OULD, M. *Managing software quality and business risk*. Chichester, UK: John Wiley & Sons, 1999.

23 | Planejamento de projetos

OBJETIVOS

O objetivo deste capítulo é introduzir o planejamento, o cronograma e a estimativa de custos de um projeto. Ao ler este capítulo, você:

- compreenderá os fundamentos da estimativa de custos de software e os fatores que afetam o preço de um sistema de software a ser desenvolvido para clientes externos;
- saberá quais seções devem ser incluídas em um plano de projeto criado dentro de um processo de desenvolvimento dirigido por plano;
- compreenderá o que está envolvido na criação de um cronograma de projeto e o uso dos gráficos de barra para apresentar esse cronograma;
- conhecerá o planejamento de projetos ágeis baseado no 'jogo do planejamento';
- compreenderá as técnicas de estimativa de custos e como o modelo COCOMO II pode ser usado para estimar o custo de software.

CONTEÚDO

23.1 Precificação de software
23.2 Desenvolvimento dirigido por plano
23.3 Definição do cronograma de projeto
23.4 Planejamento ágil
23.5 Técnicas de estimativa
23.6 Modelagem de custos COCOMO

O planejamento de projeto é um dos trabalhos mais importantes de um gerente de projeto de software. O gerente deve dividir o trabalho em partes e designá-las a membros do time de projeto, antecipar os problemas que poderiam surgir e preparar soluções possíveis para esses problemas. O plano de projeto, que é criado no início de um projeto e atualizado à medida que o projeto avança, é utilizado para mostrar como o trabalho será feito e para avaliar o progresso no projeto.

O planejamento de projeto ocorre em três estágios no ciclo de vida de um projeto:

1. Durante o estágio de proposta, quando se disputa um contrato para desenvolver ou fornecer um sistema de software. Nesse estágio, é preciso ter um plano para ajudar a decidir se há recursos necessários para concluir o trabalho e estipular o preço que deveria ser apresentado a um cliente.
2. Durante a fase inicial do projeto, quando é necessário planejar quem trabalhará no projeto, como o projeto será decomposto em incrementos, como os recursos serão alocados na empresa etc. Aqui há mais informações do que

no estágio de proposta e, por isso, dá para refinar as estimativas do esforço inicial feitas anteriormente.

3. Periodicamente ao longo do projeto, quando o plano for atualizado para refletir as novas informações sobre o software e seu desenvolvimento. É possível aprender mais sobre o sistema que está sendo implementado e a capacidade do time de desenvolvimento. Conforme os requisitos do software mudarem, a divisão de trabalho tem de ser alterada, e o cronograma precisa ser estendido. Essas informações permitem fazer estimativas mais precisas de quanto tempo o trabalho durará.

O planejamento no estágio de proposta é inevitavelmente especulativo, pois não existe um conjunto completo de requisitos do software a ser desenvolvido. É preciso responder a um convite para apresentação de propostas baseado em uma descrição de mais alto nível da funcionalidade do software. Com frequência, um plano é parte necessária de uma proposta, então deve-se produzir um plano viável para a realização do trabalho. Ao ganhar o contrato, deve-se então planejar o projeto novamente, levando em conta as mudanças desde a confecção da proposta e as novas informações sobre o sistema, o processo de desenvolvimento e o time de desenvolvimento.

Ao disputar um contrato, é preciso definir o preço que será proposto ao cliente para desenvolver o software. Como ponto de partida para calcular esse preço, deve-se elaborar uma estimativa dos custos para concluir o trabalho do projeto. A estimativa envolve estabelecer a quantidade de esforço necessária para concluir cada atividade e, a partir disso, calcular o custo total das atividades. O cálculo dos custos do software deve sempre ser feito de maneira objetiva, visando prever com exatidão o custo de desenvolver o software. Depois de ter uma estimativa razoável dos prováveis custos, há condições de calcular o preço que será proposto ao cliente. Conforme discutirei na próxima seção, muitos fatores influenciam a precificação de um projeto de software — não é simplesmente o custo mais o lucro.

Custos gerais

Quando se estima os custos do esforço em um projeto de software, não se deve multiplicar simplesmente os salários das pessoas envolvidas pelo tempo gasto no projeto. É preciso levar em conta todos os custos gerais da organização (espaço de escritório, administração etc.) que devem ser cobertos pela receita de um projeto. Esse cálculo de custos envolve determinar os custos gerais e somá-los proporcionalmente aos custos de cada engenheiro que trabalha em um projeto.

Três parâmetros principais devem ser usados ao calcular os custos de um projeto de desenvolvimento de software:

- Custos de esforço (os custos dos salários de engenheiros de software e gerentes).
- Custos de hardware e software, incluindo manutenção de hardware e suporte de software.
- Custos de viagem e treinamento.

Na maioria dos projetos, o maior custo é o de esforço. Deve-se estimar o esforço total (em pessoas-mês) que provavelmente será necessário para realizar o trabalho de um projeto. Obviamente, há poucas informações para fazer esse tipo de estimativa. Portanto, deve-se buscar fazer a melhor estimativa possível e depois adicionar uma contingência (tempo e esforço extras) no caso de sua estimativa inicial ter sido otimista.

Nos sistemas comerciais, normalmente se usa um hardware padrão, que é relativamente barato. No entanto, os custos de software podem ser significativos caso seja preciso licenciar *middleware* e software de plataforma. Podem ser necessárias muitas viagens quando um projeto é desenvolvido em locais diferentes. Embora os próprios custos de viagem sejam uma pequena fração dos custos de esforço, o tempo gasto viajando frequentemente é desperdiçado, o que aumenta de modo significativo os custos de esforço do projeto. Dá para usar sistemas eletrônicos de reunião e outros softwares colaborativos para reduzir a necessidade de viagens e, portanto, ter mais tempo disponível para o trabalho produtivo.

Depois de conquistado um contrato para desenvolver um sistema, o esboço do plano de projeto tem de ser refinado para criar um plano inicial do projeto. Nesse estágio, é necessário saber mais sobre os requisitos desse sistema. O objetivo deve ser o de criar um plano de projeto com detalhes suficientes para apoiar a tomada de decisões sobre a equipe necessária e o orçamento do projeto. Esse plano é a base para alocar recursos para o projeto dentro da organização e ajudar a decidir se é preciso contratar novos funcionários.

O plano também deve definir mecanismos de monitoramento do projeto. Deve-se acompanhar o progresso do projeto, comparando o progresso e os custos reais com os planejados. Embora a maioria das empresas tenha processos formais para esse monitoramento, um bom gerente deve ser capaz de formar uma visão clara do que está acontecendo por meio de discussões informais com a equipe do projeto. O monitoramento informal permite prever possíveis problemas de projeto, revelando dificuldades à medida que elas ocorrem. Por exemplo, as discussões diárias com a equipe de projeto podem revelar que ela está tendo problemas com um defeito de software nos sistemas de comunicação. O gerente de projeto pode então designar imediatamente um especialista em comunicação para o problema, a fim de ajudar a encontrar e solucionar o problema.

O plano de projeto sempre evolui durante o processo de desenvolvimento em razão das mudanças nos requisitos, questões de tecnologia e problemas de desenvolvimento. O planejamento do desenvolvimento destina-se a garantir que o plano de projeto continue sendo um documento útil para a equipe entender o que deve ser alcançado e quando deve ser entregue. Portanto, o cronograma, a estimativa de custo e os riscos têm de ser revisados enquanto o software está sendo desenvolvido.

Se um método ágil for utilizado, ainda existe a necessidade de um plano de projeto inicial porque, independentemente da abordagem utilizada, a empresa precisará planejar como os recursos serão alocados a um projeto. No entanto, esse não é um plano detalhado, e só é necessário incluir informações essenciais sobre a divisão de trabalho e o cronograma do projeto. Durante o desenvolvimento, são elaborados um plano informal do projeto e estimativas de esforço para cada lançamento do software, com o time inteiro envolvido no processo de planejamento. Alguns aspectos do planejamento ágil já foram abordados no Capítulo 3, e discutirei outras abordagens na Seção 23.4.

23.1 PRECIFICAÇÃO DE SOFTWARE

A princípio, o preço de um sistema de software desenvolvido para um cliente é uma soma simples do custo do desenvolvimento ao lucro do desenvolvedor. Entretanto, na prática, a relação entre o custo do projeto e o preço orçado para o cliente normalmente não é tão simples. Durante o cálculo de um preço, são levados em conta aspectos organizacionais, econômicos, políticos e comerciais mais amplos (Figura 23.1). É preciso pensar sobre as preocupações organizacionais, os riscos associados ao projeto e o tipo de contrato que será utilizado. Essas questões podem fazer com que o preço seja ajustado para cima ou para baixo.

FIGURA 23.1 Fatores que afetam a precificação do software.

Fator	Descrição
Termos contratuais	Um cliente pode estar disposto a deixar que o desenvolvedor mantenha a propriedade do código-fonte e o reuse em outros projetos. O preço cobrado poderia então ser reduzido para refletir o valor do código-fonte para o desenvolvedor.
Incerteza da estimativa de custos	Se uma organização não tiver certeza de sua estimativa de custo, ela pode aumentar o seu preço por uma contingência além do seu lucro normal.
Saúde financeira	As empresas com problemas financeiros podem baixar seu preço para ganhar um contrato. É melhor ter um lucro abaixo do normal ou ficar no zero a zero do que falir. O fluxo de caixa é mais importante do que o lucro em períodos econômicos difíceis.
Oportunidade de mercado	Uma organização de desenvolvimento pode cotar um preço baixo porque deseja entrar para um novo segmento do mercado de software. Aceitar um lucro baixo em um projeto pode dar à organização a oportunidade de ter um lucro maior no futuro. A experiência adquirida também pode ajudar a empresa a desenvolver novos projetos.
Volatilidade de requisitos	Se os requisitos forem propensos a mudar, uma organização pode reduzir o seu preço para ganhar um contrato. Após conquistar o contrato, podem ser cobrados preços elevados pelas mudanças nos requisitos.

Para ilustrar algumas das questões de precificação do projeto, considere o seguinte cenário:

> *Uma pequena empresa de software, PharmaSoft, emprega 10 engenheiros de software. Ela acabou de concluir um grande projeto, mas tem contratos em vigor que exigem cinco profissionais de desenvolvimento. No entanto, está disputando um contrato muito grande com uma importante empresa farmacêutica que requer 30 pessoas-ano de esforço ao longo de dois anos. O projeto não começará pelo menos nos próximos 12 meses, mas, se for concretizado, transformará as finanças da empresa.*
>
> *A PharmaSoft tem uma oportunidade de concorrer a um projeto que requer seis pessoas para ser concluído em 10 meses. Os custos (incluindo os custos gerais desse projeto) são estimados em US$ 1,2 milhão. No entanto, para melhorar sua posição competitiva, a PharmaSoft decide apresentar ao cliente um preço de US$ 800 mil. Isso significa que, embora ela perca dinheiro nesse contrato, ela conseguirá reter*

profissionais especializados para projetos futuros mais rentáveis, que tendem a chegar no período de um ano.

Esse é um exemplo de abordagem para a precificação do software chamada 'preço para ganhar', em que uma empresa tem alguma ideia do preço que o cliente espera pagar e faz uma proposta pelo contrato com base nesse preço. Isso pode parecer antiético e pouco profissional, mas tem suas vantagens tanto para o cliente quanto para o fornecedor do sistema.

Um custo de projeto é acordado com base em uma proposta inicial. Depois, ocorrem as negociações entre o cliente e o fornecedor para estabelecer a especificação detalhada do projeto. Essa especificação é limitada pelo custo acordado. O comprador e o vendedor devem concordar quanto à funcionalidade do sistema aceitável. Em muitos projetos, o fator fixo não é os requisitos do projeto, mas os custos. Os requisitos podem ser alterados para que os custos fiquem dentro do orçamento.

Por exemplo, uma empresa (a OilSoft) está concorrendo a um contrato para desenvolver um sistema de fornecimento de combustível para uma empresa petrolífera que agende as entregas de combustível para os postos. Não há um documento de requisitos detalhado para esse sistema, então a OilSoft estima que um preço de US$ 900 mil provavelmente é competitivo e está dentro do orçamento da empresa petrolífera. Após ganhar o contrato, a OilSoft negocia os requisitos detalhados do sistema para que a funcionalidade básica seja entregue. Depois, ela estima os custos adicionais de outros requisitos.

Essa abordagem tem vantagens para o desenvolvedor do software e para o cliente. Os requisitos são negociados para evitar requisitos que sejam difíceis de implementar e potencialmente muito caros. Requisitos flexíveis facilitam o reúso de software. A empresa petrolífera deu o contrato para uma empresa conhecida na qual pode confiar. Além disso, pode ser possível distribuir o custo do projeto ao longo de várias versões do sistema. Isso pode reduzir os custos de implantação do sistema e permitir que o cliente divida o custo do projeto ao longo de vários exercícios financeiros.

23.2 DESENVOLVIMENTO DIRIGIDO POR PLANO

O desenvolvimento dirigido por plano ou baseado em plano é uma abordagem para a engenharia de software na qual o processo de desenvolvimento é planejado em detalhes. Um plano de projeto é criado para registrar o trabalho a ser feito, quem irá fazê-lo, o cronograma de desenvolvimento e os produtos de trabalho. Os gerentes usam o plano para apoiar a tomada de decisões de projeto e como uma maneira de medir o progresso. O desenvolvimento dirigido por plano baseia-se em técnicas de gerenciamento de projetos de engenharia e pode ser encarado como uma maneira 'tradicional' de gerenciar grandes projetos de desenvolvimento de software. O desenvolvimento ágil envolve um processo de planejamento diferente, discutido na Seção 23.4, no qual decisões são postergadas.

O problema com o desenvolvimento dirigido por plano é que as decisões iniciais têm de ser revisadas em virtude das mudanças nos ambientes em que o software é desenvolvido e utilizado. Postergar as decisões de planejamento evita o retrabalho desnecessário. No entanto, o argumento favorável a uma abordagem dirigida por plano é que o planejamento inicial permite levar em conta as questões organizacionais (disponibilidade de pessoal, outros projetos etc.). Problemas potenciais e dependências são descobertos antes de o projeto ser iniciado, e não quando o projeto já está em andamento.

Na minha opinião, a melhor abordagem para o planejamento de projeto envolve uma mistura sensata de desenvolvimento dirigido por plano e de desenvolvimento ágil. O equilíbrio depende do tipo de projeto e das habilidades das pessoas disponíveis. Em um extremo, os grandes sistemas críticos em segurança da informação (*security*) e segurança (*safety*) requerem uma extensa análise inicial e podem ter de ser certificados antes de entrarem em operação. Esses sistemas devem ser principalmente dirigidos por plano. No outro extremo, os sistemas de informação de pequeno a médio porte utilizados em um ambiente competitivo de rápida mudança devem ser principalmente ágeis. Nas situações em que muitas empresas estão envolvidas em um projeto de desenvolvimento, normalmente é utilizada uma abordagem dirigida por plano para coordenar o trabalho entre os locais de desenvolvimento.

23.2.1 Planos de projeto

Em um projeto de desenvolvimento dirigido por plano, um plano de projeto estabelece os recursos disponíveis para o projeto, a divisão de trabalho e um cronograma para executar o trabalho. O plano deve identificar a abordagem adotada para o gerenciamento de risco, bem como os riscos para o projeto e o software em desenvolvimento. Os detalhes dos planos de projeto variam dependendo do tipo de projeto e da organização, mas os planos incluem normalmente as seguintes seções:

1. *Introdução*. Descreve resumidamente os objetivos do projeto e estabelece as restrições (por exemplo, orçamento e tempo) que afetam o gerenciamento do projeto.
2. *Organização do projeto*. Descreve a maneira como o time de desenvolvimento é organizado, as pessoas envolvidas e seus papéis no time.
3. *Análise de risco*. Descreve os possíveis riscos do projeto, a probabilidade de esses riscos surgirem e as estratégias propostas de redução do risco (discutidas no Capítulo 22).
4. *Requisitos de recursos de hardware e software*. Especifica o hardware e o software de apoio necessários para realizar o desenvolvimento. Se houver necessidade de adquirir hardware, as estimativas de preço e de cronograma de entrega podem ser incluídas.
5. *Divisão de trabalho*. Estabelece a divisão do projeto em atividades e identifica as entradas e as saídas de cada atividade de projeto.
6. *Cronograma de projeto*. Mostra as dependências entre as atividades, o tempo estimado necessário para alcançar cada marco e a alocação de pessoas às atividades. As maneiras como o cronograma pode ser apresentado são discutidas na próxima seção do capítulo.
7. *Mecanismos de monitoramento e de divulgação*. Define os relatórios de gestão que devem ser produzidos, quando devem ser produzidos e os mecanismos de monitoramento de projeto a serem utilizados.

O plano de projeto principal sempre deve incluir uma avaliação de riscos do projeto e um cronograma para o projeto. Além disso, é possível desenvolver uma série de planos suplementares para atividades como os testes e o gerenciamento de configuração. A Figura 23.2 mostra alguns planos suplementares que podem ser desenvolvidos. Esses planos normalmente são necessários nos grandes projetos que envolvem sistemas grandes e complexos.

FIGURA 23.2 Suplementos do plano de projeto.

Plano	Descrição
Plano de gerenciamento de configuração	Descreve os procedimentos de gerenciamento de configuração e as estruturas a serem utilizadas.
Plano de implantação	Descreve como o software e o hardware associado (se necessário) serão implantados no ambiente do cliente. Esse plano deve incluir um plano para migrar os dados dos sistemas existentes.
Plano de manutenção	Prevê os requisitos, os custos e o esforço de manutenção.
Plano de qualidade	Descreve os procedimentos e os padrões de qualidade que serão utilizados no projeto.
Plano de validação	Descreve as abordagens, os recursos e o cronograma utilizados na validação do sistema.

23.2.2 O processo de planejamento

O planejamento de projeto é um processo iterativo que começa na criação de um plano de projeto inicial durante a fase inicial do projeto. A Figura 23.3 é um diagrama de atividade em UML que mostra um fluxo de trabalho típico de um processo de planejamento de projeto. As alterações no plano são inevitáveis. À medida que mais informações sobre o sistema e o time de projeto são disponibilizadas durante o projeto, é necessário revisar o plano regularmente para refletir as alterações nos requisitos, no cronograma e nos riscos. As mudanças nos objetivos de negócio também levam a mudanças nos planos do projeto. À medida que os planos de negócio mudam, todos os projetos podem ser afetados, o que significa que devem ser planejados novamente.

FIGURA 23.3 Processo de planejamento do projeto.

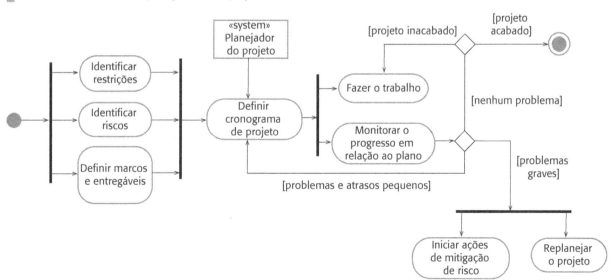

No início de um processo de planejamento, devem ser avaliadas as restrições que afetam o projeto, como a data de entrega, o pessoal disponível, o orçamento geral, as ferramentas disponíveis e assim por diante. Com essa avaliação, também devem ser identificados os marcos do projeto e os entregáveis. Os marcos são os pontos no cronograma nos quais se pode avaliar o progresso como, por exemplo, a entrega do sistema para testes. Os entregáveis são os produtos do trabalho que são entregues ao cliente como, por exemplo, um documento de requisitos do sistema.

Então o processo entra em um laço, que termina quando o projeto estiver completo. Esboça-se uma estimativa de cronograma para o projeto, e as atividades definidas no cronograma são iniciadas ou aprovadas para prosseguirem. Após algum tempo (normalmente cerca de duas a três semanas), o progresso deve ser revisto e as discrepâncias em relação ao cronograma planejado devem ser anotadas. Como as estimativas iniciais dos parâmetros do projeto são inevitavelmente aproximadas, é normal haver pequenos atrasos, e são necessárias mudanças no plano original.

É preciso fazer suposições realistas, em vez de otimistas, ao definir um plano de projeto. Algum tipo de problema sempre surge durante um projeto, e leva a atrasos. Os pressupostos e os cronogramas iniciais devem ser pessimistas e levar em conta problemas imprevistos. Deve-se incluir alguma contingência no plano para que, caso as coisas deem errado, o cronograma de entrega não seja gravemente afetado.

Se houver problemas graves com o trabalho de desenvolvimento que tendem a levar a atrasos significativos, devem ser iniciadas ações de mitigação para reduzir os riscos de falha de projeto. Em conjunto com essas ações, também é necessário replanejar o projeto. Isso pode envolver a renegociação, com o cliente, das restrições e dos entregáveis do projeto. Também tem de ser estabelecido e acordado com o cliente um novo cronograma de conclusão do trabalho.

Se essa renegociação for malsucedida ou se as ações de mitigação do risco forem ineficazes, então deve-se providenciar uma revisão técnica formal do projeto. Os objetivos dessa revisão são encontrar uma abordagem alternativa que permitirá a continuidade do projeto. As revisões também devem checar se os objetivos do cliente não mudaram e se o projeto continua alinhado a esses objetivos.

O resultado de uma revisão pode ser uma decisão de cancelar um projeto. Essa decisão pode ser fruto de falhas técnicas ou gerenciais, mas, na maioria das vezes, é uma consequência de mudanças externas que afetam o projeto. Com frequência, o tempo de desenvolvimento de um grande projeto de software é de vários anos; durante esse período, os objetivos comerciais e as prioridades podem, inevitavelmente, mudar. Essas mudanças podem significar que o software não é mais necessário ou que os requisitos originais do projeto são inadequados. A gestão pode decidir pela interrupção do desenvolvimento do software ou pela realização de mudanças importantes no projeto, que reflitam as mudanças nos objetivos organizacionais.

23.3 DEFINIÇÃO DO CRONOGRAMA DE PROJETO

A definição do cronograma de projeto é o processo de decidir como o trabalho em um projeto será organizado em tarefas distintas, quando e de que maneira essas tarefas serão executadas. São estimados os prazos necessários para realizar cada tarefa e o esforço necessário, além de serem indicadas as pessoas que trabalharão nas tarefas que foram identificadas. Também é preciso estimar os recursos de hardware e de software necessários para completar cada tarefa. Por exemplo, se estiver sendo desenvolvido um sistema embarcado, devem ser estimados o tempo necessário no hardware especializado e os custos de executar um simulador de sistemas. Em termos dos estágios de planejamento que apresentei na introdução deste capítulo, um cronograma inicial do projeto normalmente é criado durante a fase inicial. Esse cronograma é refinado e modificado durante o planejamento do desenvolvimento.

Tanto os processos dirigidos por plano quanto os processos ágeis precisam de um cronograma de projeto inicial, embora menos detalhes sejam incluídos em um plano de projeto ágil. Esse cronograma inicial é utilizado para planejar como as pessoas serão alocadas aos projetos e para conferir o progresso do projeto em relação aos compromissos contratuais. Nos processos de desenvolvimento tradicionais, o cronograma completo é desenvolvido inicialmente e, depois, modificado à medida que o projeto avança. Nos processos ágeis, tem de haver um cronograma geral que identifique quando as principais fases do projeto serão concluídas. Uma abordagem iterativa para a definição do cronograma é utilizada para planejar cada fase.

A definição do cronograma nos projetos dirigidos por plano (Figura 23.4) envolve dividir o trabalho total de um projeto em tarefas distintas e estimar o tempo necessário para concluir cada tarefa. As tarefas devem durar ao menos uma semana e não mais do que dois meses. A subdivisão mais detalhada significa que uma quantidade desproporcional de tempo deve ser gasta replanejando e atualizando o plano de projeto. A quantidade máxima de tempo para qualquer tarefa deve ser de seis a oito semanas. Se uma tarefa durar mais do que isso, ela deve ser dividida em subtarefas para o planejamento e a definição do cronograma do projeto.

FIGURA 23.4 Processo de definição do cronograma do projeto.

Algumas dessas tarefas são executadas em paralelo, com diferentes pessoas trabalhando em diferentes componentes do sistema. É preciso coordenar essas tarefas paralelas e organizar o trabalho para que a mão de obra seja utilizada da melhor maneira possível e não sejam introduzidas dependências desnecessárias entre as tarefas. É importante evitar as situações em que o projeto inteiro é atrasado porque uma tarefa crítica está inacabada.

Se um projeto for tecnicamente avançado, as estimativas iniciais quase certamente serão otimistas, mesmo quando forem consideradas todas as eventualidades. Quanto a isso, o cronograma de software não é diferente de qualquer outro tipo de cronograma de um grande projeto avançado. Novas aeronaves, novas pontes e até mesmo novos modelos de carros costumam atrasar em razão de problemas imprevistos. Portanto, os cronogramas devem ser continuamente atualizados à medida que forem disponibilizadas mais informações sobre o progresso. Se o projeto cujo cronograma está sendo criado for similar a um projeto prévio, podem ser utilizadas as estimativas prévias. No entanto, os projetos podem usar diferentes métodos de projeto (*design*) e linguagens de implementação, então a experiência de projetos prévios pode não ser aplicável no planejamento de um novo projeto.

Ao estimar cronogramas, é necessário levar em conta a possibilidade de as coisas darem errado. As pessoas que trabalham em um projeto podem adoecer ou sair do projeto, o hardware pode falhar e o software de apoio ou o hardware, ambos essenciais, podem ser entregues com atraso. Se o projeto for novo e tecnicamente avançado, partes dele podem acabar sendo mais difíceis e levarem mais tempo do que o previsto originalmente.

Uma boa regra geral é estimar como se nada desse errado e, em seguida, aumentar a estimativa para cobrir os problemas previstos. Um fator de contingência adicional para cobrir os problemas imprevistos também pode ser adicionado à estimativa. Esse fator de contingência extra depende do tipo de projeto, dos parâmetros de processo (prazo, padrões etc.), da qualidade e da experiência dos engenheiros de software que trabalham nesse projeto. As estimativas de contingência podem aumentar em 30% a 50% o esforço e o tempo necessários para o projeto.

23.3.1 Apresentação do cronograma

Os cronogramas de projeto podem ser documentados simplesmente em uma tabela ou em uma planilha mostrando as tarefas, o esforço estimado, a duração e as dependências das tarefas (Figura 23.5). Entretanto, esse estilo de apresentação dificulta a visualização das relações e das dependências entre as diferentes atividades. Por essa razão, foram desenvolvidas visualizações gráficas alternativas dos cronogramas de projeto, que são mais fáceis de ler e de entender. Dois tipos de visualização são utilizados frequentemente:

1. Gráficos de barras baseados em um calendário mostram quem é responsável por cada atividade, qual é a previsão de tempo decorrido e quando a atividade está programada para começar e terminar. Os gráficos de barras também se chamam gráficos de Gantt, em homenagem ao seu inventor, Henry Gantt.
2. As redes de atividades mostram as dependências entre as diferentes atividades que compõem um projeto. Essas redes são descritas em uma seção relacionada no site do livro (em inglês).

FIGURA 23.5 Tarefas, durações e dependências.

Tarefa	Esforço (pessoas-dia)	Duração (dias)	Dependências
T1	15	10	
T2	8	15	
T3	20	15	T1 (M1)
T4	5	10	
T5	5	10	T2, T4 (M3)
T6	10	5	T1, T2 (M4)
T7	25	20	T1 (M1)
T8	75	25	T4 (M2)
T9	10	15	T3, T6 (M5)
T10	20	15	T7, T8 (M6)
T11	10	10	T9 (M7)
T12	20	10	T10, T11 (M8)

As atividades do projeto são o elemento básico do planejamento. Cada atividade tem:

- uma duração em dias ou em meses do calendário;
- uma estimativa de esforço, que mostra o número de pessoas-dia ou pessoas-mês para completar o trabalho;
- um prazo no qual a atividade deve ser concluída;
- um desfecho, que poderia ser um documento, uma reunião de revisão, a execução bem-sucedida de todos os testes ou coisa semelhante.

Quando se planeja um projeto, é possível resolver definir marcos de projeto. Um marco é um final lógico de uma etapa do projeto em que o progresso do trabalho pode ser revisado. Cada marco deve ser documentado por um breve relato (muitas vezes um simples e-mail), que resume o trabalho feito e se ele foi ou não completado conforme o planejado. Os marcos podem estar associados a uma única tarefa ou a grupos de atividades relacionadas. Por exemplo, na Figura 23.5, o marco M1 está associado à tarefa T1 e marca o final dessa atividade. O marco M3 está associado a um par de tarefas T2 e T4; não há marco individual no final dessas tarefas.

Algumas atividades criam entregáveis do projeto — resultados que são entregues para o cliente do software. Normalmente, os entregáveis são especificados no contrato do projeto, e a opinião do cliente quanto ao progresso do projeto depende desses produtos. Marcos e entregáveis não são a mesma coisa. Os marcos são relatos curtos utilizados para reportar o progresso, ao passo que os entregáveis são resultados mais substanciais do projeto, como um documento de requisitos ou a implementação inicial de um sistema.

A Figura 23.5 mostra um conjunto hipotético de tarefas, o esforço e a duração estimados para cada uma e as dependências delas. A partir dessa tabela, dá para ver que a tarefa T3 depende da tarefa T1. Isso significa que a tarefa T1 tem de ser concluída antes de T3 começar. Por exemplo, T1 poderia ser a escolha de um sistema para reúso e T3, a configuração do sistema selecionado. Não dá para começar a configurar o sistema antes de ter escolhido e instalado o sistema de aplicação a ser modificado.

É possível reparar que a duração estimada de algumas tarefas é maior do que o esforço necessário e vice-versa. Se o esforço for menor do que a duração, as pessoas alocadas a essa tarefa não estão trabalhando nelas em tempo integral. Se o esforço exceder a duração, isso significa que vários membros do time estão trabalhando na tarefa ao mesmo tempo.

Gráficos de atividade

Um gráfico de atividade é uma representação de cronograma de projeto que apresenta o plano desse projeto como um gráfico dirigido. Ele mostra quais tarefas podem ser executadas em paralelo e as que devem ser executadas em sequência em virtude de suas dependências das atividades prévias. Se uma tarefa depender de várias outras tarefas, então todas essas tarefas devem ser concluídas antes de ela poder começar. O 'caminho crítico' através do gráfico de atividade é a sequência mais longa das tarefas dependentes. Isso define a duração do projeto.

A Figura 23.6 pega as informações na Figura 23.5 e apresenta o cronograma do projeto como um gráfico de barras, mostrando um calendário do projeto e as datas de início e fim das tarefas. Lendo da esquerda para a direita, o gráfico de barras mostra claramente quando as tarefas começam e terminam. Os marcos (M1, M2 etc.) também são exibidos no gráfico de barras. As tarefas que são independentes podem ser executadas em paralelo. Por exemplo, as tarefas T1, T2 e T4 começam todas no início do projeto.

FIGURA 23.6 Gráfico de barras de atividades.

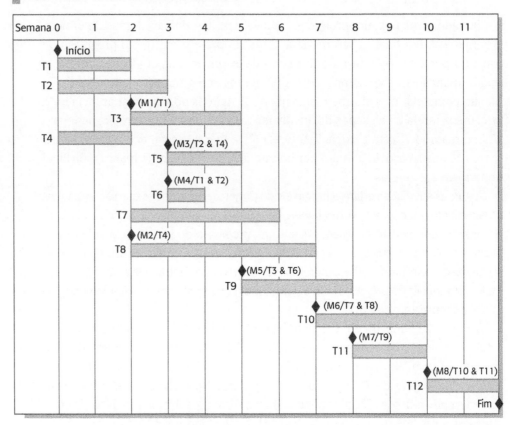

Além de planejar o cronograma de entrega do software, os gerentes de projeto têm de alocar recursos às tarefas. O recurso principal é, naturalmente, os engenheiros de software que farão o trabalho. Eles têm de ser designados às atividades do projeto. A alocação de recursos pode ser analisada pelas ferramentas de gerenciamento de projetos, e pode ser gerado um gráfico de barras mostrando quando a equipe está trabalhando no projeto (Figura 23.7). As pessoas podem estar trabalhando em mais de uma tarefa ao mesmo tempo e, às vezes, elas não estão trabalhando no projeto. Elas podem estar de férias, trabalhando em outros projetos ou frequentando cursos de treinamento. Eu mostro atribuições de meio período usando uma linha diagonal atravessando a barra.

FIGURA 23.7 Gráfico de alocação de equipe.

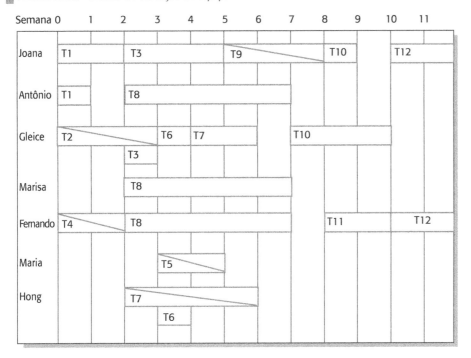

As grandes organizações normalmente empregam uma série de especialistas que trabalham em um projeto quando necessário. Na Figura 23.7, é possível ver que Maria é uma especialista que trabalha em apenas uma tarefa (T5) no projeto. O uso de especialistas é inevitável quando são desenvolvidos sistemas complexos, mas pode levar a problemas de cronograma. Se um projeto atrasar enquanto um especialista está trabalhando nele, isso pode afetar outros projetos nos quais o especialista também é necessário. Esses projetos podem atrasar porque o especialista não está disponível.

Se uma tarefa estiver atrasada, as tarefas posteriores que dependem dela podem ser afetadas. Elas não podem começar antes de a tarefa atrasada ser concluída. Os atrasos podem causar problemas graves com a alocação de pessoal, especialmente quando as pessoas estão trabalhando em vários projetos ao mesmo tempo. Se uma tarefa (T) estiver atrasada, as pessoas alocadas a ela podem ser designadas para outro trabalho (W). A realização desse trabalho pode demorar mais do que o atraso, mas, depois de designadas, elas não podem simplesmente ser alocadas de volta para a tarefa original. Então, isso pode levar a mais atrasos em T à medida que concluírem W.

Normalmente, é necessário usar uma ferramenta de planejamento de projeto, como o Basecamp ou o Microsoft Project, para criar, atualizar e analisar informações de cronograma de projeto. As ferramentas de gerenciamento de projetos normalmente esperam que as informações do projeto sejam fornecidas em uma tabela, e elas mesmas criam um banco de dados das informações do projeto. Os gráficos de barras e de atividades podem ser gerados automaticamente a partir desse banco de dados.

23.4 PLANEJAMENTO ÁGIL

Os métodos de desenvolvimento de software ágeis são abordagens iterativas nas quais o software é desenvolvido e entregue aos clientes em incrementos. Ao contrário das abordagens dirigidas por plano, a funcionalidade desses incrementos não é planejada de antemão, mas decidida durante o desenvolvimento. A decisão sobre o que incluir em um incremento depende do progresso e das prioridades do cliente. O argumento para essa abordagem é que as prioridades do cliente e os seus requisitos mudam, então faz sentido ter um plano flexível que possa acomodar essas mudanças. O livro de Cohn (2005) é uma excelente introdução ao planejamento ágil.

Os métodos de desenvolvimento ágil, como o Scrum (RUBIN, 2013) e a Programação Extrema (BECK; ANDRES, 2004), têm uma abordagem de dois estágios para o planejamento, que correspondem à fase inicial no desenvolvimento dirigido por plano e no planejamento de desenvolvimento:

1. *Planejamento de lançamento*, que projeta vários meses à frente e decide sobre as características que devem ser incluídas em um lançamento do sistema.
2. *Planejamento da iteração,* que tem uma perspectiva de prazo mais curto e se concentra no planejamento do próximo incremento de um sistema, o que normalmente representa 2 a 4 semanas de trabalho para o time.

Já expliquei no Capítulo 3 a abordagem Scrum para o planejamento que se baseia em *backlogs* e revisões diárias do trabalho a ser feito. Ela é voltada principalmente para o planejamento da iteração. Outra abordagem para o planejamento ágil, que foi desenvolvida como parte da Programação Extrema, baseia-se nas histórias de usuário. O chamado jogo do planejamento pode ser utilizado tanto no planejamento de lançamento quando no planejamento da iteração.

A base para o jogo do planejamento (Figura 23.8) é um conjunto de histórias de usuário (ver Capítulo 3) que cobrem toda a funcionalidade a ser incluída no sistema final. O time de desenvolvimento e o cliente do software trabalham juntos para desenvolver essas histórias. Os membros do time leem e discutem as histórias, classificando-as com base na quantidade de tempo que eles acham que levará para implementá-las. Algumas histórias podem ser grandes demais para serem implementadas em uma única iteração, por isso elas são divididas em histórias menores.

FIGURA 23.8 O 'jogo do planejamento'.

O problema com a classificação das histórias é que as pessoas costumam achar difícil estimar quanto esforço ou tempo é necessário para fazer alguma coisa. Para facilitar, é possível utilizar uma classificação relativa. O time compara as histórias em pares e decide qual delas vai custar mais tempo e esforço, sem avaliar exatamente quanto esforço será necessário. Ao final do processo, a lista de histórias terá sido ordenada de modo que as histórias do topo da lista serão as que precisam de mais esforço para implementação. Então, o time aloca pontos de esforço imaginários a todas as histórias da lista. Uma história complexa pode ter 8 pontos e uma história simples, 2 pontos.

Depois que as histórias foram estimadas, o esforço relativo é traduzido na primeira estimativa do esforço total necessário, usando uma ideia de 'velocidade'. Velocidade é o número de pontos de esforço implementados pelo time, por dia. Isso pode ser estimado com base em experiência prévia ou por meio do desenvolvimento de uma ou duas histórias para ver quanto tempo é necessário. A estimativa de velocidade é aproximada, mas é refinada durante o processo de desenvolvimento. Assim que houver uma estimativa da velocidade, é possível calcular o esforço total em pessoas-dia para implementar o sistema.

O planejamento do lançamento envolve escolher e refinar as histórias que refletirão as características a serem implementadas em um lançamento do sistema e a ordem em que as histórias devem ser implementadas. O cliente tem de ser envolvido nesse processo. É escolhida uma data de lançamento, e as histórias são examinadas para verificar se a estimativa de esforço é coerente com essa data. Se não for, as histórias são adicionadas ou removidas da lista.

O planejamento da iteração é o primeiro estágio no desenvolvimento de um incremento de sistema entregável. As histórias a serem implementadas durante a iteração são escolhidas, sendo que o número de histórias reflete o tempo para entregar um sistema funcional (normalmente 2 ou 3 semanas) e a velocidade do time. Quando a data de entrega é alcançada, a iteração do desenvolvimento está completa, mesmo se todas as histórias não tiverem sido implementadas. O time considera as histórias que foram implementadas e soma seus pontos de esforço. Então a velocidade pode ser recalculada e essa medida é utilizada no planejamento da próxima versão do sistema.

No início de cada iteração de desenvolvimento, há um estágio de planejamento de tarefa em que os desenvolvedores dividem as histórias em tarefas de desenvolvimento. Uma tarefa de desenvolvimento deve levar de 4 a 16 horas. São listadas todas as tarefas que devem ser completadas para implementar todas as histórias na iteração. Cada desenvolvedor se inscreve para as tarefas que irá implementar. Cada desenvolvedor conhece a sua própria velocidade e, então, não deve se inscrever em mais tarefas do que consegue implementar no tempo previsto.

Essa abordagem para a alocação de tarefas tem dois benefícios importantes:

1. O time inteiro obtém uma visão geral das tarefas a serem concluídas em uma iteração. Portanto, eles entendem o que os outros membros do time estão fazendo e com quem devem falar se forem identificadas dependências entre as tarefas.
2. Cada desenvolvedor escolhe as tarefas para implementar; as tarefas não são simplesmente alocadas a eles pelos gerentes de projeto. Portanto, eles se sentem donos dessas tarefas, e isso tende a motivá-los a concluí-las.

Na metade de uma iteração, o progresso é revisado. Nesse estágio, a metade dos pontos de esforço da história deve ter sido concluída. Então, se uma iteração envolver 24 pontos de história e 36 tarefas, devem ter sido concluídos 12 pontos de história e 18 tarefas. Se isso não aconteceu, então é preciso discutir com o cliente quais histórias devem ser removidas do incremento do sistema que está sendo desenvolvido.

Essa abordagem para o planejamento tem a vantagem de que um incremento de software sempre é entregue ao final de cada iteração do projeto. Se as características a serem incluídas no incremento não puderem ser completadas no tempo permitido, o escopo do trabalho é reduzido. O cronograma de entrega nunca é estendido. No entanto, isso pode causar problemas, pois significa que os planos do cliente podem ser afetados. Reduzir o escopo pode criar mais trabalho para os clientes se eles tiverem que usar um sistema incompleto ou modificar a sua maneira de trabalhar entre um lançamento do sistema e outro.

Uma grande dificuldade no planejamento ágil é que ele se baseia no envolvimento e na disponibilidade do cliente. Esse envolvimento pode ser difícil de organizar, já que os representantes do cliente às vezes têm de priorizar outro trabalho e não estão disponíveis para o jogo do planejamento. Além disso, alguns clientes podem estar mais familiarizados com os planos de projeto tradicionais e podem achar difícil se envolver em um processo de planejamento ágil.

O planejamento ágil funciona bem com times de desenvolvimento pequenos e estáveis, que podem se reunir e discutir as histórias a serem implementadas. No entanto, nas situações em que os times são grandes e/ou estão geograficamente distribuídos, ou quando os membros dos times mudam frequentemente, é praticamente impossível que alguém se envolva no planejamento colaborativo que é essencial para o gerenciamento de projetos ágeis. Consequentemente, os projetos grandes normalmente são planejados usando abordagens tradicionais para o gerenciamento de projetos.

23.5 TÉCNICAS DE ESTIMATIVA

É difícil estimar cronogramas de projeto. É preciso fazer estimativas iniciais com base em uma definição incompleta dos requisitos de usuário. O software pode ter de rodar em plataformas desconhecidas ou usar novas tecnologias de desenvolvimento. As pessoas envolvidas no projeto e suas habilidades provavelmente não serão conhecidas. Existem tantas incertezas que é impossível estimar com precisão os custos de desenvolvimento do sistema durante os estágios iniciais de um projeto. Contudo, as organizações precisam fazer estimativas de esforço e custo de software. Há dois tipos de técnicas que podem ser utilizadas para fazer estimativas:

1. *Técnicas baseadas na experiência*. A estimativa dos futuros requisitos de esforço baseia-se na experiência do gerente em projetos anteriores e na área da aplicação. Essencialmente, o gerente faz um julgamento fundamentado de quais deverão ser os requisitos de esforço.
2. *Modelagem algorítmica do custo*. Uma abordagem usando fórmulas é usada para calcular o esforço do projeto, com base nas estimativas dos atributos do produto, como tamanho, características de processo e experiência do pessoal envolvido.

Em ambos os casos, é preciso usar o bom senso para estimar diretamente o esforço ou as características do projeto e do produto. Na fase inicial de um projeto, essas estimativas têm uma larga margem de erro. Com base nos dados coletados em muitos projetos, Boehm *et al.* (1995) descobriram que as estimativas iniciais variam significativamente. Se a estimativa inicial do esforço necessário for x meses de esforço, eles constataram que o intervalo pode ir de $0,25x$ a $4x$ do esforço real, em comparação à medida de quando o sistema foi entregue. Durante o planejamento do desenvolvimento, as estimativas vão ficando cada vez mais precisas enquanto o projeto avança (Figura 23.9).

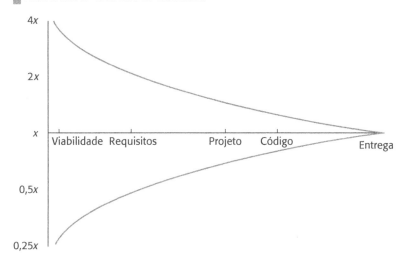

FIGURA 23.9 Incerteza da estimativa.

As técnicas baseadas na experiência contam com a experiência do gerente em projetos anteriores e com o esforço real despendido nesses projetos em atividades relacionadas ao desenvolvimento de software. Tipicamente, são identificados os entregáveis a serem produzidos em um projeto e os diferentes componentes de software que devem ser desenvolvidos. Tudo é documentado em uma planilha, estimado individualmente e o esforço total necessário é calculado. Normalmente, é benéfico ter um grupo de pessoas envolvidas na estimativa de esforço e perguntar para cada uma delas a explicação da sua estimativa. Muitas vezes, isso revela fatores que outros não consideraram, e se itera para uma estimativa acordada pelo grupo.

A dificuldade com as técnicas baseadas na experiência é que o projeto de um novo software pode não ter muito em comum com os projetos anteriores. O desenvolvimento de software muda com muita rapidez, e um projeto frequentemente usará técnicas novas para o time, como *web services*, configuração de sistemas de aplicação ou HTML5. Quem não tiver trabalhado com essas técnicas, a experiência prévia pode não ajudar na estimativa do esforço necessário, tornando mais difícil produzir estimativas exatas de custos e de cronograma.

É impossível dizer se as abordagens baseadas na experiência ou em algoritmo são as mais precisas. As estimativas de projeto costumam ser autorrealizáveis. A estimativa é utilizada para definir o orçamento do projeto, e o produto é ajustado para que o orçamento seja cumprido. Um projeto que esteja dentro do orçamento pode ter alcançado isso em detrimento das características implementadas no software desenvolvido.

Para fazer uma comparação da precisão dessas técnicas, uma série de experimentos controlados seria necessária, nos quais várias técnicas seriam utilizadas independentemente para estimar o esforço e os custos do projeto. Nenhuma mudança no projeto seria permitida, e o esforço final poderia ser comparado. O gerente de projeto não conheceria as estimativas de esforço, então não seria introduzido nenhum viés. No entanto, esse cenário é completamente impossível nos projetos reais, de modo que nunca haverá uma comparação objetiva dessas abordagens.

23.5.1 Modelagem algorítmica de custo

A modelagem algorítmica de custo usa uma fórmula matemática para prever os custos do projeto, com base nas estimativas do tamanho do projeto, do tipo de software que está sendo desenvolvido e de outros fatores do time, do processo e do produto. Os modelos algorítmicos de custo são desenvolvidos por meio da análise dos custos e dos atributos de projetos concluídos e, depois disso, pela busca da fórmula mais ajustada para os reais custos incorridos.

Os modelos algorítmicos de custo são utilizados principalmente para fazer estimativas dos custos de desenvolvimento de software. No entanto, Boehm *et al.* (2000) discutem uma série de outros usos para esses modelos, como a preparação das estimativas para os investidores nas empresas de software, estratégias alternativas para ajudar a avaliar os riscos de fundamentar as decisões sobre reúso, redesenvolvimento ou terceirização.

A maioria dos modelos algorítmicos para estimar o esforço em um projeto de software baseia-se em uma fórmula simples, apresentada a seguir:

Esforço = A × Tamanho^B × M
A: um fator constante, que depende das práticas organizacionais locais e do tipo de software que está sendo desenvolvido.
Tamanho: uma avaliação do tamanho do código de software ou uma estimativa da funcionalidade expressada em pontos de função ou pontos de aplicação.
B: representa a complexidade do software e normalmente fica entre 1 e 1,5.
M: é um fator que leva em conta os atributos do processo, do produto e do desenvolvimento, como os requisitos de dependabilidade do software e a experiência do time de desenvolvimento. Esses atributos podem aumentar ou diminuir a dificuldade global de desenvolver o sistema.

O número de linhas de código-fonte (SLOC) no sistema entregue é a métrica de tamanho fundamental utilizada em muitos modelos algorítmicos do custo. Para estimar o número de linhas de código em um sistema, é possível usar uma combinação de abordagens:

1. Comparar o sistema a ser desenvolvido com sistemas parecidos e usar seu tamanho de código como base para a estimativa.
2. Estimar o número de pontos de função ou de aplicação no sistema (ver a próxima seção) e, por meio de fórmulas, converter esses pontos em linhas de código na linguagem de programação utilizada.
3. Classificar os componentes do sistema usando o julgamento de seus tamanhos relativos e considerar um componente de referência conhecido para traduzir essa classificação em tamanho de código.

A maioria dos modelos algorítmicos de estimativa tem um componente exponencial (**B** na equação anterior) que aumenta com o tamanho e a complexidade do sistema. Isso reflete o fato de que os custos normalmente não aumentam de modo linear com o tamanho do projeto. À medida que o tamanho e a complexidade do software aumentam, incorrem custos extras em virtude da sobrecarga de comunicação dos times maiores, do gerenciamento de configuração mais complexo, da integração mais difícil do sistema etc. Quanto mais complexo o sistema, mais esses fatores afetam o custo.

A ideia de usar uma abordagem científica e objetiva para a estimativa do custo é atraente, mas todos os modelos de custo algorítmicos sofrem dois problemas fundamentais:

1. É praticamente impossível estimar o **Tamanho** com precisão em um estágio inicial de um projeto, quando só se tem a especificação. As estimativas de pontos de função e pontos de aplicação (ver adiante) são mais fáceis de produzir do que as estimativas de tamanho do código, mas também costumam ser imprecisas.
2. As estimativas da complexidade e dos fatores do processo que contribuem para **B** e **M** são subjetivas. As estimativas variam de uma pessoa para outra, dependendo da sua formação e experiência no tipo de sistema que está sendo desenvolvido.

A estimativa precisa do tamanho do código é difícil em um estágio inicial de um projeto porque o tamanho do programa final depende das decisões de projeto, que podem não ter sido tomadas quando a estimativa for necessária. Por exemplo, uma aplicação que exija gerenciamento de dados de alto desempenho pode implementar o seu próprio sistema de gerenciamento de dados ou usar um sistema de banco de dados comerciais. Na estimativa inicial do custo, é improvável saber se existe um sistema de banco de dados comercial que tenha desempenho suficiente para satisfazer os requisitos de desempenho. Portanto, não dá para saber quanto código de gerenciamento de dados será incluído no sistema.

A linguagem de programação usada para o desenvolvimento do sistema também afeta o número de linhas de código a serem desenvolvidas. Uma linguagem como Java poderia significar que mais linhas de código são necessárias do que se fosse utilizada a linguagem C (por exemplo). No entanto, esse código extra permite mais checagem em tempo de compilação, então os custos de validação tendem a ser menores. Não está claro como isso deve ser levado em conta no processo de estimativa. O reúso de código também faz diferença, e alguns modelos estimam explicitamente o número de linhas de código reusadas. Entretanto, se sistemas de aplicação ou serviços externos forem reusados, é muito difícil calcular o número de linhas de código-fonte que eles substituem.

Produtividade de software

A produtividade de software é uma estimativa da quantidade média de trabalho de desenvolvimento que os engenheiros de software realizam em uma semana ou em um mês. Portanto, ela é expressa como linhas de código/mês, pontos de função/mês e assim por diante.

No entanto, embora a produtividade possa ser medida facilmente quando há um resultado tangível (por exemplo, um administrador processa N despesas de viagens/dia), a produtividade de software é mais difícil de definir. Pessoas diferentes podem implementar a mesma funcionalidade de maneiras diferentes, usando variadas quantidades de linhas de código. A qualidade do código também é importante, mas, até certo ponto, é subjetiva. Portanto, não se consegue comparar a produtividade de cada engenheiro. Só faz sentido usar medidas de produtividade com grupos grandes.

Os modelos algorítmicos de custo são uma maneira sistemática de estimar o esforço necessário para desenvolver um sistema. No entanto, esses modelos são complexos e difíceis de usar. Existem muitos atributos e um escopo considerável para incertezas na estimativa de seus valores. Essa complexidade significa que a aplicação prática da modelagem algorítmica de custo tem se limitado a um número relativamente pequeno de empresas grandes, trabalhando principalmente na engenharia de sistemas de defesa e aeroespaciais.

Outra barreira que desestimula o uso dos modelos algorítmicos é a necessidade de calibração. Os usuários do modelo devem calibrar seu modelo e os valores dos atributos usando seus próprios dados históricos do projeto, pois eles refletem a prática e a experiência local. No entanto, muito poucas organizações coletaram dados suficientes dos projetos passados em uma forma que permita a calibração do modelo. O uso prático dos modelos algorítmicos, portanto, tem de começar com os valores publicados dos parâmetros do modelo. É praticamente impossível um modelador saber o nível de proximidade com que esses dados se relacionam com sua organização.

Ao utilizar um modelo algorítmico de estimativa dos custos, é preciso desenvolver uma série de estimativas (no pior cenário, no cenário esperado e no melhor cenário) em vez de uma estimativa única, além de aplicar a fórmula de estimativa dos custos a todas elas. As estimativas têm mais propensão a serem precisas quando se compreende o tipo de software que está sendo desenvolvido e se calibra o modelo de estimativa de custos usando dados locais ou quando a linguagem de programação e o hardware são predefinidos.

23.6 MODELAGEM DE CUSTOS COCOMO

A mais conhecida técnica e ferramenta de modelagem algorítmica do custo é o modelo COCOMO II. Esse modelo empírico foi derivado pela coleta de dados de muitos projetos de software de diferentes tamanhos. Esses dados foram analisados para descobrir as fórmulas que se encaixavam melhor nas observações. Essas fórmulas vinculavam o tamanho do sistema e fatores do produto, do projeto e do time ao esforço para desenvolver o sistema. O COCOMO II é um modelo disponibilizado gratuitamente, apoiado por ferramentas de código aberto.

O COCOMO II foi desenvolvido com base nos primeiros modelos de estimativa de custos COCOMO (modelagem construtiva de custo, do inglês *Constructive Cost Modeling*), que se baseavam em grande parte no desenvolvimento de código original (BOEHM, 1981; BOEHM; ROYCE, 1989). O modelo COCOMO II leva em conta as modernas abordagens para o desenvolvimento de software, como o desenvolvimento rápido usando linguagens dinâmicas, o desenvolvimento com reúso e a programação de banco de dados. O COCOMO II incorpora vários submodelos baseados nessas técnicas, que produzem estimativas cada vez mais detalhadas.

Os submodelos (Figura 23.10) que fazem parte do modelo COCOMO II são:

1. *Um modelo de composição da aplicação.* Ele modela o esforço necessário para desenvolver sistemas criados com base em componentes reusáveis, linguagens de *script* ou programação de bancos de dados. As estimativas de tamanho do software baseiam-se em pontos de aplicação, em que se utiliza uma fórmula simples de tamanho/produtividade para estimar o esforço necessário.
2. *Um modelo de projeto* (design) *inicial.* Esse modelo é utilizado durante os estágios iniciais do projeto do sistema após os requisitos terem sido estabelecidos. A estimativa baseia-se na fórmula padrão que discuti na introdução deste capítulo, com um conjunto simplificado de sete multiplicadores. As estimativas baseiam-se em pontos de função, que depois são convertidos para linhas de código-fonte. Os pontos de função são uma maneira de quantificar a funcionalidade de um programa independentemente da linguagem. O número total de pontos de função de um programa é calculado ao medir ou estimar o número de entradas e de saídas externas, de interações de usuário, de interfaces externas e de arquivos ou tabelas de bancos de dados utilizados pelo sistema.
3. *Um modelo de reúso.* Esse modelo é utilizado para calcular o esforço necessário para integrar componentes reusáveis e/ou código de programa gerado automaticamente. Normalmente, é utilizado em conjunto com o modelo pós-arquitetura.
4. *Um modelo pós-arquitetura.* Depois que a arquitetura do sistema foi projetada, pode ser feita uma estimativa mais precisa do tamanho do software. Mais uma vez, esse modelo usa a fórmula padrão para estimativa de custo discutida anteriormente. No entanto, ele inclui um conjunto mais extenso de 17 multiplicadores, refletindo a capacidade de pessoal e as características do produto e do projeto.

FIGURA 23.10 Modelos de estimativa COCOMO.

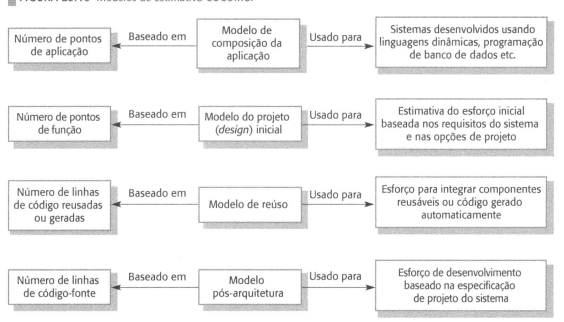

Naturalmente, nos sistemas grandes, diferentes partes do sistema podem ser desenvolvidas usando diferentes tecnologias e pode não ser necessário estimar com o mesmo nível de precisão todas as partes do sistema. Nesses casos, é possível usar o submodelo apropriado para cada parte do sistema e combinar os resultados para criar uma estimativa composta.

O modelo COCOMO II é muito complexo e, para torná-lo fácil de explicar, simplifiquei sua apresentação. É possível usar os modelos conforme expliquei aqui para a estimativa simples dos custos. No entanto, para usar o COCOMO corretamente, deve-se consultar o livro de Boehm e o manual do modelo COCOMO II (BOEHM *et al.*, 2000; ABTS *et al.*, 2000).

23.6.1 O modelo de composição da aplicação

O modelo de composição da aplicação foi introduzido no COCOMO II para apoiar a estimativa do esforço necessário para prototipagem de projetos e para os projetos em que o software é desenvolvido por meio de composição dos componentes existentes. Ele se baseia em uma estimativa dos pontos de aplicação ponderados (às vezes, chamados pontos de objeto), dividida por uma estimativa padrão da produtividade do ponto de aplicação (BOEHM *et al.*, 2000). O número de pontos de aplicação em um programa deriva de quatro estimativas mais simples:

- o número de telas ou páginas da web diferentes exibidas;
- o número de relatórios produzidos;
- o número de módulos em linguagens de programação imperativas (como Java); e
- o número de linhas de linguagem de *script* ou código de programação de banco de dados.

Essa estimativa é ajustada de acordo com a dificuldade de desenvolver cada ponto de aplicação. A produtividade depende da experiência e da capacidade do desenvolvedor, além da capacidade das ferramentas de software (ICASE) utilizadas para apoiar o desenvolvimento. A Figura 23.11 mostra os níveis de produtividade do ponto de aplicação sugeridos pelos desenvolvedores do modelo COCOMO.

FIGURA 23.11 Produtividade de pontos de aplicação.

Experiência e capacidade do desenvolvedor	Muito baixa	Baixa	Nominal	Alta	Muito alta
Maturidade e capacidade ICASE	Muito baixa	Baixa	Nominal	Alta	Muito alta
PROD (NAP/mês)	4	7	13	25	50

A composição da aplicação normalmente se baseia em reusar o software existente e configurar os sistemas de aplicação. Dessa maneira, alguns dos pontos de aplicação no sistema serão implementados usando componentes reusáveis. Consequentemente, é preciso ajustar a estimativa para levar em conta o porcentual de reúso esperado. Portanto, a fórmula final para cálculo do esforço para o protótipo do sistema é a seguinte:

$$PM = (NAP \times (1 - \%reúso/100)) / PROD$$

PM: a estimativa do esforço em pessoas-mês.
NAP: o número total de pontos de aplicação no sistema entregue.

%reúso: uma estimativa da quantidade de código reusado no desenvolvimento.
PROD: a produtividade do ponto de aplicação, conforme a Figura 23.11.

23.6.2 O modelo de projeto (*design*) inicial

Esse modelo pode ser utilizado durante os estágios iniciais de um projeto, antes da disponibilização de um projeto de arquitetura do sistema detalhado. O modelo de projeto inicial assume que os requisitos do usuário foram acordados e que os estágios iniciais do processo de projeto do sistema estão em andamento. O objetivo, nesse estágio, deve ser a confecção de uma estimativa de custo rápida e aproximada. Portanto, deve-se fazer pressupostos simplificadores, como o de que não há esforço envolvido na integração de código reusável.

As estimativas de projeto iniciais são mais úteis para explorar as opções nas quais é preciso comparar diferentes maneiras de implementar os requisitos de usuário. As estimativas produzidas nesse estágio baseiam-se na fórmula padrão dos modelos algorítmicos, que é a seguinte:

$$\text{Esforço} = A \times \text{Tamanho}^B \times M$$

Com base em seu grande conjunto de dados próprio, Boehm propôs que o coeficiente **A** deveria ser 2,94. O tamanho do sistema é expresso em KSLOC, que é um número de milhares de linhas de código-fonte. O KSLOC é calculado pela estimativa do número de pontos de função no software. Depois, são usadas tabelas padrões, que relacionam o tamanho do software com os pontos de função para diferentes linguagens de programação (QSM, 2014), para calcular uma estimativa inicial do tamanho do sistema em KSLOC.

O expoente **B** reflete o maior esforço necessário à medida que o tamanho do projeto aumenta. Isso pode variar de 1,1 a 1,24, dependendo da novidade do projeto, da flexibilidade do desenvolvimento, dos processos de resolução de risco utilizados, da coesão do time de desenvolvimento e do nível de maturidade do processo (ver Capítulo 26, no site do livro — em inglês) da organização. Eu discuto como o valor desse expoente é calculado usando esses parâmetros na descrição do modelo pós-arquitetura COCOMO II.

Isso resulta no seguinte cálculo do esforço:

$$PM = 2{,}94 \times \text{Tamanho}^{(1{,}1 \text{ a } 1{,}24)} \times M$$
$$M = PERS \times PREX \times RCPX \times RUSE \times PDIF \times SCED \times FSIL$$

PERS: *capacidade da equipe*
PREX: *experiência da equipe*
RCPX: *confiabilidade e complexidade do produto*
RUSE: *reúso necessário*
PDIF: *dificuldade da plataforma*
SCED: *cronograma*
FSIL: *recursos de apoio*

O multiplicador **M** baseia-se em sete atributos de projeto e processo que aumentam ou diminuem a estimativa. Explico esses atributos no site do livro (em inglês). Os valores desses atributos são estimados usando uma escala de seis pontos, em que 1 corresponde a 'muito baixa' e 6 corresponde a 'muito alta'; por exemplo, **PERS = 6** significa que uma equipe especializada está disponível para trabalhar no projeto.

23.6.3 O modelo de reúso

O modelo de reúso COCOMO é utilizado para estimar o esforço necessário para integrar código reusável ou gerado. Conforme discuti no Capítulo 15, hoje o reúso de software é a norma em todo desenvolvimento de software. A maioria dos grandes sistemas inclui uma quantidade significativa de código que foi reusado de projetos de desenvolvimento anteriores.

O COCOMO II considera dois tipos de código reusado. O código caixa-preta, que pode ser reusado sem que se entenda o código ou sem que seja necessário alterá-lo. Exemplos de código caixa-preta são componentes gerados automaticamente a partir de modelos UML ou bibliotecas de aplicação, como as bibliotecas gráficas. Presume-se que o esforço de desenvolvimento do código caixa-preta é zero. Seu tamanho não é levado em consideração no cálculo do esforço geral.

O código caixa-branca é reusável e tem de ser adaptado para se integrar ao novo código ou a outros componentes reusados. O esforço de desenvolvimento é necessário no reúso porque é preciso entender o código e modificá-lo para que funcione corretamente no sistema. O código caixa-branca pode ser gerado automaticamente e necessitar de alterações manuais ou acréscimos. Por outro lado, ele pode consistir em componentes reusados de outros sistemas que precisam ser modificados para o sistema que está sendo desenvolvido.

Três fatores contribuem para o esforço envolvido no reúso dos componentes de código caixa-branca:

1. O esforço envolvido para avaliar se um componente deve ou não ser reusado em um sistema que está sendo desenvolvido.
2. O esforço necessário para entender o código que está sendo reusado.
3. O esforço necessário para modificar o código reusado e para adaptá-lo e integrá-lo ao sistema que está sendo desenvolvido.

O esforço de desenvolvimento no modelo de reúso é calculado usando o modelo de projeto inicial do COCOMO e se baseia no número total de linhas de código no sistema. O tamanho do código inclui novo código desenvolvido para componentes que não são reusados somado a um fator adicional que admite o esforço envolvido no reúso e na integração do código existente. Esse fator adicional chama-se **ESLOC**, o número equivalente de linhas de novo código-fonte. Ou seja, expressa-se o esforço de reúso como aquele que estaria envolvido no desenvolvimento de algum código-fonte adicional.

A fórmula utilizada para calcular a equivalência do código-fonte é:

$$ESLOC = (ASLOC \times (1-AT/100) \times AAM)$$

ESLOC: o número equivalente de linhas de novo código-fonte.
ASLOC: uma estimativa do número de linhas de código nos componentes reusados que precisaram de alterações.
AT: o porcentual de código reusado que pode ser modificado automaticamente.
AAM: um multiplicador de ajuste de adaptação, que reflete o esforço adicional necessário para reusar os componentes.

Em alguns casos, os ajustes necessários para reusar o código são sintáticos e podem ser implementados por uma ferramenta automatizada. Esses ajustes não envolvem um esforço significativo. Então, deve-se estimar qual fração das mudanças feitas no código reusado podem ser automatizadas (**AT**). Isso reduz o número total de linhas de código que têm de ser adaptadas.

O multiplicador de ajuste de adaptação (**AAM**, do inglês *adaptation adjustment multiplier*) ajusta a estimativa para refletir o esforço adicional necessário para reusar código. A documentação do modelo COCOMO (ABTS *et al.*, 2000) discute em detalhes como o **AAM** deve ser calculado. Sendo simplista, o **AAM** é a soma de três componentes:

1. Um fator de avaliação (chamado **AA**) que representa o esforço envolvido na decisão de reusar ou não os componentes. O **AA** varia de 0 a 8 dependendo da quantidade de tempo que se precisa gastar procurando e avaliando possíveis candidatos para reúso.
2. Um componente de entendimento (chamado de **SU**) que representa o custo de entender o código a ser reusado e a familiaridade do engenheiro com o código que está sendo reusado. O **SU** varia de 50 para o código complexo e não estruturado até 10 para o código orientado a objetos bem escrito.
3. Um componente de adaptação (chamado **AAF**) que representa o custo de fazer mudanças no código reusado. Essas mudanças podem ser no projeto, no código ou na integração.

Assim que tiver sido calculado um valor para **ESLOC**, a fórmula de estimativa padrão é aplicada para calcular o esforço total necessário, na qual o parâmetro Tamanho = **ESLOC**. Portanto, a fórmula para estimar o esforço de reúso é:

$$\text{Esforço} = A \times \text{ESLOC}^B \times M$$

em que **A**, **B** e **M** têm os mesmos valores utilizados no modelo de projeto inicial.

Direcionadores de custo COCOMO

Os direcionadores de custo COCOMO II são atributos que refletem alguns dos fatores de produto, de time, de processo e de organização que afetam a quantidade de esforço necessário para desenvolver um sistema de software. Por exemplo, se for necessário um alto nível de confiabilidade, será necessário um esforço extra; se houver necessidade de entrega rápida, um esforço extra será necessário; se os membros do time mudarem, um esforço extra será necessário.

Existem 17 desses atributos no modelo COCOMO II, aos quais foram atribuídos valores estimados pelos desenvolvedores do modelo.

23.6.4 O nível pós-arquitetura

O modelo pós-arquitetura é o mais detalhado dos modelos COCOMO II. Ele é utilizado quando há um projeto de arquitetura inicial para o sistema. O ponto de partida para as estimativas produzidas no nível pós-arquitetura é a mesma fórmula básica utilizada nas estimativas de projeto iniciais:

$$PM = A \times \text{Tamanho}^B \times M$$

Nesse estágio do processo, já deve ser possível fazer uma estimativa mais precisa do tamanho do projeto, já que se sabe como o sistema será decomposto em subsistemas e componentes. A estimativa do tamanho geral do código é feita adicionando três estimativas de tamanho de código:

1. Uma estimativa do número total de linhas de código novo a ser desenvolvido (**SLOC**).
2. Uma estimativa de custo de reúso baseada no número equivalente de linhas de código-fonte (**ESLOC**), calculada usando o modelo de reúso.
3. Uma estimativa do número de linhas de código que podem ser alteradas em razão de mudanças nos requisitos do sistema.

O componente final na estimativa — o número de linhas de código modificado — reflete o fato de que os requisitos de software sempre mudam. Isso leva a retrabalho e a desenvolvimento de código extra, que deve ser levado em conta. Naturalmente, quase sempre haverá mais incerteza nesse número do que nas estimativas de código novo a ser desenvolvido.

O termo expoente (**B**) na fórmula de cálculo do esforço está relacionado com os níveis de complexidade do projeto. À medida que os projetos ficam mais complexos, os efeitos do tamanho crescente do sistema ficam mais significativos. O valor do expoente **B** baseia-se em cinco fatores, conforme a Figura 23.12. Esses fatores são classificados em uma escala de seis pontos de 0 a 5, em que 0 significa 'extra alta' e 5 significa 'muito baixa'. Para calcular **B**, é necessário adicionar as pontuações, dividi-las por 100 e somar o resultado a 1,01 para obter o expoente que deve ser utilizado.

FIGURA 23.12 Fatores de escala utilizados no cálculo do expoente no modelo pós-arquitetura.

Fator de escala	Explicação
Arquitetura/resolução de risco	Reflete o grau em que a análise de risco é executada. Muito baixo significa pouca análise; extra alto significa uma análise de risco completa.
Flexibilidade de desenvolvimento	Reflete o grau de flexibilidade no processo de desenvolvimento. Muito baixa significa que é utilizado um processo prescrito; extra alta significa que o cliente estabelece apenas os objetivos gerais.
Precedência	Reflete a experiência prévia da organização com esse tipo de projeto. Muito baixa significa nenhuma experiência prévia; extra alta significa que a organização é completamente familiarizada com esse domínio de aplicação.
Coesão do time	Reflete até que ponto cada membro do time de desenvolvimento conhece um ao outro e trabalha junto. Muito baixa significa interações muito difíceis; extra alta significa um time integrado e eficaz sem problemas de comunicação.
Maturidade do processo	Reflete a maturidade do processo da organização, conforme discussão no Capítulo 26 da web (em inglês). O cálculo desse valor depende do Questionário de Maturidade CMM, mas uma estimativa pode ser obtida subtraindo 5 do nível de maturidade do processo CMM.

Por exemplo, imagine que uma organização está participando de um projeto em uma área na qual tem pouca experiência prévia. O cliente do projeto não definiu o processo a ser utilizado, nem reservou um tempo no cronograma do projeto para a análise dos riscos importantes. Um novo time de desenvolvimento deve ser reunido para implementar esse sistema. Recentemente, a organização colocou em vigor um programa de melhoria de processos, e foi classificada como uma organização de Nível 2, de acordo com a avaliação de capacidade da SEI, conforme discutido no

Capítulo 26 (capítulo web – em inglês). Essas características levam a estimativas das classificações utilizadas no cálculo do expoente, da seguinte maneira:

1. *Precedência*, classificada como baixa (4). Esse projeto é novo para a organização.
2. *Flexibilidade de desenvolvimento*, classificada como muito alta (1). Não há envolvimento do cliente no processo de desenvolvimento, então existem poucas alterações impostas externamente.
3. *Arquitetura/resolução de risco*, classificada como muito baixa (5). Não foi feita uma análise de risco.
4. *Coesão do time*, classificada como nominal (3). Esse time é novo, então não há informações disponíveis sobre coesão.
5. *Maturidade do processo*, classificada como nominal (3). Algum controle de processo em vigor.

A soma desses valores é 16. Depois, calcula-se o valor final do expoente dividindo essa soma por 100 e somando 0,01 ao resultado. O valor ajustado de **B** é, portanto, 1,17.

A estimativa de esforço global é refinada usando um conjunto extenso de 17 atributos de produto, de processo e da organização em vez dos sete atributos utilizados no modelo de projeto inicial. Dá para estimar os valores desses atributos porque já há mais informações sobre o próprio software, seus requisitos não funcionais, o time de desenvolvimento e o processo de desenvolvimento.

A Figura 23.13 mostra como os atributos do direcionador de custos influenciam as estimativas de esforço. Suponha que o valor do expoente seja 1,17, conforme discutido no exemplo acima. A confiabilidade (**RELY**), a complexidade (**CPLX**), o armazenamento (**STOR**), as ferramentas (**TOOL**) e o cronograma (**SCED**) são os principais direcionadores de custo no projeto. Todos os outros direcionadores de custo têm um valor nominal de 1, então eles não afetam o cálculo do esforço.

FIGURA 23.13 Efeito dos direcionadores de custo nas estimativas de esforço.

Valor do expoente	1,17
Tamanho do sistema (incluindo fatores para reúso e volatilidade dos requisitos)	128 KLOC
Estimativa COCOMO inicial sem os direcionadores de custo	**730 pessoas-mês**
Confiabilidade	Muito alta, multiplicador = 1,39
Complexidade	Muito alta, multiplicador = 1,3
Limitação de memória	Alta, multiplicador = 1,21
Uso de ferramentas	Baixo, multiplicador = 1,12
Cronograma	Acelerado, multiplicador = 1,29
Estimativa COCOMO ajustada	**2.306 pessoas-mês**
Confiabilidade	Muito baixa, multiplicador = 0,75
Complexidade	Muito baixa, multiplicador = 0,75
Limitação de memória	Nenhuma, multiplicador = 1
Uso de ferramentas	Muito alto, multiplicador = 0,72
Cronograma	Normal, multiplicador = 1
Estimativa COCOMO ajustada	**295 pessoas-mês**

Na Figura 23.13, atribuí valores máximo e mínimo aos principais direcionadores de custo para mostrar como eles influenciam a estimativa de esforço. Os valores utilizados são os do manual de referência do COCOMO II (ABTS *et al.*, 2000). Dá para ver que os valores altos dos direcionadores de custo levam a uma estimativa de esforço superiores ao triplo da inicial, enquanto os valores baixos reduzem a estimativa para aproximadamente um terço do original. Isso destaca as diferenças significativas entre os diferentes tipos de projeto e as dificuldades de transferir a experiência de uma área de aplicação para outra.

23.6.5 Duração de projeto e alocação de equipe

Além de estimar os custos globais de um projeto e o esforço necessário para desenvolver um sistema de software, os gerentes de projeto também devem estimar quanto tempo levará para desenvolver o software e por quanto tempo a equipe precisará trabalhar no projeto. As organizações estão precisando cada vez mais de cronogramas de desenvolvimento mais curtos, para que seus produtos possam ser levados ao mercado antes de seus concorrentes.

O modelo COCOMO inclui uma fórmula para estimar o tempo de calendário necessário para concluir um projeto, que é a seguinte:

$$TDEV = 3 \times (PM)^{(0,33 + 0,2*(B - 1,01))}$$

TDEV: o cronograma nominal do projeto, em meses de calendário, ignorando qualquer multiplicador que esteja relacionado com o cronograma do projeto.
PM: o esforço calculado pelo modelo COCOMO.
B: um exponente relacionado à complexidade, conforme discutido na Seção 23.5.2.
Se **B** = 1,17 e **PM** = 60 então
$$TDEV = 3 \times (60)^{0,36} = 13 \text{ meses}$$

O cronograma nominal do projeto previsto pelo modelo COCOMO não corresponde necessariamente ao cronograma exigido pelo cliente do software. Pode ser necessário entregar o software mais cedo ou (mais raramente) mais tarde do que a data sugerida pelo cronograma nominal. Se o cronograma tiver de ser comprimido (isto é, o software tiver de ser desenvolvido com mais rapidez), isso aumenta o esforço necessário para o projeto. Isso é levado em conta pelo multiplicador **SCED** no cálculo da estimativa de esforço.

Suponha que um projeto estimou **TDEV** em 13 meses, conforme sugerido anteriormente, mas que o cronograma real necessário fosse de 10 meses. Isso representa uma compressão de aproximadamente 25% no cronograma. Usando os valores do multiplicador **SCED** derivados pelo time de Boehm, vemos que o multiplicador do esforço para esse nível de compressão do cronograma é 1,43. Portanto, o esforço real que será necessário se esse cronograma acelerado tiver de ser cumprido é quase 50% maior do que o esforço necessário para entregar o software de acordo com o cronograma nominal.

Existe uma relação complexa entre o número de pessoas que trabalham em um projeto, o esforço que será dedicado ao projeto e o cronograma de entrega do projeto. Se quatro pessoas puderem concluir um projeto em 13 meses (isto é, 52 pessoas--mês de esforço), então é possível achar que, somando mais uma pessoa, daria para concluir o trabalho em 11 meses (55 pessoas-mês de esforço). No entanto, o modelo COCOMO sugere que serão necessárias seis pessoas para concluir o trabalho em 11 meses (66 pessoas-mês de esforço).

A razão para isso é que acrescentar pessoas ao projeto reduz a produtividade dos membros do time existente. À medida que aumenta o tamanho do time de projeto, os membros do time passam mais tempo se comunicando e definindo interfaces entre as partes do sistema desenvolvidas por outras pessoas. Dobrar o número de funcionários (por exemplo) não significa, portanto, que a duração do projeto cairá pela metade.

Consequentemente, quando se adiciona mais uma pessoa, o incremento real do esforço adicionado é menor do que uma pessoa, já que outras ficam menos produtivas. Se o time de desenvolvimento for grande, adicionar mais uma pessoa ao projeto, às vezes, aumenta o cronograma de desenvolvimento, em vez de reduzi-lo, em virtude do efeito global sobre a produtividade.

Não dá para simplesmente estimar o número de pessoas necessárias para um time de projeto dividindo o esforço total pelo cronograma de projeto requerido. Normalmente, um pequeno número de pessoas é necessário no começo de um projeto para executar a concepção inicial. O time aumenta até um pico durante o desenvolvimento e o teste do sistema, e depois diminui de tamanho à medida que o sistema é preparado para implantação. Foi mostrado que há uma correlação entre um acúmulo muito rápido de pessoal no projeto e atrasos no cronograma do projeto. Um gerente de projetos deve evitar acrescentar pessoas demais a um projeto no início de sua vida útil.

PONTOS-CHAVE

- O preço cobrado por um sistema não depende apenas dos seus custos de desenvolvimento estimados e do lucro exigido pela empresa desenvolvedora. Fatores organizacionais podem significar que o preço é maior para compensar o maior risco ou que o preço é menor para ganhar uma vantagem competitiva.

- Muitas vezes, o software tem o seu preço fixado para ganhar um contrato, e a funcionalidade do sistema é ajustada para satisfazer o preço estimado.

- O desenvolvimento dirigido por plano é organizado em torno de um plano de projeto completo que define as atividades do projeto, o esforço planejado, o cronograma de atividades e quem é responsável por cada atividade.

- A determinação do cronograma do projeto envolve a criação de várias representações gráficas de parte do plano de projeto. Gráficos de barras, que mostram a duração das atividades e a linha do tempo da equipe, são as representações de cronograma mais empregadas.

- Um marco de projeto é um resultado previsível de uma atividade ou conjunto de atividades. Em cada marco, deve ser apresentado para a gestão um relato formal do progresso. Um entregável é um produto do trabalho que é entregue ao cliente do projeto.

- O jogo do planejamento ágil envolve o time inteiro no planejamento do projeto. O plano é desenvolvido de modo incremental e, se surgirem problemas, ele é ajustado para que a funcionalidade do software seja reduzida, em vez de atrasar a entrega de um incremento.

- As técnicas de estimativa para software podem se basear na experiência, em que os gerentes julgam o esforço necessário, ou em algoritmo, em que o esforço necessário é calculado a partir de outros parâmetros de projeto estimados.
- O modelo de estimativa de custos COCOMO II é um modelo algorítmico maduro que leva em conta atributos do projeto, do produto, do hardware e da equipe quando formula uma estimativa de custos.

LEITURAS ADICIONAIS

As leituras adicionais sugeridas no Capítulo 22 também são relevantes para este capítulo.

"Ten unmyths of project estimation." Um artigo pragmático que discute as dificuldades práticas da estimativa de projeto e desafia alguns pressupostos fundamentais nessa área. ARMOUR, P. Comm. ACM, v. 45, n. 11, nov. 2002. doi:10.1145/581571.581582.

Agile estimating and planning. Esse livro é uma descrição abrangente do planejamento baseado em histórias, conforme ele é utilizado na Programação Extrema, bem como da fundamentação para usar uma abordagem ágil no planejamento de projetos. O livro também inclui uma boa introdução geral às questões de planejamento de projetos. COHN, M. Prentice-Hall, 2005.

"Achievements and challenges in COCOMO-based software resource estimation." Esse artigo apresenta uma história dos modelos COCOMO e das influências sobre esses modelos, além de discutir as variações que foram desenvolvidas a partir deles. Também identifica outros desenvolvimentos possíveis na abordagem COCOMO. BOEHM, B. W.; VALERIDI, R. *IEEE Software*, v. 25, n. 5, set./out. 2008. doi:10.1109/MS.2008.133.

All about agile; agile planning. Esse site tem um conjunto excelente de artigos sobre planejamento ágil de uma série de autores. Vários autores. 2007–2012. Disponível em: <https://www.101ways.com/category/agile-planning/>. Acesso em: 21 set. 2018.

Project management knowhow: project planning. Esse site tem uma série de artigos úteis sobre gerenciamento de projetos em geral. Esses artigos são voltados para as pessoas que não têm experiência nessa área. STOEMMER, P. 2009–2014. Disponível em: <https://www.project-management-knowhow.com/project_planning.html>. Acesso em: 29 jul. 2018.

SITE[1]

Apresentações em PowerPoint para este capítulo disponíveis em: <http://software-engineering-book.com/slides/chap23/>.
Links para vídeos de apoio disponíveis em: <http://software-engineering-book.com/videos/software-management/>.

---

[1] Todo o conteúdo disponibilizado na seção *Site* de todos os capítulos está em inglês.

EXERCÍCIOS

23.1 Sob quais circunstâncias uma empresa poderia cobrar justificadamente um preço muito mais alto por um sistema de software do que a estimativa de custo desse software somada a uma margem de lucro razoável?

23.2 Explique por que o processo de planejamento de projeto é iterativo e por que um plano deve ser continuamente revisado durante um projeto de software.

23.3 Explique resumidamente o propósito de cada uma das seções em um plano de projeto de software.

23.4 As estimativas de custo são inerentemente arriscadas, independentemente da técnica utilizada para obtê-las. Sugira quatro maneiras em que o risco em uma estimativa de custos pode ser reduzido.

23.5 A Figura 23.14 estabelece uma série de tarefas, suas durações e dependências. Desenhe um gráfico de barras mostrando o cronograma do projeto.

23.6 A Figura 23.14 mostra as durações das tarefas para atividades de projeto de software. Suponha que ocorra um grave e imprevisto contratempo e que, em vez de levar 10 dias, a tarefa T5 leve 40 dias. Desenhe novos gráficos de barras mostrando como o projeto poderia ser reorganizado.

23.7 O jogo do planejamento baseia-se na noção de planejamento para implementar as histórias que representam requisitos do sistema. Explique os possíveis problemas com essa abordagem quando o software tem requisitos de alto desempenho ou alta confiabilidade.

FIGURA 23.14 Exemplo de cronograma.

Tarefa	Duração	Dependências
T1	10	
T2	15	T1
T3	10	T1, T2
T4	20	
T5	10	
T6	15	T3, T4
T7	20	T3
T8	35	T7
T9	15	T6
T10	5	T5, T9
T11	10	T9
T12	20	T10
T13	35	T3, T4
T14	10	T8, T9
T15	20	T12, T14
T16	10	T15

23.8 Um gerente de software está encarregado do desenvolvimento de um sistema de software crítico em segurança que é projetado para controlar uma máquina de radioterapia para tratar pacientes que sofrem de câncer. Esse sistema está embarcado em uma máquina e deve ser executado em um processador sob medida com uma quantidade fixa de memória (256 MBytes). A máquina se comunica com um sistema de banco de dados de pacientes para obter detalhes do paciente e, após o tratamento, registra automaticamente a dose de radiação fornecida e outros detalhes do tratamento no banco de dados. O método COCOMO é utilizado para estimar o esforço necessário para desenvolver esse sistema, sendo calculada uma estimativa de 26 pessoas-mês. Todos os multiplicadores dos direcionadores de custo foram definidos como 1 quando a estimativa foi feita.

Explique por que essa estimativa deveria ser ajustada para levar em consideração fatores do projeto, pessoal, produto e organizacionais. Sugira quatro fatores que poderiam ter efeitos importantes na estimativa COCOMO inicial e proponha possíveis valores para esses fatores. Justifique por que você incluiu cada fator.

23.9 Alguns projetos de software muito grandes envolvem a codificação de milhões de linhas de código. Explique por que os modelos de estimativa do esforço, como o COCOMO, poderiam não funcionar bem quando aplicados a sistemas muito grandes.

23.10 É ético que uma empresa cobre um preço baixo por um contrato de software sabendo que os requisitos são ambíguos e que eles podem cobrar um preço elevado pelas mudanças subsequentes requisitadas pelo cliente?

REFERÊNCIAS

ABTS, C.; CLARK, B.; DEVNANI-CHULANI, S.; BOEHM, B. W. 2000. *COCOMO II model definition manual*, versão 2.1. Center for Software Engineering, University of Southern California, 2000. Disponível em: <http://csse.usc.edu/csse/research/COCOMOII/cocomo2000.0/CII_modelman2000.0.pdf>. Acesso em: 29 jul. 2018.

BECK, K.; ANDRES, C. *Extreme programming explained*. 2. ed. Boston: Addison-Wesley, 2004.

BOEHM, B.; CLARK, B.; HOROWITZ, E.; WESTLAND, C.; MADACHY, R.; SELBY, R. "Cost models for future software life cycle processes: COCOMO 2." *Annals of Software Engineering*, 1995. p. 57-64. doi:10.1007/BF02249046.

BOEHM, B.; ROYCE, W. "Ada COCOMO and the Ada Process Model." *Proc. 5th COCOMO Users' Group Meeting*. Pittsburgh: Software Engineering Institute, 1989. Disponível em <www.dtic.mil/dtic/tr/fulltext/u2/a243476.pdf>. Acesso em: 29 jul. 2018.

BOEHM, B. W. *Software engineering economics*. Englewood Cliffs, NJ: Prentice-Hall, 1981.

BOEHM, B. W.; ABTS, C.; BROWN, A. W.; CHULANI, S.; CLARK, B. K.; HOROWITZ, E.; MADACHY, R.; REIFER, D.; STEECE, B. *Software cost estimation with COCOMO II*. Englewood Cliffs, NJ: Prentice-Hall, 2000.

COHN, M. *Agile estimating and planning*. Englewood-Cliffs, NJ: Prentice Hall, 2005.

QSM. Function point languages table, versão 5.0, 2014. Disponível em: <www.qsm.com/resources/function-point-languages-table>. Acesso em: 29 jul. 2018.

RUBIN, K. S. *Essential Scrum*. Boston: Addison-Wesley, 2013.

24 | Gerenciamento da qualidade

OBJETIVOS

Os objetivos deste capítulo são introduzir o gerenciamento da qualidade de software e a medição de software. Ao ler este capítulo, você:

- conhecerá o processo de gerenciamento da qualidade e saberá por que o planejamento da qualidade é importante;
- conhecerá a importância de padrões no processo de gerenciamento da qualidade e saberá como eles são utilizados na garantia da qualidade;
- entenderá como as revisões e as inspeções são usadas como um mecanismo de garantia da qualidade de software;
- compreenderá como o gerenciamento da qualidade em métodos ágeis se baseia no desenvolvimento de uma cultura da qualidade no time;
- entenderá como a medição pode ser útil na avaliação de alguns atributos da qualidade de software, a noção de software *analytics* e as limitações da medição de software.

CONTEÚDO

24.1 Qualidade de software
24.2 Padrões de software
24.3 Revisões e inspeções
24.4 Gerenciamento da qualidade e desenvolvimento ágil
24.5 Medição de software

O gerenciamento da qualidade de software preocupa-se em garantir que os sistemas de software desenvolvidos estejam 'adequados para seus propósitos', isto é, que os sistemas atendam às necessidades de seus usuários, sejam executados de modo eficiente e confiável e sejam entregues no prazo e dentro do orçamento. O uso de técnicas de gerenciamento da qualidade, somado às novas tecnologias de software e métodos de teste, levou a melhorias significativas no nível da qualidade de software ao longo dos últimos 20 anos.

O gerenciamento formal da qualidade é particularmente importante em times que estão desenvolvendo grandes sistemas de longa vida útil que levam vários anos para serem desenvolvidos. Esses sistemas são desenvolvidos para clientes externos, geralmente usando um processo baseado em plano. Para esses sistemas, o gerenciamento da qualidade é uma questão da organização e de um projeto individual:

1. No aspecto organizacional, o gerenciamento da qualidade está preocupado em estabelecer um arcabouço de processos organizacionais e padrões que levem a softwares de alta qualidade. A equipe de gerenciamento da qualidade deve assumir a responsabilidade de definir os processos de desenvolvimento de software a serem usados e os padrões que devem ser aplicados ao software e à documentação relacionada, incluindo os requisitos do sistema, projeto e código.
2. No aspecto de projeto, o gerenciamento da qualidade envolve a aplicação de processos de qualidade específicos, verificando se esses processos planejados foram seguidos e garantindo que as saídas do projeto atendam aos padrões definidos. O gerenciamento da qualidade do projeto também pode envolver a definição de um plano da qualidade para esse projeto. O plano da qualidade deve definir as metas da qualidade para o projeto e definir quais processos e padrões devem ser utilizados.

Técnicas de gerenciamento da qualidade de software têm suas raízes em métodos e técnicas que foram desenvolvidos em indústrias manufatureiras, nas quais os termos *garantia de qualidade* e *controle de qualidade* são amplamente utilizados. Garantia de qualidade é a definição de processos e padrões que devem levar a produtos de alta qualidade e à introdução de processos de qualidade no processo de fabricação. Controle de qualidade é a aplicação desses processos de qualidade para eliminar os produtos que não são do nível exigido de qualidade. Tanto a garantia de qualidade quanto o controle de qualidade são parte do gerenciamento da qualidade.

Na indústria de software, algumas empresas veem a garantia de qualidade como a definição de procedimentos, processos e padrões para garantir que a qualidade do software seja atingida. Em outras empresas, a garantia de qualidade também inclui todas as atividades de gerenciamento de configuração, de verificação e de validação aplicadas depois que um produto foi entregue por um time de desenvolvimento.

O gerenciamento da qualidade fornece uma verificação independente do processo de desenvolvimento de software. A equipe de gerenciamento da qualidade verifica os resultados do projeto para garantir que eles sejam consistentes com os padrões e com as metas organizacionais (Figura 24.1). Ela também verifica a documentação do processo, que registra as tarefas que foram concluídas por cada time que está trabalhando nesse projeto. A equipe de gerenciamento da qualidade usa a documentação para verificar se as tarefas importantes não foram esquecidas ou se um grupo não fez suposições incorretas sobre o que outros grupos fizeram.

FIGURA 24.1 Gerenciamento da qualidade e desenvolvimento de software.

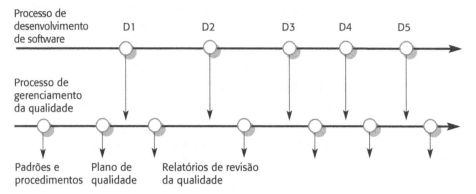

A equipe de gerenciamento da qualidade em grandes empresas é geralmente responsável pelo gerenciamento do processo de teste de lançamento (*release*). Como discutido no Capítulo 8, isso significa que eles gerenciam o teste do software antes do software ser lançado para os clientes. Além disso, eles são responsáveis por verificar que os testes do sistema fornecem cobertura aos requisitos e que são mantidos registros apropriados do processo de teste.

A equipe de gerenciamento da qualidade deve ser independente, e não fazer parte do grupo de desenvolvimento de software, para que possa ter uma visão objetiva da qualidade do software. Essa equipe pode relatar a qualidade do software sem ser influenciada por problemas de desenvolvimento de software. Idealmente, a equipe de gerenciamento da qualidade deve ter responsabilidade pela organização inteira, devendo se reportar à gerência acima do nível do gerente de projeto.

Como os gerentes de projeto têm de manter o orçamento do projeto e o cronograma, eles podem ser tentados a comprometer a qualidade do produto para atender a esse cronograma. Uma equipe de gerenciamento da qualidade independente garante que as metas organizacionais de qualidade não sejam influenciadas por questões de curto prazo de orçamento e de cronograma. Em empresas menores, no entanto, isso é praticamente impossível. O gerenciamento da qualidade e o desenvolvimento de software estão inevitavelmente entrelaçados com pessoas que têm responsabilidades de desenvolvimento e qualidade.

O planejamento formal da qualidade é parte integrante dos processos de desenvolvimento baseados em planos. É o processo de desenvolvimento de um plano de qualidade para um projeto. O plano de qualidade deve definir as qualidades de software desejadas e descrever como essas qualidades devem ser avaliadas. Ele define o que realmente significa software de 'alta qualidade' para um determinado sistema. Os engenheiros, portanto, têm uma compreensão compartilhada dos atributos da qualidade de software mais importantes.

Humphrey (1989), em seu livro clássico sobre gerenciamento de software, sugere uma estrutura de tópicos para um plano de qualidade. Estes tópicos incluem:

1. *Introdução ao produto*. Uma descrição do produto, seu mercado pretendido e as expectativas da qualidade para o produto.
2. *Planos do produto*. As datas críticas de lançamento e as responsabilidades do produto, incluindo os planos de distribuição e de manutenção.
3. *Descrições dos processos*. Os processos e os padrões de desenvolvimento e serviço que devem ser utilizados para o desenvolvimento e para o gerenciamento de produtos.
4. *Metas de qualidade*. As metas e os planos de qualidade para o produto, incluindo uma identificação e justificativa de atributos críticos da qualidade de produto.
5. *Riscos e gerenciamento dos riscos*. Os principais riscos que podem afetar a qualidade do produto e as ações a serem tomadas para resolver esses riscos.

Planos de qualidade, que são desenvolvidos como parte do processo de planejamento geral do projeto, diferem em detalhes dependendo do tamanho e do tipo de sistema que está sendo desenvolvido. No entanto, ao escrever planos de qualidade, é preciso mantê-los o mais curtos possível. Se o documento for muito longo, as pessoas não o lerão, não atendendo com isso o propósito de produzir o plano de qualidade.

O gerenciamento da qualidade tradicional é um processo formal que se baseia na manutenção de extensa documentação sobre testes e validação de sistemas e sobre como os processos foram seguidos. Quanto a isso, o processo é diametralmente oposto ao desenvolvimento ágil, no qual o objetivo é gastar o mínimo de tempo possível em documentos escritos e na formalização de como o trabalho de desenvolvimento deve ser feito. Por isso, as técnicas de gerenciamento da qualidade tiveram de evoluir quando métodos ágeis foram usados. Discutirei o gerenciamento da qualidade e o desenvolvimento ágil na Seção 24.4.

24.1 QUALIDADE DE SOFTWARE

A indústria manufatureira estabeleceu os fundamentos do gerenciamento da qualidade com a motivação de melhorar a qualidade dos produtos que estavam sendo feitos. Como parte desse esforço, a indústria desenvolveu uma definição de qualidade baseada na conformidade com uma especificação detalhada do produto. A hipótese por trás disso era a de que os produtos poderiam ser especificados completamente, e os procedimentos poderiam ser estabelecidos para conferir se um produto manufaturado ia de encontro à sua especificação. Naturalmente, os produtos nunca satisfarão exatamente uma especificação, portanto alguma tolerância foi permitida. Se o produto estava 'quase certo' ele era classificado como aceitável.

A qualidade do software não é diretamente comparável à qualidade na manufatura. A ideia de tolerância é aplicável em sistemas analógicos, mas não se aplica ao software. Além disso, geralmente é impossível chegar a uma conclusão objetiva sobre se um sistema de software cumpre ou não a sua especificação:

1. É difícil escrever requisitos de software completos e inequívocos. Os desenvolvedores de software e os clientes podem interpretar os requisitos de maneiras diferentes, e pode ser impossível chegar a um acordo sobre se o software está em conformidade com a sua especificação ou não.
2. As especificações geralmente integram requisitos de várias classes de *stakeholders*. Esses requisitos são inevitavelmente um acordo e podem não incluir os requisitos de todos os grupos de *stakeholders*. Aqueles que foram excluídos podem, portanto, considerar o sistema de baixa qualidade, embora ele implemente os requisitos acordados.
3. É impossível medir diretamente determinadas características da qualidade (por exemplo, a manutenibilidade) e, por isso, elas não podem ser especificadas de maneira inequívoca. Discutirei as dificuldades de medição na Seção 24.4.

Em razão desses problemas, a avaliação da qualidade de software é um processo subjetivo. A equipe de gerenciamento da qualidade usa seu bom senso para decidir se um nível aceitável de qualidade foi alcançado. Ela decide se o software está apto para seu propósito pretendido. Essa decisão envolve responder a perguntas sobre as características do sistema. Por exemplo:

1. O software foi devidamente testado e mostrou-se que todos os requisitos foram implementados?
2. O software é suficientemente confiável para ser colocado em uso?
3. O desempenho do software é aceitável para o uso normal?
4. O software é usável?
5. O software é bem estruturado e compreensível?

6. Os padrões de programação e de documentação foram seguidos no processo de desenvolvimento?

Há uma suposição geral no gerenciamento da qualidade de software segundo a qual o sistema será testado contra seus requisitos. O julgamento sobre a existência ou não da funcionalidade necessária deve basear-se nos resultados desses testes. Portanto, a equipe de gerenciamento da qualidade deve rever os testes que foram desenvolvidos e examinar os registros de teste para verificar se eles foram executados adequadamente. Em algumas empresas, o grupo de gerenciamento da qualidade realiza testes finais do sistema; em outras, uma equipe dedicada a testar sistemas informa ao gerente da qualidade de sistemas.

A qualidade subjetiva de um sistema de software é amplamente baseada em suas características não funcionais. Isso reflete a experiência prática do usuário — se a funcionalidade do software não for a esperada, então os usuários geralmente se limitarão a contornar essa deficiência e a encontrar outras maneiras de fazer o que queriam fazer. No entanto, se o software não for confiável ou for muito lento, então será praticamente impossível para eles alcançarem suas metas.

Portanto, a qualidade de software não se preocupa apenas em saber se a funcionalidade do software foi implementada corretamente, mas também depende de atributos não funcionais do sistema, como mostrado na Figura 24.2. Esses atributos refletem a dependabilidade, a usabilidade, a eficiência e a manutenibilidade do software.

FIGURA 24.2 Atributos da qualidade de software.

Segurança (*safety*)	Compreensibilidade	Portabilidade
Segurança da informação (*security*)	Testabilidade	Usabilidade
Confiabilidade	Adaptabilidade	Reusabilidade
Resiliência	Modularidade	Eficiência
Robustez	Complexidade	Apreensibilidade

Não é possível que qualquer sistema seja otimizado para todos esses atributos. Por exemplo, melhorar a segurança da informação (*security*) pode levar à perda de desempenho. O plano de qualidade deve, portanto, definir os atributos da qualidade mais importantes para o software que está sendo desenvolvido. Pode ser que a eficiência seja crítica e que outros fatores tenham de ser sacrificados para alcançá-la. Se o plano de qualidade enfatizou a importância da eficiência, os engenheiros que trabalham no desenvolvimento podem trabalhar juntos para conseguir isso. O plano deve incluir também uma definição do processo de avaliação da qualidade. Esse processo deve ser uma maneira negociada de avaliar se alguma qualidade, como a capacidade de manutenção ou a robustez, está presente no produto.

O gerenciamento tradicional da qualidade de software baseia-se na suposição de que a qualidade do software está diretamente relacionada à qualidade do processo de desenvolvimento desse software. Essa suposição vem dos sistemas de manufatura, em que a qualidade do produto está intimamente relacionada ao processo de produção. Um processo de manufatura envolve configurar e operar as máquinas envolvidas no processo. Uma vez que as máquinas estejam operando corretamente, a qualidade do produto segue naturalmente. A qualidade do produto é medida e o processo é modificado até atingir o nível de qualidade necessário. A Figura 24.3 ilustra essa abordagem baseada em processos para alcançar a qualidade do produto.

FIGURA 24.3 Qualidade baseada em processos.

Existe uma ligação clara entre o processo e a qualidade do produto na manufatura, pois o processo é relativamente fácil de padronizar e de monitorar. Uma vez que os sistemas de manufatura estão calibrados, eles podem ser executados repetidas vezes para gerar produtos de alta qualidade. Entretanto, o software é projetado, e não manufaturado, então a relação entre a qualidade do processo e a qualidade de produto é mais complexa. O projeto de software é um processo criativo, de modo que a influência das habilidades individuais e da experiência é significativa. Fatores externos, como uma nova aplicação ou a pressão comercial para a antecipação do lançamento de uma versão do produto, também afetam a qualidade do produto, independentemente do processo utilizado.

Sem dúvida, o processo de desenvolvimento usado tem uma influência significativa sobre a qualidade do software, e os bons processos são mais propensos a levar a um software de boa qualidade. O processo de gerenciamento e de melhoria da qualidade pode resultar em menos defeitos no software a ser desenvolvido. No entanto, é difícil avaliar atributos da qualidade de software, como a confiabilidade e a manutenibilidade, sem o uso do software por um longo período. Consequentemente, é difícil dizer como as características do processo influenciam esses atributos. Além disso, por causa do papel do projeto (*design*) e da criatividade no processo de software, a padronização desse processo pode, por vezes, sufocar a criatividade, levando a um software de qualidade pior, ao invés de melhor.

Os processos definidos são importantes, mas os gerentes da qualidade devem também ter como objetivo desenvolver uma 'cultura da qualidade', na qual todos os responsáveis pelo desenvolvimento de software estão comprometidos em atingir um alto nível de qualidade de produto. Eles devem incentivar os times a assumir a responsabilidade pela qualidade do seu trabalho e a desenvolver novas abordagens de melhoria da qualidade. Embora os padrões e os procedimentos sejam a base do gerenciamento da qualidade, os bons gerentes da qualidade reconhecem que existem aspectos intangíveis para a qualidade do software (elegância, legibilidade etc.) que não podem ser incorporados a padrões. Eles devem apoiar as pessoas que estão interessadas nos aspectos intangíveis da qualidade e incentivar o comportamento profissional em todos os membros do time.

Padrões de documentação

Os documentos de projeto são uma forma tangível de descrever as diferentes representações de um sistema de software (requisitos, diagramas UML, código etc.) e seu processo de produção. Os padrões de documentação definem a organização dos diferentes tipos de documentos, bem como o formato do documento. Eles são importantes porque tornam mais fácil verificar se o material importante não foi omitido e garantir que os documentos do projeto tenham uma 'aparência' comum. Padrões podem ser desenvolvidos para o processo de escrita de documentos, para os próprios documentos e para a troca de documentos.

24.2 PADRÕES DE SOFTWARE

Os padrões de software desempenham um papel importante no gerenciamento da qualidade de software baseado em plano. Como já discutido, uma parte importante da garantia de qualidade é a definição ou a seleção de padrões que devem ser aplicados ao processo de desenvolvimento de software ou produto de software. Como parte desse processo, podem também ser escolhidos ferramentas e métodos para apoiar o uso desses padrões. Uma vez que os padrões foram selecionados para uso, os processos específicos do projeto devem ser definidos para monitorar o uso dos padrões e verificar se eles foram seguidos.

Os padrões de software são importantes por três razões:

1. Padrões capturam a sabedoria que tem valor para a organização. Eles são baseados no conhecimento sobre a melhor ou a mais adequada prática para a empresa. Esse conhecimento é muitas vezes adquirido apenas após uma grande dose de tentativa e erro. Construí-lo em um padrão ajuda a empresa a reutilizar essa experiência e evitar erros anteriores.
2. Padrões fornecem um quadro de referência para definir o que significa qualidade em um determinado contexto. Como já discutido, a qualidade do software é subjetiva, e usando padrões é possível estabelecer uma base para decidir se um nível de qualidade exigido foi alcançado. Naturalmente, isso depende da definição de padrões que refletem as expectativas do usuário para dependabilidade, usabilidade e desempenho de software.
3. Os padrões ajudam a dar continuidade nos casos em que o trabalho realizado por uma pessoa é passado e continuado por outro. Padrões garantem que todos os engenheiros dentro de uma organização adotem as mesmas práticas. Consequentemente, o esforço de aprendizagem necessário ao iniciar novos trabalhos é reduzido.

Dois tipos relacionados de padrões de engenharia de software podem ser definidos e utilizados no gerenciamento da qualidade de software:

1. *Padrões de produto*. Aplicam-se ao produto de software que está sendo desenvolvido. Eles incluem padrões de documento, como a estrutura de documentos de requisitos; padrões de documentação, como um cabeçalho de comentário padrão para uma definição de classe; e padrões de codificação, que definem como uma linguagem de programação deve ser usada.

2. *Padrões de processo*. Definem os processos que devem ser seguidos durante o desenvolvimento de software. Eles devem encapsular boas práticas de desenvolvimento. Os padrões de processo podem incluir definições de processos de especificação, de projeto e de validação, ferramentas de apoio a processos e descrições dos documentos que devem ser escritos durante esses processos.

Exemplos de padrões de produto e de processos que podem ser usados são mostrados na Figura 24.4.

FIGURA 24.4 Padrões de produto e de processo.

Padrões de produto	Padrões de processo
Formulário de revisão de projeto (*design*)	Conduta para revisão de projeto (*design*)
Estrutura de documento de requisitos	Submissão de novo código para construção do sistema
Formato de cabeçalho de método	Processo de lançamento de versão
Estilo de programação em Java	Processo de aprovação do plano de projeto
Formato de plano de projeto	Processo de controle de mudança
Formulário de solicitação de mudança	Processo de registro de teste

Os padrões têm de agregar valor na forma de maior qualidade de produto. Não vale a pena definir padrões que são caros para aplicar em termos de tempo e de esforço e que só levam a melhorias marginais de qualidade. Os padrões de produto têm de ser concebidos para que possam ser aplicados e controlados de uma maneira rentável, e os padrões de processos devem incluir a definição dos processos que verificam se os padrões de produto foram seguidos.

Os padrões de engenharia de software usados dentro de uma empresa geralmente são adaptações de padrões nacionais ou internacionais mais amplos. Padrões nacionais e internacionais foram desenvolvidos abrangendo a terminologia de engenharia de software, linguagens de programação como Java e C++, notações como símbolos gráficos, procedimentos para derivar e escrever requisitos de software, procedimentos de garantia da qualidade e processos de verificação e validação de software (IEEE 2003). Foram desenvolvidos padrões mais especializados para sistemas críticos em segurança da informação (*security*) e segurança (*safety*).

Os engenheiros de software às vezes consideram os padrões excessivamente prescritivos e irrelevantes para a atividade técnica do desenvolvimento de software. Isso é particularmente provável quando os padrões de projeto requerem uma documentação e um registro de trabalho tediosos. Embora concordem geralmente quanto à necessidade geral de padrões, com frequência os engenheiros encontram boas razões pelas quais os padrões não são necessariamente apropriados para o seu projeto particular. Os gerentes da qualidade que estabelecem os padrões devem, portanto, considerar possíveis ações para convencer os engenheiros do valor de padrões:

1. *Envolver engenheiros de software na seleção de padrões de produtos*. Se os desenvolvedores entenderem por que os padrões foram selecionados, eles serão mais propensos a se comprometer com esses padrões. Idealmente, o documento de padrões não deve apenas definir a norma a ser seguida, mas também deve incluir comentários explicando por que as decisões de padronização foram tomadas.

2. *Analisar e modificar padrões regularmente para refletir as mudanças tecnológicas.* Os padrões são caros de desenvolver e tendem a ser consagrados em um manual de padrões da empresa. Por causa dos custos e da discussão exigidos, muitas vezes há uma relutância em mudá-los. Um manual de padrões é essencial, mas deve evoluir para refletir as mudanças de circunstâncias e de tecnologia.
3. *Assegurar a disponibilidade de ferramentas que apoiem o desenvolvimento baseado em padrões.* Desenvolvedores costumam achar que os padrões atrapalham quando a conformidade com eles envolve trabalho manual tedioso, que poderia ser feito por uma ferramenta de software. Se houver ferramenta de apoio disponível, os padrões podem ser seguidos sem muito esforço extra. Por exemplo, os padrões de *layout* de programa podem ser definidos e implementados por um sistema de edição de programa dirigido por sintaxe.

Diferentes tipos de software precisam de diferentes processos de desenvolvimento, por isso, os padrões têm de ser adaptáveis. Não há nenhuma vantagem em prescrever uma maneira particular de trabalhar se ela for inapropriada para um projeto ou um time de projeto. Cada gerente de projeto deve ter a autoridade para modificar padrões de processo de acordo com as circunstâncias individuais. No entanto, quando as alterações forem feitas, é importante garantir que elas não levem a uma perda de qualidade do produto.

O gerente de projetos e o gerente da qualidade podem evitar os problemas de padrões inadequados por meio de um planejamento da qualidade cuidadoso no início do projeto. Cabe a eles decidir quais padrões organizacionais devem ser usados sem modificações, quais devem ser modificados e quais devem ser ignorados. Novos padrões podem ter de ser criados em resposta aos requisitos do cliente ou do projeto. Por exemplo, podem ser exigidos padrões para especificações formais se esses padrões não tiverem sido utilizados em projetos anteriores.

24.2.1 O arcabouço de padrões ISO 9001

O conjunto internacional de padrões utilizados no desenvolvimento de sistemas de gerenciamento da qualidade em todos os setores é chamado de ISO 9000. Os padrões ISO 9000 podem ser aplicados a uma série de organizações, desde a manufatura até serviços. ISO 9001, o mais geral desses padrões, aplica-se a organizações que projetam, desenvolvem e mantêm produtos, incluindo software. O padrão ISO 9001 foi desenvolvido originalmente em 1987. Explico a versão 2008 do padrão aqui[1].

O padrão ISO 9001 não é um padrão para o desenvolvimento de software, mas, sim, um arcabouço para o desenvolvimento de padrões de software. Ele estabelece princípios gerais de qualidade, descreve os processos de qualidade em geral e estabelece as normas e os procedimentos organizacionais que devem ser definidos. Tudo isso deve ser documentado em um manual de qualidade organizacional.

---

[1] N. da R.T.: uma nova versão do padrão foi lançada em 2015, após o lançamento da edição original do livro em inglês.

Uma grande revisão do padrão ISO 9001, em 2000, reorientou o padrão em torno de nove processos centrais (Figura 24.5). Se uma organização quiser se manter em conformidade com o ISO 9001 ela deve documentar como seus processos se relacionam com esses processos principais. Também deve definir e manter registros que demonstrem que os processos organizacionais definidos são seguidos. O manual de qualidade da empresa deve descrever os processos relevantes e os dados de processo que devem ser coletados e mantidos.

FIGURA 24.5 Processos principais do padrão ISO 9001.

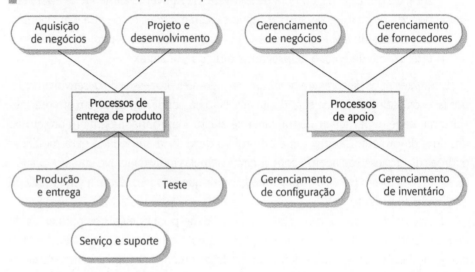

O padrão ISO 9001 não define nem prescreve os processos de qualidade específicos que uma empresa deve usar. Para estar em conformidade com o ISO 9001, uma empresa deve definir os tipos de processo mostrados na Figura 24.5 e ter procedimentos em vigor demonstrando que seus processos de qualidade estão sendo seguidos. Isso dá ao padrão uma flexibilidade entre diversos setores industriais e tamanhos de empresas.

Podem ser definidos padrões de qualidade apropriados para o tipo de software que está sendo desenvolvido. As pequenas empresas podem ter processos simples sem muita documentação e, ainda assim, estar em conformidade com o ISO 9001. No entanto, essa flexibilidade significa que não dá para fazer suposições sobre as semelhanças ou as diferenças entre os processos em diferentes empresas compatíveis com o ISO 9001. Algumas empresas podem ter processos de qualidade muito rígidos, que mantêm registros detalhados, enquanto outras podem ser muito menos formais, contando com uma documentação adicional mínima.

Os relacionamentos entre a ISO 9001, os manuais de qualidade organizacional e os planos individuais de qualidade do projeto são mostrados na Figura 24.6. Este diagrama foi adaptado de um modelo fornecido por Ince (1994), que explica como o padrão ISO 9001 geral pode ser usado como base para processos de gerenciamento da qualidade de software. Bamford e Deibler (2003) explicam como o posterior padrão ISO 9001:2000 pode ser aplicado em empresas de software.

FIGURA 24.6 ISO 9001 e o gerenciamento da qualidade.

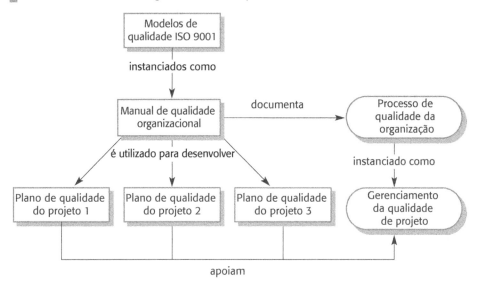

Alguns clientes de software exigem que seus fornecedores sejam certificados com ISO 9001. Nesse caso, os clientes podem confiar que a empresa de desenvolvimento de software tem em vigor um sistema de gerenciamento da qualidade aprovado. Autoridades certificadoras independentes examinam os processos de gerenciamento da qualidade e a documentação dos processos e decidem se esses processos cobrem todas as áreas especificadas no padrão ISO 9001. Se isso ocorrer, eles certificam que os processos de qualidade da empresa, conforme definido no manual de qualidade, estão em conformidade com o padrão ISO 9001.

Algumas pessoas pensam erroneamente que a certificação ISO 9001 significa que a qualidade do software produzido por empresas certificadas será sempre melhor do que a de empresas não certificadas. O padrão ISO 9001 concentra-se em assegurar que a organização tenha procedimentos de gerenciamento da qualidade e que siga esses procedimentos. Não há garantia de que as empresas certificadas pela ISO 9001 usem as melhores práticas de desenvolvimento de software ou de que seus processos levem a software de alta qualidade.

A certificação ISO 9001 é inadequada, na minha opinião, porque define a qualidade como a conformidade aos padrões. Não leva em conta a qualidade, do modo como ela é experimentada por usuários do software. Por exemplo, uma empresa poderia definir padrões de cobertura de teste especificando que todos os métodos devem ser chamados pelo menos uma vez. Infelizmente, esse padrão pode ser atendido por testes de software incompletos, que não incluem testes com diferentes parâmetros de método. Contanto que os procedimentos de teste definidos sejam seguidos e os registros de teste sejam mantidos, a empresa poderá ser certificada ISO 9001.

24.3 REVISÕES E INSPEÇÕES

Revisões e inspeções são atividades de garantia da qualidade que verificam a qualidade dos entregáveis do projeto. Isso envolve a verificação do software, sua documentação e seus registros de processo, para descobrir erros e omissões, bem como violações de padrões. Como expliquei no Capítulo 8, revisões e inspeções são usadas junto de testes de programas, como parte do processo geral de verificação e de validação de software.

Durante uma revisão, várias pessoas examinam o software e sua documentação associada, procurando problemas potenciais e não conformidade com padrões. A equipe de revisão faz julgamentos informados sobre o nível de qualidade do software ou dos documentos do projeto. Os gerentes de projeto podem, então, usar essas avaliações para tomar decisões de planejamento e alocar recursos para o processo de desenvolvimento.

As revisões da qualidade são baseadas em documentos que foram produzidos durante o processo de desenvolvimento de software. Assim como as especificações de software, os projetos (*design*), o código, os modelos de processo, os planos de teste, os procedimentos de gerenciamento de configuração, os padrões de processo e os manuais de usuário podem ser todos revisados. A revisão deve verificar a consistência e a completude dos documentos ou do código em análise e, se padrões tiverem sido definidos, certificar-se de que foram seguidos padrões de qualidade.

As revisões não são apenas sobre a checagem da conformidade aos padrões. Elas também são usadas para ajudar a descobrir problemas e omissões na documentação de software ou de projeto. As conclusões da revisão devem ser formalmente registradas como parte do processo de gerenciamento da qualidade. Se forem descobertos problemas, os comentários dos revisores devem ser passados ao autor do software ou a quem quer que seja responsável por corrigir erros ou omissões.

A finalidade das revisões e das inspeções é a de melhorar a qualidade de software, e não a de avaliar o desempenho das pessoas no time de desenvolvimento. A revisão é um processo público de detecção de erros, em comparação com o processo mais privado de teste dos componentes. Inevitavelmente, erros cometidos pelos indivíduos são revelados para todo o time de programação. Para garantir que todos os desenvolvedores se envolvam de maneira construtiva com o processo de revisão, os gerentes de projeto precisam ser sensíveis às preocupações individuais. Eles devem desenvolver uma cultura de trabalho que forneça apoio sem culpa quando os erros forem descobertos.

As revisões da qualidade não são revisões gerenciais de progresso, embora a informação sobre a qualidade do software possa ser usada para tomar decisões gerenciais. As avaliações de progresso comparam o progresso real de um projeto de software com o progresso planejado. Sua principal preocupação é se o projeto entregará ou não um software útil no prazo e no orçamento. As revisões de progresso levam em consideração fatores externos, e as circunstâncias alteradas podem significar que o software em desenvolvimento não é mais necessário ou tem de ser radicalmente modificado. Projetos que desenvolveram softwares de alta qualidade podem ter de ser cancelados por causa de mudanças no negócio ou em seu ambiente operacional.

24.3.1 O processo de revisão

Embora existam muitas variações nos detalhes das revisões, os processos de revisão (Figura 24.7) estão estruturados em três fases:

1. *Atividades pré-revisão*. Trata-se de atividades preparatórias essenciais para que a revisão seja eficaz. Normalmente, as atividades pré-revisão estão relacionadas ao planejamento e com a preparação da revisão. O planejamento de revisão

envolve a criação de uma equipe de revisão, a organização de um tempo e um lugar para a revisão e a distribuição dos documentos a serem revisados. Durante a preparação da revisão, a equipe pode se reunir para obter uma visão geral do software a ser revisto. Cada membro da equipe lê e compreende o software ou os documentos, além dos padrões pertinentes, e trabalha de modo independente para encontrar erros, omissões e desvios dos padrões. Os revisores podem fornecer comentários escritos sobre o software se não puderem participar da reunião de revisão.

2. *Reunião de revisão*. Durante a reunião de revisão, um autor do documento ou programa que está sendo revisado deve 'percorrer passo a passo' o documento com a equipe de revisão. A revisão em si deve ser relativamente curta — duas horas, no máximo. Um membro da equipe deve presidir a revisão e outro deve registrar formalmente todas as decisões de revisão e as ações a serem tomadas. Durante a revisão, o presidente é responsável por garantir que todas as observações apresentadas sejam consideradas. O presidente da revisão deve assinar um registro de comentários e ações acordadas durante a revisão.

3. *Atividades pós-revisão*. Depois que uma reunião de revisão terminou, devem ser abordados as questões e os problemas levantados durante a revisão. As ações podem envolver a correção de *bugs* de software, a refatoração do software para que ele fique em conformidade com os padrões de qualidade ou a reformulação dos documentos. Às vezes, os problemas descobertos em uma revisão da qualidade são tantos que também é necessária uma revisão do gerenciamento para decidir se mais recursos devem ser disponibilizados para corrigi-los. Depois que foram feitas as alterações, o membro da equipe que preside a de revisão pode verificar se foram levadas em conta todas as observações da revisão. Às vezes, uma nova revisão será necessária para verificar se as alterações feitas abrangem todos os comentários da revisão anterior.

FIGURA 24.7 Processo de revisão de software.

Normalmente, as equipes de revisão devem ter um núcleo de três a quatro pessoas selecionadas como revisores principais. Um membro deve ser um projetista experiente que assumirá a responsabilidade de tomar decisões técnicas importantes. Os revisores principais podem convidar outros membros do projeto, como os projetistas de subsistemas relacionados, para contribuir para a revisão. Eles podem não estar envolvidos na revisão de todo o documento, mas devem concentrar-se nas seções que afetam o seu trabalho. Alternativamente, a equipe de revisão pode fazer o documento circular e solicitar comentários escritos de um amplo espectro de membros do projeto. O gerente de projeto não precisa estar envolvido na revisão, a menos que sejam previstos problemas que requeiram alterações no plano de projeto.

Papéis no processo de inspeção

Quando a inspeção do programa foi estabelecida na IBM (FAGAN, 1986), um conjunto de papéis formais foram definidos para os membros da equipe de inspeção. Esses papéis incluíam os de moderador, de leitor de código e de escrivão. Outros usuários de inspeções modificaram essas funções, mas é geralmente aceito que uma inspeção deve envolver o autor do código, um inspetor e um escrivão e deve ser presidida por um moderador.

Os processos sugeridos para revisões pressupõem que a equipe de revisão tenha uma reunião presencial para discutir o software ou os documentos que estão revendo. No entanto, hoje em dia, os times de projeto estão distribuídos, muitas vezes, em países ou continentes, por isso é impraticável para os membros do time se encontrarem pessoalmente. A revisão remota pode ser apoiada usando documentos compartilhados, nos quais cada membro da equipe de revisão pode anotar o documento com seus comentários. Reuniões pessoais podem ser impossíveis por causa de horários de trabalho ou pelo fato de as pessoas trabalharem em diferentes fusos horários. O presidente da revisão é responsável por coordenar comentários e discutir mudanças individualmente com os membros da equipe de revisão.

24.3.2 Inspeções de programa

Inspeções de programas são revisões por pares, em que os membros do time colaboram para encontrar *bugs* no programa que está sendo desenvolvido. Como discutido no Capítulo 8, as inspeções podem fazer parte dos processos de verificação e validação de software. Elas complementam os testes porque não requerem que o programa seja executado. Versões incompletas do sistema podem ser verificadas, assim como representações como modelos UML. Os testes do programa também podem ser revistos. As revisões de testes encontram, muitas vezes, problemas com testes e, assim, melhoram a sua eficácia na detecção de *bugs* do programa.

Inspeções de programas envolvem membros do time com diferentes conhecimentos, que fazem uma revisão cuidadosa linha a linha do código-fonte do programa. Eles procuram defeitos e problemas e os descrevem em uma reunião de inspeção. Defeitos podem ser erros lógicos, anomalias no código que podem indicar uma condição errônea ou características que foram omitidas do código. A equipe de revisão examina os modelos de projeto ou o código do programa em detalhes e realça as anomalias e os problemas a serem corrigidos.

Durante uma inspeção, frequentemente se usa um *checklist* de erros comuns de programação para focalizar a pesquisa de defeitos. Esse *checklist* pode ser baseado em exemplos de livros ou no conhecimento de defeitos comuns em uma determinada área de aplicação. É preciso usar diferentes *checklists* para diferentes linguagens de programação, porque cada linguagem tem seus próprios erros característicos. Humphrey (1989), em uma discussão abrangente sobre inspeções, dá uma série de exemplos de *checklists* de inspeção.

Checagens possíveis de serem feitas durante o processo de inspeção são mostradas na Figura 24.8. As organizações devem desenvolver seus próprios *checklists* baseados em padrões e práticas locais. Esses *checklists* devem ser atualizados regularmente, à medida que novos tipos de defeitos forem encontrados. Os itens de um *checklist* variam de acordo com a linguagem de programação, graças aos diferentes níveis de verificação que são possíveis em tempo de compilação. Por exemplo, um compilador Java verifica se as funções têm o número correto de parâmetros; um compilador C, não.

FIGURA 24.8 *Checklist* de inspeção.

Classe de defeito	Verificação de inspeção
Defeitos de dados	• Todas as variáveis de programa foram inicializadas antes de seus valores serem usados? • Todas as constantes têm nomes? • O limite superior dos vetores deve ser igual ao tamanho do vetor ou ao tamanho –1? • Se forem utilizadas cadeias de caracteres, um delimitador foi explicitamente atribuído? • Existe qualquer possibilidade de estouro de *buffer*?
Defeitos de controle	• Para cada comando condicional, a condição está correta? • É certo que cada laço termina? • Os comandos compostos estão corretamente agrupados? • Nos comandos *case*, todos os casos possíveis foram levados em conta? • Se for necessário um *break* após cada caso nos comandos *case*, ele foi incluído?
Defeitos de entrada–saída	• Todas as variáveis de entrada são utilizadas? • Todas as variáveis de saída receberam um valor antes de serem devolvidas? • Entradas inesperadas podem causar corrupção?
Defeitos de interface	• Todas as chamadas de função e métodos têm o número correto de parâmetros? • Os tipos de parâmetros formais e reais têm correspondência? • Os parâmetros estão na ordem certa? • Se os componentes acessarem a memória compartilhada, eles têm o mesmo modelo de estrutura de memória compartilhada?
Defeitos de gerenciamento de armazenamento	• Se uma estrutura ligada for modificada, todas as ligações foram corretamente reatribuídas? • Se for utilizada memória dinâmica, o espaço foi alocado corretamente? • O espaço foi explicitamente liberado após não ser mais necessário?
Defeitos de gerenciamento de exceções	• Todas as possíveis condições de erro foram levadas em conta?

As empresas que utilizam inspeções descobriram que elas são eficazes na busca de defeitos. Em um trabalho inicial, Fagan (1986) informou que mais de 60% dos erros em um programa foram detectados usando inspeções de programa informais. McConnell (2004) compara testes unitários, nos quais a taxa de detecção de defeitos é de cerca de 25%, com inspeções, cuja taxa de detecção de defeitos é de 60%. Essas comparações foram feitas antes da popularização dos testes automatizados. Não sabemos como as inspeções se comparam a essa abordagem.

Apesar de sua bem divulgada relação de custo-benefício, muitas empresas de desenvolvimento de software relutam em usar inspeções ou revisões por pares. Engenheiros de software com experiência em testes de programas às vezes não estão dispostos a aceitar o fato de que as inspeções podem ser mais eficazes para a detecção de defeitos do que o teste. Gerentes podem ficar em dúvida, pois as inspeções requerem custos adicionais durante o projeto e o desenvolvimento. Eles podem não querer correr o risco de não haver nenhuma economia correspondente em custos de teste do programa.

24.4 GERENCIAMENTO DA QUALIDADE E DESENVOLVIMENTO ÁGIL

Métodos ágeis de engenharia de software concentram-se no desenvolvimento do código. Eles minimizam a documentação e os processos que não estão diretamente relacionados com o desenvolvimento de código e enfatizam a importância das comunicações informais entre os membros do time em vez das comunicações baseadas em documentos de projeto. A qualidade, em desenvolvimento ágil, significa qualidade do código e práticas, como refatoração e desenvolvimento orientado a testes, são usadas para garantir que um código de alta qualidade seja produzido.

O gerenciamento da qualidade no desenvolvimento ágil é informal, e não se baseia em documentos, mas no estabelecimento de uma cultura da qualidade, em que todos os membros do time se sentem responsáveis pela qualidade de software e pela adoção de ações para garantir que ela seja mantida. A comunidade ágil é fundamentalmente oposta ao que ela vê como uma sobrecarga burocrática de abordagens baseadas em padrões e em processos de qualidade, como a incorporada no padrão ISO 9001. Empresas que utilizam métodos de desenvolvimento ágil raramente se preocupam com a certificação ISO 9001.

No desenvolvimento ágil, o gerenciamento da qualidade baseia-se em boas práticas compartilhadas, e não na documentação formal. Alguns exemplos dessas boas práticas são:

1. *Verificar antes do* check-in. Os programadores são responsáveis por organizar suas próprias revisões de código com outros membros do time antes que o código seja submetido para o sistema de construção.
2. *Nunca quebre a construção.* Não é aceitável para os membros do time submeter um código que faz com que o sistema como um todo falhe. Consequentemente, os indivíduos têm de testar suas mudanças do código contra todo o sistema e estar confiantes de que esses códigos funcionam conforme o esperado. Se a construção for quebrada, espera-se que a pessoa responsável dê prioridade máxima para corrigir o problema.
3. *Corrigir problemas quando forem encontrados.* O código do sistema pertence ao time, e não aos indivíduos. Portanto, se um programador descobre problemas ou passagens obscuras no código desenvolvido por outra pessoa, ele pode corrigir esses problemas diretamente, em vez de encaminhá-los de volta para o desenvolvedor original.

Os processos ágeis raramente usam processos de inspeção ou de revisão formal. No Scrum, o time de desenvolvimento se reúne após cada iteração para discutir questões e problemas de qualidade. O time pode decidir sobre mudanças na forma de trabalhar para evitar quaisquer problemas de qualidade que tenham surgido. Uma decisão coletiva pode ser tomada para concentrar, durante um *sprint*, na refatoração e na melhoria da qualidade, em vez de focar na adição de novas funcionalidades ao sistema.

As revisões de código podem ser tanto da responsabilidade de indivíduos (verificação antes do *check-in*) quanto se basearem no uso de programação em pares. Como discutido no Capítulo 3, a programação em pares é uma abordagem na qual duas pessoas são responsáveis pelo desenvolvimento do código e trabalham em conjunto para alcançá-lo. O código desenvolvido por um indivíduo é, portanto, constantemente examinado e analisado por outro membro do time. Duas pessoas olham para cada linha de código e a checam, antes de ela ser aceita.

A programação em pares leva a um conhecimento profundo de um programa, já que ambos os programadores têm de compreender o programa em detalhes para continuar o desenvolvimento. Essa profundidade de conhecimento, às vezes, é difícil de alcançar em outros processos de inspeção e, assim, a programação em pares pode encontrar defeitos que talvez não fossem descobertos nas inspeções formais. No entanto, as duas pessoas envolvidas não conseguem ser tão objetivas quanto uma equipe de inspeção externa, pois estão examinando o seu próprio trabalho. Possíveis problemas são:

1. *Mal-entendidos mútuos.* Ambos os membros de um par podem cometer o mesmo erro na compreensão dos requisitos do sistema. As discussões podem reforçar esses erros.
2. *Reputação dos pares.* Os pares podem estar relutantes em procurar erros porque não querem retardar o andamento do projeto.
3. *Relações de trabalho.* A capacidade do par para descobrir defeitos é suscetível de ser comprometida pela estreita relação profissional que, muitas vezes, leva à relutância em criticar colegas de trabalho.

A abordagem informal para o gerenciamento da qualidade, adotada em métodos ágeis, é particularmente eficaz para o desenvolvimento de produtos de software em que a empresa que desenvolve o software também controla sua especificação. Não há necessidade de fornecer relatórios da qualidade a um cliente externo, nem há necessidade de integração com outras equipes de gerenciamento da qualidade. No entanto, quando um grande sistema está sendo desenvolvido para um cliente externo, podem ser impraticáveis abordagens ágeis para o gerenciamento da qualidade com documentação mínima, pelos motivos a seguir:

1. Se o cliente for uma grande empresa, ele pode ter seus próprios processos de gerenciamento da qualidade e pode esperar que a empresa de desenvolvimento de software divulgue o progresso de maneira que seja compatível com os seus próprios processos. Portanto, o time de desenvolvimento pode ter de produzir um plano de qualidade formal e relatórios de qualidade, conforme exigido pelo cliente.
2. Nos casos em que vários times distribuídos geograficamente, talvez de empresas diversas, estão envolvidos no desenvolvimento, as comunicações informais podem ser impraticáveis. Diferentes empresas podem ter abordagens distintas para o gerenciamento da qualidade, e pode ser necessário concordar em produzir alguma documentação formal.
3. Em sistemas de longa vida útil, o time envolvido no desenvolvimento mudará com o tempo. Se não houver documentação, os novos membros do time podem achar impossível entender por que foram tomadas certas decisões de desenvolvimento.

Consequentemente, a abordagem informal de gerenciamento da qualidade nos métodos ágeis pode ter de ser adaptada para que sejam introduzidas algumas documentações e processos de qualidade. Geralmente, essa abordagem é integrada ao processo de desenvolvimento iterativo. Em vez de desenvolver software, um dos *sprints* ou uma das iterações deve se concentrar na produção de documentação de software essencial.

24.5 MEDIÇÃO DE SOFTWARE

A medição de software está preocupada com a quantificação de algum atributo de um sistema de software, como a sua complexidade ou a sua confiabilidade. Comparando os valores medidos uns com os outros e com os padrões que se aplicam a uma organização, deve ser possível tirar conclusões sobre a qualidade do software ou avaliar a eficácia de processos de software, de ferramentas e de métodos. Em um mundo ideal, o gerenciamento da qualidade pode contar com medições de atributos que afetam a qualidade do software. É possível, então, avaliar objetivamente as mudanças de processos e de ferramentas que visam melhorar a qualidade do software.

Por exemplo, uma empresa planeja introduzir uma nova ferramenta de teste de software. Antes de introduzir essa ferramenta na empresa, é registrado o número de defeitos de software descobertos em um determinado momento. Esse é um ponto de partida para avaliar a eficácia da ferramenta. Depois de usar a ferramenta por algum tempo, o processo é repetido. Se mais defeitos forem encontrados na mesma quantidade de tempo, depois que a ferramenta foi introduzida, pode-se decidir em seguida que ela fornece um apoio útil para o processo da validação de software.

O objetivo de longo prazo da medição de software é usar essa medição para julgar a qualidade do software. Idealmente, um sistema pode ser avaliado usando uma variedade de métricas para medir seus atributos. A partir das medições feitas, pode ser inferido um valor para a qualidade do sistema. Se o software tivesse atingido um limite de qualidade exigido, então ele poderia ser aprovado sem revisão. Quando for apropriado, as ferramentas de medição também podem destacar áreas do software que poderiam ser melhoradas. No entanto, ainda estamos longe dessa situação ideal, sendo improvável que a avaliação automatizada da qualidade se torne uma realidade em um futuro próximo.

Uma métrica de software é uma característica de um sistema de software, da documentação do sistema ou do processo de desenvolvimento, que pode ser medida objetivamente. Exemplos de métricas incluem o tamanho de um produto em linhas de código; o índice Fog, que é uma medida da compreensão de um texto; o número de falhas relatadas em um produto de software entregue; e o número de pessoas-dia necessário para desenvolver um componente de sistema.

As métricas de software podem ser métricas de controle ou métricas de previsão. Como os nomes permitem deduzir, as métricas de controle apoiam o gerenciamento de processos, e as métricas de previsão ajudam a prever características do software. Métricas de controle geralmente estão associadas aos processos de software. Exemplos de métricas de controle ou de processo são o esforço médio e o tempo necessário para reparar defeitos relatados. Podem ser usados três tipos de métricas de processo:

1. *O tempo que um determinado processo leva para ser concluído.* Esse tempo pode ser o total dedicado ao processo, o tempo de calendário, o tempo gasto no processo por determinados engenheiros etc.
2. *Os recursos necessários para um determinado processo.* Os recursos podem incluir o esforço total, em pessoas-dia; custos de viagens ou recursos de computadores.

3. *O número de ocorrências de um determinado evento.* Exemplos de eventos que podem ser monitorados incluem o número de defeitos detectados durante a inspeção de código, o número de alterações de requisitos solicitadas, o número de relatórios de defeitos em um sistema entregue e o número médio de linhas de código modificadas em resposta a uma mudança de requisitos.

As métricas de previsão (às vezes, chamadas de métricas de produto) estão associadas ao próprio software. Exemplos de métricas de previsão são a complexidade ciclomática de um módulo, o comprimento médio de identificadores em um programa e o número de atributos e operações associadas com classes em um projeto (*design*). As métricas de controle e de previsão podem influenciar a tomada de decisões de gerenciamento, como mostrado na Figura 24.9. Os gerentes usam as medições de processo para decidir se as alterações desse processo devem ser feitas e as métricas de previsão para decidir se as alterações de software são necessárias e se o software está pronto para o lançamento.

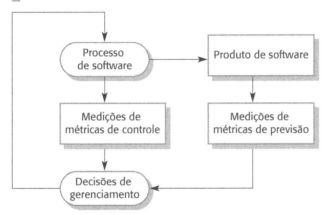

FIGURA 24.9 Medições de previsão e controle.

Neste capítulo, eu me foco em métricas de previsão, cujos valores são automaticamente avaliados pela análise de código ou documentos. Eu discuto métricas de controle e como elas são usadas na melhoria do processo no Capítulo 26 da web (em inglês).

As medições de um sistema de software podem ser usadas de duas maneiras:

1. *Para atribuir um valor aos atributos da qualidade do sistema.* Medindo as características dos componentes do sistema e, em seguida, agregando essas medições, pode ser possível avaliar atributos da qualidade do sistema, como a manutenibilidade.
2. *Para identificar os componentes do sistema cuja qualidade está aquém do padrão.* As medições podem identificar componentes individuais com características que se desviam da norma. Por exemplo, é possível medir componentes para descobrir aqueles com maior complexidade. Esses componentes são mais propensos a conter defeitos, pois a complexidade torna mais provável que o desenvolvedor do componente tenha cometido erros.

É difícil fazer medições diretas de muitos dos atributos da qualidade de software mostrados na Figura 24.2. Atributos da qualidade, como a manutenibilidade, a compreensibilidade e a usabilidade, são atributos externos que se relacionam com a forma como os desenvolvedores e os usuários experimentam o software. Eles são afetados por fatores subjetivos, como a experiência do usuário e a educação, e não podem, portanto, ser medidos objetivamente. Para fazer um julgamento sobre esses atributos, deve-se medir alguns atributos internos do software (como o seu tamanho e a sua complexidade) e presumir que eles estão relacionados às características da qualidade que estão no foco da preocupação.

A Figura 24.10 mostra alguns atributos externos da qualidade de software e atributos internos que poderiam, intuitivamente, estar relacionados a eles. O diagrama sugere que pode haver relações entre atributos externos e internos, mas não diz como esses atributos estão relacionados. Kitchenham (1990) sugeriu que, se a medida do atributo interno tiver de ser um indicador útil da característica do software externo, três condições devem ser válidas:

1. O atributo interno deve ser medido com precisão. No entanto, a medição nem sempre é direta e pode exigir ferramentas especialmente desenvolvidas.
2. Deve existir uma relação entre o atributo que pode ser medido e o atributo externo da qualidade que é de interesse. Ou seja, o valor do atributo da qualidade deve estar relacionado, de alguma forma, ao valor do atributo que pode ser medido.
3. Essa relação entre os atributos internos e externos deve ser compreendida, validada e expressa em termos de uma fórmula ou modelo. A formulação do modelo envolve a identificação da forma funcional do modelo (linear, exponencial etc.) pela análise de dados coletados, identificando os parâmetros que devem ser incluídos no modelo e calibrando esses parâmetros usando dados existentes.

FIGURA 24.10 Relacionamentos entre atributos de software internos e externos.

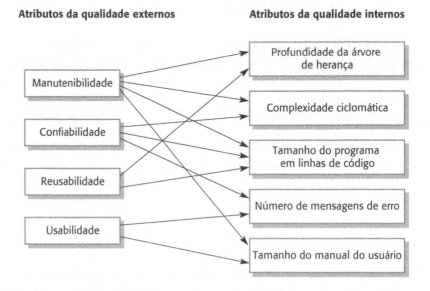

Um trabalho recente na área de software *analytics* (ZHANG et al., 2013) utilizou técnicas de mineração de dados e de aprendizado de máquina para analisar os repositórios de dados de produtos e processos de software. A ideia por trás de software *analytics* (MENZIES; ZIMMERMANN, 2013) é que não precisamos, de fato, de um modelo que reflita as relações entre a qualidade do software e os dados coletados. Em vez disso, se houver dados suficientes, as correlações podem ser descobertas, e previsões podem ser feitas sobre atributos de software. Discutirei software *analytics* na Seção 24.5.4.

Há bem pouca informação publicada sobre a medição sistemática de software na indústria. Muitas empresas coletam informações sobre seu software, como o número de solicitações de mudança de requisitos ou o número de defeitos descobertos no teste. No entanto, não está claro se elas usam essas medições sistematicamente para comparar produtos de software e processos ou avaliar o impacto de mudanças em processos e ferramentas de software. Há várias razões pelas quais isso é difícil:

1. É impossível quantificar o retorno sobre o investimento da introdução de um programa de métricas organizacionais ou de software *analytics*. Temos visto melhorias significativas na qualidade de software ao longo dos últimos anos sem o uso de métricas, por isso é difícil justificar os custos iniciais da introdução de medições e avaliações de software sistemáticas.
2. Não há padrões para métricas de software, nem processos padronizados para medição e análise. Muitas empresas relutam em introduzir programas de medição até que esses padrões e ferramentas de apoio estejam disponíveis.
3. A medição pode exigir o desenvolvimento e a manutenção de ferramentas de software especializadas. É difícil justificar os custos de desenvolvimento de uma ferramenta quando os retornos da medição são desconhecidos.
4. Em muitas empresas, os processos de software não são padronizados e são mal definidos e controlados. Como tal, há demasiada variabilidade de processo dentro da mesma empresa para que as medições sejam utilizadas de forma significativa.
5. Grande parte da pesquisa sobre medição de software e métricas concentrou-se em métricas baseadas em código e em processos de desenvolvimento orientados a planos. No entanto, atualmente, cada vez mais software é desenvolvido por meio do reúso e da configuração de aplicações existentes ou por meio do uso de métodos ágeis. Não se sabe como a pesquisa anterior sobre métricas se aplica a essas técnicas de desenvolvimento de software.
6. A introdução da medição acrescenta sobrecarga aos processos. Isso contradiz os objetivos dos métodos ágeis, que recomendam a eliminação de atividades de processo que não estão diretamente relacionadas ao desenvolvimento do programa. Portanto, é provável que empresas que adotaram métodos ágeis não adotem um programa de métricas.

Medição de software e métricas são a base da engenharia de software empírica. Nessa área de pesquisa, experimentos em sistemas de software e a coleta de dados sobre projetos reais têm sido usados para formar e validar as hipóteses sobre métodos e técnicas de engenharia de software. Pesquisadores que trabalham nessa área argumentam que é possível confiar no valor dos métodos de engenharia de software e nas técnicas apenas se puder fornecer evidências concretas de que eles realmente fornecem os benefícios que seus criadores sugerem.

No entanto, a pesquisa sobre a engenharia de software empírica não teve um impacto significativo na prática de engenharia de software. É difícil relacionar a pesquisa genérica a um projeto individual, que se difere de uma pesquisa científica. Muitos fatores locais tendem a ser mais importantes do que os resultados empíricos gerais. Por essa razão, pesquisadores em software *analytics* argumentam que os analistas não devem tentar tirar conclusões gerais, mas, sim, fornecer análises de dados para sistemas específicos.

24.5.1 Métricas de produto

Métricas de produto são métricas de previsão usadas para quantificar atributos internos de um sistema de software. Exemplos de métricas de produto incluem o tamanho do sistema, medido em linhas de código, ou o número de métodos associados a cada classe. Infelizmente, como já expliquei antes nesta seção, as características de software que podem ser facilmente medidas, como tamanho e complexidade ciclomática, não têm uma relação clara e consistente com atributos da qualidade, como compreensibilidade e manutenibilidade. As relações variam de acordo com a tecnologia e os processos de desenvolvimento utilizados e o tipo de sistema que está sendo desenvolvido.

As métricas de produtos enquadram-se em duas classes:

1. *Métricas dinâmicas*, que são coletadas por medições feitas em um programa em execução. Essas métricas podem ser coletadas durante o teste de sistema ou após o sistema ter entrado em uso. Um exemplo pode ser o número de relatórios de defeitos ou o tempo consumido para concluir uma computação.
2. *Métricas estáticas*, que são coletadas por medições feitas de representações do sistema, como o projeto (*design*), o programa ou a documentação. Exemplos de métricas estáticas são mostrados na Figura 24.11.

FIGURA 24.11 Métricas estáticas de produto de software.

Métrica de software	Descrição
Fan-in/Fan-out	Fan-in é uma medida do número de funções ou métodos que chamam outra função ou método (por exemplo, *x*). Fan-out é o número de funções que são chamadas pela função *x*. Um valor elevado para o *fan-in* significa que *x* está fortemente acoplado ao resto do projeto e as mudanças em *x* terão um amplo efeito dominó. Um valor elevado para *fan-out* sugere que a complexidade geral de *x* pode ser alta por causa da complexidade da lógica de controle necessária para coordenar os componentes chamados.
Comprimento do código	Essa é uma medida do tamanho de um programa. Geralmente, quanto maior o tamanho do código de um componente, mais complexo e propenso a erros ele tende a ser. O comprimento do código se mostrou uma das métricas mais confiáveis para prever a propensão a erros em componentes.
Complexidade ciclomática	Essa é uma medida da complexidade do controle de um programa. Essa complexidade de controle pode estar relacionada à compreensão do programa. Eu discuto complexidade ciclomática no Capítulo 8.
Tamanho dos identificadores	Essa é uma medida do comprimento médio dos identificadores (nomes para variáveis, classes, métodos etc.) em um programa. Quanto maiores forem os identificadores, maior é a probabilidade de serem significativos e, portanto, mais compreensível é o programa.
Profundidade do aninhamento condicional	Essa é uma medida da profundidade de aninhamento dos comandos *if* em um programa. Os comandos *if* profundamente aninhados são difíceis de entender e potencialmente propensos a erros.
Índice Fog	Essa é uma medida do comprimento médio das palavras e das sentenças nos documentos. Quanto maior o valor do índice Fog de um documento, mais difícil de ser compreendido.

Esses tipos de métricas estão relacionados a diferentes atributos da qualidade. Métricas dinâmicas ajudam a avaliar a eficiência e a confiabilidade de um sistema. Métricas estáticas ajudam a avaliar a complexidade, a compreensibilidade e a manutenibilidade de um sistema ou de seus componentes.

Geralmente existe uma relação clara entre as métricas dinâmicas e as características da qualidade de software. É bastante fácil medir o tempo de execução necessário para funções específicas e avaliar o tempo necessário para iniciar um sistema. Essas funções relacionam-se diretamente com a eficiência do sistema. Da mesma maneira, o número de falhas do sistema e o tipo de falha podem ser registrados e relacionados diretamente à confiabilidade do software. Expliquei no Capítulo 12 como a confiabilidade pode ser medida.

Métricas estáticas, como as mostradas na Figura 24.11, têm uma relação indireta com atributos da qualidade. Foi proposta uma grande quantidade de métricas diferentes, e muitos experimentos tentaram derivar e validar as relações entre essas métricas e os atributos, como a complexidade do sistema e a manutenibilidade. Nenhum desses experimentos foi conclusivo, mas o tamanho do programa e a complexidade do controle parecem ser os indicadores mais confiáveis de compreensibilidade, complexidade e manutenibilidade do sistema.

As métricas na Figura 24.11 são aplicáveis a qualquer programa, mas também foram propostas métricas orientadas a objetos mais específicas. A Figura 24.12 resume a suíte Chidamber e Kemerer (às vezes, chamada de suíte CK) de seis métricas orientadas a objetos (CHIDAMBER; KEMERER, 1994). Embora essas métricas tenham sido originalmente propostas no início da década de 1990, elas ainda são as métricas orientadas a objetos mais utilizadas. Algumas ferramentas de projeto UML coletam automaticamente valores para essas métricas à medida que os diagramas UML são criados.

FIGURA 24.12 Conjunto de métricas orientadas a objetos CK.

Métrica orientada a objetos	Descrição
Métodos ponderados por classe (WMC, do inglês *weighted methods per class*)	Esse é o número de métodos em cada classe, ponderado pela complexidade de cada método. Portanto, um método simples pode ter uma complexidade de 1 e um método grande e complexo um valor muito mais elevado. Quanto maior o valor dessa métrica, mais complexa a classe. Classes complexas tendem a ser difíceis de entender. Podem não ser coerentes logicamente, por isso não podem ser reusadas efetivamente como superclasses em uma árvore de herança.
Profundidade da árvore de herança (DIT, do inglês *depth of inheritance tree*)	Isso representa o número de níveis discretos na árvore de herança em que subclasses herdam atributos e operações (métodos) de superclasses. Quanto mais profunda a árvore de herança, mais complexo é o projeto. Muitas classes podem ter de ser compreendidas para que seja possível compreender as classes nas folhas da árvore.
Número de filhos (NOC, do inglês *number of children*)	Essa é uma medida do número de subclasses imediatas em uma classe. Ela mede a largura de uma hierarquia de classes, enquanto DIT mede a sua profundidade. Um alto valor de NOC pode indicar um maior reúso. Pode significar que mais esforço deve ser feito na validação de classes base por causa do número de subclasses que dependem delas.
Acoplamento entre classes de objetos (CBO, do inglês *coupling between object classes*)	As classes são acopladas quando os métodos em uma classe usam métodos ou variáveis de instância definidos em uma classe diferente. CBO é uma medida do grau de acoplamento. Um valor alto de CBO significa que as classes são altamente dependentes. Portanto, é mais provável que a alteração de uma classe venha a afetar outras classes no programa.
Resposta para uma classe (RFC, do inglês *response for a class*)	RFC é uma medida do número de métodos que potencialmente podem ser executados em resposta a uma mensagem recebida por um objeto dessa classe. Novamente, a RFC está relacionada com a complexidade. Quanto maior o valor de RFC, mais complexa é a classe e, portanto, mais provável que ele incluirá erros.
Falta de coesão nos métodos (LCOM, do inglês *lack of cohesion in methods*)	LCOM é calculada considerando pares de métodos em uma classe. LCOM é a diferença entre o número de pares de método sem atributos compartilhados e o número de pares de método com atributos compartilhados. O valor dessa métrica foi amplamente debatido e ela tem muitas variações. Não está claro se ela realmente adiciona quaisquer outras informações úteis, além das fornecidas por outras métricas.

Uma revisão de métricas orientadas a objetos feita por El-Amam discutiu as métricas CK e outras métricas orientadas a objetos (EL-AMAM, 2001). A revisão concluiu que não havia evidência suficiente para entender como essas e outras métricas orientadas a objetos se relacionam com as qualidades externas do software. Essa situação não mudou realmente desde sua análise em 2001. Ainda não se sabe como usar medições de programas orientados a objetos para tirar conclusões confiáveis sobre sua qualidade.

24.5.2 Análise de componentes de software

A Figura 24.13 mostra um processo de medição que pode ser parte de um processo de avaliação da qualidade de software. Cada componente do sistema pode ser analisado separadamente usando uma variedade de métricas. Os valores dessas métricas podem, então, ser comparados com diferentes componentes e, talvez, com dados de medição históricos, coletados em projetos anteriores. Medições anômalas, que se desviam significativamente da norma, em geral indicam problemas com a qualidade desses componentes.

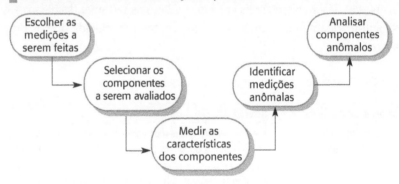

FIGURA 24.13 Processo de medição do produto.

Os estágios principais nesse processo de medição de componentes são os seguintes:

1. *Escolher as medições a serem feitas.* Devem ser formuladas as perguntas às quais a medida se destina a responder e definidas as medições necessárias para respondê-las. As medições que não são diretamente relevantes para essas questões não precisam ser coletadas.
2. *Selecionar os componentes a serem avaliados.* Talvez não seja necessário avaliar valores de métricas para todos os componentes em um sistema de software. Às vezes, dá para selecionar um conjunto representativo de componentes para medição, os quais permitem que seja feita uma avaliação geral da qualidade do sistema. Em outras ocasiões, pode ser preferível se concentrar nos componentes centrais do sistema que estejam em uso quase constante. A qualidade desses componentes é mais importante do que a qualidade dos componentes que raramente são executados.
3. *Medir as características dos componentes.* Os componentes selecionados são medidos, e os valores de métricas associados são calculados. Normalmente, essa etapa envolve o processamento da representação do componente (projeto,

código etc.), por meio do uso de uma ferramenta de coleta automática de dados. Essa ferramenta pode ser especialmente escrita ou pode ser uma característica da ferramenta de projeto que já esteja em uso.
4. *Identificar medições anômalas.* Depois que as medições do componente foram feitas, é possível compará-las umas com as outras e com as medições anteriores registradas em um banco de dados de medição. Deve-se procurar valores atipicamente altos ou baixos para cada métrica, pois eles sugerem que pode haver problemas com o componente que está exibindo esses valores.
5. *Analisar componentes anômalos.* Ao identificar componentes que têm valores anômalos para suas métricas escolhidas, é preciso examiná-los para decidir se esses valores de métricas anormais significam que a qualidade do componente está comprometida ou não. Um valor de métrica anormal para a complexidade (por exemplo) não significa necessariamente um componente de má qualidade. Pode haver algum outro motivo para o alto valor, assim, pode não haver qualquer problema de qualidade com o componente.

Se for possível, é bom manter todos os dados coletados como um recurso organizacional e guardar registros históricos de todos os projetos, mesmo quando os dados não foram usados durante um projeto específico. Depois que um banco de dados de medição suficientemente grande tiver sido estabelecido, será possível realizar comparações de qualidade de software em projetos e validar as relações entre atributos de componentes internos e características de qualidade.

24.5.3 Ambiguidade da medição

Ao coletar dados quantitativos sobre software e processos de software, é preciso analisar esses dados para entender seu significado. É fácil interpretar os dados erroneamente e fazer inferências incorretas. Não dá para simplesmente olhar para os dados de modo isolado. É preciso considerar o contexto no qual os dados são coletados.

Para ilustrar como os dados coletados podem ser interpretados de maneiras diferentes, considere o seguinte cenário, que está relacionado com o número de solicitações de mudança feitas por usuários de um sistema:

> *Uma gerente decide medir o número de solicitações de mudança apresentados pelos clientes com base na suposição de que existe uma relação entre essas solicitações de mudança e a usabilidade e adequação do produto. Ela presume que quanto maior o número de solicitações de mudança, menos o software atenderá às necessidades do cliente.*
>
> *Tratar das solicitações de mudança e alterar o software custa caro. A organização decide, portanto, modificar seu processo com o objetivo de melhorar a satisfação do cliente e, ao mesmo tempo, reduzir os custos de fazer as mudanças. A intenção é a de que as alterações do processo resultem em produtos melhores e menos solicitações de mudança. Os processos são alterados para aumentar o envolvimento do cliente no processo de projeto do software. O teste-beta de todos os produtos é introduzido, e as modificações solicitadas pelo cliente são incorporadas ao produto entregue.*
>
> *Após as alterações do processo terem sido feitas, a medição das solicitações de mudança continua. Novas versões de produtos, desenvolvidas com o processo*

modificado, são entregues. Em alguns casos, o número de solicitações de mudança diminui; em outros, ele aumenta. A gerente está perplexa e acha impossível compreender os efeitos das alterações do processo na qualidade do produto.

Para entender por que esse tipo de ambiguidade pode ocorrer, é preciso entender por que os usuários podem fazer solicitações de mudança:

1. O software não é bom o suficiente e não faz o que os clientes querem que ele faça. Portanto, eles solicitam mudanças para obter a funcionalidade de que necessitam.
2. Por outro lado, o software pode ser muito bom, e por isso é intensamente utilizado. As solicitações de mudança podem ser geradas porque muitos usuários de software pensam criativamente em coisas novas que poderiam ser feitas com o software.

Aumentar o envolvimento do cliente no processo pode reduzir o número de solicitações de mudança de produtos nos pontos em que os clientes estavam insatisfeitos. As mudanças de processo foram eficazes e tornaram o software mais usável e adequado. Em contrapartida, as alterações do processo podem não ter funcionado, e os clientes podem ter decidido procurar um sistema alternativo. O número de solicitações de mudança pode diminuir porque o produto perdeu participação de mercado para um produto rival e, consequentemente, perdeu usuários.

Por outro lado, as mudanças do processo podem levar a muitos clientes novos e felizes, que desejam participar do processo de desenvolvimento do produto. Eles geram, dessa maneira, mais solicitações de mudança. Mudanças no processo que trata das solicitações de mudança podem contribuir para esse aumento. Se a empresa for mais responsiva aos clientes, eles podem gerar mais solicitações de mudança, pois sabem que esses pedidos serão levados a sério. Eles acreditam que suas sugestões provavelmente serão incorporadas em versões posteriores do software. Como alternativa, o número de solicitações de mudança pode ter aumentado porque os sites de teste-beta não eram típicos da maioria dos usos do programa.

Para analisar os dados de solicitação de mudança, não é preciso saber somente o número de solicitações de mudança. É necessário saber quem fez o pedido, como o software é usado, e por que o pedido foi feito. Também são necessárias informações sobre fatores externos, como modificações no procedimento de solicitação de mudança ou mudanças no mercado que possam ter algum efeito. Essa informação coloca o gerente em uma posição melhor para descobrir se as mudanças de processo têm sido eficazes no aumento da qualidade do produto.

Isso ilustra as dificuldades de compreender os efeitos de mudanças. A abordagem 'científica' para esse problema é reduzir o número de fatores que possam afetar as medições feitas. Entretanto, os processos e os produtos que estão sendo medidos não são isolados de seu ambiente. O ambiente de negócios está em constante mudança, e é impossível evitar mudanças na prática de trabalho só porque os processos podem fazer comparações de dados inválidos. Assim, os dados quantitativos sobre as atividades humanas nem sempre podem ser tomados em valor nominal. As razões pelas quais um valor medido muda são frequentemente ambíguas. Essas razões devem ser investigadas detalhadamente antes que todas as conclusões possam ser extraídas de todas as medidas.

24.5.4 Software *analytics*

Ao longo dos últimos anos, a noção de 'análise de *big data*' emergiu como um meio de descobrir ideias minerando e analisando volumes muito grandes de dados coletados automaticamente. É possível descobrir relações entre itens de dados que não puderam ser encontradas pela análise manual e pela modelagem dos dados. Software *analytics* é a aplicação de tais técnicas aos dados sobre software e sobre processos de software.

Dois fatores tornaram possível o software *analytics*:

1. A coleta automatizada de dados de usuário por empresas de software quando seu produto é utilizado. Se o software falhar, informações sobre a falha e o estado do sistema podem ser enviadas por meio da internet, pelo computador do usuário, para servidores mantidos pelo desenvolvedor do produto. Como resultado, grandes volumes de dados sobre produtos individuais, como o Internet Explorer ou o Photoshop, tornaram-se disponíveis para análise.
2. O uso de software de código aberto (*open source*) disponível em plataformas como o SourceForge e GitHub e em repositórios de código aberto de dados de engenharia de software (MENZIES; ZIMMERMANN, 2013). O código-fonte do software aberto está disponível para análise automatizada e, às vezes, pode ser ligado a dados no repositório de código aberto.

Menzies e Zimmerman (2013) definem software *analytics* como:

> *Software* analytics *é o* analytics *de dados de software para gerentes e engenheiros de software com o objetivo de empoderar indivíduos e times de desenvolvimento de software para adquirirem e compartilharem informações de seus dados visando tomar decisões melhores.*

Menzies e Zimmermann enfatizam que a finalidade do *analytics* não é derivar teorias gerais sobre software, mas identificar questões específicas que são de interesse dos desenvolvedores e gerentes de software. O *analytics* visa fornecer informações sobre essas questões em tempo real para que as ações possam ser tomadas em resposta às informações fornecidas pela análise. Em um estudo de gerentes da Microsoft, Buse e Zimmermann (2012) identificaram necessidades de informação, entre elas: como direcionar testes, inspeções e refatoração; quando lançar o software; e como entender as necessidades dos clientes de software.

Uma ampla gama de diferentes ferramentas de mineração e de análise de dados pode ser usada para software *analytics* (WITTEN; FRANK; HALL, 2011). Em geral, é impossível saber quais são as melhores ferramentas de análise para usar em uma situação particular. É preciso experimentar várias ferramentas para descobrir quais são as mais eficazes. Buse e Zimmerman sugerem uma série de diretrizes para o uso de ferramentas:

- As ferramentas devem ser fáceis de usar, já que gerentes provavelmente não têm experiência com análise.
- As ferramentas devem ser executadas rapidamente e produzir saídas concisas, em vez de grandes volumes de informações.

▸ As ferramentas devem fazer muitas medições usando tantos parâmetros quanto possível. É impossível prever antecipadamente quais ideias ou compreensões podem emergir.

▸ As ferramentas devem ser interativas e permitir que gerentes e desenvolvedores explorem as análises. Elas devem reconhecer que gerentes e desenvolvedores estão interessados em coisas diferentes. Elas não devem ser preditivas, mas, sim, apoiarem a tomada de decisão com base na análise de dados passados e atuais.

Zhang *et al.* (2013) descrevem uma excelente aplicação prática de software *analytics* para depuração de desempenho. O software do usuário foi instrumentado para coletar dados sobre tempos de resposta e o estado do sistema associado. Quando o tempo de resposta foi maior do que o esperado, esses dados foram enviados para análise. A análise automatizada destacou os gargalos de desempenho no software. O time de desenvolvimento poderia, então, melhorar os algoritmos para eliminar o gargalo, a fim de que o desempenho fosse melhorado em uma versão posterior de software.

No momento da escrita deste livro, o software *analytics* é imaturo, e é muito cedo para dizer que efeito ele terá. Não só existem problemas gerais de processamento de *big data* (HARFORD, 2013), mas o nosso conhecimento dependerá sempre dos dados coletados por grandes empresas. Esses dados são principalmente sobre produtos de software, e não está claro se as ferramentas e as técnicas apropriadas para os produtos de software também podem ser usadas com software personalizado. É improvável que as pequenas empresas invistam nos sistemas de coleta de dados necessários para a análise automatizada e, portanto, podem não ser capazes de usar software *analytics*.

PONTOS-CHAVE

▸ O gerenciamento da qualidade de software está preocupado em garantir que o software tenha um número baixo de defeitos e que atinja os padrões exigidos de manutenção, confiabilidade, portabilidade e assim por diante. Ele inclui a definição de padrões para processos e produtos e o estabelecimento de processos para verificar se esses padrões foram seguidos.

▸ Os padrões de software são importantes para a garantia de qualidade, uma vez que representam a identificação de melhores práticas. Durante o desenvolvimento de software, os padrões fornecem uma base sólida para a construção de software de boa qualidade.

▸ Revisões dos entregáveis do processo de software envolvem uma equipe de pessoas que verificam se os padrões de qualidade estão sendo seguidos. As revisões são a técnica mais utilizada para avaliar a qualidade.

▸ Em uma inspeção de programa ou revisão por pares, uma equipe pequena verifica sistematicamente o código. Essa equipe lê o código em detalhes e procura por possíveis erros e omissões. Os problemas detectados são então discutidos em uma reunião de revisão de código.

▸ O gerenciamento ágil da qualidade não costuma depender de uma equipe de gerenciamento da qualidade separada. Em vez disso, baseia-se em estabelecer uma cultura da qualidade na qual o time de desenvolvimento trabalha em conjunto para melhorar a qualidade do software.

▸ A medição de software pode ser usada para coletar dados quantitativos sobre o software e o processo de software. Você pode ser capaz de usar os valores das métricas de software que são coletadas para fazer inferências sobre a qualidade do produto e do processo.

- As métricas de qualidade do produto são particularmente úteis para destacar componentes anormais que podem ter problemas de qualidade. Assim, esses componentes devem ser analisados mais detalhadamente.
- Software *analytics* é a análise automatizada de grandes volumes de dados sobre produtos de software e processos para descobrir relacionamentos que podem fornecer ideias para gerentes de projeto e desenvolvedores.

LEITURAS ADICIONAIS

Software quality assurance: from theory to implementation. Um excelente, e ainda relevante, livro sobre os princípios e as práticas de garantia de qualidade de software. Inclui uma discussão de padrões como a ISO 9001. GALIN, D. Addison-Wesley, 2004.

"Misleading metrics and unsound analyses." Um excelente artigo dos principais pesquisadores de métricas, que discute as dificuldades de entender o que as medições realmente significam. KITCHENHAM, B.; JEFFREY, R.; CONNAUGHTON, C. *IEEE Software*, v. 24, n. 2, mar./abr. 2007. doi:10.1109/MS.2007.49.

"A practical guide to implementing an Agile QA process on Scrum projects." Esse conjunto de *slides* apresenta uma visão geral de como integrar a garantia de qualidade de software com desenvolvimento ágil usando Scrum. RAYHAN, S. 2008. Disponível em: <https://www.slideshare.net/srayhan/practical-agile-qa>. Acesso em: 14 ago. 2018.

"Software analytics: so what?" Esse é um bom artigo introdutório que explica o que é software *analytics* e por que ele é cada vez mais importante. É a introdução de uma edição especial sobre software *analytics*, e você pode encontrar vários outros artigos nessa edição úteis para a compreensão de software *analytics*. MENZIES, T.; ZIMMERMANN, T. *IEEE Software*, v. 30, n. 4, jul./ago. 2013. doi:10.1109/MS.2013.86.

SITE[2]

Apresentações de PowerPoint para este capítulo disponíveis em: <http://software-engineering-book.com/slides/chap24/>.
Links para vídeos de apoio disponíveis em: <http://software-engineering-book.com/videos/software-management/>.

---
[2] Todo o conteúdo disponibilizado na seção *Site* de todos os capítulos está em inglês.

EXERCÍCIOS

24.1. Explique por que um processo de software de alta qualidade deve levar a produtos de software de alta qualidade. Discuta possíveis problemas com esse sistema de gerenciamento da qualidade.

24.2. Explique como os padrões podem ser usados para capturar conhecimento organizacional sobre métodos eficazes de desenvolvimento de software. Sugira quatro tipos de conhecimento que podem ser capturados em padrões organizacionais.

24.3. Discuta a avaliação da qualidade de software de acordo com os atributos de qualidade mostrados na Figura 24.2. Você deve considerar cada atributo separado e explicar como ele pode ser avaliado.

24.4. Descreva resumidamente possíveis padrões que possam ser utilizados para:
- o uso de estruturas de controle em C, C# ou Java;
- relatórios que poderiam ser submetidos durante um projeto de uma disciplina em uma universidade;
- o processo de fazer e aprovar mudanças de programa (Capítulo 26 da web – em inglês);
- o processo de compra e instalação de um novo computador.

24.5. Suponha que você trabalhe para uma organização que desenvolve produtos de banco de dados para indivíduos e pequenas empresas. Essa organização está interessada em quantificar o seu desenvolvimento de software. Escreva um relatório sugerindo métricas apropriadas e sugira como elas podem ser coletadas.

24.6. Explique por que as inspeções de programas são uma técnica efetiva para descobrir erros em um programa. Que tipos de erro são pouco susceptíveis de serem descobertos por meio de inspeções?

24.7. Quais problemas provavelmente surgirão se as inspeções de programas formalizadas forem introduzidas em uma empresa na qual algum software é desenvolvido usando métodos ágeis?

24.8. Explique por que é difícil validar as relações entre os atributos internos do produto, como a complexidade ciclomática, e os atributos externos, como a manutenibilidade.

24.9. Você trabalha para uma empresa de produtos de software, e seu gerente leu um artigo sobre software *analytics*. Ele pede a você que faça algumas pesquisas nessa área. Examine a literatura sobre *analytics* e escreva um breve relatório resumindo o trabalho em software *analytics* e questões a serem consideradas se o *analytics* for introduzido.

24.10 Um colega que é um programador muito bom produz software com um número baixo de defeitos, mas consistentemente ignora os padrões de qualidade organizacional. Como seus gerentes devem reagir a esse comportamento?

REFERÊNCIAS

BAMFORD, R.; DEIBLER, W. J. *ISO 9001:2000 for software and systems providers*: an engineering approach. Boca Raton, FL: CRC Press, 2003.

BUSE, R. P. L.; ZIMMERMANN, T. "Information needs for software development analytics." *Int. Conf. on Software Engineering*, 2012. p. 987-996. doi:10.1109/ICSE.2012.6227122.

CHIDAMBER, S.; KEMERER, C. "A metrics suite for object-oriented design." *IEEE Trans. on Software Eng.*, v. 20, n. 6, 1994. p. 476-493. doi:10.1109/32.295895.

EL-EMAM, K. "Object-oriented metrics: a review of theory and practice." *National Research Council of Canada*. 2001. doi:10.4224/8913880.

FAGAN, M. E. "Advances in software inspections." *IEEE Trans. on Software Eng.* SE-12, n. 7, 1986. p. 744-751. doi:10.1109/TSE.1986.6312976.

HARFORD, T. "Big Data: are we making a big mistake?" *Financial Times Magazine*, 29-30 mar. 2013. Disponível em: <http://timharford.com/2014/04/big-data-are-we-making-a-big-mistake/>. Acesso em: 9 ago. 2018.

HUMPHREY, W. *Managing the software process*. Reading, MA: Addison-Wesley, 1989.

IEEE. *IEEE Software Engineering Standards Collection on CD-ROM*. Los Alamitos, CA: IEEE Computer Society Press, 2003.

INCE, D. *ISO 9001 and software quality assurance*. London: McGraw-Hill, 1994.

KITCHENHAM, B. "Software development cost models." In: ROOK, P. (ed.). *Software reliability handbook*. Amsterdam: Elsevier, 1990.p. 487-517.

MCCONNELL, S. *Code complete*: a practical handbook of software construction. 2. ed. Seattle, WA: Microsoft Press, 2004.

MENZIES, T.; ZIMMERMANN, T. "Software analytics: so what?" *IEEE Software*, v. 30, n. 4, 2013. p. 31-37. doi:10.1109/MS.2013.86.

WITTEN, I. H.; FRANK, E.; HALL, M. A. *Data mining*: practical machine learning tools and techniques. Burlington, MA: Morgan Kaufmann, 2011.

ZHANG, D.; HAN, S.; DANG, Y.; LOU, J.-G.; ZHANG, H.; XIE, T. "Software analytics in practice." *IEEE Software*, v. 30, n. 5, 2013. p. 30-37. doi:10.1109/MS.2013.94.

25 | Gerenciamento de configuração

OBJETIVOS

O objetivo deste capítulo é apresentar os processos e as ferramentas de gerenciamento de configuração de software. Ao ler este capítulo, você:

- conhecerá a funcionalidade essencial que deve ser fornecida por um sistema de controle de versão e como isso é realizado em sistemas centralizados e distribuídos;
- compreenderá os desafios de construir sistemas e os benefícios da integração contínua e da construção de sistemas;
- compreenderá por que o gerenciamento de mudanças de software é importante e quais são as atividades essenciais nesse processo;
- compreenderá os fundamentos do gerenciamento de lançamentos (*releases*) de software e em que ele se difere do gerenciamento de versões.

CONTEÚDO

25.1 Gerenciamento de versões
25.2 Construção de sistemas
25.3 Gerenciamento de mudanças
25.4 Gerenciamento de lançamentos

Os sistemas de software mudam constantemente durante seu desenvolvimento e uso. Defeitos são descobertos e têm de ser corrigidos. Os requisitos de sistema mudam, e é preciso implementar essas mudanças em uma nova versão do sistema. Novas versões de plataformas de hardware e de sistema são lançadas, e é necessário adaptar sistemas para trabalhar com elas. Concorrentes introduzem novas características em seus sistemas e, por isso, é necessário mostrar-se competitivo. À medida que são feitas alterações no software, uma nova versão de um sistema é criada. A maioria dos sistemas, portanto, pode ser encarada como um conjunto de versões, cada uma delas tendo que ser mantida e gerenciada.

O gerenciamento de configuração está relacionado às políticas, aos processos e às ferramentas para o gerenciamento de sistemas de software que mudam (AIELLO; SACHS, 2011). É preciso gerenciar sistemas que estão evoluindo porque é fácil perder o controle de quais alterações e versões de componentes foram incorporadas em cada versão desses sistemas. As versões implementam propostas de mudança, correção de defeitos e adaptações para diferentes sistemas operacionais e hardware. Várias versões podem estar em desenvolvimento e em uso ao mesmo tempo. Se não houver procedimentos de gerenciamento de configuração eficazes em vigor, esforço pode ser desperdiçado na modificação de uma versão errada de um sistema, na entrega de uma versão errada do sistema para clientes ou na busca pelo local de armazenamento do código-fonte do software de uma versão específica do sistema ou componente.

O gerenciamento de configuração é útil para projetos individuais, pois é fácil para uma pessoa esquecer quais alterações foram feitas. É essencial para projetos em equipe, nos quais vários desenvolvedores trabalham em um sistema de software ao mesmo tempo; às vezes, esses desenvolvedores estão trabalhando no mesmo lugar, mas, cada vez mais, os times de desenvolvimento estão distribuídos, contando com membros em diferentes locais em todo o mundo. O sistema de gerenciamento de configuração fornece aos membros do time acesso ao sistema que está sendo desenvolvido e gerencia as alterações feitas no código.

O gerenciamento de configuração de um produto de sistema de software envolve quatro atividades intimamente relacionadas (Figura 25.1):

1. *Controle de versão.* Envolve manter o controle das várias versões dos componentes do sistema e garantir que as mudanças feitas em componentes por diferentes desenvolvedores não interfiram umas com as outras.
2. *Construção de sistema.* Processo de reunir componentes, dados e bibliotecas do programa, compilando-os e ligando-os para criar um sistema executável.
3. *Gerenciamento de mudanças.* Envolve manter o controle das solicitações de mudança de clientes e desenvolvedores no software já entregue, elaborar os custos e o impacto de fazer essas mudanças e decidir se e quando as alterações devem ser implementadas.
4. *Gerenciamento de lançamentos (releases).* Envolve a preparação de software para o lançamento externo e o acompanhamento das versões de sistema que foram lançadas para uso do cliente.

FIGURA 25.1 Atividades de gerenciamento de configuração.

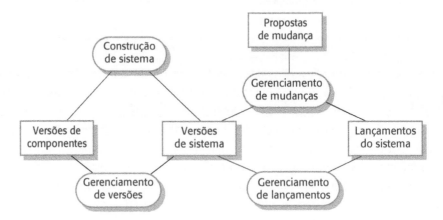

Em razão do grande volume de informações para gerenciar e das relações entre itens de configuração, o apoio de ferramentas é essencial para o gerenciamento de configuração. As ferramentas de gerenciamento de configuração são usadas para armazenar versões de componentes do sistema, para construir sistemas a partir desses componentes, para controlar os lançamentos de versões do sistema para os clientes e para acompanhar as propostas de mudanças. As ferramentas de gerenciamento de configuração variam desde as mais simples, que oferecem apoio a uma única tarefa de gerenciamento de configuração (como rastreamento de defeitos), até os ambientes integrados, que apoiam todas as atividades de gerenciamento de configuração.

O desenvolvimento ágil, no qual componentes e sistemas são alterados várias vezes ao dia, é impossível sem o uso das ferramentas de gerenciamento de configuração. As versões definitivas dos componentes são mantidas em um repositório de projeto compartilhado, e os desenvolvedores as copiam para a sua própria área de trabalho. Eles fazem alterações no código e, em seguida, usam ferramentas de construção (*build*) para criar um sistema novo em seu próprio computador para teste. Assim que estiverem satisfeitos com as alterações feitas, eles retornam os componentes modificados para o repositório do projeto. Com isso, os componentes modificados ficam disponíveis para outros membros do time.

O desenvolvimento de um produto de software ou de um sistema de software personalizado passa por três fases distintas:

1. *Uma fase de desenvolvimento*, em que o time de desenvolvimento é responsável pelo gerenciamento de configuração do software e novas funcionalidades são adicionadas ao software. O time de desenvolvimento decide sobre as mudanças a serem feitas no sistema.
2. *Uma fase de teste do sistema*, em que uma versão do sistema é liberada internamente para teste. Essa fase pode ser responsabilidade de uma equipe de gerenciamento da qualidade ou de um indivíduo ou grupo dentro do time de desenvolvimento. Nessa fase, nenhuma nova funcionalidade é adicionada ao sistema, e mudanças feitas são correções de defeitos, melhorias de desempenho e reparos de vulnerabilidade de segurança da informação (*security*). Pode haver algum envolvimento de clientes, como testadores-beta, durante essa fase.
3. *Uma fase de lançamento*, em que o software é liberado para uso dos clientes. Depois de a versão ter sido distribuída, os clientes podem enviar relatórios de defeitos e solicitações de mudança. Novas versões do sistema lançado podem ser desenvolvidas para reparar defeitos e vulnerabilidades, e para incluir novas características sugeridas pelos clientes.

Quando se trata de grandes sistemas, nunca há apenas uma versão 'funcional' de um sistema; há sempre várias versões, em diferentes estágios de desenvolvimento. Vários times podem estar envolvidos no desenvolvimento de diferentes versões do sistema. A Figura 25.2 mostra situações em que três versões de um sistema estão sendo desenvolvidas:

1. A versão 1.5 do sistema foi desenvolvida para reparar defeitos e melhorar o desempenho da primeira versão do sistema. É a base do segundo lançamento do sistema (R1.1).
2. A versão 2.4 está sendo testada com vista a se tornar o lançamento 2.0 (R2.0) do sistema. Não são adicionadas novas características nessa fase.
3. A versão 3 é um sistema em desenvolvimento em que novas características estão sendo adicionadas em resposta a solicitações de mudança propostas pelos clientes e pelo time de desenvolvimento. Acabará por ser lançada como o lançamento 3.0.

FIGURA 25.2 Desenvolvimento de sistema multiversões.

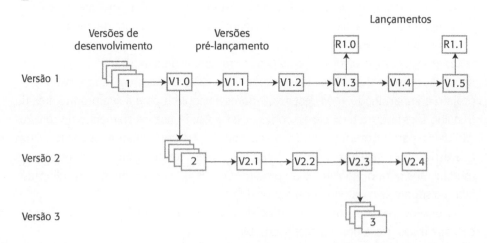

Essas versões diferentes têm muitos componentes comuns, bem como componentes ou versões de componentes que são exclusivos para determinada versão do sistema. O sistema de gerenciamento de configuração mantém o controle dos componentes que fazem parte de cada versão e os inclui, conforme a necessidade, na construção do sistema.

Em grandes projetos de software, o gerenciamento de configuração é, por vezes, parte do gerenciamento da qualidade de software (abordado no Capítulo 24). O gerente da qualidade é responsável tanto pelo gerenciamento da qualidade quanto pelo gerenciamento de configuração. Quando uma versão de pré-lançamento do software está pronta, o time de desenvolvimento a entrega à equipe de gerenciamento da qualidade, que verifica se a qualidade do sistema é aceitável. Se for, ele se torna um sistema controlado, o que significa que todas as alterações no sistema têm de ser acordadas e gravadas antes de serem implementadas.

Muitos termos especializados são usados no gerenciamento de configuração (Figura 25.3). Infelizmente, eles não são padronizados. Os sistemas de software militares foram os primeiros em que um software de gerenciamento de configuração foi usado, então a terminologia para esses sistemas refletia os processos e terminologia usados no gerenciamento de configuração de hardware. Os desenvolvedores de sistemas comerciais não conheciam os procedimentos ou a terminologia militares e, muitas vezes, inventaram seus próprios termos. Os métodos ágeis também desenvolveram novas terminologias para distinguir a abordagem ágil dos métodos de gerenciamento de configuração tradicionais.

FIGURA 25.3 Terminologia de gerenciamento de configuração.

Termo	Explicação
Área de trabalho	Uma área de trabalho particular, em que o software pode ser modificado sem afetar os demais desenvolvedores que podem estar usando ou modificando o mesmo software.
Baseline	Uma coleção de versões de componentes que compõem um sistema. As *baselines* são controladas, o que significa que as versões dos componentes utilizadas na *baseline* não podem ser alteradas. Sempre é possível recriar uma *baseline* a partir dos componentes que a constituem.
Codeline	Um conjunto de versões de um componente de software e outros itens de configuração dos quais esse componente depende.
Construção de sistema	A criação de uma versão executável do sistema por meio de compilação e ligação das versões corretas dos componentes e das bibliotecas que compõem o sistema.

continua

continuação

Controle de configuração (versão)	O processo de garantir que as versões de sistemas e os componentes sejam registrados e mantidos, de modo que as mudanças sejam gerenciadas e todas as versões dos componentes sejam identificadas e armazenadas por toda a vida útil do sistema.
Fusão (*merging*)	A criação de uma nova versão de um componente de software, com base na fusão de versões separadas em diferentes *codelines*. Essas *codelines* podem ter sido criadas por uma ramificação prévia de uma das *codelines* envolvidas.
Item de configuração ou item de configuração de software (ICS)	Qualquer coisa associada a um projeto de software (projeto, código, dados de teste, documentos etc.) que tenha sido submetida ao controle de configuração. Os itens de configuração sempre têm um identificador único.
Lançamento	Uma versão de um sistema que foi lançada para utilização dos clientes (ou outros usuários em uma organização).
Mainline	Uma sequência de *baselines* representando diferentes versões de um sistema.
Ramificação (*branching*)	A criação de uma *codeline* nova a partir de uma versão de uma *codeline* existente. A nova *codeline* e a existente podem se desenvolver independentemente.
Repositório	Um banco de dados compartilhado de versões dos componentes de software e metainformações sobre mudanças nesses componentes.
Versão	Uma instância de um item de configuração que difere, de alguma maneira, de outras instâncias desse item. As versões sempre devem ter um identificador único.

A definição e o uso de padrões de gerenciamento de configuração são essenciais para a certificação da qualidade, tanto na ISO 9000 quanto no modelo de maturidade e de capacidade SEI (BAMFORD; DEIBLER, 2003; CHRISSIS; KONRAD; SHRUM, 2011). Os padrões de gerenciamento de configuração em uma empresa podem ser baseados em padrões genéricos, como o IEEE 828-2012, um padrão do IEEE para gerenciamento de configuração. Essas normas incidem sobre os processos de gerenciamento de configuração e os documentos produzidos durante esses processos (IEEE, 2012). Utilizando as normas externas como ponto de partida, as empresas podem desenvolver normas mais detalhadas e específicas da empresa, que sejam adaptadas às suas necessidades particulares. No entanto, métodos ágeis raramente usam esses padrões por causa da sobrecarga de documentação envolvida.

25.1 GERENCIAMENTO DE VERSÕES

O gerenciamento de versões é o processo de manter o controle de diferentes versões de componentes de software e dos sistemas nos quais esses componentes são usados. Também envolve a garantia de que as alterações feitas nessas versões por diferentes desenvolvedores não interferem umas com as outras. Em outras palavras, o gerenciamento de versões é o processo de gerenciamento de *codelines* e *baselines*.

A Figura 25.4 ilustra as diferenças entre *codelines* e *baselines*. Uma *codeline* é uma sequência de versões do código-fonte, com versões posteriores na sequência derivadas de versões anteriores. As *codelines* normalmente se aplicam a componentes de sistemas para que haja versões diferentes de cada componente. Uma *baseline* é uma definição de um sistema específico. A *baseline* especifica as versões de componente incluídas no sistema e identifica as bibliotecas usadas, os arquivos de configuração e outras informações do sistema. Na Figura 25.4, é possível ver que diferentes *baselines* usam versões diferentes dos componentes de cada *codeline*. No diagrama, sombreei as caixas que representam componentes na definição da *baseline* para indicar que eles são realmente referências a componentes em uma *codeline*. A *mainline* é uma sequência de versões do sistema desenvolvida a partir de uma *baseline* original.

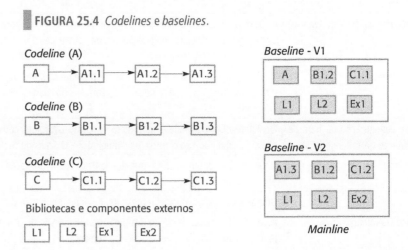

FIGURA 25.4 *Codelines* e *baselines*.

As *baselines* podem ser especificadas usando-se uma linguagem de configuração na qual sejam definidos quais componentes devem ser incluídos em uma versão específica de um sistema. É possível especificar explicitamente uma versão de componente individual (X.1.2, por exemplo) ou simplesmente especificar o identificador de componente (X). Caso seja incluído simplesmente o identificador de componente na descrição da configuração, a versão mais recente do componente deve ser usada.

As *baselines* são importantes porque, muitas vezes, é preciso recriar uma versão individual de um sistema. Por exemplo, uma linha de produtos pode ser instanciada para que haja versões específicas de um sistema para cada cliente. Talvez seja preciso recriar a versão entregue a um cliente, se ele relatar defeitos em seu sistema que precisem ser consertados.

Os sistemas de controle de versão identificam, armazenam e controlam o acesso às diferentes versões dos componentes. Existem dois tipos de sistema de controle de versão modernos:

1. *Sistemas centralizados*, em que um único repositório mestre mantém todas as versões dos componentes de software que estão sendo desenvolvidos. O *Subversion* (PILATO; COLLINS-SUSSMAN; FITZPATRICK, 2008) é um exemplo amplamente utilizado de sistema de controle de versão centralizado.
2. *Sistemas distribuídos*, em que existem várias versões do repositório de componentes ao mesmo tempo. O repositório Git (LOELIGER; MCCULLOUGH, 2012) é um exemplo amplamente utilizado de sistema de controle de versão distribuído.

Sistemas de controle de versão centralizados e distribuídos fornecem funcionalidades comparáveis, mas as implementam de maneiras diferentes. As principais características desses sistemas são:

1. *Identificação de versão e lançamento*. As versões gerenciadas de um componente recebem identificadores únicos quando são submetidas a um sistema. Esses identificadores permitem que diferentes versões do mesmo componente sejam gerenciadas, sem alterar o nome dele. As versões também podem receber atributos, e o conjunto de atributos pode ser utilizado para identificar cada versão de maneira única.

2. *Registro do histórico de mudanças.* O sistema de controle de versão mantém registros das mudanças feitas para criar uma versão nova de um componente, com base em uma versão anterior. Em alguns sistemas, essas mudanças podem ser usadas para selecionar uma determinada versão de sistema. Isso envolve marcar os componentes com palavras-chave que descrevem as mudanças feitas. Depois, é possível usar essas palavras-chave para selecionar os componentes a serem incluídos em uma *baseline*.
3. *Desenvolvimento independente.* Diferentes desenvolvedores podem estar trabalhando simultaneamente no mesmo componente. O sistema de controle de versões controla os componentes em que se fez *check-out* para edição e assegura que as mudanças feitas em um componente por desenvolvedores diferentes não interfiram umas nas outras.
4. *Apoio de projeto.* Um sistema de controle de versões pode apoiar o desenvolvimento de vários projetos que compartilham componentes. Normalmente, é possível fazer *check-in* e *check-out* de todos os arquivos associados a um projeto, em vez de ter de trabalhar com um arquivo ou diretório de cada vez.
5. *Gerenciamento de armazenamento.* Em vez de manter cópias separadas de todas as versões de um componente, o sistema de controle de versões pode usar mecanismos eficientes para garantir que não sejam mantidas cópias duplicadas de arquivos idênticos. Nos casos em que há apenas pequenas diferenças entre os arquivos, o sistema de controle de versão pode armazenar essas diferenças em vez de manter várias cópias dos arquivos. Uma versão específica pode ser recriada automaticamente aplicando as diferenças a uma versão mestre.

A maior parte do desenvolvimento de software é uma atividade para ser realizada por um time, então, frequentemente, diversos membros trabalham no mesmo componente de modo simultâneo. Por exemplo, Alice está fazendo algumas alterações em um sistema, o que envolve mudanças nos componentes A, B e C. Ao mesmo tempo, Roberto está trabalhando em alterações que requerem mudanças nos componentes X, Y e C. Tanto Alice quanto Roberto estão, portanto, alterando o componente C. É importante evitar situações em que as mudanças interfiram umas nas outras — ou seja, evitar que as mudanças feitas por Roberto em C sobrescrevam as de Alice, ou vice-versa.

Para apoiar o desenvolvimento independente sem interferências, todos os sistemas de controle de versão usam o conceito de um repositório de projeto e de uma área de trabalho particular. O repositório do projeto mantém a versão 'mestre' de todos os componentes, que é utilizada para criar as *baselines* para a construção do sistema. Ao modificar componentes, os desenvolvedores copiam (fazem *check-out*) esses componentes do repositório em sua área de trabalho e trabalham nessas cópias. Após concluírem as suas alterações, os componentes modificados são devolvidos (faz-se *check-in*) para o repositório. No entanto, sistemas de controle de versão centralizados e distribuídos oferecem apoio ao desenvolvimento independente de componentes compartilhados de diferentes maneiras.

Nos sistemas centralizados, os desenvolvedores fazem o *check-out* dos componentes ou diretórios de componentes do repositório do projeto para a sua área de trabalho particular e trabalham nessas cópias. Depois de concluídas as suas alterações, eles fazem o *check-in* dos componentes de volta para o repositório. Isso cria uma versão nova do componente, que pode ser compartilhada. Para ver um exemplo, consulte a Figura 25.5.

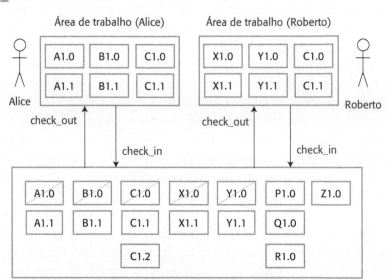

FIGURA 25.5 *Check-in* e *check-out* de um repositório de versões centralizado.

Aqui, Alice fez *check-out* das versões A1.0, B1.0 e C1.0. Ela trabalhou nessas versões e criou as versões A1.1, B1.1 e C1.1 novas. Depois, fez o *check-in* dessas novas versões no repositório. Roberto fez *check-out* das versões X1.0, Y1.0 e C1.0. Ele criou versões novas desses componentes e fez *check-in* delas no repositório. No entanto, Alice já havia criado uma versão nova do componente C, enquanto Roberto continuava a trabalhar nele. O *check-in* dele, portanto, criou outra versão, C1.2, de modo que as alterações de Alice não foram substituídas.

Se duas ou mais pessoas estiverem trabalhando em um componente ao mesmo tempo, cada um deverá fazer *check-out* do componente no repositório. Se foi feito *check-out* de um componente, o sistema de controle de versão avisará outros usuários que desejem fazer *check-out* do componente que outra pessoa já fez o *check-out* dele. O sistema também garantirá que, quando for feito o *check-in* dos componentes no repositório, as versões diferentes receberão diferentes identificadores e serão armazenadas separadamente.

Em um sistema de controle de versão distribuído, como o Git, uma abordagem diferente é usada. Um repositório 'mestre' é criado em um servidor, que mantém o código produzido pelo time de desenvolvimento. Em vez de simplesmente fazer o *check-out* dos arquivos de que precisa, um desenvolvedor cria um clone do repositório do projeto, que é baixado e instalado em seu computador.

Os desenvolvedores trabalham nos arquivos necessários e mantêm as novas versões em seu repositório particular, em seu próprio computador. Quando terminam de fazer alterações, eles 'efetivam' (*commit*) essas alterações e atualizam seu repositório privado. Eles podem, então, 'enviar' (*push*) essas alterações para o repositório do projeto ou dizer ao gerente de integração que as versões modificadas estão disponíveis, que pode então 'puxar' (*pull*) esses arquivos para o repositório do projeto (ver Figura 25.6). Nesse exemplo, Roberto e Alice clonaram o repositório do projeto e têm arquivos atualizados. Eles ainda não enviaram esses arquivos de volta para o repositório do projeto.

FIGURA 25.6 Clonagem do repositório.

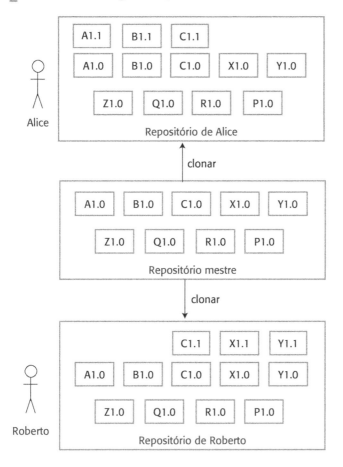

Esse modelo de desenvolvimento tem uma série de vantagens:

1. Ele fornece um mecanismo de *backup* para o repositório. Se o repositório estiver corrompido, o trabalho pode continuar, e o repositório do projeto pode ser restaurado a partir de cópias locais.
2. Ele permite o trabalho *off-line* para que os desenvolvedores possam efetivar (*commit*) as alterações se eles não tiverem uma conexão de rede.
3. O apoio ao projeto é a maneira padronizada de trabalhar. Os desenvolvedores podem compilar e testar todo o sistema em suas máquinas locais e testar as alterações que eles fizeram.

O controle de versão distribuído é essencial para o desenvolvimento de código aberto no qual várias pessoas podem trabalhar simultaneamente no mesmo sistema sem qualquer coordenação central. Não há como o 'gerente' do sistema de código aberto saber quando as alterações serão feitas. Nesse caso, assim como um repositório privado em seu próprio computador, os desenvolvedores também mantêm um repositório do servidor público, para o qual eles enviam novas versões de componentes que eles alteraram. Então, cabe ao 'gerente' do sistema de código aberto decidir quando puxar essas mudanças para o sistema definitivo. Essa organização é exibida na Figura 25.7.

FIGURA 25.7 Desenvolvimento de código aberto (*open source*).

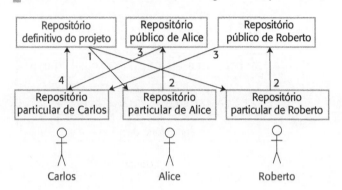

Nesse exemplo, Carlos é o gerente de integração do sistema de código aberto. Alice e Roberto trabalham de modo independente no desenvolvimento do sistema e clonam o repositório definitivo do projeto (1). Além de seus repositórios particulares, Alice e Roberto mantêm um repositório público em um servidor que pode ser acessado por Carlos. Após realizarem e testarem as alterações, eles enviam as versões alteradas de seus repositórios privados para seus repositórios públicos pessoais e dizem a Carlos que esses repositórios estão disponíveis (2). Carlos puxa tudo para o seu próprio repositório privado para testes (3). Depois de se certificar de que as alterações são aceitáveis, ele então atualiza o repositório definitivo do projeto (4).

Uma consequência do desenvolvimento independente do mesmo componente é que os *codelines* podem se ramificar. Em vez de uma sequência linear de versões, que refletem as alterações no componente ao longo do tempo, pode haver várias sequências independentes, conforme a Figura 25.8. Isso é normal no desenvolvimento de sistemas, pois diferentes desenvolvedores trabalham independentemente em versões diferentes do código-fonte e o alteram de maneiras diferentes. Em geral, quando se trabalha em um sistema, é recomendável que uma nova ramificação (*branch*) seja criada, para que as alterações não afetem acidentalmente um sistema que está funcionando.

FIGURA 25.8 Ramificação (*branch*) e fusão (*merge*).

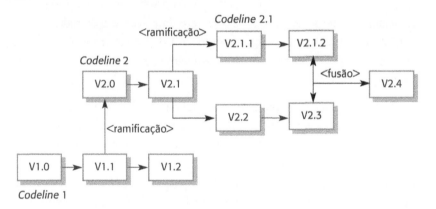

Em algum momento, talvez seja necessário fundir (*merge*) ramificações de código para criar uma versão nova de um componente que inclua todas as alterações feitas. Isso também é mostrado na Figura 25.8, em que as versões de componente 2.1.2 e 2.3 são fundidas para criar a versão 2.4. Se as mudanças feitas envolverem partes completamente diferentes do código, as versões do componente podem ser fundidas de modo automático pelo sistema de controle de versão, combinando as mudanças de código. Esse é o modo normal de operação quando novas características são adicionadas. Essas mudanças de código são fundidas na cópia mestre do sistema. No entanto, as mudanças feitas por diferentes desenvolvedores às vezes se sobrepõem. As alterações podem ser incompatíveis e interferirem umas nas outras. Nesse caso, um desenvolvedor precisa verificar se há conflitos e fazer alterações nos componentes para resolver as incompatibilidades entre as diferentes versões.

Quando os sistemas de controle de versão foram desenvolvidos, o gerenciamento de armazenamento era uma das funções mais importantes. O espaço em disco era caro, portanto era importante minimizar o espaço em disco usado pelas diferentes cópias dos componentes. Em vez de manter uma cópia completa de cada versão, o sistema armazenava uma lista de diferenças (deltas) entre uma versão e outra. Ao aplicar essa lista a uma versão mestre (geralmente a versão mais recente), uma versão de destino pode ser recriada. Isso é ilustrado na Figura 25.9.

FIGURA 25.9 Gerenciamento de armazenamento usando deltas.

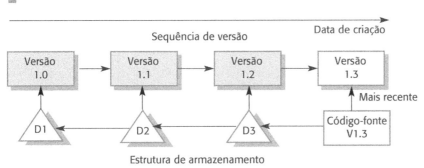

Quando uma nova versão é criada, o sistema simplesmente armazena um delta, uma lista de diferenças entre a nova versão e a versão mais antiga usada para criar a nova. Na Figura 25.9, as caixas sombreadas representam versões anteriores de um componente, que é automaticamente recriado a partir de sua versão mais recente. Os deltas geralmente são armazenados como listas de linhas alteradas e, aplicando-as automaticamente, uma versão de um componente pode ser criada a partir de outra. Como a versão mais recente de um componente provavelmente será a utilizada, a maioria dos sistemas armazena essa versão na íntegra. Então, os deltas definem como recriar versões anteriores do sistema.

Um dos problemas com a abordagem baseada em delta para o gerenciamento de armazenamento é que pode levar muito tempo para aplicar todos os deltas. Como hoje o armazenamento em disco é relativamente barato, o Git usa uma abordagem alternativa mais rápida. O Git não usa deltas, mas aplica um algoritmo de compressão padrão nos arquivos armazenados e em sua metainformação associada. A abordagem não armazena cópias duplicadas de arquivos. A recuperação de um arquivo simplesmente envolve sua descompactação, sem necessidade de aplicar uma cadeia de operações. O Git também usa a noção de *packfiles*, em que vários arquivos menores são combinados em um arquivo indexado único. Isso reduz a sobrecarga associada a vários arquivos pequenos. Os deltas são usados dentro de *packfiles* para reduzir ainda mais o seu tamanho.

25.2 CONSTRUÇÃO DE SISTEMAS

A construção de sistema é o processo de criar um sistema executável completo (chamado de *build*), compilando e ligando os componentes do sistema, as bibliotecas externas, os arquivos de configuração e outras informações. Ferramentas de construção de sistema e ferramentas de controle de versões devem ser integradas, pois o processo de construção usa versões dos componentes do repositório gerenciado pelo sistema de controle de versões.

A construção do sistema envolve reunir uma grande quantidade de informações sobre o software e seu ambiente operacional. Portanto, sempre faz sentido usar uma ferramenta de construção automatizada para criar um *build* do sistema (Figura 25.10). Observe que não são necessários apenas os arquivos de código-fonte envolvidos na construção do sistema. Talvez seja preciso ligá-los a bibliotecas fornecidas externamente, a arquivos de dados (como um arquivo de mensagens de erro) e a arquivos de configuração, que definem a instalação de destino. Talvez seja preciso especificar as versões do compilador e outras ferramentas de software que devem ser usadas na construção. Idealmente, deve ser possível construir um sistema completo com um único comando ou clique do mouse.

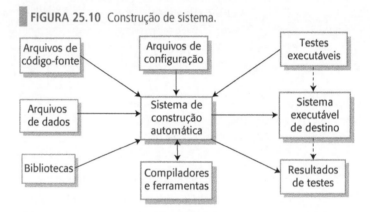

FIGURA 25.10 Construção de sistema.

As ferramentas para integração e construção de sistemas incluem algumas ou todas as seguintes funcionalidades:

1. *Geração do script de construção*. O sistema de construção deve analisar o programa que está sendo construído, identificar componentes dependentes e gerar automaticamente um *script* de construção (arquivo de configuração). O sistema também deve permitir a criação manual e a edição de *scripts* de construção.
2. *Integração com o sistema de controle de versão*. O sistema de construção deve fazer *check-out* das versões necessárias dos componentes que estão no sistema de controle de versão.
3. *Recompilação mínima*. O sistema de construção deve analisar qual código-fonte precisa ser recompilado e realizar as compilações, se necessário.
4. *Criação do sistema executável*. O sistema de construção deve ligar os arquivos objetos compilados uns aos os outros e a outros arquivos necessários, como bibliotecas e arquivos de configuração, para criar um sistema executável.
5. *Automação dos testes*. Alguns sistemas de construção podem executar automaticamente testes automatizados usando ferramentas de automação de teste, como JUnit. Esses testes verificam se o *build* não foi 'quebrado' pelas mudanças.

6. *Emissão de relatórios*. O sistema de construção deve fornecer relatórios sobre o sucesso ou a falha da construção e os testes que foram executados.
7. *Geração da documentação*. O sistema de construção pode ser capaz de gerar notas de lançamento sobre o *build* e páginas de ajuda do sistema.

O *script* de construção é uma definição do sistema a ser construído. Ele inclui informações sobre os componentes e suas dependências e versões das ferramentas usadas para compilar e ligar o sistema. A linguagem de configuração usada para definir o *script* de construção inclui construtos para descrever os componentes do sistema a serem incluídos na construção e suas dependências.

A construção é um processo complexo e potencialmente propenso a erros, já que três plataformas de sistema diferentes podem estar envolvidas (Figura 25.11):

1. *O sistema de desenvolvimento*, que inclui ferramentas de desenvolvimento, como compiladores e editores de código-fonte. Os desenvolvedores fazem *check-out* do código do sistema de controle de versão para uma área de trabalho particular antes de fazer alterações no sistema. Pode ser que eles queiram criar uma versão de um sistema para teste em seu ambiente de desenvolvimento antes de efetivar as alterações feitas no sistema de controle de versão. Isso envolve o uso de ferramentas de construção local que usam versões de componentes na área de trabalho particular.
2. *O servidor de construção*, que é usado para construir versões definitivas e executáveis do sistema. Esse servidor mantém as versões definitivas de um sistema. Todos os desenvolvedores de sistema fazem *check-in* de código para o sistema de controle de versão no servidor de construção para construir o sistema.
3. *O ambiente de destino*, que é a plataforma na qual o sistema é executado. Esse pode ser o mesmo tipo de computador utilizado no desenvolvimento e nos sistemas de construção. No entanto, nos sistemas em tempo real e nos embarcados, muitas vezes o ambiente de destino é menor e mais simples do que o ambiente de desenvolvimento (por exemplo, um telefone celular). Nos sistemas grandes, o ambiente de destino pode incluir bancos de dados e outros sistemas de aplicações que não podem ser instalados em máquinas de desenvolvimento. Nessas situações, não é possível construir e testar o sistema no computador de desenvolvimento ou no servidor de construção.

FIGURA 25.11 Plataformas de desenvolvimento, construção e destino.

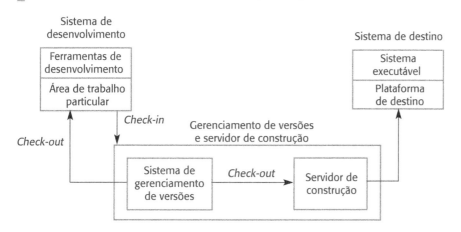

Os métodos ágeis recomendam que a construção do sistema seja realizada com bastante frequência, com testes automatizados utilizados para descobrir problemas de software. As construções frequentes fazem parte de um processo de integração contínua, como mostrado na Figura 25.12. De acordo com o conceito dos métodos ágeis, de fazer muitas mudanças pequenas, a integração contínua envolve a reconstrução frequente da *mainline*, depois de terem sido feitas pequenas mudanças no código-fonte. As etapas da integração contínua são:

1. Extrair o sistema *mainline* do sistema de gerenciamento de versões para a área de trabalho particular do desenvolvedor.
2. Construir o sistema e executar testes automatizados para garantir que o sistema construído passe em todos os testes. Se não passar, a construção está quebrada, e será necessário informar quem fez o *check-in* no último sistema *baseline*. Essa pessoa será responsável por reparar o problema.
3. Fazer as mudanças nos componentes do sistema.
4. Construir o sistema em uma área de trabalho particular e executar novamente os testes de sistema. Se os testes falharem, deve-se continuar a edição.
5. Uma vez que o sistema tenha passado nos testes, é preciso devolvê-lo para o servidor do sistema de construção, mas não efetivá-lo (fazer um *commit*) como um novo sistema *baseline* no sistema de gerenciamento de versões.
6. Construir o sistema no servidor de construção e rodar os testes. Alternativamente, se for usado Git, é possível puxar as alterações recentes do servidor para a área de trabalho particular. É preciso fazer isso no caso de outras pessoas terem modificado componentes desde que se fez o *check-out* do sistema. Se for o caso, é preciso fazer o *check-out* dos componentes que falharam e editá-los em uma área de trabalho particular para que passem no teste.
7. Se o sistema passar nos testes no sistema de construção, então deve-se confirmar as alterações feitas como um novo *baseline* no *mainline* do sistema.

FIGURA 25.12 Integração contínua.

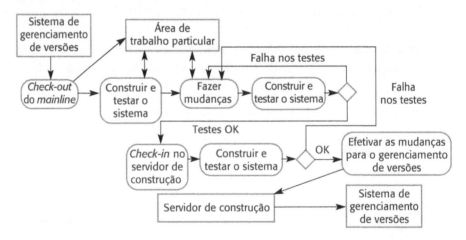

Ferramentas como o Jenkins (SMART, 2001) são usadas para apoiar a integração contínua. Essas ferramentas podem ser configuradas para construir um sistema tão logo o desenvolvedor tenha concluído uma atualização no repositório.

A vantagem da integração contínua é que ela permite a descoberta e o conserto, o mais rapidamente possível, dos problemas causados pelas interações entre diferentes desenvolvedores. O sistema mais recente no *mainline* é o sistema funcional definitivo. No entanto, embora a integração contínua seja uma boa ideia, nem sempre é possível implementar essa abordagem para a construção de sistemas:

1. Se o sistema for muito grande, pode levar muito tempo para construí-lo e testá-lo, especialmente se a integração com outros sistemas de aplicações estiver envolvida. Pode ser impraticável construir várias vezes por dia o sistema que está sendo desenvolvido.
2. Se a plataforma de desenvolvimento for diferente da plataforma de destino, pode não ser possível executar os testes do sistema na área de trabalho particular do desenvolvedor. Pode haver diferenças no hardware, no sistema operacional ou no software instalado. Portanto, é preciso de mais tempo para testar o sistema.

Nos sistemas grandes ou naqueles cuja plataforma de execução não é a mesma da plataforma de desenvolvimento, a integração contínua costuma ser impossível. Nessas circunstâncias, a construção frequente do sistema é permitida usando um sistema de construção diária:

1. A organização que está desenvolvendo o sistema estabelece um horário de entrega (por exemplo, 14h00) dos componentes de sistema. Se os desenvolvedores tiverem novas versões dos componentes que eles estão codificando, então devem entregá-las até aquele horário. Os componentes podem estar incompletos, mas devem proporcionar uma funcionalidade básica que possa ser testada.
2. Uma nova versão do sistema é construída com base nesses componentes, compilando e ligando os componentes para formar um sistema completo.
3. Esse sistema é entregue para a equipe de testes, que executa um conjunto de testes predefinidos.
4. Os defeitos que foram descobertos durante o teste do sistema são documentados e devolvidos para os desenvolvedores do sistema. Eles consertam os defeitos em uma versão subsequente do componente.

As vantagens de usar construções frequentes do software são as maiores chances de encontrar problemas oriundos das interações de componentes logo no início do processo. A construção frequente incentiva testes unitários completos dos componentes. Psicologicamente, os desenvolvedores são colocados sob pressão para 'não quebrar o *build*'; ou seja, eles tentam evitar o *check-in* de versões dos componentes que provoquem a falha do sistema inteiro. Portanto, eles relutam em entregar versões de novos componentes que não foram adequadamente testadas. Como consequência, gasta-se menos tempo durante o teste do sistema descobrindo e lidando com defeitos de software, que poderiam ter sido encontrados pelo desenvolvedor.

Como a compilação é um processo computacionalmente intensivo, ferramentas de apoio à construção do sistema podem ser projetadas para minimizar a quantidade de compilação necessária. Elas fazem isso verificando se está disponível uma versão compilada de um componente. Em caso positivo, não há necessidade de recompilar esse componente. Portanto, deve haver uma maneira de ligar inequivocamente o código-fonte de um componente ao seu código objeto equivalente.

Essa ligação é realizada por meio da associação de uma assinatura exclusiva a cada arquivo em que um componente de código-fonte é armazenado. O código objeto correspondente, que foi compilado a partir do código-fonte, tem uma assinatura relacionada. A assinatura identifica cada versão de código-fonte e ela é alterada quando o código-fonte é editado. Pela comparação das assinaturas nos arquivos de código-fonte e de código objeto, é possível decidir se o componente de código-fonte foi usado para gerar o componente de código objeto.

Podem ser utilizados dois tipos de assinatura, conforme exibido na Figura 25.13:

1. Timestamps *de modificação*. A assinatura no arquivo de código-fonte é a data e a hora (*timestamps*) em que esse arquivo foi modificado. Se o arquivo de código-fonte de um componente tiver sido modificado após o arquivo de código objeto relacionado, o sistema pressupõe que é necessária a recompilação para criar um novo arquivo de código objeto.

   Por exemplo, os componentes Comp.java e Comp.class têm assinaturas de modificação de 17:03:05:15:02:2018 e 16:58:43:15:02:2018, respectivamente. Isso significa que o código Java foi modificado às 17 horas, 3 minutos e 5 segundos do dia 15 de fevereiro de 2018 e a versão compilada foi modificada às 16 horas, 58 minutos e 43 segundos do dia 15 de fevereiro de 2018. Nesse caso, o sistema recompilaria automaticamente Comp.java, porque a versão compilada tem uma data de modificação anterior à versão mais recente do componente.

2. *Somas de verificação (checksum) de código-fonte*. A assinatura no arquivo de código-fonte é uma soma de verificação (*checksum*) calculada a partir dos dados no arquivo. Uma *checksum* calcula um número exclusivo usando o texto de origem como entrada. Se você alterar o código-fonte (mesmo que somente um caractere), isso irá gerar uma soma de verificação diferente. É possível, portanto, ter certeza de que arquivos de código-fonte com somas de verificação diferentes são realmente diferentes. A soma de verificação é atribuída ao código-fonte somente antes da compilação e identifica exclusivamente o arquivo de origem. O sistema de construção, em seguida, marca o arquivo de código objeto gerado com a assinatura da soma de verificação. Se não houver nenhum arquivo de código objeto com a mesma assinatura que o arquivo de código-fonte a ser incluído em um sistema, a recompilação do código-fonte é necessária.

FIGURA 25.13 Ligando código-fonte e código objeto.

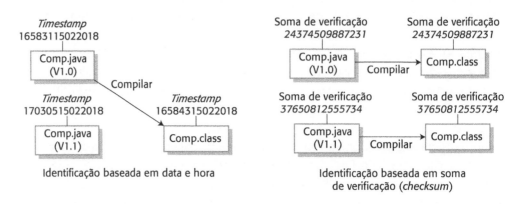

Como os arquivos de código objeto normalmente não são versionados, a primeira abordagem (a de *timestamps*) significa que apenas o arquivo de código objeto compilado mais recentemente é mantido no sistema. Esse arquivo normalmente está relacionado ao arquivo de código-fonte pelo nome; ou seja, ele tem o mesmo nome que o arquivo de código-fonte, mas com um sufixo diferente. Portanto, o arquivo de origem Comp.java pode gerar o arquivo objeto Comp.class. Como os arquivos de fonte e objeto estão ligados pelo nome, geralmente não é possível criar ao mesmo tempo versões diferentes de um componente de código-fonte no mesmo diretório. O compilador geraria arquivos objeto com o mesmo nome; portanto, somente a versão compilada mais recentemente estaria disponível.

A abordagem de soma de verificação (*checksum*) tem a vantagem de permitir que sejam mantidas simultaneamente muitas versões diferentes do código objeto de um componente. A assinatura em vez do nome do arquivo é o vínculo entre código-fonte e objeto. O código-fonte e os arquivos de código objeto têm a mesma assinatura. Portanto, quando você recompila um componente, ele não sobrescreve o código objeto, como normalmente seria o caso quando o carimbo de data e hora é utilizado. Em vez disso, ele gera um novo arquivo de código objeto e o identifica com a assinatura de código-fonte. A compilação paralela é possível, e versões diferentes de um componente podem ser compiladas ao mesmo tempo.

25.3 GERENCIAMENTO DE MUDANÇAS

A mudança é um fato da vida para os grandes sistemas de software. As necessidades organizacionais e os requisitos mudam durante a vida útil de um sistema, os defeitos precisam ser reparados e os sistemas precisam se adaptar às mudanças em seu ambiente. Para garantir que as alterações sejam aplicadas ao sistema de uma maneira controlada, é necessário um conjunto de processos de gerenciamento de mudanças apoiados por ferramentas. O gerenciamento de mudanças visa a garantir que a evolução do sistema seja controlada e que as alterações mais urgentes e com bom custo-benefício sejam priorizadas.

O gerenciamento de mudanças é o processo de analisar os custos e os benefícios das mudanças propostas, aprovando as que têm bom custo-benefício e controlando quais componentes do sistema foram modificados. A Figura 25.14 é um modelo de um processo de gerenciamento de mudanças que mostra as principais atividades de gerenciamento de mudanças. Esse processo deve entrar em vigor quando o software for entregue para lançamento aos clientes ou para implantação dentro de uma organização.

Muitas variantes desse processo estão em uso, dependendo se o software é um sistema personalizado, uma linha de produtos ou um produto de prateleira. O tamanho da empresa também faz diferença — as pequenas empresas utilizam um processo menos formal do que as grandes empresas, que trabalham com clientes corporativos ou governamentais. No entanto, todos os processos de gerenciamento de mudanças devem incluir alguma maneira de verificar, precificar e aprovar alterações.

As ferramentas para apoiar o gerenciamento de mudanças podem ser tanto sistemas relativamente simples de rastreamento de problemas ou defeitos quanto um software integrado a um pacote de gerenciamento de configuração de sistemas de larga escala, como o Rational Clearcase. Os sistemas de rastreamento de problemas permitem que qualquer pessoa relate um defeito ou faça uma sugestão de mudança no sistema, e controlam como o time de desenvolvimento respondeu a essas questões. Esses sistemas não impõem um processo aos usuários e, por isso, podem ser utilizados em muitos contextos diferentes. Sistemas mais complexos são construídos em torno de um modelo de processo de gerenciamento de mudanças. Eles automatizam o processo inteiro de solicitações de mudança, desde a proposta inicial do cliente até a aprovação final da mudança e o envio dela para o time de desenvolvimento.

FIGURA 25.14 Processo de gerenciamento de mudanças.

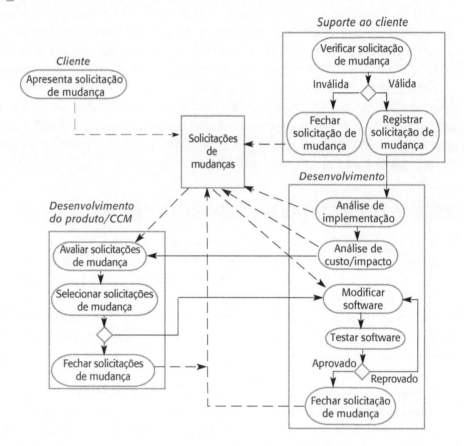

O processo de gerenciamento de mudanças começa quando um *stakeholder* do sistema preenche e envia uma solicitação de mudança, descrevendo a mudança necessária no sistema. Essa solicitação pode ser um relatório de defeitos, no qual os sintomas dos defeitos são descritos, ou um pedido para acrescentar mais funcionalidade ao sistema. Algumas empresas lidam com relatórios de defeitos e novos requisitos separadamente, mas, em princípio, ambos são solicitações de mudança. Tais solicitações podem ser enviadas por meio de um formulário de solicitação de mudança (CRF, do inglês *change request form*). Os *stakeholders* podem ser donos ou usuários do sistema, testadores-beta, desenvolvedores ou o departamento de marketing de uma empresa.

Os formulários eletrônicos de solicitação de mudança registram informações que são compartilhadas entre todos os grupos envolvidos no gerenciamento de mudança. À medida que a solicitação de mudança é processada, informações são adicionadas ao CRF para registrar as decisões tomadas em cada estágio do processo. Em qualquer momento, portanto, ele representa uma fotografia do estado da solicitação de mudança. Além de registrar a alteração solicitada, o formulário registra as recomendações pertinentes à alteração, os seus custos estimados e as datas em que a mudança foi solicitada, aprovada, implementada e validada. O CRF também pode incluir uma seção em que um desenvolvedor descreve como a alteração pode ser implementada. Mais uma vez, o grau de formalidade do formulário varia de acordo com o tamanho e o tipo da organização que está desenvolvendo o sistema.

A Figura 25.15 é um exemplo de um tipo de formulário de solicitação de mudança que poderia ser utilizado em um projeto de engenharia de sistemas grande e complexo. Nos projetos menores, recomendo que as solicitações de mudança sejam registradas formalmente; o CRF deve se concentrar em descrever a mudança solicitada, com menos ênfase nas questões de implementação. Os desenvolvedores do sistema decidem como implementar a mudança e estimam o tempo necessário para realizar sua implementação.

FIGURA 25.15 Formulário de solicitação de mudança parcialmente preenchido.

Formulário de solicitação de mudança	
Projeto: SICSA/AppProcessing	**Número:** 23/02
Solicitante: I. Sommerville	**Data:** 20/07/2012
Mudança solicitada: O status dos candidatos (rejeitado, aceito etc.) deve ser mostrado visualmente na lista de candidatos exibida.	
Analisador da mudança: R. Looek	**Data da análise:** 25/07/2012
Componentes afetados: DisplayDaListaDeCandidatos, AtualizadorDeStatus	
Componentes associados: EstudanteBD	
Avaliação da mudança: Relativamente simples para implementar mudando-se a cor da exibição de acordo com o status. Uma tabela para relacionar o status às cores deve ser adicionada. Não é necessária nenhuma mudança nos componentes associados.	
Prioridade da alteração: Média	
Implementação da mudança:	
Esforço estimado: 2 horas	
Data para ap. da equipe de SGA: 28/07/12	**Data de decisão CCM:** 30/07/2012
Decisão: Aceitar a alteração. Alteração a ser implementada no Lançamento 1.2	
Implementador da mudança:	**Data da mudança:**
Data de envio para a gerência da qualidade:	**Decisão de gerência da qualidade:**
Data de envio para a gerência de configuração:	
Comentários:	

Depois de uma solicitação de mudança ter sido enviada, ela é conferida para garantir que seja válida. O conferente pode ser membro de uma equipe do cliente, de uma equipe de suporte à aplicação ou, no caso de solicitações internas, do time de desenvolvimento. A solicitação de mudança pode ser rejeitada nesse estágio. Se a solicitação de mudança for um relato de defeito, o defeito pode já ter sido relatado e corrigido. Às vezes, o que as pessoas acreditam ser problemas pode ser, na verdade, um mal-entendido quanto ao que se espera que o sistema faça. Algumas vezes, as pessoas pedem características que já foram implementadas, mas sobre as quais elas ainda não sabiam. Se qualquer um desses casos for verdadeiro, o problema pode ser encerrado, e o formulário será atualizado com o motivo do encerramento. Se for uma solicitação de mudança válida, ela será registrada como uma solicitação pendente para análise subsequente.

Clientes e mudanças

Os métodos ágeis enfatizam a importância de envolver os clientes no processo de priorização da mudança. O representante do cliente ajuda o time a decidir sobre as mudanças que devem ser implementadas na próxima iteração de desenvolvimento. Embora isso possa ser eficaz para sistemas que estão em desenvolvimento para um único cliente, pode ser um problema no desenvolvimento de produtos em que nenhum cliente real esteja trabalhando com o time. Nesses casos, o time tem de tomar suas próprias decisões sobre a priorização da mudança.

Para as solicitações de mudança válidas, a próxima etapa do processo é a avaliação da mudança e o cálculo dos custos. Essa função geralmente é de responsabilidade do time de desenvolvimento ou da equipe de manutenção, já que eles podem determinar o que está envolvido na implementação da alteração. O impacto da alteração no resto do sistema deve ser verificado. Para isso, é preciso identificar todos os componentes afetados pela mudança. Se a mudança implica alterações em outras partes do sistema, obviamente isso aumentará o custo de implementação dela. Em seguida, são avaliadas as alterações necessárias nos módulos do sistema. Finalmente, o custo de proceder com essas mudanças é estimado, levando-se em conta os custos de mudança dos componentes relacionados.

Depois dessa análise, um grupo à parte decide se é rentável para a empresa fazer a mudança no software. Nos sistemas militares e governamentais, esse grupo geralmente é chamado de comitê de controle de mudança (CCM). Na indústria, poderia ser chamado de 'grupo de desenvolvimento do produto', responsável por tomar decisões a respeito de como um sistema de software deve evoluir. Esse grupo deve analisar e aprovar todas as solicitações de mudança, a menos que as alterações envolvam simples correções de erros menores em telas, páginas da web ou documentos. Esses pequenos pedidos devem ser passados para implementação imediata pelo time de desenvolvimento.

O CCM, ou o grupo de desenvolvimento do produto, considera o impacto da mudança de um ponto de vista estratégico e organizacional, em vez de técnico. Ele decide se a mudança em questão é economicamente justificável e prioriza as mudanças aceitas para serem implementadas. As mudanças que foram aceitas são devolvidas ao grupo de desenvolvimento. As solicitações de mudança que foram rejeitadas são encerradas e nenhuma ação adicional é executada. Os fatores que influenciam a decisão sobre a implementação ou não de uma mudança incluem:

1. *As consequências de não fazer a mudança.* Ao avaliar uma solicitação de mudança, é preciso considerar o que ocorrerá se essa mudança não for implementada. Se a mudança estiver associada a uma falha de sistema relatada, deve ser levado em conta quão séria ela é. Se a falha de sistema faz o sistema cair, isso é muito grave, e deixar de implementar a mudança pode comprometer o uso operacional do sistema. Por outro lado, se o erro tiver um efeito menor, como cores incorretas em um monitor, então não é importante corrigir o problema rapidamente. Por conseguinte, a mudança deve ter uma prioridade baixa.

2. *Os benefícios da mudança.* A mudança beneficiará muitos usuários do sistema ou somente seu proponente?
3. *O número de usuários afetados pela mudança.* Se apenas alguns usuários forem afetados, poderá ser atribuída uma prioridade baixa à mudança. Na verdade, fazer a mudança pode ser desaconselhável se isso significar que a maioria dos usuários do sistema tem de se adaptar a ela.
4. *Os custos de fazer a mudança.* Se a mudança afetar muitos componentes do sistema (portanto, aumentando as chances de introduzir novos defeitos) e/ou levar muito tempo para implementar, então ela pode ser rejeitada.
5. *O ciclo de lançamento do produto.* Se uma nova versão do software acaba de ser lançada para os clientes, pode fazer sentido atrasar a implementação da mudança até o próximo lançamento planejado (consulte a Seção 25.4).

O gerenciamento de mudanças nos produtos de software (por exemplo, um sistema CAD) é conduzido de maneira diferente, em comparação com o que acontece nos sistemas personalizados especificamente desenvolvidos para um determinado cliente. Nos produtos de software, o cliente não está diretamente envolvido em decisões sobre a evolução do sistema, portanto, a relevância da mudança para o negócio do cliente não é um problema. As solicitações de mudança para esses produtos vêm da equipe de suporte ao cliente, da equipe de marketing da empresa e dos próprios desenvolvedores. Esses pedidos podem refletir sugestões e *feedbacks* de clientes ou análises do que é oferecido pelos produtos concorrentes.

A equipe de suporte ao cliente pode enviar solicitações de mudança associadas a defeitos que foram descobertos e relatados por clientes após o lançamento do software. Os clientes podem usar uma página da web ou e-mail para reportar *bugs*. Uma equipe de gerenciamento de defeitos verifica, em seguida, se os relatórios são válidos e converte-os em solicitações formais de mudança do sistema. A equipe de marketing pode se reunir com clientes e investigar produtos competitivos. Ela pode sugerir mudanças que devam ser incluídas para facilitar a venda de uma nova versão de um sistema para clientes novos e atuais. Os próprios desenvolvedores do sistema podem ter algumas boas ideias sobre novas características que podem ser adicionadas ao sistema.

O processo de solicitação de mudança, mostrado na Figura 25.14, é iniciado depois que um sistema foi liberado para os clientes. Durante o desenvolvimento, quando novas versões do sistema são criadas por meio de construções de sistema diárias (ou mais frequentes), não há necessidade de um processo formal de gerenciamento de mudanças. Problemas e mudanças solicitadas são registrados em um sistema de acompanhamento de problemas e discutidos em reuniões diárias. As mudanças que afetam somente os componentes individuais são passadas diretamente para o desenvolvedor do sistema, que pode aceitá-las ou indicar por que elas não são necessárias. No entanto, uma autoridade independente, como um arquiteto do sistema, deve avaliar e priorizar as mudanças que afetam os módulos do sistema produzidos por diferentes times de desenvolvimento.

Em alguns métodos ágeis, os clientes estão diretamente envolvidos na decisão de implementar ou não uma mudança. Quando eles propõem uma mudança nos requisitos do sistema, eles trabalham com o time para avaliar o impacto dessa mudança e, em seguida, decidir se ela deve ter prioridade sobre as características planejadas para o próximo incremento do sistema. No entanto, as mudanças que envolvem melhorias de software são deixadas à critério dos programadores que trabalham no sistema. A refatoração, em que o software é continuamente melhorado, não é vista como uma sobrecarga, mas como uma parte necessária do processo de desenvolvimento.

Conforme o time de desenvolvimento altera os componentes de software, ele deve manter um registro das alterações feitas em cada componente. A isso às vezes se dá o nome de histórico de derivação de um componente. Uma boa maneira de manter o histórico de derivação é por meio de um comentário padronizado no início do código-fonte do componente (Figura 25.16). Esse comentário deve fazer referência à solicitação de mudança que provocou a alteração do software. Esses comentários podem ser processados por *script*s que processam todos os componentes em busca dos históricos de derivação e, em seguida, geram relatórios de mudança de componentes. Nos documentos, os registros de mudanças incorporados em cada versão geralmente são mantidos em uma página separada, no início do documento. Eu discuto isso no capítulo da web sobre a documentação (Capítulo 30, em inglês).

FIGURA 25.16 Histórico de derivação.

```
// SICSA projeto (XEP 6087)
//
// SISTEMA-APP/AUT/RBAC/PAPEL_USUARIO
//
// Objeto: papelAtual
// Autor: R. Looek
// Data de criação: 13/11/2012
//
// © Universidade St. Andrews 2012
//
// Histórico de mudança
// Versão     Autor       Data          Mudança             Motivo
// 1.0        J. Jones    11/11/2009    Adicionar header    Enviado ao gerenciamento de mudança
// 1.1        R. Looek    13/11/2009    Novo campo          Req. de mudança R07/02
```

25.4 GERENCIAMENTO DE LANÇAMENTOS

Um lançamento (*release*) de sistema é uma versão do sistema de software distribuída para os clientes. Em software de mercado de massa, geralmente é possível identificar dois tipos de lançamento: lançamentos principais (*major releases*), que oferecem uma nova funcionalidade significativa, e lançamentos secundários (*minor releases*), que consertam defeitos e solucionam problemas relatados por clientes. Este livro, por exemplo, está sendo escrito em um computador Mac da Apple, cujo sistema operacional é o OS 10.9.2. Isso significa lançamento secundário 2 do lançamento principal 9 do sistema operacional OS 10. Os lançamentos principais são muito importantes economicamente para o fornecedor de software, pois os clientes geralmente têm de pagar por eles. Os lançamentos secundários geralmente são distribuídos gratuitamente.

Um lançamento de produto de software não é apenas o código executável do sistema. O lançamento também pode incluir:

- arquivos de configuração, que definem como o lançamento deve ser configurado para instalações específicas;
- arquivos de dados, como arquivos de mensagens de erro em diferentes idiomas, que são necessários para a operação bem-sucedida do sistema;
- um programa de instalação, que é usado para ajudar a instalar o sistema no hardware de destino;
- documentação eletrônica e em papel que descreva o sistema;
- embalagens e publicidade associada que foram concebidas para esse lançamento.

Preparar e distribuir um lançamento de sistema para produtos de mercado de massa é um processo caro. Além do trabalho técnico envolvido na criação de uma distribuição do lançamento, é preciso preparar material de propaganda e publicidade. Pode ser necessário conceber estratégias de marketing para convencer os clientes a comprarem o novo lançamento do sistema. É preciso pensar muito no momento dos lançamentos. Se eles forem frequentes demais ou exigirem atualizações de hardware, os clientes podem não passar para o novo lançamento, especialmente se tiverem que pagar por ele. Se os lançamentos do sistema forem pouco frequentes, a participação de mercado pode diminuir à medida que os clientes mudarem para sistemas alternativos.

Na Figura 25.17, são exibidos os diversos fatores técnicos e organizacionais que devem ser levados em conta ao decidir sobre o momento de lançar uma nova versão de um produto de software.

FIGURA 25.17 Fatores que influenciam o planejamento de lançamentos do sistema.

Fator	Descrição
Concorrência	Para o software de mercado de massa, um novo lançamento do sistema pode ser necessário porque um produto concorrente introduziu novas características, e a participação de mercado pode ser perdida se essas características não forem fornecidas aos clientes atuais.
Requisitos de mercado	O departamento de marketing de uma organização pode ter se comprometido a disponibilizar lançamentos em uma determinada data. Por razões de mercado, pode ser preciso incluir novas características em um sistema para que os usuários sejam persuadidos a atualizar seus sistemas em relação a um lançamento anterior.
Mudanças de plataforma	Pode ser necessário criar um lançamento da aplicação de software quando uma nova versão do sistema operacional for lançada.
Qualidade técnica do sistema	Se forem relatados defeitos graves do sistema, que afetem a maneira com que muitos clientes utilizam-no, pode ser necessário corrigi-los em um novo lançamento de sistema. Os defeitos menores do sistema podem ser corrigidos com a emissão de *patches*, distribuídos pela internet, que podem ser aplicados ao lançamento atual do sistema.

A criação do lançamento é o processo de criar o conjunto de arquivos e documentação que inclui todos os componentes do lançamento do sistema. Esse processo envolve várias etapas, destacadas a seguir:

1. O código executável dos programas e todos os arquivos de dados associados devem ser identificados no sistema de controle de versão e marcados com o identificador de lançamento.
2. Descrições de configuração podem ter de ser escritas para diferentes sistemas operacionais e de hardware.
3. Instruções atualizadas podem ter de ser escritas para os clientes que precisam configurar seus próprios sistemas.
4. *Scripts* para o programa de instalação podem ter de ser escritos.
5. Páginas da web precisam ser criadas descrevendo o lançamento, com *links* para a documentação do sistema.
6. Finalmente, quando todas as informações estão disponíveis, uma imagem mestre executável do software deve ser preparada e entregue para distribuição a clientes ou para revendas.

No caso do software personalizado ou das linhas de produto de software, a complexidade do processo de gerenciamento de lançamentos do sistema depende do número de clientes. Pode ser preciso criar lançamentos especiais do sistema para cada cliente, já que esses clientes podem estar executando lançamentos do sistema diferentes, simultaneamente, em hardware diferente. Quando o software é parte de um sistema de sistemas complexo, diversas variantes diferentes de cada sistema podem ter de ser criadas. Por exemplo, nos veículos de bombeiros, cada tipo de veículo tem a sua própria versão de sistema de software adaptada para o equipamento instalado no veículo.

Uma empresa de software pode ter de gerenciar dezenas ou mesmo centenas de lançamento diferentes de seu software. Seus sistemas e processos de gerenciamento de configuração têm de ser projetados para fornecer informações sobre quais clientes têm quais versões do sistema e a relação entre os lançamentos e as versões do sistema. No caso de um problema com um sistema entregue, é preciso ser capaz de recuperar todas as versões dos componentes utilizadas nesse sistema específico.

Portanto, quando um lançamento do sistema é produzido, ele deve ser documentado para garantir que possa ser recriado precisamente no futuro. Isso é particularmente importante para sistemas embarcados com uma grande vida útil, como os sistemas militares e os que controlam máquinas complexas. Esses sistemas podem ter uma vida útil longa — 30 anos em alguns casos. Os clientes podem usar um único lançamento desses sistemas por muitos anos e precisar de alterações específicas nesse lançamento muito tempo depois de ele ter sido substituído por novas versões.

Para documentar um lançamento, devem ser registradas as versões específicas dos componentes do código-fonte que foram utilizadas para criar o código executável. É necessário manter cópias dos arquivos do código-fonte, dos executáveis correspondentes e de todos os arquivos de dados e configurações. Pode ser necessário manter cópias dos sistemas operacionais mais antigos e de outro software de apoio porque eles ainda podem estar em operação. Felizmente, isso não quer mais dizer que o hardware antigo sempre deva ser preservado. Os sistemas operacionais mais antigos podem ser executados em uma máquina virtual.

Também é preciso registrar as versões do sistema operacional, as bibliotecas, os compiladores e outras ferramentas utilizadas para construir o software. Essas ferramentas podem ser necessárias para construir exatamente o mesmo sistema em alguma data posterior. Consequentemente, pode ser necessário armazenar cópias do software da plataforma e das ferramentas utilizadas para criá-lo no sistema de controle de versões, junto com o código-fonte do sistema de destino.

Quando se planeja a instalação de novos lançamentos do sistema, não se deve assumir que os clientes sempre instalarão esses novos lançamentos. Alguns usuários podem estar felizes com um sistema atual e podem não considerar justificável absorver o custo de mudar para um novo lançamento. Os novos lançamentos do sistema, portanto, não podem se basear na instalação dos lançamentos prévios. Para ilustrar esse problema, considere o seguinte cenário.

1. O lançamento 1 de um sistema é distribuído e colocado em uso.
2. O lançamento 2 requer a instalação de novos arquivos de dados, mas alguns clientes não precisam dos recursos do lançamento 2 e, portanto, continuam com o lançamento 1.
3. O lançamento 3 requer arquivos de dados instalados no lançamento 2 e não tem novos arquivos de dados próprios.

O distribuidor do software não pode assumir que os arquivos necessários para o lançamento 3 já estão instalados em todos os locais. Alguns locais passam diretamente do lançamento 1 para o lançamento 3, saltando o lançamento 2. Alguns locais podem ter modificado os arquivos de dados associados ao lançamento 2 para refletir circunstâncias específicas. Portanto, os arquivos de dados devem ser distribuídos e instalados com o lançamento 3 do sistema.

Um benefício de fornecer o software como um serviço (*SaaS*, do inglês *software as a service*) é que isso evita todos esses problemas, pois simplifica tanto o gerenciamento de lançamentos quanto a instalação do sistema para os clientes. O desenvolvedor do software é responsável por substituir o lançamento atual de um sistema por um novo lançamento, que é disponibilizado para todos os clientes ao mesmo tempo. No entanto, essa abordagem requer que todos os servidores que executam os serviços sejam atualizados ao mesmo tempo. Para permitir atualizações de servidor, foram desenvolvidas ferramentas especializadas de gerenciamento de distribuições, como a Puppet (LOOPE, 2011) para 'enviar' (*push*) software novo nos servidores.

PONTOS-CHAVE

- Gerenciamento de configuração é o gerenciamento de um sistema de software em evolução. Ao manter um sistema, uma equipe de gerenciamento de configuração é instituída para garantir que as mudanças sejam incorporadas ao sistema de uma maneira controlada e que os registros sejam mantidos, detalhando as mudanças que foram implementadas.
- Os principais processos de gerenciamento de configuração estão preocupados com o controle de versão, a construção de sistemas, o gerenciamento de mudanças e o gerenciamento de lançamentos. Existem ferramentas de software disponíveis para apoiar todos esses processos.
- O controle de versão envolve manter o controle das diferentes versões de componentes de software que são criadas à medida que mudanças são feitas neles.

- A construção de sistema é o processo de montagem dos componentes do sistema em um programa executável, que possa ser executado em uma plataforma de destino.
- O software deve ser frequentemente reconstruído e testado imediatamente após a construção de uma nova versão. Isso facilita a detecção de defeitos e problemas que tenham sido introduzidos desde a última construção.
- O gerenciamento de mudanças envolve a avaliação de propostas de mudança feitas por clientes do sistema e outros *stakeholders*, a fim de decidir se há um bom custo-benefício em implementar essas mudanças em uma nova versão de um sistema.
- Os lançamentos do sistema incluem código executável, arquivos de dados, arquivos de configuração e documentação. O gerenciamento de lançamento envolve tomar decisões sobre as datas de lançamento do sistema, preparar todas as informações para distribuição e documentar cada lançamento do sistema.

LEITURAS ADICIONAIS

Software configuration management patterns: effective teamwork, practical integration. Um livro relativamente curto e fácil de ler, que dá bons conselhos práticos sobre a prática de gerenciamento de configuração, especialmente para métodos ágeis de desenvolvimento. BERCZUK, S. P.; APPLETON, B. Addison-Wesley, 2003.

"Agile configuration management for large organizations." Esse artigo descreve práticas de gerenciamento de configuração, que podem ser utilizadas em processos de desenvolvimento ágil, com ênfase especial sobre como elas podem escalar a grandes projetos e empresas. SCHUH, P. 2007. Disponível em: <www.ibm.com/developerworks/rational/library/mar07/schuh/index.html>. Acesso em: 19 ago. 2018.

Configuration management best practices. Esse é um livro bem escrito, que apresenta um ponto de vista mais amplo do gerenciamento de configuração do que eu tenho discutido aqui, incluindo o gerenciamento de configuração de hardware. É orientado para projetos de grandes sistemas e não abrange realmente o desenvolvimento ágil. AIELLO, B.; SACHS, L. Addison-Wesley, 2011.

"Exclusive: a behind-the-scenes look at Facebook release engineering." Esse é um artigo interessante que cobre o problema de lançar novas versões de grandes sistemas na nuvem, algo que eu não discuti neste capítulo. O desafio aqui é certificar-se de que todos os servidores são atualizados ao mesmo tempo, para que os usuários não vejam versões diferentes do sistema. RYAN, P. arstechnica.com, 2012. Disponível em: <http://arstechnica.com/business/2012/04/exclusive-a-behind-the-scenes-look-at-facebook-release-engineering/>. Acesso em: 19 ago. 2018.

"GitSVnComparison." Essa *wiki* compara os sistemas de controle de versão Git e Subversion. *git.wiki.kernel.org*, 12 dez. 2013. Disponível em: <https://git.wiki.kernel.org/index.php/GitSvnComparsion>. Acesso em: 19 ago. 2018.

SITE[1]

Apresentações em PowerPoint para este capítulo disponíveis em: <http://software-engineering-book.com/slides/chap25/>.
Links para vídeos de apoio disponíveis em: <http://software-engineering-book.com/videos/software-management/>.

[1] Todo o conteúdo disponibilizado na seção *Site* de todos os capítulos está em inglês.

EXERCÍCIOS

25.1. Sugira cinco problemas que podem surgir se uma empresa não desenvolver políticas e processos eficazes de gerenciamento de configuração.

25.2. Explique por que é essencial que cada versão de um componente seja identificada de maneira única. Comente sobre os problemas de usar um esquema de identificação de versão que é simplesmente baseado nos números de versão.

25.3. Imagine uma situação em que dois desenvolvedores estão modificando simultaneamente três componentes de software diferentes. Quais dificuldades podem surgir quando tentarem fundir (*merge*) as mudanças que fizeram?

25.4. Atualmente, um software muitas vezes é desenvolvido por times distribuídos, com membros do time trabalhando em locais e fusos horários diferentes. Sugira características em um sistema de controle de versão que poderiam ser incluídas para apoiar o desenvolvimento distribuído de software.

25.5. Descreva as dificuldades que podem surgir ao construir um sistema com base em seus componentes. Que problemas específicos podem ocorrer quando um sistema é criado em um computador *host* para alguma máquina de destino (*target*)?

25.6. Com referência à construção do sistema, explique por que às vezes você precisará manter computadores obsoletos, nos quais grandes sistemas de software foram desenvolvidos.

25.7. Um problema comum na construção de sistemas ocorre quando os nomes do arquivo físico são incorporados ao código do sistema e a estrutura de arquivos implícita nesses nomes difere da estrutura que consta na máquina de destino. Escreva um conjunto de diretrizes para programadores que ajuda a evitar esse e qualquer outro problema de construção que você possa imaginar.

25.8. Quais são os benefícios de usar um formulário de solicitação de mudança como o documento central do processo de gerenciamento de mudanças?

25.9. Descreva seis características essenciais que devem ser incluídas em uma ferramenta para oferecer apoio a processos de gerenciamento de mudanças.

25.10. Descreva cinco fatores que os engenheiros devem levar em conta durante o processo de construção de um lançamento de um grande sistema de software.

REFERÊNCIAS

AIELLO, B.; SACHS, L. *Configuration management best practices*. Boston: Addison-Wesley, 2011.

BAMFORD, R.; DEIBLER, W. J. *ISO 9001:2000 for software and systems providers*: an engineering approach. Boca Raton, FL: CRC Press, 2003.

CHRISSIS, M. B.; KONRAD, M.; SHRUM, S. *CMMI for development*: guidelines for process integration and product improvement. 3. ed. Boston: Addison-Wesley, 2011.

IEEE standard for configuration management in systems and software engineering. *IEEE Std 828-2012*. 2012. doi:10.1109/IEEESTD.2012.6170935.

LOELIGER, J.; MCCULLOUGH, M. *Version control with Git*: powerful tools and techniques for collaborative software development. Sebastopol, CA: O'Reilly and Associates, 2012.

LOOPE, J. *Managing infrastructure with puppet*. Sebastopol, CA: O'Reilly and Associates, 2011.

PILATO, C.; COLLINS-SUSSMAN, B.; FITZPATRICK, B. *Version control with Subversion*. Sebastopol, CA: O'Reilly and Associates, 2008.

SMART, J. F. *Jenkins*: the definitive guide. Sebastopol, CA: O'Reilly and Associates, 2011.

Glossário

A

Ada: linguagem de programação desenvolvida pelo Departamento de Defesa dos Estados Unidos, nos anos 1980, como linguagem padrão para o desenvolvimento de software militar. Ela se baseia em pesquisas de linguagens de programação dos anos 1970 e inclui construtos como tipos de dados abstratos e o suporte à concorrência. Ainda é utilizada nos grandes e complexos sistemas militares e aeroespaciais.

ambiente virtual de aprendizagem: conjunto integrado de ferramentas de software, aplicações e conteúdos educacionais voltados para apoiar a aprendizagem.

análise estática: análise baseada em ferramentas de um código-fonte de programa para descobrir erros e anomalias. As anomalias, como atribuições sucessivas a uma variável sem uso intermediário, podem ser indicações de erros de programação.

arquitetura cliente-servidor: modelo de arquitetura para sistemas distribuídos em que a funcionalidade do sistema é oferecida como um conjunto de serviços fornecidos por um servidor. Esses serviços são acessados por computadores clientes, que fazem uso dos serviços. Variações dessa abordagem, como as arquiteturas cliente-servidor de três camadas, usam vários servidores.

arquitetura de referência: arquitetura genérica, idealizada, que inclui todas as características que sistemas poderiam incorporar. É uma maneira de informar os projetistas sobre a estrutura geral dessa classe de sistemas, em vez de uma base para criar uma arquitetura de sistema específica.

arquitetura de software: modelo da estrutura fundamental e da organização de um sistema de software.

arquitetura dirigida por modelos (MDA, do inglês *model-driven architecture*): abordagem para o desenvolvimento de software baseada na construção de um conjunto de modelos de sistema, que podem ser processados automaticamente ou semiautomaticamente para gerar um sistema executável.

arquitetura tolerante a defeitos: arquiteturas de sistema projetadas para permitir a recuperação de defeitos de software. Elas se baseiam em componentes de software redundantes e diversos.

ataque de negação de serviço: ataque a um sistema web que tenta sobrecarregá-lo para que ele não consiga prestar seu serviço normal aos usuários.

B

B: método formal de desenvolvimento de software que se baseia na implementação de um sistema pela transformação sistemática de uma especificação formal do sistema.

banco de dados com multilocação: bancos de dados nos quais a informação de várias organizações diferentes é armazenada. É utilizado na implementação de software como serviço.

bomba de insulina: dispositivo médico controlado por software que consegue fornecer doses controladas de insulina para pessoas que sofrem de diabetes. É utilizado como um estudo de caso neste livro.

BPMN: *Business Process Modeling Notation*. Notação para definir fluxos de trabalho que descrevem processos de negócio e composição de serviços.

C

C: linguagem de programação desenvolvida originalmente para implementar o sistema Unix. C é uma linguagem de implementação de sistemas de nível relativamente mais baixo, que permite acesso ao hardware do sistema, e que pode ser compilada em um código eficiente. É amplamente utilizada na programação de sistemas de baixo nível e no desenvolvimento de sistemas embarcados.

C++: linguagem de programação orientada a objetos que é um superconjunto de C.

C#: linguagem de programação orientada a objetos, desenvolvida pela Microsoft, que tem muita coisa em comum com C++, mas que inclui características que permitem mais verificações de tipos em tempo de compilação.

CASE *workbench*: conjunto integrado de ferramentas CASE que trabalham juntas para apoiar uma atividade de processo importante, como o projeto de software ou o gerenciamento de configuração. Hoje é chamado frequentemente de ambiente de programação.

caso de dependabilidade: documento estruturado utilizado para apoiar as declarações feitas por um desenvolvedor sobre a dependabilidade de um sistema. Tipos específicos de caso de dependabilidade são os casos de segurança (*safety*) e de segurança da informação (*security*).

caso de mau uso: descrição de um possível ataque a um sistema que está associado a um caso de uso do sistema.

caso de segurança (*safety*): conjunto de evidências e argumentos estruturados a partir das evidências de que um sistema é seguro, do ponto de vista de segurança (*safety*) e/ou segurança da informação (*security*). Muitos sistemas críticos devem ter casos de segurança associados que são avaliados e aprovados por reguladores externos antes de o sistema ser certificado para uso.

caso de uso: especificação de um tipo de interação com um sistema.

cenário: descrição de uma maneira típica de um sistema ser utilizado ou de um usuário executar alguma atividade.

ciclo de vida de desenvolvimento de software: utilizado frequentemente como outro nome para processo de software. Cunhado originalmente para fazer referência ao modelo em cascata do processo de software.

classe: uma classe define os atributos e as operações dos objetos. Os objetos são criados em tempo de execução ao instanciar-se a definição da classe. O nome da classe pode ser utilizado como um nome de tipo em algumas linguagens orientadas a objetos.

CMMI: abordagem integrada para o modelo de maturidade e de capacidade do processo que se baseia na adoção de boas práticas de engenharia de software e gerenciamento integrado de qualidade. Permite o modelo de maturidade discreto e contínuo, além de integrar modelos de maturidade de processo de engenharia de sistemas e de software. Desenvolvida a partir do Modelo de Maturidade e de Capacidade original (CMM).

cobertura de teste: eficácia dos testes de sistema em testar todo o código do sistema. Algumas empresas têm padrões para cobertura dos testes; os testes do sistema devem garantir que todos os comandos dos programas sejam executados pelo menos uma vez, por exemplo.

COCOMO II: ver Modelagem Construtiva de Custo.

código aberto (*open source*): abordagem para o desenvolvimento de software na qual o código-fonte de um sistema é tornado público e usuários externos são incentivados a participar no desenvolvimento do sistema.

código de ética e prática profissional: conjunto de diretrizes que estabelece o comportamento ético e profissional esperado dos engenheiros de software. Ele foi definido por importantes associações profissionais americanas (a ACM e o IEEE) e define o comportamento ético em oito tópicos: público, cliente e empregador, produto, julgamento, gerenciamento, colegas, profissão e indivíduo.

***Common Request Broker Architecture* (CORBA):** conjunto de padrões propostos pelo Object Management Group (OMG) que define modelos e comunicações de componentes distribuídos. Influente no desenvolvimento de sistemas distribuídos, mas não é mais utilizado de maneira generalizada.

componente: uma unidade de software independente, implantável, definida completamente e acessada por meio de um conjunto de interfaces.

computação em nuvem: fornecimento de serviços de computação e/ou aplicações por meio da internet usando uma 'nuvem' de servidores de um provedor externo. A 'nuvem' é implementada usando muitos computadores e tecnologia de virtualização para usar esses sistemas com eficácia.

confiabilidade: capacidade de um sistema de entregar serviços conforme especificado. A confiabilidade pode ser especificada quantitativamente como a probabilidade de falha sob demanda ou como a taxa de ocorrência de falha.

construção de sistema: processo de compilar os componentes ou unidades que compõem um sistema e ligá-los a outros componentes para criar um programa executável. A construção de sistema normalmente é automatizada a fim de minimizar a recompilação. Essa automação pode estar embutida em um sistema de processamento de linguagem (como no Java) ou pode envolver ferramentas de software que apoiem a construção de sistemas.

controle de versão: processo de gerenciar mudanças em um sistema de software e seus componentes para que seja possível saber quais alterações foram implementadas em cada versão do componente/sistema e recuperar/recriar versões prévias do componente/sistema.

CORBA: ver *Common Request Broker Architecture*.

CVS: ferramenta de software de código aberto amplamente utilizada para gerenciamento de versões.

D

dependabilidade: a dependabilidade de um sistema é uma propriedade agregada que leva em conta segurança (*safety*), confiabilidade, disponibilidade, segurança da informação (*security*), resiliência e outros atributos de um sistema. A dependabilidade de um sistema reflete até que ponto os usuários podem confiar nele.

desenvolvimento de software *brownfield*: desenvolvimento de software para um ambiente no qual existem vários sistemas com os quais o software em desenvolvimento deve se integrar.

desenvolvimento dirigido por modelos (MDD, do inglês *model-driven development*): abordagem para a engenharia de software centrada em modelos de sistema que são expressos em UML, em vez de em código em linguagem de programação. Ela estende a MDA e considera outras atividades além do desenvolvimento, como a engenharia de requisitos e os testes.

desenvolvimento dirigido por testes: abordagem para o desenvolvimento de software na qual testes executáveis são escritos antes da codificação do programa. O conjunto de testes é executado automaticamente após cada mudança no programa.

desenvolvimento *host-target*: modo de desenvolvimento de software em que o desenvolvimento é feito em um computador diferente daquele em que o software é executado. É a abordagem normal para o desenvolvimento de sistemas embarcados e móveis.

desenvolvimento incremental: abordagem para o desenvolvimento de software na qual o software é entregue e implantado em incrementos.

desenvolvimento iterativo: abordagem para o desenvolvimento de software na qual os processos de especificação, projeto, programação e teste são intercalados.

desenvolvimento orientado a objetos (OO): abordagem para o desenvolvimento de software na qual as abstrações fundamentais no sistema são objetos independentes. O mesmo tipo de abstração é utilizado durante a especificação, o projeto (*design*) e o desenvolvimento.

desenvolvimento rápido de aplicações (RAD, do inglês *rapid application development*): abordagem para o desenvolvimento de software voltada para a entrega rápida de software. Frequentemente, ela envolve o uso de ferramentas de programação de banco de dados e de apoio ao desenvolvimento, como geradores de telas e relatórios.

detecção de defeitos: uso de processos e verificação em tempo de execução para detectar e remover defeitos em um programa antes de eles resultarem em uma falha do sistema.

diagrama de caso de uso: tipo de diagrama UML utilizado para identificar casos de uso e retratar graficamente os usuários envolvidos. Ele deve ser suplementado com mais informações para descrever completamente os casos de uso.

diagrama de classes: tipo de diagrama da UML que mostra as classes em um sistema e seus relacionamentos.

diagrama de máquina de estados: tipo de diagrama da UML que mostra os estados de um sistema e os eventos que provocam uma transição de um estado para outro.

diagrama de sequência: diagrama que mostra a sequência de interações necessária para concluir alguma operação. Em UML, os diagramas de sequência podem estar associados com casos de uso.

dinâmica de evolução de programa: estudo das maneiras em que um sistema de software em evolução muda. Afirma-se que as Leis de Lehman governam a dinâmica da evolução de programas.

disponibilidade: prontidão de um sistema para entregar serviços quando solicitados. A disponibilidade é expressa normalmente como um número decimal, então uma disponibilidade de 0,999 significa que o sistema consegue entregar serviços em 999 de 1.000 unidades de tempo.

domínio: problema específico ou área de negócio em que os sistemas de software são utilizados. Exemplos de domínios incluem controle em tempo real, processamento de dados de negócio e comutação de telecomunicações.

DSDM: Método de Desenvolvimento Dinâmico de Sistemas (do inglês *Dynamic System Development Method*). Supostamente um dos primeiros métodos de desenvolvimento ágil.

E

engenharia de sistemas: processo que se preocupa com a especificação de um sistema, a integração dos seus componentes e o teste de que ele satisfaz seus requisitos. A engenharia de sistemas preocupa-se com o sistema sociotécnico inteiro — software, hardware e processos operacionais — não apenas com o software de sistema.

Engenharia de Software Assistida por Computador (CASE, do inglês *Computer-Aided Software Engineering*): o termo foi inventado nos anos 1980 para descrever o processo de desenvolvimento de software com apoio de ferramentas automatizadas. Praticamente todo o desenvolvimento de software atual depende do apoio de ferramentas, então o termo CASE não é mais tão utilizado.

engenharia de software baseada em componentes (CBSE, do inglês *component-based software engineering*): desenvolvimento de software realizado por meio da composição de componentes independentes e implantáveis que são consistentes com um modelo de componente.

Enterprise Java Beans (EJB): modelo de componentes baseado em Java.

etnografia: técnica observacional que pode ser utilizada na elicitação e análise dos requisitos. O etnógrafo mergulha no ambiente do usuário e observa seus hábitos de trabalho diários. Requisitos para apoio do software podem ser inferidos a partir dessas observações.

exclusão mútua: mecanismo para garantir que um processo concorrente mantenha o controle da memória até as atualizações ou os acessos terem sido concluídos.

F

família de aplicações: conjunto de aplicações que têm uma arquitetura comum e uma funcionalidade genérica. Essas aplicações podem ser adaptadas para as necessidades de clientes específicos por meio da modificação de componentes e de parâmetros de programa.

ferramenta CASE: uma ferramenta de software, como um editor de projeto (*design*) ou um depurador, utilizada para apoiar uma atividade no processo de desenvolvimento de software.

fluxo de trabalho: definição detalhada de um processo de negócio destinado a realizar uma certa tarefa. O fluxo de trabalho em geral é representado graficamente e mostra as atividades de processo individuais e a informação que é produzida e consumida por cada atividade.

***framework* de aplicação:** conjunto de classes concretas e abstratas reutilizáveis que implementam características comuns a muitas aplicações em um domínio (por exemplo, interface com o usuário). As classes no *framework* de aplicação são especializadas e instanciadas para criar uma aplicação.

G

gerador de programa: programa que gera outro programa com base em uma especificação abstrata de alto nível. O gerador incorpora conhecimentos que são reutilizados em cada atividade de geração.

gerenciamento da qualidade (QM, do inglês *quality management*)**: conjunto de processos que definem como a qualidade do software pode ser alcançada e como a organização que está desenvolvendo o software sabe que ele satisfez o nível de qualidade necessário.

gerenciamento de configuração: processo de gerenciar as mudanças em um produto de software em evolução. O gerenciamento de configuração envolve o gerenciamento de versões, a construção do sistema e o gerenciamento de mudanças e de lançamentos.

gerenciamento de mudanças: processo para registrar, conferir, analisar, estimar e implementar mudanças propostas em um sistema de software.

gerenciamento de requisitos: processo de gerenciar as mudanças de requisitos para garantir que as mudanças feitas sejam adequadamente analisadas e monitoradas por todo o sistema.

gerenciamento de riscos: processo de identificar riscos, avaliar a gravidade deles, planejar medidas a serem colocadas em vigor caso eles surjam e monitorar o software e os processos de software quanto aos riscos.

Git: ferramenta distribuída de gerenciamento de versões e construção de sistemas com a qual os desenvolvedores fazem cópias integrais do repositório do projeto para permitir o trabalho simultâneo.

GitHub: servidor que mantém muitos repositórios Git. Os repositórios podem ser privados ou públicos. Os repositórios de muitos projetos de código aberto são mantidos no GitHub.

gráfico de atividade: gráfico utilizado por gerentes de projeto para mostrar as dependências entre as tarefas que foram concluídas. O gráfico mostra as tarefas, o tempo gasto para completá-las e as dependências entre tarefas. O caminho crítico é o caminho mais longo (em termos de tempo necessário para concluir as tarefas) no gráfico de atividade. O caminho crítico define o tempo mínimo necessário para concluir o projeto. Às vezes é chamado de gráfico PERT.

gráfico de barras (gráfico de Gantt): gráfico utilizado por gerentes de projeto para mostrar as tarefas do projeto, o cronograma associado a essas tarefas e as pessoas que trabalharão nelas. Ele mostra as datas de início e término das tarefas e as alocações da equipe em relação a uma linha do tempo.

gráfico de Gantt: ver gráfico de barras.

H

história de usuário: descrição em linguagem natural de uma situação que explica como um sistema (ou sistemas) poderia ser utilizado e as interações com sistemas que poderiam ocorrer.

I

inspeção de programa: revisão na qual um grupo de inspetores examina um programa, linha por linha, com o objetivo de detectar erros de programação. Um *checklist* de erros de programação comuns costuma orientar as inspeções.

interface: especificação de atributos e operações associados a um componente de software. A interface é utilizada como meio de acessar a funcionalidade do componente.

interface de programação de aplicação (API): uma interface, geralmente especificada como um conjunto de operações, que permite o acesso à funcionalidade de uma aplicação. Isso significa que essa funcionalidade pode ser chamada diretamente por outros programas, em vez de ser acessada apenas por meio da interface com o usuário.

ISO 9000/9001: conjunto de padrões para processos de gerenciamento da qualidade, que é definido pela International Standards Organization (ISO). O ISO 9001 é o padrão ISO mais aplicável ao desenvolvimento de software. Ele pode ser utilizado para certificar os processos de gerenciamento da qualidade em uma organização.

item de configuração: unidade legível por uma máquina, como um documento ou um arquivo de código-fonte, que está sujeita a mudança e cuja mudança deve ser controlada por um sistema de gerenciamento da configuração.

J

Java EE: Java Enterprise Edition. Sistema *middleware* complexo que permite o desenvolvimento de aplicações web em Java, baseadas em componentes. Inclui um modelo de componentes Java, APIs, serviços etc.

Java: linguagem de programação orientada a objetos amplamente utilizada que foi concebida pela Sun (hoje Oracle), com o objetivo de alcançar a independência de plataforma.

jogo do planejamento: abordagem para o planejamento de projetos baseada em estimar o tempo necessário para implementar histórias de usuários. É utilizado em alguns métodos ágeis.

L

lançamento (*release*): versão de um sistema de software disponibilizada para os clientes desse sistema.

Leis de Lehman: conjunto de hipóteses sobre os fatores que influenciam a evolução de sistemas de software complexos.

linguagem de restrição de objetos (OCL, do inglês *object constraint language*): linguagem que faz parte da UML, usada para definir predicados que se aplicam a classes e a interações em um modelo UML. O uso da OCL para especificar componentes é uma parte fundamental do desenvolvimento dirigido por modelos.

linha de produtos de software: ver família de aplicações.

M

manifesto ágil: conjunto de princípios que encapsulam as ideias subjacentes aos métodos ágeis de desenvolvimento de software.

manutenção: processo de fazer alterações em um sistema após ele ter sido colocado em operação.

melhoria de processo: mudança de um processo de desenvolvimento de software com o objetivo de torná-lo mais eficiente ou de melhorar a qualidade de suas saídas. Por exemplo, se o objetivo for reduzir o número de defeitos no software entregue, é possível melhorar um processo adicionando novas atividades de validação.

método estruturado: método de projeto de software que define os modelos de sistema que devem ser desenvolvidos, as regras e as diretrizes que devem se aplicar a esses modelos e um processo a ser seguido no desenvolvimento do projeto (*design*).

métodos ágeis: métodos de desenvolvimento de software voltados para a entrega rápida de software. O software é desenvolvido e entregue em incrementos, com a documentação dos processos e a burocracia sendo minimizadas. O foco do desenvolvimento está no próprio código, em vez de nos documentos de apoio.

métodos formais: métodos de desenvolvimento em que o software é modelado usando construtos matemáticos formais, como predicados e conjuntos. A transformação formal converte esse modelo em código. São utilizados principalmente na especificação e no desenvolvimento de sistemas críticos.

métrica de controle: métrica de software que permite aos gerentes tomar decisões de planejamento baseadas em informações sobre o processo de software ou o produto de software que está sendo desenvolvido. A maioria das métricas de controle são métricas de processo.

métrica de previsão: métrica de software utilizada como base para fazer previsões sobre as características de um sistema de software, como a sua confiabilidade ou manutenibilidade.

métrica de software: atributo de um sistema de software ou de um processo que pode ser expresso e medido numericamente. As métricas de processo são atributos do processo, como o tempo necessário para realizar uma tarefa. As métricas de produto são atributos do próprio software, como tamanho ou complexidade.

***middleware*:** software de infraestrutura em um sistema distribuído. Ajuda a gerenciar as interações entre as entidades distribuídas e os bancos de dados do sistema. Exemplos de *middleware* são um agente de requisição de objetos (*object request broker*) e um sistema de gerenciamento de transações.

modelagem algorítmica de custos: abordagem para a estimativa do custo de software, na qual uma fórmula é utilizada para estimar o custo do projeto. Os parâmetros na fórmula são atributos do projeto e do software em si.

Modelagem Construtiva de Custo (COCOMO): família de modelos algorítmicos de estimativa de custos. O modelo COCOMO foi proposto pela primeira vez no início dos anos 1980 e tem sido modificado e atualizado desde então para refletir novas tecnologias e mudanças nas práticas de engenharia de software. O COCOMO II é a última instanciação, um modelo algorítmico de estimativa de custos disponibilizado gratuitamente e que é apoiado por ferramentas de software de código aberto.

modelo de componentes: conjunto de padrões para implementação, documentação e implantação de componentes. Esses padrões cobrem as interfaces específicas que podem ser fornecidas por um componente, a denominação, a interoperação e a composição de componentes. Os modelos de componentes servem de base para que o *middleware* apoie componentes em execução.

modelo de crescimento da confiabilidade: desenvolvimento de um modelo de como a confiabilidade de um sistema muda (melhora) à medida que ele é testado e os defeitos de programação são removidos.

modelo de domínio: definição de abstrações de domínio, como políticas, procedimentos, objetos, relacionamentos e eventos. Ele serve como uma base de conhecimento sobre alguma área.

modelo de maturidade do processo: modelo do grau em que um processo inclui boas práticas e capacidades reflexivas e de medição voltadas para melhoria do processo.

Modelo de Maturidade e de Capacidade (CMM, do inglês *Capability Maturity Model*): o Modelo de Maturidade e de Capacidade (CMM) do Software Engineering Institute é utilizado para avaliar o nível de maturidade do desenvolvimento de software de uma organização. Foi substituído pelo CMMI, mas ainda é amplamente utilizado.

Modelo de Maturidade e de Capacidade para Pessoas (P-CMM, do inglês *People Capability Maturity Model*): modelo de maturidade de processos que reflete a eficácia com que uma organização está gerenciando as habilidades, o treinamento e a experiência das pessoas que nela trabalham.

modelo de objeto: modelo de sistema de software estruturado e organizado como um conjunto de classes e os relacionamentos entre essas classes. Várias perspectivas diferentes sobre o modelo podem existir, como uma perspectiva de estado e uma perspectiva de sequência.

modelo de processo: representação abstrata de um processo. Os modelos de processo podem ser desenvolvidos com base em várias perspectivas e podem mostrar as atividades envolvidas em um processo, os artefatos utilizados no processo, as restrições que se aplicam ao processo e os papéis das pessoas que participam do processo.

modelo do queijo suíço: modelo de defesas de sistema contra falhas do operador ou ciberataques que leva em conta as vulnerabilidades nessas defesas.

modelo em cascata: modelo de processo de software que envolve estágios de desenvolvimento discretos: especificação, projeto, implementação, teste e manutenção. Em princípio, um estágio deve ser concluído antes de passar para o estágio seguinte. Na prática, há uma iteração significativa entre os estágios.

modelo em espiral: modelo de processo de desenvolvimento cujo processo é representado como uma espiral, em que cada uma de suas voltas incorpora diferentes estágios no processo. À medida que se passa de uma volta da espiral para outra, todos os estágios do processo são repetidos.

N

.NET: *framework* muito vasto, usado para desenvolver aplicações para sistemas Microsoft Windows. Inclui um modelo de componentes que define padrões para os componentes nos sistemas Windows e *middleware* associado para apoiar a execução dos componentes.

O

Object Management Group (OMG): grupo de empresas formado para desenvolver padrões para o desenvolvimento orientado a objetos. Exemplos de padrões promovidos pelo OMG são o CORBA, UML e MDA.

ocultação de informação: usar construtos da linguagem de programação para esconder a representação das estruturas de dados e controlar o acesso externo a essas estruturas.

P

padrão (estilo) de arquitetura: descrição abstrata de uma arquitetura de software que foi experimentada e testada em uma série de sistemas de software diferentes. A descrição do padrão inclui informações sobre os casos em que é apropriado o uso do padrão e a organização dos componentes da arquitetura.

padrão de projeto (*design pattern*): solução bem experimentada para um problema comum que captura experiência e boas práticas de uma forma que pode ser reutilizada. É uma representação abstrata que pode ser instanciada de diversas maneiras.

perfil operacional: conjunto de entradas artificiais do sistema que reflete o padrão das entradas que são processadas em um sistema que é operacional. É utilizado no teste de confiabilidade.

perigo: condição ou estado em um sistema que tem potencial para causar ou contribuir para um acidente.

plano de qualidade: plano que define os processos e procedimentos de qualidade que devem ser utilizados. Envolve selecionar e instanciar padrões para produtos e processos e definir os atributos de qualidade do sistema que são mais importantes.

prevenção de defeitos: desenvolver o software de modo que não sejam introduzidos defeitos nesse software.

probabilidade de falha sob demanda (POFOD, do inglês *probability of failure on demand*): métrica de confiabilidade que se baseia na probabilidade de um sistema de software falhar quando é feita uma demanda pelos seus serviços.

problema traiçoeiro: problema que não pode ser especificado ou compreendido completamente em razão da complexidade das interações entre os elementos que contribuem para o problema.

processo de software: atividades e processos envolvidos no desenvolvimento e na evolução de um sistema de software.

processo dirigido por plano: processo de software em que todas as atividades são planejadas antes de o software ser desenvolvido.

programação em pares: situação de desenvolvimento na qual os programadores trabalham em pares, em vez de individualmente, para desenvolver código. É uma parte fundamental da Programação Extrema.

Programação Extrema (XP): método ágil de desenvolvimento de software amplamente utilizado, que inclui práticas como os requisitos baseados em cenário, o desenvolvimento com testes *a priori* (*test-first*) e a programação em pares.

projeto conceitual: desenvolvimento de uma visão de alto nível de um sistema complexo e uma descrição de suas capacidades essenciais. Projetado para ser entendido por pessoas que não são engenheiras de sistemas.

projeto de interface com o usuário: processo de projetar o modo com que os usuários do sistema podem acessar a sua funcionalidade e a maneira como é exibida a informação produzida pelo sistema.

propriedade emergente: propriedade que só se torna aparente assim que todos os componentes de um sistema tenham sido integrados para criá-lo.

Python: linguagem de programação com tipos dinâmicos, que é particularmente adequada para o desenvolvimento de sistemas web.

R

***Rational Unified Process* (RUP):** modelo de processo de software genérico que apresenta o desenvolvimento de software como uma atividade iterativa de quatro fases: concepção, elaboração, construção e transição. A concepção estabelece um caso de negócio para o sistema, a elaboração define a arquitetura, a construção implementa o sistema e a transição implanta o sistema no ambiente do cliente.

reducionismo: abordagem de engenharia que se baseia em decompor um problema em subproblemas, solucionando cada um deles independentemente e integrando suas soluções para criar a solução do problema maior.

reengenharia: modificação de um sistema de software para tornar mais fácil entendê-lo e alterá-lo. A reengenharia costuma envolver a reestruturação e a organização do software e dos dados, a simplificação dos programas e a sua redocumentação.

reengenharia, processo de negócio: alterar um processo de negócio para satisfazer um novo objetivo organizacional, como redução de custo e execução mais rápida.

refatoração: modificar um programa para melhorar a sua estrutura e a sua legibilidade sem mudar a sua funcionalidade.

requisito de dependabilidade: requisito de sistema incluído para ajudar a alcançar a dependabilidade requerida para um sistema. Os requisitos não funcionais de dependabilidade especificam valores dos atributos de dependabilidade; os requisitos funcionais de dependabilidade são requisitos funcionais que especificam como evitar, detectar, tolerar ou se recuperar de defeitos e falhas do sistema.

requisito funcional: declaração de alguma função ou característica que deveria ser implementada em um sistema.

requisito não funcional: declaração de uma restrição ou comportamento esperado que se aplique a um sistema. Essa restrição pode se referir às propriedades emergentes do software que está sendo desenvolvido ou ao processo de desenvolvimento.

resiliência: julgamento de quão bem um sistema pode manter a continuidade de seus serviços críticos na presença de eventos disruptivos, como falha de equipamento e ciberataques.

REST: REST (*Representational State Transfer*) é um estilo de desenvolvimento baseado na interação cliente/servidor simples que usa o protocolo HTTP para comunicação. O REST baseia-se na ideia de um recurso identificável, que tenha uma URI. Toda a interação com os recursos se baseia em HTTP POST, GET, PUT e DELETE. É amplamente utilizado para implementar serviços web com baixa sobrecarga (serviços RESTful).

risco: resultado indesejável que representa uma ameaça ao alcance de algum objetivo. Um risco de processo ameaça o cronograma ou o custo desse processo; um risco de produto é aquele que pode significar que parte dos requisitos do sistema pode não ser alcançada. Um risco de segurança (*safety*) é uma medida da probabilidade de um perigo vir a provocar um acidente.

Ruby: linguagem de programação com tipos dinâmicos que é particularmente adequada para a programação de aplicações web.

S

SaaS: ver software como um serviço.

SAP: empresa alemã que desenvolveu um sistema ERP muito conhecido e utilizado. Também se refere ao nome dado ao próprio sistema ERP.

Scrum: método de desenvolvimento ágil que se baseia em *sprints* – ciclos curtos de desenvolvimento. O Scrum pode ser utilizado como base para o gerenciamento ágil de projetos junto com outros métodos ágeis, como a Programação Extrema.

segurança (*safety*): capacidade de um sistema de operar sem comportamento que possa machucar ou matar pessoas ou danificar o ambiente do sistema.

segurança da informação (*security*): capacidade de um sistema de se proteger contra intrusão acidental ou deliberada. Segurança da informação inclui confidencialidade, integridade e disponibilidade.

SEI: Software Engineering Institute. Centro de pesquisa e transferência de tecnologia em engenharia de software, fundado com o objetivo de melhorar o padrão da engenharia de software nas empresas norte-americanas.

serviço: ver *web service*.

servidor: programa que fornece um serviço para outros programas (clientes).

sistema: coleção intencional de componentes inter-relacionados, de diferentes tipos, que trabalham juntos para entregar um conjunto de serviços para o dono e os usuários do sistema.

sistema COTS: sistema comercial de prateleira (do inglês *Commercial Off-the-Shelf*). O termo hoje é usado principalmente em sistemas militares. Ver sistema de aplicação configurável.

sistema crítico: sistema de computador cuja falha pode resultar em perdas econômicas, humanas ou ambientais significativas.

sistema de aplicação configurável: sistema de aplicação produto, desenvolvido por um fornecedor de sistemas, que oferece funcionalidade que pode ser configurada para uso em diferentes empresas e ambientes.

sistema de aplicação integrado: sistema de aplicação criado pela integração de dois ou mais sistemas de aplicação configuráveis ou sistemas legados.

sistema de planejamento de recursos empresariais (ERP, do inglês *enterprise resource planning*): sistema de software de larga escala que inclui uma série de capacidades para apoiar a operação de empresas e que proporciona um meio de compartilhar informações entre essas capacidades. Por exemplo, um sistema ERP pode incluir apoio para o gerenciamento da cadeia de suprimentos, manufatura e distribuição. Os sistemas ERP são configurados para os requisitos de cada empresa que usa o sistema.

sistema de processamento de dados: sistema que visa processar uma grande quantidade de dados estruturados. Esses sistemas normalmente processam os dados em lotes e seguem um modelo de entrada–processamento–saída. Exemplos de sistemas de processamento de dados são os sistemas de cobrança e faturamento, e os sistemas de pagamento.

sistema de processamento de linguagem: sistema que traduz uma linguagem para outra. Um compilador, por exemplo, é um sistema de processamento de linguagem que traduz código-fonte de programa em código de objeto.

sistema de processamento de transações: sistema que garante que transações sejam processadas de maneira que não interfiram umas nas outras e, portanto, que a falha de uma transação não afete as demais ou os dados do sistema.

sistema de sistemas: sistema criado pela integração de dois ou mais sistemas existentes.

sistema de tempo real: sistema que tem de reconhecer e processar eventos externos em 'tempo real'. A precisão do sistema não depende apenas do que ele faz, mas da rapidez com que ele o faz. Os sistemas de tempo real normalmente são organizados como um conjunto de processos concorrentes.

sistema distribuído: sistema de software cujos subsistemas ou componentes são executados em processadores diferentes.

sistema embarcado: sistema de software que é embarcado em um dispositivo de hardware, por exemplo, o sistema de software em um telefone celular. Os sistemas embarcados normalmente são de tempo real e, dessa maneira, têm de responder em tempo adequado aos eventos que ocorrem em seu ambiente.

sistema iLearn: ambiente de aprendizagem digital para apoiar a aprendizagem nas escolas. É utilizado como um estudo de caso neste livro.

sistema legado: sistema sociotécnico útil ou essencial para uma organização, mas que foi desenvolvido usando tecnologia ou métodos obsoletos. Como os sistemas legados costumam executar funções de negócio críticas, eles têm de ser mantidos.

sistema Mentcare: sistema de informação de pacientes para cuidados com a saúde mental. Esse sistema é utilizado para registrar informações sobre consultas e tratamentos prescritos para pessoas que sofrem de problemas de saúde mental. É utilizado como um estudo de caso neste livro.

sistema meteorológico na natureza: sistema que coleta dados sobre as condições meteorológicas em áreas remotas. É utilizado com um estudo de caso neste livro.

sistema *peer-to-peer*: sistema distribuído em que não há distinção entre clientes e servidores. Computadores no sistema podem agir como clientes e servidores. As aplicações *peer-to-peer* incluem compartilhamento de arquivos, mensagens instantâneas e sistemas de apoio à cooperação.

sistema sociotécnico: sistema, incluindo componentes de hardware e software, que tem processos operacionais definidos, seguidos por operadores humanos, e que opera dentro de uma organização. Portanto, é influenciado por políticas, procedimentos e estruturas organizacionais.

sistemas baseados em evento: sistemas cujo controle da operação é determinado por eventos que são gerados no ambiente do sistema. A maior parte dos sistemas de tempo real consiste de sistemas baseados em evento.

sistemas de controle de versão: ferramentas de software que foram desenvolvidas para apoiar os processos de controle de versão. Elas podem se basear em repositórios centralizados ou distribuídos.

software *analytics*: análise automatizada de dados estáticos e dinâmicos sobre sistemas de software para descobrir relacionamentos entre esses dados. Esses relacionamentos podem proporcionar ideias sobre possíveis maneiras de melhorar a qualidade do software.

software como um serviço (SaaS): aplicações de software que são acessadas remotamente por meio de um navegador web, em vez de instaladas em computadores locais. Cada vez mais utilizados para fornecer serviços para usuários finais.

***Structured Query Language* (SQL):** linguagem padrão utilizada para programação de banco de dados relacional.

Subversion: ferramenta de controle de versão e construção de sistemas de código aberto amplamente utilizada, disponível em uma série de plataformas.

T

taxa de ocorrência de falhas (ROCOF, do inglês *rate of occurrence of failure*): métrica de confiabilidade baseada no número de falhas observadas em um sistema em um determinado período.

tempo médio até a falha (MTTF, do inglês *mean time to failure*): tempo médio entre falhas do sistema observadas. Utilizado na especificação de confiabilidade.

teste caixa-branca: abordagem para o teste de programas na qual os testes se baseiam no conhecimento da estrutura do programa e seus componentes. O acesso ao código-fonte é essencial para o teste caixa-branca.

teste caixa-preta: abordagem para o teste na qual testadores não têm acesso ao código-fonte de um sistema ou aos seus componentes. Os testes são derivados da especificação do sistema.

teste de aceitação: testes de sistema realizados pelo cliente para decidir se esse sistema é adequado para satisfazer suas necessidades e, portanto, se deve ser aceito junto ao fornecedor.

teste de cenário: abordagem para o teste de software na qual os casos de teste são derivados de um cenário de uso do sistema.

teste de sistema: teste de um sistema completo que é feito antes de ele ser entregue aos clientes.

teste de unidade: teste de cada unidade de programa pelo desenvolvedor de software ou pelo time de desenvolvimento.

tipo abstrato de dados: tipo de dado que é definido por suas operações, em vez de por sua representação. A representação é privada e só pode ser acessada pelas operações definidas.

TOGAF: arcabouço de arquitetura, apoiado pelo Object Management Group, destinado a apoiar o desenvolvimento de arquiteturas empresariais de sistemas de sistemas.

tolerância a defeitos: capacidade de um sistema de continuar em execução mesmo após a ocorrência de defeitos.

transação: unidade de interação com um sistema de computador. As transações são independentes e atômicas (elas não são decompostas em unidades menores) e são uma unidade fundamental de recuperação, consistência e concorrência.

U

***Unified Modeling Language* (UML):** linguagem gráfica utilizada no desenvolvimento orientado a objetos que inclui vários tipos de modelo de sistema que proporcionam visões diferentes de um sistema. A UML tornou-se o padrão de fato para modelagem orientada a objetos.

V

validação: processo de conferir se um sistema satisfaz as necessidades e as expectativas do cliente.

verificação: processo de conferir se um sistema cumpre a sua especificação.

verificação de modelos: método de verificação estática no qual um modelo de estados de um sistema é analisado exaustivamente em uma tentativa de descobrir estados inalcançáveis.

visão de arquitetura: descrição de uma arquitetura de software por uma perspectiva particular.

W

web service: componente de software independente que pode ser acessado por meio da internet usando protocolos padrão. Ele é completamente autocontido, sem dependências externas. Foram desenvolvidos padrões baseados em XML, como SOAP (*Standard Object Access Protocol*), para troca de informações de *web services*, e WSDL (*Web Service Definition Language*), para definição de interfaces de *web services*. No entanto, a abordagem REST também pode ser utilizada para implementação de *web services*.

WSDL: notação baseada em XML para definir a interface de *web services*.

X

XML: *Extended Markup Language*. A XML é uma linguagem de marcação de texto que apoia o intercâmbio de dados estruturados. Cada campo de dados é delimitado por marcações (*tags*) que fornecem informações sobre o campo. Hoje, a XML é utilizada amplamente e se tornou a base dos protocolos dos *web services*.

XP: ver Programação Extrema.

Z

Z: linguagem de especificação formal baseada em modelo, desenvolvida na Universidade de Oxford, Inglaterra.

Índice de assuntos

A

Abertura, software distribuído, 462, 463, 464
  Abordagem de maturidade do processos, 51-53
Abordagens, orientadas para perigos, 314, 321-322, 339
Abstrações estáveis de domínio, 446
Aceitabilidade, 7, 318-319
Acesso de usuário, 361
Acidentes, 314-315, 319
ACM/IEEE-CS Joint Task Force on Software Engineering Ethics and Professional Practices, 15
Ações de usuário, registro, 368
Ada (linguagem de programação), 330
Adaptação ao ambiente, 246
Adaptadores, 454-455
Administração Federal de Aviação, 76
Adobe Creative Suite, 13
Agência Nacional de Aviação Civil, 264
Agile Scaling Model (ASM), 79
Aglomeração de dados, 254
Agregação, 135
Alinhamento de lançamento (Scrum), 80
Ambiente de mercado, 205
Ambiente de suporte, 19
Ambiente digital de aprendizagem (iLearn), 23-25
  arquitetura, 24-25
  arquitetura em camadas da 157
  elicitação de requisitos, 101-104
  história de compartilhamento de fotos, 102-103
  interface de programação da aplicação (API), 25
  serviços, 24-25
Ambiente físico de trabalho, 627

Ambiente Virtual de Aprendizagem (AVA), 24
Ambientes. *Ver também* IDEs
  Ambiente de mercado, 205
  interação do software e falha de sistema, 266-267
  modelo de contexto para, 124-125
  mudanças no ambiente de negócio, 114
  padrões de arquitetura e, 155
  trabalho, 627
Ameaças, 346, 348, 375, 383, 384, 385
Analisadores estáticos, 196
Análise
  baseada em ferramentas, 374
  da árvore de defeitos, 320-322
  da capacidade de sobrevivência de sistemas, 396-397
  estática automatizada, 331-332
  estática de programa, 330-332, 339
  temporal, 593-598, 601
Android, 197
Antecipação das alterações, 46
Aplicações
  baseadas em transação, 10
  interativas, 10
  stand-alone, 10
Apoio de ferramenta, 115, 707, 709
Aquisição, 445, 523, 536-539
Aquisição, 445, 539, 536-538, 546
Architecture Development Method (ADM), 569
Argumentos de segurança de software, 336-339
Argumentos estruturados, 334-336
Arquitetos de produto (Scrum), 80
Arquitetura
  de automonitoramento, 292-294
  de *plug-in*, 196
  dirigida por modelos (MDA), 140-144

distribuída, 151
em camadas, 156-158, 166-168, 171
P2P semicentralizada, 482, 483
peer-to-peer (p2p), 472, 481-484, 488
Arquitetura cliente-servidor, 160-61, 399, 472, 474-476, 488
multicamadas, 471, 476-477
Arquiteturas (de software)
aplicações, 163-171
arquitetura em grande escala, 148
arquitetura em pequena escala, 148
automonitoramento, 292-294
compilador duto e filtro, 169-170
de referência, 172
definição, 170
distribuída, 151, 161
prática industrial, 149
tolerante a defeitos, 290-297
Arquiteturas de referência, 169
Arquiteturas tolerantes a defeitos, 290-297, 462
automonitoramento, 292-294
diversidade do software, 294-297
programação N-versões, 294-296
sistemas de proteção, 296-297
sistemas distribuídos, 462
Arte digital, 535
Assinaturas, 707-708
Ataques, 347, 348-349, 358, 384, 385-386, 465-466
de negação de serviço, 263-264, 358, 394
Atividades (engenharia de software), 5, 8, 30, 33-34, 38-46, 124, 272, 609-610. *Ver também* Desenvolvimento; Evolução (evolução de software); Validação (de software)
Ativos, 347, 350, 383-384, 385-386
Atributos

da qualidade do software, 665
de software, 5, 7, 25
Atuadores, 197, 473, 580, 581
Autenticação, 384, 385, 387
Avaliação
da aplicação, 244
do ambiente (sistemas legados), 242
fase de protótipo 3, 48
perigos para os requisitos de segurança (*safety*), 315, 316-318
risco à segurança da informação (*security*), 351-368

B

Backlog de produto (Scrum), 70, 71
Banco de dados de informações meteorológicas, 501-502
Baselines, 696, 697, 698
Biblioteca
de filmes, arquitetura cliente-servidor para, 160
de fotos, 455-458
Bibliotecas de programa, 413
Buffer circular, 583-584
Bugzilla, 194
Business Process Modeling Notation (BPMN), 515-517

C

Caixas eletrônicos, 165-166, 288-289
Callbacks, 416
Camada
de aplicação, 266
de equipamentos, 265
de processos de negócio, 266
de sistema operacional, 266
social, 266
Camadas
organizacionais, 266, 526
sistemas legados, 237-240
sistemas sociotécnicos, 265-266, 525-527
Capacidade de reiniciar, 302
Cartões de história, 64-65, 83. *Ver também* Histórias de usuário
Cartões de tarefa, 64, 66. *Ver também* Histórias de usuário
Casos de segurança, 332-340, 341
argumentos de segurança de software, 336-340

argumentos estruturados, 334-336
desenvolvimento de, 334
organização de, 33-334
reguladores para, 333, 334, 340
Casos de teste, 113, 210-213, 228
Casos de uso, 108-109, 127-128
especificação de requisitos e, 109-111
modelos de interação, 126-129, 144, 178-179
teste, 217-218
tipos de diagrama UML, 122
Cenário de forno de micro-ondas, 138-140
Cenários
casos de uso, 108-109
elicitação de requisitos a partir de, 98-101
teste, 222-223, 228
Certificação (dependabilidade de software), 267, 273, 275, 325, 326-327, 445, 449-450, 672-673
Chamadas de procedimentos remotos (RPCs), 441, 468
Checagem de representação, 301
Checagens
da razoabilidade, 299
de intervalo, 3299
de tamanho, 299
Checklists, 373, 676-677
Checksum, 708
Cibersegurança, 346, 382-87, 404
Ciclos de vida
estágio, planejamento de projeto, 631
evolução de software, 233-234, 241
modelos de processo de software, 31-32, 33-34
problemas de reúso do sistema de aplicação, 430-431
vida útil, evolução do sistema e, 545-546
Ciência da computação, engenharia de software *versus*, 5, 9
Classes de objeto, 131-134, 181-183, 441
Clonagem do repositório, 701
Cobertura de código, 220, 228
COBOL, código, 239

COCOMO II, modelagem, 251, 447, 650-655
direcionadores de custo, 655-656
duração de projeto, 658-660
modelo de composição da aplicação, 652
modelo de projeto (*design*) inicial, 653-654
modelo de reúso, 654-655
nível pós-arquitetura, 655-658
Codelines, 697, 698, 702
'Código cola', 451, 452, 459
Código de Ética e Prática Profissional (engenharia de software), 15-16
Código duplicado, 254
Colaboração de sistemas de sistemas, 557
Comandos *switch* (*case*), 254
Comitê de controle de mudança (CCM), 712-713
Common Intermediate Language (CIL), 441-442
Compartilhamento de recursos, 462
Compartimentalização, 369-370
Competência, 14
Completude, 90, 112
Complexidade, 4, 78-81, 250, 553--556, 574
da governança, 555, 556-559, 575
escalabilidade dos métodos ágeis e, 78-81
gerenciamento, 554, 555-556, 557-559, 575
lançamento do sistema, 715-16
previsão de manutenção e, 249-251
reducionismo e sistemas, 559-562, 574
refatoração, 253
sistemas de sistemas (SoS), 552-555, 575
sistemas grandes, 78-81
técnica, 554, 555-556, 574
Componentes (sistema), aquisição de, 536-539
Componentes (software), 37-38, 168-169, 170, 267, 394, 435-444, 458, 497-500
arquiteturas orientadas a serviços (SOA), 496-500

chamada remota de procedimentos (RPCs), 441, 442
código aberto, 199-200
composição, 451-457, 458
comunicação, 151, 196, 498-500
definição, 435, 438, 458
erros de temporização, 215
externos, 303
implantação, 441, 442-443
implementação, 436, 437, 442-443, 446, 458
incompatibilidade, 452-454
interfaces, 186-187, 213-216, 436, 439-440
medição (análise), 685-686
modelos, 441-444, 458
plataformas para, 437
projeto de arquitetura e, 152
projeto e escolha de, 42, 395, 423
reúso, 37-38, 191, 192, 199, 410--411, 417, 437-438, 458
serviços, 492
tempo de espera (*timeouts*), 303-304
teste, 43-44, 207, 213-216
Componentes externos, 303
Composição
aditiva, 452
de componentes, 451-457, 458
hierárquica, 452
sequencial, 451
sistemas de serviço e, 512-518
Comunicação
camada de gerenciamento de dados e, 266
stakeholder, 148
troca de mensagens, 467, 497-500, 509
Comunicação entre serviços. *Ver* Serviços
Concorrência, 462
Concorrência (projetos), 634, 635-636
Conferência do realismo, 112
Conferir a validade, 205, 298, 299, 372
Confiabilidade, 282
arquiteturas tolerantes a defeitos, 290-297
defeito de sistema, 280-282

dependabilidade e, 262-264, 271, 276, 308
diretrizes de programação, 297-304
disponibilidade e, 282-284
diversidade e, 291, 294, 296-297, 308
do operador, 262, 530
do software, 4, 530-531
erro de sistema, 280-282
erros humanos, 280
especificação, 287-290
especificação excessiva da, 288
falha e, 4, 280-284, 530-531
medição da, 304-306
métricas, 285-287, 304, 308
modelagem do crescimento, 306
perfis operacionais, 306-307
propriedades emergentes, 529-530
requisitos funcionais, 285, 289-290, 308
requisitos não funcionais, 285, 287-289
requisitos, 285-290, 308
segurança (*security*) e, 311-312
segurança da informação (*safety*) e, 349
sistemas sociotécnicos, 531-532
sistemas, 4, 5, 7, 261-263, 271
teste estatístico, 304-305, 308
Confiança, segurança da informação (*security*) e, 7, 9
Confidencialidade, 14, 344, 384
Configuração em tempo
de implantação, 423-424
de projeto, 423-424
de software, 424-425
ConOps, padrão de documento, 533
Consistência, 90, 112, 617
Constantes, nomes de, 303
Construção de sistemas, 694, 704--709, 717
por composição, 514
Construção, fase de (RUP), 32
Construtos propensos a erro, 281, 301
Controle
cibersegurança, 385-386
frameworks de aplicação e, 417
inversão de, 416

segurança da informação (*security*), 347, 348-349
sistemas críticos em segurança, 312-313
visibilidade das informações, 298-299
CORBA (Common Object Request Broker Architecture), 437, 464, 478
Cronograma, 638-643, 659
apresentação (visualizando), 640-643
definição do, de projetos, 638-643, 659
gráficos de atividade para, 641-643
processos dirigidos por planos, 639
Curva de custo/dependabilidade, 263-264
Custos. *Ver também* Técnicas de estimativa
análise de mudanças e, 116
dependabilidade e, 264-265
engenharia de segurança (*safety*) e, 329, 333-334
engenharia de software, 5
esforço, 633
falha de sistema, 260
gerais, 632
manutenção/desenvolvimento, 249-251, 254, 255
modelo COCOMO II, 650-652
planejamento de projetos, 633
remoção dos defeitos, 281-282
reúso de software e, 192, 411
sistemas distribuídos, 466
verificação formal, 328

D

Dados da aplicação, 238
Defeito de sistema, 280-282
Defeitos (de sistema), 280-282
custos de remoção, 281-282
detecção e correção, 281
erro-falha *versus*, 280
prevenção, 281
reparo, 246
tolerância a, 281
Defeitos de subsistemas, 543
Definição de parâmetros, 422
Deltas (armazenamento de dados), 703

Department of Defense Architecture Framework (DODAF), 569
Dependabilidade (de software), 12, 259-278
  atividades de, 272
  confiabilidade e, 262-265, 271, 276
  considerações de projeto, 261, 268
  custos de, 264-265
  especificação e, 273-276
  funcionalidade, 260
  garantia, 325-327, 372-375
  métodos formais e, 273-276, 277
  propriedades, 261-265
  redundância e diversidade, 268--270, 277
  segurança (*safety*) e, 262, 273
  segurança da informação (*security*) e, 7, 12, 262, 342-349
  sistema, 243, 260-265, 276
  sistemas críticos, 261, 264, 273, 275
  sistemas sociotécnicos, 265-269, 276
Depuração, 43, 195, 208, 220
Desempenho, 151, 224
Desenvolvimento
  baseado em refinamento, 274
  casos de segurança, 333-334
  custos de manutenção, 249-251, 254
  de código aberto, 197-198, 201, 701-702
  de software orientado a aspectos, 412
  dependabilidade de software e, 264
  dirigido por testes (TDD), 218-221
  distribuído (Scrum), 72
  estágio de implementação, 41-43
  evolução e, 9, 45-46, 232-233, 255
  fase de desenvolvimento, 695-696
  fases do gerenciamento de configuração (GC), 695-696
  incremental, 31, 35-36, 59-60, 62
  manutenção *versus*, 45-47
  métodos ágeis, 63-72, 73, 696
  modelo em espiral para, 232-233
  processo dirigido por plano, 44-45, 539
  processos de sistema, 523, 539-543
  programação em pares, 68-69
  projeto de engenharia e programação, 9, 30
  rápido de software, 58-59
  refatoração, 37, 47, 65
  reguladores para segurança, 324
  reúso com (processo CBSE), 444, 448-451
  reúso e, 37-38
  reúso para (processo CBSE), 444, 445-448
  serviços e, 512-518, 519
  sistemas críticos em segurança, 323-324
  sistemas sociotécnicos, 265-268, 276
  software profissional, 4-13
  teste, 43-45, 66-67, 206-207
Desenvolvimento com testes *a priori*, 63, 66-68
  requisitos de usuário, 58, 82
Desenvolvimento de software profissional. *Ver* Desenvolvimento
Desenvolvimento iterativo, 50, 61, 82. *Ver também* Métodos ágeis
Diagramas
  de atividade (UML), 18-19, 33, 41, 123, 125-126, 145
  de blocos, 149, 178
  de classes, 123, 131-133, 144
  de fluxo de dados (DFD), 136-137
  de máquina de estados (UML), 123, 145, 184, 185-186
  de sequência, 123, 126, 127, 129--131, 137, 144, 184, 185, 216
Dinâmica de evolução de programas, 246
Direcionadores de custo, 655
Direitos de propriedade intelectual, 14
Diretrizes
  contratação, 625
  de programação para confiabilidade, 297-304
  programação para confiabilidade, 297-303
  segurança da informação (*security*) de sistemas, 371-372, 375
Disponibilidade
  disponibilidade de sistema, 152, 262, 282-284
  segurança da informação (*security*) e, 344, 345, 384
Disponibilidade de sistema. *Ver* Disponibilidade
Distribuição do esforço, 247
Diversidade (de software), 291, 294, 296-297, 308
  arquitetura tolerante a defeitos, 290, 292, 295-296
  confiabilidade e, 290, 293, 294--296, 308
  dependabilidade e, 268-270, 276
  diminuir o risco e, 368
  engenharia de software, 10-12
  redundância e, 290, 368-369
  tipos de aplicação, 9-10
Documentação, 5, 25, 32, 41, 58-59, 76-77, 248
  casos de segurança, 334-339
  certificação e, 268, 273, 275
  implementação da mudança, 235
  lançamento do sistema, 705, 715
  manutenção e, 76, 248
  métodos ágeis e, 58-59, 69, 73-74, 75-76, 110
  organização de, 109-111
  padrões, 112, 669
  projeto de arquitetura e, 154
  requisitos de software (SRS), 109--112, 117
  requisitos de usuário, 58, 109-110
  requisitos do usuário, 86-87
  TDD e, 220
Documento de visão do sistema, 535
Dono do produto (Scrum), 71
Duas camadas, arquitetura cliente--servidor de, 472, 474-476
Duto e filtro, arquitetura, 161-163, 170
Dynamic Systems Development Method (DSDM), 58

E

Eclipse, ambiente, 17, 194, 196, 197
Eficiência, 7, 394-395
Elicitação/análise dos requisitos, 340, 95-103
Elicitar requisitos de *stakeholder*, 422
Empacotamento, sistema legado, 253, 412, 511
Encriptação, 384

Engenharia. *Ver* Engenharia de software; Engenharia de sistemas
de software baseada no reúso, 38, 410
 de subsistemas, 540, 541
 dirigida por modelos (MDE), 140-141, 413
 reversa, 252
Engenharia de requisitos (RE), 53, 85-119
 atividades de processo de software, 29, 38-39
 desenvolvimento de sistemas e, 539
 documento de requisitos de software (SRS) para, 109-110
 documentos para, 86-87
 estudos de viabilidade, 39, 88
 gerenciamento de mudanças, 96, 115-116
 processo de elicitação, /análise, 96-103, 117
 processos, 95-96, 117
 técnica de etnografia para, 100-101
 técnicas de entrevista para, 98-100
 visão em espiral para, 95
Engenharia de serviços, 503-512
 identificação de candidato, 504-507
 implementação e implantação, 510-512
 projeto de interface, 504, 507-510
 sistemas legados e, 510-511
Engenharia de sistemas, 5, 9, 25, 522-523
 aquisição de sistemas, 424-425, 536-539, 546
 disciplinas profissionais, 524-525
 engenharia de software *versus*, 5, 9, 25, 524
 estágios de, 523-524
 evolução de sistemas, 543-544
 modelo em espiral de requisitos, 541
 processos de desenvolvimento, 539-542, 546
 projeto conceitual, 523, 533-535, 546
 sistemas corporativos, 522

sistemas sociotécnicos, 522, 525-529, 546
vida útil e, 545
sistemas técnicos baseados em computador, 522
Engenharia de software baseada em componentes (CBSE), 412, 435-460
 certificação de componentes, 445, 448
 desenvolvimento com reúso, 444, 448-451
 desenvolvimento para reúso, 444, 445-448
 gerenciamento de componentes, 445, 448
 middleware e, 436, 443-444
 software orientado a serviços *versus*, 437
Engenharia de software orientada a serviços. *Ver* Engenharia de serviços; SOA (arquiteturas orientadas a serviços); serviços
Engenharia de software, 7-10, 25, 75
 disciplina de engenharia, 7
 responsabilidade ética da, 13-17, 25
 verificação formal, 327-329
 licenciamento de, 327
 verificação de modelo, 329-330, 340
 engenharia dirigida por modelos (MDE), 140-141
 desenvolvimento de produto e, 6
 baseado em reúso, 37, 38
 processos de segurança (*safety*), 323-332
 análise estática de programa, 330-332, 339
 ciência da computação, diferença, 5, 9
 conceitos fundamentais em, 12
 diversidade da, 10-12
 efeito da internet na, 6, 12-13
 sistemas web, 12-13
 engenharia de sistemas, diferença, 6, 9, 25, 524
 atividades para o processo de software, 5, 8, 29
Enterprise Java Beans (EJB), 417, 437, 441, 478

Entradas, verificação da validade das, 299, 369
Entrega incremental, 32, 37, 47, 48-49, 61, 75
Envolvimento do cliente (métodos ágeis), 61, 62, 73, 712, 713
Erro aritmético, 322
Erro de sistema, 280-282
Erro do algoritmo, 322-323
Erro humano, 280, 322, 389-392
Erros
 algorítmico, 323
 análise estática para, 330-332
 aritméticos, 323
 correção, 35
 de temporização, 215-216
 engenharia de segurança (*safety*) e, 330-332
 especificação, 296-297
 falha e defeito *versus*, 281
 humano, 280, 322-323, 389-392
 prevenção e descoberta, 274-275
 sistema, 280-282
 verificação, 330-332
Escala, desenvolvimento de software e, 9
Escalabilidade, 462, 463, 464, 486, 487-488
 de métodos ágeis, 72-82, 83
Especialização
 de requisitos baseada em risco, 315, 316
 dos requisitos de software (ERS), 109-112
 excessiva da confiabilidade, 288
 funcional (linhas de produto de software), 421
 linhas de produto de software, 421
 para ambiente (linhas de produto de software), 421
 para plataforma (linhas de produto de software), 421
 para processos (linhas de produto de software), 421-422
 tabular, 108
Especificações (de software), 5, 38, 39-40, 186-187, 272-276
 análise do problema e, 116
 casos de uso, 108-109
 de confiabilidade, 287

definição de engenharia e restrições, 8
dependabilidade e, 273-276
disponibilidade, 287
　documento de ERS, 109-112
　erros, 296-297
　falha de sistema e, 283
　formais, 92, 274-276
　gerenciamento de, 12
　métricas de confiabilidade, 285-286
　notações gráficas, 104
　processo de software, 30, 39-40
　projeto de interface, 186-187
　requisitos baseados em risco, 314, 315
　requisitos de sistema, 85-86, 104--112, 117
　requisitos de usuário, 85-86, 104, 117
　requisitos em linguagem natural complementada, 105, 106-108
　requisitos em linguagem natural, 105-106
　requisitos funcionais, 89-91
　requisitos não funcionais, 91
　técnicas de segurança dirigidas por perigos, 314
　técnicas formais, 273-276
　terminologia de segurança e, 314-315
Especificações matemáticas, 104. *Ver também* Notações formais
Estação meteorológica na natureza, 22-23
　alto nível de arquitetura de software da, 180
　ambiente da, 22
　arquitetura do sistema de coleta de dados em, 180
　coleta de dados (diagrama de sequência) em, 184
　diagrama de máquina de estados, 184-185
　diagrama de sequência da 'coleta de dados meteorológicos', 217
　diagrama de sequência da, 217
　disponibilidade e confiabilidade das, 262
　especificação de interface, 186-187

identificação de classe, 181-183
interface do objeto de, 209
modelo de caso de uso para, 179
modelo de contexto para, 178
objetos, 181-182
projeto de arquitetura das, 150-151
sistema de gerenciamento e arquivamento de dados em, 22
sistema de manutenção da estação, 22
sistemas sociotécnicos de, 265-267
teste de sistema, 217
Estações meteorológicas. *Ver* Estações meteorológicas na natureza
Estar em serviço e evolução, 233-234
Estimativa baseada na experiência, 646-647
Estímulos
　não periódicos, 580
　periódicos, 580
Estratégias de minimização (gerenciamento de risco), 615-616
Estudos de viabilidade, 39, 88
Evolução (evolução de software), 53, 231-256
　atividades de engenharia para, 5, 8, 29
　ciclo de vida, 233-234, 241
　custos de negócio e, 251-253, 254
　desenvolvimento *versus*, 44, 231--232, 255
　dinâmica da evolução do programa, 246
　em serviço *versus*, 233-234
　evolução do sistema *versus*, 545-546
　manutenção, 7, 45-46, 244-254, 255
　modelo de atividade (diagrama), 47
　modelo em espiral de, 232-233
　mudança de requisitos, 113
　processos, 234-237
　reengenharia de software, 248, 251-253
　refatoração e, 47, 63, 248-249, 253-254, 255
　sistemas legados, 237-246, 255

　técnica ágil e, 237
　vida útil do software e, 232-233
Exceções
　CBSE para reúso, 445-446
　tratamento para, 300-301
Expectativas do usuário, 205
Exploração de Marte, 329
Explosão do Ariane 5, 269, 451
Exposição, 347, 348

F

Façade, padrão, 190
Falha de fornecimento de energia, 594-595
Falha de hardware, 261, 530-531
Falha de sistema, 280
　aceitar as, 380
　confiabilidade e, 282-290, 530-531
　custos de, 260
　dependabilidade e, 7, 243, 261-265
　disponibilidade e, 282-284
　erro e defeito *versus*, 281
　erros humanos e, 261, 280, 322-323
　especificações e, 282
　falha de hardware e, 261
　falhas de software e, 261, 311-312
　modelo de 'queijo suíço' de, 391
　não determinismo e, 531-532
　reparabilidade e, 263
　resiliência e, 389-392, 389-390
　segurança da informação (*security*) e, 7, 366-367
　sistemas críticos em segurança, 311-312
　sistemas críticos, 261, 264, 271, 276, 311-312
　sociotécnico, 531-532
　tipos de, 269
Falha operacional, 261
Falhas. *Ver também* Falha de sistema
　custo de falhas de sistema, 260
　definição e julgamento, 282-283
　erro e defeito *versus*, 280-281
　erros humanos e, 280, 322-323, 389-392
　hardware, 261
　operacional, 261
　perda de informação, 260
　segurança (*safety*) do servidor e privacidade, 22

software, 3, 7, 11, 261, 281, 283, 311-313, 322
soluções de estado seguro para, 323
Fase
de concepção (RUP), 32
de elaboração (RUP), 32
de operação (sistemas), 524
de transição (Rational Unified Process – RUP), 32
Ferramentas de desenvolvimento de software, 39
Firewalls, 384
Fluxo de trabalho, 68, 424, 512, 513, 514-517, 519
de pacote de férias, 513, 515
Formulário de solicitação de mudança (CRF), 710-711
Fortify, ferramenta, 374
Frameworks, 414-417, 568
de aplicação, 412, 414-417, 431
de aplicação web, 415
de arquitetura, 568-570
de infraestrutura do sistema, 417
Free Software Foundation, 197
Frequência (sistemas de tempo real), 594
Fronteiras (limites do sistema), 124, 144, 177, 526
Funcionalidade, 260
Fusão, 697, 702

G

'Gangue dos Quatro', 187-190
Garantia
processos de garantia de segurança (*safety*), 325-327
teste e garantia de segurança da informação (*security*) e, 372-374
General Public License (GPL), 199
Generalidade especulativa, 254
Generalização, modelos estruturais, 134-135, 184
Geradores de programa, 413
Gerenciamento
de armazenamento, 115, 703
de lançamento, 194, 694, 714-717, 718
de pessoas, 616-621, 628
de processos, sistemas de tempo real, 598-601
de riscos de projeto, 610-611
de riscos do produto, 610-638, 611
Gerenciamento (gerenciamento de software), 12, 50-53, 69-72. *Ver também* Gerenciamento de configuração; Melhoria de processos; Gerenciamento de projetos; Planejamento de projetos; Gerenciamento da qualidade; Gerenciamento de versões
automatizado, 394-395
lidandar com as mudanças, 46
método de maturidade do processo e, 50-52
métodos ágeis, 69-72
mudança de requisitos, 113-117
planejamento, 115-116
processo CBSE, 445, 448
processos de sistema de tempo real, 598-599
resiliência e, 392-395, 403
Gerenciamento da qualidade (GQ), 285, 272, 663-692
desenvolvimento ágil e, 678-680, 691
desenvolvimento de software e, 663-664
gerenciamento de configuração (GC) e, 695-696
medição/métricas de software e, 680-690, 691
padrões de documentação, 669
padrões de software e, 669-673, 690
qualidade de software e, 666-669, 690
revisões e inspeções, 673-678, 690
Gerenciamento de configuração (CM), 191, 193-194, 200, 693-619. *Ver também* Gerenciamento de alterações
atividades de, 193-194
construção de sistema, 694, 704-709, 717
gerenciamento de lançamento, 194, 694, 714-717, 718
gerenciamento de mudanças, 694, 709-714
gerenciamento de versões (VM), 192, 193, 694, 697-603, 717
implementação de projeto e, 191, 193-194, 200
integração do sistema e, 193-194
métodos ágeis e, 696, 706, 712, 713
padrões de arquitetura, 154
rastreamento de problemas, 194
terminologia de, 696
Gerenciamento de mudanças, 81, 694, 709-714, 717
ambientes de desenvolvimento e, 196
dependabilidade e, 273
métodos ágeis e, 81-82, 712, 713-714
requisitos e, 94, 113-117
solicitações de mudança, 709-714
Gerenciamento de projetos, 69-72, 607-630
atividades, 609
diferenças da engenharia, 607-608, 627
gerenciamento de riscos, 610-617, 628
métodos ágeis e, 69-72, 609, 612, 625
motivação e, 617-619
relacionamentos de pessoas, 617-621, 628
trabalho em equipe, 621-628
Gerenciamento de risco, 610-616
análise de risco e, 613-615
estratégias para, 615-616
identificação de riscos, 612-613
monitoramento do risco, 636
processo de planejamento, 637-638
processos, 611-612
riscos do produto, 610-611
riscos do projeto, 610-611
Git, sistema, 194, 700, 703
GitHub, 448, 450
GNU build system, 202
GNU General Public License (GPL), 194
Google Apps, 13
Google Code, 450
Gráficos de alocação de equipe, 642, 643
Gráficos de atividade (planejamento), 6641-643

Grandes sistemas, 526
Grupos hierárquicos, 625-626
Grupos. *Ver* Trabalho em equipe

H

Hardware (sistema), 238
Herança, 134, 184, 188, 209, 685. *Ver também* Generalização
Heterogeneidade, desenvolvimento de software e, 9
Hierarquia das necessidades humanas, 618-619
Histórias de usuário, 64-65, 70, 71, 223, 644, 669
 cartões de tarefa, 64-65
 planejamento de projeto (planejamento ágil) com, 644-646
 projeto conceitual e, 534
Histórias, elicitação de requisitos a partir de, 101-104
Histórico de derivação, 714
Honestidade (gerenciamento de pessoas), 617
Host-target, desenvolvimento, 191, 194-197, 201
HTML 5, programação, 13, 416
http e https, protocolos, 501-502

I

Identificação de classes, 181-183
IDEs, 39, 196
 ambiente Eclipse e, 196
 arquitetura de repositório para, 159
 desenvolvimento *host-target* e, 191, 194-197, 201
 propósito geral, 196
iLearn, 24, 537. *Ver também* Ambiente de aprendizagem digital
Implantação
 desenvolvimento de sistemas e, 539
 diagramas UML de, 131, 197
 implementação do serviço e, 510-517
 modelo de componentes, 442, 443-444
 projeto para, 371-372
 sistemas de sistemas (SoS), 564, 565-567
Implementação (de sistema), 13, 33, 41-43, 53, 175-202

 componentes, 437, 438, 441-442, 446, 458
 desenvolvimento de código aberto, 197-200
 desenvolvimento *host-target*, 191, 194-197
 documentação UML, 176, 177-187
 especificação de interface, 186-187
 fase do ciclo de vida, 33
 gerenciamento de configuração, 191, 193-194
 implantação de serviço e, 510-511
 projeto e, 41-43, 53, 175-202
 reúso e, 190, 191-193
 software orientada a serviços para, 13
 teste de unidade e, 33
Inclusão (gerenciamento de pessoas), 617, 621
Incompatibilidade
 de operação, 452
 de parâmetros, 453
Incompatibilidade, composição de componentes e, 451-455
Inspeção e revisão de código, 68, 678
Inspeções, 205-206, 216, 673-674. *Ver também* Revisões
Inspeções de programa, 206-207, 217, 676-677. *Ver também* Revisões
Insuficiência de operação, 453
Integração
 configuração e, 32, 37-38
 contínua, 63, 706
 contínua, 63, 706-707
 de fluxos de trabalho, 516-517
 desenvolvimento de sistema e, 539-540
 do sistema, 193-194
 incremental, 218
 sistema de sistemas (SoS), 564, 565-567
 teste de sistema e, 33
Integridade e segurança (*security*), 360, 384
Interações de restaurante, 467
Interface
 de memória compartilhada, 215
 de usuário unificada (UI), 563
 má compreensão da, 215

 mau uso da, 214-215
Interfaces
 componente, 186-187, 200, 213--216, 436, 439-440, 441-442
 de parâmetro, 214
 de passagem de mensagens, 215
 de procedimento, 214
 de programação de aplicação (APIs), 25, 564-565
 especificação, 186-187
 especificações de modelo, 441-442
 interface com usuário unificada (UI), 565
 interfaces de programação de aplicação (APIs), 564-565
 projeto de serviços para, 504, 507--510, 565
 sistemas de sistemas (SoS), 564-565
Inversão do controle, 416
Invocações de métodos remotos (RMIs), 468
ISO 9001, 671-673

J

Java EE, plataforma, 142, 437
Java, linguagem de programação, 67, 134, 142, 176, 187, 196, 197, 300, 302, 330, 415
 desenvolvimento de sistemas de tempo real e, 586
 desenvolvimento de sistemas embarcados e, 586
 interfaces, 186
 teste de programa, 219
JavaMail, biblioteca, 192
Jenkins, 706
Jogo de planejamento, 644-646
JSON (Javascript Object Notation), 502
JUnit, 44-45, 67, 196, 210, 219

L

Lançamentos menores, 62
Latência de comunicação, 196
Leis de Lehman, 246
Lesser General Public License, GNU, 199
Licença BSD (Berkeley Standard Distribution), 199
Licenciamento, 199-200, 327
Ligações, 498-499

Limitação de danos, 314, 322
Limite do sistema, 124, 144, 177, 526-527
Linguagem
  de descrição de arquitetura (ADLs), 154
  de programação C e C++, 302, 303, 330, 332-333, 371, 415, 586
  de restrição de objetos (OCL), 186, 455-456
Linhas de produto de software, 413, 417-424
Linux, 197, 368-369
Log de chamadas de emergência, 394-395

M

Manifesto, ágil, 60, 62
Manual de arquitetura de software de Booch, 149
Manutenção (de software), 7, 446
  custos, 249-251, 254
  desenvolvimento *versus*, 46-47
  documentação e, 76, 248
  evolução do software e, 8, 240--241, 246-254
  fase do ciclo de vida, 34
  métodos ágeis e, 74, 76
  previsão, 249-251
  projeto de arquitetura e, 152, 156
  reengenharia, 248, 251-253
  refatoração, 253-254
  sistemas legados, 239-240
  tipos de, 246, 255
Manutenibilidade, 7, 148, 152, 177, 206, 242, 249, 250, 263
Mapeamento de entrada/saída, 283-284
Máquina Virtual Java, 195
Marcos (projetos), 637-638, 641, 659
Medição. *Ver também* Métricas
  ambiguidade na, 687-688
  análise de componentes, 686-687
  análise de software, 689-690, 691
  gerenciamento da qualidade (GQ) e, 678-689, 690
  métricas de controle/previsão, 681
  qualidade de software, 678-689, 690
Medições/métricas de software, 680-690, 691

Melhoria de estrutura do programa, 252
Melhoria de processos, 54
  abordagem ágil, 51
  abordagem de maturidade do processo, 51-53
  evolução de software e, 241-245, 251-254
  gerenciamento de sistemas legados, 251-253
  qualidade de software e, 50-53
  reengenharia, 251-253
  refatoração, 253-254
  valores de negócio, 242-243
Método B, 35, 275, 328
Métodos ágeis, 30-31, 51, 57-84
  abordagem dirigida por planos *versus*, 31, 59, 75-78, 82
  abordagem Scrum e, 58, 62, 69-72, 80
  desenvolvimento com testes *a priori*, 63, 66-67
  desenvolvimento incremental e, 31, 35-36, 58-59, 62
  documentação e, 58-59, 70, 74, 76-77, 154
  engenharia dirigida por modelos (MDA) e, 144
  envolvimento do cliente e, 61, 62, 75, 712, 713-714
  escalabilidade, 72-81, 82
  evolução e, 74, 236-237
  gerenciamento da qualidade (GQ), 678-679, 690
  gerenciamento de configuração (GC) para, 694, 706, 710, 713
  gerenciamento de mudanças e, 81, 712, 714
  gerenciamento de projetos e, 69-72, 609, 612
  gerenciamento de riscos e, 612-613
  histórias de usuário para, 644-646
  integração contínua, 706-707
  mais complexos para sistemas grandes, 78-81
  manifesto, 59-60, 62
  melhoria do processo e, 51
  mudança e, 61, 63, 75, 144-145
  organizações e, 75, 81

  'pessoas, não processo' e, 61, 62, 75
  planejamento de projetos, 75-78, 633, 643-647
  princípios de, 62
  programação em pares, 63, 68-69
  Programação Extrema (XP), 58, 61-69
  projeto de arquitetura e, 147, 154
  refatoração, 37, 65
  simplicidade de, 61, 62, 75
  sistemas críticos e, 60, 76, 80
  sistemas personalizados e, 74, 695
  testes de usuário, 226
  time de desenvolvimento, 70, 74, 76-77
Métodos formais (desenvolvimento de software), 34, 121, 273-276, 277, 327-328
  abordagens matemática, 273, 274
  dependabilidade e, 273-275, 276,
  engenharia de segurança (*safety*), 327-329
  método B, 35
  modelos de sistemas e, 122, 273-275
  prevenção e descoberta de erros a partir de, 273-275
  teste de segurança (*security*), 374
  verificação de modelos, 274, 329-330
  verificação e, 274, 327-329
Métodos longos, 254
Métrica de disponibilidade (AVAIL), 287
Métricas
  confiabilidade, 287-288, 289
  controle/previsão, 680
  de controle, 680
  de previsão, 680
  dinâmica, 684-685
  dinâmicas, 684
  estática, 684
  estáticas, 684-685
  eventos, 681
  medição de software e, 680-688, 691
  medição de software, 680-684
  orientadas a objetos, 685-686

probabilidade de falha sob demanda (POFOD), 287-288, 289
produto, 684-685, 690
recursos necessários, 680
requisitos não funcionais, 93
taxa de ocorrência de falhas (ROCOF), 287-288
tempo, 680
Microsoft Office 365, 13
Middleware, 195, 197, 417, 436, 443-444
MODAF, 568, 569
Modelagem
   ágeis, 35
   algorítmica do custo, 646, 648-650
   baseada em estado, 137-140
   dirigida por dados, 136-137
   dirigida por eventos, 137-140
   do crescimento, 306
Modelagem de sistemas. *Ver* Modelos
Modelo
   4 +1, 153-154
   de 'queijo suíço', 391
   de ciclo de vida do desenvolvimento de software (modelo SDLC, do inglês *Software Development Life Cycle*), 31
   de estímulo/resposta (sistemas embarcados), 580-581, 601
   de processo em espiral de Boehm, 34
   de projeto inicial, 653
   de reúso, 654-455
   de subsistema, 184
   dinâmico, 178, 184, 200
   dos 4 Rs, 381-382, 386-387, 403
   em cascata, 31, 32-35
   em V, 44
   independente de computação (CIM), 141-143
   independente de plataforma (PIM), 141-144
   quadro-negro, 159
Modelos de interação, 126-130, 144, 177-178, 467-468
   casos de uso, 127-128, 144, 178
   diagramas de sequência, 128-130, 144

projeto orientado a objetos e, 176-177
sistemas distribuídos, 466
Modelos, 31-38, 121-146. *Ver também* UML (Unified modeling Language)
   comportamentais, 135-140, 145
   de contexto, 123-126, 144, 178
   de máquina de estados, 184, 185-186, 200, 584-585
   de pagamento, 518
   de plataforma específica (PSM), 141-142
   de processo de negócio, 515-517
   de subsistema, 180
   em espiral, 34, 95, 232-233, 541
   estáticos, 130, 184, 200
   estruturais, 130-135, 144, 178, 183
   formais (matemáticos), 121
Modelos gráficos, 122
   arquitetura de aplicação, 163
   baseado em estado, 137-139, 145
   caso de uso, 108-109, 123, 126-128, 144, 178-179
   COCOMO II, 251, 447, 650
   componente, 441-444, 458
   comportamentais, 135-140, 145
   contexto, 123-126, 144, 177-178
   crescimento da confiabilidade, 306
   desenvolvimento baseado em reúso, 37-37
   desenvolvimento incremental, 31, 35-37
   diagramas de atividade (UML) para, 18-19, 123, 125-126, 144
   diagramas de classes para, 131-132
   dinâmico, 178, 183, 184, 199
   dirigida por dados, 136-137
   dirigida por eventos 137-138
   dos processos de teste, 207-208
   espiral, 232-233
   estático, 184, 200
   estimativa de projetos, 646-648, 660
   estímulo/resposta, 479-581, 601
   estrutural, 130-136, 145, 178, 183
   formal (matemático), 121, 273
   generalização, 134-135, 184
   gerenciamento da qualidade e, 672-673, 683

integração e configuração, 31, 37-38
interação, 126-130, 144, 177-178, 467-468
licenciamento de código aberto, 199-200
máquina de estados, 184, 185-186, 200, 584-586, 601
métodos ágeis e, 36, 143
modelagem algorítmica de custo, 646, 648-650
padrões ISO 9000, 671-673, 697
processos, 31-38, 53
projeto de sistemas de tempo real, 584-586
projeto orientado a objetos, 177-180, 183-186
'Queijo Suíço', 391-392
RUP (Rational Unified Process), 31-32
sequência, 126, 129-130, 137, 183-184, 185
série de estágios, 32-33, 123
subsistema, 184
UML (Unified Modeling Language), 18-19, 121, 126-127, 126-127, 676
Modularização de programa, 252
Monitoramento de projeto, 616, 636
Motivação (gerenciamento de pessoas), 617-621
Mudança, 47-50. *Ver também* Mudança de processo
   análise do problemas e, 116
   clientes e, 711-712
   cultural (social), 9, 81
   custo das, 116
   desenvolvimento rápido de software para, 58-59
   efeitos na engenharia de software, 12-13
   entrega incremental, 46, 48-49
   gerenciamento de requisitos para, 94, 113-117
   implementação, 116, 235-236, 255
   métodos ágeis e, 58-59, 62, 63, 74-75, 81-82
   necessidades de negócios e na sociedade, 9
   nos negócio e na sociedade, 9
   processo dirigido por plano e, 59

Programação Extrema (XP) e, 63
prototipação, 47-48
retrabalho para, 46, 58
reúso, 12-13
urgentes, 236
Mudança de processo, 31, 53
CBSE, 444-451
evolução, 234-237
implementação, 235-236
lidando com, 46-50
manifesto ágil e, 60-61
mudanças urgentes, 236
para garantia de segurança (*safety*), 325-327
processos de software, 45-51, 52
Multilocação, 486, 487
MySQL, 197, 416

N

Namespaces, 498-499
Negócios
abordagem das cinco resiliências relacionadas, 398
aplicações web, 10
construção do sistema por meio da composição, 513-514
custos de manutenção, 249-251, 254
desenvolvimento rápido de software e, 58-59
diagramas de atividade (UML) para processos, 125-126
evolução de sistemas legados, 237-244
modelagem de fluxo de trabalho, 52-53
modelos de maturidade do processo, 52-53
mudança na sociedade e, 9
mudanças de requisitos, 114
políticas (regras), 238
processos, 238
reengenharia de processos, 251-253
resiliência e, 398
segurança da informação (*security*) e, 349-352
serviços, 504-505, 512-518, 519
sistemas de software, 9, 13, 31, 53, 241-242
software de código aberto (*open source*) e, 201

valor do sistema, 242-243, 255
fluxo de trabalho, 513, 514, 515-517
.NET, *framework*, 142, 414, 417, 437, 441-442, 449, 478
Nível
de abstração (reúso), 191-192
de componente (reúso), 192
de confiança (verificação), 205
de objeto (reúso), 192
de sistema (reúso), 193
pós-arquitetura, 655-658
Notações gráficas, 104
Números de ponto flutuante, 301
Nuvens, 11, 13, 503

O

Object Management Group (OMG), 140
Objectory, método, 108
Observância da regulamentação de software, 267-268
Observer, padrão, 187-188
Operação e manutenção, 33
Oracle, 6, 197
Organizações e segurança da informação (*security*), 349-351

P

Pacotes de software vertical, 6
Padrão
de arquitetura de repositório, 158-159, 169
de controle de ambiente, 587, 590-591
de *pipeline* de processo, 587, 592-593
Decorator, 190
Iterator, 190
modelo-visão-controlador (MVC), 154-156, 158, 415
observar e reagir, 587, 588-589
produtor-consumidor, 180
Padrões, 154-163, 187-190, 412, 415
arcabouço de padrões ISO 9000, 671-673, 697
arquiteturas orientadas a serviços (SOAs), 495, 496-497
de arquitetura, 154-163
de documentação, 669
de interação cooperativa, 155

de processo, 30, 670, 671
de projeto (*design*), 187-190, 412
de projeto organizacional, 154-155
frameworks de aplicação e, 415
gerenciamento da qualidade (GQ) e, 669-671, 690
produto, 669, 670
software, 669-671, 690
valor de, 670-671
web services, 496-497
Padrões de arquitetura (estilos) 151
arquitetura cliente-servidor de duas camadas, 472, 474-476
arquitetura cliente-servidor multicamadas, 472, 476-477
arquitetura cliente-servidor, 160-161, 472, 474-477, 489
arquitetura de repositório, 158-159
arquitetura duto e filtro (*pipe and filter*), 161-163
arquitetura em camadas, 156-158
arquitetura mestre-escravo, 472-473
arquitetura *peer-to-peer* (p2p), 472, 481-484, 488
controle ambiente, 587, 590-591
modelo-visão-controlador (MVC), 155-156
observar e reagir, 587, 588-589
pipeline de processo, 587, 592-593
segurança da informação (*security*) e, 151-152, 357, 362-365
sistemas como um *feed* de dados, 570-571
sistemas de componentes distribuídos, 472, 478-481, 489
sistemas de negociação, 573-575
sistemas de sistemas (SoS), 570-574, 575
sistemas distribuídos, 151-152, 170, 472-484, 489
sistemas em um contêiner, 572-573
software de tempo real, 587-593, 601
software embarcado e, 587-593, 601
Pares de programador/testador, 209

Particionamento
　de equivalência, 211-212
　de requisitos, 540
People Capability Maturity Model (P-CMM), 620
Perda de informação, 260
Perfis operacionais, 306-307
Perigos, 314, 315, 316,-317
　análise da árvore de defeitos, 320-322
　análise de, 315, 320-322
　avaliação, 314, 316-317
　desenvolvimento de sistemas críticos em segurança, 314, 339
　detecção e remoção, 314, 322
　gravidade, 314
　identificação de, 316-317
　limitação dos danos, 314, 322
　prevenção, 314
　probabilidade, 314
Personalização, 442, 694-695
Perspectiva
　dinâmica (RUP), 32
　estática (RUP), 32
　prática (RUP), 32
Planejamento. *Ver também* Planejamento de projeto
　agil, 644
　da iteração, 644
　de teste, 207
　do *backlog* do produto (Scrum), 70, 71, 82
　gerenciamento de requisitos, 118-119
　incremental, 63
　incremental, 63
　risco, 6615-616
　teste, 206
Planejamento de projetos, 76-77, 631-660
　COCOMO II, modelagem de custos, 650-660
　concorrência, 632, 634-635
　cronograma e, 637-643, 659
　custos de projeto, 632, 659
　desenvolvimento dirigido por plano e, 635-638, 659
　dimensionamento dos métodos ágeis e, 75-78
　duração e alocação, 658-659

eficácia do time de desenvolvimento, 76-77
estágios do ciclo de vida, 631
histórias de usuário para, 644-645
marcos, 637, 638, 640-641, 659
métodos ágeis e, 633, 644-646, 659
precificação de software para, 634-635, 659
processo, 637-638
suplementos, 637
técnicas de estimativa, 648-650, 660
Planos de contingência, 616
Plataforma
　COM, 437
　de software, 41-42
Ponteiros, 281, 301
Prazo limite (*deadline*) (sistemas de tempo real), 594
Precificação de software, 634-635, 659
Prevenção
　defeito, 281
　descoberta de erro e, 273-274
　estratégias (gerenciamento de risco), 615
　perigo, 314, 322
　vulnerabilidade, 348
Previsão de manutenção e, 249-251
PRISM, verificador de modelo, 330
Probabilidade
　de falha sob demanda (POFOD), 287, 289
　de perigo, 314
Problemas 'traiçoeiros', 116, 259--260, 275-276
Processo
　Cleanroom, 206, 304
　de reparo de emergência, 237-238
　definido explicitamente, 271
　repetível, 271, 277
Processo dirigido por plano, 31, 33, 59, 540
　cronograma e, 638-640
　desenvolvimento de sistemas e, 539
　desenvolvimento incremental e, 35
　fases de teste (validação), 43-44

métodos ágeis e, 30-31, 59-61, 75-78, 82
modelo em cascata, 32-33
mudança de ambiente e, 58
planejamento de projetos e, 635--637, 660
processos modelo, 32, 35
Processos
　de apoio, 445
　operacionais, 392-395, 403
　produtor/consumidor (*buffer* circular), 583-584
Processos (de software), 8, 11, 28-55
　abordagem ágil, 31, 51
　abordagem de maturidade, 51-53
　análise, 53, 95-104, 593-598
　atividades do engenheiro em, 5, 8, 29-30, 38-46
　atividades, 25, 38-45
　ciclo de vida, 31, 32-34
　desenvolvimento de protótipo, 48-49
　dirigida por plano, 32-34
　especificação, 30, 41-42
　evolução, 30, 45-46, 234-237
　fases de revisão, 674-676
　garantia, 325-327
　gerenciamento, 392-395
　medição, 51, 680-684
　melhoria de, 50-53
　métricas de qualidade, 680-684
　modelos, 31-38, 53
　operacional, 393-395
　padrões, 669-670
　profissional, 4-13, 31
　projeto e implementação, 41-43
　qualidade (baseada em processo), 50-53, 668
　reparo de emergência, 236
　RUP (Rational Unified Process), 32
　validação, 30, 39-41
Produto
　desenvolvimento de instância, 422
　métricas de qualidade, 684-686, 690
　padrões, 669, 670
　requisitos, 92
　tipos de software, 5-6, 10-12

Programação. *Ver também*
 Programação Extrema (XP)
 AJAX, 13, 416, 484
 de N-versões, 294-296
 diretrizes de sistema seguro
  (*security*), 371-372
 diretrizes para programação com
  confiabilidade, 297-304
 em pares, 63, 68-69, 678
 projeto de engenharia e, 8, 30, 42
 sem ego, 68
 sistemas de tempo real, 586
 técnicas/atividades, 12, 38-39
Programação Extrema (XP), 58,
 61-69
 cartões de história, 64-65
 ciclo de lançamento em, 62
 integração contínua e, 62, 80
 métodos ágeis e, 58, 59-61
 programação em pares, 63, 68-69
 testes de aceitação e, 62, 67
Projeto
 conceitual de sistema, 523, 532-
  -535, 546, 562
 de banco de dados, 42
 de interface de um catálogo,
  508-509
 de interface de usuário, 47
 de interface, 42, 186-187
 simples, 62
Projeto (de software), 30, 41-43,
 53, 63, 175-202. *Ver também*
 Projeto de arquitetura; Projeto de
 sistemas
 caso de teste, 209-13
 desenvolvimento de código
  aberto, 197-200, 201
 diretrizes, 365-371, 375
 documentação UML, 176,
  177-187
 fase do ciclo de vida, 33
 gerenciamento de configuração,
  191, 193-194, 201
 implementação e, 33, 41-43, 53,
  175-202
 interface com o usuário, 47
 interface, 42, 186-187, 208
 interfaces de serviço, 504,
  507-510
 modelo de atividade (diagrama),
  42

 modelos, 109-186, 200
 orientado a objetos, 176-187, 200
 padrões, 187-190
 para implantação, 370-371
 para recuperação, 370-371
 para resiliência, 394-403
 programação e, 9, 43-44
 reúso e, 42,190, 191-193
Projeto de arquitetura, 42, 131, 152-
 -173, 539, 567-575
 arquitetura dirigida por modelos
  (MDA), 140
 decisões, 150-153, 171
 desenvolvimento de sistemas e,
  539-540
 diagramas de bloco para, 149
 manual de arquitetura de Booch,
  149
 Manutenibilidade e, 151-152, 156
 modelo 4 +1, 153
 modelos estruturais para, 130
 níveis de abstração, 148
 padrões, 154-163, 171
 refatorar e, 147
 requisitos não funcionais e, 148-
  -149, 151-152
 segurança da informação (*security*)
  e, 151-152, 357, 361-365
 sistemas de sistemas, 564,
  567-575
 sistemas orientados a objetos,
  180-181
 visões, 152-154, 171
Projeto de sistemas
 avaliação de risco, 359-362
 desenvolvimento *host-target*, 191,
  194-197, 201
 modelagem, 584-586
 modelo estimulo/resposta,
  580-581
 processos de controle de atuador,
  580-581
 processos produtor/consumidor,
  582-583
 programação, 586
 sistemas de tempo real, 183,
  579-586
 sistemas embarcados, 196-197,
  579-586
 sistemas seguros, 357-372, 376
Promela, 330

Propagação de falhas, 530
Propostas de mudanças, 74,
 234-235
Propriedades
 coletivas, 62
 emergentes, 528, 529-531, 546
 não determinísticas, 531-532
Proteção, 353
 arquitetura tolerante a defeitos,
  291-292
 ativos, 350, 354, 359
 cibersegurança, 346, 385
 projeto de arquitetura em
  camadas, 363
 sistemas, 291-292
Proteção no nível
 da aplicação, 362-363
 da plataforma, 362-363
 de aplicação, 363
Protocolos baseados em XML, 496
Prototipagem (de sistemas), 47-48,
 53, 101, 113
Python, 168-169, 176, 300, 415

Q

Qualidade de serviço (QoS), 463,
 466

R

Ramificação, 697, 702
Rastreabilidade (requisitos), 115,
 116
Rastreamento de problemas, 194
Reconhecimento, 381, 382, 385-386
Recuperação
 projeto para, 371-372
 requisitos, 290
 resiliência e, 382, 385-386, 399,
  403
 verificação da integridade do
  banco de dados e, 401
Reducionismo dos sistemas
 complexos, 559-562, 574
Redundância
 dependabilidade e, 269-270, 276
 diversidade e, 291, 368
 requisitos, 289
Redundância modular tripla (TMR),
 294
Reengenharia (de software), 248-
 -249, 251-253, 255
Reengenharia de dados, 252

Refatoração, 37, 47, 63, 65, 68, 147, 253-254
  evolução de software, 248, 252-253, 255
  manutenção e, 253-254
  métodos ágeis, 37, 64-65
  métodos de Programação Extrema (XP), 62
  programação em pares, 68-69
  projeto de arquitetura e, 147
Registrar ações do usuário, 368
Reguladores, 267-268, 332, 334, 340
Regulamentação e conformidade (software), 267-268
Reparabilidade, 263
Replicação de papéis (Scrum), 80
Representação de fluxo de trabalho, 126
Representante do cliente, 63
Requisitos, 85, 116
  análise e definição (fase do ciclo de vida), 33
  armazenamento, 115
  baseada em perigos, 314
  baseada em risco, 315, 316
  classificação e organização de, 97
  componentes, 196
  compreensão de engenharia de, 5, 7, 12
  confiabilidade e, 184-290
  de processo, 290
  de sistema, 38, 86-87
  de usuário, 40, 58-59, 85-86
  de verificação, 289
  descoberta e compreensão, 96, 99-101
  disponibilidade, 198
  documentos (especificação de software), 86-87, 95, 105, 109-112, 116
  duradouro, 115
  duradouros e voláteis, 115
  elicitação e análise de, 40, 96, 103, 117
  em linguagem natural estruturada, 104, 106-108
  especificação, 38, 53, 86-87, 90-91, 94, 104-112, 117, 287-290, 315, 316
  evolução, 114

externos, 92
funcionais, 88-91, 117, 285, 289-290, 316
gerenciamento, 115-116, 117
identificação, 115
interações de escrita, 108
métodos ágeis e, 40, 114
modelo em espiral para, 541
mudanças no negócio, 114, 117
não funcionais, 89, 91-95, 117, 148-149, 151, 285, 287-290
organizacional, 93
priorização e negociação de, 97
processo de software, 30, 38-40
rastreabilidade, 115, 116
refinamento, 38
revisões, 113
segurança (*safety*), 315-323
sistema, 85-86, 103-104
teste baseado em diretriz, 211-212
usuário, 86-87
validação, 39, 113-114, 117
voláteis, 115
Resistência, 381, 385-386, 403
  da missão Apollo 13, 379, 382, 387
Resiliência (de sistemas), 262, 379-405
  abordagem relacionada, 398
  análise de sobrevivência de sistemas, 396-398
  atividades, 381-382
  cibersegurança, 385-387, 404
  dependabilidade e, 262, 263
  eficiência e, 393-394
  engenharia, 379-405
  erro humano e, 389-392
  falha de sistema e, 380-382
  gerenciamento automatizado, 394
  gerenciamento, 394, 403
  modelo dos 4 Rs, 381-382, 385, 403
  processos operacionais, 392-395, 403
  projeto para, 395-403
  segurança da informação (*security*) e, 262, 348
  sistemas sociotécnicos, 387-395
  teste, 399
Respeito (gerenciamento de pessoas), 617

Responsabilidade ética/profissional, 13-17, 25
Restabelecimento, 382, 385-386, 403
RESTful, serviços, 495, 500-503, 515
Resultados do sistema, 243
Retrabalho, 34, 41, 46, 58, 60, 68, 112
Reúso
  baseado em geradores, 414
  de conceito, 410
  de objetos e funções, 410
  de sistema, 410
Reúso (de software), 12, 13, 37-38, 149, 187, 191-192, 201, 409-433, 445-451
  abordagens para reúso, 414
  aplicações de engenharia de, 11, 13
  baseada em geradores, 414
  características de sistema e, 30
  CBSE com, 444, 448-451
  CBSE para, 444, 445-449
  componentes, 37, 190, 192, 200, 410, 423, 439, 554
  custos de, 193, 411
  ferramentas, desenvolvedores de software, 39
  frameworks de aplicação, 412, 414-417, 431
  implementação e, 190, 191-193
  integração e configuração de, 37-38
  linhas de produto de software, 413, 417-423
  modelo de processo para, 37-38
  níveis de, 191-192
  objetos e funções, 410
  padrões de projeto, 187-188, 191-192, 412, 416
  panorama, 311-414
  problemas de integração, 430-431
  projeto de arquitetura e, 148
  seleção e projeto de componentes, 42
  sistema de aplicação, 410, 424-431
Revisões, 113, 205-206, 216, 673-677
  checklists, 676-677

código, 68, 678
gerenciamento da qualidade (GQ), 673-677, 690
inspeções de programa, 676, 677
inspeções e, 205-206, 673-677
processo de revisão, 675
registro de perigos para, 326
segurança (*safety*), 325, 326
validação de requisitos, 113
verificação e validação usando, 205
Risco
  aceitável, 319
  acidentes (incidentes) e, 314-315, 319
  análise, 335, 613-614
  avaliação de segurança, 351-352, 375
  definição, 314
  exemplos de diferentes de, 613
  indicadores, 616
  intolerável, 318
  redução, 322-323, 370
  redundância e diversidade de, 368
  tão baixo quanto razoavelmente praticável (ALARP), 318
  triângulo, 319
Riscos
  baixos na medida do possível (ALARP), 318
  intoleráveis, 318
Ristema de fornecimento de combustível, 584-585
Ritmo sustentável, 63
Ruby, 169, 415
RUP (Rational Unified Process), 32

S

SAP, 6
Sarbanes-Oxley, normas contábeis, 36
Scrum, 58, 62, 69, 70, 72, 80-81, 82
Segurança
  de infraestrutura, 344, 345-346
  operacional, 344, 346
Segurança (*safety*), 311-342, 349
Segurança (*security*) de aplicação, 344-345
  análise estática de programas, 330-332, 339-340
  certificação de software, 325-327
  confiabilidade e, 312-313

custos e, 329, 334
dependabilidade e, 262, 273
ética e, 16-17
perigos e, 314, 316, 317-322
processos de engenharia de, 323-332
processos de garantia, 325-327
projeto de arquitetura e, 151
reguladores, 268, 333, 334
regulamentação e conformidade de, 267-268
requisitos dirigidos por perigos, 317, 340
requisitos funcionais, 316
requisitos, 316-323, 334
riscos e, 314, 315, 318-319, 322-323
terminologia, 314
verificação de modelos, 329-330, 340
verificação formal, 327-329
Segurança da informação (*security*), 7, 9, 346-374
  ameaças, 348, 376
  avaliação de risco, 351-352, 376
  camadas de sistema, 345
  checklist, 373
  confiabilidade e, 348-349
  confiança e, 7, 9
  confidencialidade, 344
  controles, 347, 348-349
  de aplicação, 344-345
  dependabilidade e, 7, 10, 262, 346-349
  diretriz de usabilidade, 367-368
  diretrizes de programação, 371-372
  diretrizes, 365-371, 375
  disponibilidade, 344, 348, 349
  engenharia, 343-375
  falha, 367
  garantia, 372-375
  infraestrutura, 344, 345-346
  operacional, 344, 346
  organizações e, 349-352
  políticas, 367-368
  projeto de arquitetura e, 151, 357, 362-365
  projeto para, 343, 357-372, 375
  proteção, 350, 353, 359, 362-363, 365

registro das ações do usuário, 368
regulamentação e conformidade para, 267-268
requisitos, 352-357
resiliência e, 262, 349
segurança (*safety*) e, 349
terminologia, 346-347
teste, 372-375
validação, 375
vulnerabilidade e, 345, 347, 361, 370
Seleção de sistema, 562-563
SEMAT (métodos e ferramentas de engenharia de software), iniciativa, 10
Senhas, 370-371, 384, 385, 387
Separação de interesses, 458
Serviços, 491
  abordagem RESTful, 495, 500--503, 515
  classificação dos, 505, 519
  componentes, 492, 497-500
  componentes web reutilizáveis, 37, 497-500
  composição (construção) de, 512-518
  comunicação e, 495-500
  coordenação, 505, 519
  de coordenação, 505, 519
  de negócio, 505, 512-517, 519
  de plataforma, 443
  desenvolvimento de software e, 512-518, 519
  entrega incremental e, 48-50
  fluxo de trabalho, 513, 514-517, 519
  modelos de processo de, 515-517
  operação e manutenção de, 34
  reúso de, 513
  SOAP (troca de informações de serviço), 496-497, 512, 515
  teste, 514, 517-518
  utilitários, 504, 519
  web, 12-13, 492
Servidor web Apache, 197
Servidores replicados, 291
Simplicidade (métodos ágeis), 61, 62, 74
Simuladores, 195
Sistema
  de informação veicular, 593-595

de internet *banking*, 475, 476
de mineração de dados, 479
de missão crítica, 261
de negociação de ações, 364-365
de registro de pacientes, 130
do ônibus espacial, 292
Sistema orientado a serviços, 412, 437-438, 496, 497-503
de controle robotizado, 148
de embalagem robotizado, 148
de alarme, 580, 589, 595-597
de construção, 704-705
de controle de voo do Airbus 340, 293-294, 311
Sistema de controle para bomba de insulina, 18-19
classificação do perigo para, 318-320
componentes de hardware (diagrama), 18
controle de sistema crítico em segurança, 313
controle de software de, 313
diagramas de sequência para, 137
especificação em linguagem estruturada para, 106-107
especificação em linguagem natural para, 105
especificação tabular para, 108
estado seguro, 323
falha na, 288-289
falhas de software permanente, 289
falhas de software transitórias, 289
modelo de atividade de, 19, 137
modelo de fluxo de dados (DFD) para, 136
perigos em, 317-318
propriedades de dependabilidade para, 261-262
redução d0 risco para, 322-323
requisitos de confiabilidade funcional, 288
requisitos de confiabilidade não funcionais, 289-290
requisitos de segurança para, 318-320, 322-323
soluções de falha de software, 322-324

Sistema de informação de pacientes de saúde mental (Mentcare), 19-22
abordagem de falhar com segurança, 367
arquitetura cliente-servidor de, 399
associação de agregação em, 135
avaliação de risco do projeto, 359
características principais de, 21
cartões de história e, 63-64
cartões de tarefas e, 64-65
caso de teste de verificação da dose, 64
casos de uso para, 108-109
cenário em, 108-109
controle de sistema crítico em segurança, 313
critérios de sucesso para, 532-533
diagramas de classes para, 131-133
diagramas de sequência para, 129-130
gerenciamento de cuidado individual, 21
hierarquia de generalização e, 134
limites do sistema, 123-124
metas de, 20
modelagem de caso de uso e, 126-127
modelo de contexto de, 124
monitoramento do paciente, 21
organização de, 18-19
padrão de arquitetura em camadas de, 158, 167
privacidade e, 21
procedimentos de autenticação, 387
processo de internação involuntária, 126
relatório, administrativo, 21
requisitos funcionais em, 90-91
requisitos não funcionais em, 93-94
resiliência de, 263, 399
segurança (*safety*) e, 21
segurança da informação (*security*) de, 263, 347, 370-371
senhas, 370-371, 387
sistema sociotécnicos para, 531-532

teste baseado em requisitos e, 223
teste de cenário e, 222
teste de lançamento, 222, 223
Sistemas
brownfield, 78, 232
centralizados, gerenciamento de versões de, 698, 699
cliente-servidor, 470-472, 488
colaborativos, 556
com um *feed* de dados, 570-572
de alta disponibilidade, 152, 196
de análise, 11
de aplicação configuráveis, 412, 424-428
de aplicação específicos para domínios, 409-410, 414, 417
de coleta de dados baseados em sensor, 18
de coleta de dados, 11, 180
de comércio eletrônico, 167-168
de componentes distribuídos, 472, 478-481, 488
de controle de tráfego aéreo (CTA), 524-525, 538
de entretenimento, 11
de expedição de veículos, 419-420
de gerenciamento de recursos, 167, 171, 420
de informação, 17, 164, 166-168, 493-495
de modelagem, 11, 121-146
de negociação, 573-574
de processamento de linguagem, 164, 168-170, 171
de processamento de transações, 164, 165-166, 167
de processamento em lotes, 11
de rastreamento de problemas, 709-710
de simulação, 11
de software de empresas parceiras, 35
descentralizados, 491-92, 489
dirigidos, 556
em um contêiner, 572-574
federados, 557
operacionais (tempo real), 598-601, 603
organizacionais, 557
reativos, 579

seguros (ponto de vista da segurança da informação), 531
técnicos baseados em computador, 522
técnicos e sociotécnicos aninhados, 387-388
virtuais, 556-557
web, 12-13
Sistemas corporativos, 393, 522. *Ver também* Sistemas ERP
Sistemas COTS (*commercial off-the shelf*), 424. *Ver também* Reúso de aplicações
Sistemas (de software). *Ver também* Sistemas distribuídos; Sistemas de software embarcados; Sistemas de sistemas (SoS)
  análise para projeto de arquitetura, 148, 149
  complexidade de, 4, 76, 80, 250, 253, 522-523, 528
  custo-benefício de, 8
  dependabilidade, 243, 261-265, 276
  especificação de requisitos, 104-112
  fundamentos de engenharia para, 12, 25
  larga escala, 78-79, 533
  métodos ágeis para, 75-78
  modelagem, 11, 121-146
  modelos de atividade (diagrama), 44, 46
  projeto de software e, 33
  representação de estado, 137-138
  sistemas de sistemas (SoS) *versus*, 550
  sociotécnico, 265-267, 272, 525-529
  tipos de estudo de caso, 17-18
  tipos de, 5, 6-9, 10, 11, 17
Sistemas críticos em segurança, 261, 311, 313-315, 339
  certificação de, 268, 275, 325
  construtos propensos a erro e, 301
  dependabilidade e, 266, 273
  falha de sistema e, 311-312
  processo de garantia, 325-327
  processos de desenvolvimento e, 324-325
  regulamentação e conformidade de, 267-268
  sistema crítico em segurança primário, 313
  sistemas de controle, 312-313
  software crítico em segurança secundário, 313-314
  técnicas dirigidas por perigos, 314
  triângulo de risco de, 318-319
Sistemas críticos, 261. *Ver também* Sistemas críticos em segurança
  custos de verificação e validação, 264
  documentação para, 76, 80
  falha de, 261, 276
  métodos ágeis e, 60
  métodos formais para dependabilidade de, 276
  processos confiáveis para, 270
  redundância e, 269
  tipos de, 261, 394
Sistemas de aplicação, 38, 410, 424-431
  reúso, 410, 412, 424-431
  sistemas COTS, 424
  sistemas ERP, 426-428
Sistemas de aplicação integrados, 412, 425
  controlados, 291
Sistemas de sistemas (SoS), 11, 232, 413, 526, 549-575
  classificação de sistemas, 556--559, 574
  complexidade da governança, 555-556, 557-559, 574
  complexidade do sistema, 553--556, 574
  complexidade técnica, 554, 555--556, 559
  engenharia, 562-567
  gerenciamento da complexidade, 554, 555-556, 557-559, 575
  implantação da interface, 565-567
  implantação e integração de, 563, 565-567
  projeto de arquitetura, 563, 567-575
  reducionismo, 559-562, 574
  sistema *versus*, 550-551
  sistemas como um *feed* de dados, 570-571
  sistemas de larga escala, 533
  sistemas de negociação, 573-574
  sistemas de software, 550
  sistemas em um contêiner, 572-573
Sistemas de software embarcados, 10, 17, 601. *Ver também* Sistemas de tempo real
  análise temporal, 593-598
  desenvolvimento *host-target* e, 194-195
  engenharia de software de tempo real, 197, 576-503
  modelo de estímulo-resposta, 580-581, 601
  padrões de arquitetura e, 587-593, 601
  projeto de, 196-197, 580-581
  simuladores de, 195
  teste de usuário, 226
Sistemas de tempo real, 183, 197, 577-603
  análise temporal, 593-598, 601
  capacidade de resposta, 577
  engenharia de software para, 577-603
  gerenciamento de processos, 598-601
  modelagem, 584-586, 602
  modelo estímulo/resposta, 580--581, 601
  padrões de arquitetura para, 587--593, 601
  programação, 586
  projeto, 184, 580-586
  sistemas embarcados, 197, 577-603
  sistemas operacionais, 598-601, 603
Sistemas distribuídos (engenharia de software), 461-490
  abertura, 462, 463, 464
  arquitetura cliente/servidor, 160--161, 472, 473-477, 488
  benefícios dos, 462, 488
  CORBA (Common Object Request Broker Architecture), 464, 478
  escalabilidade, 462, 463, 464, 486, 487-488

gerenciamento de versão de, 697, 699-702
middleware, 469-470, 488
modelos de interação, 467-469
padrões de arquitetura dos, 154--163, 472-484, 488
projeto de arquitetura dos, 150--151, 161
qualidade de serviço (QoS), 463, 466
questões de projeto, 463-467, 488
sistemas cliente/servidor, 470--472, 488
software como serviço (SaS), 484--488, 489
tipos de ataques, 465-466
Sistemas ERP (Enterprise Resource Planning), 6, 163, 409-410, 413, 426-431
adaptada individual de, 410
arquitetura de, 426-428
estágio de aquisição do sistema, 538
frameworks de aplicação, 417
reúso de aplicação configuráveis, 426-428
Sistemas legados, 237-246, 255, 511, 546
avaliação, 245
elementos de, 237-238
empacotamento, 253, 413, 511
evolução de sistemas e, 545
gerenciamento, 241-246
integrados a componentes, 536
manutenção dos, 241-242, 244
problemas da substituição, 240
reengenharia e, 251, 253
refatoração e, 251
valor de negócio dos, 242-244, 255
Sistemas orientados a objetos
diagramas de classes para, 131-132
especificação de interface, 186-187
frameworks em, 415
identificação de classes, 181-183
modelo de caso de uso, 178-179
modelos de sistema (projeto), 183-186
projeto de arquitetura e, 180

projeto, 176-187, 200
Unified Modeling Language (UML) e, 121, 177-185
Sistemas sociotécnicos, 522, 546
camadas defensivas, 390-391
camadas no, 266, 526
complexidade dos, 526, 528
critérios de sucesso, 532-533
elementos organizacionais, 527-528
engenharia de sistemas para, 525-529
erro humano e, 389-392
interação entre ambiente e software, 266-267
não determinísticos, 531-532
processos gerenciais, 392-395, 403
processos operacionais, 392-395, 403
propagação de falhas, 530-531
propriedades emergentes 528, 529-531, 546
regulamentação e conformidade, 267-268
resiliência e, 387-395
sistemas técnicos aninhados, 387-388
SLAM, verificador de modelo, 330
SOA (arquiteturas orientadas a serviços), 485, 495-519
abordagem, 492, 494
aplicações web, 495-500
componentes, 497-500
interface de serviços, 500
padrões, 496-497
protocolos de serviço, 496
software como serviço (SaS) *versus*, 485, 497
troca de mensagens, 497-500
WSDL e, 496, 498-500
SOAP (serviço de troca de informações), 496-497, 502, 515
Sobrecarga no servidor, 484
Software, 4, 6, 204
eficiência, 7
ética de engenharia, 14-17
falhas, 4
fronteiras e características do sistema, 11

personalizado (feito sob medida), 6
produtos genéricos, 6
questões que afetam, 9
regulamentação e conformidade de, 267-268
vida útil, 232-233
de aplicação, 238
de apoio, 238
de controle de voo, 270, 293-294, 311, 312
tipos de produto, 6, 9, 10-12
desenvolvimento profissional, 4-13
atributos, 5, 7
Software como serviço (SaS), 484--488, 489
arquiteturas orientadas a serviços (SOAs) *versus*, 485-486, 492
configuração de, 486-487
'crise do software', 5
escalabilidade, 486, 487-488
multilocação, 486, 487
sobrecarga do servidor e, 484-485
Software Engineering Institute (SEI), 52
SourceForge, 448, 450
SPIN, verificador de modelo, 330
Sprint (Scrum), 70, 71
SQL (Structured Query Language), 197, 369, 372, 373, 416, 476
Stakeholders, 87, 91, 93, 95, 96-100
Subversion, sistema, 194, 698

T

Taxa de ocorrência de falhas (ROCOF), 286-287
Técnica de etnografia, 100-101
Técnicas de entrevista, 100-101
Técnicas de estimativa, 646-650, 660
modelagem algorítmica de custo, 646, 648-650
modelo COCOMO II, 650-659
produtividade de software e, 649
técnicas baseadas na experiência, 646-647
Tempo de espera (*timeout*), 303
Tempo de execução (sistemas de tempo real), 594
Tempo médio até a falha (MTTF), 286

Teste
  automatizado, 63, 66-67, 210, 218, 228
  baseado em diretriz, 211
  baseado na experiência, 373
  beta, 43, 45, 225
  de 'mesa', 399
  de aceitação, 62, 67, 225, 226
  de caminho, 213
  de desenvolvimento, 208-218, 228
  de estresse, 224
  de lançamento, 221-224
  de partição, 210-213
  de penetração, 373-374
  de regressão, 220
  de sistema, 33, 43, 205-207, 216-218
  de unidade, 33, 208, 209-213
  de usuário, 22-228
  do cliente, 44
  estatístico, 304-305, 308
  incremental, 44, 218
Teste (de software), 43-45, 203-229, 372-375, 398-399
  abordagem incremental, 44
  aceitação, 62, 67, 225, 235, 238
  alfa, 225
  análise baseada em ferramenta, 374
  automatizado, 63, 66, 67, 208, 218, 219
  beta, 43, 45, 225, 226
  cliente, 43, 44
  confiabilidade e, 304-306, 308
  de componentes, 43, 208, 213, 242
  defeito, 43, 204, 206, 208, 221, 224
  depuração *versus*, 43, 208, 220
  desenvolvimento dirigido por testes (TDD), 218-221
  desenvolvimento e, 43-45, 66-67, 538
  escolhendo casos de teste, 210--213, 228
  estágios em, 43, 206
  estatístico, 304-305, 308
  fases dirigidas por modelo, 42
  garantia e, 372-375
  inspeções *versus*, 205-206
  métodos ágeis para, 42, 63, 68, 69, 227

  modelo de, 205-207
  penetração, 373-374
  processo, 43-45
  requisito de, 204
  resiliência, 398-399
  segurança da informação (*security*), 372-375
  serviços, 514, 515-517
  sistema, 45, 207, 216-218
  teste de desenvolvimento, 208--209, 228
  teste de lançamento, 221-223
  teste de unidade, 33, 209-213
  teste de usuário, 224-227
  validação do, 43-45, 204-206
Teste de defeitos, 43, 204, 207
  depuração, 43, 208
  desempenho, 224
  teste de lançamento, 225
Teste-alfa, 225
Time de desenvolvimento, 70, 74, 76-77
Timestamps, 708
TOGAF, 568, 569
Tolerância
  à mudança, 46
  ao erro, 263
Trabalho em equipe, 621-628
  ambiente físico de trabalho e, 627
  coesão do grupo, 622
  comunicação do grupo, 626-628
  contratando pessoas, 623
  grupos hierárquicos, 625
  organização do grupo, 624-626
  seleção dos membros do grupo, 623
  time de desenvolvimento, 70, 75, 76, 77
Tradução de código-fonte, 252
Tratamento de exceções, 300-301
Troca de mensagens, 467-468, 497-500

U

UML (Unified Modeling Language), 122
  casos de uso, 108-109, 123, 126, 127-128, 144, 18, 184
  diagrama de interface de componentes, 439-440
  diagramas de atividade, 18-19, 123, 124, 125-126

  diagramas de classes, 123, 131-133
  diagramas de implantação, 131, 197
  diagramas de máquinas de estados, 123, 184, 185-186
  diagramas de sequência, 123, 127, 129-130, 137, 144, 183, 184-185
  dirigida a eventos, 137-138
  estereótipo de pacotes, 22
  executável (xUML), 144
  generalização e, 134
  métricas orientadas a objetos e, 685
  modelagem de sistemas usando, 121, 122
  modelos comportamentais, 135-137
  modelos de fluxo de trabalho, 126, 514-515
  modelos de interação, 126-130
  modelos de subsistema, 184-185
  processos de negócio e, 125
  projeto de arquitetura e, 122, 154, 183
  sistemas orientados a objetos e, 122, 176-186
  tipos de diagramas, 121, 122-123, 184
UML executável (xUML), 144
Uniform Resource Locator (URL), 501, 503
Universal description, discovery and integration (UDDI), 497
Universal Resource Identifier (URI), 442, 497
Unix, sistemas, 162, 371
Usabilidade
  diretriz de segurança, 366-368
  padrões, 155
  requisitos, 91-93
  tolerância a erros, 263
Utilização, modelos de componentes e, 442

V

V & V (verificação e validação), 43, 205-207, 328. *Ver também* Teste; Validação (de software)
Validação (de software), 8, 30, 43-45
  atividades de engenharia para, 8, 29

requisitos, 38, 112-113, 117
teste, 43-45, 205-207
verificação *versus*, 205-207
Velocidade (Scrum), 70
Verificabilidade, 112
Verificação
de asserção, 332
de erro característico, 331-332
de erro definido pelo usuário, 332
de modelos, 274, 329-330, 340
de senha, 361
dos limites do vetor, 302-303
Verificação (de software)
eficácia em termos de custo da, 329
engenharia de segurança (*safety*), 326-329
especificação formal e, 272, 327-329
finalidade da, 205
gerenciamento de versão, 193--194, 693, 697-703, 717
níveis de confiança, 205
sistemas de controle de versão (CV), 693, 698, 717
validação *versus*, 205-207
verificação de modelo, 272, 329-330
Versões de sistema, 294-296
Visão de desenvolvimento, 153, 171
Visão de processo, 153, 171
Visão física, 153, 171

Visão lógica, 153, 171
Visibilidade da informação, 298-299
Visões conceituais, 154, 171
Visões de arquitetura, 152-154, 171
VOLERE, método de engenharia de requisitos, 106
Vulnerabilidade, 347, 348, 359, 370, 371

W

Web services, 13, 37, 491-492, 495--503. *Ver também* Serviços; WSDL
abordagem RESTful e, 500-503, 515
abordagem SOA, 495
aplicações interativas baseadas em
transações, 10
arquitetura orientada a serviços (SOA) e, 495-500
classificação de, 505, 519
componentes para, 497-500
componentes reusáveis como, 37, 492, 497-500, 513
composição (construção) de, 512-518
coordenação, 505, 519
definição, 13, 491
desenvolvimento de navegador, 12, 491
desenvolvimento de software e, 512-518, 519

http e https, protocolos, 501-502
interface WSDL, 497-498
interfaces, 13, 498-500
modelo de processo de negócio e, 514-517, 519
na nuvem, 13, 503
negócio, 505, 512-518, 519
operações básicas dos recursos, 501
padrões, 495-496
teste, 514, 517-518
utilitários, 505, 519
WS-BPEL, 496, 497, 515, 517
WSDL (Web Service Definition Language), 496, 498-501, 507, 509, 510, 515
elementos do modelo, 498-499
implantação do serviço e, 510
interface de *web service*, 500
troca de mensagens, 496-498, 516

X

XML, 441, 496, 497-498, 500
descrições de serviços, 497-498
modelos de fluxo de trabalho WS-BPEL, 515, 517
namespaces, 498-499
processamento de linguagem, 164, 168-169, 500
troca de mensagens WSDL, 497-500
web services e, 496

Índice de autores

A

Abbott, R., 181, 202
Abdelshafi, I., 71, 84
Abrial, J. R., 35, 55, 273, 274, 278, 328, 341
Abts, C., 430, 431, 433, 562, 576, 652, 655, 658, 661, 662
Addy, E., Aiello, B., 693, 718, 719
Alexander, C., 187, 202
Alford, M., 548
Ali Babar, M., 149, 172
Allen, R., 431, 432, 433
Ambler, S. W., 73, 82, 83, 123, 144, 146
Ambrosio, A. M., 342,
Amelot, A., 273, 274, 278
Anderson, E. A., 273, 278
Anderson, R. J., 376, 466, 490
Anderson, R., 376, 466, 490
Andrea, J., 220, 229
Andres, C., 82, 644, 661
Appleton, B., 155, 172, 718
Arbon, J., 228
Arisholm, E., 68, 83
Armour, P., 660
Arnold, S., 548
Ash, D., 256
Atlee, J. M., 118
Avizienis, A. A., 260, 277, 278, 295, 309

B

Badeau, F., 273, 274, 278
Balcer, M. J., 144, 146
Ball, T., 278, 341
Bamford, R., 672, 692, 697, 719
Banker, R. D., 256
Basili, V. R., 58, 84
Bass, B. M., 620, 630
Bass, L., 171, 172
Baumer, D., 417, 433
Baxter, G., 548
Bayersdorfer, M., 199, 202
Beck, K., 82, 83, 202, 229, 256, 664, 661

Beedle, M., 58, 69, 84
Behm, P., 328, 341
Belady, L., 246
Bellouiti, S., 71, 83
Bennett, K. H., 233, 256
Benoit, P., 341
Bentley, R., 119
Berczuk, S. P., 155, 172, 718
Bernstein, A. J., 165, 173
Bernstein, P. A., 469, 490
Berry, G., 579, 603
Bezier, B., 211, 229
Bicarregui, J., 277, 278
Bird, J., 74, 83, 255
Bishop, P., 333, 341
Bjorke, P., 533, 548
Blair, G., 462, 489, 490
Bloomfield, R. E., 333, 341
Bochot, T., 274, 278, 329, 341
Boehm, B. W., 26, 31, 34, 55, 82, 205, 229, 430, 431, 433, 562, 576, 614, 630, 646, 648, 650, 652, 653, 658, 660, 661
Bollella, G., 586, 603
Booch, G., 123, 146, 149, 171, 172
Bosch, J., 149, 152, 159, 172
Bott, F., 17, 27
Bounimova, B., 278
Brambilla, M., 122, 140, 145, 146
Brant, J., 83, 256
Brereton, P., 503 489
Brilliant, S. S., 297, 309
Brooks, F. P., 629
Brown, A. W., 82, 562, 576, 614
Brown, L., 346, 376, 377
Bruno, E. J., 586, 603
Budgen, D., 489
Burns, A., 586, 597, 601, 602, 603
Buschmann, F., 155, 172, 173, 187, 202, 203
Buse, R. P. L., 689, 692

C

Cabot, J., 122, 140, 145, 459
Calinescu, R. C., 274, 278, 576

Carollo, J., 228
Cha, S. S., 321
Chapman, C., 199, 202
Chapman, R., 273, 278, 374, 376
Chaudron, M. R. V., 154, 173
Checkland, P., 529, 548
Chen, L., 149, 172
Cheng, B. H. C., 118
Chidamber, S., 685, 692
Chrissis, M. B., 52, 55, 697, 719
Christerson, M., 119, 146
Chulani, S., 652, 655, 662
Clark, B. K., 646, 652, 655, 658, 661, 662
Cleaveland, R., 341
Clements, P., 149, 150, 171, 172
Cliff, D., 76
Cloutier, R., 548
Cohn, M., 644, 660, 662
Coleman, D., 250, 256
Collins-Sussman, B., 194, 202, 698, 719
Connaughton, C., 691
Conradi, R., 54
Cook, B., 278
Cooling, J., 593, 603
Coplien, J. O., 155, 172
Coulouris, G., 462, 489, 490
Councill, W. T., 438, 460
Crabtree, A., 100, 119
Cranor, L., 368, 376
Crnkovic, I., 459
Cunningham, W., 84, 181, 202
Curbera, F., 520
Cusamano, M., 208, 229

D

Daigneau, R., 519
Dang, Y., 682, 690, 692
Datar, S. M., 250, 256
Davidsen, M. G., 247, 256
Davis, A. M., 85, 119
Deemer, P., 72, 83
Dehbonei, B., 328, 341
Deibler, W. J., 672, 692, 697, 719

Delmas, D., 342
Delseny, H., 328, 342
DeMarco, T., 629
Den Haan, J., 141, 146
Devnani-Chulani, S., 661
Dijkstra, E. W., 204, 229
Dipti, 256
Dollimore, J., 462, 488, 490
Douglass, B. P., 273, 278, 584, 587, 603
Duftler, M., 520
Dunteman, G., 620, 630
Duquenoy, P., 17, 27
Dybä, T., 54, 83

E
Ebert, C., 577, 602, 603
Edwards, J., 478, 490
El-Amam, K., 686, 692
Ellison, R. J., 396, 404, 405
Erickson, J., 123, 146
Erl, T., 497, 505, 519, 520
Erlikh, L., 232, 256

F
Fagan, M. E., 206, 229, 677, 692
Fairley, R. E., 533, 548
Faivre, A., 341
Fayad, M. E., 417, 433
Fayoumi, A., 576
Feathers, M., 255
Fielding, R., 500, 520
Firesmith, D. G., 353, 376
Fitzgerald, J., 273,
Fitzpatrick, B., 194, 202
Fogel, K., 201
Fowler, M., 65, 83, 254, 256
Fox, A., 489
Frank, E., 689, 692
Freeman, A., 13, 27

G
Gabriel, R. P., 576
Gagne, G., 583, 603
Galin, D., 691
Gallis, H., 68, 83
Galvin, P. B., 583, 603
Gamma, E., 154, 172, 187, 188, 201, 202, 416, 433
Garfinkel, S., 368, 376
Garlan, D., 151, 155, 170, 171, 430, 431, 433
Gokhale, A., 415, 416, 433

Gotterbarn, D., 14, 26, 27
Graydon, P. J., 334, 342
Gregory, G., 84, 229
Griss, M., 414, 433, 449, 460
Gryczan, G., 417, 433

H
Hall, A., 273, 278, 374, 376
Hall, E., 610, 630
Hall, M. A., 689, 692
Hamilton, S., 329, 342
Han, S., 691, 692
Harel, D., 146, 603
Harford, T., 690, 692
Harkey, D., 478, 490
Harrison, N. B., 155, 172
Hatton, L., 297, 309
Heimdahl, M. P. E., 278
Heineman, G. T., 438, 460
Helm, R., 155, 172, 187, 188, 201, 202, 416, 433
Henney, K., 155, 172, 187, 202
Heslin, R., 627, 630
Hitchins, D., 550, 576
Hnich, B., 459
Hofmeister, C., 153, 173
Holdener, A. T., 13, 27, 416, 433, 484, 490
Hollnagel, E., 380, 388, 389, 404, 405
Holtzman, J., 548
Holzmann, G. J., 308, 329, 342
Hopkins, R., 78, 84, 232, 256
Horowitz, E., 661
Howard, M., 376
Hudepohl, J. P., 342
Hull, R., 133, 146
Humphrey, 52
Humphrey, W., 665, 676, 692
Hutchinson, J., 144, 146

I
Ince, D., 672, 692

J
Jackson, K., 548
Jacobson, I., 26, 27, 108, 119, 123, 127, 146, 414, 433, 449, 460
Jain, P., 155, 173, 187, 202
Jeffrey, R., 691
Jeffries, R., 66, 83, 123, 146, 218, 229
Jenkins, K., 78, 84, 232, 256
Jenney, P., 374, 377

Jhala, R., 274, 278, 329, 342
Joannou, D., 576
Johnson, D. G., 17, 27
Johnson, R., 172, 201, 202, 416, 433
Jones, C., 255, 603
Jones, T. C., 232, 256
Jonsson, P., 119, 146, 433, 449, 460
Jonsson, T., 459

K
Kaner, C., 222
Kawalsky, R., 570, 576
Kazman, R., 149, 150, 154, 171, 172
Keen, J., 575
Kelly, T., 552, 560, 576
Kemerer, C. F., 267, 256, 685, 692
Kennedy, D. M., 533, 548
Kerievsky, J., 254, 256
Kessler, R. R., 84
Khalaf, R., 520
Kifer, M., 165, 173
Kilner, S., 74, 84
Kindberg, T., 462, 489, 490
King, R., 133, 146
Kircher, M., 155, 173, 188, 202
Kitchenham, B., 682, 691, 692
Kiziltan, Z., 459
Klein, M., 576
Kleppe, A., 456, 460
Knight, J. C., 297, 309, 334, 341
Knoll, R., 433
Koegel, M., 142, 146
Konrad, M., 52, 55, 697, 719
Kopetz, H., 602
Korfiatis, P., 533, 548
Koskela, L., 44, 55
Koskinen, J., 256
Kotonya, G., 444, 460
Kozlov, D., 256
Krogstie, J., 247, 256
Krutchen, P., 32, 55, 153, 173
Kuehl, S., 548
Kumar, Y., 255
Kwiatkowska, M. Z., 274, 278, 330, 342, 576

L
Lamport, L., 466
Landwehr, C., 260, 277, 278
Lane, A., 362, 377
Lange, C. F. J., 154, 173
Laprie, J. C., 260, 277, 274, 379, 405

Larman, C., 58, 84, 201
Larsen, P.G., 277, 278
Lau, K.-K., 437, 441, 459, 460
Laudon, K., 17, 27
LeBlanc, D., 376
Ledinot, E., 328, 342
Lee, E. A., 579, 603
Leffingwell, D., 79, 84
Lehman, M., 246, 724, 726
Leme, F., 84
Leveson, N. G., 297, 309, 321, 340, 342, 405
Leveson, N. G., 321, 342
Levin, V., 278, 330, 332, 341
Lewis, B., 492, 520
Lewis, P. M., 165, 173
Leymann, F., 503, 520
Lichtenberg, J., 278
Lidman, S., 26, 27
Lientz, B. P., 232, 256
Lilienthal, C., 433
Linger, R. C., 229, 309, 404
Lipson, H., 404,
Lister, T., 629
Loeliger, J., 194, 202, 698, 719
Lomow, G., 494, 520
Longstaff, T., 404
Loope, J., 717, 719
Lopes, R., 331, 342
Lou, J.-G., 692
Lovelock, C., 492, 520
Lowther, B., 256
Lutz, R. R., 214, 229, 342
Lutz, R. R., 312, 342
Lyu, M. R., 308, 309

M

Madachy, R., 661, 662
Madeira, H., 342
Maier, M. W., 551, 552, 556, 557, 567, 568, 575, 576
Majumdar, R., 274, 278, 329, 342
Marciniak, J. J., 54
Markkula, J., 256
Marshall, J. E., 630
Martin, D., 100, 119, 155, 173
Martin, R. C., 220, 229
Maslow, A. A., 353, 630
Massol, V., 84, 229
McCay, B., 548
McComb, S. A., 548
McConnell, S., 677, 692

McCullough, M., 194, 202, 698, 719
McDermid, J., 576
McDougall, P., 481, 490
McGarvey, C., 278
McGraw, G., 306, 309, 366, 376, 377, 692
McMahon, P. E., 26, 27
Mead, N. R., 404
Mejia, F., 328, 341
Mellor, S. J., 141, 144, 146
Melnik, G., 66, 84, 218, 229
Menzies, T., 682, 689, 691, 692
Meunier, R., 172, 202
Meyer, B., 460
Meynadier, J.-M., 341
Miers, D., 515, 520
Mili, A., 460
Mili, H., 460
Miller, K., 26, 27
Miller, S. P., 278
Mitchell, R. M., 239, 256
Monate, B., 342
Monk, E., 426, 433
Moore, A., 404
Morisio, M., 432, 433
Mostashari, A., 533, 548
Moy, Y., 329, 342
Mulder, M., 71, 84
Musa, J. D., 307, 309
Muskens, J., 154, 173

N

Nagappan, N., 342
Nascimento, L., 432
Natarajan, B., 414, 416, 433
Naur, P., 5, 27
Newcomer, E., 495, 520
Ng, P.-W., 27, 28
Nii, H. P., 159, 173
Nord, R., 153, 173
Norman, G., 330, 342
Northrop, L., 550, 552, 575, 576
Nuseibeh, B., 149, 172

O

O'Hanlon, C., 249, 256
Ockerbloom, J., 431, 433
Oliver, D., 522, 548
Oman, P., 250, 256
Ondrusek, B., 273, 278
Opdahl, A. L., 356, 377
Opdyke, W., 83, 256

Oram, A., 481, 489, 490
Orfali, R., 478, 490
Ould, M., 610, 630
Overgaard, G., 108, 119, 127, 146
Owens, D., 548

P

Paige, R., 552, 576
Paries, J., 404, 405
Parker, D., 330, 342
Parnas, D., 270, 276, 278
Patel, S., 144, 146
Patterson, D., 489
Pautasso, C., 503, 520
Perrow, C., 315, 342
Pfleeger, C. P., 346, 377
Pfleeger, S. L., 346, 377
Pilato, C., 194, 202, 698, 719
Pooley, R., 109, 119, 145
Poore, J. H., 229, 309
Pope, A., 437, 460, 490
Prowell, S. J., 206, 229, 304, 309
Pullum, L., 291, 308, 309

Q

Quinn, M. J., 26

R

Rajamani, S. K., 278, 330, 332, 341
Rajlich, V. T., 234, 256
Randell, B., 5, 27, 277, 278, 280, 309
Ray, A., 321
Rayhan, S., 691
Raymond, E. S., 197, 202
Reason, J., 389, 391, 405
Regan, P., 329, 342
Reifer, D., 662
Richardson, L., 520
Riehle, D., 417, 433
Rittel, H., 119, 533, 548, 576
Ritter, G., 603
Roberts, D., 65, 84, 254, 256
Robertson, J., 106, 118, 119
Robertson, S., 106, 118, 119
Rodden, T., 108, 119
Rodriguez, A., 519
Rogerson, S., 14, 26, 27
Rohnert, H., 155, 172, 173, 187, 202
Rosenberg, F., 515, 520
Rouncefield, M., 144, 146
Royce, W. W., 32, 55, 82, 650, 661
Rubin, K. S., 62, 69, 82, 84, 644, 662

Ruby, S., 502, 520
Rumbaugh, J., 123, 146
Ryan, P., 718

S

Sachs, S., 693, 718, 719
Sakkinen, M., 250, 256
Sametinger, J., 441, 443, 460
Sami, M., 54
Sanderson, D., 488, 490
Sarris, S., 416, 433, 484, 490
Sawyer, P., 108, 119
Scacchi, W., 54
Schatz, B., 71, 84
Schmidt, D. C., 155, 172, 173, 187, 202, 415, 416, 417, 433, 550, 552, 575, 576
Schneider, S., 328, 341
Schneier, B., 354, 366, 377
Schoenfield, B., 362, 377
Schuh, P., 718
Schwaber, K., 55, 69, 84
Scott, J. E., 427, 433
Scott, K., 140, 146
Selby, R. W., 208, 229, 661
Shaw, M., 151, 155, 170, 171, 173
Shimeall, T. J., 321, 341
Shou, P. K., 270, 278
Shrum, S., 52, 55, 697, 719
Siau, K., 123, 146
Silberschaltz, A., 583, 603
Sillitto, H., 548, 564, 568, 576
Silva, N., 331, 342
Sindre, G., 356, 377
Sjøberg, D. I. K., 54, 68, 83
Smart, J. F., 719
Snipes, W., 342
Sommerlad, P., 155, 172, 187, 202
Sommerville, I., 100, 118, 119, 155, 173, 432, 529, 548, 552, 575, 576
Soni, D., 153, 173
Souyris, J., 328, 342
Spafford, E., 369, 371, 377
Spence, I., 26, 27
St. Laurent, A., 199, 202
Stafford, J., 459
Stahl, T., 140, 146
Stal, M., 173, 202
Stallings, W., 346, 376, 377, 583, 603
Stapleton, J., 84
Steece, B., 652, 655, 662
Stevens, P., 109, 119, 145

Stevens, R., 522, 548, 552, 576
Stewart, J., 544, 548
Stoemmer, P., 660
Storey, N., 321, 342
Strunk, E. A., 334, 341
Suchman, L., 100, 119
Swanson, E. B., 232, 256
Swartz, A. J., 267, 278
Szyperski, C., 438, 459, 460

T

Tahchiev, P., 67, 84, 210, 219, 229
Tanenbaum, A. S., 461, 490
Tavani, H. T., 17, 27
Thayer, R. H., 522, 548
Thayer, R. H., 533, 548
Tian, Y., 570, 576
Torchiano, M., 424, 431, 432, 433
Torres-Pomales, W., 291, 309
Trammell, C. J., 206, 229, 304, 309
Trimble, J., 273, 278
Tully, C., 522, 548
Turner, M., 489
Turner, R., 31, 55
Twidale, M., 108, 119

U

Ulrich, W. M., 251, 256
Ulsund, T., 54
Ustuner, A., 273, 278

V

Valeridi, R., 683
Van Schouwen, J., 270, 278
Van Steen, M., 462, 490
Van Vliet, M., 71, 84
Vandermerwe, S., 492, 520
Veras, P. C., 312, 342
Vicente, D., 331, 341
Viega, J., 366, 376, 377
Vieira, M., 312, 342
Villani, E., 312, 342
Viller, S., 100, 119
Virelizier, P., 273, 278, 329, 341
Vlissides, J., 155, 172, 187, 188, 201, 202, 416, 433
Voas, J., 306, 309
Voelter, M., 140, 146
Vogel, L., 17, 27, 196, 202
Vouk, M. A., 342

W

Waeselynck, H., 273, 278, 329, 341
Wagner, B., 426, 433

Wagner, L. G., 273, 278
Wallach, D. S., 484, 490
Wang, Z., 437, 441, 459, 460
Warmer, J., 456, 460
Warren, I., 242, 256
Webber, M., 113, 119, 532, 548, 561, 576
Weils, V., 328, 329, 342
Weinberg, G., 68, 84
Weiner, L., 181, 202
Weinreich, R., 441, 443, 460
Weise, D., 140, 146
Wellings, A., 586, 597, 601, 602, 603
Westland, C., 646, 662
Whalen, M. W., 273, 278
Wheeler, D. A., 366, 377
Wheeler, W., 37, 55, 366, 377, 460
White, J., 37, 55, 444, 460, 520
White, S. A., 515, 520
White, S., 522, 548
Whittaker, J. A., 213, 220, 228, 229
Whittle, J., 144, 146
Wiels, V., 273, 278, 342
Wilkerson, B., 181, 202
Willey, A., 522, 548
Williams, L., 68, 84, 342
Williams, R., 544, 548
Wimmer, M., 122, 140, 145, 146
Wirfs-Brock, R., 181, 202
Witten, I. H., 689, 692
Woodcock, J., 273, 276, 277
Woods, D., 404, 405
Wreathall, J., 418, 420
Wysocki, R. K., 629

X

Xie, T., 682, 689, 692

Y

Yacoub, S., 460
Yamaura, T., 228

Z

Zhang, D., 682, 690, 692
Zhang, H., 682, 690, 692
Zhang, Y., 144, 146
Zheng, J., 332, 342
Zimmermann, O., 503, 520
Zimmermann, T., 682, 689, 691, 692
Zullighoven, H., 433
Zweig, D., 256